云南昆虫名录

（第三卷）

和秋菊　易传辉　主编

科学出版社

北　京

内 容 简 介

本书为《云南昆虫名录》的第三卷。本名录共记载云南分布昆虫纲鞘翅目共 90 科 2354 属 10 416 种（亚种）。

本书可为昆虫学、生物多样性保护、生物地理学研究提供基础资料，可供从事昆虫学科学研究、生物多样性保护与农林生产部门的研究人员或管理人员及高等院校相关专业师生参考。

图书在版编目（CIP）数据

云南昆虫名录. 第三卷 / 和秋菊，易传辉主编. -- 北京：科学出版社，
2025. 6. -- ISBN 978-7-03-082544-5

Ⅰ. Q968.227.4-62

中国国家版本馆 CIP 数据核字第 2025Q5X597 号

责任编辑：张会格　薛　丽 / 责任校对：郑金红
责任印制：肖　兴 / 封面设计：无极书装

科学出版社 出版
北京东黄城根北街 16 号
邮政编码：100717
http://www.sciencep.com
三河市骏杰印刷有限公司印刷
科学出版社发行　　各地新华书店经销
*

2025 年 6 月第　一　版　　开本：889×1194　1/16
2025 年 6 月第一次印刷　　印张：34 1/4
字数：1 009 000
定价：398.00 元
（如有印装质量问题，我社负责调换）

支 持 项 目

云南省生态环境厅生物多样性保护工程项目

云南省林学一流学科建设经费资助项目

云南省农业基础研究联合专项重点项目"尤犀金龟属昆虫在云南的分布、遗传多样性与保护研究"（项目编号：202301BD070001-004）

云南省森林灾害预警与控制重点实验室开放基金项目"昆明草原蝴蝶物种多样性研究"

前　言

云南地处我国西南，是喜马拉雅山脉、云贵高原、华南台地和中南半岛北部山地交汇区域，横断山脉纵贯滇西，乌蒙山绵延滇东北，地势自西北向东南倾斜，海拔高差悬殊，山川地貌复杂，立体气候明显，是中国-喜马拉雅植物区系、中国-日本植物区系和古热带印度-马来植物区系的交汇处，自然地理大致分属四大区域，即南部热带季雨林-砖红壤地带，中南部亚热带季风常绿阔叶林-砖红壤和红壤地带，中部和北部亚热带针阔叶混交林-红壤地带及西北部青藏高原东南缘针叶林-暗棕壤及高山草甸土地带，复杂的地形地貌和气候造就了复杂的生态系统，孕育了丰富的动植物资源，是中国生物多样性最为丰富的省份和具有全球意义的生物多样性关键地区之一。尽管云南的面积仅为全国国土面积的 4.1%，但却拥有全国 50% 以上的物种。据《云南省生物物种名录（2016版）》记录，云南省大型真菌、地衣、高等植物和脊椎动物 816 科 4727 属 25 426 种（部分类群含种下阶元），但该书中未记录昆虫物种情况。和其他生物一样，云南昆虫的生物多样性也非常丰富，《云南农业病虫杂草名录》记录昆虫 28 目 298 科 6707 种（不含卫生昆虫），《云南森林昆虫》记录 21 目 253 科 10 959 种，《横断山区昆虫》记录仅云南横断山区分布的昆虫就有 17 目 187 科 3407 种，《中国昆虫地理》记录云南昆虫 19 707 种，物种 2000 中国节点（http://www.sp2000.org.cn）记录云南昆虫 11 197 种（含亚种，至 2025 年 4 月，第一卷、第二卷数据有误，在此更正），但所有权威资料未见对云南昆虫物种进行全面统计。昆虫是生物多样性中的重要组成部分，在生态系统中具有非常重要的作用，如自然界 68% 的显花植物、87.5% 的被子植物和超过 70% 的作物都依靠授粉昆虫授粉，人类可利用的植物中，有许多种需要蜜蜂授粉，食物中有 30% 以上直接或间接来源于昆虫授粉作物，全球重要作物中有 90% 依赖于授粉昆虫传粉。云南昆虫物种多样性数据的缺乏，影响了对云南生物多样性的保护与利用。全面、系统地整理云南分布昆虫名录，已成为云南生物多样性保护与利用最为迫切的需要。云南省生态环境厅高度重视云南生物多样性保护与利用工作，设立了生物多样性保护工程项目专项，大力推动云南生物多样性保护与利用工作，《云南昆虫名录》编纂被列为生物多样性保护工程项目中的重要任务，委托西南林业大学开展此项重要工作。西南林业大学高度重视，成立了由王卫斌校长为主任的组织委员会，云南生物多样性研究院组织国内相关领域专家即刻开展工作，全面、系统地整理了云南分布昆虫物种名录。

《云南昆虫名录》参考六足纲最新分类系统编纂，包含原尾纲、弹尾纲、双尾纲和昆虫纲物种，并整合不同分类系统中的物种名录，以求最大限度地包含云南分布的所有昆虫物种，呈现完整的云南昆虫物种多样性。为方便使用，本名录中仍将半翅目和同翅目分别整理，资料主要来源于《中国动物志》、《中国经济昆虫志》、《云南森林昆虫》、Web of Science 数据库（https://webofscience.clarivate.cn）、中国知网、万方数据等国内外公开发表有云南分布昆虫的论文与专著等资料，物种 2000 中国节点等数据库资料，以及参编人员历年来积累的云南昆虫多样性本底调查数据。

感谢所有在本名录编纂过程中给予帮助的专家学者。北京林业大学史宏亮博士、保山学院柳青教授和云南林业职业技术学院王琳教授等专家对本名录的编纂提供了帮助；另外，西南林业大学博士研究生陈超，硕士研究生段可怡（参加了第一卷、第二卷的大量工作，由于工作疏忽遗漏，在此特别说明）、舒旭、尹晶、张鸿辉、付忠洪、王有慧、王灵敏、杨雪苗、黄昱舒、张艳慧、付元生、杨秋涵、李根丽、王宇宸、张正旺、朱恩骄、卢斐和本科生张志杰、龙子豪、罗丽萍、聂依兰，大理大学硕士研究生贾亮杰，青岛农业大学硕士研究生杨明娟，以及西南交通大学希望学院本科生刘承康等参与了本名录的资料整理，在此一并表示感谢。

昆虫物种数量巨大，资料浩瀚，工作中编纂团队成员竭尽全力，尽量做到全面、准确，但由于水平和能力所限，书中难免有疏漏之处，敬请读者提出修改意见和建议，有待今后进一步改进、完善。

编　者

2025 年 4 月 15 日

目　录

淘甲科 Torridincolidae

佐藤淘甲属 *Satonius* Endrödy-Younga, 1997
斯氏佐藤淘甲 *Satonius stysi* Hájek & Fikáček, 2008

分布：云南（大理）。

捕蠹虫科 Passandridae

隐颚扁甲属 *Aulonosoma* Motschulsky, 1858
暗隐颚扁甲 *Aulonosoma tenebrioides* Motschulsky,

1858
分布：云南，湖北，台湾。

瓢虫科 Coccinellidae

毛腹瓢虫属 *Aaages* Barovskij, 1926
锯毛腹瓢虫 *Aaages prior* Barovskij, 1926
分布：云南，四川，甘肃，内蒙古，青海。

大丽瓢虫属 *Adalia* Mulsant, 1859
二星瓢虫 *Adalia bipunctata* (Linnaeus, 1758)
分布：云南，四川，西藏，黑龙江，吉林，辽宁，新疆，宁夏，陕西，北京，河北，山西，山东，河南，江苏，浙江，江西，福建；大洋洲，非洲，欧洲，北美洲。
团聚丽瓢虫 *Adalia conglomerata* (Linnaeus, 1758)
分布：云南（丽江），四川，西藏，黑龙江，辽宁，吉林，新疆，内蒙古，甘肃，陕西，河北，山东，河南，宁夏，山西，江苏，浙江，江西，福建，台湾；日本，俄罗斯（远东地区），蒙古国，欧洲，非洲。

崎齿瓢虫属 *Afidenta* Misera, 1947
大豆瓢虫 *Afidenta misera* (Weise, 1900)
分布：云南（昆明、红河、普洱、保山、怒江、大理、临沧），西藏，山东，安徽，广西，福建，台湾，广东；越南，泰国，缅甸，老挝，印度，尼泊尔，斯里兰卡，印度尼西亚。

小崎齿瓢虫属 *Afidentula* Kapur, 1955
双四星崎齿瓢虫 *Afidentula bisquadripunctata* (Gyllenhal, 1808)
分布：云南（昆明、玉溪、丽江、迪庆、怒江、西

双版纳），四川，贵州，广西，广东，香港；越南，印度，尼泊尔，斯里兰卡。
十斑小崎齿瓢虫 *Afidentula decimaculata* Cao & Wang, 1992
分布：云南（临沧）；尼泊尔，印度，越南。
齿小崎齿瓢虫 *Afidentula dentata* Wang, Tomaszewska & Ren, 2015
分布：云南（西双版纳）。
金平小崎齿瓢虫 *Afidentula jinpingensis* Wang, Tomaszewska & Ren, 2015
分布：云南（红河）。
小崎齿瓢虫 *Afidentula manderstjernae* (Mulsant, 1853)
分布：云南（昆明、西双版纳），四川，广西，广东；印度，缅甸，越南，尼泊尔。
十五斑小崎齿瓢虫 *Afidentula quinquedecemguttata* (Dieke, 1947)
分布：云南（临沧、德宏、保山、迪庆、普洱），四川，陕西。
泰国小崎齿瓢虫 *Afidentula siamensis* (Dieke, 1947)
分布：云南（西双版纳），贵州；泰国。

长崎齿瓢虫属 *Afissula* Kapur, 1955
触角崎齿瓢虫 *Afissula antennata* Bielawski, 1967
分布：云南（德宏）。
球端长崎齿瓢虫 *Afissula expansa* (Dieke, 1947)
分布：云南（昆明、大理、保山、西双版纳），四

川，贵州，河南，湖南，海南。

八仙花长崎齿瓢虫 *Afissula hydrangeae* Pang & Mao, 1979

分布：云南（保山、普洱、德宏、红河），四川。

环管长崎齿瓢虫 *Afissula kambaitana* (Bielawski, 1966)

分布：云南（临沧、普洱），西藏；缅甸。

鸟喙长崎齿瓢虫 *Afissula ornithorhynchus* Zeng, 1996

分布：云南（保山、文山、德宏、西双版纳），广西。

长崎齿瓢虫 *Afissula rana* (Kupur, 1955)

分布：云南（保山、西双版纳），西藏；尼泊尔。

匙管长崎齿瓢虫 *Afissula spatulata* Cao & Xiao, 1984

分布：云南（德宏）。

钩管长崎齿瓢虫 *Afissula uniformis* Pang & Mao, 1979

分布：云南，四川，西藏，湖南。

云南长崎齿瓢虫 *Afissula yunnanica* Cao & Wang, 1990

分布：云南（临沧）。

异斑瓢虫属 *Aiolocaria* Crotch, 1871

六斑异瓢虫 *Aiolocaria hexaspilota* (Hope, 1831)

分布：云南，贵州，四川，西藏，黑龙江，吉林，辽宁，新疆，甘肃，青海，陕西，河北，河南，内蒙古，北京，湖北，浙江，上海，台湾，福建；日本，俄罗斯，朝鲜，印度，巴基斯坦，尼泊尔，缅甸。

奇瓢虫属 *Alloneda* Iablokoff-Khnzorian, 1979

丽斑奇瓢虫 *Alloneda callinotata* (Jing, 1988)

分布：云南，贵州，福建，广东；越南。

十二斑奇瓢虫 *Alloneda dodecastigma* (Hope, 1979)

分布：云南（昆明、德宏、西双版纳），西藏，广西，广东，海南；印度，尼泊尔，缅甸，不丹，越南，泰国。

***Alloneda dodecaspilota* Hope, 1831**

分布：云南，西藏，广东，海南。

花瓢虫属 *Amida* Lewis, 1896

十斑花瓢虫 *Amida decemmaculata* Yu, 2000

分布：云南（德宏）。

景洪花瓢虫 *Amida jinghongiensis* (Pang & Mao, 1979)

分布：云南（西双版纳），广西；越南。

***Amida nigropectoralis* (Pang & Mao, 1979)**

分布：云南（西双版纳）。

横斑花瓢虫 *Amida quingquefasiata* Hoàng 1982

分布：云南，四川，湖南，福建，广东，海南；越南。

越南花瓢虫 *Amida vietnamica* Hoàng, 1982

分布：云南，广西；印度，越南。

眼斑瓢虫属 *Anatis* Mulsant, 1846

灰眼斑瓢虫 *Anatis ocellata* (Linnaeus, 1758)

分布：云南（保山），黑龙江，辽宁，吉林，新疆，河北；朝鲜，俄罗斯（远东地区），欧洲。

***Anortalia* Weise, 1902**

***Anortalia fleutiauxi* Weise, 1902**

分布：云南。

隐胫瓢虫属 *Aspidimerus* Mulsant, 1850

***Aspidimerus blandus* Mader, 1933**

分布：云南。

十斑隐胫瓢虫 *Aspidimerus decemmaculatus* Pang & Mao, 1979

分布：云南（西双版纳）。

***Aspidimerus kabakovi* Hoàng, 1982**

分布：云南（红河），广西，广东；越南。

双斑隐胫瓢虫 *Aspidimerus matsumurai* Sasaji, 1968

分布：云南（怒江、德宏、西双版纳），四川，河南，湖北，浙江，广西，台湾，海南；越南。

勐仑隐胫瓢虫 *Aspidimerus menglensis* Huo & Ren, 2013

分布：云南（西双版纳）。

***Aspidimerus mouhoti* Crotch, 1874**

分布：云南（西双版纳）；老挝。

黑背隐胫瓢虫 *Aspidimerus nigritus* (Pang & Mao, 1979)

分布：云南（西双版纳）；越南。

红褐隐胫瓢虫 *Aspidimerus ruficrus* Gorham, 1895

分布：云南（昆明、德宏、西双版纳），四川；缅甸。

六斑隐胫瓢虫 *Aspidimerus sexmaculatus* Pang & Mao, 1979

分布：云南（西双版纳）。

镇康隐胫瓢虫 *Aspidimerus zhenkangicus* **Huo & Ren, 2013**
分布：云南（临沧、西双版纳）。

斧瓢虫属 *Axinoscymnus* **Kamiya, 1963**

无花果斧瓢虫 *Axinoscymnus beneficus* **Kamiya, 1963**
分布：云南（西双版纳），贵州，湖南，广西，广东，海南，香港，台湾；日本。

淡色斧瓢虫 *Axinoscymnus cardilobus* **Ren & Pang, 1992**
分布：云南（西双版纳），广西，广东，海南；老挝。

Axinoscymnus gongxinensis **Peng & Chen, 2022**
分布：云南（西双版纳）；老挝。

Axinoscymnus hamulatus **Peng & Chen, 2022**
分布：云南（西双版纳）。

Axinoscymnus macrosiphonatus **Hoàng, 1979**
分布：云南（普洱、西双版纳），西藏，广西，广东，海南；老挝，越南。

Axinoscymnus navicularis **Ren & Pang, 1992**
分布：云南（普洱、德宏），西藏，贵州，湖南，广西，香港；老挝，尼泊尔。

Axinoscymnus puttarudriahi **Kapur & Munshi, 1965**
分布：云南（怒江）；老挝，尼泊尔。

纹裸瓢虫属 *Bothrocalvia* **Crotch, 1874**

细纹裸瓢虫 *Bothrocalvia albolineata* **(Gyllenhal, 1808)**
分布：云南（文山、保山），四川，贵州，河南，江西，浙江，湖南，广西，福建，广东，台湾，香港；印度，日本。

宽纹裸瓢虫 *Bothrocalvia lewisi* **(Crotch, 1874)**
分布：云南（普洱），福建；缅甸。

十眼裸瓢虫 *Bothrocalvia pupillata* **(Swartz, 1808)**
分布：云南，四川，广西，广东，香港，福建；印度，印度尼西亚，美国（夏威夷），泰国。

纵条瓢虫属 *Brumoides* **Chapin, 1965**

海南纵条瓢虫 *Brumoides hainanensis* **Miyatake, 1970**
分布：云南（德宏、临沧），广东，海南。

钩纹纵条瓢虫 *Brumoides maai* **Miyatake, 1970**
分布：云南，广西，福建。

壮丽瓢虫属 *Callicaria* **Crotch, 1871**

日本丽瓢虫 *Callicaria superba* **(Mulsant, 1853)**
分布：云南（昭通），四川，西藏，贵州，陕西，甘肃，福建；日本，尼泊尔，不丹，印度。

裸瓢虫属 *Calvia* **Mulsant, 1846**

草黄裸瓢虫 *Calvia albida* **Bielawski, 1972**
分布：云南，四川，西藏；印度，尼泊尔。

三纹裸瓢虫 *Calvia championorum* **Booth, 1997**
分布：云南（丽江），四川，陕西，甘肃，台湾；印度。

华裸瓢虫 *Calvia chinensis* **(Mulsant, 1850)**
分布：云南（昆明、保山、大理），四川，贵州，河南，陕西，河北，江苏，浙江，湖南，广西，福建，广东，海南，香港。

枝斑裸瓢虫 *Calvia hauseri* **(Mader, 1930)**
分布：云南（昆明），四川。

四斑裸瓢虫 *Calvia muiri* **(Timberlake, 1943)**
分布：云南（昆明、迪庆、大理、怒江、保山），四川，贵州，陕西，河北，河南，江西，广西，福建，台湾；日本，韩国，印度。

十四星裸瓢虫 *Calvia quatuordecimguttata* **(Linnaeus, 1758)**
分布：云南，四川，西藏，黑龙江，吉林，甘肃，内蒙古，陕西，河北，山西，北京，湖北，台湾；日本，朝鲜半岛，俄罗斯（远东地区），欧洲，北美洲。

十五星裸瓢虫 *Calvia quindecimguttata* **(Fabricius, 1777)**
分布：云南（昆明），四川，贵州，新疆，甘肃，陕西，江西，安徽，浙江，上海，湖南，广西，福建，广东，香港；日本，印度，欧洲。

变异裸瓢虫 *Calvia shiva* **Kapur, 1963**
分布：云南；印度，尼泊尔。

链裸瓢虫 *Calvia sicardi* **(Mader, 1930)**
分布：云南（大理、丽江），四川，贵州，甘肃，陕西，河南，湖南，广西，福建。

锡金裸瓢虫 *Calvia vulnerata* **(Hope, 1831)**
分布：云南；印度，尼泊尔。

突角瓢虫属 *Ceratomegilla* **Crotch, 1873**

Ceratomegilla obenbergeri **Mader, 1933**
分布：云南，四川。

Chilocorellus Miyatake, 1994

Chilocorellus seleuyensis Wang & Ren, 2011
分布：云南（西双版纳）。

Chilocorellus protuberans Wang & Ren, 2010
分布：云南（怒江、西双版纳）。

Chilocorellus quadrimaculatus Wang & Ren, 2010
分布：云南（德宏）。

Chilocorellus tenuous Wang & Ren, 2010
分布：云南（西双版纳）；老挝。

盔唇瓢虫属 *Chilocorus* Leach, 1815

Chilocorus albomarginalis (Li & Wang, 2017)
分布：云南（德宏）。

白缘细须唇瓢虫 ***Chilocorus albusolomus* (Li & Wang, 2017)**
分布：云南（德宏）。

阿里山盔唇瓢虫 ***Chilocorus alishanus* Sasaji, 1968**
分布：云南（玉溪），贵州，台湾。

二双斑盔唇瓢虫 ***Chilocorus bijugus* Mulsant 1853**
分布：云南（昆明、楚雄、大理、丽江、玉溪、迪庆、保山），四川，西藏，贵州，甘肃，湖北；日本，印度，巴基斯坦，太平洋地区。

闪蓝红点盔唇瓢虫 ***Chilocorus chalybeatus* Gorham, 1892**
分布：云南，四川，贵州，甘肃，陕西，浙江，安徽，湖南，广西，广东，福建，海南。

中华盔唇瓢虫 ***Chilocorus chinensis* Miyatake, 1970**
分布：云南（普洱），贵州，河南，浙江，安徽，江苏，江西，广西，广东，福建，海南。

细缘盔唇瓢虫 ***Chilocorus circumdatus* (Gyllenhal, 1808)**
分布：云南（临沧、西双版纳），浙江，广西，福建，广东，海南，香港；印度，斯里兰卡，印度尼西亚，澳大利亚，美国。

闪蓝唇瓢虫 ***Chilocorus hauseri* Weise, 1895**
分布：云南（普洱、大理、保山、临沧、文山、德宏、西双版纳），四川，贵州，湖北，陕西，广东，福建，海南；印度，缅甸。

Chilocorus infernalis Mulsant, 1853
分布：云南，西藏，贵州，四川，甘肃，湖北；印度，巴基斯坦。

红点盔唇瓢虫 ***Chilocorus kuwanae* Silvestri, 1909**
分布：云南（昆明），贵州，四川，黑龙江，辽宁，北京，河南，山东，江西，安徽，湖北，上海，福建，广东；日本，印度，欧洲，北美洲。

黑背盔唇瓢虫 ***Chilocorus melas* Weise, 1898**
分布：云南（临沧、德宏、西双版纳），四川，广西，福建，广东，海南，香港；缅甸，泰国，老挝，印度，尼泊尔，不丹，印度尼西亚。

黑蓝盔唇瓢虫 ***Chilocorus nigricaeruleus* Li & Wang, 2018**
分布：云南（普洱）。

黄胸黑背盔唇瓢虫 ***Chilocorus nigrita* (Fabricius, 1798)**
分布：云南（德宏、西双版纳），四川，广西，广东，福建；印度，尼泊尔，巴基斯坦。

红褐盔唇瓢虫 ***Chilocorus politus* Mulsant, 1850**
分布：云南（怒江、德宏、保山、大理、普洱），西藏，广西，台湾；泰国，老挝，印度，尼泊尔，不丹，印度尼西亚。

黑缘盔唇瓢虫 ***Chilocorus rubidus* Hope, 1831**
分布：云南（昆明、玉溪、大理、昭通、红河、普洱），贵州，四川，西藏，黑龙江，陕西，甘肃，北京，河南，宁夏，内蒙古，山东，湖北，江西，江苏，浙江，安徽，湖南，广西，福建，海南；日本，俄罗斯，朝鲜，蒙古国，印度，尼泊尔，印度尼西亚。

宽缘盔唇瓢虫 ***Chilocorus rufitarsus* Motschulsky, 1853**
分布：云南（昆明、玉溪、红河、怒江），四川，贵州，北京，河南，山东，浙江，江苏，上海，江西，湖南，广西，福建，广东，香港；越南。

云龙盔唇瓢虫 ***Chilocorus yunlongensis* Cao & Xiao, 1984**
分布：云南（大理）。

壮唇瓢虫属 *Chujochilus* Sasaji, 2005

Chujochilus isensis (Kamiya, 1966)
分布：云南，四川。

西南壮唇瓢虫 ***Chujochilus parisensis* Wang & Ren, 2010**
分布：云南（大理），四川。

闪蓝壮唇瓢虫 ***Chujochilus sagittatus* Wang & Ren, 2010**
分布：云南（楚雄），四川。

陡胸瓢虫属 *Clitostethus* Weise, 1885

短叶陡胸瓢虫 *Clitostethus brachylobus* Peng & Ren, 1998

分布：云南，海南。

文笔山陡胸瓢虫 *Clitostethus wenbishanus* Yu, 2000

分布：云南（丽江）。

瓢虫属 *Coccinella* Linnaeus, 1758

黄斑瓢虫 *Coccinella luteopicta* (Mulsant, 1866)

分布：云南（迪庆），四川，西藏；印度，尼泊尔，不丹。

七星瓢虫 *Coccinella septempunctata* Linnaeus, 1758

分布：云南（昆明、丽江、曲靖、文山、玉溪、红河、昭通、临沧、大理、普洱、保山、德宏），四川，西藏，黑龙江，吉林，辽宁，新疆，青海，宁夏，内蒙古，北京，河北，山东，山西，陕西，江西，湖北，上海，湖南，福建，广东；日本，阿富汗，尼泊尔，韩国，蒙古国，印度，中亚，欧洲。

西藏瓢虫 *Coccinella tibetina* Kapur, 1963

分布：云南，四川，西藏。

横斑瓢虫 *Coccinella transversoguttata* Faldermann, 1835

分布：云南（昆明、昭通、玉溪、红河、丽江、临沧、德宏、西双版纳），四川，西藏，东北，新疆，河北，山西，陕西，甘肃，青海；印度，尼泊尔，蒙古国，韩国，欧洲，美洲。

狭臀瓢虫 *Coccinella transversalis* Fabricius, 1781

分布：云南（临沧、普洱、文山），西藏，贵州，广西，福建，广东，香港，海南，台湾；越南，缅甸，尼泊尔，不丹，印度，斯里兰卡，泰国，孟加拉国，印度尼西亚，澳大利亚，新西兰，巴布亚新几内亚。

盘耳瓢虫属 *Coelophora* Mulsant, 1850

***Coelophora biplagiata* Swartz, 1808**

分布：云南，西藏，广西，福建，海南，香港，江西，江苏，浙江，台湾；日本，韩国，尼泊尔。

***Coelophora biquadripunctata* (Jing, 1988)**

分布：云南。

碧盘耳瓢虫 *Coelophora bissellata* Mulsant, 1850

分布：云南，西藏，贵州，四川，江西，湖南，广西，福建，广东，海南，台湾；不丹，尼泊尔，印度。

***Coelophora brunniplagiata* Jing, 1988**

分布：云南。

***Coelophora circumusta* Mulsant, 1850**

分布：云南，广西，福建，广东，海南，香港，台湾；尼泊尔。

***Coelophora circumvelata* Mulsant, 1850**

分布：云南，贵州，四川，河南，陕西，湖北，江西，浙江，安徽，广西，福建，海南，香港，台湾。

双五腔盘瓢虫 *Coelophora decimmaculata* Jing, 1992

分布：云南，四川。

八室盘瓢虫 *Coelophora korschefskyi* (Mader, 1941)

分布：云南（保山），四川。

***Coelophora lushuiensis* Jing, 1992**

分布：云南。

***Coelophora saucia* Mulsant, 1850**

分布：云南，四川，陕西，甘肃，河南，江西，江苏，上海，浙江，湖南，广西，福建，广东，台湾，香港；日本，尼泊尔，印度。

隐势瓢虫属 *Cryptogonus* Mulsant 1850

二斑隐势瓢虫 *Cryptogonus bimaculatus* Kapur, 1947

分布：云南（德宏），西藏；印度，缅甸。

复合隐势瓢虫 *Cryptogonus complexus* Kapur, 1947

分布：云南（红河、保山、德宏、西双版纳），四川，甘肃，广西，广东，台湾；不丹，印度。

独龙江隐势瓢虫 *Cryptogonus dulongjiangensis* Huo & Ren, 2015

分布：云南（怒江）。

铗叶隐势瓢虫 *Cryptogonus forficulus* Cao & Xiao, 1984

分布：云南（德宏）。

铁叶隐势瓢虫 *Cryptogonus forficulae* Cao & Xiao, 1984

分布：云南（德宏）。

***Cryptogonus fusiformis* Huo & Ren, 2015**

分布：云南（临沧）。

喜马拉雅隐势瓢虫 *Cryptogonus himalayensis* Kapur, 1948

分布：云南（德宏、普洱、怒江、保山、西双版纳），广东；缅甸，印度。

丽江隐势瓢虫 *Cryptogonus lijiangensis* Pang & Ma, 1979

分布：云南（昆明、丽江），陕西，甘肃，湖北，上海。

尼泊尔隐势瓢虫 *Cryptogonus nepalensis* Bielawski, 1972

分布：云南（德宏），西藏；尼泊尔。

八斑隐势瓢虫 *Cryptogonus ocoguttatus* Mader, 1954

分布：云南（大理、丽江），四川。

变斑隐势瓢虫 *Cryptogonus orbiculus* (Gyllenhal, 1808)

分布：云南（德宏、普洱、西双版纳），四川，贵州，甘肃，陕西，浙江，上海，安徽，广西，福建，广东，海南，香港，台湾；日本，印度，斯里兰卡。

四斑隐势瓢虫 *Cryptogonus quadriguttatus* (Weise, 1895)

分布：云南（西双版纳），台湾；不丹，印度。

肾隐势瓢虫 *Cryptogonus reniformis* Huo & Ren, 2015

分布：云南（怒江），西藏。

矢端隐势瓢虫 *Cryptogonus sagittiformis* Pang & Mao, 1979

分布：云南（西双版纳）。

七斑隐势瓢虫 *Cryptogonus schraiki* Mader, 1933

分布：云南（昆明、大理、普洱），四川，贵州，河南，甘肃，湖北，安徽，湖南，福建，广东，台湾。

叉端隐势瓢虫 *Cryptogonus trifurcatus* Pang & Mao, 1979

分布：云南（德宏、西双版纳）。

射鹄隐势瓢虫 *Cryptogonus trioblitus* (Gorham, 1895)

分布：云南（德宏）；缅甸，印度。

云南隐势瓢虫 *Cryptogonus yunnanensis* Cao & Xiao, 1984

分布：云南（德宏）。

小黑瓢虫属 *Delphastus* Casey, 1899

小黑瓢虫 *Delphastus catalinae* Horn, 1895

分布：云南，福建；中东。

食植瓢虫属 *Epilachna* Chevrolat, 1837

瓜茄瓢虫 *Epilachna admirabilis* Crotch, 1874

分布：云南（德宏、临沧、红河、怒江、大理），

四川，贵州，陕西，湖北，浙江，安徽，江苏，湖南，广西，福建，广东，台湾；日本，缅甸。

广端食植瓢虫 *Epilachna ampliata* Pang & Mao, 1979

分布：云南（西双版纳），贵州，四川，陕西，河北，河南，湖北，安徽，江苏，浙江，江西，湖南，广西，福建，广东，台湾。

安徽食植瓢虫 *Epilachna anhweiana* (Dieke, 1947)

分布：云南（德宏、临沧），河南，陕西，江苏，安徽，江西，广西。

短叶食植瓢虫 *Epilachna brachyfoliata* Zeng & Yang, 1996

分布：云南（昆明）。

直叶食植瓢虫 *Epilachna brivioi* (Bielawski & Fürsch, 1960)

分布：云南（西双版纳）；缅甸。

中华食植瓢虫 *Epilachna chinensis* (Weise, 1912)

分布：云南，贵州，河南，陕西，湖北，安徽，江西，广西，福建，广东，海南，台湾；日本。

同享食植瓢虫 *Epilachna donghoiensis* Hoang, 1978

分布：云南（德宏、西双版纳），海南；越南。

十一星食植瓢虫 *Epilachna dumerili* Mulsant, 1850

分布：云南（德宏），福建，台湾，香港；印度，斯里兰卡，泰国，缅甸，尼泊尔，印度尼西亚。

峨眉食植瓢虫 *Epilachna emeiensis* Zeng, 2000

分布：云南，贵州，四川，湖北，广西。

红毛食植瓢虫 *Epilachna erythrotricha* Hoang, 1978

分布：云南，四川，贵州，广西；越南。

九斑食植瓢虫 *Epilachna freyana* Beilawski, 1965

分布：云南（昭通、大理），四川，陕西，湖北，湖南，福建，海南。

亚澳食植瓢虫 *Epilachna galerucinoides* Korschefsky, 1934

分布：云南（临沧、曲靖、红河、西双版纳），贵州，安徽，广西，海南，台湾；印度尼西亚，大洋洲。

爪哇食植瓢虫 *Epilachna gedeensis* (Dieke, 1947)

分布：云南（昆明、德宏、普洱、红河、西双版纳），四川，贵州，湖南；印度尼西亚。

钩管食植瓢虫 *Epilachna glochinosa* Pang & Mao, 1979

分布：云南（临沧、保山、红河、文山、西双版纳），

四川，湖北，湖南，广西。

戈特克食植瓢虫 *Epilachna gokteika* Kapur, 1961

分布：云南（西双版纳），贵州，广西，海南。

连斑食植瓢虫 *Epilachna hauseri* (Mader, 1930)

分布：云南（红河、大理），四川，贵州，山东。

西尼食植瓢虫 *Epilachna hingstoni* (Kapur, 1963)

分布：云南（保山、德宏、普洱、大理、西双版纳），西藏；尼泊尔，印度。

霍普食植瓢虫 *Epilachna hopeiana* Miyatake, 1985

分布：云南（红河、德宏），西藏，广西；越南。

菱斑食植瓢虫 *Epilachna insignis* Gorham, 1892

分布：云南（昆明、昭通），四川，贵州，陕西，北京，甘肃，河南，湖北，安徽，浙江，江西，广西，福建，广东，海南。

剑川食植瓢虫 *Epilachna jianchuanensis* Cao & Xiao, 1984

分布：云南（大理、保山）。

昆明食植瓢虫 *Epilachna kunmingensis* Yi, He & Xiao, 2013

分布：云南（昆明）。

利川食植瓢虫 *Epilachna lichuaniensis* Xiao, 1992

分布：云南（大理），四川，湖北。

***Epilachna lingulatus* Yi & He, 2013**

分布：云南（昆明）。

长管食植瓢虫 *Epilachna longissima* (Dieke, 1947)

分布：云南，四川，福建，台湾。

十斑食植瓢虫 *Epilachna macularis* Mulsant, 1850

分布：云南（保山、红河、西双版纳），四川，贵州，西藏，江西，湖南，广西，广东，福建，海南；越南，泰国，尼泊尔，印度，孟加拉国。

圆斑食植瓢虫 *Epilachna maculicollis* (Sicard, 1922)

分布：云南（昆明），贵州，浙江，广西，广东，台湾。

大食植瓢虫 *Epilachna maxima* (Weise, 1898)

分布：云南，广东，台湾。

勐仑食植瓢虫 *Epilachna menglunensis* Hu & Zhang, 1999

分布：云南。

楼梯草食植瓢虫 *Epilachna monandrum* Yi, He & Xiao, 2013

分布：云南（昆明）。

聂拉木食植瓢虫 *Epilachna nielamuensis* Pang & Mao, 1979

分布：云南（德宏、红河），西藏。

***Epilachna nodaodea* Yi & He, 2013**

分布：云南（昆明）。

眼斑食植瓢虫 *Epilachna ocellataemaculata* (Mader, 1930)

分布：云南（昆明、昭通、丽江、文山、普洱、保山），四川，贵州，湖北，湖南，台湾。

横带食植瓢虫 *Epilachna parainsignis* Pang & Mao, 1979

分布：云南（德宏、红河、西双版纳），贵州，广西。

屏边食植瓢虫 *Epilachna pingbianensis* Pang & Mao, 1979

分布：云南（红河）。

艾菊瓢虫 *Epilachna plicata* Weise, 1889

分布：云南（西双版纳），四川，贵州，陕西，甘肃，山西，湖北，台湾。

蒲氏食植瓢虫 *Epilachna pui* Hu & Zhang, 1999

分布：云南。

茜草食植瓢虫 *Epilachna rubiacis* Cao & Xiao, 1984

分布：云南（昆明、红河）。

旋管食植瓢虫 *Epilachna spiroloides* Cao & Xiao, 1984

分布：云南（临沧）。

龟瓢虫属 *Epiverta* Dieke, 1947

***Epiverta albopilosa* Tomaszewska, Huo, Szawaryn & Wang, 2017**

分布：云南（昆明）。

龟瓢虫 *Epiverta chelonia* (Mader, 1933)

分布：云南（昆明、丽江、迪庆），四川，西藏。

***Epiverta supinata* Tomaszewska, Huo, Szawaryn & Wang, 2017**

分布：云南（迪庆），四川。

黄菌瓢虫属 *Halyzia* Mulsant, 1846

山寨黄菌瓢虫 *Halyzia dejavu* Poorani & Booth, 2006

分布：云南，西藏；尼泊尔，印度。

点斑菌瓢虫 *Halyzia maculata* Jing, 1987

分布：云南（昆明、大理、红河），西藏。

梵文菌瓢虫 *Halyzia sanscrita* Mulsant, 1853
分布：云南（昆明），四川，西藏，贵州，甘肃，陕西，河北，河南，湖南，江西，江苏，浙江，广西，福建，台湾；印度，不丹，中东。

十六斑黄菌瓢虫 *Halyzia sedecimguttata* (Linnaeus, 1758)
分布：云南，四川，吉林，陕西，台湾；蒙古国，日本，俄罗斯（远东地区），欧洲。

草黄菌瓢虫 *Halyzia straminea* (Hope, 1831)
分布：云南（昆明、大理、保山、西双版纳），四川，西藏，甘肃；印度，尼泊尔。

和瓢虫属 *Harmonia* Mulsant, 1850

异色瓢虫 *Harmonia axyridis* (Pallas, 1773)
分布：云南，四川，贵州，广西，甘肃，黑龙江，吉林，辽宁，新疆，内蒙古，河北，北京，河南，山东，山西，江西，湖北，湖南，广东，香港，台湾；朝鲜半岛，俄罗斯（远东地区），日本，蒙古国，欧洲。

红肩瓢虫 *Harmonia dimidiata* (Fabricius, 1781)
分布：云南（文山、红河、普洱、临沧、德宏、西双版纳），四川，西藏，贵州，河南，江西，浙江，湖南，广西，广东，福建，台湾，香港；日本，尼泊尔，越南，印度，不丹，巴基斯坦，印度尼西亚。

奇斑瓢虫 *Harmonia eucharis* (Mulsant, 1853)
分布：云南（昆明、曲靖、大理、保山、红河、丽江），四川，贵州，西藏，福建，海南；日本，印度，尼泊尔，巴基斯坦。

八斑和瓢虫 *Harmonia octomaculata* (Fabricius, 1781)
分布：云南（昆明、昭通、文山、临沧、玉溪、普洱、德宏、西双版纳），贵州，四川，江西，湖北，湖南，广西，台湾，福建，广东，海南，香港；日本，印度，菲律宾，印度尼西亚，斯里兰卡，大洋洲。

四斑和瓢虫 *Harmonia quadripunctata* (Pontoppidan, 1763)
分布：云南（丽江），四川，陕西；俄罗斯（远东地区），韩国，欧洲，美国。

纤丽瓢虫 *Harmonia sedecimnotata* (Fabricius, 1801)
分布：云南（昆明、玉溪、红河、临沧、西双版纳），四川，贵州，西藏，广西，广东，福建，海南，香港，台湾；尼泊尔，菲律宾，印度尼西亚。

隐斑瓢虫 *Harmonia yedoensis* (Takizawa, 1917)
分布：云南（昆明、玉溪、怒江、临沧），四川，贵州，陕西，北京，河北，山东，河南，浙江，江西，湖南，广西，福建，广东，香港，台湾；日本，越南。

裂臀瓢虫属 *Henosepilachna* Li & Cook, 1961

刀叶裂臀瓢虫 *Henosepilachna indica* (Mulsant, 1850)
分布：云南（德宏、红河、西双版纳），广西，台湾；越南，印度，尼泊尔，斯里兰卡，缅甸，印度尼西亚。

十斑裂臀瓢虫 *Henosepilachna kaszabi* (Bielawski & Fursch, 1960)
分布：云南（德宏、普洱、西双版纳），广西，贵州；缅甸，泰国，印度，菲律宾。

老街裂臀瓢虫 *Henosepilachna laokayensis* Hoang, 1977
分布：云南（德宏）；越南。

奇斑裂臀瓢虫 *Henosepilachna libera* (Dieke, 1947)
分布：云南（普洱、保山、德宏），四川，广西，台湾；越南。

眼斑裂臀瓢虫 *Henosepilachna ocellata* (Redtenbacher, 1844)
分布：云南，西藏；印度，尼泊尔。

齿叶裂臀瓢虫 *Henosepilachna processa* (Weise, 1908)
分布：云南（西双版纳），台湾；马来西亚，缅甸，印度。

锯叶裂臀瓢虫 *Henosepilachna pusillanima* (Mulsant, 1850)
分布：云南（德宏、红河、西双版纳），广西，福建，台湾；印度，尼泊尔，菲律宾。

瓜裂臀瓢虫 *Henosepilachna septima* (Dieke, 1947)
分布：云南（临沧），广西，海南，广东；缅甸，越南，泰国，老挝，柬埔寨，印度。

六斑裂臀瓢虫 *Henosepilachna sexta* (Dieke, 1947)
分布：云南（德宏、西双版纳）；印度尼西亚。

多摩裂臀瓢虫 *Henosepilachna tamdaoensis* Hoang, 1977
分布：云南（红河、德宏、西双版纳），贵州，广西，广东；越南。

北部湾裂臀瓢虫 Henosepilachna tonkinensis (Bielawski, 1957)
分布：云南（怒江、保山、临沧、文山），贵州，广西；越南。

齿突裂臀瓢虫 Henosepilachna umbonata Pang & Mao, 1979
分布：云南（红河）。

毛突裂臀瓢虫 Henosepilachna verriculata Pang & Mao, 1979
分布：云南（文山、临沧、普洱、怒江、保山、西双版纳）。

马铃薯瓢虫 Henosepilachna vigintioctomaculata (Motschulsky, 1857)
分布：云南（昆明、昭通、大理、德宏、怒江），四川，西藏，贵州，黑龙江，吉林，辽宁，河北，北京，河南，山东，山西，甘肃，陕西，安徽，江苏，浙江，江西，福建，香港；日本，朝鲜半岛，俄罗斯，印度，尼泊尔。

茄二十八星瓢虫 Henosepilachna vigintioctopunctata (Fabricius, 1775)
分布：云南（昆明、昭通、临沧、西双版纳），四川，西藏，贵州，黑龙江，辽宁，山东，山西，河北，河南，陕西，江苏，浙江，安徽，江西，湖北，湖南，广西，福建，台湾，广东；日本，俄罗斯，缅甸，泰国，印度尼西亚，巴布亚新几内亚，尼泊尔，不丹，阿富汗，印度，巴基斯坦，澳大利亚。

长足瓢虫属 Hippodamia Dejean, 1836

理县长足瓢虫 Hippodamia lixianensis (Jing, 1986)
分布：云南，四川，西藏。

黑斑长足瓢虫 Hippodamia potanini (Weise, 1889)
分布：云南，西藏，四川。

十一斑长足瓢虫 Hippodamia undecimnotata (Schneider, 1792)
分布：云南（红河、临沧）。

多异长足瓢虫 Hippodamia variegata (Goeze, 1777)
分布：云南（昆明、丽江、玉溪、昭通、楚雄、保山），四川，西藏，吉林，辽宁，内蒙古，河北，北京，山东，山西，河南；日本，印度，非洲。

素菌瓢虫属 Illeis Mulsant, 1850

二斑素瓢虫 Illeis bistigmosa (Mulsant, 1850)
分布：云南（德宏），广西，广东，海南；越南，

印度，尼泊尔，斯里兰卡，菲律宾，印度尼西亚，泰国。

中国素菌瓢虫 Illeis chinensis Iablokoff-Khnzorian, 1978
分布：云南，浙江，广东，香港；越南，美国。

狭叶菌瓢虫 Illeis confusa Timberlake, 1943
分布：云南（德宏、普洱），四川，贵州，浙江，广东，香港；越南，美国。

印度素瓢虫 Illeis indica Timberlake, 1960
分布：云南（昆明、临沧、德宏），广东；巴基斯坦，印度，美国（夏威夷）。

柯氏素菌瓢虫 Illeis koebelei Timberlake, 1943
分布：云南（昆明、大理），四川，贵州，陕西，山西，河北，河南，湖北，上海，江西，江苏，湖南，广西，福建，广东，台湾；日本，朝鲜，美国（夏威夷）。

陕西素菌瓢虫 Illeis shensiensis Timberlake, 1943
分布：云南（保山），四川，贵州，陕西，湖南，福建，广东，海南。

环艳瓢虫属 Jauravia Motschulsky, 1858

月斑环艳瓢虫 Jauravia assamensis Kapur, 1961
分布：云南（德宏）；印度。

黄环艳瓢虫 Jauravia limbata Motschulsky, 1858
分布：云南（德宏），海南，台湾；印度，斯里兰卡。

四斑环艳瓢虫 Jauravia quadrinotata Kapur, 1946
分布：云南（德宏），台湾；印度。

凯瓢虫属 Keiscymnus Sasaji, 1971

台湾凯瓢虫 Keiscymnus taiwanensis Yang, 1972
分布：云南，福建，广东，海南，台湾，香港；越南，尼泊尔。

盘瓢虫属 Lemnia Mulsant, 1850

双四盘瓢虫 Lemnia biquadriguttata Jing, 1988
分布：云南（西双版纳）。

十斑盘瓢虫 Lemnia bissellata (Mulsant, 1850)
分布：云南（保山、临沧、普洱、德宏、文山、西双版纳），贵州，四川，湖南，广西，福建，广东，海南；朝鲜，印度，菲律宾，印度尼西亚，越南，泰国，尼泊尔，新加坡，巴布亚新几内亚。

双带盘瓢虫 Lemnia biplagiata (Swartz, 1808)
分布：云南（文山、普洱、德宏、昭通、西双版纳），

四川，西藏，吉林，湖北，浙江，江西，广西，台湾，福建，广东；朝鲜，日本，马来西亚，印度尼西亚。

褐带盘瓢虫 *Lemnia brunniplagiata* Jing, 1988
分布：云南（西双版纳）。

红基盘瓢虫 *Lemnia circumusta* (Mulsant, 1850)
分布：云南（普洱、临沧、红河），广西，福建，广东，海南，香港，台湾；印度，越南。

九斑盘瓢虫 *Lemnia duvauceli* (Mulsant, 1850)
分布：云南，贵州，广西，广东，福建，香港，台湾；日本，越南，缅甸，印度尼西亚，印度。

泸水盘瓢虫 *Lemnia lushuiensis* Jing, 1992
分布：云南，福建。

红颈盘瓢虫 *Lemnia melanaria* (Mulsant, 1850)
分布：云南（怒江、临沧），四川，贵州，西藏，甘肃，陕西，湖北，湖南，广西，福建，广东，台湾；越南，印度，斯里兰卡，菲律宾。

黄斑盘瓢虫 *Lemnia saucia* (Mulsant, 1850)
分布：云南，四川，贵州，内蒙古，甘肃，陕西，山东，河南，上海，湖南，江西，浙江，广西，福建，台湾，海南，广东，香港；日本，印度，菲律宾，尼泊尔，泰国。

大菌瓢虫属 *Macroilleis* Miyatake, 1965

白条大菌瓢虫 *Macroilleis hauseri* (Mader, 1930)
分布：云南（昆明、大理），四川，贵州，陕西，河南，湖北，广西，福建，台湾，海南；不丹，印度。

小长瓢虫属 *Macronaemia* Casey, 1899

黑条长瓢虫 *Macronaemia hauseri* (Weise, 1905)
分布：云南（昆明、丽江、大理、昭通、楚雄、玉溪、保山、德宏）。

奇异长瓢虫 *Macronaemia paradoxa* (Mader, 1947)
分布：云南（大理）。

云南长瓢虫 *Macronaemia yunnanensis* Cao & Xiao, 1985
分布：云南（昆明）。

大瓢虫属 *Megalocaria* Crotch, 1871

十斑大瓢虫 *Megalocaria dilatata* (Fabricius, 1775)
分布：云南（昆明、临沧、红河、普洱、德宏、西双版纳），四川，贵州，广西，福建，广东，香港，台湾；印度，印度尼西亚，越南。

萍斑大瓢虫 *Megalocaria reichii pearsoni* (Crotch, 1874)
分布：云南（昆明、曲靖、红河），湖南；印度。

宽柄月瓢虫属 *Menochilus* Timberlake, 1781

六斑月瓢虫 *Menochilus sexmaculatus* (Fabricius, 1781)
分布：云南（昆明、昭通、曲靖、大理、红河、文山、玉溪、临沧、德宏），四川，贵州，黑龙江，吉林，辽宁，甘肃，陕西，山东，河南，江苏，湖北，江西，浙江，上海，湖南，广西，福建，台湾，海南，广东，香港；印度，日本，柬埔寨，斯里兰卡，菲律宾，马来西亚，印度尼西亚，泰国，阿富汗，巴布亚新几内亚。

兼食瓢虫属 *Micraspis* Chevrolata, 1836

四斑兼食瓢虫 *Micraspis allardi* (Mulsant, 1836)
分布：云南，广东，福建，海南；菲律宾，印度尼西亚，越南，尼泊尔，印度，巴基斯坦，阿富汗。

稻红瓢虫 *Micraspis discolor* (Fabricius, 1798)
分布：云南（昭通、文山、玉溪、普洱、德宏、西双版纳），四川，贵州，陕西，河南，山东，浙江，江西，江苏，湖北，湖南，广西，福建，广东，海南，香港；日本，印度，斯里兰卡，印度尼西亚，菲律宾。

罕兼食瓢虫 *Micraspis inops* (Muisant, 1866)
分布：云南；尼泊尔，巴基斯坦，印度。

葵州兼食瓢虫 *Micraspis quichauensis* (Hoang, 1978)
分布：云南（德宏）；越南。

云南兼食瓢虫 *Micraspis yunnanensis* Jing, 1985
分布：云南（西双版纳）。

刀角瓢虫属 *Microserangium* Miyatake, 1961

指突刀角瓢虫 *Microserangium dactylicum* Wang & Ren, 2013
分布：云南（红河、普洱）。

红刀角瓢虫 *Microserangium erythrinum* Wang & Ren, 2013
分布：云南（西双版纳、普洱）。

弯叶毛瓢虫属 *Nephus* Mulsant, 1846

宽胫弯叶毛瓢虫 *Nephus eurypodus* Yu & Lau, 2001
分布：云南（西双版纳），广东，香港。

尼艳瓢虫属 *Nesolotis* Miyatake, 1966

中斑尼艳瓢虫 *Nesolotis centralis* Wang & Ren, 2010

分布：云南（红河），广西，广东。

大围山尼艳瓢虫 *Nesolotis daweishanensis* Wang, Ren & Chen, 2010

分布：云南（红河）。

齿叶尼艳瓢虫 *Nesolotis denticulata* Wang & Ren, 2010

分布：云南（德宏、西双版纳）。

剑叶尼艳瓢虫 *Nesolotis gladiiformis* Wang & Ren, 2010

分布：云南（普洱）。

粗点尼艳瓢虫 *Nesolotis magnipunctata* Wang & Ren, 2010

分布：云南（西双版纳）。

短角瓢虫属 *Novius* Mulsant, 1850

澳洲瓢虫 *Novius cardinalis* (Mulsant, 1850)

分布：云南（昆明、玉溪、楚雄），四川，贵州，陕西，湖北，江苏，浙江，上海，福建，广东，海南，香港，台湾；日本，韩国，巴基斯坦，中东，非洲，欧洲，美洲。

烟色短角瓢虫 *Novius fumida* (Mulsant, 1850)

分布：云南（玉溪、红河、西双版纳），福建，广东；缅甸，印度，斯里兰卡，巴基斯坦。

郝氏短角瓢虫 *Novius hauseri* (Mader, 1930)

分布：云南，四川。

红环短角瓢虫 *Novius limbata* (Mostchulsky, 1866)

分布：云南（昆明、丽江、迪庆、红河、德宏、西双版纳），黑龙江，辽宁，河北，山西，江苏，浙江；日本，俄罗斯。

红缘短角瓢虫 *Novius marginata* (Bielawski, 1960)

分布：云南（德宏、西双版纳）；印度。

八斑短角瓢虫 *Novius octoguttata* (Weise, 1910)

分布：云南（昆明、大理、丽江、西双版纳），贵州，四川，浙江，广西，福建，广东；印度。

小红短角瓢虫 *Novius pumila* (Weise, 1892)

分布：云南（怒江、德宏、临沧、西双版纳），福建，广东，香港，台湾。

四斑短角瓢虫 *Novius quadrimaculata* (Mader, 1939)

分布：云南，四川，黑龙江，辽宁，内蒙古，河南，湖北，上海，湖南，广西，广东，台湾。

浅绷短角瓢虫 *Novius rufopilosa* (Mulsant, 1850)

分布：云南（红河、临沧、西双版纳），四川，贵州，新疆，陕西，上海，安徽，江西，湖北，江苏，浙江，湖南，广西，福建，广东，香港；日本，印度，缅甸，菲律宾，马来西亚，印度尼西亚。

小巧瓢虫属 *Oenopia* Mulsant, 1850

保山巧瓢虫 *Oenopia baoshanensis* Jing, 1992

分布：云南（保山）。

龟纹巧瓢虫 *Oenopia billieti* (Mulsant, 1853)

分布：云南（丽江、迪庆），西藏，四川，陕西；印度。

十二斑巧瓢虫 *Oenopia bissexnotata* (Mulsant, 1850)

分布：云南（昭通），四川，贵州，新疆，青海，甘肃，东北，陕西，河北，山东，湖北；俄罗斯。

粗网巧瓢虫 *Oenopia chinensis* (Weise, 1912)

分布：云南（昆明、红河、保山），四川，贵州，陕西，甘肃，山东，江苏，江西，浙江，上海，湖南，广西，广东，台湾，福建；尼泊尔，印度。

德钦巧瓢虫 *Oenopia deqenensis* Jing, 1992

分布：云南（迪庆、丽江），四川。

淡红巧瓢虫 *Oenopia emmerichi* Mader, 1933

分布：云南（丽江），四川，西藏，湖北，江西。

黄褐巧瓢虫 *Oenopia flavidbrunna* Jing, 1986

分布：云南（昆明），四川，贵州，西藏，陕西，甘肃，河南，广西，福建，广东；越南，缅甸，印度。

黑缘巧瓢虫 *Oenopia kirbyi* Mulsant, 1850

分布：云南（昆明、德宏、西双版纳），西藏，四川，湖北，海南，台湾；缅甸，印度，泰国。

兰坪巧瓢虫 *Oenopia lanpingensis* Jing, 1992

分布：云南（大理）。

四斑巧瓢虫 *Oenopia quadripunctata* Kapur, 1963

分布：云南（德宏），西藏，湖北，江苏；印度，尼泊尔。

黄缘巧瓢虫 *Oenopia sauzeti* Mulsant, 1866

分布：云南（昆明、文山、红河、保山、德宏、西双版纳），四川，西藏，贵州，陕西，甘肃，湖南，广东，台湾；缅甸，印度。

细网巧瓢虫 *Oenopia sexaerata* (Mulsant, 1853)

分布：云南（临沧）；缅甸，印度，印度尼西亚。

梯斑巧瓢虫 *Oenopia scalaris* (Timberlake, 1943)

分布：云南，贵州，四川，北京，新疆，河北，河南，广西，福建，广东，台湾；日本，朝鲜，越南，美国。

点斑巧瓢虫 *Oenopia signatella* (Mulsant, 1886)

分布：云南，西藏，陕西，广西；缅甸，印度。

刻眼瓢虫属 *Ortalia* Mulsant, 1850

褐刻眼瓢虫 *Ortalia bruneiana* Bielawski, 1965

分布：云南。

云南刻眼瓢虫 *Ortalia horni* Weise, 1900

分布：云南（保山、德宏、西双版纳），四川，广东，海南。

景洪刻眼瓢虫 *Ortalia jinghonginsis* Pang & Mao, 1958

分布：云南（普洱、西双版纳）。

勐仑刻眼瓢虫 *Ortalia menglunensis* Pang & Mao, 1979

分布：云南（西双版纳）。

黑腹刻眼瓢虫 *Ortalia nigropectoralis* Pang & Mao, 1979

分布：云南（西双版纳）。

黄褐刻眼瓢虫 *Ortalia pectoralis* Weise, 1901

分布：云南（普洱、玉溪、西双版纳），广西；印度。

粗管瓢虫属 *Palaeoneda* Crotch, 1871

Palaeoneda auriculata Mulsant, 1866

分布：云南；印度，尼泊尔。

粗管瓢虫 *Palaeoneda miniata* (Hope, 1831)

分布：云南，四川，福建；尼泊尔，印度。

Paraplotina Miyatake, 1969

Paraplotina tamdaoensis Hoàng, 1982

分布：云南（西双版纳、普洱）；越南。

Paraplotina chinensis Wang, Ge & Ren, 2012

分布：云南（普洱）。

刺叶食螨瓢虫属 *Parastethorus* Pang & Mao, 1975

Parastethorus grandoaperturus Li & Ren, 2015

分布：云南（昆明、红河）。

Parastethorus yunnanensis (Pang & Mao, 1975)

分布：云南（大理、普洱）。

细须唇瓢虫属 *Phaenochilus* Weise, 1895

细须唇瓢虫 *Phaenochilus metasternalis* Miyatake, 1970

分布：云南（大理、德宏、临沧、怒江），西藏，贵州，安徽，江西，江苏，湖南，广西，广东，海南；越南，新加坡，印度尼西亚。

星盘瓢虫属 *Phrynocaria* Timberlake, 1943

四眼盘瓢虫 *Phrynocaria approximans* (Crotch, 1874)

分布：云南，四川，广西，福建，广东，台湾；日本，印度。

小圆星盘瓢虫 *Phrynocaria circinatella* (Jing, 1992)

分布：云南，四川，陕西。

红星盘瓢虫 *Phrynocaria congener* (Billberg, 1808)

分布：云南（红河），四川，广西，福建，广东，香港，台湾；日本，越南，印度。

黑缘星盘瓢虫 *Phrynocaria nigrilimbata* Jing, 1986

分布：云南（昆明、德宏）。

小黑星盘瓢虫 *Phrynocaria piciella* Jing, 1992

分布：云南。

广盾瓢虫属 *Platynaspis* Redtenbacher, 1846

斧斑广盾瓢虫 *Platynaspis angulimaculata* Mader, 1938

分布：云南（昆明、大理、怒江、西双版纳），四川。

双斑广盾瓢虫 *Platynaspis bimaculata* Pang & Mao, 1978

分布：云南（西双版纳）。

扭叶广盾瓢虫 *Platynaspis gressitti* (Miyatake, 1961)

分布：云南，广东，福建，海南。

黄斑广盾瓢虫 *Platynaspis huangea* Cao & Xiao, 1984

分布：云南（德宏）。

艳色广盾瓢虫 *Platynaspis lewisii* Crotch, 1873

分布：云南（昭通、德宏），贵州，四川，河南，陕西，湖北，江苏，江西，上海，浙江，广西，福建，广东，台湾；日本，韩国，缅甸，印度。

四斑广盾瓢虫 *Platynaspis maculosa* Weise, 1910

分布：云南，贵州，四川，山东，河南，陕西，甘肃，湖北，江苏，浙江，江西，广西，福建，广东，海南，台湾，香港；越南。

眼斑广盾瓢虫 *Platynaspis ocellimaculata* **Pang & Mao, 1979**

分布：云南（德宏、临沧、怒江、西双版纳）。

八斑广盾瓢虫 *Platynaspis octoguttata* **(Miyatake, 1961)**

分布：云南（西双版纳）。

六斑广盾瓢虫 *Platynaspis sexmaculatus* **Cao & Xiao, 1984**

分布：云南（德宏）；印度，尼泊尔。

三色广盾瓢虫 *Platynaspis tricolor* **(Hoang, 1983)**）

分布：云南，广西，广东；越南。

彩瓢虫属 *Plotina* Lewis, 1896

大围山彩瓢虫 *Plotina daweishanensis* **Wang & Ren, 2011**

分布：云南（红河）。

勐海彩瓢虫 *Plotina menghaiensis* **Wang, Ren & Chen, 2011**

分布：云南（西双版纳）。

福建彩瓢虫 *Plotina muelleri* **Mader, 1955**

分布：云南，贵州，湖南，广西，福建，广东，海南；越南。

Plotina quadrioculata **Kovár, 1995**

分布：云南（西双版纳）；泰国。

龟纹瓢虫属 *Propylea* Mulsant, 1846

西南龟纹瓢虫 *Propylea dissecta* **(Mulsant, 1850)**

分布：云南，四川，西藏；尼泊尔，孟加拉国，印度。

龟纹瓢虫 *Propylea japonica* **(Thunberg, 1781)**

分布：云南（昭通、怒江），西藏，四川，贵州，黑龙江，吉林，辽宁，内蒙古，河北，北京，河南，陕西，甘肃，江苏，浙江，安徽，江西，湖北，湖南，广西，福建，广东，台湾；日本，俄罗斯，印度，不丹。

黄室龟纹瓢虫 *Propylea luteopustulata* **(Mulsant, 1850)**

分布：云南（昆明、怒江、玉溪、文山、临沧、西双版纳），四川，贵州，西藏，陕西，河南，湖南，广西，福建，台湾，广东；越南，缅甸，泰国，尼泊尔，不丹，印度。

方斑龟纹瓢虫 *Propylea quatuordecimpunctata* **(Linnaeus, 1758)**

分布：云南，四川，贵州，北京，江苏；太平洋岛屿，北美洲。

凸胸瓢虫属 *Protothea* Weise, 1898

异凸胸瓢虫 *Protothea mirabilis* **(Hoang, 1983)**

分布：云南（普洱）；越南。

方突毛瓢虫属 *Sasajiscymnus* Vandenberg, 2004

尖叶方瓢虫 *Sasajiscymnus acutus* **Tong & Wang, 2022**

分布：云南（红河、保山、普洱、怒江），福建。

大方瓢虫 *Sasajiscymnus amplus* **(Yang & Wu, 1972)**

分布：云南（德宏、文山、保山、临沧、普洱、西双版纳），贵州，海南，台湾。

裂臀方瓢虫 *Sasajiscymnus dapae* **(Hoàng, 1978)**

分布：云南（临沧、普洱、怒江、西双版纳），四川，贵州，西藏，重庆，浙江，安徽，江西，河南，湖北，湖南，广西，福建，广东，海南；越南。

镰叶方瓢虫 *Sasajiscymnus falcatus* **Tong & Wang, 2022**

分布：云南（怒江）。

黄点方瓢虫 *Sasajiscymnus flavostictus* **Tong & Wang, 2022**

分布：云南（西双版纳）。

曲叶方瓢虫 *Sasajiscymnus flexus* **Tong & Wang, 2022**

分布：云南（西双版纳），海南。

钩状方瓢虫 *Sasajiscymnus hamatus* **(Yu & Pang, 1993)**

分布：云南（怒江、西双版纳），西藏，广东，海南。

哈里方瓢虫 *Sasajiscymnus hareja* **(Weise, 1879)**

分布：云南，四川。

黑颊方瓢虫 *Sasajiscymnus heijia* **(Yu & Montgomery, 2000)**

分布：云南（丽江、红河、普洱、西双版纳），四川，贵州，河南，陕西。

方瓢虫 *Sasajiscymnus huashansong* **(Yu, 1999)**

分布：云南（丽江）。

缠端方瓢虫 *Sasajiscymnus intricatus* **Tong & Wang, 2022**

分布：云南（红河、西双版纳），西藏，安徽，福建。

直钩方瓢虫 *Sasajiscymnus kuriharai* Kitano, 2012
分布：云南（文山、临沧、西双版纳），四川，贵州，广西，广东，海南，香港，台湾。

黑方突毛瓢虫 *Sasajiscymnus kurohime* (Miyatake, 1959)
分布：云南（文山、保山、普洱，怒江、德宏、西双版纳），贵州，西藏，安徽，广西，福建，广东，台湾；日本，越南，密克罗尼西亚。

里氏方瓢虫 *Sasajiscymnus lewisi* (Kamiya, 1961)
分布：云南（普洱），四川；日本，越南。

长叶方瓢虫 *Sasajiscymnus longus* Tong & Wang, 2022
分布：云南（普洱），西藏，河南。

尼泊尔方瓢虫 *Sasajiscymnus nepalicus* (Miyatake, 1985)
分布：云南（红河、临沧、文山、西双版纳），西藏，广西，海南。

黄胸方瓢虫 *Sasajiscymnus pronotus* (Pang & Huang, 1986)
分布：云南（怒江、德宏、文山、西双版纳），四川，贵州，广西，广东，福建。

拟大方瓢虫 *Sasajiscymnus pseudoamplus* Tong & Wang, 2022
分布：云南（文山、红河、保山、德宏、临沧、西双版纳），贵州，海南。

五斑方瓢虫 *Sasajiscymnus quinquepunctatus* (Weise, 1923)
分布：云南（红河、普洱、德宏、西双版纳），四川，贵州，重庆，河南，浙江，安徽，江西，湖北，湖南，广西，福建，广东，海南，香港，台湾；日本。

箭端方瓢虫 *Sasajiscymnus sagittalis* Tong & Wang, 2022
分布：云南（普洱、西双版纳），贵州，江西，湖南，广西，广东，海南。

半黑方瓢虫 *Sasajiscymnus seminigrinus* (Yu & Pang, 1993)
分布：云南（文山、红河），贵州，广西，广东，海南。

枝斑方瓢虫 *Sasajiscymnus sylvaticus* (Lewis, 1896)
分布：云南（红河），贵州，安徽，江西，湖南，广西，广东。

条斑方瓢虫 *Sasajiscymnus striatus* Tong & Wang, 2022
分布：云南（怒江），西藏。

截端方瓢虫 *Sasajiscymnus truncatulus* (Yu, 1997)
分布：云南（丽江、大理）。

变斑方瓢虫 *Sasajiscymnus variabilis* Tong & Wang, 2022
分布：云南（德宏、临沧、西双版纳），贵州，湖北，广西，广东，台湾。

无量山方瓢虫 *Sasajiscymnus wuliangshan* Tong & Wang, 2022
分布：云南（普洱），西藏。

展唇瓢虫属 *Scymnomorphus* Weise, 1897

方叶展唇瓢虫 *Scymnomorphus isolateralis* Wang & Ren, 2012
分布：云南（红河）。

小勐养展唇瓢虫 *Scymnomorphus xiaomengyangus* Wang & Ren, 2012
分布：云南（西双版纳）。

小毛瓢虫属 *Scymnus* Kugelann, 1794

Scymnus acerbus Chen, Wang & Ren, 2013
分布：云南（西双版纳）。

Scymnus acerosus Chen & Ren, 2015
分布：云南（西双版纳）。

端丝小毛瓢虫 *Scymnus acidotus* Pang & Huang, 1985
分布：云南（临沧、德宏、普洱），贵州，河南，安徽，江西，湖北，湖南，广西，福建，广东，海南。

Scymnus ampuliformis Chen & Ren, 2015
分布：云南（普洱、大理）。

箭叶小毛瓢虫 *Scymnus ancontophyllus* Ren & Pang, 1993
分布：云南（丽江），四川，天津，河北，陕西，山西，甘肃，湖北，安徽，浙江，上海。

Scymnus arciformis Chen, Wang & Ren, 2013
分布：云南（德宏），海南。

黑背毛瓢虫 *Scymnus babai* Sasaji, 1971
分布：云南（昆明、临沧、保山、大理、西双版纳），吉林，辽宁，山东，北京，江苏，浙江；日本。

Scymnus barbatus Chen & Ren, 2015
分布：云南（怒江），广西。

二歧小毛瓢虫 *Scymnus bifurcatus* Yu, 1995
分布：云南（怒江），四川，贵州，河南，湖北，台湾。

布朗小毛瓢虫 *Scymnus bulangicus* Chen & Ren, 2015
分布：云南（西双版纳）。

菜阳河小毛瓢虫 *Scymnus caiyanghensis* Chen, Wang & Ren, 2013
分布：云南（普洱）。

弧结毛瓢虫 *Scymnus camptodromus* Yu & Liu, 1997
分布：云南（丽江），四川。

Scymnus chelyospilicus Chen & Ren, 2015
分布：云南（普洱、德宏、西双版纳），西藏，贵州，广西，海南。

刺端小毛瓢虫 *Scymnus cnidatus* Pang & Pu, 1990
分布：云南（保山），贵州，广西，广东。

Scymnus conoidalis Chen & Ren, 2015
分布：云南（怒江、红河、临沧、西双版纳），西藏。

Scymnus corallinus Chen & Ren, 2015
分布：云南（怒江）。

Scymnus corporosus Motschulsky, 1866
分布：云南。

Scymnus cristiformis Yu, 1993
分布：云南。

Scymnus cyclotus Chen & Ren, 2015
分布：云南（西双版纳），广西，海南。

Scymnus dasyphyllus Chen & Ren, 2015
分布：云南（红河），西藏。

Scymnus deflexus Chen, Wang & Ren, 2013
分布：云南（德宏）。

Scymnus deltatus Chen, Wang & Ren, 2013
分布：云南（怒江），西藏，海南。

Scymnus devexus Chen & Ren, 2015
分布：云南（西双版纳），海南。

Scymnus dichotomus Chen, Ren & Wang, 2015
分布：云南（普洱）。

双囊小毛瓢虫 *Scymnus dicorycus* Pang & Huang, 1986
分布：云南（保山），安徽，湖南，福建，广东，香港，海南，台湾；越南。

Scymnus dimidius Chen & Ren, 2015
分布：云南（临沧、西双版纳）。

Scymnus dipterygicus Ren & Pang, 1995
分布：云南（普洱、怒江），贵州。

双叶小毛瓢虫 *Scymnus dissolobus* Pang & Huang, 1985
分布：云南（西双版纳），江西，福建，广东，海南。

长爪小毛瓢虫 *Scymnus dolichonychus* Yu & Pang, 1994
分布：云南（西双版纳），贵州，重庆，河南，陕西，湖北，湖南，安徽，江西，浙江。

Scymnus dongjiuensis Chen & Ren, 2015
分布：云南，西藏。

Scymnus elagatisophyllus Kuznetsov & Ren, 1991
分布：云南（西双版纳），海南；越南。

Scymnus eminulus Chen & Ren, 2015
分布：云南（红河、普洱），四川，湖北。

Scymnus ensatus Chen & Ren, 2015
分布：云南（普洱）。

Scymnus epimecis Chen & Ren, 2015
分布：云南（怒江）。

Scymnus erythrinus Chen & Ren, 2015
分布：云南（怒江）。

Scymnus ezhanus Chen & Ren, 2015
分布：云南（红河）。

Scymnus fasciculatus Chen, Wang & Ren, 2013
分布：云南（普洱）。

Scymnus filippovi Ukrainsky, 1986
分布：云南（红河），广西，福建，台湾。

丽小毛瓢虫 *Scymnus formosanus* (Weise, 1923)
分布：云南（普洱），四川，贵州，浙江，江西，广西，广东，海南，台湾；越南。

四斑小毛瓢虫 *Scymnus frontalis mimulus* Capra & Fursch, 1967
分布：云南（临沧、西双版纳），新疆，河北，山东，福建。

Scymnus fruticis Canepari, 1997
分布：云南（怒江），西藏。

薄明小毛瓢虫 *Scymnus fuscatus* Boheman, 1859
分布：云南，四川，福建，广东，台湾；日本，韩国，尼泊尔。

Scymnus fusinus Chen, Wang & Ren, 2013
分布：云南（德宏、临沧）。

Scymnus geminus Yu & Montgomery, 2000
分布：云南（丽江），西藏。

Scymnus godavariensis Miyatake, 1985
分布：云南（怒江、临沧、红河），西藏，贵州，广西，广东，海南；尼泊尔。

古城小毛瓢虫 *Scymnus gucheng* Yu, 2000
分布：云南（丽江），四川。

河源小毛瓢虫 *Scymnus heyuanus* Yu, 2000
分布：云南（丽江）。

印氏小毛瓢虫 *Scymnus hingstoni* Kapur, 1963
分布：云南（高黎贡山），西藏，广东，福建；越南，印度。

Scymnus hiulcus Chen & Ren, 2015
分布：云南（普洱）。

黑襟小毛瓢虫 *Scymnus hoffmanni* Weise, 1879
分布：云南（昆明），黑龙江，河北，北京，河南，陕西，山西，江苏，江西，上海，浙江，湖南，广西，福建，台湾；日本，朝鲜半岛，印度。

华山松小毛瓢虫 *Scymnus huashansong* Yu, 1999
分布：云南（怒江、大理），四川，西藏。

Scymnus igneus Chen & Ren, 2015
分布：云南（怒江），西藏。

Scymnus impolitus Chen, Wang & Ren, 2013
分布：云南（西双版纳）。

Scymnus jaculatorius Yu, 2000
分布：云南（丽江）。

日本小瓢虫 *Scymnus japonicus* Weise, 1879
分布：云南（大理），西藏，贵州，四川，吉林，辽宁，河北，江苏，上海，浙江，湖南，福建，海南，广东；韩国，日本，朝鲜。

鸡公山小毛瓢虫 *Scymnus jigongshan* Yu, 1999
分布：云南（文山、西双版纳），贵州，河南，安徽，湖北，广西，福建，广东。

景东小毛瓢虫 *Scymnus jingdongensis* Chen & Ren, 2015
分布：云南（普洱）。

Scymnus jormosanus Weise, 1923
分布：云南，贵州，四川，广西，广东，台湾。

内卷小毛瓢虫 *Scymnus kabakovi* Hoang, 1982
分布：云南（西双版纳），西藏，广西，广东；越南。

黑背小毛瓢虫 *Scymnus kawamurai* (Ohta, 1971)
分布：云南（昆明、德宏），四川，浙江，广西，福建，广东，海南；日本，印度。

Scymnus leptophyllus Chen & Ren, 2015
分布：云南（普洱），西藏。

丽江小毛瓢虫 *Scymnus lijiangensis* Yu, 2000
分布：云南（丽江）。

矛端小毛瓢虫 *Scymnus lonchiatus* Pang & Huang, 1985
分布：云南，四川，湖北，福建。

曲叶小毛瓢虫 *Scymnus loxiphyllus* Ren & Pang, 1994
分布：云南（文山、红河、德宏、临沧、西双版纳），贵州，广西。

Scymnus luridus Chen & Ren, 2015
分布：云南（德宏）。

泸西小毛瓢虫 *Scymnus luxiensis* Chen, Wang & Ren, 2013
分布：云南（怒江）。

马路小毛瓢虫 *Scymnus lycotropus* Yu, 2000
分布：云南（丽江）。

马库小毛瓢虫 *Scymnus makuensis* Chen, Wang & Ren, 2013
分布：云南（怒江）。

勐仑小毛瓢虫 *Scymnus menglensis* Chen & Ren, 2015
分布：云南（西双版纳）。

孟连小毛瓢虫 *Scymnus menglianicus* Chen & Ren, 2015
分布：云南（普洱）。

Scymnus multisetosus Chen & Ren, 2015
分布：云南（大理、怒江），西藏。

Scymnus myridentatus Yu, 2004
分布：云南（德宏），西藏。

纳板小毛瓢虫 *Scymnus nabangicus* Chen, Wang & Ren, 2013
分布：云南（德宏），西藏。

蛇形小毛瓢虫 *Scymnus najaformis* Yu, 1997
分布：云南（丽江）。

黑缘小毛瓢虫 *Scymnus nigromarginalis* Yu, 2000
分布：云南（丽江）。

Scymnus nigrobasalis Yu, 2000
分布：云南（丽江）。

云小毛瓢虫 *Scymnus nubilus* Mulsant, 1850
分布：云南（普洱），四川，西藏，台湾；日本，印度，斯里兰卡，巴基斯坦，缅甸，尼泊尔，非洲。

Scymnus oculoformis **Chen & Ren, 2015**
分布：云南（怒江）。

箭端小毛瓢虫 *Scymnus oestocraerus* **Pang & Huang, 1985**
分布：云南（怒江），贵州，西藏，安徽，浙江，江西，湖南，广西，福建，广东，海南，台湾；越南。

钩管小瓢虫 *Scymnus oncosiphonos* **Cao & Xiao, 1984**
分布：云南（德宏）。

东方小毛瓢虫 *Scymnus orientalis* Mader, 1955
分布：云南。

Scymnus paleaceus **Chen & Ren, 2015**
分布：云南（丽江、怒江）。

Scymnus paracrinitus **Yu, 2000**
分布：云南（丽江）。

Scymnus praecisus **Chen & Ren, 2015**
分布：云南（怒江、德宏、西双版纳）。

Scymnus pingbianensis **Chen & Ren, 2015**
分布：云南（红河）。

Scymnus porcatus **Chen & Ren, 2015**
分布：云南（西双版纳）。

后斑小毛瓢虫 *Scymnus posticalis* Sicard, 1912
分布：云南（昆明），四川，贵州，陕西，河南，湖北，上海，广西，广东，福建，台湾；日本，印度，尼泊尔，越南。

Scymnus prolatus **Chen & Ren, 2015**
分布：云南（普洱）。

Scymnus recavus **Chen, Wang & Ren, 2013**
分布：云南（西双版纳）。

Scymnus rectangulus **Chen & Ren, 2015**
分布：云南（德宏），西藏。

Scymnus rhinoides **Chen & Ren, 2015**
分布：云南（红河），广东，海南。

Scymnus robustibasalis **Yu, 2000**
分布：云南（丽江）。

Scymnus rufostriatus **Chen & Ren, 2015**
分布：云南（红河）。

Scymnus serratus **Chen, Wang & Ren, 2013**
分布：云南（普洱）。

波结毛瓢虫 *Scymnus sinuanodulus* Yu & Yao, 1997
分布：云南（丽江）。

束小瓢虫 *Scymnus sodalis* (Weise, 1923)
分布：云南，四川，江苏，浙江，福建，广东，台湾；日本，印度。

Scymnus sphenophyllus **Chen & Ren, 2015**
分布：云南（怒江、西双版纳）。

Scymnus spirellus **Chen & Ren, 2015**
分布：云南（西双版纳）。

Scymnus thecacontus **Ren & Pang, 1993**
分布：云南（丽江）。

长管小毛瓢虫 *Scymnus tenuis* Yang, 1978
分布：云南（红河、德宏、西双版纳），江西，福建，广东，海南，香港，台湾；越南。

箭管小毛瓢虫 *Scymnus toxosiphonius* **Pang & Huang, 1986**
分布：云南（丽江、西双版纳），贵州，河南，安徽，福建，广东，海南，台湾。

三斑小瓢虫 *Scymnus trimaculatus* Yu & Pang, 1994
分布：云南。

Scymnus tropicus **Chen & Ren, 2015**
分布：云南（西双版纳）。

Scymnus truncatus **Chen & Ren, 2015**
分布：云南（怒江）。

Scymnus tsugae **Yu & Yao, 2000**
分布：云南（丽江）。

Scymnus unciformis **Yu, 2000**
分布：云南（丽江）。

Scymnus ventricosus **Chen & Ren, 2015**
分布：云南（德宏、西双版纳），江西，广西。

Scymnus xujiabensis **Chen & Ren, 2015**
分布：云南（普洱）。

Scymnus xiaoweishanus **Chen & Ren, 2015**
分布：云南（红河）。

杨氏小毛瓢虫 *Scymnus yangi* Yu & Pang, 1993
分布：云南（红河、西双版纳），西藏，贵州，重庆，河南，陕西，浙江，江西，湖南，广西，福建，广东，海南，台湾；越南。

Scymnus yaoquensis **Chen & Ren, 2015**
分布：云南（西双版纳）。

云杉坪小毛瓢虫 *Scymnus yunshanpingensis* **Yu, 1997**
分布：云南（丽江）。

弯角瓢虫属 *Semiadalia* Crotch, 1874

十斑弯角瓢虫 **Semiadalia decimguttata (Jing, 1986)**
分布：云南，西藏。

角瓢虫属 *Serangium* Blackburn, 1889

中斑刀角瓢虫 **Serangium centrale Wang & Ren, 2011**
分布：云南（普洱）。

弯茎刀角瓢虫 **Serangium contortum Wang & Ren, 2011**
分布：云南（怒江），湖北，广西。

独龙江刀角瓢虫 **Serangium dulongjiang Wang, Ren & Chen, 2011**
分布：云南（怒江）。

日本刀角瓢虫 **Serangium japonicum Chapin, 1940**
分布：云南（昆明），四川，贵州，重庆，河南，陕西，安徽，湖北，江苏，上海，浙江，湖南，广西，福建，广东，海南，台湾；日本，韩国。

宽叶刀角瓢虫 **Serangium latilobum Wang & Ren, 2011**
分布：云南（保山、怒江）。

大点刀角瓢虫 **Serangium magnipunctatum Wang & Ren, 2011**
分布：云南（西双版纳），广西。

三斑刀角瓢虫 **Serangium trimaculatum Wang & Ren, 2011**
分布：云南（怒江），四川。

长唇瓢虫属 *Shirozuella* Sasaji, 1967

黄环长唇瓢虫 **Shirozuella flavosemiovata Tong, Zhang, Chen & Wang, 2019**
分布：云南（普洱、红河）。

四斑长唇瓢虫 **Shirozuella quadrimacularis Yu & Montgomery, 2000**
分布：云南，四川。

宽缘长唇瓢虫 **Shirozuella limbata Tong, Zhang, Chen & Wang, 2019**
分布：云南（大理）。

后斑长唇瓢虫 **Shirozuella poststigmaea Tong, Zhang, Chen & Wang, 2019**
分布：云南（普洱、大理、怒江）。

鹿瓢虫属 *Sospita* Mulsant, 1846

十二星鹿瓢虫 **Sospita bissexnotata (Jing, 1992)**
分布：云南，四川。

食螨瓢虫属 *Stethorus* Weise, 1891

宾川食螨瓢虫 **Stethorus binchuanensis Pang & Mao, 1975**
分布：云南（昆明、大理）。

Stethorus brevifoliatus Li, Chen & Ren, 2013
分布：云南（普洱）。

东川食螨瓢虫 **Stethorus dongchuanensis Cao & Xiao, 1984**
分布：云南（昆明）。

Stethorus gangliiformis Li, Chen & Ren, 2013
分布：云南（怒江）。

印度食螨瓢虫 **Stethorus indira Kapur, 1950**
分布：云南（德宏），广西；印度。

Stethorus inflatus Li, Chen & Ren, 2013
分布：云南（普洱、怒江），西藏。

拟小食螨瓢虫 **Stethorus parapauperculus Pang, 1966**
分布：云南（楚雄），河南，福建，广西，广东，海南。

郎氏食螨瓢虫 **Stethorus rani Kapur, 1948**
分布：云南，福建，广东；印度。

截形食螨瓢虫 **Stethorus tunicatus Li, Chen & Ren, 2013**
分布：云南（普洱）。

盈江食螨瓢虫 **Stethorus yingjiangensis Cao & Xiao, 1992**
分布：云南（德宏），贵州。

云南食螨瓢虫 **Stethorus yunnanensis Pang & Mao, 1975**
分布：云南（昆明）。

小艳瓢虫属 *Sticholotis* Crotch, 1874

Sticholotis brachyloba Wang & Ren, 2017
分布：云南（红河）。

Sticholotis carinica (Gorham, 1895)
分布：云南（临沧、普洱、西双版纳）；缅甸。

Sticholotis cinctipennis Weise, 1885
分布：云南（临沧、德宏）；泰国。

Sticholotis clavata Wang & Ren, 2017
分布：云南（临沧）。

Sticholotis crassa Wang & Ren, 2017
分布：云南（西双版纳）。

大渡岗小艳瓢虫 **Sticholotis dadugangensis Wang & Ren, 2017**
分布：云南（普洱）。

Sticholotis denticuligera Wang & Ren, 2017

分布：云南（德宏、西双版纳）。

Sticholotis dilatata Wang & Ren, 2017

分布：云南（普洱）。

希拉小艳瓢虫 *Sticholotis hirashimai* Sasaji, 1967

分布：云南（临沧），贵州，台湾。

Sticholotis hoabinhensis Hoàng, 1982

分布：云南（临沧、保山）；越南。

金平小艳瓢虫 *Sticholotis jinpingensis* Wang & Ren, 2017

分布：云南（红河）。

Sticholotis magnopunctata Wang & Ren, 2017

分布：云南（昆明、楚雄），四川。

Sticholotis neckiformis Wang & Ren, 2017

分布：云南（红河）。

Sticholotis octopunctata Wang & Ren, 2017

分布：云南（普洱、保山）。

红额小艳瓢虫 *Sticholotis ruficeps* Weise, 1902

分布：云南（西双版纳），广东，海南；越南，马来西亚，新加坡，印度尼西亚，澳大利亚，非洲，欧洲。

Sticholotis simplifulva Wang & Ren, 2017

分布：云南（临沧、保山）。

Sticholotis taenia Wang & Ren, 2017

分布：云南（红河、怒江）。

Sticholotis tortus Wang & Ren, 2017

分布：云南（德宏、西双版纳）。

越南小艳瓢虫 *Sticholotis vietnamica* Hoàng, 1982

分布：云南（西双版纳）；越南。

粒眼瓢虫属 *Sumnius* Weise, 1892

红褐粒眼瓢虫 *Sumnius brunneus* Jing, 1983

分布：云南（怒江），四川。

柄斑粒眼瓢虫 *Sumnius cardoni* (Mulsant, 1850)

分布：云南（昆明、德宏），四川；印度。

黑褐粒眼瓢虫 *Sumnius nigrofuseus* Jing, 1983

分布：云南（迪庆、丽江）；俄罗斯。

小柄斑粒眼瓢虫 *Sumnius petiolimaculatus* Jing, 1983

分布：云南（西双版纳）。

二斑粒眼瓢虫 *Sumnius vestitus* Mulsant, 1850

分布：云南，四川，福建。

云南粒眼瓢虫 *Sumnius yunnanus* Mader, 1955

分布：云南（德宏、西双版纳），陕西，台湾。

新丽瓢虫属 *Synona* Pope, 1989

红颈新丽瓢虫 *Synona consanguinea* Poorani, Slipinski & Booth, 2008

分布：云南（怒江、迪庆、临沧），四川，西藏，贵州，陕西，甘肃，河南，湖北，福建，台湾，广东，海南；越南，缅甸，泰国。

黑新丽瓢虫 *Synona melanaria* Mulsant, 1850

分布：云南，西藏，贵州，四川，陕西，甘肃，河南，江西，广西，福建，广东，台湾。

突肩瓢虫属 *Synonycha* Chevrolat, 1836

大突肩瓢虫 *Synonycha grandis* Thunberg, 1781

分布：云南（楚雄、德宏、普洱、临沧），西藏，贵州，黑龙江，吉林，辽宁，陕西，江西，江苏，湖南，广西，福建，广东，香港，台湾；日本，印度，尼泊尔，缅甸，泰国，斯里兰卡，马来西亚，菲律宾，印度尼西亚，澳大利亚。

寡节瓢虫属 *Telsimia* Casey, 1899

会理寡节瓢虫 *Telsimia huiliensis* Pang & Mao, 1979

分布：云南，四川。

金阳寡节瓢虫 *Telsimia jinyangiensis* Pang & Mao, 1979

分布：云南（昆明），四川，广西。

黑寡节瓢虫 *Telsimia nigra* Weise, 1879

分布：云南，四川，湖北，上海，福建，台湾；日本。

中原寡节瓢虫 *Telsimia nigra centralia* Pang & Mao, 1978

分布：云南（昆明），四川。

Trigonocarinatus Huo & Ren, 2015

Trigonocarinatus gongshanus Huo & Ren, 2015

分布：云南（怒江），西藏。

Trigonocarinatus menghaiensis Huo & Ren, 2015

分布：云南（保山、德宏、临沧），广西。

单突食植瓢虫属 *Uniparodentata* Cao & Wang, 1993

Uniparodentata boymi (Jadwiszczak, 2003)

分布：云南，四川，贵州，山东。

木通食植瓢虫 *Uniparodentata clematicola* (Cao & Xiao, 1984)

分布：云南（昆明、文山、红河）。

扩斑食植瓢虫 *Uniparodentata exornata* (Bielawski, 1965)

分布：云南。

叶突食植瓢虫 *Uniparodentata folifera* (Pang & Mao, 1979)

分布：云南（西双版纳），福建。

福贡食植瓢虫 *Uniparodentata fugongensis* (Cao & Xiao, 1984)

分布：云南（怒江）。

福州食植瓢虫 *Uniparodentata magna* (Dieke, 1947)

分布：云南（临沧），四川，贵州，广东，福建。

勐遮食植瓢虫 *Uniparodentata paramagna* (Pang & Mao, 1979)

分布：云南（昆明、大理、怒江、红河、西双版纳），四川，湖南。

永善食植瓢虫 *Uniparodentata yongshanensis* (Cao & Xiao, 1984)

分布：云南（昭通、西双版纳），贵州。

黄壮瓢虫属 *Xanthadalia* Crotch, 1874

滇黄壮瓢虫 *Xanthadalia hiekei* Iablokoff-Khnzorian, 1977

分布：云南（丽江），四川，西藏。

墨脱黄壮瓢虫 *Xanthadalia medogensis* Jing, 1988

分布：云南，四川。

乡城黄壮瓢虫 *Xanthadalia xiangchengensis* Jing, 1922

分布：云南，四川，西藏。

Xanthocorus Miyatake, 1970

Xanthocorus mucronatus Li & Ren, 2015

分布：云南。

Xanthocorus nigrosuturaris Li & Ren, 2015

分布：云南（昆明），甘肃，浙江，江西，福建。

褐菌瓢虫属 *Vibidia* Mulsant, 1846

十二斑褐菌瓢虫 *Vibidia duodecimguttata* (Poda, 1761)

分布：云南（丽江、大理、昭通），四川，贵州，西藏，吉林，青海，甘肃，河南，陕西，河北，北京，湖北，上海，湖南，广西，福建，广东；欧洲。

哥氏褐菌瓢虫 *Vibidia korschefskyi* (Mader, 1930)

分布：云南（红河），四川。

陆良褐菌瓢虫 *Vibidia luliangensis* Cao & Xiao, 1984

分布：云南（曲靖）。

西昌褐菌瓢虫 *Vibidia xichangiensis* Pang & Mao, 1979

分布：云南，四川。

中甸褐菌瓢虫 *Vibidia zhongdianensis* Jing, 1992

分布：云南，西藏，陕西。

扁谷盗科 Laemophloeidae

扁谷盗属 *Cryptolestes* Ganglbauer, 1899

锈赤扁谷盗 *Cryptolestes ferrugineus* (Stephens, 1831)

分布：全国广布；世界温带、热带地区广布。

长角扁谷盗 *Cryptolestes pusillus* (Schönherr, 1817)

分布：世界广布。

微扁谷盗 *Cryptolestes pusilloides* (Steel & Howe, 1952)

分布：云南；日本，印度，东南亚，澳大利亚，欧洲，非洲，美洲。

土耳其扁谷盗 *Cryptolestes turcicus* (Grouvelle, 1876)

分布：云南，全国其他大部分地区均有分布；日本，朝鲜半岛，欧洲，非洲，北美洲。

扁甲科 Cucujidae

扁甲属 *Cucujus* Fabricius, 1775

Cucujus euphoria Hsiao, 2020

分布：云南（怒江）。

红翅扁甲指名亚种 *Cucujus haematodes haematodes* Erichson, 1845

分布：云南（丽江），四川，吉林，陕西；俄罗斯

（远东地区），朝鲜，澳大利亚，欧洲。

***Cucujus imperialis* Lewis, 1879**
分布：云南，四川，台湾。

***Cucujus janatai* Háva, Zahradník & Růžika, 2019**
分布：云南（迪庆）。

肯氏扁甲 *Cucujus kempi* Grouvelle, 1913
分布：云南（怒江），西藏；印度，缅甸。

蓝翅扁甲 *Cucujus mniszechi* Grouvelle, 1874
分布：云南（丽江、迪庆、怒江），西藏，四川，台湾；日本，老挝，印度，尼泊尔，泰国。

帕扁甲属 *Passandra* Dalman, 1817

英雄帕扁甲 *Passandra heros* (Fabricius, 1801)
分布：云南（普洱、西双版纳），广西，海南，台湾；印度，缅甸，越南，老挝，泰国，斯里兰卡，

菲律宾，马来西亚，印度尼西亚，巴布亚新几内亚，澳大利亚。

细角帕扁甲 *Passandra tenuicornis* (Grouvelle, 1913)
分布：云南（普洱），台湾；越南，老挝，泰国，马来西亚。

三叉帕扁甲 *Passandra trigemina* (Newman, 1839)
分布：云南（普洱）；印度，缅甸，老挝，泰国，斯里兰卡，菲律宾，马来西亚，印度尼西亚，巴布亚新几内亚。

佩扁甲属 *Pediacus* Shuckard, 1839

中国佩扁甲 *Pediacus sinensis* Marris & Ślipiński, 2014
分布：云南（丽江），四川，陕西。

大蕈甲科 Erotylidae

玉蕈甲属 *Amblyopus* Chevrolat, 1836

野郊玉蕈甲 *Amblyopus rusticoides* Mader, 1937
分布：云南。

纵带玉蕈甲 *Amblyopus vittatus* (Olivier, 1807)
分布：云南，广西；印度，斯里兰卡，缅甸，越南，印度尼西亚，马来西亚。

安拟叩甲属 *Anadastus* Gorham, 1887

小蓝安拟叩甲 *Anadastus analis* (Fairmaire, 1888)
分布：云南（普洱），四川，贵州，福建，广东，海南，香港；越南。

端锐安拟叩甲 *Anadastus apicalis* Zia, 1934
分布：云南（红河、普洱、西双版纳），广西；越南。

***Anadastus apicata* Zia, 1959**
分布：云南（红河、普洱），四川。

弱安拟叩甲 *Anadastus attenuatus* Arrow 1925
分布：云南（西双版纳），四川，广西；越南，印度。

腹黑安拟叩甲 *Anadastus bocae* Villiers, 1945
分布：云南（保山、西双版纳），湖北，河南，广西，福建；越南，印度尼西亚。

柬安拟叩甲 *Anadastus cambodiae* (Crotch, 1876)
分布：云南（红河、西双版纳），贵州，江西，浙江，安徽，广西，福建，广东，海南；老挝。

丝安拟叩甲 *Anadastus filiformis* (Fabricius, 1801)
分布：云南（德宏、西双版纳），四川，广西，福建，海南，香港，台湾；印度，日本，越南，缅甸，马来西亚，印度尼西亚，菲律宾。

黄足安拟叩甲 *Anadastus flavimanus* Arrow, 1925
分布：云南（文山）；缅甸，印度。

台湾安拟叩甲 *Anadastus formosanus* Fowler, 1913
分布：云南（红河、西双版纳），广西，台湾。

边安拟叩甲 *Anadastus latus* Villiers, 1945
分布：云南；越南。

长安拟叩甲 *Anadastus longior* Arrow, 1925
分布：云南（昆明、红河、西双版纳），贵州，四川，湖北，江苏，浙江，广西，广东，福建，海南；印度。

梅氏安拟叩甲 *Anadastus menewiesii* (Motschuisky, 1860)
分布：云南（西双版纳），四川，黑龙江，吉林，江苏，广西，福建；朝鲜，日本。

***Anadastus mouhoti* Crotch, 1876**
分布：云南。

波波夫安拟叩甲 *Anadastus popovi* Zia, 1959
分布：云南（昆明、保山、怒江、普洱、西双版纳）。

黑梢安拟叩甲 *Anadastus praeustus* (Crotch, 1873)
分布：云南（红河、西双版纳），贵州，江西，江

苏，浙江，广西，福建，广东，海南，香港；俄罗斯，朝鲜，日本。

***Anadastus quadricollis* Fowler, 1908**
分布：云南。

唇突安拟叩甲 *Anadastus scutellatus* (Crotch, 1876)
分布：云南（德宏、红河、普洱、西双版纳），贵州，江西，广西，广东，福建，海南；印度，不丹，越南，老挝，缅甸，柬埔寨，马来西亚，印度尼西亚。

越北安拟叩甲 *Anadastus tonkinensis* Villiers, 1945
分布：云南；越南。

三角安拟叩甲 *Anadastus triangularis* Villiers, 1945
分布：云南（普洱、西双版纳），四川。

截宽安拟叩甲 *Anadastus troncatus* Zia, 1934
分布：云南（普洱、德宏、红河、西双版纳），江西，广西，广东，福建，海南。

腹安拟叩甲 *Anadastus ventralis* Gorham, 1896
分布：云南（德宏），福建；印度。

***Anadastus ustulata* Arrow, 1925**
分布：云南，四川，西藏，福建；印度，不丹。

***Anadastus viator* White, 1850**
分布：云南，台湾；印度。

邻安拟叩甲 *Anadastus vicinus* Arrow, 1925
分布：云南（德宏）；缅甸，印度。

维氏安拟叩甲 *Anadastus wiedemanni* Gorham, 1896
分布：云南（普洱、临沧、西双版纳），福建，广东，海南；越南，缅甸，印度。

云南安拟叩甲 *Anadastus yunnanensis* Zia, 1959
分布：云南（红河、西双版纳），福建。

柱拟叩甲属 *Anisoderomorpha* Arrow, 1925

黑胸柱拟叩甲 *Anisoderomorpha tuberculata* Arrow, 1925
分布：云南（德宏）；缅甸。

缺翅拟叩甲属 *Apterodastus* Arrow, 1925

暗色缺翅拟叩甲 *Apterodastus funebris* Arrow, 1925
分布：云南（怒江）；缅甸。

沟薯甲属 *Aulacochilus* Chevrolat, 1836

安南沟薯甲 *Aulacochilus anamensis* (Heller, 1918)
分布：云南，海南；越南。

缅甸沟薯甲 *Aulacochilus birmanicus* (Bedel, 1871)
分布：云南；缅甸，越南，新加坡，印度尼西亚，

马来西亚。

艾佛沟薯甲 *Aulacochilus episcaphoides* (Gorham, 1883)
分布：云南，贵州；菲律宾。

格氏沟薯甲 *Aulacochilus grouvellei* Achard, 1922
分布：云南，广西。

沟薯甲 *Aulacochilus issikii* (Chûjô, 1936)
分布：云南，台湾。

双西沟薯甲 *Aulacochilus janthinus* (Lacordaire, 1842)
分布：云南，海南；越南，老挝，泰国，印度，马来西亚，印度尼西亚，新加坡，缅甸。

月斑沟薯甲 *Aulacochilus luniferus* (Guerin-Meneville, 1841)
分布：云南，西藏，四川，河北，河南，北京，广西；印度尼西亚，马来西亚。

***Aulacochilus luniferus punctatellus* Heller, 1920**
分布：云南。

细沟薯甲 *Aulacochilus oblongus* Arrow, 1925
分布：云南，广西，广东；马来西亚，印度尼西亚，斯里兰卡，越南，柬埔寨，泰国，缅甸，印度。

方沟薯甲 *Aulacochilus quadripustulatus* (Fabricius, 1801)
分布：云南，海南；泰国，老挝，越南，缅甸，印度，斯里兰卡，印度尼西亚，马来西亚。

丝沟薯甲 *Aulacochilus sericeus* Bedel, 1871
分布：云南；缅甸，泰国，越南，马来西亚，印度尼西亚，菲律宾。

大理沟薯甲 *Aulacochilus taliensis* (Achard, 1923)
分布：云南，四川，西藏，福建。

侧凸拟叩甲属 *Bolerus* GrouveHe, 1919

黑边侧凸拟叩甲 *Bolerus lateralis* (Arrow, 1925)
分布：云南（西双版纳），海南；印度。

新拟叩甲属 *Caenolanguria* Gorham, 1887

尖角新拟叩甲 *Caenolanguria acutangula* Zia, 1934
分布：云南（普洱），浙江，福建。

橙胸新拟叩甲 *Caenolanguria aeneipennis* (Fairmaire, 1888)
分布：云南（西双版纳），海南；越南。

强刻新拟叩甲 *Caenolanguria assamensis* (Fowler, 1886)
分布：云南（玉溪、普洱、西双版纳）；印度。

缅甸新拟叩甲 *Caenolanguria birmanica* (Harold, 1879)

分布：云南（红河）；缅甸，印度，尼泊尔。

红角新拟叩甲 *Caenolanguria ruficornis* Zia, 1934

分布：云南，四川，贵州，江苏，浙江，广西，福建。

中华新拟叩甲 *Caenolanguria sinensis* Zia, 1933

分布：云南，贵州。

苏拟叩甲属 *Cycadophila* Xu, Tang & Skelley, 2015

Cycadophila collina Skelley, Xu & Tang, 2017

分布：云南（红河）；老挝，越南。

德保苏拟叩甲 *Cycadophila debaonica* Xu, Tang & Skelley, 2015

分布：云南，广西。

富平苏拟叩甲 *Cycadophila fupingensis* Skelley, Tang & Xu, 2015

分布：云南（红河），广西。

黑苏拟叩甲 *Cycadophila nigra* (Gorham, 1895)

分布：云南（红河）；印度，斯里兰卡，越南。

云南苏拟叩甲 *Cycadophila yunnanensis* (Grouvelle, 1916)

分布：云南（红河），广西；印度，老挝。

圆蕈甲属 *Cyrtomorphus* Lacordaire, 1842

松球圆蕈甲 *Cyrtomorphus connexus* Gorham, 1896

分布：云南（西双版纳）；缅甸。

云南圆蕈甲 *Cyrtomorphus yunnanus* Mader, 1937

分布：云南。

窄蕈甲属 *Dacne* Latreille, 1797

胡氏窄蕈甲 *Dacne hujiayaoi* Dai & Zhao, 2013

分布：云南（西双版纳）。

日本窄蕈甲 *Dacne japonica* Crotch, 1873

分布：云南，贵州，湖北，河北，陕西，上海，广西；日本，俄罗斯。

汤氏窄蕈甲 *Dacne tangliangi* Dai & Zhao, 2013

分布：云南（西双版纳）。

歪拟叩甲属 *Doubledaya* White, 1850

栗色歪拟叩甲 *Doubledaya castanea* Zia, 1933

分布：云南（红河、西双版纳），西藏，四川，贵州，海南；越南。

毛缘歪拟叩甲 *Doubledaya cribricollis* (Gorham, 1896)

分布：云南（红河、普洱）；缅甸。

钳尾歪拟叩甲 *Doubledaya forcipata* Wrrow, 1925

分布：云南（文山、红河）；印度，越南。

黑腹歪拟叩甲 *Doubledaya mouhoti* (Crotch, 1876)

分布：云南（红河、西双版纳）；越南，老挝。

Doubledaya orcipata Arrow, 1925

分布：云南。

方胸歪拟叩甲 *Doubledaya quadricollis* (Fowler, 1908)

分布：云南（红河）；印度。

斯氏歪拟叩甲 *Doubledaya sicardi* Zia, 1934

分布：云南（红河），贵州，广西；越南。

焰色歪拟叩甲 *Doubledaya ustulata* Arrow, 1925

分布：云南（西双版纳），四川，西藏，福建；缅甸，印度，老挝，孟加拉国。

维氏歪拟叩甲 *Doubledaya viator* White, 1850

分布：云南（红河、西双版纳），四川，广西；缅甸，印度。

恩蕈甲属 *Encaustes* Lacordaire, 1842

血红恩蕈甲指名亚种 *Encaustes cruenta cruenta* (MacLeay, 1825)

分布：云南；泰国，柬埔寨，缅甸，印度，新加坡，印度尼西亚，马来西亚。

缘恩蕈甲具齿亚种 *Encaustes marginalis andrewesi* Kuhnt, 1910

分布：云南；印度，斯里兰卡。

缘恩蕈甲无齿亚种 *Encaustes marginalis birmanica* Crotch, 1876

分布：云南；缅甸，印度。

额恩蕈甲大型亚种 *Encaustes verticalis gigantea* Boheman, 1868

分布：云南，福建；印度尼西亚。

艾蕈甲属 *Episcapha* Lacordaire, 1842

黄带艾蕈甲 *Episcapha flavofasciata* (Reitter, 1879)

分布：云南（红河）。

黄纹艾蕈甲 *Episcapha fortunii consanguinea* Crotch, 1876

分布：云南（文山）。

格瑞艾蕈甲 *Episcapha gorhami* Lewis, 1879

分布：云南（德宏）；日本。

黑斑艾蕈甲 *Episcapha insignita* (Beddl, 1918)

分布：云南。

莱维斯艾蕈甲 *Episcapha lewisi* (Nakane, 1950)

分布：云南；日本。

黑色艾蕈甲 *Episcapha lugubris* (Bedel, 1918)

分布：云南，四川，西藏。

Episcapha lushuiensis Li & Ren, 2012

分布：云南（怒江）。

光亮艾蕈甲 *Episcapha opaca* Heller, 1918

分布：云南。

四斑艾蕈甲 *Episcapha quadrimacula* (Wiedemann, 1823)

分布：云南，西藏。

黄斑艾蕈甲 *Episcapha xanthopustulata* Gorham, 1890

分布：云南；印度尼西亚。

云南艾蕈甲 *Episcapha yunnanensis* Li & Ren, 2006

分布：云南（文山）。

角蕈甲属 *Eutriplax* Lewis, 1887

五斑大蕈甲 *Eutriplax quinquepustulatus* Li & Ren, 2006

分布：云南。

尖尾拟叩甲属 *Labidolanguria* Fowler, 1908

腹斑尖尾拟叩甲 *Labidolanguria apicata* (Zia, 1959)

分布：云南（文山），四川。

幽拟叩甲属 *Languriophasma* Arrow, 1925

蓝幽拟叩甲 *Languriophasma cyanea* (Hope, 1834)

分布：云南（迪庆），西藏；印度，尼泊尔。

大拟叩甲属 *Megalanguria* Arrow, 1925

橙腹大拟叩甲 *Megalanguria felix* Arrow, 1925

分布：云南（德宏）；印度。

离斑大拟叩甲 *Megalanguria gravis* Arrow, 1929

分布：云南（红河、西双版纳），贵州，福建，海南；老挝。

连斑大拟叩甲 *Megalanguria melancholica* Arrow, 1925

分布：云南（保山、怒江）；印度。

黑带大拟叩甲 *Megalanguria producta* Arrow, 1925

分布：云南（红河、普洱、西双版纳）；缅甸。

莫蕈甲属 *Megalodacne* Crotch, 1873

隆凸莫蕈甲 *Megalodacne promensis* Arrow, 1925

分布：云南，海南；缅甸。

瘦蕈甲属 *Micrencaustes* Crotch, 1876

锐齿瘦蕈甲 *Micrencaustes acridentata* Li & Ren, 2006

分布：云南（西双版纳），广西。

讳点瘦蕈甲 *Micrencaustes liturata* (MacLeay, 1825)

分布：云南，海南；老挝，越南，缅甸，新加坡，马来西亚，菲律宾，印度尼西亚。

艾佛瘦蕈甲 *Micrencaustes episcaphoides* Heller, 1918

分布：云南；老挝，缅甸，印度。

全黑瘦蕈甲 *Micrencaustes dehaanii* (Castelnau, 1840)

分布：云南；印度尼西亚，马来西亚，泰国，新加坡，越南，老挝，印度。

双斑瘦蕈甲 *Micrencaustes biomaculata* Meng, Ren & Li, 2014

分布：云南（大理）。

德氏瘦蕈甲 *Micrencaustes dehaanii* (Castelnau, 1840)

分布：云南（德宏）；马来西亚，印度尼西亚，泰国，新加坡，越南，印度。

完美瘦蕈甲 *Micrencaustes wunderlichi* Heller, 1918

分布：云南（怒江）；印度尼西亚。

微拟叩甲属 *Microlanguria* Lewis, 1884

詹森微拟叩甲 *Microlanguria jansoni* (Crotch, 1873)

分布：云南，海南，台湾；日本，印度，斯里兰卡，马来西亚。

小蕈甲属 *Microsternus* Lewis, 1887

多孔小蕈甲 *Microsternus cribricollis* (Gorham, 1895)

分布：云南；日本，印度，缅甸。

新蕈甲属 *Neotriplax* Lewis, 1887

红色新蕈甲 *Neotriplax rubenus* (Hope, 1831)

分布：云南，贵州；尼泊尔，印度，不丹。

迷你新蕈甲 *Neotriplax minima* Li, Ren & Dong, 2006

分布：云南（怒江）。

粗拟叩甲属 *Pachylanguria* Crotch, 1876

铜绿粗拟叩甲 *Pachylanguria aeneovirens* Mader, 1937

分布：云南。

四斑粗拟叩甲 *Pachylanguria paivai* (Wollaston, 1859)

分布：云南（红河），贵州，江苏，浙江，广西，福建，广东。

五节拟叩甲属 *Pentelanguria* Crotch, 1876

方胸五节拟叩甲 *Pentelanguria elateroides* **Crotch, 1876**

分布：云南，贵州，四川，西藏，广西；印度，尼泊尔。

缢胸五节拟叩甲 *Pentelanguria stricticollis* **Villiers, 1945**

分布：云南（怒江、保山），广西；越南。

珐大蕈甲属 *Pharaxonotha* Reitter, 1875

云南珐大蕈甲 *Pharaxonotha yunnanensis* **Grouvelle, 1916**

分布：云南。

绯蕈甲属 *Rhodotritoma* Arrow, 1925

曼邦绯蕈甲 *Rhodotritoma manipurica* **Arrow, 1925**

分布：云南（怒江），西藏；印度。

锥蕈甲属 *Spondotriplax* Crotch, 1875

双纹锥蕈甲 *Spondotriplax diaperina* **Gorham, 1896**

分布：云南，湖南；缅甸。

珍珠锥蕈甲 *Spondotriplax sorror* **Arrow, 1925**

分布：云南；缅甸，老挝。

特拟叩甲属 *Tetraphala* Sturm, 1843

三斑特拟叩甲 *Tetraphala collaris* **(Crotch, 1876)**

分布：云南（昆明、保山、德宏、红河、西双版纳），贵州，四川，西藏，黑龙江，陕西，甘肃，浙江，湖北，江西，广西，福建，广东，海南，台湾；印度。

腹带特拟叩甲 *Tetraphala cuprea* **(Arrow, 1925)**

分布：云南（保山）；印度，缅甸。

长特拟叩甲 *Tetraphala elongata* **(Fabricius, 1801)**

分布：云南（昆明、大理、红河、德宏、西双版纳），贵州，四川，天津，浙江，福建，广东，海南；印度，不丹，马来西亚，印度尼西亚。

方翅特拟叩甲 *Tetraphala excisa* **(Arrow, 1929**

分布：云南（红河、西双版纳）；老挝。

阔肩特拟叩甲 *Tetraphala humeralis* **(Arrow, 1925)**

分布：云南；缅甸。

平侧特拟叩甲 *Tetraphala parallela* **Zia, 1933**

分布：云南（红河），四川；越南。

天目山特拟叩甲 *Tetraphala tienmuensis* **(Zia, 1959)**

分布：云南（红河），四川，河北，浙江，湖北，福建。

黑纹特拟叩甲 *Tetraphala variventris* **(Kraatz, 1899)**

分布：云南（保山、西双版纳），西藏；印度。

Triplacidea Gorham, 1901

Triplacidea motsehulskyi **Bedel, 1873**

分布：云南。

方头甲科 Cybocephalidae

方头甲属 *Cybocephalus* Erichson, 1844

刘氏方头甲 *Cybocephalus liui* **Tian, 2006**

分布：云南（德宏）。

日本方头甲 *Cybocephalus nipponicus* **Endrödy-Younga, 1971**

分布：云南（昭通），贵州，四川，重庆，辽宁，北京，山西，陕西，甘肃，浙江，江西，湖北，湖南，广西，福建，广东，海南，香港；日本，朝鲜，印度，斯里兰卡，马来西亚，太平洋岛屿，欧洲，北美洲。

谷盗科 Trogossitidae

暹罗谷盗属 *Lophocateres* Olliff, 1883

暹罗谷盗 *Lophocateres pusillus* **Klug, 1833**

分布：云南，贵州，四川，河北，湖北，江苏，江西，浙江，广西，广东，台湾；印度，韩国，中东，欧洲。

大谷盗属 *Tenebroides* Piller & Mitterpacher, 1783

大谷盗 *Tenebroides mauritanicus* **(Linnaeus, 1758)**

分布：云南。

辛谷盗属 *Xenoglena* Reitter, 1876

云南辛谷盗 ***Xenoglena yunnanensis*** **Léveillé, 1907**

分布：云南。

锯谷盗科 Silvanidae

米扁甲属 *Ahasverus* Gozis, 1881

米扁虫 ***Ahasverus advena*** **Waltl, 1834**

分布：云南，贵州，四川，宁夏，河南，湖北，江西，江苏，广西，福建，广东，台湾，浙江；俄罗斯（远东地区），日本，非洲，欧洲。

Cryptamorpha Wollaston, 1854

Cryptamorpha sculptifrons **Reitter, 1889**

分布：云南，浙江；不丹，日本，印度。

Megapsammoecu Karmer, 1995

Megapsammoecu christinae **Karmer, 1995**

分布：云南。

斑谷盗属 *Monanus* Sharp, 1879

T 形斑谷盗 ***Monanus concinnulus*** **Walker, 1858**

分布：云南，河北，江西，天津，安徽，浙江，上海，广西，福建，广东，台湾；日本，印度，斯里兰卡，泰国，越南，马来西亚，印度尼西亚，菲律宾，巴布亚新几内亚，非洲，欧洲，南美洲。

锯谷盗属 *Oryzaephilus* Ganglbauer, 1899

大眼锯谷盗 ***Oryzaephilus mercator*** **Fauvel, 1889**

分布：云南，贵州，四川，甘肃，陕西，山东，河南，安徽，湖北，江苏，上海，浙江，湖南，广西，福建，广东；美洲，欧洲，非洲。

锯谷盗 ***Oryzaephilus surinamensis*** **(Linnaeus, 1758)**

分布：世界广布。

原齿扁甲属 *Protosilvanus* Grouvelle, 1913

脊鞘谷盗 ***Protosilvanus lateritius*** **Reitter, 1879**

分布：云南，台湾；日本，印度，斯里兰卡，尼泊尔，孟加拉国，越南，缅甸，泰国，新加坡，马来西亚，印度尼西亚，菲律宾。

齿扁甲属 *Silvanus* Latreille, 1807

双齿谷盗 ***Silvanus bidentatus*** **Fabricius, 1792**

分布：云南，黑龙江，内蒙古；日本，印度，泰国，北美洲。

拟齿扁甲属 *Silvanoprus* Reitter, 1911

东南亚谷盗 ***Silvanoprus cephalotes*** **(Reitter, 1876)**

分布：云南，四川，内蒙古，河北，香港，台湾；日本，印度，斯里兰卡，尼泊尔，不丹，孟加拉国，越南，马来西亚，印度尼西亚，非洲。

长胸谷盗 ***Silvanoprus longicollis*** **(Reitter, 1876)**

分布：云南，天津，山东，江西，湖南，广西，福建，广东，台湾；日本，印度，斯里兰卡，越南，泰国，马来西亚，印度尼西亚，巴布亚新几内亚，非洲。

尖胸谷盗 ***Silvanoprus scuticollis*** **(Walker, 1859)**

分布：云南，四川，湖南，台湾；日本，越南，马来西亚，新加坡，印度尼西亚，菲律宾，巴布亚新几内亚，非洲，美洲。

蜡斑甲科 Helotidae

蜡斑甲属 *Helota* MacLeay, 1825

尖翅蜡斑甲 ***Helota acutipennis*** **Ritsema, 1914**

分布：云南（丽江）。

西藏蜡斑甲 ***Helota thibetana*** **Westwood, 1842**

分布：云南（昆明），西藏；尼泊尔，老挝，缅甸，不丹，越南，马来西亚。

黄腹蜡斑甲 ***Helota fulviventris*** **Kolbe, 1886**

分布：云南，四川，贵州，陕西，湖北；日本，朝鲜。

四星蜡斑甲 ***Helota gemmata*** **Gorham, 1874**

分布：云南（保山），湖南；日本，韩国，俄罗斯（西伯利亚）。

中华蜡斑甲 ***Helota sinensis*** **Olliff, 1883**

分布：云南（文山），山东，台湾；越南。

新蜡斑甲属 *Neohelota* Ohta, 1929

巴氏新蜡斑甲 *Neohelota barclayi* Lee & Votruba, 2014

分布：云南（西双版纳）；印度，尼泊尔，泰国，越南，老挝。

博氏新蜡斑甲 *Neohelota boulei* (Ritsema, 1915)

分布：云南（保山），台湾；印度，老挝，缅甸，泰国，越南。

***Neohelota boysii* (Ritsema, 1889)**

分布：云南（高黎贡山）；印度，老挝，缅甸，尼泊尔，越南。

蜡点新蜡斑甲 *Neohelota cereopunctata* (Leiws, 1881)

分布：云南（昆明、丽江），贵州，台湾；日本。

酷新蜡斑甲 *Neohelota culta* (Olliff, 1883)

分布：云南（保山、西双版纳），四川，贵州；印度，老挝，缅甸，尼泊尔，越南。

曲足新蜡斑甲 *Neohelota curvipes* (Oberthür, 1883)

分布：云南（红河）；印度，老挝，缅甸，尼泊尔，泰国，越南。

疑新蜡斑甲 *Neohelota dubia* (Ritsema, 1891)

分布：云南（高黎贡山），四川，贵州；印度，不丹，老挝，缅甸，尼泊尔，泰国，越南。

福氏新蜡斑甲 *Neohelota fryi* (Ritsema, 1894)

分布：云南（西双版纳）；印度，老挝，马来西亚，缅甸，尼泊尔，泰国。

***Neohelota laevigata* (Oberthür, 1883)**

分布：云南（保山）；印度，尼泊尔。

刘氏新蜡斑甲 *Neohelota lewisi* (Ritsema, 1915)

分布：云南（迪庆），台湾；老挝。

山地新蜡斑甲 *Neohelota montana* (Ohta, 1929)

分布：云南（保山），台湾；泰国，老挝。

瑞新蜡斑甲 *Neohelota renati* (Ritsema, 1905)

分布：云南（临沧、丽江），四川，湖北，浙江。

锯翅新蜡斑甲 *Neohelota serratipennis* (Ritsema, 1891)

分布：云南（西双版纳）；印度，老挝，缅甸，马来西亚，尼泊尔，泰国。

露尾甲科 Nitidulidae

奇露尾甲属 *Aethina* Erichson, 1843

隐奇露尾甲 *Aethina inconspicua* Nakane, 1967

分布：云南，四川，福建，台湾；俄罗斯，日本，巴基斯坦，印度。

谷露尾甲属 *Carpophilus* Stephens, 1829

锐角谷露尾甲 *Carpophilus acutangulus* Reitter, 1884

分布：云南，台湾；日本，朝鲜半岛。

袋囊谷露尾甲 *Carpophilus bursiferus* Kirejtshuk, 2018

分布：云南，四川。

过筛谷露尾甲 *Carpophilus cribratus* Murray, 1864.

分布：云南；欧洲。

细胫谷露尾甲 *Carpophilus delkeskampi* Hisamatsu, 1963

分布：云南，西藏，贵州，黑龙江，吉林，辽宁，新疆，内蒙古，青海，甘肃，宁夏，山西，山东，河北，江西，广西，福建，广东，海南，台湾；日本，菲律宾，俄罗斯，印度，马来西亚，印度尼西亚，非洲。

脊胸谷露尾甲 *Carpophilus dimidiatus* (Fabricius, 1792)

分布：世界广布。

酱曲谷露尾甲 *Carpophilus hemipterus* (Linnaeus, 1758)

分布：云南，贵州，四川，湖北，湖南，广西，福建，台湾；世界温带及热带地区广布。

耶氏谷露尾甲 *Carpophilus jelineki* Audisio & Kirejtshuk, 1988

分布：云南（西双版纳），贵州，黑龙江，新疆，河北，甘肃，陕西，浙江，江西，广西，福建，台湾，海南；俄罗斯，日本，印度，斯里兰卡，菲律宾，马来西亚，印度尼西亚，中东，非洲。

长谷露尾甲 *Carpophilus longutus* Kirejtshuk, 2018

分布：云南，四川。

大腋谷露尾甲 *Carpophilus marginellus* Motschulsky, 1858

分布：世界广布。

拟脊胸谷露尾甲 *Carpophilus mutilatus* Erichson, 1843

分布：云南，河南，陕西，台湾；日本，中东，欧洲。

隆胸谷露尾甲 *Carpophilus obsoletus* Erichson, 1843

分布：云南，四川，辽宁，河北，天津，陕西，河南，浙江，湖北，江苏，江西，安徽，上海，湖南，广西，福建，广东，台湾，香港；印度，日本，欧洲，非洲。

疏毛谷露尾甲 *Carpophilus pilosellus* Motschulsky, 1858

分布：云南，贵州，黑龙江，吉林，辽宁，内蒙古，甘肃，陕西，山西，河北，河南，山东，广西，福建，广东，台湾；日本，越南，印度，欧洲。

央黑谷露尾甲 *Carpophilus shioedtei* Murray, 1864

分布：云南，广西，海南，台湾。

纵斑谷露尾甲 *Carpophilus subcalvus* Kirejtshuk, 1984

分布：云南（玉溪、大理、曲靖），重庆，广西，海南；俄罗斯。

裂唇谷露尾甲 *Carpophilus truncatus* Murray, 1864

分布：云南，贵州，黑龙江，吉林，辽宁，内蒙古，甘肃，山西，山东，陕西，河北，河南，上海，广西，福建，广东，海南，香港，台湾；日本，欧洲。

代替谷露尾甲 *Carpophilus vicarius* Kirejtshuk, 2018

分布：云南。

隐露尾甲属 *Cryptarcha* Shuckard, 1840

刘隐露尾甲 *Cryptarcha lewisii* Reitter, 1873

分布：云南，河北，福建；俄罗斯，日本。

Cychramus Kugelann, 1794

Cychramus luteus Fabricius, 1787

分布：云南，四川，甘肃，陕西。

Cychramus variegatus Herbst, 1792

分布：云南，四川，陕西。

圆露尾甲属 *Cyclogethes* Kirejtshuk, 1979

异圆露尾甲 *Cyclogethes abnormis* Kirejtshuk, 1979

分布：云南（大理、曲靖），贵州；越南，印度，泰国。

长唇圆露尾甲 *Cyclogethes aldridgei* Kirejtshuk, 1980

分布：云南，四川；印度，尼泊尔。

东方圆露尾甲 *Cyclogethes orientalis* Kirejtshuk, 1979

分布：云南，四川；越南，泰国。

Cyclogethes spathulatus Kirejtshuk, 1979

分布：云南；缅甸，越南。

Cyclogethes tibialis Liu, Huang & Audisio, 2024

分布：云南（玉溪）。

赛露尾甲属 *Cyllodes* Erichson, 1843

Cyllodes accentus Kirejtshuk, 1985

分布：云南（西双版纳）；越南。

二带赛露尾甲 *Cyllodes bifascies* (Walker, 1859)

分布：云南（西双版纳），广西，台湾；俄罗斯，日本，韩国。

五斑赛露尾甲 *Cyllodes quinquemaculatus* Liu, Yang & Huang, 2016

分布：云南（西双版纳）。

长鞘露尾甲属 *Epuraea* Erichson, 1843

金毛长鞘露尾甲 *Epuraea auripubens* (Reitter, 1901)

分布：云南，四川，青海；蒙古国，俄罗斯，日本。

伯杰长鞘露尾甲 *Epuraea bergeri* Sjöberg, 1939

分布：云南，河南，福建；日本，韩国，欧洲。

凸圆长鞘露尾甲 *Epuraea convexa* Grouvelle, 1908

分布：云南，西藏；印度，不丹。

关山长鞘露尾甲 *Epuraea hammondi* Kirejtshuk, 1992

分布：云南，陕西，上海。

黑长鞘小露尾甲 *Epuraea nigerrima* Kirejtshuk, 1998:

分布：云南；越南。

格露尾甲属 *Glischrochilus* Reitter, 1873

贝氏格露尾甲 *Glischrochilus becvari* Jelínek, 1999

分布：云南，台湾。

优格露尾甲 *Glischrochilus egregius* (Grouvelle, 1892)

分布：云南（西双版纳），新疆，广西；印度，缅甸，尼泊尔，老挝，泰国，越南。

黄翅格露尾甲 *Glischrochilus flavipennis* (Reitter, 1875)

分布：云南（迪庆）；缅甸，印度，不丹，尼泊尔。

台湾格露尾甲 *Glischrochilus formosus* Jelinek, 1999

分布：云南。

日格露尾甲 *Glischrochilus japonius* (Motschulsky, 1857)

分布：云南，四川，贵州，东北，华北及中国南方其他大部分地区；日本，韩国。

宽格露尾甲 *Glischrochilus latior* Jelinek, 1999

分布：云南，四川，西藏。

淡格露尾甲 *Glischrochilus pallidescriptus* Jelinek, 1999

分布：云南，四川，贵州，陕西，河南，上海。

绒格露尾甲 *Glischrochilus parvipustulatus* Kolbe, 1886

分布：云南，贵州，四川，甘肃，湖北；俄罗斯，日本，韩国。

坡格露尾甲 *Glischrochilus popei* Jelínek, 1975

分布：云南，西藏；缅甸。

美格露尾甲 *Glischrochilus pulcher* Jelínek, 1975

分布：云南（丽江）；印度，尼泊尔。

格氏格露尾甲 *Glischrochilus ruzickai* Jelínek & Hájek, 2018

分布：云南（德宏），四川。

Lamiogethes Audisio & Cline, 2009

Lamiogethes convexistrigosus Liu, Huang, Cline & Audisio, 2017

分布：云南（丽江），四川。

菜花露尾甲属 *Meligethes* Stephens, 1830

金毛菜花露尾甲 *Meligethes auripilis* Reitter, 1889

分布：云南（丽江），四川，甘肃，陕西，山西。

双斑菜花露尾甲 *Meligethes binotatus* Grouvelle, 1894

分布：云南（迪庆、丽江、保山、昭通），四川；印度，不丹，尼泊尔，缅甸。

波采菜花露尾甲 *Meligethes bocaki* Audisio & Jelinek, 2005

分布：云南，四川。

柏德林菜花露尾甲 *Meligethes bourdilloni* Easton, 1968

分布：云南；尼泊尔。

长菜花露尾甲 *Meligethes brassicogethoides* Audisio, Sabatelli & Jelínek, 2014

分布：云南（丽江）。

短毛菜花露尾甲 *Meligethes brevipilus* Kirejchuk, 1980

分布：云南，四川。

栗色菜花露尾甲 *Meligethes castanescens* Grouvelle, 1903

分布：云南（保山、大理），贵州，台湾；印度。

中华菜花露尾甲 *Meligethes chinensis* Kirejtshuk, 1979

分布：云南（大理），四川，陕西，河南，湖北。

克氏菜花露尾甲 *Meligethes clinei* Audisio, Sabatelli & Jelínek, 2014

分布：云南（丽江）。

连族菜花露尾甲 *Meligethes conjungens* Grouvelle, 1910

分布：云南。

近难菜花露尾甲 *Meligethes difficiloides* Audisio, Jelinek & Cooter, 2005

分布：云南，四川，陕西，甘肃。

劳氏菜花露尾甲 *Meligethes lloydi* Easton, 1968

分布：云南（大理），西藏，东北。

黄饰菜花露尾甲 *Meligethes luteoornatus* Audisio, Sabatelli & Jelínek, 2014

分布：云南（大理）。

默克菜花露尾甲 *Meligethes merkli* Kirejtshuk, 2001

分布：云南，西藏，四川，北京，河北；非洲。

中根菜花露尾甲 *Meligethes nakanei* Easton, 1957

分布：云南，北京，河北；蒙古国，日本。

暗铜菜花露尾甲 *Meligethes nigroaeneus* Audisio, Sabatelli & Jelínek, 2014

分布：云南（大理）。

高山菜花露尾甲 *Meligethes nivalis* Audisio, Sabatelli & Jelínek, 2014

分布：云南（迪庆），西藏，重庆。

隐菜花露尾甲 *Meligethes occultus* Audisio, Sabatelli & Jelínek, 2014

分布：云南（大理）。

类华菜花露尾甲 *Meligethes pseudopectoralis* Audisio, Sabatelli & Jelínek, 2014

分布：云南（保山）。

端凹菜花露尾甲 *Meligethes scrobescens* Chen, Lin, Huang & Yang, 2015

分布：云南，四川，西藏，陕西。

窄遗跗菜花露尾甲 *Meligethes stenotarsus* **Audisio, Sabatelli & Jelínek, 2014**

分布：云南（迪庆），西藏。

遗漏菜花露尾甲 *Meligethes transmissus* **Kirejtshuk, 1988**

分布：云南（昆明、大理），四川，西藏。

特氏菜花露尾甲 *Meligethes tryznai* **Audisio, Sabatelli & Jelínek, 2014**

分布：云南（迪庆），西藏。

紫菜花露尾甲 *Meligethes violaceus* **Reitter, 1873**

分布：云南（大理），四川，贵州，陕西，山东，安徽，江西，湖北，浙江，福建，香港，澳门；俄罗斯，日本。

沃氏菜花露尾甲 *Meligethes volkovichi* **Audisio, Sabatelli & Jelínek, 2014**

分布：云南（大理）。

滑菜花露尾甲 *Meligethes vulpes* **Solsky, 1876**

分布：中国南方。

食菜花露尾甲属 *Meligethinus* **Grouvelle, 1906**

尖食菜花露尾甲 *Meligethinus apicalis* (**Grouvelle, 1894**)

分布：中国南方；孟加拉国。

汤春申食菜花露尾甲 *Meligethinus plagiatus* (**Grouvelle, 1894**)

分布：云南，四川，福建。

Meligethinus tschungseni **Kirejtshuk, 1987**

分布：云南。

新草露尾甲属 *Neopallodes* **Reitter, 1884**

双点新草露尾甲 *Neopallodes bipunctatus* **Chen & Huang, 2023**

分布：云南（楚雄、丽江）。

Neopallodes dentatus **Grouvelle, 1892**

分布：云南（楚雄），陕西；缅甸。

Neopallodes falsus **Grouvelle, 1913**

分布：云南（玉溪、曲靖），湖北；日本，印度，尼泊尔，缅甸。

希氏新草露尾甲 *Neopallodes hilleri* **Reitter, 1877**

分布：云南，台湾；日本，俄罗斯。

Neopallodes inermis **Reitter, 1884**

分布：云南，湖北；日本，俄罗斯。

Neopallodes nigrescens **Chen & Huang, 2019**

分布：云南（楚雄、曲靖），贵州。

太阳新草露尾甲 *Neopallodes solaris* **Kirejtshuk, 1987**

分布：云南（西双版纳）；越南。

近齿新草露尾甲 *Neopallodes subdentatus* **Kirejtshuk, 1994**

分布：云南（曲靖）；缅甸。

Neopallodes vietnamicus **Kirejtshuk, 1987**

分布：云南（玉溪），湖北；印度，缅甸，越南。

大眼露尾甲属 *Nitops* **Murray, 1864**

具毛大眼露尾甲 *Nitops pubescens* **Murray, 1864**

分布：云南，台湾；印度，菲律宾，马来西亚，印度尼西亚。

短角露尾甲属 *Omosita* **Erichson, 1843**

短角露尾甲 *Omosita colon* (**Linnaeus, 1758**)

分布：云南，北京，黑龙江，新疆，内蒙古，宁夏，青海，山东，甘肃，河北，浙江，江苏，江西；俄罗斯（远东地区），日本，蒙古国，韩国，中亚，欧洲。

芬露尾甲属 *Phenolia* **Erichson, 1843**

山芬露尾甲 *Phenolia monticola* **Grouvelle, 1910**

分布：云南，台湾；尼泊尔。

膨露尾甲属 *Physoronia* **Reitter, 1884**

Physoronia brunnea **Kirejtshuk, 1984**

分布：云南，四川。

Physuronia **Reitter, 1884**

Physuronia brunnea **Kirejtshuk, 1984**

分布：云南，四川。

Physuronia caudata **Jelinek, 1999**

分布：云南。

珀露尾甲属 *Pocadius* **Erichson, 1843**

Pocadius nobilis **Reitter, 1873**

分布：云南。

Pocadius tenebrosus **Chen & Huang, 2020**

分布：云南（大理、曲靖、普洱）。

云南珀露尾甲 *Pocadius yunnanensis* **Grouvelle, 1910**

分布：云南。

索露尾甲属 *Soronia* Erichson, 1843

***Soronia expansa* Chen & Huang, 2021**
分布：云南（曲靖），湖北。

尾露尾甲属 *Urophorus* Murray, 1864

凹窝尾露尾甲 *Urophorus foveicollis* (Murray, 1864)
分布：云南，台湾；日本，尼泊尔，印度。

隆肩尾露尾甲 *Urophorus humeralis* (Fabricius, 1798)
分布：云南，四川，贵州，陕西，浙江，广西，福建，广东，海南，台湾；日本，印度，尼泊尔，中东，欧洲，美洲，非洲。

首判尾露尾甲 *Urophorus prodicus* Hinton, 1944
分布：云南，河北，台湾；巴基斯坦，印度，菲律宾，马来西亚，印度尼西亚。

Ussuriphia Kirejtshuk, 1992

***Ussuriphia binotatus* (Grouvelle, 1894)**

分布：云南。

***Ussuriphia bourdilloni* (Easton, 1968)**
分布：云南。

***Ussuriphia brevipilus* Kirejtshuk, 1980**
分布：云南。

***Ussuriphia castanescens* Grouvelle, 1903**
分布：云南，贵州，台湾；印度。

***Ussuriphia chinensis* Kirejtshuk, 1979**
分布：云南，四川。

***Ussuriphia conjungens* Grouvelle,1910**
分布：云南。

***Ussuriphia cyclogethes* Kirejtshuk, 1979**
分布：云南。

***Ussuriphia hilleri* Reitter, I 877**
分布：云南，四川；日本，韩国。

***Ussuriphia lloydi* Easton, 1968**
分布：云南，西藏，台湾。

盘甲科 Discolomatidae

盘甲属 *Aphanocephalus* Wollaston, 1873

***Aphanocephalus birmanus* Dodero, 1900**
分布：云南。

***Aphanocephalus tonkinensis* John, 1956**
分布：云南。

伪瓢虫科 Endomychidae

壮伪瓢虫属 *Amphistethus* Strohecker, 1964

肖氏壮伪瓢虫 *Amphistethus stroheckeri* Tomaszewska, 2001
分布：云南；老挝。

宽伪瓢虫属 *Amphisternus* Germar, 1843

珊瑚宽伪瓢虫 *Amphisternus coralifer* Gerstaecker, 1857
分布：云南。

柔毛宽伪瓢虫 *Amphisternus pubescens* Chang & Ren, 2013
分布：云南（西双版纳）。

赤疣宽伪瓢虫 *Amphisternus rufituberus* Wang & Ren, 2017
分布：云南。

弯伪瓢虫属 *Ancylopus* Costa, 1854

彩弯伪瓢虫亚洲亚种 *Ancylopus pictus asiaticus* Strohecker, 1972
分布：云南，四川，浙江，江苏，江西，广西，福建，台湾。

波伪瓢虫属 *Avencymon* Strohecker, 1971

棕背波伪瓢虫 *Avencymon ruficephalus* (Ohta, 1931)
分布：云南，福建，台湾；印度尼西亚，菲律宾。

盔伪瓢虫属 *Beccariola* Arrow, 1943

短角盔伪瓢虫 *Beccariola brevicornis* (Arrow, 1920)
分布：云南；泰国，老挝，越南。

球伪瓢虫属 *Bolbomorphus* Gorham, 1887

连斑球伪瓢虫 *Bolbomorphus mediojunctus* (Pic, 1921)
分布：云南，四川，广西；越南。

Brachytrycherus Arrow, 1920

Brachytrycherus bipunctatus Chang & Bi, 2019
分布：云南（西双版纳），海南。

卡伪瓢虫属 *Cacodaemon* Thomson, 1857

肩刺卡伪瓢虫云南亚种 *Cacodaemon laotinus yunnanensis* (Kryzhanovskij, 1960)
分布：云南。

窄角伪瓢虫属 *Dapsa* Latreille, 1829

三斑窄角伪瓢虫 *Dapsa celata* Arrow, 1925
分布：云南；印度，尼泊尔。

云南窄角伪瓢虫 *Dapsa yunnanensis* Esser, 2019
分布：云南（红河）。

窄伪瓢虫属 *Encymon* Gerstaecker, 1857

环带窄伪瓢虫 *Encymon cinctipes* Gorham, 1897
分布：云南，广西；印度，缅甸。

皇窄伪瓢虫指名亚种 *Encymon regalis regalis* Gorham, 1874
分布：云南；菲律宾。

紫翅窄伪瓢虫 *Encymon violaceus* Gerstaecker, 1857
分布：云南；缅甸，泰国，印度尼西亚，马来西亚。

伪瓢虫属 *Endomychus* Panzer, 1795

简须伪瓢虫 *Endomychus atriceps* Pic, 1932
分布：云南；柬埔寨。

具窝伪瓢虫 *Endomychus foveolatus* Tomazewska, 2002
分布：云南（保山）；缅甸。

黑头伪瓢虫 *Endomychus nigricapitatus* Tomazewska, 2002
分布：云南（丽江）。

四斑伪瓢虫 *Endomychus quadra* (Gorham, 1887)
分布：云南（德宏）。

滇伪瓢虫 *Endomychus yunnani* Tomaszewska, 1997
分布：云南。

真伪瓢虫属 *Eucteanus* Gerstaecker, 1857

多氏真伪瓢虫 *Eucteanus dohertyi* Gorham, 1897
分布：云南；缅甸。

椭圆真伪瓢虫 *Eucteanus subovatus* Pic, 1925
分布：云南。

原伪瓢虫属 *Eumorphus* Weber, 1801

阿萨姆原伪瓢虫指名亚种 *Eumorphus assamensis assamensis* Gerstaecker, 1857
分布：云南；印度。

阿萨姆原伪瓢虫小斑亚种 *Eumorphus assamensis subguttatus* Gerstaecker, 1857
分布：云南，广西，海南；柬埔寨，老挝，缅甸，新加坡，泰国，越南，马来西亚，印度尼西亚。

奥斯特原伪瓢虫印度亚种 *Eumorphus austerus indianus* Strohecker, 1968
分布：云南；印度。

异色原伪瓢虫 *Eumorphus bicoloripedoides* (Mader, 1954)
分布：云南，福建。

浊色原伪瓢虫 *Eumorphus coloratus vitalisi* Arrow, 1920
分布：云南；老挝，泰国，缅甸，印度尼西亚。

默里原伪瓢虫指名亚种 *Eumorphus murrayi murrayi* Gorham, 1874
分布：云南；印度，缅甸。

眼斑原伪瓢虫 *Eumorphus ocellatus* Arrow, 1920
分布：云南，广西；越南。

潘氏原伪瓢虫 *Eumorphus panfilovi* Kryzhanovskii, 1960
分布：云南，广西。

四斑原伪瓢虫赤足亚种 *Eumorphus quadriguttatus pulchripes* Gerstaecker, 1857
分布：云南，贵州，湖南，广西，台湾，海南；日本，印度，尼泊尔，斯里兰卡。

四斑原伪瓢虫指名亚种 *Eumorphus quadriguttatus quadriguttatus* (Illiger, 1800)
分布：云南；印度，缅甸，菲律宾，马来西亚，印度尼西亚。

单色原伪瓢虫淡红亚种 *Eumorphus simplex erythromerus* Kryzhanovskij, 1960
分布：云南；缅甸，印度。

单色原伪瓢虫指名亚种 *Eumorphus simplex simplex* Arrow, 1920
分布：云南；老挝。

粗齿原伪瓢虫指名亚种 *Eumorphus sybarita sybarita* Gerstaecker, 1857
分布：云南；新加坡，缅甸，马来西亚，印度尼西亚。

格伪瓢虫属 *Gerstaeckerus* Tomaszewska, 2005

陈氏格伪瓢虫 *Gerstaeckerus chensicieni* (Kryzhanovskij, 1960)

分布：云南。

刃岭格伪瓢虫 *Gerstaeckerus gratus* (Gorham, 1891)

分布：云南；柬埔寨，印度，老挝，缅甸，泰国，越南。

拟格伪瓢虫肩突亚种 *Gerstaeckerus similis humeralis* (Arrow, 1928)

分布：云南；越南。

扁薪甲属 *Holoparamecus* Curtis, 1833

椭圆扁薪甲 *Holoparamecus ellipticus* Wollaston, 1874

分布：云南，贵州，四川，辽宁，河北，河南，内蒙古，青海，山西，甘肃，湖北，江西，安徽，上海，浙江，广西，福建，广东；日本。

尹伪瓢虫属 *Indalmus* Gerstaecker, 1858

环斑尹伪瓢虫 *Indalmus circumdatus* Chang & Ren, 2013

分布：云南（保山、西双版纳）。

显著尹伪瓢虫 *Indalmus distinctus* Arrow, 1923

分布：云南。

尖斑尹伪瓢虫 *Indalmus kirbyanus* (Latreille, 1807)

分布：云南，广西，台湾，海南；印度，孟加拉国，缅甸，老挝，越南，尼泊尔，泰国。

钝斑尹伪瓢虫 *Indalmus liuchungloi* Kryzhanovskij, 1960

分布：云南，广西，海南；缅甸，老挝，越南。

柔毛尹伪瓢虫 *Indalmus pubescens* (Arrow, 1925)

分布：云南。

云南尹伪瓢虫 *Indalmus yunnanensis* Chang & Ren, 2013

分布：云南（红河、西双版纳）。

蕈伪瓢虫属 *Mycetina* Mulsant, 1846

倍蕈伪瓢虫 *Mycetina bistripunctata* Mader, 1938

分布：云南。

蓝丽蕈伪瓢虫 *Mycetina cyanescens* Strohecker, 1943

分布：云南，四川，西藏。

帕伪瓢虫属 *Parindalmus* Achard, 1922

东京帕伪瓢虫 *Parindalmus tonkineus* Achard, 1922

分布：云南，福建，海南；老挝，越南，泰国。

中国帕伪瓢虫 *Parindalmus sinensis* Strohecker, 1971

分布：云南，四川，贵州，广西。

韦氏帕伪瓢虫 *Parindalmus westermanni* (Gerstaecker, 1857)

分布：云南。

扁伪瓢虫属 *Platindalmus* Strohecker, 1979

单齿扁伪瓢虫指名亚种 *Platindalmus calcaratus calcaratus* (Arrow, 1920)

分布：云南；中南半岛。

辛伪瓢虫属 *Sinocymbachus* Strohecker & Chûjô, 1970

狭斑辛伪瓢虫 *Sinocymbachus angustefasciatus* (Pic, 1940)

分布：云南（昭通），四川，陕西。

华美辛伪瓢虫 *Sinocymbachus decorus* Strohecker & Chûjô, 1970

分布：云南（楚雄、临沧、普洱、大理）。

肩斑辛伪瓢虫 *Sinocymbachus humerosus* (Mader, 1938)

分布：云南（西双版纳），贵州，江苏，江西，浙江，湖南，广西，福建，广东，台湾。

长鞘辛伪瓢虫 *Sinocymbachus longipennis* Chang & Bi, 2020

分布：云南（大理、怒江、迪庆），四川。

浅斑辛伪瓢虫 *Sinocymbachus luteomaculatus* (Pic, 1921)

分布：云南（曲靖）。

小斑辛伪瓢虫 *Sinocymbachus parvimaculatus* (Mader, 1938)

分布：云南（玉溪、大理、临沧）。

华辛伪瓢虫 *Sinocymbachus sinicus* Chang & Bi, 2020

分布：云南（怒江），西藏。

Sinopanamomus Esser, 2019

Sinopanamomus yunnanensis Esser, 2019

分布：云南（红河）。

刺伪瓢虫属 *Spathomeles* Gerstaecker, 1857
姬刺伪瓢虫 *Spathomeles decoratus* Gerstaecker, 1857
分布：云南（红河）。

姬刺伪瓢虫华丽亚种 *Spathomeles decoratus ornatus* Gorham, 1886
分布：云南，西藏；印度，老挝。

薪甲科 Latridiidae

阿狄薪甲属 *Adistemia* Fall, 1899
华氏薪甲 *Adistemia watsoni* (Wollaston, 1871)
分布：云南，四川；欧洲，非洲，美洲。

缩颈薪甲属 *Cartodere* Thomson, 1859
同沟缩颈薪甲 *Cartodere constricta* (Gyllenhal, 1827)
分布：世界广布。
裂滑缩颈薪甲 *Cartodere lobli* Dajoz, 1975
分布：云南；斯里兰卡，尼泊尔，印度，中亚。
越南缩颈薪甲 *Cartodere vietnamensis* Rucker, 1979
分布：云南；越南。

肖花薪甲属 *Corticarina* Reitter, 1881
不丹肖花薪甲 *Corticarina bhutanensis* Johnson, 1977
分布：云南，福建，台湾；印度，不丹。
福建肖花薪甲 *Corticarina fukiensis* Johnson, 1989
分布：云南，福建。
柔毛薪甲 *Corticarina pubescens* (Gyllenhal, 1827)
分布：云南，四川；全球其他大部分地区广布。
密齿毛薪甲 *Corticarina serrata* (Paykull, 1798)
分布：云南，四川。

小薪甲属 *Dienerella* Reitter, 1911
大眼小薪甲 *Dienerella argus* (Reitter, 1884)
分布：云南，新疆，河南，内蒙古，河北；欧洲，非洲，北美洲。
中沟小薪甲 *Dienerella beloni* (Reitter, 1882)
分布：云南，四川，湖南，香港；日本，欧洲。
丽小薪甲 *Dienerella elegans* (Aubé, 1850)
分布：云南，四川，贵州，湖北，江苏，湖南；欧洲，北美洲。

丝小薪甲 *Dienerella filiformis* (Gyllenhal, 1827)
分布：云南，四川，新疆，河北，陕西，内蒙古，湖南；日本，欧洲，北美洲。
红颈小薪甲 *Dienerella ruficollis* (Marsham, 1802)
分布：云南，四川，贵州，黑龙江，新疆，宁夏，河南，山西，山东，江西，浙江，湖北，湖南，广东；俄罗斯（远东地区），日本，欧洲，非洲，美洲。

龙骨薪甲属 *Enicmus* Thomson, 1859
伊斯龙骨薪甲 *Enicmus histrio* Joy & Tomlin, 1910
分布：云南，贵州，北京，陕西，山东，福建；阿富汗，日本，韩国，俄罗斯（远东地区），蒙古国，尼泊尔，巴基斯坦，印度，澳大利亚，中亚，欧洲。
横龙骨薪甲 *Enicmus transversus* (Olivier, 1790)
分布：云南，黑龙江，安徽，湖北，湖南，江苏，福建；日本，俄罗斯，欧洲，南美洲。

薪甲属 *Latridius* Herbst, 1793
湿薪甲 *Latridius minutus* (Linnaeus, 1767)
分布：世界广布（主要分布于温带地区）。

东方薪甲属 *Migneauxia* Jacquelin du Val, 1859
皮东方薪甲 *Migneauxia lederi* Reitter, 1875
分布：云南，四川，黑龙江，辽宁，新疆，山西，陕西，内蒙古，河南，山东，河北，湖北，江西，江苏，浙江，安徽，湖南，广西，广东；日本，印度，欧洲，南美洲。

行薪甲属 *Thes* Semenov, 1909
四行薪甲 *Thes bergrothi* (Reitter, 1880)
分布：云南，贵州，四川，黑龙江，辽宁，内蒙古，青海，甘肃，广西，广东；欧洲，北美洲。

隐食甲科 Cryptophagidae

蜂隐食甲属 *Antherophagus* Dejean, 1821

喜马蜂隐食甲 *Antherophagus himalaicus* **Champion, 1922**
分布：云南（迪庆）；印度，尼泊尔。

圆隐食甲属 *Atomaria* Stephens, 1829

邻圆隐食甲 *Atomaria accola* **Lyubarsky, 1999**
分布：云南（怒江）；尼泊尔，大洋洲。

刘氏圆隐食甲 *Atomaria lewisi* **Reitter, 1877**
分布：世界广布。

斜斑圆隐食甲 *Atomaria obliqua* **Johnson, 1971**
分布：云南，四川，湖北，江苏，浙江，福建，台湾；阿富汗，尼泊尔，印度，缅甸。

黄端圆隐食甲 *Atomaria plecta* **Lyubarsky, 1995**
分布：云南（大理），四川，陕西；印度，尼泊尔。

角胸圆隐食甲 *Atomaria tristis* **Johnson, 1971**
分布：云南；印度，尼泊尔。

隐食甲属 *Cryptophagus* Herbst, 1792

尖角隐食甲 *Cryptophagus acutangulus* **Gyllenhal, 1827**
分布：云南，全国其他大部分地区均有分布；日本，澳大利亚，欧洲，北美洲。

暗黑隐食甲 *Cryptophagus atratus* **Champion, 1922**
分布：云南（昆明），四川；印度，尼泊尔。

栗色隐食甲 *Cryptophagus castanescens* **Grouvelle, 1916**
分布：云南（临沧），安徽，浙江，福建；印度，缅甸，尼泊尔。

小暗边隐食甲 *Cryptophagus curtus* **Grouvelle, 1916**
分布：云南（临沧）；印度，尼泊尔，马来西亚。

饰斑隐食甲 *Cryptophagus decoratus* **Reitter, 1874**
分布：云南（大理），贵州，四川，湖北，江苏，浙江，上海，福建，香港，台湾；俄罗斯，日本。

弱锯隐食甲 *Cryptophagus dilutus* **Reitter, 1874**
分布：云南，黑龙江，内蒙古，陕西，上海，广西；俄罗斯（远东地区），韩国，日本，蒙古国，尼泊尔，阿富汗，中东，欧洲，美洲。

短鞘隐食甲 *Cryptophagus pedarius* **Lyubarsky, 1999**
分布：云南（大理）；尼泊尔。

Cryptophagus schuelkei **Esser, 2017**
分布：云南（迪庆）。

光圆隐食甲属 *Curelius* Casey, 1900

日本光圆隐食甲 *Curelius japonicus* **(Reitter, 1878)**
分布：全国广布；韩国，日本，越南，印度，尼泊尔，不丹，欧洲，非洲，美洲。

拱形隐食甲属 *Ephistemus* Stephens, 1829

亮拱形隐食甲 *Ephistemus splendens* **Johnson, 1971**
分布：云南，广东；印度，尼泊尔，巴基斯坦。

喜马隐食甲属 *Himascelis* Sengupta, 1978

中华喜马隐食甲 *Himascelis chinensis* **(Nikitsky, 1996)**
分布：云南，陕西。

长角喜马隐食甲 *Himascelis longicornis* **Esser, 2019**
分布：云南。

侏儒喜马隐食甲 *Himascelis pumilus* **Esser, 2019**
分布：云南。

波纹喜马隐食甲 *Himascelis similis* **(Nikitsky, 1996)**
分布：云南，四川。

棒胫喜马隐食甲 *Himascelis tibialis* **Esser, 2019**
分布：云南。

微隐食甲属 *Micrambe* Thomson, 1863

双斑微隐食甲 *Micrambe bimaculata* **(Panzer, 1798)**
分布：云南（大理），贵州，四川，河北，北京，内蒙古，山西，山东，陕西，甘肃，青海，安徽，浙江，上海，湖北；蒙古国，俄罗斯（远东地区），中亚，欧洲。

窄斑微隐食甲 *Micrambe micramboides* **(Reitter, 1874)**
分布：云南（保山），浙江，台湾；日本。

舒氏微隐食甲 *Micrambe schuelkei* **Esser, 2017**
分布：云南（红河）。

中华微隐食甲 *Micrambe sinensis* **Grouvelle, 1910**
分布：云南，四川，陕西，河南，北京，天津，湖北。

云南微隐食甲 *Micrambe yunnanensis* **Esser, 2017**
分布：云南（保山）。

长跗隐食甲属 *Serratomaria* Nakane & Hisamatsu, 1963

栗色长跗隐食甲 *Serratomaria tarsalis* Nakane &

Hisamatsu, 1963

分布：云南；日本。

步甲科 Carabidae

蛋步甲属 *Acalathus* Semenov, 1889

云南蛋步甲 *Acalathus yunnanicus* (Lassalle, 2011)

分布：云南（丽江）。

尖须步甲属 *Acupalpus* Latreille, 1829

尖须步甲 *Acupalpus inornatus* Bates, 1873

分布：云南，贵州，四川，重庆，辽宁，陕西，河北，湖北，江西，上海，浙江，湖南，广西，台湾，香港；日本，朝鲜半岛，俄罗斯。

Acupalpus gerdmuelleri Jaeger, 2010

分布：云南；尼泊尔。

异裂跗步甲属 *Adischissus* Fedorenko, 2015

斑异裂跗步甲 *Adischissus notulatoides* (Xie & Yu, 1991)

分布：云南。

四点异裂跗步甲 *Adischissus quadrimaculatus* (Csiki, 1907)

分布：云南，贵州，安徽，湖北，湖南，福建，台湾；日本。

线角步甲属 *Aephnidius* Macleay, 1825

隐角线角步甲 *Aephnidius adelioides* (Macleay, 1825)

分布：云南（普洱、西双版纳），广东，海南，台湾；日本，印度，印度尼西亚，澳大利亚，菲律宾，巴布亚新几内亚。

胫行步甲属 *Agonotrechus* Jeannel, 1923

Agonotrechus farkaci Deuve, 1995

分布：云南。

Agonotrechus fugongensis Deuve & Liang, 2016

分布：云南。

武氏胫行步甲 *Agonotrechus wuyipeng* Deuve, 1992

分布：云南，四川，陕西。

小黑山胫行步甲 *Agonotrechus xiaoheishan* Deuve & Liang, 2016

分布：云南。

云南胫行步甲 *Agonotrechus yunnanus* Uéno, 1999

分布：云南。

细胫步甲属 *Agonum* Bonelli, 1810

恰细胫步甲 *Agonum chalcomum* Bates, 1873

分布：云南，四川，甘肃，浙江，福建，香港；俄罗斯，日本。

背细胫步甲 *Agonum dorsostriatum* Fairmaire, 1889

分布：云南，四川。

痕细胫步甲 *Agonum impressum* Panzer, 1796

分布：云南，四川，新疆，甘肃，青海，陕西；日本，蒙古国，俄罗斯（远东地区），中亚，欧洲。

日本细胫步甲 *Agonum japonicum* (Morawitz, 1862)

分布：云南（保山、德宏），贵州，四川，浙江，湖北，江西，湖南，广西，福建，广东；朝鲜，日本。

闪细胫步甲 *Agonum scintillans* Boheman, 1858

分布：云南，福建，香港；尼泊尔，巴基斯坦，印度，不丹。

半铜细胫步甲 *Agonum semicupreum* Fairmaire, 1887

分布：云南。

锡金细胫步甲 *Agonum sikkimensis* Andrewes, 1923

分布：云南（怒江）；印度。

露胸步甲属 *Allocota* Motschulsky, 1860

金露胸步甲 *Allocota aurata* Bates, 1873

分布：云南，陕西，广东，海南；日本，尼泊尔。

二色露胸步甲 *Allocota bicolor* Shi & Liang, 2013

分布：云南（德宏），广东，海南；越南，老挝，泰国。

沟步甲属 *Amara* Bonelli, 1810

耳沟步甲 *Amara aurichalcea* Germar, 1823

分布：云南，四川，黑龙江，吉林，辽宁，新疆，内蒙古，陕西，山西，北京，河北；俄罗斯，日本，蒙古国，朝鲜。

白马山沟步甲 *Amara baimashanica* Hieke, 2006

分布：云南（迪庆）。

白马雪山沟步甲 *Amara baimaxueshanica* Hieke, 2010

分布：云南。

贝茨沟步甲 *Amara batesi* Csiki, 1929

分布：云南，四川，西藏；印度，不丹，尼泊尔，巴基斯坦。

缅甸沟步甲 *Amara birmana* Baliani, 1934

分布：云南（怒江、保山、德宏），四川，西藏；印度，缅甸。

恰沟步甲 *Amara chalciope* (Bates, 1891)

分布：云南（怒江、保山、德宏），四川，西藏，福建；缅甸，不丹。

Amara coarctiloba Hieke, 2010

分布：云南。

康沟步甲 *Amara congrua* Morawitz, 1863

分布：云南（怒江、保山），四川，贵州，黑龙江，辽宁，吉林，北京，甘肃，陕西，山西，内蒙古，河北，江西，江苏，湖北，浙江，上海，福建，香港，台湾；日本，朝鲜，俄罗斯，缅甸，老挝，越南。

达沟步甲 *Amara davidi* Tschitschérine, 1897

分布：云南（怒江），四川，陕西，青海，湖北，甘肃，北京。

Amara daxueshanensis Hieke, 2000

分布：云南。

Amara dequensis Hieke, 1999

分布：云南，四川。

歧沟步甲 *Amara dissimilis* Tschitschérine, 1894

分布：云南（怒江，保山，德宏），四川，西藏，甘肃，青海，陕西。

Amara elegantula Tschitschérine, 1899

分布：云南（怒江），四川，西藏；不丹，尼泊尔，印度。

Amara heterolata Hieke, 1997

分布：云南。

Amara interfluviatilis Hieke, 2010

分布：云南，西藏。

Amara involans Hieke, 2000

分布：云南，西藏，四川，甘肃。

康定沟步甲 *Amara kangdingensis* Hieke, 1997

分布：云南，四川。

金沟步甲 *Amara kingdoni* Baliani, 1934

分布：云南，西藏，四川，甘肃，青海。

Amara kutscherai Hieke, 2006

分布：云南。

阔胸沟步甲 *Amara latithorax* Baliani, 1934

分布：云南（怒江）；印度，尼泊尔，缅甸。

亮沟步甲 *Amara lucidissima* Baliani, 1932

分布：云南（怒江、保山、德宏），四川，湖北，浙江，福建，台湾。

大点沟步甲 *Amara macronota* (Solsky, 1875)

分布：云南，贵州，四川，黑龙江，吉林，辽宁，内蒙古，北京，天津，河北，山西，山东，甘肃，陕西，河南，湖北，江苏，江西，上海，浙江，福建，广东；俄罗斯，日本，朝鲜，韩国。

大陆沟步甲 *Amara mandarina* Baliani, 1932

分布：云南，四川。

Amara metallicolor Hieke, 2010

分布：云南。

Amara micans Tschitschérine, 1894

分布：云南，西藏，四川，新疆，青海，甘肃，北京，福建；尼泊尔，巴基斯坦，印度。

卵形沟步甲 *Amara ovata* Fabricius, 1792

分布：云南，西藏，四川，黑龙江，新疆，甘肃，北京，青海，陕西，湖北；俄罗斯，伊朗，日本，朝鲜，中亚，欧洲，非洲。

淡沟步甲 *Amara pallidula* Motschulsky, 1844

分布：云南，四川，吉林，辽宁，北京，甘肃，河北，陕西；俄罗斯，蒙古国，朝鲜。

Amara pingshiangi Jedlička, 1957

分布：云南（怒江、保山），四川，江西，福建，浙江，陕西，江苏。

壮沟步甲 *Amara robusta* Baliani, 1932

分布：云南，西藏，四川，新疆，甘肃，青海；俄罗斯，印度，尼泊尔。

Amara rotundangula Hieke, 2002

分布：云南。

陕西沟步甲 *Amara shaanxiensis* Hieke, 2002

分布：云南（怒江、保山、德宏），四川，陕西。

锡金沟步甲 *Amara sikkimensis* Andrewes, 1930

分布：云南（怒江、保山、德宏），西藏，四川，甘肃；印度，尼泊尔，不丹，巴基斯坦。

薛沟步甲 *Amara silvestrii* Baliani, 1937

分布：云南（怒江、保山），四川，甘肃，陕西，青海，湖北，台湾；缅甸，俄罗斯，日本，韩国。

筒沟步甲 *Amara simplicidens* Morawitz, 1863
分布：云南（保山、德宏），四川，黑龙江，河南，江西，江苏，湖北，浙江，福建；日本，朝鲜，俄罗斯。

波沟步甲 *Amara sinuaticollis* Morawitz, 1862
分布：云南，四川，黑龙江，吉林，北京，内蒙古，甘肃，陕西，江苏，江西，福建；朝鲜，韩国，俄罗斯，日本。

雪山沟步甲 *Amara xueshanica* Hieke, 2006
分布：云南。

玉龙沟步甲 *Amara yulongensis* Hieke, 2005
分布：云南。

虞沟步甲 *Amara yupeiyuae* Hieke, 2000
分布：云南。

中甸沟步甲 *Amara zhongdianica* Hieke, 1997
分布：云南，四川。

阿维须步甲属 *Amerizus* Chaudoir, 1868

云南阿维须步甲 *Amerizus davidales* Sciaky & Toledano, 2007
分布：云南。

高黎贡阿维须步甲 *Amerizus gaoligongensis* Guéorguiev, 2015
分布：云南（保山）。

双勇步甲属 *Amphimenes* Bates, 1873

越瞄双勇步甲 *Amphimenes bidoupennis* Fedorenko, 2010
分布：云南（西双版纳），海南；越南。

斑双勇步甲 *Amphimenes maculatus* Fedorenko, 2010
分布：云南（西双版纳），海南；越南。

安德步甲属 *Andrewesius* Andrewes, 1938

Andrewesius delavayi Morvan, 1997
分布：云南。

Andrewesius fedorovi Kryzhanovskij, 1994
分布：云南。

Andrewesius ollivieri Morvan, 1997
分布：云南。

Andrewesius subsericatus Fairmaire, 1886
分布：云南。

韦安德步甲 *Andrewesius vimmeri* Jedlička, 1932
分布：云南，四川。

云南安德步甲 *Andrewesius yunnanus* Csiki, 1931
分布：云南。

泽安德步甲 *Andrewesius zezeae* Csiki, 1931
分布：云南。

Androzelma Dostal, 1993

Androzelma gigas Dostal, 1993
分布：云南。

斑步甲属 *Anisodactylus* Dejean, 1829

小斑步甲 *Anisodactylus karennius* (Bates, 1892)
分布：云南，四川，贵州，西藏，甘肃，青海，广西，广东；印度，不丹，缅甸，越南，柬埔寨，泰国。

点翅斑步甲 *Anisodactylus punctatipennis* Morawitz, 1862
分布：云南，四川，贵州，辽宁，甘肃，陕西，河南，安徽，江苏，江西，浙江，湖北，上海，湖南，广西，福建，台湾；俄罗斯，朝鲜半岛，日本。

三尖斑步甲 *Anisodactylus tricuspidatus* Morawitz, 1863
分布：云南，四川，河南，陕西，湖北，湖南，浙江，福建，台湾；日本，韩国。

Anthracus Motschulsky, 1850

Anthracus annamensis Bates, 1889
分布：云南。

Anthracus furvus (Andrewes, 1947)
分布：云南。

Anthracus latus Jaeger, 2012
分布：云南。

Anthracus wrasei Jaeger, 2012
分布：云南（大理）；老挝。

原长颈步甲属 *Archicolliuris* Liebke，1931

双斑长颈步甲 *Archicolliuris bimaculata* (Redtenbacher, 1842)
分布：云南，广西，广东，海南；日本，缅甸，菲律宾，马来西亚，印度尼西亚，斯里兰卡，印度。

二点长颈步甲 *Archicolliuris distigma* (Chaudoir, 1850)
分布：云南，广西，海南；缅甸，印度尼西亚，马来西亚。

原隰步甲属 *Archipatrobus* Zamotajlov, 1992

戴式原隰步甲 *Archipatrobus deuvei* **Zamotajlov, 1992**

分布：云南，四川，贵州，重庆，甘肃，陕西，湖北，江西，浙江，广西，福建。

黄足原隰步甲指名亚种 *Archipatrobus flavipes flavipes* **(Motschulsky, 1864)**

分布：云南，四川，重庆，吉林，辽宁，甘肃，江苏，江西，上海，香港；日本，朝鲜半岛。

Arhytinus Bates, 1889

Arhytinus yunnanus **Baehr, 2012**

分布：云南。

山丽步甲属 *Aristochroa* Tschitschérine, 1898

突角山丽步甲 *Aristochroa abrupta* **Kavanaugh & Liang, 2003**

分布：云南（怒江）。

德钦山丽步甲 *Aristochroa deqinensis* **Xie & Yu, 1993**

分布：云南（迪庆）。

断山丽步甲 *Aristochroa exochopleurae* **Kavanaugh & Liang, 2006**

分布：云南（怒江）。

娇山丽步甲 *Aristochroa gratiosa* **Tschitscherine, 1898**

分布：云南（迪庆），四川。

兰坪山丽步甲 *Aristochroa lanpingensis* **Tian, 2004**

分布：云南（大理、怒江）。

凹缘山丽步甲 *Aristochroa latecostata* **(Fairmaire, 1887)**

分布：云南（丽江、迪庆、大理）。

摩梭山丽步甲 *Aristochroa mosuo* **Tian, 2004**

分布：云南（丽江）。

Aristochroa nozari **Azadbakhsh, 2017**

分布：云南（迪庆）。

圆角山丽步甲 *Aristochroa rotundata* **Yu, 1992**

分布：云南（迪庆）。

灿山丽步甲 *Aristochroa splendida* **Kavanaugh & Liang, 2006**

分布：云南（怒江）。

雅山丽步甲 *Aristochroa venusta* **Tschitschérine, 1898**

分布：云南，四川。

王氏山丽步甲 *Aristochroa wangi* **Xie & Yu, 1993**

分布：云南（迪庆），四川。

虞氏山丽步甲 *Aristochroa yuae* **Kavanaugh & Liang, 2006**

分布：云南（怒江）。

中甸山丽步甲 *Aristochroa zhongdianensis* **Liang & Yu, 2002**

分布：云南（迪庆）。

疑步甲属 *Asaphidion* Gozis, 1886

铜色疑步甲 *Asaphidion cupreum* **Andrewes, 1925**

分布：云南，山西；俄罗斯。

脆疑步甲 *Asaphidion fragile* **Andrewes, 1925**

分布：云南，四川。

大盾盲步甲属 *Aspidaphaenops* Uéno, 2006

曲靖大盾盲步甲 *Aspidaphaenops qujingensis* **Deuve & Tian, 2020**

分布：云南（曲靖）。

Aspidaphaenops qujingensis achaetus **Deuve & Tian, 2020**

分布：云南（曲靖）。

拟阿胫步甲属 *Atranodes* Jedlička, 1940

马蒂拟阿胫步甲 *Atranodes yanfoueri martii* **Morvan, 2006**

分布：云南。

Batoscelis Dejean, 1836

Batoscelis oblonga **Dejean, 1831**

分布：云南，香港；尼泊尔。

锥须步甲属 *Bembidion* Latreille, 1802

Bembidion brancuccii **Toledano, 2000**

分布：云南。

Bembidion eurydice **Andrewes, 1926**

分布：云南；尼泊尔，印度。

艾奎锥须步甲 *Bembidion exquisitum* **Andrewes, 1923**

分布：云南，四川；尼泊尔，印度。

Bembidion farkaci **Toledano & Sciaky, 1998**

分布：云南，四川。

哈锥须步甲 *Bembidion hamanense* **Jedlička, 1933**

分布：云南，四川，陕西。

韩锥须步甲 *Bembidion hansi* **Jedlička, 1932**

分布：云南，四川。

黑水锥须步甲 *Bembidion heishuianum* Toledano, 2008

分布：云南。

Bembidion hetzeli Toledano & Schmidt, 2008

分布：云南。

Bembidion heyrovskyi Jedlička, 1932

分布：云南。

Bembidion incisum Andrewes, 1921

分布：云南。

Bembidion janatai yanmenense Toledano, 2008

分布：云南。

Bembidion jani Toledano, 1998

分布：云南。

Bembidion kareli Toledano, 2008

分布：云南。

Bembidion leptaleum Andrewes, 1922

分布：云南，四川；尼泊尔，印度。

Bembidion liangi Toledano & Schmidt, 2008

分布：云南。

Bembidion mimekara Toledano & Schmidt, 2010

分布：云南。

尼罗锥须步甲 *Bembidion niloticum batesi* Putzeys, 1875

分布：云南，四川，上海，香港，台湾；俄罗斯，日本。

珐锥须步甲 *Bembidion phaedrum* Andrewes, 1923

分布：云南，四川；印度，尼泊尔。

Bembidion schillhammeri Toledano, 1998

分布：云南。

Bembidion schoenmanni Toledano, 2000

分布：云南。

Bembidion sciakyi luguense Toledano, 1999

分布：云南。

Bembidion sciakyi rinaldi Toledano, 1999

分布：云南。

Bembidion sciakyi sciakyi Toledano, 1999

分布：云南。

史特锥须步甲 *Bembidion sterbai* Jedlička, 1965

分布：云南。

踏锥须步甲 *Bembidion tambra* Andrewes, 1923

分布：云南。

踏锥须步甲中甸亚种 *Bembidion toledanoi zhongdianicum* Toledano & Schmidt, 2008

分布：云南。

云南锥须步甲指名亚种 *Bembidion yunnanum yunnanum* Andrewes, 1923

分布：云南，四川。

捕步甲属 *Blemus* Dejean, 1821

盘捕步甲东方亚种 *Blemus discus orientalis* (Jeannel, 1928)

分布：云南。

短唇步甲属 *Brachichila* Chaudoir, 1869

王短唇步甲 *Brachichila midas* Kirschenhofer, 1994

分布：云南（德宏）。

皱翅长臂步甲 *Brachichila rugulipennis* Bates, 1892

分布：云南（怒江）；越南。

短鞘步甲属 *Brachinus* Weber, 1801

缘翅短鞘步甲 *Brachinus costulipennis* Liebke, 1928

分布：云南。

大理短鞘步甲 *Brachinus daliensis* Kirschenhofer, 2011

分布：云南。

Brachinus evanescens Bates, 1892

分布：云南；阿富汗，伊朗。

克短鞘步甲 *Brachinus knirschi* Jedlička, 1931

分布：云南，四川。

暗短鞘步甲 *Brachinus scotomedes* Redtenbacher, 1868

分布：云南（昭通），江苏，湖北，江西，湖南，广西，香港，台湾；日本，朝鲜半岛。

瘦短鞘步甲 *Brachinus stenoderus* Bates, 1873

分布：云南（普洱），四川，安徽，江西，福建；日本，朝鲜，俄罗斯。

云南短鞘步甲 *Brachinus yunnanus* Jedlička, 1964

分布：云南。

漫步甲属 *Bradycellus* Erichson, 1837

安漫步甲 *Bradycellus anchomenoides* (Bates, 1873)

分布：云南（保山、怒江、大理、普洱），四川，重庆，甘肃，陕西，湖北，上海，福建；日本，不丹，越南，缅甸，尼泊尔。

缨漫步甲 *Bradycellus fimbriatus* Bates, 1873

分布：云南，贵州，四川，陕西，山东，湖北，江苏，江西，上海，浙江，湖南，福建；日本，韩国。

Bradycellus klapperichi Jaeger & Wrase, 1994

分布：云南（迪庆、怒江、保山），四川，陕西，甘肃，湖北，福建。

***Bradycellus ovalipennis* Jaeger, 1996**
分布：云南，四川。

***Bradycellus schaubergeri* Jaeger, 1995**
分布：云南。

***Bradycellus secundus* Wrase, 1998**
分布：云南（保山、怒江），四川，陕西，湖北。

亚漫步甲 *Bradycellus subditus* (Lewis, 1879)
分布：云南（迪庆、丽江），西藏，四川，重庆，黑龙江，甘肃，青海，陕西，北京，浙江，湖北；韩国，日本，俄罗斯。

玉龙漫步甲 *Bradycellus yulongshanus* Jaeger, 1996
分布：云南（丽江）。

Broscodera Lindroth, 1961
***Broscodera gaoligongensis* Kavanaugh & Liang, 2021**
分布：云南。

***Broscodera chukuai* Kavanaugh & Liang, 2021**
分布：云南。

球胸步甲属 *Broscosoma* Rosenhauer, 1846

两色球胸步甲 *Broscosoma bicoloratum* Kavanaugh & Liang, 2021
分布：云南。

贡山球胸步甲 *Broscosoma gongshanense* Kavanaugh & Liang, 2021
分布：云南。

丹珠球胸步甲 *Broscosoma danzhuense* Kavanaugh & Liang, 2021
分布：云南。

***Broscosoma furvum* Kavanaugh & Liang, 2021**
分布：云南。

高黎贡球胸步甲 *Broscosoma gaoligongense* Deuve & Wrase, 2015
分布：云南（高黎贡山）。

***Broscosoma holomarginatum* Kavanaugh & Liang, 2021**
分布：云南。

***Broscosoma parvum* Kavanaugh & Liang, 2021**
分布：云南。

***Broscosoma purpureum* Kavanaugh & Liang, 2021**
分布：云南。

***Broscosoma resbecqi* Kavanaugh & Liang, 2021**
分布：云南。

***Broscosoma ribbei rougeriei* Deuve & Tian, 2002**
分布：云南。

***Broscosoma viridicollare* Kavanaugh & Liang, 2021**
分布：云南。

柄胸步甲属 *Broscus* Panzer, 1813

点柄胸步甲 *Broscus punctatus* (Dejean, 1828)
分布：云南（怒江、临沧、保山），四川，浙江，江西，江苏，安徽，湖南，广东，广西，福建，香港；阿富汗，尼泊尔，印度，中东，中亚。

Bruskespar Morvan, 1998

***Bruskespar kevnidennek* Morvan, 1998**
分布：云南。

隆隘步甲属 *Caelopenetretus* Zamotajlov & Ito, 2000

密隆隘步甲 *Caelopenetretus crinalis* Zamotajlov & Ito, 2000
分布：云南（横断山地区）。

丽步甲属 *Calleida* Latreille, 1824

华丽步甲 *Calleida chinensis* Jedlicka, 1934
分布：云南，江西，广东，香港。

绿丽步甲 *Calleida chloroptera* Dejean, 1831
分布：云南，广西，香港，台湾；缅甸，印度尼西亚，日本。

雅丽步甲 *Calleida lepida* Redtenbacher, 1867
分布：云南（怒江、德宏），江西，安徽，广西，台湾，香港；日本，韩国。

灿丽步甲 *Calleida splendidula* (Fabricius, 1801)
分布：云南（普洱、西双版纳），贵州，四川，江苏，浙江，湖北，江西，湖南，广西，福建，台湾，广东；日本，泰国，老挝，缅甸，越南，柬埔寨，印度，马来西亚，新加坡，菲律宾，印度尼西亚，巴布亚新几内亚。

***Calleida sultana* Bates, 1892**
分布：云南。

云南丽步甲 *Calleida yunnanensis* Shi & Casale, 2018
分布：云南（德宏、普洱）；老挝。

拟丽步甲属 *Callistoides* Motschulsky, 1865

斑拟丽步甲 *Callistoides guttula* **Chaudoir, 1856**
分布：云南，香港；日本。

***Callistoides melanopus* Andrewes, 1923**
分布：云南。

类丽步甲属 *Callistomimus* Chaudoir, 1872

尖类丽步甲 *Callistomimus acuticollis* **(Fairmaire, 1889)**
分布：云南，西藏。

聚类丽步甲 *Callistomimus coarctatus* **(LaFerté-Sénectère, 1851)**
分布：云南，西藏；尼泊尔，巴基斯坦，印度。

壶类丽步甲 *Callistomimus lebioides* **(Bates, 1892)**
分布：云南；缅甸。

谦类丽步甲 *Callistomimus modestus* **(Schaum, 1863)**
分布：云南，贵州，甘肃，北京，山东，安徽，江西，湖南，广西，广东，海南；蒙古国，东南亚。

皱翅类丽步甲 *Callistomimus rubellus* **(Bates, 1892)**
分布：云南，广东；缅甸。

赤缝类丽步甲 *Callistomimus virescens* **Andrewes, 1921**
分布：云南；缅甸，印度。

丽虎甲属 *Callytron* Gistel, 1848

***Callytron andersoni* (Gestro, 1889)**
分布：云南（西双版纳），香港；泰国，柬埔寨，老挝，越南，缅甸。

卡洛虎甲属 *Calochroa* Hope, 1838

安卡洛虎甲 *Calochroa anometallescens* **(Horn, 1893)**
分布：云南（普洱）；泰国，老挝，缅甸。

丽洛虎甲 *Calochroa elegantula* **(Dokhtouroff, 1882)**
分布：云南（西双版纳）；马来西亚，泰国，柬埔寨，老挝，越南。

黄斑卡洛虎甲 *Calochroa flavomaculata* **(Hope, 1831)**
分布：云南（德宏、普洱、西双版纳），四川，广东，海南，香港，台湾；巴基斯坦，印度，斯里兰卡，孟加拉国，尼泊尔，缅甸，泰国，越南，柬埔寨，老挝，菲律宾。

断斑卡洛虎甲 *Calochroa interruptofasciata* **(Schmidt-Goebel, 1846)**
分布：云南（昆明、玉溪、普洱、西双版纳），广东，香港；马来西亚，缅甸，泰国，柬埔寨，老挝，越南。

八纹卡洛虎甲 *Calochroa octogramma* **(Chaudoir, 1852)**
分布：云南（德宏、红河）；尼泊尔，印度，缅甸。

类泰斑卡洛虎甲 *Calochroa pseudosiamensis* **(Horn, 1913)**
分布：云南（普洱、西双版纳）；老挝。

萨氏泰斑卡洛虎甲 *Calochroa salvazai* **(Fleutiaux, 1919)**
分布：云南（普洱、西双版纳）；老挝，缅甸。

星步甲属 *Calosoma* Weber, 1801

中华星步甲 *Calosoma chinense* **Kirby, 1818**
分布：云南（昆明、玉溪、大理、昭通、德宏、保山），四川，贵州，黑龙江，辽宁，吉林，北京，河北，河南，山东，宁夏，青海，陕西，甘肃，内蒙古，山西，江苏，江西，安徽，浙江，上海，湖北，湖南，福建，广东；日本，俄罗斯，朝鲜半岛。

中华星步甲云南亚种 *Calosoma chinense yunnanense* **Breuning, 1927**
分布：云南。

达广肩步甲 *Calosoma davidis* **Géhin, 1885**
分布：云南（迪庆），西藏，四川，陕西，湖北；尼泊尔。

黑广肩步甲 *Calosoma maximoviczi* **Morawitz, 1863**
分布：云南（临沧、玉溪），西藏，四川，黑龙江，吉林，辽宁，北京，甘肃，陕西，山西，河北，山东，河南，湖北，台湾，浙江，福建；俄罗斯，日本，朝鲜半岛。

东方广肩步甲 *Calosoma orientale* **Hope, 1835**
分布：云南；巴基斯坦。

步甲属 *Carabus* Linnaeus, 1758

***Carabus alpherakii chareti* Deuve, 1993**
分布：云南。

***Carabus antoniettae* Cavazzuti, 2002**
分布：云南。

贝纳步甲指名亚种 *Carabus benardi benardi* **Breuning, 1931**
分布：云南。

Carabus benardi piriformis Deuve, 1997
分布：云南。

贝纳步甲彝良亚种 *Carabus benardi yiliangensis* Deuve, 2002
分布：云南。

波步甲指名亚种 *Carabus bornianus bornianus* Hauser, 1922
分布：云南。

Carabus bornianus drumonti Deuve, 2005
分布：云南。

波步甲泸西亚种 *Carabus bornianus luxiensis* Deuve, 2005
分布：云南。

Carabus bousquetellus bousquetellus Deuve, 1998
分布：云南。

Carabus bousquetellus gengmaensis Kleinfeld, 2003
分布：云南。

Carabus bousquetellus granostriatus Deuve & Mourzine, 2002
分布：云南。

Carabus bousquetellus roxane Kleinfeld, 2002
分布：云南。

Carabus bousquetellus weishanicola Deuve, 1999
分布：云南。

Carabus branaungi liukuensis Imura, 2007
分布：云南。

布辛步甲 *Carabus businskyi* Deuve, 1990
分布：云南。

Carabus cavazzutiellus cavazzutiellus Deuve, 2002
分布：云南。

Carabus cheni cheni Deuve, 1992
分布：云南。

德勒步甲指名亚种 *Carabus delavayi delavayi* Fairmaire, 1886
分布：云南（普洱）。

德勒步甲帕特亚种 *Carabus delavayi patrikeevi* Cavazzuti, 2001
分布：云南。

Carabus delavayi planithoracis Kleinfeld, 2006
分布：云南。

Carabus delavayi shiguanicus Cavazzuti, 2001
分布：云南。

德勒步甲华南亚种 *Carabus delavayi sinomeridionalis* Deuve, 1989
分布：云南，湖南。

Carabus delavayi tazhongensis Deuve & Pan, 2002
分布：云南（普洱）。

德勒步甲纤瘦亚种 *Carabus delavayi tenuimanus* Deuve & Imura, 1990
分布：云南。

德勒步甲云龙亚种 *Carabus delavayi yunlongensis* Kleinfeld, 2000
分布：云南。

德勒步甲云县亚种 *Carabus delavayi yunxiensis* Deuve & Mourzine, 2002
分布：云南。

东川步甲指名亚种 *Carabus dongchuanicus dongchuanicus* Deuve, 1994
分布：云南（昆明），四川。

Carabus dongchuanicus fazhensis Deuve, Liu & Liang, 2024
分布：云南（昆明）。

Carabus firmatus firmatus Cavazzuti, 1997
分布：云南。

芽步甲指名亚种 *Carabus gemmifer gemmifer* Fairmaire, 1887
分布：云南。

芽步甲劳氏亚种 *Carabus gemmifer loczyi* Csiki, 1927
分布：云南。

Carabus gemmifer noctescens Cavazzuti, 2001
分布：云南。

Carabus guerryi guerryi Born, 1903
分布：云南，贵州。

Carabus guerryi exangustior Deuve, 2015
分布：云南。

Carabus guerryi stephanoforus Cavazzuti, 1998
分布：云南。

Carabus handelmazzettii bailakou Deuve & Mourzine, 2000
分布：云南。

Carabus handelmazzettii boriskataevi Deuve, 2010
分布：云南。

Carabus handelmazzettii habaicus Deuve, 2005
分布：云南。

Carabus handelmazzettii handelmazzettii Mandl, 1955
分布：云南。

Carabus hengduanicola crassedorsum Imura, 2001
分布：云南。

横断步甲指名亚种 *Carabus hengduanicola hengduanicola* Deuve, 1996
分布：云南。

Carabus hera Kleinfeld, 2000
分布：云南。

弱步甲指名亚种 *Carabus infirmior infirmior* Hauser, 1924
分布：云南。

伊特步甲贡山亚种 *Carabus itzingeri gongshanensis* Deuve, 2016
分布：云南。

Carabus itzingeri rugulosior Deuve, 1996
分布：云南。

Carabus kassandra kassandra Kleinfeld, 1999
分布：云南，四川。

Carabus koidei cortisning Cavazzuti & Rapuzzi, 2010
分布：云南。

可伊步甲 *Carabus koiwayai* Deuve & Imura, 1990
分布：云南。

Carabus korellianus Kleinfeld, 2002
分布：云南。

广平步甲大围亚种 *Carabus kouanping daweiensis* Deuve, 1992
分布：云南。

广平步甲滇东亚种 *Carabus kouanping diandongensis* Deuve & Tian, 2008
分布：云南。

广平步甲指名亚种 *Carabus kouanping kouanping* Maindron, 1906
分布：云南，贵州。

Carabus kryzhanovskianus Deuve, 1992
分布：云南。

库班步甲 *Carabus kubani* Deuve, 1990
分布：云南。

Carabus leda Kleinfeld, 2000
分布：云南。

Carabus liianus lautus Deuve, 2009
分布：云南。

纤角步甲永善亚种 *Carabus longeantennatus yongshan* Kleinfeld, 1999
分布：云南，四川。

Carabus ludivinae ludivinae Deuve, 1996
分布：云南。

Carabus ludivinae wuliangensis Cavazzuti, 1997
分布：云南。

Carabus madefactus Cavazzuti, 1997
分布：云南。

Carabus malaisei semelai Deuve, 1995
分布：云南。

Carabus malaisei tongbiguanicus Deuve & Tian, 2001
分布：云南。

Carabus malaisei yangae Deuve & Tian, 2013
分布：云南。

Carabus microtatos Cavazzuti, 1997
分布：云南。

摩步甲东川亚种 *Carabus morphocaraboides dongchuan* Cavazzuti, 2001
分布：云南（昆明）。

摩步甲指名亚种 *Carabus morphocaraboides morphocaraboides* Deuve, 1989
分布：云南（昆明）。

摩步甲潘氏亚种 *Carabus morphocaraboides pani* Deuve & Tian, 2001
分布：云南（昆明）。

Carabus morphocaraboides pigmentatus Cavazzuti, 1998
分布：云南。

摩步甲姚氏亚种 *Carabus morphocaraboides yao* Imura, 1999
分布：云南（昭通）。

Carabus nianjuaensis Imura, 2016
分布：云南。

Carabus oblongior hei Cavazzuti, 1996
分布：云南（丽江），四川。

Carabus oblongior oblongior Deuve, 1992
分布：云南（丽江）。

Carabus oblongior yunlingicus Deuve, 1994
分布：云南（迪庆）。

Carabus oblongior zhongdianus Cavazzuti & Rapuzzi, 2010
分布：云南。

Carabus ohomopteroides Deuve & Tian, 2004
分布：云南（迪庆）。

Carabus patroclus habaensis Deuve, 1992
分布：云南。

Carabus patroclus robustior Breuning, 1966
分布：云南。

Carabus patroclus tazhongensis Deuve & Pan, 2002
分布：云南。

Carabus patroclus vicarius Cavazzuti, 1996
分布：云南，四川。

Carabus pineticola Deuve & Mourzine, 2004
分布：云南。

Carabus protenes sinomeridionalis Deuve, 1989
分布：云南，湖南。

伸步甲云南亚种 *Carabus protenes yunnanicus* Deuve, 1998
分布：云南。

疱步甲怪异亚种 *Carabus pustulifer mirandior* Deuve, 1993
分布：云南（昆明、红河、曲靖、昭通、楚雄），四川，西藏。

Carabus rapuzzi rapuzzi Kleinfeld, 2000
分布：云南。

Carabus reni Deuve & Tian, 2009
分布：云南。

Carabus rhododendron lidimaensis Imura, 2016
分布：云南。

Carabus rhododendron Deuve & Imura, 1991
分布：云南。

Carabus rhododendron xinshanchangensis Imura, 2016
分布：云南。

Carabus rhododendron xuebangshanensis Imura, 2016
分布：云南。

Carabus saga Cavazzuti, 1997
分布：云南。

Carabus semelai Deuve, 1995
分布：云南。

健步甲保山亚种 *Carabus solidior baoshanensis* Deuve, 1993
分布：云南。

健步甲艾拉亚种 *Carabus solidior errabundus* Deuve & Imura, 1990
分布：云南。

健步甲细长亚种 *Carabus solidior parvielongatus* Deuve, 1994
分布：云南。

健步甲具角亚种 *Carabus solidior perangustus* Kleinfeld & Schütze, 2003
分布：云南。

健步甲指名亚种 *Carabus solidior solidior* Deuve & Imura, 1990
分布：云南。

Carabus szetschuanus yunnanicus Deuve, 1998
分布：云南。

Carabus szetschuanus zantunensis Cavazzuti & Ratti, 1998
分布：云南。

大理步甲 *Carabus taliensis* (Fairmaire, 1886)
分布：云南（大理、迪庆）。

大理步甲伊思亚种 *Carabus taliensis aesculapius* Imura & Kezuka, 1989
分布：云南。

大理步甲阁楼亚种 *Carabus taliensis atentsensis* Deuve, 1990
分布：云南。

大理步甲苍山亚种 *Carabus taliensis cangshanensis* Deuve, 1996
分布：云南。

大理步甲景东亚种 *Carabus taliensis jingdongensis* Deuve & Pan, 1999
分布：云南。

大理步甲金平亚种 *Carabus taliensis jingpingensis* Deuve, 2005
分布：云南（红河）。

大理步甲克氏亚种 *Carabus taliensis kezukai* Deuve & Imura, 1991
分布：云南。

Carabus taliensis huiliensis Deuve, Liu & Liang, 2024
分布：云南（楚雄）。

大理步甲摩梭亚种 *Carabus taliensis mosso* Deuve & Mourzine, 2005
分布：云南（丽江）。

Carabus taliensis peterheisei Kleinfeld, 2000
分布：云南。

大理步甲石鼓亚种 *Carabus taliensis shiguensis* Deuve & Mourzine, 2005
分布：云南（丽江）。

大理步甲指名亚种 *Carabus taliensis taliensis* Fairmaire, 1886
分布：云南。

大理步甲细颈亚种 *Carabus taliensis tenuicervix* Imura, 1999
分布：云南。

大理步甲巍宝山亚种 *Carabus taliensis weibaoensis* Deuve, 1992
分布：云南（大理）。

Carabus taliensis wengshuiensis Deuve, 1994
分布：云南。

大理步甲雪山亚种 *Carabus taliensis xueshanicola* Deuve, 1992
分布：云南。

大理步甲云南亚种 *Carabus taliensis yanmenensis* Deuve, 1996
分布：云南。

大理步甲中甸亚种 *Carabus taliensis zhongdianicus* Imura, 2001
分布：云南（迪庆）。

腾冲步甲 *Carabus tengchongicola* Deuve, 1999
分布：云南。

Carabus tonkinensis jinpingensis Deuve & Tian, 2001
分布：云南。

Carabus tonkinensis luchunensis Deuve & Tian, 2001
分布：云南。

Carabus tonkinensis pandora Kleinfeld, 2000
分布：云南。

Carabus tuxeni bousquetianus Deuve, 1994
分布：云南。

Carabus tuxeni shiguanus Cavazzuti & Rapuzzi, 2010
分布：云南。

塔克步甲指名亚种 *Carabus tuxeni tuxeni* Mandl, 1979
分布：云南。

Carabus tewoensis igori Imura, 2007
分布：云南。

Carabus vogtae artemis Kleinfeld, 2000
分布：云南。

Carabus vogtae lancangensis Deuve & Mourzine, 2003
分布：云南。

Carabus vogtae menghaiensis Kleinfeld, 2000
分布：云南。

Carabus vogtae mojiangensis Kleinfeld, 2000
分布：云南。

Carabus vogtae paravogtae Kleinfeld, 2000
分布：云南。

Carabus vogtae thetis Kleinfeld, 2000
分布：云南。

魏格步甲指名亚种 *Carabus wagae wagae* Fairmaire, 1882
分布：云南（迪庆），青海。

Carabus wagae alboequus Deuve & Imura, 1993
分布：云南。

Carabus watanabei valdemar Deuve, 2016
分布：云南。

Carabus watanabei zuzkae Imura & Březina, 2012
分布：云南。

Carabus yunnanus dayaoicus Deuve, Liu & Liang, 2024
分布：云南（楚雄）。

Carabus yunanensis huizeanus Cavazzuti, 2009
分布：云南。

Carabus yunanensis kassandra Kleinfeld, 1999
分布：云南，四川。

Carabus yunanensis pallulatus Cavazzuti, 1998
分布：云南。

Carabus yunanensis yunanensis Born, 1905
分布：云南。

Carabus yundongbeicus yundongbeicus Deuve, 2002
分布：云南。

云南步甲 *Carabus yunnanicola* Deuve, 1989
分布：云南。

滇步甲 *Carabus yunnanus* Fairmaire, 1886
分布：云南（迪庆）。

滇步甲居尔亚种 *Carabus yunnanus guerryanus* Breuning, 1961
分布：云南（大理、丽江）。

Carabus yunnanus hei Cavazzuti, 1996
分布：云南，四川。

Carabus yunnanus niobe Kleinfeld, 2000
分布：云南（怒江）。

Carabus yunnanus pseudoyunnanus Deuve, 1994
分布：云南（大理、丽江）。

滇步甲燕门亚种 *Carabus yunnanus yanmenicus* Deuve, 2005
分布：云南（楚雄）。

滇步甲指名亚种 *Carabus yunnanus yunnanus* Fairmaire, 1886
分布：云南（大理、丽江）。

细长颈步甲属 *Casnoidea* Castelnau, 1834

黑带长颈步甲指名亚种 *Casnoidea nigrofasciata nigrofasciata* Schmidt-Goebel, 1846
分布：云南，广东，海南；日本，越南，泰国，缅甸，印度，斯里兰卡，印度尼西亚，马来西亚。

毛长颈步甲 *Casnoidea ishiii* (Habu, 1961)
分布：云南，贵州，江西，福建，广东，海南，台湾；日本，泰国，印度尼西亚。

黑带细颈步甲 *Casnoidea nigrofasciata* (Schmidt-Goebel, 1846)
分布：云南（临沧、西双版纳），广东；日本，中南半岛，印度，斯里兰卡，印度尼西亚。

凹唇步甲属 *Catascopus* Kirby, 1825

雅洁凹唇步甲 *Catascopus elegans* (Weber, 1801)
分布：云南（西双版纳），福建；越南，泰国，缅甸，印度，巴布亚新几内亚，澳大利亚。

小凹唇步甲 *Catascopus facialis* (Wiedemann, 1819)
分布：云南（普洱、红河、临沧、保山、德宏、西双版纳），西藏，广西，广东，海南；越南，印度，尼泊尔，巴基斯坦，马来西亚，菲律宾，印度尼西亚。

暗铜凹唇步甲 *Catascopus fuscoaeneus* Chaudoir, 1872
分布：云南（西双版纳）。

Catascopus impressipennis Baehr, 2012
分布：云南。

老挝凹唇步甲 *Catascopus laotinus* Andrewes, 1921
分布：云南（西双版纳），西藏，广西；越南，老挝。

奇凹唇步甲 *Catascopus mirabilis* Bates, 1892
分布：云南（普洱、怒江、西双版纳），广西，海南，台湾；越南。

刻凹唇步甲 *Catascopus punctipennis* Saunders, 1863
分布：云南（西双版纳），海南；越南，老挝，马来西亚。

圣凹唇步甲 *Catascopus regalis* Schmidt-Goebel, 1846
分布：云南（红河、西双版纳），西藏，山东；越南，老挝，柬埔寨，缅甸，印度。

紫凹唇步甲 *Catascopus violaceus* Schmidt-Goebel, 1846
分布：云南（普洱、德宏、西双版纳），西藏；缅甸，印度。

Celaenagonum Habu, 1978

Celaenagonum angulum angulum Morvan, 2006
分布：云南。

Celaenagonum angulum convexithorace Morvan, 2006
分布：云南。

Celaenagonum mantillerii Morvan, 2006
分布：云南。

头虎甲属 *Cephalota* Dokhtouroff, 1883

白唇头虎甲 *Cephalota chiloleuca* (Fischer von Waldheim, 1820)
分布：云南，辽宁，北京，甘肃，河北，河南，浙江，香港；俄罗斯（远东地区），蒙古国，中亚，欧洲。

鳃角棒甲属 *Cerapterus* Swederus, 1788

Cerapterus quadrimaculatus Westwood, 1841
分布：云南；尼泊尔。

缢胸棒角甲属 *Ceratoderus* Westwood, 1841

云南缢胸棒角甲 *Ceratoderus yunnanensis* Maruyama, 2014
分布：云南（昆明）。

华隙步甲属 *Chinapenetretus* Kurnakov, 1963

华隙步甲 *Chinapenetretus cangensis* Zamotajlov, 2002
分布：云南（大理）。

点翅华隘步甲 *Chinapenetretus impressus* **Zamotajlov & Sciaky, 1999**

分布：云南（丽江）。

黯华隘步甲 *Chinapenetretus salebrosus* **Zamotajlov & Sciaky, 1999**

分布：云南（迪庆）。

维氏华隘步甲 *Chinapenetretus wittmeri* **Zamotajlov & Sciaky, 1999**

分布：云南（迪庆），四川。

云南华隘步甲 *Chinapenetretus yunnanus* (**Fairmaire, 1886**)

分布：云南。

青步甲属 *Chlaenius* Bonelli, 1810

拟边青步甲 *Chlaenius acroxanthus* **Chaudoir, 1876**

分布：云南。

捷蚒青步甲 *Chlaenius agiloides* **Jedlička, 1935**

分布：云南（迪庆），四川，甘肃。

孟加拉青步甲 *Chlaenius bengalensis* **Chaudoir, 1856**

分布：云南，贵州，河南，安徽，湖北，浙江，江西，湖南，广西，福建；孟加拉国，斯里兰卡，缅甸，日本。

二斑青步甲指名亚种 *Chlaenius bimaculatus bimaculatus* **Dejean, 1826**

分布：云南（文山），贵州，西藏，上海，浙江，江西，湖南，广西，台湾，广东，海南。

双斑青步甲香港亚种 *Chlaenius bimaculatus lynx* **Chaudoir, 1856**

分布：云南，四川，西藏，贵州，陕西，甘肃，江苏，上海，浙江，安徽，江西，湖南，广西，福建，广东，香港；越南，日本。

宾汉青步甲 *Chlaenius binghami* **Andrewes, 1919**

分布：云南。

双斑青步甲 *Chlaenius bioculatus* **Chaudoir, 1856**

分布：云南（文山、楚雄、保山、西双版纳），贵州，四川，河北，江苏，安徽，浙江，江西，广西，福建，广东；缅甸，印度，斯里兰卡，马来西亚，印度尼西亚。

蓝丽青步甲 *Chlaenius caeruleiceps* **Bates, 1892**

分布：云南；缅甸。

绿刻青步甲 *Chlaenius callichloris* **Bates, 1873**

分布：云南。

柬青步甲 *Chlaenius cambodiensis* **Bates, 1889**

分布：云南（文山），海南。

南亚青步甲 *Chlaenius celer* **Chaudoir, 1876**

分布：云南。

黄边青步甲指名亚种 *Chlaenius circumdatus circumdatus* **Brulle, 1835**

分布：云南（昆明、玉溪、大理、怒江、德宏），贵州，四川，吉林，河北，安徽，浙江，江苏，湖北，江西，湖南，广西，福建，广东；日本，朝鲜，缅甸，印度，巴基斯坦，斯里兰卡，马来西亚，印度尼西亚。

黄边青步甲绿色亚种 *Chlaenius circumdatus subviridulus* **Mandl, 1978**

分布：云南，四川；不丹，蒙古国，尼泊尔。

毛边青步甲 *Chlaenius comans* **Andrewes, 1919**

分布：云南，四川，江西，广西；印度，老挝，泰国，尼泊尔，越南。

彩角青步甲 *Chlaenius convexus* **Fairmaire, 1886**

分布：云南，四川，辽宁，北京，河北，山东，河南，湖北，江西，湖南，福建，海南，广西。

脊青步甲 *Chlaenius costiger* **Chaudoir, 1856**

分布：云南（红河、昭通、怒江），贵州，四川，江苏，浙江，安徽，江西，湖北，湖南，广西，台湾，福建，广东；朝鲜，日本，越南，老挝，柬埔寨，缅甸，印度。

脊青步甲黑胫亚种 *Chlaenius costiger bhamoensis* **Bates, 1892**

分布：云南，四川；缅甸。

脊青步甲指名亚种 *Chlaenius costiger costiger* **Chaudoir, 1856**

分布：云南（文山），贵州，四川，辽宁，陕西，安徽，湖北，江西，江苏，上海，浙江，湖南，广西，福建，广东，香港；朝鲜半岛，日本，越南。

脊青步甲佩氏亚种 *Chlaenius costiger pecirkai* **Jedlicka, 1932**

分布：云南。

大具青步甲 *Chlaenius dajuensis* **Kirschenhofer, 2002**

分布：云南，四川。

大理青步甲 *Chlaenius dalibaiensis* **Kirschenhofer, 2008**

分布：云南。

戴氏青步甲 *Chlaenius davidsoni* **Mandl, 1978**

分布：云南；尼泊尔。

光胸青步甲 *Chlaenius flavipes* **Ménétriés, 1832**

分布：云南，西藏。

异色青步甲 *Chlaenius flavofemoratus* **Laporte de Castelnau, 1834**

分布：云南（文山），贵州，四川，广西，福建；越南。

Chlaenius flavofemoratus enleensis **Mandl, 1992**

分布：云南。

弗青步甲 *Chlaenius freyellus* **Jedlička, 1959**

分布：云南。

高黎贡青步甲 *Chlaenius gaoligongensis* **Kirschenhofer, 2011**

分布：云南。

格氏青步甲 *Chlaenius gestroi* **Chaudoir, 1876**

分布：云南，澳门。

点青步甲 *Chlaenius guttula* **Chaudoir, 1856**

分布：云南（大理），四川，河北，广东，海南；菲律宾，印度尼西亚。

宽逗斑青步甲 *Chlaenius hamifer* **Chaudoir, 1856**

分布：云南，四川，湖北，江西，浙江，湖南，广西，福建，海南，香港，台湾；日本，越南。

半绿青步甲 *Chlaenius hemichlorus* **Fairmaire, 1889**

分布：云南。

虎跳青步甲 *Chlaenius hutiaoxiaensis* **Kirschenhofer, 2011**

分布：云南。

狭边青步甲 *Chlaenius inops* **Chaudoir, 1856**

分布：云南，四川，贵州，黑龙江，辽宁，内蒙古，北京，河北，山西，山东，河南，陕西，江苏，上海，安徽，浙江，湖北，江西，湖南，广西，福建，台湾，广东，海南。

Chlaenius jactus **Kirschenhofer, 2004**

分布：云南。

杰纳斯青步甲 *Chlaenius janus* **Kirschenhofer, 2002**

分布：云南，四川，贵州，浙江，江西，湖南，广西，福建，台湾；日本。

巨甸青步甲 *Chlaenius judianensis* **Kirschenhofer, 2004**

分布：云南。

麻胸青步甲 *Chlaenius junceus* **Andrewes, 1923**

分布：云南，贵州，河南，陕西，江苏，湖北，浙江，江西，广西，福建，香港。

拉库青步甲 *Chlaenius lacunosus* **Andrewes, 1920**

分布：云南，贵州。

广青步甲 *Chlaenius laeviplaga frater* **Chaudoir, 1876**

分布：云南，四川，广西；老挝，越南，巴基斯坦。

凹坑青步甲 *Chlaenius lacunosus* **Andrewes, 1920**

分布：云南，贵州，重庆，湖南，广西，福建，海南。

老挝青步甲 *Chlaenius laotinus* **Andrewes, 1919**

分布：云南，四川，广西；老挝，越南。

盗跖青步甲 *Chlaenius latro* **LaFerté-Sénectère, 1851**

分布：云南，四川；印度，尼泊尔，缅甸。

丽江青步甲 *Chlaenius lijiangensis* **Anichtehenko & Kirschenhofer, 2016**

分布：云南。

缘胸青步甲 *Chlaenius limbicollis* **Chaudoir, 1876**

分布：云南，湖北，福建，台湾。

斑丽青步甲 *Chlaenius melanopus* **Andrewes, 1923**

分布：云南，四川。

黄斑青步甲 *Chlaenius micans* (**Fabricius, 1792**)

分布：云南（文山），四川，河北，北京，辽宁，陕西，山东，河南，上海，江苏，安徽，江西，湖北，湖南，广西，福建；日本，朝鲜半岛。

岭斑青步甲 *Chlaenius montivagus* **Andrewes, 1923**

分布：云南，西藏，四川。

毛胸青步甲 *Chlaenius naeviger* **Morawitz, 1862**

分布：云南，四川，贵州，重庆，辽宁，北京，河南，湖北；俄罗斯。

大黄缘青步甲 *Chlaenius nigricans* **Wiedemann, 1821**

分布：云南（昭通、怒江、文山），四川，贵州，重庆，辽宁，北京，陕西，湖北，江西，上海，广西，福建，广东，台湾；韩国，日本，印度，斯里兰卡，印度尼西亚。

黑翅青步甲 *Chlaenius nigripennis* **Chaudoir, 1856**

分布：云南。

胫青步甲 *Chlaenius ocreatus* Bates, 1873

分布：云南（怒江），河南，福建；朝鲜，日本，韩国。

多毛强青步甲 *Chlaenius pilosus* (Casale, 1984)

分布：云南，广西；越南。

短斑青步甲 *Chlaenius posticus* (Fabricius, 1798)

分布：云南，福建；印度，尼泊尔，缅甸，巴基斯坦。

拟边青步甲 *Chlaenius postscriptus* Bates, 1873

分布：云南；印度尼西亚，泰国，越南，马来西亚，新加坡。

点沟青步甲 *Chlaenius praefectus* Bates, 1873

分布：云南，四川，贵州，湖北，浙江，江西，湖南，广西，福建，海南；日本，缅甸，印度。

网纹青步甲 *Chlaenius privatus* Bates, 1892

分布：云南，四川；缅甸。

滇跗青步甲 *Chlaenius propeagilis* Liu & Kavanaugh, 2011

分布：云南（保山、怒江），西藏。

毛翅青步甲 *Chlaenius pubipennis* Chaudoir, 1856

分布：云南；印度，尼泊尔。

亮青步甲 *Chlaenius punctatostriatus* Chaudoir, 1856

分布：云南；尼泊尔。

Chlaenius quadricolor quadricolor Olivier, 1790

分布：云南，湖北，江苏，上海，福建，广东；阿富汗，不丹，尼泊尔。

拉氏青步甲 *Chlaenius rambouseki* Lutshnik, 1933

分布：云南（昆明），四川，贵州，黑龙江，陕西，河南，江西，江苏，浙江，湖南，广西，福建，海南，台湾；朝鲜，俄罗斯。

圆胸齿青步甲 *Chlaenius rotundithorax* Liu & Kavanaugh, 2010

分布：云南（保山）。

红股青步甲来恩亚种 *Chlaenius rufifemoratus lynx* Chaudoir, 1856

分布：云南，四川，湖北，福建，香港，台湾；日本。

皱亮青步甲 *Chlaenius rugulosus* Nietner, 1856

分布：云南；尼泊尔。

丝青步甲 *Chlaenius sericimicans* Chaudoir, 1876

分布：云南（昆明、临沧），贵州，四川，河北，江苏，安徽，江西，湖南，福建。

Chlaenius sobrinus Dejean, 1826

分布：云南，四川，贵州，江苏，湖北，江西，台湾。

黑黄斑青步甲 *Chlaenius solinghoensis* Jedlicka, 1935

分布：云南，四川。

麻胸青步甲 *Chlaenius spathulifer* Bates，1873

分布：云南，贵州，陕西，江苏，上海，安徽，湖北，湖南，福建，台湾，广东，海南，广西。

黄缘青步甲指名亚种 *Chlaenius spoliatus spoliatus* (P.Rossi, 1792)

分布：云南，北京，黑龙江，辽宁，新疆，陕西，甘肃，山西，内蒙古，河南，天津，河北，湖北，江西；欧洲。

方胸青步甲 *Chlaenius tetragonoderus* Chaudoir, 1876

分布：云南，广东，香港，台湾；日本。

彩角青步甲 *Chlaenius touzalini* Andrewes, 1920

分布：云南（普洱），河北，江西；朝鲜。

野青步甲 *Chlaenius trachys* Andrewes, 1923

分布：云南（西双版纳），贵州，四川，江西，浙江，湖南，广西，广东，海南，台湾；越南，柬埔寨，缅甸，印度，斯里兰卡。

异角青步甲 *Chlaenius variicornis* Morawitz, 1863

分布：云南，四川，贵州，黑龙江，辽宁，河北，北京，甘肃，河南，湖北，江西，浙江，江苏，湖南，广西，福建；日本。

速青步甲 *Chlaenius velocipes* Chaudoir, 1876

分布：云南，四川；尼泊尔，印度，斯里兰卡，泰国。

逗斑青步甲 *Chlaenius virgulifer* Chaudoir, 1876

分布：云南，四川，贵州，河北，北京，陕西，江苏，安徽，浙江，湖北，江西，湖南，广西，福建，台湾，广东；朝鲜，日本，中南半岛。

Chlaenius yunnanulus Mandl, 1992

分布：云南。

契步甲属 *Chydaeus* Chaudoir, 1854

安契步甲指名亚种 *Chydaeus andrewesi andrewesi* Schauberger, 1932

分布：云南（普洱、临沧、保山、怒江、玉溪），西藏，四川，贵州；越南，印度，不丹，尼泊尔。

Chydaeus andrewesi kumei Ito, 1992

分布：云南（红河）；越南。

Chydaeus asetosus Kataev & Kavanaugh, 2012

分布：云南（怒江）。

保山契步甲 *Chydaeus baoshanensis* Kataev & Liang, 2012

分布：云南（怒江）。

Chydaeus bedeli difficilis Kataev & Schmidt, 2002

分布：云南（怒江），西藏。

契步甲越南亚种 *Chydaeus bedeli vietnamensis* Kataev & Schmidt, 2002

分布：云南（临沧）；越南。

Chydaeus belousovi Kataev, Wrase & Schmidt, 2014

分布：云南（临沧）。

Chydaeus convexus Ito, 2002

分布：云南（保山、怒江）。

福贡契步甲 *Chydaeus fugongensis* Kataev & Kavanaugh, 2012

分布：云南（怒江）。

哈巴契步甲 *Chydaeus kabaki* Kataev, Wrase & Schmidt, 2014

分布：云南，四川。

泸西契步甲 *Chydaeus luxiensis* Kataev, Wrase & Schmidt, 2014

分布：云南（德宏）。

Chydaeus malaisei Kataev & Schmidt, 2006

分布：云南（怒江）。

Chydaeus obtusicollis Schauberger, 1932

分布：云南（怒江），西藏；印度，尼泊尔。

红契步甲 *Chydaeus rufipes* Jedlička, 1940

分布：云南。

Chydaeus salvazae Schauberger, 1934

分布：云南，贵州，四川；尼泊尔，印度。

Chydaeus satoi Ito, 2003

分布：云南（怒江）。

Chydaeus semenowi (Tschitschérine, 1899)

分布：云南（怒江），西藏；印度，不丹，尼泊尔。

Chydaeus shunichii Ito, 2006

分布：云南（怒江、保山）。

Chydaeus similis Kataev & Schmidt, 2002

分布：云南（玉溪），四川，重庆，陕西。

巍山契步甲 *Chydaeus weishanensis* Kataev, Wrase & Schmidt, 2014

分布：云南（大理）。

无量契步甲 *Chydaeus wuliangensis* Kataev, Wrase & Schmidt, 2014

分布：云南（临沧、普洱）。

云南契步甲 *Chydaeus yunnanus* Jedlička, 1941

分布：云南。

虎甲属 *Cicindela* Linnaeus, 1758

角虎甲 *Cicindela angulata* (Fabricius, 1798)

分布：云南（昆明、保山、楚雄、德宏、红河、丽江、普洱、文山、玉溪、西双版纳），西藏，贵州，四川，河北，陕西，山西，河南，安徽，湖北，江苏，江西，福建，广东，海南，台湾，浙江；阿富汗，尼泊尔，巴基斯坦，印度。

金斑虎甲 *Cicindela aurulenta* (Fabricius, 1801)

分布：云南（迪庆、丽江、怒江、红河、文山、德宏），西藏，贵州，四川，上海，浙江，福建，台湾，广东，海南；不丹，印度，尼泊尔，缅甸，越南，老挝，柬埔寨，斯里兰卡，泰国，马来西亚，新加坡，印度尼西亚。

中国虎甲指名亚种 *Cicindela chinensis chinensis* (DeGeer, 1774)

分布：云南（昭通），四川，贵州，河北，河南，甘肃，陕西，山东，安徽，湖北，江苏，江西，浙江，湖南，广西，广东，海南，香港；朝鲜，越南，韩国，日本。

金缘虎甲 *Cicindela desgodinsii* Fairmaire, 1887

分布：云南（保山、楚雄、大理、丽江、迪庆、玉溪、昭通），四川，西藏，甘肃。

Cicindela duponti Dejean, 1826

分布：云南（红河、普洱、临沧、西双版纳）；印度，孟加拉国，马来西亚，缅甸，泰国，老挝，越南。

Cicindela duponti duponti Dejean, 1826

分布：云南；印度。

黄斑虎甲 *Cicindela flavomaculata* Hope, 1831

分布：云南（德宏、红河）。

Cicindela fleutiauxi Horn, 1915

分布：云南，西藏。

Cicindela fleutiauxi rufosuturalis Mandl, 1954

分布：云南，西藏。

范虎甲异样亚种 *Cicindela funerea assimilis* (Hope, 1831)

分布：云南（保山、红河、丽江、普洱、西双版纳），四川，海南；巴基斯坦，尼泊尔，印度，孟加拉国，缅甸，泰国，老挝。

芽斑虎甲指名亚种 *Cicindela gemmata gemmata* Faldermann, 1835

分布：云南（昭通），西藏，四川，重庆，黑龙江，内蒙古，青海，陕西，甘肃，河北，河南，湖北，江苏，江西，湖南，福建；朝鲜半岛，俄罗斯。

Cicindela juxtata Acciavatti & Pearson, 1989

分布：云南（红河、普洱、文山、西双版纳），四川，贵州，山东，湖北，上海，浙江，福建，广东，海南，香港；印度。

Cicindela plumigera scoliographa (Rivalier, 1953)

分布：云南（红河、玉溪），海南；老挝，柬埔寨，缅甸，越南，马来西亚。

离齐虎甲 *Cicindela separata* Fleutiaux, 1894

分布：云南（保山），安徽，福建，河南，山西，湖北，江苏，上海，浙江；越南。

刚毛虎甲 *Cicindela setosomalaris* Horn, 1913

分布：云南（昆明、楚雄、迪庆、丽江、文山、红河），西藏，贵州，四川，甘肃。

条纹齐虎甲 *Cicindela virgula* Fleutiaux, 1894

分布：云南（玉溪、德宏、红河、普洱、文山、西双版纳），西藏，四川，山东，江苏，上海，广西，福建，广东，香港，台湾；印度，尼泊尔，孟加拉国，缅甸，泰国，柬埔寨，老挝，越南，欧洲。

穴步甲属 *Cimmeritodes* Deuve, 1996

滇绒穴步甲 *Cimmeritodes crassifemoralis* Deuve & Tian, 2016

分布：云南（昭通）。

小蝼步甲属 *Clivina* Latreille, 1802

宽小蝼步甲 *Clivina brevior* Putzeys, 1866

分布：云南，广东，海南；印度，缅甸。

栗小蝼步甲 *Clivina castanea* Westwood, 1837

分布：云南，贵州，四川，江西，广西，广东，海南。

长小蝼步甲 *Clivina elongatula* Nietner, 1856

分布：云南，四川，江西，广东，海南；斯里兰卡。

凹唇小蝼步甲 *Clivina hoberlandi* Kult, 1951

分布：云南；印度尼西亚。

裂片小蝼步甲 *Clivina lonata* Bonelli, 1813

分布：云南，四川，贵州，广西，海南；印度，尼泊尔，缅甸，斯里兰卡，越南，老挝，马来西亚，印度尼西亚。

Clivina martinbaehri Dostal & Bulirsch, 2016

分布：云南。

隆唇小蝼步甲 *Clivina moerens* Putzeys, 1873

分布：云南，四川，贵州，广西，广东，海南；越南，菲律宾，印度尼西亚。

顿胸小蝼步甲 *Clivina mustela* Andrewes, 1923

分布：云南；印度尼西亚，柬埔寨。

Clivina parallela Lesne, 1896

分布：云南。

剑额小蝼步甲 *Clivina rugosofemoralis* Balkenohl, 1999

分布：云南；老挝。

沟槽小蝼步甲 *Clivina sulcigera* Putzeys, 1866

分布：云南，广东，广西，海南；越南，老挝，泰国，印度尼西亚。

截唇小蝼步甲 *Clivina tranquebarica* Bonelli, 1813

分布：云南，四川，广西，广东，海南；印度，尼泊尔，缅甸，斯里兰卡，越南，老挝，马来西亚，印度尼西亚。

宽孔小蝼步甲 *Clivina vulgivaga* Boheman, 1858

分布：云南，四川，新疆，河南，广西，广东，台湾，海南；日本，菲律宾。

Coleolissus Bates, 1892

Coleolissus bicoloripes Bates, 1892

分布：云南。

Coleolissus cognatus Kataev & Wrase, 2023

分布：云南（普洱）。

Coleolissus curtus Kataev & Wrase, 2023

分布：云南（保山）。

Coleolissus yunnanus Ito & Wrase, 2000

分布：云南，四川。

横唇步甲属 *Colfax* Andrewes, 1920

横唇步甲 *Colfax stevensi* Andrewes, 1920

分布：云南（普洱、西双版纳），广西，广东，福建；越南，老挝，缅甸，印度。

树栖虎甲属 *Collyris* Fabricius, 1801

大树栖虎甲 *Collyris gigas* Lesne, 1902

分布：云南（普洱、西双版纳），泰国。

科步甲属 *Colpodes* Macleay, 1825

安科步甲 *Colpodes andrewesianus* **Jedlička, 1932**
分布：云南。

中国科步甲 *Colpodes chinensis* **Jedlička, 1934**
分布：云南。

Colpodes esetosus **Morvan, 2006**
分布：云南。

Colpodes frontalis **Morvan, 2006**
分布：云南。

Colpodes longitarsalis **Morvan, 2006**
分布：云南。

Colpodes mantillerianus **Morvan, 2006**
分布：云南。

Colpodes occipitalis **Morvan, 2006**
分布：云南。

奥晒科步甲 *Colpodes ocylus* **Jedlička, 1934**
分布：云南。

Colpodes pilosus **Morvan, 2006**
分布：云南。

Colpodes pronotosetosus **Morvan, 2006**
分布：云南。

点科步甲 *Colpodes puncticollis* **Jedlička, 1934**
分布：云南。

Colpodes rectangulus **Morvan, 2006**
分布：云南。

Colpodes rougeriei **Morvan, 2006**
分布：云南。

Colpodes saphyripennis **Chaudoir, 1878**
分布：云南。

紫科步甲 *Colpodes violis* **Jedlička, 1934**
分布：云南。

宽胸步甲属 *Coptodera* Dejean, 1825

彻宽胸步甲 *Coptodera eluta* **Andrewes, 1923**
分布：云南（西双版纳），西藏，海南，台湾；菲律宾，缅甸，泰国，印度，斯里兰卡，日本。

法拉宽胸步甲 *Coptodera farai* **Jedlicka, 1963**
分布：云南。

日本宽胸步甲 *Coptodera japonica* **Bates, 1883**
分布：云南（大理），台湾；日本。

端斑宽胸步甲 *Coptodera subapicalis* **Putzeys, 1877**
分布：云南（西双版纳），广东，海南；日本。

边步甲属 *Craspedonotus* Schaum, 1863

胫边步甲 *Craspedonotus tibialis* **Schaum, 1863**
分布：云南（曲靖），东北，河北，甘肃，湖北，广西，福建；日本，朝鲜。

宽带步甲属 *Craspedophorus* Hope, 1838

Craspedophorus bisemilunatus **Xie & Yu, 1991**
分布：云南，贵州，广西，广东；印度。

Craspedophorus gracilipes **Bates, 1892**
分布：云南；印度。

Craspedophorus mandarinellus **Bates, 1892**
分布：云南，广西，广东。

圆胸宽带步甲 *Craspedophorus mandarinus* **Schaum, 1854**
分布：云南（红河），西藏，四川，贵州，东北，广西，福建，广东，香港，台湾；日本，朝鲜。

Cribrodyschirius Bruneau de Miré, 1952

Cribrodyschirius porosus **Putzeys, 1877**
分布：云南；尼泊尔。

Cryptocephalomorpha Ritsema, 1875

Cryptocephalomorpha maior **Baehr, 1997**
分布：云南（德宏）；越南，老挝，泰国。

蜗步甲属 *Cychrus* Fabricius, 1794

Cychrus busatoi **Cavazzuti, 2009**

Cychrus cavazzutii **Deuve, 2002**
分布：云南。

Cychrus chareti **Deuve, 1994**
分布：云南。

冠蜗步甲 *Cychrus coronatus* **Cavazzuti, 1996**
分布：云南。

Cychrus davidis davidis **Fairmaire, 1886**
分布：云南。

Cychrus davidis krali **Deuve, 1991**
分布：云南。

Cychrus deuveianus deuveianus **Cavazzuti, 1998**
分布：云南。

Cychrus deuveianus medicimons **Imura, 1999**
分布：云南。

长颚蜗步甲指名亚种 *Cychrus dolichognathus dolichognathus* Deuve, 1990
分布：云南。

Cychrus dolichognathus modestior Deuve, 1991
分布：云南。

Cychrus elongaticeps Deuve, 1992
分布：云南。

Cychrus elongatulus Deuve, 2001
分布：云南。

Cychrus gorodinskiellus Deuve, 2016
分布：云南。

Cychrus grumulifer grumulifer Deuve, 1994
分布：云南。

Cychrus grumulifer habaensis Deuve & Mourzine, 1998
分布：云南。

Cychrus inexpectatior Deuve, 1991
分布：云南。

暗蜗步甲指名亚种 *Cychrus infernalis infernalis* Cavazzuti, 1996
分布：云南。

Cychrus kralianus Deuve, 1996
分布：云南。

Cychrus kubani Deuve, 1992
分布：云南。

Cychrus lajinensis Deuve & Tian, 2002
分布：云南。

兰坪蜗步甲 *Cychrus lanpingensis* Deuve, 1997
分布：云南。

Cychrus lecordieri lecordieri Deuve, 1990
分布：云南。

Cychrus lecordieri robustior Deuve, 2001
分布：云南。

Cychrus liei Kleinfeld, 2003
分布：云南。

Cychrus ludmilae Imura, 1999
分布：云南。

Cychrus paraxiei Cavazzuti, 2009
分布：云南。

Cychrus prosciai Cavazzuti, 2010
分布：云南。

Cychrus semelai Deuve, 1997
分布：云南。

Cychrus shankoucola shankoucola Deuve, 1994
分布：云南，四川。

玉龙蜗步甲 *Cychrus yulongxuicus* Deuve, 1990
分布：云南。

Cychrus yunnanus jollyi Deuve & Mourzine, 1997
分布：云南。

滇蜗步甲指名亚种 *Cychrus yunnanus yunnanus* Fairmaire, 1887
分布：云南。

柱虎甲属 *Cylindera* Westwood, 1831

白点柱虎甲 *Cylindera albopunctata* (Chaudoir, 1852)
分布：云南（红河、大理），四川，西藏；巴基斯坦，印度，不丹，尼泊尔。

阿氏柱虎甲 *Cylindera armandi* (Fairmaire, 1886)
分布：云南（丽江），四川；不丹。

Cylindera biprolongata (Horn, 1924)
分布：云南（保山、普洱、西双版纳）；老挝，泰国。

达氏柱虎甲 *Cylindera davidis* (Fairmaire, 1887)
分布：云南（昭通、西双版纳），四川，新疆，甘肃，陕西，山西，北京。

达氏柱虎甲指名亚种 *Cylindera davidis davidis* (Fairmaire, 1887)
分布：云南（昭通、西双版纳），四川，陕西，甘肃。

素柱虎甲 *Cylindera decolorata* (Horn, 1907)
分布：云南（德宏），贵州，四川，福建，广东，香港。

绒斑虎甲 *Cylindera delavayi* (Fairmaire, 1886)
分布：云南（昆明、保山、大理、红河、丽江、迪庆、普洱、文山、西双版纳），四川，贵州，新疆，湖北，江西，广西，福建，广东；尼泊尔，印度，不丹，缅甸，泰国，老挝，越南。

捷走虎甲 *Cylindera dromicoides* (Chaudoir, 1852)
分布：云南（丽江）；印度，尼泊尔，不丹。

艾里柱虎甲 *Cylindera elisae* (Motschulsky, 1859)
分布：云南（楚雄、迪庆、红河、丽江、普洱、文山），四川，西藏，吉林，甘肃，青海，内蒙古，河南，湖北，江苏，江西，广东；蒙古国，朝鲜半岛。

Cylindera fallaciosa (Horn, 1897)
分布：云南（临沧），广东，香港；印度，孟加拉

国，缅甸，泰国，老挝，越南。

***Cylindera foveolata* (Schaum, 1863)**
分布：云南（普洱、西双版纳）；印度，孟加拉国，尼泊尔，缅甸，印度尼西亚，泰国，柬埔寨，老挝，越南，菲律宾。

金丝柱虎甲 *Cylindera holosericea* (Fabricius, 1801)
分布：云南（普洱、西双版纳）；孟加拉国，印度，尼泊尔，印度尼西亚，缅甸，泰国，老挝，柬埔寨，越南，菲律宾。

星斑柱虎甲 *Cylindera kaleea* (Bates, 1866)
分布：云南（保山、红河、普洱、文山、西双版纳），西藏，贵州，四川，北京，福建，甘肃，河北，河南，陕西，山东，湖北，江苏，江西，上海，浙江，湖南，广西，福建，广东，香港，台湾；印度，缅甸，老挝，越南。

叶翅柱虎甲 *Cylindera lobipennis* (Bates, 1888)
分布：云南（西双版纳），四川，甘肃，河南，陕西，山西，湖北，江苏，江西，上海，浙江。

微小柱虎甲 *Cylindera minuta* (Olivier, 1790)
分布：云南（保山、红河、丽江、普洱、文山、西双版纳），广西；印度，尼泊尔，孟加拉国，印度尼西亚，文莱，马来西亚，缅甸，泰国，老挝，越南，柬埔寨，菲律宾。

***Cylindera mosuoa* Matalin, 2019**
分布：云南（丽江）。

***Cylindera mutata* (Fleutiaux, 1893)**
分布：云南（保山、红河、普洱、文山、西双版纳）；缅甸，泰国，老挝，越南。

刺柱虎甲 *Cylindera spinolae* (Gestro, 1889)
分布：云南（普洱、西双版纳）；印度，尼泊尔，孟加拉国，缅甸，泰国，老挝，越南。

寡柱虎甲 *Cylindera viduata* (Fabricius, 1801)
分布：云南（红河、西双版纳），北京，上海，广东，海南，香港；印度，孟加拉国，尼泊尔，缅甸，马来西亚，印度尼西亚，泰国，柬埔寨，老挝，越南，菲律宾，巴布亚新几内亚。

Dactylotrechus Belousov & Kabak, 2003
Dactylotrechus hygrophilus Deuve & Kavanaugh, 2015
分布：云南。

***Dactylotrechus setosus* Belousov & Kabak, 2003**
分布：云南。

达步甲属 *Dasiosoma* Britton, 1937
***Dasiosoma quadraticolle* Shi & Liang, 2013**
分布：云南（西双版纳）；老挝。

狭隘步甲属 *Deltomerodes* Deuve, 1992
典狭隘步甲 *Deltomerodes memorabilis* Deuve, 1992
分布：云南（迪庆）。

穆氏狭隘步甲 *Deltomerodes murzini* Zamotajlov, 1999
分布：云南（丽江）。

敌步甲属 *Desera* Hope, 1831
***Desera coelestina* (Klug, 1834)**
分布：云南，西藏，海南；巴基斯坦，印度。

膝敌步甲 *Desera geniculata* (Klug, 1834)
分布：云南（西双版纳），西藏，贵州，四川，湖北，江西，湖南，广西，福建，广东，海南，台湾；日本，巴基斯坦，印度，中南半岛，菲律宾，印度尼西亚。

***Desera kulti* Jedlicka, 1960**
分布：云南，西藏，湖北，台湾。

***Desera nepalensis* Hope, 1831**
分布：云南，西藏；尼泊尔，印度。

***Desera unidentata* (MacLeay, 1825)**
分布：云南；巴基斯坦。

纵纹敌步甲 *Desera virgata* (Chaudoir, 1850)
分布：云南（昆明、文山、西双版纳），贵州，四川，江西，广西，香港，台湾；阿富汗，伊朗，日本，巴基斯坦，越南，老挝，柬埔寨，泰国，新加坡，马来西亚，缅甸，印度。

递步甲属 *Diamella* Shi & Liang, 2013
***Diamella cupreomicans* (Oberthür, 1883)**
分布：云南（怒江、临沧、保山、大理、德宏、西双版纳），广西，海南；缅甸，老挝，越南，马来西亚，印度尼西亚。

滇穴步甲属 *Dianotrechus* Tian, 2016
滇穴步甲 *Dianotrechus gueorguievi* Tian, 2016
分布：云南（昆明）。

代步甲属 *Dioryche* MacLeay, 1825
代步甲 *Dioryche clara* Andrewes, 1922
分布：云南，福建，广东，海南，香港，澳门，台湾。

凹翅代步甲指名亚种 *Dioryche torta torta* Macleay, 1825
分布：云南，广东，海南；尼泊尔，巴基斯坦，印度。

云南代步甲 *Dioryche yunnana* Kataev & Kataeb, 2002
分布：云南（西双版纳）。

重唇步甲属 *Diplocheila* Brullé, 1837
浅纹重唇步甲 *Diplocheila laevis* (Lesne, 1896)
分布：云南。

Diplocheila laevigata (Bates, 1892)
分布：云南。

宽重唇步甲 *Diplocheila zeelandica* (Redtenbacher, 1868)
分布：云南（昆明、昭通），四川，江苏，安徽，浙江，湖北，江西，广西，福建，台湾；日本，越南。

平隘步甲属 *Diplous* Motschulsky, 1850
玉龙平隘步甲 *Diplous julonshanensis* Zamotajlov, 1993
分布：云南（丽江）。

云南平隘步甲 *Diplous yunnanus* Jedlička, 1932
分布：云南。

迪史步甲属 *Distichus* Motschulsky, 1858
直额迪史步甲 *Distichus rectifrons* Bates, 1892
分布：云南；尼泊尔，印度。

长唇步甲属 *Dolichoctis* Schmidt-Goebel, 1846
角胸长唇步甲 *Dolichoctis angulicollis* Chaudoir, 1869
分布：云南（德宏）；越南，缅甸，老挝，印度尼西亚。

虹长唇步甲 *Dolichoctis iridea* Bates, 1892
分布：云南（保山）；缅甸。

红长唇步甲 *Dolichoctis rustilipennis* Bates, 1892
分布：云南（德宏、保山）；缅甸。

沟长唇步甲指名亚种 *Dolichoctis striata striata* Schmidt-Goebel, 1846
分布：云南（西双版纳），贵州，江西，广西，福建，广东，海南；越南，日本，缅甸，泰国，印度，斯里兰卡，印度尼西亚，巴布亚新几内亚，澳大利亚。

蝎步甲属 *Dolichus* Bonelli, 1810
蝎步甲 *Dolichus halensis* (Schaller, 1783)
分布：云南（昆明、楚雄、迪庆、怒江、丽江），贵州，四川，黑龙江，辽宁，新疆，内蒙古，河北，山东，山西，河南，陕西，宁夏，甘肃，江苏，浙江，安徽，江西，湖北，湖南，广西，福建；朝鲜，日本，俄罗斯（远东地区），欧洲。

洞穴步甲属 *Dongoblemus* Deuve & Tian, 2016
Dongoblemus kemadongicus Deuve & Tian, 2016
分布：云南。

速步甲属 *Dromius* Bonelli, 1810
豪氏速步甲 *Dromius hauserianus* Lorenz, 1998
分布：云南。

彭行步甲属 *Duvalioblemus* Deuve, 1995
Duvalioblemus faillei Deuve, 2014
分布：云南。

Dyschiriodes Jeannel, 1941
Dyschiriodes disjunctus (Andrewes, 1929)
分布：云南（丽江）；印度，尼泊尔。

Dyschiriodes hajeki Bulirsch, 2009
分布：云南（迪庆）。

珠步甲属 *Dyschirius* Bonelli, 1810
Dyschirius disjunctus Andrewes, 1929
分布：云南；尼泊尔，印度。

Dyschirius hajeki Bulirsch, 2009
分布：云南。

歹步甲属 *Dyscolus* Dejean, 1831
Dyscolus femoralis (Chaudoir, 1879)
分布：云南，西藏，四川，福建，台湾；俄罗斯，日本，朝鲜，尼泊尔，印度。

快步甲属 *Elaphropus* Motschulsky, 1839
Elaphropus micraulax (Andrewes, 1924)
分布：云南；印度，尼泊尔。

Epaphiotrechus Deuve & Kavanaugh, 2016
Epaphiotrechus fortipes Uéno, 1999
分布：云南。

Epaphiotrechus fortipesoides **Deuve & Kavanaugh, 2016**

分布：云南。

于步甲属 *Eucolliuris* Liebke, 1931

锤翅于步甲 *Eucolliuris fuscipennis* (Chaudoir, 1850)

分布：云南（普洱、西双版纳），四川，江西，广西，广东，海南，台湾；日本，缅甸，泰国，菲律宾，印度尼西亚，马来西亚。

宽带于步甲 *Eucolliuris latifascia* (Chaudoir, 1872)

分布：云南；印度，印度尼西亚，马来西亚。

利于步甲 *Eucolliuris litura* (Schmidt-Goebel, 1846)

分布：云南；日本，缅甸，印度尼西亚。

Eucolpodes Jeannel, 1948

Eucolpodes japonicum chinadense Jedlička, 1940

分布：云南，台湾；俄罗斯，朝鲜半岛。

真裂步甲属 *Euschizomerus* Chaudoir, 1850

Euschizomerus caerulans Andrewes, 1938

分布：云南。

Euschizomerus nobilis Xie & Yu, 1991

分布：云南。

切鞘步甲属 *Eustra* Schmidt-Goebel, 1846

彼氏切鞘步甲 *Eustra petrovi* Gueorguiev, 2014

分布：云南（保山）。

盖步甲属 *Galerita* Fabricius, 1801

日本盖步甲 *Galerita japonica* Bates, 1873

分布：云南（普洱、德宏、西双版纳），福建；日本，朝鲜。

东方盖步甲 *Galerita orientalis* Schmidt-Goebel, 1846

分布：云南，四川，广西，福建，广东，香港，台湾；印度，日本，朝鲜，韩国。

Galerita wrasei Hovorka, 2019

分布：云南（临沧）。

贵盲步甲属 *Guizhaphaenops* Vigna Taglianti, 1997

荔贵盲步甲 *Guizhaphaenops lipsorum* Deuve, 2000

分布：云南（昭通），贵州。

Guizhaphaenops lipsorum guoquandongensis Deuve, 2001

分布：云南。

荔贵盲步甲指名亚种 *Guizhaphaenops lipsorum lipsorum* Deuve, 2000

分布：云南。

荔贵盲步甲 *Guizhaphaenops lipsorum zunyiensis* Deuve & Tian, 2018

分布：云南（昭通）。

马丁贵盲步甲 *Guizhaphaenops martii* Deuve, 2001

分布：云南（昭通）。

鱼洞贵盲步甲 *Guizhaphaenops yudongensis* Deuve & Tian, 2016

分布：云南（昭通）。

Haplogaster Chaudoir, 1879

Haplogaster wardi Andrewes, 1929

分布：云南。

Harpaliscus Bates, 1892

缅哈帕步甲 *Harpaliscus birmanicus* Bates, 1892

分布：云南，西藏，贵州，四川，广西，海南，香港；日本，尼泊尔，印度。

Harpaliscus punctulatus Lutshnik, 1922

分布：云南，贵州，四川。

Harpaliscus stevensi Schauberger, 1934

分布：云南，福建，海南；尼泊尔，印度。

婪步甲属 *Harpalus* Latreille, 1802

谷婪步甲 *Harpalus calceatus* (Duftschmid, 1812)

分布：云南，四川，黑龙江，吉林，辽宁，新疆，陕西，山西，河北，北京，河南，甘肃，安徽，江西，广西，福建；阿富汗，俄罗斯（远东地区），日本，中东，欧洲。

异断点婪步甲 *Harpalus disaogashimensis* Huang & Zhang, 1995

分布：云南（昆明）。

曙婪步甲 *Harpalus eous* Tschitschérine, 1901

分布：云南，四川，吉林，辽宁，内蒙古，宁夏，陕西，甘肃，北京，河北，湖北，安徽，江苏，上海，浙江，湖南；俄罗斯，日本，朝鲜，韩国。

闽婪步甲 *Harpalus fokienensis* Schauberger, 1930

分布：云南，四川，贵州，湖北，陕西，浙江，安徽，江西，湖南，广西，福建，广东。

毛婪步甲 *Harpalus griseus* (Panzer, 1796)

分布：云南（临沧、怒江、德宏、西双版纳），四川，贵州，西藏，黑龙江，吉林，辽宁，新疆，山东，江苏，甘肃，陕西，山西，内蒙古，河南，河北，安徽，浙江，江西，湖北，湖南，广西，福建，台湾，广东；阿富汗，俄罗斯，日本，朝鲜，韩国，中东，中亚，非洲，欧洲。

豪蝼步甲 *Harpalus hauserianus* Schauberger, 1929

分布：云南（昆明，大理，楚雄，怒江），西藏，四川，贵州，河南，湖南。

印蝼步甲东方亚种 *Harpalus indicus orientalis* Kataev, 2014

分布：云南（红河、普洱、丽江、保山、怒江、大理、德宏、西双版纳），西藏，广西，广东，台湾；缅甸，越南，老挝。

肖毛蝼步甲 *Harpalus jureceki* (Jedlička, 1928)

分布：云南（怒江、丽江、迪庆），四川，贵州，黑龙江，辽宁，吉林，甘肃，宁夏，内蒙古，河北，陕西，山西，江苏，上海，浙江，湖北，湖南，福建；俄罗斯，日本，朝鲜半岛。

长角蝼步甲 *Harpalus longihornus* Lei & Huang, 1997

分布：云南（楚雄）。

***Harpalus melaneus sherpicus* Kataev, 2002**

分布：云南，西藏；印度，尼泊尔。

黄鞘蝼步甲 *Harpalus pallidipennis* Morawitz, 1862

分布：云南，吉林，辽宁，宁夏，内蒙古，青海，陕西，山西，天津，北京，甘肃，河北，浙江，上海，湖南，广西，福建，广东；俄罗斯，日本，蒙古国，朝鲜半岛。

***Harpalus praticola* Bates, 1891**

分布：云南，四川，西藏；不丹，印度，尼泊尔，巴基斯坦。

***Harpalus pseudohauserianus* Kataev, 2001**

分布：云南（昆明），四川。

伪带蝼步甲 *Harpalus pseudotinctulus* Schauberger, 1932

分布：云南，四川，湖北。

丝蝼步甲 *Harpalus sericatus* Tschitschérine, 1906

分布：云南，四川。

单齿蝼步甲 *Harpalus simplicidens* Schauberger, 1929

分布：云南，四川，贵州，西藏，黑龙江，吉林，辽宁，宁夏，内蒙古，北京，山西，陕西，湖北，甘肃，河北，河南，安徽，江苏，江西，湖南，广

西，福建，上海；日本，朝鲜，韩国。

独蝼步甲 *Harpalus singularis* Tschitschérine, 1906

分布：云南，四川，贵州，西藏，黑龙江，吉林，内蒙古，河北，河南，陕西，甘肃，浙江，湖北，安徽，江苏，江西，湖南，广西，福建，广东，台湾；越南，老挝。

中华蝼步甲 *Harpalus sinicus* Hope, 1845

分布：云南（昆明、昭通、怒江、迪庆），四川，贵州，西藏，辽宁，甘肃，河北，北京，山东，山西，河南，陕西，湖北，安徽，江苏，上海，江西，浙江，湖南，广西，福建，广东，海南，香港，台湾；日本，俄罗斯，朝鲜半岛。

***Harpalus suensoni* Kataev, 1997**

分布：云南，四川，山西，陕西，江苏，浙江，湖北；韩国。

藏蝼步甲 *Harpalus tibeticus* Andrewes, 1930

分布：云南（迪庆），四川，西藏。

三齿蝼步甲 *Harpalus tridens* Morawitz, 1862

分布：云南（丽江、怒江、迪庆），四川，贵州，辽宁，河北，陕西，山西，甘肃，河南，安徽，江苏，上海，湖北，江西，浙江，福建，广东，香港；日本，俄罗斯，朝鲜半岛。

***Harpalus vernicosus* Kataev & Liang, 2007**

分布：云南，四川，西藏。

七齿虎甲属 *Heptodonta* Hope, 1838

尤七齿虎甲 *Heptodonta eugenia* Chaudoir, 1865

分布：云南（楚雄、西双版纳）；马来西亚，泰国，缅甸，柬埔寨，老挝，越南。

法氏七齿虎甲 *Heptodonta ferrarii* Gestro, 1893

分布：云南（红河、西双版纳）；缅甸，泰国，老挝。

后七齿虎甲 *Heptodonta posticalis* White, 1844

分布：云南（西双版纳），四川，广东，香港，湖北，澳门。

丽七齿虎甲 *Heptodonta pulchella* (Hope, 1831)

分布：云南（昆明、迪庆、丽江），西藏，四川，福建，澳门；印度，尼泊尔，缅甸，老挝，越南。

蠕纹七齿虎甲 *Heptodonta vermifera* Horn, 1908

分布：云南（昆明、楚雄、红河、文山），四川。

沟胸步甲属 *Holcoderus* Chaudoir, 1869

红腿沟胸步甲 *Holcoderus aeripennis* Andrewes, 1931

分布：云南（西双版纳）；越南，印度尼西亚，

印度。

双毛沟胸步甲 *Holcoderus bisetus* **Liu, Shi & Liang, 2019**
分布：云南（西双版纳）。

雅沟胸步甲 *Holcoderus gracilis* **(Oberthür, 1883)**
分布：云南（红河、楚雄、西双版纳），广西；印度尼西亚，马来西亚，菲律宾，越南。

拟青步甲属 *Hololeius* LaFerté-Sénectère, 1851

斯里拟青步甲 *Hololeius ceylanicus* **(Nietner, 1856)**
分布：云南，福建，台湾；东南亚，澳大利亚。

Hyphaereon Macleay, 1825

Hyphaereon chinensis **Ito, 2008**
分布：云南。

Idiomorphus Chaudoir, 1846

Idiomorphus mirabilis **Jedlička, 1960**
分布：云南。

伊塔步甲属 *Itanws* Schmidt-Goebel, 1846

栗伊塔步甲 *Itanws castan* **Schmidt-Goebel, 1846**
分布：云南，广东；缅甸，印度，老挝，巴基斯坦，大洋洲。

伊塔粗角步甲属 *Itamus* Loew, 1849

栗伊塔粗角步甲 *Itamus castaneus* **Schmidt-Goebel, 1846**
分布：云南（西双版纳），上海，浙江，广东，福建；缅甸，老挝，泰国，斯里兰卡。

盲步甲属 *Junaphaenops* Uéno, 1997

昆盲步甲 *Junaphaenops tumidipennis* **Uéno, 1997**
分布：云南（昆明）。

Junnanotrechus Uéno & Yin, 1993

Junnanotrechus baehri **Deuve, 2011**
分布：云南（大理）。

Junnanotrechus elegantulus **Belousov & Kabak, 2014**
分布：云南（临沧）。

Junnanotrechus exophtalmus **Deuve, 1998**
分布：云南（大理）。

Junnanotrechus koroleviellus **Belousov & Kabak, 2014**
分布：云南（临沧）。

Junnanotrechus microps **Uéno & Yin, 1993**
分布：云南（大理）。

Junnanotrechus oblongus **Belousov & Kabak, 2014**
分布：云南（临沧）。

Junnanotrechus schuelkei **Belousov & Kabak, 2014**
分布：云南（普洱）。

Junnanotrechus triporus **Belousov & Kabak, 2014**
分布：云南（大理）。

Junnanotrechus wrasei **Belousov & Kabak, 2014**
分布：云南（大理）。

Kareya Andrewes, 1919

Kareya edentata **Bates, 1892**
分布：云南；印度，尼泊尔，巴基斯坦。

Kareya grandiceps **Bates, 1892**
分布：云南；尼泊尔，印度。

Kareya hauseri **Schauberger, 1933**
分布：云南，四川。

Kareya laosensis **Jedlička, 1966**
分布：云南。

Klapperichella Jedlička, 1956

Klapperichella melanoxantha **Kryzhanovskij, 1994**
分布：云南。

柯茨步甲属 *Kozlovites* Jeannel, 1935

宽翅柯茨步甲 *Kozlovites amplipennis* **Belousov & Kabak, 2016**
分布：云南。

大柯茨步甲 *Kozlovites major* **Belousov & Kabak, 2016**
分布：云南。

雅柯茨步甲 *Kozlovites modestus* **Belousov & Kabak, 2016**
分布：云南。

黑柯茨步甲 *Kozlovites niger* **Belousov & Kabak, 2016**
分布：云南。

虞氏柯茨步甲指名亚种 *Kozlovites yuae yuae* **Deuve, 1992**
分布：云南。

盘步甲属 *Lachnocrepis* LeConte, 1853

日本盘步甲 *Lachnocrepis japonica* **Bates, 1873**
分布：云南，福建；俄罗斯，日本，朝鲜半岛。

茸皮步甲属 *Lachnoderma* Macleay, 1873

闪茸皮步甲 *Lachnoderma metallicum* Tian & Deuve, 2001

分布：云南（西双版纳）。

盆步甲属 *Lachnolebia* Maindron, 1905

筛毛盆步甲 *Lachnolebia cribricollis* Morawitz, 1862

分布：云南（保山），辽宁，新疆，河北，江苏，浙江，湖北，江西，湖南，广西；日本，朝鲜，俄罗斯。

Lampetes Andrewes, 1940

Lampetes lucens Bates, 1889

分布：云南，台湾；尼泊尔，巴基斯坦，印度。

壶步甲属 *Lebia* Latreille, 1802

安氏壶步甲 *Lebia andrewesi* Jedlicka, 1933

分布：云南；不丹。

钩斑壶步甲 *Lebia callitrema* Bates, 1889

分布：云南，湖北，湖南，广东，台湾；菲律宾。

中国壶步甲 *Lebia chinensis* Boheman, 1858

分布：云南，广西，广东，香港。

大理白壶步甲 *Lebia dalibaiensis* Kirschenhofer, 2009

分布：云南。

宽带壶步甲 *Lebia retrofasciata* Motschulsky, 1864

分布：云南，广西，广东，海南；日本。

云南莱步甲 *Lebia yunnana* Jedlicka, 1933

分布：云南。

云南壶步甲 *Lebia yunnanensis* Kirschenhofer, 2009

分布：云南。

光鞘步甲属 *Lebidia* Morawitz, 1862

双圈光鞘步甲 *Lebidia bioculata* Morawitz, 1863

分布：云南，台湾；俄罗斯，日本，朝鲜。

Lebioderus Westwood, 1838

Lebioderus sinicus Song & Maruyama, 2017

分布：云南（西双版纳），贵州，广西。

盗步甲属 *Leistus* Frölich, 1799

角胸盗步甲 *Leistus angulicollis* Fairmaire, 1886

分布：云南。

白马盗步甲 *Leistus baima* Farkač, 1999

分布：云南。

Leistus becvari Farkač, 1999

分布：云南。

Leistus brancuccii Farkač, 1995

分布：云南。

Leistus businskyi Dvořák, 1994

分布：云南。

苍山盗步甲 *Leistus cangshanicola* Farkač, 1999

分布：云南。

Leistus deuveianus Farkač, 1995

分布：云南。

高黎贡山盗甲 *Leistus gaoligongensis* Kavanaugh & Long, 1999

分布：云南（保山）。

哈巴山盗步甲 *Leistus habashanicola* Farkač, 1999

分布：云南。

横断盗步甲 *Leistus hengduanicola* Farkač, 1999

分布：云南。

Leistus inexspectatus Farkač, 1999

分布：云南。

Leistus jani Farkač, 1995

分布：云南。

Leistus klarae Farkač, 1995

分布：云南。

Leistus krali Farkač, 1993

分布：云南。

库班盗步甲 *Leistus kubani* Farkač, 1993

分布：云南。

Leistus kubanioides Deuve, 2011

分布：云南。

Leistus kucerai Farkač, 1995

分布：云南。

李氏盗甲 *Leistus lihengae* Kavanaugh & Long, 1999

分布：云南（保山）。

Leistus murzini Farkač, 1999

分布：云南。

Leistus nemorabilis Deuve, 2011

分布：云南。

Leistus shokini Deuve, 2011

分布：云南。

长颚盗甲 *Leistus tanaognathus* Kavanaugh & Long, 1999

分布：云南（保山）。

***Leistus toledanoi toledanoi* Farkač, 1999**

分布：云南。

云南盗步甲 *Leistus yunnanus* Bänninger, 1925

分布：云南。

中甸盗步甲 *Leistus zhongdianus* Farkač, 1999

分布：云南。

劫步甲属 *Lesticus* Dejean, 1828

乌劫步甲 *Lesticus ater* Roux & Shi, 2011

分布：云南（红河）。

绿胸劫步甲 *Lesticus chalcothorax* (Chaudoir, 1868)

分布：云南，贵州，江西，浙江，湖南，广西，福建，广东；缅甸，越南，柬埔寨。

模大劫步甲 *Lesticus mouhoti* (Chaudoir, 1868)

分布：云南（保山），湖南，江西，福建；缅甸，柬埔寨。

黑劫步甲 *Lesticus perniger* Roux & Shi, 2011

分布：云南，广西。

圆胸劫步甲 *Lesticus rotundatus* Roux & Shi, 2011

分布：云南（怒江、保山、德宏）；缅甸。

暗劫步甲 *Lesticus tristis* Roux & Shi, 2011

分布：云南（怒江、保山）。

***Lesticus xiaodongi* Zhu, Shi & Liang, 2018**

分布：云南（怒江）。

***Lesticus violaceous* Zhu, Shi & Liang, 2018**

分布：云南（德宏）。

Liodaptus Bates, 1889

***Liodaptus birmanus* Bates, 1889**

分布：云南；巴基斯坦，印度。

***Liodaptus longicornis* Lesne, 1896**

分布：云南。

蕈步甲属 *Lioptera* Chaudoir, 1869

滑蕈步甲 *Lioptera erotyloides* Bates, 1883

分布：云南（昆明、德宏、西双版纳），上海，广西，福建，台湾；日本，中南半岛。

簇虎甲属 *Lophyra* Motschulsky, 1860

背簇虎甲 *Lophyra cancellata* (Dejean, 1825)

分布：云南（保山、楚雄、红河、普洱、文山、德宏、西双版纳），江西，海南；印度，斯里兰卡，孟加拉国，尼泊尔，马来西亚，缅甸，泰国，柬埔寨，老挝，越南。

烟簇虎甲 *Lophyra fuliginosa* (Dejean, 1826)

分布：云南（红河、西双版纳），上海，浙江，广东；斯里兰卡，印度尼西亚，马来西亚，缅甸，泰国，老挝，柬埔寨，越南。

纹额簇虎甲 *Lophyra lineifrons* (Chaudoir, 1865)

分布：云南（普洱、文山、西双版纳）；印度，尼泊尔，孟加拉国，马来西亚，柬埔寨，泰国，老挝，越南。

纹簇虎甲纵纹亚种 *Lophyra striolata dorsolineolata* (Chevrolat, 1845)

分布：云南，北京，河南，山东，湖北，湖南，江苏，安徽，江西，浙江，福建，广东，香港；日本。

纹簇虎甲指名亚种 *Lophyra striolata striolata* (Illiger, 1800)

分布：云南（红河、普洱、西双版纳），四川，广西，海南，台湾；印度尼西亚，缅甸，印度，尼泊尔，马来西亚，泰国，老挝，越南，菲律宾。

纹簇虎甲大理亚种 *Lophyra striolata taliensis* (Fairmaire, 1866)

分布：云南（昆明、丽江、德宏），四川。

鹦步甲属 *Loricera* Latreille, 1802

迷鹦步甲 *Loricera mirabilis* Jedlička, 1932

分布：云南，四川，西藏，甘肃，青海。

Loxoncus Schmidt-Goebel, 1846

***Loxoncus circumcinctus* Motschulsky, 1858**

分布：云南，贵州，四川，吉林，河南，陕西，安徽，湖北，江苏，江西，上海，浙江，湖南，广西，福建，广东；俄罗斯，日本，朝鲜，韩国。

***Loxoncus discophorus* Chaudoir, 1852**

分布：云南，海南，台湾；尼泊尔，巴基斯坦，印度。

***Loxoncus elevatus elevatus* Schmidt-Goebel, 1846**

分布：云南。

***Loxoncus microgonus* Bates, 1886**

分布：云南，江西；印度，尼泊尔，巴基斯坦。

***Loxoncus nagpurensis* (Bates, 1891)**

分布：云南；缅甸，斯里兰卡，越南，泰国，尼泊尔。

***Loxoncus renitens* Bates, 1886**

分布：云南。

Lucicolpodes Schmidt, 2000

***Lucicolpodes mandarin* Schmidt, 2000**

分布：云南。

Lucicolpodes orchis Schmidt, 2000
分布：云南。

Lucicolpodes panda Schmidt, 2000
分布：云南。

Lucicolpodes vivax Andrewes, 1947
分布：云南。

大唇步甲属 *Macrocheilus* Hope, 1838

本氏大唇步甲 *Macrocheilus bensoni* Hope, 1838
分布：云南（临沧、德宏、西双版纳），贵州，江西，广西，广东，福建，海南，香港，澳门；越南，老挝，缅甸，柬埔寨，印度，斯里兰卡，菲律宾，马来西亚。

彩步甲属 *Mastax* Fischer von Waldheim, 1846

格氏彩步甲 *Mastax gestroi* Bates, 1892
分布：云南。

饰彩步甲 *Mastax ornata* Schmidt-Goebel, 1846
分布：云南（西双版纳）；缅甸。

Meleagros Kirschenhofer, 1999

Meleagros sinicola Morvan, 2006
分布：云南。

扁胫步甲属 *Metacolpodes* Jeannel, 1948

布氏扁胫步甲 *Metacolpodes buchanani* (Hope, 1831)
分布：云南（迪庆、丽江、怒江、红河），贵州，四川，吉林，河北，山东，江苏，浙江，安徽，江西，湖北，湖南，广西，台湾，福建，广东；朝鲜半岛，日本，尼泊尔，缅甸，印度，巴基斯坦，俄罗斯，斯里兰卡，马来西亚，菲律宾，印度尼西亚，北美洲。

Metacolpodes olivius Bates, 1873
分布：云南，四川，上海，香港，台湾。

小盗步甲属 *Microlestes* Schmidt-Goebel, 1846

云南小盗步甲 *Microlestes yunnanicus* Mateu, 1961
分布：云南。

小施步甲属 *Microschemus* Andrewes, 1940

黄斑小施步甲 *Microschemus flavopilosus* (LaFerté-Sénectère, 1851)
分布：云南（德宏、西双版纳），湖北，江西，福建，台湾；日本，越南，印度。

Microschemus notabilis (Xie & Yu, 1991)
分布：云南。

拟细颈步甲属 *Mimocolliuris* Liebke, 1933

黑尾细颈步甲 *Mimocolliuris chaudoiri* (Boheman, 1859)
分布：云南，四川，广西，广东，海南；缅甸，泰国。

Minutotrechus Deuve & Kavanaugh, 2016

Minutotrechus minutus Uéno, 1997
分布：云南。

疑斑步甲属 *Miscelus* Klug, 1834

脊疑斑步甲 *Miscelus carinatus* Andrewes, 1922
分布：云南（西双版纳）；老挝。

爪哇疑斑步甲 *Miscelus javanus* Klug, 1834
分布：云南（红河、西双版纳），台湾；马来西亚，印度尼西亚，印度，菲律宾。

隶步甲属 *Mochtherus* Schmidt-Goebel, 1846

四斑隶步甲 *Mochtherus tetraspilotus* MacLeay, 1825
分布：云南（西双版纳），西藏，广西，广东，海南；印度尼西亚。

长跗步甲属 *Morphodactyla* Semenov, 1889

克氏长跗步甲 *Morphodactyla kmecoi* Lassalle, 2011
分布：云南（丽江、迪庆）。

玉龙长跗步甲 *Morphodactyla yulongensis* Lassalle, 2011
分布：云南（丽江）。

Mouhotia Laporte, 1862

Mouhotia gloriosa Laporte, 1862
分布：云南。

壮步甲属 *Myas* Sturm, 1826

贝氏壮步甲 *Myas becvari* Sciaky, 1995
分布：云南，四川。

德氏壮步甲 *Myas delavayi* Fairmaire, 1889
分布：云南。

德钦壮步甲 *Myas echarouxi* Lassalle, 2010
分布：云南。

高山壮步甲 *Myas fairmairei* Sciaky, 1995
分布：云南，四川。

粗壮步甲 *Myas robustus* (Fairmaire, 1894)
分布：云南（迪庆），四川。

云南壮步甲 *Myas yunnanus* Straneo, 1943
分布：云南。

多虎甲属 *Myriochila* Motschulsky, 1858

华多虎甲 *Myriochila sinica* (Fleutiaux, 1889)
分布：云南（西双版纳），香港；泰国，缅甸，老挝，柬埔寨，越南。

特多虎甲 *Myriochila specularis* (Chaudoir, 1865)
分布：云南（怒江），四川，河南，山东，安徽，浙江，湖北，江西，福建，广东，海南。

特多虎甲指名亚种 *Myriochila specularis specularis* Chaudoir, 1865
分布：云南，四川，河南，山东，湖北，江苏，江西，上海，浙江，湖南，福建，广东，海南，香港，澳门，台湾，新疆；日本。

小镜斑多虎甲 *Myriochila speculifera* (Chevrolat, 1845)
分布：云南（玉溪、西双版纳），四川，江苏，江西，香港；日本。

Naviauxella Cassola, 1988

Naviauxella phongsalyensis Sawada & Wiesner, 2004
分布：云南（红河）；老挝。

纳西隘步甲属 *Naxipenetretus* Zamotajlov, 1999

沙氏纳西隘步甲 *Naxipenetretus sciakyi* Zamotajlov, 1999
分布：云南（迪庆）。

三毛纳西隘步甲玉龙亚种 *Naxipenetretus trisetosus dongba* Zamotajlov, 1999
分布：云南（丽江）。

三毛纳西隘步甲石林亚种 *Naxipenetretus trisetosus shilinensis* Zamotajlov, 1999
分布：云南（昆明）。

三毛纳西隘步甲指名亚种 *Naxipenetretus trisetosus trisetosus* (Zamotajlov & Sciaky, 1996)
分布：云南（丽江）。

心步甲属 *Nebria* Latreille, 1802

Nebria aborana Andrewes, 1925
分布：云南。

Nebria agilis Ledoux & Roux, 1996
分布：云南。

Nebria archastoides Ledoux & Roux, 1997
分布：云南。

Nebria delineata Ledoux & Roux, 1998
分布：云南。

Nebria flexuosa Ledoux & Roux, 1995
分布：云南。

Nebria frigida Sahlberg, 1844
分布：云南。

库班心步甲 *Nebria kubaniana* Ledoux & Roux, 1998
分布：云南。

Nebria laevistriata Ledoux & Roux, 1998
分布：云南。

Nebria megalops Huber & Geiser, 2012
分布：云南（大理）。

Nebria memorabilis Ledoux & Roux, 1992
分布：云南。

Nebria parvulissima Ledoux & Roux, 1998
分布：云南。

Nebria pulchrior Maindron, 1906
分布：云南。

Nebria simplex Ledoux & Roux, 1996
分布：云南。

Nebria sphaerithorax Ledoux & Roux, 1999
分布：云南。

云南心步甲 *Nebria yunnana* Bänninger, 1928
分布：云南。

Negreum Habu, 1958

Negreum bicolore bicolore Morvan, 2006
分布：云南。

Negreum bicolore convexicolle Morvan, 2006
分布：云南。

尼行步甲属 *Neoblemus* Jeannel, 1923

倍尼行步甲 *Neoblemus bedoci* Jeannel, 1923
分布：云南。

尼树虎甲属 *Neocollyris* Horn, 1901

二色尼树虎甲 *Neocollyris bicolor* Horn, 1902
分布：云南，广东。

二部尼树虎甲 *Neocollyris bipartita* (Fleutiaux, 1897)
分布：云南（怒江）；缅甸，印度。

邦尼树虎甲 *Neocollyris bonellii* (Guérin-Méneville, 1834)

分布：云南（玉溪、德宏、红河、普洱、丽江、文山、西双版纳），西藏，浙江，湖南，福建，广东，广西，海南，香港；印度尼西亚，马来西亚，孟加拉国，印度，巴基斯坦，尼泊尔，缅甸，泰国，老挝，越南。

Neocollyris compressicollis (Horn, 1909)

分布：云南（红河）；印度，老挝，越南。

粗角尼树虎甲 *Neocollyris crassicornis* (Dejean, 1825)

分布：云南，江西，广西，福建，广东，海南，香港，台湾；斯里兰卡，印度，尼泊尔，不丹，孟加拉国，缅甸，印度尼西亚，马来西亚，泰国，老挝，越南。

Neocollyris cruentata (Schmidt-Goebel, 1846)

分布：云南。

筒翅尼树虎甲 *Neocollyris cylindripennis* (Chaudoir, 1864)

分布：云南（德宏）。

弗尼树虎甲 *Neocollyris fruhstorfei* Horn, 1902

分布：云南（怒江），广西，广东，湖北，湖南；越南。

缒尼树虎甲 *Neocollyris fuscitarsis* (Schmidt-Goebel, 1846)

分布：云南（普洱、怒江、西双版纳），四川；印度，尼泊尔，缅甸，马来西亚，印度尼西亚，泰国，柬埔寨，老挝，越南。

金平尼树虎甲 *Neocollyris jinpingi* Shook & Wu, 2006

分布：云南（红河）。

线尼树虎甲 *Neocollyris linearis* (Schmidt-Goebel, 1846)

分布：云南（保山、德宏、红河、丽江、普洱、文山、怒江、大理），江西；印度尼西亚，马来西亚，泰国，缅甸，老挝，越南。

适尼树虎甲 *Neocollyris moesta* (Schmidt-Goebel, 1846)

分布：云南（西双版纳），四川，广东；缅甸，泰国，马来西亚，印度尼西亚，柬埔寨，老挝，越南。

奥尼树虎甲指名亚种 *Neocollyris orichalcina orichalcina* (Horn, 1896)

分布：云南（德宏、红河、西双版纳）；印度，缅甸，泰国，老挝，越南。

奥尼树虎甲云南亚种 *Neocollyris orichalcina yunnana* Naviaux, 1999

分布：云南。

潘氏尼树虎甲 *Neocollyris panfilovi* Naviaux & Matalin, 2002

分布：云南（红河），四川；老挝，缅甸。

Neocollyris purpureomaculata borea Naviaux, 1994

分布：云南（普洱）；泰国。

Neocollyris rogeri Shook & Wu, 2006

分布：云南（红河）。

玫尼树虎甲 *Neocollyris rosea* Naviaux, 1995

分布：云南（西双版纳）；俄罗斯，泰国，缅甸。

红须尼树虎甲 *Neocollyris rufipalpis* (Chaudoir, 1864)

分布：云南，江西，浙江，广西，福建，广东，海南，香港，台湾；印度，尼泊尔，孟加拉国，印度尼西亚，柬埔寨，缅甸，泰国，老挝，越南。

Neocollyris torosa Naviaux, 2010

分布：云南。

三色尼树虎甲 *Neocollyris tricolor* Naviaux, 1991

分布：云南（临沧、文山）；泰国，缅甸，老挝。

Neocollyris tumida Naviaux, 1999

分布：云南。

变角尼树虎甲 *Neocollyris variicornis* (Chaudoir, 1846)

分布：云南（红河、临沧、西双版纳），广西；尼泊尔，印度，缅甸，泰国，老挝，越南。

妮步甲属 *Nirmala* Andrewes, 1930

妮步甲 *Nirmala odelli* Andrewes, 1930

分布：云南（迪庆、怒江），西藏；印度，缅甸。

日婪步甲属 *Nipponoharpalus* Habu, 1973

狄日婪步甲 *Nipponoharpalus discrepans* Morawitz, 1862

分布：云南，四川，辽宁，北京，河南，陕西，山东，山西，湖北，江苏；俄罗斯，日本，朝鲜半岛。

Nymphagonum Habu, 1978

Nymphagonum deuveiellum Morvan, 2006

分布：云南。

Nymphagonum rougerieanum Morvan, 2006

分布：云南。

雕条脊甲属 *Omoglymmius* Ganglbauer, 1891

***Omoglymmius sakuraii* (Nakane, 1973)**
分布：云南（普洱）；日本，越南。

圆步甲属 *Omophron* Latreille, 1802

***Omophron aequale jacobsoni* Semenov, 1922**
分布：云南，四川，内蒙古，陕西，浙江，江苏，广西，广东，海南；俄罗斯，蒙古国，朝鲜，韩国。

边圆步甲 *Omophron limbatum* (Fabricius, 1777)
分布：云南（昆明、普洱），河北，安徽，江西，福建；朝鲜，日本，俄罗斯，非洲。

***Omophron pseudotestudo* Tian & Deuve, 2000**
分布：云南。

云南圆步甲 *Omophron yunnanense* Tian & Deuve, 2000
分布：云南。

爪步甲属 *Onycholabis* Bates, 1873

尖鞘爪步甲 *Onycholabis melitopus* Bates, 1892
分布：云南（保山、德宏、西双版纳），贵州，西藏，香港；印度，缅甸，越南，老挝，不丹。

垂角爪步甲 *Onycholabis pedulangulus* Liang & Imura, 2003
分布：云南（保山）；越南，缅甸，老挝。

华爪步甲 *Onycholabis sinensis* Bates, 1873
分布：中国广布；越南，韩国。

窄胸爪步甲 *Onycholabis stenothorax* Liang & Kavanaugh, 2005
分布：云南（保山）。

长颈步甲属 *Ophionea* Klug, 1821

印度长颈步甲 *Ophionea indica* (Thunberg, 1784)
分布：云南（怒江、临沧、德宏、红河、西双版纳），四川，贵州，浙江，江西，湖北，湖南，广西，福建，广东，海南，台湾；日本，老挝，越南，柬埔寨，缅甸，印度，泰国，斯里兰卡，马来西亚，印度尼西亚。

石井长颈步甲 *Ophionea ishiii* (Habu, 1961)
分布：云南（西双版纳），贵州，江西，广西，福建，台湾，广东；日本，泰国。

Ophoniscus Bates, 1892

***Ophoniscus cribrifrons* Bates, 1892**
分布：云南；尼泊尔。

***Ophoniscus iridulus* Bates, 1892**
分布：云南；尼泊尔，印度。

Orionella Jedlička, 1963

***Orionella discoidalis* (Bates, 1892)**
分布：云南（大理、西双版纳）；缅甸。

直角步甲属 *Orthogonius* Macleay, 1825

达直角步甲 *Orthogonius davidi* Chaudoir, 1878
分布：云南（怒江、德宏、西双版纳），海南，台湾；老挝，缅甸，印度，印度尼西亚。

***Orthogonius deletus* Schmidt-Goebel, 1846**
分布：云南。

***Orthogonius duboisi* Tian & Deuve, 2006**
分布：云南。

***Orthogonius variabilis* Tian, Deuve & Felix, 2012**
分布：云南。

黄直角步甲 *Orthogonius xanthomerus* Redtenbacher, 1868
分布：云南，广东，香港。

云南直角步甲 *Orthogonius yunnanensis* Tian & Deuve, 2001
分布：云南。

直毛步甲属 *Orthotrichus* Peyron, 1856

印直毛步甲 *Orthotrichus indicus* Bates, 1891
分布：云南；阿富汗。

Parabradycellus Ito, 2003

***Parabradycellus yunnanus* Jedlička, 1931**
分布：云南；阿富汗，尼泊尔，印度。

阔颚步甲属 *Paraphaea* Bates, 1873

二点阔颚步甲 *Paraphaea binotata* (Dejean, 1825)
分布：云南（红河、西双版纳），江西，广西，广东，香港，台湾；日本，越南，泰国，柬埔寨，缅甸，印度，巴基斯坦，菲律宾，印度尼西亚，巴布亚新几内亚，马里亚纳群岛。

宽颚步甲属 *Parena* Motschulsky, 1860

五穴宽颚步甲 *Parena dorsigera* Schaum, 1863
分布：云南（红河）。

昆明宽颚步甲 *Parena kunmingensis* Kirschenhofer, 1996
分布：云南。

马宽颚步甲 *Parena malaisei* Andrewes, 1947
分布：云南。

钻宽颚步甲 *Parena perforata* Bates, 1873
分布：云南，四川；俄罗斯，日本。

Parena rubripicta Andrewes, 1928
分布：云南；巴基斯坦。

红褐宽颚步甲 *Parena rufotestacea* Jedlička, 1934
分布：云南，四川，福建，台湾；尼泊尔。

褐宽颚步甲指名亚种 *Parena testacea testacea* Chaudoir, 1873
分布：云南，江苏，台湾。

云南宽颚步甲 *Parena yunnana* Kirschenhofer, 1994
分布：云南。

小短角步甲属 *Pareuryaptus* Dubault, Lassalle & Roux, 2008

绿胸小短角步甲 *Pareuryaptus adoxus* (Tschitschérine, 1900)
分布：云南（西双版纳）；越南，老挝。

黑小短角步甲指名亚种 *Pareuryaptus chalceolus chalceolus* Bates, 1873
分布：云南，香港。

Pareuryaptus luangphabangensis Kirschenhofer, 2011
分布：云南（西双版纳）。

Parophonus Ganglbauer, 1891

Parophonus cyanellus Bates, 1889
分布：云南。

Parophonus vitalisi Andrewes, 1922
分布：云南，广西。

帕洛步甲属 *Paropisthius* Casey, 1920

达帕洛步甲 *Paropisthius davidis* Fairmaire, 1887
分布：云南，四川，西藏。

印帕洛步甲 *Paropisthius indicus* (Chaudoir, 1863)
分布：云南（昆明），四川；尼泊尔，印度。

印帕洛步甲中华亚种 *Paropisthius indicus chinensis* Bousquet & Smetana, 1996
分布：云南（怒江、迪庆），四川，西藏；尼泊尔，印度。

棒角步甲属 *Paussus* Linnaeus, 1775

约棒角步甲 *Paussus jousselinii* Guérin-Méneville, 1838
分布：云南，西藏，贵州，广东，香港。

亥棒角步甲 *Paussus hystrix* Westwood, 1850
分布：云南，四川，江苏，广西，香港。

老舍棒角步甲 *Paussus laosensis* Maruyama & Nagel, 2016
分布：云南，江西。

五角步甲属 *Pentagonica* Schmidt-Goebel, 1846

歹五角步甲 *Pentagonica daimiella* Bates, 1892
分布：云南，四川，贵州，陕西，浙江，湖北，江西，湖南，广西，福建，广东，台湾；日本，韩国，俄罗斯。

伊利五角步甲 *Pentagonica erichsoni* Schmidt-Goebel, 1846
分布：云南（怒江），广东，香港；印度，尼泊尔，缅甸，斯里兰卡，马来西亚，菲律宾，印度尼西亚，新加坡，巴布亚新几内亚。

台湾五角步甲 *Pentagonica formosana* Dupuis, 1912
分布：云南（德宏），四川，贵州，台湾，广东。

Pentagonica micans Andrewes, 1947
分布：云南。

Pentagonica nitidicollis Baehr, 2011
分布：云南，香港；尼泊尔，印度。

幕五角步甲 *Pentagonica pallipes* (Nietner, 1857)
分布：云南（西双版纳），广西，广东，香港，台湾；日本，尼泊尔，斯里兰卡，菲律宾，印度尼西亚，新加坡，马来西亚，巴布亚新几内亚，澳大利亚。

红胸五角步甲 *Pentagonica ruficollis* Schmidt-Goebel, 1846
分布：云南（红河），广东，香港；尼泊尔，印度。

半缝五角步甲 *Pentagonica semisuturalis* Dupuis, 1912
分布：云南（德宏），台湾。

缘丽步甲属 *Pericalus* MacLeay, 1825

Pericalus acutidens Shi & Liang, 2018
分布：云南（德宏，保山），西藏；缅甸。

Pericalus amplus Andrewes, 1937
分布：云南（西双版纳）；缅甸，越南。

杜克缘丽步甲 *Pericalus dux* Andrewes, 1920
分布：云南（西双版纳）；老挝。

Pericalus obtusipennis Fedorenko, 2017
分布：云南（怒江、保山、德宏）；越南。

饰缘丽步甲 *Pericalus ornatus* Schmidt-Goebel, 1846

分布：云南（红河、保山、西双版纳），海南；越南。

Pericalus ornatus ornatus Schmidt-Goebel, 1846

分布：云南（红河、西双版纳），海南；越南，缅甸，泰国，老挝。

佩步甲属 *Perigona* Castelnau, 1835

Perigona schuelkei Baehr, 2013

分布：云南（保山）。

毛眼行步甲属 *Perileptus* Schaum, 1860

Perileptus imaicus Jeannel, 1923

分布：云南，四川。

Perileptus grandicollis Uéno & W.-Y. Yin, 1993

分布：云南。

Perileptus pusilloides Deuve & Liang, 2016

分布：云南。

裸毛眼行步甲 *Perileptus pusillus* Jeannel, 1923

分布：云南，四川，广西，香港，台湾。

锯缘步甲属 *Peripristus* Chaudoir, 1869

黑锯缘步甲 *Peripristus ater* (Laporte, 1835)

分布：云南（红河、德宏、保山、西双版纳），贵州，西藏，广西，广东，海南，台湾；缅甸，越南，泰国，马来西亚，印度尼西亚。

角胸步甲属 *Peronomerus* Schaum, 1854

Peronomerus xanthopus Andrewes, 1936

分布：云南，江西。

屁步甲属 *Pheropsophus* Solier, 1833

红胸屁步甲 *Pheropsophus calorei* (Dejean, 1825)

分布：云南（德宏）；越南，缅甸，印度，斯里兰卡。

爪哇屁步甲 *Pheropsophus javanus* (Dejean, 1825)

分布：云南（昭通），贵州，四川，江苏，浙江，湖北，江西，湖南，广西，福建，台湾，广东；日本，菲律宾，越南，泰国，新加坡，缅甸，老挝，柬埔寨，印度，马来西亚，巴布亚新几内亚。

耶屁步甲 *Pheropsophus jessoensis* Morawitz, 1862

分布：云南，四川，辽宁，河北，山东，江苏，浙江，江西，广西，福建，广东，香港；日本，朝鲜半岛。

滑屁步甲 *Pheropsophus lissoderus* Chaudoir, 1850

分布：云南（怒江）；印度，不丹，泰国，缅甸。

广屁步甲 *Pheropsophus occipitalis* (MacLeay, 1823)

分布：云南（玉溪、昭通、文山、西双版纳），贵州，四川，辽宁，内蒙古，甘肃，河北，江苏，安徽，湖北，江西，湖南，广西，福建，台湾；缅甸，印度，菲律宾，马来西亚，印度尼西亚。

云南屁步甲 *Pheropsophus yunnanensis* Kirschenhofer, 2010

分布：云南。

泡步甲属 *Physodera* Eschscholtz, 1829

德毛边泡步甲 *Physodera dejeani* Eschscholtz, 1929

分布：云南（临沧）；缅甸，印度，马来西亚，菲律宾，印度尼西亚。

平步甲属 *Planetes* Macleay, 1825

点平步甲 *Planetes puncticeps* Andrewes, 1919

分布：云南（西双版纳），江西，广西，福建，台湾；朝鲜，日本。

点平步甲指名亚种 *Planetes puncticeps puncticeps* Andrewes, 1919

分布：云南，四川，贵州，河南，江西，湖南，广西，福建，广东，海南，台湾；日本，朝鲜半岛。

宽额步甲属 *Platymetopus* Dejean, 1829

宽额步甲 *Platymetopus flavilabris* Fabricius, 1798

分布：云南（德宏、西双版纳），四川，江西，广西，福建，海南，香港，澳门，台湾；日本，韩国，印度，不丹，尼泊尔，巴基斯坦，越南，老挝，柬埔寨，缅甸，泰国，马来西亚，新加坡，菲律宾，斯里兰卡。

宽步甲属 *Platynus* Bonelli, 1810

宽步甲 *Platynus asper* Jedlička, 1936

分布：云南。

Platynus nuceus Fairmaire, 1887

分布：云南。

Platynus protensus meurzwarelensis Morvan, 1996

分布：云南。

青翅细胫步甲 *Platynus saphyripennis* (Chaudoir, 1878)

分布：云南（临沧）；印度。

圆角棒角甲属 *Platyrhopalus* Westwood, 1833

大卫圆角棒角甲 ***Platyrhopalus davidis* Fairmaire, 1886**

分布：云南（德宏、昭通），四川，贵州，重庆，北京，陕西，河南，山东，山西，上海，江苏，浙江，安徽，湖北，湖南，广东。

***Platyrhopalus tonkinensis* Janssens, 1948**

分布：云南，贵州，四川，山西，浙江。

脊角步甲属 *Poecilus* Bonelli, 1810

贝氏脊角步甲 ***Poecilus batesianus* Lutshnik, 1916**

分布：云南，甘肃。

壮脊角步甲 ***Poecilus fortipes* Chaudoir, 1850**

分布：云南，河北；日本，蒙古国，朝鲜半岛，俄罗斯。

格脊角步甲 ***Poecilus gebleri* Dejean, 1828**

分布：云南，四川，甘肃，河北；蒙古国，朝鲜，俄罗斯。

山丽脊角步甲 ***Poecilus polychromus* Tschitschérine, 1889**

分布：云南，甘肃。

右步甲属 *Pristosia* Motschulsky, 1865

蛋右步甲 ***Pristosia acalathusoides* Lassalle, 2013**

分布：云南（丽江），西藏。

青铜右步甲 ***Pristosia aeneocuprea* (Fairmaire, 1886)**

分布：云南（昆明、迪庆、怒江、丽江、大理、楚雄、保山、德宏），四川；缅甸。

巴氏右步甲 ***Pristosia bastai* Lassalle, 2013**

分布：云南（丽江）。

布氏右步甲 ***Pristosia bulirschi* Lassalle, 2010**

分布：云南（迪庆）。

中国右步甲 ***Pristosia chinensis* Jedlička, 1933**

分布：云南，江西。

刻右步甲 ***Pristosia crenata* (Putzeys, 1873)**

分布：云南（丽江、保山），福建；缅甸，印度，尼泊尔。

德普托步甲 ***Pristosia delavayi* Fairmaire, 1887**

分布：云南。

迪庆右步甲 ***Pristosia deqenensis* Lassalle, 2010**

分布：云南（迪庆）。

幻彩右步甲 ***Pristosia falsicolor* (Fairmaire, 1886)**

分布：云南（丽江、迪庆），四川，西藏。

豪右步甲 ***Pristosia hauseri* Jedlička, 1931**

分布：云南。

海氏右步甲 ***Pristosia heyrovskyi* (Jedlička, 1932)**

分布：云南。

砖红右步甲 ***Pristosia lateritia* (Fairmaire, 1886)**

分布：云南。

拟砖右步甲 ***Pristosia lateritioides* Lassalle, 2010**

分布：云南（丽江、大理、楚雄），四川。

衃右步甲 ***Pristosia magna* Lassalle, 2010**

分布：云南（临沧、大理、保山、德宏）。

梅里右步甲 ***Pristosia meiliensis* Lassalle, 2013**

分布：云南（迪庆）。

南右步甲 ***Pristosia meridionalis* Lassalle, 2010**

分布：云南（大理）。

云翅右步甲 ***Pristosia nubilipennis* (Fairmaire, 1889)**

分布：云南。

拟云右步甲 ***Pristosia nubilipennisoides* Lassalle, 2013**

分布：云南（大理）。

长右步甲 ***Pristosia oblonga* Lassalle, 2010**

分布：云南（迪庆）。

黯右步甲 ***Pristosia opaca* Lassalle, 2010**

分布：云南（迪庆）。

沥青右步甲 ***Pristosia picescens* (Fairmaire, 1887)**

分布：云南。

紫右步甲 ***Pristosia purpurea* Lassalle, 2010**

分布：云南（迪庆）。

巧家右步甲 ***Pristosia qiaojiaensis* Lassalle, 2013**

分布：云南（昭通）。

夏氏右步甲 ***Pristosia sciakyi* Lassalle, 2010**

分布：云南（迪庆）。

淡沟右步甲 ***Pristosia striata* Lassalle, 2010**

分布：云南（迪庆、丽江）。

条翅右步甲 ***Pristosia strigipensis* (Fairmaire, 1889)**

分布：云南（丽江）。

蒂氏右步甲 ***Pristosia thilliezi* Lassalle, 2013**

分布：云南（西双版纳）。

云南右步甲 ***Pristosia yunnana* (Jedlička, 1931)**

分布：云南（楚雄）。

原平隘步甲属 *Prodiplous* Zamotajlov & Sciaky, 2006

布氏原平隘步甲 ***Prodiplous businskyi* (Casale & Sciaky, 2003)**

分布：云南（怒江），西藏。

Progonochaetus Müller, 1938
Progonochaetus laevistriatus (Sturm, 1818)
分布：云南（普洱）；尼泊尔。

原虎甲属 *Pronyssa* Bates, 1874
多节原虎甲 **Pronyssa nodicollis (Bates, 1874)**
分布：云南（红河），西藏；尼泊尔，印度，孟加拉国，越南。

似七齿虎甲属 *Pronyssiformia* Horn, 1929
幽似七齿虎甲 **Pronyssiformia excoffieri (Fairmaire, 1897)**
分布：云南（昭通），四川，湖北，福建。

原瘤虎甲属 *Prothyma* Hope, 1838
缅甸原瘤虎甲 **Prothyma birmanica Rivalier, 1964**
分布：云南（西双版纳）；缅甸，泰国。

原棒角步甲属 *Protopaussus* Gestro, 1892
Protopaussus almorensis Champion, 1923
分布：云南；印度。

伪蝼步甲属 *Pseudoclivina* Kult, 1947
门农伪蝼步甲 **Pseudoclivina memnonia (Dejean, 1831)**
分布：云南（西双版纳），广东，海南；越南，印度，斯里兰卡，缅甸，印度尼西亚，柬埔寨。

Pseudocollyris Bi & Wiesn, 2021
Pseudocollyris shooki Bi & Wiesn, 2021
分布：云南（德宏）。

伪颚步甲属 *Pseudognathaphanus* Schauberger, 1932
点唇伪颚步甲 **Pseudognathaphanus punctilabris Macleay, 1825**
分布：云南，广西，广东，海南，香港，台湾；日本，印度，尼泊尔。

Pseudognathaphanus rufitactor Bates, 1892
分布：云南，海南；尼泊尔。

伪葬步甲属 *Pseudotaphoxenus* Schaufuss, 1865
云南伪葬步甲 **Pseudotaphoxenus yunnanus Casale & Sciaky, 1999**
分布：云南（迪庆、丽江）。

凉步甲属 *Psychristus* Andrewes, 1930
Psychristus belkab Wrase & Kataev, 2009
分布：云南。

Psychristus cooteri Wrase & Kataev, 2009
分布：云南。

Psychristus dentatus Jaeger, 2009
分布：云南（西双版纳）；泰国，印度。

Psychristus discretus Andrewes, 1930
分布：云南（怒江、西双版纳），西藏；越南，印度，尼泊尔，缅甸，马来西亚。

Psychristus lewisi (Schauberger, 1933)
分布：云南，四川，重庆，甘肃，陕西，湖北；日本。

Psychristus liparops Andrewes, 1930
分布：云南，西藏；尼泊尔，印度。

隆阳凉步甲 **Psychristus longyangensis Wrase & Kataev, 2009**
分布：云南（保山）。

Psychristus magnus Wrase & Kataev, 2009
分布：云南。

Psychristus schuelkei Wrase & Kataev, 2009
分布：云南。

通缘步甲属 *Pterostichus* Bonelli, 1810
铜绿通缘步甲 **Pterostichus aeneocupreus (Fairmaire, 1887)**
分布：云南（丽江、迪庆、怒江），四川，西藏，青海，甘肃，陕西；尼泊尔，不丹，印度。

哀牢通缘步甲 **Pterostichus ailaoicus Shi & Liang, 2015**
分布：云南（玉溪）。

安氏通缘步甲 **Pterostichus andrewesi Jedlička, 1931**
分布：云南（西北部），华中地区；缅甸。

阿通缘步甲 **Pterostichus arrowi Jedlicka, 1936**
分布：云南。

芭通缘步甲卡氏亚种 **Pterostichus barbarae cavazzutii Sciaky & Facchini, 2003**
分布：云南（丽江），四川。

不丹通缘步甲 **Pterostichus bhunetansis Davies, 2004**
分布：云南；不丹，尼泊尔。

切氏通缘步甲 **Pterostichus cervenkai Sciaky, 1994**
分布：云南（丽江、迪庆）。

短通缘步甲 **Pterostichus curtatus Fairmaire, 1886**
分布：云南（丽江、迪庆）。

曲通缘步甲 *Pterostichus curvatus* Sciaky & Facchini, 2003

分布：云南（迪庆）。

大卫通缘步甲 *Pterostichus davidi* (Tschitscherine, 1897)

分布：云南（迪庆）。

两型通缘步甲 *Pterostichus dimorphus* Shi & Liang, 2015

分布：云南（楚雄）。

异质通缘步甲 *Pterostichus diversus* (Fairmaire, 1886)

分布：云南（丽江、大理）。

法尔通缘步甲 *Pterostichus farkaci* Sciaky, 1997

分布：云南（迪庆）。

粗角通缘步甲 *Pterostichus forticornis* (Fairmaire, 1888)

分布：云南。

高黎贡通缘步甲 *Pterostichus gaoligongensis* Wrase & Schmidt, 2006

分布：云南（怒江）。

坚通缘步甲 *Pterostichus haesitatus* Fairmaire, 1889

分布：云南（大理）。

异鞘通缘步甲 *Pterostichus idiopterus* Chen, Yin & Shi, 2024

分布：云南（迪庆）。

扬通缘步甲贝氏亚种 *Pterostichus jani becvari* Sciaky & Facchini, 2002

分布：云南（迪庆）。

扬通缘步甲指名亚种 *Pterostichus jani jani* Sciaky & Facchini, 2003

分布：云南（迪庆）。

浪通缘步甲 *Pterostichus jugivagus* (Tschitscherine, 1898)

分布：云南（迪庆），四川，西藏，甘肃。

Pterostichus kataevi Kryzhanovskij, 1989

分布：云南（红河）。

Pterostichus kongshuhensis Guéorguiev, 2015

分布：云南（保山）。

克氏通缘步甲 *pterostichus krali* Sciaky, 1997

分布：云南（迪庆）。

库氏通缘步甲 *Pterostichus kucerai* Sciaky, 1997

分布：云南（大理）。

润通缘步甲 *Pterostichus laevipunctatus* (Tschitscherine, 1889)

分布：云南，四川，甘肃，陕西，宁夏。

盘胸通缘步甲 *Pterostichus liciniformis* Csiki, 1930

分布：云南（丽江、迪庆）。

麦通缘步甲 *Pterostichus maderi* Jedlička, 1938

分布：云南。

巨胸通缘步甲 *Pterostichus megaloderus* Sciaky, 1994

分布：云南（丽江）。

蒙自通缘步甲 *Pterostichus mengtzei* (Jedlička, 1931)

分布：云南（红河），福建。

迈尔通缘步甲 *Pterostichus meyeri* Jedlička, 1934

分布：云南（昆明、楚雄、德宏）。

球通缘步甲 *Pterostichus molopsoides* Jedlička, 1934

分布：云南。

诺氏通缘步甲 *Pterostichus noguchii* Bates, 1873

分布：云南，贵州，安徽，浙江，湖北，湖南；日本。

土行通缘步甲 *Pterostichus perlutus* Jedlicka, 1938

分布：云南（迪庆），四川。

小眼通缘步甲 *Pterostichus platyops* Sciaky, 1997

分布：云南（丽江）。

川滇通缘步甲 *Pterostichus pseudodiversus* Shi & Sciaky, 2013

分布：云南（大理、丽江、迪庆），四川。

拟圆胸通缘步甲 *Pterostichus pseudorotundus* Sciaky & Facchini, 2003

分布：云南（丽江），四川。

施氏通缘步甲 *Pterostichus schneideri* Sciaky & Facchini, 2003

分布：云南（迪庆）。

盾通缘步甲 *Pterostichus scuticollis* (Fairmaire, 1888)

分布：云南（丽江）。

绉通缘步甲 *Pterostichus semirugosus* (Andrewes, 1947)

分布：云南（保山）；缅甸。

惑通缘步甲 *Pterostichus simillimus* Fairmaire, 1886

分布：云南（丽江、迪庆）。

什氏通缘步甲 *Pterostichus sterbai* Jedlička, 1934

分布：云南。

麻肋通缘步甲苍山亚种 *Pterostichus stictopleurus cangshanensis* Shi & Sciaky, 2013
分布：云南（大理）。

麻肋通缘步甲指名亚种 *Pterostichus stictopleurus stictopleurus* (Fairmaire, 1888)
分布：云南（大理）。

亮通缘步甲 *Pterostichus subovatus* (Motschulsky, 1860)
分布：云南，四川，黑龙江，吉林，北京，河北，山东，甘肃，陕西，河南，湖北；日本，朝鲜半岛，俄罗斯，不丹。

矮通缘步甲 *Pterostichus tantillus* (Fairmaire, 1888)
分布：云南（丽江）。

角通缘步甲 *Pterostichus triangularis* Sciaky & Facchini, 2003
分布：云南（迪庆）。

瓦通缘步甲 *Pterostichus validior* Tschitschérine, 1889
分布：云南，四川，甘肃。

王剑通缘步甲 *Pterostichus wangjiani* Shi & Liang, 2015
分布：云南（昆明）。

玉龙通缘步甲 *Pterostichus yulongshanensis* Sciaky, 1997
分布：云南。

云南通缘步甲 *Pterostichus yunnanensis* Jedlicka, 1934
分布：云南（楚雄）。

Puertrechus Belousov & Kabak, 2014
Puertrechus daxueshanicus Belousov & Kabak, 2014
分布：云南（临沧）。

Puertrechus mengsaensis Belousov & Kabak, 2014
分布：云南（普洱、临沧）。

Puertrechus setosus Belousov & Kabak, 2003
分布：云南。

Queinnectrechus Deuve, 1992
Queinnectrechus balli Deuve & Kavanaugh, 2016
分布：云南。

Queinnectrechus globipennis Uéno, 1998
分布：云南。

Queinnectrechus gongshanicus Deuve & Kavanaugh, 2016
分布：云南。

Queinnectrechus griswoldi Deuve & Kavanaugh, 2016
分布：云南。

Rhysopus Andrewes, 1929
Rhysopus klynstrai Andrewes, 1929
分布：云南，贵州，海南，台湾。

皱亮虎甲属 *Rhytidophaena* Bates, 1891
Rhytidophaena feae (Gestro, 1889)
分布：云南。

狼条脊甲属 *Rhyzodiastes* Fairmaire, 1895
Rhyzodiastes puetzi Bell & Bell, 2011
分布：云南（保山）。

壮隘步甲属 *Robustopenetretus* Zamotajlov & Sciaky, 1999
滇壮隘步甲 *Robustopenetretus microphthalmus* (Fairmaire, 1889)
分布：云南（大理）。

条纹虎甲属 *Ropaloteres* Guérin-Méneville, 1849
德氏条纹虎甲 *Ropaloteres desgodinsii* (Fairmaire, 1887)
分布：云南，四川，西藏，甘肃。

脊头蝼步甲属 *Rugiluclivina* Balkenohl, 1996
Rugiluclivina julieni (Lesne, 1896)
分布：云南。

宽唇脊头蝼步甲 *Rugiluclivina wrasei* Balkenohl, 1996
分布：云南（西双版纳）；老挝，越南。

掘步甲属 *Scalidion* Schmidt-Goebel, 1846
喜掘步甲 *Scalidion hilare* Schmidt-Goebel, 1846
分布：云南（临沧），四川，贵州，广东；印度，缅甸。

黄掘步甲 *Scalidion xanthophanum* (Bates, 1888)
分布：云南（昭通），四川，贵州，江西，湖北，湖南，广西，台湾，广东，福建；越南。

蝼步甲属 *Scarites* Fabricius, 1775

双齿蝼步甲 *Scarites acutidens* Chaudoir, 1855
分布：云南（玉溪、普洱、西双版纳），甘肃，江苏，安徽，浙江，江西，湖南，广西，福建，广东。

半皱蝼步甲 *Scarites semicircularis* Macleay, 1825
分布：云南。

Selenotichnus Kataev, 1999

***Selenotichnus klapkai* Kataev & Wrase, 2006**
分布：云南。

***Selenotichnus olegi* Kataev, 1999**
分布：云南。

***Selenotichnus parvulus* Kataev & Wrase, 2006**
分布：云南。

Sericoda Kirby, 1837

四点细胫步甲 *Sericoda quadripunctata* (DeGeer, 1774)
分布：云南（迪庆、怒江、大理），四川，西藏，甘肃，台湾；日本，印度，朝鲜，尼泊尔，菲律宾，俄罗斯（远东地区），北美洲，欧洲。

毛盆步甲属 *Setolebia* Jedlička, 1941

***Setolebia kmecoi* Kirschenhofer, 2012**
分布：云南。

***Setolebia legorskyi* Kirschenhofer, 2012**
分布：云南。

斯氏毛盆步甲 *Setolebia sterbai* Jedlička, 1931
分布：云南。

石林穴步甲属 *Shilinotrechus* Uéno, 2003

石林穴步甲 *Shilinotrechus fusiformis* Uéno, 2003
分布：云南（昆明）。

复杂石林穴步甲 *Shilinotrechus intricatus* Huang & Tian, 2015
分布：云南（昆明）。

张氏石林穴步甲 *Shilinotrechus zhangfani* Tian, Huang & Jia, 2023
分布：云南（红河）。

Shyrodes Grouvelle, 1903

***Shyrodes nakladali* Bell & Bell, 2011**
分布：云南（保山）。

Sinechostictus Motschulsky, 1864

***Sinechostictus wernermarggii* Toledano, 2008**
分布：云南。

Sinocolpodes Schmidt, 2001

***Sinocolpodes krapog* Morvan, 1999**
分布：云南。

***Sinocolpodes semiaeneus puncticollis* Jedlička, 1934**
分布：云南。

***Sinocolpodes semiaeneus semiaeneus* Fairmaire, 1886**
分布：云南。

***Sinocolpodes sycophanta horni* Jedlička, 1934**
分布：云南。

***Sinocolpodes sycophanta sycophanta* Fairmaire, 1886**
分布：云南。

Sinotrechiama Uéno, 2000

***Sinotrechiama yunnanus* Belousov, Kabak & Liang, 2019**
分布：云南（楚雄）。

蜿步甲属 *Sinurus* Chaudoir, 1869

小蜿步甲 *Sinurus nitidus* Bates, 1892
分布：云南（怒江、保山、临沧），贵州，西藏，江西，广西，福建；越南。

影蜿步甲 *Sinurus opacus* Chaudoir, 1869
分布：云南（红河、德宏）；印度尼西亚，马来西亚，安达曼群岛。

Siopelus Kataev, 2022

***Siopelus liangi* Kataev, 2022**
分布：云南（红河）。

瘤额蝼步甲属 *Sparostes* Putzeys, 1866

宽颈瘤额蝼步甲 *Sparostes brevicollis* Putzeys, 1866
分布：云南；缅甸，泰国。

沟瘤额蝼步甲 *Sparostes striatulus* Putzeys, 1866
分布：云南；印度，缅甸，泰国，越南，中亚。

Sperkanhir Morvan, 2010

***Sperkanhir babaulti* Louwerens, 1953**
分布：云南。

狭胸步甲属 *Stenolophus* Dejean, 1821

***Stenolophus castaneipennis* Bates, 1873**
分布：云南，贵州，四川，黑龙江，辽宁，吉林，河北，北京，山东，陕西，河南，安徽，湖北，江

苏，江西，浙江，上海，湖南，广西，福建，广东，海南，台湾；俄罗斯，日本，朝鲜半岛。

Stenolophus charis Bates, 1892
分布：云南（西双版纳）；尼泊尔。

Stenolophus lucidus Dejean, 1829
分布：云南，广西，台湾，福建，广东，海南；日本，尼泊尔，不丹。

梅狭胸步甲 *Stenolophus meyeri* Jedlička, 1935
分布：云南；朝鲜。

Stenolophus nigridius Andrewes, 1947
分布：云南。

Stenolophus nitens (Motschulsky, 1864)
分布：云南（红河），海南；印度，印度尼西亚，巴基斯坦。

Stenolophus persimilis Ito, 2000
分布：云南（红河）；越南。

五斑狭胸步甲 *Stenolophus quiquepustulatus* (Wiedemann, 1823)
分布：云南（楚雄），四川，贵州，江西，湖北，上海，湖南，广西，福建，海南，澳门，香港，台湾；日本，韩国，缅甸，泰国，越南，老挝，柬埔寨，印度，尼泊尔，巴基斯坦，斯里兰卡，新加坡，印度尼西亚，马来西亚，菲律宾，巴布亚新几内亚。

Stenolophus rufoabdominalis Kataev, 1997
分布：云南，西藏，广西，海南；尼泊尔，印度。

绿狭胸步甲 *Stenolophus smaragdulus* Fabricius, 1798
分布：云南，江西，福建，广东，海南，香港，澳门，台湾；日本，尼泊尔，巴基斯坦，印度，不丹。

云南狭胸步甲 *Stenolophus yunnanus* Jedlička, 1935
分布：云南。

长颚步甲属 *Stomis* Clairville, 1806

灿长颚步甲 *Stomis collucens* (Fairmaire, 1888)
分布：云南（丽江）。

Stomis dilaticollis Sciaky, 2024
分布：云南（昭通）。

瘦长颚步甲 *Stomis elongates* Tian & Pan, 2004
分布：云南（大理、怒江）。

白马长颚步甲 *Stomis farkaci* Sciaky, 1998
分布：云南（迪庆）。

大长颚步甲 *Stomis gigas* Sciaky, 1998
分布：云南（迪庆）。

大长颚步甲小雪亚种 *Stomis gigas xiaoxuensis* Deuve, 2022
分布：云南。

哈巴长颚步甲 *Stomis habashanensis* Lassalle, 2007
分布：云南（迪庆）。

洁长颚步甲 *Stomis politus* Ledoux & Roux, 1995
分布：云南（迪庆）。

舍氏长颚步甲 *Stomis schoenmanni* Sciaky, 1998
分布：云南（丽江）。

巨长颚步甲 *Stomis titanus* Sciaky, 1998
分布：云南（迪庆），四川。

斯步甲属 *Straneostichus* Sciaky, 1994

法斯步甲 *Straneostichus farkaci* Sciaky, 1996
分布：云南。

基氏斯步甲 *Straneostichus kirschenhoferi* Sciaky, 1994
分布：云南（丽江、迪庆）。

法氏斯步甲 *Straneostichus farkaci* Sciaky,1996
分布：云南（迪庆）。

圆角斯步甲 *Straneostichus rotundatus* (Yu, 1992)
分布：云南（迪庆）。

Syleter Andrewes, 1941

Syleter paradoxus Putzeys, 1868
分布：云南，香港。

辛步甲属 *Syntomus* Hope, 1838

晒辛步甲 *Syntomus cymindulus* Bates, 1892
分布：云南；尼泊尔，巴基斯坦，印度。

齿爪步甲属 *Synuchus* Gyllenhal, 1810

阿萨姆齿爪步甲 *Synuchus assamensis* Deuve, 1986
分布：云南（昆明、临沧、保山、怒江、红河），西藏；缅甸，印度，尼泊尔。

短齿爪步甲 *Synuchus brevis* Lindroth, 1956
分布：云南（昭通），贵州，安徽，浙江，江西，湖南，广西，福建。

中华齿爪步甲 *Synuchus chinensis* Lindroth, 1956
分布：云南（文山、临沧、西双版纳），四川，贵州，辽宁，陕西，河南，江苏，浙江，湖南，福建，海南；俄罗斯。

媒齿爪步甲 *Synuchus intermedius* Lindroth, 1956
分布：云南（迪庆），四川，黑龙江，吉林，辽宁，北京，陕西，甘肃，宁夏；朝鲜，俄罗斯。

烁齿爪步甲网纹亚种 *Synuchus nitidus reticulatus* Lindroth, 1956

分布：云南，四川，贵州，重庆，河南，陕西，甘肃，江苏，安徽，浙江，湖北，湖南，广西，福建。

Taridius Chaudoir, 1875

Taridius yunnanus Kabak & Wrase, 2014

分布：云南。

四角步甲属 *Tetragonoderus* Dejean, 1829

Tetragonoderus microthorax Jian & Tian, 2009

分布：云南（西双版纳），海南。

球胸虎甲属 *Therates* Latreille, 1816

弗氏球胸虎甲指名亚种 *Therates fruhstorferi fruhstorferi* Horn, 1902

分布：云南（昭通），贵州，湖北，湖南，广西，广东。

Therates fruhstorferi vitalisi Horn, 1913

分布：云南（文山），贵州，湖南，广东。

Therates pseudoconfluens Sawada & Wiesner, 1999

分布：云南（西双版纳）；老挝。

Therates pseudomandli Probst & Wiesner, 1996

分布：云南（保山）

类罗球胸虎甲云南亚种 *Therates pseudorugifer pentalabiodentatus* Matalin, 2001

分布：云南（西双版纳）；俄罗斯。

Therates rugulosus Horn, 1900

分布：云南（西双版纳）。

Therates vitalisi Horn, 1913

分布：云南，西藏，甘肃，浙江，福建。

Trechepaphiama Deuve & Kavanaugh, 2016

Trechepaphiama gaoligong Deuve & Kavanaugh, 2016

分布：云南。

Trechepaphiopsis Deuve & Kavanaugh, 2016

Trechepaphiopsis asetosa (Uéno, 1997)

分布：云南。

Trechepaphiopsis monochaeta Deuve & Kavanaugh, 2016

分布：云南。

Trechepaphiopsis unipilosa Deuve & Liang, 2016

分布：云南。

Trechepaphiopsis uniporosa Deuve & Liang, 2016

分布：云南。

Trechepaphiopsis unisetigera Uéno, 1997

分布：云南。

Trechepaphiopsis unisetosa Deuve, 2004

分布：云南。

Trechepaphiopsis unisetulosa Deuve & Kavanaugh, 2016

分布：云南。

步行甲属 *Trechus* Clairville, 1806

贡山步行甲 *Trechus gongshanensis* Deuve & Liang, 2016

分布：云南。

哈巴步行甲 *Trechus habaicus* Deuve, 2011

分布：云南。

印步行甲指名亚种 *Trechus indicus indicus* Putzeys, 1870

分布：云南，西藏，四川，青海；阿富汗，不丹，尼泊尔，印度。

Trechus jadodraconis Deuve, 1995

分布：云南。

Trechus jiuhensis Deuve & Liang, 2015

分布：云南。

丽江步行甲 *Trechus lijiangensis* Belousov & Kabak, 2001

分布：云南。

Trechus luzhangensis Deuve & Liang, 2016

分布：云南。

明光步行甲 *Trechus mingguangensis* Deuve & Liang, 2016

分布：云南。

Trechus mourzinellus Deuve, 1998

分布：云南，四川。

Trechus pseudoqiqiensis Deuve & Liang, 2016

分布：云南。

Trechus qiqiensis Deuve & Kavanaugh, 2016

分布：云南。

Trechus shibalicus Deuve & Kavanaugh, 2016

分布：云南。

Trechus shiyueliang Deuve & Kavanaugh, 2016

分布：云南。

维西步行甲 *Trechus weixiensis* **Belousov & Kabak, 2000**
分布：云南。

毛步甲属 *Trichisia* Motschulsky, 1865
黑蓝毛步甲 *Trichisia cyanea* (Schaum, 1854)
分布：云南（临沧、保山、德宏），广东；印度。
紫青毛步甲 *Trichisia violacea* Jedlička, 1935
分布：云南，西藏。

毛宽胸步甲属 *Trichocoptodera* Louwerens, 1859
毛宽胸步甲 *Trichocoptodera piligera* (Chaudoir, 1883)
分布：云南（怒江、西双版纳），四川，海南，福建；越南，缅甸，老挝，印度，马来西亚。

列毛步甲属 *Trichotichnus* Morawitz, 1863
Trichotichnus angustitarsis **Kataev, Hongbin & Wrase, 2022**
分布：云南（怒江）；缅甸。
Trichotichnus anthracinus **Landin, 1955**
分布：云南（保山、怒江）；缅甸，印度。
Trichotichnus aquilo **Andrewes, 1930**
分布：云南；尼泊尔，印度。
Trichotichnus arcipennis **Ito, 2014**
分布：云南。
Trichotichnus arcuatomarginatus **Ito, 2000**
分布：云南，贵州，四川，广西。
贝氏列毛步甲 *Trichotichnus batesi* **Csiki, 1932**
分布：云南，四川，海南，香港；印度，不丹。
播列毛步甲 *Trichotichnus bouvieri* (Tschitschérine, 1897)
分布：云南，四川。
中国列毛步甲 *Trichotichnus chinensis* **Fairmaire, 1886**
分布：云南。
弯列毛步甲 *Trichotichnus cyrtops* **Tschitschérine, 1906**
分布：云南（怒江、保山、西双版纳），四川。
德列毛步甲 *Trichotichnus delavayi* **Tschitschérine, 1897**
分布：云南。
Trichotichnus doiinthanonensis **Ito, 1997**
分布：云南（怒江、西双版纳）；越南，泰国。

Trichotichnus emarginatibasis **Ito, 1998**
分布：云南。
Trichotichnus fedorenkoi **Kataev & Ito, 1999**
分布：云南。
等跗列毛步甲 *Trichotichnus fukuharai* **Habu, 1957**
分布：云南（昆明、怒江、丽江、大理），四川。
鸡足列毛步甲 *Trichotichnus jizuensis* **Ito, 1998**
分布：云南。
Trichotichnus hamulipenis **Kataev, Hongbin & Wrase, 2022**
分布：云南；尼泊尔。
Trichotichnus hamulipenis hamulipenis **Kataev, Hongbin & Wrase, 2022**
分布：云南（怒江）；尼泊尔。
Trichotichnus kavanaughi **Kataev, Hongbin & Wrase, 2022**
分布：云南（怒江）。
Trichotichnus lautus **Andrewes, 1947**
分布：云南。
三轮列毛步甲 *Trichotichnus miwai continentalis* **Kataev, Hongbin & Wrase, 2022**
分布：云南（怒江）。
Trichotichnus marginicollis **Ito, 2014**
分布：云南。
Trichotichnus minor **Ito, 1998**
分布：云南。
Trichotichnus notabilangulus **Ito, 1998**
分布：云南。
Trichotichnus ovatus **Ito, 2014**
分布：云南。
Trichotichnus schmidti **Kataev, Hongbin & Wrase, 2022**
分布：云南（怒江）；尼泊尔。
Trichotichnus subangulatus **Ito, 2021**
分布：云南（怒江、保山、德宏、西双版纳），广西；越南。
Trichotichnus subrobustus **Kataev, Hongbin & Wrase, 2022**
分布：云南（怒江）。
司列毛步甲 *Trichotichnus szekessyi* **Jedlička, 1954**
分布：云南，广东，海南，台湾；日本。
Trichotichnus taichii **Kataev & Ito, 1999**
分布：云南。

郁列毛步甲 *Trichotichnus uenoi* **Habu, 1969**
分布：云南，湖南，台湾；日本。
云南列毛步甲 *Trichotichnus yunnanus* (**Fairmaire, 1887**)
分布：云南。

缺翅虎甲属 *Tricondyla* Latreille, 1822
驼缺翅虎甲 *Tricondyla gestroi* **Fleutiaux, 1894**
分布：云南（红河、德宏、文山）。
驼缺翅虎甲指名亚种 *Tricondyla gestroi gestroi* **Fleutiaux, 1894**
分布：云南。
驼缺翅虎甲南亚亚种 *Tricondyla gestroi scabra* **Fleutiaux, 1920**
分布：云南。
光端缺翅虎甲 *Tricondyla macrodera* **Chaudoir, 1860**
分布：云南（文山）。
光端缺翅虎甲半皱亚种 *Tricondyla macrodera abruptesculpta* **Chaudoir, 1860**
分布：云南。
光端缺翅虎甲指名亚种 *Tricondyla macrodera macrodera* **Chaudoir, 1860**
分布：云南，贵州，四川；不丹，尼泊尔，印度。
梅氏缺翅虎甲 *Tricondyla mellyi* **Chaudoir, 1850**
分布：云南（红河、临沧、普洱），西藏，广西；印度，孟加拉国，缅甸，泰国，老挝，越南。
长胸缺翅虎甲 *Tricondyla pulchripes* **White, 1844**
分布：云南（红河），广西，福建，广东，海南，香港；越南，柬埔寨，老挝。

艳步甲属 *Trigonognatha* Motschulsky, 1858
贝氏艳步甲 *Trigonognatha becvari* **Sciaky, 1995**
分布：云南（大理、迪庆），四川。
赖氏艳步甲 *Trigonognatha delavayi* (**Fairmaire, 1888**)
分布：云南。
德钦艳步甲 *Trigonognatha echarouxi* **Lassalle, 2010**
分布：云南（迪庆）。
云南艳步甲 *Trigonognatha yunnana* **Straneo, 1943**
分布：云南，贵州。
黑艳步甲 *Trigonognatha ferreroi* **Straneo, 1991**
分布：云南；泰国。

短角步甲属 *Trigonotoma* Dejean, 1828
多恩短角步甲 *Trigonotoma dohrnii* **Chaudoir, 1852**
分布：云南，四川，湖北，湖南，广西，福建，海南，香港，台湾；越南。
铜绿短角步甲 *Trigonotoma lewisii* **Bates, 1873**
分布：云南（昆明、昭通、楚雄、大理、保山、迪庆、德宏），四川，贵州，东北，江西，江苏，浙江，广西，福建，广东，台湾；日本，韩国，越南，老挝，缅甸，印度。
华短角步甲 *Trigonotoma sinica* **Dubault, Lassalle & Roux, 2010**
分布：云南。

长唇蝼步甲属 *Trilophus* Andrewes, 1927
越南长唇蝼步甲 *Trilophus tonkinensis* **Balkenohl, 1999**
分布：云南；越南。

上野步甲属 *Uenoites* Belousov & Kabak, 2016
Uenoites grebennikovi **Deuve, 2013**
分布：云南。
Uenoites gregoryi **Jeannel, 1937**
分布：云南。
Uenoites jiuhecola **Deuve & Kavanaugh, 2015**
分布：云南。
Uenoites yinae **Uéno, 1996**
分布：云南。

光胫步甲属 *Xestagonum* Habu, 1978
Xestagonum brunicolle **Schmidt, 1995**
分布：云南。
Xestagonum danteg **Morvan, 2004**
分布：云南。
Xestagonum diversicolle **Schmidt, 1995**
分布：云南。
Xestagonum forchellek **Morvan, 2004**
分布：云南。
Xestagonum gouzougek **Morvan, 2004**
分布：云南。
Xestagonum izeldoareum **Morvan, 1996**
分布：云南。
Xestagonum izil **Morvan, 2004**
分布：云南。

Xestagonum kemm **Morvan, 1999**
分布：云南。

Xestagonum remondi **Morvan, 1999**
分布：云南。

Xestagonum skoazkornek **Morvan, 1999**
分布：云南。

汛步甲属 *Xestopus* Andrewes, 1937

Xestopus cyaneus **Sciaky & Facchini, 1997**
分布：云南（怒江），西藏，四川。

格当汛步甲 *Xestopus gutangensis* **Zhu & Kavanaugh, 2021**
分布：云南（怒江），西藏。

雅条脊甲属 *Yamatosa* Bell & Bell, 1979

Yamatosa bacca **Bell & Bell, 2011**
分布：云南（怒江、迪庆）。

雷氏雅条脊甲 *Yamatosa reuteri* **Hovorka, 2018**
分布：云南（普洱）。

Yunaphaenops Tian & He, 2023

Yunaphaenops graciliphallus **Tian & He, 2023**
分布：云南（文山）。

云盲步甲属 *Yunotrechus* Tian & Huang, 2014

滇南云盲步甲 *Yunotrechus diannanensis* **Tian & Huang, 2014**
分布：云南（文山）。

族步甲属 *Zuphium* Latreille, 1805

奥族步甲 *Zuphium olens* **Rossi, 1790**
分布：云南，新疆；巴基斯坦，印度，俄罗斯（远东地区），中亚，中东，欧洲。

龙虱科 Dytiscidae

锐缘龙虱属 *Acilius* Leach, 1817

中华锐缘龙虱 *Acilius sinensis* **Peschet, 1915**
分布：云南（保山、德宏、迪庆），四川。

端毛龙虱属 *Agabus* Leach, 1817

Agabus amoenus sinuaticollis **Régimbart, 1899**
分布：云南，西藏，四川，贵州，黑龙江，新疆，甘肃，北京，天津，江西，广西；尼泊尔，印度，中亚。

勃端毛龙虱 *Agabus brandti* **Harold, 1880**
分布：云南，四川，吉林，辽宁，北京，甘肃，河北，青海；蒙古国，俄罗斯。

Agabus japonicus continentalis **Guéorguiev, 1970**
分布：云南，四川，辽宁，福建，河北，湖北，江苏，江西，广西，台湾；韩国，俄罗斯。

瑞氏端毛龙虱 *Agabus regimbarti* **Zaitzev, 1906**
分布：云南，西藏，贵州，四川，黑龙江，吉林，辽宁，北京，甘肃，河北，陕西，山东，山西，江西；朝鲜，中亚。

Agabus suoduogangi **Štastný & Nilsson, 2003**
分布：云南（迪庆）。

圆突龙虱属 *Allopachria* Zimmermann, 1924

Allopachria hajeki **Wewalka, 2010**
分布：云南。

杰氏圆突龙虱 *Allopachria jendeki* **Wewalka, 2000**
分布：云南（保山）。

Allopachria scholzi **Wewalka, 2000**
分布：云南。

厚唇龙虱属 *Clypeodytes* Régimbart, 1894

Clypeodytes limpidus **Mai, Jiang, Hendrich & Jia, 2022**
分布：云南（保山）。

刻翅龙虱属 *Copelatus* Erichson, 1832

巴氏刻翅龙虱 *Copelatus bacchusi* **Wewalka, 1981**
分布：云南。

Copelatus diversistriatus **Jiang, Hajek & Jia, 2022**
分布：云南（普洱）。

Copelatus felicis **Hajek, Jiang & Jia, 2022**
分布：云南（丽江）。

日本刻翅龙虱 *Copelatus japonicus* **Sharp, 1884**
分布：云南，四川，湖北，福建，台湾；日本，韩国。

马拉刻翅龙虱 *Copelatus malaisei* **Guignot, 1954**
分布：云南。

Copelatus mopanshanensis **Jiang, Zhao & Hajek, 2022**
分布：云南（玉溪）。

平行刻翅龙虱 *Copelatus parallelus* **Zimmermann, 1920**

分布：云南，湖北，上海。

蒲氏刻翅龙虱 *Copelatus puzhelongi* **Jiang, Hajek & Jia, 2022**

分布：云南（普洱）。

密纹刻翅龙虱 *Copelatus rimosus* **Guignot, 1952**

分布：云南（昆明），贵州。

罗氏刻翅龙虱 *Copelatus rosulae* **Hajek, Jiang & Jia, 2022**

分布：云南（怒江）。

同刻翅龙虱 *Copelatus sociennus* **Balfour-Browne, 1952**

分布：云南，广西，上海；尼泊尔。

环刻翅龙虱 *Copelatus tenebrosus* **Régimbart, 1880**

分布：云南（西双版纳），福建，澳门，台湾；日本。

腾冲刻翅龙虱 *Copelatus tengchongensis* **Hajek, Jiang & Jia, 2022**

分布：云南（保山）。

真龙虱属 *Cybister* **Curtis, 1827**

黄缘真龙虱 *Cybister bengalensis* **Aubé, 1838**

分布：云南（保山），四川，北京，河北，江西，浙江，福建，广东，海南；日本，越南，印度，菲律宾。

瘤鞘真龙虱 *Cybister convexus* **Sharp, 1882**

分布：云南（怒江、德宏、保山）；印度。

沼泽真龙虱 *Cybister limbatus* **(Fabricius, 1775)**

分布：云南（保山），西藏，重庆，辽宁，吉林，黑龙江，山西，北京，江苏，安徽，湖北，浙江，广东，海南，台湾；日本，菲律宾，阿富汗，巴基斯坦，越南，印度。

粗糙真龙虱 *Cybister rugosus* **(Macleay, 1825)**

分布：云南（德宏），重庆，湖北，江西，浙江，湖南，广东，台湾；日本，柬埔寨，印度尼西亚，老挝，马来西亚，新加坡，泰国，越南。

黑绿真龙虱 *Cybister sugillatus* **Erichson, 1834**

分布：云南，四川，西藏，北京，河北，湖北，江西，浙江，广西，福建，广东，海南，香港，台湾；日本，阿富汗，不丹，印度，印度尼西亚，老挝，马来西亚，缅甸，尼泊尔，巴基斯坦，菲律宾，新加坡，斯里兰卡。

三点真龙虱亚洲亚种 *Cybister tripunctatus lateralis* **(Fabricius, 1798)**

分布：云南（西双版纳），西藏，四川，黑龙江，河北，湖北，江苏，浙江，湖南，福建，广东，海南，澳门，台湾；日本，朝鲜半岛，越南，柬埔寨，东南亚，阿富汗，不丹，俄罗斯，蒙古国，尼泊尔，巴基斯坦，印度，中亚，中东。

齿缘龙虱属 *Eretes* **Laporte, 1833**

灰齿缘龙虱 *Eretes griseus* **(Fabricius, 1781)**

分布：云南（保山），西藏，贵州，四川，黑龙江，辽宁，陕西，甘肃，内蒙古，山东，山西，北京，天津，河北，安徽，湖北，江苏，浙江，江西，上海，湖南，广西，福建，广东，海南，澳门，台湾；日本，韩国，俄罗斯（远东地区），阿富汗，太平洋诸岛，南亚，东南亚，中东，欧洲，非洲。

齿缘龙虱 *Eretes sticticus* **Linnaeus, 1767**

分布：云南，四川，重庆，黑龙江，辽宁，陕西，山西，山东，北京，河北，上海，江苏，湖北，浙江，江西，湖南，广西，福建，广东，海南，澳门，台湾；印度，不丹，俄罗斯（远东地区），日本，巴基斯坦，韩国，中东，大洋洲，非洲，欧洲，北美洲。

Exocelina **Broun, 1886**

Exocelina shizong **Balke & Bergsten, 2003**

分布：云南。

斑龙虱属 *Hydaticus* **Leach, 1817**

黑斑龙虱 *Hydaticus agaboides* **Sharp, 1882**

分布：云南，海南。

Hydaticus bengalensis **Régimbart, 1899**

分布：云南。

黄条斑龙虱 *Hydaticus bowringii* **Clark, 1864**

分布：云南，四川，贵州，重庆，辽宁，陕西，山西，山东，河北，浙江，安徽，北京，江苏，江西，湖北，台湾；日本，朝鲜半岛。

法氏斑龙虱 *Hydaticus fabricii* **Macleay, 1825**

分布：云南，西藏，重庆，湖北；印度，缅甸，泰国，老挝，印度尼西亚。

宽缝斑龙虱 *Hydaticus grammicus* **(Germar, 1827)**

分布：云南，四川，贵州，黑龙江，吉林，辽宁，新疆，山西，宁夏，北京，河北，陕西，浙江，江苏，湖北，海南；俄罗斯（远东地区），阿富汗，日本，朝鲜，中亚，欧洲。

短毛斑龙虱 *Hydaticus incertus* **Régimbart, 1888**

分布：云南（丽江），四川；印度，尼泊尔，缅甸，泰国。

大斑龙虱 *Hydaticus major* **Régimbart, 1899**

分布：云南。

窄边斑龙虱指名亚种 *Hydaticus pacificus pacificus* **Aubé, 1838**

分布：云南，山东，台湾。

毛茎斑龙虱 *Hydaticus rhantoides* **Sharp, 1882**

分布：云南，贵州，四川，重庆，黑龙江，吉林，辽宁，江苏，江西，上海，湖北，浙江，湖南，广西，福建，广东，海南，香港，台湾；日本。

横带斑龙虱 *Hydaticus thermonectoides* **Sharp, 1884**

分布：云南，江苏，浙江；日本，韩国。

单斑龙虱 *Hydaticus vittatus* **(Fabricius, 1775)**

分布：云南，四川，重庆，辽宁，吉林，黑龙江，山西，山东，湖北，江苏，浙江，江西，湖南，广东，海南，福建，香港，台湾；日本，印度，斯里兰卡，尼泊尔，缅甸，菲律宾，印度尼西亚，澳大利亚。

褐龙虱属 *Hydronebrius* **Jakovlev, 1897**

宽领褐龙虱 *Hydronebrius amplicollis* **Toledo, 1994**

分布：云南，四川。

短褶龙虱属 *Hydroglyphus* **Motschulsky, 1853**

佳短褶龙虱 *Hydroglyphus geminus* **Fabricius, 1792**

分布：云南，贵州，四川，黑龙江，吉林，辽宁，新疆，山西，北京，宁夏，陕西，甘肃，河南，江西，广西，广东；朝鲜半岛，阿富汗，不丹，俄罗斯，印度，蒙古国，尼泊尔，巴基斯坦，中亚，非洲，欧洲。

无刻短褶龙虱 *Hydroglyphus flammulatus* **(Sharp, 1882)**

分布：云南，四川，贵州，山西，广东，湖南，广西，福建，台湾；东洋区广布种。

东方短褶龙虱 *Hydroglyphus orientalis* **Clark, 1863**

分布：云南，西藏，贵州，湖北，浙江，湖南，广西，海南，福建，香港。

Hydroglyphus regimbarti (Gschwendtner, 1936)

分布：云南，贵州，四川，陕西，湖北，广西；印度。

黄短褶龙虱 *Hydroglyphus trassaerti* **(Feng, 1936)**

分布：云南，贵州，四川，黑龙江，河北，陕西，天津，湖北，江苏，江西，湖南，广西，福建，广东。

宽突龙虱属 *Hydrovatus* **Motschulsky, 1853**

锐宽突龙虱 *Hydrovatus acuminatus* **Motschulsky, 1860**

分布：云南，西藏，陕西，湖南，江西，江苏，广西，福建，广东，海南，香港，台湾；日本，尼泊尔，巴基斯坦，中东，非洲。

圆网宽突龙虱 *Hydrovatus bonvouloiri* **Sharp, 1882**

分布：云南，福建，台湾；日本，阿富汗，巴基斯坦。

密网宽突龙虱 *Hydrovatus confertus* **Sharp, 1882**

分布：云南，上海，湖南，广西，福建，海南；不丹，尼泊尔，巴基斯坦，印度。

胖宽突龙虱 *Hydrovatus pinguis* **Régimbart, 1892**

分布：云南；尼泊尔。

唇背宽突龙虱 *Hydrovatus subrotundatus* **Motschulsky, 1860**

分布：云南，湖北，湖南，广西，福建；尼泊尔，印度，缅甸，印度尼西亚，巴布亚新几内亚。

边唇龙虱属 *Hygrotus* **Stephens, 1828**

Hygrotus kempi (Gschwendtner, 1936)

分布：云南。

异爪龙虱属 *Hyphydrus* **Illiger, 1802**

缅异爪龙虱 *Hyphydrus birmanicus* **Régimbart, 1888**

分布：云南；不丹。

东巴异爪龙虱 *Hyphydrus dongba* **Stastný, 2000**

分布：云南。

艾氏异爪龙虱 *Hyphydrus excoffieri* **Régimbart, 1899**

分布：云南，甘肃，湖北。

日本异爪龙虱细斑亚种 *Hyphydrus japonicus vagus* **Brinck, 1943**

分布：云南，贵州，四川，辽宁，河北，陕西，上海，湖南，广西，台湾；朝鲜。

腹突异爪龙虱指名亚种 _Hyphydrus lyratus lyratus_ Swartz, 1808

分布：云南，西藏，贵州，湖北，广西，福建，广东，海南，香港，澳门，台湾；日本。

东方异爪龙虱 _Hyphydrus orientalis_ Clark, 1863

分布：云南，西藏，贵州，四川，新疆，甘肃，河北，山西，北京，江苏，江西，浙江，上海，山东，湖北，广西，福建，广东，海南，香港，台湾；日本，朝鲜半岛，越南。

苏异爪龙虱 _Hyphydrus sumatrae_ Régimbart, 1880

分布：云南。

异毛龙虱属 _Ilybius_ Erichson, 1832

宽边异毛龙虱 _Ilybius cinctus_ Sharp, 1878

分布：云南，四川，黑龙江，吉林，辽宁，新疆，甘肃，河北，陕西，天津，湖北，江苏；蒙古国，俄罗斯（远东地区），中亚，欧洲。

窄缘龙虱属 _Lacconectus_ Motschulsky, 1855

基窄缘龙虱 _Lacconectus basalis_ Sharp, 1882

分布：云南，台湾。

库班窄缘龙虱 _Lacconectus kubani_ Brancucci, 2003

分布：云南。

勐仑窄缘龙虱 _Lacconectus menglunensis_ Brancucci, 2003

分布：云南。

Lacconectus meyeri Brancucci, 2003

分布：云南。

Lacconectus pseudonicolasi Brancucci, 2003

分布：云南。

Lacconectus similis Brancucci, 1986

分布：云南。

Lacconectus tonkinoides Brancucci, 1986

分布：云南，广东。

粒龙虱属 _Laccophilus_ Leach, 1815

中国粒龙虱 _Laccophilus chinensis_ Boheman, 1858

分布：云南，西藏，贵州，四川，安徽，江西，湖南，福建，广东，海南，香港，台湾；日本，尼泊尔，巴基斯坦，不丹，印度。

圆眼粒龙虱 _Laccophilus difficilis_ Sharp, 1873

分布：云南（保山），四川，贵州，吉林，辽宁，

黑龙江，北京，陕西，天津，山西，湖北，山东，江苏，江西，浙江，湖南，上海，福建，广东，海南；日本，朝鲜半岛，俄罗斯。

肯粒龙虱霍氏亚种 _Laccophilus kempi holmeni_ Brancucci, 1983

分布：云南。

宽边粒龙虱 _Laccophilus medialis_ Sharp, 1882

分布：云南，广东；不丹，印度。

单刻粒龙虱 _Laccophilus minutus_ Linnaeus, 1758

分布：云南，新疆；俄罗斯（远东地区），印度，阿富汗，蒙古国，巴基斯坦，中东，中亚，欧洲。

小粒龙虱圆钝亚种 _Laccophilus parvulus obtusus_ Sharp, 1882

分布：云南，西藏，四川，湖北，湖南，广西，福建，广东，海南。

夏普粒龙虱 _Laccophilus sharpi_ (Régimbart, 1889)

分布：云南，贵州，四川，重庆，吉林，辽宁，北京，山西，河北，浙江，安徽，湖北，江苏，江西，湖南，广西，福建，广东，海南，香港，台湾；日本，朝鲜半岛，印度，斯里兰卡，尼泊尔，越南，菲律宾，巴基斯坦，印度尼西亚，澳大利亚，中东。

泰国粒龙虱指名亚种 _Laccophilus siamensis siamensis_ Sharp, 1882

分布：云南。

泰国粒龙虱台湾亚种 _Laccophilus siamensis taiwanensis_ Brancucci, 1983

分布：云南，江西，广西，福建，广东，海南，台湾。

Laccophilus transversalis lituratus Sharp, 1882

分布：云南，福建，广东，海南，香港。

长斑粒龙虱 _Laccophilus vagelineatus_ Zimmermann, 1922

分布：云南，安徽，湖北，江苏，江西，浙江，福建；俄罗斯，日本，韩国。

维氏粒龙虱 _Laccophilus wittmeri_ Brancucci, 1983

分布：云南，广东。

点龙虱属 _Leiodytes_ Guignot, 1936

孔点龙虱 _Leiodytes perforatus_ (Sharp, 1882)

分布：云南，贵州，四川，江西，湖南，广西，广东，海南，香港。

微龙虱属 *Microdytes* Balfour-Browne, 1946

Microdytes heineri Wewalka, 2011
分布：云南（普洱）；泰国，老挝。

Microdytes maculatus (Motschulsky, 1860)
分布：云南；泰国，印度。

Microdytes schoenmanni Wewalka, 1997
分布：云南；尼泊尔，印度，缅甸，老挝。

Microdytes shepardi Wewalka, 1997
分布：云南；泰国。

舒氏微龙虱 *Microdytes shunichii* Satô, 1995
分布：云南，香港；泰国，老挝，越南。

孔龙虱属 *Nebrioporus* Régimbart, 1906

艾孔龙虱 *Nebrioporus airumlus* Kolenati, 1845
分布：云南（保山、德宏），贵州，四川，黑龙江，辽宁，新疆，甘肃，陕西，山西，北京，河北，河南，山东，江苏；阿富汗，印度，蒙古国，巴基斯坦，中东，中亚，欧洲。

印度孔龙虱 *Nebrioporus indicus* Sharp, 1882
分布：云南，西藏；印度，尼泊尔，巴基斯坦。

黑纹孔龙虱 *Nebrioporus melanogrammus* Régimbart, 1899
分布：云南；不丹，尼泊尔，印度。

三叉龙虱属 *Neptosternus* Sharp, 1882

爬三叉龙虱 *Neptosternus pocsi* Satô, 1972
分布：云南。

斯氏三叉龙虱 *Neptosternus strnadi* Hendrich & Balke, 1997
分布：云南。

宽缘龙虱属 *Platambus* Thomson, 1860

狭宽缘龙虱 *Platambus angulicollis* Régimbart, 1899
分布：云南，西藏，四川，北京，甘肃，河北，内蒙古，陕西，山西。

黑端宽缘龙虱 *Platambus ater* (Falkenström, 1936)
分布：云南，贵州，四川，重庆。

拜氏宽缘龙虱 *Platambus balfourbrownei* Vazirani, 1965
分布：云南；尼泊尔，印度。

黄边宽缘龙虱 *Platambus excoffieri* Régimbart, 1899
分布：云南，西藏，贵州，四川，甘肃，陕西，河北，山东，浙江，湖南，福建，海南。

首宽缘龙虱 *Platambus princeps* (Régimbart, 1888)
分布：云南（保山），江西，广东，香港；缅甸，越南。

Platambus regulae Brancucci, 1991
分布：云南（迪庆、大理）；越南。

沙氏宽缘龙虱 *Platambus schaefleini* Brancucci, 1988
分布：云南。

条宽缘龙虱 *Platambus striatus* (Zeng & Z. Pu, 1992)
分布：云南，四川。

冥宽缘龙虱 *Platambus stygius* (Régimbart, 1899)
分布：云南，四川，吉林，辽宁，北京，河北，山东；日本，韩国。

王氏宽缘龙虱 *Platambus wangi* Brancucci, 2006
分布：云南，湖北。

短胸龙虱属 *Platynectes* Régimbart, 1879

克什短胸龙虱 *Platynectes kashmiranus* Balfour-Browne, 1944
分布：云南，西藏；阿富汗，不丹，印度，尼泊尔，巴基斯坦。

克什短胸龙虱指名亚种 *Platynectes kashmiranus kashmiranus* Balfour-Browne, 1944
分布：云南，西藏。

克什短胸龙虱勒氏亚种 *Platynectes kashmiranus lemberki* Štastný, 2003
分布：云南（德宏、保山），西藏。

大短胸龙虱 *Platynectes major* Nilsson, 1998
分布：云南（红河）。

Platynectes mazzoldii Stastný, 2003
分布：云南（西双版纳）。

盘古短胸龙虱 *Platynectes pangu* Jiang, Zhao, Jia & Stastný, 2023
分布：云南（红河）。

刺龙虱属 *Rhantaticus* Sharp, 1882

密斑刺龙虱 *Rhantaticus congestus* (Klug, 1833)
分布：云南，湖北，湖南，广西，福建，广东，台湾；印度，日本，尼泊尔，非洲。

雀斑龙虱属 *Rhantus* Dejean, 1833
锡金雀斑龙虱 *Rhantus sikkimensis* Régimbart, 1899
分布：云南，四川，河北；不丹，印度，尼泊尔，巴基斯坦。
小雀斑龙虱 *Rhantus suturalis* (MacLeay, 1825)
分布：云南（丽江、保山），西藏，四川，北京，新疆，甘肃，山东，湖北，江苏，浙江，福建；亚洲其他地区，欧洲，非洲，大洋洲。

宽弧龙虱属 *Sandracottus* Sharp, 1882
宽弧龙虱 *Sandracottus festivus* (Illiger, 1801)
分布：云南，四川，重庆，湖南，广西，广东，海南；印度，巴基斯坦。

小粒龙虱科 Noteridae

毛伪龙虱属 *Canthydrus* Sharp, 1882
***Canthydrus angularis* Sharp, 1882**
分布：云南；泰国，缅甸，老挝，柬埔寨，越南，马来西亚，新加坡，菲律宾，印度尼西亚。
安毛伪龙虱 *Canthydrus antonellae* Toledo, 2003
分布：云南。
褐背毛伪龙虱 *Canthydrus flavus* Motschulsky, 1855
分布：云南，湖北，福建，广东，海南，香港，台湾。
***Canthydrus morsbachi* Wehncke, 1876**
分布：云南；越南。

新伪龙虱属 *Neohydrocoptus* Satô, 1972
细纹新伪龙虱 *Neohydrocoptus subvittulus* Motschulsky, 1860
分布：云南，福建，广东；日本，尼泊尔，巴基斯坦。

伪龙虱属 *Noterus* Clairville, 1806
日本伪龙虱 *Noterus japonicus* Sharp, 1873
分布：云南，贵州，黑龙江，吉林，辽宁，内蒙古，陕西，山东，北京，河北，湖北，江西，江苏，福建，海南，香港；俄罗斯，日本，韩国。

豉甲科 Gyrinidae

隐盾豉甲属 *Dineutus* Macleay, 1825
圆鞘隐盾豉甲 *Dineutus mellyi mellyi* (Régimbart, 1882)
分布：云南，贵州，四川，西藏，河南，山东，浙江，湖北，湖南，广西，福建，广东，香港；日本，越南。
东方隐盾豉甲 *Dineutus orientalis* Modeer, 1780
分布：云南（德宏、文山），贵州，四川，西藏，辽宁，河北，陕西，北京，天津，山东，浙江，江苏，上海，广西，福建，广东，香港，海南，台湾；俄罗斯，朝鲜半岛，越南，老挝。

豉甲属 *Gyrinus* Geoffroy, 1762
隆鞘豉甲 *Gyrinus convexiusculus* Macleay, 1871
分布：云南（普洱、西双版纳），西藏，江西，台湾；澳大利亚。

东方豉甲 *Gyrinus mauricei* Fery & Hájek, 2016
分布：云南，贵州，四川，江苏，江西，湖北，浙江，上海，湖南，广西，广东，香港；俄罗斯，越南。
绿缘豉甲 *Gyrinus smaragdinus* Régimbart, 1891
分布：云南。
四川豉甲 *Gyrinus szechuanensis* Ochs, 1929
分布：云南（迪庆），四川。

黄缘豉甲属 *Metagyrinus* Brinck, 1955
维氏黄缘豉甲 *Metagyrinus vitalisi* (Peschet, 1923)
分布：云南（普洱）；老挝。

毛豉甲属 *Orectochilus* Dejean, 1833
白边毛豉甲 *Orectochilus argenteolimbatus* Peschet, 1923
分布：云南（楚雄、西双版纳）；越南。

缅甸毛豉甲 *Orectochilus birmanicus* Régimbart, 1891

分布：云南（怒江）。

美丽毛豉甲 *Orectochilus melli* Ochs, 1925

分布：云南（德宏），福建，广东，香港。

黑尾毛豉甲 *Orectochilus murinus* Régimbart, 1892

分布：云南（丽江）；印度。

耶氏毛豉甲 *Orectochilus jaechi* Mazzoldi, 1998

分布：云南（保山、怒江），海南。

长毛豉甲指名亚种 *Orectochilus villosus villosus* (Miiner, 1776)

分布：云南（保山），四川，吉林，辽宁；俄罗斯（远东地区），叙利亚，伊朗，欧洲，非洲。

毛边豉甲属 *Patrus* Aubé, 1838

尖尾毛边豉甲梯缘亚种 *Patrus apicalis subapicalis* Ochs, 1930

分布：云南。

细点毛边豉甲 *Patrus cribratellus* Régimbart, 1891

分布：云南。

Patrus depressiusculus Ochs, 1940

分布：云南。

Patrus fallax Peschet, 1923

分布：云南。

波纹毛边豉甲 *Patrus haemorrhous* (Régimbart, 1892)

分布：云南（西双版纳）；印度，巴基斯坦。

Patrus helferi (Ochs, 1940)

分布：云南。

兰毛背豉甲 *Patrus landaisi* (Régimbart, 1892)

分布：云南，贵州，广西；越南，老挝。

缘毛边豉甲窄缘亚种 *Patrus marginepennis angustilimbus* (Ochs, 1925)

分布：云南（西双版纳）；印度。

Patrus metallicus Régimbart, 1884

分布：云南；尼泊尔，印度。

长唇豉甲属 *Porrorhynchus* Laporte, 1835

阑氏长唇豉甲 *Porrorhynchus landaisi* Régimbart, 1892

分布：云南，西藏，贵州，广西，海南；越南。

花甲科 Dascillidae

红花甲属 *Coptocera* Murray, 1868

Coptocera costilatus Fairmaire, 1886

分布：云南。

Coptocera nigronotatum (Pic, 1910)

分布：云南，广西。

Coptocera pallidofemoratus Pic, 1911

分布：云南。

花甲属 *Dascillus* Latreille, 1797

肋花甲 *Dascillus costulatus* Fairmaire, 1886

分布：云南。

雅花甲 *Dascillus jaspideus* (Fairmaire, 1878)

分布：云南（迪庆、丽江），四川，西藏，陕西，宁夏，甘肃，河南，湖北。

Dascillus levigatus Li, Ślipiński & Jin, 2017

分布：云南（怒江），西藏。

斑花甲 *Dascillus maculosus* Fairmaire, 1889

分布：云南（大理、怒江、丽江），西藏，四川，贵州，重庆，河南，湖北，湖南，浙江。

蒙古国花甲 *Dascillus mongolicus* Heyden, 1889

分布：云南（丽江），四川，西藏，陕西，甘肃，河南，宁夏，湖北。

褐斑花甲 *Dascillus nigronotatus* (Pic, 1914)

分布：云南，贵州，湖北；越南。

尼花甲 *Dascillus nivipictus* (Fairmaire, 1904)

分布：云南（迪庆），贵州，湖北，湖南，浙江，江西；老挝，越南，柬埔寨。

淡腿花甲 *Dascillus pallidofemoratus* Pic, 1911

分布：云南（大理）；印度，缅甸，尼泊尔。

扁平花甲 *Dascillus planus* Jin, Ślipiński & Pang, 2013

分布：云南（丽江），四川。

红花甲 *Dascillus russus* Jin, Ślipiński & Pang, 2013

分布：云南（怒江）；印度。

线花甲 *Dascillus sublineatus* Pic, 1915

分布：云南（迪庆、丽江、大理），西藏，四川，贵州，重庆，陕西，湖北。

超花甲 *Dascillus superbus* (Pic, 1907)

分布：云南（昆明）。

平截花甲 *Dascillus transversus* Jin, Ślipiński & Pang, 2013

分布：云南（丽江、西双版纳）。

许氏花甲 *Dascillus xuhaoi* Wang, Li & Jin, 2019

分布：云南（怒江）。

玉龙花甲 *Dascillus yulongensis* Wang, Li & Ji, 2019

分布：云南（丽江）。

扩胫花甲属 *Petalon* Schönherr, 1833

尖扩胫花甲 *Petalon acerbus* Jin, Ślipiński & Pang, 2013

分布：云南（保山、德宏）。

卡扩胫花甲 *Petalon calvescens* (Bourgeois, 1892)

分布：云南（西双版纳）；印度，印度尼西亚，老挝，马来西亚，菲律宾，泰国，越南。

指扩胫花甲 *Petalon digitatus* Jin, Ślipiński & Pang, 2013

分布：云南（普洱、西双版纳）；老挝。

伊氏扩胫花甲 *Petalon iviei* Jin, Ślipiński & Pang, 2013

分布：云南（普洱、西双版纳）；老挝，印度。

沟额扩胫花甲 *Petalon sulcifrons* (Deyrolle & Fairmaire, 1878)

分布：云南（德宏、西双版纳），四川，广西；泰国，老挝，越南。

伪花甲属 *Pseudolichas* Fairmaire, 1878

缝伪花甲 *Pseudolichas suturellus* Fairmaire, 1904

分布：云南。

一致伪花甲 *Pseudolichas uniformis* Pic, 1908

分布：云南。

Pseudolichas uniformis nigripes Pic, 1909

分布：云南。

锯角花甲属 *Sinocaulus* Fairmaire, 1878

黑血红花甲 *Sinocaulus rubrovelutinus* Fairmaire, 1878

分布：云南，四川，重庆，贵州。

丸甲科 Byrrhidae

Byrrhochomus Fabbri, 2003

Byrrhochomus campadellii Fabbri, 2003

分布：云南。

Byrrhochomus hemisphaericus Fabbri, 2003

分布：云南。

Byrrhochomus panda Fabbri, 2003

分布：云南。

Byrrhochomus yunnanus Fabbri, 2003

分布：云南。

刺丸甲属 *Curimopsis* Ganglbauer, 1902

Curimopsis cas Fabbri & Zhou, 2003

分布：云南。

Curimopsis eos Fabbri, 2003

分布：云南（迪庆）。

Curimopsis giorgiofiorii (Fabbri, 2003)

分布：云南。

Curimopsis saeticirrata Fabbri & Zhou, 2003

分布：云南。

玉龙山刺丸甲 *Curimopsis yulongshanensis* Pütz, 2007

分布：云南（丽江）。

斑丸甲属 *Cytilus* Erichson, 1847

暗斑丸甲 *Cytilus avunculus* Fairmaire, 1887

分布：云南（丽江、大理、迪庆、保山、怒江），四川，陕西。

Humerimopsis Fabbri, 2003

Humerimopsis giorgiofiorii Fabbri, 2003

分布：云南。

素丸甲属 *Simplocaria* Stephens, 1829

多刺素丸甲 *Simplocaria hispidula* Fairmaire, 1886

分布：云南，四川，陕西，江西，上海，浙江，湖南，福建；日本。

雪山素丸甲 *Simplocaria xueshanensis* **Pütz, 2007**
分布：云南（迪庆）。

玉龙山素丸甲 *Simplocaria yulongshanensis* **Pütz, 2007**
分布：云南（丽江）。

Sinorychomus Fabbri, 2003
Sinorychomus alesi **Pütz, 2007**
分布：云南（迪庆）。

Sinorychomus campadellii **(Fabbri, 2003)**
分布：云南（丽江）。

Sinorychomus hemisphaericus **(Fabbri, 2003)**
分布：云南（迪庆），四川。

Sinorychomus panda **(Fabbri, 2003)**
分布：云南。

Sinorychomus yunnanus **(Fabbri, 2003)**
分布：云南（怒江）。

小花甲科 Byturidae

血红花甲属 *Haematoides* Fairmaire, 1878
达血红花甲 *Haematoides davidii* **Fairmaire, 1878**

分布：云南，四川。

羽角甲科 Rhipiceridae

树羽角甲属 *Sandalus* Knoch, 1801
黑翅树羽角甲 *Sandalus nigripennis* **Pic, 1916**

分布：云南。

沼梭科 Haliplidae

水梭属 *Peltodytes* Régimbart, 1879
中华水梭 *Peltodytes sinensis* **Hope, 1879**

分布：云南，四川，吉林，辽宁，北京，江苏，浙江，湖北，安徽，上海，江西，福建，广东，海南。

吉丁虫科 Buprestidae

花颈吉丁属 *Acmaeodera* Eschscholtz, 1829
贝氏花颈吉丁 *Acmaeodera bellamyola* **Volkovitsh, 2014**
分布：云南（丽江），四川。

暗黑花颈吉丁 *Acmaeodera semenovi* **Obenberger, 1935**
分布：云南（昆明，普洱），四川，西藏；越南。

云南花颈吉丁 *Acmaeodera yunnana* **Fairmaire, 1888**
分布：云南（西双版纳）。

窄吉丁属 *Agrilus* Curtis, 1825
黑蓝窄吉丁 *Agrilus adelphinus* **Kerremans,1895**
分布：云南，西藏，四川，吉林，北京，河北，山西，山东，陕西，安徽，湖北，广东；日本，朝鲜半岛，俄罗斯，老挝。

Agrilus agnatus **Kerremans, 1892**
分布：云南，贵州；缅甸，越南，老挝，泰国。

Agrilus ashlocki **Baudon, 1968**
分布：云南；老挝。

金毛窄吉丁 *Agrilus aureofasciatus* **Jendek, 2011**
分布：云南，贵州；老挝，印度，尼泊尔，泰国。

Agrilus aurigaster **Jendek, 2011**
分布：云南；老挝，缅甸。

金胸窄吉丁 *Agrilus auristernum* **Obenberger, 1924**
分布：云南。

柑橘窄吉丁（爆皮虫）*Agrilus auriventris* Saunders, 1873

分布：云南，四川，贵州，华中；日本，新加坡。

白族窄吉丁 *Agrilus bai* Jendek, 2011

分布：云南。

细绒窄吉丁 *Agrilus barrati* Descarpentries & Villiers, 1963

分布：云南，湖北，湖南，福建，广东；越南，泰国，老挝。

纵绒窄吉丁 *Agrilus blatteicollis* Bourgoin, 1922

分布：云南，贵州，海南；越南，老挝，泰国。

紫翅窄吉丁 *Agrilus bonnottei* Bourgoin, 1925

分布：云南；缅甸，越南，老挝，泰国，柬埔寨。

卡里窄吉丁 *Agrilus caligans* Bourgoin, 1925

分布：云南，四川，江西，广西；尼泊尔，印度，缅甸，越南，泰国，老挝。

浙江窄吉丁 *Agrilus chekiangensis* Gebhardt, 1929

分布：云南，四川，陕西，江西，浙江，湖南，福建；日本。

短角窄吉丁 *Agrilus compacticornis* Jendek, 2011

分布：云南，四川，北京，河北，山西，河南，宁夏；俄罗斯。

Agrilus conspersus Jendek, 2011

分布：云南。

Agrilus convictor Descarpentries & Villiers, 1963

分布：云南；越南，老挝，泰国。

泡桐窄吉丁 *Agrilus cyaneoniger* Saunders, 1873

分布：云南，四川，贵州，黑龙江，吉林，内蒙古，陕西，河南，河北，山西，浙江，湖北，江西，广西，海南；日本，朝鲜半岛，缅甸，俄罗斯，越南，印度。

蓝光窄吉丁 *Agrilus cyaneovirens* Bourgoin, 1922

分布：云南，广西；越南。

Agrilus cyanipennis Gory & Laporte, 1837

分布：云南；巴基斯坦，印度，尼泊尔，越南，老挝，泰国。

大理窄吉丁 *Agrilus dali* Jendek, 2009

分布：云南（大理、丽江），四川。

洁蓝窄吉丁 *Agrilus decoloratus decolorans* Kerremans, 1892

分布：云南，四川，浙江；阿富汗，印度，不丹，尼泊尔。

Agrilus dianthus Kerremans, 1892

分布：云南；缅甸，越南，泰国，老挝，柬埔寨，马来西亚，印度尼西亚。

保山窄吉丁 *Agrilus diolaus* Obenberger, 1958

分布：云南（保山）。

Agrilus diaolin Jendek, 2001

分布：云南。

圆窄吉丁 *Agrilus discalis* Saunders, 1873

分布：云南（保山），四川，贵州，海南，湖北，湖南，江苏，浙江，福建，台湾；日本，印度，朝鲜半岛。

橘绒窄吉丁 *Agrilus erythrostictus* Bourgoin, 1922

分布：云南；缅甸，越南，老挝，泰国。

Agrilus eunuchus Jendek, 2011

分布：云南。

Agrilus fasciatus Jendek, 2013

分布：云南（西双版纳）；老挝，越南，泰国。

突缘窄吉丁 *Agrilus foramenifer* Jendek, 2011

分布：云南，四川，陕西，台湾。

Agrilus fusiformis Jendek, 2011

分布：云南。

高黎贡窄吉丁 *Agrilus gaoligong* Jendek, 2000

分布：云南（保山）。

Agrilus hani Jendek, 2011

分布：云南。

Agrilus hmong Jendek, 2011

分布：云南；印度，越南，老挝。

Agrilus holzschuhi Jendek, 1994

分布：云南。

Agrilus improcerus Jendek, 2011

分布：云南。

柑橘瘤皮虫 *Agrilus inamoenus* Kerremans, 1892

分布：云南，福建，广东；缅甸，越南，老挝，泰国。

Agrilus ineptus Kerremans, 1892

分布：云南；缅甸。

Agrilus jaminae Baudon, 1968

分布：云南，西藏，陕西；不丹，老挝，泰国。

双斑窄吉丁 *Agrilus lacrima* Jendek, 2011

分布：云南（高黎贡山）；老挝。

蓝色窄吉丁 *Agrilus laetecyanescens* Obenberger, 1940

分布：云南，四川；尼泊尔，老挝。

Agrilus lahu Jendek, 2011

分布：云南。

Agrilus lancrenoni Baudon, 1965

分布：云南；印度，尼泊尔，越南，老挝。

长角窄吉丁 *Agrilus latipalpis* Jendek, 2007

分布：云南。

Agrilus lubopetri Jendek, 2000

分布：云南；越南，老挝。

泸沽窄吉丁 *Agrilus lugu* Jendek, 2011

分布：云南，四川。

Agrilus majzlani Jendek, 2007

分布：云南。

马氏窄吉丁 *Agrilus malloti* Théry, 1930

分布：云南，陕西；印度，缅甸，越南，老挝，泰国。

满族窄吉丁 *Agrilus manchu* Jendek, 2011

分布：云南，陕西，河南；老挝。

苗窄吉丁 *Agrilus miao* Jendek, 2011

分布：云南，四川。

褐紫窄吉丁 *Agrilus muongoides* Jendek, 2011

分布：云南，江西，湖北，湖南；越南，老挝。

杂色窄吉丁 *Agrilus muscarius* Kerremans, 1895

分布：云南，四川，陕西；尼泊尔，缅甸，越南，老挝，泰国。

纳西族窄吉丁 *Agrilus naxi* Jendek, 2011

分布：云南。

白绒窄吉丁 *Agrilus niveoguttans* Kerremans, 1892

分布：云南，西藏，江西，湖南；印度，尼泊尔，泰国，老挝。

铜斑窄吉丁 *Agrilus olivaceidorsis* Obenberger, 1917

分布：云南，贵州，福建，海南；印度，尼泊尔，缅甸，越南，老挝，泰国。

铜光窄吉丁 *Agrilus ornamentifer* Obenberger, 1940

分布：云南，四川。

Agrilus paralleloides Jendek, 2011

分布：云南。

北京窄吉丁平扁亚种 *Agrilus pekinensis accolus* Jendek, 1995

分布：云南，四川，安徽。

北京窄吉丁指名亚种 *Agrilus pekinensis pekinensis* Obenberger, 1924

分布：云南，四川，安徽，湖南。

佩氏窄吉丁 *Agrilus perroti* Descarpentries & Villiers, 1963

分布：云南，广西，福建，湖北，浙江；越南。

平边窄吉丁 *Agrilus plasoni* Obenberger, 1917

分布：云南，贵州，陕西，浙江，江西，湖北，湖南，广西，福建；韩国，越南，老挝。

平边窄吉丁指名亚种 *Agrilus plasoni plasoni* Obenberger, 1917

分布：云南，西藏，贵州，四川，陕西，湖北，江西，浙江，湖南，福建；越南，老挝，朝鲜半岛。

艳绿窄吉丁 *Agrilus priamus* Kerremans, 1912

分布：云南，台湾。

Agrilus prolatus Jendek, 2011

分布：云南。

Agrilus prosternalis Jendek, 2011

分布：云南。

瘦条窄吉丁 *Agrilus pseudobscuricollis* Jendek, 2007

分布：云南，四川。

Agrilus pumi Jendek, 2011

分布：云南。

羌族窄吉丁 *Agrilus qiang* Jendek, 2011

分布：云南，四川。

坤氏窄吉丁 *Agrilus quentini* Descarpentries & Villiers, 1963

分布：云南；尼泊尔，越南，老挝，泰国。

理氏窄吉丁 *Agrilus reichardri* Obenberger, 1935

分布：云南，四川，西藏；老挝，泰国。

Agrilus rougeoti Descarpentries & Villiers, 1963

分布：云南；印度，尼泊尔，越南，老挝，泰国，柬埔寨。

中华窄吉丁 *Agrilus sinensis* Thomson, 1879

分布：云南，四川，贵州，黑龙江，北京，江苏，上海，湖北，湖南，福建，海南；日本，印度，越南，老挝，泰国。

中华窄吉丁指名亚种 *Agrilus sinensis sinensis* Thomson, 1879

分布：云南（普洱），西藏，贵州，四川，江西，江苏，上海，湖南，福建；日本，越南，老挝，泰国。

细窄吉丁 *Agrilus sinensis splendidicollis* **Fairmaire, 1889**

分布：云南（普洱），四川，西藏。

锡金窄吉丁 *Agrilus sikkimensis* **Obenberger, 1928**

分布：云南，广西；印度，尼泊尔，老挝，泰国。

Agrilus siskai **Jendek, 2011**

分布：云南。

粒翅窄吉丁 *Agrilus souliei* **Jendek, 1994**

分布：云南，四川，西藏。

Agrilus spathulifer **Jendek, 2011**

分布：云南。

Agrilus stigma **Jendek, 2011**

分布：云南。

蓝黑窄吉丁 *Agrilus subauratus* **Gebler, 1833**

分布：云南，四川，贵州，陕西，内蒙古，江西，湖南，湖北，安徽，福建，台湾；朝鲜半岛，日本，欧洲，北美洲。

合欢窄吉丁 *Agrilus subrobustus* **Saunders, 1873**

分布：云南，四川，贵州，陕西，湖北，安徽，福建，台湾；日本，韩国。

Agrilus sulcinotus **Jendek, 2007**

分布：云南；缅甸。

Agrilus tai **Jendek, 2011**

分布：云南。

东京湾窄吉丁 *Agrilus tonkineus* **Kerremans, 1895**

分布：云南，福建，海南；越南，老挝。

乌苏里窄吉丁 *Agrilus ussuricola* **Obenberger, 1924**

分布：云南，西藏，黑龙江，吉林，辽宁，北京，山西，陕西；日本，朝鲜半岛，俄罗斯。

绿窄吉丁 *Agrilus viridis* (**Linnaeus, 1758**)

分布：云南，西藏，黑龙江，吉林，辽宁，新疆，内蒙古，北京，河北，山西，山东，河南，陕西，福建；日本，朝鲜半岛，中亚，中东，欧洲，非洲。

沃氏窄吉丁 *Agrilus volkovitshi* **Jendek, 2007**

分布：云南。

云南窄吉丁 *Agrilus yunnanicola* **Obenberger, 1936**

分布：云南。

拟云南窄吉丁 *Agrilus yunnanus* **Obenberger, 1927**

分布：云南（昆明）。

花椒窄吉丁 *Agrilus zanthoxylumi* **Li, 1989**

分布：云南，陕西，甘肃，山东，湖北，浙江。

中甸窄吉丁 *Agrilus zhongdian* **Jendek, 2009**

分布：云南（迪庆）。

之形窄吉丁 *Agrilus zigzag* **Marseul, 1866**

分布：云南；俄罗斯（远东地区），欧洲。

叶吉丁属 *Amorphosoma* **Laporte, 1835**

金绿叶吉丁 *Amorphosoma aculeatum* (**Ganglbauer, 1889**)

分布：云南，西藏，四川，甘肃。

花纹吉丁属 *Anthaxia* **Eschscholtz, 1829**

纵紫花纹吉丁 *Anthaxia agilis* **Obenberger, 1958**

分布：云南。

秋山花纹吉丁 *Anthaxia akiyamai* **Bílý, 1989**

分布：云南（迪庆），台湾。

双斑花纹吉丁 *Anthaxia alcmaeone* **Obenberger, 1938**

分布：云南（迪庆），四川。

贝氏花纹吉丁 *Anthaxia bellissima* **Bílý, 1990**

分布：云南（德宏）；越南，老挝，印度。

中华细纹吉丁 *Anthaxia chinensis* **Kerremans, 1898**

分布：云南（昆明），四川，香港。

小黑花纹吉丁 *Anthaxia cyaneonigra* **Svoboda, 1995**

分布：云南。

蓝光花纹吉丁 *Anthaxia deimos* **Bílý, 2017**

分布：云南（西双版纳）；老挝，泰国。

红额细纹吉丁 *Anthaxia flammifrons* **Sem, 1891**

分布：云南（保山）。

拉氏花纹吉丁 *Anthaxia lameyi* **Théry, 1910**

分布：云南；越南。

褐蓝花纹吉丁 *Anthaxia lameyiformis* **Bílý, 1991**

分布：云南，四川，贵州。

刘氏花纹吉丁 *Anthaxia liuchangloi* **Obenberger, 1958**

分布：云南（昆明、西双版纳）。

叉翅花纹吉丁 *Anthaxia octava* **Bílý, 2015**

分布：云南。

方正花纹吉丁 *Anthaxia potanini* **Ganglbauer, 1880**

分布：云南，四川，新疆，甘肃；俄罗斯，蒙古国。

Anthaxia rondoni **Baudon, 1962**

分布：云南（怒江）；泰国，老挝，越南，印度。

绿缘花纹吉丁 *Anthaxia septimadecima* **Bílý, 2015**

分布：云南（丽江）；泰国。

中国花纹吉丁 *Anthaxia sinica* Bílý, 1994

分布：云南，四川。

凹胸花纹吉丁 *Anthaxia smaragdula* Gebhardt, 1929

分布：云南，四川，河北，湖北，江西，江苏，浙江，湖南，台湾。

Anthaxia tichyi Obořil & Baňař, 2019

分布：云南。

金翠花纹吉丁 *Anthaxia turnai* Bílý & Svoboda, 2001

分布：云南。

云南花纹吉丁 *Anthaxia yunnana* Bílý, 1990

分布：云南。

头吉丁属 *Aphanisticus* Latreille, 1810

金紫头吉丁 *Aphanisticus aureocapreus* Kerremans, 1892

分布：云南；印度，尼泊尔，越南。

滨河头吉丁 *Aphanisticus binhensis* Descarpentries & Villiers, 1963

分布：云南，广东。

锥头吉丁 *Aphanisticus congener* Saunders, 1873

分布：云南，山东；日本。

德氏头吉丁 *Aphanisticus descarpentriesi* Kalashian, 1993

分布：云南；越南。

娄吉丁属 *Belionota* Eschscholtz, 1829

胸斑娄吉丁 *Belionota prasina* Thunberg, 1789

分布：云南，福建，台湾；印度，缅甸，越南，老挝，泰国，菲律宾，印度尼西亚，大洋洲，非洲，南美洲。

贝吉丁属 *Bellamyina* Bílý, 1994

湖南贝吉丁 *Bellamyina hunanensis* Peng, 1992

分布：云南，四川，陕西，上海。

小纹吉丁属 *Brachycoraebus* Kerremans, 1903

圆斑小吉丁 *Brachycoraebus punctatus* (Baudon, 1968)

分布：云南；老挝，泰国。

吉丁属 *Buprestis* Linnaeus, 1758

金黄吉丁 *Buprestis aurulenta* Linnaeus, 1767

分布：云南；欧洲，北美洲。

红缘吉丁 *Buprestis fairmairei* Théry, 1911

分布：云南，四川；老挝。

耿民吉丁 *Buprestis gengmini* Qi & Song, 2024

分布：云南（迪庆）。

哈迪吉丁 *Buprestis haardti* Théry, 1934

分布：云南，西藏，四川，宁夏，甘肃，青海。

松褐吉丁 *Buprestis haemorrhoidalis* Herbst, 1780

分布：云南，四川。

松褐吉丁西伯利亚亚种 *Buprestis haemorrhoidalis sibirica* Fleischer, 1887

分布：云南，四川，黑龙江，新疆，陕西，甘肃，内蒙古，山西，湖南；俄罗斯，蒙古国，朝鲜半岛，中亚。

勒比吉丁 *Buprestis lebisi* Descarpentries, 1956

分布：云南（迪庆）；尼泊尔。

绿翅吉丁 *Buprestis samanthae* Hattori & Tanaka, 2007

分布：云南（迪庆）；缅甸。

紫边吉丁 *Buprestis splendens* (Fabricius, 1775)

分布：云南；欧洲。

松吉丁属 *Chalcophora* Dejean, 1833

日本松吉丁波氏亚种 *Chalcophora japonica bourgoini* Obenberger, 1935

分布：云南；越南，泰国。

日本松吉丁中华亚种 *Chalcophora japonica chinensis* Schaufuss, 1879

分布：云南，四川，河南，江苏，安徽，湖北，浙江，江西，湖南，广西，广东，福建。

云南松吉丁 *Chalcophora yunnana* Fairmaire, 1888

分布：云南（昆明、普洱），四川，贵州，湖南，广西；日本。

云南松吉丁指名亚种 *Chalcophora yunnana yunnana* Fairmaire, 1888

分布：云南，四川，贵州，西藏，河南，陕西，湖北，湖南，广西，福建，广东。

星吉丁属 *Chrysobothris* Eschscholtz, 1829

脊额星吉丁 *Chrysobothris bouddah* Théry, 1940

分布：云南（普洱）。

沟腹星吉丁 *Chrysobothris cheni* Théry, 1940

分布：云南，甘肃。

红铜星吉丁指名亚种 *Chrysobothris chrysostigma chrysostigma* (Linnaeus, 1758)

分布：云南（保山），甘肃。

红铜星吉丁柯氏亚种 *Chrysobothris chrysostigma kerremansi* Abeille de Perrin, 1894

分布：云南，四川，黑龙江，吉林，辽宁，新疆，内蒙古，甘肃；俄罗斯，蒙古国，朝鲜半岛。

褐色星吉丁 *Chrysobothris delavayi* Fairmaire, 1887

分布：云南（西双版纳）。

印地星吉丁 *Chrysobothris indica* Gory & Laporte, 1837

分布：云南，四川，江西，湖南，广西；印度，尼泊尔，缅甸，印度尼西亚。

中华星吉丁 *Chrysobothris sinensis* Fairmaire, 1887

分布：云南，北京，内蒙古，陕西，山西，江西；俄罗斯。

紫罗兰星吉丁 *Chrysobothris violacea* Kerremans, 1892

分布：云南；印度，尼泊尔。

Chrysobothris violacea guerryi Théry, 1910

分布：云南，西藏。

蓝翅星吉丁 *Chrysobothris vitalisi* Bourgoin, 1922

分布：云南（昆明），贵州，四川；越南。

云南星吉丁 *Chrysobothris yunnanensis* Théry, 1940

分布：云南（西双版纳）。

金吉丁属 *Chrysochroa* Dejean, 1833

紫斑金吉丁 *Chrysochroa buqucti* (Gory, 1833)

分布：云南（西双版纳），广西，福建，广东；越南，印度，尼泊尔，老挝，泰国，印度尼西亚。

桃金吉丁 *Chrysochroa fulgidissima* (Schönherr, 1817)

分布：云南（西双版纳），四川，贵州，广东，台湾；日本。

日本吉丁 *Chrysochroa ocellata* (Fabricius, 1775)

分布：云南（普洱、西双版纳）；日本。

刺缘金吉丁指名亚种 *Chrysochroa rajah rajah* Gory, 1840

分布：云南，贵州，四川；缅甸，越南，老挝，泰国。

红缘金吉丁 *Chrysochroa vittata* (Fabricius, 1775)

分布：云南，四川，台湾；泰国，印度，越南。

彩吉丁属 *Chrysodema* Laporte & Gory, 1835

四斑彩吉丁 *Chrysodema aurostriata* Saunders, 1866

分布：云南；老挝。

齿爪吉丁属 *Coomaniella* Bourgoin, 1924

云南齿爪吉丁 *Coomaniella purpurascens* Baudon, 1966

分布：云南（西双版纳）；印度，孟加拉国，老挝，泰国，不丹。

拟纹吉丁属 *Coraebina* Obenberger, 1923

比利拟纹吉丁 *Coraebina bilyi* Akiyama & Ohmomo, 1993

分布：云南（普洱）；印度。

马德里拟纹吉丁 *Coraebina gentilis* (Kerremans, 1890)

分布：云南；泰国，缅甸。

云南拟纹吉丁 *Coraebina yunnanensis* Obenberger, 1934

分布：云南。

纹吉丁属 *Coraebus* Laporte de Castelnau & Gory, 1839

尖纹吉丁 *Coraebus aculeatus* Ganglbauer, 1890

分布：云南，四川，西藏，甘肃。

窄纹吉丁 *Coraebus acutus* Thomson, 1879

分布：云南，四川，贵州，宁夏，甘肃，陕西，河南，浙江，安徽，上海，湖北，江西，湖南，广西，福建，广东；越南。

黄绒纹吉丁 *Coraebus aeneopictus* (Kerremans, 1895)

分布：云南（西双版纳）；越南，泰国，印度。

金纹吉丁 *Coraebus aequalipennis* Fairmaire,1888

分布：云南，四川，西藏，北京，河北，甘肃，陕西，河南，江苏，上海，江西，福建；俄罗斯，朝鲜半岛。

绿纹吉丁 *Coraebus amabilis* Kerremans, 1895

分布：云南（昆明，大理，保山），四川，西藏，贵州，陕西，上海，江西，湖北，浙江，湖南，广西，海南；印度，尼泊尔。

铜绿纹吉丁 *Coraebus amabilis amorosus* Obcnberger, 1934

分布：云南（怒江，保山）。

紫黑纹吉丁 *Coraebus amplithorax* (Fairmaire, 1889)

分布：云南（迪庆、丽江），四川，西藏。

金绿纹吉丁 *Coraebus aurofasciatus* (Hope, 1831)

分布：云南（昆明，大理，丽江），四川，贵州，江西，湖南，湖北，福建；尼泊尔，印度。

保山纹吉丁 *Coraebus baoshanensis* Kubán, 1996

分布：云南（保山）。

拜尔纹吉丁 *Coraebus baylei* Bourgoin, 1922

分布：云南（红河）；越南，老挝。

氏纹吉丁 *Coraebus becvari* Kubán, 1995

分布：云南，四川，宁夏。

比利纹吉丁 *Coraebus bilyi* Kubán, 1996

分布：云南（西双版纳）；泰国。

三齿纹吉丁 *Coraebus cingulatns* (Hope, 1831)

分布：云南（普洱）；印度，缅甸，越南。

柯氏纹吉丁 *Coraebus clermonti* Bourgoin, 1924

分布：云南，匹川；越南。

铜胸纹吉丁 *Coraebus cloueti* Théry, 1895

分布：云南（昆明、玉溪、普洱、丽江、怒江、文山），西藏，匹川，贵州，甘肃，山西，陕西，山东，河南，安徽，江苏，上海，浙江，湖北，江西，湖南，广西，福建，台湾；越南。

裸斑纹吉丁 *Coraebus cyaneopictus* Kerremans, 1892

分布：云南（西双版纳），湖南；老挝，泰国，缅甸。

绿纹吉丁 *Coraebus davidis* Fairmaire, 1886

分布：云南（丽江，保山，普洱，大理），四川，贵州，河南，湖北，江西，湖南，福建；日本，越南，印度，尼泊尔。

戴氏纹吉丁 *Coraebus delepinei* Baudon, 1960

分布：云南，广西；越南，老挝。

黄胸纹吉丁 *Coraebus delicatulus* Saunders, 1895

分布：云南，贵州，四川，江西，上海，湖南，广西，福建，广东；老挝，越南，印度。

黑尾纹吉丁 *Coraebus denticollis* Saunders, 1866

分布：云南（普洱、西双版纳），湖北，江西，湖南，广西，福建，广东；越南，老挝，泰国，缅甸。

小纹吉丁 *Coraebus diminutus* Gebhardt, 1928

分布：云南（昆明），四川，贵州，山西，陕西，江苏，上海，浙江，湖北，江西，湖南，广西，福建，台湾，广东；日本，越南，老挝，泰国。

二齿纹吉丁 *Coraebus duodccimpunctatus* Obenberger, 1940

分布：云南。

拟三角纹吉丁 *Coraebus ephippiatus* Théry, 1938

分布：云南，贵州，河南，安徽，上海，浙江，江

西，湖南，广西，福建，台湾。

惑蓝纹吉丁 *Coraebus fallaciosus* Bourgoin, 1925

分布：云南（普洱），广西；越南。

阔翅纹吉丁 *Coraebus femina* Kubán, 1997

分布：云南；泰国。

福建纹吉丁 *Coraebus fokienicus* Obenberger, 1940

分布：云南（普洱），广西，福建；越南。

拟蓝色纹吉丁 *Coraebus gestroi* Kerremans, 1892

分布：云南（保山、西双版纳）；老挝，印度。

加尼尔纹吉丁 *Coraebus gagneuxi* Baudon, 1963

分布：云南；老挝。

拟圆斑纹吉丁 *Coraebus gorkaianus* Kubán, 1997

分布：云南，四川。

三角纹吉丁 *Coraebus hastanus* Gory & Laporte, 1839

分布：云南（保山、临沧），四川，贵州，重庆，湖北，江西，广西，福建，台湾；日本，菲律宾，印度尼西亚，缅甸，印度，尼泊尔，不丹，老挝，泰国，越南。

黑翅纹吉丁 *Coraebus hoscheki* Gebhardt, 1929

分布：云南，浙江，湖北，江西，湖南；泰国，尼泊尔。

苹果纹吉丁 *Coraebus houianus* Kubán, 1995

分布：云南，四川。

拟阔翅纹吉丁 *Coraebus ignifrons* Fairmaire, 1895

分布：云南（西双版纳）；越南，泰国。

清纹吉丁 *Coraebus intemeratus* Obenberger, 1940

分布：云南，浙江；越南。

契氏纹吉丁 *Coraebus jelineki* Descarpentries & Villiers, 1967

布：云南（丽江）；越南，老挝。

可丽卡纹吉丁 *Coraebus klickai* Obenberger, 1930

分布：云南，甘肃，陕西，湖北，海南。

库班纹吉丁 *Coraebus kubani* Peng, 1998

分布：云南，江西，广西，福建，广东。

苹果纹吉丁 *Coraebus kulti* Obenberger, 1940

分布：云南（昆明、保山），四川，福建。

拟云斑纹吉丁 *Coraebus larminati* Kubán, 1995

分布：云南（红河、德宏、西双版纳）；越南。

艳纹吉丁 *Coraebus lepidulus* Obenberger, 1940

分布：云南，浙江。

莱斯纳纹吉丁 *Coraebus lesnei* Bourgoin, 1922

分布：云南（西双版纳）；老挝。

麻点纹吉丁 *Coraebus leucospilotus* Bourgoin, 1922

分布：云南（西双版纳），四川，贵州，陕西，江西，湖南，广西，福建，台湾，广东，香港；越南，老挝，尼泊尔。

林奈纹吉丁 *Coraebus linnei* Obenberger, 1922

分布：云南（昆明），四川，江西，湖南，福建，台湾，广东，香港。

冕宁纹吉丁 *Coraebus mianningensis* Peng, 1991

分布：云南，四川。

暗绒纹吉丁 *Coraebus obscurus* Peng, 1991

分布：云南。

皮克纹吉丁 *Coraebus pickai* Kubán, 1995

分布：云南（昆明）；越南。

拟紫色纹吉丁 *Coraebus pseudopurpura* Kubán, 1997

分布：云南（保山）；印度。

蒲氏纹吉丁 *Coraebus pulchellus* Nonfried, 1895

分布：云南；缅甸。

紫色纹吉丁 *Coraebus purpura* Kubán, 1996

分布：云南（丽江、西双版纳），四川，江西，湖南，广西。

等翅紫色纹吉丁 *Coraebus purpuratiformis* Kubán, 1995

分布：云南，四川，江西，湖南，海南。

窄纹吉丁 *Coraebus quadriundulatus* Motschulsky, 1866

分布：云南（普洱、丽江），四川，贵州，西藏，甘肃，陕西，浙江，湖北，江西，湖南，福建；日本，印度。

卢纹吉丁 *Coraebus rubi* (Linnaeus, 1767)

分布：云南；欧洲。

黄圆纹吉丁 *Coraebus salamandriformis* Kubán, 1995

分布：云南（西双版纳）。

黄胸圆纹吉丁 *Coraebus sauteri* Kerremans, 1912

分布：云南（怒江），四川，贵州，西藏，重庆，山西，甘肃，陕西，河南，安徽，浙江，湖北，江西，湖南，广西，福建，台湾，广东；印度，尼泊尔，越南。

蓝紫纹吉丁 *Coraebus semipurpureus* Fairmaire, 1889

分布：云南（西双版纳），江西，广西；越南，印度，缅甸，尼泊尔，印度尼西亚。

赤纹吉丁 *Coraebus sidae* Kerremans, 1888

分布：云南（普洱、西双版纳），贵州，四川，江苏，湖南，广西，福建，海南；越南，老挝，泰国，印度，缅甸，尼泊尔。

赤纹吉丁密纹亚种 *Coraebus sidae lucens* Obenberger, 1958

分布：云南（保山、德宏、临沧、大理、普洱、西双版纳），四川，贵州，广东；越南，老挝。

赤纹吉丁指名亚种 *Coraebus sidae sidae* Kerremans, 1888

分布：云南，贵州，四川，江苏，江西，湖南，广西，福建，海南；印度，尼泊尔，缅甸，越南，老挝，泰国。

暗蓝纹吉丁 *Coraebus simplex* Peng, 1991

分布：云南（昆明），湖南，江西，广东。

云斑纹吉丁 *Coraebus sinomeridionalis* Kubán, 1995

分布：云南（文山），四川，贵州，重庆，江西，广西，福建，广东，海南，台湾；越南。

宽云斑纹吉丁 *Coraebus spathatus* (Kerremans, 1892)

分布：云南（德宏、西双版纳），西藏；越南，老挝，印度，缅甸。

丽江纹吉丁 *Coraebus spevari* Kubán, 1995

分布：云南（丽江），四川，福建。

黄胸云斑纹吉丁 *Coraebus stichai* Obenberger, 1924

分布：云南，贵州，广西；越南。

缝纹吉丁 *Coraebus suturalis* Kerremans, 1893

分布：云南，四川。

南投纹吉丁 *Coraebus torigaii* Akiyama & Ohmomo, 1993

分布：云南，台湾。

代纹吉丁 *Coraebus vicarius* Kubán, 1995

分布：云南（楚雄），浙江；越南。

突项纹吉丁 *Coraebus violaceipennis* Saunders, 1866

分布：云南，贵州，甘肃，浙江，湖北，江西，湖南，福建；印度，泰国，尼泊尔，老挝，柬埔寨。

沃氏纹吉丁 *Coraebus volkovitshi* Xu & Kubán, 2013

分布：云南，广西。

旋吉丁属 *Coroebina* Obenberger, 1923

比利旋吉丁 ***Coroebina bilyi* Akiyama & Ohmomo, 1993**

分布：云南；缅甸，泰国。

云南旋吉丁 ***Coroebina yunnanensis* Obenberger, 1934**

分布：云南。

扩胫吉丁属 *Cryptodactylus* Deyrolle, 1864

舟形扩胫吉丁 ***Cryptodactylus cyaneoniger* kerremans, 1892**

分布：云南；印度，孟加拉国。

克氏扩胫吉丁 ***Cryptodactylus kerremansi* Descarpentries & Villiers, 1966**

分布：云南；越南。

老挝扩胫吉丁 ***Cryptodactylus laosensis* Baudon, 1961**

分布：云南；老挝。

波毛吉丁属 *Dessumia* Descarpentries & Villiers, 1966

毛吉丁 ***Dessumia vitalisi* (Bourgoin, 1922)**

分布：云南（西双版纳）；老挝。

脊翅吉丁属 *Dicerca* Eschscholtz, 1829

叉尾脊翅吉丁 ***Dicerca aino* Lewis, 1893**

分布：云南，黑龙江，吉林，辽宁，内蒙古，北京，河北，湖北；俄罗斯，蒙古国，日本，中亚。

褐色脊翅吉丁 ***Dicerca corrugata* Fairmaire, 1902**

分布：云南（红河），四川，贵州，江西。

褐色脊翅吉丁西藏亚种 ***Dicerca corrugata thibetiana* Holynski, 2006**

分布：云南，西藏。

叉脊翅吉丁 ***Dicerca furcata* Thunberg, 1787**

分布：云南，黑龙江，辽宁，内蒙古，河北，北京，湖北；俄罗斯，日本，中亚，蒙古国，欧洲。

角眼吉丁属 *Endelus* Deyrolle, 1864

阿萨姆角眼吉丁 ***Endelus assamensis* Obenberger, 1922**

分布：云南；印度。

双色角眼吉丁 ***Endelus bicarinatus* Théry, 1932**

分布：云南；日本，越南。

伊角眼吉丁 ***Endelus ianthinipennis* Obenberger, 1922**

分布：云南；印度。

***Endelus lameyi* Théry, 1932**

分布：云南；越南。

王氏角眼吉丁 ***Endelus wangi* Wei & Shi, 2021**

分布：云南（西双版纳）；越南。

角吉丁属 *Habroloma* Thomson, 1864

光褐角吉丁 ***Habroloma atronitidum* (Gebhardt, 1929)**

分布：云南（德宏），四川，湖南，福建，浙江；日本。

黄绒角吉丁 ***Habroloma clissa* (Obenberger, 1930)**

分布：云南（西双版纳）。

艾氏角吉丁 ***Habroloma elissa* (Obenberger, 1929)**

分布：云南，浙江，湖南，广西，福建；越南。

蓝翅角吉丁 ***Habroloma lewisii* (Saunders, 1873)**

分布：云南（普洱），四川，重庆，江西，浙江，湖南，福建，海南；日本，朝鲜半岛。

白纹角吉丁 ***Habroloma minotaurum* Holynski, 2003**

分布：云南。

秋田角吉丁 ***Habroloma miwai* (Obenberger, 1929)**

分布：云南（楚雄），台湾。

密绒角吉丁 ***Habroloma septimia* (Obenberger, 1929)**

分布：云南，广西，海南，福建；越南，老挝。

棕绒角吉丁 ***Habroloma subbicorne* (Motshulsky, 1860)**

分布：云南（普洱、西双版纳），四川，湖北，江苏，江西，浙江，湖南；朝鲜半岛，日本。

托氏角吉丁 ***Habroloma topali* (Holynski, 1981)**

分布：云南（大理）；越南。

樟角吉丁 ***Habroloma wagneri* (Gebhardt, 1929)**

分布：云南（普洱），江苏，江西，湖南，广西，福建。

怡吉丁属 *Iridotaenia* Deyrolle, 1865

***Iridotaenia tonkinea* Théry, 1923**

分布：云南。

类亮吉丁属 *Lampetis* Dejean, 1833

金绿等跗吉丁 ***Lampetis viridicuprea* Saunders, 1866**

分布：云南，四川，西藏；印度，缅甸，老挝，泰国，柬埔寨。

长吉丁属 *Lamprocheila* Obenberger, 1924

脊长吉丁 *Lamprocheila mallei* (Laporte & Gory, 1835)

分布：云南（西双版纳），四川，台湾；印度，越南。

斑吉丁属 *Lamprodila* Motschulsky, 1860

彼氏斑吉丁 *Lamprodila beauchenii* (Faimaire, 1889)

分布：云南，福建；越南。

克氏斑吉丁 *Lamprodila clermonti* (Obenberger, 1924)

分布：云南，西藏。

铜绿斑吉丁 *Lamprodila cupraria* (Fairmaire, 1898)

分布：云南；越南。

红棕斑吉丁指名亚种 *Lamprodila cupreosplendens cupreosplendens* (Kerremans, 1895)

分布：云南，四川，贵州，湖北，江西，湖南，广西，海南。

红棕斑吉丁蚀纹亚种 *Lamprodila cupreosplendens obliterata* (Descarpentries & Villiers, 1963)

分布：云南；越南，柬埔寨。

戴维斑吉丁指名亚种 *Lamprodila davidis davidis* (Faimaire, 1887)

分布：云南，四川，贵州，安徽，湖北，江西，湖南，广西，福建，台湾；日本，越南。

长条斑吉丁 *Lamprodila elongata* (Kerremans, 1895)

分布：云南，四川，贵州，陕西，湖北，江西，湖南，福建，广东。

克里斑吉丁 *Lamprodila kheili* (Obenberger, 1925)

分布：云南，河北，河南，江西，福建。

双带斑吉丁 *Lamprodila kucerai* (Bílý, 1999)

分布：云南。

金缘吉丁 *Lamprodila limbata* (Gebler, 1832)

分布：云南，黑龙江，吉林，辽宁，新疆，内蒙古，青海，宁夏，陕西，甘肃，山西，河北，北京，山东，河南，湖北，江苏，江西，浙江；蒙古国，俄罗斯。

佩氏斑吉丁 *Lamprodila perroti* (Descarpentries & Villiers, 1963)

分布：云南，海南；老挝。

珍斑吉丁 *Lamprodila pretiosa* (Mannerheim, 1852)

分布：云南，四川，贵州，黑龙江，辽宁，内蒙古，北京，河北，山西，陕西，宁夏，甘肃，湖北，江西，湖南，广西；朝鲜半岛，俄罗斯，日本，蒙古国。

紫光斑吉丁 *Lamprodila pulchra* (Obenberger, 1921)

分布：云南。

细长斑吉丁 *Lamprodila sarrauti* (Bourgoin, 1922)

分布：云南（西双版纳）；老挝。

淡蓝斑吉丁 *Lamprodila subcoerulea* (Kerremans, 1895)

分布：云南（保山），贵州，山西，陕西，福建；印度。

栎木斑吉丁 *Lamprodila virgata* (Motschulsky, 1859)

分布：云南，四川，黑龙江，吉林，辽宁，新疆，内蒙古，北京，河北，河南，陕西，安徽，湖北，江西；日本，朝鲜半岛，蒙古国，俄罗斯。

柳杉斑吉丁 *Lamprodila vivata* (Lewis, 1893)

分布：云南，贵州，四川，黑龙江，湖北，江西，湖南，广西，福建；日本，朝鲜。

直吉丁属 *Mastogenius* Solier, 1851

陶氏直吉丁 *Mastogenius taoi* Toyama, 1983

分布：云南；泰国。

梭吉丁属 *Melanophila* Eschscholtz, 1829

尖尾梭吉丁 *Melanophila acuminata* (DeGeer, 1774)

分布：云南，西藏，东北，新疆，陕西，甘肃，湖北；中亚，中东，欧洲，北美洲。

Melanophila oxypteris Kirby, 1837

分布：云南，西藏，新疆，甘肃，内蒙古，陕西，湖北。

Meliacanthus Théry, 1942

Meliacanthus cupreomarginatus (Saunders, 1866)

分布：云南。

缘吉丁属 *Meliboeus* Eschscholtz, 1829

箭头缘吉丁 *Meliboeus arrowi* Bourgoin, 1924

分布：云南；越南，泰国。

金带缘吉丁 *Meliboeus aurofasciatus* Saunders, 1866

分布：云南；缅甸，越南，老挝，泰国，柬埔寨。

比利缘吉丁 *Meliboeus bilyi* Ohmomo & Akiyama, 1989

分布：云南，台湾。

黑盾缘吉丁 *Meliboeus nigroscutellatus* Obenberger, 1935

分布：云南。

亮缘吉丁 *Meliboeus princeps* Obenberger, 1927

分布：云南。

紫缘吉丁 *Meliboeus purpureicollis* Théry, 1930

分布：云南（普洱）。

中华缘吉丁 *Meliboeus sinae* Obenberger, 1935

分布：云南，四川。

苏林缘吉丁 *Meliboeus solinghoanus* Obenberger, 1935

分布：云南。

横皱缘吉丁 *Meliboeus transverserugatus* Obenberger, 1935

分布：云南（昆明），四川。

云南缘吉丁 *Meliboeus yunnanus* Kerremans, 1895

分布：云南。

拟齿腿吉丁属 *Metasambus* Kerremans, 1903

前宽拟齿腿吉丁 *Metasambus hoscheki* (Obenberger, 1916)

分布：云南（保山），贵州，山东。

幺吉丁属 *Microacmaeodera* Cobos, 1966

酷氏幺吉丁 *Microacmaeodera kucerai* Volkovitsh, 2007

分布：云南。

沟胸吉丁属 *Nalanda* Théry, 1904

翅沟胸吉丁 *Nalanda arrowi* (Bourgoin, 1924)

分布：云南（西双版纳）；越南，泰国。

腹沟胸吉丁 *Nalanda cupreiventris* Descarpentries & Villiers, 1967

分布：云南（昆明、红河、西双版纳）；越南。

树沟胸吉丁 *Nalanda cupricollis* (Saunders, 1866)

分布：云南（临沧、红河、西双版纳），台湾；越南，老挝，泰国，印度，缅甸。

色沟胸吉丁 *Nalanda fleutiauxi* (Bourgoin, 1924)

分布：云南；越南。

氏沟胸吉丁 *Nalanda vitalisi* (Bourgoin, 1924)

分布：云南；老挝。

心吉丁属 *Pachyschelus* Solier, 1833

双色心吉丁 *Pachyschelus mandarinus* Théry, 1936

分布：云南；越南，尼泊尔。

东京湾心吉丁 *Pachyschelus tonkinensis* Théry, 1936

分布：云南；越南，泰国。

拟宽头吉丁属 *Paracylindromorphus* Théry, 1930

缅甸球头吉丁 *Paracylindromorphus birmanicus* Obenberger, 1947

分布：云南；缅甸。

中华拟宽头吉丁 *Paracylindromorphus chinensis* (Obenberger, 1927)

分布：云南（西双版纳），浙江。

圆吉丁属 *Paratrachys* Saunders, 1873

中华圆吉丁 *Paratrachys chinensis* Obenberger, 1958

分布：云南（大理）；泰国。

隐头圆吉丁 *Paratrachys hederae* Saunders, 1873

分布：云南（保山），湖南，广西，福建，广东；日本，越南。

拟宽斑圆吉丁 *Paratrachys hederoides* Cobos, 1980

分布：云南。

双纹圆吉丁 *Paratrachys hypocrita* (Fairmaire, 1889)

分布：云南（西双版纳），香港；越南。

拟中华圆吉丁 *Paratrachys sinicola* Obenberger, 1958

分布：云南（昆明），福建，浙江。

长卵吉丁属 *Phaenops* Dejean, 1833

蓝色长卵吉丁 *Phaenops yang* Kubán & Bílý, 2009

分布：云南，四川，贵州，西藏，河北。

黄铜吉丁属 *Philocteanus* Deyrolle, 1864

金铜吉丁 *Philocteanus moricii* Fairmaire, 1878

分布：云南；泰国，老挝。

艳黄铜吉丁 *Philocteanus rubroaureus* (DeGeer, 1778)

分布：云南（西双版纳），四川；印度，越南。

截尾吉丁属 *Poecilonota* Eschscholtz, 1829

杨截尾吉丁 *Poecilonota semenovi* Obenberger, 1934

分布：云南，四川，福建。

中华截尾吉丁 *Poecilonota variolosa chinensis* Théry, 1926

分布：云南，北京。

筒吉丁属 *Polycesta* Dejean, 1833

北部湾筒吉丁 *Polycesta tonkinea* Fairmaire, 1889

分布：云南。

线吉丁属 *Polyctesis* Marseul, 1865

荷氏线吉丁 *Polyctesis hauseri* Obenberger, 1934

分布：云南。

铜绿线吉丁 *Polyctesis strandi* Obenberger, 1934

分布：云南，贵州，四川，河南，浙江。

彩扩吉丁属 *Polyonychus* Chevrolat, 1838

三色彩扩吉丁 *Polyonychus tricolor* (Saunders, 1866)

分布：云南（西双版纳）；越南，老挝，泰国，缅甸。

等跗吉丁属 *Psiloptera* Dejean, 1833

绿紫等跗吉丁 *Psiloptera fastuosa* (Fabricius, 1775)

分布：云南（昆明），上海；印度，斯里兰卡。

铜绿等跗吉丁 *Psiloptera fulgida* (Olivier, 1790)

分布：云南（西双版纳）；越南，印度，缅甸。

花斑吉丁属 *Ptosima* Dejean, 1833

四黄斑吉丁 *Ptosima chinensis* Marseul, 1867

分布：云南（昆明、普洱），四川，贵州，北京，甘肃，山西，陕西，河南，河北，江苏，湖北，上海，江西，湖南，广西，福建，广东，台湾；日本，朝鲜半岛，越南。

刺腿吉丁属 *Sambus* Buprestidae, 1864

滨河刺腿吉丁 *Sambus binhensis* Descarpentries & Villiers, 1966

分布：云南；越南。

暗黑刺腿吉丁 *Sambus caesar* Obenberger, 1935

分布：云南，四川，贵州。

蓝黑刺腿吉丁 *Sambus deyrollei* Thomson, 1878

分布：云南（普洱），贵州，西藏；印度，老挝。

平翅刺腿吉丁 *Sambus femoralis* Kerremans, 1892

分布：云南；印度，尼泊尔，缅甸，越南，老挝。

绿胸刺腿吉丁 *Sambus melanoderus* Kerremans, 1892

分布：云南；不丹，印度，尼泊尔。

黑褐刺腿吉丁 *Sambus nigritus* Kerremans, 1892

分布：云南；老挝。

棕绒刺腿吉丁 *Sambus novus* Théry, 1926

分布：云南；越南。

密纹刺腿吉丁 *Sambus optatus* Théry, 1926

分布：云南，贵州，浙江，广西；越南。

维塔利刺腿吉丁 *Sambus vitalisi* Descarpentries & Villiers, 1966

分布：云南；越南。

玄吉丁属 *Sapaia* Bílý, 1994

四斑玄吉丁 *Sapaia brodskyi* Bílý, 1994

分布：云南；越南。

尖翅吉丁属 *Sphenoplera* Dejean, 1833

铜紫尖翅吉丁 *Sphenoplera auricollis* Kerremans, 1892

分布：云南，四川；印度，缅甸，柬埔寨。

凹头吉丁属 *Sternocera* Eschscholtz, 1829

全绿凹头吉丁 *Sternocera aequisignata* Saunders, 1866

分布：云南（西双版纳）；印度，尼泊尔，越南，缅甸，泰国，柬埔寨。

尾吉丁属 *Sphenoptera* Dejean 1833

安达曼尾吉丁 *Sphenoptera andamanensis* Waterhouse, 1877

分布：云南，华南；印度，老挝，缅甸。

铜紫尾吉丁 *Sphenoptera auricollis* Kerremans, 1892

分布：云南；柬埔寨，印度，老挝，缅甸。

圈吉丁属 *Theryola* Nelson, 1997

托氏圈吉丁 *Theryola touzalini* (Théry, 1922)

分布：云南（普洱）。

越南吉丁属 *Tonkinula* Obenberger, 1923

金纹越南吉丁 *Tonkinula aurofasciata* (Saunders, 1866)

分布：云南（西双版纳）；印度，越南，老挝，泰国，柬埔寨，马来西亚。

奥吉丁属 *Touzalinia* Théry, 1923

泰奥吉丁指名亚种 *Touzalinia psilopteroides psilopteroides* Théry, 1922

分布：云南（保山）。

泰奥吉丁泰国亚种 *Touzalinia psilopteroides siamensis* Descarpentries & Villiers, 1963

分布：云南（德宏、临沧、普洱）；越南，印度，缅甸，泰国。

弓胫吉丁属 *Toxoscelus* Deyrolle, 1864
蔷薇弓胫吉丁 *Toxoscelus carbonarius* Obenberger, 1958
分布：云南（保山），四川。
四川弓胫吉丁 *Toxoscelus sterbai* Obenberger, 1934
分布：云南（昆明），四川。
潜吉丁属 *Trachys* Fabricius, 1801
瘤翅潜吉丁 *Trachys abeillei* Obenberger, 1940
分布：云南（昆明），四川。
黄头潜吉丁 *Trachys aeneiceps* Obenberger, 1929
分布：云南（保山、德宏），湖南。
六斑绒潜吉丁 *Trachys arhema* Obenberger, 1929
分布：云南（普洱、西双版纳），江西，湖南；越南。
杂灌潜吉丁 *Trachys auricollis* Saunders, 1873
分布：云南，四川，浙江，江西，湖南，广西，广东，福建，台湾；日本，印度。
四簇潜吉丁 *Trachys fasciunculus* Saunders, 1866
分布：云南（西双版纳）；越南，老挝。
圆绒潜吉丁 *Trachys flentianxi* van de Poll, 1892
分布：云南（保山），四川；越南。
榉潜吉丁 *Trachys griseofasciatus* Saunders, 1873
分布：云南（大理、保山），四川，浙江，湖南；朝鲜半岛，日本，俄罗斯。
赫氏潜吉丁 *Trachys helferi* Obenberger, 1918
分布：云南（普洱），海南；印度，老挝，缅甸。
桑潜吉丁 *Trachys koshuneasis* Obenberger, 1940
分布：云南（普洱、西双版纳），四川，重庆，台湾。
黑泽潜吉丁 *Trachys kurosawai* Bellamy, 2004
分布：云南（大理），安徽，浙江，台湾。
花绒潜吉丁 *Trachys mandarina* Obenberger, 1917
分布：云南（昆明），四川，山东，湖南。
柳潜吉丁 *Trachys minnta* (Linnaeus, 1758)
分布：云南（西双版纳）；越南，日本。
罗渡潜吉丁 *Trachys nodulipennis* Obenberger, 1940
分布：云南。
隆介潜吉丁 *Trachys ohbayashii* Kurosawa, 1954
分布：云南（西双版纳），台湾。
佩罗特潜吉丁 *Trachys perroti* Descarpentries & Villiers, 1964
分布：云南（西双版纳）；老挝，越南。
白绒潜吉丁 *Trachys saundersi* Lewis, 1893
分布：云南（昆明、保山、普洱），四川，湖北，江西，浙江，上海，湖南，福建，台湾；日本，朝鲜。
块斑潜吉丁 *Trachys variolaris* Saunders, 1873
分布：云南（保山），四川，河南，山东，江西，浙江，湖南，福建，台湾；日本，朝鲜半岛。
潜吉丁 *Trachys vavrai* Obenberger, 1918
分布：云南（保山），海南；老挝，马来西亚，越南。
瘤胸吉丁属 *Vanroonia* Obenberger, 1923
科钦瘤胸吉丁 *Vanroonia cochinchinae* (Descarpentries & Villiers, 1967)
分布：云南；越南，印度。
佩罗瘤胸吉丁 *Vanroonia perroti* (Descarpentries & Villiers, 1967)
分布：云南；老挝。
簇毛瘤胸吉丁 *Vanroonia vatineae* (Baudon, 1965)
分布：云南（西双版纳），贵州；老挝。
泰吉丁属 *Zoolrecordia* Holynski, 2006
金绿泰吉丁 *Zoolrecordia cupreomaculata* Saunders, 1866
分布：云南；老挝。

叩甲科 Elateridae

喜花叩甲属 *Abelater* Fleutiaux, 1947
中国喜花叩甲 *Abelater sinensis* Schimmel, 2004
分布：云南。
灿叩甲属 *Actenicerus* Kiesenwetter, 1858
尚灿叩甲 *Actenicerus jeanvoinei* F1eutiaux, 1936
分布：云南，广东。
斑鞘灿叩甲 *Actenicerus maculipennis* (Schwarz, 1902)
分布：云南（红河），四川，贵州，安徽，湖北，江西，湖南，广西，福建，台湾；越南，柬埔寨。
尖须叩甲属 *Agonischius* Candèze, 1863
殊尖须叩甲 *Agonischius speculifer* Fairmaire, 1889
分布：云南。

锥尾叩甲属 *Agriotes* Eschscholtz, 1829

越南锥尾叩甲 ***Agriotes tonkinensis* (Fleutiaux, 1894)**

分布：云南，贵州，浙江，江西，台湾；越南，老挝。

槽缝叩甲属 *Agrypnus* Eschscholtz, 1829

尖尾槽缝叩甲 ***Agrypnus acuminipennis* (Fairmaire, 1878)**

分布：云南，贵州，四川，湖北，江西，广西；越南，老挝。

***Agrypnus angustus* Fleutiaux, 1942**

分布：云南。

泥红槽缝叩甲 ***Agrypnus argillaceus* (Solsky, 1871)**

分布：云南，四川，西藏，贵州，吉林，辽宁，内蒙古，北京，甘肃，河南，天津，湖北，广西，海南，台湾；越南，柬埔寨，朝鲜，蒙古国，俄罗斯。

齿缘槽缝叩甲 ***Agrypnus baibaranus* Hayek, 1973**

分布：云南（普洱），西藏，贵州，四川，天津，江西，福建，台湾。

双瘤槽缝叩甲 ***Agrypnus bipapulatus* (Candèze, 1865)**

分布：云南，贵州，四川，吉林，辽宁，内蒙古，河南，湖北，江苏，江西，广西，福建，台湾；日本，朝鲜。

***Agrypnus colonicus* Candèze, 1882**

分布：云南。

***Agrypnus costicollis* (Candèze, 1857)**

分布：云南；尼泊尔。

血红槽缝叩甲 ***Agrypnus davidis* Fairmaire, 1878**

分布：云南，贵州，四川，西藏，辽宁，宁夏，山西，甘肃，江苏，湖北，湖南，福建。

横瘤槽缝叩甲 ***Agrypnus gypsatus* (Candèze, 1891)**

分布：云南，贵州。

蜡槽缝叩甲 ***Agrypnus lapideus* Candèze, 1857**

分布：云南。

竖毛槽缝叩甲 ***Agrypnus setiger* Bates, 1866**

分布：云南，广东，天津。

中华槽缝叩甲 ***Agrypnus sinensis* (Candèze, 1857)**

分布：云南（玉溪），西藏，广东；越南，老挝，柬埔寨，印度尼西亚。

云叩甲属 *Alaus* Eschscholtz, 1829

雕纹云叩甲 ***Alaus sculptus* (Westwood, 1848)**

分布：云南，西藏；印度，越南，老挝，泰国。

椎胸叩甲属 *Ampedus* Dejean, 1833

***Ampedus becvari* Schimmel, 2003**

分布：云南。

***Ampedus commutabilis* Schimmel, 1993**

分布：云南。

高黎贡山椎胸叩甲 ***Ampedus gaoligongshanus* Schimmel, 1996**

分布：云南（保山）。

***Ampedus jendeki* Schimmel, 1993**

分布：云南。

丽江椎胸叩甲 ***Ampedus lijiangensis* Schimmel, 1996**

分布：云南。

***Ampedus luguanus* Schimmel, 2003**

分布：云南。

***Ampedus rasilis* Schimmel, 1993**

分布：云南。

***Ampedus sausai* Schimmel, 1996**

分布：云南。

西藏椎胸叩甲 ***Ampedus tibetanus* Schimmel, 1993**

分布：云南，西藏。

玉龙椎胸叩甲 ***Ampedus yulongshanus* Schimmel, 1993**

分布：云南。

云南椎胸叩甲 ***Ampedus yunnanus* Schimmel, 1993**

分布：云南。

短足叩甲属 *Anathesis* Candèze, 1865

扁毛短足叩甲 ***Anathesis laconoides* Candèze, 1865**

分布：云南（西双版纳），海南，台湾；越南，老挝，马来西亚，印度尼西亚，巴布亚新几内亚。

孤叶叩甲属 *Anchastelater* Fleutiaux, 1928

***Anchastelater ornatus* Fleutiaux, 1928**

分布：云南。

亮叩甲属 *Anthracalaus* Fairmaire, 1889

方盾亮叩甲 ***Anthracalaus moricii* Fairmaire, 1889**

分布：云南，四川，江苏，江西，广西，福建，广东；越南，老挝。

长胸叩甲属 *Aphanobius* Eschscholtz, 1829

迷形长胸叩甲 ***Aphanobius alaomorphus* Candèze, 1863**

分布：云南（红河），江苏，浙江，江西，湖南，台湾；马来西亚，柬埔寨，印度，缅甸，泰国，老挝，越南，新加坡。

Arhaphes Candèze, 1860

Arhaphes longicollis Schimmel & Tarnawski, 2012
分布：云南（丽江）。

高山叩甲属 *Athous* Eschscholtz, 1829

库班高山叩甲 Athous kubani Schimmel, 1998
分布：云南。

Borowiecianus Schimmel & Platia, 2007

Borowiecianus alatus Schimmel & Platia, 2007
分布：云南（丽江）。

Borowiecianus lindemeri Schimmel & Platia, 2007
分布：云南（丽江）。

Calambus Thomson, 1859

Calambus angulatus Prosvirov, 2018
分布：云南（迪庆）。

Calambus yunnanensis Schimmel & Tarnawski, 2017
分布：云南（迪庆）。

丽叩甲属 *Campsosternus* Latreille, 1834

丽叩甲 Campsosternus auratus (Drury, 1773)
分布：云南，四川，贵州，河南，湖北，江西，浙江，上海，湖南，广西，福建，广东，海南，台湾；日本，越南，老挝，柬埔寨。

腊色伟叩甲 Campsosternus castaneus (Jiang & Wang, 1999)
分布：云南（西双版纳）。

小丽叩甲 Campsosternus dohrni Westwood, 1848
分布：云南，广西；越南。

狭丽叩甲 Campsosternus elongatus Fleutiaux, 1926
分布：云南，四川，西藏，江苏。

绿腹丽叩甲 Campsosternus fruhstorferi Schwarz, 1902
分布：云南，江西，湖北，江苏，湖南，广西；越南，老挝，柬埔寨。

Campsosternus sobrinus (Candèze, 1874)
分布：云南。

Cateanus Schimmel, 2004

Cateanus lijiangensis Schimmel, 2004
分布：云南。

重脊叩甲属 *Chiagosnius* Fleutiaux, 1939

暗足重脊叩甲 Chiagosnius obscuripes (Gyllenhal, 1817)
分布：云南，四川，西藏，内蒙古，河北，江苏，安徽，浙江，湖北，江西，湖南，广西，福建，广东，台湾；日本，朝鲜，俄罗斯，越南，印度。

缝线重脊叩甲斑胸亚种 Chiagosnius suturalis maculicollis (Candèze, 1863)
分布：云南（昆明、普洱、临沧、西双版纳），广西；越南，老挝。

Chinathous Kishii & Jiang, 1996

Chinathous lizipingensis (Schimmel & Tarnawski, 2006)
分布：云南，四川。

斑叩甲属 *Cryptalaus* Ôhira, 1967

霉纹斑叩甲 Cryptalaus berus (Candèze, 1865)
分布：云南（南部），浙江，江西，湖南，广西，福建，广东，海南，台湾；日本，越南，老挝，泰国。

中华斑叩甲 Cryptalaus chinensis (Ôhira, 1970)
分布：云南，贵州。

眼纹斑叩甲指名亚种 Cryptalaus larvatus larvatus Candèze, 1874
分布：云南，四川，江苏，江西，上海，浙江，湖南，广西，福建，广东，海南，台湾。

巨斑叩甲 Cryptalaus nubilus (Candèze, 1857)
分布：云南。

刻纹斑叩甲 Cryptalaus sculptus Westwood, 1848
分布：云南，西藏，湖南，广东。

豹纹斑叩甲 Cryptalaus sordidus (Westwood, 1848)
分布：云南（西双版纳），四川，西藏，海南；印度，缅甸，斯里兰卡，越南，老挝。

角爪叩甲属 *Dicronychus* Brulle, 1832

灰斑角爪叩甲 Dicronychus extractus (Fleutiaux, 1892)
分布：云南（丽江、西双版纳）；越南。

扁额叩甲属 *Dima* Charpentier, 1825

Dima dolini Schimmel, 1996
分布：云南。

库班扁额叩甲 *Dima kubani* Schimmel, 1996
分布：云南。

丽江扁额叩甲 *Dima lijiangensis* Schimmel & Cate, 1991
分布：云南。

Dima oberthueri Schimmel, 1993
分布：云南。

云南扁额叩甲 *Dima yunnana* Fleutiaux, 1916
分布：云南。

伸叩甲属 *Ectamenogonus* Buysson, 1894
邵氏伸叩甲 *Ectamenogonus schoedei* Schimmel, 1999
分布：云南，北京，上海。

平尾叩甲属 *Gamepenthes* Fleutiaux, 1928
Gamepenthes holzschuhi Schimmel, 2003
分布：云南，四川。

八斑平尾叩甲 *Gamepenthes octoguttatus* Candèze, 1882
分布：云南。

Gamepenthes sausai Schimmel, 2003
分布：云南；缅甸。

缺尾叩甲属 *Ganoxanthus* Fleutiaux, 1928
黄条缺尾叩甲 *Ganoxanthus virgatus* (Candèze, 1892)
分布：云南（红河、西双版纳），西藏；老挝。

瘤盾叩甲属 *Gnathodicrus* Fleutiaux, 1934
苍山瘤盾叩甲 *Gnathodicrus cangshanensis* Schimmel & Tarnawski, 2006
分布：云南（大理）。

德宏瘤盾叩甲 *Gnathodicrus dehongdaiensis* Schimmel & Tarnawski, 2008
分布：云南（德宏）。

埃伯瘤盾叩甲 *Gnathodicrus erberi* Schimmel & Tarnawski, 2006
分布：云南（昆明）。

库班瘤盾叩甲 *Gnathodicrus kubani* Schimmel & Tarnawski, 2006
分布：云南（大理）。

库塞瘤盾叩甲 *Gnathodicrus kucerai* Schimmel & Tarnawski, 2006
分布：云南。

直角瘤盾叩甲 *Gnathodicrus perpendicularis* (Fleutiaux, 1918)
分布：云南，浙江；越南。

越南瘤盾叩甲 *Gnathodicrus tonkinensis* (Fleutiaux, 1918)
分布：云南，四川；越南，老挝。

云南瘤盾叩甲 *Gnathodicrus yunnanensis* Schimmel & Tarnawski, 2006
分布：云南。

中甸瘤盾叩甲 *Gnathodicrus zhongdianensis* Schimmel & Tarnawski, 2008
分布：云南。

海叩甲属 *Hayekpenthes* Ôhira, 1970
Hayekpenthes flavus Schimmel, 2004
分布：云南。

球胸叩甲属 *Hemiops* Laporte, 1838
黄足球胸叩甲 *Hemiops flava* Laporte, 1838
分布：云南（保山、西双版纳），浙江，湖南，广东，海南，台湾；缅甸，老挝，菲律宾，印度，孟加拉国，印度尼西亚。

长角球胸叩甲 *Hemiops substriata* Fleutiaux, 1902
分布：云南（德宏、普洱、红河、西双版纳），湖南，福建，台湾；越南。

异刻叩甲属 *Heteroderes* Latreille, 1834
宽胸异刻叩甲 *Heteroderes albicans* Candèze, 1878
分布：云南（德宏），四川，西藏，湖北，广东，海南，台湾；越南，老挝，柬埔寨，泰国，印度。

长胸异刻叩甲 *Heteroderes macroderes* Candèze, 1859
分布：云南（德宏）；越南，老挝，缅甸，印度，尼泊尔。

胖叩甲属 *Hypnoidus* Dillwyn, 1829
短胸胖叩甲 *Hypnoidus brevicollis* Dolin & Cate, 2002
分布：云南（迪庆），陕西。

Hypnoidus conformis Dolin & Cate, 2003
分布：云南（迪庆）。

Hypnoidus jeffreyi Dolin & Cate, 2002
分布：云南，四川，西藏。

Hypnoidus murzini Dolin & Cate, 2002
分布：云南（丽江）。

泽叩甲属 *Hypoganus* Kiesenwetter, 1858
玉龙泽叩甲 *Hypoganus tibetis* Cechovsky & Kubin, 1997
分布：云南（丽江）。
文娜泽叩甲 *Hypoganus wennae* Qiu & Prosvirov, 2017
分布：云南（红河）。

鳞叩甲属 *Lacon* Laporte, 1838
二色鳞叩甲 *Lacon bicolor* Fleutiaux, 1940
分布：云南。
迪庆鳞叩甲 *Lacon diqingensis* Prosvirov, 2016
分布：云南（丽江、迪庆）。
哈巴山鳞叩甲 *Lacon habashanensis* Platia, Mertlik & Dušánek, 2023
分布：云南（迪庆）。
饕餮鳞叩甲 *Lacon taotie* Qiu & Prosvirov, 2023
分布：云南（迪庆）。
丽江鳞叩甲 *Lacon lijiangensis* Prosvirov, 2016
分布：云南（丽江）。
红翅鳞叩甲 *Lacon rubripennis* Fleutiaux, 1940
分布：云南。
Lacon salvazai (Fleutiaux, 1918)
分布：云南（西双版纳）。
Lacon yejiei Qiu & Prosvirov, 2023
分布：云南（怒江）。
云南鳞叩甲 *Lacon yunnanus* Fleutiaux, 1940
分布：云南。

皮叩甲属 *Lanelater* Arnett, 1952
等胸皮叩甲 *Lanelater aequalis* (Candèze, 1857)
分布：云南（红河、德宏），陕西，山西，江西，广西，广东，海南，台湾；越南，缅甸，孟加拉国，斯里兰卡，印度。

Ludigenoides Platia, 2004
Ludigenoides melantoides Fleutiaux, 1940
分布：云南。

鲁叩甲属 *Ludigenus* Candèze, 1863
滑鲁叩甲 *Ludigenus politus* Candèze, 1863
分布：云南，海南。

双脊叩甲属 *Ludioschema* Reitter, 1891
暗足双脊叩甲 *Ludioschema obscuripes* Gyllenhal, 1817
分布：云南，四川，西藏，河北，湖北，江苏，江西，浙江，湖南，广西，福建，广东，香港，台湾。
Ludioschema suturale maculicolle Fleutiaux, 1940
分布：云南，广西。

檐额叩甲属 *Megapenthes* Kiesenwetter, 1858
大具檐额叩甲 *Megapenthes dajuensis* Schimmel, 2004
分布：云南。
东川檐额叩甲 *Megapenthes dongchuanensis* Schimmel, 2004
分布：云南。
Megapenthes funebrioides Schimmel, 2004
分布：云南。
红鞘檐额叩甲 *Megapenthes funebris* Candèze, 1882
分布：云南。
鸡足山檐额叩甲 *Megapenthes jizuensis* Schimmel, 2004
分布：云南，四川。
库班檐额叩甲 *Megapenthes kubani* Schimmel, 2004
分布：云南。
Megapenthes rugosus Schimmel, 2004
分布：云南。
Megapenthes semelai Schimmel, 2004
分布：云南。
云南檐额叩甲 *Megapenthes yunnanus* Schimmel, 2004
分布：云南。

梳爪叩甲属 *Melanotus* Eschscholtz, 1829
窄梳爪叩甲 *Melanotus arctus* Candèze, 1882
分布：云南，四川，江苏，江西。
Melanotus atratus Fleutiaux, 1933
分布：云南。
奥氏梳爪叩甲 *Melanotus auberti* Platia & Schimmel, 2001
分布：云南，贵州。
Melanotus augustus Platia & Schimmel, 2002
分布：云南。
Melanotus becvari Platia & Schimmel, 2002
分布：云南。
毕氏梳爪叩甲 *Melanotus binaghii* Platia & Schimmel, 1991
分布：云南，四川，西藏。

Melanotus bocaki Platia & Schimmel, 2001
分布：云南，四川。

Melanotus carinulatus Platia & Schimmel, 2001
分布：云南。

Melanotus carnosus Platia & Schimmel, 2001
分布：云南。

Melanotus castanipes (Paykull, 1800)
分布：云南，四川，吉林，陕西；俄罗斯，印度，巴基斯坦，土耳其。

Melanotus cavaleriei Platia & Schimmel, 2001
分布：云南。

Melanotus combyi Platia & Schimmel, 2001
分布：云南。

Melanotus comptus Platia & Schimmel, 2001
分布：云南。

考氏梳爪叩甲 *Melanotus coomani* Platia & Schimmel, 2001
分布：云南。

筛胸梳爪叩甲 *Melanotus cribricollis* Faldermann, 1835
分布：云南，贵州，四川，辽宁，内蒙古，陕西，甘肃，河北，北京，上海，江苏，浙江，湖南，福建。

Melanotus dejeani Platia & Schimmel, 2001
分布：云南。

扁胸梳爪叩甲 *Melanotus depressicollis* Fleutiaux, 1933
分布：云南；老挝。

Melanotus dignus Platia & Schimmel, 2001
分布：云南。

Melanotus dilutus Platia & Schimmel, 2001
分布：云南。

Melanotus dubernardi Platia & Schimmel, 2001
分布：云南。

Melanotus dubiosus Platia & Schimmel, 2001
分布：云南。

Melanotus duchainei Platia & Schimmel, 2001
分布：云南，江西，广东，海南，香港。

Melanotus dussauti Fleutiaux, 1918
分布：云南。

Melanotus escalerai Platia & Schimmel, 2001
分布：云南。

长鞘梳爪叩甲 *Melanotus excelsus* Platia & Schimmel, 2001
分布：云南。

Melanotus excoffieri Platia & Schimmel, 2001
分布：云南。

Melanotus farkaci Platia & Schimmel, 2001
分布：云南。

Melanotus ferreroi Platia & Schimmel, 2001
分布：云南。

Melanotus fleutiauxi Platia & Schimmel, 2001
分布：云南，浙江。

Melanotus fortunati Platia & Schimmel, 2001
分布：云南，贵州，四川，浙江。

Melanotus fougueorum Platia & Schimmel, 2004
分布：云南。

Melanotus frontalis Platia & Schimmel, 2001
分布：云南，浙江。

Melanotus fruhstorferi Platia & Schimmel, 2001
分布：云南，贵州。

舟梳爪叩甲 *Melanotus fuscus* (Fabricius, 1801)
分布：云南（红河），四川，贵州，台湾；越南，老挝，缅甸，印度，斯里兰卡，印度尼西亚。

Melanotus girardi Platia & Schimmel, 2001
分布：云南，四川，西藏。

Melanotus glanei Platia & Schimmel, 2001
分布：云南。

哈巴梳爪叩甲 *Melanotus habaensis* Platia, 2007
分布：云南，贵州。

希氏梳爪叩甲 *Melanotus hiekei* Platia & Schimmel, 1991
分布：云南，西藏。

毛角梳爪叩甲 *Melanotus hirticornis* Herbst, 1806
分布：云南，贵州，四川，海南。

Melanotus jagemanni J'latia & Schimmel, 2002
分布：云南，四川。

Melanotus kabateki Platia & Schimmel, 2002
分布：云南，四川。

Melanotus kiungdoni Platia & Schimmel, 2001
分布：云南，西藏。

Melanotus kolthoffi Platia & Schimmel, 2001
分布：云南，西藏，湖南。

库班梳爪叩甲 *Melanotus kubani* **Platia &
Schimmel, 2001**
分布：云南。

Melanotus kucerai **Platia & Schimmel, 2002**
分布：云南。

Melanotus languidus **Platia & Schimmel, 2001**
分布：云南。

筛头梳爪叩甲指名亚种 *Melanotus legatus legatus*
Candèze, 1860
分布：云南，山东，甘肃，广西，福建。

刘氏梳爪叩甲 *Melanotus liui* **Platia & Schimmel,
2001**
分布：云南。

Melanotus malaisei **Fleutiaux, 1942**
分布：云南。

Melanotus medianus **Platia & Schimmel, 2002**
分布：云南。

Melanotus mertliki **Platia & Schimmel, 2001**
分布：云南。

Melanotus mniszechi **Platia & Schimmel, 2001**
分布：云南。

Melanotus murzini **Platia & Schimmel, 2002**
分布：云南。

Melanotus opaeus **Platia & Schimmel, 2001**
分布：云南，四川，贵州，江西，浙江，湖南。

Melanotus pseudoalburnus **Platia & Schimmel,
2001**
分布：云南。

Melanotus pullatus **Platia & Schimmel, 2001**
分布：云南。

Melanotus pusillus **Platia & Schimmel, 2001**
分布：云南。

Melanotus roannei **Platia & Schimmel, 2001**
分布：云南。

Melanotus rugosipennis **Fleutiaux, 1933**
分布：云南。

Melanotus savioi **Platia & Schimmel, 2001**
分布：云南。

Melanotus schoenmanni **Platia & Schimmel, 2001**
分布：云南，四川。

扁胸梳爪叩甲 *Melanotus sdepressicollis* **Fleutiaux,
1933**
分布：云南；老挝。

Melanotus solus **Platia & Schimmel, 2001**
分布：云南，四川，江西。

Melanotus sordidus **Platia & Schimmel, 2001**
分布：云南，西藏，四川，江西。

Melanotus souliei **Platia & Schimmel, 2001**
分布：云南。

Melanotus spevari **Platia & Schimmel, 2001**
分布：云南，四川。

亚棘梳爪叩甲 *Melanotus subspinosus* **Platia &
Schimmel, 2001**
分布：云南，四川，陕西，湖北；尼泊尔。

Melanotus tristis **Platia & Schimmel, 2001**
分布：云南，四川。

Melanotus umbrosus **Platia & Schimmel, 2001**
分布：云南。

Melanotus vaillanti **Platia & Schimmel, 2001**
分布：云南。

变色梳爪叩甲 *Melanotus variabilis* **Platia &
Schimmel, 2001**
分布：云南，西藏，四川，广西。

脉鞘梳爪叩甲 *Melanotus venalis* **Candèze, 1860**
分布：云南，江西，浙江，湖南。

毛梳爪叩甲 *Melanotus villosus* **(Geoffroy, 1785)**
分布：云南。

吴氏梳爪叩甲 *Melanotus wui* **Platia & Schimmel,
2001**
分布：云南。

云南梳爪叩甲 *Melanotus yunnanensis* **Platia &
Schimmel, 2001**
分布：云南。

钝尾叩甲属 *Melanoxanthus* Eschscholtz, 1833
黑端钝尾叩甲 *Melanoxanthus melanurus* **Candèze,
1878**
分布：云南（西双版纳）。

刻角叩甲属 *Mulsanteus* Gozis, 1875
云南刻角叩甲 *Mulsanteus yunnanensis* **Schimmel &
Tarnawski, 2011**
分布：云南（西双版纳）；老挝，缅甸。

行体叩甲属 *Nipponoelater* Kishii, 1985
印中行体叩甲 *Nipponoelater indosinensis* **Schimmel &
Tarnawski, 2010**
分布：云南（普洱）；泰国，老挝，越南。

中国行体叩甲 *Nipponoelater sinensis* (Candèze, 1881)

分布：云南，陕西，福建。

尖鞘叩甲属 *Oxynopterus* Hope, 1842

大尖鞘叩甲 *Oxynopterus annamensis* Fleutiaux, 1918

分布：云南（西双版纳）；越南，老挝。

厚叩甲属 *Pachyderes* Guerin-Meneville, 1830

黑厚叩甲 *Pachyderes niger* Candèze, 1878

分布：云南；尼泊尔。

异品叩甲属 *Parapenia* Suzuki, 1982

Parapenia jagemanni Schimmel, 2002

分布：云南。

Parapenia significata Schimmel, 1998

分布：云南。

Parapenia tonkinensis Fleutiaux, 1918

分布：云南。

云南异品叩甲 *Parapenia yunnana* Schimmel, 1993

分布：云南。

薄叩甲属 *Penia* Laporte, 1838

高黎贡山薄叩甲 *Penia gaoligongshana* Schimmel, 1996

分布：云南。

峨眉山薄叩甲 *Penia omeishanensis* Schimmel, 1996

分布：云南，四川。

绍萨薄叩甲 *Penia sausai* Schimmel, 1996

分布：云南（高黎贡山）；越南。

云南薄叩甲 *Penia yunnana* Schimmel, 1993

分布：云南。

裂爪叩甲属 *Phorocardius* Fleutiaux, 1931

宽体裂爪叩甲 *Phorocardius magnus* Fleutiaux, 1931

分布：云南（西双版纳），海南；印度，越南。

Phorocardius manuleatus (Candèze, 1888)

分布：云南（普洱、西双版纳）；缅甸，老挝，越南。

黑翅裂爪叩甲 *Phorocardius melanopterus* (Candeza, 1878)

分布：云南（西双版纳）；越南。

栗色裂爪叩甲 *Phorocardius unguicularis* (Fleutiaux, 1918)

分布：云南（丽江、西双版纳），四川，海南；缅甸，泰国，老挝，越南，柬埔寨，马来西亚，新加坡。

Phorocardius rufiposterus Ruan & Douglas, 2020

分布：云南（普洱、西双版纳）。

短角裂爪叩甲 *Phorocardius yanagiharae* (Miwa, 1927)

分布：云南（普洱、德宏、西双版纳），四川，台湾。

紫薇裂爪叩甲 *Phorocardius zhiweii* Ruan, Douglas & Qiu, 2020

分布：云南（德宏）。

齿爪叩甲属 *Platynychus* Motschoulsky, 1859

棱脊齿爪叩甲 *Platynychus costatus* (Fleutiaux, 1918)

分布：云南（怒江）；柬埔寨。

暗齿爪叩甲 *Platynychus nebulosus* Motschulsky, 1858

分布：云南。

Poemnites Buysson, 1894

Poemnites perpendicularis (Fleutiaux, 1918)

分布：云南，浙江。

Poemnites speculifer Candèze, 1889

分布：云南。

Poemnites tonkinensis Fleutiaux, 1918

分布：云南。

弓背叩甲属 *Priopus* Laporte, 1840

利角弓背叩甲 *Priopus angulatus* Candèze, 1860

分布：云南，贵州，四川，甘肃，河南，湖北，江苏，江西，湖南，广西，福建，广东，海南，香港，台湾。

Priopus basilaris Schenkling, 1927

分布：云南。

Priopus brevis Candèze, 1897

分布：云南。

Priopus diversus Fleutiaux, 1933

分布：云南。

奇弓背叩甲 *Priopus mirabilis* F1eutiaux, 1923

分布：云南。

饰弓背叩甲 *Priopus ornatus* Candèze, 1891

分布：云南。

红鞘弓背叩甲 *Priopus pulchellus* (Fleutiaux, 1923)

分布：云南（北部），四川。

伪斯叩甲属 *Pseudocsikia* Schimmel & Platia, 1991

高黎贡山伪斯叩甲 ***Pseudocsikia gaoligongshana*** **Schimmel, 1996**

分布：云南。

微叩甲属 *Quasimus* Gozis, 1886

Quasimus wrasei **Schimmel & Tarnawski, 2011**

分布：云南（保山）。

盾叩甲属 *Scutellathous* Kishii, 1955

Scutellathous habenularis **Liu & Jiang, 2019**

分布：云南（高黎贡山）。

金叩甲属 *Selatosomus* Stephens, 1830

黄氏金叩甲 ***Selatosomus huanghaoi*** **Qiu, 2018**

分布：云南（迪庆）。

Sinelater Laurent, 1967

Sinelater perroti **(Fleutiaux, 1940)**

分布：云南（红河），四川，贵州，西藏，湖北，江西，江苏，湖南，福建，广东，海南；老挝，不丹，缅甸。

截额叩甲属 *Silesis* Candèze, 1863

Silesis granarius **Candèze, 1895**

分布：云南，四川；尼泊尔，印度。

Silesis jagemanni **(Cate, 1934)**

分布：云南，四川。

Silesis jendeki **Platia & Schimmel, 1996**

分布：云南。

Silesis krali **Platia & Schimmel, 1996**

分布：云南。

库班截额叩甲 ***Silesis kubani*** **Platia & Schimmel, 1993**

分布：云南，西藏。

Silesis longipennis **Schwarz, 1902**

分布：云南。

Silesis melanocephalus **Fleutiaux, 1918**

分布：云南。

云南截额叩甲 ***Silesis yunnanensis*** **Platia & Schimmel, 1996**

分布：云南。

发光扣甲属 *Sinopyrophorus* Bi & Li, 2019

云南发光扣甲 ***Sinopyrophorus schimmeli*** **Bi & Li, 2019**

分布：云南（德宏）。

Tarnawskianus Schimmel & Platia, 2007

Tarnawskianus becvari **Schimmel & Platia, 2007**

分布：云南（迪庆）。

Tarnawskianus kubani **(Schimmel, 1998)**

分布：云南。

Tarnawskianus kucerai **Schimmel & Platia, 2007**

分布：云南（迪庆、丽江）。

Tarnawskianus yanmenensis **Schimmel & Platia, 2007**

分布：云南。

钟胸叩甲属 *Tropihypnus* Reitter, 1905

Tropihypnus wrasei **Schimmel & Tarnawski, 2008**

分布：云南（大理）。

短角叩甲属 *Vuilletus* Fleutiaux, 1939

谷短角叩甲 ***Vuilletus gurjevae*** **Platia, 1938**

分布：云南，四川，贵州，广西。

土叩甲属 *Xanthopenthes* Fleutiaux, 1928

Xanthopenthes minimus **Schimmel, 2004**

分布：云南。

Xanthopenthes parvulus **Fleutiaux, 1928**

分布：云南。

玲珑叩甲属 *Zorochros* Thomson, 1859

Zorochros sausai **(Dolin, 2002)**

分布：云南。

云南玲珑叩甲 ***Zorochros yunnanus*** **Fleutiaux, 1940**

分布：云南，贵州。

奥萤科 Omalisidae

Drilonius Kiesenwetter, 1874

Drilonius chinensis **Wittmer, 1995**

分布：云南。

Drilonius flavipennis **Kazantsev, 2010**

分布：云南（大理）。

伪长花蚤科 Artematopidae

真长花蚤属 *Eurypogon* Motschulsky, 1859
嘉氏真长花蚤 *Eurypogon jaechi* Kundrata, Bocakova & Bocak, 2013
分布：云南（昭通、丽江）。
黑水真长花蚤 *Eurypogon heishuiensis* Kundrata,

Bocakova & Bocak, 2013
分布：云南（丽江）。
Eurypogon ruzickai Packova, Hájek, Geiser & Kundrata, 2024
分布：云南（迪庆）。

叶角甲科 Plastoceridae

叩萤属 *Plastocerus* Schaum, 1852
Plastocerus thoracicus Fleutiaux, 1918

分布：云南，河南，江西，广西，香港；越南。

隐唇叩甲科 Eucnemidae

福隐唇叩甲属 *Fornax* Laporte, 1835
前胸福隐唇叩甲 *Fornax prostemalis* Fleutiaux, 1925
分布：云南。

Miruantennus Otto, 2016
Miruantennus chinensis Otto, 2017
分布：云南（西双版纳）。

扁泥甲科 Psephenidae

网纹扁泥甲属 *Dicranopselaphus* Guerin-Meneville, 1861
二色网纹扁泥甲 *Dicranopselaphus bicolor* Lee & Yang, 1996
分布：云南（大理）。
红色网纹扁泥甲 *Dicranopselaphus rufus* Pic, 1916
分布：云南。

点刻扁泥甲属 *Homoeogenus* Waterhouse, 1880
云南点刻扁泥甲 *Homoeogenus elongatus* Lee & Yang, 1995
分布：云南（大理）。

条背扁泥甲属 *Macroeubria* Pic, 1916
Macroeubria difusa Lee, Yang & Sato, 1999
分布：云南；不丹，尼泊尔，印度。

六鳃扁泥甲属 *Mataeopsephus* Waterhouse, 1876
小六鳃扁泥甲 *Mataeopsephus minimus* Lee, Jich & Sato, 2003
分布：云南。

扇角扁泥甲属 *Schinostethus* Waterhouse, 1880
黑角扇角扁泥甲 *Schinostethus nigricornis* Waterhouse, 1880
分布：云南，福建，香港；印度，尼泊尔，土耳其。
Schinostethus notatithorax (Pic, 1923)
分布：云南（保山）；越南，老挝。

泥甲科 Dryopidae

赫泥甲属 *Helichus* Erichson, 1847

***Helichus crenulanus* Kodada & Jach, 1995**
分布：云南（丽江）。

***Helichus haraldi* Kodada & Jach, 1995**

分布：云南（丽江）。

***Helichus lareynioides* Champion, 1924**
分布：云南（保山）；尼泊尔，印度。

溪泥甲科 Elmidae

Dryopomorphus Hinton, 1936
***Dryopomorphus ruiliensis* Bian, Dong & Peng, 2018**
分布：云南（德宏、西双版纳）。

Graphelmis Delève, 1968
***Graphelmis clermonti* (Pic, 1923)**
分布：云南。

***Graphelmis dulongensis* Dong & Bian, 2020**
分布：云南（怒江）。

***Graphelmis jaechi* Ciampor, 2001**
分布：云南，安徽，江西，湖南，广西，福建，广东，香港。

格长角泥甲属 *Grouvellinus* Champion, 1923

***Grouvellinus denticulatus* Bian & Jäch, 2018**
分布：云南（西双版纳）。

***Grouvellinus elongatus* Bian & Zhang, 2023**
分布：云南（大理）。

***Grouvellinus ligulaceus* Bian & Zhang, 2023**
分布：云南（怒江）。

***Grouvellinus lubricus* Bian & Zhang, 2023**
分布：云南（德宏）。

***Grouvellinus macilentus* Bian & Zhang, 2023**
分布：云南（保山）。

***Grouvellinus nujiangensis* Bian & Zhang, 2023**
分布：云南（怒江）。

***Grouvellinus pengi* Bian & Zhang, 2023**
分布：云南（保山）。

华格长角泥甲 *Grouvellinus sinensis* Grouvelle, 1906
分布：云南。

***Grouvellinus spiculatus* Bian & Zhang, 2023**
分布：云南（怒江）。

***Grouvellinus spnaericus* Bian & Zhang, 2023**
分布：云南（德宏）。

Heterlimnius Hinton, 1953
***Heterlimnius hisamatsui* Kamite, 2009**
分布：云南（迪庆、丽江），四川。

Indosolus Bollow, 1940
***Indosolus nitidus* Bollow, 1940**
分布：云南。

Laorina Jäch, 1997
***Laorina schillhammeri* Jäch, 1997**
分布：云南。

Macronychus Muller, 1806
***Macronychus kubani* Ciampor & Kodada, 1998**
分布：云南，四川。

***Macronychus reticulatus* Ciampor & Kodada, 1998**
分布：云南，湖南，广东。

Potamophilinas Grouvelle, 1896
***Potamophilinas bispinosus* Bollow, 1938**
分布：云南。

Urumaelmis Satô, 1963
***Urumaelmis yunnanensis* Bian & Wang, 2021**
分布：云南（保山）。

Zaitzeviaria Nomura, 1959
***Zaitzeviaria atratula* (Grouvelle, 1911)**
分布：云南。

细溪泥甲属 *Zaitzevia* Champion, 1923
***Zaitzevia chenzhitengi* Jiang & Wang, 2020**
分布：云南（怒江），四川，陕西。
高黎贡山细溪泥甲 *Zaitzevia gaoligongensis* Bian & Zhang, 2022
分布：云南（保山）。

***Zaitzevia muchenae* Bian & Zhang, 2022**
分布：云南（大理、怒江、西双版纳）。
***Zaitzevia reniformis* Bian & Zhang, 2022**
分布：云南（保山）。
***Zaitzevia xiongzichuni* Jiang & Wang, 2020**
分布：云南（临沧）。

泽甲科 Limnichidae

Caccothryptus Sharp, 1902
Caccothryptus yunnanensis Yoshitomi, 2018
分布：云南（德宏）。

头泥甲属 *Cephalobyrrhus* Pic, 1923

拜氏头泥甲 *Cephalobyrrhus bertiae* Pütz, 1998
分布：云南。
短须头泥甲 *Cephalobyrrhus brevipalpis* Pütz, 1998
分布：云南。

沟背甲科 Helophoridae

沟背甲属 *Helophorus* Fabricius, 1775
奥丽沟背甲 *Helophorus auriculatus* Sharp, 1884
分布：云南，黑龙江，新疆，青海，北京，陕西，河南，湖北，江苏，安徽，江西，浙江，湖南，广

西；日本。
齿沟背甲 *Helophorus sibiricus* (Motschulsky, 1860)
分布：云南，黑龙江，内蒙古；俄罗斯，日本，蒙古国，芬兰，挪威，瑞典。

条脊牙甲科 Hydrochidae

条脊牙甲属 *Hydrochus* Leach, 1817
越南条脊牙甲 *Hydrochus annamita* Regimbart，1903
分布：云南，贵州，四川，上海，湖北，江西，湖南，广西，福建，广东，海南；印度，越南，菲律宾。

日本条脊牙甲 *Hydrochus japonicus* Sharp, 1873
分布：云南，贵州，四川，上海，湖北，江西，湖南，广西，福建，广东，海南；印度，越南，菲律宾。

牙甲科 Hydrophilidae

阿牙甲属 *Agraphydrus* Réimbart, 1903
敏捷阿牙甲 *Agraphydrus agilis* Komarek & Hebauer, 2018
分布：云南（西双版纳），广西；越南。
艰阿牙甲 *Agraphydrus arduus* Komarek & Hebauer, 2018
分布：云南（普洱、红河、怒江、楚雄、西双版纳），

湖北，广东。
细阿牙甲 *Agraphydrus attenuates* (Hebauer, 2000)
分布：云南（普洱、西双版纳）；越南，老挝。
混阿牙甲 *Agraphydrus confusus* Komarek & Hebauer, 2018
分布：云南（西双版纳），贵州，香港；越南。

长翅阿牙甲 *Agraphydrus longipenis* **Komarek & Hebauer, 2018**

分布：云南（西双版纳）；老挝。

东方阿牙甲 *Agraphydrus orientalis* **d'Orchymont, 1932**

分布：云南，台湾。

Agraphydrus pygmaeus **(Knisch, 1924)**

分布：云南（保山、德宏），西藏；不丹，印度，尼泊尔。

小阿牙甲 *Agraphydrus reductus* **Komarek & Hebauer, 2018**

分布：云南（普洱、西双版纳）。

施氏阿牙甲 *Agraphydrus schoenmanni* **Komarek & Hebauer, 2018**

分布：云南（普洱、楚雄、西双版纳）。

毛阿牙甲 *Agraphydrus setifer* **Komarek & Hebauer, 2018**

分布：云南（普洱、西双版纳）；越南。

丽阿牙甲 *Agraphydrus splendens* **Komarek & Hebauer, 2018**

分布：云南（普洱、西双版纳）；老挝。

钩阿牙甲 *Agraphydrus uncinatus* **Komarek & Hebauer, 2018**

分布：云南（西双版纳）。

多变阿牙甲 *Agraphydrus variabilis* **Komarek & Hebauer, 2018**

分布：云南（普洱），四川，贵州，甘肃，陕西，山东，安徽，湖北，江西，浙江，湖南，广西，福建，广东，香港，台湾。

云南阿牙甲 *Agraphydrus yunnanensis* **Komarek & Hebauer, 2018**

分布：云南（普洱、西双版纳）。

隆牙甲属 *Allocotocerus* Kraatz, 1883

劣隆牙甲 *Allocotocerus subditus* **d'Orchymont, 1939**

分布：云南。

革牙甲属 *Ametor* Semenov, 1900

窄斑革牙甲 *Ametor rudesculptus* **Semenov, 1900**

分布：云南，四川，西藏；尼泊尔，印度，不丹，中亚。

皱革牙甲 *Ametor rugosus* **(Knisch, 1924)**

分布：云南（保山），四川，西藏，上海；不丹，

尼泊尔，印度。

隔牙甲属 *Amphiops* Erichson, 1843

斜隔牙甲 *Amphiops mater* **Sharp, 1873**

分布：云南（西双版纳），四川，贵州，北京，天津，湖北，江苏，江西，上海，浙江，湖南，广西，福建，广东，海南；日本，韩国，柬埔寨，印度，印度尼西亚，斯里兰卡，越南。

弥隔牙甲 *Amphiops mirabilis* **Sharp, 1890**

分布：云南（西双版纳），山东，江苏，广东，海南；斯里兰卡。

云南隔牙甲 *Amphiops yunnanensis* **Pu, 1963**

分布：云南（西双版纳）。

毛腿牙甲属 *Anacaena* Thomson, 1859

短翅毛腿牙甲 *Anacaena brachypenis* **Komarek, 2012**

分布：云南。

布毛腿牙甲 *Anacaena bushiki* **Pu, 1963**

分布：云南（保山），湖南。

高黎贡毛腿牙甲 *Anacaena gaoligongshana* **Komarek, 2012**

分布：云南。

格毛腿牙甲 *Anacaena gerula* **Orchymont, 1942**

分布：云南。

凤龙毛腿牙甲 *Anacaena jiafenglongi* **Komarek, 2012**

分布：云南。

予毛腿牙甲 *Anacaena lancifera* **Pu, 1963**

分布：云南，四川，吉林，江西，湖南，福建，广东。

斑毛腿牙甲 *Anacaena maculata* **Pu, 1964**

分布：云南，贵州，江西，湖南，广西，广东，福建。

莫氏毛腿牙甲 *Anacaena modesta* **d'Orchymont, 1932**

分布：云南（德宏、怒江）。

拟云南毛腿牙甲 *Anacaena pseudoyunnanensis* **Jia, 1997**

分布：云南。

蒲氏毛腿牙甲 *Anacaena pui* **Komarek, 2012**

分布：云南，贵州，四川，湖北，江西。

邵氏毛腿牙甲 *Anacaena schoenmanni* **Komarek, 2012**

分布：云南（保山）。

云南毛腿牙甲 *Anacaena yunnanensis* Orchymont, 1942

分布：云南，湖南，广西。

刺鞘牙甲属 *Berosus* Leach, 1817

中国贝牙甲 *Berosus chinensis* Knisch, 1922

分布：云南，广西，广东，香港；阿富汗，伊朗，尼泊尔，巴基斯坦，印度。

齿腹刺鞘牙甲 *Berosus dentatis* Wu, Wu & Pu, 1997

分布：云南，四川，贵州，黑龙江，浙江，江西，湖北，湖南，福建，广东。

长贝牙甲 *Berosus elongatulus* Jordan, 1894

分布：云南，江西，广西，广东，福建，香港，台湾；日本，阿富汗。

费氏贝牙甲 *Berosus fairmairei* Zaitzev, 1908

分布：云南（红河、西双版纳），黑龙江，新疆，天津，河南，浙江，广西，福建，广东，海南，香港；日本，尼泊尔，巴基斯坦，东南亚。

黄氏刺鞘牙甲 *Berosus huangi* Jia & Pu, 1997

分布：云南。

暗贝牙甲 *Berosus incretus* d'Orchymont, 1937

分布：云南，广西，广东，海南，香港，澳门，台湾；日本，尼泊尔，印度。

印度刺鞘牙甲 *Berosus indicus* (Motschulsky, 1861)

分布：云南，四川，贵州，湖北，江西，湖南，广西，福建，台湾，广东，海南；印度，斯里兰卡，缅甸，越南，老挝，柬埔寨，马来西亚，印度尼西亚，文莱，菲律宾。

旖旎贝牙甲 *Berosus ineditus* d'Orchymont, 1937

分布：云南。

路氏贝牙甲 *Berosus lewisius* Sharp, 1873

分布：云南（昆明、红河、普洱、玉溪），四川，黑龙江，内蒙古，陕西，北京，山西，浙江，江苏，江西，湖北，湖南，广西，广东，香港；俄罗斯，日本，蒙古国，朝鲜半岛。

柔贝牙甲 *Berosus pulchellus* MacLeay, 1825

分布：云南（西双版纳），贵州，四川，湖北，江苏，江西，浙江，湖南，广西，福建，广东，台湾，海南，香港；日本，尼泊尔，印度，中东。

云南刺鞘牙甲 *Berosus yunnanensis* Jia & Pu, 1997

分布：云南。

梭腹牙甲属 *Cercyon* Leach, 1817

分梭腹牙甲 *Cercyon divisus* Hebauer, 2002

分布：云南（迪庆、丽江、怒江），四川；印度，尼泊尔。

黄边梭腹牙甲 *Cercyon flavimarginatus* Ryndevich, Jia & Fikáček, 2017

分布：云南（迪庆）。

卡巴克梭腹牙甲 *Cercyon kabaki* Ryndevich, Jia & Fikáček, 2017

分布：云南（怒江）。

库班梭腹牙甲 *Cercyon kubani* Ryndevich, Jia & Fikáček, 2017

分布：云南（大理）。

黄条梭腹牙甲 *Cercyon lineolatus* (Motschulsky, 1863)

分布：云南，广东，台湾；中东，斯里兰卡，印度，尼泊尔，菲律宾。

垃圾梭腹牙甲 *Cercyon quisquilius* (Linnaeus, 1760)

分布：云南，四川，甘肃，河南，内蒙古，青海，陕西，山西，江西，广西；中东，中亚，日本，蒙古国，尼泊尔，俄罗斯（远东地区），欧洲，美洲，澳大利亚。

隆缝梭腹牙甲 *Cercyon undulipennis* Ryndevich, Jia & Fikáček, 2017

分布：云南（怒江），四川。

凯牙甲属 *Chaetarthria* Stephens, 1835

Chaetarthria almonara Knisch, 1924

分布：云南（西双版纳）。

Chaetarthria almorana Knisch, 1924

分布：云南（西双版纳）；东南亚，南亚。

印度凯牙甲 *Chaetarthria indica* d'Orchymont, 1920

分布：云南（西双版纳），江西，广东；东南亚，印度。

Chaetarthria kuiyanae Jia, Wang & Aston, 2018

分布：云南（西双版纳）。

Chaetarthria malickyi Hebauer, 1995

分布：云南（普洱、西双版纳）；泰国。

克牙甲属 *Chasmogenus* Sharp, 1882

拟壮克牙甲 *Chasmogenus parorbus* Jia & Tang, 2018

分布：云南（德宏）。

陷口牙甲属 *Coelostoma* Brullé, 1835
版纳陷口牙甲 *Coelostoma bannanicum* Mai & Jia, 2022
分布：云南（西双版纳）。
库曼陷口牙甲 *Coelostoma coomani* Orchymont, 1932
分布：云南，四川，贵州，广西。
点纹陷口牙甲 *Coelostoma dactylopunctum* Mai & Jia, 2022
分布：云南（红河）。
法拉陷口牙甲 *Coelostoma fallaciosum* d'Orchymont, 1936
分布：云南，福建，广东，香港，台湾；尼泊尔。
幸运陷口牙甲 *Coelostoma fortunum* Mai & Jia, 2022
分布：云南（德宏）。
香港陷口牙甲 *Coelostoma hongkongense* Jia, Aston & Fikáček, 2014
分布：云南，香港。
宽叶陷口牙甲 *Coelostoma horni* (Réegimbart, 1902)
分布：云南，西藏；不丹，尼泊尔，中东。
黄氏陷口牙甲 *Coelostoma huangi* Jia, Aston & Fikáček, 2014
分布：云南（曲靖），江西，广西；泰国。
茅茎陷口牙甲 *Coelostoma jaculum* Jia, Angus & Bian, 2019
分布：云南（西双版纳）。
三叶陷口牙甲 *Coelostoma phallicum* Orchymont, 1940
分布：云南，广西，广东，海南。
伪玛氏陷口牙甲 *Coelostoma pseudomartensi* Mai & Jia, 2022
分布：云南（红河）。
斯图陷口牙甲 *Coelostoma stultum* (Walker, 1858)
分布：云南（西双版纳），四川，西藏，重庆，江西，山东，浙江，湖南，广西，福建，广东，海南，香港，台湾；尼泊尔，韩国，阿富汗，日本，中东。
弯顶陷口牙甲 *Coelostoma subditum* Orchymont, 1936
分布：云南，香港。
沟陷口牙甲 *Coelostoma sulcatum* Pu, 1963
分布：云南（西双版纳），西藏，浙江，江西，广西，福建，广东，澳门，台湾。
迷离陷口牙甲 *Coelostoma vagum* d'Orchymont, 1940
分布：云南（普洱、西双版纳），吉林，山东，安徽，福建。
威氏陷口牙甲 *Coelostoma vitalisi* Orchymont, 1923
分布：云南，山东，广西，广东，海南，香港。

平胸牙甲属 *Crenitis* Bedel, 1881
钩平胸牙甲 *Crenitis aduncata* Jia, Tang & Minoshima, 2016
分布：云南（保山）。
Crenitis convexa Ji & Komarek, 2003
分布：云南（丽江），四川，重庆，宁夏，陕西。
南方平胸牙甲 *Crenitis cordula* Hebauer, 1994
分布：云南；尼泊尔。
梁氏平胸牙甲 *Crenitis lianggeqiui* Jia, Tang & Minoshima, 2016
分布：云南（普洱），四川。

覆毛牙甲属 *Cryptopleurum* Mulsant, 1844
巧覆毛牙甲 *Cryptopleurum subtile* Sharp, 1884
分布：云南（德宏），四川，贵州，陕西，河北，内蒙古，青海，北京，山西，上海，湖北，江西，台湾。
沟覆毛牙甲 *Cryptopleurum sulcatum* Motschulsky, 1863
分布：云南（德宏），海南；印度，斯里兰卡，越南，马来西亚，新加坡，缅甸，泰国。

点纹牙甲属 *Dactylosternum* Wollaston, 1854
兄弟点纹牙甲 *Dactylosternum frater* Mai & Jia, 2022
分布：云南（红河）。
趋湿点纹牙甲 *Dactylosternum hydrophiloides* (MacLeay, 1825)
分布：云南（玉溪、普洱、西双版纳），西藏，贵州，广西，福建，广东，海南，香港，台湾；缅甸，印度，尼泊尔，不丹，印度尼西亚，马来西亚，菲律宾，新加坡，泰国，越南，非洲，澳大利亚，美洲。
阔点纹牙甲 *Dactylosternum latum* (Sharp, 1873)
分布：云南（保山），湖南，广西，安徽，福建；日本，老挝。

伪阔点纹牙甲 *Dactylosternum pseudolatum* **Mai & Jia, 2022**

分布：云南（保山、西双版纳），江西，福建，广东，海南；老挝。

萨尔瓦点纹牙甲 *Dactylosternum salvazai* **Orchymont, 1925**

分布：云南（保山、德宏）；老挝。

亮点纹牙甲 *Dactylosternum vitalisi* **d'Orchymont, 1925**

分布：云南（西双版纳），江西，福建，海南。

苍白牙甲属 *Enochrus* Thomson, 1859

埃苍白牙甲 *Enochrus esuriens* (Walker), 1858

分布：云南（西双版纳），四川，重庆，湖北，江西，江苏，湖南，广西，广东，海南；澳大利亚，印度，印度尼西亚，马来西亚，日本，菲律宾，斯里兰卡，韩国，泰国，越南，太平洋诸岛，中东。

黄缘苍白牙甲 *Enochrus flavicans* **Réimbart, 1903**

分布：云南（保山），河北，江苏，湖南，福建，广东，台湾；印度，越南。

脆苍白牙甲 *Enochrus fragilis* (Sharp, 1890)

分布：云南（红河、普洱、西双版纳），重庆；斯里兰卡。

沟苍白牙甲 *Enochrus fretus* **d'Orchymont, 1932**

分布：云南（昆明、红河）；印度尼西亚。

暗齿苍白牙甲 *Enochrus fuscipennis* (Thomson, 1884)

分布：云南（德宏），黑龙江，吉林，内蒙古，新疆；俄罗斯（远东地区），伊朗，欧洲。

老挝苍白牙甲 *Enochrus laoticus* **Hebauer, 2005**

分布：云南（普洱）；老挝。

丽阳牙甲属 *Helochares* Mulsant, 1844

锚突丽阳牙甲 *Helochares anchoralis* **Sharp, 1890**

分布：云南（普洱、红河、西双版纳），四川，重庆，湖北，江西，广西，福建，广东，海南，台湾；日本，孟加拉国，柬埔寨，印度，印度尼西亚，老挝，菲律宾，斯里兰卡，泰国。

锚丽阳牙甲 *Helochares atropiceus* **Régimbart, 1903**

分布：云南，广西，江西，广东；日本。

克沟牙甲 *Helochares crenatus* **Régimbart, 1903**

分布：云南（红河）。

密点丽阳牙甲 *Helochares densus* **Sharp, 1890**

分布：云南（红河、西双版纳），四川，江西，浙江，广西，广东，福建，海南，澳门；印度，泰国，越南。

富盈丽阳牙甲 *Helochares lentus* **Sharp, 1890**

分布：云南（西双版纳、德宏、普洱、红河、保山），四川，西藏，贵州，湖南，广西，广东，福建，江西，台湾；孟加拉国，柬埔寨，印度，印度尼西亚，马来西亚，斯里兰卡，泰国，越南。

Helochares negatus **Hebauer, 1995**

分布：云南（德宏）；孟加拉国。

内沟丽阳牙甲 *Helochares neglectus* (Hope, 1854)

分布：云南（德宏、红河、西双版纳），四川，湖北，江苏，江西，浙江，上海，湖南，广西，广东，福建，海南，香港；柬埔寨，马来西亚，泰国，越南。

浅色丽阳牙甲 *Helochares pallens* (MacLeay, 1825)

分布：云南（德宏、保山），四川，西藏，贵州，重庆，黑龙江，吉林，陕西，湖北，江西，湖南，广西，福建，广东，海南；日本，菲律宾，马来西亚，孟加拉国，缅甸，尼泊尔，斯里兰卡，泰国，印度，印度尼西亚，中东，北非，欧洲。

腾冲丽阳牙甲 *Helochares tengchongensis* **Dong & Bian, 2021**

分布：云南（保山、德宏）。

凹缘牙甲属 *Hydrobiomorpha* Blackburn, 1888

刺凹缘牙甲 *Hydrobiomorpha spinicollis* **Eschscholtz, 1822**

分布：云南（普洱），江西，广西，福建，广东，香港。

水龟甲属 *Hydrocassis* Deyrolle & Fairmaire, 1878

保山水龟甲 *Hydrocassis baoshanensis* **Schödl & Ji, 1995**

分布：云南（保山）。

小胸水龟甲 *Hydrocassis metasternalis* **Schödl & Ji, 1995**

分布：云南（保山、德宏、怒江）；泰国。

似舟水龟甲 *Hydrocassis scaphoides* **d'Orchymont, 1942**

分布：云南（德宏、怒江）；缅甸。

密刻水龟甲 *Hydrocassis schillhammeris* **Schödl & Ji, 1995**
分布：云南（丽江）。

钩茎水龟甲 *Hydrocassis uncinate* **Schödl, 1998**
分布：云南（丽江）；老挝。

刺腹牙甲属 *Hydrochara* **Berthold, 1827**

钝刺腹牙甲 *Hydrochara affinis* **Sharp, 1873**
分布：云南，贵州，四川，黑龙江，吉林，辽宁，新疆，内蒙古，北京，山西，山东，甘肃，河南，湖北，浙江，上海，江西，湖南，福建，广东；日本，俄罗斯，蒙古国，韩国，中亚。

拟牙甲属 *Hydrophilomima* **Hansen & Schödl, 1997**

云南拟牙甲 *Hydrophilomima yunnanensis* **Hansen & Schödl, 1997**
分布：云南。

牙甲属 *Hydrophilus* **Geoffroy, 1762**

尖突牙甲 *Hydrophilus acuminatus* **Motshulsky, 1854**
分布：云南（昆明、普洱），贵州，四川，西藏，重庆，黑龙江，辽宁，吉林，北京，天津，河北，内蒙古，甘肃，陕西，湖北，江西，上海，浙江，湖南，广西，广东，福建，台湾；日本，俄罗斯，朝鲜半岛，缅甸，印度尼西亚。

二线牙甲 *Hydrophilus bilineatus* **MacLeay, 1825**
分布：云南，四川，陕西，湖北，江西，湖南，浙江，广西，广东，香港，海南，福建，台湾；日本，朝鲜半岛，缅甸，柬埔寨，印度，印度尼西亚，马来西亚，斯里兰卡，泰国，越南，澳大利亚，斐济。

二线牙甲喀什亚种 *Hydrophilus bilineatus caschmirensis* **Kollar & Redtenbacher, 1844**
分布：云南，四川，西藏，湖北，江西，广西，福建，广东，海南，台湾；日本，韩国，不丹，印度。

双线巨牙甲 *Hydrophilus cashmirensis* **Kollar & Redtenbacher, 1844**
分布：云南（普洱、西双版纳），四川，东北，陕西，湖北，浙江，福建，台湾，广东，广西，海南；巴基斯坦，印度，缅甸，斯里兰卡，尼泊尔，越南，老挝，柬埔寨，日本，印度尼西亚，马来西亚，文莱，朝鲜半岛。

长刺牙甲 *Hydrophilus hastatus* **Herbst, 1779**
分布：云南（保山、西双版纳），浙江，广西，广东，香港，海南；缅甸，印度，越南。

细突巨牙甲 *Hydrophilus piceus* (**Linnaeus, 1758**)
分布：云南（丽江），贵州，四川，广西，黑龙江，吉林，内蒙古，新疆，宁夏，湖北，湖南，广东，海南；中亚。

长节牙甲属 *Laccobius* **Erichson, 1837**

二斑长节牙甲 *Laccobius binotatus* **d'Orchymont, 1934**
分布：云南（大理），贵州，重庆，黑龙江，吉林，辽宁，内蒙古，北京，陕西，山东，山西，青海，甘肃，河南，湖北，浙江，湖南，福建，广东；俄罗斯，朝鲜半岛。

优美长节牙甲 *Laccobius elegans* **Gentili, 1979**
分布：云南，四川，河南，陕西，山东，福建。

喜马拉雅长节牙甲 *Laccobius himalayanus* **Gentili, 1988**
分布：云南；尼泊尔，印度。

小长节牙甲 *Laccobius minutus* (**Linnaeus, 1758**)
分布：云南（保山），西藏，黑龙江，内蒙古，江西；俄罗斯，蒙古国，中亚，西亚。

高贵长节牙甲 *Laccobius nobilis* **Gentili, 1979**
分布：云南，贵州，四川，湖北，江西，湖南，福建；俄罗斯。

光滑长节牙甲 *Laccobius politus* **Gentili, 1979**
分布：云南，台湾。

相似长节牙甲 *Laccobius simulans* **d'Orchymont, 1923**
分布：云南，四川；尼泊尔，印度。

子为长节牙甲 *Laccobius yinziweii* **Zhang & Jia, 2017**
分布：云南（怒江、德宏）。

Mircogioton **Orchymont, 1937**

Mircogioton coomani **Orchymont, 1937**
分布：云南（普洱）；老挝。

诺牙甲属 *Notionotus* **Spangler, 1972**

Notionotus fenestratus **Hebauer, 2001**
分布：云南。

Notionotus notaticollis **Hebauer, 2001**
分布：云南，海南。

厚腹牙甲属 *Pachysternum* Motschulsky, 1863

史厚腹牙甲 *Pachysternum stevensi* d'Orchymont, 1926

分布：云南，广西，福建，广东；尼泊尔，印度。

皮牙甲属 *Pelthydrus* d'Orchymont, 1919

粗皮牙甲 *Pelthydrus grossus* Bian, Schönmann & Li, 2009

分布：云南；老挝，泰国。

荫皮牙甲 *Pelthydrus inaspectus* d'Orchymont, 1926

分布：云南。

Pelthydrus madli Schönmann, 1995

分布：云南（德宏）；泰国。

尼泊尔皮牙甲 *Pelthydrus nepalensis* Schönmann, 1995

分布：云南（德宏、保山），西藏；尼泊尔。

Pelthydrus ruiliensis Zhu, Ji & Bian, 2018

分布：云南（德宏）。

舒氏皮牙甲 *Pelthydrus schoenmanni* Zhu, Ji & Bian, 2019

分布：云南（保山）。

满牙甲 *Pelthydrus suffarcinatus* Schönmann, 1995

分布：云南（保山）；斯里兰卡。

越南皮牙甲 *Pelthydrus vietnamensis* Schönmann, 1994

分布：云南；老挝，泰国，越南。

赖牙甲属 *Regimbartia* Zaitzev, 1908

梭形赖牙甲 *Regimbartia attenuata* (Fabricius, 1801)

分布：云南（红河、西双版纳），四川，贵州，陕西，江西，江苏，湖北，湖南，广西，香港，广东，福建，海南，台湾；韩国，阿富汗，印度，尼泊尔，巴基斯坦，巴布亚新几内亚，菲律宾，新加坡，斯里兰卡，泰国，越南，中东，澳大利亚。

大钝赖牙甲 *Regimbartia majorobtusa* Mai, Jia & Jaäch, 2022

分布：云南（西双版纳）。

陆牙甲属 *Sphaeridium* Fabricius, 1775

塞氏陆牙甲 *Sphaeridium severini* d'Orchymont, 1919

分布：云南，香港；尼泊尔，印度。

脊胸牙甲属 *Sternolophus* Solier, 1834

脊茎脊胸牙甲 *Sternolophus acutipenis* Nasserzadeh & Komarek, 2017

分布：云南（西双版纳）；印度，印度尼西亚，泰国，缅甸。

凹尾脊胸牙甲 *Sternolophus inconspicuous* (Nietner, 1856)

分布：云南（红河、普洱、西双版纳），广西，福建，广东，香港，澳门，台湾；尼泊尔，日本，印度。

红脊胸牙甲 *Sternolophus rufipes* (Fabricius, 1792)

分布：云南（昆明、普洱、红河、西双版纳），西藏，贵州，四川，北京，湖北，江苏，江西，陕西，山西，浙江，湖南，广西，福建，广东，海南，台湾；韩国，日本，印度，尼泊尔。

刻纹牙甲属 *Thysanarthria* Orchymont, 1926

查氏刻纹牙甲 *Thysanarthria championi* (Knisch, 1924)

分布：云南（昆明、德宏）；印度，尼泊尔，缅甸，阿富汗。

阎甲科 Histeridae

阔咽阎甲属 *Apobletes* Marseul, 1861

缘阔咽阎甲 *Apobletes marginicollis* Lewis, 1888

分布：云南（西双版纳），海南。

绍氏阔咽阎甲 *Apobletes schaumei* Marseul, 1860

分布：云南（文山、红河、西双版纳），海南，台湾；日本，尼泊尔，印度。

清亮阎甲属 *Atholus* Thomson, 1859

青色清亮阎甲 *Atholus coelestis* Marseul, 1857

分布：云南，广西，广东，台湾。

窝胸清亮阎甲 *Atholus depistor* (Marseul, 1873)

分布：云南，四川，黑龙江，北京，上海，台湾。

菲律宾清亮阎甲 *Atholus philippinensis* Marseul, 1854

分布：云南，台湾，海南。

皮瑞清亮阎甲 *Atholus pirithous* **Marseul, 1873**
分布：云南（红河），四川，黑龙江，北京，山东，甘肃，河北，湖北，广西，广东，台湾。

纹尾清亮阎甲 *Atholus striatipennis* **Lewis, 1892**
分布：云南（西双版纳）。

扭清亮阎甲 *Atholus torquatus* **Marseul, 1854**
分布：云南（普洱、西双版纳），四川，广西，福建。

匀点阎甲属 *Carcinops* Marseul, 1855

贝氏匀点阎甲 *Carcinops penatii* **Zhang & Zhou, 2007**
分布：云南（丽江），四川。

小匀点阎甲 *Carcinops pumilio* **(Erichson, 1834)**
分布：世界广布。

穴甲阎虫 *Carcinops troglodytes* **(Paykull, 1811)**
分布：云南；世界热区广布。

刺球阎甲属 *Chaetabraeus* Portevin, 1929

东方刺球阎甲 *Chaetabraeus orientalis* **Lewis, 1907**
分布：云南（昆明），湖北，香港，台湾。

隐阎甲属 *Cryptomalus* Mazur, 1993

名豪隐阎甲 *Cryptomalus mingh* **Mazur, 2007**
分布：云南（大理）。

卵阎甲属 *Dendrophilus* Leach, 1817

宽卵阎甲 *Dendrophilus xavieri* **Marseul, 1873**
分布：云南，贵州，黑龙江，吉林，辽宁，新疆，内蒙古，陕西，甘肃，河北，江西，上海，湖北，浙江，广西，广东，海南，台湾；韩国，俄罗斯（远东地区），欧洲。

胸线阎甲属 *Diplostix* Bickhardt, 1921

胸线阎甲 *Diplostix vicaria* **(Cooman, 1935)**
分布：云南（普洱、西双版纳），台湾；越南，泰国，老挝，印度尼西亚。

短卵阎甲属 *Eblisia* Lewis, 1889

卡西短卵阎甲 *Eblisia calceata* **Cooman, 1931**
分布：云南（西双版纳）。

索氏短卵阎甲 *Eblisia sauteri* **Bickhardt, 1912**
分布：云南（西双版纳），台湾。

毛脊阎甲属 *Epiechinus* Lewis, 1891

多刺毛脊阎甲 *Epiechinus hispidus* **Paykull, 1811**
分布：云南（西双版纳）。

简额阎甲属 *Eulomalus* Cooman, 1937

安普简额阎甲 *Eulomalus amplipes* **Cooman, 1937**
分布：云南（西双版纳）；尼泊尔，印度尼西亚，马来西亚，菲律宾。

普普简额阎甲 *Eulomalus pupulus* **Cooman, 1937**
分布：云南（西双版纳），台湾，海南；尼泊尔，印度，缅甸，越南，印度尼西亚，马来西亚。

赛氏简额阎甲 *Eulomalus seitzi* **Cooman, 1941**
分布：云南（西双版纳）；越南。

蠕尾简额阎甲 *Eulomalus vermicipygus* **Cooman, 1937**
分布：云南（西双版纳）；越南。

Gnathoncus Jacquelin du Val, 1857

短胸秃额阎甲 *Gnathoncus brevisternus* **Lewis, 1907**
分布：云南。

阎甲属 *Hister* Linnaeus, 1758

日本阎甲 *Hister japonicus* **Marseul, 1854**
分布：云南（红河、西双版纳），四川，北京，甘肃，浙江，江西，江苏，广西，福建，广东；朝鲜半岛，俄罗斯，日本。

爪哇阎甲 *Hister javanicus* **Paykull, 1811**
分布：云南（大理、西双版纳），广西，福建，台湾。

普然阎甲 *Hister pransus* **Lewis, 1892**
分布：云南（大理、普洱、西双版纳），广西。

斯普阎甲 *Hister spurius* **Marseul, 1861**
分布：云南（丽江），四川，上海。

西藏阎甲 *Hister thibetanus* **Marseul, 1857**
分布：云南（西双版纳），贵州，广西，广东，香港，台湾；尼泊尔，印度。

扁阎甲属 *Hololepta* Paykull, 1811

乌苏里扁阎甲 *Hololepta amurensis* **Reitter, 1879**
分布：云南（西双版纳），四川，黑龙江，吉林，辽宁，湖北，台湾。

鲍氏扁阎甲 *Hololepta baulnyi* **Marseul, 1857**
分布：云南（西双版纳），西藏，台湾。

长扁阎甲 *Hololepta elongata* **Erichson, 1834**
分布：云南（西双版纳），台湾。

费氏扁阎甲 *Hololepta feae* **Lewis, 1892**
分布：云南（西双版纳），台湾。

希氏扁阎甲 *Hololepta higoniae* **Lewis, 1894**
分布：云南（西双版纳），台湾；日本。

印度扁阎甲 *Hololepta indica* Erichson, 1834

分布：云南（普洱、西双版纳），台湾，海南。

亮扁阎甲 *Hololepta laevigata* Guérin-Méneville, 1833

分布：云南（保山、西双版纳）；印度，印度尼西亚。

钝扁阎甲 *Hololepta obtusipes* Marseul, 1864

分布：云南。

卡那阎甲属 *Kanaarister* Mazur, 1999

库氏卡那阎甲 *Kanaarister coomani* Thérond, 1955

分布：云南（大理、西双版纳）。

沟尾阎甲属 *Liopygus* Lewis, 1891

沟尾阎甲 *Liopygus andrewesi* Lewis, 1906

分布：云南（西双版纳），广西，海南。

歧阎甲属 *Margarinotus* Marseul, 1854

脆歧阎甲 *Margarinotus fragosus* Lewis, 1892

分布：云南（怒江）。

勤歧阎甲 *Margarinotus impiger* Lewis, 1905

分布：云南。

隐歧阎甲 *Margarinotus incognitus* Marseul, 1854

分布：云南（迪庆），四川，陕西，台湾；印度，尼泊尔。

粪歧阎甲 *Margarinotus stercoriger* Marseul, 1880

分布：云南（昆明）。

直沟阎甲属 *Mendelius* Lewis, 1908

细直沟阎甲 *Mendelius tenuipes* Lewis, 1905

分布：云南。

Merohister Reitter, 1909

吉氏分阎甲 *Merohister jekeli* Marseul, 1857

分布：云南，黑龙江，辽宁，内蒙古，甘肃，河北，北京，河南，江西，上海，安徽，湖北，江苏，浙江，福建，广东，台湾。

完折阎甲属 *Nasaltus* Mazur & Wegrzynowicz, 2008

中国完折阎甲 *Nasaltus chinensis* Quensel, 1806

分布：云南（西双版纳），广西，福建，台湾，海南。

新植阎甲属 *Neosantalus* Kryzhanovskij, 1972

新植阎甲 *Neosantalus latitibius* Marseul, 1861

分布：云南（普洱、西双版纳），广西，广东，海南。

圆臀阎甲属 *Notodoma* Lacordaire, 1854

蕈圆臀阎甲 *Notodoma fungorum* Lewis, 1884

分布：云南，江西，广西，福建，台湾。

脊阎甲属 *Onthophilus* Leach, 1817

黄角脊阎甲 *Onthophilus flavicornis* Lewis, 1884

分布：云南，四川，台湾。

丽江脊阎甲 *Onthophilus lijiangensis* Zhou & Luo, 2001

分布：云南（丽江）。

粗脊阎甲 *Onthophilus ostreatus* Lewis, 1879

分布：云南，福建，广东，台湾，香港；日本，韩国。

瘤脊阎甲 *Onthophilus tuberculatus* Lewis, 1892

分布：云南。

突唇阎甲属 *Pachylister* Lewis, 1904

斯里兰卡突唇阎甲 *Pachylister ceylanus pygidialis* Lewis, 1906

分布：云南，上海；韩国，印度。

泥突唇阎甲 *Pachylister lutarius* Erichson, 1834

分布：云南（西双版纳），浙江，江苏，福建，广东，台湾。

Pachylister lutarius pachylister Lewis, 1906b

分布：云南，四川，陕西，上海，浙江。

厚阎甲属 *Pachylomalus* Schmidt, 1897

缺线厚阎甲 *Pachylomalus deficiens* Cooman, 1933

分布：云南（西双版纳）；越南，泰国，印度，印度尼西亚，马来西亚。

副悦阎甲属 *Parepierus* Bickhardt, 1913

中国副悦阎甲 *Parepierus chinensis* Zhang & Zhou, 2007

分布：云南（西双版纳）。

梳刺副悦阎甲 *Parepierus pectinispinus* Zhang & Zhou, 2007

分布：云南（西双版纳）。

丽尾阎甲属 *Paromalus* Erichson, 1834

锐角丽尾阎甲 *Paromalus acutangulus* Zhang & Zhou, 2007

分布：云南（西双版纳）。

皮克丽尾阎甲 *Paromalus picturatus* **Kapler, 1999**
分布：云南（丽江）。

Penatius Vienna & Ratto, 2016
沟颚阎甲 *Penatius procerus* **(Lewis, 1911)**
分布：云南，四川，贵州，浙江；尼泊尔，印度。

大阎甲属 *Plaesius* Erichson, 1834
孟加拉大阎甲 *Plaesius bengalensis* **Lewis, 1906**
分布：云南（西双版纳），广西。
爪哇大阎甲 *Plaesius javanus* **Erichson, 1834**
分布：云南（西双版纳），台湾。
莫氏大阎甲 *Plaesius mohouti* **Lewis, 1879**
分布：云南（红河）。

Platylister Lewis, 1892
黑长卵阎甲 *Platylister atratus* **Erichson, 1834**
分布：云南，广西，台湾，海南。
柬埔寨长卵阎甲 *Platylister cambodjensis* **Marseul, 1864**
分布：云南（西双版纳），广西，台湾，海南。
孔氏长卵阎甲 *Platylister confucii* **Marseul, 1857**
分布：云南（红河、西双版纳），台湾，海南。
缝长卵阎甲 *Platylister suturalis* **Lewis, 1888**
分布：云南。
独长卵阎甲 *Platylister unicus* **Bickhardt, 1912**
分布：云南（西双版纳），台湾。

平阎甲属 *Platylomalus* Cooman, 1948
门第平阎甲 *Platylomalus mendicus* **(Lewis, 1892)**
分布：云南（文山、西双版纳），四川，黑龙江，辽宁，北京，天津，湖北，上海，江苏，台湾；俄罗斯，日本，印度，越南，印度尼西亚。
胸线平阎甲 *Platylomalus submetallicus* **Lewis, 1892**
分布：云南（西双版纳），台湾；印度，缅甸，泰国。
东京湾平阎甲 *Platylomalus tonkinensis* **Cooman, 1937**
分布：云南（西双版纳），台湾；越南，尼泊尔，印度尼西亚。

方阎甲属 *Platysoma* Leach, 1817
贝氏方阎甲 *Platysoma beybienkoi* **Kryzhanovskij, 1972**
分布：云南，台湾。
短线方阎甲 *Platysoma brevistriatum* **Lewis, 1888**
分布：云南。
达氏方阎甲 *Platysoma dufali* **Marseul, 1864**
分布：云南（红河、西双版纳），海南。
重方阎甲 *Platysoma gemellun* **Cooman, 1929**
分布：云南（西双版纳），西藏。
裂方阎甲 *Platysoma rimarium* **Erichson, 1834**
分布：云南；阿富汗，尼泊尔，巴基斯坦。
四川方阎甲 *Platysoma sichuanum* **Mazur, 2007**
分布：云南，重庆。
云南方阎甲 *Platysoma yunnanum* **Kryzhanovskij, 1972**
分布：云南，浙江，福建。

腐阎甲属 *Saprinus* Erichson, 1834
缓腐阎甲 *Saprinus dussaulti* **Marseul, 1870**
分布：云南，四川。
丽鞘腐阎甲 *Saprinus optabilis* **Marseul, 1855**
分布：云南，四川，重庆，安徽，湖北，广西，广东，台湾，香港；尼泊尔。

小阎甲属 *Tribalus* Erichson, 1834
鸽小阎甲 *Tribalus colombius* **Marseul, 1864**
分布：云南，台湾。
欧氏小阎甲 *Tribalus ogieri* **Marseul, 1864**
分布：云南

柱阎甲属 *Trypeticus* Marseul, 1864
云南柱阎甲 *Trypeticus yunnanensis* **Zhang & Zhou, 2007**
分布：云南（西双版纳）。

平唇水龟科 Hydraenidae

长须甲属 *Hydraena* Kugelann, 1794
金龙山长须甲 *Hydraena draconisaurati* **Jäch & Diáz, 2005**
分布：云南（怒江），湖南。

Hydraena formula Orchymont, 1932
分布：云南，福建，海南，香港，台湾；尼泊尔，印度。
李氏长须甲 *Hydraena leei* **Jäch & Diáz, 1998**
分布：云南（德宏、怒江），台湾。

赛氏长须甲 *Hydraena satoi* Jäch & Diáz, 1999
分布：云南（德宏、怒江、保山）；日本。
云南长须甲 *Hydraena yunnanensis* Pu, 1942
分布：云南（昆明、玉溪、大理）。

沼平唇水龟甲属 *Limnebius* Leach, 1815
胡氏沼平唇水龟甲 *Limnebius wui* Pu & Zhe-Long, 1942
分布：云南。

奥平唇牙甲属 *Ochthebius* Leach, 1815
似阿奥平唇牙甲 *Ochthebius asiobatoides* Jäch, 2003
分布：云南（迪庆）。
弯奥平唇牙甲 *Ochthebius flexus* Pu, 1958
分布：云南（曲靖、楚雄）。
叉奥平唇牙甲 *Ochthebius furcatus* Pu, 1958
分布：云南（昆明、玉溪）。
克氏奥平唇牙甲 *Ochthebius klapperichi* Jäch, 1989
分布：云南，安徽；阿富汗，印度，缅甸。

叶奥平唇牙甲 *Ochthebius lobatus* Pu, 1958
分布：云南，四川，重庆，吉林，辽宁；韩国。
八窝奥平唇牙甲 *Ochthebius octofoveatus* Pu, 1958
分布：云南（昆明、楚雄）。
暗翅奥平唇牙甲 *Ochthebius opacipennis* Champion, 1920
分布：云南（楚雄）；阿富汗，印度，尼泊尔。
蒲氏奥平唇牙甲 *Ochthebius pui* Perkins, 1979
分布：云南（楚雄）。
粗奥平唇牙甲 *Ochthebius salebrosus* Pu, 1958
分布：云南（昆明、玉溪）。
斯氏奥平唇牙甲 *Ochthebius stastnyi* Jäch, 2003
分布：云南（迪庆）。
瘤奥平唇牙甲 *Ochthebius verrucosus* Pu, 1942
分布：云南（昆明）。
云南奥平唇牙甲 *Ochthebius yunnanensis* Orchymont, 1925
分布：云南。

觅葬甲科 Agyrtidae

Apteroloma Hatch, 1927
Apteroloma jelineki Růžička & Pütz, 2009
分布：云南（怒江）。

Ipelates Reitter, 1884

Ipelates sikkimensis (Portevin, 1905)
分布：云南，福建；印度，泰国，越南。
Ipelates schuelkei Růžička & Pütz, 2009
分布：云南（怒江）。

球蕈甲科 Leiodidae

圆球蕈甲属 *Agathidium* Panzer, 1797
Agathidium abbreviatum Angelini, 2002
分布：云南，四川。
Agathidium acutum Angelini, 2000
分布：云南，四川。
Agathidium aeneonigrum Angelini, 2000
分布：云南。
翅圆球蕈甲黑水亚种 *Agathidium alatum heishuiense* Angelini & Švec, 1994
分布：云南（丽江），四川。

Agathidium aleseki Švec, 2011
分布：云南。
Agathidium alesmetanai Švec, 2011
分布：云南。
Agathidium ambiguum Angelini, 2000
分布：云南。
贝氏圆球蕈甲 *Agathidium becvari* Angelini & Švec, 1994
分布：云南。
Agathidium bicornigerum Švec, 2017
分布：云南（大理）。

Agathidium brunnipes Angelini & Švec, 1995
分布：云南。

Agathidium caecum Švec, 2014
分布：云南（大理）。

Agathidium cephalotum Švec, 2017
分布：云南（大理）。

Agathidium circulum Švec, 2017
分布：云南（怒江、迪庆）。

Agathidium corticinum Angelini & De Marzo, 1998
分布：云南。

Agathidium cryptophthalmum Švec, 2014
分布：云南（怒江）。

Agathidium daublebskyorum Švec, 2014
分布：云南（普洱）。

Agathidium fakarci Angelini, 2000
分布：云南。

Agathidium fernandoangelinii Švec, 2014
分布：云南（大理）。

Agathidium fuscatum Angelini, 2000
分布：云南。

Agathidium fui Švec, 2011
分布：云南（大理）。

Agathidium gratiosum Angelini & Švec, 1995
分布：云南（丽江）。

Agathidium grouvellei Portevin, 1907
分布：云南（德宏）。

Agathidium imitans Angelini, 2000
分布：云南。

Agathidium jendeki Angelini & Švec, 1995
分布：云南（丽江）。

Agathidium kabateki Angelini, 2000
分布：云南（大理），四川。

昆明圆球蕈甲 *Agathidium kunmingense* Angelini, 2000
分布：云南。

Agathidium laticorne Portevin, 1922
分布：云南（德宏、大理）；不丹，尼泊尔，巴基斯坦，印度。

丽江圆球蕈甲 *Agathidium lijiangense* Angelini, 2000
分布：云南。

Agathidium lineatum Švec, 2019
分布：云南（保山）。

Agathidium martinklanicai Švec, 2011
分布：云南。

黑圆球蕈甲 *Agathidium melanarium* Angelini & Švec, 1994
分布：云南。

Agathidium michaeli Angelini, 2002
分布：云南。

Agathidium minoculum Švec, 2014
分布：云南（迪庆、怒江）。

Agathidium neurayi Angelini, 2000
分布：云南，四川。

Agathidium occultum Angelini & De Marzo, 1998
分布：云南。

欧氏圆球蕈甲 *Agathidium oui* Švec, 2011
分布：云南（大理），四川，甘肃。

Agathidium pokornyi Švec, 2017
分布：云南（德宏、保山、怒江）。

Agathidium procerum Angelini & De Marzo, 1994
分布：云南（大理），四川，甘肃。

Agathidium simulator Angelini, 2002
分布：云南。

Agathidium thaii Angelini, 2000
分布：云南。

黑水圆球蕈甲 *Agathidium uliginosum* Angelini & Švec, 1994
分布：云南，四川。

刻鞘圆球蕈甲 *Agathidium vesiculum* Švec, 2019
分布：云南（保山）。

Agathidium wannianicum Angelini, 2002
分布：云南，四川。

香港圆球蕈甲 *Agathidium xianggangense* Angelini & Cooter, 1999
分布：云南，香港。

云南圆球蕈甲 *Agathidium yunnanicum* Angelini & Švec, 1994
分布：云南（丽江），四川。

异线球蕈甲属 *Anemadus* Reitter, 1885

Anemadus grebennikovi Růžička & Perreau, 2017
分布：云南（大理）。

哈巴异线球蕈甲 *Anemadus haba* Růžička & Perreau, 2017
分布：云南（迪庆）。

Anemadus hajeki Růžička & Perreau, 2017
分布：云南（丽江、大理）。

Anemadus smetanai Růžička, 1999
分布：云南（迪庆）。

异球蕈甲属 *Anisotoma* Panzer, 1797

Anisotoma alesi Švec, 2012
分布：云南。

博氏异球蕈甲 *Anisotoma becvari* Angelini & Švec, 1994
分布：云南（丽江），四川，湖北。

Anisotoma brunnipes Angelini & Švec, 1995
分布：云南（丽江）。

短异球蕈甲 *Anisotoma curta* (Portevin, 1927)
分布：云南；日本。

克氏异球蕈甲 *Anisotoma krali* Angelini & Švec, 1994
分布：云南（丽江），四川。

黑异球蕈甲 *Anisotoma nigra* Angelini & Švec, 1994
分布：云南。

Anisotoma pseudobecvari Angelini & Švec, 1995
分布：云南（丽江）。

施氏异球蕈甲 *Anisotoma schneideri* Angelini & Švec, 1994
分布：云南，四川。

云南异球蕈甲 *Anisotoma yunnanica* Angelini & Švec, 1995
分布：云南（丽江）。

脊球蕈甲属 *Catops* Paykull, 1798

窄脊球蕈甲指名亚种 *Catops angustipes angustipes* Pic, 1913
分布：云南，河北，江苏；朝鲜半岛。

陕西脊球蕈甲 *Catops sasajii* Nishikawa, 2007
分布：云南（丽江、迪庆），四川，陕西，湖北。

舒氏脊球蕈甲 *Catops schuelkei* Růžička & Perreau, 2011
分布：云南（迪庆），四川。

斯脊球蕈甲 *Catops smetanai* Růžička & Perreau, 2011
分布：云南（迪庆），四川。

光球蕈甲属 *Colenisia* Fauvel, 1903

Colenisia castanea Švec, 2011
分布：云南（德宏），浙江。

抱阔光球蕈甲 *Colenisia dilatata* Švec, 2013
分布：云南。

粗腿光球蕈甲 *Colenisia forticeps* Švec, 2013
分布：云南。

脆茎光球蕈甲 *Colenisia fragilis* Švec, 2013
分布：云南。

细茎光球蕈甲 *Colenisia gracilis* Švec, 2013
分布：云南。

殊光球蕈甲 *Colenisia insolita* Švec, 2013
分布：云南。

杰氏光球蕈甲 *Colenisia jelineki* Švec, 2013
分布：云南。

Colenisia schuelkei Švec, 2011
分布：云南（德宏）。

列点光球蕈甲 *Colenisia seriepunctata* Švec, 2013
分布：云南。

似光球蕈甲 *Colenisia similata* Angelini & Švec, 1994
分布：云南，陕西。

云南光球蕈甲 *Colenisia yunnanica* Švec, 2013
分布：云南。

皮球蕈甲属 *Dermatohomoeus* Hlisnikovský, 1963

Dermatohomoeus alesianus Daffner, 1990
分布：云南（德宏）。

Dermatohomoeus bidentatus Švec & Cooter, 2015
分布：云南。

Dermatohomoeus longicornis Daffner, 1988
分布：云南。

Dermatohomoeus minor Švec, 2022
分布：云南（德宏）。

宫武皮球蕈甲 *Dermatohomoeus miyatakei* (Hisamatsu, 1957)
分布：云南（保山），甘肃，台湾；泰国，越南，日本。

Dermatohomoeus punctatus Daffner, 1988
分布：云南，四川。

Dermatohomoeus schuelkei Švec, 2011
分布：云南。

球蕈甲属 *Leiodes* Latreille, 1797

红鞘球蕈甲 *Leiodes apicata* Švec, 2008
分布：云南，宁夏。

贝氏球萤甲 *Leiodes becvari* **Angelini & Švec, 1994**
分布：云南（丽江）。

弯刺球萤甲 *Leiodes curvidens* **Angelini & Švec, 1994**
分布：云南（丽江），四川。

大理球萤甲 *Leiodes daliana* **Švec, 2008**
分布：云南（大理）。

亮色球萤甲 *Leiodes lucens* **(Fairmaire, 1855)**
分布：云南，四川，青海，湖北；欧洲，俄罗斯（西伯利亚），蒙古国。

尼氏球萤甲 *Leiodes nikodymi* **Švec, 1991**
分布：云南，四川，甘肃，陕西。

Leiodes simillima **Švec, 2014**
分布：云南（红河），四川。

Leiodes ucens **Fairmaire, 1855**
分布：云南，四川；俄罗斯（远东地区），日本，韩国，蒙古国，尼泊尔，欧洲。

云南球萤甲 *Leiodes yunnanica* **Švec, 2008**
分布：云南（迪庆）。

中球萤甲属 *Mesocatops* **Szymczakowski, 1961**

伪中球萤甲 *Mesocatops imitator* **Schweiger, 1956**
分布：云南，四川，陕西，福建。

臀球萤甲属 *Nargus* **Thomson, 1867**

Nargus rougemonti **Perreau, 2004**
分布：云南。

Pandania **Szymczakowski, 1964**
Pandania sinica **Perreau, 1996**
分布：云南（西双版纳）。

棘球萤甲属 *Pseudcolenis* **Reitter, 1885**

Pseudcolenis acuminata **Švec, 2009**
分布：云南（保山）；尼泊尔，印度。

Pseudcolenis annulata **Švec, 2009**
分布：云南（高黎贡山）。

Pseudcolenis antennata **Švec, 2014**
分布：云南。

Pseudcolenis appendiculata **Švec, 2014**
分布：云南。

Pseudcolenis atrobrunnea **Švec, 2016**
分布：云南（保山）。

Pseudcolenis bouvieri **Portevin, 1903**
分布：云南，四川；印度。

Pseudcolenis carinata **Švec, 2009**
分布：云南（保山）。

Pseudcolenis crassicornis **Švec, 2009**
分布：云南（怒江）。

Pseudcolenis curvipes **Švec, 2014**
分布：云南。

Pseudcolenis dilatata **Angelini & Švec, 2000**
分布：云南，四川，陕西，湖北。

Pseudcolenis disparilis **(Champion, 1924)**
分布：云南；印度。

Pseudcolenis distincta **Švec, 2016**
分布：云南（昆明）。

Pseudcolenis fortepunctata **Švec, 2009**
分布：云南。

希氏棘球萤甲 *Pseudcolenis hilleri* **Reitter, 1885**
分布：云南，福建，吉林，陕西；日本，朝鲜半岛。

Pseudcolenis interposita **Švec, 2009**
分布：云南。

Pseudcolenis laticornis **Angelini & Švec, 2000**
分布：云南，陕西，湖北。

Pseudcolenis major **Švec, 2009**
分布：云南。

Pseudcolenis michaeli **Švec, 2009**
分布：云南。

Pseudcolenis mycophile **Švec, 2022**
分布：云南（高黎贡山）。

Pseudcolenis neglecta **Angelini & Švec, 2000**
分布：云南，四川，湖北。

Pseudcolenis parva **Švec, 2014**
分布：云南（保山）。

Pseudcolenis rastrata **(Champion, 1923)**
分布：云南（高黎贡山）；印度。

Pseudcolenis schuelkei **Švec, 2002**
分布：云南（保山），四川。

Pseudcolenis similis **Švec, 2014**
分布：云南。

Pseudcolenis simplicornis **Švec, 2016**
分布：云南（红河）。

Pseudcolenis sinica **Angelini & Švec, 1995**
分布：云南（大理）。

Pseudcolenis strigicollis **Švec, 2009**
分布：云南。

Pseudocolenis strigosa (Portevin, 1905)

分布：云南，四川，陕西；泰国。

Pseudocolenis torta Švec, 2014

分布：云南。

云南棘球蕈甲 *Pseudocolenis yunnanica* Švec, 2009

分布：云南。

锯尸小葬甲属 *Ptomaphaginus* Portevin, 1914

佩罗锯尸小葬甲 *Ptomaphaginus perreaui* Wang & Zhou, 2015

分布：云南（西双版纳）。

四距锯尸小葬甲 *Ptomaphaginus quadricalcarus* Wang & Zhou, 2015

分布：云南（西双版纳）。

于氏锯尸小葬甲 *Ptomaphaginus yui* Wang & Zhou, 2015

分布：云南（丽江）。

鬼球蕈甲属 *Sciodrepoides* Hatch, 1933

沟鬼球蕈甲 *Sciodrepoides sulcatus* Szymczakowski, 1964

分布：云南，四川；尼泊尔。

胸球蕈甲属 *Stetholiodes* Fall, 1910

涂氏胸球蕈甲 *Stetholiodes turnai* Angelini & Švec, 1994

分布：云南，四川，湖北。

苔甲科 Scydmaenidae

卵苔甲属 *Cephennodes* Reitter, 1884

二色卵苔甲 *Cephennodes bicolor* Jałoszyński, 2007

分布：云南（大理）。

短刺卵苔甲 *Cephennodes brachylinguis* Jałoszyński, 2007

分布：云南（保山）。

Cephennodes carinifrons Jałoszyński, 2007

分布：云南（大理）。

Cephennodes excavatus Jałoszyński, 2007

分布：云南（迪庆）。

Cephennodes hamatus Jałoszyński, 2007

分布：云南（怒江）。

Cephennodes inflatipes Jałoszyński, 2007

分布：云南（大理）。

Cephennodes longilinguis Jałoszyński, 2007

分布：云南（保山）。

Cephennodes malleiphallus Jałoszyński, 2007

分布：云南（保山）。

Cephennodes microphthalmus Jałoszyński, 2007

分布：云南（迪庆）。

Cephennodes rectangulicollis Jałoszyński, 2007

分布：云南（保山）。

Cephennodes schuelkei Jałoszyński, 2007

分布：云南（迪庆）。

Cephennodes simplicipes Jałoszyński, 2007

分布：云南，四川。

Cephennodes spatulipes Jałoszyński, 2007

分布：云南（保山）。

Cephennodes spinosus Jałoszyński, 2007

分布：云南（怒江）。

Cephennodes superlatus Jałoszyński, 2007

分布：云南（怒江）。

Cephennodes testudo Jałoszyński, 2007

分布：云南（丽江）。

Cephennodes triangulifrons Jałoszyński, 2007

分布：云南（保山）。

云南卵苔甲 *Cephennodes yunnanensis* Jałoszyński, 2007

分布：云南（保山）。

美苔甲属 *Horaeomorphus* Schaufuss, 1889

双角美苔甲 *Horaeomorphus bicornis* Zhou & Li, 2016

分布：云南（普洱、德宏）。

彭氏美苔甲 *Horaeomorphus pengzhongi* Zhou & Zhang, 2016

分布：云南（普洱、保山）。

密点美苔甲 *Horaeomorphus punctatus* Zhou & Zhang, 2016

分布：云南（保山、德宏）。

索氏美苔甲 *Horaeomorphus solodovnikovi* **Jałoszyński, 2014**
分布：云南（西双版纳）；老挝。
习伟美苔甲 *Horaeomorphus xiweii* **Zhou & Yin, 2018**
分布：云南（保山）。

长角苔甲属 *Loeblites* Franz, 1986
中华长角苔甲 *Loeblites chinensis* **Zhou & Li, 2015**
分布：云南（德宏、西双版纳）。

微苔甲属 *Microscydmus* Saulcy & Croissandeau, 1893
双凹微苔甲 *Microscydmus bicavatus* **Jaloszyński, 2009**
分布：云南（保山、西双版纳）。
Microscydmus nasutus **Jaloszyński, 2009**
分布：云南（保山）。

窝苔甲属 *Neuraphes* Thomson, 1859
横断窝苔甲 *Neuraphes hengduanus* **Jałoszyński, 2009**
分布：云南（怒江）。
Neuraphes pseudojumlanus **Jałoszyński, 2013**
分布：云南（迪庆）。

缺窝苔甲属 *Schuelkelia* Jałoszyński, 2015
独角缺窝苔甲 *Schuelkelia unicornis* **Jałoszyński, 2015**
分布：云南（红河、西双版纳）。
Schuelkelia unicornis **Jaloszyński, 2015**
分布：云南（红河）。

Sinonichnus Jałoszyński, 2021
Sinonichnus leiodicornutus **Jałoszyński, 2021**
分布：云南（保山）。
Sinonichnus yunnanensis **Jałoszyński, 2019**
分布：云南（保山）。

缩节苔甲属 *Syndicus* Motschulsky, 1851
喜马缩节苔甲 *Syndicus himalayanus* **Franz, 1975**
分布：云南（迪庆、德宏）；印度，尼泊尔，不丹。
龙缩节苔甲 *Syndicus long* **Zhou & Yin, 2017**
分布：云南（德宏、临沧）。
Syndicus schuelkei **Jałoszyński, 2011**
分布：云南。
中国缩节苔甲 *Syndicus sinensis* **Jałoszyński, 2008**
分布：云南（丽江），四川。
王氏缩节苔甲 *Syndicus wangjisheni* **Li & Yin, 2021**
分布：云南（临沧）。

葬甲科 Silphidae

盾葬甲属 *Diamesus* Hope, 1840
横纹盾葬甲 *Diamesus osculans* **(Vigors, 1825)**
分布：云南（红河），重庆，安徽，浙江，湖南，广西，福建，广东，台湾；日本，不丹，尼泊尔，印度。

尸葬甲属 *Necrodes* Leach, 1815
亚洲尸葬甲 *Necrodes littoralis* **(Linnaeus, 1758)**
分布：云南（丽江、红河、文山），四川，西藏，黑龙江，辽宁，新疆，陕西，甘肃，青海，北京，天津，河北，安徽，江西，湖北，湖南，广西，福建，广东；日本，俄罗斯（远东地区），朝鲜半岛，中亚，欧洲。

丽葬甲属 *Necrophila* Kirby & Spence, 1828
红胸丽葬甲 *Necrophila brunnicollis* **(Kraatz, 1877)**
分布：云南（文山），贵州，四川，黑龙江，吉林，辽宁，陕西，甘肃，北京，河北，山西，浙江，江西，湖北，湖南，广西，广东，台湾；日本，俄罗斯，朝鲜半岛，印度，不丹。
蓝腹丽葬甲 *Necrophila cyaniventris* **(Motschulsky, 1869)**
分布：云南（昆明），海南；尼泊尔，缅甸，泰国，越南，印度，老挝，孟加拉国。
细双脊葬甲 *Necrophila luciae* **Růžička & Schneider, 2011**
分布：云南。
露尾真葬甲 *Necrophila subcaudata* **(Fairmaire, 1888)**
分布：云南，四川。

覆葬甲属 *Nicrophorus* Fabricius, 1775
黑覆葬甲 *Nicrophorus concolor* **Kraatz, 1877**
分布：云南（德宏），西藏，四川，贵州，黑龙江，吉林，辽宁，内蒙古，陕西，甘肃，北京，天津，湖北，安徽，江西，浙江，湖南，广西，福建，广东，台湾；日本，俄罗斯，朝鲜半岛，尼泊尔，不丹，印度。

额斑覆葬甲 *Nicrophorus maculifrons* Kraatz, 1887
分布：云南（红河）。

尼覆葬甲 *Nicrophorus nepalensis* Hope, 1831
分布：云南（丽江、迪庆、红河），贵州，四川，西藏，北京，山东，河南，天津，河北，内蒙古，陕西，甘肃，青海，江苏，浙江，安徽，江西，湖北，湖南，广西，福建，广东，海南，台湾；日本，巴基斯坦，印度，老挝，缅甸，马来西亚，菲律宾，泰国，越南。

两裆覆葬甲 *Nicrophorus oberthuri* Portevin, 1924
分布：云南，四川，陕西，甘肃，青海；缅甸。

四星覆葬甲 *Nicrophorus quadripunctatus* (Kraatz, 1887)
分布：云南（文山）。

浅色覆葬甲 *Nicrophorus smefarka* Háva, Schneider & Růžička, 1999
分布：云南，四川，陕西，湖北。

媪葬甲属 *Oiceoptoma* Leach, 1815

黑媪葬甲 *Oiceoptoma hypocrita* (Portevin, 1903)
分布：云南，四川，西藏，陕西；不丹，尼泊尔，印度，缅甸。

红鞘媪葬甲 *Oiceoptoma picescens* (Fairmaire, 1894)
分布：云南，四川。

冥葬甲属 *Ptomascopus* Kraatz, 1876

漳腊冥葬甲 *Ptomascopus zhangla* Háva, Schneider & Růžička, 1999
分布：云南，四川，甘肃，陕西。

亡葬甲属 *Thanatophilus* Leach, 1815

齿亡葬甲 *Thanatophilus dentigerus* (A. Semenov, 1891)
分布：云南，四川，西藏，甘肃，青海；印度，尼泊尔，巴基斯坦，塔吉克斯坦。

寡肋亡葬甲 *Thanatophilus roborowskyi* Jakovlev, 1887
分布：云南，四川，西藏，甘肃，青海；印度。

皱亡葬甲 *Thanatophilus rugosus* (Linnaeus, 1758)
分布：云南，四川，西藏，黑龙江，辽宁，新疆，陕西，甘肃，宁夏，青海，北京；日本，朝鲜半岛，俄罗斯，中亚，欧洲。

金毛亡葬甲 *Thanatophilus sinuatus* (Fabricius, 1775)
分布：云南，四川，黑龙江，吉林，辽宁，新疆，北京，内蒙古，湖北，台湾；日本，朝鲜半岛，俄罗斯，中亚，欧洲。

隐翅虫科 Staphylinidae

无沟隐翅虫属 *Achmonia* Bordoni, 2004
格氏无沟隐翅虫 *Achmonia gestroi* (Fauvel, 1895)
分布：云南；越南，印度，缅甸，尼泊尔，不丹。

曼费无沟隐翅虫 *Achmonia manfei* Bordoni, 2013
分布：云南（西双版纳）。

滇无沟隐翅虫 *Achmonia yunnana* Bordoni, 2013
分布：云南（昆明）。

***Acrolocha* Thomson, 1858**
中甸无沟隐翅虫 *Acrolocha zhongdianensis* Shavrin & Smetana, 2016
分布：云南（迪庆）。

***Acrostiba* Thomson, 1858**
***Acrostiba tibetana* Bernhauer, 1933**
分布：云南，香港。

波缘隐翅虫属 *Acrotona* Thomson, 1859
***Acrotona birmana* Pace, 1986**
分布：云南，甘肃，浙江，广西，广东，香港；尼泊尔。

弯基波缘隐翅虫 *Acrotona filia* Pace, 1998
分布：云南（西双版纳）。

***Acrotona filifera* (Pace, 1987)**
分布：云南。

Acrotona fraudolenta Pace, 1998
分布：云南，香港。

Acrotona haniensis (Pace, 1993)
分布：云南。

Acrotona inornata (Kraatz, 1859)
分布：云南。

Acrotona inquinata (Cameron, 1939)
分布：云南。

岭波缘隐翅虫 *Acrotona lingicola* Pace, 1998
分布：云南（西双版纳），甘肃。

Acrotona litura Pace, 1998
分布：云南。

Acrotona muscorum (Brisout de Barneville, 1860)
分布：云南。

南京波缘隐翅虫 *Acrotona nanjingensis* (Pace, 1998)
分布：云南，陕西，江苏。

Acrotona paedida (Erichson, 1840)
分布：云南。

Acrotona parasuspiciosa Pace, 1998
分布：云南。

Acrotona probans Pace, 1986
分布：云南，四川。

Acrotona pseudofungi Pace, 1998
分布：云南。

毛尾波缘隐翅虫 *Acrotona setipyga* Pace, 1998
分布：云南（西双版纳）。

Acrotona siamensis (Pace, 1986)
分布：云南，四川。

Acrotona singularides Newton, 2015
分布：云南。

Acrotona suspiciosa suspiciosa Motschulsky, 1860
分布：云南，贵州，新疆，北京，甘肃，陕西；朝鲜，印度。

Acrotona vicaria Kraatz, 1859
分布：云南，四川，北京，陕西，湖北，浙江，广东，香港；日本，朝鲜，尼泊尔，印度。

永胜波缘隐翅虫 *Acrotona yongshengensis* Pace, 2011
分布：云南。

膝角隐翅虫属 *Acylophorus* Nordmann, 1837

叉膝角隐翅虫 *Acylophorus furcatus* Motschulsky, 1858
分布：云南（西双版纳），广西，台湾，广东，香港；泰国，印度，菲律宾。

Acylophorus schuelkei Smetana, 2017
分布：云南。

Acylophorus sexualis Smetana, 2017
分布：云南。

黄腿膝角隐翅虫 *Acylophorus tibialis* Cameron, 1932
分布：云南（德宏）；缅甸。

拉氏膝角隐翅虫 *Acylophorus wrasei* Smetana, 2005
分布：云南（西双版纳）。

盾首苔甲属 *Afroeudesis* Franz, 1963

宝山盾首苔甲 *Afroeudesis baoshana* Jaloszyński, 2009
分布：云南（保山）。

宽角隐翅虫属 *Agacerus* Fauvel, 1895

栉宽角隐翅虫 *Agacerus pectinatus* Fauvel, 1895
分布：云南（德宏）；印度，缅甸。

凹额隐翅虫属 *Agelosus* Sharp, 1889

Agelosus caerulescens Smetana, 2018
分布：云南（保山）。

Agelosus quadrimaculatus (Cameron, 1932)
分布：云南（昆明），浙江，广西，湖南；印度，老挝，越南。

前角隐翅虫属 *Aleochara* Gravenhorst, 1802

Aleochara bipustulata Linnaeus, 1760
分布：云南，陕西，北京，安徽；俄罗斯，蒙古国，尼泊尔，阿富汗，巴基斯坦，印度，中东，中亚，北非，欧洲。

红褐前角隐翅虫 *Aleochara puberula* Klug, 1832
分布：云南（西双版纳），吉林，辽宁，安徽，广西，台湾，广东，香港；俄罗斯，韩国，日本，尼泊尔，中东，中亚，欧洲，非洲。

Aleochara rougemontiana (Pace, 1999)
分布：云南，四川，陕西。

Aleochara rubidipennis Pace, 2013
分布：云南，陕西，四川。

宽背隐翅虫属 *Algon* Sharp, 1874

哀牢山宽背隐翅虫 *Algon ailaoshanus* Schillhammer, 2017
分布：云南（玉溪）。

长脊宽背隐翅虫 *Algon basilineatus* Schillhammer, **2017**
分布：云南（丽江）。

布氏宽背隐翅虫 *Algon bramlettorum* Schillhammer, **2006**
分布：云南（普洱、红河、德宏、西双版纳）；印度，泰国，老挝。

幻蓝宽背隐翅虫 *Algon caeruleosplendens* **Schillhammer, 2021**
分布：云南（保山）。

大围山宽背隐翅虫 *Algon daweishanus* Li & Tang, **2023**
分布：云南（红河）。

霍氏宽背隐翅虫 *Algon holzschuhi* Schillhammer, **2008**
分布：云南（大理）。

鸡足山宽背隐翅虫 *Algon jizushanus* Schillhammer, **2006**
分布：云南（大理）。

墨氏宽背隐翅虫 *Algon murzini* Schillhammer, **2008**
分布：云南（曲靖）。

皱翅宽背隐翅虫 *Algon rugulipennis* Schillhammer, **2006**
分布：云南（保山）。

铜翅宽背隐翅虫 *Algon semiaeneus* (Cameron, **1921**)
分布：云南（德宏）；缅甸。

华眼宽背隐翅虫 *Algon sinoculatus* Schillhammer, **2006**
分布：云南（保山、西双版纳），福建。

铜绿宽背隐翅虫 *Algon viridis* **Boháč, 1993**
分布：云南（普洱）；越南，老挝。

四节须隐翅虫属 *Alloplandria* Pace, 1999

Alloplandria opacicollis **Pace, 2013**
分布：云南。

长腹隐翅虫属 *Aloconota* Thomson, 1858

大理白长腹隐翅虫 *Aloconota dalibaiensis* **Pace & Hartmann, 2017**
分布：云南。

点苍山长腹隐翅虫 *Aloconota diancangensis* **Pace, 2011**
分布：云南。

Aloconota erangmontis **Pace, 2011**
分布：云南，四川。

Aloconota levitatis **Pace, 2011**
分布：云南。

Aloconota magar **Pace, 1991**
分布：云南。

Aloconota sinocurta **Pace & Hartmann, 2017**
分布：云南。

短眼隐翅虫属 *Amarochara* Thomson, I858

大围山短眼隐翅虫 *Amarochara daweiana* **Assing, 2015**
分布：云南。

Amarochara effeminata **Assing, 2010**
分布：云南。

Amarochara schuelkei **Assing, 2010**
分布：云南。

棕红短眼隐翅虫 *Amarochara wrasei* Assing, 2002
分布：云南（西双版纳），四川，陕西；老挝，泰国。

Amaurodera Fauvel, 1905

Amaurodera kraepelini **Fauvel, 1905**
分布：云南，海南。

Amaurodera schuelkei **Assing, 2009**
分布：云南。

Amaurodera yunnanensis **Pace, 1998**
分布：云南。

角舌隐翅虫属 *Amischa* Thomson, 1858

小角舌隐翅虫 *Amischa nana* Pace, 1998
分布：云南（西双版纳）。

Amphichroum Kraatz, 1857

Amphichroum angustilobatum Shavrin & Smetana, **2018**
分布：云南（迪庆）。

Amphichroum assingi **Shavrin & Smetana, 2018**
分布：云南（迪庆、丽江）。

Amphichroum cuccodoroi **Shavrin, 2022**
分布：云南（大理、丽江）。

Amphichroum discolor **Shavrin, 2022**
分布：云南（怒江、大理）。

Amphichroum grandidentatum **Shavrin, 2022**
分布：云南（怒江）。

Amphichroum maculosum Shavrin & Smetana, 2018
分布：云南（大理）。

Amphichroum schuelkei Shavrin & Smetana, 2018
分布：云南（怒江）。

宽颈隐翅虫属 *Anchocerus* Fauvel, 1905

叙氏宽颈隐翅虫 *Anchocerus schuelkei* Smetana, 2005
分布：云南（迪庆），四川。

斯氏宽颈隐翅虫 *Anchocerus smetanai* Schulke, 2011
分布：云南（丽江）。

殷氏宽颈隐翅虫 *Anchocerus yini* Hu & Li, 2012
分布：云南（保山）。

云南宽颈隐翅虫 *Anchocerus yunnanensis* Hu & Li, 2012
分布：云南（大理）。

Ancystrocerus Raffray, 1893

Ancystrocerus lueliangi Yin, 2020
分布：云南（德宏）。

花盾隐翅虫属 *Anotylus* Thomson, 1859

Anotylus apicipennis (Fauvel, 1895)
分布：云南；泰国，印度，缅甸，尼泊尔。

红褐花盾隐翅虫 *Anotylus cimicoides* Fauvel, 1895
分布：云南（德宏），四川，浙江，台湾；泰国，印度，缅甸，尼泊尔，菲律宾，马来西亚，巴基斯坦。

Anotylus cornutus (Fauvel, 1895)
分布：云南（保山、西双版纳），广西，广东；印度，缅甸，泰国。

粗角异颈隐翅虫 *Anotylus crassicornis* Sharp, 1874
分布：云南，江苏，上海，台湾；日本，朝鲜半岛。

筛异颈隐翅虫 *Anotylus cribrum* Fauvel, 1905
分布：云南；尼泊尔，巴基斯坦，印度。

艾短角隐翅虫 *Anotylus excisicollis* (Bernhauer, 1938)
分布：云南，四川，江西，福建。

余异颈隐翅虫 *Anotylus extrasculptilis* Wang, Zhou & Lu, 2017
分布：云南。

砾异颈隐翅虫 *Anotylus glareosus* Wollaston, 1854
分布：云南，浙江，香港，台湾；日本，巴基斯坦，印度。

粗毛异颈隐翅虫 *Anotylus hirtulus* Eppelsheim, 1895
分布：云南，四川，陕西；尼泊尔，巴基斯坦，印度。

Anotylus laobianus Bordoni, 2020
分布：云南（临沧）。

丽异颈隐翅虫 *Anotylus linaxi* Makranczy, 2017
分布：云南；泰国。

Anotylus nitidifrons (Wollaston, 1871)
分布：云南，四川，北京，河南，上海，江苏，浙江，福建，香港；日本，越南，老挝，缅甸，新加坡，菲律宾，印度，印度尼西亚，巴基斯坦，欧洲，非洲。

屏边异颈隐翅虫 *Anotylus pingbianus* Bordoni, 2020
分布：云南（红河）。

小红褐花盾隐翅虫 *Anotylus pseudopsinus* Fauvel, 1895
分布：云南（西双版纳）；越南，泰国，印度，缅甸，尼泊尔，斯里兰卡，菲律宾，马来西亚，印度尼西亚，巴基斯坦，大洋洲。

徐尔克异颈隐翅虫 *Anotylus schuelkei* Makranczy, 2017
分布：云南。

Anotylus sculptifrons Wang & Zhou, 2020
分布：云南（丽江），湖北。

托帕利异颈隐翅虫 *Anotylus topali* Makranczy, 2017
分布：云南，湖北，江西；越南。

杂异颈隐翅虫 *Anotylus varisculptilis* Wang, Zhou & Lu, 2017
分布：云南，四川。

邻异颈隐翅虫 *Anotylus vicinus* (Sharp, 1874)
分布：云南，四川，辽宁，上海；日本。

Anthobiomorphus Shavrin & Smetana, 2020

Anthobiomorphus rougemonti Shavrin & Smetana, 2020
分布：云南（丽江）。

安隐翅虫属 *Anthobium* Leach, 1819

Anthobium auritum Shavrin, 2020
分布：云南（迪庆）。

Anthobium capitale Shavrin & Smetana, 2018
分布：云南（迪庆）。

Anthobium conjunctum Shavrin & Smetana, 2017
分布：云南。

Anthobium consanguineum Shavrin & Smetana, 2019
分布：云南（怒江）。

Anthobium crassum Shavrin & Smetana, 2019
分布：云南（迪庆）。

Anthobium crenulatum Shavrin & Smetana, 2019
分布：云南（大理）。

大理安隐翅虫 *Anthobium daliense* Shavrin & Smetana, 2017
分布：云南。

Anthobium densepunctatum Shavrin & Smetana, 2017
分布：云南。

高黎贡山安隐翅虫 *Anthobium gaoligongshanense* Shavrin & Smetana, 2019
分布：云南（怒江）。

Anthobium hydraenoides Shavrin & Smetana, 2017
分布：云南。

Anthobium inopinatum Shavrin, 2020
分布：云南（怒江）。

Anthobium kabateki Shavrin, 2020
分布：云南（迪庆），甘肃。

老子安隐翅虫 *Anthobium laozii* Shavrin & Smetana, 2018
分布：云南（大理）。

Anthobium latissimum Shavrin & Smetana, 2018
分布：云南（怒江）。

Anthobium morchella Shavrin & Smetana, 2017
分布：云南。

Anthobium nivale Shavrin & Smetana, 2017
分布：云南。

Anthobium ruzickai Shavrin, 2023
分布：云南（怒江）。

Anthobium splendidulum Shavrin & Smetana, 2018
分布：云南（怒江）。

Anthobium umbrinum Shavrin, 2022
分布：云南（丽江）。

腹脊隐翅虫属 *Anthosaurus* Smetana, 2015

蓝翅腹脊隐翅虫 *Anthosaurus caelestis* Smetana, 1996
分布：云南（大理），四川，陕西，湖南。

加氏腹脊隐翅虫 *Anthosaurus gardneri* (Cameron, 1932)
分布：云南。

脊葬隐翅虫属 *Apatetica* Westwood, 1848

Apatetica curtipennis Assing, 2018
分布：云南（保山）。

Apatetica glabra Assing, 2018
分布：云南（红河）。

背眼隐翅虫属 *Apecholinus* Bernhauer, 1933

Apecholinus aglaosemanticus (He & Zhou, 2017)
分布：云南（大理），福建。

伯仲背眼隐翅虫 *Apecholinus fraternus* Fairmaire, 1891
分布：云南（西双版纳），四川，贵州，辽宁，河南，陕西，湖北，湖南，广西，台湾。

刘氏背眼隐翅虫 *Apecholinus liui* (He & Zhou, 2017)
分布：云南（红河）。

鳞蚁甲属 *Apharinodes* Raffray, 1890

中华鳞蚁甲 *Apharinodes sinensis* Yin & Jiang, 2017
分布：云南（临沧）。

长颊隐翅虫属 *Apimela* Mulsant & Rey, 1874

Apimela auriculata Assing, 2020
分布：云南。

Apimela baculata Assing, 2020
分布：云南。

Apimela schuelkei Assing, 2006
分布：云南。

Apimela sinofluminis Pace, 2012
分布：云南，陕西。

截须隐翅虫属 *Apostenolinus* Bernhauer, 1934

脊头截须隐翅虫 *Apostenolinus cariniceps* Bernhauer, 1934
分布：云南（红河），四川，重庆，陕西；越南。

蛛蚁甲属 *Araneibatrus* Yin & Li, 2010

纤毛蛛蚁甲 *Araneibatrus pubescens* **Yin, Jiang & Steiner, 2016**

分布：云南（大理）。

丽蚁甲属 *Arthromelodes* Jeannel, 1954

胀丽蚁甲 *Arthromelodes dilatatus* (Raffray, 1909)

分布：云南；日本。

条背出尾蕈甲属 *Ascaphium* Lewis, 1893

尹氏条背出尾蕈甲 *Ascaphium ingentis* **He, Tang & Li, 2008**

分布：云南。

畸列条背出尾蕈甲 *Ascaphium irregulare* **Löbl, 1999**

分布：云南（临沧）。

龙陵条背出尾蕈甲 *Ascaphium longlingense* **He, Tang & Li, 2008**

分布：云南。

狭隐翅虫属 *Astenus* Dejean, 1833

阿狭隐翅虫 *Astenus arrowi* **Bernhauer, 1939**

分布：云南，重庆，上海，浙江，江西，福建。

黄黑尾隐翅虫 *Astenus flavescens* **Scheerpeltz, 1933**

分布：云南，贵州，西藏，广西，广东，海南，香港；马来西亚，缅甸，尼泊尔，泰国，印度。

细狭隐翅虫 *Astenus gracilentus* (Kraatz, 1859)

分布：云南，海南，香港；新加坡。

眶狭隐翅虫 *Astenus maculatus* **Cameron, 1920**

分布：云南，香港；印度。

Astenus varians **Cameron, 1931**

分布：云南，香港。

长须隐翅虫属 *Atanygnathus* Jakobson, 1909

Atanygnathus volsellifer **Smetana, 2017**

分布：云南。

平缘隐翅虫属 *Atheta* Thomson, 1858

红腰黑尾平缘隐翅虫 *Atheta alternantoides* **Pace, 1998**

分布：云南（迪庆）。

Atheta altincisa **Assing, 2009**

分布：云南（高黎贡山）。

Atheta amplificata **Pace, 1998**

分布：云南。

Atheta amischoides **Assing, 2009**

分布：云南（普洱）。

Atheta atramentaria **Gyllenhal, 1810**

分布：云南，四川，湖北，广西，北京，香港；俄罗斯，日本，朝鲜，尼泊尔，巴基斯坦，中东，中亚，欧洲，非洲。

Atheta bicoloricornis **Assing, 2009**

分布：云南（高黎贡山）。

Atheta biformis **Assing, 2021**

分布：云南（大理）。

双斑平缘隐翅虫 *Atheta bimacula* **Pace, 1998**

分布：云南（德宏），湖北。

Atheta clarata **Assing, 2021**

分布：云南（高黎贡山）。

Atheta colortang **Pace, 2011**

分布：云南。

林平缘隐翅虫 *Atheta conferta* **Pace,1998**

分布：云南（昭通）。

棕色平缘隐翅虫 *Atheta consequcns* **Pace, 2004**

分布：云南（西双版纳）。

狭茎平缘隐翅虫 *Atheta contractionis* **Pace, 2011**

分布：云南（西双版纳）。

Atheta coriaria **Kraatz, 1856**

分布：云南，北京，陕西，河北，香港；日本，朝鲜，欧洲。

大理白平缘隐翅虫 *Atheta dalibaiensis* **Pace, 2011**

分布：云南。

Atheta detruncata **Assing, 2006**

分布：云南（怒江）。

Atheta dimorpha **Assing, 2006**

分布：云南（迪庆）。

野象谷平缘隐翅虫 *Atheta elephanticola* **Pace, 1998**

分布：云南（西双版纳）。

峨眉山平缘隐翅虫 *Atheta emeimontis* **Pace, 2004**

分布：云南，四川。

Atheta extabescens **Pace, 2011**

分布：云南。

陋腹平缘隐翅虫 *Atheta foedemarginata* **Pace, 2011**

分布：云南（迪庆），陕西；印度。

叶茎平缘隐翅虫 *Atheta foliacea* **Assing, 2006**

分布：云南（丽江）。

密平缘隐翅虫 *Atheta furtiva* Cameron, 1939
分布：云南（迪庆），四川；朝鲜，印度，尼泊尔。

瘦茎平缘隐翅虫 *Atheta furtivoides* Pace, 1998
分布：云南（保山）。

Atheta fuscoterminalis Pace, 2011
分布：云南。

黄翅黑腹平缘隐翅虫 *Atheta gentiliorides* Newton, 2015
分布：云南（德宏）。

Atheta geostiboides Assing, 2004
分布：云南（临沧、迪庆），陕西。

异贡嘎平缘隐翅虫 *Atheta gonggana* Pace, 1998
分布：云南（迪庆），四川，陕西，湖北。

大括平缘隐翅虫 *Atheta graffa* Pace, 1998
分布：云南（丽江），四川，甘肃。

海螺沟平缘隐翅虫 *Atheta hailuogouensis* Pace, 2004
分布：云南（迪庆），四川。

Atheta hailougouicola Pace, 2011
分布：云南，四川。

镰平缘隐翅虫 *Atheta hamifera* Pace, 2004
分布：云南（丽江），四川。

汗氏平缘隐翅虫 *Atheta hammondi* Pace, 1987
分布：云南（迪庆），陕西；印度。

Atheta hastata Assing, 2006
分布：云南（迪庆）。

大平缘隐翅虫 *Atheta inopinata* Pace, 1991
分布：云南（丽江）；尼泊尔。

愉平缘隐翅虫 *Atheta iucunda* Pace, 1998
分布：云南（西双版纳）。

刀平缘隐翅虫 *Atheta laminarum* Pace, 1998
分布：云南（西双版纳）。

Atheta lewisiana Cameron, 1933
分布：云南，四川，陕西，山西，江苏，浙江，北京，广东，香港；日本，朝鲜，尼泊尔，巴基斯坦。

Atheta longefalciferoides Pace, 2011
分布：云南。

临夏平缘隐翅虫 *Atheta linxiensis* Pace & Hartmann, 2007
分布：云南。

Atheta lisuensis Pace & Hartmann, 2017
分布：云南。

Atheta liukuensis Pace & Hartmann, 2017
分布：云南。

Atheta maiensis Pace, 1987
分布：云南。

野平缘隐翅虫 *Atheta masculifrons* Pace, 2004
分布：云南（西双版纳）。

Atheta melanaria Mannerheim, 1830
分布：云南，山西，甘肃；日本，蒙古国，朝鲜，欧洲。

伪兴隆平缘隐翅虫 *Atheta mesofalcifera* Pace, 2004
分布：云南（保山）。

拟西伯利亚平缘隐翅虫 *Atheta mimosibirica* Pace, 2011
分布：云南（迪庆）。

Atheta nanior Pace, 1998
分布：云南。

新汤平缘隐翅虫 *Atheta neatang* Pace, 2011
分布：云南（玉溪）。

Atheta nigra Kraatz, 1856
分布：云南；朝鲜，俄罗斯（远东地区），中亚，欧洲。

Atheta ogivalis Pace, 2011
分布：云南。

角茎平缘隐翅虫 *Atheta paritctica* Pace, 1998
分布：云南（西双版纳）。

Atheta paritetica Pace, 1998
分布：云南（迪庆）。

端黑平缘隐翅虫 *Atheta peranomala* Pace, 1998
分布：云南（丽江），四川。

雪山平缘隐翅虫 *Atheta perconsanguinea* Pace, 2004
分布：云南（迪庆）。

偻囊平缘隐翅虫 *Atheta permimetica* Pace, 1998
分布：云南（丽江），四川。

黑囊平缘隐翅虫 *Atheta philamicula* Pace, 1998
分布：云南（昆明），甘肃。

红腰平缘隐翅虫 *Atheta placita* Cameron, 1939
分布：云南（德宏、保山、怒江、丽江、迪庆、临沧），四川，陕西，湖北；印度，尼泊尔。

Atheta ponderata Pace, 1998
分布：云南。

Atheta pseudoplacita Pace, 2011
分布：云南。

四镰平缘隐翅虫 *Atheta quadrifalcifera* Pace, 2004
分布：云南（丽江），四川。

拟兴隆平缘隐翅虫 *Atheta regressa* Pace, 1998
分布：云南（迪庆），四川，甘肃。

德宏平缘隐翅虫 *Atheta ruiliensis* Pace, 1998
分布：云南（德宏）。

半革平缘隐翅虫 *Atheta semialutella* Bernhauer, 1939
分布：云南。

Atheta semicircularides Newton, 2015
分布：云南。

锯茎平缘隐翅虫 *Atheta serraculter* Pace, 1998
分布：云南（丽江）。

山居平缘隐翅虫 *Atheta shanicola* Pace, 1998
分布：云南（曲靖），甘肃。

黄胸平缘隐翅虫 *Atheta sinocolorata* Pace, 2011
分布：云南（曲靖、昭通）。

Atheta sinonigroides Pace & Hartmann, 2017
分布：云南。

Atheta sinopusilla Pace, 2011
分布：云南。

Atheta sinoamicula Pace & Hartmann, 2017
分布：云南。

Atheta sinoarmata Pace & Hartmann, 2017
分布：云南。

Atheta sinoastuta Pace & Hartmann, 2017
分布：云南。

Atheta sordiduloides daliensis Pace, 1993
分布：云南。

Atheta sinobulboides Pace & Hartmann, 2017
分布：云南。

褐色平缘隐翅虫 *Atheta subamicula* Cameron, 1939
分布：云南（迪庆），陕西；印度，尼泊尔。

意外平缘隐翅虫 *Atheta subinopinata* Pace, 1998
分布：云南（丽江），四川，湖北。

黄翅平缘隐翅虫 *Atheta subscricans* Cameron, 1939
分布：云南（丽江），四川，东北，陕西；朝鲜，印度，尼泊尔。

Atheta subsinocolorata Pace & Hartmann, 2017
分布：云南。

拟塔平缘隐翅虫 *Atheta tardoides* Pace, 2004
分布：云南（昭通）。

三色平缘隐翅虫 *Atheta tricoloroides* Pace, 1998
分布：云南（昭通），四川，浙江。

横网平缘隐翅虫 *Atheta transcripta* Pace, 2004
分布：云南（迪庆），四川。

腾冲平缘隐翅虫 *Atheta tengchongensis* Pace & Hartmann, 2017
分布：云南。

黄褐平缘隐翅虫 *Atheta viduoides* Pace, 1998
分布：云南（迪庆），陕西；印度。

伤平缘隐翅虫 *Atheta vulnerans* Pace, 1998
分布：云南（丽江）。

无量平缘隐翅虫 *Atheta wuliangensis* Pace & Hartmann, 2017
分布：云南。

兴隆平缘隐翅虫 *Atheta xinlongensis* Pace, 1998
分布：云南（迪庆），四川，陕西，甘肃。

Atheta xiongnuorum Pace, 1993
分布：云南。

Atheta xueica Assing, 2006
分布：云南（西北部）。

扎氏平缘隐翅虫 *Atheta zanettii* Pace, 2011
分布：云南（迪庆）。

扎嘎平缘隐翅虫 *Atheta zhagaensis* Pace, 2004
分布：云南（迪庆），四川，西藏。

中甸平缘隐翅虫 *Atheta zhongdianensis* Pace, 2004
分布：云南（迪庆）。

短片隐翅虫属 *Atopolinus* Coiffait, 1982

Atopolinus abnormis Bordoni, 2009
分布：云南。

Atopolinus brachypterus Bordoni, 2009
分布：云南。

Atopolinus eminens Bordoni, 2013
分布：云南。

高黎贡短片隐翅虫 *Atopolinus gaoligong* Bordoni, 2007
分布：云南。

贡山短片隐翅虫 *Atopolinus heiwadi* Bordoni, 2013
分布：云南（怒江）。

Atopolinus inusualis Bordoni, 2010
分布：云南。

暗翅短片隐翅虫 *Atopolinus microtergalis* Bordoni, 2013
分布：云南（西双版纳）。

Atopolinus ovaliceps Scheerpeltz, 1965
分布：云南，贵州，四川，广西，海南；不丹。

Atopolinus puetzi Bordoni, 2009
分布：云南。

Atopolinus repostus Bordoni, 2012
分布：云南。

Atopolinus rubescens Bordoni, 2009
分布：云南。

Atopolinus schuelkei Bordoni, 2010
分布：云南。

Atopolinus schwendingeri Bordoni, 2002
分布：云南。

Atopolinus silvestris Bordoni, 2012
分布：云南。

Atopolinus sinuatus Bordoni, 2013
分布：云南。

Atopolinus subtropicalis Bordoni, 2010
分布：云南，西藏。

Atopolinus uncinatus Bordoni, 2010
分布：云南。

Atopolinus watanabei Bordoni, 2009
分布：云南。

实隐翅虫属 *Atrecus* Jacquelin, 1856
云南实隐翅虫 *Atrecus yunnanus* Assing, 2000
分布：云南。

裂茎隐翅虫属 *Aulacocypus* Müller, 1925
甘肃裂茎隐翅虫 *Aulacocypus kansuensis* Bernhauer, 1933
分布：云南（丽江），陕西，甘肃。

等幅隐翅虫属 *Autalia* Leach, 1819
Autalia cornigera Assing, 2008
分布：云南。

Autalia smetanai Pace, 1991
分布：云南；尼泊尔。

云南等幅隐翅虫 *Autalia yunnanica* Assing, 2005
分布：云南（昆明）。

长颈蚁甲属 *Awas* Löbl,1994
中华长颈蚁甲 *Awas sinicus* Yin & Li, 2010
分布：云南（怒江）。

针须出尾蕈甲属 *Baeocera* Erichson, 1845
Baeocera breveapicalis Pic, 1926
分布：云南，广西。

Baeocera callida Löbl, 1986
分布：云南；尼泊尔，印度。

Baeocera franzi Löbl, 1973
分布：云南，四川，陕西，湖北，江苏，福建。

基洛针须出尾蕈甲 *Baeocera gilloghyi* Löbl, 1973
分布：云南（西双版纳）；越南。

Baeocera karenovicsi Löbl, 2018
分布：云南（保山）。

库班针须出尾蕈甲 *Baeocera kubani* Löbl, 1999
分布：云南（西双版纳），江西，福建。

长角针须出尾蕈甲 *Baeocera longicornis* Löbl, 1971
分布：云南，江西，香港，台湾；尼泊尔，印度。

Baeocera pigra Löbl, 1971
分布：云南；尼泊尔，印度。

Baeocera proclinate Löbl, 2018
分布：云南（保山）。

Baeocera pseudinculta Löbl, 1990
分布：云南。

Baeocera pubiventris Löbl, 1990
分布：云南；印度，尼泊尔。

Baeocera repleta Löbl, 2018
分布：云南（保山）。

Baeocera vidua Löbl, 1990
分布：云南，四川，湖北，广西。

云南针须出尾蕈甲 *Baeocera yunnanensis* Löbl, 1999
分布：云南（楚雄）。

珠蚁甲属 *Batraxis* Reitter, 1882
弯角珠蚁甲 *Batraxis antennata* Wang & Yin, 2016
分布：云南（保山）。

暗腹珠蚁甲 *Batraxis bicolor* Wang & Yin, 2016
分布：云南（临沧），海南。

宽额珠蚁甲 *Batraxis frontalis* Wang & Yin, 2016
分布：云南（大理）。

长角珠蚁甲 *Batraxis longicornis* Wang & Yin, 2016
分布：云南（保山）。

长刺珠蚁甲 *Batraxis tuberculata* Wang & Yin, 2016
分布：云南（迪庆）。

绎帆珠蚁甲 *Batraxis yifan* Wang & Yin, 2016
分布：云南（临沧）。

紫悦珠蚁甲 *Batraxis ziyueae* Wang & Yin, 2016
分布：云南（临沧）。

Batriplica Raffray, 1904
Batriplica algon Löbl & Kurbatov, 1996
分布：云南。

索蚁甲属 *Batrisocenus* Raffray, 1903
Batrisocenus cicatricosus Raffray, 1897
分布：云南；印度尼西亚。

鬼蚁甲属 *Batrisodes* Reitter, 1882
盾额鬼蚁甲 *Batrisodes songxiaobini* Yin, Shen & Li, 2015
分布：云南（保山）。

双舌隐翅虫属 *Bellatheta* Roubal, 1928
Bellatheta aucticeps Assing, 2021
分布：云南（高黎贡山）。

Bellatheta diacangica Assing, 2011
分布：云南。

Bellatheta ruficollis Pace, 2011
分布：云南。

云南双舌隐翅虫 *Bellatheta yunnanensis* Pace, 2011
分布：云南。

锐胸隐翅虫属 *Belonuchus* Nordmann, 1837
扁锐胸隐翅虫 *Belonuchus applanatus* Li & Zhou, 2010
分布：云南。

点锐胸隐翅虫 *Belonuchus puncticulus* Rougemont, 2004
分布：云南。

点额锐胸隐翅虫 *Belonuchus punctifrons* Cameron, 1926
分布：云南；印度。

长足出尾蕈甲属 *Bironium* Csiki, 1909
双突长足出尾蕈甲 *Bironium bidens* Löbl, 1990
分布：云南（西双版纳）；泰国。

浅裂长足出尾蕈甲 *Bironium lobatum* Löbl, Leschen & Kodada, 2020
分布：云南（德宏）。

云南长足出尾蕈甲 *Bironium yunnanum* Löbl, Leschen & Kodada, 2020
分布：云南（德宏）。

双曲隐翅虫属 *Bisnius* Stephens, 1829
俭双曲隐翅虫 *Bisnius parcus* Sharp, 1874
分布：云南，四川，辽宁，北京，宁夏，陕西，山东，江西；韩国，日本，蒙古国，欧洲。

寡毛双曲隐翅虫 *Bisnius nichinaiensis* (Coiffait, 1982)
分布：云南。

布里隐翅虫属 *Bledius* Leach, 1819
黄足布里隐翅虫 *Bledius opacus* Block, 1799
分布：云南（昆明）；蒙古国，俄罗斯（远东地区），伊朗，欧洲，非洲。

拟蚁隐翅虫属 *Blepharhymenus* Solier, 1849
Blepharhymenus divisus Pace, 1999
分布：云南。

斯氏拟蚁隐翅虫 *Blepharhymenus smetanai* Pace, 2012
分布：云南（迪庆），四川。

弧胸隐翅虫属 *Bolitogyrus* Chevrolat, 1842
Bolitogyrus confusus Brunke, 2017
分布：云南。

黑胫弧胸隐翅虫 *Bolitogyrus electus* Smetana & Zheng, 2001
分布：云南（丽江、保山、红河），江西。

美弧胸隐翅虫 *Bolitogyrus elegantulus* Yuan, Zhao, Li & Hayashi, 2007
分布：云南。

金鞘弧胸隐翅虫 *Bolitogyrus flavus* Yuan, Zhao, Li & Hayashi, 2007
分布：云南。

黄氏弧胸隐翅虫 *Bolitogyrus huanghaoi* Hu, Liu & Li, 2011
分布：云南。

斑点弧胸隐翅虫 *Bolitogyrus loculus* Cai, Zhao & Zhou, 2015
分布：云南。

彩弧胸隐翅虫 *Bolitogyrus pictus* Smetana & Zheng, 2000
分布：云南。

密点弧胸隐翅虫 *Bolitogyrus profundus* **Cai, Zhao & Zhou, 2015**
分布：云南；老挝，泰国。

钩齿弧胸隐翅虫 *Bolitogyrus uncus* **Cai, Zhao & Zhou, 2015**
分布：云南。

梭隐翅虫属 *Bolitochara* Mannerheim, 1830

Bolitochara sinica **Pace, 2010**
分布：云南。

Borboropora Kraatz, 1862

Borboropora chinensis **Pace, 1993**
分布：云南，台湾；尼泊尔。

Borboropora funebris **Pace, 1998**
分布：云南。

Borboropora vestita **Boheman, 1858**
分布：云南，江苏，香港，台湾；尼泊尔，印度，中亚。

Borboropora yunnanensis **Pace, 1998**
分布：云南。

长颚隐翅虫属 *Borolinus* Bernhauer, 1903

双毛长颚隐翅虫 *Borolinus bisetifer* **Wu & Zhou, 2006**
分布：云南。

黑色长颚隐翅虫 *Borolinus minutus* **Laporte, 1840**
分布：云南（德宏、西双版纳），广西，台湾，海南；泰国，印度，缅甸，菲律宾，马来西亚，新加坡，印度尼西亚，孟加拉国，大洋洲。

暗红长颚隐翅虫 *Borolinus semirufus* **Fauvel, 1895**
分布：云南（西双版纳），广西；越南，缅甸。

果隐翅虫属 *Carpelimus* Leach, 1819

微粒果隐翅虫 *Carpelimus atomus* **Saulcy, 1865**
分布：云南，贵州，四川，北京，河北，陕西，湖北，浙江，湖南，福建，广东，台湾，香港；日本，尼泊尔，巴基斯坦，阿富汗，中亚，欧洲，非洲。

碳果隐翅虫 *Carpelimus carbonigrus* **Gildenkov, 2013**
分布：云南。

木果隐翅虫 *Carpelimus corticinus* **Gravenhorst, 1806**
分布：云南，黑龙江，北京；中东，俄罗斯（远东地区），欧洲，非洲。

Carpelimus guillaumei **Gildenkov, 2018**
分布：云南（临沧），广东，香港；泰国。

印度果隐翅虫 *Carpelimus indicus* **Kraatz, 1859**
分布：云南，贵州，四川，山东，陕西，北京，浙江，广西，广东，海南，香港；阿富汗，日本，尼泊尔，巴基斯坦。

帕皮果隐翅虫 *Carpelimus pappi* **Gildenkov, 2013**
分布：云南，台湾；日本。

修果隐翅虫 *Carpelimus praelongus* **(Bernhauer, 1938)**
分布：云南，四川，重庆，陕西，江苏，福建，台湾，香港。

沙果隐翅虫 *Carpelimus schawalleri* **Gildenkov, 2013**
分布：云南。

荡果隐翅虫 *Carpelimus vagus* **(Sharp, 1889)**
分布：云南，四川，重庆，黑龙江，吉林，辽宁，北京，河北，台湾。

粗角葶隐翅虫属 *Carphacis* Gozis, 1886

云南粗角葶隐翅虫 *Carphacis yunnanus* **Schülke, 1999**
分布：云南（迪庆），四川。

Cephalocousya Lohse, 1971

Cephalocousya yunnanica **Assing, 2018**
分布：云南。

Cephennomicrus Reitter, 1907

Cephennomicrus andreasi **Jaloszyński, 2019**
分布：云南（保山）。

云南拟蜂苔甲 *Cephennomicrus yunnanicus* **Jaloszyński, 2019**
分布：云南（楚雄）。

Chandleriella Hlaváč, 2000

Chandleriella yunnanica **Yin, 2019**
分布：云南（玉溪、临沧）。

Chinecallicerus Assing, 2004

Chinecallicerus grandicollis **Assing, 2018**
分布：云南。

Chinecallicerus laevigatus **Assing, 2018**
分布：云南。

Chinecallicerus reticulatus Assing, 2017
分布：云南。

Chinecallicerus serratus Assing, 2009
分布：云南。

Chinecallicerus schuelkei Assing, 2004
分布：云南。

Chinecallicerus subater Assing, 2015
分布：云南。

Chinecallicerus wrasei Assing, 2006
分布：云南。

Chinecallicerus trituberculatus Assing, 2018
分布：云南。

Chinecousya Assing, 2006
Chinecousya globosa Assing, 2021
分布：云南。

Chinecousya procera Assing, 2006
分布：云南。

Chinecousya virgula (Fauvel, 1905)
分布：云南。

大苔甲属 *Clidicus* Laporte, 1832
邱氏大苔甲 *Clidicus qiuae* Cheng & Yin, 2019
分布：云南（文山、西双版纳）。

盈江大苔甲 *Clidicus yingjiangus* Cheng & Yin, 2019
分布：云南（德宏）。

裂舌隐翅虫属 *Coenonica* Kraatz, 1857
Coenonica aliena Pace, 1998
分布：云南。

Coenonica angusticollis Cameron, 1920
分布：云南，四川。

红棕裂舌隐翅虫 *Coenonica anteopaca* Pace, 2010
分布：云南（丽江），四川。

Coenonica arcusifera Pace, 1998
分布：云南；印度。

Coenonica impressicollis Motschulsky, 1858
分布：云南。

Coenonica javana Bernhauer, 1914
分布：云南，香港。

Coenonica ming Pace, 1993
分布：云南，四川。

糙背裂舌隐翅虫 *Coenonica semimutata* Pace, 1998
分布：云南（迪庆）。

切缘裂舌隐翅虫 *Coenonica truncata* Pace, 1998
分布：云南（丽江），四川。

云南裂舌隐翅虫 *Coenonica yunnanensis* Pace, 1998
分布：云南（丽江）。

连颈隐翅虫属 *Collocypus* Smetana, 2003
咽连颈隐翅虫 *Collocypus gularis* Smetana, 2003
分布：云南（大理）。

Coprophilus Latreille, 1829
Coprophilus alticola Fauvel, 1904
分布：云南（大理），西藏，四川，陕西，台湾；印度，尼泊尔，巴基斯坦。

槌形隐翅虫属 *Coproporus* Kraatz, 1857
Coproporus brunnicollis Motschulsky, 1858
分布：云南，贵州，四川，浙江，香港。

Coproporus tachyporoides Kraatz, 1859
分布：云南，香港，湖南；印度。

凹肩隐翅虫属 *Cordalia* Jacobs, 1925
中国凹肩隐翅虫 *Cordalia chinensis* Pace, 1993
分布：云南。

褐色凹肩隐翅虫 *Cordalia funebris* Pace, 1998
分布：云南（德宏）。

云南凹肩隐翅虫 *Cordalia yunnanensis* Pace, 1998
分布：云南（德宏）。

Cordalia vestita (Boheman, 1858)
分布：云南，江苏，台湾，香港。

伪缘隐翅虫属 *Craspedomerus* Bernhauer, 1911
紫背伪缘隐翅虫 *Craspedomerus cyanipennis* Scheerpeltz, 1976
分布：云南（保山）；尼泊尔。

甘奈伪缘隐翅虫 *Craspedomerus ganeshensis* Coiffait, 1983
分布：云南（怒江、保山）；尼泊尔。

穴缘伪缘隐翅虫 *Craspedomerus glenoides* Schubert, 1908
分布：云南；印度。

贡山伪缘隐翅虫 *Craspedomerus gongshanus* Li & Zhou, 2010
分布：云南（怒江）。

嗜肉隐翅虫属 *Creophilus* Leach, 1819

橙翅嗜肉隐翅虫 ***Creophilus flavipennis*** Hope, **1831**

分布：云南（迪庆、怒江）；越南，日本，印度，尼泊尔，巴基斯坦。

大颚嗜肉隐翅虫指名亚种 ***Creophilus maxillosus maxillosus*** Linnaeus, **1758**

分布：云南（昆明、玉溪），四川，黑龙江，吉林，辽宁，内蒙古，北京，山西，陕西，香港；蒙古国，俄罗斯（远东地区），朝鲜半岛，日本，印度，尼泊尔，不丹，巴基斯坦，阿富汗，中东，中亚，欧洲，非洲，美洲。

Cyanocypus He & Zhou, 2020

Cyanocypus leukos He & Zhou, **2020**

分布：云南（保山）。

刺胫出尾蕈甲属 *Cyparium* Erichson, 1845

四斑刺胫出尾蕈甲 ***Cyparium montanum*** Achard, **1922**

分布：云南（丽江），台湾；印度，不丹。

Cyparium siamense Löbl, **1990**

分布：云南。

西伯利亚刺胫出尾蕈甲 ***Cyparium sibiricum*** Solsky, **1871**

分布：云南（迪庆），四川，陕西；俄罗斯。

云南刺胫出尾蕈甲 ***Cyparium yunnanum*** Achard, **1920**

分布：云南（丽江）。

Cypha Leach, 1819

Cypha ampliata Assing, **2010**

分布：云南。

Cypha hebes Assing, **2010**

分布：云南。

钉隐翅虫属 *Deinopteroloma* Jansson, 1946

Deinopteroloma rougemonti Smetana & Shavrin, **2016**

分布：云南。

锤角隐翅虫属 *Deliodes* Casey, 1910

Deliodes songzhigaoi Song & Li, **2014**

分布：云南。

云南锤角隐翅虫 ***Deliodes yunnanus*** Assing, **2009**

分布：云南。

Deroleptus Bernhauer, 1915

Deroleptus draco Assing, **2010**

分布：云南。

长足隐翅虫属 *Derops* Sharp, 1889

滇长足隐翅虫 ***Derops yunnanus*** Zhao & Li, **2013**

分布：云南（昆明）。

束毛隐翅虫属 *Dianous* Leach, 1819

钝尖束毛隐翅虫 ***Dianous acutus*** Zheng, **1994**

分布：云南，四川，湖北，陕西。

铜色束毛隐翅虫 ***Dianous aereus*** Champion, **1919**

分布：云南（德宏）；印度，尼泊尔，不丹，巴基斯坦。

多变束毛隐翅虫 ***Dianous alternans*** Zheng, **1993**

分布：云南（西双版纳）。

安德束毛隐翅虫 ***Dianous andrewesi*** Cameron, **1914**

分布：云南（德宏）；印度，尼泊尔。

Dianous atrocoeruleus Puthz, **2000**

分布：云南。

Dianous atroviolaceus Puthz, **2000**

分布：云南。

金绿束毛隐翅虫 ***Dianous bellus*** Sheng, Tang & Li, **2009**

分布：云南（西双版纳）。

双斑束毛隐翅虫 ***Dianous bimaculatus*** Cameron, **1927**

分布：云南（保山）；泰国，印度，尼泊尔，不丹。

Dianous bioculatus Puthz, **2000**

分布：云南。

短角束毛隐翅虫 ***Dianous brevicornis*** Puthz, **2000**

分布：云南（丽江）。

Dianous camelus Puthz, **1990**

分布：云南。

卡氏束毛隐翅虫 ***Dianous cameroni*** Champion, **1919**

分布：云南（昆明）；印度，尼泊尔，巴基斯坦。

Dianous championi Cameron, **1920**

分布：云南；尼泊尔，印度。

切氏束毛隐翅虫 ***Dianous chetri*** Rougemont, **1980**

分布：云南（保山、迪庆），四川，湖北；老挝，印度，尼泊尔，不丹。

中华束毛隐翅虫 ***Dianous chinensis*** Bernhauer, **1916**

分布：云南（西双版纳），山东，陕西，江西，湖南。

Dianous coeruleotinctus Puthz, 2000
分布：云南；越南。

Dianous coeruleostigma Puthz, 2016
分布：云南。

斑腿束毛隐翅虫 *Dianous cruentatus* Benick, 1942
分布：云南（保山、怒江），西藏；缅甸。

紫绿束毛隐翅虫 *Dianous cyaneovirens* Cameron, 1930
分布：云南（保山），贵州，江西，广西；印度，缅甸，尼泊尔，不丹。

Dianous davidwrasei Puthz, 2016
分布：云南。

凹缘束毛隐翅虫 *Dianous emarginatus* Zheng, 1993
分布：云南（丽江），四川，湖北。

橙斑束毛隐翅虫 *Dianous flavoculatus* Puthz, 1997
分布：云南（西双版纳）；老挝。

福氏束毛隐翅虫 *Dianous freyi* Benick,1940
分布：云南（丽江），四川，贵州，安徽，浙江，湖北，江西，湖南，福建，广东；缅甸，泰国，越南，老挝。

Dianous gemmosus Puthz, 2000
分布：云南。

壮斑束毛隐翅虫 *Dianous grandistigma* Puthz, 2000
分布：云南（西双版纳）。

海南束毛隐翅虫 *Dianous hainanensis* Puthz, 1997
分布：云南（西双版纳），海南。

哈氏束毛隐翅虫 *Dianous haraldi* Puthz, 2000
分布：云南；老挝。

黄灏束毛隐翅虫 *Dianous huanghaoi* Tang & Li, 2011
分布：云南（丽江），四川，广东。

阴束毛隐翅虫指名亚种 *Dianous inaequalis inaequalis* Champion, 1919
分布：云南（西双版纳），贵州，四川，宁夏，台湾；阿富汗，尼泊尔，印度。

大束毛隐翅虫 *Dianous latitarsis* Benick, 1942
分布：云南，四川；泰国，印度，缅甸，尼泊尔。

李氏束毛隐翅虫 *Dianous lilizheni* Tang & Wang, 2018
分布：云南（西双版纳），四川。

缘束毛隐翅虫 *Dianous limitaneus* Puthz, 2001
分布：云南（保山）。

黄月纹束毛隐翅虫 *Dianous luteolunatus* Puthz, 1980
分布：云南（西双版纳），广西。

Dianous meo Rougemont, 1981
分布：云南；泰国，越南。

斜斑束毛隐翅虫 *Dianous obliquenotatus* Champion, 1921
分布：云南（西双版纳）；印度。

眼斑束毛隐翅虫 *Dianous ocellifer* Puthz, 2000
分布：云南（德宏、西双版纳）；老挝。

孔翅束毛隐翅虫 *Dianous oculatipennis* Puthz, 1980
分布：云南（西双版纳）。

Dianous poecilus Shi & Zhou, 2011
分布：云南。

拟钝尖束毛隐翅虫 *Dianous pseudacutus* Puthz, 2009
分布：云南（西双版纳）；印度，马来西亚。

亮背束毛隐翅虫 *Dianous psilopterus* Benick, 1942
分布：云南（西双版纳）。

刻腹束毛隐翅虫 *Dianous punctiventris* Champion, 1919
分布：云南（德宏、西双版纳），海南；越南，老挝，印度，缅甸。

辐纹束毛隐翅虫 *Dianous radiatus* Champion, 1919
分布：云南（保山）；印度，尼泊尔，巴基斯坦，阿富汗。

裂背束毛隐翅虫 *Dianous rimosipennis* Puthz, 2005
分布：云南（保山、西双版纳）。

Dianous ruzickai Puthz, 2016
分布：云南。

山束毛隐翅虫 *Dianous shan* Rougemont, 1981
分布：云南（西双版纳）；泰国，缅甸。

暹罗束毛隐翅虫 *Dianous siamensis* Rougemont, 1983
分布：云南（西双版纳）；越南，泰国，缅甸。

斯瓦里克束毛隐翅虫 *Dianous siwalikensis* Cameron, 1927
分布：云南（西双版纳）；尼泊尔，印度。

刺腹束毛隐翅虫 *Dianous spiniventris* Puthz, 1980
分布：云南。

斯束毛隐翅虫 *Dianous srivichaii* Rougemont, 1981
分布：云南（西双版纳），福建；缅甸，泰国，越南，老挝。

窄眼束毛隐翅虫 *Dianous strabo* **Puthz, 1995**
分布：云南（西双版纳）；越南，泰国。

涡束毛隐翅虫 *Dianous subvorticosus* **Champion, 1919**
分布：云南；尼泊尔，印度。

东京湾束毛隐翅虫 *Dianous tonkinensis* **Puthz, 1968**
分布：云南（西双版纳），湖南，广东；越南，泰国，印度尼西亚，马来西亚。

Dianous tumidifrons **Puthz, 1995**
分布：云南；尼泊尔。

Dianous variegatus **Puthz, 2000**
分布：云南。

变色束毛隐翅虫 *Dianous versicolor* **Cameron, 1914**
分布：云南，四川；不丹，尼泊尔，印度。

Dianous versicolorus **Puthz, 2016**
分布：云南。

旋束毛隐翅虫 *Dianous verticosus* **Eppelsheim, 1895**
分布：云南（西双版纳）；尼泊尔，印度。

越南束毛隐翅虫 *Dianous vietnamensis* **Puthz, 1980**
分布：云南（西双版纳），四川，广西，海南；越南，老挝，马来西亚。

漩背束毛隐翅虫 *Dianous vorticipennis* **Puthz, 2005**
分布：云南（怒江、保山、西双版纳）。

姚束毛隐翅虫 *Dianous yao* **Rougemont, 1981**
分布：云南（西双版纳），贵州；老挝，泰国，缅甸。

云南束毛隐翅虫 *Dianous yunnanensis* **Puthz, 1980**
分布：云南（西双版纳）；尼泊尔。

梗角蚁甲属 *Diartiger* **Sharp, 1883**

昆明梗角蚁甲 *Diartiger kunmingensis* **Nomura, 1997**
分布：云南。

Diartiger jiquanyui **Zhang & Yin, 2022**
分布：云南（迪庆）。

递隐翅虫属 *Diestota* **Mulsant & Rey, 1870**

Diestota sinica **Pace & Hartmann, 2017**
分布：云南。

Diestota testacea **Kraatz, 1859**
分布：云南，香港；印度，欧洲。

叉叶隐翅虫属 *Dinothenarus* **Thomson, 1858**

前叉叶隐翅虫 *Dinothenarus chapmani* **Bernhauer, 1933**
分布：云南。

喇嘛叉叶隐翅虫 *Dinothenarus lama* **Smetana, 2002**
分布：云南（迪庆）。

黄头叉叶隐翅虫 *Dinothenarus sagaris* **Smetana, 1992**
分布：云南（怒江），四川，湖北；缅甸。

四川叉叶隐翅虫 *Dinothenarus szechuanensis* **Bernhauer, 1935**
分布：云南（丽江），四川。

离隐翅虫属 *Diochus* **Erichson, 1839**

双节离隐翅虫 *Diochus bisegmentatus* **Zhou, Zi & Zhou, 2016**
分布：云南，海南。

Diochus caudapiscis **Shuai, Nozaki & Tang, 2021**
分布：云南（德宏）。

日本离隐翅虫 *Diochus japonicus* **Cameron, 1930**
分布：云南，浙江，安徽，广西，福建，海南；日本。

外宽隐翅虫属 *Dioxeuta* **Sharp, 1899**

稀外宽隐翅虫 *Dioxeuta rara* **Song & Li, 2014**
分布：云南（昆明）。

云南外宽隐翅虫 *Dioxeuta yunnanensis* **Song & Li, 2014**
分布：云南（普洱）。

圆颊隐翅虫属 *Domene* **Fauvel, 1873**

Domene affimbriata **Assing, 2015**
分布：云南；越南。

无缘圆颊隐翅虫 *Domene immarginata* **Assing & Feldmann, 2014**
分布：云南（昆明）。

凹腹圆颊隐翅虫 *Domene malaisel* **Scheerpeltz, 1965**
分布：云南（德宏）；缅甸。

Domene praefigens **Assing, 2015**
分布：云南。

鲨形隐翅虫属 *Doryloxenus* **Wasmann, 1898**

宋氏鲨形隐翅虫 *Doryloxenus songzhigaoi* **Song & Li, 2014**
分布：云南（普洱）。

云南鲎形隐翅虫 *Doryloxenus yunnanus* Assing, 2009
分布：云南。

中凹隐翅虫属 *Drusilla* Leach, 1819

Drusilla flagellata Assing, 2015
分布：云南；老挝。

Drusilla lativentris Assing, 2017
分布：云南。

Drusilla obliqua (Bernhauer, 1916)
分布：云南；印度，马来西亚，尼泊尔。

Drusilla perdensa Pace, 2004
分布：云南；泰国。

云南中凹隐翅虫 *Drusilla yunnanensis* Pace, 1993
分布：云南，湖北，湖南。

宽尾隐翅虫属 *Dysanabatium* Bernhauer, 1915

杰氏宽尾隐翅虫 *Dysanabatium jacobsoni* Bernhauer, 1915
分布：云南（西双版纳），江西，广西，海南；老挝，印度尼西亚。

背点隐翅虫属 *Eccoptolonthus* Bernhauer, 1912

Eccoptolonthus eustilbus (Kraatz, 1859)
分布：云南（普洱、西双版纳），贵州，广西，海南，台湾；印度，斯里兰卡，印度尼西亚。

春背点隐翅虫 *Eccoptolonthus ernsti* (Schillhammer, 2011)
分布：云南（普洱）。

Eccoptolonthus laevigatus laevigatus (Fauvel, 1895)
分布：云南（西双版纳）；越南，老挝，缅甸，马来西亚，新加坡，印度尼西亚。

Eccoptolonthus tripartitus (Li & Zhou, 2011)
分布：云南（普洱），西藏，四川。

蛇隐翅虫属 *Echiaster* Erichson, 1839

Echiaster maior Assing, 2013
分布：云南。

单色蛇隐翅虫 *Echiaster unicolor* Bernhauer, 1922
分布：云南，四川，浙江，湖南，广西，福建，台湾；日本。

Edaphosoma Scheerpeltz, 1976

Edaphosoma nodiventris Puthz, 2010
分布：云南。

Edaphosoma spinosiventris Puthz, 2010
分布：云南。

Edaphosoma spinuliventris Puthz, 2010
分布：云南。

Edaphosoma yunnanense Puthz, 2010
分布：云南。

沟额隐翅虫属 *Edaphus* Motschulsky, 1856

安沟额隐翅虫 *Edaphus annamensis* Puthz, 1979
分布：云南，广东。

Edaphus lederi Eppelsheim, 1878
分布：云南，吉林，辽宁，北京；朝鲜，俄罗斯（远东地区），日本，欧洲。

Edulia Bordoni, 2007

Edulia glareosa Bordoni, 2012
分布：云南。

缩胸隐翅虫属 *Eleusis* Laporte, 1835

端缩胸隐翅虫 *Eleusis terminata* Fauvel, 1869
分布：云南，台湾，香港；日本。

须突隐翅虫属 *Encephalus* Stephens, 1832

异颈须突隐翅虫 *Encephalus appendiculatus* Pace, 2010
分布：云南。

中华须突隐翅虫 *Encephalus sinensis* Pace, 2003
分布：云南（丽江），陕西。

云南须突隐翅虫 *Encephalus yunnanensis* Pace, 2010
分布：云南。

平背出尾蕈甲属 *Episcaphium* Lewis, 1893

赤色平背出尾蕈甲 *Episcaphium haematoides* Löbl, 1999
分布：云南（丽江、昭通），四川，甘肃。

壮黑平背出尾蕈甲 *Episcaphium strenuum* Löbl, 1999
分布：云南（昭通），四川。

朱氏平背出尾蕈甲 *Episcaphium zhuxiaoyui* Tang, Tu & Li, 2016
分布：云南（红河、怒江）。

伊里隐翅虫属 *Erichsonius* Fauvel, 1874

云南伊里隐翅虫 *Erichsonius yunnanus* Watanabe, 2001
分布：云南。

Erymus Bordoni, 2002

***Erymus dalianus* Bordoni, 2006**

分布：云南，四川，湖北，浙江，广西，海南。

丽隐翅虫属 *Euaesthetus* Gravenhorst, 1806

***Euaesthetus spinicollis* Coiffait, 1983**

分布：云南；尼泊尔。

鸟粪隐翅虫属 *Eucibdelus* Kraatz, 1859

查氏鸟粪隐翅虫 ***Eucibdelus chapmani* Bernhauer, 1933**

分布：云南。

***Eucibdelus flavipennis* He, Schillhammer & Li, 2021**

分布：云南（大理、保山）。

***Eucibdelus maderi* Bernhauer, 1939**

分布：云南。

***Eucibdelus varius* Fauvel, 1895**

分布：云南。

云南鸟粪隐翅虫 ***Eucibdelus yunnanensis* Hayashi, 1998**

分布：云南。

尤苔甲属 *Euconnus* Thomson, 1859

***Euconnus vertexalis* Li & Yin, 2021**

分布：云南（临沧）。

脊胸隐翅虫属 *Eupiestus* Kraatz, 1859

暗黑脊胸隐翅虫 ***Eupiestus spinifer* Fauvel, 1895**

分布：云南（德宏）；印度，缅甸，巴基斯坦。

Eurylophus Sahlberg, 1876

***Eurylophus procerus* (Assing, 2018)**

分布：云南。

***Eurylophus smetanai* (Pace, 2012)**

分布：云南。

***Eurylophus tibeticus* (Assing, 2018)**

分布：云南。

Euryusa Erichson, 1837

***Euryusa submaculata* Maruyama & Hlaváč, 2002**

分布：云南，台湾。

毛跗隐翅虫属 *Eusphalerum* Kraatz, 1857

***Eusphalerum alticola* Zanetti, 2004**

分布：云南。

苍山毛跗隐翅虫 *Eusphalerum cangshanense* Zanetti, 2007

分布：云南（大理）。

鸡足山毛跗隐翅虫 *Eusphalerum jizuense* Zanetti, 2004

分布：云南（大理），四川。

***Eusphalerum kubani* Zanetti, 2004**

分布：云南。

***Eusphalerum malaisei* Scheerpeltz, 1965**

分布：云南。

云南毛跗隐翅虫 *Eusphalerum yunnanense* Zanetti, 2007

分布：云南。

中甸毛跗隐翅虫 *Eusphalerum zhongdianense* Zanetti, 2004

分布：云南。

束腰隐翅虫属 *Eusteniamorpha* Cameron, 1920

突胸束腰隐翅虫 ***Eusteniamorpha chinensis* Pace, 1998**

分布：云南（德宏）。

暗翅束腰隐翅虫 ***Eusteniamorpha ruiliensis* Pace, 1998**

分布：云南（德宏）。

短鞘苔甲属 *Eutheia* Stephens, 1830

怒江短鞘苔甲 *Eutheia nujianglisuana* Jałoszyński, 2010

分布：云南（怒江）。

背盾隐翅虫属 *Falagria* Leach, 1819

***Falagria luxiensis* Pace & Hartmann, 2017**

分布：云南。

***Falagria sinogilva* Pace & Hartmann, 2017**

分布：云南。

苏氏背盾隐翅虫 ***Falagria sui* Pace, 1993**

分布：云南。

Falagrioma Casey, 1906

***Falagrioma densipennis* Cameron, 1939**

分布：云南；尼泊尔，印度。

嘎隐翅虫属 *Gabrius* Stephens, 1829

秋嘎隐翅虫 *Gabrius autumnalis* Cameron, 1932

分布：云南，贵州；尼泊尔，印度。

Gabrius cinctiventris **Scheerpeltz, 1965**
分布：云南。
伪嘎隐翅虫 *Gabrius deceptor* **Cameron, 1932**
分布：云南（怒江）；印度，缅甸，尼泊尔，不丹。
费嘎隐翅虫 *Gabrius fimetarioides* **Scheerpeltz, 1976**
分布：云南；不丹，尼泊尔，巴基斯坦，印度。
仿嘎隐翅虫 *Gabrius imitator* **Fauvel, 1895**
分布：云南，四川。
Gabrius inclinans **Walker, 1859**
分布：云南，浙江，广西，香港。
詹氏嘎隐翅虫 *Gabrius jendeki* **Schillhammer, 1997**
分布：云南。
凯嘎隐翅虫 *Gabrius kambaitiensis* **Scheerpeltz, 1965**
分布：云南。
箭嘎隐翅虫尖茎亚种 *Gabrius sagittifer acutiphallus* **Schillhammer, 1997**
分布：云南，甘肃。
斯氏嘎隐翅虫 *Gabrius smetanai* **Schillhammer, 1997**
分布：云南；尼泊尔。
扭茎嘎隐翅虫 *Gabrius tortilis* **Li, Schillhammer & Zhou, 2010**
分布：云南，四川，宁夏，陕西。

方首隐翅虫属 *Gabronthus* **Tottenham, 1955**
靠方首隐翅虫 *Gabronthus inclinans* **(Walker, 1859)**
分布：云南。

侧沟隐翅虫属 *Gauropterus* **Thomson, 1860**
Gauropterus annamensis **Bordoni, 2002**
分布：云南。

Geodromicus **Redtenbacher, 1857**
Geodromicus amplissimus **Shavrin, 2019**
分布：云南（迪庆），四川。
Geodromicus cupreostigma **Rougemont & Schillhammer, 2010**
分布：云南（西双版纳）。

小翅隐翅虫属 *Geostiba* **Thomson, 1858**
Geostiba rougemonti **Pace, 1993**
分布：云南，四川，甘肃，浙江。

溢颈隐翅虫属 *Gnypeta* **Thomson, 1858**
中国溢颈隐翅虫 *Gnypeta chinensis* **Pace, 1998**
分布：云南。
Gnypeta immodesta **Pace, 1998**
分布：云南。
Gnypeta modesta **Bernhauer, 1915**
分布：云南，浙江，香港。
Gnypeta pagodarum **Pace, 1998**
分布：云南。
云南溢颈隐翅虫 *Gnypeta yunnanensis* **Pace, 1998**
分布：云南（普洱）。

Granimedon **Assing, 2015**
Granimedon anguliceps **Assing, 2015**
分布：云南。
Granimedon creber **Assing, 2015**
分布：云南。
Granimedon effeminatus **Assing, 2015**
分布：云南。

细跗隐翅虫属 *Gyrohypnus* **Leach, 1819**
Gyrohypnus setosus **Bordoni, 2015**
分布：云南。

光蕈隐翅虫属 *Gyrophaena* **Mannerheim, 1830**
暗红光蕈隐翅虫 *Gyrophaena absurdior* **Pace, 2003**
分布：云南（迪庆），四川，陕西。
短光蕈隐翅虫 *Gyrophaena ancilla* **Pace, 2003**
分布：云南（普洱）。
二突光蕈隐翅虫 *Gyrophaena biflagellum* **Pace, 2010**
分布：云南。
黄褐光蕈隐翅虫 *Gyrophaena cristifera* **Pace, 1998**
分布：云南（普洱）。
毛领光蕈隐翅虫 *Gyrophaena densicollis* **Cameron, 1939**
分布：云南；印度，尼泊尔。
鞭毛茎光蕈隐翅虫 *Gyrophaena flagellans* **Pace, 2003**
分布：云南（丽江），四川。
韩光蕈隐翅虫 *Gyrophaena koreana* **Bernhauer, 1936**
分布：云南。

Gyrophaena pasniki **Assing, 2005**
分布：云南，黑龙江，陕西，湖北；朝鲜。

Gyrophaena paula **Pace, 1998**
分布：云南。

易混光蕈隐翅虫 ***Gyrophaena permixta*** **Pace, 2003**
分布：云南（丽江），四川。

迷光蕈隐翅虫 ***Gyrophaena secreta*** **Pace, 2003**
分布：云南（普洱）。

镜胸光蕈隐翅虫 ***Gyrophaena speculicollis*** **Pace, 2003**
分布：云南（普洱）。

边胸光蕈隐翅虫 ***Gyrophaena thoracica*** **Cameron, 1939**
分布：云南（丽江），四川，湖北；印度，尼泊尔。

片足隐翅虫属 *Habrocerus* Erichson, 1839

印度片足隐翅虫 ***Habrocerus indicus*** **Assing & Wunderle, 1995**
分布：云南（丽江），四川；印度，尼泊尔。

Habrocerus splendens **Assing, 2008**
分布：云南。

宽额隐翅虫属 *Hesperoschema* Scheerpeltz, 1965

Hesperoschema malaisei **Scheerpeltz, 1965**
分布：云南（保山、怒江、临沧）；缅甸。

Hesperoschema schoenmanni **Schillhammer, 2018**
分布：云南；越南。

刃颚隐翅甲属 *Hesperus* Fauvel, 1874

雅长须隐翅虫 ***Hesperus amabilis*** **Kraatz, 1859**
分布：云南，四川；阿富汗，印度。

北京长须隐翅虫 ***Hesperus beijingensis*** **Li, Zhou & Schillhammer, 2011**
分布：云南，四川，北京，河南，湖北，浙江，安徽，福建。

窄颈长须隐翅虫 ***Hesperus coarcticollis*** **Li, Zhou & Schillhammer, 2011**
分布：云南。

异色长须隐翅虫 ***Hesperus elongatus*** **Li, Zhou & Schillhammer, 2010**
分布：云南（西双版纳），海南。

渡边长须隐翅虫 ***Hesperus watanabei*** **Shibata, 2002**
分布：云南。

镰颚隐翅虫属 *Hesperosoma* Scheerpeltz, 1965

Hesperosoma brunkei **Schillhammer, 2015**
分布：云南。

Hesperosoma chenchangchini **Cai, Yu, Liang & Schillhammer, 2021**
分布：云南。

Hesperosoma languidum **Cai, Yu, Liang & Schillhammer, 2021**
分布：云南。

云南镰颚隐翅虫 ***Hesperosoma yunnanense*** **Schillhammer, 2009**
分布：云南。

Himmala Bordoni, 2002

Himmala sinica **Bordoni, 2015**
分布：云南。

Holobus Solier, 1849

Holobus yunnanensis **Pace, 1998**
分布：云南。

硕蚁甲属 *Horniella* Raffray, 1905

刺胫硕蚁甲 ***Horniella aculeata*** **Yin & Li, 2015**
分布：云南（西双版纳）。

纳西硕蚁甲 ***Horniella nakhi*** **Yin & Li, 2015**
分布：云南（丽江）。

叙氏硕蚁甲 ***Horniella schuelkei*** **Yin & Li, 2014**
分布：云南（大理）。

宽头隐翅虫属 *Hybridolinus* Schillhammer, 1998

大理宽头隐翅虫 ***Hybridolinus daliensis*** **Schillhammer, 1998**
分布：云南（大理）。

丽宽头隐翅虫 ***Hybridolinus decipiens*** **Schillhammer, 1998**
分布：云南（迪庆），四川。

鸡足山宽头隐翅虫 ***Hybridolinus jizushanus*** **Schillhammer, 1998**
分布：云南（大理）。

梅里山宽头隐翅虫 ***Hybridolinus meilishanus*** **Schillhammer, 2008**
分布：云南。

单宽头隐翅虫 ***Hybridolinus singularis*** **Schillhammer, 1998**
分布：云南。

水际隐翅虫属 *Hydrosmecta* Thomson, 1858
中国水际隐翅虫 ***Hydrosmecta sinensis* Pace & Hartmann, 2017**
分布：云南。

Hygrodromicus Tronquet, 1981
***Hygrodromicus carbonarius* Cheng, Li & Peng, 2021**
分布：云南，西藏。

***Hygrodromicus maderi* (Bernhauer, 1943)**
分布：云南（大理、迪庆），四川，重庆，青海，湖北。

齿缘隐翅虫属 *Hypnogyra* Casey, 1906
四川齿缘隐翅虫 ***Hypnogyra sichuanica* Bordoni, 2003**
分布：云南，四川，陕西。

长片隐翅虫属 *Indomorphus* Bordoni, 2002
***Indomorphus parcus* Eppelsheim, 1895**
分布：云南，四川；不丹，尼泊尔，印度。

滇长片隐翅虫 ***Indomorphus yunnanus* Bordoni, 2009**
分布：云南（昆明），西藏。

印脊隐翅虫属 *Indoquedius* Blackwelder, 1952
弧印脊隐翅虫 ***Indoquedius arcus* Smetana, 2014**
分布：云南。

硕印脊隐翅虫 ***Indoquedius baliyo* Smetana, 1988**
分布：云南（怒江、大理、保山、德宏），四川，西藏；印度，缅甸，尼泊尔。

双色印脊隐翅虫 ***Indoquedius bicoloris* Smetana, 2014**
分布：云南，四川；缅甸。

双角印脊隐翅虫 ***Indoquedius bicornutus* Zhao & Zhou, 2010**
分布：云南，四川。

线角印脊隐翅虫 ***Indoquedius filicornis* Eppelsheim, 1895**
分布：云南；尼泊尔，印度。

延氏印脊隐翅虫 ***Indoquedius frater* Smetana, 2015**
分布：云南。

***Indoquedius jendeki* Smetana, 2014**
分布：云南。

克氏印脊隐翅虫 ***Indoquedius klapperichi* Smetana, 2014**
分布：云南，四川，福建。

李氏印脊隐翅虫 ***Indoquedius lii* Li, 2022**
分布：云南（昆明、普洱）。

***Indoquedius malaisei* (Scheerpeltz, 1965)**
分布：云南；缅甸。

金属印脊隐翅虫 ***Indoquedius metallescens* Smetana, 2014**
分布：云南。

汇聚印脊隐翅虫 ***Indoquedius nonparallelus* Zhao & Zhou, 2010**
分布：云南。

锡金印脊隐翅虫 ***Indoquedius sikkimensis* Cameron, 1932**
分布：云南；不丹，印度。

云泰印脊隐翅虫 ***Indoquedius yunthaiensis* Smetana, 2014**
分布：云南（西双版纳）。

川纹蚁甲属 *Intestinarius* Kurbatov, 2007
***Intestinarius daicongchaoi* Yin & Li, 2013**
分布：云南。

库氏川纹蚁甲 ***Intestinarius kuzmini* Kurbatov, 2007**
分布：云南（西双版纳）。

唐氏川纹蚁甲 ***Intestinarius tangliangi* Yin & Li, 2011**
分布：云南。

毛须隐翅虫属 *Ischnosoma* Stephens, 1829
阿氏毛须隐翅虫 ***Ischnosoma absalom* Kocian, 2003**
分布：云南（丽江），陕西。

***Ischnosoma abstrusum* Kocian & Schulke, 2016**
分布：云南，四川，台湾。

红肩毛须隐翅虫 ***Ischnosoma bolitobioides* Bernhauer, 1923**
分布：云南（怒江、大理、临沧），四川，陕西，甘肃，湖北，福建，台湾；日本。

***Ischnosoma convexum* (Sharp, 1888)**
分布：云南，四川，浙江，湖北，福建，台湾。

双列毛须隐翅虫 ***Ischnosoma duplicatum* Sharp, 1888**
分布：云南（昆明、玉溪、红河、普洱、大理、保山、怒江、德宏、临沧、迪庆），四川，浙江，湖北，福建，台湾；日本，印度，尼泊尔。

依氏毛须隐翅虫 *Ischnosoma evae* Kocian, 2003
分布：云南（大理、迪庆），四川，陕西，甘肃，青海。

法氏毛须隐翅虫 *Ischnosoma farkaci* Kocian, 2003
分布：云南（迪庆、丽江）。

双色毛须隐翅虫 *Ischnosoma fasciatocolle* Champion, 1922
分布：云南（怒江、大理）；印度，尼泊尔。

暗毛须隐翅虫 *Ischnosoma foedum* Kocian & Schulke, 2016
分布：云南。

短毛须隐翅虫 *Ischnosoma gemellum* Kocian & Schulke, 2016
分布：云南。

纹毛须隐翅虫 *Ischnosoma hieroboam* Kocian, 2003
分布：云南。

曲毛须隐翅虫 *Ischnosoma involutum* Kocian & Schulke, 2016
分布：云南。

黑胸毛须隐翅虫 *Ischnosoma maderi* Bernhauer, 1943
分布：云南（迪庆），四川，北京。

***Ischnosoma noemi* Kocian, 2003**
分布：云南。

伪凸背毛须隐翅虫指名亚种 *Ischnosoma quadriguttatum quadriguttatum* (Champion, 1923)
分布：云南，四川，贵州，陕西，甘肃，浙江，湖北，福建，台湾，海南，香港。

***Ischnosoma ruth* Kocian, 2003**
分布：云南。

邻毛须隐翅虫 *Ischnosoma vicinum* Kocian & Schulke, 2016
分布：云南。

云南毛须隐翅虫 *Ischnosoma yunnanum* Kocian & Schulke, 2016
分布：云南。

兹毛须隐翅虫 *Ischnosoma zipapertum* Kocian & Schulke, 2016
分布：云南。

Kasibaeocera Leschen & Löbl, 2005
***Kasibaeocera mussardi* Löbl, 1971**
分布：云南，浙江，香港；不丹，尼泊尔，印度。

拟蚁甲属 *Labomimus* Sharp, 1883
***Labomimus assingi* Zhang, Li & Yin, 2019**
分布：云南，陕西。

版纳拟蚁甲 *Labomimus bannaus* Yin & Li, 2013
分布：云南（西双版纳）。

邻拟蚁甲 *Labomimus cognatus* Yin & Li, 2012
分布：云南（保山）。

***Labomimus corpulentus* Zhang, Li & Yin, 2019**
分布：云南（怒江）。

***Labomimus dabashanus* Yin & Li, 2012**
分布：云南，湖北。

***Labomimus dilatatus* Zhang, Li & Yin, 2019**
分布：云南，陕西。

***Labomimus dulongensis* Zhang, Li & Yin, 2019**
分布：云南（怒江）。

毛拟蚁甲 *Labomimus fimbriatus* Yin & Hlaváč, 2013
分布：云南（大理）。

鸡足山拟蚁甲 *Labomimus jizuensis* Yin & Hlaváč, 2013
分布：云南（大理）。

奇拟蚁甲 *Labomimus mirus* Yin & Li, 2012
分布：云南（大理）。

耙拟蚁甲 *Labomimus sarculus* Yin & Li, 2012
分布：云南（保山）。

距胫拟蚁甲 *Labomimus tibialis* Yin & Li, 2012
分布：云南（大理）。

***Labomimus torticornis* (Champion, 1925)**
分布：云南（怒江）。

魅惑拟蚁甲 *Labomimus venustus* Yin & Li, 2012
分布：云南（大理）。

蝠耳拟蚁甲 *Labomimus vespertilio* Yin & Li, 2012
分布：云南（大理）。

***Labomimus wuchaoi* Zhang, Li & Yin, 2019**
分布：云南（怒江）。

窝胸隐翅虫属 *Lacvietina* Herman, 2004
纳板河窝胸隐翅虫 *Lacvietina nabanhensis* Chang, Li & Yin, 2019
分布：云南（西双版纳）。

隆线隐翅虫属 *Lathrobium* Gravenhorst, 1802

Lathrobium abscisum Assing, 2013
分布：云南。

Lathrobium acre Assing, 2013
分布：云南。

Lathrobium acutapicale Assing, 2013
分布：云南。

哀牢山隆线隐翅虫 *Lathrobium ailaoshanense* Watanabe & Xiao, 1997
分布：云南。

Lathrobium amputatum Assing, 2013
分布：云南。

青木隆线隐翅虫 *Lathrobium aokil* Watanabe & Xiao, 2000
分布：云南。

百花岭隆线隐翅虫 *Lathrobium baihualingense* Watanabe & Xiao, 2000
分布：云南。

Lathrobium baizuorum Watanabe & Xiao, 2000
分布：云南。

Lathrobium bidigitulatum Assing, 2013
分布：云南。

Lathrobium bifasciatum Assing, 2013
分布：云南。

Lathrobium bihamulatum Assing, 2013
分布：云南。

Lathrobium biseriatum Assing, 2013
分布：云南。

Lathrobium breviseriatum Assing, 2013
分布：云南。

Lathrobium curvatissimum Assing, 2013
分布：云南。

Lathrobium coadultum Assing, 2015
分布：云南。

Lathrobium crenatum Assing, 2015
分布：云南。

点苍山隆线隐翅虫 *Lathrobium dabeiense* Watanabe & Xiao, 1997
分布：云南。

大理隆线隐翅虫 *Lathrobium daliense* Watanabe & Xiao, 1994
分布：云南。

Lathrobium desectum Assing, 2013
分布：云南。

大围山隆线隐翅虫 *Lathrobium daweianum* Assing, 2015
分布：云南。

Lathrobium elevatum Assing, 2013
分布：云南。

Lathrobium exspoliatum Assing, 2013
分布：云南。

Lathrobium fortehamatum Assing, 2013
分布：云南。

Lathrobium fortespinosum Assing, 2013
分布：云南。

Lathrobium glabrimpressum Assing, 2014
分布：云南。

Lathrobium grandispinosum Assing, 2013
分布：云南。

Lathrobium glandulosum Assing, 2013
分布：云南。

Lathrobium hirsutum Assing, 2013
分布：云南。

Lathrobium iaculatum Assing, 2013
分布：云南。

Lathrobium incurvatum Assing, 2013
分布：云南。

石井隆线隐翅虫 *Lathrobium ishilanum* Watanabe & Xiao, 2000
分布：云南。

伊藤隆线隐翅虫 *Lathrobium itohi* Watanabe & Xiao, 2000
分布：云南。

鸡足山隆线隐翅虫 *Lathrobium jizushanense* Watanabe & Xiao, 1997
分布：云南（大理）。

Lathrobium laciniatum Assing, 2015
分布：云南。

丽江隆线隐翅虫 *Lathrobium lijiangense* Watanabe & Xiao, 1997
分布：云南。

Lathrobium lineatocolle Scriba, 1859
分布：云南。

Lathrobium magnispinosum Assing, 2013
分布：云南。

纳氏隆线隐翅虫 *Lathrobium naxil* Watanabe & Xiao, 1996
分布：云南。

Lathrobium nuicum Assing, 2013
分布：云南。

Lathrobium puetzi Assing, 2013
分布：云南。

Lathrobium rastellatum Assing, 2013
分布：云南。

Lathrobium rastratum Assing, 2013
分布：云南。

Lathrobium rectissimum Assing, 2013
分布：云南。

Lathrobium reticolle Assing, 2013
分布：云南。

切隆线隐翅虫 *Lathrobium resectum* Assing, 2013
分布：云南（大理）。

Lathrobium restinctum Assing, 2013
分布：云南。

Lathrobium rostratum Assing, 2015
分布：云南。

舒氏隆线隐翅虫 *Lathrobium schuelkei* Assing, 2013
分布：云南。

Lathrobium secans Assing, 2013
分布：云南。

Lathrobium sectum Assing, 2013
分布：云南。

Lathrobium seriespinosum Assing, 2013
分布：云南。

Lathrobium sexocellatum Assing, 2013
分布：云南。

Lathrobium sexspinosum Assing, 2013
分布：云南。

高黎贡隆线隐翅虫 *Lathrobium shuheil* Watanabe & Xiao, 2000
分布：云南。

Lathrobium squamosum Assing, 2013
分布：云南。

Lathrobium stipiferum Assing, 2013
分布：云南。

Lathrobium sufflatum Assing, 2013
分布：云南。

Lathrobium tentaculatum Assing, 2013
分布：云南。

Lathrobium tricarinatum Assing, 2015
分布：云南。

Lathrobium tricuspidatum Assing, 2013
分布：云南。

Lathrobium triquetrum Assing, 2013
分布：云南。

Lathrobium xiei Watanabe & Xiao, 2000
分布：云南。

尹氏隆线隐翅虫 *Lathrobium yinae* Watanabe & Xiao, 1997
分布：云南。

玉龙隆线隐翅虫 *Lathrobium yulongense* Peng & Li, 2012
分布：云南（丽江）。

云南隆线隐翅虫 *Lathrobium yunnanum* Watanabe & Xiao, 1994
分布：云南。

张氏隆线隐翅虫 *Lathrobium zhangi* Watanabe & Xiao, 1997
分布：云南。

Lathrobium zhemoicum Assing, 2013
分布：云南。

自治隆线隐翅虫 *Lathrobium zizhiense* Peng & Li, 2014
分布：云南（保山）。

常盾隐翅虫属 *Leptagria* Casey, 1906

Leptagria amabilis (Cameron, 1933)
分布：云南。

Leptagria assamensis Pace, 1987
分布：云南。

红褐常盾隐翅虫 *Leptagria occulta* Pace, 1998
分布：云南（德宏）。

方胸隐翅虫属 *Leptochirus* Germar, 1823

大黑方胸隐翅虫 *Leptochirus atkinsoni* Fauvel, 1895
分布：云南（高黎贡山、西双版纳）；印度，缅甸，泰国。

小黑方胸隐翅虫 *Leptochirus laevis* Laporte de Castelnau, 1840
分布：云南（西双版纳），海南。

四齿方胸隐翅虫 *Leptochirus quadridens* Motschulsky, 1858

分布：云南（西双版纳）。

兰普隐翅虫属 *Leptostiba* Pace, 1985

腾冲兰普隐翅虫 **Leptostiba tengchongensis Pace & Hartmann, 2017**

分布：云南。

溢胸隐翅虫属 *Leptusa* Kraatz, 1856

棘溢胸隐翅虫 **Leptusa armatissima Assing, 2008**

分布：云南。

Leptusa auriculata Assing, 2021

分布：云南。

Leptusa calliceroides Assing, 2004

分布：云南。

中华溢胸隐翅虫 **Leptusa chinensis Pace, 1997**

分布：云南（丽江），四川，陕西。

刀状溢胸隐翅虫 **Leptusa cultellata Assing, 2008**

分布：云南。

Leptusa curvata Assing, 2006

分布：云南。

Leptusa desculpens Assing, 2021

分布：云南。

异色溢胸隐翅虫 **Leptusa discolor Assing, 2006**

分布：云南。

突茎溢胸隐翅虫 **Leptusa emplenotoides Assing, 2006**

分布：云南（丽江）。

Leptusa habana Assing, 2021

分布：云南。

小钩溢胸隐翅虫 **Leptusa hamulata Assing, 2010**

分布：云南。

鸡足山溢胸隐翅虫 **Leptusa jizuica Assing, 2021**

分布：云南。

Leptusa monscangi Assing, 2021

分布：云南。

小囊溢胸隐翅虫 **Leptusa parvibulbata Assing, 2008**

分布：云南。

拇指溢胸隐翅虫 **Leptusa pollicita Assing, 2010**

分布：云南。

突溢胸隐翅虫 **Leptusa proiecta Assing, 2008**

分布：云南。

普氏溢胸隐翅虫 **Leptusa puetzi Assing, 2008**

分布：云南。

五凹溢胸隐翅虫 **Leptusa quinqueimpressa Assing, 2008**

分布：云南。

Leptusa recta Assing, 2006

分布：云南。

四川溢胸隐翅虫 **Leptusa sichuanensis Pace, 1997**

分布：云南（迪庆），四川。

锐突溢胸隐翅虫 **Leptusa stimulans Assing, 2008**

分布：云南。

细角溢胸隐翅虫 **Leptusa tenuicornis Assing, 2006**

分布：云南。

Leptusa turgida Assing, 2006

分布：云南。

雪山溢胸隐翅虫 **Leptusa xuemontis Pace, 2001**

分布：云南（丽江）。

云南溢胸隐翅虫 **Leptusa yunnanensis Pace, 2001**

分布：云南（丽江）。

者摩山溢胸隐翅虫 **Leptusa zhemomontis Assing, 2010**

分布：云南。

中甸溢胸隐翅虫 **Leptusa zhongdianensis Pace, 2010**

分布：云南，四川。

盗隐翅虫属 *Lesteva* Latreille, 1797

Lesteva amica Shavrin, 2022

分布：云南（丽江）。

红斑盗隐翅虫指名亚种 *Lesteva rufopunctata rufopunctata* **Rougemont, 2000**

分布：云南（昆明），浙江，湖南。

云南盗隐翅虫 **Lesteva yunnanicola Rougemont, 2000**

分布：云南。

隐头隐翅虫属 *Leucocraspedum* Kraatz, 1859

保山隐头隐翅虫 **Leucocraspedum baoshanense Pace & Hartmann, 2017**

分布：云南。

蝎隐头隐翅虫 **Leucocraspedum scorpio Blackburn, 1895**

分布：云南，福建，广东，香港，台湾；印度。

安蚁甲属 *Linan* Hlaváč, 2002
心安蚁甲 *Linan cardialis* Hlaváč, 2002
分布：云南（西双版纳）；泰国。
扩胸安蚁甲 *Linan tendothorax* Yin & Li, 2012
分布：云南（大理）。

缩腰隐翅虫属 *Linoglossa* Kraatz, 1859
中华缩腰隐翅虫 *Linoglossa chinensis* Pace, 1998
分布：云南（曲靖、昭通），四川。
***Linoglossa magnifica* Pace & Hartmann, 2017**
分布：云南。

稀毛隐翅虫属 *Liogluta* Thomson, 1858
淡翅稀毛隐翅虫 *Liogluta attenuata* Pace, 1998
分布：云南（曲靖、昭通），甘肃。
突茎稀毛隐翅虫 *Liogluta biacusifera* Pace, 2004
分布：云南（丽江），四川。
暗棕稀毛隐翅虫 *Liogluta caliginis* Pace, 2004
分布：云南（丽江），四川。
黄翅稀毛隐翅虫 *Liogluta ceraillita* Pace, 1998
分布：云南（丽江）。
大李家稀毛隐翅虫 *Liogluta dalijiensis* Pace, 1998
分布：云南（曲靖、昭通），甘肃。
高黎贡稀毛隐翅虫 *Liogluta gaoligongensis* Pace & Hartmann, 2017
分布：云南。
湖稀毛隐翅虫 *Liogluta lacustris* Pace, 1998
分布：云南（丽江），四川，陕西。
菱茎稀毛隐翅虫 *Liogluta rhomboidalis* Pace, 2004
分布：云南（丽江），四川。
***Liogluta sinoastuta* Pace & Hartmann, 2017**
分布：云南。
***Liogluta sinomajor* Pace & Hartmann, 2017**
分布：云南。
***Liogluta sinotruncata* Pace, 2011**
分布：云南。

Liotesba Scheerpeltz, 1965
***Liotesba antonellae* Bordoni, 2012**
分布：云南。
***Liotesba malaisei* Scheerpeltz, 1965**
分布：云南。

傈僳蚁甲属 *Lisubatrus* Yin, 2017
董氏傈僳蚁甲 *Lisubatrus dongzhiweii* Yin, 2017
分布：云南（丽江）。

里隐翅虫属 *Lithocharis* Dejean, 1833
***Lithocharis sororcula* Kraatz, 1859**
分布：云南，北京，香港。

双线隐翅虫属 *Lobrathium* Mulsant & Rey, 1878
***Lobrathium atanggei* Lü & Li, 2014**
分布：云南。
***Lobrathium bimembre* Assing, 2012**
分布：云南。
***Lobrathium chengzhifeii* Lin & Peng, 2022**
分布：云南（西双版纳）。
棒针双线隐翅虫 *Lobrathium configens* Assing, 2012
分布：云南，四川，青海，陕西，湖北，浙江。
二指双线隐翅虫 *Lobrathium digitatum* Assing, 2010
分布：云南（保山）。
***Lobrathium duplex* Assing, 2012**
分布：云南，四川。
***Lobrathium excisissimum* Assing, 2012**
分布：云南。
钝双线隐翅虫 *Lobrathium hebeatum* Zheng, 1988
分布：云南（大理），四川，河南，陕西，宁夏。
香港双线隐翅虫 *Lobrathium hongkongense* Bernhauer, 1931
分布：云南（西双版纳），四川，贵州，陕西，江苏，浙江，湖北，湖南，广西，福建，台湾，广东，香港；日本。
***Lobrathium retrocarinatum* Assing, 2012**
分布：云南。

拟苔蚁甲属 *Loeblibatrus* Yin, 2018
云南拟苔蚁甲 *Loeblibatrus yunnanus* Yin, 2018
分布：云南（保山、临沧）。

蚁喜隐翅虫属 *Lomechusa* Gravenhorst, 1806
云南蚁喜隐翅虫 *Lomechusa yunnanensis* Hlaváč, 2005
分布：云南。

Mahavana Bordoni, 2002

***Mahavana acinosa* Bordoni, 2013**
分布：云南。

***Mahavana caeca* Bordoni, 2013**
分布：云南。

***Mahavana daliana* Bordoni, 2010**
分布：云南。

***Mahavana evestigata* Bordoni, 2013**
分布：云南。

***Mahavana gaoligong* Bordoni, 2010**
分布：云南。

***Mahavana jizuensis* Bordoni, 2015**
分布：云南。

***Mahavana lijiangana* Bordoni, 2015**
分布：云南。

***Mahavana malaca* Bordoni, 2015**
分布：云南。

***Mahavana rhododendri* Bordoni, 2013**
分布：云南。

***Mahavana schuelkei* Bordoni, 2013**
分布：云南。

***Mahavana vitkubani* Bordoni, 2015**
分布：云南。

***Mahavana vulcanicola* Bordoni, 2017**
分布：云南。

***Mahavana watanabei* Bordoni, 2009**
分布：云南。

***Mahavana yunnana* Bordoni, 2015**
分布：云南。

Mannerheimia Maklin, 1880

***Mannerheimia grandilobata* Shavrin, 2018**
分布：云南（迪庆）。

***Mannerheimia maculata* Shavrin, 2018**
分布：云南（迪庆）。

浅槽隐翅虫属 *Masuria* Cameron, 1928

***Masuria brevipennis* Assing, 2006**
分布：云南。

大理浅槽隐翅虫 *Masuria daliensis* Assing, 2004
分布：云南（大理）。

***Masuria subnitens* Assing, 2012**
分布：云南。

云南浅槽隐翅虫 *Masuria yunnanica* Assing, 2004
分布：云南。

凹尾隐翅虫属 *Medhiama* Bordoni, 2002

瘦凹尾隐翅虫 *Medhiama paupera* Sharp, 1889
分布：云南，江苏；俄罗斯，日本，印度。

***Medhiama rhododendri* Bordoni, 2007**
分布：云南。

暗黑凹尾隐翅虫 *Medhiama sichuanica* Bordoni, 2003
分布：云南（丽江），四川，陕西。

***Medhiama wallstromae* Bordoni, 2003**
分布：云南，陕西。

云南凹尾隐翅虫 *Medhiama yunnana* Bordoni, 2015
分布：云南。

截头隐翅虫属 *Medon* Stephens, 1833

***Medon corniger* Assing, 2013**
分布：云南；尼泊尔，印度。

云南截头隐翅虫 *Medon yunnanicus* Assing, 2014
分布：云南。

阔隐翅虫属 *Megalinus* Mulsant & Rey, 1877

哀牢山阔隐翅虫 *Megalinus ailaoshanensis* Zhou & Zhou, 2013
分布：云南。

安徽阔隐翅虫 *Megalinus anhuiensis* Bordoni, 2007
分布：云南，贵州，安徽，湖北，浙江。

博氏阔隐翅虫 *Megalinus boki* Bordoni, 2000
分布：云南，贵州，四川，重庆，陕西，山西，浙江。

大连阔隐翅虫 *Megalinus dalianus* Bordoni, 2015
分布：云南。

隐阔隐翅虫 *Megalinus eremiticus* Bordoni, 2012
分布：云南。

小林阔隐翅虫 *Megalinus hayashii* Bordoni, 2002
分布：云南。

***Megalinus malaisei* Scheerpeltz, 1965**
分布：云南。

闪阔隐翅虫 *Megalinus metallicus* Fauvel, 1895
分布：云南，四川，西藏，重庆，上海，广西，福建，广东，海南，台湾，香港；尼泊尔，巴基斯坦，印度。

新栗阔隐翅虫 *Megalinus neolizipingensis* **Bordoni, 2014**
分布：云南，四川。

红尾阔隐翅虫 *Megalinus ruficaudatus* **Cameron, 1932**
分布：云南；不丹，尼泊尔，印度。

坚阔隐翅虫 *Megalinus solidus* **Zhou & Zhou, 2013**
分布：云南，海南。

独阔隐翅虫 *Megalinus solivagus* **Bordoni, 2012**
分布：云南。

西藏阔隐翅虫 *Megalinus tibetanus* **Bordoni, 2012**
分布：云南。

Megalinus yolounganus **Bordoni, 2017**
分布：云南。

突唇隐翅虫属 *Megalopinus* **Eichelbaum, 1915**

Megalopinus acutangulus **Waterhouse, 1883**
分布：云南。

Megalopinus gracilihamus **Puthz, 2012**
分布：云南。

平岛突唇隐翅虫 *Megalopinus hirashimai* **Naomi, 1986**
分布：云南（西双版纳），台湾，海南；日本。

汤氏突唇隐翅虫 *Megalopinus tangi* **Puthz, 2012**
分布：云南（西双版纳），广西；泰国。

沟胸隐翅虫属 *Megarthrus* **Stephens, 1829**

基角沟胸隐翅虫 *Megarthrus basicornis* **Fauvel, 1904**
分布：云南（保山）；印度，尼泊尔。

触角沟胸隐翅虫 *Megarthrus chujiao* **Liu & Cuccodoro, 2020**
分布：云南（保山、怒江），四川。

黄缘沟胸隐翅虫 *Megarthrus flavolimbatus* **Cameron, 1924**
分布：云南（保山、德宏、西双版纳），台湾；印度。

熊猫沟胸隐翅虫 *Megarthrus panda* **Liu & Cuccodoro, 2021**
分布：云南（昆明、大理）。

七点沟胸隐翅虫 *Megarthrus septempunctatus* **Champion, 1925**
分布：云南（大理）；尼泊尔，印度。

Megarthrus wujing **Liu & Cuccodoro, 2021**
分布：云南（迪庆），青海。

巨须蚁甲属 *Megatyrus* **Hlaváč & Nomura, 2003**

勐连巨须蚁甲 *Megatyrus menglianensis* **Hlaváč & Nomura, 2003**
分布：云南。

叙氏巨须蚁甲 *Megatyrus schuelkei* **Yin & Li, 2013**
分布：云南（临沧）。

腾冲巨须蚁甲 *Megatyrus tengchongensis* **Yin & Li, 2013**
分布：云南（保山）。

宽跗隐翅虫属 *Metolinus* **Cameron, 1920**

Metolinus binarius **Zhou & Zhou, 2011**
分布：云南。

Metolinus gardneri **Cameron, 1945**
分布：云南；印度。

过门山宽跗隐翅虫 *Metolinus guomen* **Bordoni, 2013**
分布：云南（西双版纳）。

Metolinus hayashil **Bordoni, 2002**
分布：云南。

曼费宽跗隐翅虫 *Metolinus manfei* **Bordoni, 2013**
分布：云南（西双版纳）。

纳板河宽跗隐翅虫 *Metolinus nabanhe* **Bordoni, 2013**
分布：云南（西双版纳）。

黄肩宽跗隐翅虫 *Metolinus notabilis* **Bordoni, 2013**
分布：云南（保山）。

Metolinus shanicus **Bordoni, 2002**
分布：云南。

云南宽跗隐翅虫 *Metolinus yunnanus* **Bordoni, 2002**
分布：云南。

Metosina **Bordoni, 2002**
Metosina sinica **Bordoni, 2002**
分布：云南。

寡节隐翅虫属 *Micropeplus* **Latreille, 1809**
Micropeplus rougemonti **Watanabe, 1995**
分布：云南。

云南寡节隐翅虫 *Micropeplus yunnanus* **Watanabe & Xiao, 1996**
分布：云南。

网腹隐翅虫属 *Mimoxypoda* **Cameron, 1925**
中华网腹隐翅虫 *Mimoxypoda chinensis* **Pace, 1998**
分布：云南（昆明）。

Mimoxypoda sinicoides **Pace & Hartmann, 2017**
分布：云南。

星点隐翅虫属 *Miobdelus* **Sharp, 1889**
黑角星点隐翅虫 *Miobdelus atricornis* **Smetana, 2001**
分布：云南（丽江），四川，陕西，宁夏，甘肃。
金斑星点隐翅虫 *Miobdelus aureonotatus* **Smetana, 2001**
分布：云南（丽江）。
条腹星点隐翅虫 *Miobdelus biseriatus* **Smetana, 2001**
分布：云南（丽江），四川。
Miobdelus chrysochromatus **He & Zhou, 2018**
分布：云南（红河）。
易氏星点隐翅虫 *Miobdelus eppelsheimi* **(Reitter, 1887)**
分布：云南（迪庆），四川，西藏，黑龙江，陕西，甘肃，青海；俄罗斯。
奇星点隐翅虫 *Miobdelus insignitus* **Smetana, 2011**
分布：云南（丽江），四川，西藏，陕西。
异星点隐翅虫 *Miobdelus insolens* **Smetana, 2011**
分布：云南（丽江、临沧），四川。
库氏星点隐翅虫 *Miobdelus kubani* **Smetana, 2001**
分布：云南（丽江、怒江）。
森本星点隐翅虫 *Miobdelus morimotoi* **Hayashi, 2011**
分布：云南（昆明）。
红足星点隐翅虫 *Miobdelus rufipes* **Smetana, 2005**
分布：云南（保山）。

Mocyta **Mulsant & Rey, 1873**
Mocyta fungi fungi **(Gravenhorst, 1806)**
分布：云南，新疆，北京，甘肃，山西，台湾，香港；蒙古国，朝鲜，中东，欧洲。

Monocrypta **Casey, 1905**
褐翅粗点隐翅虫 *Monocrypta pectoralis* **(Sharp, 1874)**
分布：云南（德宏）。

腹毛隐翅虫属 *Myllaena* **Erichson, 1837**
双叉腹毛隐翅虫 *Myllaena bifurcata* **Pace, 1992**
分布：云南（西双版纳）；泰国。
Myllaena baomontis **Pace & Hartmann, 2017**
分布：云南。
Myllaena gongmontis **Pace & Hartmann, 2017**
分布：云南。
昆明腹毛隐翅虫 *Myllaena kunmingensis* **Pace, 1998**
分布：云南（昆明）。
Myllaena ledouxi **Pace, 1988**
分布：云南，四川，陕西，香港；尼泊尔。
Myllaena luxiensis **Pace & Hartmann, 2017**
分布：云南。
Myllaena liukuensis **Pace & Hartmann, 2017**
分布：云南。
Myllaena ming **Pace, 1993**
分布：云南，四川。
Myllaena piamnensis **Pace & Hartmann, 2017**
分布：云南。
丽腹毛隐翅虫 *Myllaena speciosa* **Pace, 1998**
分布：云南（红河），四川，陕西，湖北。
四川腹毛隐翅虫 *Myllaena sichuanensis* **Pace, 2010**
分布：云南，四川。
Myllaena sinocurta **Pace & Hartmann, 2017**
分布：云南。
台湾腹毛隐翅虫 *Myllaena taiwaminima* **Pace, 2007**
分布：云南，台湾。
云南腹毛隐翅虫 *Myllaena yunnanensis* **Pace, 1993**
分布：云南，四川，陕西，湖北。

脊盾隐翅虫属 *Myrmecocephalus* **MacLeay, 1873**
Myrmecocephalus chang **Pace, 1993**
分布：云南，新疆，山西。
Myrmecocephalus fictus **Pace, 1992**
分布：云南。
Myrmecocephalus opacellus **Cameron, 1939**
分布：云南；尼泊尔，印度。
黄褐脊盾隐翅虫指名亚种 *Myrmecocephalus pallipennis pallipennis* **Cameron, 1939**
分布：云南（迪庆），四川，贵州，北京，浙江，台湾，香港；印度，尼泊尔。

Myrmecocephalus semilucens **Cameron, 1950**
分布：云南，贵州，海南，香港；尼泊尔。

梨蚁甲属 *Myrmicophila* Yin & Li, 2011
汤氏梨蚁甲 *Myrmicophila tangliangi* **Yin & Li, 2011**
分布：云南（怒江）。

玉龙梨蚁甲 *Myrmicophila yulong* **Zhang & Yin, 2022**
分布：云南（丽江）。

Nabepselaphus Nomura, 2002
Nabepselaphus jizushanus **Nomura, 2004**
分布：云南。

Nabepselaphus laohushanus **Nomura, 2004**
分布：云南。

Nabepselaphus yasuakii **Nomura, 2002**
分布：云南。

Nabepselaphus yinae **Nomura, 2004**
分布：云南。

Nabepselaphus yulongxueshanus **Nomura, 2004**
分布：云南。

Nabepselaphus yunnanicus **Nomura, 2004**
分布：云南。

Nacaeus Blackwelder, 1942
Nacaeus impressicollis **Motschulsky, 1858**
分布：云南，北京，浙江，香港，台湾；捷克，日本，法国，意大利。

突额隐翅虫属 *Naddia* Fauvel, 1867
Naddia malaisei **Scheerpeltz, 1965**
分布：云南。

Naddia miniata **Fauvel, 1895**
分布：云南（德宏），四川，江西；老挝，缅甸。

Naddia rufipennis **Bernhauer, 1915**
分布：云南（西双版纳）；缅甸。

Nanoscydmus Jałoszyński, 2009
Nanoscydmus baoshanus **Jałoszyński, 2009**
分布：云南。

四齿隐翅虫属 *Nazeris* Fauvel, 1873
刺四齿隐翅虫 *Nazeris aculeatus* **Assing, 2013**
分布：云南。

高山四齿隐翅虫 *Nazeris alpinus* **Watanabe & Xiao, 1997**
分布：云南（大理）。

百花四齿隐翅虫 *Nazeris baihuaensis* **Watanabe & Xiao, 2000**
分布：云南。

须四齿隐翅虫 *Nazeris barbatus* **Assing, 2013**
分布：云南。

邦马山四齿隐翅虫 *Nazeris bangmaicus* **Assing, 2013**
分布：云南。

短喙四齿隐翅虫 *Nazeris brevilobatus* **Assing, 2014**
分布：云南。

葱头四齿隐翅虫 *Nazeris bulbosus* **Assing, 2014**
分布：云南。

仓四齿隐翅虫 *Nazeris cangicus* **Assing, 2013**
分布：云南。

曹氏四齿隐翅虫 *Nazeris caoi* **Hu, Li & Zhao, 2011**
分布：云南（西双版纳）。

框四齿隐翅虫 *Nazeris circumclusus* **Assing, 2013**
分布：云南。

棍棒四齿隐翅虫 *Nazeris claviger* **Assing, 2014**
分布：云南。

棍体四齿隐翅虫 *Nazeris clavilobatus* **Assing, 2014**
分布：云南。

圆锥四齿隐翅虫 *Nazeris conicus* **Assing, 2014**
分布：云南。

缩四齿隐翅虫 *Nazeris constrictus* **Assing, 2014**
分布：云南。

弯四齿隐翅虫 *Nazeris curvus* **Assing, 2013**
分布：云南。

大理四齿隐翅虫 *Nazeris daliensis* **Watanabe & Xiao, 1997**
分布：云南。

割四齿隐翅虫 *Nazeris discissus* **Assing, 2014**
分布：云南。

夹四齿隐翅虫 *Nazeris fibulatus* **Assing, 2014**
分布：云南。

粗壮四齿隐翅虫 *Nazeris firmilobatus* **Assing, 2013**
分布：云南。

裂四齿隐翅虫 *Nazeris fissus* **Assing, 2013**
分布：云南。

巨型四齿隐翅虫 *Nazeris giganteus* Watanabe & Xiao, 1997
分布：云南。
长矛四齿隐翅虫 *Nazeris hastatus* Assing, 2013
分布：云南。
华西四齿隐翅虫 *Nazeris huanxipoensis* Watanabe & Xiao, 2000
分布：云南。
折四齿隐翅虫 *Nazeris infractus* Assing, 2013
分布：云南。
石井四齿隐翅虫 *Nazeris ishiianus* Watanabe & Xiao, 2000
分布：云南（大理）。
鸡足山四齿隐翅虫 *Nazeris jizushanensis* Watanabe & Xiao, 1997
分布：云南。
半膜四齿隐翅虫 *Nazeris lamellatus* Assing, 2014
分布：云南。
柔毛四齿隐翅虫 *Nazeris lanuginosus* Assing, 2013
分布：云南。
梅里四齿隐翅虫 *Nazeris meilicus* Assing, 2013
分布：云南。
纳板河四齿隐翅虫 *Nazeris nabanhensis* Hu, Li & Zhao, 2011
分布：云南（西双版纳）。
雪山四齿隐翅虫 *Nazeris nivimontis* Assing, 2013
分布：云南。
诺四齿隐翅虫 *Nazeris nomurai* Watanabe & Xiao, 2000
分布：云南。
刷四齿隐翅虫 *Nazeris peniculatus* Assing, 2013
分布：云南。
尖刺四齿隐翅虫 *Nazeris pungens* Assing, 2013
分布：云南。
箭头四齿隐翅虫 *Nazeris sagittifer* Assing, 2013
分布：云南。
隔四齿隐翅虫 *Nazeris secatus* Assing, 2013
分布：云南。
半分四齿隐翅虫 *Nazeris semifissus* Assing, 2014
分布：云南。
带刺四齿隐翅虫 *Nazeris spiculatus* Assing, 2013
分布：云南。

锯齿四齿隐翅虫 *Nazeris subdentatus* Assing, 2013
分布：云南。
旗四齿隐翅虫 *Nazeris vexillatus* Assing, 2013
分布：云南。
刚键四齿隐翅虫 *Nazeris virilis* Assing, 2014
分布：云南。
无量山四齿隐翅虫 *Nazeris wuliangicus* Assing, 2013
分布：云南。
玉龙四齿隐翅虫 *Nazeris yulongicus* Assing, 2014
分布：云南。
余氏四齿隐翅虫 *Nazeris yuyimingi* Hu & Qiao, 2018
分布：云南。
张氏四齿隐翅虫 *Nazeris zhangi* Watanabe & Xiao, 1993
分布：云南。
者摩山四齿隐翅虫 *Nazeris zhemoicus* Assing, 2013
分布：云南。

欠光隐翅虫属 *Nehemitropia* Lohse, 1971
Nehemitropia jiniana Pace, 1993
分布：云南。
淡翅欠光隐翅虫 *Nehemitropia lividipennis* Mannerheim, 1830
分布：云南（西双版纳），北京，河北，河南，陕西，甘肃，浙江，台湾；俄罗斯（远东地区），朝鲜，日本，印度，阿富汗，中东，中亚，欧洲，非洲。
Nehemitropia milu Likovský, 1977
分布：云南，贵州，甘肃；日本。

横线隐翅虫属 *Neobisnius* Ganglbauer, 1895
台湾横线隐翅虫 *Neobisnius formosae* Cameron, 1949
分布：云南，四川，浙江，广西，香港，台湾。

大目隐翅虫属 *Neosclerus* Cameron, 1924
Neosclerus barbatulus Assing, 2011
分布：云南。
Neosclerus dawelanus Assing, 2015
分布：云南。
Neosclerus figens Assing, 2015
分布：云南。

Neosclerus glaber Assing, 2011

分布：云南，福建，香港。

暗黑大目隐翅虫 *Neosclerus praeacutus* Assing, 2011

分布：云南（红河）；泰国。

Neosclerus schuelkei Assing, 2011

分布：云南。

Neosclerus trisinuatus Assing, 2015

分布：云南。

切胸隐翅虫属 *Neosilusa* Cameron, 1920

锡兰切胸隐翅虫 *Neosilusa ceylonica* Kraatz, 1857

分布：云南（曲靖、昭通），四川，贵州，北京，河南，江苏，浙江，台湾，广东，香港；韩国，日本，印度，斯里兰卡，马来西亚，非洲。

Neosilusa smetanai Pace, 1989

分布：云南；尼泊尔。

尼隐翅虫属 *Nepalinus* Coiffait, 1975

Nepalinus montanus Bordoni, 2009

分布：云南。

云南尼隐翅虫 *Nepalinus yunnanus* Bordoni, 2009

分布：云南。

瘦茎隐翅虫属 *Nepalota* Pace, 1987

中华瘦茎隐翅虫 *Nepalota chinensis* Pace, 1998

分布：云南（昆明），陕西，浙江，江西。

Nepalota cuneata Assing, 2015

分布：云南。

Nepalota crocea Assing, 2015

分布：云南。

大围山瘦茎隐翅虫 *Nepalota daweiana* Assing, 2015

分布：云南。

Nepalota fellowesi Pace, 2004

分布：云南。

Nepalota franzi Pace, 1987

分布：云南，甘肃；尼泊尔。

甘肃瘦茎隐翅虫 *Nepalota gansuensis* Pace, 1998

分布：云南（德宏、保山、怒江、丽江、迪庆、临沧），四川，重庆，陕西，甘肃，湖北。

Nepalota globifera Pace, 1998

分布：云南。

广东瘦茎隐翅虫 *Nepalota guangdongensis* Pace, 2004

分布：云南，江西，广西，广东。

Nepalota martensi Pace, 1987

分布：云南，贵州；尼泊尔。

Nepalota mocytoides Assing, 2015

分布：云南。

Nepalota prominula Assing, 2015

分布：云南。

斯氏瘦茎隐翅虫 *Nepalota smetanai* Pace, 1998

分布：云南（昆明、大理、临沧、德宏、怒江、普洱），四川，陕西，湖北。

腾冲瘦茎隐翅虫 *Nepalota tengchongensis* Pace & Hartmann, 2017

分布：云南。

Nepalota tuberifera Assing, 2015

分布：云南。

云南瘦茎隐翅虫 *Nepalota yunnanensis* Pace, 2011

分布：云南。

Notocousya Assing, 2018

Notocousya quadriceps Assing, 2018

分布：云南。

方头隐翅虫属 *Nudobius* Thomson, 1860

黑腹方头隐翅虫 *Nudobius nigriventris* Zheng,1994

分布：云南（大理），四川，重庆，河南，陕西。

山方头隐翅虫 *Nudobius shan* Bordoni, 2002

分布：云南，浙江。

膝角毒隐翅虫属 *Ochthephilum* Stephens, 1829

云南膝角毒隐翅虫 *Ochthephilum yunnanense* Watanabe & Xiao, 1994

分布：云南。

喜湿隐翅虫属 *Ochthephilus* Mulsant & Rey, 1856

阿斯喜湿隐翅虫 *Ochthephilus assingi* Makranczy, 2014

分布：云南，陕西，湖北。

本喜湿隐翅虫 *Ochthephilus basicornis* Cameron, 1941

分布：云南；尼泊尔，印度。

捍喜湿隐翅虫 *Ochthephilus championi* Bernhauer, 1926

分布：云南；尼泊尔，巴基斯坦，印度。

克氏喜湿隐翅虫 *Ochthephilus kleebergi* Makranczy, 2014

分布：云南；尼泊尔。

山喜湿隐翅虫 *Ochthephilus monticola* Cameron, 1924

分布：云南；尼泊尔，印度。

毛喜湿隐翅虫 *Ochthephilus tichomirovae* Makranczy, 2014

分布：云南，四川；尼泊尔，巴基斯坦，印度。

乌氏喜湿隐翅虫 *Ochthephilus wrasei* Makranczy, 2014

分布：云南。

平唇隐翅虫属 *Oculolabrus* Steel, 1946

黑色平唇隐翅虫 *Oculolabrus qiqi* Bordoni, 2013

分布：云南（西双版纳）。

华迅隐翅虫属 *Ocychinus* Smetana, 2003

蓝翅华迅隐翅虫 *Ocychinus caeruleatus* Smetana, 2014

分布：云南（保山、怒江）。

窄头华迅隐翅虫 *Ocychinus capitalis* Smetana, 2003

分布：云南（丽江）。

山地华迅隐翅虫 *Ocychinus monticola* Smetana, 2003

分布：云南（保山、迪庆）。

迅隐翅虫属 *Ocypus* Leach, 1819

黑氏迅隐翅虫 *Ocypus hyas* Smetana, 2007

分布：云南（大理）。

纳比斯迅隐翅虫 *Ocypus nabis* Smetana, 2008

分布：云南（大理）。

亮迅隐翅虫指名亚种 *Ocypus nitens nitens* (Schrank, 1781)

分布：云南；中东，俄罗斯（远东地区），欧洲。

Ocypus pterosemanticus He & Zhou, 2017

分布：云南（玉溪、普洱），四川，陕西，贵州，湖南，河南，湖北，陕西，广西，台湾。

Ocypus testaceipes Fairmaire, 1887

分布：云南。

伊隐翅虫属 *Oedichirus* Erichson, 1839

短梨须隐翅虫 *Oedichirus abbreviatus* Assing, 2014

分布：云南（保山）。

半月梨须隐翅虫 *Oedichirus latexcisus* Assing, 2014

分布：云南（昆明）。

舒克梨须隐翅虫 *Oedichirus schuelkei* Assing, 2014

分布：云南（大理）。

Oedichirus longipennis Kraatz, 1859

分布：云南，上海，广西，台湾，香港。

点鞘隐翅虫属 *Olophrinus* Fauvel, 1895

棕色点鞘隐翅虫 *Olophrinus lantschangensis* Schülke, 2006

分布：云南（保山、临沧、西双版纳）；老挝。

光滑点鞘隐翅虫 *Olophrinus malaisei* Scheerpeltz, 1965

分布：云南（保山、德宏）；缅甸。

尼泊尔点鞘隐翅虫 *Olophrinus nepalensis* Campbell, 1993

分布：云南（保山、迪庆），西藏，广西；尼泊尔。

拟小圆点鞘隐翅虫 *Olophrinus parastriatus* Chang, Li & Yin, 2019

分布：云南（德宏、西双版纳）。

黔点鞘隐翅虫 *Olophrinus qian* Chang, Li & Yin, 2019

分布：云南（昆明、玉溪、普洱），贵州。

毛刺点鞘隐翅虫 *Olophrinus setiventris* Chang, Li & Yin, 2019

分布：云南（昆明、西双版纳）。

小圆点鞘隐翅虫 *Olophrinus striatus* Fauvel, 1895

分布：云南（德宏），广西，福建；印度，缅甸，尼泊尔。

颚隐翅虫属 *Olophrum* Erichson, 1839

Olophrum hromadkai Shavrin & Smetana, 2017

分布：云南。

Olophrum laxum Shavrin & Smetana, 2017

分布：云南，四川，山西。

Omaliopsis Jeannel, 1940

Omaliopsis bimaculata Shavrin, 2019

分布：云南（迪庆）。

Omaliopsis fraterna Shavrin, 2023

分布：云南（怒江），四川。

Omaliopsis smetanai Shavrin, 2023
分布：云南，四川，陕西。

角胸隐翅虫属 *Ontholestes* Ganglbauer, 1895
瘦角锐胸隐翅虫 *Ontholestes tenuicornis* **Kraatz, 1859**
分布：云南（迪庆），福建；印度，尼泊尔。

缩翅隐翅虫属 *Oroekklina* Pace, 1999
Oroekklina excaecata Assing, 2009
分布：云南。
斯氏缩翅隐翅虫 *Oroekklina smetanai* **Pace, 2004**
分布：云南（丽江）。

凹板隐翅虫属 *Orphnebius* Motschulsky, 1858
Orphnebius alesi Assing, 2010
分布：云南。
Orphnebius cultellatus Assing, 2016
分布：云南；老挝，泰国，马来西亚。
Orphnebius discrepans Assing, 2016
分布：云南；泰国。
Orphnebius dishamatus Assing, 2015
分布：云南。
龙凹板隐翅虫 *Orphnebius draco* Assing, 2010
分布：云南（西双版纳）。
Orphnebius hauseri Eppelsheim, 1895
分布：云南，四川，台湾；印度，尼泊尔，巴基斯坦。
Orphnebius gibber Assing, 2006
分布：云南，陕西。
Orphnebius incisus Pace, 2000
分布：云南。
Orphnebius incrassatus Assing, 2015
分布：云南。
Orphnebius multimpressus Assing, 2015
分布：云南。
Orphnebius planicollis Assing, 2015
分布：云南。
Orphnebius scissus Assing, 2009
分布：云南。
Orphnebius tricuspis Assing, 2009
分布：云南。
Orphnebius truncus Assing, 2009
分布：云南。

Orphnebius tridentatus Assing, 2015
分布：云南。

Orsunius Assing, 2011
Orsunius confluens Assing, 2015
分布：云南。
Orsunius granulosissimus Assing, 2015
分布：云南。
Orsunius yunnanus Assing, 2011
分布：云南。

钝尾隐翅虫属 *Osorius* Guérin-Méneville, 1829
Osorius aspericeps Fauvel, 1905
分布：云南，四川，西藏，浙江；马来西亚，缅甸，印度尼西亚。
Osorius depressicapitatus Zou & Zhou, 2015
分布：云南，西藏。
Osorius micromidas Zou & Zhou, 2015
分布：云南。
Osorius minutoserratus Zou & Zhou, 2015
分布：云南。
Osorius punctulatus Motschulsky, 1857
分布：云南，福建；印度尼西亚。
Osorius rectomarginatus Zou & Zhou, 2015
分布：云南，西藏，福建，广东，海南，广西。
Osorius silvestrii Bernhauer, 1927
分布：云南。

直缝隐翅虫属 *Othius* Stephens, 1829
Othius atavus Assing, 1999
分布：云南。
夹片直缝隐翅虫指名亚种 *Othius fibulifer fibulifer* **Assing, 1999**
分布：云南（大理），四川。
叉片直缝隐翅虫 *Othius furcillatus* Assing, 2005
分布：云南（大理）。
Othius glaber Assing, 2010
分布：云南。
长刺直缝隐翅虫 *Othius longispinosus* Assing, 2005
分布：云南（迪庆）。
亮背直缝隐翅虫 *Othius lubricus* Assing, 1999
分布：云南（昆明、红河）。
暗鞘直缝隐翅虫 *Othius opacipennis* Cameron, 1939
分布：云南，四川。

Othius peregrinus Assing, 2005

分布：云南。

Othius sericipennis Assing, 2003

分布：云南，四川。

Othius spoliatus Assing, 2008

分布：云南。

Othius tuberipennis Assing, 1999

分布：云南。

突舌隐翅虫属 *Outachyusa* Pace, 1991

中华突舌隐翅虫 *Outachyusa chinensis* Pace, 1998

分布：云南（玉溪、楚雄）。

卷囊隐翅虫属 *Oxypoda* Mannerheim, 1830

北京卷囊隐翅虫 *Oxypoda beijingensis* Pace, 1999

分布：云南，北京，山西。

双波卷囊隐翅虫 *Oxypoda bisinuata* Pace, 1999

分布：云南（红河），四川，陕西，甘肃。

Oxypoda bissica Pace, 1992

分布：云南；尼泊尔。

Oxypoda confundibilis Pace, 2012

分布：云南，湖北。

丽卷囊隐翅虫 *Oxypoda connexa* Cameron, 1939

分布：云南（丽江），四川，陕西，湖北；印度，尼泊尔。

高黎贡卷囊隐翅虫 *Oxypoda gaoligongensis* Pace & Hartmann, 2017

分布：云南。

贡嘎卷囊隐翅虫 *Oxypoda gonggaensis* Pace, 1999

分布：云南（迪庆），四川，陕西。

狭头卷囊隐翅虫 *Oxypoda hastata* Pace, 2012

分布：云南（普洱）。

臂茎卷囊隐翅虫 *Oxypoda implorans* Pace, 2012

分布：云南（玉溪、楚雄）。

Oxypoda irrepta Pace, 2012

分布：云南。

Oxypoda jiensis Pace, 1999

分布：云南，北京，浙江。

昆明卷囊隐翅虫 *Oxypoda kunmingicola* Pace, 1999

分布：云南。

Oxypoda lisuconnexa Pace & Hartmann, 2017

分布：云南。

六库卷囊隐翅虫 *Oxypoda liukuensis* Pace & Hartmann, 2017

分布：云南。

Oxypoda maculiventris Pace, 1999

分布：云南。

暗棕卷囊隐翅虫 *Oxypoda meandrifera* Pace, 2012

分布：云南（玉溪、楚雄）。

拟双波卷囊隐翅虫 *Oxypoda mimobisinuata* Pace, 2012

分布：云南（玉溪、楚雄）。

Oxypoda morosa Cameron, 1939

分布：云南，四川，北京；尼泊尔，印度。

长翅卷囊隐翅虫 *Oxypoda nudiceps* Pace, 1999

分布：云南（曲靖、昭通），四川。

Oxypoda numontis Pace & Hartmann, 2017

分布：云南。

Oxypoda remota Pace, 1992

分布：云南；尼泊尔。

Oxypoda shuteae Pace, 1993

分布：云南；印度。

Oxypoda sinoangulatoides Pace & Hartmann, 2017

分布：云南。

瘦卷囊隐翅虫 *Oxypoda sinoexilis* Pace, 2012

分布：云南（玉溪、楚雄）。

Oxypoda sinofortis Pace, 2012

分布：云南。

Oxypoda sinolaminifera Pace & Hartmann, 2017

分布：云南。

Oxypoda sinoperexilis Pace, 2012

分布：云南。

棕色卷囊隐翅虫 *Oxypoda sinopusilla* Pace, 2012

分布：云南（昆明）。

Oxypoda sinosimplex Pace & Hartmann, 2017

分布：云南。

宋氏卷囊隐翅虫 *Oxypoda song* Pace, 1993

分布：云南。

Oxypoda subconformis Cameron, 1939

分布：云南。

Oxypoda subsericea Cameron, 1939

分布：云南，四川；尼泊尔，印度。

太平卷囊隐翅虫 *Oxypoda taipingensis* Pace, 2012

分布：云南，四川。

Oxypoda yakorum Pace, 1992
分布：云南；尼泊尔。
元卷囊隐翅虫 *Oxypoda yuan* Pace, 1993
分布：云南。
云南卷囊隐翅虫 *Oxypoda yunnanicola* Pace, 2012
分布：云南（西双版纳）。
滇卷囊隐翅虫 *Oxypoda yunnanensis* Pace, 1993
分布：云南。

斧须隐翅虫属 *Oxyporus* Fabricius, 1775
双带斧须隐翅虫 *Oxyporus bifasciarius* Zheng, Li & Liu, 2010
分布：云南（大理）。
炳生斧须隐翅虫 *Oxyporus bingshengae* Li, 2015
分布：云南（普洱）。
黄腿斧须隐翅虫 *Oxyporus femoratus* Zheng, 2010
分布：云南（保山）。
分田斧须隐翅虫 *Oxyporus fentianae* Li, 2018
分布：云南（普洱）。
台湾斧须隐翅虫 *Oxyporus formosanus* Adachi, 1939
分布：云南，台湾。
仙台斧须隐翅虫 *Oxyporus germanus* Sharp, 1889
分布：云南（丽江），吉林，辽宁，黑龙江；日本，俄罗斯，朝鲜半岛。
Oxyporus hiekei Schulke, 2016
分布：云南。
昆明斧须隐翅虫 *Oxyporus kunmingius* Li, 2015
分布：云南（昆明）。
李氏斧须隐翅虫 *Oxyporus lii* Zheng, 2011
分布：云南（普洱、保山）。
墨江斧须隐翅虫 *Oxyporus mojiangius* Li, 2020
分布：云南（普洱）。
宁洱斧须隐翅虫 *Oxyporus ningerius* Li, 2018
分布：云南（普洱、大理）。
普洱斧须隐翅虫 *Oxyporus puerius* Li, 2011
分布：云南（普洱）。
溪斧须隐翅虫 *Oxyporus riparius* Zheng, 1997
分布：云南（大理），四川。
Oxyporus ruzickai Schulke, 2017
分布：云南，甘肃。

横沟斧须隐翅虫 *Oxyporus transversesulcatus* Bernhauer, 1933
分布：云南（丽江），四川。
团田斧须隐翅虫 *Oxyporus tuantianius* Li, 2019
分布：云南（普洱）。
王氏斧须隐翅虫 *Oxyporus wangae* Li, 2011
分布：云南（普洱）。
玉龙斧须隐翅虫 *Oxyporus yulong* Zheng, 2011
分布：云南（丽江）。

颈隐翅虫属 *Oxytelus* Gravenhorst, 1802
离颈隐翅虫 *Oxytelus abiturus* Lü & Zhou, 2012
分布：云南，四川。
哀牢山颈隐翅虫 *Oxytelus ailaoshanicus* Lü & Zhou, 2012
分布：云南，四川。
八戒颈隐翅虫 *Oxytelus bajiei* Lü & Zhou, 2012
分布：云南，四川，陕西，湖北，湖南，广西。
切尾颈隐翅虫 *Oxytelus incisus* Motschulsky, 1858
分布：云南，四川，吉林，辽宁，北京，湖北，江西，浙江，广西，广东，海南，香港，台湾；日本，韩国，尼泊尔，巴基斯坦，印度，中东。
Oxytelus iucidulus Cameron, 1929
分布：云南，四川，上海，福建，台湾。
光亮颈隐翅虫 *Oxytelus lucens* Bernhauer, 1903
分布：云南，贵州，湖北，广西，福建，广东，台湾；印度。
巨角颈隐翅虫 *Oxytelus megaceros* Fauvel, 1895
分布：云南，西藏，四川，湖北，浙江，广西，福建，广东，海南，香港，台湾；巴基斯坦，印度。
黑头颈隐翅虫 *Oxytelus nigriceps* Kraatz, 1859
分布：云南，西藏，黑龙江，吉林，辽宁，新疆，内蒙古，浙江，湖北，湖南，福建，广东，海南，香港；尼泊尔，巴基斯坦，韩国，日本，印度。

缺线隐翅虫属 *Pachycorynus* Motschulsky, 1858
淡翅缺线隐翅虫 *Pachycorynus dimidiatus* Motschulsky, 1858
分布：云南（红河），台湾；日本，越南，印度，斯里兰卡，马来西亚，印度尼西亚，大洋洲。
Pachycorynus niger Cameron, 1932
分布：云南；尼泊尔，印度。

钝毒隐翅虫属 *Pachypaederus* Fagel, 1958

空树河钝毒隐翅虫 *Pachypaederus kongshuhensis* **Li, 2022**
分布：云南（保山）。

淡跗钝毒隐翅虫 *Pachypaederus pallitarsis* **Willers, 2002**
分布：云南。

平毒隐翅虫属 *Paederidus* Mulsant & Rey, 1878

佩氏平毒隐翅虫 *Paederidus perroti* **Willers, 2002**
分布：云南。

毒隐翅虫属 *Paederus* Fabricius, 1775

滇缅毒隐翅虫 *Paederus birmanus* **Fauvel, 1895**
分布：云南；尼泊尔。

青翅毒隐翅虫指名亚种 *Paederus fuscipes fuscipes* **Curtis, 1826**
分布：云南（德宏），贵州，四川，重庆，陕西，山西，河北，广西，福建，广东，香港，台湾；俄罗斯（远东地区），日本，朝鲜半岛，阿富汗，不丹，尼泊尔，巴基斯坦，印度，中东，中亚，非洲，欧洲。

Paederus lateralis **Li, Solodovnikov & Zhou, 2014**
分布：云南。

Paederus perroti **Willers, 2002**
分布：云南。

梭氏毒隐翅虫 *Paederus solodovnikovi* **Willers, 2002**
分布：云南。

桑德毒隐翅虫 *Paederus sondaicus* **Fauvel, 1895**
分布：云南（怒江），西藏，江西，上海，广西，福建，海南，台湾；尼泊尔，越南。

黑足毒隐翅虫 *Paederus tamulus* **Erichson, 1840**
分布：云南（德宏）。

薛氏毒隐翅虫 *Paederus xuei* **Peng & Li, 2015**
分布：云南（红河）。

云南毒隐翅虫 *Paederus yunnanensis* **Willers, 2001**
分布：云南（大理、丽江）。

Paraphloeostiba Steel, 1960

Paraphloeostiba ampliata **Shavrin, 2020**
分布：云南。

Paraphloeostiba apicalis **Cameron, 1925**
分布：云南，香港。

Paraphloeostiba gayndahensis **(MacLeay, 1873)**
分布：云南（丽江）；印度，尼泊尔。

Panscopaeus Sharp, 1889

Panscopaeus lithocharoides **Sharp, 1874**
分布：云南，四川；日本，尼泊尔。

毛腹隐翅虫属 *Parapalaestrinus* Bernhauer, 1923

黄翅毛腹隐翅虫 *Parapalaestrinus mutillarius* **Erichson, 1840**
分布：云南（普洱）；印度，尼泊尔。

Parocyusa Bernhauer, 1902

Parocyusa dilatata **Assing, 2021**
分布：云南。

Pedinopleurus Cameron, 1939

Pedinopleurus notabilis **(Silvestri, 1946)**
分布：云南。

幅胸隐翅虫属 *Pelioptera* Kraatz, 1857

Pelioptera asymmetrica **Pace, 2011**
分布：云南。

大理幅胸隐翅虫 *Pelioptera dalicola* **Pace, 2011**
分布：云南。

Pelioptera martensi **Pace, 1987**
分布：云南；尼泊尔。

Pelioptera nepaliella **Pace, 1991**
分布：云南；尼泊尔。

暗幅胸隐翅虫 *Pelioptera opaca* **Kraatz, 1857**
分布：云南，四川，北京，陕西，广西，香港，台湾，湖北；日本，朝鲜，尼泊尔，印度，中东，欧洲。

小黑幅胸隐翅虫 *Pelioptera xiaoheiensis* **Pace & Hartmann, 2017**
分布：云南。

云南幅胸隐翅虫 *Pelioptera yunnanensis* **Pace, 1993**
分布：云南（丽江），陕西。

好蚁隐翅虫属 *Pella* Stephens, 1835

Pella cooterorum **Maruyama, 2006**
分布：云南，北京。

Pella puetzi **Assing, 2009**
分布：云南。

猛蚁甲属 *Pengzhongiella* Yin & Li, 2013

戴氏猛蚁甲 *Pengzhongiella daicongchaoi* Yin & Li, 2013

分布：云南（保山）。

嗜豆隐翅虫属 *Phacophallus* Coiffait, 1956

黄翅嗜豆隐翅虫 *Phacophallus flavipennis* **Kraatz, 1859**

分布：云南，陕西，香港，台湾；日本，印度，尼泊尔，阿富汗，欧洲。

日本嗜豆隐翅虫 *Phacophallus japonicus* **Cameron, 1933**

分布：云南，四川，辽宁，北京，陕西，河南，江苏，广西，福建，香港；日本，朝鲜半岛。

Phacophallus pallidipennis Motschulsky, 1858

分布：云南，香港；不丹，日本，印度，欧洲。

嗜菌隐翅虫属 *Philomyceta* Cameron, 1944

糙翅嗜菌隐翅虫 *Philomyceta asperipennis* **Schillhammer, 2012**

分布：云南（楚雄、保山）。

菲隐翅虫属 *Philonthus* Stephens, 1829

棕菲隐翅虫 *Philonthus aeneipennis* Boheman, 1858

分布：云南（丽江），四川，辽宁，北京，河北，陕西，江苏，浙江，台湾，海南，香港；韩国，日本，印度，巴基斯坦，尼泊尔，不丹，印度尼西亚。

大眼菲隐翅虫 *Philonthus aliquatenus* **Schubert, 1908**

分布：云南；不丹，尼泊尔，印度。

鱼菲隐翅虫 *Philonthus amicus* Sharp, 1874

分布：云南，贵州，北京，香港，江苏，浙江；俄罗斯，日本。

蓝翅菲隐翅虫 *Philonthus azuripennis* **Cameron, 1928**

分布：云南（迪庆），四川，西藏，陕西，甘肃，青海；印度，尼泊尔，不丹。

双曲菲隐翅虫 *Philonthus bisinuatus* **Eppelsheim, 1889**

分布：云南（丽江、迪庆），四川，贵州，西藏，甘肃，青海；蒙古国，俄罗斯。

大蓝翅菲隐翅虫 *Philonthus coelestis* **Bernhauer, 1933**

分布：云南（迪庆、丽江），四川，西藏，甘肃，青海。

黑色菲隐翅虫 *Philonthus decoloratus* **Kirshenblat, 1933**

分布：云南（迪庆），四川，西藏，黑龙江，山西，陕西，甘肃；蒙古国，俄罗斯，韩国，日本。

密菲隐翅虫 *Philonthus densus* Cameron, 1926

分布：云南（丽江）；印度，尼泊尔，阿富汗。

艾氏菲隐翅虫 *Philonthus emdeni* Bernhauer, 1931

分布：云南（丽江、迪庆），四川，西藏，甘肃，青海。

黄足菲隐翅虫 *Philonthus flavipes* Kraatz, 1859

分布：云南，浙江，福建，香港，台湾；日本。

重菲隐翅虫 *Philonthus geminus* Kraatz, 1859

分布：云南，香港；日本。

异菲隐翅虫 *Philonthus idiocerus* Kraatz, 1859

分布：云南，香港；阿富汗，尼泊尔，印度。

间色菲隐翅虫 *Philonthus ildefonso* **Schillhammer, 2003**

分布：云南（昭通），四川，贵州，陕西，湖北。

蓝菲隐翅虫 *Philonthus lan* Schillhammer, 1998

分布：云南（昆明、昭通、曲靖），四川，陕西，湖北。

平滑菲隐翅虫 *Philonthus lisu* Schillhammer, 2011

分布：云南。

长角菲隐翅虫 *Philonthus longicornis* **Stephens, 1832**

分布：云南（昆明），黑龙江，吉林，辽宁，台湾，香港；俄罗斯（远东地区），韩国，日本，尼泊尔，中东，欧洲，非洲，北美洲。

奥氏菲隐翅虫 *Philonthus oberti* Eppelsheim, 1889

分布：云南（迪庆、丽江、大理、保山），四川，重庆，黑龙江，辽宁，北京，山西，陕西，甘肃，浙江，福建；蒙古国，俄罗斯，朝鲜，韩国，日本。

拟毒菲隐翅虫 *Philonthus paederoides* **Motschulsky, 1858**

分布：云南（西双版纳），台湾，香港；越南，柬埔寨，泰国，印度，缅甸，尼泊尔，斯里兰卡，菲律宾，印度尼西亚，阿富汗。

紫翅菲隐翅虫 *Philonthus purpuripennis* **Reitter, 1887**。

分布：云南（怒江），四川，西藏，新疆，陕西，甘肃，青海，湖北；印度，尼泊尔。

直角菲隐翅虫 *Philonthus rectangulus* **Sharp, 1874**
分布：云南，四川，黑龙江，吉林，辽宁，新疆，甘肃，河北，陕西，山西，北京，浙江，广西，香港，台湾；俄罗斯（远东地区），日本，蒙古国，韩国，阿富汗，不丹，尼泊尔，中亚，欧洲。

大理菲隐翅虫 *Philonthus sabine* **Schillhammer, 2011**
分布：云南。

光背菲隐翅虫 *Philonthus simpliciventris* **Bernhauer, 1933**
分布：云南（迪庆），四川，重庆，北京，山西，陕西，甘肃，福建，台湾；印度，尼泊尔。

曳菲隐翅虫 *Philonthus tractatus* **Eppelsheim, 1895**
分布：云南（丽江），西藏；印度，尼泊尔，不丹。

红胸菲隐翅虫 *Philonthus tricoloris* **Schubert, 1908**
分布：云南（丽江）；印度，缅甸，尼泊尔，巴基斯坦。

费隐翅虫属 *Philorinum* Kraatz, 1857
中国费隐翅虫 *Philorinum chinense* **Jarrige, 1948**
分布：云南。

锥须隐翅虫属 *Philydrodes* Bernhauer, 1929
西藏锥须隐翅虫 *Philydrodes tibetanus* **Shavrin, 2017**
分布：云南。

Phloeonomus Heer, 1839
Phloeonomus rougemonti **Shavrin, 2020**
分布：云南。

Phloeostiba Thomson, 1858
Phloeostiba plana **(Paykull, 1792)**
分布：云南（丽江），湖北。

蕈暗隐翅虫属 *Phymatura* Sahlberg, 1876
Phymatura angulata **Assing, 2021**
分布：云南。

贡嘎蕈暗隐翅虫 *Phymatura gonggaensis* **Pace, 1998**
分布：云南（迪庆），四川；韩国。

粗颈隐翅虫属 *Pinobius* MacLeay, 1873
东京湾粗颈隐翅虫 *Pinobius tonkinensis* **Cameron, 1946**
分布：云南（西双版纳），广西，台湾，香港；越南，老挝，泰国，缅甸，马来西亚，印度尼西亚。

Phinopilus Blackwelder, 1952
Phinopilus longipalpis **Assing, 2022**
分布：云南。

Phinopilus yunnanicus **Assing, 2022**
分布：云南。

额脊隐翅虫属 *Placusa* Erichson, 1837
Placusa cingulata **(Cameron, 1920)**
分布：云南。

Placusa sculpticollis **Pace, 1998**
分布：云南。

云南额脊隐翅虫 *Placusa yunnanicola* **Pace, 1998**
分布：云南，广东，香港。

偏隐翅虫属 *Plagiophorus* Motschulsky, 1851
大眼偏隐翅虫 *Plagiophorus grandoculatus* **Sugaya, Nomura & Burckhardt, 2004**
分布：云南。

齿偏隐翅虫 *Plagiophorus serratus* **Sugaya, Nomura & Burckhardt, 2004**
分布：云南。

光背隐翅虫属 *Plastus* Bernhauer, 1903
Plastus bipunctatus **Fauvel, 1895**
分布：云南，广西，海南；印度。

硕大光背隐翅虫 *Plastus magnificus* **Wu & Zhou, 2005**
分布：云南（西双版纳）。

勐腊光背隐翅虫 *Plastus menglaius* **Li, 2013**
分布：云南（西双版纳）。

Plastus pulchellus **Wu & Zhou, 2007**
分布：云南。

菱形光背隐翅虫 *Plastus rhombicus* **Wu & Zhou, 2010**
分布：云南（保山）。

Plastus tonkinensis **Bernhauer, 1903**
分布：云南，广西，海南，台湾。

黑色光背隐翅虫 *Plastus unicolor* **Laporte, 1835**
分布：云南（西双版纳）；印度尼西亚。

Platorischna Pace, 1991
Platorischna vietnamensis **Pace, 1992**
分布：云南，广西；越南。

平灿隐翅虫属 *Platydracus* Thomson, 1858

铜黑平灿隐翅虫 *Platydracus aeneoniger* Bernhauer, 1933

分布：云南，四川。

红褐平灿隐翅虫 *Platydracus decipiens* Kraatz, 1859

分布：云南（丽江）；斯里兰卡。

四川平灿隐翅虫 *Platydracus kiulungensis* Bernhauer, 1933

分布：云南，四川。

Platydracus paragracilis Zhou, Zhao & Tang, 2024

分布：云南（怒江）。

雷氏平灿隐翅虫 *Platydracus reitterianus* Bernhauer, 1933

分布：云南，四川。

绿平灿隐翅虫 *Platydracus subviridis* Bernhauer, 1933

分布：云南。

Platydracus trimaculatus Fauvel, 1895

分布：云南。

云南平灿隐翅虫 *Platydracus yunnanensis* Bernhauer, 1933

分布：云南。

滇平灿隐翅虫 *Platydracus yunnanicus* Smetana & Davies, 2000

分布：云南。

Platyola Mulsant & Rey, 1875

Platyola geostiboides Assing, 2011

分布：云南。

宽翅隐翅虫属 *Platystethus* Mannerheim, 1830

粗角宽翅隐翅虫 *Platystethus crassicornis* Motschulsky, 1858

分布：云南，四川，湖北，广西，台湾；越南，印度，缅甸，尼泊尔，马来西亚，巴基斯坦。

膜宽翅隐翅虫 *Platystethus dilutipennis* Cameron, 1914

分布：云南，四川，浙江，湖北；印度。

瘤宽翅隐翅虫 *Platystethus spectabilis* Kraatz, 1859

分布：云南；越南，印度，尼泊尔，马来西亚。

网点隐翅虫属 *Porocallus* Sharp, 1888

Porocallus cicatricatus Assing, 2015

分布：云南。

Porocallus insignis Sharp, 1888

分布：云南。

Porocallus wrasei Assing, 2012

分布：云南。

齿隐翅虫属 *Priochirus* Sharp, 1887

中华齿隐翅虫 *Priochirus chinensis* Bernhauer, 1933

分布：云南，西藏，四川，河南，湖北。

赤尾齿隐翅虫 *Priochirus curtidentatus* Wu & Zhou, 2013

分布：云南（迪庆），西藏。

云南齿隐翅虫 *Priochirus deltodontus* Wu & Zhou, 2013

分布：云南。

黑艳隐翅虫 *Priochirus japonicus* Sharp, 1889

分布：云南（高黎贡山），湖南，台湾；日本。

Priochirus parvicornis Wu & Zhou, 2007

分布：云南。

环腹隐翅虫属 *Procirrus* Latreille, 1829

孟加拉环腹隐翅虫 *Procirrus fusculus* Sharp, 1889

分布：云南；孟加拉国。

凹额隐翅虫属 *Pronomaea* Erichson, 1837

Pronomaea maxima Assing, 2014

分布：云南。

Pronomaea thaxteri Bernhauer, 1915

分布：云南，浙江，香港；印度。

盾头隐翅虫属 *Prosopaspis* Smetana, 1987

Prosopaspis rougemonti Smetana, 1997

分布：云南。

长角蚁甲属 *Pselaphodes* Westwood, 1870

突长角蚁甲 *Pselaphodes aculeus* Yin, Li & Zhao, 2010

分布：云南（西双版纳），安徽，广西，福建，海南。

钩刺长角蚁甲 *Pselaphodes aduncus* Huang, Li & Yin, 2018

分布：云南（西双版纳）。

大围山长角蚁甲 *Pselaphodes daweishanus* Huang, Li & Yin, 2018

分布：云南（红河）。

奇茎长角蚁甲 *Pselaphodes distincticornis* Yin & Li, 2012

分布：云南（迪庆）。

长棒长角蚁甲 *Pselaphodes elongatus* Huang, Li & Yin, 2018

分布：云南（红河）。

曲长角蚁甲 *Pselaphodes flexus* Yin & Li, 2012

分布：云南（迪庆）。

贡山长角蚁甲 *Pselaphodes gongshanensis* Yin, Li & Zhao, 2011

分布：云南（怒江）。

格氏长角蚁甲 *Pselaphodes grebennikovi* Yin & Hlaváč, 2013

分布：云南（大理）。

Pselaphodes incisus Huang, Li & Yin, 2018

分布：云南（西双版纳）；老挝，越南。

鸡足山长角蚁甲 *Pselaphodes jizushanus* Yin, Li & Zhao, 2011

分布：云南（大理）。

狭茎长角蚁甲 *Pselaphodes longilobus* Yin & Hlaváč, 2013

分布：云南（大理），湖北。

修身长角蚁甲 *Pselaphodes subtilissimus* Yin, Li & Zhao, 2010

分布：云南（西双版纳）。

拉氏长角蚁甲 *Pselaphodes wrasei* Yin & Li, 2013

分布：云南（迪庆）。

云南长角蚁甲 *Pselaphodes yunnanicus* (Hlaváč, Nomura & Zhou, 2000)

分布：云南。

中甸长角蚁甲 *Pselaphodes zhongdianus* Yin & Li, 2012

分布：云南（迪庆）。

长须蚁甲属 *Pselaphogenius* Reitter, 1910

Pselaphogenius watanabei Nomura, 2003

分布：云南。

云南长须蚁甲 *Pselaphogenius yunnanensis* Nomura, 2003

分布：云南。

拟平缘隐翅虫属 *Pseudatheta* Cameron, 1920

Pseudatheta baomontis Pace & Hartmann, 2017

分布：云南。

中国拟平缘隐翅虫 *Pseudatheta chinensis* Pace, 2010

分布：云南。

库氏拟平缘隐翅虫 *Pseudatheta cooteri* Pace, 1998

分布：云南（昆明），江苏。

黄肩拟平缘隐翅虫指名亚种 *Pseudatheta ghoropanensis ghoropanensis* Pace, 1989

分布：云南（迪庆），陕西；尼泊尔。

贡嘎拟平缘隐翅虫 *Pseudatheta gonggaensis* Pace, 1998

分布：云南，四川。

Pseudatheta meorum Pace, 1992

分布：云南。

Pseudatheta similis Pace, 2010

分布：云南，四川。

短足出尾蕈甲属 *Pseudobironium* Pic, 1920

Pseudobironium bicolor Löbl, 1992

分布：云南；尼泊尔。

卡琳短足出尾蕈甲 *Pseudobironium carinense* Achard, 1920

分布：云南（德宏）；缅甸。

Pseudobironium conspectum Löbl & Tang, 2013

分布：云南；尼泊尔，印度。

麦克短足出尾蕈甲 *Pseudobironium merkli* Löbl, & Tang, 2013

分布：云南（红河）；越南。

Pseudobironium montanum Löbl & Tang, 2013

分布：云南。

Pseudobironium parabicolor Löbl & Tang, 2013

分布：云南。

Pseudobironium ussuricum Löbl, 1969

分布：云南，安徽；俄罗斯，韩国。

Pseudocalea Luze, 1902

Pseudocalea schuelkei Assing, 2006

分布：云南。

伪线隐翅虫属 *Pseudolathra* Casey, 1905

双栉伪线隐翅虫 *Pseudolathra bipectinata* Assing, 2013

分布：云南（西双版纳）；老挝，泰国。

常伪线隐翅虫 *Pseudolathra regularis* Sharp, 1889

分布：云南（普洱），四川，北京，陕西，江苏，浙江；日本。

***Pseudolathra superficiaria* Li, Solodovnikov & Zhou, 2013**

分布：云南。

横伪线隐翅虫 *Pseudolathra transversiceps* Assing, 2013

分布：云南（西双版纳），海南；越南。

单色伪线隐翅虫 *Pseudolathra unicolor* Kraatz, 1859

分布：云南（红河、德宏、西双版纳），江西，广西，福建，台湾；日本，越南，老挝，柬埔寨，泰国，印度，缅甸，尼泊尔，不丹，菲律宾，印度尼西亚，孟加拉国，巴基斯坦。

Pseudomedon Mulsant & Rey, 1878

***Pseudomedon schuelkei* Assing, 2011**

分布：云南。

伪粗角隐翅虫属 *Pseudoplandria* Fenyes, 1921

安吉伪粗角隐翅虫 *Pseudoplandria anjiensis* Pace, 1999

分布：云南（西双版纳），四川，浙江。

***Pseudoplandria baomontis* Pace & Hartmann, 2017**

分布：云南。

***Pseudoplandria beesoni* Cameron, 1939**

分布：云南；尼泊尔，印度。

***Pseudoplandria bispinosa* Pace & Hartmann, 2017**

分布：云南。

***Pseudoplandria exilitatis* Pace, 2013**

分布：云南。

高黎贡伪粗角隐翅虫 *Pseudoplandria gaoligongensis* Pace & Hartmann, 2017

分布：云南。

***Pseudoplandria lisuensis* Pace & Hartmann, 2017**

分布：云南。

暗色伪粗角隐翅虫 *Pseudoplandria neglecta* Pace, 1999

分布：云南（红河），湖北，香港。

劳氏伪粗角隐翅虫 *Pseudoplandria rougemonti* Pace, 1999

分布：云南（西双版纳），香港，广西。

***Pseudoplandria sinospinifera* Pace & Hartmann, 2017**

分布：云南。

***Pseudoplandria umbonata* Pace, 1987**

分布：云南；尼泊尔。

背脊隐翅虫属 *Pseudopsis* Newman, 1834

锯缘背脊隐翅虫 *Pseudopsis serrata* Yin, 2021

分布：云南（西双版纳）。

云南背脊隐翅虫 *Pseudopsis yunnanensis* Zerche, 1998

分布：云南（临沧）。

大须隐翅虫属 *Pseudorientis* Watanabe, 1970

上野大须隐翅虫 *Pseudorientis uenoi* Smetana, 1995

分布：云南（大理）。

伪圆胸隐翅虫属 *Pseudotachinus* Cameron, 1932

暗黑伪圆胸隐翅虫 *Pseudotachinus assingi* Schülke, 2016

分布：云南（昆明、临沧）。

Pseudoxyporus Nakane & Sawada, 1956

***Pseudoxyporus tessellatus* Makranczy, 2012**

分布：云南。

刺足隐翅虫属 *Quedionuchus* Sharp, 1884

莱氏刺足隐翅虫 *Quedionuchus reitterianus* Bernhauer, 1934

分布：云南（迪庆），四川，西藏，陕西，湖南。

***Quedionuchus yunnanensis* Brunke, 2020**

分布：云南（迪庆）。

颊脊隐翅虫属 *Quedius* Stephens, 1829

艾科颊脊隐翅虫 *Quedius acco* Smetana, 1996

分布：云南（昆明），四川，甘肃。

窄叶颊脊隐翅虫 *Quedius aereipennis* Bernhauer, 1929

分布：云南（大理），四川，贵州，重庆，陕西，浙江，湖北，福建。

淡色颊脊隐翅虫 *Quedius amicorum* Smetana, 1997

分布：云南（丽江）。

山道颊脊隐翅虫 *Quedius angustiarum* Smetana, 2011

分布：云南（大理）。

安氏颊脊隐翅虫 *Quedius antoni* Smetana, 1995

分布：云南（迪庆），四川，西藏，甘肃。

阿萨姆颊脊隐翅虫 *Quedius assamensis* Cameron, 1932

分布：云南（迪庆）；印度，尼泊尔。

贝氏颊脊隐翅虫 *Quedius becvari* Smetana, 1996

分布：云南（昆明），四川。

比氏颊脊隐翅虫 *Quedius beesoni* Cameron, 1932

分布：云南（丽江），四川，贵州，重庆，陕西，上海，浙江，湖北，福建，台湾，广西；印度，尼泊尔。

比特端颊脊隐翅虫 *Quedius bito* Smetana, 1996

分布：云南（迪庆），四川，西藏，甘肃。

视颊脊隐翅虫 *Quedius bleptikos* Smetana, 2015

分布：云南。

细叶颊脊隐翅虫 *Quedius bohemorum* Smetana, 1997

分布：云南（昆明），四川。

Quedius biprominulus Cai & Zhou, 2015

分布：云南。

Quedius caelestis Smetana, 1996

分布：云南，四川，陕西，湖南。

恺撒颊脊隐翅虫 *Quedius caesar* Smetana, 2014

分布：云南。

雪颊脊隐翅虫 *Quedius chion* Smetana, 2011

分布：云南（丽江）。

克里颊脊隐翅虫 *Quedius chrysogonus* Smetana, 1997

分布：云南。

棕缘颊脊隐翅虫 *Quedius cingulatus* Smetana, 2004

分布：云南（昆明），四川。

代达颊脊隐翅虫 *Quedius daedalus* Smetana, 2008

分布：云南（昆明），四川，陕西。

黑头黄尾颊脊隐翅虫 *Quedius decius* Smetana, 1996

分布：云南（昆明），四川，陕西，湖北。

短颊脊隐翅虫 *Quedius doan* Smetana, 2008

分布：云南（迪庆）。

黑胫颊脊隐翅虫 *Quedius dryas* Smetana, 2012

分布：云南（保山）。

显颊脊隐翅虫 *Quedius egregius* Smetana, 2014

分布：云南。

阔胸蓝翅颊脊隐翅虫 *Quedius ennius* Smetana, 1996

分布：云南（迪庆），四川，西藏。

儿颊脊隐翅虫 *Quedius erl* Smetana, 2008

分布：云南（保山）。

黑头红翅颊脊隐翅虫 *Quedius erriapo* Smetana, 2012

分布：云南（昆明）。

拟红棕颊脊隐翅虫 *Quedius euanderoides* Smetana, 2014

分布：云南（普洱）。

欧氏红颊脊隐翅虫 *Quedius euryalus* Smetana, 1997

分布：云南（怒江）。

法布里颊脊隐翅虫 *Quedius fabbrii* Smetana, 2006

分布：云南。

法氏颊脊隐翅虫 *Quedius farkaci* Smetana, 1997

分布：云南（迪庆），四川，西藏。

拟宽翅颊脊隐翅虫 *Quedius filiolus* Smetana, 2012

分布：云南（迪庆）。

褐胸颊脊隐翅虫 *Quedius goong* Smetana, 2006

分布：云南（怒江）。

裘格斯颊脊隐翅虫 *Quedius gyges* Smetana, 2008

分布：云南（迪庆），陕西，甘肃，青海。

赫氏托颊脊隐翅虫 *Quedius hecato* Smetana, 2012

分布：云南（丽江）；缅甸。

赫格颊脊隐翅虫 *Quedius hegesias* Smetana, 2012

分布：云南（怒江）。

奇叶颊脊隐翅虫 *Quedius huenn* Smetana, 2002

分布：云南（昆明），陕西。

棕颊脊隐翅虫 *Quedius iapetus* Smetana, 2012

分布：云南（怒江）。

淡胸颊脊隐翅虫 *Quedius inquietus* Champion, 1925

分布：云南（怒江），四川，陕西，湖北；印度，尼泊尔。

将颊脊隐翅虫 *Quedius jaang* Smetana, 2006

分布：云南（玉溪）。

拟将颊脊隐翅虫 *Quedius jaangoides* Smetana, 2009

分布：云南（楚雄）。

卡巴颊脊隐翅虫 *Quedius kabateki* Smetana, 1997

分布：云南（保山）。

Quedius kambaitensis Scheerpeltz, 1965

分布：云南（怒江）；缅甸。

捆颊脊隐翅虫 *Quedius koen* Smetana, 2004

分布：云南（昆明），四川，甘肃。

库氏颊脊隐翅虫 *Quedius kubani* Smetana, 1996
分布：云南（迪庆）。

短翅颊脊隐翅虫 *Quedius kucerai* Smetana, 1996
分布：云南（丽江）。

霭颊脊隐翅虫 *Quedius kuiro* Smetana, 1988
分布；云南；尼泊尔。

红褐颊脊隐翅虫 *Quedius kwang* Smetana, 2006
分布：云南（怒江）。

黑颊脊隐翅虫 *Quedius ladas* Smetana, 2008
分布：云南（迪庆）。

侧毛颊脊隐翅虫 *Quedius lanugo* Smetana, 2006
分布：云南（怒江）。

白角颊脊隐翅虫 *Quedius leang* Smetana, 2006
分布：云南（怒江）。

钮叶颊脊隐翅虫 *Quedius li* Smetana, 2008
分布：云南（大理）。

汤亮颊脊隐翅虫 *Quedius liangtangi* Smetana, 2015
分布：云南。

六库颊脊隐翅虫 *Quedius liukuensis* Smetana, 2009
分布：云南（怒江）。

斑腹颊脊隐翅虫 *Quedius maculiventris* Bernhauer, 1934
分布：云南，四川，重庆，陕西，湖北，浙江，福建。

茂兴颊脊隐翅虫 *Quedius maoxingi* Hu, Li & Cao, 2012
分布：云南（保山）。

中红颊脊隐翅虫 *Quedius masasatoi* Smetana, 2007
分布：云南（西双版纳），福建；越南，老挝。

梅里雪颊脊隐翅虫 *Quedius meilixue* Smetana, 2012
分布：云南（迪庆）。

迈克颊脊隐翅虫 *Quedius michaeli* Smetana, 2009
分布：云南（怒江）。

宽翅颊脊隐翅虫 *Quedius muscicola* Cameron, 1932
分布：云南（大理），四川，贵州，陕西，甘肃，湖北；印度，尼泊尔。

纳板河颊脊隐翅虫 *Quedius nabanhensis* Hu, Li & Cao, 2012
分布：云南（西双版纳）。

四点颊脊隐翅虫 *Quedius nireus* Smetana, 1995
分布：云南（迪庆），四川，甘肃，青海。

怒江颊脊隐翅虫 *Quedius nujiang* Smetana, 2011
分布：云南（怒江）。

窄头颊脊隐翅虫 *Quedius otho* Smetana, 1995
分布：云南（昆明），四川。

黑头颊脊隐翅虫 *Quedius phormio* Smetana, 2008
分布：云南（迪庆）。

短鞘颊脊隐翅虫 *Quedius pian* Smetana, 2008
分布：云南（保山）。

普氏颊脊隐翅虫 *Quedius przewalskil* Reitter, 1887
分布：云南（迪庆），四川，西藏，青海。

漂氏颊脊隐翅虫 *Quedius puetzi* Smetana, 1998
分布：云南（大理），四川，陕西，湖北。

紧颊脊隐翅虫 *Quedius pyn* Smetana, 2006
分布：云南。

紫翅颊脊隐翅虫 *Quedius rivulorum* Smetana, 2002
分布：云南（昆明），四川。

角颊脊隐翅虫 *Quedius rutilipennis* Scheerpeltz, 1965
分布：云南；缅甸。

Quedius stevensi Cameron, 1932
分布：云南；印度，尼泊尔。

红翅颊脊隐翅虫 *Quedius tarvos* Smetana, 2012
分布：云南（普洱）。

背陷颊脊隐翅虫 *Quedius tergimpressus* Smetana, 2012
分布：云南（大理）。

腾颊脊隐翅虫 *Quedius terng* Smetana, 2006
分布：云南（保山）。

彩首颊脊隐翅虫 *Quedius tincticeps* Smetana, 2015
分布：云南。

激流颊脊隐翅虫 *Quedius torrentum* Smetana, 2002
分布：云南（丽江），四川，西藏，浙江，湖北。

尤颊脊隐翅虫 *Quedius utis* Smetana, 2014
分布：云南。

宽头颊脊隐翅虫 *Quedius vafer* Smetana, 1997
分布：云南（大理）。

闪绿颊脊隐翅虫 *Quedius viridimicans* Smetana, 2009
分布：云南（怒江）。

额点隐翅虫属 *Quemetopon* Smetana, 2015
巨茎额点隐翅虫 *Quemetopon grandipenis* Zhu, Li & Hayashi, 2006
分布：云南（迪庆），西藏。

杯隐翅虫属 *Queskallion* Smetana, 2015

刻点杯隐翅虫 *Queskallion dispersepunctatum* Scheerpeltz, 1965

分布：云南（丽江）；缅甸，尼泊尔。

Queskallion schuelkei Smetana, 2015

分布：云南。

阔胫隐翅虫属 *Rhynchocheilus* Sharp, 1889

Rhynchocheilus magnificus Semenov & Kirshenblat, 1938

分布：云南，四川。

喙隐翅虫属 *Rhyncocheilus* Fauvel, 1882

金喙隐翅虫 *Rhyncocheilus aureus* (Fabricius, 1787)

分布：云南；印度，斯里兰卡，缅甸，泰国，孟加拉国，老挝，马来西亚，印度尼西亚。

Rhyncocheilus rugulipennis Cameron, 1932

分布：云南（临沧），福建，广东；缅甸。

杨氏喙隐翅虫 *Rhyncocheilus yangxiaodongi* Tang, Schillhammer & Zhao, 2021

分布：云南。

皱纹隐翅虫属 *Rugilus* Leach, 1819

同形皱纹隐翅虫 *Rugilus aequabilis* Assing, 2012

分布：云南（怒江）。

Rugilus atronitidus Assing, 2013

分布：云南。

Rugilus biapicalis Assing, 2020

分布：云南。

Rugilus biformis Assing, 2012

分布：云南。

Rugilus birugatus Assing, 2012

分布：云南。

锡兰皱纹隐翅虫 *Rugilus ceylanensis* Kraatz, 1859

分布：云南（迪庆、西双版纳），四川，陕西，江苏，安徽，广西，福建，台湾；朝鲜，韩国，日本，印度，尼泊尔，不丹，斯里兰卡，大洋洲，北美洲。

连点皱纹隐翅虫 *Rugilus confluens* Assing, 2012

分布：云南（迪庆），四川。

Rugilus desectus Assing, 2012

分布：云南。

Rugilus glabripennis Assing, 2012

分布：云南。

梅里皱纹隐翅虫 *Rugilus meilixuensis* Assing, 2012

分布：云南。

尖细皱纹隐翅虫 *Rugilus mordens* Assing, 2012

分布：云南（大理）。

Rugilus nitipennis Assing, 2013

分布：云南。

Rugilus nuicus Assing, 2012

分布：云南。

凹皱纹隐翅虫 *Rugilus parvincisus* Assing, 2012

分布：云南（丽江）。

Rugilus pungens Assing, 2012

分布：云南。

Rugilus schuelkei Assing, 2012

分布：云南。

西姆拉皱纹隐翅虫 *Rugilus simlaensis* Cameron, 1931

分布：云南（迪庆），四川，陕西，湖北，台湾；印度，尼泊尔，不丹。

糙蚁甲属 *Sathytes* Westwood, 1870

程氏糙蚁甲 *Sathytes chengzhifeii* Yin & Shen, 2020

分布：云南（德宏）。

毛角糙蚁甲 *Sathytes cristatus* Yin & Li, 2012

分布：云南（怒江）。

长突糙蚁甲 *Sathytes excertus* Yin & Li, 2012

分布：云南（怒江）。

怒江糙蚁甲 *Sathytes nujiangensis* Yin & Shen, 2020

分布：云南（怒江）。

袖珍糙蚁甲 *Sathytes perpusillus* Yin & Li, 2012

分布：云南（西双版纳）。

珍稀糙蚁甲 *Sathytes rarus* Yin & Li, 2012

分布：云南（怒江）。

汤氏糙蚁甲 *Sathytes tangliangi* Yin & Li, 2012

分布：云南（保山、怒江）。

膨足糙蚁甲 *Sathytes tibialis* Yin & Li, 2012

分布：云南（怒江）。

平凡糙蚁甲 *Sathytes usitatus* Yin & Li, 2012

分布：云南（怒江）。

云南糙蚁甲 *Sathytes yunnanicus* Yin & Li, 2012

分布：云南（怒江）。

Scaphicoma Motschulsky, 1863

Scaphicoma arcuata Champion, 1927

分布：云南；尼泊尔，印度。

出尾蕈甲属 *Scaphidium* Olivier, 1790

贝氏出尾蕈甲 *Scaphidium becvari* Löbl, 1999
分布：云南（保山），四川。

毕氏出尾蕈甲 *Scaphidium biwenxuani* He, Tang & Li, 2008
分布：云南（西双版纳），四川，贵州，安徽，浙江，湖北，江西，湖南，广西。

卡琳出尾蕈甲 *Scaphidium carinense* Achard, 1920
分布：云南（德宏），西藏，四川，广西，湖北，福建，海南；缅甸。

考曼出尾蕈甲 *Scaphidium coomani* Pic, 1926
分布：云南（红河）；越南，尼泊尔。

德拉塔出尾蕈甲 *Scaphidium delatouchei* Achard, 1920
分布：云南（西双版纳），四川，安徽，浙江，湖北，湖南，广西，广东。

台湾出尾蕈甲 *Scaphidium formosanum* Pic, 1915
分布：云南（保山、西双版纳），江西，广西，福建，台湾，广东，海南。

巨出尾蕈甲 *Scaphidium grande* Gestro, 1879
分布：云南（西双版纳），四川，贵州，重庆，浙江，湖南，广西，福建，台湾，广东，海南；越南，老挝，泰国，印度，缅甸，尼泊尔，马来西亚，印度尼西亚。

黄腹出尾蕈甲 *Scaphidium inexspectatum* Löbl, 1999
分布：云南（德宏）。

弯胫出尾蕈甲 *Scaphidium inflexitibiale* Tang & Li, 2010
分布：云南（红河）；老挝。

鸡足山出尾蕈甲 *Scaphidium jizuense* Löbl, 1999
分布：云南（大理）。

库氏出尾蕈甲 *Scaphidium kubani* Löbl, 1999
分布：云南（怒江）。

宽背出尾蕈甲 *Scaphidium laxum* Tang & Li, 2010
分布：云南（西双版纳）。

月斑出尾蕈甲 *Scaphidium lunare* Löbl, 1999
分布：云南（大理）。

美丽出尾蕈甲 *Scaphidium melli* Löbl, 1972
分布：云南（西双版纳）。

壮出尾蕈甲 *Scaphidium robustum* Tang, Li & He, 2014
分布：云南（西双版纳），贵州，重庆，广西，

福建。

点斑出尾蕈甲 *Scaphidium stigmatinotum* Löbl, 1999
分布：云南（西双版纳），陕西，江苏，安徽，浙江，湖南，广西，福建，广东。

单斑出尾蕈甲 *Scaphidium unifasciatum* Pic, 1916
分布：云南，西藏。

殷氏出尾蕈甲 *Scaphidium yinziweii* Tang & Li, 2012
分布：云南（西双版纳）。

云南出尾蕈甲 *Scaphidium yunnanum* Fairmaire, 1886
分布：云南（丽江），四川。

细角出尾蕈甲属 *Scaphisoma* Leach, 1815

Scaphisoma acclinum Shavrin, 2023
分布：云南（保山）。

尖细角出尾蕈甲 *Scaphisoma aciculare* Löbl, 2000
分布：云南（楚雄、西双版纳）。

Scaphisoma aciculatum Shavrin, 2023
分布：云南（保山）。

开细角出尾蕈甲 *Scaphisoma apertum* Löbl, 2000
分布：云南（楚雄）。

Scaphisoma armatum Löbl, 1986
分布：云南（西双版纳）。

条斑细角出尾蕈甲 *Scaphisoma atronotatum* Pic, 1920
分布：云南（德宏），安徽；缅甸，尼泊尔，泰国。

Scaphisoma corneum Shavrin, 2023
分布：云南（临沧）。

Scaphisoma detestabile Shavrin, 2023
分布：云南（德宏）。

胖细角出尾蕈甲 *Scaphisoma dilatatum* Löbl, 2003
分布：云南（德宏）。

迪庆细角出尾蕈甲 *Scaphisoma diqingtibetanum* Shavrin, 2023
分布：云南（迪庆）。

Scaphisoma dohertyi Pic, 1915
分布：云南；印度。

黑黄细角出尾蕈甲 *Scaphisoma dumosum* Löbl, 2000
分布：云南（保山、曲靖），四川。

Scaphisoma falciferum Löbl, 1986
分布：云南；尼泊尔，巴基斯坦，印度。

小细角出尾蕈甲 *Scaphisoma fibrosum* Löbl, 2000
分布：云南（昭通）。

Scaphisoma forcipatum Champion, 1927
分布：云南；尼泊尔，巴基斯坦，印度。

赤细角出尾蕈甲 *Scaphisoma haemorrhoidale*
Reitter, 1877
分布：云南，辽宁，北京，湖北，江苏，福建；俄罗斯，日本，朝鲜。

黑水细角出尾蕈甲 *Scaphisoma heishuiense* Löbl, 2000
分布：云南（大理、保山、昭通）。

Scaphisoma incisum Löbl, 2000
分布：云南。

Scaphisoma innotatum Pic, 1926
分布：云南；尼泊尔，印度。

逆角细角出尾蕈甲 *Scaphisoma invertum* Löbl, 2000
分布：云南（红河），广东，广西。

端黄细角出尾蕈甲 *Scaphisoma irruptum* Löbl, 2000
分布：云南（文山），广西。

Scaphisoma jirihajeki Shavrin, 2023
分布：云南（保山）。

Scaphisoma kubani Shavrin, 2023
分布：云南（大理）。

滑细角出尾蕈甲 *Scaphisoma laevigatum* Löbl, 1970
分布：云南，台湾；俄罗斯，日本。

Scaphisoma liangtangi Shavrin, 2023
分布：云南（高黎贡山）。

Scaphisoma maindroni Achard, 1920
分布：云南（红河），贵州，香港；尼泊尔，泰国，越南，巴基斯坦，印度。

Scaphisoma minutissimum Champion, 1927
分布：云南；印度。

Scaphisoma morosum Löbl, 1990
分布：云南。

Scaphisoma nigripenne Shavrin, 2023
分布：云南（怒江）。

Scaphisoma notatum Löbl, 1986
分布：云南（怒江），四川，陕西，湖北；尼泊尔，巴基斯坦，印度。

Scaphisoma nushanense Shavrin, 2023
分布：云南（怒江）。

Scaphisoma operosum Löbl, 1990
分布：云南（西双版纳）；泰国。

逆细角出尾蕈甲 *Scaphisoma oppositum* Löbl, 2000
分布：云南（文山、保山）。

拟疏细角出尾蕈甲 *Scaphisoma parasolutum* Löbl, 2000
分布：云南（文山）。

拟变细角出尾蕈甲 *Scaphisoma paravarium* Löbl, 2000
分布：云南（红河、怒江、保山、大理）。

Scaphisoma portevini Pic, 1920
分布：云南，四川，安徽，广西；日本。

Scaphisoma pressum Löbl, 1990
分布：云南。

Scaphisoma providum Shavrin, 2023
分布：云南（德宏）。

Scaphisoma pseudasper Shavrin, 2023
分布：云南（丽江）。

Scaphisoma pseudodelictum Löbl, 1986
分布：云南（大理），江西；印度，尼泊尔，马来西亚。

Scaphisoma pseudorufum Löbl, 1986
分布：云南，广东；尼泊尔，印度。

伪变细角出尾蕈甲 *Scaphisoma pseudovarium* Löbl, 2000
分布：云南（普洱、德宏、保山）。

Scaphisoma regulare Shavrin, 2023
分布：云南（保山）。

Scaphisoma rufescens Pic, 1920
分布：云南。

Scaphisoma rufopiceum Shavrin, 2023
分布：云南（保山）。

Scaphisoma rufum Achard, 1923
分布：云南（丽江、德宏、大理），西藏，江苏；日本，朝鲜，泰国，新加坡，印度，尼泊尔。

Scaphisoma ruzickai Shavrin, 2023
分布：云南（德宏）。

Scaphisoma schuelkei Shavrin, 2023
分布：云南（红河）。

Scaphisoma segne **Löbl, 1990**
分布：云南，四川，浙江。

Scaphisoma subapicale **Shavrin, 2023**
分布：云南（保山）。

疑细角出尾蕈甲 *Scaphisoma suspiciosum* **Löbl, 2000**
分布：云南（普洱）。

Scaphisoma tetratomum **Shavrin, 2023**
分布：云南（西双版纳）。

Scaphisoma tricuspidatum **Shavrin, 2023**
分布：云南（保山）。

Scaphisoma uncinatum **Shavrin, 2023**
分布：云南（高黎贡山）。

一色细角出尾蕈甲 *Scaphisoma unicolor* **Achard, 1923**
分布：云南，台湾；俄罗斯，日本，尼泊尔，印度。

Scaphisoma uniforme **Löbl, 1986**
分布：云南；尼泊尔，印度。

半黑细角出尾蕈甲 *Scaphisoma vexator* **Löbl, 2000**
分布：云南（普洱）。

双色细角出尾蕈甲 *Scaphisoma volitatum* **Löbl, 2000**
分布：云南（楚雄）。

Scaphisoma weigeli **Shavrin, 2023**
分布：云南（西双版纳）。

Scaphisoma ziweii **Shavrin, 2023**
分布：云南（德宏）。

隆背出尾蕈甲属 *Scaphobaeocera* Csiki, 1909

Scaphobaeocera cognata **Löbl, 1984**
分布：云南，四川，陕西；尼泊尔。

Scaphobaeocera difficilis **Löbl, 1979**
分布：云南（大理）；印度，巴基斯坦，尼泊尔，泰国。

Scaphobaeocera dorsalis **Löbl, 1980**
分布：云南，四川，台湾；尼泊尔，韩国，印度。

Scaphobaeocera glabra **Löbl, 2018**
分布：云南（保山）。

Scaphobaeocera glabripennis **Löbl, 2018**
分布：云南（大理）。

Scaphobaeocera incisa **Löbl, 1990**
分布：云南。

Scaphobaeocera junlei **Löbl, 2018**
分布：云南（保山）。

Scaphobaeocera lamellifera **Löbl, 1984**
分布：云南。

Scaphobaeocera michaeli **Löbl, 2018**
分布：云南（保山）。

辛隆背出尾蕈甲 *Scaphobaeocera molesta* **Löbl, 1999**
分布：云南（德宏）。

Scaphobaeocera nobilis **Löbl, 1984**
分布：云南，福建；不丹。

Scaphobaeocera nuda **Löbl, 1979**
分布：云南（保山）；印度，尼泊尔，泰国。

伪显隆背出尾蕈甲 *Scaphobaeocera pseudovalida* **Löbl, 1999**
分布：云南（德宏）。

Scaphobaeocera puetzi **Löbl, 2018**
分布：云南（保山）。

Scaphobaeocera schuelkei **Löbl, 2018**
分布：云南（保山）。

Scaphobaeocera spinigera **Löbl, 1979**
分布：云南（迪庆、怒江），四川，香港；泰国，尼泊尔，巴基斯坦。

Scaphobaeocera spira **Löbl, 1990**
分布：云南；尼泊尔。

Scaphobaeocera yunnana **Löbl, 2018**
分布：云南（保山）。

异缘出尾蕈甲属 *Scaphoxium* Löbl, 1979

Scaphoxium intermedium **Löbl, 1984**
分布：云南（保山），浙江，安徽，广西，海南；印度，泰国。

裂隐翅虫属 *Schistogenia* Kraatz, 1857

刻胸裂隐翅虫 *Schistogenia crenicollis* **Kraatz, 1857**
分布：云南，浙江，广东，香港；印度。

Sclerochiton Kraatz, 1859

Sclerochiton barbatus **Assing, 2011**
分布：云南。

Sclerochiton indicus (**Motschulsky, 1858**)
分布：云南；尼泊尔。

Sclerochiton maculosus **Assing, 2011**
分布：云南。

Sclerochiton schuelkei Assing, 2011
分布：云南。

四齿隐翅甲属 *Scopaeus* Erichson, 1839

Scopaeus siamensis Frisch, 2005
分布：云南。

苔甲属 *Scydmaenus* Latreille, 1802

中国苔甲 *Scydmaenus chinensis* Franz, 1989
分布：云南，四川。

克苔甲 *Scydmaenus csikii* Franz, 1985
分布：云南，四川。

罗氏苔甲 *Scydmaenus ivanloebli* Franz, 1989
分布：云南（西双版纳）。

昆明苔甲 *Scydmaenus kunmingensis* Franz, 1989
分布：云南，四川。

细点苔甲 *Scydmaenus punctatissimus* Franz, 1975
分布：云南（怒江）。

普通苔甲 *Scydmaenus vestitus* Sharp, 1874
分布：云南，四川，上海。

Scydmoraphes Reitter, 1891

Scydmoraphes yunnanensis Jaloszyński, 2019
分布：云南（保山）。

眼角隐翅虫属 *Siagonium* Kirby & Spence, 1815

云南眼角隐翅虫 *Siagonium yunnanense* Rougemont, 2018
分布：云南。

弧缘隐翅虫属 *Silusa* Erichson, 1837

黄肩弧缘隐翅虫 *Silusa aliena* Bernhauer, 1916
分布：云南（昆明），山东。

暗褐弧缘隐翅虫 *Silusa leptusoides* Pace, 2004
分布：云南（曲靖、昭通），四川。

四川弧缘隐翅虫 *Silusa sichuanensis* Pace, 2004
分布：云南（丽江），四川，陕西。

Silusa triangularis Assing, 2021
分布：云南。

粗点隐翅虫属 *Sinlathrobium* Assing, 2013

Sinlathrobium iniquum Assing, 2013
分布：云南。

双斑粗点隐翅虫 *Sinlathrobium lobrathiforme* Assing, 2012
分布：云南。

常囊隐翅虫属 *Smetanaetha* Pace, 1992

斯氏常囊隐翅虫 *Smetanaetha smetanai* Pace, 1992
分布：云南（丽江），四川，陕西，湖北。

Smetanaetha tuberculicollis Pace, 1992
分布：云南；尼泊尔。

球茎隐翅虫属 *Sphaerobulbus* Smetana, 2003

双斑球茎隐翅虫 *Sphaerobulbus biplagiatus* Smetana, 2006
分布：云南（大理、迪庆）。

双曲球茎隐翅虫 *Sphaerobulbus bisinuatus* Smetana, 2003
分布：云南（大理、丽江），四川。

布莱球茎隐翅虫 *Sphaerobulbus brezinai* Smetana, 2003
分布：云南（保山、丽江）。

领球茎隐翅虫 *Sphaerobulbus cardinalis* Smetana, 2010
分布：云南（丽江、迪庆），四川。

大卫球茎隐翅虫 *Sphaerobulbus davidi* Smetana, 2016
分布：云南（丽江、临沧）。

慕氏球茎隐翅虫 *Sphaerobulbus murzini* Smetana, 2003
分布：云南（大理、迪庆）。

黑球茎隐翅虫 *Sphaerobulbus nigrita* Smetana, 2003
分布：云南（迪庆），西藏，青海。

宁列球茎隐翅虫 *Sphaerobulbus ningliei* Zhao & Tang, 2020
分布：云南（大理）。

拉达球茎隐翅虫 *Sphaerobulbus radani* Smetana, 2016
分布：云南（大理）。

玉龙球茎隐翅虫 *Sphaerobulbus yulongmontis* Smetana, 2003
分布：云南（丽江）。

云南球茎隐翅虫 *Sphaerobulbus yunnanus* Smetana, 2003
分布：云南（大理、丽江）。

Sphaeromacrops Schillhammer, 2001

***Sphaeromacrops yunnanensis* Tang & Cheng, 2020**
分布：云南（西双版纳）。

圆唇隐翅虫属 *Stenaesthetus* Sharp, 1874

***Stenaesthetus conflictatus* Puthz, 1995**
分布：云南。

***Stenaesthetus deharvengi* Orousset, 1988**
分布：云南，贵州，四川，广西，广东，香港。

高黎贡圆唇隐翅虫 *Stenaesthetus gaoligongmontium*
Puthz, 2013
分布：云南。

***Stenaesthetus hastipenis* Puthz, 2013**
分布：云南。

***Stenaesthetus puetzi* Puthz, 2013**
分布：云南。

***Stenaesthetus schuelkei* Puthz, 2013**
分布：云南。

森圆唇隐翅虫 ***Stenaesthetus sunioides* Sharp, 1874**
分布：云南，四川，黑龙江，北京，上海，广西，
广东，台湾，香港；日本，尼泊尔，巴基斯坦，
印度。

钩颚苔甲属 *Stenichnus* Thomson, 1859

***Stenichnus grebennikovi* Jałoszyński, 2012**
分布：云南（迪庆）。

***Stenichnus montanus* Jałoszyński, 2009**
分布：云南（大理）。

全脊隐翅虫属 *Stenomastax* Cameron, 1933

中华全脊隐翅虫 ***Stenomastax chinensis* Pace, 1998**
分布：云南（普洱），浙江。

***Stenomastax nepalensis* Pace, 1982**
分布：云南；尼泊尔。

***Stenomastax nigrescens* Fauvel, 1905**
分布：云南，香港，浙江；印度，尼泊尔。

丽全脊隐翅虫 ***Stenomastax pulchra* Pace, 1998**
分布：云南（丽江）。

暗棕全脊隐翅虫 ***Stenomastax raptoria* Pace, 1998**
分布：云南（普洱），浙江。

锯茎全脊隐翅虫 ***Stenomastax serrula* Pace, 1998**
分布：云南（丽江）。

中国全脊隐翅虫 *Stenomastax sinensis* Pace &
Hartmann, 2017
分布：云南。

***Stenomastax tuberculicollis* Kraatz, 1859**
分布：云南，浙江。

云南全脊隐翅虫 *Stenomastax yunnanensis* Pace,
1998
分布：云南（迪庆）。

虎隐翅虫属 *Stenus* Latreille, 1797

粗腹虎隐翅虫指名亚种 *Stenus abdominalis*
abdominalis Fauvel, 1895
分布：云南（保山），香港。

突茎虎隐翅虫 ***Stenus acutiunguis* Feldmann, 2007**
分布：云南（保山）。

虎隐翅虫 ***Stenus aequabilifrons* Puthz, 2017**
分布：云南。

***Stenus alpigenus* Shua, Tang & Luo, 2020**
分布：云南（迪庆）。

美妙虎隐翅虫 ***Stenus amoenus* Benick, 1916**
分布：云南（西双版纳），福建，印度。

窄突虎隐翅虫 *Stenus angusticollis* Eppelsheim,
1895
分布：云南，福建；尼泊尔，印度。

阿里山突眼隐翅虫 ***Stenus arisanus* Cameron, 1949**
分布：云南（曲靖），四川，陕西，甘肃，青海，
湖北，台湾。

清晰虎隐翅虫 *Stenus articulipenis* Rougemont,
1981
分布：云南。

灰绿虎隐翅虫指名亚种 *Stenus basicornis basicornis*
Kraatz, 1859
分布：云南，江西；尼泊尔，印度。

双斑突眼隐翅虫 ***Stenus bioculatus* Puthz, 2008**
分布：云南（昭通），四川，甘肃。

双点虎隐翅虫 *Stenus bivulneratus* Motschulsky,
1858
分布：云南，香港；尼泊尔，印度。

布氏虎隐翅虫 ***Stenus brachati* Puthz, 1991**
分布：云南；尼泊尔。

布兰科虎隐翅虫 ***Stenus brancuccii* Puthz, 2013**
分布：云南。

刺腹虎隐翅虫 *Stenus calcariventris* Puthz, 1980

分布：云南（西双版纳），广西；尼泊尔，印度。

苍山突眼隐翅虫 *Stenus cangshanus* **Tang & Li, 2012**

分布：云南（大理）。

黑胫虎隐翅虫 *Stenus cicindeloides* Schaller, 1783

分布：云南，四川，贵州，黑龙江，吉林，辽宁，北京，河北，陕西，山西，湖北，上海，江苏，江西，湖南，福建，香港，台湾；日本，蒙古国，朝鲜半岛，中亚，欧洲。

旋虎隐翅虫 *Stenus circumflexus* Fauvel, 1895

分布：云南（西双版纳）。

淆虎隐翅虫 *Stenus confusaneus* Puthz, 2013

分布：云南。

短虎隐翅虫 *Stenus contaminatus* Puthz, 1981

分布：云南，四川，陕西，湖北，广西。

冠突眼隐翅虫 *Stenus coronatus coronatus* Benick, 1928

分布：云南（昆明、西双版纳），四川，黑龙江，吉林，北京，山西，宁夏，甘肃，青海，湖北，广东；俄罗斯，朝鲜。

正虎隐翅虫 *Stenus correctus* Cameron, 1931

分布：云南；不丹，尼泊尔，印度。

暗蓝突眼隐翅虫 *Stenus cyanogaster* Rougemont, 1983

分布：云南（西双版纳），广西；泰国。

具齿虎隐翅虫 *Stenus dentellus* Benick, 1940

分布：云南。

杰虎隐翅虫 *Stenus distinguendus* Benick, 1942

分布：云南；尼泊尔。

带沟虎隐翅虫 *Stenus diversiventris* Cameron, 1943

分布：云南，江西；尼泊尔。

异虎隐翅虫 *Stenus diversus* Benick, 1942

分布：云南。

长矛虎隐翅虫 *Stenus doryphorus* Puthz, 2017

分布：云南。

艳丽突眼隐翅虫 *Stenus elegantulus* Cameron, 1929

分布：云南（红河、西双版纳）；越南，马来西亚。

纬度虎隐翅虫 *Stenus emancipatus* Puthz, 2013

分布：云南。

费虎隐翅虫 *Stenus feae* Fauvel, 1895

分布：云南（保山）；泰国，缅甸。

拟毒突眼隐翅虫 *Stenus flavidulus paederinus* **Champion, 1924**

分布：云南（西双版纳），福建，台湾，广东，海南；日本，越南，泰国，印度，菲律宾，马来西亚，文莱，印度尼西亚。

Stenus flavovittatus (Champion, 1920)

分布：云南，西藏，海南。

和睦虎隐翅虫 *Stenus fraterculus* Puthz, 1980

分布：云南，四川，陕西，湖南。

高黎贡山虎隐翅虫 *Stenus gaoligongmontium* **Puthz, 2012**

分布：云南。

褐虎隐翅虫 *Stenus gardneri* Cameron, 1930

分布：云南；不丹，尼泊尔，巴基斯坦，印度。

窄胸虎隐翅虫 *Stenus gestroi* Fauvel, 1895

分布：云南（西双版纳），江苏，浙江，福建，台湾，海南；日本，越南，老挝，泰国，印度，缅甸，尼泊尔，马来西亚，印度尼西亚。

格氏虎隐翅虫 *Stenus grebennikovi* Puthz, 2013

分布：云南。

特化虎隐翅虫 *Stenus guttalis* Fauvel, 1895

分布：云南，台湾；日本。

哈巴山虎隐翅虫 *Stenus habashanus* Puthz, 2017

分布：云南。

柔美虎隐翅虫 *Stenus habropus* Puthz, 1968

分布：云南（西双版纳）；老挝，缅甸。

哈杰克虎隐翅虫 *Stenus hajeki* Puthz, 2017

分布：云南。

Stenus hansmalickyi Puthz, 2010

分布：云南；泰国。

细毛虎隐翅虫 *Stenus hirtellus* Sharp, 1874

分布：云南，江西，上海，福建，台湾；日本。

普通虎隐翅虫 *Stenus ignobilis* Puthz, 2003

分布：云南。

伊氏虎隐翅虫 *Stenus immsi* Bernhauer, 1915

分布：云南；尼泊尔，印度。

印度虎隐翅虫 *Stenus indicus* Puthz, 1968

分布：云南。

相似突眼隐翅虫 *Stenus indinoscibilis* Puthz, 2012

分布：云南（普洱）。

意外虎隐翅虫 *Stenus insperabilis* Puthz, 2017

分布：云南。

忧思虎隐翅虫 *Stenus iustus* Puthz, 1976
分布：云南（保山）；印度，尼泊尔。

杰氏虎隐翅虫 *Stenus jaccoudi* Rougemont, 1983
分布：云南；马来西亚，泰国，老挝，缅甸。

甘拜迪虎隐翅虫 *Stenus kambaitiensis* Benick, 1942
分布：云南；缅甸。

科瑞虎隐翅虫 *Stenus kraatzi* Bernhauer, 1911
分布：云南，四川；尼泊尔，巴基斯坦，印度。

集毛虎隐翅虫 *Stenus lanosus* Puthz, 2012
分布：云南。

老挝虎隐翅虫 *Stenus laoticus* Puthz, 1983
分布：云南；老挝。

亮虎隐翅虫 *Stenus liangtangi* Puthz, 2013
分布：云南。

刘晔突眼隐翅虫 *Stenus liuyei* Gao & Tang, 2017
分布：云南（怒江）。

斑突眼隐翅虫 *Stenus maculifer* Cameron, 1930
分布：云南（西双版纳），浙江，福建；越南，老挝，印度，缅甸，尼泊尔。

长粗虎隐翅虫 *Stenus malickyi* Puthz, 2008
分布：云南（怒江）；泰国。

线性虎隐翅虫 *Stenus marginiventris* Puthz, 1991
分布：云南（西双版纳），海南；尼泊尔。

大头虎隐翅虫 *Stenus megacephalus* Cameron, 1929
分布：云南（西双版纳），广西。

黑色虎隐翅甲安娜亚种 *Stenus melanarius annamita* Fauvel, 1895
分布：云南（西双版纳），四川，香港；尼泊尔。

黑色虎隐翅甲指名亚种 *Stenus melanarius melanarius* Stephens, 1833
分布：云南（昆明、玉溪、普洱、曲靖、楚雄），四川，贵州，黑龙江，吉林，辽宁，北京，天津，山西，河南，陕西，宁夏，江苏，上海，安徽，浙江，江西，湖南，广西，福建，台湾，广东，海南；蒙古国，俄罗斯（远东地区），朝鲜半岛，日本，越南，印度，缅甸，尼泊尔，斯里兰卡，菲律宾，印度尼西亚，中东，欧洲。

高山突眼隐翅虫 *Stenus monticurrens* Puthz, 2012
分布：云南（丽江）。

Stenus musicola Cameron, 1930
分布：云南（丽江），青海；不丹，尼泊尔，印度，巴基斯坦。

纳版河虎隐翅虫 *Stenus nabanhensis* Lv & Zhou, 2018
分布：云南（西双版纳）。

微小虎隐翅虫 *Stenus ninii* Rougemont, 1981
分布：云南，广东，香港。

闪亮虎隐翅虫 *Stenus nitidulus* Cameron, 1914
分布：云南，西藏。

背点虎隐翅虫 *Stenus notaculipennis* Puthz, 1991
分布：云南，四川，海南；印度，尼泊尔。

斜角虎隐翅虫 *Stenus obliquemaculatus* Puthz, 2013
分布：云南。

疏毛虎隐翅虫 *Stenus oligochaetus* Zhao & Zhou, 2006
分布：云南。

离钩虎隐翅虫 *Stenus pallidipes* Cameron, 1930
分布：云南。

Stenus paratrigonuroides Shua, Tang & Luo, 2020
分布：云南（迪庆）。

Stenus perfidiosus Puthz, 1983
分布：云南。

圆斑虎隐翅虫 *Stenus perroti* Puthz, 1981
分布：云南，湖南，广西，福建；泰国，缅甸，越南。

毛角虎隐翅虫 *Stenus pilicornis* Fauvel, 1895
分布：云南，四川，台湾，福建；尼泊尔。

具毛虎隐翅虫指名亚种 *Stenus piliferus piliferus* Motschulsky, 1858
分布：云南（西双版纳），安徽，湖南，广东，香港，台湾；日本，尼泊尔，印度。

平头突眼隐翅虫 *Stenus plagiocephalus* Benick, 1940
分布：云南（西双版纳），浙江，福建。

Stenus platydentatus Shua, Tang & Luo, 2020
分布：云南（迪庆）。

铅颜虎隐翅虫 *Stenus plumbarius* Puthz, 2008
分布：云南。

铅色虎隐翅虫 *Stenus plumbativestis* Puthz, 2010
分布：云南。

垂直虎隐翅虫 *Stenus plumbeus* Cameron, 1930
分布：云南，四川；阿富汗，尼泊尔，巴基斯坦，印度。

美丽突眼隐翅虫 *Stenus pulchrior* Puthz, 1971
分布：云南（德宏、西双版纳）；泰国，印度，缅甸，马来西亚。

朴实虎隐翅虫 *Stenus pustulatus* Bernhauer, 1914
分布：云南。

普斯虎隐翅虫 *Stenus puthzianus* Rougemont, 1981
分布：云南。

任家坟虎隐翅虫 *Stenus renjiafenicus* Lv & Zhou, 2018
分布：云南（保山）。

弱皱突眼隐翅虫 *Stenus rimulosus* Feldmann, 2007
分布：云南（昭通），四川。

皱纹虎隐翅虫 *Stenus rugosiformis* Puthz, 2009
分布：云南。

轩鞘虎隐翅虫 *Stenus rugositogatus* Puthz, 2009
分布：云南。

凹背突眼隐翅虫 *Stenus salebrosus* Benick, 1942
分布：云南（西双版纳），四川；越南，印度，缅甸。

索诺虎隐翅虫 *Stenus sannio* Puthz, 1980
分布：云南；尼泊尔，印度。

粗糙突眼隐翅虫 *Stenus scabratus* Puthz, 2008
分布：云南（昆明、昭通、曲靖），四川，宁夏。

石岩虎隐翅虫 *Stenus scopulus* Zheng, 1992
分布：云南，四川，甘肃，陕西。

半痕虎隐翅虫 *Stenus semilineatus* Puthz, 1981
分布：云南（怒江）；老挝。

分离虎隐翅虫 *Stenus separandus* Cameron, 1943
分布：云南；尼泊尔，印度。

标记虎隐翅虫 *Stenus signatipennis* Puthz, 1981
分布：云南。

仲夏虎隐翅虫 *Stenus solstitialis* Zheng, 1994
分布：云南（昆明），四川。

轴虎隐翅虫 *Stenus spinulipes* Puthz, 2010
分布：云南，四川。

品牌虎隐翅虫 *Stenus stigmatias* Puthz, 2008
分布：云南，香港；尼泊尔。

弱斑虎隐翅虫 *Stenus subguttalis* Puthz, 1970
分布：云南（保山）；缅甸，泰国。

类斑虎隐翅虫 *Stenus subthoracicus* Puthz, 1970
分布：云南。

环斑虎隐翅虫 *Stenus succinifer* Rougemont, 1983
分布：云南。

暗黑虎隐翅虫 *Stenus tenebricosus* Puthz, 1968
分布：云南。

***Stenus tenuidentatus* Shua, Tang & Luo, 2020**
分布：云南（迪庆）。

细长虎隐翅虫 *Stenus tenuimargo* Cameron, 1930
分布：云南（西双版纳），四川，广西；缅甸，泰国，越南，老挝，巴基斯坦，印度，孟加拉国。

瘦突眼隐翅虫 *Stenus tenuipes* Sharp, 1874
分布：云南（西双版纳），贵州，黑龙江，吉林，辽宁，山西，江苏，上海，浙江，湖北，江西，湖南，广西，福建，台湾；韩国，日本。

斑胸虎隐翅虫 *Stenus thoracicus* Benick, 1931
分布：云南。

扭曲虎隐翅虫 *Stenus tortuosus* Cameron, 1930
分布：云南；尼泊尔，印度。

三齿突眼隐翅虫 *Stenus tridentipenis* Puthz, 1986
分布：云南（迪庆）；尼泊尔。

***Stenus trigonuroides* Zheng, 1993**
分布：云南，四川，陕西，青海，宁夏。

特莱虎隐翅虫 *Stenus tronqueti* Puthz, 2013
分布：云南；印度，尼泊尔。

瘤虎隐翅虫 *Stenus tuberculicollis* Cameron, 1930
分布：云南，台湾。

低海拔虎隐翅虫 *Stenus tumidulipennis* Puthz, 2017
分布：云南。

肿瘤虎隐翅虫 *Stenus tumoripennis* Puthz, 2017
分布：云南。

异翅虎隐翅虫 *Stenus variipennis* Rougemont, 1983
分布：云南。

变茎突眼隐翅虫 *Stenus variunguis* Feldmann, 2007
分布：云南（迪庆），四川，陕西，青海。

凸轮虎隐翅虫 *Stenus vegetus* Puthz, 1975
分布：云南，四川；不丹，印度。

顶穹突眼隐翅虫 *Stenus verticalis* Benick, 1938
分布：云南（西双版纳），河北，广东，香港；越南，缅甸，菲律宾，印度尼西亚。

纤细虎隐翅虫 *Stenus virgula* Fauvel, 1895
分布：云南（西双版纳），江西，广东，海南，台湾；尼泊尔，印度。

闪蓝突眼隐翅虫 *Stenus viridanus* Champion, 1925
分布：云南（昆明、怒江、大理、丽江、保山），四川，贵州，重庆，陕西，浙江，湖北，江西；印度，不丹，巴基斯坦。

乐趣虎隐翅虫 *Stenus voluptabilis* **Puthz, 1998**
分布：云南。

涡背突眼隐翅虫 *Stenus vorticipennis* **Feldmann, 2007**
分布：云南（昆明、昭通、曲靖），四川。

漩背突眼隐翅虫 *Stenus vorticipennoides* **Feldmann, 2007**
分布：云南（普洱）。

威氏虎隐翅虫 *Stenus wasmanni* **Fauvel, 1895**
分布：云南；不丹，尼泊尔，印度。

渡边虎隐翅虫 *Stenus watanabeianus* **Puthz, 2002**
分布：云南。

雪山突眼隐翅虫 *Stenus xuemontium* **Puthz, 2006**
分布：云南（丽江）。

林氏虎隐翅虫 *Stenus yasuakii* **Puthz, 2002**
分布：云南。

云南虎隐翅虫 *Stenus yunnanensis* **Cameron, 1946**
分布：云南。

者摩山虎隐翅虫 *Stenus zhemoshanus* **Puthz, 2017**
分布：云南。

中甸虎隐翅虫 *Stenus zhongdianus* **Puthz, 2017**
分布：云南。

宽胸隐翅虫属 *Sternotropa* Cameron, 1920

Sternotropa sinica **Pace & Hartmann, 2017**
分布：云南。

隆齿隐翅虫属 *Stilicoderus* Sharp, 1889

Stilicoderus angulatus **Assing, 2013**
分布：云南，甘肃，陕西。

Stilicoderus barbulatus **Assing, 2013**
分布：云南。

Stilicoderus birmanus **Scheerpeltz, 1965**
分布：云南。

Stilicoderus confusus **Assing, 2016**
分布：云南。

Stilicoderus denticulatus **Assing, 2013**
分布：云南。

大围山隆齿隐翅虫 *Stilicoderus daweianus* **Assing, 2015**
分布：云南。

红翅隆齿隐翅虫 *Stilicoderus feae* **Fauvel, 1895**
分布：云南（德宏、西双版纳）；印度，缅甸，尼泊尔。

窗隆齿隐翅虫 *Stilicoderus fenestratus* **Fauvel, 1895**
分布：云南（德宏）；印度，缅甸，尼泊尔。

颗粒隆齿隐翅虫 *Stilicoderus granulifrons* **Rougemont, 1985**
分布：云南（德宏）；泰国，印度，缅甸，尼泊尔。

Stilicoderus helferi **Rougemont, 1985**
分布：云南。

日本隆齿隐翅虫 *Stilicoderus japonicus* **Shibata, 1968**
分布：云南，四川，甘肃，湖北，陕西；日本。

Stilicoderus lomholdti **Rougemont, 1986**
分布：云南。

小隆齿隐翅虫 *Stilicoderus minor* **Cameron, 1931**
分布：云南（迪庆），陕西，甘肃；印度，尼泊尔，不丹。

肩斑隆齿隐翅虫 *Stilicoderus psittacus* **Assing, 2013**
分布：云南（迪庆），四川，湖北，湖南。

Stilicoderus sarahae **Rougemont, 2015**
分布：云南。

Stilicoderus schuelkei **Assing, 2013**
分布：云南。

Stilicoderus shan **Rougemont, 1986**
分布：云南。

Stilicoderus strigosus **Rougemont, 1985**
分布：云南。

Stilicoderus trapezeiceps **Rougemont, 1986**
分布：云南。

Stilicoderus tuberculosus **Assing, 2013**
分布：云南。

Stilicoderus wrasei **Assing, 2013**
分布：云南。

Stiliderus Motschulsky, 1858

Stiliderus cicatricosus **Motschulsky, 1858**
分布：云南；印度。

Stiliderus yikor **Rougemont, 1996**
分布：云南。

Stiliderus yunnanensis **Rougemont, 1996**
分布：云南。

常附隐翅虫属 *Sunius* Stephens, 1829

Sunius cordiformis **Assing, 2002**
分布：云南，四川，北京，陕西。

Sunius macrops Assing, 2010
分布：云南。

暗黑常附隐翅虫 *Sunius turgescens* Assing, 2010
分布：云南（怒江）。

斑腹隐翅虫属 *Tachinomorphus* Kraatz, 1859

黑翅斑腹隐翅虫 *Tachinomorphus assamensis* **Cameron, 1932**
分布：云南（德宏）；印度，缅甸。

红翅斑腹隐翅虫 *Tachinomorphus fulvipes* **Erichson, 1840**
分布：云南（西双版纳），海南；印度，菲律宾，马来西亚，新加坡，印度尼西亚。

圆胸隐翅虫属 *Tachinus* Gravenhorst, 1802

粗点圆胸隐翅虫 *Tachinus asperius* **Chang, Li & Yin, 2019**
分布：云南（普洱、西双版纳）。

双角圆胸隐翅虫 *Tachinus biangulatus* **Chang, Li, Yin & Schülke, 2019**
分布：云南（普洱）。

二型圆胸隐翅虫 *Tachinus bimorphus* **Chang, Li, Yin & Schülke, 2019**
分布：云南（保山、迪庆），西藏。

浅裂圆胸隐翅虫 *Tachinus breviculus* **Chang, Li, Yin & Schülke, 2019**
分布：云南（丽江、大理），四川。

缅甸圆胸隐翅虫 *Tachinus burmanicus* Ullrich, 1975
分布：云南；缅甸。

程氏圆胸隐翅虫 *Tachinus chengzhifeii* **Chang, Li, Yin & Schülke, 2019**
分布：云南（昆明、丽江、红河、大理），四川，重庆，陕西，湖北，浙江，广西，福建；越南。

峨眉圆胸隐翅虫 *Tachinus emeiensis* **Zhang, Li & Zhao, 2003**
分布：云南，四川。

梵净山圆胸隐翅虫 *Tachinus fanjingensis* **Li, Zhao & Zhang, 2004**
分布：云南，贵州，四川。

硕圆胸隐翅虫 *Tachinus gigantulus* Bernhauer, 1933
分布：云南，四川，河南，陕西，宁夏，青海，湖北。

辉圆胸隐翅虫 *Tachinus hui* Zhao & Li, 2003
分布：云南，西藏。

肩斑圆胸隐翅虫 *Tachinus humeronotatus* **Zhao & Li, 2002**
分布：云南（丽江），四川，湖北。

老挝圆胸隐翅虫 *Tachinus laosensis* **Katayama & Li, 2008**
分布：云南（昆明、大理、红河、普洱、保山、怒江、临沧、迪庆、西双版纳），四川，贵州，重庆，陕西，浙江，湖北，江西，广西，福建；越南，老挝。

李氏圆胸隐翅虫 *Tachinus lii* Schülke, 2005
分布：云南（丽江），四川，陕西。

小叶圆胸隐翅虫 *Tachinus lobutulus* **Chang, Li & Yin, 2019**
分布：云南（迪庆、西双版纳）。

长翅圆胸隐翅虫 *Tachinus longelytratus* **Ullrich, 1975**
分布：云南（丽江、西双版纳），四川，甘肃。

黄斑圆胸隐翅虫 *Tachinus maculosus* **Chang, Li, Yin & Schülke, 2019**
分布：云南（昆明、保山、临沧）。

新月圆胸隐翅虫 *Tachinus meniscus* **Chang, Li, Yin & Schülke, 2019**
分布：云南（红河、西双版纳），湖南，广西，广东。

拟缅甸圆胸隐翅虫 *Tachinus pseudobirmanus* **Schülke, 2006**
分布：云南（保山）。

红鞘圆胸隐翅虫 *Tachinus robustus* **Zhao, Li & Zhang, 2003**
分布：云南，四川，西藏，陕西，甘肃，浙江。

宋氏圆胸隐翅虫 *Tachinus songxiaobini* **Chang, Li & Yin, 2019**
分布：云南（普洱、保山）。

汤氏圆胸隐翅虫 *Tachinus tangliangi* **Chang, Li, Yin & Schülke, 2019**
分布：云南（西双版纳）；泰国。

Tachinus yasuakii Li, Zhao & Ohbayashi, 2002
分布：云南，四川。

云南圆胸隐翅虫 *Tachinus yunnanensis* **Chang, Li, Yin & Schülke, 2019**
分布：云南（昆明、楚雄、保山、怒江、西双版纳）；老挝。

尖腹隐翅虫属 *Tachyporus* Gravenhorst, 1802

黄斑尖腹隐翅虫 *Tachyporus flavopictus* Fauvel, 1895

分布：云南，台湾；尼泊尔，印度。

塔隐翅虫属 *Tachyusa* Erichson, 1837

东方塔隐翅虫 *Tachyusa orientis* Bernhauer, 1938

分布：云南，四川，陕西，江苏，湖南，浙江。

等侧隐翅虫属 *Termitopulex* Fauvel, 1899

中华等侧隐翅虫 *Termitopulex sinensis* Song & Li, 2014

分布：云南（玉溪、楚雄）。

狭颈隐翅虫属 *Tetartopeus* Czwalina, 1888

斑翅狭颈隐翅虫 *Tetartopeus gracilentus* Kraatz, 1859

分布：云南（西双版纳），贵州，浙江，湖南，台湾；俄罗斯，韩国，日本，斯里兰卡，大洋洲。

常板隐翅虫属 *Tetrabothrus* Bernhauer, 1915

***Tetrabothrus brevalatus* Assing, 2015**

分布：云南。

***Tetrabothrus cavus* Assing, 2015**

分布：云南，四川。

***Tetrabothrus inflexus* Assing, 2015**

分布：云南，湖南，广西，贵州；泰国，印度，越南。

漂氏常板隐翅虫 *Tetrabothrus puetzi* Assing, 2009

分布：云南（西双版纳），广东；老挝。

Tetradelus Fauvel, 1904

***Tetradelus sinensis* Shavrin, 2022**

分布：云南（丽江）。

缩颊隐翅虫属 *Tetralaucopora* Bernhauer, 1928

***Tetralaucopora sinonigra* Pace & Hartmann, 2017**

分布：云南。

云南缩颊隐翅虫 *Tetralaucopora yunnanensis* Pace, 1993

分布：云南；欧洲。

长眼隐翅虫属 *Tetrasticta* Kraatz, 1857

丽长眼隐翅虫 *Tetrasticta bobbii* Zheng & Zhao, 2014

分布：云南（西双版纳）。

奔沙隐翅虫属 *Thinodromus* Kraatz, 1857

***Thinodromus candidus* Gildenkov, 2018**

分布：云南。

***Thinodromus immolatus* Makranczy, 2017**

分布：云南；老挝。

施氏奔沙隐翅虫 *Thinodromus schillhammeri* Makranczy, 2006

分布：云南，四川，湖南。

疣隐翅虫属 *Thoracochirus* Bernhauer, 1903

耳齿疣隐翅虫 *Thoracochirus arcuatus* Wu & Zhou, 2005

分布：云南（西双版纳）。

突疣隐翅虫 *Thoracochirus protumidus* Wu & Zhou, 2005

分布：云南。

黑褐疣隐翅虫 *Thoracochirus variolosus* Fauvel, 1895

分布：云南（西双版纳），台湾；缅甸，菲律宾，印度尼西亚。

红褐疣隐翅虫 *Thoracochirus yingjiangensis* Wu & Zhou, 2005

分布：云南（德宏）。

云县疣隐翅虫 *Thoracochirus yunxianius* Li, 2013

分布：云南（临沧）。

钝胸隐翅虫属 *Thoracostrongylus* Bernhauer, 1915

钩茎钝胸隐翅虫 *Thoracostrongylus aduncatus* Yang, Zhou & Schillhammer, 2011

分布：云南（保山、西双版纳）。

双色钝胸隐翅虫 *Thoracostrongylus bicolor* Xia, Tang & Schillhammer, 2022

分布：云南（昆明），湖南，广西，广东。

缅甸钝胸隐翅虫 *Thoracostrongylus birmanus* (Fauvel, 1895)

分布：云南（保山、临沧、西双版纳），海南；印度，缅甸。

马来钝胸隐翅虫 *Thoracostrongylus malaisei* Scheerpeltz, 1965

分布：云南（保山）；缅甸。

绒钝胸隐翅虫 *Thoracostrongylus velutinus* Scheerpeltz, 1965

分布：云南（怒江、保山）；缅甸。

无眼沟隐翅虫属 *Thyreocephalus* Guérin-Méneville, 1844

丽无眼沟隐翅虫 ***Thyreocephalus annulatus* Fauvel, 1895**
分布：云南（德宏）；老挝，印度，缅甸，新加坡，印度尼西亚，大洋洲。

扁无眼沟隐翅虫 ***Thyreocephalus depressus* Bordoni, 2013**
分布：云南（西双版纳）。

Thyreocephalus feae Fauvel, 1895
分布：云南，四川，香港。

Thyreocephalus jocheni Bordoni, 2002
分布：云南；尼泊尔，印度。

Thyreocephalus macrophallus Bordoni, 2013
分布：云南。

勐腊无眼沟隐翅虫 ***Thyreocephalus menglaensis* Zheng, 1995**
分布：云南。

Thyreocephalus pseudolorquini Bordoni, 2013
分布：云南。

Thyreocephalus tonkinensis Bordoni, 2002
分布：云南，广西。

云南无眼沟隐翅虫 ***Thyreocephalus yunnanus* Bordoni, 2007**
分布：云南。

Tmesiphorus LeConte, 1849

Tmesiphorus tanglimontis Li & Yin, 2021
分布：云南（临沧）。

Toxidium LeConte, 1860

Toxidium hartmanni Löbl, 2022
分布：云南（红河）。

Toxidium robustum Pic, 1930
分布：云南（保山、西双版纳）。

甲壳隐翅虫属 *Trapeziderus* Motschulsky, 1860

库氏甲壳隐翅虫 ***Trapeziderus coomani* (Li & Zhou, 2010)**
分布：云南，广西；越南。

大头甲壳隐翅虫 ***Trapeziderus grandiceps* (Kraatz, 1859)**
分布：云南；印度，印度尼西亚。

暗红甲壳隐翅虫 ***Trapeziderus rufoniger* (Fauvel, 1895)**
分布：云南。

Tribasodites Jeannel, 1960

Tribasodites tubericeps Li & Yin, 2021
分布：云南（临沧）。

窄胫隐翅虫属 *Trichocosmetes* Kraatz, 1859

白斑窄胫隐翅虫 ***Trichocosmetes leucomus* Erichson, 1839**
分布：云南（迪庆）；印度，尼泊尔。

诺拉窄胫隐翅虫 ***Trichocosmetes norae* Schillhammer, 2001**
分布：云南（红河）；老挝。

饰毛隐翅虫属 *Trichoglossina* Pace, 1987

Trichoglossina bifida Assing, 2018
分布：云南（昆明）。

Trichoglossina decoripennis Pace, 2012
分布：云南。

Trichoglossina retunsa Assing, 2021
分布：云南。

Trichoglossina smetanaiana Pace, 2012
分布：云南，四川，甘肃。

Trichoglossina tricuspidata Assing, 2021
分布：云南。

Trichoglossina xuemontis Pace, 2012
分布：云南。

云南饰毛隐翅虫 ***Trichoglossina yunnanensis* Pace, 2012**
分布：云南。

中甸饰毛隐翅虫 ***Trichoglossina zhongdianensis* Pace, 2012**
分布：云南（迪庆）。

伪步隐翅虫属 *Trigonodemus* LeConte, 1863

Trigonodemus imitator Smetana, 2014
分布：云南。

山伪步隐翅虫 ***Trigonodemus montanus* Smetana, 1996**
分布：云南（迪庆）。

条斑伪步隐翅虫 ***Trigonodemus pictus* Smetana, 2000**
分布：云南（迪庆），四川。

鞭须蚁甲属 *Triomicrus* Sharp, 1883

纳板河鞭须蚁甲 ***Triomicrus nabanhensis* Shen & Yin, 2016**

分布：云南（西双版纳）。

幻角蚁甲属 *Trisinus* Raffray, 1894

钩幻角蚁甲 ***Trisinus pharelatus* Yin & Nomura, 2012**

分布：云南（西双版纳）。

戈幻角蚁甲 ***Trisinus shaolingiger* Yin & Nomura, 2012**

分布：云南（西双版纳）。

***Trisinus shuixiuifer* Yin & Nomura, 2012**

分布：云南。

Trisunius Assing, 2011

***Trisunius appendiculatus* Assing, 2011**

分布：云南。

***Trisunius cultellatus* Assing, 2011**

分布：云南，陕西。

***Trisunius discrepans* Assing, 2011**

分布：云南。

***Trisunius iaculatus* Assing, 2011**

分布：云南。

***Trisunius ligulatus* Assing, 2011**

分布：云南。

***Trisunius schuelkei* Assing, 2011**

分布：云南。

***Trisunius smetanai* Assing, 2014**

分布：云南。

***Trisunius spathulatus* Assing, 2011**

分布：云南。

***Trisunius truncatus* Assing, 2011**

分布：云南。

脊翅隐翅虫属 *Tropimenelytron* Pace, 1983

***Tropimenelytron schuelkei* Assing, 2009**

分布：云南。

***Tropimenelytron sinuosum* Assing, 2011**

分布：云南。

***Tropimenelytron tuberiventre* (Eppelsheim, 1880)**

分布：云南。

小黑山脊翅隐翅虫 ***Tropimenelytron xiaoheicola* Pace & Hartmann, 2017**

分布：云南。

常蚁甲属 *Tychus* Leach, 1817

粗角常蚁甲 ***Tychus crassicornis* Raffray, 1909**

分布：云南；日本。

短翅蚁甲属 *Tyrinasius* Kurbatov, 1993

微点短翅蚁甲 ***Tyrinasius sexpunctatus* Nomura, 1999**

分布：云南（大理）。

殷氏短翅蚁甲 ***Tyrinasius yinae* Nomura, 1999**

分布：云南（大理）。

小沟胸蚁甲属 *Tyrodes* Raffray, 1908

杰氏小沟胸蚁甲 ***Tyrodes jenisi* Yin & Li, 2013**

分布：云南（保山）。

沟胸蚁甲属 *Tyrus* Aubé, 1833

中华沟胸蚁甲 ***Tyrus sinensis* Raffray, 1912**

分布：云南（迪庆），西藏。

Ulisseus Bordoni, 2002

***Ulisseus dispilus* Erichson, 1839**

分布：云南；尼泊尔，印度。

片齿隐翅虫属 *Wasmannellus* Bernhauer, 1920

中华片齿隐翅虫 ***Wasmannellus chinensis* Smetana, 2008**

分布：云南。

Witteia Maruyama & von Beeren, 2010

***Witteia tensa* Assing, 2017**

分布：云南。

Wow Jałoszyński, Maruyama & Klimaszewski, 2023

***Wow assingi* Jałoszyński, Maruyama & Klimaszewski, 2023**

分布：云南（西双版纳）。

黄隐翅虫属 *Xanthophius* Motschulsky, 1860

***Xanthophius unicidentatus* Zhou & Zhou, 2013**

分布：云南，浙江，广东，海南。

云南黄隐翅虫 ***Xanthophius yunnanus* Bordoni, 2015**

分布：云南。

小点隐翅虫属 *Yunna* Bordoni, 2002

***Yunna fungicola* Bordoni, 2010**
分布：云南。

***Yunna micophora* Bordoni, 2002**
分布：云南，陕西。

赤翅小点隐翅虫 ***Yunna rubens* Bordoni, 2002**
分布：云南（西双版纳），四川，陕西，广西。

Yunnaniella Bordoni, 2020

***Yunnaniella mandian* Bordoni, 2020**
分布：云南（西双版纳）。

稀点隐翅虫属 *Yunnella* Bordoni, 2002

***Yunnella hayashii* Bordoni, 2002**
分布：云南。

Zeteotomus Jacquelin du Val, 1856

***Zeteotomus sinicus* Bordoni, 2015**
分布：云南。

蚁巢隐翅虫属 *Zyras* Stephens, 1835

白角蚁巢隐翅虫 ***Zyras alboantennatus* Pace, 1984**
分布：云南。

百花岭蚁巢隐翅虫 ***Zyras baihuamontis* Yan & Li, 2015**
分布：云南。

邦迈蚁巢隐翅虫 ***Zyras bangmaicus* Assing, 2016**
分布：云南。

***Zyras bettotanus* Cameron, 1930**
分布：云南；泰国，马来西亚，印度尼西亚。

二色蚁巢隐翅虫 ***Zyras bicoloricollis* Assing, 2016**
分布：云南。

缅甸蚁巢隐翅虫 ***Zyras birmanus* Scheerpeltz, 1965**
分布：云南；马来西亚。

二曲蚁巢隐翅虫 ***Zyras bisinuatus* Assing, 2016**
分布：云南。

***Zyras brignolii* (Pace, 1986)**
分布：云南。

云南蚁巢隐翅虫 ***Zyras caloderoides* Assing, 2016**
分布：云南。

***Zyras castanea* (Motschulsky, 1861)**

分布：云南，香港。

宽蚁巢隐翅虫 ***Zyras extensus* Assing, 2016**
分布：云南。

黄端蚁巢隐翅虫 ***Zyras gilvipalpis* Assing, 2016**
分布：云南。

***Zyras geminus* (Kraatz, 1859)**
分布：云南，广西，台湾，香港。

甘拜迪蚁巢隐翅虫 ***Zyras kambaitiensis* Scheerpeltz, 1965**
分布：云南；缅甸，马来西亚。

宽腹蚁巢隐翅虫 ***Zyras lativentris* Assing, 2016**
分布：云南。

***Zyras nabanensis* Yan & Li, 2015**
分布：云南。

黑端蚁巢隐翅虫 ***Zyras nigrapicalis* Assing, 2016**
分布：云南，四川，江西，台湾，香港。

黑亮蚁巢隐翅虫 ***Zyras nigronitens* Assing, 2016**
分布：云南。

***Zyras preangeranus* Cameron, 1939**
分布：云南，四川，江苏。

直蚁巢隐翅虫 ***Zyras rectus* Assing, 2016**
分布：云南。

***Zyras rufithorax* Cameron, 1930**
分布：云南，海南。

***Zyras sexcuspidatus* Assing, 2009**
分布：云南。

宋氏蚁巢隐翅虫 ***Zyras song* Pace, 1993**
分布：云南（红河）。

松潘蚁巢隐翅虫 ***Zyras songanus* Pace, 1993**
分布：云南（迪庆），北京，山西，陕西，湖北。

陕西蚁巢隐翅虫 ***Zyras shaanxiensis* Pace, 1998**
分布：云南，甘肃，陕西。

粗角蚁巢隐翅虫 ***Zyras tumidicornis* Assing, 2016**
分布：云南，四川。

魏氏蚁巢隐翅虫 ***Zyras wei* Pace, 1993**
分布：云南，贵州，四川，湖北，陕西，台湾。

永生蚁巢隐翅虫 ***Zyras yongshengensis* Pace, 2012**
分布：云南。

拟步甲科 Tenebrionidae

裸舌甲属 *Ades* Guérin-Méneville, 1857
圆盘裸舌甲 *Ades discoidalis* (Westwood, 1883)
分布：云南（西双版纳）；印度，老挝，泰国，马来西亚。
矛形裸舌甲 *Ades lanceolatus* (Kaszab, 1961)
分布：云南，四川，浙江；印度，尼泊尔。
光亮裸舌甲 *Ades politus* (Kaszab, 1961)
分布：云南。
暗色裸舌甲 *Ades nigronotatus* (Pic, 1934)
分布：云南（大理、怒江），四川，山西，浙江。

贞琶甲属 *Agnaptoria* Reitter, 1887
异贞琶甲 *Agnaptoria anomala* Medvedev, 2007
分布：云南（怒江）。
Agnaptoria elongata Medvedev, 2008
分布：云南（迪庆）。
福贡贞琶甲 *Agnaptoria fugonga* Medvedev, 2007
分布：云南（怒江）。
莱贞琶甲 *Agnaptoria lecta* Medvedev, 2008
分布：云南（迪庆），四川。

铜轴甲属 *Ainu* Lewis, 1894
基股铜轴甲 *Ainu basifemoratum* Nabozhenko & Ren, 2018
分布：云南（红河）。
安氏铜轴甲 *Ainu andoi* Ruzzier, 2014
分布：云南（红河）；老挝。

朽木甲属 *Allecula* Fabricius, 1801
束翅朽木甲 *Allecula cincta* Pic, 1929
分布：云南，贵州。
盖氏朽木甲 *Allecula guerryi* Pic 1934
分布：云南。
丽江朽木甲 *Allecula lijiangica* Novák, 2017
分布：云南（丽江）。
大型朽木甲 *Allecula maxima* Pic, 1910
分布：云南，福建，台湾。
亮翅朽木甲 *Allecula metallicipennis* Pic, 1926
分布：云南。

塞姆特朽木甲 *Allecula semeti* Pic, 1909
分布：云南。
图氏朽木甲 *Allecula touzalini* Pic, 1936
分布：云南。
一平浪朽木甲 *Allecula yipinglangica* Novák, 2017
分布：云南（楚雄）。

粉甲属 *Alphitobius* Stephens, 1829
黑粉甲 *Alphitobius diaperinus* (Panzer, 1796)
分布：全球广布。
姬粉甲 *Alphitobius laevigatus* (Fabricius, 1781)
分布：全球广布。

烁甲属 *Amarygmus* Dalman, 1823
艾多烁甲 *Amarygmus adonis* (Pic, 1922)
分布：云南（西双版纳），台湾；越南，老挝，泰国，尼泊尔。
阿都烁甲 *Amarygmus ardoini* Bremer, 2001
分布：云南（丽江），四川。
密点烁甲 *Amarygmus creber* Bremer, 2003
分布：云南（迪庆）；越南。
弯背烁甲 *Amarygmus curvus* Marseul, 1876
分布：云南（红河），浙江，海南，台湾；韩国，日本。
丝角烁甲 *Amarygmus filicornis* (Gravely, 1915)
分布：云南（红河）；越南，印度。
肿腿烁甲 *Amarygmus nodicornis* (Gravely, 1915)
分布：云南（德宏、西双版纳）；印度，老挝。
毛烁甲 *Amarygmus pilipes* Gebien, 1914
分布：云南（红河、普洱、临沧、西双版纳），江西，福建，台湾；印度，尼泊尔。
刻点烁甲 *Amarygmus punctatus* (Pic, 1922)
分布：云南。
中国烁甲 *Amarygmus sinensis* Pic, 1922
分布：云南（红河）；泰国，印度，缅甸。
光亮烁甲 *Amarygmus speciosus* Dalman, 1823
分布：云南（红河、德宏）；泰国，印度，缅甸。
越北烁甲 *Amarygmus tonkineus* Pic, 1922
分布：云南（红河）；越南，老挝。

阿垫甲属 *Anaedus* Blanchard, 1843

胫齿阿垫甲 *Anaedus tibiodentatus* **Wang & Ren, 2007**

分布：云南（昆明、保山、德宏）。

单齿阿垫甲 *Anaedus unidentatus* **Wang & Ren, 2007**

分布：云南（怒江）。

宽膜伪叶甲属 *Arthromacra* Kirby, 1837

铜色宽膜伪叶甲 *Arthromacra cuprina* **Borchmann, 1942**

分布：云南（保山）；缅甸。

明亮宽膜伪叶甲 *Arthromacra distincta* **Telnov, 2022**

分布：云南（丽江、迪庆）。

东氏宽膜伪叶甲 *Arthromacra donckieri* **(Pic, 1910)**

分布：云南（大理）。

影宽膜伪叶甲 *Arthromacra subopaca* **(Pic, 1910)**

分布：云南。

亚琵甲属 *Asidoblaps* Fairmaire, 1886

阿提亚琵甲 *Asidoblaps attigua* **Medvedev, 2009**

分布：云南（迪庆）。

大卫亚琵甲 *Asidoblaps davidis* **Fairmaire, 1886**

分布：云南。

具齿亚琵甲 *Asidoblaps dentipes* **Medvedev, 2009**

分布：云南（迪庆），四川。

无齿亚琵甲 *Asidoblaps edentata* **Medvedev, 2009**

分布：云南（迪庆）。

长亚琵甲 *Asidoblaps elongata* **(Medvedev, 2008)**

分布：云南（迪庆）。

华美亚琵甲 *Asidoblaps faceta* **Medvedev, 2009**

分布：云南（丽江）

雕翅亚琵甲 *Asidoblaps glyptoptera* **Fairmaire, 1886**

分布：云南，四川。

康斯亚琵甲 *Asidoblaps konstantinovi* **Medvedev, 2007**

分布：云南（丽江）。

墨贡亚琵甲 *Asidoblaps mekonga* **Medvedev, 2007**

分布：云南（怒江，迪庆）。

么萨亚琵甲 *Asidoblaps mesa* **Medvedev, 2009**

分布：云南（丽江）。

长翅亚琵甲 *Asidoblaps physoptera* **Medvedev, 2009**

分布：云南（迪庆）。

普拉亚琵甲 *Asidoblaps prasolovi* **Medvedev, 2009**

分布：云南（丽江）。

扎莫亚琵甲 *Asidoblaps zamotailovi* **Medvedev, 1998**

分布：云南（迪庆）。

中甸亚琵甲 *Asidoblaps zhongdiana* **Medvedev, 2009**

分布：云南（迪庆）。

光轴甲属 *Augolesthus* Motschulsky, 1872

具齿光轴甲 *Augolesthus dentatus* **Xu & Ren, 2012**

分布：云南（临沧）。

刻胸伪叶甲属 *Aulonogria* Borchmann, 1929

中华刻胸伪叶甲 *Aulonogria chinensis* **Borchmann, 1936**

分布：云南（西双版纳），海南。

同色刻胸伪叶甲 *Aulonogria concolor* **(Blanchard, 1853)**

分布：云南（西双版纳），广西；越南，尼泊尔，新加坡，巴基斯坦。

琵甲属 *Blaps* Fabricius, 1775

端脊琵甲 *Blaps apicecostata* **Blair, 1922**

分布：云南（迪庆），四川，西藏，青海；印度，尼泊尔，不丹。

显边琵甲 *Blaps cychroides* **Fairmaire, 1887**

分布：云南。

瘤背琵甲 *Blaps dorsogranata* **Fairmaire, 1887**

分布：云南。

隆背琵甲 *Blaps gentilis gentilis* **Fairmaire, 1887**

分布：云南，四川，西藏，甘肃；不丹。

背粒琵甲 *Blaps moerens* **Allard, 1880**

分布：云南（迪庆），四川，西藏；印度。

喙尾琵甲 *Blaps rhynchoptera* **Fairmaire, 1886**

分布：云南（丽江、大理、怒江、迪庆），四川；越南。

博朽木甲属 *Bobina* Novák, 2015

端刺博朽木甲 *Bobina cuspidenta* **Li & Ren, 2019**

分布：云南（保山）。

污朽木甲属 *Borboresthes* Faimaire, 1897

安氏污朽木甲 *Borboresthes andreasi* Novák, 2016
分布：云南（西双版纳）。

波氏污朽木甲 *Borboresthes bertrandi* Pic, 1934
分布：云南（怒江），西藏。

栗污朽木甲 *Borboresthes castaneus* Pic, 1928
分布：云南。

褐带污朽木甲 *Borboresthes cinctipennis* (Pic, 1909)
分布：云南，台湾。

扁胸污朽木甲 *Borboresthes impressithorax* Pic, 1922
分布：云南，四川。

海岛污朽木甲 *Borboresthes insulcatus* Pic, 1922
分布：云南，广西，福建。

杰氏污朽木甲 *Borboresthes jenisi* Novák, 2016
分布：云南（保山）。

鸡足山污朽木甲 *Borboresthes jizuensis* Novák, 2012
分布：云南（大理）。

马关污朽木甲 *Borboresthes maguanensis* Novák, 2012
分布：云南（红河）；越南。

大型污朽木甲 *Borboresthes major* Pic, 1934
分布：云南（怒江），四川，广东。

小型污朽木甲 *Borboresthes minor* Pic, 1930
分布：云南，上海，福建。

褐胸污朽木甲 *Borboresthes nuceipennis* (Fairmaire, 1893)
分布：云南。

斜污朽木甲 *Borboresthes obliquefasciata* (Pic, 1926)
分布：云南（丽江）。

暗沟污朽木甲 *Borboresthes rufosuturalis* Pic, 1934
分布：云南（昭通、曲靖）。

亚沟污朽木甲 *Borboresthes subsulcatus* Pic, 1922
分布：云南，福建。

西藏污朽木甲 *Borboresthes thibetanus* Pic, 1934
分布：云南（保山、德宏），西藏，江西。

邻污朽木甲 *Borboresthes vicinus* Pic, 1930
分布：云南。

瓦氏污朽木甲 *Borboresthes vaclavhaveli* Novák, 2015
分布：云南（丽江、保山、西双版纳）；泰国，老挝。

魏氏污朽木甲 *Borboresthes weigeli* Novák, 2015
分布：云南（西双版纳）。

云南污朽木甲 *Borboresthes yunnanensis* Novák, 2012
分布：云南（保山）。

伴朽木甲属 *Borbonalia* Novák, 2014

贝氏伴朽木甲 *Borbonalia becvari* Novák, 2019
分布：云南（丽江）。

布氏伴朽木甲 *Borbonalia brancuccii* Novák, 2014
分布：云南（大理）。

雕林伴朽木甲 *Borbonalia diaolinica* Novák, 2019
分布：云南（楚雄）。

鸡足山伴朽木甲 *Borbonalia jizuica* Novák, 2014
分布：云南（大理）。

穆氏伴朽木甲 *Borbonalia murzini* Novák, 2014
分布：云南（丽江、迪庆），西藏，四川。

乌氏伴朽木甲 *Borbonalia wrasei* Novák, 2014
分布：云南（大理）。

云峰伴朽木甲 *Borbonalia yunfengica* Novák, 2019
分布：云南（保山）。

近污朽木甲属 *Borborella* Novák, 2020

纳板近污朽木甲 *Borborella nabanica* Novák, 2020
分布：云南（西双版纳）。

沟伪叶甲属 *Bothynogria* Borchmann, 1915

齿沟伪叶甲 *Bothynogria calcarata* Borchmann, 1915
分布：云南（曲靖、红河、大理、迪庆、怒江、保山），四川，贵州，重庆，河南，浙江，江西，湖北，湖南，广西，海南，福建，台湾。

印度沟伪叶甲 *Bothynogria meghalayana* Merkl, 1990
分布：云南（怒江、大理、保山）；印度。

红胸沟伪叶甲 *Bothynogria ruficollis* (Hope, 1831)
分布：云南（怒江）；尼泊尔。

步轴甲属 *Bradymerus* Perroud & Montrouzier, 1864

卡氏步轴甲 *Bradymerus kabakovi* Kaszab, 1980
分布：云南（西双版纳）；越南，老挝，泰国，印度，缅甸，尼泊尔。

粗齿步轴甲 *Bradymerus serricollis* **Walker, 1858**
分布：云南；斯里兰卡。

贝葶甲属 *Byrsax* Pascoe, 1860

瘤贝葶甲 *Byrsax tuberculatus* **Gravely, 1915**
分布：云南（西双版纳）；印度，尼泊尔，越南，泰国，斯里兰卡，马来西亚，印度尼西亚，菲律宾。

卡伪叶甲属 *Casnonidea* Fairmaire, 1882

褐胫卡伪叶甲 *Casnonidea tibialis* **Fairmaire, 1893**
分布：云南；越南。

扁轴甲属 *Catapiestus* Perty, 1831

圆齿扁轴甲 *Catapiestus crenulicollis* **Fairmaire, 1889**
分布：云南（怒江、临沧），福建，海南；柬埔寨。

梅德扁轴甲 *Catapiestus medvedevi* **Lang & Ren, 2009**
分布：云南（保山）。

钝齿扁轴甲 *Catapiestus tonkineus* **Pic, 1912**
分布：云南（怒江、保山、西双版纳）；越南，老挝。

窄褐甲属 *Catomus* Allard, 1876

斯氏窄褐甲 *Catomus stanislavi* **Nabozhenko & Ando, 2018**
分布：云南（丽江）。

角伪叶甲属 *Cerogria* Borchmann, 1909

异角伪叶甲 *Cerogria abnormicornis* **Borchmann, 1942**
分布：云南（保山、怒江）；印度，缅甸。

差角伪叶甲 *Cerogria anisocera* (**Wiedemann, 1823**)
分布：云南（大理、普洱、德宏、保山、怒江、西双版纳），四川，西藏，贵州，重庆，广西，广东，台湾；印度，缅甸，孟加拉国，印度尼西亚。

半蓝角伪叶甲 *Cerogria basalis* (**Hope, 1831**)
分布：云南（普洱）；印度，不丹，尼泊尔。

缅甸角伪叶甲 *Cerogria birmana* **Borchmann, 1942**
分布：云南（保山）；缅甸。

褐翅角伪叶甲 *Cerogria castaneipennis* **Borchmann, 1937**
分布：云南（大理、普洱、保山、临沧、西双版纳），四川，重庆。

中华角伪叶甲 *Cerogria chinensis* (**Fairmaire, 1886**)
分布：云南（保山、怒江），西藏，四川，贵州，重庆，湖北，广西，福建，台湾。

黄角伪叶甲 *Cerogria flavicornis* **Borchmann, 1911**
分布：云南（西双版纳）；越南，缅甸。

霍角伪叶甲 *Cerogria hauseri* **Borchmann, 1936**
分布：云南（保山、德宏），四川，福建。

紫蓝角伪叶甲 *Cerogria janthinipennis* (**Fairmaire, 1886**)
分布：云南（普洱、文山），四川，贵州，陕西，河南，浙江，安徽，江西，湖北，湖南，广西，福建。

黑缝角伪叶甲 *Cerogria kikuchii* (**Kôno, 1929**)
分布：云南（西双版纳），四川，福建，台湾。

刃脊角伪叶甲 *Cerogria klapperichi* **Borchmann, 1941**
分布：云南（普洱），贵州，陕西，河南，上海，浙江，安徽，江西，湖北，福建，台湾。

米氏角伪叶甲 *Cerogria miwai* **Kôno, 1930**
分布：云南，四川，江西，福建，台湾。

结翅角伪叶甲 *Cerogria nigrosparsa* (**Pic, 1928**)
分布：云南（保山、西双版纳），广西；越南。

齿角伪叶甲 *Cerogria odontocera* (**Fairmaire, 1886**)
分布：云南（昆明、楚雄、大理），四川，陕西，上海，台湾。

普通角伪叶甲 *Cerogria popularis* **Borchmann, 1936**
分布：云南（文山、保山、怒江），四川，贵州，重庆，陕西，甘肃，山东，河南，湖北，广西，福建。

痕胸角伪叶甲 *Cerogria pupillicollis* **Borchmann, 1941**
分布：云南（保山）；缅甸。

四斑角伪叶甲 *Cerogria quadrimaculata* (**Hope, 1831**)
分布：云南（曲靖、普洱、红河、迪庆），四川，贵州，西藏，重庆，甘肃，浙江，湖北，广西，福建，广东；越南，泰国，印度，尼泊尔，巴基斯坦。

齿胫角伪叶甲 *Cerogria simplex* **Borchmann, 1942**
分布：云南（保山）；缅甸。

彩菌甲属 *Ceropria* Laporte & Brullé, 1831

中国彩菌甲 *Ceropria chinensis* **Masumoto, 1995**
分布：云南（红河、怒江），广西，福建，浙江，海南。

红胫彩菌甲 *Ceropria erythrocnema* Laporte & Brullé, 1831

分布：云南（西双版纳），海南；马来西亚，印度尼西亚。

弱光彩菌甲 *Ceropria induta* (Wiedemann, 1819)

分布：云南（普洱、西双版纳），西藏，重庆，陕西，河南，安徽，广西，广东，福建，海南，台湾；韩国，日本，印度，缅甸，泰国，尼泊尔，不丹，菲律宾，马来西亚，印度尼西亚。

胫齿彩菌甲 *Ceropria jaegeri* Masumoto, 1995

分布：云南（怒江、保山、德宏、西双版纳），西藏；印度。

克氏彩菌甲 *Ceropria krausei* Masumoto, 1994

分布：云南（西双版纳）；越南。

宽颈彩菌甲 *Ceropria laticollis* Fairmaire, 1903

分布：云南（怒江、文山、西双版纳），西藏，重庆，湖北，浙江，广西，广东，福建；韩国，日本，印度，缅甸，越南，泰国。

李氏彩菌甲 *Ceropria lii* Ando & Ren, 2006

分布：云南（西双版纳）。

莫氏彩菌甲 *Ceropria merkli* Masumoto, 1995

分布：云南（西双版纳）；越南。

深沟彩菌甲 *Ceropria punctata* Ren & Gao, 2007

分布：云南（临沧、德宏），广西，海南。

锯角彩菌甲 *Ceropria serripes* Gebien, 1925

分布：云南；缅甸，尼泊尔。

横带彩菌甲 *Ceropria superba* (Wiedemann, 1823)

分布：云南（西双版纳），广东；缅甸，老挝，越南，马来西亚，印度尼西亚。

泰国彩菌甲 *Ceropria thailandica* Masumoto, 1995

分布：云南（西双版纳）；泰国。

杂色彩菌甲 *Ceropria versicolor* Laporte & Brullé, 1831

分布：云南（西双版纳）；缅甸，老挝，马来西亚，印度尼西亚，斯里兰卡。

绿伪叶甲属 *Chlorophila* Semenov, 1891

线胸绿伪叶甲 *Chlorophila campestris* (Fairmaire, 1894)

分布：云南（丽江），四川，西藏。

玉艳绿伪叶甲 *Chlorophila gemma* Telnov, 2021

分布：云南（丽江、迪庆），四川。

波氏绿伪叶甲 *Chlorophila portschinskii* Semenov, 1891

分布：云南（保山、丽江），四川，西藏，陕西，甘肃，宁夏，福建；缅甸，印度。

希花栉甲属 *Cistelina* Seidlitz, 1896

大卫希花栉甲 *Cistelina davidis* (Fairmaire, 1878)

分布：云南（曲靖、丽江），四川，陕西，湖北，江西，湖南，福建；蒙古国，越南。

宽朽木甲属 *Cistelochara* Novák, 2021

哈巴宽朽木甲 *Cistelochara habaica* Novák, 2021

分布：云南（丽江）。

匣朽木甲属 *Cistelomorpha* Redtenbacher, 1868

肋匣朽木甲 *Cistelomorpha costatipennis* Pic, 1908

分布：云南。

脊匣朽木甲 *Cistelomorpha costulata* Pic, 1908

分布：云南。

敦氏匣朽木甲 *Cistelomorpha donckieri* Pic, 1908

分布：云南。

黄色匣朽木甲 *Cistelomorpha holoxanta* Pic, 1908

分布：云南，江西。

黯匣朽木甲 *Cistelomorpha obscuriceps* Pic, 1909

分布：云南。

沟轴甲属 *Cleomis* Fairmaire, 1893

宽边沟轴甲 *Cleomis marginicollis* (Gebien, 1914)

分布：云南（普洱），台湾；越南。

乾琵甲属 *Coelocnemodes* Bates, 1879

粗糙乾琵甲 *Coelocnemodes aspericollis* Fairmaire, 1886

分布：云南（曲靖），四川。

鹤庆乾琵甲 *Coelocnemodes heqingensis* Ren, 2016

分布：云南（大理）。

会泽乾琵甲 *Coelocnemodes huizensis* (Ren & Li, 2001)

分布：云南（曲靖、昭通）。

弯胫乾琵甲 *Coelocnemodes tibialis* Ren, 2016

分布：云南（大理）。

同琵甲属 *Colasia* Koch, 1965

海伦同琵甲 *Colasia helenae* (Medvedev, 2007)

分布：云南（怒江）。

喀氏同琵甲媒介亚种 *Colasia kabaki intermedia* (Medvedev, 2007)

分布：云南（保山）。

喀氏同琵甲指名亚种 *Colasia kabaki kabaki* (Medvedev, 2007)

分布：云南（大理、保山、普洱）。

梅氏同琵甲 *Colasia medvedevi* Bai, Liu & Ren, 2023

分布：云南（曲靖、楚雄）。

毛胫同琵甲 *Colasia pilosa* Bai, Liu & Ren, 2023

分布：云南（红河）。

皮下甲属 *Corticeus* Piller & Mitterpacher, 1783

巴氏皮下甲 *Corticeus baehri* Bremer & Grimm, 2019

分布：云南（红河）。

云南皮下甲 *Corticeus becvari* Bremer, 1999

分布：云南（保山）。

短胸皮下甲 *Corticeus curtithorax* Pic, 1924

分布：云南（红河、德宏），广东，海南；尼泊尔，印度。

黄翅皮下甲 *Corticeus flavipennis* Motschulsky, 1860

分布：云南（红河、西双版纳）；尼泊尔，印度，斯里兰卡，巴基斯坦。

东方皮下甲 *Corticeus gentilis* Lewis, 1894

分布：云南，台湾，香港；日本，尼泊尔。

片甲属 *Cossyphus* Olivier, 1791

扁片甲 *Cossyphus depressus* (Fabricius, 1781)

分布：云南（西双版纳）；缅甸，尼泊尔，印度。

隐毒甲属 *Cryphaeus* Klug, 1833

光角隐毒甲 *Cryphaeus bicornutus* (Pic, 1921)

分布：云南，福建。

矮角隐毒甲 *Cryphaeus boleti* (Lewis, 1894)

分布：云南，西藏；日本。

凹额隐毒甲 *Cryphaeus cavifrons* Kulzer, 1950

分布：云南（怒江），福建。

羚角隐毒甲 *Cryphaeus gazella* (Fabricius, 1798)

分布：云南（西双版纳）；马来西亚。

裸角隐毒甲 *Cryphaeus nudicornis* （Fairmaire, 1883）

分布：云南（西双版纳）；马来西亚。

锐点隐毒甲 *Cryphaeus punctipennis* Gravely, 1915

分布：云南（普洱），西藏；印度，不丹，尼泊尔，巴基斯坦。

弯角隐毒甲 *Cryphaeus satoi* Kaszab, 1964

分布：云南（迪庆），台湾；日本。

栉甲属 *Cteniopinus* Seidlitz, 1896

宽胸栉甲 *Cteniopinus brevithoracus* Bai & Ren, 2003

分布：云南（曲靖、保山、怒江）。

凹栉甲 *Cteniopinus foveicollis* Borchmann, 1930

分布：云南（德宏、怒江），江西，台湾。

黄朽木甲 *Cteniopinus hypocrita* Marseul, 1876

分布：云南（红河）。

库氏栉甲 *Cteniopinus kubani* Novák, 2018

分布：云南（丽江）。

米氏栉甲 *Cteniopinus mikyskai* Novák, 2019

分布：云南（迪庆）。

黑头栉甲 *Cteniopinus nigrocapitis* Bai & Ren, 2003

分布：云南（怒江）。

黑斑栉甲 *Cteniopinus nigrosparsa* (Fairmaire, 1899)

分布：云南（迪庆），西藏，四川，甘肃，青海。

红色栉甲 *Cteniopinus ruber* Pic, 1923

分布：云南（曲靖、红河、大理），四川，贵州，甘肃，广西，海南。

肩栉甲 *Cteniopinus scapulatus* Borchmann, 1930

分布：云南，四川，西藏。

施氏栉甲 *Cteniopinus schneideri* Novák, 2019

分布：云南（迪庆）。

暗红栉甲 *Cteniopinus semirufus* Pic, 1923

分布：云南，西藏。

异角栉甲 *Cteniopinus varicornis* Ren & Bai, 2005

分布：云南（曲靖、怒江），陕西，甘肃。

云龙栉甲 *Cteniopinus yunlongensis* Novák, 2019

分布：云南（大理）。

亮舌甲属 *Crypsis* Waterhouse, 1877

蓝紫亮舌甲 *Crypsis malgosiae* Schawaller, 2011

分布：云南（怒江），四川。

铜色亮舌甲 *Crypsis scotti* Kaszab, 1946

分布：云南（临沧）；缅甸。

谢氏亮舌甲 *Crypsis szekessyi* Kaszab, 1946

分布：云南（大理、保山、怒江），四川，山东；

缅甸，老挝。

维特亮舌甲 *Crypsis vitalisi* **Kaszab, 1961**
分布：云南（普洱）；老挝。

云南亮舌甲 *Crypsis yunnanus* **Kaszab, 1961**
分布：云南（红河）；越南，老挝，泰国，缅甸。

斑舌甲属 *Derispia* Lewis, 1894

中华斑舌甲 *Derispia chinensis* **Kaszab, 1946**
分布：云南，贵州，香港。

拟多斑舌甲 *Derispia diversenotatoides* **Kaszab, 1980**
分布：云南（红河）；越南。

鸡足山斑舌甲 *Derispia jizushanica* **Schawaller, 2005**
分布：云南（大理）。

八斑舌甲 *Derispia kryzhanovskii* **Kaszab, 1961**
分布：云南（昆明、保山）。

四川斑舌甲 *Derispia sichuanensis* **Schawaller, 1993**
分布：云南（红河、西双版纳），四川，江西，广西。

拟斑舌甲 *Derispia similis* **Kaszab, 1961**
分布：云南。

带纹斑舌甲 *Derispia undulata* **(Pic, 1922)**
分布：云南。

德轴甲属 *Derosphaerus* Thomson, 1858

短角德轴甲 *Derosphaerus brevicornis* **Mäklin, 1863**
分布：云南；印度，印度尼西亚。

角舌甲属 *Derispiola* Kaszab, 1946

布莱尔角舌甲 *Derispiola blairi* **Kaszab, 1946**
分布：云南（红河、普洱、临沧、怒江）；老挝，泰国，印度，尼泊尔。

弗氏角舌甲 *Derispiola fruhstorferi* **Kaszab, 1946**
分布：云南（曲靖、红河），四川，广西；越南，老挝，泰国。

独角舌甲 *Derispiola unicornis* **Kaszab, 1946**
分布：云南，贵州，山东，河南，浙江，江西，湖北，湖南，广西，福建，广东；老挝。

菌甲属 *Diaperis* Geoffroy, 1762

刘氏橙斑菌甲居间亚种 *Diaperis lewisi intersecta* **Gebien, 1913**
分布：云南（德宏、西双版纳），贵州，河南，山东，安徽，浙江，湖北，广西，海南，香港，台湾；

日本，越南，老挝，缅甸。

地细甲属 *Dichillus* Jacquelin du Val, 1861

中华地细甲 *Dichillus sinensis* **Medvedev, 1994**
分布：云南（保山），四川。

管伪叶甲属 *Donaciolagria* Pic, 1914

金铜管伪叶甲 *Donaciolagria cupreoaurata* **Telnov, 2022**
分布：云南。

淡管伪叶甲 *Donaciolagria evanescens* **Telnov, 2022**
分布：云南。

玛氏管伪叶甲 *Donaciolagria malgorzatae* **Merkl, 2011**
分布：云南；老挝，泰国。

魏氏管伪叶甲 *Donaciolagria weigeli* **Telnov, 2022**
分布：云南。

朵拉朽木甲属 *Doranalia* Novák, 2020

贝奇朵拉朽木甲 *Doranalia becvari* **(Novák, 2010)**
分布：云南（迪庆）。

哈巴山朵拉朽木甲 *Doranalia habashanica* **(Novák, 2010)**
分布：云南（迪庆）。

霍氏朵拉朽木甲 *Doranalia horaki* **(Novák, 2010)**
分布：云南（文山）；越南。

灰翅朵拉朽木甲 *Doranalia pallidipennis* **(Pic, 1926)**
分布：云南。

无量朵拉朽木甲 *Doranalia wuliangica* **(Novák, 2010)**
分布：云南（大理）。

云南朵拉朽木甲 *Doranalia yunnanica* **(Novák, 2010)**
分布：云南（大理、迪庆）。

卵隐甲属 *Ellipsodes* Wollaston, 1854

纹卵隐甲 *Ellipsodes scriptus* **(Lewis, 1894)**
分布：云南，贵州，四川，陕西，河北，山西，内蒙古，山东，河南，上海，江苏，浙江，安徽，江西，湖北，广西，福建，广东，台湾；日本，印度，尼泊尔，大洋洲，欧洲，北美洲。

伊粗角甲属 *Enanea* Lewis, 1894

王氏伊粗角甲 *Enanea baba* **Wang, 2021**
分布：云南（怒江）。

真轴甲属 *Eucyrtus* Pascoe, 1866

葫形真轴甲 *Eucyrtus annulipes* **Kraatz, 1880**

分布：云南（红河、西双版纳），海南，广西；越南，老挝，泰国，缅甸，印度尼西亚。

炭色真轴甲指名亚种 *Eucyrtus anthracinus anthracinus* **Kraatz, 1880**

分布：云南（红河），海南；越南，老挝，泰国，柬埔寨，马来西亚，印度尼西亚。

大圆真轴甲指名亚种 *Eucyrtus deyrollei deyrollei* **Kraatz, 1880**

分布：云南（红河）；泰国，马来西亚，印度尼西亚。

卵圆真轴甲 *Eucyrtus rondoni* **Ando, 2003**

分布：云南（西双版纳）；越南，老挝，泰国。

北方真轴甲 *Eucyrtus septentrionalis* **Ando, 2003**

分布：云南（红河、保山）；越南，不丹。

烁光真轴甲 *Eucyrtus splendens splendens* **(Lacordaire, 1859)**

分布：云南（临沧）；老挝，印度，不丹。

类轴甲属 *Euhemicera* Ando, 1996

互绕类轴甲 *Euhemicera alternata* **(Gebien, 1913)**

分布：云南（红河），广东，台湾；越南。

Euhemicera masumotoi **Ando, 2003**

分布：云南（保山），广西；泰国，缅甸。

垦丁类轴甲 *Euhemicera pingtita* **(Masumoto, 1981)**

分布：云南（红河），台湾。

戴斯类轴甲 *Euhemicera theresae* **(Pic, 1921)**

分布：云南（大理、保山、怒江），四川；老挝，泰国。

条带类轴甲 *Euhemicera undulate* **(Pic, 1923)**

分布：云南（红河）；老挝，越南。

淡纹类轴甲指名亚种 *Euhemicera vittatipennis vittatipennis* **(Pic, 1923)**

分布：云南（大理、西双版纳），台湾；老挝，越南。

沟烁甲属 *Eumolpamarygmus* Pic, 1923

隆肩沟烁甲 *Eumolpamarygmus becvari* **Masumoto, 1999**

分布：云南（丽江）。

长伪叶甲属 *Exostira* Borchmann, 1925

平翅长伪叶甲 *Exostira schroederi* **Borchmann, 1936**

分布：云南（昆明），贵州，江西，福建，台湾。

彩轴甲属 *Falsocamaria* Pic, 1917

璃光彩轴甲 *Falsocamaria fruhstorferi* **(Fairmaire, 1903)**

分布：云南（红河、保山、西双版纳），广西；越南。

珐轴甲属 *Falsonannocerus* Pic, 1947

泰国珐轴甲 *Falsonannocerus thailandicus* **Masumoto, 1986**

分布：云南（德宏）；泰国。

菲朽木甲属 *Fifina* Novák, 2018

斯氏菲朽木甲 *Fifina stanislavi* **Novák, 2018**

分布：云南（丽江）。

闽轴甲属 *Foochounus* Pic, 1921

梅氏闽轴甲 *Foochounus medvedevi* **Schawaller, 2019**

分布：云南（西双版纳）。

任氏闽轴甲 *Foochounus reni* **Ando & Schawaller, 2018**

分布：云南（保山）；越南。

沟闽轴甲 *Foochounus sulcatus* **(Kaszab, 1941)**

分布：云南（红河），台湾；越南。

闽轴甲 *Foochounus thoracicus* **(Kaszab, 1965)**

分布：云南（保山）；越南。

山氏闽轴甲 *Foochounus yamasakoi* **Schawaller & Ando, 2009**

分布：云南（保山）；老挝。

小琵甲属 *Gnaptorina* Reitter, 1887

南方小琵甲 *Gnaptorina australis* **Medvedev, 2008**

分布：云南（丽江，迪庆）。

尖菌甲属 *Gnathocerus* Thunberg, 1814

阔尖菌甲 *Gnathocerus cornutus* **(Fabricius, 1798)**

分布：全球广布。

土甲属 *Gonocephalum* Solier, 1834

安南土甲 *Gonocephalum annamita* **Chatanay, 1917**

分布：云南（昆明），内蒙古，河南，广西，福建，广东，海南，香港，台湾；日本，印度，老挝，泰国，越南，印度尼西亚，大洋洲。

二纹土甲 *Gonocephalum bilineatum* **(Walker, 1858)**

分布：云南（昆明、玉溪、红河、大理、丽江、怒

江、保山、德宏、普洱、西双版纳），四川，重庆，
广西，广东，海南，香港；俄罗斯，日本，朝鲜，
老挝，印度，不丹，尼泊尔，菲律宾，马来西亚，
印度尼西亚。

伪亚刺土甲 *Gonocephalum chinense* Gebien, 1910

分布：云南，广东，海南；印度。

污背土甲 *Gonocephalum coenosum* Kaszab, 1952

分布：云南（昭通、曲靖、大理、丽江、怒江、保
山、德宏、普洱、红河），四川，上海，江苏，浙
江，湖北，广西，福建，广东，台湾，香港；日本，
朝鲜。

扁土甲 *Gonocephalum depressum* (Fabricius, 1801)

分布：云南，广西，广东，海南，台湾；越南，老
挝，印度，缅甸，尼泊尔，斯里兰卡，巴基斯坦，
阿富汗，菲律宾，印度尼西亚，巴布亚新几内亚。

粒胸土甲 *Gonocephalum guerryi* Chatanay, 1917

分布：云南（大理），四川，湖北，香港；阿富汗，
巴基斯坦，印度，缅甸。

直角土甲 *Gonocephalum kochi* Kaszab, 1952

分布：云南（红河），贵州，广西，福建，广东，
海南。

棕小土甲 *Gonocephalum konoi* Kaszab, 1952

分布：云南（普洱），台湾。

莱氏土甲 *Gonocephalum labriquei* Ferrer, 2010

分布：云南。

长跗土甲 *Gonocephalum longitarse* Kaszab, 1952

分布：云南（保山、西双版纳）；缅甸，印度。

单脊土甲 *Gonocephalum outreyi* Chatanay, 1917

分布：云南（玉溪、大理），广东，海南，台湾，
香港；韩国，越南，印度。

紧土甲 *Gonocephalum strangulatum* (Fairmaire, 1888)

分布：云南，湖北，海南；日本，韩国，俄罗斯。

亚刺土甲 *Gonocephalum subspinosum* (Fairmaire, 1894)

分布：云南（昆明、玉溪、大理、丽江、迪庆、怒
江、保山、德宏、临沧、红河、普洱、西双版纳），
四川，贵州，西藏，陕西，甘肃，江苏，湖北，湖
南，广西，福建，广东，台湾；越南，印度，缅甸，
不丹，斯里兰卡，印度尼西亚，孟加拉国。

尖角土甲 *Gonocephalum titschacki* Kaszab, 1952

分布：云南（普洱），福建；日本。

小瘤土甲 *Gonocephalum tuberculatum* Hope, 1831

分布：云南（昆明、玉溪、大理、保山、怒江、德
宏、普洱、西双版纳），四川，贵州，广西，海南，
台湾，香港；越南，印度，缅甸，菲律宾，孟加拉
国，巴基斯坦，阿富汗，尼泊尔。

迷土甲 *Gonocephalum vagum* (Steven, 1829)

分布：云南（玉溪）；印度，斯里兰卡，尼泊尔。

半轴甲属 *Hemicera* Laporte & Brullé, 1831

暗淡半轴甲 *Hemicera oblita* Ando, 2003

分布：云南（保山）；泰国，老挝，印度，尼泊尔。

异土甲属 *Heterotarsus* Latreille, 1829

隆线异土甲 *Heterotarsus carinula* Marseul, 1876

分布：云南（昭通、红河），四川，贵州，陕西，
甘肃，山东，江苏，浙江，安徽，湖北，福建，海
南，台湾；俄罗斯，朝鲜半岛，日本，越南，老挝，
印度。

印度异土甲指名亚种 *Heterotarsus indicus indicus* Marseul, 1876

分布：云南；尼泊尔，印度。

膨隆异土甲 *Heterotarsus inflatus* Lacordaire, 1859

分布：云南（西双版纳），广西；越南，尼泊尔，
印度尼西亚。

铜色异土甲 *Heterotarsus metallifer* Kaszab, 1976

分布：云南。

瘤翅异土甲 *Heterotarsus pustulifer* Fairmaire, 1889

分布：云南（昭通），甘肃，江苏，安徽，福建；
越南。

鏊轴甲属 *Hexarhopalus* Fairmaire, 1891

小瘤鏊轴甲 *Hexarhopalus attenuatus* (Pic, 1922)

分布：云南（楚雄、玉溪）。

费氏鏊轴甲 *Hexarhopalus ferreri* Jiang, Zhou, Liu, Huang & Chen, 2022

分布：云南（文山）。

纹翅鏊轴甲 *Hexarhopalus sculptilis* Kaszab, 1960

分布：云南（德宏）；缅甸。

云南鏊轴甲 *Hexarhopalus yunnanensis* Jiang, Li, Ji, Engel & Wang, 2021

分布：云南（德宏）。

异鏊轴甲 *Hexarhopalus difformis* (Pic, 1922)

分布：云南（西双版纳）；越南，老挝，泰国。

见玥堃轴甲 *Hexarhopalus qiujianyueae* **Jiang, Bai, Ren & Wang, 2020**
分布：云南（红河）。

邱氏堃轴甲 *Hexarhopalus qiului* **Jiang, Bai, Ren & Wang, 2020**
分布：云南（玉溪）。

徐氏堃轴甲 *Hexarhopalus xui* **Ren & Xu, 2011**
分布：云南（德宏）。

单齿琵甲属 *Hoplitoblaps* Fairmaire, 1888
方胸单齿琵甲 *Hoplitoblaps fallaciosus* **Fairmaire, 1888**
分布：云南。

额沟烁甲属 *Hoplobrachium* Fairmaire, 1886
齿额沟烁甲 *Hoplobrachium dentipes* **(Fabricius, 1781)**
分布：云南；印度，斯里兰卡，非洲。

膜朽木甲属 *Hymenalia* Mulsant, 1856
博氏膜朽木甲 *Hymenalia bocaki* **Novák, 2010**
分布：云南（大理、迪庆），四川。

穆氏膜朽木甲 *Hymenalia murzini* **Novák, 2008**
分布：云南（保山、怒江）。

乌拉斯膜朽木甲 *Hymenalia wrasei* **Novák, 2008**
分布：云南（大理）。

伊鳖甲属 *Imatismus* Dejean, 1834
中华伊鳖甲 *Imatismus chinensis* **Reitter, 1916**
分布：云南。

英垫甲属 *Indenicmosoma* Ardoin, 1964
中南英垫甲 *Indenicmosoma indochinensis* **(Kaszab, 1940)**
分布：云南（大理），台湾；印度，尼泊尔，老挝，越南，马来西亚。

刻点英垫甲 *Indenicmosoma punctator* **Kaszab, 1979**
分布：云南（昆明）；印度，泰国。

角菌甲属 *Ischnodactylus* Chevrolat, 1877
红缘角菌甲云南亚种 *Ischnodactylus rubromarginatus yunnanus* **Kaszab, 1965**
分布：云南（西双版纳）。

异朽木甲属 *Isomira* Mulsant, 1856
云南异朽木甲 *Isomira yunnana* **Pic, 1930**
分布：云南（保山）。

施氏异朽木甲 *Isomira stoetzneri* **Muche, 1981**
分布：云南（大理），四川，浙江，江西，湖北，广西。

穆氏异朽木甲 *Isomira murzini* **Novák, 2009**
分布：云南（保山、迪庆）。

中甸异朽木甲 *Isomira zhongdianica* **Novák, 2014**
分布：云南（迪庆）。

莱甲属 *Laena* Dejean, 1821
阿雷莱甲 *Laena alesi* **Schawaller, 2008**
分布：云南（怒江）。

宾川莱甲 *Laena angulifemoralis* **Masumoto, 1996**
分布：云南（大理）。

白族莱甲 *Laena baiorum* **Schawaller, 2008**
分布：云南（大理）。

白水莱甲 *Laena baishuica* **Schawaller, 2001**
分布：云南（丽江）。

保山莱甲 *Laena baoshanica* **Schawaller, 2008**
分布：云南（保山、德宏）。

贝氏莱甲 *Laena becvari* **Schawaller, 2001**
分布：云南（迪庆）。

布伦莱甲 *Laena brendelli* **Schawaller, 2001**
分布：云南（迪庆）。

布辛莱甲 *Laena businskyorum* **Schawaller, 2001**
分布：云南（迪庆）。

绿光莱甲 *Laena chiloriluxa* **Zhao & Ren, 2012**
分布：云南（西双版纳）。

中国莱甲 *Laena chinensis* **Kaszab, 1965**
分布：云南（丽江、大理、迪庆），四川。

大理莱甲 *Laena daliensis* **Masumoto & Yin, 1994**
分布：云南（丽江、大理）。

胫齿莱甲 *Laena dentata* **Zhao & Ren, 2012**
分布：云南（大理）。

德钦莱甲 *Laena deqenica* **Schawaller, 2001**
分布：云南（迪庆）。

点苍山莱甲 *Laena diancangica* **Schawaller, 2001**
分布：云南（大理）。

法卡莱甲 *Laena farkaci* **Schawaller, 2008**
分布：云南（迪庆）。

弯胫莱甲 *Laena flectotibia* **Zhao & Ren, 2012**
分布：云南（普洱）。

福昆莱甲 *Laena fouquei* **Schawaller, 2008**
分布：云南（迪庆）。

高黎贡莱甲 *Laena gaoligongica* Schawaller, 2008
分布：云南（怒江）。

香格里拉莱甲 *Laean gyalthangica* Schawaller, 2008
分布：云南（迪庆）。

哈巴山莱甲 *Laena habashanica* Schawaller, 2001
分布：云南（迪庆）。

横断山莱甲 *Laena hengduanica* Schawaller, 2001
分布：云南（迪庆、怒江），四川。

鸡足山莱甲 *Laena jizushana* Masumoto, 1996
分布：云南（大理）。

库班莱甲 *Laena kubani* Schawaller, 2001
分布：云南（迪庆）。

梁氏莱甲 *Laena liangi* Zhao & Ren, 2012
分布：云南（怒江）。

傈僳莱甲 *Laena lisuorum* Schawaller, 2008
分布：云南（迪庆、大理）。

泸沽莱甲 *Laena luguica* Schawaller, 2001
分布：云南（迪庆、丽江），四川。

米凯莱甲 *Laena michaeli* Schawaller, 2008
分布：云南（迪庆）。

纳西莱甲 *Laena naxiorum* Schawaller, 2008
分布：云南（迪庆）。

怒江莱甲 *Laena nujiangica* Schawaller, 2008
分布：云南（怒江）。

宽翅莱甲 *Laena quinquagesima* Schawaller, 2008
分布：云南（迪庆）。

萨费莱甲 *Laena safraneki* Schawaller, 2001
分布：云南（迪庆），西藏。

梯胸莱甲 *Laena septuagesima* Schawaller, 2008
分布：云南（迪庆）。

斯么莱甲 *Laena smetanai* Schawaller, 2001
分布：云南（保山），四川。

瓦氏莱甲 *Laena watanabei* Masumoto & Yin, 1993
分布：云南（昆明）。

雪人莱甲 *Laena xuerensis* Masumoto, 1996
分布：云南（大理、丽江）。

雪山莱甲 *Laena xueshanica* Schawaller, 2008
分布：云南（迪庆）。

杨氏莱甲 *Laena yasuakii* Masumoto, 1996
分布：云南（大理）。

玉峰莱甲 *Laena yufengsi* Masumoto, 1996
分布：云南（丽江），四川。

玉龙莱甲 *Laena yulongica* Schawaller, 2001
分布：云南（丽江、迪庆、大理）。

玉局莱甲 *Laena yuzhuensis* Masumoto & Yin, 1994
分布：云南（大理）。

中甸莱甲 *Laena zongdianica* Schawaller, 2001
分布：云南（迪庆）。

伪叶甲属 *Lagria* Fabricius, 1775

黑头伪叶甲 *Lagria atriceps* Borchmann, 1941
分布：云南（保山），贵州，四川，湖北；缅甸。

异色伪叶甲 *Lagria chapaensis* Pic, 1931
分布：云南（曲靖、红河、玉溪、保山、怒江）；越南，缅甸。

斑伪叶甲 *Lagria conspersa* Reitter, 1880
分布：云南，西藏，广西；印度，尼泊尔。

台湾伪叶甲 *Lagria formosensis* Borchmann, 1912
分布：云南（临沧），贵州，福建，台湾；日本。

崎胸伪叶甲 *Lagria inaequalicollis* Borchmann, 1941
分布：云南（保山）；缅甸。

小伪叶甲 *Lagria kondoi* Masumoto, 1988
分布：云南（昭通），广西，台湾。

玛伪叶甲 *Lagria malaisei* Borchmann, 1941
分布：云南（保山）；缅甸。

眼伪叶甲 *Lagria ophthalmica* Fairmaire, 1891
分布：云南（昭通），四川，贵州，黑龙江，陕西，甘肃，宁夏，河北，河南，湖北，湖南。

色伪叶甲 *Lagria picta* Borchmann, 1911
分布：云南（临沧、西双版纳），香港；缅甸。

微红伪叶甲 *Lagria rubella* Borchmann, 1932
分布：云南，四川，西藏，广西，香港。

红翅伪叶甲 *Lagria rufipennis* Marseul, 1876
分布：云南（曲靖），四川，西藏，重庆，陕西，甘肃，宁夏，北京，河北，江西，湖北；俄罗斯，朝鲜半岛，日本。

虎斑伪叶甲 *Lagria tigrina* Fairmaire, 1893
分布：云南（红河、普洱、德宏、保山），贵州，广西，广东，海南；越南。

单色伪叶甲 *Lagria unicolor* Borchmann, 1942
分布：云南（保山），西藏；缅甸。

腹伪叶甲 *Lagria ventralis* Reitter, 1880
分布：云南（昆明、红河、临沧、怒江、保山、普洱、西双版纳），四川，贵州，重庆；越南，老挝，柬埔寨，泰国，缅甸，印度，尼泊尔。

舌甲属 *Leiochrinus* Westwood, 1883

双叉舌甲 *Leiochrinus bifurcatus* Kaszab, 1946
分布：云南（西双版纳），山东；印度，马来西亚，印度尼西亚。

浅黄舌甲 *Leiochrinus lutescens* Westwood, 1883
分布：云南（红河）；菲律宾，马来西亚，印度尼西亚。

尼尔舌甲 *Leiochrinus nilgirianus* Kaszab, 1946
分布：云南（红河、普洱、临沧、西双版纳）；印度。

大型舌甲 *Leiochrinus sauteri* Kaszab, 1946
分布：云南（红河、临沧、德宏、西双版纳），四川，贵州，西藏，广西，台湾；印度，尼泊尔，中南半岛。

洛朽木甲属 *Loriculoides* Novák, 2020

弗氏洛朽木甲 *Loriculoides flosmanni* (Novák, 2016)
分布：云南（西双版纳）。

齿洛朽木甲 *Loriculoides unidentata* (Li & Ren, 2019)
分布：云南（临沧）。

滇洛朽木甲 *Loriculoides yunnanica* (Novák, 2016)
分布：云南（保山）。

垫甲属 *Luprops* Hope, 1833

吕宋垫甲 *Luprops luzonicus* (Gebien, 1913)
分布：云南（西双版纳），海南，台湾；菲律宾。

东方垫甲 *Luprops orientalis* (Motschulsky, 1868)
分布：云南（昆明、楚雄、红河），四川，辽宁，吉林，黑龙江，陕西，甘肃，宁夏，河北，山西，内蒙古，河南，江苏，浙江，江西，湖北，福建，海南，台湾；蒙古国，俄罗斯，朝鲜半岛，日本，尼泊尔，不丹。

横纹垫甲 *Luprops rugosissimus* Kaszab, 1980
分布：云南（普洱、西双版纳）；印度，斯里兰卡。

云南垫甲 *Luprops yunnanus* Fairmaire, 1887
分布：云南（西双版纳），广西，广东，海南；不丹，尼泊尔，老挝。

丽拟粉甲属 *Lyphia* Mulsant & Rey, 1859

台湾丽拟粉甲 *Lyphia formosana* Masumoto, 1982
分布：云南（西双版纳），台湾；越南，老挝，泰国。

印丽粉甲 *Lyphia indicola* Gebien, 1922
分布：云南（西双版纳）；印度，缅甸，尼泊尔，越南，泰国，老挝，斯里兰卡，马来西亚。

无纹丽粉甲 *Lyphia instriata* Pic, 1924
分布：云南（西双版纳）；东南亚广布。

刻丽粉甲 *Lyphia punctaticeps* Pic, 1924
分布：云南（西双版纳）；印度，尼泊尔，泰国，越南，马来西亚，印度尼西亚，菲律宾。

玛朽木甲属 *Makicula* Novák, 2012

安氏玛朽木甲 *Makicula andreasi* Novák, 2012
分布：云南（西双版纳）。

孟氏玛朽木甲 *Makicula mengi* Novák, 2012
分布：云南（西双版纳）。

玛伪叶甲属 *Malaiseum* Borchmann, 1942

独玛伪叶甲 *Malaiseum singularis* Borchmann, 1942
分布：云南（保山）；缅甸。

孟粗角甲属 *Menimus* Sharp, 1876

别氏孟粗角甲 *Menimus belousovi* Medvedev, 2007
分布：云南（保山）。

卡氏孟粗角甲 *Menimus kabaki* Medvedev, 2007
分布：云南（怒江）。

梅氏孟粗角甲 *Menimus medvedevi* Schawaller, 2009
分布：云南（保山）。

皮茨孟粗角甲 *Menimus puetzi* Schawaller, 2009
分布：云南（保山）。

云南孟粗角甲 *Menimus yunnanus* Medvedev, 2007
分布：云南（怒江）。

莫伪叶甲属 *Merklia* Chen, 1997

两斑莫伪叶甲 *Merklia bimaculata* Chen, 1997
分布：云南（西双版纳）；老挝，越南。

毛土甲属 *Mesomorphus* Miedel, 1880

缅甸毛土甲 *Mesomorphus birmanicus* Kaszab, 1963
分布：云南（保山、德宏）；缅甸，印度，不丹，尼泊尔。

宽大毛土甲 *Mesomorphus brevis* Kaszab, 1963
分布：云南；印度。

弗氏毛土甲 *Mesomorphus feai* Kaszab, 1963
分布：云南（昆明、玉溪、楚雄、普洱），广西；

缅甸，泰国，印度，不丹。

宽褐毛土甲 *Mesomorphus latiusculus* **Chatanay, 1917**

分布：云南（昆明、玉溪、楚雄、保山、普洱），四川，广西；缅甸，泰国，印度，尼泊尔，马来西亚。

皱纹毛土甲 *Mesomorphus rugulosus* **Chatanay, 1917**

分布：云南（保山、文山），海南；印度。

泰国毛土甲 *Mesomorphus siamicus* **Kaszab, 1963**

分布：云南；泰国。

扁毛土甲 *Mesomorphus villiger* **(Blanchard, 1853)**

分布：云南（普洱），四川，辽宁，黑龙江，陕西，山西，内蒙古，河北，山东，河南，江苏，安徽，湖北，湖南，广西，福建，广东，海南，香港，台湾；俄罗斯，韩国，日本，印度，尼泊尔，阿富汗，非洲，澳大利亚。

旋甲属 *Metaclisa* Jacquelin du Val, 1861

尖胸旋甲 *Metaclisa andoi* **Schawaller, 2016**

分布：云南（大理、丽江、迪庆）。

暗蓝旋甲 *Metaclisa atrocyanea* **(Lewis, 1891)**

分布：云南（丽江），四川，甘肃；韩国，日本。

彩伪叶甲属 *Mimoborchmania* Pic, 1934

杨氏彩伪叶甲 *Mimoborchmania yangi* **Merkl & Chen, 1997**

分布：云南（大理、西双版纳）；越南，泰国。

单琵甲属 *Montagona* Medvedev, 1998

疣突单琵甲 *Montagona pustulosa* **(Fairmaire, 1886)**

分布：云南。

窄亮轴甲属 *Morphostenophanes* Pic, 1925

属模窄亮轴甲 *Morphostenophanes aenescens* **Pic, 1925**

分布：云南（大理、保山、曲靖）。

属模窄亮轴甲夜郎亚种 *Morphostenophanes aenescens yelang* **Zhou, 2020**

分布：云南（曲靖）。

祖窄亮轴甲 *Morphostenophanes atavus* **(Kaszab, 1960)**

分布：云南（保山、德宏）。

版纳窄亮轴甲 *Morphostenophanes bannaensis* **Zhou, 2020**

分布：云南（西双版纳）。

南方窄亮轴甲 *Morphostenophanes birmanicus* **(Kaszab, 1980)**

分布：云南（普洱）；缅甸，泰国。

短腹窄亮轴甲 *Morphostenophanes brevigaster* **Zhou, 2020**

分布：云南（怒江、保山、德宏）。

火神窄亮轴甲 *Morphostenophanes chongli* **Zhou, 2020**

分布：云南（普洱）。

火神窄亮轴甲黄连山亚种 *Morphostenophanes chongli glaber* **Zhou, 2020**

分布：云南（红河）。

胖窄亮轴甲 *Morphostenophanes crassus* **Zhou, 2020**

分布：云南（迪庆）。

炭黑窄亮轴甲 *Morphostenophanes furvus* **Zhou, 2020**

分布：云南（迪庆、怒江）。

炭黑窄亮轴甲巍山亚种 *Morphostenophanes furvus weishanus* **Zhou, 2020**

分布：云南（大理）。

高黎贡窄亮轴甲 *Morphostenophanes gaoligongensis* **Zhou, 2020**

分布：云南（保山）。

虹彩窄亮轴甲 *Morphostenophanes iridescens* **Zhou, 2020**

分布：云南（文山）。

延氏窄亮轴甲指名亚种 *Morphostenophanes jendeki jendeki* **Masumoto, 1998**

分布：云南（丽江）。

延氏窄亮轴甲鸡足山亚种 *Morphostenophanes jendeki similis* **Masumoto, 1998**

分布：云南（大理）。

临沧窄亮轴甲 *Morphostenophanes lincangensis* **Zhou, 2020**

分布：云南（临沧）。

玲珑窄亮轴甲 *Morphostenophanes linglong* **Zhou, 2020**

分布：云南（临沧）。

璀璨窄亮轴甲 *Morphostenophanes metallicus* **Zhou, 2020**

分布：云南（保山、德宏）。

侏儒窄亮轴甲 *Morphostenophanes minor* **Zhou, 2020**

分布：云南（楚雄）。

瘤翅窄亮轴甲 *Morphostenophanes papillatus* **Kaszab, 1941**

分布：云南（昭通），四川，贵州，重庆。

扁平窄亮轴甲 *Morphostenophanes planus* **Zhou, 2020**

分布：云南（迪庆）。

紫艳窄亮轴甲 *Morphostenophanes purpurascens* **Zhou, 2020**

分布：云南（红河）。

中华窄亮轴甲 *Morphostenophanes sinicus* **Zhou, 2020**

分布：云南（临沧、大理、普洱、玉溪）。

小瘤窄亮轴甲 *Morphostenophanes tuberculatus* **Gao & Ren, 2009**

分布：云南（怒江）。

滇中窄亮轴甲 *Morphostenophanes yunnanus* **Zhou, 2020**

分布：云南（玉溪、大理、丽江、临沧）。

迈朽木甲属 *Mycetocula* **Novák, 2015**

亚迈朽木甲 *Mycetocula subcruciata* **(Pic, 1922)**

分布：云南（怒江）；印度，尼泊尔，越南，老挝，泰国。

粗朽木甲属 *Netopha* **Fairmaire, 1893**

淡色粗朽木甲 *Netopha pallidipes* **Fairmaire, 1893**

分布：云南，湖北，台湾；越南。

尼烁甲属 *Nepaloplonyx* **Bremer, 2014**

邱氏尼烁甲 *Nepaloplonyx qiului* **Jiang, Wang & Wang, 2019**

分布：云南（德宏）。

云南尼烁甲 *Nepaloplonyx yunnanensis* **Jiang, Wang & Wang, 2019**

分布：云南（昭通、文山、红河、德宏、西双版纳）。

尼朽木甲属 *Nikomenalia* **Dubrovina, 1975**

金沙尼朽木甲 *Nikomenalia jinshanica* **(Novák, 2015)**

分布：云南（丽江）。

小尼朽木甲 *Nikomenalia minuta* **(Pic, 1910)**

分布：云南（丽江、迪庆）。

近尼朽木甲 *Nikomenalia pseudominuta* **(Novák, 2015)**

分布：云南（大理）。

沙氏尼朽木甲 *Nikomenalia schawalleri* **(Novák, 2010)**

分布：云南（大理、怒江）。

黑扁背甲属 *Notocorax* **Dejean, 1834**

爪哇黑扁背甲 *Notocorax javanus* **(Wiedemann, 1819)**

分布：云南（西双版纳），海南；缅甸，老挝，泰国，越南，印度尼西亚。

瘤轴甲属 *Oedemutes* **Pascoe, 1860**

中国瘤轴甲 *Oedemutes chinensis* **Ando & Ren, 2006**

分布：云南（德宏）。

奥朽木甲属 *Oracula* **Novák, 2019**

黑体奥朽木甲 *Oracula tenebrosa* **Novák, 2019**

分布：云南（西双版纳）。

双色奥朽木甲 *Oracula bicolor* **Novák, 2019**

分布：云南（西双版纳）；泰国。

粗伪叶甲属 *Pachystira* **Chen, 1997**

凹翅粗伪叶甲 *Pachystira impressipennis* **Chen, 1997**

分布：云南（西双版纳）。

帕谷甲属 *Palorus* **Mulsant, 1854**

黄褐粉盗 *Palorus beesoni* **Blair, 1930**

分布：云南（红河、德宏），广东；缅甸，印度。

深沟粉盗 *Palorus foveicollis* **Baudi di Selve, 1876**

分布：云南（德宏），广西，广东；缅甸，菲律宾，印度，斯里兰卡。

姬帕谷甲 *Palorus ratzeburgii* **(Wissmann, 1848)**

分布：全球广布。

亚扁帕谷甲 *Palorus subdepressus* **(Wollaston, 1864)**

分布：全球广布。

邻朽木甲属 *Paracistela* **Borchmann, 1942**

韦氏邻朽木甲 *Paracistela weigeli* **Novák, 2011**

分布：云南（西双版纳）。

宽轴甲属 *Platycrepis* Lacordaire, 1859

紫堇宽轴甲 ***Platycrepis violaceus* Kraatz, 1880**

分布：云南（红河、西双版纳），广东，台湾；印度尼西亚，马来西亚，菲律宾，印度，不丹，斯里兰卡，泰国，老挝，越南，缅甸，柬埔寨，新加坡。

宽菌甲属 *Platydema* Laporte & Brullé, 1831

高角宽菌甲 ***Platydema alticornis* Gravely, 1915**

分布：云南（西双版纳），台湾；越南，老挝，泰国，缅甸，尼泊尔，菲律宾，印度尼西亚。

黄斑宽菌甲 ***Platydema aurimaculatum* Gravely, 1915**

分布：云南（西双版纳），海南，台湾；老挝，泰国，印度，缅甸，斯里兰卡。

棕跗宽菌甲 ***Platydema brunnea* Huang & Ren, 2009**

分布：云南（西双版纳）。

净洁宽菌甲 ***Platydema detersum* Walker, 1858**

分布：云南（临沧、西双版纳），海南，台湾；菲律宾，巴布亚新几内亚，澳大利亚。

玛氏宽菌甲 ***Platydema marseuli* Lewis, 1894**

分布：云南（西双版纳），上海，浙江，海南，台湾；日本，印度，菲律宾。

白颈宽菌甲 ***Platydema pallidicolle* (Lewis, 1894)**

分布：云南（西双版纳），福建，台湾；日本，菲律宾。

平额宽菌甲 ***Platydema parachalceum* Masumoto, 1982**

分布：云南（丽江、西双版纳），贵州，陕西，河南，河北，福建，台湾；菲律宾，巴布亚新几内亚，澳大利亚。

云南宽菌甲 ***Platydema yunnanicum* Schawaller, 2004**

分布：云南（迪庆）。

邻烁甲属 *Plesiophthalmus* Motschulsky, 1858

煤色邻烁甲 ***Plesiophthalmus anthrax* Fairmaire, 1903**

分布：云南（大理），四川，贵州，广西；越南。

深黑邻烁甲 ***Plesiophthalmus ater* Pic, 1930**

分布：云南，四川，贵州，浙江，福建。

隆背邻烁甲 ***Plesiophthalmus convexus* (Pic, 1914)**

分布：云南，贵州，广西，香港；越南。

弯胫邻烁甲 ***Plesiophthalmus donckieri* (Pic, 1914)**

分布：云南。

贡山邻烁甲 ***Plesiophthalmus gaoligongensis* Masumoto, 2000**

分布：云南（保山）。

红足邻烁甲 ***Plesiophthalmus inexpectatus* Masumoto, 1989**

分布：云南（大理），四川。

酷邻烁甲 ***Plesiophthalmus kucerai* Masumoto, 2009**

分布：云南（丽江）。

长茎邻烁甲 ***Plesiophthalmus longipes* Pic, 1938**

分布：云南，四川，贵州，西藏，重庆，福建。

长型邻烁甲 ***Plesiophthalmus oblongus* Masumoto, 1991**

分布：云南（楚雄）。

白腿邻烁甲 ***Plesiophthalmus pallidicrus* Fairmaire, 1889**

分布：云南，四川，湖南，广西，福建。

完美邻烁甲 ***Plesiophthalmus perpulchrus* (Pic, 1930)**

分布：云南，台湾；越南，泰国。

拟金绿邻烁甲 ***Plesiophthalmus pseudometallicus* Masumoto, 1990**

分布：云南。

云南邻烁甲 ***Plesiophthalmus yunnanus* (Pic, 1952)**

分布：云南。

大轴甲属 *Promethis* Pascoe, 1869

突角大轴甲 ***Promethis angulicollis* Kaszab, 1988**

分布：云南（西双版纳）。

短角大轴甲 ***Promethis brevicornis* (Westwood, 1842)**

分布：云南，湖北，海南；印度。

中国大轴甲 ***Promethis chinensis* Kaszab, 1988**

分布：云南（普洱、保山）；老挝，越南。

心形大轴甲 ***Promethis cordicollis* Kaszab, 1988**

分布：云南，福建，广东；越南。

毛列大轴甲 ***Promethis crenatostriata* (Motschulsky, 1872)**

分布：云南（临沧、德宏、普洱、西双版纳），四川，海南；越南，老挝，泰国，印度，缅甸，不丹。

广西大轴甲 *Promethis guangxiana* Ren & Yang, 2004

分布：云南（西双版纳），广西，海南。

哈氏大轴甲 *Promethis harmandi* Allard, 1896

分布：云南（楚雄、保山、西双版纳），四川，西藏；泰国，缅甸，印度，尼泊尔，不丹，巴基斯坦。

粗壮大轴甲 *Promethis heros* (Gebien, 1918)

分布：云南；老挝，越南，日本。

凯氏大轴甲指名亚种 *Promethis kempi kempi* (Gravely, 1915)

分布：云南；印度，越南。

小胸大轴甲 *Promethis microthorax* Kaszab, 1988

分布：云南（怒江），四川。

平行大轴甲陈氏亚种 *Promethis parallela cheni* Kaszab, 1988

分布：云南（昆明、迪庆、保山），四川，西藏。

平行大轴甲指名亚种 *Promethis parallela parallela* (Fairmaire, 1897)

分布：云南（昆明、曲靖、楚雄、大理、迪庆、怒江、保山），四川，贵州，西藏，浙江，广西，福建，广东；越南，老挝。

粗点大轴甲 *Promethis pauperula* (Gebien, 1918)

分布：云南（西双版纳），海南；日本，越南，老挝。

点条大轴甲 *Promethis punctatostriata* (Motschulsky, 1872)

分布：云南（红河、大理、保山、德宏、普洱、西双版纳），浙江，海南；越南，老挝，柬埔寨，泰国，印度，缅甸，尼泊尔，马来西亚。

直角大轴甲 *Promethis rectangula* (Motschulsky, 1872)

分布：云南（红河、普洱、西双版纳），浙江、海南；越南，老挝，柬埔寨，泰国，缅甸，新加坡，斯里兰卡，马来西亚，印度尼西亚。

波颈大轴甲 *Promethis sinuatocollis* Kaszab, 1988

分布：云南（红河），四川，广西，海南。

印支大轴甲 *Promethis subrobusta indochinensis* Kaszab, 1988

分布：云南（西双版纳）；越南，老挝，柬埔寨。

沟颈大轴甲 *Promethis sulcicollis* Kaszab, 1988

分布：云南（红河）；老挝。

四川大轴甲 *Promethis szetchuanica* Kaszab, 1988

分布：云南（红河），四川；越南，缅甸。

打箭炉大轴甲 *Promethis tatsienlua* Kaszab, 1988

分布：云南（楚雄），四川。

越北大轴甲 *Promethis tonkinensis* (Gebien, 1918)

分布：云南（迪庆），广西，台湾；越南。

阔颈大轴甲 *Promethis transversicollis* (Motschulsky, 1872)

分布：云南（红河、保山、德宏、普洱、西双版纳）；越南，老挝，泰国，印度，缅甸，尼泊尔，不丹。

弯胫大轴甲指名亚种 *Promethis valgipes valgipes* (Marseul, 1876)

分布：云南（怒江、迪庆），贵州，河南，浙江，江西，湖北，湖南，广西，福建，广东；日本，韩国，越南。

越南大轴甲 *Promethis vietnamica* (Kaszab, 1980)

分布：云南（普洱、红河），福建，海南；越南，老挝。

云南大轴甲 *Promethis yunnanica* Kaszab, 1988

分布：云南（楚雄）。

伪膜朽木甲属 *Pseudohymenalia* Novák, 2008

图氏伪膜朽木甲 *Pseudohymenalia turnai* Novák, 2008

分布：云南（大理），湖北。

维氏伪膜朽木甲 *Pseudohymenalia viktorai* Novák, 2016

分布：云南（怒江）。

西畴伪膜朽木甲 *Pseudohymenalia xihouica* Novák, 2016

分布：云南（文山）。

云南伪膜朽木甲 *Pseudohymenalia yunnanica* Novák, 2008

分布：云南（保山）。

齿轴甲属 *Psydomorphus* Pic, 1921

异足齿轴甲 *Psydomorphus diversipes* Pic, 1921

分布：云南。

棒轴甲属 *Rhopalobates* Fairmaire, 1897

多毛棒轴甲 *Rhopalobates villardi* Fairmaire, 1896

分布：云南（临沧），四川，福建，广东；老挝，越南。

缘伪叶甲属 *Schevodera* Borchmann, 1936

黄角缘伪叶甲 *Schevodera gracilicornis* (Borchmann, 1911)

分布：云南（西双版纳）；越南。

宽缘伪叶甲 *Schevodera inflata* (Borchmann, 1925)

分布：云南（临沧、西双版纳）；印度尼西亚。

坚土甲属 *Sclerum* Dejean, 1834

锈色坚土甲 *Sclerum ferrugineum* (Fabricius, 1801)

分布：云南（昆明、玉溪、普洱、德宏），海南，台湾；日本，越南，印度，缅甸，非洲，大洋洲。

丘伪叶甲属 *Sora* Walker, 1859

爪哇丘伪叶甲 *Sora mimica* (Pic, 1912)

分布：云南；印度尼西亚。

中华丘伪叶甲 *Sora sinensis* Pic, 1912

分布：云南。

齿胫朽木甲属 *Spinecula* Novák, 2019

狭齿胫朽木甲 *Spinecula angustatissima* (Pic, 1930)

分布：云南（昆明）。

长齿胫朽木甲 *Spinecula elongatissima* (Pic, 1926)

分布：云南。

魏氏齿胫朽木甲 *Spinecula weigeli* Novák, 2019

分布：云南（西双版纳）。

棘垫甲属 *Spinolyprops* Pic, 1917

刻胸棘垫甲 *Spinolyprops cribricollis* Schawaller, 2012

分布：云南（大理、西双版纳），广西；泰国。

斑菌甲属 *Spiloscapha* Bates, 1873

二点斑菌甲 *Spiloscapha bipunctata* Schawaller, 1997

分布：云南（西双版纳）；越南。

窄鳌甲属 *Stenosida* Solier, 1835

条刻窄鳌甲 *Stenosida striatopunctata* (Wiedemann, 1821)

分布：云南；印度，尼泊尔。

树甲属 *Strongylium* Kirby, 1819

狭域树甲 *Strongylium angustissimum* Pic, 1922

分布：云南（西双版纳）；泰国。

Strongylium aratum Fairmaire, 1896

分布：云南；印度，尼泊尔。

深跗树甲 *Strongylium atritarse* Pic, 1916

分布：云南。

平定树甲 *Strongylium binhense* Pic, 1922

分布：云南；越南。

沟股树甲 *Strongylium crurale* Fairmaire, 1893

分布：云南；越南，老挝，马来西亚。

刀形树甲指名亚种 *Strongylium cultellatum cultellatum* Mäklin, 1864

分布：云南，广西，海南，香港；朝鲜半岛，日本。

高黎树甲 *Strongylium gaoliense* Masumoto, 2004

分布：云南（保山）。

粗壮树甲指名亚种 *Strongylium habashanense habashanense* Masumoto, 1999

分布：云南（迪庆）。

粗壮树甲丽江亚种 *Strongylium habashanense lijiangense* Masumoto, 1999

分布：云南（丽江）。

细长树甲 *Strongylium jizushanense* Masumoto, 1999

分布：云南（大理）。

库班树甲 *Strongylium kubani* Masumoto, 2004

分布：云南（保山、大理）。

梁氏树甲 *Strongylium liangi* Yuan & Ren, 2014

分布：云南（怒江）。

多点树甲 *Strongylium multipunctatum* Pic, 1936

分布：云南。

红翅树甲 *Strongylium rufipenne* Redtenbaeher, 1844

分布：云南（昆明、昭通、文山、大理、怒江、德宏），西藏，四川，重庆，湖北，广西；尼泊尔，印度。

红跗树甲 *Strongylium rufitarse* Pic, 1916

分布：云南（怒江）。

滇北树甲 *Strongylium stanislavium* Masumoto, 2004

分布：云南（保山）。

亚铜树甲 *Strongylium subaeneum* Pic, 1917

分布：云南（昆明、大理、怒江）。

大理树甲 *Strongylium taliense* Pic, 1940

分布：云南（大理）。

大理暗树甲 *Strongylium taliopacium* **Masumoto, 2004**

分布：云南（大理）。

西藏树甲 *Strongylium thibetanum* **Pic, 1916**

分布：云南，西藏。

万象树甲 *Strongylium vientianense* **Pic, 1917**

分布：云南；老挝。

云南树甲 *Strongylium yunnanatrum* **Masumoto, 2004**

分布：云南（昆明）。

贡山树甲 *Strongylium yunnanicum* **Masumoto, 1999**

分布：云南（保山）。

塔琵甲属 *Tagonoides* **Fairmaire, 1886**

大个塔琵甲 *Tagonoides ampliata* **Fairmaire, 1887**

分布：云南（怒江）。

贝氏塔琵甲 *Tagonoides belousovi* **Medvedev, 2008**

分布：云南（丽江）。

德拉塔琵甲 *Tagonoides delavayi* **Fairmaire, 1886**

分布：云南。

斯氏塔琵甲 *Tagonoides skopini* **Medvedev & Merkl, 2001**

分布：云南（迪庆）。

沃氏塔琵甲 *Tagonoides volkovitshi* **Medvedev, 2004**

分布：云南（丽江）。

云南塔琵甲 *Tagonoides yunnana* **Medvedev, 2008**

分布：云南（丽江）。

弯胫塔琵甲 *Tagonoides zamotailovi* **Medvedev, 1998**

分布：云南（迪庆）。

萜轴甲属 *Tearchus* **Kraatz, 1880**

珍贵萜轴甲 *Tearchus vitalisi* **(Pic, 1922)**

分布：云南（西双版纳）；老挝，越南。

拟步甲属 *Tenebrio* **Linnaeus, 1758**

黄拟步甲 *Tenebrio molitor* **Linnaeus, 1758**

分布：全球广布。

黑拟步甲 *Tenebrio obscurus* **Fabricius, 1792**

分布：全球广布。

黑蜡甲属 *Tenebriocephalon* **Pic, 1925**

漆黑蜡甲 *Tenebriocephalon piceum* **Pic, 1925**

分布：云南。

叉轴甲属 *Tetraphyllus* **Laporte & Brullé, 1831**

云南叉轴甲 *Tetraphyllus punctatus yunnanus* **Kaszab, 1944**

分布：云南。

越轴甲属 *Tonkinius* **Fairmaire, 1903**

刻纹越轴甲指名亚种 *Tonkinius sculptilis sculptilis* **Fairmaire, 1903**

分布：云南（大理），福建；越南。

毒甲属 *Toxicum* **Latreille, 1802**

狭长毒甲 *Toxicum angustatum angustatum* **Pic, 1921**

分布：云南（大理、迪庆、怒江、保山、西双版纳），四川。

狭长毒甲越北亚种 *Toxicum angustatum kulzeri* **Kaszab, 1956**

分布：云南（红河）；越南。

尖角毒甲 *Toxicum angustum* **Ren & Wu, 2007**

分布：云南（临沧、西双版纳），西藏。

阿萨姆毒甲 *Toxicum assamense* **Pic, 1913**

分布：云南，西藏；越南，印度，尼泊尔。

扁指毒甲 *Toxicum digitatum* **Ren & Wu, 2007**

分布：云南（大理、迪庆、怒江、普洱、西双版纳）。

梵净山毒甲 *Toxicum fanjingshanana* **Ren & Hua, 2005**

分布：云南（曲靖、迪庆），贵州。

台湾毒甲 *Toxicum formosanum* **Kulzer, 1950**

分布：云南（曲靖、保山），台湾。

突角毒甲 *Toxicum horridus* **Ren & Wu, 2007**

分布：云南（西双版纳）。

穆萨毒甲 *Toxicum mussardi* **Kaszab, 1979**

分布：云南（曲靖、大理、迪庆、怒江）；印度。

斜角毒甲 *Toxicum obliquucornum* **Ren & Wu, 2007**

分布：云南（临沧、大理、迪庆、西双版纳）。

拟粉甲属 *Tribolium* **Macleay, 1825**

赤拟粉甲 *Tribolium castaneum* **(Herbst, 1797)**

分布：全球广布。

杂拟粉甲 *Tribolium confusum* **Jacquelin du val, 1861**

分布：全球广布。

齿甲属 *Uloma* Dejean, 1821

栗色齿甲 *Uloma castanea* Ren & Liu, 2004
分布：云南（昆明、大理、丽江、迪庆、怒江、保山、普洱），四川，贵州，重庆，吉林，河南，浙江，安徽，广西，福建。

扁平齿甲 *Uloma compressa* Liu & Ren, 2008
分布：云南（普洱、临沧、西双版纳），贵州，湖南，广西，台湾。

卷边齿甲 *Uloma contortimarginis* Liu & Ren, 2007
分布：云南（红河），贵州，湖南，广西。

窄齿甲 *Uloma contracta* Fairmaire, 1882
分布：云南（保山），广西，海南；印度尼西亚。

四突齿甲 *Uloma excisa* Gebien, 1913
分布：云南（昭通），四川，贵州，重庆，陕西，河南，甘肃，浙江，湖北，湖南，广西，福建，广东，台湾；越南，日本。

贡山齿甲 *Uloma gongshanica* Ren & Liu, 2004
分布：云南（保山、德宏、怒江），贵州，湖北，浙江，福建，台湾。

毛角齿甲 *Uloma hirticornis* Kaszab, 1980
分布：云南（西双版纳）；越南。

梁氏齿甲 *Uloma liangi* Ren & Liu, 2004
分布：云南（曲靖、玉溪、大理、怒江、保山、临沧、普洱），贵州，重庆，安徽，福建。

墨脱齿甲 *Uloma metogana* Ren & Yin, 2004
分布：云南（大理、怒江、保山、临沧、德宏、红河、普洱），西藏，广西。

小齿甲 *Uloma minuta* Liu, Ren & Wang, 2007
分布：云南（临沧、怒江），河南，广西，湖南，福建。

多齿齿甲 *Uloma mulidenta* Ren & Liu, 2004
分布：云南（红河、保山、怒江），重庆，贵州。

亮黑齿甲 *Uloma splendida* Ren & Liu, 2004
分布：云南（怒江），贵州。

弯胫齿甲 *Uloma valgipes* Liu & Ren, 2013
分布：云南（保山）。

杂色齿甲 *Uloma versicolor* Ren & Liu, 2004
分布：云南（大理、迪庆、怒江），贵州。

齿帕谷甲属 *Ulomina* Baudi di Selve, 1876

棱背齿帕谷甲 *Ulomina carinata* Baudi di Selve, 1876
分布：云南，广西，广东，海南，台湾；日本，印度，尼泊尔，非洲，欧洲，大洋洲，美洲。

暗朽木甲属 *Upinella* Mulsant, 1856

库氏暗朽木甲 *Upinella kubani* Novák, 2015
分布：云南（丽江）。

鲁氏暗朽木甲 *Upinella ruzickai* Novák, 2015
分布：云南（大理）。

越琵甲属 *Viettagona* Medvedev & Merkl, 2003

越南越琵甲 *Viettagona vietnamensis* Medvedev & Merkl, 2003
分布：云南（红河）；越南。

差伪叶甲属 *Xanthalia* Fairmaire, 1894

黑带差伪叶甲 *Xanthalia nigrovittata* (Pic, 1910)
分布：云南（迪庆），四川，陕西，河北；尼泊尔。

鲁氏差伪叶甲 *Xanthalia rouyeri* (Pic, 1915)
分布：云南（保山、德宏）；印度尼西亚。

辛伪叶甲属 *Xenocerogria* Merkl, 2007

飞埃辛伪叶甲 *Xenocerogria feai* (Borchmann, 1911)
分布：云南（西双版纳）；缅甸。

脊烁甲属 *Ziaelas* Fairmaire, 1892

台湾脊烁甲 *Ziaelas formosanus* Hozawa, 1914
分布：云南（楚雄），江苏，广西，福建，广东，台湾。

古隐甲科 Archeocrypticidae

复古隐甲属 *Sivacrypticus* Kaszab, 1964
版纳复古隐甲 *Sivacrypticus uenoi* Masumoto & Yin, 1993
分布：云南（西双版纳）。

翼甲科 Pterogeniidae

拉翼甲属 *Laenagenius* Löbl, 2005
缺翅拉翼甲 *Laenagenius apterus* **Löbl, 2005**

分布：云南（迪庆）。

木蕈甲科 Ciidae

棘胫木蕈甲属 *Acanthocis* Miyatake, 1955
老挝棘胫木蕈甲 *Acanthocis laoensis* **Kobayashi, 2020**
分布：云南（丽江、大理）；老挝。

木蕈甲属 *Cis* Latreille, 1796
中华木蕈甲 *Cis chinensis* **Lawrence, 1991**
分布：云南（楚雄）；伊朗，欧洲，美洲。
圣木蕈甲 *Cis hieroglyphicus* **Reitter, 1877**
分布：云南（大理）；日本，韩国。
多齿木蕈甲 *Cis multidentatus* **(Pic, 1917)**
分布：云南（昆明、大理、临沧、楚雄）；中东。
中国木蕈甲 *Cis sinensis* **Pic, 1917**
分布：云南。

缺刻木蕈甲属 *Ennearthron* Mellié, 1847
尖角缺刻木蕈甲 *Ennearthron acuticornum* **Li, Mo, Mao & Xu, 2024**
分布：云南（普洱、大理）。
鸡足山缺刻木蕈甲 *Ennearthron jizushanense* **Li, Mo, Mao & Xu, 2024**
分布：云南（大理）。

滑锤木蕈甲属 *Scolytocis* Blair, 1928
达那厄滑锤木蕈甲 *Scolytocis danae* **Lopes-Andrade & Grebennikov, 2015**
分布：云南（保山）。
多棘滑锤木蕈甲 *Scolytocis multispinus* **Mo & Xu, 2022**
分布：云南（大理）。

宽木蕈甲属 *Syncosmetus* Sharp, 1891
瑞艾莉宽木蕈甲 *Syncosmetus euryale* **Lopes-Andrade & Grebennikov, 2015**
分布：云南（保山）。
丝西娜宽木蕈甲 *Syncosmetus stheno* **Lopes-Andrade & Grebennikov, 2015**
分布：云南（大理、保山）。
无量宽木蕈甲 *Syncosmetus wuliangensis* **Mo & Xu, 2022**
分布：云南（大理）。
脊胸宽木蕈甲 *Syncosmetus yunnanensis* **Jiang, Lopes-Andrade, Liu & Chen, 2022**
分布：云南（红河）。

斑蕈甲科 Tetratomidae

朋斑蕈甲属 *Penthe* Newman, 1838
莱氏朋斑蕈甲 *Penthe reitteri* **Nikitsky, 1998**
分布：云南（丽江），四川，台湾；老挝，越南。

斑蕈甲属 *Tetratoma* Fabricius, 1790
云南斑蕈甲 *Tetratoma yunnanensis* **Nikitsky, 2016**
分布：云南（迪庆）。

长朽木甲科 Melandryidae

皮长朽木甲属 *Phloiotrya* Stephens, 1832
布乐皮长朽木甲 *Phloiotrya bellicosa* **Lewis, 1895**

分布：云南（迪庆），辽宁，吉林，湖南；俄罗斯，朝鲜半岛，日本。

长朽木甲属 *Melandrya* Fabricius, 1801
奇长朽木甲 *Melandrya monstrum* Gusakov, 2009
分布：云南（迪庆）。

莱长朽木甲属 *Lederina* Nikitsky & Belov, 1982
长形莱长朽木甲 *Lederina elongate* Cosandey, 2023
分布：云南（保山）。
莫氏莱长朽木甲 *Lederina mozolevskayae* Nikitsky,

2001
分布：云南（大理）。
卵形莱长朽木甲 *Lederina ovata* Cosandey, 2023
分布：云南（丽江）。

跳长朽木甲属 *Orchesia* Latreille, 1807
沃氏跳长朽木甲 *Orchesia vorontsovi* Nikitsky, 2001
分布：云南。

大花蚤科 Ripiphoridae

凸顶大花蚤属 *Macrosiagon* Hentz, 1830
双带凸顶大花蚤 *Macrosiagon bifasciata* (Marseul, 1877)
分布：云南，四川，北京，福建；朝鲜半岛，日本，印度，尼泊尔，老挝，菲律宾，越南，印度尼西亚。
小凸顶大花蚤 *Macrosiagon pusilla* (Gerstaecker, 1855)
分布：云南，西藏，四川，贵州，河北，湖南，广

东，福建；朝鲜半岛，日本，俄罗斯，印度，不丹，尼泊尔，老挝，泰国，越南，菲律宾，马来西亚。

蜂大花蚤属 *Metoecus* Dejean, 1834
爪哇蜂大花蚤 *Metoecus javanus* (Pic, 1913)
分布：云南（怒江、临沧、楚雄），四川；印度尼西亚，马来西亚。
撒旦蜂大花蚤 *Metoecus satanas* Schilder, 1924
分布：云南（丽江），青海；俄罗斯，日本。

幽甲科 Zopheridae

缩腿甲属 *Monomma* Klug, 1833
褐色缩腿甲 *Monomma glyphysternum* Marseul, 1876
分布：云南，新疆，上海，香港，海南，台湾；日本。
土幽甲属 *Phellopsis* LeConte, 1862
玉龙土幽甲 *Phellopsis yulongensis* Foley & Ivie, 2008

分布：云南（丽江）

长棘坚甲属 *Pseudendestes* Lawrence, 1980
南德长棘坚甲 *Pseudendestes namdaphaensis* Pal, 1984
分布：云南（西双版纳）；印度。

花蚤科 Mordellidae

短肛花蚤属 *Curtimorda* Mequignon, 1946
白斑短肛花蚤 *Curtimorda maculosa* (Neazen, 1794)
分布：云南，四川，甘肃，青海；日本，欧洲。

肖姬花蚤属 *Falsomordellistena* Ermisch, 1941
红肖姬花蚤 *Falsomordellistena altestrigata* (Marseul, 1877)
分布：云南，陕西，湖南，湖北，浙江，台湾；日本。

带花蚤属 *Glipa* LeConte, 1857
Glipa cinereonigra (Fairmaire, 1893)
分布：云南，海南，台湾；日本，老挝，越南，马来西亚。
曲臀锥带花蚤 *Glipa curtopyga* Fan & Yang, 1993
分布：云南（西双版纳）。
纹带花蚤 *Glipa fasciata* Kôno, 1928
分布：云南，四川，湖北，江西，浙江，湖南，广

西，广东，福建，海南，台湾；日本。

黄体带花蚤 *Glipa flava* **Fan & Yang, 1993**

分布：云南（西双版纳）。

畑山带花蚤伊豆亚种 *Glipa hatayamai izuinsulana* **Takakuwa, 2000**

分布：云南，广西，海南，台湾；日本。

斜纹带花蚤 *Glipa obliquivittata* **Fan & Yang, 1993**

分布：云南（西双版纳），台湾。

皮氏带花蚤 *Glipa pici* **Ermisch, 1940**

分布：云南，四川，陕西，湖北，江西，浙江，湖南，广西，广东，福建，海南，台湾；日本。

白水带花蚤 *Glipa shirozui* **Nakane, 1949**

分布：云南，湖北，湖南，浙江，台湾；韩国，日本。

张氏带花蚤 *Glipa zhangi* **Fan & Yang, 1993**

分布：云南（西双版纳）。

异形带花蚤属 *Glipidiomorpha* **Franciscolo, 1952**

红背异形带花蚤 *Glipidiomorpha rufiterga* **Lu & Fan, 2000**

分布：云南（西双版纳）。

黑背异形带花蚤 *Glipidiomorpha atraterga* **Lu & Fan, 2000**

分布：云南（普洱、西双版纳），香港。

新花蚤属 *Neocurtimorda* **Franciscolo, 1949**

图氏新花蚤 *Neocurtimorda touzalini* **(Pic, 1941)**

分布：云南，江西，湖南，福建；尼泊尔，印度。

阻花蚤属 *Variimorda* **Mequignon, 1946**

中华阻花蚤 *Variimorda sinensis* **(Pic, 1917)**

分布：云南；印度。

狭花蚤属 *Stenomordella* **Ermisch, 1941**

长角狭花蚤 *Stenomordella longeantennalis* **Ermisch, 1941**

分布：云南（丽江、大理），江西，湖北，福建。

尖颚扁甲科 Prostomidae

尖颚扁甲属 *Prostomis* **Latreille, 1819**

伊迪丝尖颚扁甲 *Prostomis edithae* **Schawaller, 1991**

分布：云南（怒江、丽江），四川；不丹，尼泊尔，

越南。

小尖颚扁甲 *Prostomis parva* **Ito & Yoshitomi, 2017**

分布：云南（大理、红河）；老挝。

拟天牛科 Oedemeridae

长毛拟天牛属 *Anogcodes* **Dejean, 1834**

戴维长毛拟天牛 *Anogcodes davidis* **Fairmaire, 1886**

分布：云南，四川，西藏，甘肃，青海。

锥拟天牛属 *Ascleranoncodes* **Pic, 1915**

锥拟天牛暗红亚种 *Ascleranoncodes suturalis haematodes* **Švihla, 2009**

分布：云南（保山）；印度，老挝。

丹拟天牛属 *Dainsclera* **Švihla, 1997**

暗绿丹拟天牛 *Dainsclera obscuroviridis* **Švihla, 1997**

分布：云南，四川。

双距拟天牛属 *Diplectrus* **Kirsch, 1866**

栗色双距拟天牛 *Diplectrus castaneicollis* **Švihla, 1999**

分布：云南（怒江）；越南。

青拟天牛属 *Indasclera* **Švihla, 1980**

双斑青拟天牛 *Indasclera binotata* **(Pic, 1927)**

分布：云南。

红端青拟天牛 *Indasclera haemorrhoidalis* **(Pic, 1907)**

分布：云南。

奇青拟天牛 *Indasclera peculiaris* **(Pic, 1914)**

分布：云南；老挝，泰国，越南。

仿青拟天牛 *Indasclera similis* Švihla, 2002
分布：云南；老挝，缅甸，印度。

细股拟天牛属 *Ischnomera* Stephens, 1832
吉氏细股拟天牛 *Ischnomera girardi* Švihla, 1992
分布：云南。

短毛拟天牛属 *Nacerdes* Dejean, 1834
灰色短毛拟天牛 *Nacerdes atripennis* (Pic, 1934)
分布：云南（怒江），四川。

红斑短毛拟天牛 *Nacerdes becvari* Švihla, 1998
分布：云南（丽江）。

红腿短毛拟天牛 *Nacerdes fulvicrus* (Fairmaire, 1889)
分布：云南（怒江），四川，贵州，甘肃，陕西，山西，湖北。

蓝绿短毛拟天牛 *Nacerdes kubani* (Švihla, 1998)
分布：云南（迪庆），四川。

黄腹短毛拟天牛 *Nacerdes subviolacea* (Pic, 1911)
分布：云南（怒江、大理、楚雄）。

黄色短毛拟天牛 *Nacerdes violaceonotata* (Pic, 1922)
分布：云南（保山、大理）；越南。

拟天牛属 *Oedemera* Olivier, 1789
浅黄拟天牛 *Oedemera lurida sinica* Švihla, 1999
分布：云南（迪庆），四川，宁夏。

Oedemera svihlai Poloni, 2023
分布：云南（丽江）。

芜菁科 Meloidae

齿爪芜菁属 *Denierella* Kaszab, 1952
微锯齿爪芜菁 *Denierella minutiserra* Tan, 1988
分布：云南（大理、红河、文山），西藏，广西；印度，尼泊尔。

细纹齿爪芜菁 *Denierella venerabilis* Kaszab, 1956
分布：云南（西双版纳）；泰国，印度。

豆芜菁属 *Epicauta* Dejean, 1834
短翅豆芜菁 *Epicauta aptera* Kaszab, 1952
分布：云南，四川，重庆，贵州，江西，江苏，浙江，广西，福建。

短距豆芜菁中国亚种 *Epicauta badeni sinica* Kaszab, 1960
分布：云南。

短胫豆芜菁 *Epicauta brevitibialis* Kaszab, 1952
分布：云南。

隐纹豆芜菁 *Epicauta cryptogramaca* Yang & Ren, 2006
分布：云南（楚雄）。

毛角豆芜菁 *Epicauta hirticornis* (Haag-Rutenberg, 1880)
分布：云南（大理、临沧、普洱、德宏、西双版纳），西藏，四川，贵州，河南，广西，广东，福建，海南，台湾；日本，印度，越南。

扁角豆芜菁 *Epicauta impressicornis* (Pic, 1913)
分布：云南（丽江、文山），贵州，广西。

凹跗豆芜菁 *Epicauta interrupta* (Fairmaire, 1889)
分布：云南（迪庆），西藏，四川。

玛氏豆芜菁 *Epicauta makliniana* Kaszab, 1958
分布：云南（普洱、西双版纳）；泰国，越南，柬埔寨。

细纹豆芜菁 *Epicauta mannerheimi* (Mäklin, 1875)
分布：云南，广西，福建，广东，海南；尼泊尔，不丹，印度，越南。

大头豆芜菁 *Epicauta megalocephala* (Gebler, 1817)
分布：云南，四川，黑龙江，吉林，辽宁，新疆，北京，河北，河南，内蒙古，宁夏，青海，甘肃，山西；朝鲜，俄罗斯，蒙古国，中亚。

米氏豆芜菁 *Epicauta miroslavi* Bologna, 2020
分布：云南（文山）。

红头豆芜菁 *Epicauta ruficeps* (Illiger, 1800)
分布：云南，四川，贵州，安徽，湖北，江西，湖南，广西；印度尼西亚，马来西亚。

西伯利亚豆芜菁 *Epicauta sibirica* (Pallas, 1773)
分布：云南（红河），贵州，四川，西藏，黑龙江，吉林，辽宁，新疆，宁夏，青海，陕西，甘肃，河北，河南，内蒙古，山西，山东，北京，安徽，江苏，浙江，江西，广东，海南，台湾；朝鲜，蒙古国，日本，俄罗斯，中亚。

缘毛豆芜菁 *Epicauta seriata* **Ren & Yang, 2007**

分布：云南（丽江、曲靖）。

疏毛豆芜菁 *Epicauta sparsicapilla* **Yang & Ren, 2007**

分布：云南（文山）。

毛胫豆芜菁 *Epicauta tibialis* **(Waterhouse, 1871)**

分布：云南，四川，贵州，江苏，江西，湖南，广西，福建，海南，广东，香港，台湾；印度，尼泊尔。

宽纹豆芜菁 *Epicauta waterhousei* **(Haag-Rutenberg, 1880)**

分布：云南，山东，河南，湖北，江西，安徽，福建，广西，广东，台湾，海南；日本，印度。

维西豆芜菁 *Epicauta weixiensis* **Tan, 1992**

分布：云南（怒江、迪庆）。

云南豆芜菁 *Epicauta yunnanensis* **Kaszab, 1960**

分布：云南（昆明、大理），四川。

绿芜菁属 *Lytta* Fabricius, 1775

沟胸绿芜菁 *Lytta fissicollis* **(Fairmaire, 1886)**

分布：云南（昆明、大理、迪庆、怒江），四川，贵州，西藏，甘肃，陕西，河南。

西藏绿芜菁 *Lytta roborowskyi* **(Dokhtouroff, 1887)**

分布：云南，四川，西藏，新疆，青海。

黄胸绿芜菁 *Lytta taliana* **Pic, 1915**

分布：云南（大理），四川，西藏。

沟芜菁属 *Hycleus* Latreille, 1817

瘤疤沟芜菁 *Hycleus biundulatus* **(Pallas, 1782)**

分布：云南，福建；巴基斯坦，印度，斯里兰卡，印度尼西亚。

短跗沟芜菁 *Hycleus brevetarsalis* **(Kaszab, 1960)**

分布：云南（普洱、临沧、德宏、西双版纳），广西，福建，台湾；印度，尼泊尔，欧洲。

眼斑沟芜菁 *Hycleus cichorii* **(Linnaeus, 1758)**

分布：云南（文山、红河、楚雄、保山、临沧、德宏、普洱、西双版纳），四川，贵州，江苏，浙江，安徽，江西，河南，湖北，湖南，广西，福建，广东，海南，香港，台湾；日本，越南，老挝，印度，尼泊尔，泰国。

毛背沟芜菁 *Hycleus dorsetiferus* **Pan, Ren & Wang, 2011**

分布：云南（红河、普洱），四川，西藏，浙江，广西，福建；老挝，泰国，印度，尼泊尔。

多毛沟芜菁 *Hycleus hirtus* **(Tan, 1992)**

分布：云南（大理、迪庆），四川，湖北，福建。

曼氏沟芜菁 *Hycleus mannheimsi* **(Kaszab, 1961)**

分布：云南（曲靖、大理、保山、迪庆），四川。

中突沟芜菁 *Hycleus medioinsignatus* **(Pic, 1909)**

分布：云南（昆明、楚雄、大理、丽江、迪庆、怒江、保山、普洱），西藏，四川，贵州，北京，山东，河南，天津，河北，山西，湖北，广西，福建；蒙古国，印度，尼泊尔。

小沟芜菁 *Hycleus parvulus* **(Frivaldszky, 1892)**

分布：云南（临沧、普洱、西双版纳）；越南。

大斑沟芜菁 *Hycleus phaleratus* **(Pallas, 1781)**

分布：云南（昆明、楚雄、大理、临沧、怒江、迪庆），四川，贵州，西藏，河南，江苏，浙江，安徽，江西，湖北，广西，福建，广东，海南，台湾；巴基斯坦，尼泊尔，印度，斯里兰卡。

斑芜菁属 *Mylabris* Fabricius, 1775

双滴斑芜菁 *Mylabris bistillata* **Tan, 1981**

分布：云南，四川，西藏。

高原伪斑芜菁 *Mylabris przewalskyi* **(Dokhtouroff, 1887)**

分布：云南（迪庆），四川，西藏，青海；印度。

短翅芜菁属 *Meloe* Linnaeus, 1758

罗短翅芜菁 *Meloe lobatus* **Gebler, 1832**

分布：云南（迪庆），四川，辽宁，黑龙江，宁夏，陕西，山东，山西，北京，河北，湖北，江苏，江西，浙江，安徽，湖南，福建；俄罗斯，朝鲜，韩国。

隆背短翅芜菁 *Meloe modestus* **Fairmaire, 1887**

分布：云南，西藏，四川，山西，陕西，江苏，安徽，福建。

东方短翅芜菁 *Meloe orientalis* **Pan & Bologna, 2021**

分布：云南（红河），浙江，福建。

波氏短翅芜菁 *Meloe poggii* **Pan & Bologna, 2021**

分布：云南（大理、丽江），西藏，四川，甘肃，青海；印度，尼泊尔。

沙氏短翅芜菁 *Meloe shapovalovi* **Pan & Bologna, 2021**

分布：云南（昆明、昭通、大理、迪庆），西藏，四川，湖北。

心胸短翅芫菁*Meloe subcordicollis* **Fairmaire, 1887**

分布：云南（迪庆、大理），西藏，四川，贵州，甘肃，内蒙古；印度。

长栉芫菁属 *Longizonitis* **Pan & Bologna, 2018**

半长栉芫菁 *Longizonitis semirubra* **(Pic, 1911)**

分布：云南，西藏，福建；印度。

黄带芫菁属 *Zonitoschema* Peringuey, 1909

棕黄带芫菁*Zonitoschema fuscimembris* **(Fairmaire, 1886)**

分布：云南，福建。

云南黄带芫菁 *Zonitoschema yunnanum* **Kaszab, 1960**

分布：云南（红河、西双版纳），福建。

三栉牛科 Trictenotomidae

王三栉牛属 *Autocrates* Thomson, 1860

铜色王三栉牛 *Autocrates aeneus* **(Westwood, 1846)**

分布：云南，西藏；印度，尼泊尔，不丹，缅甸，泰国。

欧氏王三栉牛 *Autocrates oberthueri* **Vuillet, 1910**

分布：云南（大理、迪庆、保山、丽江、楚雄、曲靖、红河），西藏，福建。

威氏王三栉牛 *Autocrates vitalisi* **Vuillet, 1912**

分布：云南（德宏、保山、普洱、红河、文山），四川，西藏，陕西，广西，广东，海南；越南，老挝，泰国，缅甸，柬埔寨，马来西亚。

三栉牛属 *Trictenotoma* Gray, 1832

大卫三栉牛 *Trictenotoma davidi* **Deyrolle, 1875**

分布：云南（西双版纳），西藏，四川，贵州，陕西，江西，浙江，湖南，安徽，广西，广东，福建，海南；越南，老挝。

赤翅甲科 Pyrochroidae

颚赤翅甲属 *Agnathus* Germar, 1825

粗角颚赤翅甲 *Agnathus secundus* **Jelínek & Kubán, 2009**

分布：云南（迪庆），西藏。

真赤翅甲属 *Eupyrochroa* Blair, 1914

饰真赤翅甲 *Eupyrochroa insignata* **(Fairmaire, 1894)**

分布：云南（怒江、大理），西藏，福建。

额栉赤翅甲属 *Frontodendroidopsis* Young, 2004

佩氏额栉赤翅甲 *Frontodendroidopsis pennyi* **Young, 2017**

分布：云南（怒江）。

喜马赤翅甲属 *Himalapyrochroa* Young, 2004

驼峰喜马赤翅甲 *Himalapyrochroa gibbosa* **Young, 2004**

分布：云南（怒江）；印度，尼泊尔。

光滑喜马赤翅甲 *Himalapyrochroa nitidicollis* **(Pic, 1955)**

分布：云南（迪庆）；印度。

叶赤翅甲属 *Phyllocladus* Blair, 1914

大叶赤翅甲 *Phyllocladus magnificus* **(Blair, 1912)**

分布：云南（保山、迪庆），甘肃，陕西，湖北；缅甸。

羽叶赤翅甲 *Phyllocladus grandipennis* **(Pic, 1906)**

分布：云南（红河），西藏，四川，湖北，广西；不丹。

伪赤翅甲属 *Pseudopyrochroa* Pic, 1906
扁角伪赤翅甲 *Pseudopyrochroa antennalis* (Blair, 1912)
分布：云南，西藏；印度，缅甸，老挝。
棱茎伪赤翅甲 *Pseudopyrochroa costatipennis* (Pic, 1908)
分布：云南（大理）。

东氏伪赤翅甲 *Pseudopyrochroa donckieri* (Pic, 1908)
分布：云南（大理）
格氏伪赤翅甲 *Pseudopyrochroa grzymalae* Young, 2019
分布：云南（怒江）。

蚁形甲科 Anthicidae

蚁形甲属 *Anthicus* Paykull, 1798
毛蚁形甲 *Anthicus crinitus* LaFerté-Sénectère, 1849
分布：云南，西藏，贵州，湖北，浙江，广西，广东，福建，台湾；欧洲，东南亚，非洲，美洲。
隐蚁形甲指名亚种 *Anthicus inconspicuus inconspicuus* Krekich-Strassoldo, 1931
分布：云南（怒江）；印度，尼泊尔，不丹。
褐蚁形甲 *Anthicus rubiginosus* Krekich-Strassoldo, 1931
分布：云南（临沧）；印度，尼泊尔，东洋区。
滇蚁形甲 *Anthicus yunnanus* Pic, 1915
分布：云南（昆明、楚雄、丽江、大理），四川。

齿蚁形甲属 *Anthelephila* Hope, 1833
Anthelephila akela Kejval, 2017
分布：云南（西双版纳）；泰国，老挝。
阿齿蚁形甲 *Anthelephila animata* (Pic, 1903)
分布：云南（西双版纳）；越南。
秘齿蚁形甲 *Anthelephila arcana* Kejval, 2017
分布：云南（西双版纳）；老挝。
直齿蚁形甲指名亚种 *Anthelephila bramina bramina* (LaFerté-Sénectère, 1849)
分布：云南，吉林，湖北，江苏，台湾；巴基斯坦。
卡齿蚁形甲 *Anthelephila consul* (LaFerté-Sénectère, 1849)
分布：云南，广西，广东，海南；尼泊尔，印度，缅甸，越南，泰国，老挝，柬埔寨，斯里兰卡，菲律宾，印度尼西亚，澳大利亚。
大卫齿蚁形甲 *Anthelephila davita* Kejval, 2017
分布：云南（西双版纳）；泰国，老挝。

德齿蚁形甲 *Anthelephila degener* Kejval, 2006
分布：云南，四川，湖北。
迷齿蚁形甲 *Anthelephila fallax* Kejval, 2017
分布：云南（西双版纳）；泰国，老挝。
刺齿蚁形甲 *Anthelephila fossicollis* Kejval, 2002
分布：云南（昆明、楚雄、丽江），西藏，四川。
妙齿蚁形甲 *Anthelephila gloriosa* Krekich-Strassoldo, 1919
分布：云南（昆明、丽江、保山），四川，贵州。
喜马齿蚁形甲 *Anthelephila himalayana* (Krekich-Strassoldo, 1914)
分布：云南（大理、德宏）；泰国，缅甸，孟加拉国，不丹，尼泊尔，印度。
长头齿蚁形甲 *Anthelephila longiceps* (Pic, 1913)
分布：云南；不丹，尼泊尔，印度。
多齿蚁形甲 *Anthelephila mutillaria* Saunders, 1834
分布：云南（临沧）；越南，泰国，尼泊尔，巴基斯坦，印度，孟加拉国。
沙登齿蚁形甲 *Anthelephila serdanga* (Marseul, 1884)
分布：云南（西双版纳）；新加坡，马来西亚，印度尼西亚。
中华齿蚁形甲 *Anthelephila sinica* Kejval, 2002
分布：云南（昆明、楚雄、丽江）。
大理齿蚁形甲 *Anthelephila taliana* (Pic, 1913)
分布：云南（昆明，大理、丽江）；老挝。

棒蚁形甲属 *Clavicomus* Pic, 1894
奇棒蚁形甲 *Clavicomus almorae paradoxus* (Krekich-Strassoldo, 1931)
分布：云南；印度。

黄棒蚁形甲 *Clavicomus manifestus* (Pic, 1907)

分布：云南（楚雄），台湾。

黑靛棒蚁形甲 *Clavicomus nigrocyanellus* (Marseul, 1877)

分布：云南，新疆，甘肃，内蒙古，浙江，福建，广东；俄罗斯，日本，韩国，蒙古国，越南。

华棒蚁形甲 *Clavicomus sinensis* (Pic, 1907)

分布：云南（大理），台湾。

越南棒蚁形甲 *Clavicomus tonkinensis* (Krekich-Strassoldo, 1928)

分布：云南（大理）；越南。

尹蚁形甲属 *Endomia* LaPorte, 1840

月纹尹蚁形甲 *Endomia lunulata* Krekich-Strassoldo, 1928

分布：云南；越南，泰国，印度，尼泊尔。

五斑尹蚁形甲 *Endomia quinquemaculata* Uhmann, 1995

分布：云南；越南，老挝。

叉蚁形甲属 *Furcanthicus* Zhao & Wang, 2023

马德尔叉蚁形甲 *Furcanthicus maderi* (Heberdey, 1938)

分布：云南（昆明、楚雄、大理、保山）；泰国。

模叉蚁形甲 *Furcanthicus monstrator* (Telnov, 2005)

分布：云南，四川。

刻叉蚁形甲 *Furcanthicus punctiger* (Krekich-Strassoldo, 1931)

分布：云南（昆明、楚雄、大理）；印度，尼泊尔。

红叉蚁形甲 *Furcanthicus rubens* (Krekich-Strassoldo, 1931)

分布：云南（楚雄、大理）；印度，尼泊尔，巴基斯坦。

特氏叉蚁形甲 *Furcanthicus telnovi* Zhao & Wang, 2023

分布：云南（保山）。

仿叉蚁形甲 *Furcanthicus vicarius* (Telnov, 2005)

分布：云南（大理、丽江），四川。

毛蚁形甲属 *Hirticomus* Pic, 1894

粗毛蚁形甲 *Hirticomus hirsutus* (LaFerté-Sénectère, 1849)

分布：云南，香港；印度，缅甸，泰国。

眼斑毛蚁形甲 *Hirticomus ocellatus* (LaFerté-Sénectère, 1849)

分布：云南，香港；越南，泰国，印度，尼泊尔。

瘦蚁形甲属 *Leptaleus* LaFerté-Sénectère, 1849

美瘦蚁形甲 *Leptaleus delicatulus* (LaFerté-Sénectère, 1849)

分布：云南，香港；越南，泰国，印度，尼泊尔。

大蚁形甲属 *Macratria* Newman, 1838

巴大蚁形甲 *Macratria basithorax* Pic, 1905

分布：云南，上海。

双色大蚁形甲 *Macratria bicoloripes* Pic, 1923

分布：云南。

扁齿大蚁形甲 *Macratria flavicornis* Champion, 1916

分布：云南；印度，不丹。

棕大蚁形甲 *Macratria rufescens* Champion, 1916

分布：云南（大理），四川；印度，尼泊尔。

曼蚁形甲属 *Macrotomoderus* Pic, 1901

Macrotomoderus angelinii Telnov, 2022

分布：云南（大理）。

Macrotomoderus belousovi Telnov, 2022

分布：云南（怒江）。

Macrotomoderus bicrispus Telnov, 2022

分布：云南（迪庆）。

Macrotomoderus bordonii Telnov, 2022

分布：云南（德宏）。

布氏曼蚁形甲 *Macrotomoderus bukejsi* Telnov, 2018

分布：云南（大理）。

景颇曼蚁形甲 *Macrotomoderus chingpo* Telnov, 2018

分布：云南（大理、怒江）。

锥曼蚁形甲 *Macrotomoderus conus* Telnov, 2018

分布：云南（怒江）。

曼氏曼蚁形甲 *Macrotomoderus darrenmanni* Telnov, 2018

分布：云南（普洱）。

Macrotomoderus dali Telnov, 2022

分布：云南（大理）。

细胸曼蚁形甲 *Macrotomoderus gracilis* Telnov, 2018

分布：云南（大理、怒江）。

Macrotomoderus hartmanni Telnov, 2022
分布：云南（大理）。

Macrotomoderus hengduan Telnov, 2022
分布：云南（迪庆）。

Macrotomoderus imitator Telnov, 2022
分布：云南（怒江）。

Macrotomoderus kabaki Telnov, 2022
分布：云南（丽江）。

佤曼蚁形甲 *Macrotomoderus kawa* Telnov, 2018
分布：云南（临沧）。

Macrotomoderus korolevi Telnov, 2022
分布：云南（临沧）。

小曼蚁形甲 *Macrotomoderus microscopicus* Telnov, 2018
分布：云南（保山）。

宽胸曼蚁形甲 *Macrotomoderus mirabilis* Telnov, 2018
分布：云南（临沧）。

长角曼蚁形甲 *Macrotomoderus monstratus* Telnov, 2018
分布：云南（临沧）。

奇曼蚁形甲 *Macrotomoderus monstrificabilis* Telnov, 2018
分布：云南（保山）。

Macrotomoderus negator Telnov, 2007
分布：云南（临沧）。

Macrotomoderus palaung Telnov, 2022
分布：云南（保山）。

凹胸曼蚁形甲 *Macrotomoderus perforatus* Telnov, 2018
分布：云南（保山、临沧、德宏）。

忧曼蚁形甲 *Macrotomoderus periclitatus* Telnov, 2018
分布：云南（怒江）。

舒氏曼蚁形甲 *Macrotomoderus schuelkei* Telnov, 2018
分布：云南（保山）。

林地曼蚁形甲 *Macrotomoderus silvicolus* Telnov, 2018
分布：云南（保山）。

Macrotomoderus similis Telnov, 2022
分布：云南（临沧）。

斯氏曼蚁形甲 *Macrotomoderus spurisi* Telnov, 2018
分布：云南（大理）。

Macrotomoderus transitans Telnov, 2022
分布：云南（怒江）。

Macrotomoderus truncatulus Telnov, 2022
分布：云南（玉溪、普洱）。

Macrotomoderus usitatus Telnov, 2022
分布：云南（临沧）。

无量曼蚁形甲 *Macrotomoderus wuliangshan* Telnov, 2018
分布：云南（大理）。

云南曼蚁形甲 *Macrotomoderus yunnanus* (Telnov, 1998)
分布：云南（西双版纳）。

长跗蚁形甲属 *Mecynotarsus* LaFerté-Sénectère, 1849

弱长跗蚁形甲 *Mecynotarsus fragilis* LaFerté-Sénectère, 1849
分布：云南；越南。

漫长跗蚁形甲 *Mecynotarsus vagepictus* Fairmaire, 1893
分布：云南；巴基斯坦，印度，尼泊尔，泰国，老挝，越南。

Microhoria Chevrolat, 1877

Microhoria tonkinensis (Krekich-Strassoldo, 1928)
分布：云南（丽江）。

尼蚁形甲属 *Nitorus* Telnov, 2007

双突尼蚁形甲 *Nitorus bigibbosus* (Pic, 1913)
分布：云南（大理），台湾；泰国，印度，尼泊尔。

角蚁形甲属 *Notoxus* Geoffroy, 1762

登奇尔角蚁形甲 *Notoxus donckieri* Pic, 1908
分布：云南；越南。

华角蚁形甲 *Notoxus sinensis* Pic, 1907
分布：云南（昆明、楚雄、大理、丽江）。

沟角蚁形甲 *Notoxus suturalifer* Pic, 1932
分布：云南；越南，老挝，泰国。

莫蚁形甲属 *Omonadus* Mulsant & Rey, 1866

孔子莫蚁形甲阿登亚种 *Omonadus confucii addendus* (Krekich-Strassoldo, 1928)
分布：云南（红河、德宏）；阿富汗，印度，缅甸。

孔子莫蚁形甲指名亚种 *Omonadus confucii confucii* (Marseul, 1876)

分布：云南，黑龙江，吉林，辽宁，内蒙古，北京，河北，山西，河南，陕西，甘肃，上海，江苏，浙江，福建，广东，台湾；俄罗斯，韩国，日本，泰国，越南，菲律宾。.

风莫蚁形甲指名亚种 *Omonadus formicarius formicarius* (Goeze, 1777)

分布：全球广布。

长莫蚁形甲 *Omonadus longemaculatus* (Pic, 1938)

分布：云南，新疆，河北，江苏，福建；巴基斯坦，印度，尼泊尔。

拟红蚁形甲属 *Pseudostereopalpus* Abdullah, 1964

狭胸拟红蚁形甲 *Pseudostereopalpus angusticollis* (Pic, 1899)

分布：云南，西藏；印度，尼泊尔，不丹。

萨蚁形甲属 *Sapintus* Casey, 1895

角头萨蚁形甲 *Sapintus anguliceps* (LaFerté-Sénectère, 1849)

分布：云南（怒江），广西；印度，尼泊尔，泰国，越南，柬埔寨。

爪哇萨蚁形甲 *Sapintus javanus* (Marseul, 1882)

分布：云南，台湾；日本，泰国，越南，马来西亚，印度尼西亚。

束颈蚁形甲属 *Stricticomus* Pic, 1894

斯氏束颈蚁形甲 *Stricticomus sternbergsi* Telnov, 2005

分布：云南（丽江）。

热蚁形甲属 *Tomoderus* LaFerté-Sénectère, 1849

单带热蚁形甲 *Tomoderus unifasciatus* Pic, 1907

分布：云南（西双版纳）；缅甸，印度，泰国。

云蚁形甲属 *Yunnanomonticola* Telnov, 2002

宽云蚁形甲 *Yunnanomonticola latissima* Zhao, Wang & Wang, 2019

分布：云南（昆明）。

南诏云蚁形甲 *Yunnanomonticola nanzhao* Telnov, 2002

分布：云南（大理）。

细颈甲科 Ischaliidae

细颈甲属 *Ischalia* Pascoe, 1860

Ischalia belousovi Telnov, 2020

分布：云南（丽江）。

点苍细颈甲 *Ischalia diancang* Telnov, 2020

分布：云南（大理）。

Ischalia magna Telnov, 2020

分布：云南（迪庆）。

黄边细颈甲 *Ischalia patagiata* Lewis, 1879

分布：云南（大理、保山），辽宁，福建；日本，韩国。

云南细颈甲 *Ischalia yunnana* Telnov, 2020

分布：云南（迪庆）。

拟花蚤科 Scraptiidae

突拟花蚤属 *Anaspis* Geoffroy, 1762

异突拟花蚤 *Anaspis diversipes* Pic, 1933

分布：云南。

无斑突拟花蚤 *Anaspis immaculata* Pic, 1933

分布：云南。

弓拟花蚤属 *Cyrtanaspis* Emery, 1876

云南弓拟花蚤 *Cyrtanaspis yunnana* Pic, 1933

分布：云南，甘肃。

天牛科 Cerambycidae

Abacoclytus Pesarini & Sabbadini, 1997
四纹曲虎天牛 *Abacoclytus ventripennis* (Pic, 1908)
分布：云南，四川。

肖吉丁天牛属 *Abryna* Newman, 1842
双带肖吉丁天牛 *Abryna regispetri* Paiva, 1860
分布：云南（德宏、西双版纳）；老挝，泰国，缅甸，马来西亚。

锦天牛属 *Acalolepta* Pascoe, 1858
肿柄锦天牛 *Acalolepta basicornis* (Gahan, 1894)
分布：云南（红河、文山），贵州，河南，江西，湖南，广西；越南，老挝，印度，缅甸。
绒锦天牛 *Acalolepta basiplagiata* (Breuning, 1935)
分布：云南（普洱）；越南，老挝，日本。
咖啡锦天牛 *Acalolepta cervina* (Hope, 1831)
分布：云南（西双版纳），西藏，贵州，四川，浙江，湖北，江西，广西，福建，广东，海南，香港；日本，朝鲜，越南，老挝，印度，缅甸，尼泊尔。
栗灰锦天牛 *Acalolepta degener* (Bates, 1873)
分布：云南（红河），贵州，四川，黑龙江，吉林，内蒙古，山东，陕西，甘肃，江苏，浙江，湖北，江西，湖南，广西，福建，广东，台湾；朝鲜，日本，俄罗斯。
显事业锦天牛 *Acalolepta fasciata* Hua, 1992
分布：云南。
寡白芒锦天牛 *Acalolepta flocculata paucisetosa* (Gressitt, 1938)
分布：云南（西双版纳）。
Acalolepta formosana (Breuning, 1935)
分布：云南（西双版纳）。
灰绿锦天牛 *Acalolepta griseipennis* (Thomson, 1857)
分布：云南（红河、德宏）；老挝，印度，缅甸，尼泊尔，马来西亚。
宁陕锦天牛 *Acalolepta ningshanensis* Danilevsky, 2013
分布：云南，贵州，四川，湖北。
金绒锦天牛 *Acalolepta permutans* (Pascoe, 1857)
分布：云南（昭通、德宏），贵州，四川，陕西，河南，湖北，安徽，江西，浙江，福建，湖南，广西，广东，香港；越南，日本。
金绒锦天牛寡点亚种 *Acalolepta permutans paucipunctate* (Gressitt, 1938)
分布：云南（昭通、德宏），四川，浙江，安徽，福建，江西，湖南，广东，香港，台湾；泰国，日本。
绢锦天牛 *Acalolepta sericeomicans* (Fairmaire, 1889)
分布：云南（西双版纳），四川，陕西，江苏，安徽，浙江，广东，海南；越南。
丝锦天牛 *Acalolepta vitalisi* (Pic, 1925)
分布：云南，四川，浙江，江西，广西，广东，台湾；越南，柬埔寨。
拟丝光锦天牛 *Acalolepta pseudosericans* Breuning, 1949
分布：云南，广西。

长角天牛属 *Acanthocinus* Dejean, 1821
小灰长角天牛 *Acanthocinus griseus* (Fabricius, 1793)
分布：云南（保山）。
中华长角天牛 *Acanthocinus sinensis* Pic, 1916
分布：云南（大理、迪庆），西藏。

刺尾花天牛属 *Acanthoptura* Fairmaire, 1894
Acanthoptura impressicollis (Pic,1920)
分布：云南，四川。
黑点刺尾花天牛 *Acanthoptura spinipennis* Fairmaire, 1894
分布：云南，四川，西藏，陕西。
截翅刺尾花天牛 *Acanthoptura truncatipennis* Holzschuh, 1993
分布：云南。

Acapnolymma Gressitt & Rondon, 1970
非象花天牛 *Acapnolymma sulcaticeps* (Pic, 1923)
分布：云南（西双版纳）；老挝。

长丽天牛属 *Acrocyrtidus* Jordan, 1894
银翅长丽天牛 *Acrocyrtidus argenteus* Gressitt & Rondon, 1970
分布：云南（西双版纳），湖南，海南；越南，老挝。

金毛长丽天牛 *Acrocyrtidus aurescens* **Gressitt & Rondon, 1970**
分布：云南；老挝。

半圆斑艳天牛 *Acrocyrtidus avarus* **Holzschuh, 1989**
分布：云南（西双版纳），湖南；越南，泰国。

Adjinga Pic, 1926
阿景天牛 *Adjinga vittata* **Pic, 1926**
分布：云南（西双版纳）；越南。

毛角天牛属 *Aegolipton* Gressitt, 1940
缘毛角天牛 *Aegolipton marginale* **(Fabricius, 1775)**
分布：云南（昆明、红河、普洱、临沧、西双版纳），四川，贵州，江苏，安徽，江西，海南，香港，广西，广东，福建，台湾；越南，老挝，泰国，印度，缅甸，马来西亚，印度尼西亚，孟加拉国，非洲。

裸角天牛属 *Aegosoma* Audinet-Serville, 1832
乔氏裸角天牛 *Aegosoma george* **Do, 2015**
分布：云南（临沧、西双版纳），广西；越南，老挝，柬埔寨，缅甸。

弱脊裸角天牛 *Aegosoma guerryi* **(Lameere, 1916)**
分布：云南，四川，广西。

海南裸角天牛 *Aegosoma hainanense* **Gahan, 1900**
分布：云南，四川，广西，福建，广东，海南，台湾；印度尼西亚。

桂离裸角天牛 *Aegosoma katsurai* **(Komiya, 2000)**
分布：云南（西双版纳），四川，广西；越南，老挝，泰国，印度。

隐脊裸角天牛 *Aegosoma ornaticolle* **White, 1853**
分布：云南（曲靖、红河、普洱、楚雄、保山、丽江、怒江、西双版纳），贵州，四川，西藏，重庆，湖北，福建，广东，江苏，海南，台湾；印度，缅甸，老挝，不丹，尼泊尔。

Aegosoma ripaillei Koshkin & Drumont, 2023
分布：云南（楚雄、大理、保山、德宏、迪庆、怒江、西双版纳）；缅甸。

中华裸角天牛 *Aegosoma sinicum* **White, 1853**
分布：云南（楚雄、普洱、红河、曲靖、保山、怒江、丽江、西双版纳），贵州，四川，西藏，重庆，黑龙江，辽宁，吉林，河北，北京，内蒙古，山西，陕西，甘肃，河南，山东，江苏，浙江，福建，安徽，江西，湖北，湖南，广西，广东，海南，台湾；朝鲜，日本，越南，缅甸，老挝，不丹，尼泊尔，印度，俄罗斯。

闪光天牛属 *Aeolesthes* Gahan, 1890
金毛闪光天牛 *Aeolesthes aureopilosa* **Gressitt & Rondon, 1970**
分布：云南（红河）；越南，老挝。

金黄闪光天牛 *Aeolesthes aurosignatus* **Pic, 1915**
分布：云南，西藏。

金绒闪光天牛 *Aeolesthes chrysothrix* **(Bates, 1873)**
分布：云南（西双版纳），贵州，河北，陕西，山东，上海，浙江，湖北，台湾；日本。

西藏闪光天牛 *Aeolesthes chrysothrix tibetanus* **(Gressitt, 1942)**
分布：云南（西双版纳），贵州，西藏，四川，广西，海南。

皱胸闪光天牛 *Aeolesthes holosericea* **(Fabricius, 1787)**
分布：云南（红河、西双版纳），四川，河南，陕西，广西，福建，广东，海南，香港；泰国，老挝，缅甸，印度，斯里兰卡，马来西亚，印度尼西亚。

胸斑闪光天牛 *Aeolesthes pericalles* **Gressitt & Rondon, 1970**
分布：云南（怒江）；老挝。

金红闪光天牛 *Aeolesthes rufimembris* **Pic, 1923**
分布：云南（昭通）；越南，老挝。

中华闪光天牛 *Aeolesthes sinensis* **Gahan, 1890**
分布：云南（昭通、文山、普洱、西双版纳），四川，贵州，陕西，河南，湖北，江西，湖南，广西，福建，广东，海南，香港，台湾；老挝，缅甸，印度，巴基斯坦，中亚。

方眼天牛属 *Aesopida* Thomson, 1864
方眼天牛 *Aesopida malasiaca* **Thomson, 1864**
分布：云南（西双版纳），海南；越南，老挝，印度，尼泊尔，马来西亚，印度尼西亚。

惊天牛属 *Agastophysis* Miroshnikov, 2014
Agastophysis griseopubens **(Pic, 1957)**
分布：云南。

拟象天牛属 *Agelasta* Newman, 1842
肩带拟象天牛 *Agelasta balteata* **Pascoe, 1866**
分布：云南；老挝，缅甸，印度尼西亚。

双带拟象天牛 *Agelasta bifasciana* **White, 1858**
分布：云南（西双版纳），西藏，江西；越南，老挝，印度，尼泊尔。

缅甸拟象天牛 *Agelasta birmanica* (**Breuning, 1935**)
分布：云南（西双版纳）；越南，老挝，缅甸。

Agelasta fallaciosa **Breuning, 1938**
分布：云南；印度。

光带拟象天牛 *Agelasta glabrofasciata* (**Pic, 1917**)
分布：云南。

莫氏拟象天牛 *Agelasta mouhotii* **Pascoe, 1862**
分布：云南（西双版纳）；越南，老挝。

桑象天牛 *Agelasta perplexa* (**Pascoe, 1858**)
分布：云南（保山、西双版纳）。

Agelasta tonkinea **Pic, 1925**
分布：云南（西双版纳）。

黑带拟象天牛 *Agelasta yunnana* **Chiang, 1963**
分布：云南（保山、红河）。

云南拟象天牛 *Agelasta yunnanensis* **Breuning, 1954**
分布：云南。

Agnioides **Breuning, 1956**
Agnioides striatopunctatus **Breuning, 1956**
分布：云南；老挝，印度。

隆突天牛属 *Agniomorpha* **Breuning, 1935**
黄斑隆突天牛 *Agniomorpha ochreomaculata* **Breuning, 1935**
分布：云南，贵州，广西；印度。

Alidus **Gahan, 1893**
壮天牛 *Alidus biplagiatus* **Gahan,1893**
分布：云南（西双版纳），广东；老挝，印度，缅甸，尼泊尔。

矮虎天牛属 *Amamiclytus* **Ohbayashi, 1964**
文炬矮虎天牛 *Amamiclytus wenshuani* **Niisato & Han, 2013**
分布：云南。

肖亚天牛属 *Amarysius* **Fairmaire, 1888**
红翅肖亚天牛 *Amarysius sanguinipennis* (**Blessig, 1872**)
分布：云南（丽江），内蒙古，河北；俄罗斯，朝鲜，日本。

纹虎天牛属 *Anaglyptus* **Mulsant, 1839**
Anaglyptus ambiguus **Holzschuh, 1992**
分布：云南。

Anaglyptus annulicornis (**Pic, 1933**)
分布：云南。

雅致纹虎天牛 *Anaglyptus elegantulus* **Miroshnikov, Bi & Lin, 2014**
分布：云南。

Anaglyptus miroshnikovi **Tichy & Lin, 2021**
分布：云南。

佩特纹虎天牛 *Anaglyptus petrae* **Viktora & Liu, 2018**
分布：云南。

提奇纹虎天牛 *Anaglyptus tichyi* **Miroshnikov, Bi & Lin, 2014**
分布：云南。

Anameromorpha **Pic, 1923**
肖安天牛 *Anameromorpha metallica* **Pic, 1923**
分布：云南（普洱）；老挝，越南。

连突天牛属 *Anastathes* **Gahan, 1901**
黑角连突天牛 *Anastathes nigricornis* (**Thomson, 1865**)
分布：云南（玉溪、红河、西双版纳），贵州，湖南，福建，广西，广东，海南；越南，老挝，马来西亚，印度尼西亚。

山茶连突天牛 *Anastathes parvus hainana* **Gressitt, 1942**
分布：云南（曲靖），四川，广西，福建，广东，海南，湖南。

伪花天牛属 *Anastrangalia* **Casey, 1924**
东亚伪花天牛 *Anastrangalia dissimilis* **Fairmaire, 1900**
分布：云南，四川，重庆，福建，陕西，青海，台湾；日本。

东亚伪花天牛指名亚种 *Anastrangalia dissimilis dissimilis* (**Fairmaire, 1900**)
分布：云南，四川，台湾，福建，青海，陕西；日本。

安天牛属 *Annamanum* **Pic, 1925**
灰斑安天牛 *Annamanum albisparsum* (**Gahan, 1888**)
分布：云南，江西，广西，福建，广东；老挝，缅甸，印度。

滇安天牛 *Annamanum chebanum* **(Gahan, 1895)**

分布：云南，广西，广东；老挝，越南，缅甸。

Annamanum foscomaculatum **Breuning, 1979**

分布：云南。

棕斑安天牛 *Annamanum fuscomaculatum* **Breuning, 1979**

分布：云南；越南。

肩斑安天牛 *Annamanum humerale* **(Pic, 1934)**

分布：云南（普洱、红河、西双版纳）；越南。

黑斑安天牛 *Annamanum lunulatum* **(Pic, 1934)**

分布：云南（西双版纳），广西；越南。

拟态安天牛 *Annamanum mimicum* **Bi & Weigel, 2024**

分布：云南（红河）。

中华安天牛 *Annamanum sinicum* **Gressitt, 1951**

分布：云南，四川，浙江，江西，福建。

粒额安天牛 *Annamanum strandi* **Breuning, 1938**

分布：云南（大理），西藏。

云南安天牛 *Annamanum yunnanum* **Breuning, 1947**

分布：云南。

异胸天牛属 *Anomophysis* **Quentin & Villiers, 1981**

艾略特异胸天牛 *Anomophysis ellioti* **(Waterhouse, 1884)**

分布：云南（玉溪）；老挝，印度，尼泊尔，斯里兰卡。

海南异胸天牛 *Anomophysis katoi* **(Gressitt, 1938)**

分布：云南（楚雄），贵州，湖南，广西，广东，海南，台湾；越南，老挝，泰国，缅甸。

Anoplistes **Serville, 1833**

红绿天牛 *Anoplistes halodendri pirus* **(Arakawa, 1932)**

分布：云南（保山）。

缘花天牛属 *Anoplodera* **Mulsant, 1839**

蓝缘花天牛 *Anoplodera cyanea* **(Gebler, 1832)**

分布：云南，浙江，福建，台湾，广东；日本。

蓝缘花天牛粗点亚种 *Anoplodera cyanea izumii* **(Mitono & Tamanuki, 1939)**

分布：云南，浙江，广东，台湾，福建；日本。

云南突肩花天牛 *Anoplodera diplosa* **(Holzschuh, 2003)**

分布：云南。

肿鞘缘花天牛 *Anastrangalia dissimilis* **(Fairmaire, 1900)**

分布：云南（迪庆、丽江），四川，福建。

粗点缘花天牛 *Anoplodera excavata* **(Bates, 1884)**

分布：云南（临沧、德宏），浙江；日本。

Anoplodera lepesmei **(Pic, 1956)**

分布：云南。

黑突肩花天牛 *Anoplodera tenebraria* **(Holzschuh, 1995)**

分布：云南。

威利突肩花天牛 *Anoplodera villigera* **(Holzschuh, 1991)**

分布：云南（西双版纳）。

星天牛属 *Anoplophora* **Hope, 1839**

绿绒星天牛 *Anoplophora beryllina* **(Hope, 1840)**

分布：云南（昆明、红河、保山、文山、普洱、楚雄、迪庆、临沧、大理、丽江、德宏、西双版纳），四川，湖北，江西，浙江，湖南，广西，福建，广东，台湾；印度，缅甸，越南，斯里兰卡。

拟绿绒星天牛 *Anoplophora bowringii* **(White, 1858)**

分布：云南，湖北，广西，广东，福建，香港，台湾；印度，越南，老挝。

陈氏星天牛 *Anoplophora cheni* **Bi & Ohbayashi, 2015**

分布：云南。

华星天牛 *Anoplophora chinensis* **(Forster, 1771)**

分布：云南（昆明、玉溪、曲靖、昭通、红河、楚雄、保山、文山），贵州，四川，陕西，甘肃，吉林，辽宁，北京，河北，山东，河南，江苏，安徽，浙江，湖北，江西，湖南，广西，福建，广东，海南，香港，台湾；日本，朝鲜，缅甸，欧洲，北美洲。

华星天牛蓝斑亚种 *Anoplophora chinensis viridis* **Wang, 1991**

分布：云南（昆明、玉溪、昭通、红河、临沧、大理、楚雄、怒江、迪庆、丽江、保山），西藏；越南，缅甸，老挝，柬埔寨。

蓝斑星天牛 *Anoplophora davidis* **(Fairmaire, 1886)**

分布：云南（迪庆、丽江、怒江、红河），四川，西藏，陕西，广西，台湾；越南，老挝，泰国，缅甸，柬埔寨。

丽星天牛 *Anoplophora elegans* (Gahan, 1888)

分布：云南（红河、文山、保山、西双版纳、怒江），贵州，河南，海南，广东；越南，老挝，泰国，缅甸。

四川星天牛 *Anoplophora freyi* (Breuning, 1946)

分布：云南，四川，贵州，陕西，甘肃。

光肩星天牛 *Anoplophora glabripennis* (Motschulsky, 1853)

分布：云南（昭通），贵州，四川，西藏，黑龙江，吉林，辽宁，内蒙古，河北，山西，宁夏，甘肃，陕西，北京，山东，河南，湖北，江苏，浙江，江西，安徽，湖南，广西，福建；朝鲜，日本，欧洲，北美洲。

栋星天牛 *Anoplophora horsfieldii* (Hope, 1843)

分布：云南（玉溪、文山、普洱、红河），四川，贵州，河北，河南，陕西，湖北，安徽，江西，广西，江苏，浙江，福建，广东，台湾；越南，印度，中亚。

栋星天牛指名亚种 *Anoplophora horsfieldii horsfieldii* (Hope, 1843)

分布：云南（玉溪、文山、普洱、大理），贵州，四川，河南，江苏，安徽，浙江，湖北，江西，广西，福建，广东；印度，越南。

翡星天牛 *Anoplophora iadina* Wang, He & Huang, 2023

分布：云南（迪庆）。

拟星天牛 *Anoplophora imitatrix* (White, 1858)

分布：云南（曲靖、昭通、文山），贵州，四川，江苏，上海，浙江，湖北，江西，广西，福建，广东，海南。

斑星天牛 *Anoplophora macularia* (Thomson, 1865)

分布：云南（红河）。

***Anoplophora rugicollis* Wang, Xie & Wang, 2022**

分布：云南；越南。

云南星天牛 *Anoplophora zonator* (Thomson, 1878)

分布：云南（德宏、怒江）；缅甸，泰国，老挝。

灿天牛属 *Anubis* Thomson, 1864

黄斑灿天牛 *Anubis bipustulatus* Thomson, 1865

分布：云南（红河、西双版纳），台湾；印度，缅甸，泰国，越南，老挝，马来西亚。

越南灿天牛 *Anubis cyaneus* Pic, 1924

分布：云南；越南，老挝。

长额灿天牛 *Anubis rostratus* Bates, 1879

分布：云南（红河、普洱、楚雄、临沧、西双版纳），台湾；缅甸，越南，老挝，泰国，印度。

四斑灿天牛 *Anubis subobtusus* (Pic, 1932)

分布：云南（西双版纳）；越南，老挝。

柄天牛属 *Aphrodisium* Thomson, 1864

蓝角柄天牛 *Aphrodisium basifemoralis* (Pic, 1902)

分布：云南，四川。

紫绿柄天牛 *Aphrodisium cantori* (Hope, 1839)

分布：云南，浙江，广西；老挝，印度，尼泊尔。

点柄天牛 *Aphrodisium cribricolle* Poll, 1890

分布：云南（迪庆），贵州；越南，缅甸。

红角柄天牛 *Aphrodisium distinctipes* (Pic, 1904)

分布：云南，四川。

黄颈柄天牛 *Aphrodisium faldermannii* (Saunders, 1853)

分布：云南（文山），贵州，四川，内蒙古，吉林，河南，河北，陕西，湖北，江苏，浙江，江西，湖南，福建，广东；俄罗斯。

黄颈柄天牛指名亚种 *Aphrodisium faldermannii faldermannii* (Saunders, 1853)

分布：云南，贵州，四川，吉林，河南，江苏，上海，安徽，浙江，湖北，江西，湖南，台湾，广东，海南；俄罗斯。

黄颈柄天牛暗胸亚种 *Aphrodisium faldermannii obscurithorax* (Pic, 1924)

分布：云南（保山、大理、临沧、红河）。

黄颈柄天牛红腹亚种 *Aphrodisium faldermannii rufiventre* Gressitt, 1940

分布：云南（德宏、文山），西藏，四川，广西，福建；越南，老挝。

黄颈柄天牛台湾亚种 *Aphrodisium faldermannii yugaii* Kano, 1933

分布：云南，台湾。

皱绿柄天牛 *Aphrodisium gibbicolle* (White, 1853)

分布：云南（昆明、玉溪、文山、普洱、西双版纳），贵州，四川，东北，江苏，安徽，浙江，江西，湖南，福建，广东，海南，台湾；老挝，印度。

***Aphrodisium gregoryi* (Podany, 1971)**

分布：云南。

Aphrodisium griffithii (Hope, 1839)
分布：云南，广西，广东；越南，老挝，印度，缅甸。

无褶柄天牛 *Aphrodisium implicatum* (Pic, 1920)
分布：云南，广西；老挝。

Aphrodisium major Gressitt & Rondon, 1970
分布：云南，广西；老挝。

紫柄天牛 *Aphrodisium metallicolle* (Gressitt, 1939)
分布：云南（曲靖），湖北，浙江，江西，湖南，福建，台湾；印度。

Aphrodisium niisatoi Vives & Bentanachs, 2007
分布：云南（普洱）；越南。

Aphrodisium robustum (Bates, 1879)
分布：云南；印度，缅甸。

台湾柄天牛 *Aphrodisium sauteri* (Matsushita 1933)
分布：云南，四川

云南柄天牛 *Aphrodisium saxosicolle* Fairmaire, 1902
分布：云南；越南。

Aphrodisium schwarzeri Podany, 1971
分布：云南。

紫胸柄天牛 *Aphrodisium semipurpureum* Pic, 1925
分布：云南（大理）；越南，老挝。

中华柄天牛 *Aphrodisium sinicum* (White, 1853)
分布：云南，贵州，四川，山西，浙江，湖北，广西，福建，广东；越南，老挝，泰国，印度，缅甸。

越南柄天牛 *Aphrodisium tricoloripes* Pic, 1925
分布：云南（迪庆），贵州；缅甸。

瓜天牛属 *Apomecyna* Dejean, 1821

白星瓜天牛 *Apomecyna cretacea* (Hope, 1831)
分布：云南（西双版纳），广西，海南，广东；越南，老挝，印度，尼泊尔，菲律宾。

黄斑瓜天牛 *Apomecyna flavovittata* Chiang, 1963
分布：云南（保山、怒江），西藏。

斜斑瓜天牛 *Apomecyna histrio* (Fabricius, 1793)
分布：云南（西双版纳），贵州，广东，海南，台湾；朝鲜，日本，老挝，越南，南亚，菲律宾。

白点瓜天牛 *Apomecyna leucosticta* (Hope, 1831)
分布：云南；越南，老挝，印度，尼泊尔，不丹，阿富汗，巴基斯坦。

小瓜天牛 *Apomecyna longicollis* Pic, 1925
分布：云南（西双版纳），贵州，江西，广东，香港；越南，老挝。

小瓜天牛指名亚种 *Apomecyna longicollis longicollis* Pic, 1926
分布：云南，贵州，江西，香港；越南，老挝。

Apomecyna luteomaculata (Pic, 1925)
分布：云南；老挝。

愈斑瓜天牛 *Apomecyna saltator niveosparsa* Fairmaire, 1895
分布：云南（文山），贵州，四川，辽宁，江苏，江西，浙江，广西，福建，广东，海南；越南，老挝。

瓜藤天牛 *Apomecyna saltator* (Fabricius, 1787)
分布：云南（玉溪、保山、怒江、红河、文山、大理、西双版纳），贵州，四川，江苏，浙江，湖北，江西，湖南，广西，福建，台湾，广东，海南，香港；日本，越南，老挝，印度，斯里兰卡。

虎纹瓜天牛 *Apomecyna tigrina* Thomson, 1857
分布：云南（西双版纳）；印度尼西亚，老挝，菲律宾。

粒肩天牛属 *Apriona* Chevrolat, 1852

桑粒肩天牛 *Apriona germarii* (Hope, 1831)
分布：云南（昆明、曲靖、红河、保山、文山、普洱、临沧、楚雄、大理、丽江、怒江），四川，贵州，西藏，辽宁，河南，陕西，河北，山东，江苏，浙江，江西，湖北，湖南，广西，福建，台湾，广东；日本，越南，缅甸，印度，老挝，俄罗斯，尼泊尔。

Apriona germarii parvigranula Thomson, 1878
分布：云南，广东，海南；越南，缅甸，尼泊尔。

寡粒肩天牛 *Apriona paucigranula* Thomson, 1878
分布：云南（西部和西北部），贵州，四川，重庆，山东，广西。

皱胸粒肩天牛 *Apriona rugicollis* Chevrolat, 1852
分布：云南，贵州，四川，辽宁，北京，河北，山东，河南，甘肃，江苏，上海，安徽，浙江，湖北，江西，湖南，福建，台湾，广东，海南，香港；俄罗斯，日本。

锈色粒肩天牛 *Apriona swainsoni* (Hope, 1840)
分布：云南（大理、临沧），贵州，四川，北京，河北，山东，河南，江苏，安徽，湖北，广西，福建；越南，泰国，印度，缅甸。

灰绿锈色粒肩天牛 *Apriona swainsoni basicornis* Fairmaire, 1895
分布：云南，广东，海南；越南，泰国。

长毛天牛属 *Arctolamia* Gestro, 1888

双带长毛天牛 *Arctolamia fasciata* **Gestro, 1891**

分布：云南（文山、红河、西双版纳），贵州，广西；越南，老挝，缅甸，马来西亚。

三斑长毛天牛 *Arctolamia fruhstorferi* **Aurivillius, 1902**

分布：云南，贵州，四川，广西；越南，老挝。

黄斑长毛天牛 *Arctolamia luteomaculata* **Pu, 1981**

分布：云南（西双版纳）。

中华长毛天牛 *Arctolamia sinica* **Bi & Chen, 2022**

分布：云南。

盾斑长毛天牛 *Arctolamia strandi* **Breuning, 1936**

分布：云南。

长毛天牛 *Arctolamia villosa* Gestro, 1888

分布：云南（楚雄、普洱）；缅甸。

梗天牛属 *Arhopalus* Audinet-Serville, 1834

三脊梗天牛 *Arhopalus exoticus* **(Sharp, 1905)**

分布：云南（普洱），陕西，台湾；老挝，缅甸，越南，尼泊尔。

三穴梗天牛 *Arhopalus foveatus* **Chiang, 1963**

分布：云南（昆明、楚雄、大理、丽江），西藏，福建。

梗天牛 *Arhopalus rusticus* **(Linnaeus, 1758)**

分布：云南（昆明、昭通、玉溪、楚雄、大理、保山、迪庆），四川，贵州，黑龙江，吉林，辽宁，内蒙古，河北，陕西，甘肃，山东，湖北，江西，浙江，福建，台湾；俄罗斯，朝鲜，日本，蒙古国，欧洲。

簇天牛属 *Aristobia* Thomson, 1868

Aristobia angustifrons **Gahan, 1888**

分布：云南；泰国，缅甸。

橘斑簇天牛 *Aristobia approximator* **(Thomson, 1865)**

分布：云南（文山、红河、普洱、大理、临沧、保山、德宏、西双版纳）；越南，老挝，泰国，印度，缅甸，柬埔寨，马来西亚。

瘤胸簇天牛 *Aristobia hispida* **(Saunders, 1853)**

分布：云南，西藏，贵州，四川，河北，陕西，河南，湖北，江苏，安徽，江西，浙江，福建，台湾，湖南，广西，广东，香港，海南；越南。

毛簇天牛 *Aristobia horridula* **(Hope, 1831)**

分布：云南（昆明、曲靖、昭通、红河、普洱、楚雄、文山、大理、保山、怒江、迪庆、临沧、西双版纳），四川，台湾；老挝，泰国，印度，缅甸，越南，巴基斯坦，尼泊尔。

龟背簇天牛 *Aristobia reticulator* **(Fabricius, 1781)**

分布：云南（红河、文山），重庆，陕西，广西，福建，广东，海南，香港；越南，泰国，印度，缅甸，尼泊尔。

碎斑簇天牛 *Aristobia voetii* **Thomson, 1878**

分布：云南（红河、楚雄、临沧、迪庆），陕西，河南，湖北，江西，广西，福建，广东，海南；老挝，泰国，缅甸。

颈天牛属 *Aromia* Audinet-Serville, 1834

桃红颈天牛 *Aromia bungii* **(Faldermann, 1835)**

分布：云南（昆明、大理、曲靖、昭通、文山），贵州，四川，重庆，黑龙江，辽宁，内蒙古，北京，天津，甘肃，河北，河南，青海，山西，陕西，山东，上海，安徽，江苏，浙江，湖北，江西，湖南，广西，福建，台湾，广东，海南，香港；朝鲜，欧洲。

露胸天牛属 *Artimpaza* Thomson, 1864

银斑露胸天牛 *Artimpaza argenteonotata* **Pic, 1922**

分布：云南（西双版纳），广西，广东；越南，老挝，泰国。

淡纹露胸天牛 *Artimpaza brevilineata* **Tian & Chen, 2012**

分布：云南（迪庆、西双版纳）。

白带露胸天牛 *Artimpaza curtelineata* **(Pic, 1922)**

分布：云南（德宏），广西；越南，老挝。

云南露胸天牛 *Artimpaza lineata* **(Pic, 1927)**

分布：云南，广西；老挝。

密点露胸天牛 *Artimpaza mattalica* **(Pic, 1918)**

分布：云南（临沧）；老挝。

模拟露胸天牛 *Artimpaza mimetica* **Holzschuh, 1989**

分布：云南（西双版纳）；泰国。

帕露胸天牛 *Artimpaza patruelis* **Holzschuh, 1989**

分布：云南；泰国。

Artimpaza sausai **Holzschuh, 1995**

分布：云南。

幽天牛属 *Asemum* Eschscholtz, 1830
松幽天牛 *Asemum amurense* Kraatz, 1879
分布：云南（西双版纳），四川，黑龙江，吉林，辽宁，新疆，青海，宁夏，甘肃，陕西，内蒙古，河北，山东，山西，天津，浙江；朝鲜，俄罗斯，日本。

脊鞘幽天牛 *Asemum striatum* (Linnaeus, 1758)
分布：云南，四川，重庆，黑龙江，吉林，辽宁，内蒙古，新疆，宁夏，陕西，河南，北京，天津，河北，山西，山东，甘肃，青海，浙江，湖北；日本，朝鲜半岛，俄罗斯（远东地区），印度，中亚，欧洲，北美洲，大洋洲。

截尾天牛属 *Atimia* Haldeman, 1847
短截尾天牛 *Atimia truncatella* Holzschuh, 2007
分布：云南（迪庆），陕西。

长额天牛属 *Aulaconotus* Thomson, 1864
绒脊长额天牛 *Aulaconotus atronotatus* Pic, 1927
分布：云南（西双版纳），贵州，四川，江西，湖南，广西，福建，广东，海南；越南，老挝。

眼天牛属 *Bacchisa* Pascoe, 1866
茶眼天牛 *Bacchisa comata* (Gahan, 1901)
分布：云南（玉溪、德宏、文山），贵州，浙江，广西，福建，广东，海南，香港。

苹眼天牛 *Bacchisa dioica* (Fairmaire, 1878)
分布：云南（昭通），四川；印度。

黄蓝眼天牛 *Bacchisa guerryi* (Pic, 1911)
分布：云南（昆明、玉溪、楚雄、曲靖、红河、文山、普洱、临沧、大理、保山、德宏、西双版纳），江西，湖南，广西，福建，广东。

突额眼天牛 *Bacchisa pallidiventris* (Thomson, 1865)
分布：云南（西双版纳），广东，海南；越南，老挝。

蓝尾眼天牛 *Bacchisa violaceoapicalis* (Pic, 1923)
分布：云南（西双版纳、德宏、普洱），广西；越南，老挝。

本天牛属 *Bandar* Lameere, 1912
本天牛 *Bandar pascoei* (Lansberge, 1886)
分布：云南（昆明、玉溪、临沧、德宏、迪庆、大理、红河、保山、怒江、楚雄、文山、普洱、西双版纳），西藏，贵州，四川，重庆，辽宁，河北，上海，安徽，浙江，湖北，江西，湖南，广西，福建，台湾，广东，海南；日本，越南，老挝，泰国，印度，缅甸，尼泊尔，不丹，印度尼西亚，马来西亚。

台湾本天牛 *Bandar pascoei formosae* (Gressitt, 1938)
分布：云南，台湾；日本。

本天牛嘉氏亚种 *Bandar pascoei gressitti* Quentin & Villiers, 1981
分布：云南（昆明、玉溪、红河、文山、普洱、楚雄、临沧、大理、怒江、迪庆、德宏、西双版纳），四川，西藏，广西；缅甸。

刺柄天牛属 *Baralipton* Thomson, 1857
斑翅刺柄天牛 *Baralipton maculosum* Thomson, 1857
分布：云南（西双版纳），贵州，湖南，广西，海南；越南，老挝，泰国，印度，缅甸。

褐斑刺柄天牛 *Baralipton severini* (Lameere, 1909)
分布：云南（临沧）；老挝，印度，缅甸。

白条天牛属 *Batocera* Dejean, 1835
Batocera armata Olivier, 1795
分布：云南。

橙斑白条天牛 *Batocera davidis* Deyrolle, 1878
分布：云南（玉溪、昭通、文山、红河、楚雄、大理、丽江、迪庆、临沧、保山、西双版纳），贵州，四川，陕西，河南，河北，浙江，湖北，江西，江苏，安徽，湖南，广西，福建，台湾，广东，海南，香港；日本，朝鲜，越南，老挝，印度。

云斑白条天牛 *Batocera horsfieldii* (Hope, 1839)
分布：云南（丽江、红河、昭通、文山、大理、临沧、楚雄、保山、西双版纳），四川，西藏，贵州，重庆，吉林，辽宁，新疆，北京，河北，山东，河南，山西，陕西，江苏，安徽，浙江，湖北，江西，湖南，广西，福建，广东；日本，朝鲜半岛，越南，印度，缅甸，尼泊尔，不丹。

密点白条天牛 *Batocera lineolata* Chevrolat, 1852
分布：云南（昭通、文山、红河、大理、临沧、楚雄、保山），贵州，四川，吉林，辽宁，陕西，北京，河北，江苏，上海，安徽，浙江，湖北，江西，广西，台湾，广东，海南，福建；日本，朝鲜半岛，老挝，印度，越南。

锈斑白条天牛 *Batocera numitor* Newman, 1842
分布：云南（红河、文山、西双版纳），西藏，贵州，四川，广东，海南；越南，老挝，印度，柬埔寨，尼泊尔，菲律宾，印度尼西亚。

圆八星白条天牛 *Batocera parryi* (Hope, 1845)
分布：云南（红河、保山、临沧），西藏，福建，台湾，海南；越南，印度，缅甸，马来西亚，印度尼西亚。

Batocera quercinea **Wang, Zhang & Zheng, 1993**
分布：云南。

杧果白条天牛 *Batocera roylii* (Hope, 1833)
分布：云南（保山），广西，广东，海南；印度，越南，老挝，缅甸，尼泊尔。

黄八星白条天牛 *Batocera rubus* (Linnaeus, 1758)
分布：云南（昆明、曲靖、昭通、红河、玉溪、普洱、楚雄、临沧、大理、丽江、怒江、迪庆、西双版纳），四川，陕西，山西，浙江，江西，广西，福建，广东，海南，香港，台湾；日本，朝鲜，越南，老挝，泰国，印度，巴基斯坦，印度尼西亚，马来西亚，菲律宾，中东。

赤斑白条天牛 *Batocera rufomaculata* (DeGeer, 1775)
分布：云南（西双版纳），西藏，香港；越南，印度，尼泊尔，南非。

贝奇瓦天牛属 *Becvarium* Holzschuh, 2011

双斑贝奇瓦天牛 *Becvarium bioculatum* Holzschuh, 2011
分布：云南。

灰天牛属 *Blepephaeus* Pascoe, 1866

云南灰天牛 *Blepephaeus fulvus* (Pic, 1933)
分布：云南（普洱、西双版纳）；越南，缅甸，泰国，印度尼西亚。

老挝灰天牛 *Blepephaeus laosicus* Breuning, 1947
分布：云南；印度。

散点灰天牛 *Blepephaeus nigrosparsus* Pic, 1925
分布：云南；印度。

黑斑灰天牛 *Blepephaeus nigrostigma* Wang & Chiang, 1998
分布：云南（大理、临沧、红河）。

深点灰天牛 *Blepephaeus ocellatus* (Gahan, 1888)
分布：云南（玉溪、普洱、临沧、保山），浙江；越南，老挝，印度，缅甸，尼泊尔，马来西亚。

Blepephaeus puae **Lin, 2011**
分布：云南。

黑点灰天牛 *Blepephaeus stigmosus* Gahan, 1895
分布：云南（保山）；老挝，缅甸，越南，印度，马来西亚，印度尼西亚。

环灰天牛 *Blepephaeus subannulatus* Breuning, 1979
分布：云南。

深斑灰天牛 *Blepephaeus succinctor* (Chevrolat, 1852)
分布：云南（红河、文山、普洱、西双版纳、楚雄、临沧、德宏），西藏，四川，江苏，上海，浙江，江西，湖南，广西，台湾，广东，海南，香港；越南，泰国，印度，尼泊尔，马来西亚。

波纹肖锦天牛 *Blepephaeus undulatus* (Pu, 1999)
分布：云南（西双版纳）。

线灰天牛 *Blepephaeus variegatus* Gressitt, 1940
分布：云南（红河、西双版纳），海南；老挝。

Bulborhodopis **Breuning, 1948**

Bulborhodopis barbicornis **Breuning, 1948**
分布：云南（德宏）；印度。

Bulborhodopis humeralis **Bi & Chen, 2022**
分布：云南（德宏、保山）。

缨象天牛属 *Cacia* Newman, 1842

碎斑缨象天牛 *Cacia cephaloides* Breuning, 1968
分布：云南（西双版纳）；老挝。

Cacia cephalotes (Pic, 1925)
分布：云南；不丹，印度。

簇角缨象天牛 *Cacia cretifera* (Hope, 1831)
分布：云南（普洱、迪庆、丽江、怒江、保山、西双版纳），西藏，四川，贵州，陕西，湖北，广西，广东；越南，老挝，缅甸，印度，尼泊尔。

簇角缨象天牛西藏亚种 *Cacia cretifera thibetana* (Pic, 1917)
分布：云南（保山、楚雄、西双版纳），西藏，四川，陕西，广西；越南，老挝，缅甸，印度。

云南缨象天牛 *Cacia yunnana* Breuning, 1938
分布：云南（西双版纳）；老挝。

小扁天牛属 *Callidiellum* Linsley, 1940

棕小扁天牛 *Callidiellum villosulum* (Fairmaire, 1899)
分布：云南（西双版纳），贵州，四川，河南，安徽，江苏，浙江，江西，湖北，湖南，广西，福建，广东，台湾。

扁胸天牛属 *Callidium* Fabricius, 1775

横断扁胸天牛 *Callidium hengduanum* Holzschuh, **1999**

分布：云南，四川。

球虎天牛属 *Calloides* LeConte, 1873

云南球虎天牛 *Calloides yunnanensis* **Zhang & Chen, 2006**

分布：云南（昭通）。

硬皮天牛属 *Callundine* Thomson, 1879

硬皮天牛 *Callundine lacordairei* **Thomson, 1879**

分布：云南，四川。

奇天牛属 *Calothyrza* Thomson, 1868

白斑奇天牛 *Calothyrza margaritifera* **(Westwood, 1848)**

分布：云南（西双版纳）；尼泊尔。

象花天牛属 *Capnolymma* Paceoe, 1858

棕象花天牛 *Capnolymma brunnea* **Gressitt & Rondon, 1970**

分布：云南（红河、普洱）；越南，老挝，泰国，缅甸。

老挝象花天牛 *Capnolymma laotica* **Gressitt & Rondon, 1970**

分布：云南（西双版纳）；老挝，泰国，缅甸。

无瘤花天牛属 *Caraphia* Gahan, 1906

中山无瘤花天牛 *Caraphia laticeps* **(Pic, 1922)**

分布：云南。

泰国无瘤花天牛 *Caraphia thailandica* **Hayashi & Villiers, 1987**

分布：云南（西双版纳），海南；泰国。

Carilia Mulsant, 1863

Carilia atricornis **(Pu, 1992)**

分布：云南。

Carilia glabricollis **(Pu, 1992)**

分布：云南。

Carilia pictiventris **(Pesarini & Sabbadini, 1997)**

分布：云南。

Carinolesthes Vitali, Gouverneur & Chemin, 2017

Carinolesthes aurosignatus **(Pic, 1915)**

分布：云南，西藏，台湾，福建。

Carinolesthes pericalles **(Gressitt & Rondon, 1970)**

分布：云南；越南，老挝。

寡节天牛属 *Casiphia* Fairmaire, 1894

网翅寡节天牛 *Casiphia inopinata* **Hüdepohl, 1998**

分布：云南，广西；老挝，泰国，缅甸。

四川寡节天牛 *Casiphia szechuana* **(Heyrovský, 1933)**

分布：云南，四川。

西藏寡节天牛 *Casiphia thibeticola* **Fairmaire, 1894**

分布：云南（昆明、大理、丽江），四川，西藏；缅甸。

云南寡节天牛 *Casiphia yunnana* **Drumont & Komiya, 2002**

分布：云南（丽江、迪庆），四川。

拟柄天牛属 *Cataphrodisium* Aurivillius, 1907

栗拟柄天牛 *Cataphrodisium castaneae* **Gressitt, 1951**

分布：云南（昆明）；泰国。

红翅拟柄天牛 *Cataphrodisium rubripenne* **(Hope, 1842)**

分布：云南（昆明、文山、丽江），贵州，四川，山东，甘肃，江苏，浙江，湖北，福建，台湾，广东；越南，印度，缅甸。

塞幽天牛属 *Cephalallus* Sharp, 1905

奥氏塞幽天牛 *Cephalallus oberthueri* **Sharp, 1905**

分布：云南（大理），西藏，重庆，浙江，湖北，江西，广西，福建，台湾；印度。

赤塞幽天牛 *Cephalallus unicolor* **(Gahan, 1906)**

分布：云南（昆明、曲靖、红河、大理、迪庆、昭通、普洱、临沧、西双版纳），贵州，四川，重庆，吉林，山东，河南，江苏，湖北，上海，浙江，江西，湖南，广西，福建，台湾，广东，海南；日本，朝鲜半岛，蒙古国，老挝，印度，缅甸。

类蜡天牛属 *Cereopsius* Pascoe, 1857

金类蜡天牛 *Cereopsius aureomaculatus* **Breuning, 1968**

分布：云南（西双版纳）；老挝。

蜡天牛属 *Ceresium* Newman, 1842

迷蜡天牛 *Ceresium fallaciosum* **Holzschuh, 1995**

分布：云南（西双版纳）；泰国。

褐蜡天牛 *Ceresium geniculatum* White, 1855

分布：云南（红河、西双版纳），湖北，广东，海南；缅甸，泰国，越南，老挝，印度，马来西亚，印度尼西亚

脊胸蜡天牛 *Ceresium inaequalicolle* Pic, 1933

分布：云南，四川。

整洁蜡天牛 *Ceresium lepidulum* Holzschuh, 1982

分布：云南（西双版纳）；印度。

白斑蜡天牛 *Ceresium leucosticticum* White, 1855

分布：云南（红河、怒江、临沧、德宏、大理、丽江），贵州，广东，海南，台湾；泰国，老挝，缅甸，越南，尼泊尔，印度，印度尼西亚。

顶斑蜡天牛 *Ceresium nilgiriense* Gahan, 1906

分布：云南（红河、西双版纳）；老挝，印度，斯里兰卡。

四斑蜡天牛 *Ceresium quadrimaculatum* Gahan, 1900

分布：云南（普洱、红河、文山、大理、丽江、临沧、保山），四川，河北，江苏，浙江，湖北，江西，湖南，广西，福建，广东；老挝。

Ceresium senile Holzschuh, 1998

分布：云南。

中华蜡天牛 *Ceresium sinicum* White, 1855

分布：云南（红河、文山、大理、丽江、迪庆、临沧、保山），西藏，四川，贵州，河南，陕西，河北，江苏，浙江，湖北，江西，湖南，广西，福建，广东，台湾；日本，泰国。

显斑蜡天牛 *Ceresium sinicum ornaticolle* Pic, 1907

分布：云南（昆明、西双版纳），西藏，贵州，四川，陕西，江苏，湖北，湖南，广西，福建，广东，香港；日本，老挝，越南。

中华蜡天牛指名亚种 *Ceresium sinicum sinicum* White,1855

分布：云南，西藏，贵州，四川，重庆，北京，河北，山东，河南，江苏，安徽，浙江，上海，湖北，江西，湖南，福建，广东，台湾，海南；日本，泰国。

绿天牛属 *Chelidonium* Thomson, 1864

橘光绿天牛 *Chelidonium argentatum* (Dalman, 1817)

分布：云南（大理、临沧、红河），四川，重庆，河南，陕西，甘肃，江苏，安徽，浙江，江西，湖北，湖南，广西，福建，广东，海南，香港，台湾；越南，老挝，印度，缅甸。

二斑绿天牛 *Chelidonium binotaticolle* Pic, 1937

分布：云南（西双版纳），贵州，广西，广东；越南，老挝。

昆明绿天牛 *Chelidonium buddleiae* Gressitt & Rondon, 1970

分布：云南（昆明、红河），广西。

黄斑绿天牛 *Chelidonium cinctum* (Guérin- Méneville, 1844)

分布：云南（西双版纳、普洱），四川，台湾；老挝，柬埔寨，印度，缅甸。

双带绿天牛 *Chelidonium flavofasciatum* (Blanchard, 1845)

分布：云南；越南，老挝，印度。

中沟绿天牛 *Chelidonium impressicolle* Plavilstshikov, 1934

分布：云南，四川，贵州，甘肃，广东。

曲带绿天牛 *Chelidonium venereum* Thomson, 1865

分布：云南；老挝。

老挝绿天牛 *Chelidonium violaceimembris* Gressitt & Rondon, 1970

分布：云南（西双版纳），海南；越南，老挝。

长绿天牛属 *Chloridolum* Thomson, 1864

褶胸长绿天牛 *Chloridolum addictum* (Newman, 1842)

分布：云南，台湾。

绒领长绿天牛 *Chloridolum cinnyris* Pascoe, 1866

分布：云南（保山、西双版纳），上海，浙江，湖北，福建，台湾；老挝，缅甸，马来西亚。

福建长绿天牛 *Chloridolum cupreoviride* (Gressitt, 1942)

分布：云南（大理），福建。

靛胸长绿天牛 *Chloridolum cyaneonotatum* Pic, 1925

分布：云南，贵州，四川，广西，广东；越南，老挝。

柄齿长绿天牛 *Chloridolum grossepunctatum* Gressitt & Rondon, 1970

分布：云南；越南，老挝。

二色长绿天牛 *Chloridolum japonicum* (Harold, 1879)

分布：云南（西双版纳），贵州，四川，黑龙江，吉林，山东，湖北；日本。

紫缘绿天牛 *Chloridolum lameeri* (Pic, 1900)

分布：云南（保山），河南，山东，江西，江苏，

上海，浙江，湖北，湖南，广西，福建，台湾。

老挝长绿天牛 *Chloridolum laosense* (Pic, 1932)

分布：云南，海南；老挝。

松长绿天牛 *Chloridolum laotium* Gressitt & Rondon, 1970

分布：云南（西双版纳），海南，广东，台湾；老挝。

横皱长绿天牛 *Chloridolum plicaticolle* Pic, 1932

分布：云南，四川，重庆，广西，台湾；日本，印度。

绒斑长绿天牛 *Chloridolum plicovelutinum* Gressitt & Rondon, 1970

分布：云南（西双版纳）；老挝。

滇长绿天牛 *Chloridolum punctulatum* (Pic, 1920)

分布：云南。

条柄长绿天牛 *Chloridolum semipunctatum* Gressitt & Rondon, 1970

分布：云南（高黎贡山）；老挝。

贵州长绿天牛 *Chloridolum tenuipes* (Fairmaire, 1889)

分布：云南，贵州。

皱胸长绿天牛 *Chloridolum thaliodes* Bates, 1884

分布：云南。

云南长绿天牛 *Chloridolum touzalini* (Pic, 1920)

分布：云南。

绿长绿天牛 *Chloridolum viride* (Thomson, 1864)

分布：云南（西双版纳），四川，重庆，吉林，湖北，台湾；日本，俄罗斯，越南。

绿虎天牛属 *Chlorophorus* Chevrolat, 1863

白点绿虎天牛 *Chlorophorus albopunctatus* (Pic, 1916)

分布：云南。

竹绿虎天牛 *Chlorophorus annularis* (Fabricius, 1787)

分布：云南（玉溪、曲靖、红河、文山、普洱、临沧、保山、德宏、西双版纳），贵州，四川，西藏，重庆，吉林，辽宁，河北，陕西，安徽，湖北，江西，江苏，浙江，湖南，广西，福建，广东，海南，香港，台湾；日本，泰国，越南，缅甸，印度，老挝，尼泊尔，菲律宾，印度尼西亚，马来西亚，巴布亚新几内亚。

环绿虎天牛 *Chlorophorus annularoides* Holzschuh, 1983

分布：云南（西双版纳）；尼泊尔，印度。

有环绿虎天牛 *Chlorophorus annulatus* (Hope, 1831)

分布：云南（西双版纳），重庆；越南，尼泊尔。

缺环绿虎天牛 *Chlorophorus arciferus* (Chevrolat, 1863)

分布：云南（红河），四川，贵州，上海，安徽，浙江，江西，海南；印度，尼泊尔。

多毛绿虎天牛 *Chlorophorus capillatus* Holzschuh, 2006

分布：云南（西双版纳）；老挝。

横纹绿虎天牛 *Chlorophorus copiosus* Holzschuh, 1991

分布：云南（普洱），贵州；泰国。

槐绿虎天牛 *Chlorophorus diadema* (Motschulsky, 1853)

分布：云南，贵州，四川，黑龙江，吉林，内蒙古，河北，山东，山西，陕西，甘肃，河南，湖北，安徽，江苏，江西，浙江，广西，福建，台湾，湖南，广东；俄罗斯，蒙古国，朝鲜，日本。

槐绿虎天牛指名亚种 *Chlorophorus diadema diadema* (Motschulsky, 1854)

分布：云南，贵州，四川，黑龙江，吉林，内蒙古，河北，陕西，山西，山东，河北，河南，湖北，安徽，江苏，江西，浙江，湖南，广西，福建，广东，台湾；俄罗斯，朝鲜半岛，蒙古国。

三带绿虎天牛 *Chlorophorus diconotatus* (Pic, 1908)

分布：云南。

多氏绿虎天牛 *Chlorophorus douei* (Chevrolat, 1863)

分布：云南（西双版纳），广西，广东，海南，香港；越南，老挝，印度，尼泊尔。

榄绿虎天牛 *Chlorophorus eleodes* (Fairmaire, 1889)

分布：云南（红河、文山、丽江、迪庆、怒江、保山、临沧），西藏，贵州，四川，重庆，新疆，陕西，江西，湖北，广西，台湾。

云南绿虎天牛 *Chlorophorus externesignatus* Pic, 1936

分布：云南。

新疆绿虎天牛 *Chlorophorus faldermanni* Faldermann, 1837

分布：云南，新疆；阿富汗，蒙古国，中东，中亚，欧洲。

碎点绿虎天牛 *Chlorophorus fraternus* Holzschuh, 1992

分布：云南（临沧）；泰国。

豪氏绿虎天牛 *Chlorophorus hauseri* Pic, 1931

分布：云南。

卵纹绿虎天牛 *Chlorophorus hederatus* Heller, 1926

分布：云南（西双版纳），广西；老挝，泰国，印度，缅甸。

鱼绿虎天牛 *Chlorophorus ictericus* Holzschuh, 1991

分布：云南（西双版纳）。

弯带绿虎天牛 *Chlorophorus inhumeralis* Pic, 1918

分布：云南，福建；老挝。

安放绿虎天牛 *Chlorophorus insidiosus* Holzschuh, 1986

分布：云南（西双版纳）；印度，尼泊尔。

Chlorophorus intactus Holzschuh, 1992

分布：云南。

卡氏绿虎天牛 *Chlorophorus kanoi* Hayashi, 1963

分布：云南；日本。

澳门绿虎天牛 *Chlorophorus macaumensis* (Chevrolat, 1845)

分布：云南，四川，陕西，广西，广东。

岛绿虎天牛 *Chlorophorus minamiiwo* Sato & Ohbayashi, 1982

分布：云南（西双版纳），西藏；日本。

弧纹绿虎天牛 *Chlorophorus miwai* Gressitt, 1936

分布：云南，贵州，四川，安徽，浙江，江西，湖南，广西，广东，福建，台湾。

宝兴绿虎天牛 *Chlorophorus moupinensis* (Fairmaire, 1888)

分布：云南（昭通、西双版纳），四川，贵州，陕西，湖北，浙江，广西，福建。

杨柳绿虎天牛 *Chlorophorus motschulskyi* (Ganglbauer, 1886)

分布：云南，黑龙江，吉林，辽宁，内蒙古，河北，陕西，山东，河南，湖北，福建。

苔绿虎天牛 *Chlorophorus muscosus* (Bates, 1873)

分布：云南（临沧）；日本。

散斑绿虎天牛 *Chlorophorus notabilis cuneatus* (Fairmaire, 1888)

分布：云南，四川，陕西。

Chlorophorus praecanus Holzschuh, 2006

分布：云南。

胖绿虎天牛 *Chlorophorus proannulatus* Gressitt & Rondon, 1970

分布：云南（普洱）；老挝。

十四斑绿虎天牛 *Chlorophorus quatuordecimmaculatus* (Chevrolat, 1863)

分布：云南（怒江），贵州，四川，重庆，湖南，广西，福建，广东，海南；老挝，印度，越南，尼泊尔，阿富汗，巴基斯坦。

五带绿虎天牛 *Chlorophorus quinquefasciatus* (Castelnau & Gory, 1841)

分布：云南，贵州，广西，广东；越南，老挝。

半环绿虎天牛 *Chlorophorus reductus* Pic, 1922

分布：云南，贵州。

黄纹绿虎天牛 *Chlorophorus rubricollis* (Castelnau & Gory, 1841)

分布：云南（楚雄）；老挝，缅甸，印度尼西亚。

长纹绿虎天牛 *Chlorophorus rufimembris* Gressitt & Rondon, 1970

分布：云南（普洱）；老挝。

Chlorophorus salicicola Holzschuh, 1993

分布：云南。

滇绿虎天牛 *Chlorophorus semiformosus* (Pic, 1908)

分布：云南。

台中绿虎天牛 *Chlorophorus semikanoi* Hayashi, 1974

分布：云南。

Chlorophorus seniculus Holzschuh, 2006

分布：云南。

裂纹绿虎天牛 *Chlorophorus separatus* Gressitt, 1940

分布：云南（红河、普洱、大理、保山、西双版纳），贵州，四川，河南，陕西，浙江，江西，湖北，广西，广东，福建，海南。

Chlorophorus siegriedae Holzschuh, 1993

分布：云南；泰国。

六斑绿虎天牛 *Chlorophorus simillimus* Kraatz, 1879

分布：云南（西双版纳），四川，黑龙江，吉林，新疆，甘肃，河北，河南，内蒙古，青海，陕西，山东，湖北，江西，浙江，湖南，广西，福建；日本，蒙古国，俄罗斯，朝鲜半岛。

刺槐绿虎天牛 *Chlorophorus sulcaticeps* (Pic, 1924)

分布：云南，江苏，上海，安徽，浙江，湖北，福建。

台湾绿虎天牛 *Chlorophorus taiwanus* Matsushita, 1933

分布：云南（楚雄），四川，湖北，广东，台湾，福建；缅甸，老挝。

红胸绿虎天牛 *Chlorophorus touzalini* Pic, 1920
分布：云南（临沧）。

十三斑绿虎天牛 *Chlorophorus tredecimmaculatus* (Chevrolat, 1863)
分布：云南（西双版纳）。

绿毛绿虎天牛 *Chlorophorus viridulus* Kano, 1933
分布：云南（昆明），台湾。

豚象天牛属 *Choeromorpha* Chevrolat, 1849
单带豚象天牛 *Choeromorpha subfasciata* (Pic, 1922)
分布：云南（西双版纳）；越南，老挝，马来西亚。

纤天牛属 *Cleomenes* Thomson, 1864
云南纤天牛 *Cleomenes diversevittatus* Fuchs, 1961
分布：云南。

Cleomenes giganteus Holzschuh, 1995
分布：云南。

长翅纤天牛 *Cleomenes longipennis* Gressitt, 1951
分布：云南（迪庆、怒江），四川，陕西，湖北，台湾。

长翅纤天牛三线亚种 *Cleomenes longipennis trilineatus* Holzschuh, 2006
分布：云南。

Cleomenes modicatus Holzschuh, 1995
分布：云南。

多纹纤天牛 *Cleomenes multiplagatus* Pu, 1992
分布：云南（迪庆）。

黑胸纤天牛 *Cleomenes nigricollis* Fairmaire, 1895
分布：云南（红河），广西；越南，老挝。

装饰纤天牛 *Cleomenes ornatus* Holzschuh, 1981
分布：云南（西双版纳）；尼泊尔。

红腿纤天牛 *Cleomenes rufofemoratus* Pic, 1914
分布：云南（丽江），福建。

三带纤天牛 *Cleomenes tenuipes* Gressitt, 1939
分布：云南，湖北，浙江，广西，台湾；越南，老挝，印度，马来西亚。

肖艳虎天牛属 *Clytocera* Gahan, 1906
X 纹肖艳虎天牛 *Clytocera montensis* Gressitt & Rondon, 1970
分布：云南；老挝。

虎天牛属 *Clytus* Laicharting, 1784
黄连木虎天牛 *Clytus monticola* Gahan, 1906
分布：云南，西藏；印度，巴基斯坦。

黄带虎天牛 *Clytus rufoapicalis* Pic, 1917
分布：云南，西藏。

红尾虎天牛 *Clytus rufobasalis* Pic, 1917
分布：云南，西藏。

花椒虎天牛 *Clytus validus* Fairmaire, 1896
分布：云南（昭通），四川，西藏，河南，山西。

Comusia Thomson, 1864
黑角棒腿天牛 *Comusia bicoloricornis* (Pic, 1927)
分布：云南（西双版纳）；越南，老挝。

Coomanum Pic, 1927
库曼天牛 *Coomanum singulare* Pic, 1927
分布：云南（西双版纳）；越南，老挝。

瘤象天牛属 *Coptops* Audinet-Serville, 1835
柿瘤象天牛 *Coptops albonotata* (Pic, 1917)
分布：云南，四川；越南。

灰背瘤象天牛 *Coptops annulipes* Gahan, 1864
分布：云南（普洱、怒江、西双版纳）；越南，老挝。

灰背瘤象天牛指名亚种 *Coptops annulipes annulipes* Gahan, 1894
分布：云南；越南，老挝，泰国，印度，缅甸。

云南瘤象天牛 *Coptops diversesparsus* (Pic, 1917)
分布：云南。

麻点瘤象天牛 *Coptops leucostictica* White, 1858
分布：云南（玉溪、红河、文山、普洱、大理、楚雄、临沧、保山、西双版纳），西藏，贵州，广西；缅甸，老挝，越南，印度。

麻点瘤象天牛指名亚种 *Coptops leucostictica leucostictica* White, 1858
分布：云南（玉溪、红河、文山、普洱、楚雄、临沧、保山、西双版纳），西藏，贵州，广西；越南，老挝，印度，缅甸，尼泊尔，马来西亚。

Coptops leucostictica rustica Gressitt, 1940
分布：云南（西双版纳）。

榄仁瘤象天牛 *Coptops lichenea* Pascoe, 1865
分布：云南（普洱、红河、临沧、怒江、西双版纳），广西，福建，广东，海南，香港；老挝，缅甸，尼泊尔，马来西亚，越南。

齿带瘤象天牛 *Coptops ocellifera* Breuning, 1965
分布：云南；老挝。

新月纹瘤象天牛 *Coptops pascoei* Gahan, 1895
分布：云南，广西；越南，缅甸，泰国，老挝。

毛角花天牛属 *Corennys* Bates, 1884

***Corennys cardinalis* (Fairmaire, 1887)**
分布：云南。

鲜红毛角花天牛 *Corennys conspicua* (Gahan, 1906)
分布：云南（大理），四川，西藏，河北，陕西，海南；缅甸。

***Corennys sensitiva* Holzschuh, 1998**
分布：云南。

豹天牛属 *Coscinesthes* Bates, 1890

小灰豹天牛 *Coscinesthes minuta* Pu, 1985
分布：云南（迪庆）。

柳枝豹天牛 *Coscinesthes porosa* Bates, 1890
分布：云南（红河），四川，吉林，陕西，浙江，河南，江西，广东。

麻点豹天牛 *Coscinesthes salicis* Gressitt, 1951
分布：云南（昆明），四川，浙江。

长眼天牛属 *Cremnosterna* Aurivillius, 1920

豹斑长眼天牛 *Cremnosterna carissima* (Pascoe, 1857)
分布：云南（西双版纳），西藏；印度，缅甸，老挝，越南，柬埔寨。

筛天牛属 *Cribragapanthia* Pic, 1903

白盾筛天牛 *Cribragapanthia scutellata* Pic, 1903
分布：云南（红河），贵州，四川，西藏，广西；越南，缅甸。

拟筛天牛属 *Cribrohammus* Breuning, 1966

***Cribrohammus chinensis* Breuning, 1966**
分布：云南。

显毛天牛属 *Cristaphanes* Vives, 2009

***Cristaphanes tysoni* Vives, 2017**
分布：云南（普洱）；越南。

金蓝天牛属 *Cyanagapanthia* Breuning, 1968

黄毛金蓝天牛 *Cyanagapanthia aurecens* Wang & Zheng, 2002
分布：云南（普洱）。

二色金蓝天牛 *Cyanagapanthia bicolor* Breuning, 1968
分布：云南；老挝。

筒粉天牛属 *Cylindrecamptus* Breuning, 1940

纵条筒粉天牛 *Cylindrecamptus lineatus* Aurivillius, 1914
分布：云南；越南，老挝。

Cylindrepomus Blanchard, 1853

***Cylindrepomus viridipennis* (Pic, 1937)**
分布：云南；越南，老挝。

扁柱胸天牛属 *Cylindroeme* Vives, 2019

云南扁柱胸天牛 *Cylindroeme yunnanensis* Lin & Li, 2022
分布：云南（昆明）。

Cyphoscyla Thomson, 1868

平尾天牛 *Cyphoscyla lacordairei* Thomson, 1868
分布：云南（西双版纳）；越南，老挝，马来西亚，印度尼西亚。

曲虎天牛属 *Cyrtoclytus* Ganglbauer, 1882

***Cyrtoclytus emili* Viktora, 2021**
分布：云南。

黄缘曲虎天牛 *Cyrtoclytus luteomarginatus* (Pic, 1914)
分布：云南。

云南曲虎天牛 *Cyrtoclytus yunamensis* (Pic, 1906)
分布：云南（大理）；泰国。

弯点天牛属 *Cyrtogrammus* Gressitt, 1939

弯点天牛 *Cyrtogrammus lateripictus* Gressitt, 1939
分布：云南，广西，广东，海南；老挝，印度尼西亚。

须天牛属 *Cyrtonops* White, 1853

黑须天牛 *Cyrtonops asahinai* Mitono, 1947
分布：云南，贵州，四川，陕西，山西，台湾。

棕须天牛 *Cyrtonops punctipennis* White, 1853
分布：云南，西藏，广东，台湾；印度，尼泊尔，缅甸，印度尼西亚。

刺虎天牛属 *Demonax* Thomson, 1861

***Demonax abietarius* Viktora, 2022**
分布：云南。

刺虎天牛 *Demonax albosignatus* Gahan, 1906
分布：云南（临沧）；缅甸。

泰国刺虎天牛 *Demonax alcanor* Gressitt & Rondon, 1970
分布：云南（西双版纳），广西，海南；老挝，泰国。

Demonax annamensis Pic, 1943
分布：云南；泰国，越南。
宁刺虎天牛 *Demonax confidens* Holzschuh, 1993
分布：云南。
八点刺虎天牛 *Demonax contrarius* Holzschuh, 1991
分布：云南（普洱）；泰国。
红角刺虎天牛 *Demonax corallipres* Pic, 1920
分布：云南。
Demonax desolatus Viktora, 2022
分布：云南。
Demonax devexu Viktora, 2022
分布：云南。
红胸刺虎天牛 *Demonax dignus* Gahan, 1894
分布：云南（西双版纳）。
Demonax dilectus Viktora, 2021
分布：云南。
云南刺虎天牛 *Demonax diversefasciatus* Pic, 1920
分布：云南；老挝，泰国。
Demonax donaubaueri Holzschuh, 1996
分布：云南。
尖纹刺虎天牛 *Demonax elongatus* Gressitt & Rondon, 1970
分布：云南（临沧、西双版纳）；老挝。
锯纹刺虎天牛 *Demonax fimbriatulus* Holzschuh, 2006
分布：云南（文山）。
福贡刺虎天牛 *Demonax fugongensis* Guo & Chen, 2005
分布：云南（昆明）。
Demonax gracilestriatus Gressitt & Rondon, 1970
分布：云南（西双版纳）。
格氏刺虎天牛 *Demonax gertrudae* Holzschuh, 1983
分布：云南（保山、西双版纳）；不丹，尼泊尔。
横断山刺虎天牛 *Demonax hengduanus* Holzschuh, 2006
分布：云南（丽江、怒江）。
滇刺虎天牛 *Demonax iniquus* Holzschuh, 1993
分布：云南（丽江）。
弱刺虎天牛 *Demonax inops* Holzschuh, 1991
分布：云南（临沧、普洱）；泰国。
可憎刺虎天牛 *Demonax invisus* Holzschuh, 2018
分布：云南。

黑刺虎天牛 *Demonax izumii* Mitono, 1942
分布：云南。
吉氏刺虎天牛 *Demonax jendeki* Holzschuh, 1995
分布：云南（昆明、大理、怒江、保山、普洱）。
X-纹刺虎天牛 *Demonax katarinae* Holzschuh, 1983
分布：云南；尼泊尔。
凯氏刺虎天牛 *Demonax kheoae* Gressitt & Rondon, 1970
分布：云南；老挝，越南。
凉山刺虎天牛 *Demonax langsonius* (Fairmaire, 1895)
分布：云南；泰国。
黑尾刺虎天牛 *Demonax leucoscutellatus* Hope, 1831
分布：云南，广西，台湾。
光滑刺虎天牛 *Demonax levipes* Holzschuh, 1991
分布：云南（临沧）；泰国。
三点刺虎天牛 *Demonax literatus* Gahan, 1894
分布：云南（普洱、临沧）；老挝。
三点刺虎天牛指名亚种 *Demonax literatus literatus* Gahan, 1894
分布：云南；老挝，缅甸。
长刺虎天牛 *Demonax longissimus* Pic, 1914
分布：云南，西藏。
白尾刺虎天牛 *Demonax mali* Gressitt, 1951
分布：云南（昆明、楚雄），贵州，广西。
光胸刺虎天牛 *Demonax marnei* Pic, 1918
分布：云南，贵州。
马提刺虎天牛 *Demonax matyasi* Viktora, 2016
分布：云南。
蒙自刺虎天牛 *Demonax mongtsenensis* Pic, 1904
分布：云南（红河）。
红河刺虎天牛 *Demonax mongtssensis* Pic, 1904
分布：云南（红河）。
长胸刺虎天牛 *Demonax multireductus* Pic, 1935
分布：云南。
黄胫刺虎天牛 *Demonax nansenensis* Pic, 1903
分布：云南（临沧、普洱）；老挝，印度。
长斑刺虎天牛 *Demonax nebulosus* Gressitt & Rondon, 1970
分布：云南；老挝，印度。
罗氏刺虎天牛 *Demonax nousophi* Gressitt & Rondon, 1970
分布：云南（普洱）；老挝。

八字纹刺虎天牛 *Demonax occultus* Gressitt & Rondon, 1970
分布：云南（西双版纳）；老挝。

等刺虎天牛 *Demonax parilis* Holzschuh, 1995
分布：云南，贵州。

佩特刺虎天牛 *Demonax petrae* Viktora, 2016
分布：云南。

竖毛刺虎天牛 *Demonax probus* Holzschuh, 1991
分布：云南；泰国。

长距刺虎天牛 *Demonax proculscuti* Li, Tian & Chen, 2013
分布：云南（普洱、保山）。

Demonax pseudonotabilis Gressitt, 1970
分布：云南（西双版纳）。

卵纹刺虎天牛 *Demonax pseudopsilomerus* Gressitt & Rondon, 1970
分布：云南（临沧）；老挝。

稚刺虎天牛 *Demonax puerilis* Holzschuh, 1991
分布：云南（保山、怒江）；泰国。

矮小刺虎天牛 *Demonax pumilio* Holzschuh, 1991
分布：云南（西双版纳）；泰国。

Demonax reticollis Gahan, 1894
分布：云南，广西，海南；越南，老挝，泰国，印度，缅甸。

玫瑰刺虎天牛 *Demonax rosae* Holzschuh, 1983
分布：云南（保山）；印度，尼泊尔。

蔷薇刺虎天牛 *Demonax rosicola* Holzschuh, 2006
分布：云南（大理、保山）；印度，尼泊尔。

赤红刺虎天牛 *Demonax rufus* Guo & Chen, 2005
分布：云南（临沧、西双版纳）。

萨氏刺虎天牛 *Demonax salvazai* Pic, 1923
分布：云南；老挝。

梭氏刺虎天牛 *Demonax sausai* Holzschuh, 1995
分布：云南（大理、临沧）。

台湾刺虎天牛 *Demonax sauteri* Matsushita, 1933
分布：云南（临沧、普洱），台湾。

白纹刺虎天牛 *Demonax semiluctuosus* (White, 1855)
分布：云南（文山、普洱、西双版纳），贵州；越南，老挝，泰国，印度，缅甸，尼泊尔，马来西亚，印度尼西亚。

灰毛刺虎天牛 *Demonax spinifer* Pic, 1920
分布：云南。

红翅刺虎天牛 *Demonax subobscuricolor* Pic, 1918
分布：云南，台湾。

细刺虎天牛 *Demonax tenuiculus* Holzschuh, 1991
分布：云南（临沧）；泰国。

Demonax testaceoannulatus Pic, 1935
分布：云南；老挝。

Demonax theresae Pic, 1927
分布：云南（西双版纳）。

矛刺虎天牛 *Demonax trudae* Holzschuh, 1983
分布：云南（保山、西双版纳）；不丹，尼泊尔，印度，澳大利亚。

于都刺虎天牛 *Demonax tsitoensis* Fairmaire, 1888
分布：云南，四川，河北，江西，浙江，福建。

Demonax viduatus Holzschuh, 2009
分布：云南；老挝。

矮刺虎天牛 *Demonax vilis* Holzschuh, 1991
分布：云南（临沧）。

红胸天牛属 *Dere* White, 1855

Dere femoralis Holzschuh, 1998
分布：云南。

小红胸天牛 *Dere affinis macilenta* Gressitt, 1940
分布：云南（西双版纳），四川。

黑胸红胸天牛 *Dere holonigra* Holzschuh, 2021
分布：云南。

刻额红胸天牛 *Dere punctifrons* Holzschuh, 1991
分布：云南；泰国。

松红胸天牛 *Dere reticulata* Gressitt, 1942
分布：云南（大理、保山、丽江、迪庆、红河、西双版纳），四川，西藏，北京，河南，浙江，湖北；老挝。

Dere subtilis Holzschuh, 1991
分布：云南。

栎红胸天牛 *Dere thoracica* White, 1855
分布：云南（昆明、曲靖、红河、楚雄、临沧、保山），贵州，四川，黑龙江，吉林，河北，陕西，山东，江苏，浙江，江西，湖北，广西，广东；朝鲜，日本，老挝。

脊腿天牛属 *Derolus* Gahan, 1891

云南脊腿天牛 *Derolus argentifer* Pic, 1904
分布：云南。

窝天牛属 *Desisa* Pascoe, 1865

***Desisa dispersa* (Pic, 1944)**

分布：云南（西双版纳）；老挝。

白带窝天牛 *Desisa subfasciata* (Pascoe, 1862)

分布：云南，河南，江苏，浙江，湖北，江西，广西，广东，香港，海南；日本，印度，柬埔寨，老挝，越南，尼泊尔。

云南窝天牛 *Desisa yunnana* (Breuning, 1974)

分布：云南。

裂眼天牛属 *Dialeges* Pascoe, 1856

切缘裂眼天牛 *Dialeges pauper* Pascoe, 1856

分布：云南；越南，老挝，泰国，印度，尼泊尔，马来西亚。

波纹裂眼天牛 *Dialeges undulatus* Gahan, 1891

分布：云南（玉溪、保山、西双版纳），广东，海南，台湾；泰国，老挝，缅甸，印度尼西亚。

短跗锯天牛属 *Dinoprionus* Bates, 1875

印度短跗锯天牛 *Dinoprionus cephalotes* Bates, 1875

分布：云南，西藏；印度，缅甸，不丹。

串胸天牛属 *Diplothorax* Gressitt & Rondon, 1970

***Diplothorax ishihamai* Niisato, 1998**

分布：云南。

瘦天牛属 *Distenia* Lepeletier & Audinet-Serville, 1828

滇瘦天牛 *Distenia mellina* Holzschuh,1995

分布：云南（大理）。

黑点瘦天牛 *Distenia nigrosparsa* Pic, 1914

分布：云南（大理、怒江），四川，贵州，江苏。

凿点瘦天牛 *Distenia perforans* Holzschuh, 1995

分布：云南（丽江）。

狭瘦天牛 *Distenia stenola* Jiang & Wu, 1987

分布：云南（大理）。

三脊瘦天牛 *Distenia tricostata* Chiang & Wu, 1987

分布：云南（大理）。

土天牛属 *Dorysthenes* Vigors, 1826

锯角土天牛 *Dorysthenes angulicollis* (Fairmaire, 1886)

分布：云南，广西，台湾。

竹土天牛 *Dorysthenes buquetii* (Guérin-Méneville, 1844)

分布：云南（昆明、普洱、临沧、大理、保山、德宏、西双版纳），广西，江西；印度尼西亚，缅甸，马来西亚，老挝，印度，尼泊尔。

狭牙土天牛 *Dorysthenes davidis* (Fairmaire, 1886)

分布：云南（大理），贵州，四川；巴基斯坦，印度，尼泊尔。

云南土天牛 *Dorysthenes dentipes* (Fairmaire, 1902)

分布：云南（昆明），广西；老挝，印度。

沟翅土天牛 *Dorysthenes fossatus* (Pascoe, 1857)

分布：云南（西双版纳），四川，贵州，陕西，河南，甘肃，青海，上海，安徽，浙江，湖北，江西，湖南，广西，福建，海南。

宽须土天牛 *Dorysthenes gracilipes* Lameere, 1915

分布：云南，西藏。

蔗根土天牛 *Dorysthenes granulosus* (Thomson, 1861)

分布：云南（玉溪、红河、文山、临沧、西双版纳），贵州，四川，山东，甘肃，青海，浙江，湖北，江西，广西，福建，广东，海南，香港；越南，缅甸，泰国，印度，老挝。

苹根土天牛 *Dorysthenes huegelii* (Redtenbacher, 1848)

分布：云南（红河、文山、普洱、临沧、大理、保山、西双版纳），四川，浙江，河南；巴基斯坦，印度，尼泊尔。

大牙土天牛 *Dorysthenes paradoxus* (Faldermann, 1833)

分布：云南，贵州，四川，吉林，辽宁，内蒙古，河北，山西，河南，陕西，宁夏，甘肃，青海，山东，湖北，江西，广东，香港，海南；俄罗斯，蒙古国。

钩突土天牛 *Dorysthenes sternalis* (Fairmaire, 1902)

分布：云南（昆明、玉溪、曲靖、红河、文山、普洱、楚雄、大理），四川，陕西，河北，河南，湖北，浙江，湖南，广西，福建；越南，日本，尼泊尔。

长牙土天牛 *Dorysthenes walkeri* Waterhouse, 1840

分布：云南（红河、西双版纳），四川，江西，湖北，广西，福建，海南，广东；缅甸，泰国，老挝，越南，印度，马来西亚。

西藏土天牛 *Dorysthenes zivetta* Thomson, 1877

分布：云南（昆明、普洱、楚雄、临沧、大理、丽江、保山、德宏、西双版纳），西藏，贵州，四川，湖北，广西，海南，福建；老挝，印度，尼泊尔，印度尼西亚。

西藏土天牛指名亚种 *Dorysthenes zivetta zivetta* **(Thomson, 1877)**

分布：云南，西藏；老挝，印度，尼泊尔。

千天牛属 *Driopea* Pascoe, 1858

刻角干天牛 *Driopea excavatipennis* **Breuning, 1965**

分布：云南（西双版纳）；老挝。

肚天牛属 *Drumontiana* Danilevsky, 2001

弗氏肚天牛 *Drumontiana francottei* **Komiya & Niisato, 2007**

分布：云南（红河）。

云南肚天牛 *Drumontiana lacordairei* **(Semenov, 1927)**

分布：云南（楚雄、大理、丽江、文山），西藏；越南。

拟裂眼天牛属 *Dymasius* Thomson, 1864

黄金拟裂眼天牛 *Dymasius aureofulvescens* **Gressitt & Rondon, 1970**

分布：云南（西双版纳），江西，台湾；老挝。

重复拟裂眼天牛 *Dymasius duplus* **Holzschuh, 2017**

分布：云南。

Dymasius gracilicornis **(Gressitt, 1951)**

分布：云南，福建；越南，老挝。

皱胸拟裂眼天牛 *Dymasius kisanus* **Matsushita, 1935**

分布：云南（迪庆），台湾；日本。

纤角天牛属 *Dymorphocosmisoma* Pic, 1918

纤角天牛 *Dymorphocosmisoma diverscornis* **Pic, 1918**

分布：云南。

短角瘦天牛属 *Dynamostes* Pascoe, 1857

短角瘦天牛 *Dynamostes audax* **Pascoe, 1857**

分布：云南；印度，尼泊尔。

刺脊天牛属 *Dystomorphus* Pic, 1926

新里刺脊天牛 *Dystomorphus niisatoi* **Holzschuh & Lin, 2017**

分布：云南（怒江、丽江）。

松刺脊天牛 *Dystomorphus notatus* **Pic, 1926**

分布：云南（大理）。

云杉刺脊天牛 *Dystomorphus piceae* **Holzschuh, 2003**

分布：云南（丽江），四川，陕西，湖北。

尾刺天牛属 *Echinovelleda* Breuning, 1936

Echinovelleda guoliangi **(Huang, Huang & Liu, 2020)**

分布：云南（红河、文山），广西。

牟慕尾刺天牛 *Echinovelleda mumuae* **Bi & Mu, 2024**

分布：云南（曲靖）。

原尾刺天牛 *Echinovelleda protochinensis* **Bi & Lin, 2024**

分布：云南（昭通），四川。

Echinovelleda vitalisi **(Pic, 1925)**

分布：云南（红河、普洱）。

瘤翅天牛属 *Echthistatodes* Gressitt, 1938

瘤翅天牛 *Echthistatodes brunneus* **Gressitt, 1938**

分布：云南，四川。

贡山瘤翅天牛 *Echthistatodes gongshanus* **Bi, 2016**

分布：云南。

暗褐瘤翅天牛 *Echthistatodes subobscurus* **Holzschuh, 1993**

分布：云南（红河）。

埃天牛属 *Eduardiella* Holzschuh, 1993

埃天牛 *Eduardiella pretiosa* **Holzschuh, 1993**

分布：云南（丽江）。

艾格天牛属 *Egesina* Pascoe, 1864

鹊肾树艾格天牛 *Egesina albolineata* **Breuning, 1942**

分布：云南（西双版纳）；缅甸。

Egesina diffusa **Holzschuh, 2007**

分布：云南。

斜带艾格天牛 *Egesina partealboantennata* **Breuning, 1965**

分布：云南（西双版纳）；老挝。

Egesina salicivora **Holzschuh, 2007**

分布：云南。

嗒萨艾格天牛 *Egesina tarsata* **Holzschuh, 2007**

分布：云南（西双版纳）。

艾花天牛属 *Elacomia* Heller, 1916

半环艾花天牛 *Elacomia semiannulata* (Pic, 1916)
分布：云南（昆明、西双版纳）；印度。

Elydnus Pascoe, 1869

Elydnus simplex (Gressitt & Rondon, 1970)
分布：云南。

黑绒天牛属 *Embrikstrandia* Plavilstshikov, 1931

二斑黑绒天牛 *Embrikstrandia bimaculata* (White, 1853)
分布：云南，贵州，四川，陕西，山东，湖北，江苏，江西，浙江，湖南，广西，福建，台湾，广东，香港。

Embrikstrandia vivesi Bentanachs, 2005
分布：云南（红河、西双版纳）；老挝。

峨眉花天牛属 *Emeileptura* Holzschuh, 1991

双尖峨眉花天牛 *Emeileptura bicuspis* Ohbayashi, Tichy & Bi, 2018
分布：云南。

筒花天牛属 *Encyclops* Newman, 1838

昏暗筒花天牛 *Encyclops obscurellus* Holzschuh, 2015
分布：云南。

裂颚天牛属 *Entetraommatus* Fisher, 1940

三带裂颚天牛 *Entetraommatus trifasciatus* Niisato & Lin, 2016
分布：云南。

东方天牛属 *Eoporis* Pascoe, 1864

云南东方天牛 *Eoporis differens* Pic, 1926
分布：云南，台湾；越南，老挝，印度，不丹。

萎鞘天牛属 *Epania* Pascoe, 1858

不知萎鞘天牛 *Epania ignota* Holzschuh, 2015
分布：云南。

Epania pudens Holzschuh, 1993
分布：云南。

拟鹿天牛属 *Epepeotes* Pascoe, 1866

石纹拟鹿天牛 *Epepeotes luscus* (Fabricius, 1787)
分布：云南（昆明、红河、临沧、西双版纳），四川，江西；越南，缅甸，泰国，印度尼西亚，马来西亚，菲律宾，老挝。

黑斑拟鹿天牛 *Epepeotes uncinatus* Gahan, 1888
分布：云南（普洱、大理、德宏、西双版纳），西藏；越南，老挝，印度，缅甸，尼泊尔，不丹，斯里兰卡。

萤花天牛属 *Ephies* Pascoe, 1866

红萤花天牛 *Ephies coccineus* Gahan, 1906
分布：云南（德宏），广西，海南，台湾，福建；日本，老挝，印度，缅甸，不丹，印度尼西亚。

泰国萤花天牛 *Ephies thailandensis* Hayashi & Villiers, 1989
分布：云南（西双版纳）；泰国。

拟眉天牛属 *Epiclytus* Gressitt, 1935

异拟眉天牛 *Epiclytus insolitus* Holzschuh, 1991
分布：云南；老挝，台湾。

弱筒天牛属 *Epiglenea* Bates, 1884

弱筒天牛 *Epiglenea comes* Bates, 1884
分布：云南（西双版纳）。

弱筒天牛指名亚种 *Epiglenea comes comes* Bates, 1884
分布：云南，四川，重庆，贵州，河南，浙江，江西，福建，广东，广西。

类象天牛属 *Epimesosa* Breuning, 1939

大理类象天牛 *Epimesosa talina* (Pic, 1917)
分布：云南（大理、西双版纳），四川。

眉天牛属 *Epipedocera* Chevrolat, 1863

阿萨姆眉天牛 *Epipedocera assamensis* Gardner, 1926
分布：云南（西双版纳）；印度。

黑眉天牛 *Epipedocera atra* Pic, 1937
分布：云南（红河、西双版纳），海南；老挝，越南。

红翅眉天牛 *Epipedocera atritarsis djowi* Gressitt, 1951
分布：云南（玉溪）。

银桦二斑天牛 *Epipedocera guerry* pic, 1903
分布：云南（西双版纳）。

阔胸眉天牛 *Epipedocera laticollis* Gahan, 1906
分布：云南（西双版纳）；泰国，老挝，缅甸，印度。

小黑眉天牛 *Epipedocera subatra* Gressitt & Rondon, 1970
分布：云南（红河、普洱、西双版纳）；老挝。

中黑眉天牛 *Epipedocera vitalisi* Pic, 1922
分布：云南；老挝。

眉天牛 *Epipedocera zona* Chevrolat, 1863
分布：云南（昆明、玉溪、红河、普洱、西双版纳），贵州，广西；印度，缅甸，尼泊尔。

埃象天牛属 *Ereis* Pascoe, 1865
黑带埃象天牛 *Ereis subfasciata* Pic, 1925
分布：云南，海南，广西。

红天牛属 *Erythrus* White, 1853
油茶红天牛 *Erythrus blairi* Gressitt, 1939
分布：云南（迪庆、德宏、楚雄、大理、玉溪、普洱、西双版纳），贵州，陕西，河南，江苏，浙江，江西，湖北，湖南，广西，福建，广东，台湾，海南，香港。

红天牛 *Erythrus championi* White, 1853
分布：云南，四川，贵州，河南，浙江，湖北，江西，江苏，湖南，广西，福建，海南，广东，香港，台湾；老挝，柬埔寨。

弧斑红天牛 *Erythrus fortunei* White, 1853
分布：云南（迪庆），贵州，四川，河北，河南，陕西，江苏，浙江，上海，湖北，江西，湖南，广西，福建，广东，香港，台湾。

圆红天牛 *Erythrus rotundicollis* Gahan, 1902
分布：云南；马来西亚。

二点红天牛 *Erythrus rubriceps* Pic, 1916
分布：云南（红河、迪庆），贵州，四川，河南，湖北，广西，台湾；越南，老挝，泰国，印度，缅甸。

白蜡红天牛 *Erythrus westwoodii* White, 1853
分布：云南（迪庆）。

Estigmenida Gahan, 1894
齐点红天牛 *Estigmenida variabilis* Gahan, 1894
分布：云南；老挝，缅甸。

羽角天牛属 *Eucomatocera* White, 1846
线纹羽角天牛 *Eucomatocera vittata* White, 1846
分布：云南（红河、临沧、西双版纳），广西，台湾；越南，老挝，泰国，印度，缅甸，尼泊尔，斯里兰卡。

短节天牛属 *Eunidia* Erichson, 1843
Eunidia atripennis Pu & Yang, 1992
分布：云南，贵州，重庆，湖北。

直条短节天牛 *Eunidia lateralis* Gahan, 1893
分布：云南（西双版纳），海南；越南，老挝，泰国，印度，尼泊尔。

Eupogoniopsis Breuning, 1949
Eupogoniopsis caudatula Holzschuh, 1999
分布：云南。

彤天牛属 *Eupromus* Pascoe, 1868
黑缘彤天牛 *Eupromus nigrovittatus* Pic, 1930
分布：云南（西双版纳），贵州，新疆，江苏，湖北，浙江，江西，湖南，广西，福建，广东；越南。

樟红彤天牛 *Eupromus ruber* (Dalman, 1817)
分布：云南（昆明）。

阔咀天牛属 *Euryphagus* Thomson, 1864
黑盾阔咀天牛 *Euryphagus lundii* (Fabricius, 1792)
分布：云南（玉溪、红河、文山、普洱、西双版纳），贵州，四川，广西，广东，海南，台湾，福建；越南，泰国，缅甸，老挝，印度，尼泊尔，印度尼西亚，马来西亚。

黄晕阔咀天牛 *Euryphagus miniatus* (Fairmaire, 1904)
分布：云南（普洱、西双版纳），贵州，江西，广西，福建，广东，海南，香港；越南。

扁天牛属 *Eurypoda* Saunders, 1853
家扁天牛 *Eurypoda antennata* Saunders, 1853
分布：云南，贵州，四川，重庆，河南，青海，江苏，安徽，浙江，湖北，江西，广西，广东，海南，福建，台湾，香港。

樟扁锯天牛 *Eurypoda batesi* Gahan, 1894
分布：云南（红河、普洱、西双版纳），贵州，四川，青海，浙江，湖北，江西，湖南，广西，海南，广东，福建；日本，越南，老挝，泰国。

黑扁天牛 *Eurypoda nigrita* Thomson, 1865
分布：云南，贵州，四川，广西；老挝，泰国，马来西亚，印度尼西亚。

齿胸扁天牛 *Eurypoda parandraeformis* (Lacordaire, 1868)
分布：云南，四川，青海；印度，缅甸，马来西亚。

长筒天牛属 *Euseboides* Gahan, 1893

刘彬长筒天牛 *Euseboides liubini* Viktora & Tichý, **2018**
分布：云南。

Euseboides matsudai Gressitt, 1938
分布：云南（西双版纳）。

任氏长筒天牛 *Euseboides reni* Huang, Chen & Li, **2015**
分布：云南（怒江、红河）。

真花天牛属 *Eustrangalis* Bates, 1884

灰绿真花天牛 *Eustrangalis aeneipennis* (Fairmaire, **1889**)
分布：云南，四川；越南。

斑胸灰绿真花天牛 *Eustrangalis aeneipennis notaticollis* Pic, 1927
分布：云南；越南。

带天牛属 *Eutaenia* Thomson, 1857

三带天牛 *Eutaenia trifascella* (White, 1850)
分布：云南（红河、保山、西双版纳），江西，广西，福建，广东，台湾；印度，越南，马来西亚，老挝。

直脊天牛属 *Eutetrapha* Bates, 1884

Eutetrapha chlorotica Pu & Jin, 1991
分布：云南（丽江），四川。

老挝直脊天牛 *Eutetrapha laosensis* Breuning, 1965
分布：云南（西双版纳）；老挝，印度，缅甸。

丽直脊天牛 *Eutetrapha elegans* Hayashi, 1966
分布：云南（怒江），台湾。

勾天牛属 *Exocentrus* Dejean, 1835

白点勾天牛 *Exocentrus alboguttatus* Fisher, 1925
分布：云南（西双版纳），广西，海南；越南，老挝，泰国，印度，缅甸，尼泊尔，马来西亚。

Exocentrus becvari Holzschuh, 1999
分布：云南。

短毛勾天牛 *Exocentrus brevisetosus* Gressitt, 1938
分布：云南（西双版纳），湖北，台湾；越南。

Exocentrus coronatus Holzschuh, 2007
分布：云南。

Exocentrus diversiceps Pic, 1931
分布：云南；越南，老挝，泰国，印度，不丹，尼泊尔。

高举勾天牛 *Exocentrus fastigatus* Holzschuh, **2007**
分布：云南（西双版纳）；老挝。

弗氏勾天牛 *Exocentrus flemingiae* Fisher, **1932**
分布：云南（西双版纳）；尼泊尔，印度。

Exocentrus kucerai Holzschuh, 1999
分布：云南。

Exocentrus longipennis Holzschuh, 1999
分布：云南。

郎氏勾天牛 *Exocentrus rondoni* Breuning, **1963**
分布：云南（西双版纳）；老挝。

红胸勾天牛 *Exocentrus rufithorax* Gressitt, **1935**
分布：云南，台湾。

黄毛勾天牛 *Exocentrus semiglaber* Breuning, **1968**
分布：云南（西双版纳）；老挝。

证勾天牛 *Exocentrus superstes* Holzschuh, **1995**
分布：云南（西双版纳）；泰国。

可变勾天牛 *Exocentrus variabilis* Holzschuh, **2007**
分布：云南（西双版纳）；老挝。

五瘤天牛属 *Falsanoplistes* Pic, 1915

五瘤天牛 *Falsanoplistes guerryi* Pic, **1915**
分布：云南，西藏，贵州，四川，江苏。

Falsimalmus Breuning, 1956

诈天牛 *Falsimalmus niger* Breuning, **1956**
分布：云南（德宏）；老挝，缅甸，泰国。

Falsomecynippus Bi, Chen & Lin, 2024

梅天牛 *Falsomecynippus ciliatus* (Gahan, **1888**)
分布：云南（红河），四川，重庆，广西，广东，海南，香港；老挝。

Falsomecynippus superbus Bi, Chen & Lin, **2024**
分布：云南（西双版纳），浙江，湖南，广东，海南；老挝。

额象天牛属 *Falsomesosella* Pic, 1925

白带额象天牛 *Falsomesosella albofasciata* Pic, **1925**
分布：云南。

夏氏额象天牛 *Falsomesosella gardneri* Breuning, **1938**
分布：云南（西双版纳）；越南，印度，尼泊尔。

小额象天牛 *Falsomesosella minor* Pic, **1925**
分布：云南，四川；老挝。

Falsoropica Breuning, 1939
粗点伪缝角天牛 *Falsoropica grossepunctata* Breuning, 1965
分布：云南；老挝。

肖奥天牛属 *Falsorsidis* Breuning, 1959
李超肖奥天牛 *Falsorsidis lichaoi* Bi & Chen, 2024
分布：云南。

Falsostesilea Breuning, 1940
孔平山天牛 *Falsostesilea perforata* (Pic, 1926)
分布：云南（西双版纳），广东；越南。

拟糙天牛属 *Falsotrachystola* Breuning, 1950
云南拟糙天牛 *Falsotrachystola asidiformis* (Pic, 1915)
分布：云南（红河、文山）。
董氏拟糙天牛 *Falsotrachystola dongi* Huang, 2019
分布：云南（保山、怒江）。
串珠拟糙天牛 *Falsotrachystola torquata* Holzschuh, 2007
分布：云南（文山）。

Fragiliella Holzschuh, 2013
Fragiliella callidioides (Gressitt & Rondon, 1970)
分布：云南（西双版纳）；越南，老挝，马来西亚，印度尼西亚。

金花天牛属 *Gaurotes* LeConte, 1850
黑角金花天牛 *Gaurotes atricornis* Pu, 1992
分布：云南（迪庆），西藏。
光胸金花天牛 *Gaurotes glabricollis* Pu, 1992
分布：云南（迪庆）。
Gaurotes pictiventris Pesarini & Sabbadini, 1997
分布：云南。

瘤花天牛属 *Gaurotina* Ganglbauer, 1889
黑胸瘤花天牛 *Gaurotina superba* Ganglbauer, 1889
分布：云南，四川，青海，陕西，甘肃。

鼓胸天牛属 *Gelonaetha* Thomson, 1878
鼓胸天牛 *Gelonaetha hirta* (Fairmaire, 1850)
分布：云南（玉溪），浙江，台湾；缅甸，印度，泰国，菲律宾，斯里兰卡，印度尼西亚。

瘤天牛属 *Gibbocerambyx* Pic, 1923
黄条瘤天牛 *Gibbocerambyx aureovittatus* Pic, 1923
分布：云南，西藏；越南。

红条瘤天牛 *Gibbocerambyx fulvescens* (Gahan, 1894)
分布：云南（西双版纳）；缅甸。

并脊天牛属 *Glenea* Newman, 1842
后纵带并脊天牛 *Glenea aeolis laosica* Breuning, 1963
分布：云南（西双版纳）；老挝。
黄胸并脊天牛 *Glenea astathiformis* Breuning, 1858
分布：云南（临沧）；老挝，印度。
赭带并脊天牛 *Glenea bimaculatithorax* Pic, 1946
分布：云南（西双版纳）；越南，缅甸。
衲并脊天牛 *Glenea cancellata* Thomson, 1865
分布：云南（西双版纳）；印度，马来西亚。
眉斑并脊天牛 *Glenea cantor* (Fabricius, 1787)
分布：云南（红河、曲靖、文山、普洱、临沧、保山、怒江、西双版纳），贵州，浙江，江西，广西，广东，海南，香港；越南，老挝，泰国，印度，菲律宾。
桑并脊天牛 *Glenea centroguttata* Fairmaire, 1897
分布：云南（临沧、文山、红河、大理），四川，西藏，贵州，陕西，河南，广西，福建，广东，台湾；日本。
常卿并脊天牛 *Glenea changchini* Lin & Lin, 2011
分布：云南（红河）。
黄鞘并脊天牛 *Glenea citrinopubens* Pic, 1926
分布：云南（西双版纳），贵州，四川，湖北，广西；越南，老挝。
宽须并脊天牛 *Glenea citrina* Thomson, 1865
分布：云南；马来西亚，印度尼西亚。
库氏并脊天牛 *Glenea coomani* Pic, 1926
分布：云南，海南；越南，老挝。
Glenea delolorata (Hell, 1926)
分布：云南（昆明）。
单条并脊天牛 *Glenea diana* Thomson, 1865
分布：云南（昆明、西双版纳）；越南，老挝，泰国，印度，缅甸。
单条并脊天牛指名亚种 *Glenea diana diana* Thomson, 1865
分布：云南（临沧）；越南，泰国，缅甸。
分条并脊天牛 *Glenea diverselineata* Pic, 1926
分布：云南（西双版纳）；老挝。
分条并脊天牛指名亚种 *Glenea diverselineata diverselineata* Pic, 1926
分布：云南（西双版纳）；越南，缅甸，老挝。

Glenea diverselineata intermedia Breuning, 1968
分布：云南（西双版纳）。

黑星并脊天牛 *Glenea flava* Jandan, 1895
分布：云南（西双版纳），湖北，广西；印度，不丹，老挝，越南，斯里兰卡。

黄点并脊天牛 *Glenea flavosignata* Breuning, 1956
分布：云南（西双版纳）；越南。

双带并脊天牛 *Glenea gardneriana* Breuning, 1958
分布：云南（西双版纳）；老挝，印度，缅甸。

川滇并脊天牛 *Glenea hauseri* Pic, 1933
分布：云南（迪庆、怒江、大理），四川，湖南。

Glenea hieroglyphica Pesarini & Sabbadini, 1997
分布：云南。

华西并脊天牛 *Glenea hwasiana* Gressitt, 1945
分布：云南，四川。

黄带并脊天牛 *Glenea indiana* (Thomson, 1857)
分布：云南（红河、普洱、临沧、保山、西双版纳），广西；老挝，越南，缅甸，印度，不丹，尼泊尔，斯里兰卡。

云南并脊天牛 *Glenea jeanvoinei* Pic, 1927
分布：云南；越南。

越并脊天牛 *Glenea langana* Pic, 1903
分布：云南（西双版纳），广西；越南，老挝。

细条并脊天牛 *Glenea lineata sauteri* Schwarzer, 1925
分布：云南，广东，台湾；日本。

黄纹并脊天牛 *Glenea luteosignata* Pic, 1943
分布：云南。

粗条并脊天牛 *Glenea magdelainei* Pic, 1943
分布：云南（德宏、怒江、西双版纳）；越南，老挝。

美英并脊天牛 *Glenea meiyingae* Holzschuh, 2009
分布：云南（西双版纳）；印度，尼泊尔。

莫氏并脊天牛 *Glenea mouhoti* Thomson, 1865
分布：云南（西双版纳），香港。

多断并脊天牛 *Glenea multiinterrupta* Pic, 1947
分布：云南（西双版纳）；越南，老挝。

断条并脊天牛 *Glenea pallipes* Pic, 1926
分布：云南（西双版纳），贵州，广西；越南，老挝。

蝶斑并脊天牛 *Glenea papiliomaculata* Pu, 1992
分布：云南（怒江），陕西。

拟并脊天牛 *Glenea paraornata* Lin, 2013
分布：云南，海南；越南，老挝，泰国。

小星并脊天牛 *Glenea pici* Aurivillius, 1925
分布：云南（西双版纳），广西；老挝，越南，印度。

小星并脊天牛指名亚种 *Glenea pici pici* Aurivillius, 1925
分布：云南（西双版纳），广西；越南，老挝，印度。

圆斑并脊天牛 *Glenea posticata* Gahan, 1894
分布：云南（红河、文山、西双版纳）；老挝，缅甸。

拟莫氏并脊天牛 *Glenea problematica* Lin & Yang, 2009
分布：云南（西双版纳），青海，甘肃；泰国，老挝。

拟白并脊天牛 *Glenea pseudocaninia* Lin & Yang, 2009
分布：云南（保山）；缅甸。

丽并脊天牛 *Glenea pulchra* Aurivillius, 1926
分布：云南（红河、文山、普洱、德宏、西双版纳），西藏，贵州，广西，台湾；越南，老挝，泰国，印度，缅甸，尼泊尔，马来西亚，印度尼西亚。

四斑并脊天牛 *Glenea quadriguttata* Pic, 1926
分布：云南（西双版纳），广西；越南。

四斑并脊天牛 *Glenea quadrinotata* (Guérin-Méneville, 1843)
分布：云南；越南，老挝，印度，缅甸。

榆斑并脊天牛 *Glenea relicta* Pascoe, 1868
分布：云南（怒江、西双版纳），四川，广东，陕西，江苏，浙江，安徽，江西，湖北，广西，福建，海南，台湾；日本，印度，越南。

Glenea relicta formosensis Breuning, 1960
分布：云南（西双版纳）。

杂纹并脊天牛 *Glenea semiluctuosa* (Fairmaire, 1902)
分布：云南（丽江），四川。

淑氏并脊天牛 *Glenea shuteae* Lin & Yang, 2011
分布：云南（西双版纳）。

肾斑并脊天牛 *Glenea siamensis* Gahan, 1897
分布：云南（西双版纳），海南；泰国。

赭纹并脊天牛 *Glenea subalcyone* Breuning, 1964
分布：云南；老挝。

拟密并脊天牛 *Glenea subsimilis* **Gahan, 1897**
分布：云南（西双版纳）；越南，老挝，印度。

拟绿缝并脊天牛 *Glenea subviridescens* **Breuning, 1963**
分布：云南（西双版纳）；越南，老挝，泰国。

白基并脊天牛 *Glenea torquatella* **Aurivillius, 1923**
分布：云南（西双版纳）；越南，印度尼西亚。

弧纹并脊天牛 *Glenea vaga* **Thomson, 1865**
分布：云南（西双版纳）；印度，尼泊尔，老挝，泰国，缅甸，马来西亚。

绿绒并脊天牛 *Glenea virens* **Aurivillius, 1925**
分布：云南（西双版纳）；越南，老挝。

绿缝并脊天牛 *Glenea viridescens* **Pic, 1927**
分布：云南，广西；越南，老挝，泰国，缅甸。

威氏并脊天牛 *Glenea weigeli* **Lin & Liu, 2012**
分布：云南（西双版纳）。

短脊天牛属 *Glenida* Gahan, 1888
蓝粉短脊天牛 *Glenida suffusa* **Gahan, 1888**
分布：云南（红河）。

额天牛属 *Gnatholea* Thomson, 1861
斑额天牛 *Gnatholea eburifera* **Thomson, 1861**
分布：云南（西双版纳），贵州，广西，海南；印度，柬埔寨，泰国，越南，马来西亚，印度尼西亚，文莱。

马来额天牛 *Gnatholea subnuda* **Lacordaire, 1869**
分布：云南，台湾；老挝，马来西亚，印度尼西亚。

格虎天牛属 *Grammographus* Chevrolat, 1863
散愈斑格虎天牛 *Grammographus notabilis cuneatus* **(Fairmaire, 1888)**
分布：云南，四川，重庆，陕西，河南，湖北，广东。

长臂象天牛属 *Golsinda* Thomson, 1860
圆尾长臂象天牛 *Golsinda basicornis* **Gahan, 1894**
分布：云南（西双版纳），广东，海南；越南。

缢颈天牛属 *Guerryus* Pic, 1903
Guerryus argyritis **Holzschuh, 1998**
分布：云南，四川。

金绒缢颈天牛 *Guerryus aureopubescens* **Pic, 1903**
分布：云南，四川。

Gyaritus Pascoe, 1858
黄带基天牛 *Gyaritus auratus* **Breuning, 1963**
分布：云南（西双版纳）；老挝。

刺猬天牛属 *Hechinoschema* Thomson, 1857
刺猬天牛 *Hechinoschema spinosa* **Thomson, 1857**
分布：云南（怒江）；印度。

Hemadius Fairmaire, 1889
樱红天牛 *Hemadius oenochrous* **Fairmaire, 1889**
分布：云南（文山），西藏，四川，陕西，安徽，湖北，江西，浙江，湖南，广西，福建，台湾；老挝。

条天牛属 *Heteroglenea* Gahan, 1897
截尾条天牛 *Heteroglenea fissilis* **(Breuning, 1953)**
分布：云南（文山、西双版纳），西藏；老挝，泰国，印度，缅甸。

长条条天牛 *Heteroglenea mediodiscoprolongata* **(Breuning, 1964)**
分布：云南（西双版纳）；老挝，泰国。

黑斑条天牛 *Heteroglenea nigromaculata* **(Thomson, 1865)**
分布：云南（文山、西双版纳），广西；越南，老挝，柬埔寨，缅甸，泰国。

多毛天牛属 *Hirtaeschopalaea* Pic, 1925
多毛天牛 *Hirtaeschopalaea albolineata* **Pic, 1925**
分布：云南（西双版纳）；越南，老挝，印度。

毛胫天牛属 *Holangus* Pic, 1902
盖氏毛胫天牛 *Holangus guerryi* **Pic, 1904**
分布：云南，四川。

红胸毛胫天牛 *Holangus ruficollis* **Pic, 1940**
分布：云南；越南。

骇天牛属 *Hyllisia* Pascoe, 1864
白条骇天牛 *Hyllisia rufipes* **(Pic, 1934)**
分布：云南。

木纹骇天牛 *Hyllisia saigonensis* **(Pic, 1933)**
分布：云南（文山）；老挝，越南。

长柄天牛属 *Ibidionidum* Gahan, 1894
红胸长柄天牛 *Ibidionidum corbetti* **Gahan, 1894**
分布：云南（临沧），广东，海南；缅甸，老挝。

长胸长柄天牛 *Ibidionidum longithoracicum* (Chiang, 1963)

分布：云南（玉溪、西双版纳、大理、保山、红河）。

特花天牛属 *Idiostrangalia* Nakane & Ohbayashi, 1957

金毛特花天牛 *Idiostrangalia auricoma* Holzschuh, 2007

分布：云南（西双版纳）；老挝。

黑带特花天牛 *Idiostrangalia nigrobaltea* Holzschuh, 2016

分布：云南。

指角天牛属 *Imantocera* Dejean, 1835

榕指角天牛 *Imantocera penicillata* (Hope, 1831)

分布：云南（红河、玉溪、普洱、楚雄、保山、临沧、西双版纳），西藏，贵州，广西；印度，尼泊尔，斯里兰卡，缅甸，越南，老挝，泰国，菲律宾，马来西亚。

浑天牛属 *Ioesse* Thomson, 1864

Ioesse rubra (Pic, 1925)

分布：云南，海南；越南，老挝，泰国，缅甸。

浑天牛 *Ioesse sanguinolenta* Thomson, 1864

分布：云南。

锤角天牛属 *Ipothalia* Pascoe, 1867

二色锤角天牛 *Ipothalia bicoloripes* Pic, 1920

分布：云南（昭通、大理），四川，江西，广西，福建；越南，缅甸。

狭锤角天牛 *Ipothalia esmeralda* Bates, 1879

分布：云南（大理、西双版纳）；老挝，印度，缅甸，印度尼西亚。

伊希天牛属 *Ischnodora* Chevrolat, 1863

Ischnodora decolorata Holzschuh, 1995

分布：云南。

Ischnodora sejugata Holzschuh, 1991

分布：云南；泰国。

纤花天牛属 *Ischnostrangalis* Ganglbauer, 1889

黑缝瘦花天牛 *Ischnostrangalis davidi* (Pic, 1934)

分布：云南（西双版纳）。

曼尼纤花天牛 *Ischnostrangalis manipurensis* (Gahan, 1906)

分布：云南；印度。

Ischnostrangalis ohbayashii Tichy & Lin, 2021

分布：云南。

杜鹃纤花天牛 *Ischnostrangalis rhododendri* Holzschuh, 2011

分布：云南。

Ischnostrangalis semenowi (Ganglbauer, 1889)

分布：云南，四川。

短柄天牛属 *Ithocritus* Lacordaire, 1872

短柄天牛 *Ithocritus ruber* (Hope, 1839)

分布：云南（怒江、德宏），西藏。

相似短柄天牛 *Ithocritus similis* Bi & Lin, 2020

分布：云南（怒江）。

Jendekia Holzschuh, 1993

Jendekia eduardi Holzschuh, 1993

分布：云南。

大头花天牛属 *Katarinia* Holzschuh, 1991

贝氏大头花天牛 *Katarinia belousovi* Miroshnikov, 2015

分布：云南。

阿坝大头花天牛 *Katarinia cephalota* Holzschuh, 1991

分布：云南。

Katarinia consanguinea Holzschuh, 2006

分布：云南。

毛足天牛属 *Kunbir* Lameere, 1890

黑胸毛足天牛 *Kunbir angustissima* (Pic, 1903)

分布：云南，四川。

黑翅毛足天牛 *Kunbir atripennis* (Pic, 1925)

分布：云南，湖南。

脊翅毛足天牛 *Kunbir carinatus* (Pic, 1928)

分布：云南，湖北。

黄胸毛足天牛 *Kunbir cephalotes* (Pic, 1928)

分布：云南，福建。

黑腿毛足天牛 *Kunbir crusator* Gressitt & Rondon, 1970

分布：云南；老挝。

越南毛足天牛 *Kunbir rufoflavidus* (Fairmaire, 1895)

分布：云南；越南。

黑腹毛足天牛 *Kunbir simplex* Gressitt & Rondon, 1970

分布：云南（西双版纳）；老挝。

缢鞘天牛属 *Kurarua* Gressitt, 1936

黑胸缢鞘天牛 ***Kurarua angustissima* (Pic, 1903)**

分布：云南，四川。

二色缢鞘天牛 ***Kurarua bicolorata* Gressitt & Rondon, 1970**

分布：云南（西双版纳）；老挝。

***Kurarua nacerdoides* Pesarini & Sabbadini, 1997**

分布：云南。

***Kurarua nigrescens* Holzschuh, 1999**

分布：云南（西双版纳）；老挝。

老挝缢鞘天牛 ***Kurarua plauta* Gressitt & Rondon, 1970**

分布：云南（普洱）；老挝。

红缢鞘天牛 ***Kurarua ruficeps* Holzschuh, 1991**

分布：云南（临沧、西双版纳）；泰国。

Lamellocerambyx Pic, 1923

***Lamellocerambyx laosensis* Pic, 1923**

分布：云南；老挝，泰国。

Lamidorcadion Pic, 1934

***Lamidorcadion annulipes* Pic, 1934**

分布：云南，四川，西藏。

***Lamidorcadion jintengi* Bi, 2022**

分布：云南。

***Lamidorcadion minutipunctatum* Bi, 2022**

分布：云南。

***Lamidorcadion simile* Bi, 2022**

分布：云南。

***Lamidorcadion tuberosum* Holzschuh, 1993**

分布：云南。

粒天牛属 *Lamiomimus* Kolbe, 1886

中华粒天牛 ***Lamiomimus chinensis* Breuning, 1936**

分布：云南（昭通），贵州。

双带粒翅天牛 ***Lamiomimus gottschei* Kolbe, 1886**

分布：云南（保山），贵州，四川，重庆，黑龙江，吉林，辽宁，河北，河南，山东，陕西，江苏，安徽，湖北，浙江，江西，湖南；朝鲜。

Laoechinophorus Gouverneur, 2016

***Laoechinophorus yunnanus* Yamasako, Vives & Liu, 2021**

分布：云南（普洱）。

Laoleptura Ohbayashi, 2008

***Laoleptura phupanensis* Ohbayashi, 2008**

分布：云南，广西；老挝。

寮柄天牛属 *Laosaphrodisium* Bentanachs, 2012

阿玛多寮柄天牛 ***Laosaphrodisium amadori* Bentanachs, 2012**

分布：云南，西藏，广西；老挝，缅甸。

***Laosaphrodisium crassum* (Gressitt, 1939)**

分布：云南，广东，福建。

利天牛属 *Leiopus* Audinet-Serville, 1835

多刻利天牛 ***Leiopus multipunctellus* Wallin, Kvamme & Lin, 2012**

分布：云南，四川。

圆眼花天牛属 *Lemula* Bates, 1884

***Lemula par* Holzschuh, 1998**

分布：云南。

窄绿天牛属 *Leptochroma* Vives, 2013

林氏窄绿天牛 ***Leptochroma lini* Vives, 2013**

分布：云南。

瘦象天牛属 *Leptomesosa* Breuning, 1939

瘦象天牛 ***Leptomesosa cephalotes* (Pic, 1903)**

分布：云南（玉溪），四川；老挝。

脊天牛属 *Leptoxenus* Bates, 1877

老挝脊胫天牛 ***Leptoxenus ornaticollis* Gressitt & Rondon, 1970**

分布：云南（临沧），广西，广东；泰国，越南，老挝，印度，缅甸，柬埔寨，马来西亚。

花天牛属 *Leptura* Linnaeus, 1758

橡黑花天牛 ***Leptura aethiops* Poda, 1761**

分布：云南，四川，黑龙江，吉林，河北，陕西，宁夏，青海，江西，广西，福建；蒙古国，日本，朝鲜半岛，中东，中亚，俄罗斯（远东地区），欧洲，美洲。

斜带花天牛 ***Leptura alticola* Gressitt, 1948**

分布：云南，四川，西藏。

小黄斑花天牛 ***Leptura ambulatrix* (Gressitt, 1951)**

分布：云南，四川，江西，安徽，湖南，福建，广东。

半环花天牛 ***Leptura arcifera* (Blanchard, 1871)**

分布：云南（迪庆、怒江、丽江、普洱），四川，贵州。

***Leptura bocakorum* Holzschuh, 1998**
分布：云南。

金绒花天牛 *Leptura auratopilosa* (Matsushita, 1931)
分布：云南，贵州，台湾。

***Leptura daliensis* Holzschuh, 1998**
分布：云南。

十二斑花天牛 *Leptura duodecimgutata* Fabricius, 1801
分布：云南，内蒙古；俄罗斯，朝鲜，日本。

阶梯花天牛 *Leptura gradatula* Holzschuh, 2006
分布：云南；越南。

黑纹花天牛 *Leptura grahamiana* Gressitt, 1938
分布：云南（迪庆），四川，西藏。

格氏花天牛 *Leptura guerryi* (Pic, 1902)
分布：云南，四川，西藏。

库班花天牛 *Leptura kubani* Holzschuh, 2006
分布：云南，西藏。

花天牛 *Leptura lavinia* Gahan, 1906
分布：云南，西藏；印度，尼泊尔。

短翅花天牛 *Leptura minuta* Vives, 2024
分布：云南（迪庆）。

***Leptura naxi* Holzschuh, 1998**
分布：云南，西藏。

***Leptura nigroguttata* (Pic, 1927)**
分布：云南；越南，缅甸。

四带花天牛 *Leptura quadrizona* (Fairmaire, 1902)
分布：云南（昆明、玉溪、普洱、保山、怒江、丽江、迪庆、德宏），四川；越南，老挝。

玉龙山花天牛 *Leptura yulongshana* Holzschuh, 1991
分布：云南。

带花天牛 *Leptura zonifera* (Blanchard, 1871)
分布：云南，贵州，四川，东北，新疆，湖北，浙江，福建，台湾；蒙古国，俄罗斯。

瘤筒天牛属 *Linda* Thomson, 1864

越瘤筒天牛 *Linda annulicornis* Matsushita, 1933
分布：云南，贵州，广西，福建，台湾。

越瘤筒天牛云南亚种 *Linda annamensis yunnanensis* Breuning, 1960
分布：云南。

黄尾瘤筒天牛 *Linda apicalis* Pic, 1906
分布：云南（丽江），贵州，四川，西藏；越南。

黄尾瘤筒天牛云南亚种 *Linda apicalis yunnana* Breuning, 1976
分布：云南，贵州，四川，西藏。

黑角瘤筒天牛 *Linda atricornis* Pic, 1924
分布：云南（红河），贵州，四川，黑龙江，吉林，辽宁，内蒙古，陕西，宁夏，甘肃，河北，河南，江苏，上海，浙江，湖北，江西，湖南，广西，福建，广东。

簇毛瘤筒天牛 *Linda fasciculata* Pic, 1902
分布：云南（昆明、玉溪、红河、昭通、文山、楚雄、保山），四川，陕西；越南。

瘤筒天牛 *Linda femorata* (Chevrolat, 1852)
分布：云南（昆明、昭通、红河、文山），贵州，四川，辽宁，河南，广西，陕西，江苏，湖北，湖南，上海，浙江，江西，福建，台湾，广东；越南。

顶斑瘤筒天牛 *Linda fraterna* (Chevrolat, 1852)
分布：云南，四川，贵州，东北，河北，山东，河南，江苏，上海，安徽，浙江，湖北，江西，湖南，广西，福建，广东，台湾。

细角瘤筒天牛 *Linda gracilicornis* Pic, 1907
分布：云南，四川。

赤瘤筒天牛 *Linda nigroscutata* (Fairmaire, 1902)
分布：云南（昆明、玉溪、红河、文山、普洱、楚雄、大理、临沧、保山、丽江），四川，贵州，西藏，湖北，湖南；印度。

赤瘤筒天牛指名亚种 *Linda nigroscutata nigroscutata* (Fairmaire, 1902)
分布：云南（昆明、玉溪、红河、普洱、文山、楚雄、大理、临沧、保山、丽江），西藏，贵州，四川，湖北，湖南；印度。

橘红瘤筒天牛 *Linda rubescens* Hope, 1831
分布：云南；不丹，尼泊尔，印度。

黑肩瘤筒天牛 *Linda semivitata* (Fairmaire, 1887)
分布：云南（昆明、保山），四川。

褐瘤筒天牛 *Linda testacea* (Saunders, 1839)
分布：云南（保山、红河、西双版纳），西藏；老挝，印度，尼泊尔，缅甸，孟加拉国。

鹿天牛属 *Macrochenus* Guérin-Méneville, 1843

三条鹿天牛 *Macrochenus assamensis* Breuning, 1935
分布：云南（大理、保山、怒江、红河），西藏；印度，老挝。

长颈鹿天牛 *Macrochenus guerinii* (White, 1858)

分布：云南（红河、普洱、临沧、保山、德宏、西双版纳），四川，西藏，广西；越南，缅甸，印度，泰国，老挝，尼泊尔。

肖白星鹿天牛 *Macrochenus tonkinensis* Aurivillius, 1920

分布：云南（红河、大理、楚雄、德宏），贵州，湖北，广西，广东，海南；越南。

白毛天牛属 *Malloderma* Lacordaire, 1872

酷氏白毛天牛 *Malloderma kuegleri* Holzschuh, 2010

分布：云南；老挝。

缘天牛属 *Margites* Gahan, 1891

金斑缘天牛 *Margites auratonotatus* Pic, 1923

分布：云南（西双版纳），海南。

黄茸缘天牛 *Margites fulvidus* (Pascoe, 1858)

分布：云南，贵州，四川，重庆，黑龙江，吉林，辽宁，河北，陕西，河南，山东，湖北，江西，湖南，福建，广东，海南，香港；日本。

Margites lajoyei Pic, 1926

分布：云南。

橙斑缘天牛 *Margites luteopubens* Pic, 1926

分布：云南（西双版纳），四川；越南，老挝。

山天牛属 *Massicus* Pascoe, 1867

栗山天牛 *Massicus raddei* Blessig & Solsky, 1872

分布：云南（红河、文山），贵州，四川，吉林，辽宁，黑龙江，河北，山东，山西，陕西，河南，湖北，安徽，江苏，江西，浙江，福建，湖南，台湾；日本，朝鲜，俄罗斯。

三条山天牛 *Massicus trilineatus* (Pic, 1933)

分布：云南（临沧、大理、红河、文山），四川，吉林，河北，陕西，山东，浙江，江西，福建，台湾；日本，朝鲜，俄罗斯，越南，老挝。

枚天牛属 *Mecynippus* Bates, 1884

缨角枚天牛 *Mecynippus ciliatus* (Gahan, 1888)

分布：云南；老挝。

大幽天牛属 *Megasemum* Kraatz, 1879

隆纹大幽天牛 *Megasemum quadricostulatum* Kraatz, 1879

分布：云南，四川，黑龙江，辽宁，吉林，陕西，甘肃，湖北，江西，福建，台湾；俄罗斯，日本，

朝鲜半岛。

锤腿瘦天牛属 *Melegena* Pascoe, 1869

褐锤腿瘦天牛 *Melegena fulvs* Pu, 1990

分布：云南，广西，福建，广东，海南。

半鞘天牛属 *Merionoeda* Pascoe, 1858

保山半鞘天牛 *Merionoeda baoshana* Chiang, 1963

分布：云南（大理、保山、红河）；老挝。

脊胸半鞘天牛 *Merionoeda caldwelli* Gressitt, 1942

分布：云南，广西，广东，福建，湖南。

黑胫半鞘天牛 *Merionoeda catoxelytra* Gressitt & Rondon, 1970

分布：云南（西双版纳）；老挝。

Merionoeda eburata Holzschuh, 1989

分布：云南；印度。

黑缘半鞘天牛 *Merionoeda fusca* Gressitt & Rondon, 1970

分布：云南（西双版纳）；老挝，泰国。

印度半鞘天牛 *Merionoeda indica* (Hope, 1831)

分布：云南（西双版纳），四川；老挝，印度，尼泊尔。

黑头半鞘天牛 *Merionoeda melanocephala* Gressitt & Rondon, 1970

分布：云南，广西；老挝。

忽视半鞘天牛 *Merionoeda neglecta* Yokoi & Niisato, 2009

分布：云南；老挝。

黑背半鞘天牛 *Merionoeda nigrella* Gressitt, 1942

分布：云南，安徽。

西藏半鞘天牛 *Merionoeda nigriceps* (White, 1855)

分布：云南，西藏；印度，缅甸，尼泊尔。

黑尾半鞘天牛 *Merionoeda nigroapicalis* Gressitt & Rondon, 1970

分布：云南；老挝。

菱形半鞘天牛 *Merionoeda scutulata* Holzschuh, 1989

分布：云南（西双版纳）；印度。

黄脊半鞘天牛 *Merionoeda uraiensis* Kano, 1933

分布：云南（德宏），台湾。

长角象天牛属 *Mesocacia* Heller, 1926

杂斑角象天牛 *Mesocacia multimaculata* (Pic, 1925)

分布：云南（红河、西双版纳），广西，广东，海南；越南，老挝，印度，不丹。

竖毛象天牛属 *Mesoereis* Matsushita, 1933

云南竖毛象天牛 **Mesoereis yunnana Breuning, 1974**
分布：云南。

象天牛属 *Mesosa* Latreille, 1829

大理象天牛 **Mesosa basinodosa Pic, 1925**
分布：云南（大理）。

印度象天牛 **Mesosa indica (Breuning, 1935)**
分布：云南；越南，印度，缅甸，斯里兰卡。

峦纹象天牛 **Mesosa irrorata Gressitt, 1939**
分布：云南（红河）。

兰带象天牛 **Mesosa longipenis Bates, 1873**
分布：云南（西双版纳）。

波带象天牛 **Mesosa nigrofasciaticollis Breuning, 1968**
分布：云南（西双版纳），广西，香港；老挝。

昏暗象天牛 **Mesosa obscura Gahan, 1894**
分布：云南（西双版纳）；越南，老挝，泰国，印度，缅甸。

双带象天牛 **Mesosa quadriplagiata (Breuning, 1935)**
分布：云南（西双版纳）；越南，老挝。

黑带象天牛 **Mesosa rupta (Pascoe, 1862)**
分布：云南，广西，香港，广东；越南，老挝。

异班象天牛 **Mesosa stictica Blanchard, 1871**
分布：云南（昭通、迪庆），贵州，四川，西藏，北京，河北，河南，湖北，陕西，甘肃，山东，山西，浙江，广东。

近带象天牛 **Mesosa subfasciata Gahan, 1894**
分布：云南（西双版纳）；越南，老挝，泰国，印度，缅甸。

越南象天牛 **Mesosa tonkinea Breuning, 1939**
分布：云南（西双版纳）；越南，老挝。

云南象天牛 **Mesosa yunnana (Breuning, 1938)**
分布：云南，海南。

拟裸角天牛属 *Metaegosoma* Komiya & Drumont, 2012

皮氏拟裸角天牛 **Metaegosoma pici (Lameere, 1915)**
分布：云南（丽江），贵州。

灿花天牛属 *Metalloleptura* Gressitt & Rondon, 1970

伽罕灿花天牛 **Metalloleptura gahani (Plavilstshikov, 1921)**
分布：云南（西双版纳），广西；老挝，印度，泰国。

类华花天牛属 *Metastrangalis* Hayashi, 1960

二点类华花天牛 **Metastrangalis thibetana (Blanchard, 1871)**
分布：云南，贵州，四川，西藏，陕西，河南，江西，湖北，浙江，湖南，福建。

深点天牛属 *Metipocregyes* Breuning, 1939

诺氏深点天牛 **Metipocregyes nodieri (Pic, 1933)**
分布：云南，广西；越南。

平翅天牛属 *Microdebilissa* Pic, 1925

Microdebilissa aethiops (Holzschuh, 1995)
分布：云南。

银毛平翅天牛 **Microdebilissa argentifera (Holzschuh, 1984)**
分布：云南；尼泊尔，不丹。

黑翅平翅天牛 **Microdebilissa atripennis (Pu, 1992)**
分布：云南（怒江）。

浅黑平翅天牛 **Microdebilissa furva (Holzschuh, 1993)**
分布：云南（西双版纳）；泰国。

平翅天牛 **Microdebilissa homalina (Holzschuh, 1993)**
分布：云南（西双版纳）；泰国。

柔弱平翅天牛 **Microdebilissa infirma (Holzschuh, 1989)**
分布：云南（西双版纳）；泰国。

褐平翅天牛 **Microdebilissa testacea Matsushita, 1933**
分布：云南（迪庆），台湾。

沟胫天牛属 *Micolamia* Bates, 1884

小沟胫天牛 **Micolamia cleroides Bates, 1884**
分布：云南；日本。

小粉天牛属 *Microlenecamptus* Pic, 1925

大环小粉天牛 **Microlenecamptus signatus (Aurivillius, 1914)**
分布：云南（保山），广西，广东；印度，老挝，越南，缅甸。

Mimapatelarthron Breuning, 1940

Mimapatelarthron bulbiferum Holzschuh, 2017
分布：云南（文山），海南；越南。

Mimocagosima Breuning, 1968

Mimocagosima humeralis (Gressitt, 1951)
分布：云南（临沧），广西，福建，广东。

拟鹿岛天牛 *Mimocagosima ochreipennis* **Breuning, 1968**

分布：云南，陕西；老挝，泰国。

蒜角天牛属 *Mimocratotragus* Pic, 1926

红蒜角天牛 *Mimocratotragus superbus* **Pic, 1925**

分布：云南（西双版纳），湖南。

密缨天牛属 *Mimothestus* Pic, 1935

樟密缨天牛 *Mimothestus annulicornis* **Pic, 1935**

分布：云南（昆明），贵州，广西，广东，香港。

肖粗点天牛属 *Mimozotale* Breuning, 1951

云南肖粗点天牛 *Mimozotale longipennis* **Pic, 1927**

分布：云南（西双版纳）。

皱额天牛属 *Mispila* Pascoe, 1864

弧纹皱额天牛 *Mispila curvilinea* **Pascoe, 1869**

分布：云南（临沧、大理、德宏、怒江），广西，广东；老挝，缅甸，越南，柬埔寨，印度。

Mispila khamvengae **Breuning, 1963**

分布：云南（西双版纳）。

刻额皱额天牛 *Mispila punctifrons* **Breuning, 1938**

分布：云南（西双版纳）。

Mispila sonthianae **Breuning, 1963**

分布：云南（西双版纳）。

海南皱额天牛 *Mispila tholana* **(Gressitt, 1940)**

分布：云南（西双版纳），海南。

Mispila tenuevittata **(Pic, 1930)**

分布：云南，广西，海南；越南，老挝，泰国，印度。

拟污天牛属 *Moechohecyra* Breuning, 1938

弧斑拟污天牛 *Moechohecyra arctifera* **Wang & Chiang, 2002**

分布：云南，贵州。

污天牛属 *Moechotypa* Thomson, 1864

亚洲污天牛 *Moechotypa asiatica* **(Pic, 1903)**

分布：云南，贵州，广西；越南，老挝，缅甸，尼泊尔，印度。

树纹污天牛 *Moechotypa delicatula* **White, 1858**

分布：云南（红河、西双版纳），四川，浙江，湖南，广西，台湾，广东，海南；印度，缅甸，老挝，越南，印度尼西亚。

斑胸污天牛 *Moechotypa nigricollis* **Wang & Jiang, 2000**

分布：云南（临沧）。

红条污天牛 *Moechotypa suffusa* **(Pascoe, 1862)**

分布：云南，贵州，海南；越南，老挝，柬埔寨，泰国。

瘤胸污天牛 *Moechotypa tuberculicollis* **Wang & Chiang, 2000**

分布：云南，贵州。

短鞘天牛属 *Molorchus* Fabricius, 1793

老挝短鞘天牛 *Molorchus aureomaculatus* **Gressitt & Rondon, 1970**

分布：云南（西双版纳）；老挝，尼泊尔。

Molorchus foveolus **Holzschuh, 1998**

分布：云南。

蔷薇短鞘天牛 *Molorchus liui* **Gressitt & Rondon, 1948**

分布：云南（昆明），四川，甘肃，浙江，湖北，湖南。

Molorchus macellus **(Holzschuh, 2015)**

分布：云南。

Molorchus perfugum **Holzschuh, 1998**

分布：云南。

磨砂短鞘天牛 *Molorchus rugatus* **(Holzschuh, 2015)**

分布：云南。

Molorchus saltinii **Pesarini & Sabbadini, 2015**

分布：云南。

墨天牛属 *Monochamus* Dejean, 1821

松墨天牛 *Monochamus alternatus* **(Hope, 1843)**

分布：云南（昆明、玉溪、曲靖、红河、文山、普洱、楚雄、大理、临沧、丽江、迪庆），西藏，贵州，四川，辽宁，陕西，北京，河北，山东，河南，江苏，安徽，浙江，湖北，江西，湖南，广西，福建，广东，香港，台湾；日本，老挝，朝鲜半岛，越南。

穴点二斑墨天牛 *Monochamus basifossulatus* **Breuning, 1938**

分布：云南（德宏）；缅甸，印度，尼泊尔。

二斑墨天牛 *Monochamus bimaculatus* **Gahan, 1888**

分布：云南（西双版纳），西藏，辽宁，湖北，江西，浙江，湖南，广西，福建，广东，香港，海南，台湾；越南，老挝，泰国，印度，缅甸，尼泊尔，印度尼西亚。

斑胸墨天牛 *Monochamus binigricollis* **Breuning, 1965**
分布：云南（临沧），贵州；老挝。

云南墨天牛 *Monochamus foveatus* **Breuning, 1961**
分布：云南。

蓝墨天牛 *Monochamus guerryi* **Pic, 1903**
分布：云南（昆明、玉溪、昭通、红河、文山、普洱、楚雄、大理、丽江、怒江、临沧、迪庆、保山、西双版纳），四川，贵州，湖北，湖南，广西，广东。

绿墨天牛 *Monochamus millegranus* **Bates, 1891**
分布：云南（昆明、曲靖、昭通、红河、楚雄、临沧、大理、丽江、怒江、迪庆），四川，西藏，贵州，福建。

云杉花墨天牛 *Monochamus saltuarius* **Gebler, 1830**
分布：云南（保山）。

红足墨天牛 *Monochamus sparsutus* **Fairmaire, 1889**
分布：云南（大理、普洱、迪庆、西双版纳），西藏，四川，贵州，河南，陕西，湖北，安徽，江西，浙江，湖南，广西，福建，广东，海南，台湾；蒙古国，尼泊尔，老挝，印度，越南，缅甸。

斑腿墨天牛 *Monochamus talianus* **Pic, 1912**
分布：云南（昆明、大理、迪庆、丽江），西藏，贵州。

Morimopsis **Thomson, 1857**
Morimopsis amiri **Bi, 2020**
分布：云南。

Morimopsis svachai **Bi, 2020**
分布：云南。

模天牛属 *Morimus* **Brulle, 1832**
黑斑模天牛 *Morimus lethalis* **Thomson, 1857**
分布：云南，四川，上海；越南，泰国，印度。

异瘤象天牛属 *Mutatocoptops* **Pic, 1925**
曲带异瘤象天牛 *Mutatocoptops alboapicalis* **Pic, 1925**
分布：云南；老挝，泰国，马来西亚，印度尼西亚。

粗点天牛属 *Mycerinopsis* **Thomson, 1864**
眼纹粗点天牛四点亚种 *Mycerinopsis bioculata quadrinotata* **(Schwarzer, 1925)**
分布：云南（西双版纳），江苏，浙江，台湾；越南。

线纹粗点天牛 *Mycerinopsis lineata* **(Pascoe, 1865)**
分布：云南（西双版纳），江西，湖南，福建，广东，海南，香港；越南，老挝，印度，缅甸，马来西亚。

云南粗点天牛 *Mycerinopsis longipennis* **(Breuning & de Jong, 1941)**
分布：云南。

胫刺粗点天牛 *Mycerinopsis subunicolor* **Breuning, 1968**
分布：云南（西双版纳）；老挝。

褐天牛属 *Nadezhdiella* **Plavilstshikov, 1931**
橘褐天牛 *Nadezhdiella cantori* **(Hope, 1843)**
分布：云南（昆明、昭通、大理），贵州，四川，重庆，广西，陕西，河南，山东，甘肃，江苏，江西，上海，浙江，湖北，湖南，福建，海南，香港，台湾，广东；越南，老挝，泰国。

桃褐天牛 *Nadezhdiella fulvopubens* **(Pic, 1933)**
分布：云南（西双版纳），贵州，四川，重庆，辽宁，河南，陕西，江苏，浙江，湖北，江西，湖南，广西，福建，广东，海南；越南，老挝，泰国。

柄棱天牛属 *Nanohammus* **Bates, 1884**
云南柄棱天牛 *Nanohammus yunnanus* **Wang & Chiang, 2000**
分布：云南。

小花天牛属 *Nanostrangalia* **Nakane & Ohbayashi, 1959**
三斑小花天牛 *Nanostrangalia binhana* **(Pic, 1928)**
分布：云南（西双版纳）；越南。

中等小花天牛 *Nanostrangalia modicata* **Holzschuh, 2008**
分布：云南（西双版纳）。

沟腹小花天牛 *Nanostrangalia sternalis* **Holzschuh, 1992**
分布：云南。

透小花天牛 *Nanostrangalia torui* **Holzschuh, 1989**
分布：云南，湖北。

拟棘天牛属 *Neacanista* **Gressitt, 1940**
拟棘天牛 *Neacanista tuberculipennis* **Gressitt, 1940**
分布：云南，重庆，海南；越南。

膜花天牛属 *Necydalis* Linnaeus, 1758

红柄膜花天牛 *Necydalis hirayamai flava* Niisato, 2008
分布：云南。

新里膜花天牛 *Necydalis niisatoi* Holzschuh, 2003
分布：云南，四川。

长膜花天牛 *Necydalis oblonga* Niisato, 2008
分布：云南。

纳天牛属 *Nedine* Thomson, 1864

麻斑纳天牛 *Nedine sparatis* Wang & Chiang, 1999
分布：云南。

刺翅纳天牛 *Nedine subspinosa* Wang & Chiang, 1999
分布：云南。

居天牛属 *Nemophas* Thomson, 1864

三带居天牛 *Nemophas trifasciatus* Heller, 1919
分布：云南，四川。

肿角天牛属 *Neocerambyx* Thomson, 1861

铜色肿角天牛 *Neocerambyx grandis* Gahan, 1891
分布：云南（红河、文山、西双版纳），海南，广东，福建；越南，老挝，印度。

肿角天牛 *Neocerambyx paris* (Wiedemann, 1821)
分布：云南；越南，老挝，泰国，印度，缅甸。

栗肿角天牛 *Neocerambyx raddei* Blessig, 1872
分布：云南，贵州，安徽，黑龙江，吉林，辽宁，山东，山西，湖北，江苏，江西，浙江，湖南，福建，台湾；俄罗斯，日本，朝鲜。

新皱胸天牛属 *Neoplocaederus* Sama, 1991

二色皱胸天牛 *Neoplocaederus bicolor* (Gressitt, 1942)
分布：云南（普洱），西藏，贵州，河北，湖北，江西，福建，台湾，海南。

咖啡皱胸天牛 *Neoplocaederus obesus* (Gahan, 1890)
分布：云南（玉溪、文山、普洱、临沧、西双版纳），广西，台湾，广东，香港，海南；泰国，老挝，缅甸，印度，不丹，巴基斯坦。

红角皱胸天牛 *Neoplocaederus ruficornis* (Newman, 1842)
分布：云南（玉溪、大理、西双版纳），西藏，贵州，湖北；菲律宾，越南，老挝，泰国，尼泊尔，马来西亚，印度尼西亚。

拟拉花天牛属 *Neorhamnusium* Hayashi, 1976

黑头拟拉花天牛 *Neorhamnusium melanocephalum* Miroshnikov & Lin, 2015
分布：云南。

拟小楔天牛属 *Neoserixia* Schwarzer, 1925

***Neoserixia pulchra continentalis* Gressitt, 1939**
分布：云南，海南，广东；印度。

丽拟小楔天牛 *Neoserixia pulchra* Schwarzer, 1925
分布：云南（西双版纳）。

婴翅天牛属 *Nepiodes* Pascoe, 1867

脊婴翅天牛 *Nepiodes costipennis* (White, 1853)
分布：云南（保山、大理、红河、普洱、德宏、临沧、西双版纳），西藏，四川，贵州，浙江，海南，福建，广东；印度，缅甸，老挝，孟加拉国。

多脊婴翅天牛 *Nepiodes costipennis multicarinatus* (Fuchs, 1966)
分布：云南（西双版纳），四川，贵州，西藏，浙江，广西，福建，广东，海南；越南，泰国，柬埔寨，印度，缅甸，老挝，孟加拉国。

沟翅婴翅天牛 *Nepiodes suleipennis* (White, 1853)
分布：云南，福建，台湾；泰国，柬埔寨，印度，缅甸，尼泊尔。

寡点瘦天牛属 *Nericonia* Pascoe, 1869

黑寡点瘦天牛 *Nericonia nigra* Gahan, 1894
分布：云南；老挝，缅甸。

尼天牛属 *Nida* Pascoe, 1867

黄条尼天牛 *Nida flavovittata* Pascoe, 1867
分布：云南（普洱、临沧、西双版纳），广西，台湾；老挝，泰国，缅甸。

吉丁天牛属 *Niphona* Mulsant, 1839

双叉吉丁天牛 *Niphona excisa* Pascoe, 1862
分布：云南（西双版纳）。

白斑吉丁天牛 *Niphona falaizei* Breuning, 1962
分布：云南（西双版纳）；老挝。

淡带吉丁天牛 *Niphona fasciculata* (Pic, 1917)
分布：云南，西藏；老挝。

拟吉丁天牛 *Niphona furcata* (Bates, 1873)
分布：云南（怒江、西双版纳），四川，贵州，山东，河南，湖北，江苏，江西，浙江，湖南，福建，台湾；日本。

三脊吉丁天牛 *Niphona hookeri* Gahan, 1900

分布：云南（保山），西藏，贵州，四川，湖南，广西，广东，海南，福建，香港；印度，老挝。

Niphona lateraliplagiata Breuning, 1943

分布：云南；缅甸。

光背吉丁天牛 *Niphona longesignata* Pic, 1936

分布：云南（西双版纳），广西；越南，老挝。

基刺吉丁天牛 *Niphona longicornis* (Pic, 1926)

分布：云南（西双版纳），西藏，四川，湖南；越南，老挝。

小吉丁天牛 *Niphona parallela* (White, 1858)

分布：云南，贵州，江西，广西，福建，台湾，广东，香港，海南；缅甸，老挝，印度。

斑吉丁天牛 *Niphona plagiata* White, 1858

分布：云南（西双版纳）；越南，印度。

修瘦天牛属 *Noemia* Pascoe, 1857

海南修瘦天牛 *Noemia submetallica* Gressitt, 1940

分布：云南，海南；越南。

诺托天牛属 *Notorhabdium* Ohbayashi & Shimomura, 1986

Notorhabdium fengae Wang, 2024

分布：云南（德宏）。

新郎天牛属 *Novorondonia* Ozdikmen, 2008

新郎天牛 *Novorondonia ropicoides* (Breuning, 1962)

分布：云南（西双版纳）；老挝。

脊筒天牛属 *Nupserha* Chevrolat, 1858

双色角脊筒天牛 *Nupserha ambigua* Lameere, 1893

分布：云南（西双版纳）；越南。

黄尾脊筒天牛 *Nupserha basalis apicalis* (Fåhracus, 1872)

分布：云南（丽江），贵州，四川，西藏。

黑足脊筒天牛 *Nupserha brevior* (Pic, 1908)

分布：云南（红河）。

南亚脊筒天牛 *Nupserha clypealis* (Fairmaire, 1895)

分布：云南，贵州，台湾；越南，老挝。

杜比脊筒天牛 *Nupserha dubia* Gahan, 1894

分布：云南（西双版纳），广西；越南，泰国，印度，缅甸，尼泊尔。

暗背脊筒天牛 *Nupserha fuscodorsalis* Wang & Chiang, 2002

分布：云南（保山、丽江）。

黑翅脊筒天牛 *Nupserha infantula* (Ganglbauer, 1890)

分布：云南（大理、昭通），四川，贵州，内蒙古，河北，陕西，甘肃，湖北，浙江，江西，湖南，广西，福建，广东；越南。

小脊筒天牛 *Nupserha minor* Pic, 1939

分布：云南（西双版纳）；老挝。

三斑脊筒天牛 *Nupserha multimaculata* Pic, 1939

分布：云南（临沧、西双版纳）；老挝。

黑头脊筒天牛 *Nupserha nigriceps* Gahan, 1894

分布：云南（西双版纳）；越南，老挝，缅甸，尼泊尔。

黑肩脊筒天牛 *Nupserha nigrohumeralis* Pic, 1927

分布：云南（大理）；越南。

斑腹脊筒天牛 *Nupserha oxyura* (Pascoe, 1867)

分布：云南，西藏，江西；印度尼西亚。

显脊筒天牛 *Nupserha quadrioculata* (Thunberg, 1787)

分布：云南（西双版纳），广西，广东，海南；缅甸，老挝，印度，印度尼西亚。

黑条脊筒天牛 *Nupserha subabbreviata* (Pic, 1916)

分布：云南（昆明、迪庆、丽江），四川。

大理脊筒天牛 *Nupserha taliana* (Pic, 1916)

分布：云南（保山、大理、迪庆、丽江、怒江、西双版纳），西藏，贵州，广西；老挝。

壮脊筒天牛 *Nupserha variabilis* Gahan, 1894

分布：云南（西双版纳），广西，香港；越南，泰国，印度，缅甸。

菊脊筒天牛 *Nupserha ventralis* Gahan, 1894

分布：云南（昆明、怒江），西藏，湖南；缅甸，印度。

云南脊筒天牛 *Nupserha yunnana* Breuning, 1960

分布：云南。

滇脊筒天牛 *Nupserha yunnanensis* Breuning, 1960

分布：云南。

尼克天牛属 *Nyctimenius* Gressitt, 1951

蒋氏尼克天牛 *Nyctimenius chiangi* Huang, Chen & Liu, 2014

分布：云南。

常春藤尼克天牛 *Nyctimenius tristis* (Fabricius, 1973)

分布：云南（西双版纳），海南；越南，老挝，泰国，印度，缅甸，尼泊尔，马来西亚，菲律宾。

锤腿天牛属 *Nyphasia* Pascoe,1867

老挝锤腿天牛 *Nyphasia pascoei* Lacordaire, 1869

分布：云南（临沧）；泰国，不丹，缅甸，尼泊尔，越南，印度。

尼辛天牛属 *Nysina* Gahan, 1906

红足尼辛天牛 *Nysina grahami* (Gressitt, 1937)

分布：云南（文山），西藏，四川，重庆，河南，湖北，江西，广西，福建，广东。

东方尼辛天牛 *Nysina orientalis* (White, 1853)

分布：云南（西双版纳）；越南，老挝，泰国，印度，缅甸。

黑足尼辛天牛 *Nysina rubriventris* (Gressitt, 1937)

分布：云南（红河、德宏、临沧、玉溪、文山、西双版纳），重庆，湖南，海南；越南。

筒天牛属 *Oberea* Dejean, 1835

黑角筒天牛 *Oberea atroantennalis* Breuning, 1962

分布：云南。

瘦筒天牛 *Oberea atropunctata* Pic, 1916

分布：云南，四川，贵州，湖北，安徽，江西，浙江，湖南，广西，广东；朝鲜。

萤腹筒天牛 *Oberea birmanica* Gahan, 1894

分布：云南（红河、楚雄、保山、怒江、德宏、西双版纳），四川，广西；越南，老挝，泰国，缅甸。

黑盾筒天牛 *Oberea bisbipunctata* Pic, 1916

分布：云南（昭通），贵州，四川，广东，广西，浙江；越南。

丽游筒天牛 *Oberea bivittata medioplagiata* Breuning, 1962

分布：云南；印度，缅甸，尼泊尔。

尖尾筒天牛 *Oberea clara* Pascoe, 1866

分布：云南（西双版纳）；越南，老挝，缅甸，柬埔寨，新加坡，菲律宾，马来西亚，印度尼西亚。

锥胸筒天牛 *Oberea conicn* Wang, Jiang & Zheng, 2002

分布：云南。

南亚筒天牛 *Oberea consentanea* Pascoe, 1867

分布：云南，江西，广西，福建，海南；越南，印度，尼泊尔，加里曼丹岛，斯里兰卡，不丹。

肩条筒天牛 *Oberea curtilineata* Pic, 1915

分布：云南。

Oberea erythrocephala (Schrank, 1776)

分布：云南，广西，陕西，甘肃，湖北，福建，广东；中东，中亚，俄罗斯（远东地区），欧洲。

短足筒天牛 *Oberea ferruginea* Thunberg, 1787

分布：云南（红河、文山、普洱、西双版纳），黑龙江，吉林，辽宁，内蒙古，陕西，甘肃，山东，湖北，湖南，广西，福建，广东；越南，老挝，印度，缅甸，尼泊尔，马来西亚。

台湾筒天牛 *Oberea formosana* Pic, 1911

分布：云南，四川，陕西，江西，广东，台湾；朝鲜。

暗翅筒天牛 *Oberea fuscipennis* (Chevrolat, 1852)

分布：云南，西藏，四川，贵州，重庆，河南，河北，山西，浙江，江西，广西，福建，广东，海南，台湾；日本，朝鲜，越南，老挝。

黑腹筒天牛 *Oberea gracillima* Pascoe, 1867

分布：云南，贵州，四川，黑龙江，辽宁，山东，内蒙古，河南，江苏，安徽，浙江，江西，湖北，湖南，广西，福建，台湾，广东，海南；日本，越南，老挝，印度，缅甸，尼泊尔。

大点筒天牛 *Oberea grossepunctata* Breuning, 1947

分布：云南，山东。

短胸筒天牛 *Oberea incompleta* Fairmaire, 1897

分布：云南（文山），四川。

日本筒天牛 *Oberea japanica* (Thunberg, 1787)

分布：云南，黑龙江，吉林，辽宁，宁夏，河南，江西，浙江，湖北，湖南，广西，福建；朝鲜，日本。

Oberea jingeriventris Wang, Le & Jian, 2002

分布：云南。

东亚筒天牛 *Oberea lacana* Pic, 1923

分布：云南（西双版纳）；越南。

老挝筒天牛 *Oberea laosensis* Breuning, 1963

分布：云南（西双版纳）；越南，老挝。

黑角印筒天牛 *Oberea posticata* Gahan,1894

分布：云南（西双版纳），四川，台湾；尼泊尔，印度，老挝，缅甸。

红腹筒天牛 *Oberea rufosternalis* Breuning, 1962

分布：云南，四川。

褐胫马来筒天牛 *Oberea subabdominalis* Breuning, 1962

分布：云南；缅甸。

线长腿筒天牛 _Oberea subsericea_ Breuning, 1962
分布：云南，贵州。

一点筒天牛 _Oberea uninotaticollis_ Pic, 1939
分布：云南（红河、楚雄、保山、德宏、西双版纳），江西，浙江，广西，福建；越南，老挝，泰国，缅甸。

凹尾筒天牛 _Oberea walkeri_ Gahan, 1894
分布：云南（西双版纳），西藏，贵州，四川，河南，浙江，江西，湖南，广西，福建，广东，海南，香港，台湾；越南，老挝，印度，缅甸。

云南筒天牛 _Oberea yunnana_ Pic, 1926
分布：云南，广东；越南，老挝，缅甸。

滇筒天牛 _Oberea yunnanensis_ Breuning, 1947
分布：云南，广西，海南；越南，老挝，缅甸。

长腿筒天牛属 _Obereopsis_ Chevrolat, 1855

干沟长腿筒天牛 _Obereopsis kankauensis_ (Schwarzer, 1925)
分布：云南（昆明、红河、文山），四川，福建，广东，台湾，海南。

Obereopsis nigripes Breuning, 1957
分布：云南；越南。

侧沟天牛属 _Obrium_ Dejean, 1821

Obrium fumigatum Holzschuh, 1995
分布：云南。

大眼侧沟天牛 _Obrium oculatum_ Niisato & Hua, 1998
分布：云南。

繁荣侧沟天牛 _Obrium prosperum_ Holzschuh, 2008
分布：云南。

圆胸天牛属 _Oemospila_ Gahan, 1906

圆胸天牛 _Oemospila maculipennis_ Gahan, 1906
分布：云南（西双版纳），广西；越南，老挝，印度，尼泊尔，不丹。

粉天牛属 _Olenecamptus_ Chevrolat, 1835

六星粉天牛 _Olenecamptus bilobus_ (Fabricius, 1801)
分布：云南（红河、临沧），西藏，四川，辽宁，河北，浙江，广西，福建，广东，台湾，香港，海南；老挝，越南，日本，菲律宾，泰国，缅甸，尼泊尔，斯里兰卡，印度尼西亚，非洲。

六星粉天牛指名亚种 _Olenecamptus bilobus bilobus_ (Fabricius, 1801)
分布：云南（红河、临沧），四川，辽宁，河北，浙江，广西，福建，台湾，广东，海南，香港；日本，越南，印度尼西亚，非洲。

榕六星粉天牛 _Olenecamptus bilobus gressitti_ Dillon & Dillon, 1948
分布：云南（普洱、西双版纳），四川，广东，香港；越南。

印度六星粉天牛 _Olenecamptus bilobus indianus_ (Thomson, 1857)
分布：云南（普洱）。

越南六星粉天牛 _Olenecamptus bilobus tonkinus_ Dillon & Dillon, 1948
分布：云南（红河、临沧），广东；越南。

条饰粉天牛 _Olenecamptus dominus_ Thomson, 1861
分布：云南，海南，广东；印度，老挝，柬埔寨。

灰翅粉天牛 _Olenecamptus griseipennis_ (Pic, 1932)
分布：云南，贵州，四川，湖北，浙江。

印度粉天牛 _Olenecamptus indianus_ (Thomson, 1857)
分布：云南（临沧、西双版纳），海南，台湾；越南，印度，缅甸，尼泊尔。

四纹粉天牛 _Olenecamptus quadriplagiatus_ Dillon & Dillon, 1948
分布：云南，广西；越南。

大星粉天牛 _Olenecamptus siamensis_ Breuning, 1936
分布：云南（普洱、临沧、西双版纳）；泰国，缅甸，越南，老挝，马来西亚，印度尼西亚。

四点粉天牛 _Olenecamptus subobliteratus_ Pic, 1923
分布：云南（红河），贵州，四川，北京，甘肃，陕西，河北，河南，江苏，江西，浙江，上海，湖南，福建，台湾；朝鲜，日本。

云南粉天牛 _Olenecamptus superbus_ Pic, 1908
分布：云南。

台湾六星粉天牛 _Olenecamptus taiwanus_ Dillon & Dillon, 1948
分布：云南，广西，广东，海南，香港，台湾；日本。

茶色天牛属 _Oplatocera_ White, 1853

榆茶色天牛 _Oplatocera oberthuri_ Gahan, 1906
分布：云南（昭通、德宏），贵州，四川，湖南，广西，广东，台湾；印度，斯里兰卡，尼泊尔，不丹。

梭天牛属 _Ostedes_ Pascoe, 1859

尖尾梭天牛 _Ostedes dentata_ Pic, 1936
分布：云南（大理），四川。

珠角天牛属 *Pachylocerus* Hope, 1834

沟翅珠角天牛 *Pachylocerus sulcatus* **Brongniart, 1891**

分布：云南（昆明、西双版纳），四川，广西，台湾；越南，泰国，老挝，缅甸，印度。

厚驼花天牛属 *Pachypidonia* Gressitt, 1935

塔氏厚驼花天牛 *Pachypidonia tavakiliani* **Miroshnikov, 2015**

分布：云南。

厚花天牛属 *Pachyta* Dejean, 1821

Pachyta felix **Holzschuh, 2007**

分布：云南，西藏。

厚天牛属 *Pachyteria* Audinet-Serville, 1834

点胸厚天牛 *Pachyteria equestris* **(Newman, 1841)**

分布：云南（西双版纳）；马来西亚，缅甸，老挝，印度尼西亚。

皱胸厚天牛 *Pachyteria semiplicata* **Pic, 1927**

分布：云南（西双版纳）；越南。

古薄翅天牛属 *Palaeomegopis* Boppe, 1911

小宫古薄翅天牛 *Palaeomegopis komiyai* **Drumont, 2006**

分布：云南（大理）。

古薄翅天牛 *Palaeomegopis lameerei* **Boppe, 1911**

分布：云南（大理），西藏，广西；越南，老挝，泰国，缅甸，印度，马来西亚。

地衣天牛属 *Palimna* Pascoe, 1862

网斑地衣天牛 *Palimna annulata* **(Olivier, 1792)**

分布：云南（西双版纳），广东，海南，台湾，福建；印度，老挝，越南，泰国，印度尼西亚，缅甸，马来西亚。

凹背地衣天牛 *Palimna palimnoides* **(Schwarzer, 1925)**

分布：云南，广西，福建，广东，海南，台湾；缅甸，越南，老挝，印度，不丹，尼泊尔。

云南地衣天牛 *Palimna yunnana* **Breuning, 1935**

分布：云南（迪庆、德宏、怒江、大理、西双版纳）；印度，缅甸，老挝。

苔天牛属 *Palimnodes* Breuning, 1938

曲斑苔天牛 *Palimnodes ducalis* **(Bates, 1884)**

分布：云南，西藏；印度，不丹，老挝，越南，缅

甸，尼泊尔。

Parabunothorax Pu, 1991

Parabunothorax rubripennis **Pu, 1991**

分布：云南，贵州；越南，老挝，缅甸。

拟虎天牛属 *Paraclytus* Bates, 1884

Paraclytus albiventris **(Gressitt, 1937)**

分布：云南。

白角纹虎天牛 *Paraclytus apicicornis* **(Gressitt, 1937)**

分布：云南（哀牢山），贵州。

滇拟虎天牛 *Paraclytus emili* **Holzschuh, 2003**

分布：云南。

拟虎天牛 *Paraclytus excellens* **Miroshnikov & Lin, 2012**

分布：云南。

贡山拟虎天牛 *Paraclytus gongshanus* **Viktora & Liu, 2018**

分布：云南。

Paraclytus helenae **(Holzschuh, 1993)**

分布：云南。

Paraclytus irenae **(Holzschuh, 1993)**

分布：云南。

蒙氏拟虎天牛 *Paraclytus mengi* **Viktora & Weigel, 2021**

分布：云南（普洱）。

熊氏拟虎天牛 *Paraclytus xiongi* **Huang, Yan & Zhang, 2020**

分布：云南（临沧）。

藏拟虎天牛 *Paraclytus thibetanus* **(Pic, 1914)**

分布：云南，西藏。

Paradystus Aurivillius, 1923

红肩脊鞘天牛 *Paradystus infrarufus* **Breuning, 1954**

分布：云南（西双版纳）；泰国，缅甸。

异鹿天牛属 *Paraepepeotes* Pic, 1935

大理石异鹿天牛 *Paraepepeotes marmoratus* **(Pic, 1925)**

分布：云南（西双版纳）；越南，老挝。

双脊天牛属 *Paraglenea* Bates, 1866

苧藤双脊天牛 *Paraglenea fortunei* **(Saunders, 1853)**

分布：云南（保山），四川，贵州，黑龙江，吉林，辽宁，河北，河南，陕西，湖北，江苏，安徽，浙

江，江西，湖南，广西，福建，广东，台湾；日本，越南。

柱角天牛属 *Paragnia* Gahan, 1893

柱角天牛 *Paragnia fulvomaculata* Gahan, 1893

分布：云南（大理、保山、临沧、西双版纳），贵州；老挝，印度。

齿胫天牛属 *Paraleprodera* Breuning, 1935

蜡斑齿胫天牛 *Paraleprodera carolina* (Fairmaire, 1899)

分布：云南（昭通、保山、文山），贵州，四川，江苏，浙江，湖北，江西，湖南，福建，台湾；越南，印度，缅甸，老挝。

眼斑齿胫天牛 *Paraleprodera diophthalma* (Pascoe, 1856)

分布：云南（昭通），贵州，四川，辽宁，河北，陕西，河南，湖北，安徽，江苏，江西，浙江，湖南，福建。

眼斑齿胫天牛指名亚种 *Paraleprodera diophthalma diophthalma* (Pascoe, 1857)

分布：云南（昭通），贵州，四川，陕西，河北，江苏，安徽，浙江，湖北，江西，广西，福建。

瘦齿胫天牛 *Paraleprodera insidiosa* (Gahan, 1888)

分布：云南（西双版纳）；老挝，印度，尼泊尔。

弧斑齿胫天牛 *Paraleprodera stephanus* (White, 1858)

分布：云南（文山），西藏，广西；越南，老挝，印度，缅甸，尼泊尔，不丹，斯里兰卡。

X-纹齿胫天牛 *Paraleprodera stephanus fasciata* Breuning, 1943

分布：云南（文山、西双版纳）；越南，老挝，印度。

角斑齿胫天牛 *Paraleprodera triangularis* (Thomson, 1865)

分布：云南（文山、西双版纳），广西；越南，泰国，印度。

异星天牛属 *Paramelanauster* Breuning, 1936

***Paramelanauster flavosparsus* Breuning, 1936**

分布：云南；越南。

异象天牛属 *Paramesosella* Breuning, 1940

异象天牛 *Paramesosella fasciculata* Breuning, 1940

分布：云南（西双版纳）。

球胸天牛属 *Paramimistena* Fisher, 1940

老挝球胸天牛 *Paramimistena subglabra* Gressitt & Rondon, 1970

分布：云南；印度。

方花天牛属 *Paranaspia* Matsushita & Tamanuki, 1940

褐腹方花天牛 *Paranaspia frainii* Fairmaire, 1897

分布：云南；不丹，印度。

***Paranaspia reductipennis* (Pic, 1928)**

分布：云南；老挝。

赤翅方花天牛 *Paranaspia ruficollis* Pesarini & Sabbadini, 2015

分布：云南。

异柱天牛属 *Parasalpinia* Hayashi, 1962

老挝异柱天牛 *Parasalpinia laoensis* (Gressitt & Rondon, 1970)

分布：云南（西双版纳），海南；越南，老挝。

异花天牛属 *Parastrangalis* Ganglbauer, 1889

***Parastrangalis aurigena* Holzschuh, 2007**

分布：云南。

密条异花天牛 *Parastrangalis congesta* Holzschuh, 1995

分布：云南。

协调异花天牛 *Parastrangalis congruens* Holzschuh, 2016

分布：云南。

密点异花天牛 *Parastrangalis crebrepunctata* (Gressitt, 1939)

分布：云南，贵州，四川，湖北，浙江，湖南，广西，福建。

丽角异花天牛 *Parastrangalis eucera* Holzschuh, 1995

分布：云南。

印纹异花天牛 *Parastrangalis impressa* Holzschuh, 1991

分布：云南。

华美异花天牛 *Parastrangalis munda* Holzschuh, 1992

分布：云南。

长胸筒天牛属 *Pardaloberea* Pic, 1926
长胸筒天牛 ***Pardaloberea curvaticeps*** Pic, 1926
分布：云南（西双版纳）；越南，老挝。

蛛天牛属 *Parechthistatus* Breuning, 1942
桑植蛛天牛 ***Parechthistatus sangzhiensis*** Hua, 1992
分布：云南。

异鹿天牛属 *Parepepeotes* Breuning, 1938
异鹿天牛 ***Parepepeotes marmoraetus*** (Pic, 1925)
分布：云南；越南，老挝。

异直脊天牛属 *Pareutetrapha* Breuning, 1952
四川异直脊天牛 ***Pareutetrapha olivacea*** Breuning, 1952
分布：云南。
维西异直脊天牛 ***Pareutetrapha weixiensis*** Pu, 1992
分布：云南（迪庆）。

Paroriaethus Breuning, 1936
Paroriaethus multispinis Breuning, 1936
分布：云南；印度，缅甸。

肖泥天牛属 *Paruraecha* Breuning, 1935
尖尾肖泥天牛 ***Paruraecha acutipennis*** (Gressitt, 1942)
分布：云南，贵州，广东，陕西。

短腿花天牛属 *Pedostrangalia* Sokolov, 1897
贡山短腿花天牛 ***Pedostrangalia gongshana*** Viktora, 2022
分布：云南。

Pemptolasius Gahan, 1890
花点天牛 ***Pemptolasius humeralis*** Gahan, 1890
分布：云南（西双版纳）；越南，老挝，印度。

跗虎天牛属 *Perissus* Chevrolat, 1863
类跗虎天牛 ***Perissus aemulus*** Pascoe, 1869
分布：云南；马来西亚。
黑点跗虎天牛 ***Perissus atronotatus*** Pic, 1937
分布：云南（临沧）；越南，老挝。
网胸跗虎天牛 ***Perissus biluteofasciatus*** Pic, 1918
分布：云南；越南，老挝。
灰毛跗虎天牛 ***Perissus cinericius*** Holzschuh, 2009
分布：云南（普洱）；老挝。
Perissus dilatus Gressitt & Rondon, 1970
分布：云南（西双版纳）。

完美跗虎天牛 ***Perissus expletus*** Viktora & Liu, 2018
分布：云南。
Perissus griseus Gressitt, 1935
分布：云南（西双版纳）。
鱼藤跗虎天牛 ***Perissus laetus*** Lameere, 1893
分布：云南（文山、西双版纳），广东，海南；老挝，泰国，柬埔寨，缅甸，印度，越南，印度尼西亚。
黑跗虎天牛 ***Perissus mimicus*** Gressitt & Rondon, 1970
分布：云南（保山），湖北，广东，福建，海南；老挝。
云南跗虎天牛 ***Perissus mutabilis*** Gahan, 1894
分布：云南（德宏、临沧、西双版纳）；缅甸，斯里兰卡，柬埔寨，印度尼西亚，泰国，老挝，印度。
人纹跗虎天牛 ***Perissus paulonotatus*** (Pic, 1902)
分布：云南（昆明），四川。
Perissus persimilis Gahan, 1894
分布：云南；缅甸。
Perissus plachetkai Viktora, 2021
分布：云南。
糙胸跗虎天牛 ***Perissus rayus*** Gressitt & Ronda, 1970
分布：云南（西双版纳）；老挝。
斗篷跗虎天牛 ***Perissus tunicatus*** Viktora & Liu, 2018
分布：云南。

佩虎天牛属 *Petraphuma* Viktora, 2018
黄剑佩虎天牛 ***Petraphuma huangjianbini*** Viktora & Liu, 2018
分布：云南。
Petraphuma sulphurea (Gressitt, 1941)
分布：云南；泰国。

石头天牛属 *Petromorphus* Bi, 2016
云南石头天牛南方亚种 ***Petromorphus yunnanus australis*** Bi, 2016
分布：云南。
云南石头天牛指名亚种 ***Petromorphus yunnanus yunnanus*** Bi, 2016
分布：云南。

梯天牛属 *Pharsalia* Thomson, 1864

粗角梯天牛 *Pharsalia antennata* Gahan, 1895

分布：云南（迪庆），湖南，广西，福建；印度，缅甸，老挝。

橄榄梯天牛 *Pharsalia subgemmata* (Thomson, 1857)

分布：云南（红河、西双版纳），西藏，四川，河南，广西，福建，广东，海南；印度，老挝，尼泊尔，缅甸，泰国，柬埔寨，印度尼西亚。

锤天牛属 *Phelipara* Pascoe, 1866

锤天牛 *Phelipara marmorata* Pascoe, 1866

分布：云南（西双版纳）；马来西亚。

棍腿天牛属 *Phymatodes* Mulsant, 1839

***Phymatodes eximium* (Holzschuh, 1995)**

分布：云南。

圆眼天牛属 *Phyodexia* Pascoe, 1871

圆眼天牛 *Phyodexia concinna* Pascoe, 1871

分布：云南（西双版纳），广西，海南，广东；越南，老挝，印度，缅甸，不丹。

小筒天牛属 *Phytoecia* Dejean, 1835

肖小筒天牛 *Phytoecia approximata* Pu, 1992

分布：云南（迪庆、丽江）。

二点小筒天牛 *Phytoecia guilleti* Pic, 1906

分布：云南（昆明、迪庆、丽江），四川。

二点小筒天牛糙颈亚种 *Phytoecia guilleti callosicallis* Pic, 1933

分布：云南，四川。

云南小筒天牛 *Phytoecia testaceolimbata* Pic, 1933

分布：云南（迪庆、丽江），四川。

驼花天牛属 *Pidonia* Mulsant, 1863

***Pidonia foveolata* Holzschuh, 1998**

分布：云南。

山地驼花天牛 *Pidonia orophila* Holzschuh, 1991

分布：云南（迪庆）。

白条驼花天牛 *Pidonia palligera* Holzschuh, 1995

分布：云南。

丽虎天牛属 *Plagionotus* Mulsant, 1839

双带丽虎天牛 *Plagionotus bisbifasciatus* Pic, 1915

分布：云南（大理）。

广翅眼天牛属 *Plaxomicrus* Thomson, 1857

广翅眼天牛 *Plaxomicrus ellipticus* Thomson, 1857

分布：云南（文山、红河、大理、西双版纳），四川，贵州，陕西，浙江，上海，江苏，湖北，广西，福建；越南。

细点广翅眼天牛 *Plaxomicrus latus* Gahan, 1901

分布：云南；印度，尼泊尔。

黑腹广翅眼天牛 *Plaxomicrus nigriventris* Pu, 1991

分布：云南（临沧、普洱、西双版纳），四川，江苏，湖北，广西，福建；不丹，印度，越南。

蓝基广翅眼天牛 *Plaxomicrus violaceomaculatus* Pic, 1912

分布：云南（保山、临沧）；越南，印度。

Plumiprionus Lin & Danilevsky, 2017

***Plumiprionus boppei* (Lameere, 1912)**

分布：云南，西藏。

幻棍腿天牛属 *Poecilium* Fairmaire, 1864

***Poecilium eximium* Holzschuh, 1965**

分布：云南。

多带天牛属 *Polyzonus* Dejean, 1835

金绿多带天牛 *Polyzonus auroviridis* Gressitt, 1942

分布：云南，四川，广西，广东；老挝，缅甸，马来西亚。

巴氏多带天牛 *Polyzonus balachowskii* Gressitt & Rondon, 1970

分布：云南，西藏；越南，老挝，缅甸。

双带多带天牛 *Polyzonus bizonatus* White, 1853

分布：云南，浙江，广西；越南，老挝，泰国，印度，缅甸。

昆明多带天牛 *Polyzonus cuprarius* Fairmaire, 1887

分布：云南（昆明），四川；越南。

杜蒙多带天牛 *Polyzonus drumonti* Bentanachs, 2010

分布：云南；泰国。

黄带蓝天牛 *Polyzonus fasiatus* (Fabricius, 1781)

分布：云南（楚雄、玉溪、普洱、西双版纳），贵州，内蒙古，陕西，山西，河北，山东，浙江，江苏，江西，福建，广东；朝鲜。

异纹多带天牛 *Polyzonus flavocinctus* Gahan, 1894

分布：云南（西双版纳），福建，台湾；越南，老挝，泰国，缅甸。

云南多带天牛 *Polyzonus laurae* Fairmaire, 1887
分布：云南；泰国，缅甸。

横线多带天牛 *Polyzonus nitidicollis* (Pic, 1932)
分布：云南；老挝，泰国，缅甸。

钝瘤多带天牛 *Polyzonus obtusus* Bates, 1879
分布：云南，台湾；越南，老挝，泰国，缅甸。

Polyzonus pakxensis Gressitt & Rondon, 1970
分布：云南；老挝，泰国。

葱绿多带天牛 *Polyzonus prasinus* (White, 1853)
分布：云南（昆明、昭通、普洱、楚雄、临沧），浙江，福建，广东，海南；越南，柬埔寨，泰国，印度。

强瘤多带天牛 *Polyzonus saigonensis* Bates, 1879
分布：云南；越南，老挝，泰国，缅甸。

中华多带天牛 *Polyzonus sinense* (Hope, 1843)
分布：云南，四川，贵州，重庆，江西，湖北，浙江，湖南，广西，福建，台湾，广东，海南，香港；越南，老挝，泰国，印度，马来西亚。

截尾多带天牛 *Polyzonus subtruncatus* (Bates, 1879)
分布：云南，四川，山东，上海，广东，海南，香港；老挝，泰国。

蛇藤多带天牛 *Polyzonus tetraspilotus* (Hope, 1835)
分布：云南（红河），台湾；老挝，泰国，印度，缅甸。

特氏多带天牛 *Polyzonus trocolii* Bentanachs, 2012
分布：云南；老挝，泰国。

紫多带天牛 *Polyzonus violaceus* Plavilstshikov, 1933
分布：云南；越南。

云南绿天牛 *Polyzonus yunnanum* (Podaný, 1974)
分布：云南（普洱、红河、保山、大理），贵州，广西，广东。

驴天牛属 *Pothyne* Thomson, 1864

白线驴天牛 *Pothyne albosternalis* Breuning, 1982
分布：云南。

凹尾驴天牛 *Pothyne lineolata* Gressitt, 1940
分布：云南，广东，海南。

杂纹驴天牛 *Pothyne pauloplicata* Pic, 1934
分布：云南（临沧、保山）；越南、老挝。

糙额驴天牛 *Pothyne rugifrons* Gressitt, 1940
分布：云南（临沧、保山），浙江，江西，湖南，福建，广东，海南，香港。

十条驴天牛 *Pothyne septemvittipennis* Breuning, 1963
分布：云南；老挝。

中华驴天牛 *Pothyne sinensis* Pic, 1927
分布：云南。

七条驴天牛 *Pothyne variegata* Thomson, 1864
分布：云南（迪庆、西双版纳），湖南，台湾；日本，泰国，缅甸，印度，老挝，马来西亚。

七条驴天牛指名亚种 *Pothyne variegata variegata* Thomson, 1864
分布：云南（西双版纳），湖南，台湾，香港；日本，老挝，泰国，印度，缅甸，尼泊尔，马来西亚，印度尼西亚。

锯天牛属 *Prionus* Geoffroy, 1762

多节锯天牛 *Prionus boppei* Lameere, 1912
分布：云南（大理），西藏。

皱胸锯天牛 *Prionus delavayi* Fairmaire, 1887
分布：云南，四川。

罗氏皱胸锯天牛 *Prionus delavayi lorenci* Drumont & Komiya, 2006
分布：云南（大理），贵州，西藏，四川，陕西，浙江，湖北，江西，福建，广东。

短角锯天牛 *Prionus gahani* Lameere, 1912
分布：云南（昭通），四川，重庆，甘肃。

单齿锯天牛 *Prionus galantiorum* Drumont & Komiya, 2006
分布：云南（楚雄），四川。

锯天牛 *Prionus insularis* Motschulsky, 1857
分布：云南，贵州，四川，黑龙江，吉林，辽宁，新疆，内蒙古，河北，陕西，甘肃，河南，湖北，安徽，江苏，浙江，江西，湖南，台湾，福建，香港；俄罗斯，朝鲜，日本。

云南锯天牛 *Prionus lameerei* Semenov, 1927
分布：云南，四川。

水翅锯天牛 *Prionus mali* Drumont, Xi & Rapuzzi, 2015
分布：云南（昆明、玉溪）。

缪氏锯天牛 *Prionus murzini* Drumont & Komiya, 2006
分布：云南（丽江）。

蒲氏锯天牛 *Prionus puae* Drumont & Komiya, 2006
分布：云南（昆明、楚雄、迪庆），广西。

赛氏锯天牛 *Prionus siskai* **Drumont & Komiya, 2006**
分布：云南（丽江、大理、普洱、保山、迪庆、西双版纳），四川，西藏；缅甸。

拟土天牛属 *Prionomma* White, 1853
双突拟土天牛 *Prionomma bigibbosus* (**White, 1853**)
分布：云南（西双版纳）；缅甸，老挝，印度。

接眼天牛属 *Priotyrannus* Thomson, 1857
橘根接眼天牛 *Priotyrannus closteroides* (**Thomson, 1877**)
分布：云南（昆明、玉溪、红河、普洱、临沧），贵州，重庆，辽宁，陕西，河南，江苏，江西，湖北，安徽，浙江，湖南，广西，福建，广东，海南，香港，台湾；越南，日本。

突胸接眼天牛 *Priotyrannus hueti* **Drumont, 2008**
分布：云南（丽江）；越南。

原幽天牛属 *Proatimia* Gressitt, 1951
原幽天牛 *Proatimia pinivora* **Gressitt, 1951**
分布：云南（昆明）。

原纤天牛属 *Procleomenes* Gressitt & Rondon, 1970
Procleomenes mioleucus **Holzschuh, 1998**
分布：云南。

突梗天牛属 *Propedicellus* Huang, Huang & Liu, 2020
郭亮突梗天牛 *Propedicellus guoliangi* **Huang, Huang & Liu, 2020**
分布：云南（红河）。

长跗天牛属 *Prothema* Pascoe, 1856
灵巧长跗天牛 *Prothema astutum* **Holzschuh, 2011**
分布：云南（西双版纳）。

黑纹长跗天牛 *Prothema aurata* **Gahan, 1906**
分布：云南（大理、迪庆、普洱、西双版纳），贵州，湖南，广西，广东，海南；老挝，印度。

卡氏长跗天牛 *Prothema cakli* **Heyrovský, 1967**
分布：云南，海南；越南，老挝。

长跗天牛 *Prothema signata* **Pascoe, 1857**
分布：云南，西藏，浙江，江西，福建，广东；越南，老挝。

黄星天牛属 *Psacothea* Gahan, 1888
桑黄星天牛 *Psacothea hilaris* (**Pascoe, 1857**)
分布：云南（昭通、红河、保山），四川，贵州，吉林，辽宁，陕西，甘肃，北京，河北，河南，山东，陕西，湖北，江苏，安徽，浙江，江西，湖南，广西，广东，海南，台湾；朝鲜半岛，日本，越南。

黑星斑天牛 *Psacothea nigrostigma* **Wang, Chiang & Zheng, 2002**
分布：云南（西双版纳）。

拟矩胸花天牛属 *Pseudalosterna* Plavilstshikov, 1934
金毛拟矩胸花天牛 *Pseudalosterna aureola* **Holzschuh, 2006**
分布：云南。

突角天牛属 *Pseudipocragyes* Pic, 1923
黄斑突角天牛 *Pseudipocragyes maculatus* **Pic, 1923**
分布：云南（临沧、普洱、西双版纳）；老挝。

竿天牛属 *Pseudocalamobius* Kraatz, 1879
Pseudocalamobius discolineatus **Pic, 1927**
分布：云南（西双版纳）。

黄斑竿天牛 *Pseudocalamobius luteonotatus* **Pic, 1908**
分布：云南（昆明）；印度，尼泊尔。

大理竿天牛 *Pseudocalamobius talianus* **Pic, 1916**
分布：云南（大理），浙江。

云南竿天牛 *Pseudocalamobius yunnanus* **Breuning, 1942**
分布：云南。

猫眼天牛属 *Pseudoechthistatus* Pic, 1917
粗点猫眼天牛 *Pseudoechthistatus birmanicus* **Breuning, 1942**
分布：云南（怒江）；缅甸。

蒋书楠猫眼天牛 *Pseudoechthistatus chiangshunani* **Xuan & Lin, 2016**
分布：云南（普洱、临沧）。

光翅猫眼天牛 *Pseudoechthistatus glabripennis* **Xuan & Lin, 2016**
分布：云南（红河、西双版纳）；越南。

粒翅猫眼天牛 *Pseudoechthistatus granulatus* **Breuning, 1942**
分布：云南（怒江），四川。

和氏猫眼天牛 *Pseudoechthistatus hei* Xie & Wang, 2019

分布：云南（迪庆）。

霍氏猫眼天牛 *Pseudoechthistatus holzschuhi* Xuan & Lin, 2016

分布：云南（红河）；越南。

斜纹猫眼天牛 *Pseudoechthistatus obliquefasciatus* Pic, 1917

分布：云南（临沧、大理、迪庆），四川。

Pseudoechthistatus pufujiae Xuan & Lin, 2016

分布：云南（怒江）。

皱翅猫眼天牛 *Pseudoechthistatus rugosus* Huang, Yan & Li, 2020

分布：云南（怒江）。

中华猫眼天牛 *Pseudoechthistatus sinicus* Xuan & Lin, 2016

分布：云南（楚雄、大理、迪庆）。

伪鹿天牛属 *Pseudomacrochenus* Breuning, 1943

伪鹿天牛 *Pseudomacrochenus antennatus* (Gahan, 1894)

分布：云南（红河），四川，福建，广东，海南；越南，老挝，印度，缅甸。

尖尾伪鹿天牛 *Pseudomacrochenus spinicollis* Breuning, 1949

分布：云南（红河）；老挝，缅甸。

伪伜天牛属 *Pseudomeges* Breuning, 1944

金斑伪伜天牛 *Pseudomeges aureus* Bi, Chen & Lin, 2022

分布：云南（红河）。

伪伜天牛 *Pseudomeges marmoratus* (Westwood, 1848)

分布：云南（德宏），西藏；老挝，印度，缅甸，不丹。

宛氏伪伜天牛 *Pseudomeges varioti* Le Moult, 1946

分布：云南（西双版纳），四川，广东，海南；泰国，缅甸，老挝，越南。

伪沟胫天牛属 *Pseudomiccolamia* Pic, 1916

云南伪沟胫天牛 *Pseudomiccolamia pulchra* Pic, 1916

分布：云南。

拟居天牛属 *Pseudonemophas* Breuning, 1944

灰拟居天牛 *Pseudonemophas versteegii* (Ritsema, 1881)

分布：云南（昆明、普洱、临沧、德宏），四川，贵州，广西，广东，海南；越南，老挝，泰国，印度，缅甸，尼泊尔，马来西亚，印度尼西亚。

伪污天牛属 *Pseudorsidis* Breuning, 1944

灰斑伪污天牛 *Pseudorsidis griseomaculatus* (Pic, 1916)

分布：云南。

Pseudoterinaea Breuning, 1940

斜顶天牛 *Pseudoterinaea bicoloripes* Pic, 1926

分布：云南（西双版纳），广西，福建，广东，海南，香港。

突眼天牛属 *Psilomerus* Chevrolat, 1863

老挝突眼天牛 *Psilomerus laosensis* Gressitt & Rondon, 1970

分布：云南；越南，老挝。

连斑突眼天牛 *Psilomerus suturalis* Gressitt & Rondon, 1970

分布：云南；老挝。

坡天牛属 *Pterolophia* Newman, 1842

胖坡天牛 *Pterolophia alboplagiata* Gahan, 1894

分布：云南（西双版纳）；老挝，泰国，缅甸。

环角坡天牛 *Pterolophia annulata* Chevrolat, 1845

分布：云南（西双版纳），贵州，四川，河北，河南，陕西，江苏，江西，浙江，湖南，广西，福建，广东，海南，香港，台湾；日本，韩国，印度。

重脊坡天牛 *Pterolophia bicostata* Breuning, 1943

分布：云南。

棕坡天牛 *Pterolophia brunnea* Breuning, 1938

分布：云南；越南。

白斑尖天牛 *Pterolophia caballina* (Gressitt, 1951)

分布：云南（红河、临沧），湖南，广西，福建，广东。

四突坡天牛 *Pterolophia chekiangensis* Gressitt, 1942

分布：云南（保山），福建，广东。

高脊坡天牛 *Pterolophia consularis* (Pascoe, 1866)

分布：云南（西双版纳），广西，广东，海南，香港；越南，印度，缅甸，不丹，印度尼西亚。

白腰坡天牛 *Pterolophia dorsalis* (Pascoe, 1858)
分布：云南（西双版纳）。

缘斑坡天牛 *Pterolophia externemaculata* Breuning, 1938
分布：云南（红河）。

台湾坡天牛 *Pterolophia formosana* Schwarzer, 1925
分布：云南（红河）。

宽肩坡天牛 *Pterolophia humerosa* (Thomson, 1865)
分布：云南（楚雄、红河、临沧），贵州；越南，老挝，印度。

眉斑坡天牛 *Pterolophia lateralis* Gahan, 1894
分布：云南（西双版纳），台湾；越南，老挝，缅甸，印度。

白缘坡天牛 *Pterolophia laterialba* Schwarzer, 1925
分布：云南，台湾；越南，老挝，缅甸，印度，日本。

弧带坡天牛 *Pterolophia lunigera* Aurivillius, 1913
分布：云南（大理）。

黑坡天牛 *Pterolophia melanura* (Pascoe, 1857)
分布：云南，台湾；尼泊尔，马来西亚，印度尼西亚。

壮坡天牛 *Pterolophia multifasciculata* Pic, 1926
分布：云南（西双版纳）；越南。

黑带坡天牛 *Pterolophia nigrofasciculata* Breuning, 1938
分布：云南（西双版纳）；缅甸。

暗色坡天牛 *Pterolophia obscuricolor* Breuning, 1943
分布：云南。

簇毛坡天牛 *Pterolophia penicillata* (Pascoe, 1862)
分布：云南；越南，泰国。

金合欢坡天牛 *Pterolophia persimilis* Gahan, 1894
分布：云南（西双版纳），湖北，福建，广东，香港；越南，老挝，印度，缅甸，尼泊尔。

冯氏坡天牛 *Pterolophia phungi* (Pic, 1925)
分布：云南（西双版纳）；越南，老挝，尼泊尔。

后白带坡天牛 *Pterolophia postalbofasciata* Breuning, 1962
分布：云南（西双版纳）；老挝。

弧纹坡天牛 *Pterolophia postfasciculata* Pic, 1934
分布：云南（西双版纳），广东，海南，香港；越南，尼泊尔。

四驼坡天牛 *Pterolophia quadrigibbosa* Pic, 1926
分布：云南。

不平坡天牛 *Pterolophia salebrosa* Breuning, 1938
分布：云南（西双版纳）；印度。

***Pterolophia serricornis* Gressitt, 1937**
分布：云南（西双版纳）。

毛突坡天牛 *Pterolophia subbitubericollis* Breuning, 1968
分布：云南（西双版纳）；老挝。

沟胸坡天牛 *Pterolophia sulcatithorax* Pic, 1926
分布：云南，四川。

横带坡天牛 *Pterolophia transversefasciata* Breuning, 1938
分布：云南，福建；印度，泰国。

云南坡天牛 *Pterolophia yunnana* Breuning, 1968
分布：云南。

滇坡天牛 *Pterolophia yunnanica* Hubweber, 2010
分布：云南。

麻斑尖天牛 *Pterolophia zebrina* (Pascoe, 1858)
分布：云南（红河、文山、西双版纳），西藏，湖北，江西，浙江，湖南，广西，福建，台湾，广东，海南，香港；印度，越南，老挝，尼泊尔。

紫天牛属 *Purpuricenus* Dejean, 1821

红脊紫天牛 *Purpuricenus innotatus* Pic, 1910
分布：云南，西藏；老挝。

帽斑紫天牛 *Purpuricenus lituratus* Ganglbauer, 1886
分布：云南，贵州，四川，吉林，黑龙江，辽宁，北京，河北，河南，甘肃，浙江，湖北，江苏，江西，广西；日本，朝鲜，俄罗斯。

黄带紫天牛 *Purpuricenus malaccensis* (Lacordaire, 1869)
分布：云南（普洱、临沧、西双版纳），陕西，广东，海南；泰国，老挝，印度，缅甸，马来西亚，印度尼西亚。

二点紫天牛 *Purpuricenus spectabilis* Motschulsky, 1857
分布：云南，四川，贵州，辽宁，河北，陕西，甘肃，河南，江苏，浙江，湖北，湖南，江西，福建，台湾；日本，朝鲜。

五点紫天牛 *Purpuricenus subnotatus* Pic, 1910
分布：云南。

竹紫天牛 *Purpuricenus temminckii* (Guérin-Méneville, 1844)

分布：云南，贵州，四川，辽宁，河北，陕西，江苏，浙江，江西，湖北，湖南，福建，台湾，广东；朝鲜，日本，老挝。

竹紫天牛中华亚种 *Purpuricenus temminckii sinensis* White, 1853

分布：云南，贵州，四川，辽宁，河北，山东，河南，江苏，上海，浙江，湖北，江西，湖南，广西，福建，台湾，广东，海南，香港；老挝。

折天牛属 *Pyrestes* Pascoe, 1857

横线折天牛 *Pyrestes dohertii* Gahan, 1906

分布：云南（西双版纳）。

Pyrestes festus Holzschuh, 1998

分布：云南。

暗红折天牛 *Pyrestes haematica* Pascoe, 1857

分布：云南（西双版纳），贵州，吉林，辽宁，河南，湖北，安徽，江苏，江西，浙江，湖南，福建，台湾，广东，香港，海南；朝鲜，日本。

云南折天牛 *Pyrestes hypomelas* Fairmaire, 1887

分布：云南。

黑折天牛 *Pyrestes nigricollis* Pascoe, 1866

分布：云南；马来西亚。

突肩折天牛 *Pyrestes pascoei* Gressitt, 1939

分布：云南，重庆，甘肃，东北，湖南，浙江，江苏，福建，广东。

皱胸折天牛 *Pyrestes rugicollis* Fairmaire, 1899

分布：云南（红河、昭通），贵州，四川，辽宁，河南，甘肃，江苏，浙江，湖南，福建，广东。

点翅折天牛 *Pyrestes rugosa* Gressitt & Rondon, 1970

分布：云南（西双版纳）；老挝。

硃花天牛属 *Pyrocalymma* Thomson, 1864

硃花天牛 *Pyrocalymma pyrochroides* Thomson, 1864

分布：云南，西藏，四川，台湾；越南，老挝，缅甸，尼泊尔。

朱花天牛属 *Pyrocorennys* Ohbayashi & Niisato, 2009

宽鞘朱花天牛 *Pyrocorennys latipennis* latipennis (Pic, 1927)

分布：云南；越南，老挝。

Quentinius Vives, 2013

Quentinius lameerei (Plavilstshikov, 1921)

分布：云南，四川，西藏；印度，缅甸。

侧齿天牛属 *Remphan* Waterhouse, 1835

霍氏侧齿天牛 *Remphan hopei* Waterhouse, 1835

分布：云南；越南，老挝，泰国，缅甸，印度，马来西亚。

皮花天牛属 *Rhagium* Fabricius, 1775

强皮花天牛 *Rhagium fortecostatum* Jurecek, 1933

分布：云南，四川。

松皮天牛 *Rhagium inquisitor rugipenne* Reitter, 1898

分布：云南，甘肃，黑龙江，吉林，辽宁，新疆，陕西，甘肃，内蒙古，浙江；蒙古国，俄罗斯，印度。

日松皮花天牛 *Rhagium japonicum* Bates, 1884

分布：云南，黑龙江，新疆，甘肃，陕西，浙江，江西；日本，蒙古国，俄罗斯，朝鲜。

细齿天牛属 *Rhaphipodus* Audinet-Serville, 1832

多刺细齿天牛 *Rhaphipodus fatalis* Lameere, 1912

分布：云南，贵州，广西；越南，老挝。

寡刺细齿天牛 *Rhaphipodus fruehstorferi* Lameere, 1903

分布：云南（红河），海南；越南，老挝。

短节细齿天牛 *Rhaphipodus gahani* Lameere, 1903

分布：云南（普洱、德宏），贵州，广西；印度，尼泊尔。

艳虎天牛属 *Rhaphuma* Pascoe, 1858

Rhaphuma aequalis Holzschuh, 1991

分布：云南。

白点艳虎天牛 *Rhaphuma albonotata* Pic, 1915

分布：云南。

Rhaphuma angustata (Pic, 1920)

分布：云南。

弧纹艳虎天牛 *Rhaphuma anongi* Gressitt & Rondon, 1970

分布：云南（临沧、西双版纳），海南；老挝。

门艳虎天牛 *Rhaphuma asellaria* Holzschuh, 2017

分布：云南。

儿纹艳虎天牛 *Rhaphuma bicolorifemoralis* Gressitt & Rondon, 1970

分布：云南（西双版纳），西藏，广东，海南，台湾；老挝。

二斑艳虎天牛 *Rhaphuma binotata* Hua, 1989

分布：云南；尼泊尔。

显纹艳虎天牛 *Rhaphuma brigittae* Holzschuh, 1991

分布：云南；越南，尼泊尔。

Rhaphuma brodskyi Holzschuh, 1992

分布：云南；越南。

Rhaphuma circumscripta (Schwarzer, 1925)

分布：云南（西双版纳）。

黑纹艳虎天牛 *Rhaphuma clarina* Gressitt & Rondon, 1970

分布：云南（西双版纳）；老挝。

工斑艳虎天牛 *Rhaphuma coniperda* Holzschuh, 1992

分布：云南（普洱）；越南。

三条艳虎天牛 *Rhaphuma constricta* Gressitt & Rondon, 1970

分布：云南（西双版纳），广西；老挝。

Rhaphuma decora Holzschuh, 1995

分布：云南。

德赛艳虎天牛 *Rhaphuma desaii* Gardner, 1940

分布：云南（西双版纳）；缅甸。

鼎纹艳虎天牛 *Rhaphuma diana* Gahan, 1906

分布：云南（西双版纳），广西；老挝，缅甸。

Rhaphuma disconotata (Pic, 1908)

分布：云南。

晦斑艳虎天牛 *Rhaphuma eleoding* Gressitt & Rondon, 1970

分布：云南（西双版纳），四川，陕西，浙江，江西，海南；老挝。

红烧艳虎天牛 *Rhaphuma encausta* Holzschuh, 1991

分布：云南（西双版纳）；泰国。

Rhaphuma falx Holzschuh, 1991

分布：云南；泰国。

Rhaphuma fautrix Viktora, 2021

分布：云南。

台湾艳虎天牛 *Rhaphuma formosana* Mitono, 1936

分布：云南（红河）。

Rhaphuma frustrata Holzschuh, 1993

分布：云南。

管纹艳虎天牛 *Rhaphuma horsfieldii* (White, 1855)

分布：云南（红河、楚雄、丽江、西双版纳），贵州，四川，广西，台湾；越南，老挝，印度，缅甸，尼泊尔，印度尼西亚。

箭纹艳虎天牛 *Rhaphuma illicata* Holzschuh, 1991

分布：云南（普洱）；泰国。

Rhaphuma improvisa Holzschuh, 1991

分布：云南；泰国。

Rhaphuma indifferens Holzschuh, 1992

分布：云南；泰国。

回纹艳虎天牛 *Rhaphuma lanzhui* Holzschuh, 1991

分布：云南（普洱）；泰国。

老君艳虎天牛 *Rhaphuma laojunensis* Tavakilian, 2018

分布：云南。

短管艳虎天牛 *Rhaphuma laosica* Gressitt & Rondon, 1970

分布：云南（红河、临沧、西双版纳），四川，贵州；老挝。

李映辉艳虎天牛 *Rhaphuma liyinghuii* Viktora & Liu, 2018

分布：云南。

Rhaphuma luteopubens Pic, 1937

分布：云南；越南。

Rhaphuma maceki Holzschuh, 1992

分布：云南；越南。

勾纹艳虎天牛 *Rhaphuma minima* Gressitt & Rondon, 1970

分布：云南；老挝。

六纹艳虎天牛 *Rhaphuma nishidai* Hayashi & Makihara, 1981

分布：云南（普洱）；尼泊尔。

昏暗艳虎天牛 *Rhaphuma obscurata* Pesarini & Sabbadini, 2015

分布：云南。

裂纹艳虎天牛 *Rhaphuma patkaina* Gahan, 1906

分布：云南（西双版纳），广西，海南；印度，老挝。

Rhaphuma paucis Holzschuh, 1992

分布：云南；泰国。

艳虎天牛 *Rhaphuma placida* Pascoe, 1858

分布：云南（临沧、西双版纳），四川，广东，海南；老挝，缅甸，印度，印度尼西亚。

黄纹艳虎天牛 *Rhaphuma pseudobinhensis* Gressitt & Rondon, 1970

分布：云南（临沧、西双版纳），广东；老挝，尼泊尔，印度，缅甸。

点胸艳虎天牛 *Rhaphuma puncticollis* Holzschuh, 1992

分布：云南；泰国。

四点艳虎天牛 *Rhaphuma quadrimaculata* Pic, 1923

分布：云南（西双版纳）；老挝，尼泊尔。

四点艳虎天牛四斑亚种 *Rhaphuma quadrimaculata subobliterata* Pic, 1930

分布：云南。

Rhaphuma querciphaga Holzschuh, 1984

分布：云南；印度，尼泊尔。

栎艳虎天牛 *Rhaphuma quercus* Gardner, 1940

分布：云南（西双版纳）；缅甸。

Rhaphuma rybniceki Holzschuh, 1992

分布：云南；越南。

斯丹艳虎天牛 *Rhaphuma steinkae* Holzschuh, 1991

分布：云南（西双版纳）；泰国。

门字纹艳虎天牛 *Rhaphuma subvarimaculata* Gressitt & Rondon, 1970

分布：云南（西双版纳）；老挝。

硫黄艳虎天牛 *Rhaphuma sulphurea* Gressitt, 1941

分布：云南。

娇嫩艳虎天牛 *Rhaphuma tenerrima* Holzschuh, 1991

分布：云南（西双版纳）；泰国。

丽艳虎天牛 *Rhaphuma unigena* Holzschuh, 1993

分布：云南（普洱）；泰国。

绿艳虎天牛 *Rhaphuma virens* Matsushita, 1931

分布：云南（大理），台湾，福建；日本。

处艳虎天牛 *Rhaphuma virgo* Viktora & Tichý, 2016

分布：云南。

肩花天牛属 *Rhondia* Gahan, 1906

Rhondia attelaboides Pesarini & Sabbadini, 1997

分布：云南。

卡氏肩花天牛 *Rhondia kabateki* Viktora & Liu, 2018

分布：云南（迪庆）。

佩特肩花天牛 *Rhondia petrae* Viktora & Liu, 2018

分布：云南（怒江）。

脊胸天牛属 *Rhytidodera* White, 1853

脊胸天牛 *Rhytidodera bowringii* White, 1853

分布：云南（普洱、临沧、保山、西双版纳），四川，贵州，河南，湖北，安徽，江西，湖南，广西，福建，广东，香港，海南；缅甸，印度，印度尼西亚。

Rhytidodera griseofasciata Pic, 1912

分布：云南，湖北，河南。

榕脊胸天牛 *Rhytidodera integra* Kolbe, 1886

分布：云南（临沧、保山），四川，贵州，河南，湖北，湖南，广西，福建，台湾，广东，海南，香港；朝鲜，日本，越南，老挝，泰国，缅甸。

截突天牛属 *Rhytiphora* Audinet-Serville, 1835

云南截突天牛 *Rhytiphora metallica* (Pic, 1935)

分布：云南。

方额天牛属 *Rondibilis* Thomson, 1857

灰方额天牛 *Rondibilis grisescens* (Pic, 1936)

分布：云南。

缝纹方额天牛 *Rondibilis paralineaticollis* Breuning, 1968

分布：云南（西双版纳）。

云南方额天牛 *Rondibilis yunnana* (Breuning, 1957)

分布：云南。

缝角天牛属 *Ropica* Pascoe, 1858

缝角天牛 *Ropica subnotata* Pic, 1925

分布：云南（临沧、怒江），贵州，黑龙江，吉林，河北，河南，陕西，山东，山西，浙江，江西，湖北，江苏，福建，广东，香港；朝鲜，俄罗斯，日本。

丽天牛属 *Rosalia* Audinet-Serville, 1834

棕黄丽天牛 *Rosalia bouvieri* Boppe, 1910

分布：云南（丽江、迪庆），四川，西藏；印度，老挝，印度尼西亚。

红丽天牛 *Rosalia decempunctata* (Westwood, 1848)

分布：云南（文山、普洱、怒江、德宏、西双版纳），西藏，贵州，湖北，江西，广西，广东，台湾，海南；老挝，印度，印度尼西亚，斯里兰卡。

双带丽天牛黑尾亚种 *Rosalia formosa nigroapicalis* Pic, 1910

分布：云南。

茶丽天牛 *Rosalia lameerei* Brongniart, 1890

分布：云南（昆明、玉溪、文山、普洱、楚雄、红河、临沧、保山、怒江、德宏），四川，广西，台湾；越南，老挝，泰国，缅甸。

厚角丽天牛 *Rosalia pachycornis* Takakuwa & Karube, 1997
分布：云南（红河、西双版纳）；泰国。

楔天牛属 *Saperda* Fabricius, 1775
肖梯形楔天牛 *Saperda subscalaris* Breuning, 1952
分布：云南。

扁角天牛属 *Sarmydus* Pascoe, 1867
扁角天牛 *Sarmydus antennatus* Pascoe, 1867
分布：云南，贵州，四川，陕西，江西，江苏，湖南，广西，福建，广东，台湾，海南；越南，印度，老挝，泰国，缅甸，马来西亚，印度尼西亚，尼泊尔，巴布亚新几内亚，不丹。

陈氏扁角天牛 *Sarmydus cheni* Drumont & Bi, 2014
分布：云南，西藏。

独龙扁角天牛 *Sarmydus dulongensis* Bi & Drumont, 2017
分布：云南。

暗翅扁角天牛 *Sarmydus fujishiroi* Drumont, 2006
分布：云南（昆明、保山、德宏），四川，广西；越南。

娄氏扁角天牛 *Sarmydus loebli* Drumont & Weigel, 2010
分布：云南（保山、西双版纳）；老挝。

熊猫扁角天牛 *Sarmydus panda* Drumont & Bi, 2017
分布：云南。

黄节扁角天牛 *Sarmydus subcoriaceus* (Hope, 1831)
分布：云南（德宏），西藏；印度，尼泊尔。

***Schmidtiana* Podaný, 1971**
紫胸厚天牛 *Schmidtiana violaceothoracica* (Gressitt & Rondon, 1970)
分布：云南（文山、西双版纳）；老挝。

施华天牛属 *Schwarzerium* Matsushita, 1933
榆施华天牛 *Schwarzerium provostii* (Fairmaire, 1887)
分布：云南（昆明、玉溪、西双版纳），陕西，黑龙江，吉林，辽宁，北京，河北，山东，河南，湖北。

陷胸施华天牛 *Schwarzerium sifanicum* (Plavilstshikov, 1934)
分布：云南；老挝。

云南施华天牛 *Schwarzerium yunnanum* Vives & Lin, 2013
分布：云南（丽江、迪庆）。

筒虎天牛属 *Sclethrus* Newman, 1842
筒虎天牛 *Sclethrus stenocylindrus* Fairmaire, 1895
分布：云南（西双版纳），湖南，广西，广东，台湾；新加坡，印度，缅甸，越南，老挝，印度尼西亚，菲律宾。

杉天牛属 *Semanotus* Mulsant, 1839
粗鞘杉天牛 *Semanotus sinoauster* Gressitt, 1951
分布：云南（昭通），贵州，四川，重庆，陕西，河北，河南，江苏，安徽，浙江，湖北，江西，湖南，广西，福建，广东，台湾；老挝。

小楔天牛属 *Serixia* Pascoe, 1856
长毛小楔天牛 *Serixia pubescens* Gressitt, 1940
分布：云南（西双版纳）。

黑尾小楔天牛 *Serixia sedata* Pascoe, 1862
分布：云南（西双版纳），广西，广东，海南；泰国，越南，缅甸，柬埔寨，老挝。

项山小楔天牛 *Serixia sinica* Gressitt, 1937
分布：云南，江西，海南；越南，老挝，泰国，柬埔寨，缅甸。

华绿天牛属 *Sinochroma* Bentanachs & Drouin, 2013
***Sinochroma purpureipes* (Gressitt, 1939)**
分布：云南，湖北，广西，广东，海南；越南，泰国，缅甸。

红股华绿天牛 *Sinochroma sinensis* Bentanachs & Drouin, 2013
分布：云南。

***Sinoclytus* Holzschuh, 1995**
***Sinoclytus emarginatus* Holzschuh, 1995**
分布：云南。

***Sinopachys* Sama, 1999**
黑肿角天牛 *Sinopachys mandarinus* (Gressitt, 1939)
分布：云南，四川，陕西。

Souvanna Breuning, 1963

***Souvanna signata* (Pic, 1926)**

分布：云南（西双版纳），海南；越南，泰国，老挝。

束胸天牛属 *Sphigmothorax* Gressitt, 1939

芒街束胸天牛 *Sphigmothorax tricinctus* Gressitt, 1951

分布：云南（普洱、西双版纳）。

刺胸薄翅天牛属 *Spinimegopis* Ohbayashi, 1963

诺氏刺胸薄翅天牛 *Spinimegopis delahayei* Komiya & Drumont, 2007

分布：云南（红河）；马来西亚，印度，缅甸。

藤田刺胸薄翅天牛 *Spinimegopis fujiai* Komiya & Drumont, 2007

分布：云南（昆明），贵州，湖北，广西；越南。

滇刺胸薄翅天牛 *Spinimegopis lividipennis* (Lameere, 1920)

分布：云南，四川，广西；越南，泰国，老挝，缅甸。

尼薄翅天牛 *Spinimegopis nepalensis* (Hayashi, 1979)

分布：云南（红河），西藏；印度，尼泊尔，不丹。

佩氏刺胸薄翅天牛 *Spinimegopis perroti* (Fuchs, 1966)

分布：云南（德宏）；越南，缅甸。

裸翅刺胸薄翅天牛 *Spinimegopis piliventris* (Gressitt, 1950)

分布：云南，西藏；泰国。

短角裸翅刺胸薄翅天牛 *Spinimegopis piliventris antennalis* Fuchs, 1965

分布：云南，西藏；越南，老挝，泰国，缅甸。

西藏刺胸薄翅天牛 *Spinimegopis tibialis* (White, 1853)

分布：云南，西藏，四川，浙江；印度，尼泊尔，不丹。

栉狭胸天牛属 *Spiniphilus* Lin & Bi, 2011

栉狭胸天牛 *Spiniphilus spinicornis* Lin & Bi, 2011

分布：云南（德宏）。

晓东栉狭胸天牛 *Spiniphilus xiaodongi* Bi & Lin, 2015

分布：云南（德宏）。

刺筒天牛属 *Spinoberea* Breuning, 1954

四带刺筒天牛 *Spinoberea cephalotes* (Gressitt, 1942)

分布：云南，四川；越南。

刺筒天牛 *Spinoberea subspinosa* Pic, 1922

分布：云南（西双版纳），四川。

椎天牛属 *Spondylis* Fabricius, 1775

短角椎天牛 *Spondylis buprestoides* (Linnaeus, 1758)

分布：云南（昆明、红河、楚雄、文山、保山、曲靖、丽江、怒江、玉溪、迪庆、普洱、昭通、大理），四川，贵州，黑龙江，河北，内蒙古，河南，陕西，江苏，江西，安徽，浙江，湖北，广西，福建，台湾，广东，香港，海南；中亚，蒙古国，俄罗斯（远东地区），朝鲜半岛，日本，欧洲。

狭天牛属 *Stenhomalus* White, 1855

***Stenhomalus clarinus* Holzschuh, 1995**

分布：云南。

复纹狭天牛 *Stenhomalus complicatus* Gressitt, 1948

分布：云南（昆明、丽江），四川，陕西，山西。

小田狭天牛 *Stenhomalus odai* Niisato & Kinugasa, 1982

分布：云南（西双版纳）；泰国。

脊花天牛属 *Stenocorus* Geoffroy, 1762

灰毛脊花天牛 *Stenocorus griseopubens* (Pic, 1957)

分布：云南。

松皮脊花天牛 *Stenocorus inquisitor* (Linnaeus, 1758)

分布：云南（楚雄），东北，陕西，江西；俄罗斯（西伯利亚），朝鲜，蒙古国，日本。

棒腿天牛属 *Stenodryas* Bates, 1873

黑足瘦棍腿天牛 *Stenodryas atripes* (Pic, 1935)

分布：云南（西双版纳）。

黑尾瘦棍腿天牛 *Stenodryas bicoloripes* (Pic, 1922)

分布：云南；越南，老挝。

筒胸棒腿天牛 *Stenodryas cylindricollis* Gressitt, 1951

分布：云南（丽江、大理、临沧、保山、红河），四川，陕西，湖北，台湾；老挝。

四纹瘦棍腿天牛 *Stenodryas nigromaculatus* (Gardner, 1942)

分布：云南（普洱）；老挝，印度，尼泊尔，不丹。

白腹腿天牛 *Stenodryas ventralis* (Gahan, 1906)

分布：云南（保山、西双版纳）；印度，缅甸。

拟蜡天牛属 *Stenygrinum* Bates, 1873

拟蜡天牛 *Stenygrinum quadrinotatum* Bates, 1873

分布：云南（昆明、昭通、红河、楚雄、大理、临沧、保山、怒江、西双版纳），四川，贵州，黑龙江，辽宁，吉林，内蒙古，河北，河南，陕西，甘肃，山东，湖北，安徽，江苏，浙江，江西，湖南，广西，福建，广东，海南，台湾；朝鲜，日本，俄罗斯，缅甸，印度，泰国，马来西亚，菲律宾，印度尼西亚，文莱，越南，老挝。

刺锦天牛属 *Sternohammus* Breuning, 1935

云南刺锦天牛 *Sternohammus yunnana* Wang & Chiang, 1998
分布：云南。

突尾天牛属 *Sthenias* Dejean, 1835

环斑突尾天牛 *Sthenias franciscanus* Thomson, 1865
分布：云南（保山、西双版纳），湖南，广西，福建；越南，马来西亚，印度尼西亚。

格氏突尾天牛 *Sthenias gahani* (Pic, 1912)
分布：云南。

二斑突尾天牛 *Sthenias gracilicornis* Gressitt, 1937
分布：云南（文山、临沧、西双版纳），江西，福建，湖南，广东，香港。

黑尾突尾天牛 *Sthenias partealbicollis* Breuning, 1968
分布：云南，贵州；老挝。

短线突尾天牛 *Sthenias pascoei* Ritsema, 1888
分布：云南（保山、临沧、西双版纳）；泰国，印度尼西亚，马来西亚，老挝。

着色突尾天牛 *Sthenias pictus* Breuning, 1938
分布：云南（西双版纳）；老挝，泰国，缅甸。

云南突尾天牛 *Sthenias yunnanus* Breuning, 1938
分布：云南（昆明、大理），西藏。

多脊天牛属 *Stibara* Hope, 1840

灰黄多脊天牛 *Stibara rufina* (Pascoe, 1858)
分布：云南（西双版纳），广西；越南，老挝，泰国，印度，缅甸。

粗点多脊天牛 *Stibara tricolor* (Fabricius, 1793)
分布：云南（西双版纳），广西；越南，老挝，泰国，印度，缅甸，马来西亚。

瘦花天牛属 *Strangalia* Audinet-Serville, 1835

蚤瘦花天牛 *Strangalia fortunei* Pascoe, 1858
分布：云南，贵州，河北，江苏，安徽，湖北，浙江，江西，福建，广东。

宽尾花天牛属 *Strangalomorpha* Solsky, 1873

云南宽尾花天牛 *Strangalomorpha austera* Holzschuh, 2003
分布：云南。

黄翅宽尾花天牛 *Strangalomorpha multiguttata* (Pic, 1914)
分布：云南。

Strangalomorpha platyfasciata (Chiang, 1963)
分布：云南（德宏）。

钉角天牛属 *Stratioceros* Lacordaire, 1869

黄纹钉角天牛 *Stratioceros princeps* Lacordaire, 1869
分布：云南（西双版纳）；缅甸，泰国，柬埔寨，老挝，越南。

凿点天牛属 *Stromatium* Audinet-Serville, 1834

栎凿点天牛 *Stromatium longicorne* (Newman, 1842)
分布：云南（昆明、红河、保山、怒江、德宏、普洱、临沧、丽江、楚雄、玉溪、西双版纳），贵州，吉林，辽宁，内蒙古，山东，江西，浙江，广西，福建，台湾，香港，海南，广东；日本，印度，泰国，缅甸，马来西亚，印度尼西亚，菲律宾，文莱。

散天牛属 *Sybra* Pascoe, 1865

Sybra multilineata (Pic, 1926)
分布：云南；越南，老挝，泰国，马来西亚。

隆线天牛属 *Sybrocentrura* Breuning, 1947

柔弱隆线天牛 *Sybrocentrura tenera* Holzschuh, 2010
分布：云南；泰国。

Tapinolachnus Thomson, 1864

老挝疖角天牛 *Tapinolachnus laosensis* (Pic, 1923)
分布：云南（西双版纳）。

特蜡天牛属 *Teladum* Holzschuh, 2011

狭特蜡天牛 *Teladum angustior* Holzschuh, 2011
分布：云南。

勒特天牛属 *Teledapalpus* Miroshnikov, 2000

大理勒特天牛 *Teledapalpus daliensis* Miroshnikov, 2021
分布：云南（大理）。

Teledapalpus transitivus Miroshnikov, 2021
分布：云南（迪庆）。
上野勒特天牛 *Teledapalpus uenoi* Ohbayashi & Chou, 2021
分布：云南。

特勒天牛属 *Teledapus* Pascoe, 1871
林业杰特勒天牛 *Teledapus linyejiei* Huang, Li & Zhang, 2021
分布：云南（迪庆）。

蜢天牛属 *Tetraglenes* Newman, 1842
毛角蜢天牛 *Tetraglenes hirticornis* (Fabricius, 1798)
分布：云南（红河、德宏、西双版纳），浙江，广西，福建，广东，香港，海南；老挝，缅甸，泰国，印度，印度尼西亚，越南。

重突天牛属 *Tetraophthalmus* Dejean, 1835
黄荆重突天牛 *Tetraophthalmus episcopalis* (Chevrolat, 1852)
分布：云南（文山、红河、楚雄），贵州，四川，新疆，内蒙古，山西，河南，河北，陕西，安徽，浙江，江苏，江西，湖南，广西，福建，海南，香港，台湾；朝鲜半岛，日本。
紫翅重突天牛 *Tetraophthalmus janthinipennis* (Fairmaire, 1895)
分布：云南（大理、普洱、迪庆），贵州，重庆，广西；越南，老挝。
紫翅重突天牛海南亚种 *Tetraophthalmus janthinipennis cyanopterus* (Gahan, 1900)
分布：云南（玉溪）。
紫翅重突天牛龙陵亚种 *Tetraophthalmus janthinipennis flavus* (Chiang, 1963)
分布：云南（保山、德宏）。
紫翅重突天牛指名亚种 *Tetraophthalmus janthinipennis janthinipennis* (Fairmaire, 1895)
分布：云南；越南，老挝。
紫翅重突天牛云南亚种 *Tetraophthalmus janthinipennis yunnanensis* Breuning, 1956
分布：云南。
蓝翅重突天牛 *Tetraophthalmus violaceipennis* Thomson, 1857
分布：云南（红河），广西，西藏；老挝，尼泊尔，泰国，印度，越南。

断眼天牛属 *Tetropium* Kirby, 1837
光胸断眼天牛 *Tetropium castaneum* (Linnaeus, 1758)
分布：云南（迪庆），四川，吉林，黑龙江，新疆，内蒙古，陕西，天津，河北，山西，山东，宁夏，青海，江西，浙江，湖南，福建；蒙古国，俄罗斯，朝鲜，日本，欧洲。
云杉断眼天牛 *Tetropium grocilicorne* Reitter, 1889
分布：云南，黑龙江，新疆，内蒙古，陕西，江西。

刺楔天牛属 *Thermistis* Pascoe, 1867
陈氏刺楔天牛 *Thermistis cheni* Lin & Chou, 2012
分布：云南（红河），四川。
Thermistis conjunctesignata Rondon & Breuning, 1971
分布：云南（玉溪）；老挝，缅甸。
黄带刺楔天牛 *Thermistis croceocincta* (Saunders, 1839)
分布：云南（文山、临沧、红河），四川，贵州，陕西，湖北，安徽，浙江，江西，湖南，广西，福建，广东，香港，海南；越南，泰国，印度。
黑斑刺楔天牛 *Thermistis nigromacula* Hua, 1992
分布：云南（文山），湖南；越南。
Thermistis xanthomelas Holzschuh, 2007
分布：云南（红河），广西，福建；越南，老挝，缅甸。

齿胸天牛属 *Thermonotus* Gahan, 1888
齿胸天牛 *Thermonotus nigripes* Gahan, 1888
分布：云南；老挝，印度，缅甸，印度尼西亚。
红齿胸天牛 *Thermonotus ruber* (Pic, 1923)
分布：云南（文山、红河、临沧、西双版纳）；越南。

修花天牛属 *Thrangalia* Holzschuh, 1995
奇形修花天牛 *Thrangalia diaboliella* Holzschuh, 1995
分布：云南。

锥背天牛属 *Thranius* Pascoe, 1859
多斑锥背天牛指名亚种 *Thranius multinotatus multinotatus* Pic, 1922
分布：云南（怒江、西双版纳），西藏；印度尼西亚，越南，老挝。

多斑锥背天牛黄斑亚种 ***Thranius multinotatus signatus* Schwarzer, 1925**

分布：云南（西双版纳），四川，浙江，湖南，福建，台湾，广东，海南；越南，老挝。

斜纹锥背天牛 ***Thranius obliquefasciatus* Pu, 1992**

分布：云南（迪庆、丽江）。

单锥背天牛 ***Thranius simplex* Gahan, 1894**

分布：云南（大理、保山），西藏，四川，陕西，湖北；不丹，缅甸，印度。

毡天牛属 *Thylactus* Pascoe, 1866

密点毡天牛 ***Thylactus densepunctatus* Chiang & Li, 1984**

分布：云南（红河、丽江），海南，广东；越南。

齿尾毡天牛 ***Thylactus dentipennis* Wang & Chiang, 1998**

分布：云南（临沧），西藏。

***Thylactus sikkimensis* Breuning, 1938**

分布：云南，贵州，河南，江西，浙江，湖南；尼泊尔，印度。

刺胸毡天牛 ***Thylactus simulans* Gahan, 1890**

分布：云南（玉溪、普洱、临沧、德宏、西双版纳），贵州，河南，浙江，江西，湖南，香港；越南，老挝，泰国，印度。

簇角天牛属 *Thysia* Thomson, 1860

木棉簇角天牛 ***Thysia wallichii* (Hope, 1831)**

分布：云南（玉溪、曲靖、文山、昭通、红河、楚雄、临沧、大理、保山、西双版纳），贵州，四川，西藏，广西，广东；越南，印度，缅甸，尼泊尔。

木棉簇角天牛指名亚种 ***Thysia wallichii wallichii* (Hope, 1831)**

分布：云南（玉溪、曲靖、文山、昭通、红河、楚雄、临沧、大理、保山），贵州，四川；越南，泰国，印度，巴基斯坦，缅甸，尼泊尔，马来西亚，印度尼西亚。

粗脊天牛属 *Trachylophus* Gahan, 1888

粗脊天牛 ***Trachylophus sinensis* Gahan, 1888**

分布：云南（西双版纳），四川，重庆，湖北，江西，浙江，湖南，广西，福建，广东，海南，香港，台湾；缅甸。

糙天牛属 *Trachystolodes* Breuning, 1943

死亡之翼糙天牛 ***Trachystolodes neltharion* Wang & He, 2021**

分布：云南（德宏）。

双斑糙天牛 ***Trachystolodes tonkinensis* Breuning, 1943**

分布：云南（红河、文山），贵州，四川，江西，广西，福建，广东，海南；越南，老挝。

毛长角天牛属 *Trichacanthocinus* Breuning, 1963

郎氏毛长角天牛 ***Trichacanthocinus rondoni* Breuning, 1963**

分布：云南（西双版纳）；老挝。

茸天牛属 *Trichoferus* Wollaston, 1854

家茸天牛 ***Trichoferus campestris* (Faldermann, 1835)**

分布：云南（红河），四川，西藏，贵州，黑龙江，吉林，辽宁，新疆，内蒙古，甘肃，青海，北京，河北，陕西，山西，山东，河南，安徽，江苏，上海，湖北，江西，湖南；日本，朝鲜半岛，俄罗斯，蒙古国，印度，中亚，欧洲。

灰黄茸天牛 ***Trichoferus guerryi* (Pic, 1915)**

分布：云南，四川，河北，陕西。

刺角天牛属 *Trirachys* Hope, 1843

皱胸刺角天牛 ***Trirachys holosericeus* (Fabricius, 1787)**

分布：云南，四川，重庆，陕西，河南，湖南，广西，福建，台湾，广东，海南，香港；老挝，泰国，印度，缅甸，马来西亚，印度尼西亚，菲律宾，斯里兰卡。

中华刺角天牛 ***Trirachys sinensis* (Gahan, 1890)**

分布：云南，贵州，四川，河南，湖北，江西，湖南，广西，广东，海南，福建，香港，台湾；老挝，印度，巴基斯坦，马来西亚，中亚。

锥花天牛属 *Trypogeus* Lacordaire, 1869

金毛锥花天牛 ***Trypogeus aureopubens* (Pic, 1903)**

分布：云南（西双版纳）；泰国。

***Trypogeus superbus* (Pic, 1922)**

分布：云南；越南，老挝。

棕天牛属 *Uenobrium* Niisato, 2006

闪光棕天牛 ***Uenobrium laosicum* (Gressitt & Rondon, 1970)**

分布：云南（红河），广东，海南；越南，老挝，缅甸。

蜂花天牛属 *Ulochaetes* LeConte, 1854

黄腹蜂花天牛 ***Ulochaetes vacca* Holzschuh, 1982**
分布：云南，西藏，四川，陕西；不丹。

泥色天牛属 *Uraecha* Thomson, 1864

***Uraecha guerryi* (Pic, 1903)**
分布：云南。

白斑泥色天牛 ***Uraecha punctata* Gahan, 1888**
分布：云南（西双版纳）。

云南泥色天牛 ***Uraecha yunnana* Breuning, 1936**
分布：云南，四川。

蓝绿天牛属 *Vietetropis* Komiya, 1997

蓝绿天牛 ***Vietetropis viridis* Komiya, 1997**
分布：云南（红河），西藏，广西；越南，老挝，缅甸。

Xenicotela Bates, 1884

柿毂天牛 ***Xenicotela distincta* (Gahan, 1888)**
分布：云南（临沧、西双版纳），贵州；越南，印度，尼泊尔，老挝，缅甸。

***Xenicotela mucheni* Xie, Barclay & Wang, 2023**
分布：云南（德宏）。

Xenohammus Schwarzer, 1931

***Xenohammus bimaculatus* Schwarzer, 1931**
分布：云南（西双版纳）。

小枝天牛属 *Xenolea* Thomson, 1864

桑小枝天牛 ***Xenolea asiatica* (Pic, 1925)**
分布：云南（西双版纳），四川，河南，浙江，湖北，江西，广西，海南，广东，台湾，香港；日本，越南，老挝，泰国，印度，缅甸。

棱天牛属 *Xoanodera* Pascoe, 1857

黄点棱天牛 ***Xoanodera maculata* (Pic, 1923)**
分布：云南（普洱、大理、保山、西双版纳），四川，湖南，广西，海南，福建，台湾；越南，老挝，缅甸。

橡胶棱天牛 ***Xoanodera regularis* Gahan, 1890**
分布：云南（普洱、保山、大理、临沧、德宏、西双版纳），台湾；越南，老挝，印度，缅甸，尼泊尔。

木天牛属 *Xylariopsis* Bates, 1884

白带木天牛 ***Xylariopsis albofasciata* Wang & Chiang, 1998**
分布：云南。

台湾木天牛 ***Xylariopsis esakii* Mitono, 1943**
分布：云南（昭通），湖南，台湾。

蓑天牛属 *Xylorhiza* Laporte, 1840

石梓蓑天牛 ***Xylorhiza adusta* (Wiedemann, 1819)**
分布：云南（曲靖、红河、文山、普洱、楚雄、临沧、保山），贵州，四川，河南，浙江，湖北，江西，广西，福建，广东，台湾，海南，香港；越南，老挝，泰国，印度，斯里兰卡，缅甸，尼泊尔，马来西亚，印度尼西亚。

脊虎天牛属 *Xylotrechus* Chevrolat, 1860

端纯脊虎天牛 ***Xylotrechus apiceinnotatus* Pic, 1937**
分布：云南，西藏；缅甸。

双带脊虎天牛 ***Xylotrechus bifenestratus* Pic, 1916**
分布：云南。

比利脊虎天牛 ***Xylotrechus bilyi* Holzschuh, 2003**
分布：云南（西双版纳）。

叉脊虎天牛 ***Xylotrechus buqueti* (Castelnau & Gory, 1841)**
分布：云南（临沧、西双版纳），西藏，江西，湖南，广西，福建，台湾，广东，海南；越南，泰国，老挝，缅甸，印度，印度尼西亚。

桑脊虎天牛 ***Xylotrechus chinensis* (Chevrolat, 1852)**
分布：云南，四川，辽宁，河北，河南，山东，山西，陕西，甘肃，湖北，安徽，江苏，江西，浙江，广西，福建，台湾，广东；朝鲜，日本。

道氏脊虎天牛 ***Xylotrechus daoi* Gressitt & Rondon, 1970**
分布：云南（西双版纳）。

连纹脊虎天牛 ***Xylotrechus diversesignatus* Pic, 1908**
分布：云南（大理、迪庆），四川，西藏。

***Xylotrechus diversenotatus magdelainei* Pic, 1937**
分布：云南（西双版纳）。

红角脊虎天牛 ***Xylotrechus dioukoulanus* Pic, 1920**
分布：云南。

咖啡脊虎天牛 ***Xylotrechus grayii* (White, 1855)**
分布：云南（昆明、德宏），西藏，四川，贵州，辽宁，陕西，甘肃，河南，山东，湖北，江苏，湖南，福建，广东，台湾；日本，朝鲜。

Xylotrechus hampsoni Gahan, 1890

分布：云南（西双版纳）。

曲纹脊虎天牛 *Xylotrechus incurvatus* (Chevrolat, 1863)

分布：云南（楚雄），四川，辽宁，吉林，河北，甘肃，湖南，广东，福建，香港，台湾；印度，缅甸，孟加拉国。

核桃脊虎天牛 *Xylotrechus incurvatus contortus* Gahan, 1906

分布：云南（临沧、昭通、保山、西双版纳），四川，贵州，湖北，湖南，广西，广东，福建，台湾；印度，缅甸，越南，老挝。

爪哇脊虎天牛 *Xylotrechus javanicus* (Castelnau & Gory, 1841)

分布：云南（昭通、临沧、保山、西双版纳），四川，广西，台湾，广东；泰国，越南，老挝，缅甸，印度，印度尼西亚，马来西亚。

挂墩脊虎天牛 *Xylotrechus kuatunensis* Gressitt, 1951

分布：云南（玉溪、西双版纳），贵州，福建。

Xylotrechus lateralis Gahan, 1906

分布：云南（西双版纳）。

侧断点脊虎天牛 *Xylotrechus lateralis fracturis* Guo & Chen, 2002

分布：云南（西双版纳）。

长胸脊虎天牛 *Xylotrechus longithorax* Pic, 1922

分布：云南，海南；越南，老挝，尼泊尔。

巨胸脊虎天牛 *Xylotrechus magnicollis* (Fairmaire, 1888)

分布：云南（楚雄、西双版纳），四川，黑龙江，吉林，河北，河南，山东，陕西，湖北，浙江，广西，福建，广东，海南，台湾；俄罗斯，缅甸，印度，泰国，老挝。

大脊虎天牛 *Xylotrechus magnificus* Pic, 1922

分布：云南（玉溪、大理），广西，海南；老挝。

玛氏脊虎天牛 *Xylotrechus marketae* Viktora & Liu, 2018

分布：云南。

沟胸脊虎天牛 *Xylotrechus multiimpressus* Pic, 1911

分布：云南。

黄点脊虎天牛 *Xylotrechus multinotatus* Pic, 1904

分布：云南。

四脊虎天牛 *Xylotrechus multisignatus* Pic, 1915

分布：云南。

灭字脊虎天牛 *Xylotrechus quadripes* Chevrolat, 1863

分布：云南（临沧、昭通、保山、西双版纳），四川，吉林，辽宁，河南，湖北，江苏，浙江，湖南，广西，海南，广东，台湾；印度，越南，缅甸，老挝，泰国。

十四斑脊虎天牛 *Xylotrechus quattuordecimmaculatus* Guo & Chen, 2002

分布：云南（大理）。

白蜡脊虎天牛 *Xylotrechus rufilius* Bates, 1884

分布：云南（西双版纳），四川，黑龙江，陕西，河北，山东，河南，浙江，湖北，江西，湖南，广西，福建，台湾，海南，香港；日本，朝鲜半岛，俄罗斯，老挝，缅甸。

红尾脊虎天牛 *Xylotrechus rufoapicalis* Pic, 1926

分布：云南。

红肩脊虎天牛 *Xylotrechus rufobasalis* Pic, 1937

分布：云南（昭通），湖北；越南，老挝。

浙江脊虎天牛 *Xylotrechus savioi* Pic, 1935

分布：云南，贵州，河南，浙江，湖南，香港。

塔氏脊虎天牛 *Xylotrechus tanoni* Gressitt & Rondon, 1970

分布：云南（西双版纳）；老挝。

喜悦脊虎天牛 *Xylotrechus vinnulus* Holzschuh, 1993

分布：云南（西双版纳）；泰国。

Xylotrechus wauthieri Gressitt & Rondon, 1970

分布：云南（西双版纳）。

周超脊虎天牛 *Xylotrechus zhouchaoi* Viktora & Liu, 2019

分布：云南。

双条天牛属 *Xystrocera* Audinet-Serville, 1834

咖啡双条天牛 *Xystrocera festiva* Thomson, 1860

分布：云南（普洱、保山、德宏、临沧、西双版纳），海南，台湾；印度，缅甸，越南，老挝，马来西亚，印度尼西亚，文莱。

合欢双条天牛 *Xystrocera globosa* (Olivier, 1800)

分布：云南（昆明、玉溪、昭通、文山、普洱、大理、丽江、迪庆、怒江、临沧、保山、德宏、西双版纳），贵州，四川，重庆，东北，河北，河南，山东，甘肃，江苏，湖北，浙江，安徽，江西，广西，福建，台湾，广东，海南，香港；日本，越南，老挝，泰国，印度，斯里兰卡，缅甸，尼泊尔，不丹，马来西亚，印度尼西亚，非洲。

显带天牛属 Zonopterus Hope, 1842

黄跗显带天牛 Zonopterus flavitarsis Hope, 1842

分布：云南（西双版纳），台湾；老挝，泰国，印度，缅甸。

锐天牛属 Zoodes Pascoe, 1867

锯纹锐天牛 Zoodes fulguratus Gahan, 1906

分布：云南（大理、临沧、怒江、保山、德宏、红

河、西双版纳）；老挝，越南，缅甸。

突天牛属 Zotalemimon Pic, 1925

柞突天牛 Zotalemimon ciliatum (Gressitt, 1942)

分布：云南（西双版纳），福建，广东，海南，香港。

梨突天牛 Zotalemimon malinum (Gressitt, 1951)

分布：云南（昆明）。

老挝突天牛 Zotalemimon posticatum (Gahan, 1894)

分布：云南，海南；越南，老挝，印度，缅甸，印度尼西亚。

叶甲科 Chrysomelidae

皱鞘肖叶甲属 Abirus Chapuis, 1874

桑皱鞘肖叶甲 Abirus fortunei (Baly, 1861)

分布：云南（昆明），贵州，四川，广西，山东，江苏，浙江，湖北，江西，福建，台湾，广东；朝鲜，日本，越南，老挝，缅甸，泰国。

宽角皱鞘肖叶甲 Abirus laticornis Tan, 1982

分布：云南（西双版纳）。

西双皱鞘肖叶甲 Abirus xishuangensis Tan, 1982

分布：云南（西双版纳）。

锯背叶甲属 Acolastus Gerstaecker, 1855

白毛锯背叶甲 Acolastus albopilosus (Tan, 1992)

分布：云南（迪庆）。

巴塘锯背叶甲 Acolastus batangensis (Tan, 1992)

分布：云南（丽江），四川。

球须跳甲属 Acrocrypta Baly, 1862

阿萨姆球须跳甲 Acrocrypta assamensis Jacoby, 1893

分布：云南（红河、西双版纳），四川，贵州，广东；印度，越南，印度尼西亚。

黑胸球须跳甲 Acrocrypta intermedia (Jacoby, 1892)

分布：云南（西双版纳）；缅甸。

紫铜球须跳甲 Acrocrypta violaceicuprea Wang, 2007

分布：云南（西双版纳）。

丽肖叶甲属 Acrothinium Marshall, 1864

多毛丽肖叶甲 Acrothinium hirsutum Tan & Wang, 2005

分布：云南（西双版纳）。

隐盾叶甲属 Adiscus Gistel, 1857

红斑隐盾叶甲 Adiscus annulatus (Pic, 1922)

分布：云南（普洱、西双版纳），广西，福建，广东。

双斑隐盾叶甲 Adiscus bimaculicollis Chen & Fu, 1980

分布：云南（红河）。

三斑隐盾叶甲 Adiscus bodhisatva (Gressitt, 1942)

分布：云南（怒江），四川。

粗角隐盾叶甲 Adiscus crasssicornis Tan, 1992

分布：云南（怒江）。

蓝鞘隐盾叶甲 Adiscus cyaneus Tan, 1992

分布：云南，四川。

细巧隐盾叶甲 Adiscus exilis (Weise, 1922)

分布：云南（昆明、迪庆、西双版纳），西藏，贵州，四川，广东。

肩斑隐盾叶甲 Adiscus humeralis (Pic, 1922)

分布：云南（昆明），四川，湖北；越南。

橘色隐盾叶甲 Adiscus inornatus Chen & Pu, 1980

分布：云南（西双版纳）。

泸水隐盾叶甲 Adiscus lushuiensis Tan, 1992

分布：云南（怒江）。

黑斑隐盾叶甲 Adiscus maculatus (Weise, 1912)

分布：云南（昆明、大理、普洱、西双版纳），广西；越南。

莫隐盾叶甲 Adiscus mouhoti (Baly, 1877)

分布：云南（大理、西双版纳），广西，广东，海南；印度尼西亚，马来西亚。

黑胸隐盾叶甲 *Adiscus pectoralis* (Pic, 1926)
分布：云南。

斑腿隐盾叶甲 *Adiscus tibialis* Chen & Pu, 1980
分布：云南（西双版纳），福建。

短胸隐盾叶甲 *Adiscus transversalis* Tan, 1992
分布：云南（怒江、大理）。

异色隐盾叶甲 *Adiscus variabilis* (Jacoby, 1890)
分布：云南（怒江、大理、丽江、迪庆、临沧、保山），四川，甘肃，陕西，湖北；越南。

韦氏隐盾叶甲 *Adiscus weigeli* Medvedev, 2019
分布：云南（西双版纳）。

云南隐盾叶甲 *Adiscus yunnanus* Medvedev, 2008
分布：云南（丽江）。

光额叶甲属 *Aetheomorpha* Lacordaire, 1848

北坝光额叶甲 *Aetheomorpha bacboensis* Medvedev, 1992
分布：云南（西双版纳），广西；越南。

双叶光额叶甲 *Aetheomorpha bilobata* Yang & Zhou, 2012
分布：云南（普洱）。

蓝翅光额叶甲 *Aetheomorpha coerulea* (Jacoby, 1892)
分布：云南（德宏、西双版纳），海南；缅甸，泰国，越南，马来西亚。

十斑光额叶甲 *Aetheomorpha decemnotata* (Jacoby, 1892)
分布：云南（临沧、西双版纳）；缅甸，老挝，越南，泰国。

叉茎光额叶甲 *Aetheomorpha furcata* Medvedev & Kantner, 2002
分布：云南（昆明、西双版纳）。

嘉氏光额叶甲 *Aetheomorpha gressitti* Medvedev & Regalin, 1998
分布：云南（丽江）。

艳丽光额叶甲 *Aetheomorpha laeta* Medvedev, 1995
分布：云南（大理）。

马来光额叶甲 *Aetheomorpha malayana* (Baly, 1865)
分布：云南（普洱、临沧、德宏）；越南，老挝，缅甸，尼泊尔，印度，斯里兰卡，印度尼西亚。

钝端光额叶甲 *Aetheomorpha obtusapicata* Yang & Zhou, 2012
分布：云南（西双版纳）。

行刻光额叶甲 *Aetheomorpha punctistriata* Yang & Zhou, 2012
分布：云南（西双版纳）。

台湾光额叶甲 *Aetheomorpha taiwana* Chûjô, 1952
分布：云南（昆明），台湾。

王氏光额叶甲 *Aetheomorpha wangi* Yang & Zhou, 2012
分布：云南（西双版纳）。

韦氏光额叶甲 *Aetheomorpha weigeli* Medvedev, 2010
分布：云南（西双版纳）。

云南光额叶甲 *Aetheomorpha yunnana* Pic, 1927
分布：云南。

直胸跳甲属 *Agasicles* Jacoby, 1904

空心莲子草叶甲 *Agasicles hygrophila* Selman & Vogt, 1971
分布：云南（昆明），贵州，重庆，福建。

丽斑叶甲属 *Agasta* Hope, 1840

黄丽斑叶甲 *Agasta formosa* Hope, 1840
分布：云南（保山、德宏、西双版纳），广西，广东；越南，泰国，缅甸，印度尼西亚，老挝，印度，尼泊尔。

Agelopsis Jacoby, 1896

Agelopsis belousovi (Lopatin, 2004)
分布：云南（大理），四川。

Agelopsis traxlerorum Bezděk, 2020
分布：云南（丽江）。

殊角萤叶甲属 *Agetocera* Hope, 1840

黄腹殊角萤叶甲 *Agetocera abdominalis* Jiang, 1992
分布：云南（怒江）。

云南殊角萤叶甲 *Agetocera carinicornis* Chen, 1964
分布：云南（临沧）。

蓝鞘殊角萤叶甲 *Agetocera cyanipennis* Yang, 2001
分布：云南（红河）。

钩殊角萤叶甲 *Agetocera deformicornis* Laboissière, 1927
分布：云南（文山、迪庆、西双版纳），四川，贵州，甘肃，湖北，江西，浙江，湖南，海南；越南。

四川殊角萤叶甲 *Agetocera femoralis* Chen, 1942
分布：云南，四川，西藏。

丝殊角萤叶甲 *Agetocera filicornis* **Laboissière, 1927**

分布：云南（红河、昭通、迪庆），四川，贵州，甘肃，陕西，湖北，江西，浙江，湖南，广西，福建；越南。

紫殊角萤叶甲 *Agetocera hopei* **Baly, 1865**

分布：云南（保山、西双版纳），西藏，内蒙古，广西；越南，缅甸，印度，不丹，尼泊尔，印度尼西亚。

茶殊角萤叶甲 *Agetocera mirabilis* **(Hope, 1831)**

分布：云南（文山、红河、普洱、西双版纳），浙江，江苏，安徽，广西，广东，海南，香港，台湾；越南，老挝，缅甸，印度，尼泊尔，不丹。

黑翅殊角萤叶甲 *Agetocera nigripennis* **Laboissière, 1927**

分布：云南（红河）；越南。

毛殊角萤叶甲 *Agetocera similis* **Chen, 1997**

分布：云南（红河、德宏、西双版纳），湖南，广西。

车里殊角萤叶甲 *Agetocera yunnana* **Chen, 1964**

分布：云南（西双版纳），广西；泰国，老挝。

三脊甲属 *Agonita* **Strand, 1942**

红黑三脊甲 *Agonita apicata* **Chen & Sun, 1964**

分布：云南（西双版纳）。

棕栗三脊甲 *Agonita castanea* **(Tan & Sun, 1962)**

分布：云南（红河）。

中华三脊甲 *Agonita chinensis* **(Weise, 1922)**

分布：云南（红河），贵州，广西，福建，广东，山东；越南。

朱红三脊甲 *Agonita immaculata* **(Gestro, 1888)**

分布：云南（红河）；越南，缅甸，印度。

无齿三脊甲 *Agonita indenticulata* **(Pic, 1924)**

分布：云南（红河）；越南。

连洼三脊甲 *Agonita kunminensis* **(Tan & Sun, 1962)**

分布：云南（昆明）。

斑鞘三脊甲 *Agonita metasternalis* **(Tan & Sun, 1962)**

分布：云南（西双版纳）。

黑色三脊甲 *Agonita nigra* **(Tan & Sun, 1962)**

分布：云南（红河）。

雕胸三脊甲 *Agonita sculpturata* **(Gressitt, 1953)**

分布：云南（红河、西双版纳），四川，福建；越南。

大三脊甲 *Agonita seminigra* **(Tan & Sun, 1962)**

分布：云南（红河）。

平胸叶甲属 *Agrosteella* **Medvedev, 1987**

紫胸平胸叶甲 *Agrosteella violaceicollis* **Ge, Wang, Yang & Li, 2002**

分布：云南（西双版纳）。

柱胸叶甲属 *Agrosteomela* **Gistel, 1857**

中华柱胸叶甲 *Agrosteomela chinensis* **(Weise, 1922)**

分布：云南（保山），四川，西藏，贵州，湖北，湖南，江苏，福建。

蓝柱胸叶甲 *Agrosteomela impressiuscula* **Fairmaire, 1878**

分布：云南（大理、丽江、迪庆），西藏，贵州，四川；越南。

印度柱胸叶甲 *Agrosteomela indica* **(Hope, 1831)**

分布：云南（临沧、大理、普洱、保山、丽江、迪庆、怒江），西藏，四川，台湾；缅甸，不丹，印度，尼泊尔。

跳甲属 *Altica* **Geoffroy, 1762**

蓝跳甲 *Altica aenea* **(Olivier, 1808)**

分布：云南（怒江），四川，陕西，安徽，浙江，湖北，广西，福建，广东，海南；日本，缅甸，印度，马来西亚，印度尼西亚，越南，尼泊尔，菲律宾，巴布亚新几内亚，斐济，澳大利亚。

蓟跳甲 *Altica cirsicola* **Ohno, 1960**

分布：云南（怒江），四川，黑龙江，吉林，新疆，北京，山东，甘肃，江苏，湖北，湖南，福建，台湾；日本，韩国。

蓝跳甲 *Altica cyanea* **(Weber, 1801)**

分布：云南，贵州，四川，西藏，甘肃，北京，陕西，安徽，浙江，湖北，江西，湖南，广西，福建，台湾，广东，海南；韩国，日本，越南，老挝，泰国，缅甸，印度，尼泊尔，斯里兰卡，菲律宾，马来西亚，新加坡，印度尼西亚，阿富汗，澳大利亚。

月见草跳甲 *Altica oleracea* **(Linnaeus, 1758)**

分布：云南（昆明、迪庆、保山），四川，黑龙江，新疆，河北，广西；日本，蒙古国，俄罗斯（远东地区），韩国，西亚，欧洲。

月见草跳甲指名亚种 *Altica oleracea oleracea* **Linnaeus, 1758**

分布：云南，四川，黑龙江，吉林，辽宁，新疆，河北，广西；俄罗斯（远东地区），日本，蒙古国，中东，中亚，欧洲。

白菜蓝绿跳甲 *Altica viridicyanea* (Baly, 1874)
分布：云南，四川，贵州，黑龙江，吉林，北京，甘肃，山东，江苏，浙江，湖北，广西，福建，香港，广东；韩国，日本，印度。

云南跳甲 *Altica yunnana* Wang, 1992
分布：云南（怒江、大理、迪庆、丽江）。

西藏跳甲 *Altica zangana* Chen & Wang, 1981
分布：云南（迪庆），四川，西藏。

榆叶甲属 *Ambrostoma* Motschulsky, 1860
闪光榆叶甲 *Ambrostoma fulgurans* (Achard, 1922)
分布：云南（文山、西双版纳），湖南；越南。

皱点榆叶甲 *Ambrostoma rugosopunctatum* Chen, 1936
分布：云南，湖北；老挝，泰国。

Amphimela Chapuis, 1875
黄桉菲跳甲 *Amphimela mouhoti* Chapuis, 1875
分布：云南（西双版纳）；老挝，柬埔寨，缅甸，印度尼西亚。

突眼萤叶甲属 *Anadimonia* Ogloblin, 1936
侧带突眼萤叶甲 *Anadimonia latifascia* (Gressitt & Kimoto, 1963)
分布：云南，贵州，海南，台湾；越南，尼泊尔。

潜甲属 *Anisodera* Chevrolat, 1836
断脊潜甲 *Anisodera fraterna* Baly, 1888
分布：云南；尼泊尔。

隆额潜甲 *Anisodera guerinii* Baly, 1858
分布：云南（红河、普洱、西双版纳），广西；越南，老挝，泰国，缅甸，柬埔寨，新加坡，印度，马来西亚，印度尼西亚。

毛角潜甲 *Anisodera propinqua* Baly, 1888
分布：云南（西双版纳）；越南，老挝，泰国，柬埔寨，新加坡，马来西亚，缅甸，印度。

皱腹潜甲 *Anisodera rugulosa* Chen & Yu, 1964
分布：云南。

厚缘肖叶甲属 *Aoria* Baly, 1863
黑斑厚缘肖叶甲 *Aoria bowringii* (Baly, 1860)
分布：云南（红河、文山、西双版纳），贵州，江苏，湖北，江西，广西，广东；越南，老挝，柬埔寨，缅甸，泰国，尼泊尔，印度，马来西亚，印度尼西亚。

黑斑厚缘肖叶甲指名亚种 *Aoria bowringii bowringii* Baly, 1860
分布：云南，贵州，河北，江苏，江西，广西，广东，海南，台湾；尼泊尔，印度。

泸水厚缘肖叶甲 *Aoria lushuiensis* Tan, 1992
分布：云南（怒江）。

黑足厚缘肖叶甲 *Aoria nigripes* (Baly, 1860)
分布：云南（保山），贵州，江苏；越南，老挝，柬埔寨，缅甸，泰国，印度，印度尼西亚。

栗厚缘肖叶甲 *Aoria nucea* Fairmaire, 1889
分布：云南，四川，江西，湖北，广西，福建，台湾；日本。

侧刺跳甲属 *Aphthona* Chevrolat, 1836
孟侧刺跳甲 *Aphthona bengalica* Konstantinov & Lingafelter, 2002
分布：云南；印度。

苍山侧刺跳甲 *Aphthona cangshanensis* Konstantinov & Lingafelter, 2002
分布：云南。

隐侧刺跳甲 *Aphthona cryptomorpha* Konstantinov, 1998
分布：云南（大理）。

蓝鞘侧刺跳甲 *Aphthona cyanipennis* Motschulsky, 1866
分布：云南；尼泊尔，印度。

东川侧刺跳甲 *Aphthona dongchuanica* Konstantinov & Lingafelter, 2002
分布：云南。

黄胸侧刺跳甲 *Aphthona flavicollis* Wang, 1992
分布：云南（怒江）。

哈巴山侧刺跳甲 *Aphthona habashanica* Konstantinov & Lingafelter, 2002
分布：云南。

隆翅侧刺跳甲 *Aphthona howenchuni* (Chen, 1934)
分布：云南（迪庆），四川。

隆基侧刺跳甲狭体亚种 *Aphthona howenchuni angustata* Wang, 1992
分布：云南（大理、怒江、丽江、迪庆），四川，西藏。

隆基侧刺跳甲黑跳足亚种 *Aphthona howenchuni nigripes* Wang, 1992
分布：云南，四川，西藏。

库班侧刺跳甲 *Aphthona kubani* Konstantinov & Lingafelter, 2002
分布：云南。

黄胸侧刺跳甲 *Aphthona laeta* (Weise, 1992)
分布：云南，海南；越南。

黑头长跗跳甲 *Aphthona nigriceps* (Redtenbacher, 1842)
分布：云南（怒江）。

丁香蓼跳甲 *Aphthona nonstriata* (Goeze, 1777)
分布：云南（临沧、德宏），福建，广东；越南。

褐足侧刺跳甲 *Aphthona piceipes* Scherer, 1969
分布：云南；不丹，尼泊尔，印度。

金绿侧刺跳甲 *Aphthona splendida* Weise, 1889
分布：云南，西藏，四川，河北，甘肃，陕西，湖北，福建，台湾。

深蓝侧刺跳甲 *Aphthona varipes* Jacoby, 1890
分布：云南（迪庆、怒江），西藏，四川，甘肃，陕西，江西，湖北，浙江，湖南，福建，台湾；日本，越南。

瑶山侧刺跳甲 *Aphthona yaosanica* Chen, 1939
分布：云南，浙江，广西。

云南侧刺跳甲 *Aphthona yunnanica* Konstantinov & Lingafelter, 2002
分布：云南。

山地侧刺跳甲 *Aphthona yunnomontana* Konstantinov & Lingafelter, 2002
分布：云南。

亚跗跳甲属 *Aphthonella* Jacoby, 1889

黑鞘亚跗跳甲 *Aphthonella nigripennis* Chen & Wang, 1980
分布：云南。

黑亮亚跗跳甲 *Aphthonella nigronitida* Chen & Wang, 1980
分布：云南。

刀刺跳甲属 *Aphthonoides* Jacoby, 1885

栗色刀刺跳甲 *Aphthonoides castaneus* Wang, 1992
分布：云南（怒江）。

Aphthonoides lopatini Düberl, 2005
分布：云南。

毛翅刀刺跳甲 *Aphthonoides pubipennis* Wang, 1992
分布：云南（怒江）。

皱顶刀刺跳甲 *Aphthonoides rugiceps* Wang, 1992
分布：云南（怒江）。

阿波萤叶甲属 *Aplosonyx* Chevrolat, 1836

锚阿波萤叶甲 *Aplosonyx ancora* Laboissière, 1934
分布：云南（西双版纳），广西，广东，福建，海南；越南。

Aplosonyx ancorella Feng, Yang, Liu & Li, 2023
分布：云南（西双版纳）。

蓝翅阿波萤叶甲 *Aplosonyx chalybeus* (Hope, 1831)
分布：云南（怒江、红河、德宏、普洱、临沧、保山、西双版纳），西藏；越南，缅甸，印度，不丹，尼泊尔。

带阿波萤叶甲 *Aplosonyx cinctus* Chen, 1964
分布：云南（红河、西双版纳）。

Aplosonyx duvivieri Jacoby, 1900
分布：云南（西双版纳）；印度。

黄翅阿波萤叶甲 *Aplosonyx flavipennis* Chen, 1964
分布：云南（西双版纳）。

东方阿波萤叶甲 *Aplosonyx orientalis* Jacoby, 1892
分布：云南（西双版纳），广西，广东；越南，老挝，泰国，缅甸，印度。

丽阿波萤叶甲 *Aplosonyx ornatus* Jacoby, 1892
分布：云南（西双版纳）；老挝，缅甸。

罗氏阿波萤叶甲 *Aplosonyx robinsoni* Jacoby, 1905
分布：云南（红河、西双版纳）；泰国，缅甸，马来西亚，印度尼西亚。

红翅阿波萤叶甲 *Aplosonyx rufipennis* Duvivier, 1892
分布：云南（红河），上海；越南，印度。

黑胫阿波萤叶甲 *Aplosonyx sublaevicollis* Jacoby, 1889
分布：云南（西双版纳）；老挝，泰国，缅甸，马来西亚，印度尼西亚。

云龙阿波萤叶甲 *Aplosonyx yunlongensis* Jiang, 1992
分布：云南（大理）。

异跗萤叶甲属 *Apophylia* Chevrolat, 1836

紫缘异跗萤叶甲 *Apophylia epipleuralis* Laboissière, 1927
分布：云南（昆明、迪庆、怒江），西藏，四川，贵州，湖南，广东，海南；老挝，泰国，越南，缅甸，印度。

老挝异跗萤叶甲 *Apophylia laotica* Bezděk, 2005

分布：云南（红河）；老挝。

斑异跗萤叶甲 *Apophylia lebongana* Maulik, 1936

分布：云南（西双版纳），四川；印度，尼泊尔，不丹。

云南异跗萤叶甲 *Apophylia melli* Gressitt & Kimoto, 1963

分布：云南，湖南，福建。

黑头异跗萤叶甲 *Apophylia nigriceps* Laboissière, 1927

分布：云南（昆明、大理），贵州，福建，湖南；越南，日本。

Apophylia pavlae Bezdek, 2003

分布：云南（大理）。

簇毛异跗萤叶甲 *Apophylia purpurea* (Allard, 1888)

分布：云南（西双版纳），福建；老挝，泰国，越南。

四川异跗萤叶甲 *Apophylia rugriceps* Gressitt & Kimoto, 1963

分布：云南，四川，甘肃，湖南。

东亚异跗萤叶甲 *Apophylia securigera* Chûjô, 1962

分布：云南（西双版纳）；老挝，泰国，越南。

斯氏异跗萤叶甲 *Apophylia sprecherae* Bezdek, 2003

分布：云南。

弯刺异跗萤叶甲 *Apophylia trochanterina* Gressitt & Kimoto, 1963

分布：云南（丽江），四川。

变色异跗萤叶甲 *Apophylia variicollis* Laboissière, 1927

分布：云南（怒江，丽江）。

云南异跗萤叶甲 *Apophylia yunnanica* Bezdek, 2003

分布：云南（怒江）。

凹唇跳甲属 *Argopus* Fischer von Waldheim, 1824

双齿凹唇跳甲 *Argopus bidentatus* Wang, 1992

分布：云南（丽江），四川。

黄斑凹唇跳甲 *Argopus fortunei* Baly, 1877

分布：云南，江西，浙江，广东；越南。

小胸萤叶甲属 *Arthrotidea* Chen, 1942

锣圩小胸萤叶甲 *Arthrotidea luoxuensis* Yang, 1996

分布：云南，广西。

黄小胸萤叶甲 *Arthrotidea ruficollis* Chen, 1942

分布：云南（大理、怒江、红河、昭通），四川，西藏，贵州，陕西，浙江，湖北，湖南，福建。

阿萤叶甲属 *Arthrotus* Motschulsky, 1858

黑龙潭阿萤叶甲 *Arthrotus brownelli* (Gressitt & Kimoto, 1963)

分布：云南，西藏。

四川阿萤叶甲 *Arthrotus coeruleus* Chen, 1942

分布：云南，西藏，四川。

中华阿萤叶甲 *Arthrotus chinensis* (Baly, 1879)

分布：云南（大理），四川，贵州，陕西，浙江，湖北，湖南，福建，海南。

大理阿萤叶甲 *Arthrotus daliensis* Lopatin, 2009

分布：云南（大理）。

黄斑阿萤叶甲 *Arthrotus flavocincta* (Hope, 1831)

分布：云南，西藏，四川，贵州，甘肃，河北，安徽，湖北，江西，浙江，湖南，福建，广东，台湾；越南，老挝，泰国，印度，不丹，尼泊尔。

枫香阿萤叶甲 *Arthrotus liquidus* (Gressitt & Kimoto, 1963)

分布：云南，湖北。

马氏阿萤叶甲 *Arthrotus malaisei* (Bryant, 1954)

分布：云南；缅甸。

黄角阿萤叶甲 *Arthrotus pallimembris* Chen & Jiang, 1976

分布：云南，西藏。

Arysa Baly, 1864

Arysa thoracica Medvedev, 2005

分布：云南。

异爪铁甲属 *Asamangulia* Maulik, 1915

"U"刺异爪铁甲 *Asamangulia longispina* Gressitt, 1938

分布：云南（西双版纳），江西，浙江，福建，广东。

Asiophrida Medvedev, 1999

Asiophrida marmorea (Wiedemann, 1819)

分布：云南，香港；越南，缅甸，印度，印度尼西亚，尼泊尔。

Asiophrida scaphoides (Baly, 1865)

分布：云南，四川，贵州，甘肃，陕西，江苏，浙江，湖北，江西，福建，台湾；越南，尼泊尔。

***Asiophrida spectabilis* (Baly, 1862)**

分布：云南，四川，贵州，甘肃，河南，安徽，江苏，浙江，湖北，江西，广西，福建，台湾；韩国。

亚斑叶甲属 *Asiparopsis* Chen, 1934

黑带亚斑叶甲 *Asiparopsis convexa* (Weise, 1902)

分布：云南，广西；越南。

豹斑亚斑叶甲 *Asiparopsis pardalis* (Jacoby, 1892)

分布：云南，广西；印度，缅甸，越南。

一色亚斑叶甲 *Asiparopsis unicolor* Chen, 1934

分布：云南，广西；越南。

梳龟甲属 *Aspidimorpha* Hope, 1840

尾斑梳龟甲 *Aspidimorpha chandrika* Maulik, 1918

分布：云南（红河、西双版纳），海南；印度，缅甸。

***Aspidimorpha denticollis* Spaeth, 1932**

分布：云南（保山）。

阔边梳龟甲 *Aspidimorpha dorsata* (Fabricius, 1787)

分布：云南（怒江、德宏、红河、普洱、临沧、西双版纳），海南；缅甸，印度，斯里兰卡，孟加拉国，马来西亚，越南，老挝，泰国，柬埔寨，新加坡，印度尼西亚。

甘薯梳龟甲 *Aspidimorpha furcata* (Thunberg, 1789)

分布：云南（昆明、大理、保山、怒江、红河、普洱、德宏、西双版纳），四川，西藏，浙江，江苏，广西，福建，广东，海南，台湾；日本，越南，老挝，泰国，缅甸，柬埔寨，新加坡，印度尼西亚，马来西亚，印度，斯里兰卡。

褐刻梳龟甲 *Aspidimorpha fuscopunctata* Boheman, 1854

分布：云南（保山、德宏、红河、西双版纳），广西，广东，海南；印度，泰国，越南，缅甸，老挝，柬埔寨，马来西亚，孟加拉国，菲律宾，印度尼西亚，文莱。

星斑梳龟甲 *Aspidimorpha miliaris* (Fabricius, 1775)

分布：云南（德宏、红河、文山、西双版纳、临沧、保山），广西，广东；缅甸，泰国，越南，老挝，马来西亚，新加坡，孟加拉国，印度，斯里兰卡，印度尼西亚，菲律宾。

金梳龟甲 *Aspidimorpha sanctaecrucis* (Fabricius, 1792)

分布：云南（德宏、玉溪、红河、文山、普洱、保山、西双版纳），四川，广西，福建，广东；中南

半岛，孟加拉国，印度，斯里兰卡，印度尼西亚。

史氏梳龟甲 *Aspidimorpha stevensi* Baly, 1863

分布：云南（西双版纳）；越南，泰国，柬埔寨。

盾叶甲属 *Aspidolopha* Lacordaire, 1848

双斑盾叶甲 *Aspidolopha egregia* (Boheman, 1858)

分布：云南（昆明、昭通、临沧、西双版纳），广西，广东；越南。

黄盾叶甲 *Aspidolopha melanophthalma* Lacordaire, 1848

分布：云南（保山），广西，广东；越南，泰国，孟加拉国，印度。

皱盾叶甲 *Aspidolopha spilota* (Hope, 1831)

分布：云南（临沧、西双版纳）；印度，泰国。

胸盾叶甲 *Aspidolopha thoracica* Jacoby, 1892

分布：云南，贵州，四川，广西，广东，海南。

一带盾叶甲 *Aspidolopha unifasciata* Pic, 1927

分布：云南（迪庆）。

长刺萤叶甲属 *Atrachya* Dejean, 1836

豆长刺萤叶甲 *Atrachya menetriesi* (Faldermann, 1835)

分布：云南（文山、红河、大理），西藏，贵州，四川，黑龙江，吉林，辽宁，内蒙古，甘肃，青海，河北，山西，江苏，浙江，湖北，江西，湖南，广西，福建，广东；朝鲜半岛，日本，俄罗斯。

云南长刺萤叶甲 *Atrachya pedestris* Gressitt & Kimoto, 1963

分布：云南。

樟萤叶甲属 *Atysa* Baly, 1864

山樟萤叶甲 *Atysa montivaga* Maulik, 1936

分布：云南，台湾；缅甸，印度，尼泊尔。

扁角樟萤叶甲 *Atysa porphyrea* (Fairmaire, 1888)

分布：云南，四川，新疆，江西，福建。

胸樟萤叶甲 *Atysa thoracica* Medvedev, 2005

分布：云南。

守瓜属 *Aulacophora* Chevrolat, 1836

黑须黑守瓜 *Aulacophora apicipes* Jacoby, 1896

分布：云南（红河、西双版纳），广西；老挝，泰国，越南，马来西亚，印度尼西亚。

斑翅红守瓜 *Aulacophora bicolor* (Weber, 1801)

分布：云南（保山、红河、玉溪、普洱、临沧、德

宏、丽江、西双版纳），四川，湖北，海南，广东，台湾；日本，印度，菲律宾，斯里兰卡，印度尼西亚，太平洋诸岛。

脊尾黑守瓜 *Aulacophora carinicauda* Chen & Kung, 1959

分布：云南，湖南，广东，海南；越南，尼泊尔。

谷氏黑守瓜 *Aulacophora coomani* Laboissière, 1929

分布：云南，西藏，贵州，甘肃，湖南，广东，福建；越南，老挝。

毛额黄守瓜 *Aulacophora cornuta* Baly, 1879

分布：云南；越南，老挝，泰国，印度，菲律宾，马来西亚，印度尼西亚，巴布亚新几内亚。

异角黑守瓜 *Aulacophora frontalis* Baly, 1888

分布：云南（红河、西双版纳），广东，海南，台湾；越南，老挝，柬埔寨，泰国，印度，斯里兰卡，菲律宾，印度尼西亚，马来西亚。

黄守瓜 *Aulacophora indica* (Gmelin, 1790)

分布：云南（昆明、玉溪、昭通、红河、普洱、大理、德宏、保山、临沧、迪庆、怒江、文山、西双版纳），全国其他大部分地区均有分布；朝鲜半岛，日本，巴基斯坦，不丹，尼泊尔，阿富汗，俄罗斯，印度，越南，老挝，孟加拉国，泰国，缅甸，马来西亚，菲律宾。

捷氏黑守瓜 *Aulacophora jacobyi* (Weise, 1924)

分布：云南，海南；越南，柬埔寨，泰国，缅甸，印度，马来西亚，印度尼西亚。

黄足黑守瓜 *Aulacophora lewisii* Baly, 1866

分布：云南（昆明、红河、临沧、西双版纳），四川，甘肃，江苏，安徽，浙江，江西，湖北，湖南，广西，福建，广东，香港，海南，台湾；日本，越南，印度，斯里兰卡，缅甸，尼泊尔，不丹，马来西亚。

黑头守瓜 *Aulacophora melanocephala* Jacoby, 1892

分布：云南；越南，缅甸，马来西亚。

黑足守瓜 *Aulacophora nigripennis* Motschulsky, 1857

分布：云南，四川，贵州，黑龙江，甘肃，河北，陕西，山西，山东，江苏，安徽，浙江，湖北，江西，湖南，广西，福建，广东，海南，台湾；俄罗斯，朝鲜，日本，越南。

暗翅守瓜 *Aulacophora opacipennis* Chûjô, 1962

分布：云南，台湾；老挝，泰国。

须角守瓜 *Aulacophora palliata* (Schaller, 1783)

分布：云南，广东，海南，香港，台湾；印度，越南。

黑盾黄守瓜 *Aulacophora tibialis* Chapuis, 1876

分布：云南（玉溪、红河、临沧、保山、西双版纳），西藏，贵州，四川，浙江，湖南，广西，福建，广东，台湾；尼泊尔，印度。

云南黄守瓜 *Aulacophora yunnanensis* Chen & Kung, 1959

分布：云南（德宏），贵州，四川，湖南，湖北，福建，广东，海南；老挝。

齿胸叶甲属 *Aulexis* Baly, 1863

黑鞘齿胸叶甲 *Aulexis atripennis* Pic, 1923

分布：云南（怒江），福建。

樟齿胸肖叶甲 *Aulexis cinnamomi* Chen & Wang, 1976

分布：云南。

暗齿胸肖叶甲 *Aulexis obscura* Gressitt, 1945

分布：云南。

***Baoshanaltica* Konstantinov & Ruan, 2017**

***Baoshanaltica minuta* Konstantinov & Ruan, 2017**

分布：云南（保山）。

角胸叶甲属 *Basilepta* Baly, 1860

双丘角胸叶甲 *Basilepta bicollis* Tan, 1988

分布：云南（大理）。

铜褐角胸叶甲 *Basilepta chalcea* (Jacoby, 1908)

分布：云南（迪庆，大理，怒江）；印度。

小角胸叶甲 *Basilepta congregata* (Jacoby, 1908)

分布：云南（红河、文山、大理、临沧），广东；越南，老挝，泰国。

钝角胸叶甲 *Basilepta davidi* (Lefèvre, 1877)

分布：云南（保山、红河），贵州，江苏，浙江，江西，广西，福建，台湾，广东，海南；越南，朝鲜，日本。

德钦角胸叶甲 *Basilepta deqenensis* Tan, 1988

分布：云南（迪庆）。

不齐角胸肖叶甲 *Basilepta djoui* Gressitt & Kimoto, 1961

分布：云南，贵州，湖北，福建，广东，江西。

长足角胸叶甲 *Basilepta elongata* Yan, 1988

分布：云南（怒江）。

黄端角胸叶甲 *Basilepta flavicaudis* **Tan, 1988**
分布：云南（迪庆、怒江）。

褐足角胸叶甲 *Basilepta fulvipes* **(Motschulsky, 1860)**
分布：云南（昆明、迪庆、怒江、丽江），贵州，四川，黑龙江，辽宁，宁夏，内蒙古，河北，北京，山西，陕西，山东，江苏，浙江，湖北，江西，湖南，广西，福建，台湾；朝鲜，日本，俄罗斯。

褐边角胸叶甲 *Basilepta fuscolimbata* **Tan, 1988**
分布：云南（大理）。

颗粒角胸叶甲 *Basilepta granulosa* **Tan, 1988**
分布：云南（迪庆、丽江）

隆基角胸叶甲 *Basilepta leechi* **(Jacoby, 1888)**
分布：云南（保山、西双版纳），贵州，四川，江苏，浙江，湖北，江西，广西，福建，广东；越南。

粗壮角胸肖叶甲 *Basilepta puncticollis* **Lefèvre, 1889**
分布：云南，江西，浙江，福建，广东；尼泊尔。

疏刻角胸叶甲 *Basilepta remota* **Tan, 1984**
分布：云南（怒江、红河、保山）。

红斑角胸肖叶甲 *Basilepta rubimaculata* **Tan，1988**
分布：云南。

圆角胸肖叶甲 *Basilepta ruficollis* **Jacoby, 1885**
分布：云南（红河、西双版纳），四川，贵州，浙江，湖北，广西，福建，台湾；日本。

似隆脊角胸肖叶甲 *Basilepta subcostata* **(Jacoby, 1889)**
分布：云南（临沧、怒江、玉溪、红河、西双版纳）；老挝，缅甸，越南，泰国，印度。

似瘤突角胸肖叶甲 *Basilepta subtuberosa* **Tan, 1988**
分布：云南。

三脊角胸叶甲 *Basilepta tricarinata* **Tan, 1988**
分布：云南（迪庆）。

维西角胸叶甲 *Basilepta weixiensis* **Tan, 1988**
分布：云南（迪庆）。

锯龟甲属 *Basiprionota* **Chevroiat, 1836**

双斑锯龟甲 *Basiprionota bimaculata* **(Thunberg, 1789)**
分布：云南（普洱、西双版纳）；缅甸，泰国。

北锯龟甲 *Basiprionota bisignata* **(Boheman, 1862)**
分布：云南（昭通、文山），贵州，陕西，河北，山西，山东，河南，江苏，浙江，湖北，湖南，广西。

大锯龟甲 *Basiprionota chinensis* **(Fabricius, 1798)**
分布：云南（文山、昭通），四川，广西，陕西，江苏，浙江，江西，福建，广东。

Basiprionota decemmaculata **(Boheman, 1850)**
分布：云南，海南；尼泊尔，巴基斯坦，印度。

十印锯龟甲 *Basiprionota decemsignata* **(Boheman, 1850)**
分布：云南，海南；印度。

十印锯龟甲黑角亚种 *Basiprionota decemsignata nigricornis* **(Baly, 1863)**
分布：云南（西双版纳）。

老街锯龟甲 *Basiprionota laotica* **(Spaeth, 1933)**
分布：云南（红河）；越南。

阔锯龟甲 *Basiprionota lata* **Chen & Zia, 1964**
分布：云南（西双版纳）。

黑头锯龟甲 *Basiprionota prognata* **(Spaeth, 1925)**
分布：云南（德宏、保山）；印度。

西南锯龟甲 *Basiprionota pudica* **(Spaeth, 1925)**
分布：云南（北部），四川，贵州，广西，湖北。

粗盘锯龟甲 *Basiprionota sexmaculata* **Boheman, 1850**
分布：云南（文山、曲靖、昭通、普洱、西双版纳），海南；老挝，泰国，缅甸，印度，尼泊尔，不丹，巴基斯坦。

粗盘锯龟甲云南亚种 *Basiprionota sexmaculata rugosa* **(Baly, 1863)**
分布：云南。

六星狭锯龟甲 *Basiprionota tibetana* **(Spaeth, 1914)**
分布：云南（楚雄、德宏），四川，西藏。

拱边锯龟甲 *Basiprionota westermanmi* **(Mannerheim, 1844)**
分布：云南（红河、普洱、临沧、德宏）；中南半岛，印度。

宽盾跳甲属 *Batophila* **Foudras, 1860**

狭体圆肩跳甲 *Batophila angustata* **Wang, 1992**
分布：云南（大理）。

草莓圆肩跳甲 *Batophila fragariae* **(Wang, 1992)**
分布：云南（迪庆）。

凹翅圆肩跳甲 *Batophila impressa* **(Wang, 1992)**
分布：云南（怒江）。

金腊梅圆肩跳甲 *Batophila potentillae* **(Wang, 1992)**
分布：云南（迪庆）。

麻脸圆肩跳甲 *Batophila punctifrons* (Wang, 1992)
分布：云南（迪庆），四川。

Benedictus Scherer, 1969

***Benedictus cangshanicus* Sprecher-Uebersax, Konstantinov, Prathapan & Döberl, 2009**
分布：云南。

***Benedictus quadrimaculatus* Ruan & Konstantinov, 2023**
分布：云南（红河）。

八莫叶甲属 *Bhamoina* Bechyné, 1958

异八莫叶甲 *Bhamoina varipes* (Jacoby, 1884)
分布：云南（怒江），西藏；缅甸，印度，越南，印度尼西亚。

平头跳甲属 *Bikasha* Maulik, 1931

角平头跳甲 *Bikasha antennata* (Chen, 1934)
分布：云南（西双版纳）。

***Bikasha nipponica* Chûjô, 1959**
分布：云南，福建，湖南，湖北，江苏，台湾；日本。

Borowiecius Anton, 1994

***Borowiecius ademptus* (Sharp, 1886)**
分布：云南，陕西，台湾，福建；日本，朝鲜，韩国，印度。

棕潜甲属 *Botryonopa* Guérin-Méneville, 1840

两色棕潜甲 *Botryonopa bicolor* Uhmann, 1927
分布：云南（德宏）。

凸额叶甲属 *Brontispa* Sharp, 1904

叶心椰甲 *Brontispa longissima* (Gestro, 1885)
分布：云南（红河），广西，广东，海南，台湾；越南，泰国，马来西亚，印度尼西亚。

锥胸豆象属 *Bruchidius* Schilsky, 1905

***Bruchidius arcuatipes* Decelle, 1977**
分布：云南；不丹，尼泊尔。

***Bruchidius chloroticus* (Dalman, 1833)**
分布：云南；印度，中东。

皂荚豆象 *Bruchidius dorsalis* (Fåhracus, 1839)
分布：云南（昆明、文山），西北，华北，华东；日本，印度。

横斑豆象 *Bruchidius japanicus* (Harold, 1878)
分布：云南（普洱），四川，华东；日本。

褐尾锥胸豆象 *Bruchidius urbanus* (Sharp, 1886)
分布：云南，湖南，福建；日本，朝鲜，尼泊尔，韩国，印度。

豆象属 *Bruchus* Linnaeus, 1767

豌豆象 *Bruchus pisorum* Linnaeus, 1758
分布：世界广布。

丽角叶甲属 *Callisina* Baly, 1860

四疱丽角肖叶甲 *Callisina quadripustulata* Baly, 1864
分布：云南（普洱、德宏、西双版纳）；越南，老挝，柬埔寨，泰国，印度尼西亚。

红丽角叶甲 *Callisina rufa* Tan, 1992
分布：云南（怒江、西双版纳）。

红足丽角肖叶甲 *Callisina rufipes* Pic, 1928
分布：云南（昆明）。

丽甲属 *Callispa* Baly, 1858

高山丽甲 *Callispa almora* Maulik, 1923
分布：云南，四川，福建；印度。

高山丽甲黑足亚种 *Callispa almora nigrimembris* Chen & Yu, 1964
分布：云南（西双版纳），四川，福建。

栗缘丽甲 *Callispa amabilis* Gestro, 1911
分布：云南（西双版纳）；马来西亚，印度尼西亚。

阴阳丽甲 *Callispa bipartita* Kung & Yu, 1961
分布：云南（红河）。

竹丽甲 *Callispa bowringi* Baly, 1858
分布：云南（红河、西双版纳），四川，湖北，江苏，江西，广西，福建，广东，海南，香港。

钝头丽甲 *Callispa brettinghami* Baly, 1869
分布：云南（普洱、西双版纳），广西；越南，泰国，老挝，柬埔寨，新加坡，马来西亚，缅甸，印度。

短角丽甲 *Callispa brevicornis* Baly, 1869
分布：云南（西双版纳）；缅甸，老挝，印度，马来西亚，印度尼西亚。

竹丽甲 *Callispa bowringii* Baly, 1858
分布：云南（红河、普洱、西双版纳），四川，江苏，湖北，江西，广西，福建，广东；越南，马来西亚，印度，老挝，印度尼西亚。

蓝丽甲 *Callispa cyanea* Chen & Yu, 1861
分布：云南（红河、西双版纳），广西，福建。

蓝丽甲指名亚种 *Callispa cyanea cyanea* Chen & Yu, 1961

分布：云南（红河、西双版纳），广西；越南。

半鞘丽甲 *Callispa dimidiatipennis* Baly, 1858

分布：云南（红河、普洱、西双版纳），广西，海南。

半鞘丽甲指名亚种 *Callispa dimidiatipennis dimidiatipennis* Baly, 1858

分布：云南（普洱、西双版纳），广西；印度，越南。

铜蓝丽甲 *Callispa feae* Baly, 1888

分布：云南（红河、普洱、西双版纳）；越南，老挝，柬埔寨，泰国，马来西亚，新加坡，缅甸。

淡黄丽甲 *Callispa flaveola* Uhmann, 1931

分布：云南（西双版纳）；印度尼西亚。

中华丽甲 *Callispa fortunei* Baly, 1858

分布：云南（普洱、西双版纳），山东，安徽，浙江，江西，福建，广东。

中华丽甲凹缘亚种 *Callispa fortunei emarginata* Gressitt, 1938

分布：云南（普洱、西双版纳），海南。

中华丽甲指名亚种 *Callispa fortunei fortunei* Baly, 1858

分布：云南（普洱、西双版纳），山东，浙江，江西，安徽，福建，广东。

膨丽甲 *Callispa fulvescens* Chen & Yu, 1961

分布：云南（普洱、西双版纳）。

阔丽甲 *Callispa karena* Maulik, 1919

分布：云南（红河、西双版纳），广东，海南；缅甸，越南，老挝。

黑胸丽甲 *Callispa nigricollis* Chen & Yu, 1961

分布：云南（普洱、西双版纳）。

苍丽甲 *Callispa pallida* Gestro, 1888

分布：云南（西双版纳）；越南，缅甸。

红腹丽甲 *Callispa popovi* Chen & Yu, 1961

分布：云南（红河）。

纤丽甲 *Callispa procedens* Uhmann, 1939

分布：云南（保山）。

拟端丽甲 *Callispa pseudapicalis* Yu, 1985

分布：云南（普洱、西双版纳）。

殊丽甲 *Callispa specialis* Yu, 1985

分布：云南（大理）。

艳丽甲 *Callispa sundara* Maulik, 1919

分布：云南（西双版纳），广西，广东；越南，缅甸。

嵌头丽甲 *Callispa uhmanni* Chen & Yu, 1961

分布：云南（红河）。

瘤背豆象属 *Callosobruchus* Pic, 1902

角突瘤背豆象 *Callosobruchus antennifer* Singal & Pajni, 1990

分布：云南，海南，台湾；尼泊尔。

绿豆象 *Callosobruchus chinensis* (Linnaeus, 1758)

分布：云南，四川，北京，福建，湖南，辽宁，台湾；日本，朝鲜，尼泊尔，韩国，印度，不丹，俄罗斯，中东，欧洲。

Calomela Hope, 1840

Calomela maculicollis (Boisduval, 1835)

分布：云南（昭通），贵州，四川，湖北，浙江。

卡萤叶甲属 *Calomicrus* Dillwyn, 1829

洛氏卡萤叶甲 *Calomicrus lopatini* (Lopatin & Konstantinov, 2009)

分布：云南（大理）。

黑盾卡萤叶甲 *Calomicrus nigrosuturalis* Medvedev, 2013

分布：云南。

四纹卡萤叶甲 *Calomicrus quadrilineatus* Medvedev, 2013

分布：云南。

云南卡萤叶甲 *Calomicrus yunnanus* Lopatin, 2009

分布：云南（大理）。

苍山跳甲属 *Cangshanaltica* Konstantinov, Chamorro, Prathapan, Ge & Yang, 2013

Cangshanaltica marginata Damaška, Ruan & Fikáček, 2022

分布：云南（德宏）。

黑苍山跳甲 *Cangshanaltica nigra* Konstantinov, Chamorro, Prathapan, Ge & Yang, 2013

分布：云南（大理）。

Caryopemon Jekel, 1855

Caryopemon giganteus Pic, 1909

分布：云南；尼泊尔。

花生豆象属 *Caryedon* Schoenherr, 1823

胸纹粗腿豆象 *Caryedon lineatonota* **Arora, 1978**
分布：云南（临沧），广西；印度。

盔萤叶甲属 *Cassena* Weise, 1892

三色盔萤叶甲 *Cassena tricolor* **(Gressitt & Kimoto, 1963)**
分布：云南，广东，海南，香港。

龟甲属 *Cassida* Linnaeus, 1758

阿氏龟甲 *Cassida achardi* **Spaeth, 1926**
分布：云南。

高居长龟甲 *Cassida alticola* **Chen & Zia, 1984**
分布：云南（丽江、迪庆），四川。

小龟甲 *Cassida appluda* **Spaeth, 1926**
分布：云南。

南龟甲 *Cassida australica* **Boheman, 1855**
分布：云南（昆明、普洱、保山、怒江、西双版纳），四川，西藏；尼泊尔，印度。

胸饰龟甲 *Cassida basicollis* **Chen & Zia, 1964**
分布：云南（德宏）。

双轨台龟甲 *Cassida binorbis* **(Chen & Zia, 1961)**
分布：云南（普洱、德宏、西双版纳），广西。

黑肩龟甲 *Cassida cherrapunjiensis* **Maulik, 1919**
分布：云南（怒江、西双版纳）；印度。

甘薯台龟甲 *Cassida circumdata* **(Hebst, 1799)**
分布：云南（昆明、西双版纳、保山、怒江、德宏），贵州，四川，广西，浙江，江苏，湖北，江西，湖南，福建，台湾，广东；日本，越南，老挝，缅甸，泰国，马来西亚，菲律宾，孟加拉国，印度，斯里兰卡。

红胸龟甲 *Cassida conchyliata* **Spaeth, 1914**
分布：云南（普洱、西双版纳）；缅甸，印度。

叉顶龟甲 *Cassida corbetti* **Weise, 1897**
分布：云南（红河、西双版纳）；缅甸。

黑顶龟甲 *Cassida culminis* **Chen & Zia, 1964**
分布：云南（西双版纳）。

双桃龟甲 *Cassida desultrix* **Spaeth, 1914**
分布：云南（玉溪、西双版纳）；印度。

眼斑龟甲 *Cassida diops* **Chen & Zia, 1964**
分布：云南（西双版纳）。

驼饰龟甲 *Cassida eoa* **Spaeth, 1928**
分布：云南（红河、西双版纳）；缅甸。

缺斑台龟甲 *Cassida expressa* **(Spaeth 1914)**
分布：云南（昆明、昭通、普洱），四川，湖北。

隆鞘龟甲 *Cassida feae* **Spaeth, 1904**
分布：云南（普洱）；缅甸。

淡蚌龟甲 *Cassida flavoscutata* **Spaeth, 1914**
分布：云南（昆明、文山、楚雄、保山）；尼泊尔，巴基斯坦，印度。

烟斑龟甲 *Cassida fumida* **Spaeth, 1914**
分布：云南；缅甸。

金平龟甲 *Cassida ginpinica* **Chen & Zia, 1961**
分布：云南（红河）；尼泊尔。

黄疸龟甲 *Cassida icterica* **Boheman, 1854**
分布：云南（大理、德宏），广西；尼泊尔，印度，缅甸。

八斑龟甲 *Cassida immaculicollis* **Chen & Zia, 1961**
分布：云南（普洱）。

大花盘台龟甲 *Cassida imparata* **(Gressitt, 1963)**
分布：云南（普洱、红河、西双版纳），广西。

大云龟甲 *Cassida inciens* **Spaeth, 1926**
分布：云南（红河、西双版纳）；越南。

昆明龟甲 *Cassida kunminica* **Chen & Zia, 1964**
分布：云南（昆明、普洱、西双版纳）。

黑条龟甲 *Cassida lineola* **Creutzer, 1799**
分布：云南，陕西，内蒙古，河北，山西，江西，湖北，浙江，江苏，广西，福建，广东，台湾；日本，朝鲜，俄罗斯（西伯利亚），欧洲。

狭臂龟甲 *Cassida manipuria* **Maulik, 1923**
分布：云南（保山）；孟加拉国。

甜菜大龟甲 *Cassida nebulosa* **Linnaeus, 1758**
分布：云南（迪庆），四川，黑龙江，吉林，辽宁，新疆，河北，内蒙古，宁夏，甘肃，山西，陕西，山东，江苏，湖北；朝鲜，日本，俄罗斯（远东地区），欧洲。

黑腹龟甲 *Cassida nigriventris* **Boheman, 1854**
分布：云南（怒江、迪庆），西藏，广西；不丹，尼泊尔，巴基斯坦，印度。

栗黑龟甲 *Cassida nigrocastanea* **Chen & Zia, 1964**
分布：云南（西双版纳）。

黑枝龟甲 *Cassida nigroramosa* **Chen & Zia, 1964**
分布：云南（怒江、西双版纳）。

黑股龟甲 *Cassida nucula* **Spaeth, 1914**
分布：云南（大理、保山、红河、临沧、西双版纳）；

越南。

柑橘台龟甲 *Cassida obtusata* (Boheman, 1854)
分布：云南（玉溪、红河、文山、普洱、德宏、西双版纳），广西，福建，台湾，广东；越南，缅甸，印度，菲律宾。

淡顶龟甲 *Cassida occursans* Spaeth, 1914
分布：云南（西双版纳）；不丹，尼泊尔，巴基斯坦，印度。

迷龟甲 *Cassida perplexa* Chen & Zia, 1961
分布：云南（普洱、红河、德宏、西双版纳），广西。

虾钳菜披龟甲 *Cassida piperata* Hope, 1842
分布：云南（昆明），四川，黑龙江，辽宁，河北，陕西，山东，江苏，浙江，江西，广西，福建，台湾，广东；俄罗斯，朝鲜，日本，越南，菲律宾。

异斑龟甲 *Cassida plausibilis* Boheman, 1862
分布：云南（西双版纳），海南；泰国，印度。

素带龟甲 *Cassida postarcuata* (Chen & Zia, 1964)
分布：云南；越南。

黑额龟甲 *Cassida probata* Spaeth, 1914
分布：云南（昆明、红河、大理、保山、德宏、西双版纳），广东；尼泊尔。

胭胸台龟甲 *Cassida purpuricollis* (Spaeth, 1914)
分布：云南（昆明、普洱、怒江），贵州，四川，湖北。

梅瓣龟甲 *Cassida quinaria* Chen & Zia, 1964
分布：云南（西双版纳），四川，重庆，广西。

拉底台龟甲 *Cassida rati* (Maulik, 1923)
分布：云南（西双版纳），四川，江西，浙江，广西，福建，广东，台湾。

网脊龟甲 *Cassida reticulicosta* Chen & Zia, 1964
分布：云南（西双版纳）。

原野龟甲 *Cassida ruralis* Boheman, 1862
分布：云南（保山）；缅甸，印度，印度尼西亚，尼泊尔。

真台龟甲 *Cassida sauteri* Spaeth, 1913
分布：云南（红河），四川，浙江，广西，江西，福建，台湾；越南。

思茅龟甲 *Cassida simanica* Chen & Zia, 1961
分布：云南（大理、保山、德宏、普洱、西双版纳），西藏。

元江龟甲 *Cassida sodalis* Chen & Zia, 1964
分布：云南（玉溪）。

小黑龟甲 *Cassida subprobata* Chen & Zia, 1964
分布：云南（西双版纳）。

印度龟甲 *Cassida tenasserimensis* Spaeth, 1926
分布：云南，广西；缅甸，泰国。

血缝龟甲 *Cassida triangulum* Weise, 1897
分布：云南（红河、保山、临沧、西双版纳），广西；缅甸，越南，老挝，泰国，柬埔寨，新加坡，马来西亚。

前臂龟甲 *Cassida truncatipennis* Spaeth, 1914
分布：云南（红河、西双版纳）；缅甸。

凸胸龟甲 *Cassida tumidicollis* Chen & Zia, 1961
分布：云南（红河、普洱、西双版纳）。

单圈龟甲 *Cassida uniorbis* Chen & Zia, 1961
分布：云南（红河、普洱、西双版纳）。

异变龟甲 *Cassida variabilis* Chen & Zia, 1961
分布：云南（红河、普洱、德宏、西双版纳）。

苹果台龟甲 *Cassida versicolor* (Boheman, 1855)
分布：云南（昆明、文山、红河、普洱、保山、西双版纳），四川，黑龙江，浙江，湖北，江西，湖南，广西，福建，台湾，广东；日本，越南，缅甸。

绿斑龟甲 *Cassida viridiguttata* Chen & Zia, 1964
分布：云南（西双版纳）。

眉纹龟甲 *Cassida vitalisi* Spaeth, 1928
分布：云南（红河、西双版纳），广西；越南。

龟铁甲属 *Cassidispa* Gestro, 1899

滇龟铁甲 *Cassidispa maderi* Uhmann, 1938
分布：云南（怒江）。

洼萤叶甲属 *Cerophysa* Chevrolat, 1837

褐斑洼萤叶甲 *Cerophysa biplagiata* Duvivier, 1885
分布：云南，四川，浙江，湖南，广西，福建，广东，海南，香港；越南。

***Cerophysa gracilicornis* (Gressitt & Kimoto, 1963)**
分布：云南。

丽洼萤叶甲 *Cerophysa pulchella* Laboissière, 1930
分布：云南，广西，广东；越南。

华洼萤叶甲 *Cerophysa sinica* (Lopatin, 2009)
分布：云南。

***Cerophysella* Laboissière, 1930**

异色圆胸叶甲 *Cerophysella basalis* Baly, 1874
分布：云南，江西，广东，海南，台湾；日本，越南，泰国。

纹圆胸叶甲 *Cerophysella plagiata* Laboissière, 1930

分布：云南；越南。

绿翅圆胸叶甲 *Cerophysella viridipennis* (Allard, 1889)

分布：云南，四川；越南，老挝，柬埔寨，泰国，尼泊尔，斯里兰卡。

残铁甲属 *Chaeridiona* Baly, 1869

瘤背残铁甲 *Chaeridiona tuberculata* Chen & Yu, 1961

分布：云南（西双版纳）。

凹胫跳甲属 *Chaetocnema* Stephens, 1831

尖尾凹胫跳甲 *Chaetocnema bella* (Baly, 1876)

分布：云南（怒江），四川，湖北，浙江，江西，广西，福建，海南；越南，缅甸。

缅甸凹胫跳甲 *Chaetocnema birmanica* Jacoby, 1892

分布：云南；越南，缅甸。

陈氏凹胫跳甲 *Chaetocnema cheni* Ruan, Konstantinov & Yang, 2014

分布：云南（保山、红河），四川，湖南，江西。

蓼凹胫跳甲 *Chaetocnema concinna* (Marsham, 1802)

分布：云南（迪庆），吉林，湖北，福建；俄罗斯（远东地区），欧洲。

窄凹胫跳甲 *Chaetocnema constricta* Ruan, Konstantinov & Yang, 2014

分布：云南（保山），四川，贵州，重庆，安徽，江苏，浙江，江西，广西，福建。

德钦凹胫跳甲 *Chaetocnema deqinensis* Ruan, Konstantinov & Yang, 2014

分布：云南（昆明、丽江、迪庆）。

高脊凹胫跳甲 *Chaetocnema fortecostata* Chen, 1939

分布：云南（丽江、西双版纳），四川，重庆，陕西，湖北，浙江，江西，湖南，广西，福建。

棱形凹胫跳甲 *Chaetocnema fusiformis* Chen & Wang, 1980

分布：云南。

Chaetocnema heptapotamica Lubishchev, 1963

分布：云南；中亚。

粟凹胫跳甲 *Chaetocnema ingenua* (Baly, 1877)

分布：云南（迪庆），黑龙江，辽宁，吉林，内蒙古，河北，山西，山东，河南，陕西，江苏，湖北，福建；日本。

皱胸凹胫跳甲 *Chaetocnema kingpinensis* Ruan, Konstantinov & Yang, 2014

分布：云南（保山、怒江、红河、西双版纳），广西，江西。

甜菜凹胫跳甲 *Chaetocnema puncticollis* (Motschulsky, 1858)

分布：云南，四川，贵州，湖北，江西，湖南，广西，广东，福建，海南，香港，台湾；日本，韩国，越南，印度。

简额凹胫跳甲 *Chaetocnema simplicifrons* (Baly, 1876)

分布：云南，江西；越南。

沟胸凹胫跳甲 *Chaetocnema sulcicollis* Chen & Wang, 1980

分布：云南。

玉龙凹胫跳甲 *Chaetocnema yulongensis* Ruan, Konstantinov & Yang, 2014

分布：云南（昆明、丽江、迪庆）。

云南凹胫跳甲 *Chaetocnema yunnanica* Heikertinger, 1951

分布：云南（怒江、红河），西藏。

Chalcolampra Blanchard, 1853

十八星牡荆叶甲 *Chalcolampra octodecimguttata* (Fabricius, 1775)

分布：云南（曲靖），四川，江苏，安徽，浙江，广西，台湾，广东；日本，越南，缅甸，印度，斯里兰卡，马来西亚。

樟肖叶甲属 *Chalcolema* Jacoby, 1890

红胸樟肖叶甲 *Chalcolema cinnamoni* Chen & Wang, 1976

分布：云南（西双版纳）。

脊鞘樟肖叶甲 *Chalcolema costata* Chen & Wang, 1976

分布：云南（红河）。

光樟肖叶甲 *Chalcolema glabrata* Tan, 1982

分布：云南（德宏、保山、红河、西双版纳）。

细樟肖叶甲 *Chalcolema gracilis* Chen, 1940

分布：云南。

象龟叶蚤属 *Chilocoristes* Weise, 1895

褐象龟叶蚤 *Chilocoristes funestus* Weise, 1910

分布：云南，广西，福建，海南，台湾；越南，缅甸。

淡球须跳甲 *Chilocoristes pallidus* (Baly, 1877)
分布：云南，海南；印度尼西亚。

沟龟甲属 *Chiridopsis* Spaeth, 1922

六点沟龟甲 *Chiridopsis bistrimaculata* (Boheman, 1855)
分布：云南（临沧、西双版纳）；印度。

条点沟龟甲 *Chiridopsis bowringi* (Boheman, 1855)
分布：云南（红河、西双版纳），广西，广东，海南；越南，缅甸。

黑网沟龟甲 *Chiridopsis punctata* (Weber, 1801)
分布：云南，广西，广东。

黑网沟龟甲指名亚种 *Chiridopsis punctata punctata* (Weber, 1801)
分布：云南（西双版纳）；越南，缅甸，泰国，印度尼西亚，马来西亚，文莱。

黑符沟龟甲 *Chiridopsis scalaris* (Weber, 1801)
分布：云南（红河、西双版纳）；缅甸，印度，马来西亚，印度尼西亚。

蓝萤叶甲属 *Charaea* Baly, 1878

铜褐蓝萤叶甲 *Charaea aeneofusca* (Weise, 1889)
分布：云南，四川，西藏，甘肃。

中华蓝萤叶甲 *Charaea chinensis* (Gressitt & Kimoto, 1963)
分布：云南。

云南蓝萤叶甲 *Charaea yunnanum* (Lopatin, 2009)
分布：云南（大理）。

瘤叶甲属 *Chlamisus* Rafinesque, 1815

凹头瘤叶甲 *Chlamisus capitatus* (Bowditch, 1913)
分布：云南（大理、怒江、西双版纳），四川，广西，福建，海南，香港，台湾；越南。

狼首瘤叶甲 *Chlamisus lycocephalus* Su & Zhou, 2017
分布：云南（西双版纳）。

铜色瘤叶甲 *Chlamisus metasequoiae* Gressitt & Kimoto, 1961
分布：云南（西双版纳），湖北。

嵌斑瘤叶甲 *Chlamisus mosaicus* Tan, 1992
分布：云南（昆明）。

黄跗瘤叶甲 *Chlamisus palliditarsis* (Chen, 1940)
分布：云南（西双版纳），四川，贵州，广西，福建，广东，海南；越南。

毛额瘤叶甲 *Chlamisus pilifrons* (Lefèvre, 1883)
分布：云南（昆明、怒江、西双版纳），四川，贵州；越南。

唇形花瘤叶甲 *Chlamisus pubiceps* (Chûjô, 1940)
分布：云南，辽宁，北京，河北，山东，广东；朝鲜。

红瘤叶甲 *Chlamisus rufulus* (Chen, 1940)
分布：云南（德宏），江西，广西，广东，福建，台湾。

漆树瘤叶甲 *Chlamisus semirufus* (Chen, 1940)
分布：云南（红河），江西，广西，广东，福建；越南。

毛瘤叶甲 *Chlamisus setosus* (Bowditch, 1913)
分布：云南（昆明、普洱、西双版纳）；越南。

红足瘤叶甲 *Chlamisus sexcarinatus* (Gressitt, 1942)
分布：云南，甘肃，广西，广东。

齿臀瘤叶甲 *Chlamisus stercoralis* (Gressitt, 1942)
分布：云南（昆明、怒江、西双版纳），西藏，四川，贵州，甘肃，广西，福建，海南；印度。

锐脊瘤叶甲 *Chlamisus superciliosus* Gressitt, 1946
分布：云南（西双版纳），广东，海南。

齿胸瘤叶甲 *Chlamisus tuberculithorax* (Gressitt, 1942)
分布：云南（西双版纳），海南；越南。

两色瘤叶甲 *Chlamisus varipennatus* Su & Zhou, 2017
分布：云南（西双版纳）。

云南瘤叶甲 *Chlamisus yunnanus* (Bowditch, 1913)
分布：云南，西藏，海南；越南。

亮肖叶甲属 *Chrysolampra* Baly, 1859

铜背亮肖叶甲 *Chrysolampra cuprithorax* Chen, 1935
分布：云南（昆明、西双版纳）。

蓝亮肖叶甲 *Chrysolampra cyanea* Lefèvre, 1884
分布：云南，贵州，四川，江西。

毛亮肖叶甲 *Chrysolampra hirta* Tan, 1982
分布：云南。

长跗亮肖叶甲 *Chrysolampra longitarsis* Tan, 1982
分布：云南（西双版纳）。

多皱亮肖叶甲 *Chrysolampra rugosa* Tan, 1982
分布：云南（西双版纳）。

亮肖叶甲 *Chrysolampra splendens* **Baly, 1959**
分布：云南（昭通），贵州，四川，江苏，安徽，浙江，湖北，江西，湖南，福建，广东；越南，柬埔寨，老挝。

金叶甲属 *Chrysolina* Motschulsky, 1860

黄角金叶甲 *Chrysolina aeneolucens* **(Achard, 1922)**
分布：云南（楚雄、大理）。

铜翅金叶甲 *Chrysolina aeneomicans* **Chen, 1934**
分布：云南（西双版纳）。

Chrysolina aquamarina **Bieńkowski, 2024**
分布：云南（迪庆）。

蒿金叶甲 *Chrysolina aurichalcea* **(Mannerheim, 1825)**
分布：云南（保山、迪庆、丽江），贵州，四川，黑龙江，新疆，北京，河北，山东，甘肃，陕西，河南，江苏，湖南，广西，广东，台湾；俄罗斯，朝鲜，日本，越南，缅甸。

Chrysolina balthazari **Bieńkowsk, 2023**
分布：云南（丽江）。

宝山金叶甲 *Chrysolina baoshanica* **Lopatin, 2009**
分布：云南（保山）。

鲍金叶甲 *Chrysolina bowringii* **(Baly, 1860)**
分布：云南（怒江、大理），贵州，广东，台湾；越南，缅甸。

Chrysolina circe **Bieńkowski, 2024**
分布：云南（迪庆）。

Chrysolina confucii **Lopatin, 2007**
分布：云南，四川。

棱脊金叶甲 *Chrysolina costulata* **(Achard,1922)**
分布：云南（大理）。

大理金叶甲 *Chrysolina dalia* **Chen & Wang, 1984**
分布：云南（大理）。

杜荷氏金叶甲 *Chrysolina dohertyi* **Maulik, 1926**
分布：云南（怒江、普洱）；缅甸。

薄荷金叶甲 *Chrysolina exanthematica* **(Wiedemann, 1817)**
分布：云南（楚雄、昭通、曲靖），四川，吉林，青海，河北，河南，江苏，安徽，湖北，浙江，广东；日本，俄罗斯，印度。

Chrysolina fascinatrix **Lopatin, 1998**
分布：云南（丽江、迪庆）。

Chrysolina foveopunctata **(Fairmaire, 1888)**
分布：云南；老挝。

Chrysolina genriki **Bieńkowski, 2022**
分布：云南（怒江）。

瘦金叶甲 *Chrysolina gracilis* **Bechyné, 1950**
分布：云南，贵州，四川，湖北，江西，广西，广东；越南。

Chrysolina igori **Bieńkowski, 2022**
分布：云南（迪庆）。

Chrysolina ilyakabaki **Bieńkowski, 2022**
分布：云南（大理）。

简氏金叶甲 *Chrysolina jeanneli* **Chen, 1934**
分布：云南（保山）。

叶氏金叶甲 *Chrysolina jelineki* **Daccordi & Yang, 2009**
分布：云南（大理、丽江、普洱、怒江、西双版纳）。

Chrysolina konstantinovi **Bieńkowski, 2024**
分布：云南（丽江）。

Chrysolina leda **Bieńkowski, 2024**
分布：云南（迪庆）。

李氏金叶甲 *Chrysolina lii* **Daccordi & Ge, 2009**
分布：云南。

李清照金叶甲 *Chrysolina liqingzhaoae* **Daccordi & Ge, 2009**
分布：云南（丽江）。

Chrysolina lucida **(Olivier, 1807)**
分布：云南。

Chrysolina luluni **Bieńkowski, 2024**
分布：云南（丽江）。

Chrysolina marinae **Bieńkowski, 2022**
分布：云南（怒江）。

马氏金叶甲 *Chrysolina maximi* **Lopatin, 2011**
分布：云南（临沧）。

墨脱金叶甲 *Chrysolina medogana* **Chen & Wang, 1981**
分布：云南（怒江），西藏。

Chrysolina melchiori **Bieńkowski, 2023**
分布：云南（丽江）。

Chrysolina nixiana **Lopatin, 2008**
分布：云南（迪庆）。

怒山金叶甲 *Chrysolina nushana* **Chen & Wang, 1984**
分布：云南（大理）。

平川金叶甲 *Chrysolina pingchuana* **Lopatin, 2014**
分布：云南（大理），四川。

铜绿金叶甲 *Chrysolina polita* (Linne, 1759)
分布：云南（怒江）；印度。

Chrysolina poloi Bieńkowski, 2024
分布：云南（迪庆）。

Chrysolina selene Bieńkowski, 2024
分布：云南（迪庆）。

异金叶甲指名亚种 *Chrysolina separata separata* (Baly, 1860)
分布：云南（红河、德宏、西双版纳），广东；不丹，印度，尼泊尔，老挝，泰国，越南。

中华金叶甲 *Chrysolina sinica* Lopatin, 2008
分布：云南（迪庆），四川。

书永氏金叶甲 *Chrysolina shuyongi* Ge & Daccordi, 2011
分布：云南（迪庆）。

王氏金叶甲 *Chrysolina wangi* Lopatin, 2005
分布：云南（昆明、怒江）。

云南金叶甲 *Chrysolina yunnana* Lopatin, 2008
分布：云南（迪庆）。

张氏金叶甲 *Chrysolina zhangi* Ge & Daccordi, 2011
分布：云南（迪庆）。

绿胸金叶甲 *Chrysolina zhongdiana* Chen & Wang, 1984
分布：云南（迪庆），四川。

杨叶甲属 *Chrysomela* Linnaeus, 1758

高原叶甲 *Chrysomela alticola* Wang, 1992
分布：云南，四川，青海。

斑胸叶甲 *Chrysomela maculicollis* (Jacoby, 1890)
分布：云南，四川，贵州，湖北，浙江，湖南，广西，福建。

杨叶甲 *Chrysomela populi* Linnaeus, 1758
分布：云南（昭通），西藏，贵州，四川，黑龙江，吉林，辽宁，新疆，内蒙古，北京，甘肃，河北，宁夏，青海，陕西，山东，山西，湖北，江苏，江西，浙江，湖南，福建，广东；韩国，俄罗斯（远东地区），日本，印度，尼泊尔，中东，西亚，欧洲。

柳十八斑叶甲 *Chrysomela salicivorax* (Fairmaire, 1888)
分布：云南（昭通），贵州，辽宁，河北，陕西，甘肃，安徽，江西；朝鲜。

白杨叶甲 *Chrysomela tremulae* Fabricius, 1787
分布：云南（迪庆、怒江、大理、丽江、保山），西藏，贵州，四川，黑龙江，吉林，辽宁，内蒙古，北京，河北，青海，浙江，安徽；日本，俄罗斯（远东地区），蒙古国，阿富汗，巴基斯坦，中亚，中东，欧洲。

柳二十斑叶甲 *Chrysomela vigintipunctata* (Scopoli, 1763)
分布：云南（迪庆），四川，吉林，辽宁，河北，山西，甘肃，安徽，浙江，福建；俄罗斯（远东地区），欧洲。

柳二十斑叶甲高山亚种 *Chrysomela vigintipunctata alticola* Chen, 1964
分布：云南（迪庆），四川，青海。

柳二十斑叶甲指名亚种 *Chrysomela vigintipunctata vigintipunctata* (Scopoli, 1763)
分布：云南（迪庆），贵州，四川，吉林，辽宁，陕西，安徽，浙江，湖北，湖南，福建，台湾；日本，俄罗斯（远东地区），西亚，欧洲。

锤角叶甲属 *Clavicornaltica* Scherer, 1974

大理锤角叶甲 *Clavicornaltica dali* Konstantionv & Duckett, 2005
分布：云南（大理）。

Clavicornaltica nigra Konstantionv, Chamorro, Prathapan, Ge & Yang, 2013
分布：云南。

李叶甲属 *Cleoporus* Lefèvre, 1884

李肖叶甲 *Cleoporus variabilis* (Blay, 1874)
分布：云南（德宏、迪庆、丽江、怒江），贵州，四川，黑龙江，辽宁，北京，河北，山西，陕西，山东，江苏，浙江，江西，湖南，广西，福建，台湾，广东，海南；俄罗斯，朝鲜，日本，越南，老挝，柬埔寨，泰国。

突肩叶甲属 *Cleorina* lefèvre, 1885

光彩突肩肖叶甲 *Cleorina aeneomicans* (Baly, 1867)
分布：云南（怒江），四川，湖北，江西，广西，福建，广东，海南，台湾；越南，缅甸，马来西亚，印度尼西亚。

堇色突肩叶甲 *Cleorina janthina* Lefèvre, 1885
分布：云南（昭通、红河、大理、保山），四川，湖北，江西，广西，福建，广东，海南，台湾；越南，缅甸。

长角突肩叶甲 *Cleorina longicornia* Tan, 1992
分布：云南（怒江、保山）。

光亮突肩叶甲 *Cleorina splendida* Tan, 1992
分布：云南（大理、丽江）。

Clerotilia Jacoby, 1885
Clerotilia bicolor Gressitt & Kimoto, 1963
分布：云南。

啮跳甲属 *Clitea* Baly, 1877
恶性橘啮跳甲 *Clitea metallica* Chen, 1933
分布：云南（红河），四川，浙江，江西，湖南，广西，福建，广东，海南，台湾；越南，日本。

丽萤叶甲属 *Clitenella* Laboissière, 1927
黄腹丽萤叶甲 *Clitenella fulminans* (Faldermann, 1835),
分布：云南，四川，贵州，内蒙古，河北，陕西，山东，浙江，湖北，江西，湖南，福建，台湾；蒙古国，越南。

云南丽萤叶甲 *Clitenella yunnana* (Yang & Li, 1997),
分布：云南（西双版纳）。

锯角叶甲属 *Clytra* Laicharting, 1781
亚洲锯角叶甲 *Clytra atraphaxidis asiatica* Chûjô, 1941
分布：云南，吉林，辽宁，北京，甘肃，陕西，青海，山东，上海，湖北；朝鲜半岛，俄罗斯。

十二斑锯角叶甲 *Clytra duodecimmaculata* (Fabricius, 1775)
分布：云南（保山、临沧、西双版纳），四川，广西，广东，海南；缅甸，印度尼西亚，老挝，泰国，越南。

格氏锯角叶甲 *Clytra guerryi* Pic, 1927
分布：云南。

光背锯角叶甲 *Clytra laeviuscula* Ratzeburg, 1837
分布：云南（昭通），黑龙江，吉林，内蒙古，河北，北京，山西，陕西，山东，江苏，江西；朝鲜，俄罗斯（远东地区），日本，欧洲。

额斑锯角叶甲 *Clytra rubrimaculata* Tan, 1992
分布：云南（迪庆）。

谭氏锯角叶甲 *Clytra tanae* Wang & Zhou, 2011
分布：云南，青海。

菱斑锯角叶甲 *Clytra tsinensis* Pic, 1927
分布：云南（昆明），四川，贵州。

云南锯角叶甲 *Clytra yunnana* Medvedev, 2008
分布：云南（丽江），四川。

梳叶甲属 *Clytrasoma* Jacoby, 1908
梳叶甲 *Clytrasoma palliatum* (Fabricius, 1801)
分布：云南（昆明、红河、文山、普洱），四川，浙江，江西，湖南，广西，福建，台湾，广东；越南，老挝，泰国，印度。

克萤叶甲属 *Cneorane* Baly, 1865
缅甸克萤叶甲 *Cneorane birmanica* Jacoby, 1900
分布：云南，四川，广西；缅甸，尼泊尔。

麻克萤叶甲 *Cneorane cariosipennis* Fairmaire, 1888
分布：云南（昆明、保山、红河、文山、临沧、迪庆、丽江、西双版纳），西藏，贵州，四川，陕西，湖北，广西，广东，海南；泰国，印度。

粗角克萤叶甲 *Cneorane crassicornis* Fairmaire, 1889
分布：云南，西藏，四川，陕西，福建；越南，泰国。

宽角克萤叶甲 *Cneorane dilaticornis* Chen, 1964
分布：云南。

云南克萤叶甲 *Cneorane ephippiata* (Laboissière, 1930)
分布：云南。

黄角克萤叶甲 *Cneorane fulvicornis* Jacoby, 1889
分布：云南，四川；越南，缅甸。

间克萤叶甲 *Cneorane intermedia* Fairmaire, 1889
分布：云南，西藏，四川，贵州，湖北，广西，福建，广东。

红足克萤叶甲 *Cneorane orientalis* Jacoby, 1892
分布：云南（大理），四川，贵州，湖北，广西，广东；缅甸，印度，尼泊尔。

脊克萤叶甲 *Cneorane rugulipennis* (Baly, 1886)
分布：云南，西藏，贵州，四川，陕西，湖北，湖南，福建，广东，海南，台湾；印度，缅甸，越南，老挝，尼泊尔，不丹，巴基斯坦。

蓝翅克萤叶甲 *Cneorane subcoerulescens* Fairmaire, 1888
分布：云南（昆明、昭通、红河、文山、普洱、大理、德宏、临沧、保山、西双版纳），江西，福建，广东；越南，老挝。

接眼叶甲属 *Coenobius* Suffrian, 1857
蓝鞘接眼叶甲 *Coenobius caeruleipennis* Chen & Pu, 1980
分布：云南（保山）。

黑接眼叶甲 *Coenobius piceipes* Gressitt, 1942
分布：云南（红河、保山、西双版纳），四川，贵州，浙江，江西，湖北，福建，台湾；日本。

无缘叶甲属 *Colaphellus* Weise, 1916
菜无缘叶甲 *Colaphellus bowringi* (Baly, 1865)
分布：云南（昭通），贵州，四川，东北，甘肃，青海，河北，山西，陕西，河南，江苏，浙江，江西，湖南，广西，福建，广东；越南。

沟臀肖叶甲属 *Colaspoides* Laporte, 1833
Colaspoides bengalensis Duvivier, 1892
分布：云南（普洱、西双版纳）。

广东沟臀肖叶甲 *Colaspoides cantonensis* Medvedev, 2003
分布：云南（红河）。

粗腿沟臀肖叶甲 *Colaspoides crassifemur* Tan & Wang, 1984
分布：云南（曲靖、玉溪、大理）。

歧沟臀肖叶甲 *Colaspoides difftnis* Lefèvre, 1893
分布：云南，贵州，甘肃，江西，福建，广东；越南。

毛股沟臀肖叶甲 *Colaspoides femoralis* Lefèvre, 1885
分布：云南（文山），贵州，四川，山西，山东，湖北，广西，广东；越南，老挝。

齿股沟臀肖叶甲 *Colaspoides martini* Lefèvre, 1885
分布：云南。

刺股沟臀叶甲 *Colaspoides opaca* Jacoby, 1888
分布：云南（红河、文山、普洱、临沧、西双版纳），四川，贵州，山东，甘肃，江苏，江西，湖南，广西，广东。

毛角沟臀肖叶甲 *Colaspoides pilicornis* Lefèvre, 1882
分布：云南（文山），江西，湖南，广西，福建，广东；越南。

Colaspoides prasinus prasinus Lefèvre, 1890
分布：云南（西双版纳）；老挝，泰国。

类歧沟臀肖叶甲 *Colaspoides pseudodiffinis* Medvedev, 2003
分布：云南（昆明、大理），甘肃，福建。

云南沟臀肖叶甲 *Colaspoides yunnanica* Medvedev, 2003
分布：云南（丽江）。

甘薯叶甲属 *Colasposoma* Laporte, 1833
毛端甘薯肖叶甲 *Colasposoma apicipenne* Tan, 1983
分布：云南（普洱、临沧、德宏、西双版纳）。

甘薯叶甲丽鞘亚种 *Colasposoma dauricum auripenne* (Motschulsky, 1860)
分布：云南（怒江、保山、德宏），四川，浙江，江西，湖南，广西，福建，台湾，广东，海南，西藏；越南，老挝，柬埔寨，缅甸，泰国，马来西亚，印度，印度尼西亚。

戴氏甘薯肖叶甲 *Colasposoma davidi* Lefèvre, 1887
分布：云南。

唐氏甘薯肖叶甲 *Colasposoma downesii asperatum* Lefèvre, 1885
分布：云南。

珍稀甘薯叶甲 *Colasposoma pretiosum* Baly, 1860
分布：云南（怒江），西藏；越南，老挝，缅甸，泰国，印度，尼泊尔。

似毛端甘薯肖叶甲 *Colasposoma vicinale* Tan, 1983
分布：云南。

毛背甘薯肖叶甲 *Colasposoma villosulum* Lefèvre, 1885
分布：云南。

云南甘薯肖叶甲 *Colasposoma yunnanum* Fairmaire, 1888
分布：云南。

Conicobruchus Decelle, 1951
Conicobruchus impubens Pic, 1927
分布：云南，福建；印度。

翠龟甲属 *Craspedonta* Chevrolat, 1836
石梓翠龟甲 *Craspedonta leayana* (Latreille, 1807)
分布：云南，海南。

石梓翠龟甲指名亚种 *Craspedonta leayana leayana* (Latreille, 1807)
分布：云南（西双版纳）；老挝，泰国，缅甸，印度。

石梓翠龟甲海南亚种 *Craspedonta leayana insulana* (Gressitt, 1938)
分布：云南（红河），广东，海南；越南。

沟胸跳甲属 *Crepidodera* Chevrolat, 1836
金色沟胸跳甲 *Crepidodera aurata* (Marsham, 1802)
分布：云南（丽江），江苏；俄罗斯（远东地区），欧洲。

东方沟胸跳甲云南亚种 *Crepidodera orientalis yunnanensis* **Heikertinger, 1948**

分布：云南。

蓝沟胸跳甲 *Crepidodera picipes* **(Weise, 1887)**

分布：云南（迪庆），四川，吉林，湖北；俄罗斯。

柳沟胸跳甲 *Crepidodera pluta* **(Latreille, 1804)**

分布：云南（保山、迪庆、大理、丽江），西藏，黑龙江，吉林，甘肃，山西，河北，湖北；朝鲜，日本，俄罗斯（远东地区），中亚，欧洲。

克里跳甲属 *Crepidosoma* **Chen, 1939**

克里跳甲 *Crepidosoma incertum* **(Chen, 1935)**

分布：云南。

负泥虫属 *Crioceris* **Geoffroy, 1762**

黑缘负泥虫 *Crioceris atrolateralis* **Pic, 1932**

分布：云南（丽江）。

十四点负泥虫 *Crioceris quatuordecimpunctata* **Scopoli, 1763**

分布：云南，黑龙江，吉林，北京，福建，河北，内蒙古，山东，江苏，浙江，广西，台湾；日本，俄罗斯（远东地区），中亚，欧洲。

额点负泥虫 *Crioceris signatifrons* **Pic, 1920**

分布：云南，青海。

隐头叶甲属 *Cryptocephalus* **Geoffroy, 1762**

蓼隐头叶甲 *Cryptocephalus aberrans* **Jacoby, 1908**

分布：云南（西双版纳）；缅甸。

红隐头叶甲 *Cryptocephalus baillyi* **Pic, 1920**

分布：云南。

宝拉隐头叶甲 *Cryptocephalus baolacanus* **Pic, 1920**

分布：云南（普洱、西双版纳）；越南，泰国，老挝。

二点隐头叶甲 *Cryptocephalus binotatithorax* **Pic, 1920**

分布：云南（普洱）。

双行隐头叶甲 *Cryptocephalus biordopunctatus* **Duan, Wang & Zhou, 2021**

分布：云南（普洱）。

山纹隐头叶甲 *Cryptocephalus brevebilineatus* **Pic, 1922**

分布：云南（保山、西双版纳），广西，海南；越南，缅甸，老挝，泰国。

短斑隐头叶甲 *Cryptocephalus brevesignatus* **Pic, 1922**

分布：云南。

棕点隐头叶甲 *Cryptocephalus brunneopunctatus* **Pic, 1922**

分布：云南（保山、西双版纳），贵州，广西，海南；越南。

二斑隐头叶甲 *Cryptocephalus colon* **Suffrian, 1854**

分布：云南（临沧、西双版纳）；印度，老挝，泰国。

水柳隐头叶甲 *Cryptocephalus crucipennis* **Suffrian, 1854**

分布：云南（西双版纳），四川，湖北，江西，浙江，安徽，广西，广东，海南。

短隐头叶甲 *Cryptocephalus curtipennis* **Pic, 1920**

分布：云南（西双版纳）。

大理隐头叶甲 *Cryptocephalus dalianus* **Lopatin, 2004**

分布：云南（大理），四川。

简隐头叶甲 *Cryptocephalus decastictus* **Fairmaire, 1888**

分布：云南（昆明、丽江），四川。

黄基隐头叶甲 *Cryptocephalus dimidiatipennis* **Jacoby, 1 895**

分布：云南（怒江），西藏；印度，尼泊尔。

盘斑隐头叶甲 *Cryptocephalus discoderus* **Fairmaire, 1889**

分布：云南（昆明、大理、保山、迪庆），贵州，四川，湖北，江西，湖南，广东，台湾。

长阳隐头叶甲 *Cryptocephalus discoidalis* **Jacoby, 1 890**

分布：云南（楚雄），四川，湖北。

黄端隐头叶甲 *Cryptocephalus flavicaudis* **Tan, 1992**

分布：云南（迪庆）。

淡黄隐头叶甲 *Cryptocephalus flavicinctus* **Jacoby, 1892**

分布：云南（西双版纳）。

接纹隐头叶甲 *Cryptocephalus flavolimbatus* **Pic, 1920**

分布：云南（昆明、迪庆）。

宽隐头叶甲 *Cryptocephalus fregi* **Gressitt & Kimoto, 1961**

分布：云南（昆明、丽江、大理、德宏），四川。

格氏隐头叶甲 *Cryptocephalus gestroi* Jacoby, 1892

分布：云南（保山、普洱、红河、西双版纳），西藏，四川，广西，福建；印度，缅甸。

盔隐头叶甲 *Cryptocephalus grahami* Gressitt & Kimoto, 1961

分布：云南（昭通），四川。

圆斑隐头叶甲 *Cryptocephalus guttifer* Suffrian, 1854

分布：云南（西双版纳）；尼泊尔，印度。

绿隐头叶甲 *Cryptocephalus hypochoeridis* (Linnaeus, 1758)

分布：云南（怒江）。

凹齿隐头叶甲 *Cryptocephalus incisodentatus* Duan, Wang & Zhou, 2021

分布：云南（昆明、丽江），四川。

宽带隐头叶甲 *Cryptocephalus inhumeralis* Pic, 1922

分布：云南（红河、西双版纳）；泰国，越南。

间氏隐头叶甲 *Cryptocephalus jani* Medvedev, 2011

分布：云南。

库班隐头叶甲 *Cryptocephalus kubani* Medvedev, 2011

分布：云南。

四斑隐头叶甲 *Cryptocephalus lacosus* Pic, 1922

分布：云南（西双版纳）；老挝，越南。

乳白斑隐头叶甲 *Cryptocephalus lactineus* Tan, 1992

分布：云南（丽江），四川。

兰坪隐头叶甲 *Cryptocephalus lanpingensis* Tan, 1992

分布：云南（怒江）。

老挝隐头叶甲 *Cryptocephalus laosensis* Pic, 1928

分布：云南（西双版纳）；泰国，老挝。

广州隐头叶甲 *Cryptocephalus lingnanensis* Gressitt, 1942

分布：云南（西双版纳），广东，海南；泰国，越南，老挝。

印隐头叶甲 *Cryptocephalus manipurensis* Jacoby, 1908

分布：云南（怒江）；印度。

小隐头叶甲 *Cryptocephalus nanus* Fabricius, 1801

分布：云南（迪庆）。

六斑隐头叶甲 *Cryptocephalus ngae* Gressitt, 1942

分布：云南（西双版纳），广西，广东。

黑头隐头叶甲 *Cryptocephalus nigriceps* Allard, 1891

分布：云南（西双版纳）；老挝。

黑带隐头叶甲 *Cryptocephalus nigrofasciatus* Jacoby, 1885

分布：云南，黑龙江，吉林，河北，山西，陕西，江苏；日本，俄罗斯。

黄黑腹隐头叶甲 *Cryptocephalus nigroflavusiventerus* Duan, Wang & Zhou, 2021

分布：云南（西双版纳）。

黑缘隐头叶甲 *Cryptocephalus nigrolimbatus* Jacoby, 1890

分布：云南（迪庆），四川，甘肃，湖北。

黄足隐头叶甲 *Cryptocephalus pallidipes* Pic, 1927

分布：云南，四川，辽宁；俄罗斯。

黄足隐头叶甲斑胸亚种 *Cryptocephalus pallidipes nakatae* Gressitt & Kimoto, 1961

分布：云南（昆明、曲靖、楚雄、普洱、大理、保山、迪庆、怒江、西双版纳），四川。

淡足隐头叶甲指名亚种 *Cryptocephalus pallidipes pallidipes* Pic, 1927

分布：云南，四川。

黄尾隐头叶甲 *Cryptocephalus pallidoapicalis* Pic, 1917

分布：云南，辽宁；俄罗斯。

黑鞘隐头叶甲云南亚种 *Cryptocephalus pieli simulator* Gressitt, 1942

分布：云南。

拟切缘隐头叶甲 *Cryptocephalus pseudoincisus* Medvedev, 2011

分布：云南。

小中甸隐头叶甲 *Cryptocephalus pusus* Schöller, 2009

分布：云南（迪庆）。

腹斑隐头叶甲 *Cryptocephalus rainwaterae* Gressitt & Kimoto, 1961

分布：云南（昆明、楚雄）。

候隐头叶甲 *Cryptocephalus rajah* Jacoby, 1908

分布：云南（西双版纳）；马来西亚。

箭斑隐头叶甲 *Cryptocephalus sagittimaculatus* Tan, 1992

分布：云南（大理）。

盾斑隐头叶甲 *Cryptocephalus scutemaculatus* Tan, 1992

分布：云南（丽江、迪庆）。

腹隐头叶甲 *Cryptocephalus sexsignatus* (Fabricius, 1801)

分布：云南（保山）；尼泊尔。

似西藏隐头叶甲 *Cryptocephalus simillimus* Schöller, 2009

分布：云南（怒江）。

双条隐头叶甲 *Cryptocephalus sinensis* Weise, 1889

分布：云南，四川，甘肃。

卵斑隐头叶甲 *Cryptocephalus sinuatolineatus* Pic, 1920

分布：云南（大理、丽江、迪庆），四川，广西。

方斑隐头叶甲 *Cryptocephalus solingensis* Gressitt & Kimoto, 1961

分布：云南。

马桑隐头叶甲 *Cryptocephalus sonani* Chûjô, 1934

分布：云南，湖北，江西，台湾。

点鲁隐头叶甲 *Cryptocephalus sublineelus* Pic, 1915

分布：云南，贵州。

一色隐头叶甲 *Cryptocephalus subunicolor* Gressitt, 1942

分布：云南（西双版纳），广东，海南。

藏滇隐头叶甲 *Cryptocephalus thibetanus* Pic, 1917

分布：云南（大理），西藏，四川，陕西，湖北，浙江，福建。

角斑隐头叶甲 *Cryptocephalus triangularis* Hope, 1831

分布：云南（昆明、普洱、怒江、德宏、西双版纳），西藏；老挝，尼泊尔，印度，阿富汗。

三环隐头叶甲 *Cryptocephalus tricinctus* Redtenbacher, 1844

分布：云南（昆明、玉溪、红河、大理），西藏，贵州；印度，尼泊尔。

肾斑隐头叶甲 *Cryptocephalus tricoloratus* Jakobson, 1896

分布：云南（丽江），西藏，四川；俄罗斯。

三带隐头叶甲 *Cryptocephalus trifasciatus* Fabricius, 1787

分布：云南（文山、红河、德宏），浙江，江西，湖南，广西，福建，台湾，广东，海南，香港；越南，尼泊尔，日本。

横带隐头叶甲 *Cryptocephalus unifasciatus* Jacoby, 1889

分布：云南（文山、普洱、西双版纳）；越南，老挝，缅甸，泰国。

维氏隐头叶甲 *Cryptocephalus vitalisi* Pic, 1922

分布：云南（红河、西双版纳）；越南。

韦氏隐头叶甲 *Cryptocephalus weigeli* Medvedev, 2015

分布：云南；老挝，泰国。

Cyrtonota Chevrolat, 1836

蓝翅负泥虫 *Cyrtonota honorata* (Baly, 1869)

分布：云南，四川，河北，山东，浙江，江西，广西，福建，台湾；朝鲜，日本，越南，泰国。

趾铁甲属 *Dactylispa* Weise, 1899

锯齿叉趾铁甲 *Dactylispa angulosa* (Solsky, 1871)

分布：云南（昆明），四川，贵州，黑龙江，吉林，辽宁，陕西，甘肃，北京，山西，河北，河南，湖北，安徽，山东，江苏，上海，浙江，福建，广西。

红扁趾铁甲 *Dactylispa badia* Chen & Tan, 1961

分布：云南（大理、怒江）。

齐刺趾铁甲 *Dactylispa balyi* (Gestro, 1890)

分布：云南（红河、保山、西双版纳），广西，海南；越南，老挝，缅甸，印度尼西亚。

灰绒趾铁甲 *Dactylispa basalis* Gestro, 1897

分布：云南（红河、西双版纳）；印度尼西亚。

双斑趾铁甲 *Dactylispa binotaticollis* Chen & Tan, 1964

分布：云南（保山、西双版纳），广西。

山地趾铁甲 *Dactylispa brevispinosa* (Chapuis, 1877)

分布：云南，西藏。

山地趾铁甲云南亚种 *Dactylispa brevispinosa yunnana* Chen & Tan, 1961

分布：云南（红河、保山、德宏、大理、西双版纳）。

缅甸趾铁甲 *Dactylispa burmana* Uhmann, 1939

分布：云南（西双版纳）；缅甸。

片肩叉趾铁甲 *Dactylispa carinata* Chen & Tan, 1961

分布：云南（红河）。

中华叉趾铁甲 *Dactylispa chinensis* Weise, 1905

分布：云南（保山、德宏、普洱、红河、西双版纳），四川，贵州，湖北，湖南，广西，福建，台湾；越南，老挝，缅甸，柬埔寨，泰国，新加坡，马来西亚。

柄刺叉趾铁甲 *Dactylispa confluens* Baly, 1890

分布：云南（红河）；缅甸，尼泊尔，印度。

球突趾铁甲 *Dactylispa corpulenta* Weise, 1897

分布：云南（临沧、西双版纳）；越南，老挝，印度。

尖齿叉趾铁甲 *Dactylispa crassicuspis* Gestro, 1908

分布：云南（昆明、迪庆、怒江、大理、丽江），贵州，四川，陕西，湖北，江西，湖南，福建，广东。

德趾铁甲 *Dactylispa delicatula* (Gestro, 1888)

分布：云南，江西，广西，广东，海南。

光斑趾铁甲 *Dactylispa dohertyi* Gestro, 1897

分布：云南（红河、普洱、西双版纳）；缅甸。

双刺趾铁甲 *Dactylispa doriae* Gestro, 1890

分布：云南（红河、普洱、德宏、西双版纳）；尼泊尔，印度，缅甸。

束腰扁趾铁甲 *Dactylispa excisa* (Kraatz, 1879)

分布：云南，四川，贵州，黑龙江，陕西，山东，湖北，江西，浙江，安徽，广西，广东，台湾。

束腰扁趾铁甲指名亚种 *Dactylispa excisa excisa* (Kraatz, 1879)

分布：云南（昆明、楚雄），四川，贵州，黑龙江，陕西，山东，安徽，浙江，湖北，江西，广西，广东，福建。

束腰扁趾铁甲滇中亚种 *Dactylispa excisa meridionalis* Chen & Tan, 1961

分布：云南（昆明、楚雄）。

红黑趾铁甲 *Dactylispa ferrugineonigra* Maulik, 1919

分布：云南（怒江）。

黄斑趾铁甲 *Dactylispa flavomaculata* Uhmann, 1930

分布：云南（普洱、红河、西双版纳），广西，海南；越南。

瘤刺叉趾铁甲 *Dactylispa fleutiauxi* Gestro, 1923

分布：云南（文山、普洱、西双版纳），广西；越南，泰国。

涡盾趾铁甲 *Dactylispa foveiscutis* Chen & Tan, 1961

分布：云南（西双版纳），海南。

烟色叉趾铁甲 *Dactylispa fumida* Chen & Tan, 1964

分布：云南（西双版纳）。

钩刺叉趾铁甲 *Dactylispa gonospila* Gestro, 1897

分布：云南（普洱）。

多刺叉趾铁甲 *Dactylispa higoniae* (Lewis, 1896)

分布：云南（怒江），西藏，四川，江西，福建，广东，海南，台湾。

多刺叉趾铁甲指名亚种 *Dactylispa higoniae higoniae* (Lewis, 1896)

分布：云南（昆明、大理、普洱、德宏、怒江、西双版纳），西藏，四川，江西，福建，广东，海南，台湾；印度，泰国，越南，日本。

差刺趾铁甲 *Dactylispa inaequalis* Chen & Tan, 1964

分布：云南（西双版纳）。

狭边叉趾铁甲 *Dactylispa intermedia* Chen & Tan, 1961

分布：云南（西双版纳），福建。

滇西叉趾铁甲 *Dactylispa kambaitica* Uhmann, 1939

分布：云南（保山）。

缝刺叉趾铁甲 *Dactylispa klapperichi* Uhmann, 1955

分布：云南（普洱），湖北，福建，海南。

斑鞘趾铁甲 *Dactylispa lameyi* Uhmann, 1930

分布：云南（临沧、红河、普洱、西双版纳），广西；越南。

宽额趾铁甲 *Dactylispa latifrons* Chen & Tan, 1961

分布：云南（西双版纳）。

阔刺扁趾铁甲 *Dactylispa latispina* Gestro, 1899

分布：云南（西双版纳），广西，福建，广东，海南。

长刺趾铁甲 *Dactylispa longispina* Gressitt, 1938

分布：云南（普洱、西双版纳），广西，福建，广东，海南；越南，泰国，缅甸，柬埔寨，老挝，新加坡，马来西亚。

纤瘦趾铁甲 *Dactylispa longula* Maulik, 1919

分布：云南（红河、西双版纳），广西，广东，海南；越南，缅甸。

斑背叉趾铁甲 *Dactylispa maculithorax* Gestro, 1908

分布：云南（保山、红河、西双版纳），贵州，四川，福建，广东，海南，湖南，江西。

异色趾铁甲 *Dactylispa malaisei* Uhmann, 1939

分布：云南（昆明、德宏、红河、西双版纳），海南；缅甸。

黑角趾铁甲 *Dactylispa melanocera* Chen & Tan, 1961

分布：云南（玉溪、西双版纳）。

棘刺趾铁甲 *Dactylispa mendica* Weise, 1897

分布：云南（西双版纳）；缅甸。

杂刺趾铁甲 *Dactylispa mixta* Kung & Tan, 1967

分布：云南（西双版纳）。

附刺叉趾铁甲 *Dactylispa multifida* Gestro, 1890

分布：云南（普洱、西双版纳）；缅甸，老挝，泰国，柬埔寨，马来西亚。

黑盘叉趾铁甲 *Dactylispa nigrodiscalis* Gressitt, 1938

分布：云南（普洱、临沧、德宏、红河、西双版纳），江西，福建，广东，海南。

黑斑趾铁甲 *Dactylispa nigromaculata* (Motschulsky, 1860)

分布：云南，江西，广西，福建，广东，海南。

膨端叉趾铁甲 *Dactylispa parbatya* Maulik, 1919

分布：云南（保山、临沧），福建；尼泊尔，印度。

小趾铁甲 *Dactylispa parva* Chen & Tan, 1961

分布：云南（西双版纳）。

并行叉趾铁甲 *Dactylispa pici* Uhmann, 1934

分布：云南（西双版纳），江西，福建，广东；越南。

多毛趾铁甲 *Dactylispa pilosa* Tan & Kung, 1961

分布：云南（红河、西双版纳），广西，广东。

盾刺扁趾铁甲 *Dactylispa planispina* Gressitt, 1950

分布：云南（普洱、临沧、保山、西双版纳），福建。

微齿扁趾铁甲 *Dactylispa platyacantha* (Gestro, 1897)

分布：云南（西双版纳），江西，湖南，福建，广东；缅甸。

寡毛趾铁甲 *Dactylispa polita* Chen & Tan, 1961

分布：云南（保山、红河、西双版纳），海南。

金毛趾铁甲 *Dactylispa pubescence* Chen & Tan, 1962

分布：云南（大理、普洱、西双版纳）。

普文趾铁甲 *Dactylispa puwena* Chen & Tan, 1961

分布：云南（普洱）。

五刺叉趾铁甲 *Dactylispa quinquespina* Tan, 1982

分布：云南（西双版纳）。

鹿角叉趾铁甲 *Dactylispa ramuligera* Chapuis, 1877

分布：云南（普洱、西双版纳）；越南，印度尼西亚。

红端趾铁甲 *Dactylispa sauteri* Uhmann, 1927

分布：云南（昆明、西双版纳），四川，湖北，江西，浙江，广西，福建，广东，海南，台湾。

黑盾叉趾铁甲 *Dactylispa scutellaris* Chen & Tan, 1961

分布：云南（大理）。

玉米趾铁甲 *Dactylispa setifera* (Chapuis, 1877)

分布：云南，贵州，广西，海南。

玉米趾铁甲黑色亚种 *Dactylispa setifera atra* Chen & Tan, 1961

分布：云南（普洱、西双版纳）。

似天目扁趾铁甲 *Dactylispa similis* Chen & Tan, 1985

分布：云南（昆明）。

竹趾铁甲 *Dactylispa sjoestedti* Uhmann, 1928

分布：云南（红河、西双版纳），贵州，广东，江西。

黑胸叉趾铁甲 *Dactylispa spectabilis* Gestro, 1914

分布：云南（昆明、怒江），广西。

四刺扁趾铁甲 *Dactylispa spiniloba* Chen & Tan, 1964

分布：云南（西双版纳）；越南。

粗刺趾铁甲 *Dactylispa spinosa* Weber, 1801

分布：云南（红河、西双版纳），广西；印度尼西亚。

狭顶叉趾铁甲 *Dactylispa stotzneri* Uhmann, 1954

分布：云南，福建。

狭顶叉趾铁甲滇南亚种 *Dactylispa stotzneri diannana* Chen & Tan, 1964

分布：云南（西双版纳）。

锯肩扁趾铁甲南方亚种 *Dactylispa subquadrata australis* Chen & Tan, 1964

分布：云南（昆明、迪庆），福建。

锯肩扁趾铁甲指名亚种 *Dactylispa subquadrata subquadrata* Baly, 1874

分布：云南，山东，江苏；日本。

淡角叉趾铁甲 *Dactylispa uhmanni* Gressitt, 1950

分布：云南（普洱、德宏、西双版纳），四川，福建。

云南趾铁甲 *Dactylispa vulnifica* Gestro, 1908

分布：云南（德宏）。

黄黑趾铁甲 *Dactylispa xanthospila* (Gestro, 1890)

分布：云南（红河、保山、西双版纳），江西，湖南，广西，福建，广东，海南；越南，缅甸，印度，斯里兰卡，马来西亚，印度尼西亚。

西双趾铁甲 *Dactylispa xisana* Chen & Tan, 1961
分布：云南（西双版纳）。

茶叶甲属 *Demotina* Baly, 1863
黑茶肖叶甲 *Demotina atra* Pic, 1923
分布：云南，贵州。
斑额茶叶甲 *Demotina bicoloriceps* Tan, 1992
分布：云南（迪庆、丽江）。
黄角茶肖叶甲 *Demotina flavicornis* Tan & Zhou, 1997
分布：云南，福建。
驼茶肖叶甲 *Demotina inaequalis* Pic, 1927
分布：云南，四川。
多斑茶肖叶甲 *Demotina multinotata* Pic, 1929
分布：云南。
黑斑茶肖叶甲 *Demotina piceonotata* Pic, 1929
分布：云南。
油茶肖叶甲 *Demotina thei* Chen, 1940
分布：云南，广西。
瘤鞘茶肖叶甲 *Demotina tuberosa* Chen, 1935
分布：云南。

德萤叶甲属 *Dercetina* Gressitt & Kimoto, 1963
双带德萤叶甲 *Dercetina bifasciata* (Clark, 1865)
分布：云南，江西，广东，海南；缅甸，印度尼西亚。
中华德萤叶甲 *Dercetina chinensis* (Weise, 1888)
分布：云南，陕西，江苏，湖北。
黄腹德萤叶甲 *Dercetina flaviventris* (Jacoby, 1890)
分布：云南，贵州，四川，湖北，湖南，广东，台湾。
端蓝德萤叶甲 *Dercetina posticata* (Baly, 1879)
分布：云南（西双版纳），四川，海南；尼泊尔，印度，越南，老挝，泰国，缅甸，孟加拉国。
黑头德萤叶甲 *Dercetina viridipennis* (Duvivier, 1887)
分布：云南；缅甸，尼泊尔。

皱皮叶甲属 *Dermorhytis* Baly, 1861
凹窝皱皮肖叶甲 *Dermorhytis foveala* Tan, 1982
分布：云南（西双版纳）。
云南皱皮叶甲 *Dermorhytis yunnanensis* Tan, 1984
分布：云南（怒江）。

毛额叶甲属 *Diapromorpha* Lacordaire, 1848
德氏毛额叶甲云南亚种 *Diapromorpha dejeani yunnana* Medvedev & Kantner, 2002
分布：云南。

黄毛额叶甲 *Diapromorpha pallens* (Fabricius, 1857)
分布：云南，西藏，贵州，四川，湖北，江苏，江西，湖南，广西，广东，海南，香港；不丹，尼泊尔，印度，韩国。
平贵毛额叶甲 *Diapromorpha pinguis* Lacordaire, 1848
分布：云南。

稻铁甲属 *Dicladispa* Gestro, 1897
水稻铁甲 *Dicladispa armigera* (Olivier, 1808)
分布：云南，四川，辽宁，陕西，湖北，江西，上海，浙江，江苏，山西，湖南，广西，福建，广东，海南，台湾。
水稻铁甲云南亚种 *Dicladispa armigera yunnanica* Chen & Sun, 1962
分布：云南（玉溪、红河、普洱、保山、怒江、西双版纳）。
长刺稻铁甲 *Dicladispa birendra* (Maulik, 1919)
分布：云南（大理、普洱、西双版纳）；缅甸，印度。

粗角萤叶甲属 *Diorhabda* Weise, 1883
跗粗角萤叶甲 *Diorhabda tarsalis* (Weise, 1889)
分布：云南，辽宁，新疆，甘肃，河北，山西，宁夏，内蒙古，青海；俄罗斯，蒙古国。

水叶甲属 *Donacia* Fabricius, 1775
短腿水叶甲 *Donacia frontalis* Jacoby, 1893
分布：云南，贵州，四川，黑龙江，北京，陕西，河北，江苏，江西，广西，福建，海南，台湾。
沟尾水叶甲 *Donacia mediohirsuta* Chen, 1966
分布：云南。
横胸水叶甲 *Donacia transversicollis* Fairmaire, 1887
分布：云南，四川，安徽。
云南水叶甲 *Donacia tuberfrons* Goecke, 1934
分布：云南，四川；越南。

似水叶甲属 *Donaciasta* Fairmaire, 1901
阿似水叶甲 *Donaciasta assama* Goecke, 1936
分布：云南。

矛萤叶甲属 *Doryida* Baly, 1865
云南矛萤叶甲 *Doryida fraterna* (Laboissière, 1931)
分布：云南。

拟矛萤叶甲属 *Doryidomorpha* Laboissière, 1931

云南拟矛萤叶甲 ***Doryidomorpha fulva*** **Laboissière, 1931**

分布：云南（迪庆）。

黑翅拟矛萤叶甲 ***Doryidomorpha nigripennis*** **Laboissière, 1931**

分布：云南，四川。

拟矛萤叶甲 ***Doryidomorpha souyrisi*** **Laboissière, 1931**

分布：云南（迪庆）。

红拟矛萤叶甲 ***Doryidomorpha variabilis*** **Laboissière, 1931**

分布：云南（迪庆）。

异爪萤叶甲属 *Doryscus* Jacoby, 1887

中印异爪萤叶甲 ***Doryscus indochinensis*** **Lee, 2017**

分布：云南（楚雄）；泰国，老挝，印度，越南。

库班异爪萤叶甲 ***Doryscus kubani*** **Lee, 2017**

分布：云南（大理）。

缘领异爪萤叶甲 ***Doryscus marginicollis*** **Jiang, 1992**

分布：云南。

多变异爪萤叶甲 ***Doryscus varians*** **(Gressitt & Kimoto, 1963)**

分布：云南（楚雄、怒江、大理、迪庆、德宏、西双版纳），江苏，福建，广东，台湾；印度，老挝，泰国，越南。

曲波萤叶甲属 *Doryxenoides* Laboissière, 1927

黑跗曲波萤叶甲 ***Doryxenoides tibialis*** **Laboissière, 1927**

分布：云南，湖北；尼泊尔。

平脊甲属 *Downesia* Baly, 1858

黑背平脊甲 ***Downesia atrata*** **Baly, 1869**

分布：云南（红河）；缅甸，印度。

红鞘平脊甲 ***Downesia fulvipennis*** **Baly, 1888**

分布：云南（普洱、西双版纳）；缅甸。

密点平脊甲 ***Downesia gestroi*** **Baly, 1888**

分布：云南（红河）；越南，缅甸，印度。

爪哇平脊甲 ***Downesia javana*** **Weise, 1922**

分布：云南。

爪哇平脊甲金平亚种 ***Downesia javana ginpinica*** **Chen & Tan, 1962**

分布：云南（红河）。

黑鞘平脊甲 ***Downesia nigripennis*** **Chen & Tan, 1962**

分布：云南（红河、西双版纳）。

点胸平脊甲 ***Downesia puncticollis*** **Chen & Tan, 1962**

分布：云南（红河）。

赤色平脊甲 ***Downesia ruficolor*** **Pic, 1924**

分布：云南（红河、普洱、西双版纳）；越南。

双色平脊甲 ***Downesia sasthi*** **Maulik, 1923**

分布：云南（红河）；尼泊尔，印度。

微点平脊甲 ***Downesia simulans*** **Chen & Sun, 1964**

分布：云南（西双版纳）。

脊胸平脊甲 ***Downesia strigicollis*** **Baly, 1876**

分布：云南（红河、普洱）；越南，缅甸。

棕腹平脊甲 ***Downesia thoracica*** **Chen & Sun, 1964**

分布：云南（西双版纳），广西，广东。

宽胸萤叶甲属 *Emathea* Baly, 1865

Emathea subcaerulea **(Jacoby, 1891)**

分布：云南，西藏；越南，泰国，缅甸，印度。

九节肖叶甲属 *Enneaoria* Tan, 1981

云南九节肖叶甲 ***Enneaoria yunnanensis*** **Tan, 1981**

分布：云南（迪庆、大理、怒江）。

麻龟甲属 *Epistictina* Hincks, 1950

迷麻龟甲 ***Epistictina perplexa*** **(Baly, 1863)**

分布：云南。

绿斑麻龟甲 ***Epistictina viridimaculata*** **(Boheman, 1850)**

分布：云南（文山、普洱、红河、保山、西双版纳、临沧、德宏），贵州，广西；中南半岛，尼泊尔，印度，斯里兰卡。

短角萤叶甲属 *Erganoides* Jacoby, 1903

云南短角萤叶甲 ***Erganoides suturalis*** **Gressitt & Kimoto, 1963**

分布：云南。

异色短角萤叶甲 ***Erganoides variabilis*** **Gressitt & Kimoto, 1963**

分布：云南，四川，贵州，安徽，广东，海南。

竹潜甲属 *Estigmena* Hope, 1840

中华竹潜甲 ***Estigmena chinensis*** **Hope, 1840**

分布：云南（红河、普洱、西双版纳），广西，广东；中南半岛，尼泊尔，印度，斯里兰卡，印度尼西亚。

Eudolia Jacoby, 1885
Eudolia himalayensis Maulik, 1926
分布：云南；印度。

攸萤叶甲属 *Euliroetis* Ogloblin, 1936
黑缘攸萤叶甲 Euliroetis lameyi Laboissière, 1929
分布：云南（昭通），四川，广西，江苏，浙江，福建；越南。
黑缝攸萤叶甲 Euliroetis suturalis (Laboissière, 1929)
分布：云南（昭通），贵州，四川，甘肃，江苏，湖北，湖南。

凸顶跳甲属 *Euphitrea* Baly, 1875
触角凸顶跳甲 Euphitrea antennata Zhang & Yang, 2006
分布：云南。
缅甸凸顶跳甲 Euphitrea burmanica (Jcoby, 1894)
分布：云南（红河），四川，福建；越南，缅甸。
陈氏凸顶跳甲 Euphitrea cheni Zhang & Yang, 2006
分布：云南。
绿凸顶跳甲 Euphitrea coerulea (Chen, 1933)
分布：云南，广西，广东；泰国，越南。
考氏凸顶跳甲 Euphitrea coomani (Chen, 1933)
分布：云南；越南。
网点凸顶跳甲 Euphitrea cribripennis Chen & Wang, 1980
分布：云南。
红缘凸顶跳甲 Euphitrea excavata Wang & Yang, 2011
分布：云南（怒江），西藏。
红足凸顶跳甲 Euphitrea flavipes (Chen, 1933)
分布：云南（保山），湖北，湖南，福建，广东。
拉凸顶跳甲 Euphitrea laboissierei (Chen, 1933)
分布：云南；越南。
宽缘凸顶跳甲 Euphitrea laticostata Chen & Wang, 1980
分布：云南。
铜色凸顶跳甲 Euphitrea micans Baly, 1875
分布：云南（文山、红河、德宏、西双版纳），贵州，四川，湖北，广西，广东；越南，缅甸，印度，

马来西亚，印度尼西亚。
黑凸顶跳甲 Euphitrea nigra (Chen, 1933)
分布：云南；越南。
暗颈凸顶跳甲 Euphitrea piceicollis (Chen, 1934)
分布：云南，四川，贵州，湖北，湖南，广西，广东，福建；越南。
红足凸顶跳甲 Euphitrea rufipes Chen & Wang, 1980
分布：云南。
红缘凸顶跳甲 Euphitrea rufomarginata Wang, 1992
分布：云南（怒江）。
亚整凸顶跳甲 Euphitrea subregularis Chen & Wang, 1980
分布：云南。

宽胸叶甲属 *Exomis* Weise, 1889
Exomis deqinensis Wang & Zhou, 2020
分布：云南（迪庆）。
Exomis oblongum (Lopatin & Konstantinov, 2009)
分布：云南（丽江）。
纹足宽胸叶甲 Exomis peplopteroides Weise, 1889
分布：云南（丽江），四川。
Exomis pubipennis Wang & Zhou, 2020
分布：云南（昆明）。

窝额萤叶甲属 *Fleutiauxia* Laboissière, 1933
褐翅窝额萤叶甲 Fleutiauxia fuscialata Yang, 1993
分布：云南。

福萤叶甲属 *Furusawaia* Chûjô, 1962
Furusawaia continentalis Lopatin, 2008
分布：云南（怒江、保山），四川。
高黎贡古萤叶甲 Furusawaia gaoligongensis Ding, Shen & Yang, 2024
分布：云南（怒江）。
Furusawaia konstantinovi (Lopatin, 2009)
分布：云南（丽江、怒江）。
杨氏古萤叶甲 Furusawaia yangi Ding, Shen & Yang, 2024
分布：云南（怒江）。

小萤叶甲属 *Galerucella* Crotch, 1873
菱角小萤叶甲 Galerucella birmanica (Jacoby, 1889)
分布：云南，辽宁，山东，上海，江苏，湖北，广东；印度，不丹，尼泊尔。

褐背小萤叶甲 *Galerucella grisescens* (Joannis, 1866)

分布：云南（昆明、临沧、普洱、红河、大理、德宏、西双版纳），西藏，贵州，四川，黑龙江，吉林，辽宁，内蒙古，河北，陕西，山西，河南，湖北，江苏，江西，安徽，浙江，湖南，广西，福建，广东，海南，台湾；俄罗斯（远东地区），日本，蒙古国，韩国，越南，老挝，泰国，印度，尼泊尔，印度尼西亚，阿富汗，欧洲。

柱萤叶甲属 *Gallerucida* Motschulsky, 1861

褐腹柱萤叶甲 *Gallerucida abdominalis* Gressitt & Kimoto, 1963

分布：云南，广西，福建，广东。

黑腹柱萤叶甲 *Gallerucida aenea* Laboissière, 1934

分布：云南。

黑端柱萤叶甲 *Gallerucida apicalis* Laboissière, 1934

分布：云南，四川，海南。

阿波柱萤叶甲 *Gallerucida apurvella* Yang, 1994

分布：云南。

基红柱萤叶甲 *Gallerucida basalis* Chen, 1992

分布：云南。

二纹柱萤叶甲 *Gallerucida bifasciata* Motschulsky, 1861

分布：云南（昭通），四川，贵州，黑龙江，吉林，辽宁，甘肃，河北，陕西，河南，江苏，安徽，浙江，湖北，江西，湖南，广西，福建，台湾。

二斑柱萤叶甲 *Gallerucida bimaculata* Laboissière, 1934

分布：云南。

杜氏柱萤叶甲 *Gallerucida duporti* (Laboissière, 1931)

分布：云南（西双版纳）；越南，印度尼西亚，老挝。

黑柱萤叶甲 *Gallerucida facialis* Laboissière, 1931

分布：云南。

黑角柱萤叶甲 *Gallerucida laboissierei* Yang & Nie, 2015

分布：云南，福建；越南。

黑胫柱萤叶甲 *Gallerucida moseri* Weise, 1922

分布：云南，湖北，江西，湖南，广西，福建，广东；越南。

黑窝柱萤叶甲 *Gallerucida nigrofoveolata* (Fairmaire, 1889)

分布：云南（昆明、大理），西藏，四川，甘肃，湖北，浙江，福建。

黑斑柱萤叶甲 *Gallerucida nigropicta* Fairmaire, 1888

分布：云南（昆明、昭通、楚雄、普洱、大理、保山、丽江、迪庆、怒江、西双版纳），四川，贵州，甘肃，湖北。

黑点柱萤叶甲 *Gallerucida nigropunctatoides* Mader, 1938

分布：云南。

Gallerucida nigrovittata Xu & Yang, 2022

分布：云南（红河）。

双刻柱萤叶甲 *Gallerucida nothornata* Yang, 1994

分布：云南，四川。

Gallerucida octodecimpunctata Xu & Yang, 2022

分布：云南（西双版纳）。

异色柱萤叶甲 *Gallerucida ornatipennis* (Duvivier, 1885)

分布：云南（昆明、临沧、普洱、红河、文山、大理、保山、怒江、德宏），四川，贵州，浙江，广西；越南，柬埔寨。

小柱萤叶甲 *Gallerucida parva* Chen, 1992

分布：云南。

黑翅柱萤叶甲 *Gallerucida pectoralis* Laboissière, 1934

分布：云南，贵州。

四川柱萤叶甲 *Gallerucida posticalis* Laboissière, 1934

分布：云南。

红黑柱萤叶甲 *Gallerucida rubrimelaena* Xu & Yang, 2024

分布：云南（丽江），贵州，广西。

红带柱萤叶甲 *Gallerucida rubrozonata* Fairmaire, 1889

分布：云南（丽江），四川。

Gallerucida rufipectoralis Xu & Nie, 2022

分布：云南（怒江、丽江）。

端斑柱萤叶甲 *Gallerucida singularis* Harold, 1880

分布：云南（昭通、西双版纳），四川，广西，福建，广东，海南；越南，印度，缅甸，不丹。

黑足柱萤叶甲 *Gallerucida speciosa* Laboissière, 1934

分布：云南。

珠光柱萤叶甲 *Gallerucida spectabilis* Laboissière, 1934

分布：云南，西藏。

细带柱萤叶甲 *Gallerucida tenuefasciata* Fairmaire, 1888

分布：云南（迪庆、丽江），四川。

黑胫柱萤叶甲 *Gallerucida tibialis* Laboissière, 1931

分布：云南，西藏，广西。

三带柱萤叶甲 *Gallerucida tricincta* Laboissière, 1934

分布：云南。

三色柱萤叶甲 *Gallerucida tricolor* Gressitt & Kimoto, 1963

分布：云南（昆明）。

扁叶甲属 *Gastrolina* Baly, 1859

淡足扁叶甲 *Gastrolina pallipes* Chen, 1974

分布：云南（大理、怒江、保山）。

越南扁叶甲 *Gastrolina tonkinea* Chen, 1931

分布：云南（西双版纳）；越南。

齿胫叶甲属 *Gastrophysa* Chevrolat, 1836

蓼蓝齿胫叶甲 *Gastrophysa atrocyanea* Motschulsky, 1860

分布：云南（保山），四川，黑龙江，辽宁，内蒙古，北京，河北，陕西，青海，甘肃，江苏，浙江，上海，安徽，湖北，江西，湖南，福建；朝鲜，日本，俄罗斯，越南。

圆翅跳甲属 *Glaucosphaera* Maulik, 1926

蓝圆翅跳甲 *Glaucosphaera cyanea* (Duvivier, 1892)

分布：云南，西藏，台湾；越南，印度，尼泊尔。

椭龟甲属 *Glyphocassis* Spaeth, 1914

三带椭龟甲 *Glyphocassis trilineata* (Hope, 1831)

分布：云南，四川，广西。

三带椭龟甲指名亚种 *Glyphocassis trilineata trilineata* Hope, 1831

分布：云南（昭通、普洱、大理、保山、文山、西双版纳），四川，广西；越南，印度，尼泊尔。

角胫叶甲属 *Gonioctena* Chevrolat, 1836

高原角胫叶甲 *Gonioctena altimontana* Chen & Wang, 1984

分布：云南（迪庆、怒江）。

棕翅角胫叶甲 *Gonioctena brunnea* Daccordi & Ge, 2013

分布：云南。

带翅角胫叶甲 *Gonioctena cinctipennis* (Achard, 1924)

分布：云南，贵州；越南，老挝，泰国，柬埔寨。

十二斑角胫叶甲 *Gonioctena flavoplagiata* (Jacoby, 1890)

分布：云南，四川，贵州，湖北，广西；越南。

黑盾角胫叶甲 *Gonioctena fulva* (Motschulsky, 1861)

分布：云南（保山），四川，黑龙江，吉林，河北，山西，江苏，江西，湖北，浙江，湖南，福建，广东；俄罗斯，越南。

红翅角胫叶甲 *Gonioctena lesnei* (Chen, 1931)

分布：云南（文山），贵州，浙江，海南；越南。

墨斑角胫叶甲 *Gonioctena nigrosparsa* (Fairmaire, 1889)

分布：云南；越南。

十三斑角胫叶甲 *Gonioctena tredecimmaculata* (Jacoby, 1888)

分布：云南（昭通、文山），贵州，四川，陕西，江西，浙江，湖北，湖南，广西，福建，台湾；越南。

三眼角胫叶甲 *Gonioctena trilochana* (Maulik, 1926)

分布：云南，安徽，广西；老挝，泰国，缅甸。

云南角胫叶甲 *Gonioctena yunnana* Medvedev, 1999

分布：云南。

脊甲属 *Gonophora* Chevrolat, 1836

丽斑脊甲 *Gonophora pulchella* Gestro, 1888

分布：云南（昆明、红河、普洱、保山、德宏、西双版纳），广东，海南；越南，缅甸，印度，泰国，老挝，柬埔寨，马来西亚。

血红跳甲属 *Haemaltica* Chen, 1933

黑足血红跳甲 *Haemaltica nigripes* Chen & Wang, 1980

分布：云南（保山、红河、西双版纳）。

小血红跳甲 *Haemaltica parva* Chen & Wang, 1980

分布：云南。

曲血红跳甲 *Haemaltica sinuate* Chen, 1933

分布：云南，四川。

小瓢跳甲属 *Halticorcus* Lea, 1917

丽翅小瓢跳甲 *Halticorcus ornatipennis* **Chen, 1933**
分布：云南，湖南，台湾。

片爪萤叶甲属 *Haplomela* Chen, 1942

黄片爪萤叶甲 *Haplomela semiopaca* **Chen, 1942**
分布：云南（昆明、红河、文山、保山、德宏、西双版纳），四川，浙江，广西，福建，台湾。

哈萤叶甲属 *Haplosomoides* Duvivier, 1890

褐背哈萤叶甲 *Haplosomoides annamitus* (Allard, **1888)**
分布：云南（玉溪、红河、普洱、怒江、保山、德宏、临沧、西双版纳），四川，浙江，广西，福建，广东；越南。

褐背哈萤叶甲指名亚种 *Haplosomoides annamitus annamitus* (Allard, 1888)
分布：云南，西藏，四川，浙江，江苏，广西，福建，广东，香港，台湾；越南，老挝，不丹，尼泊尔，印度。

褐背哈萤叶甲长翅亚种 *Haplosomoides annamitus occidentalis* Gressitt & Kimoto
分布：云南（怒江、大理），四川，浙江，广西，福建，广东；越南。

毛刷哈萤叶甲 *Haplosomoides brushei* **Jiang, 1988**
分布：云南。

黑翅哈萤叶甲 *Haplosomoides costata* (Baly, 1878)
分布：云南（保山），贵州，四川，甘肃，浙江，湖北，江西，湖南，广西，广东，福建，海南；日本，越南。

粗角哈萤叶甲 *Haplosomoides laticornis* **Laboissière, 1930**
分布：云南（昆明、迪庆、大理、丽江），广东；缅甸。

梅氏哈萤叶甲 *Haplosomoides medvedevi* **Bezdek & Zhang, 2007**
分布：云南。

小哈萤叶甲 *Haplosomoides pusilla* **Laboissière, 1930**
分布：云南，四川；缅甸。

沟胫跳甲属 *Hemipyxis* Dejean, 1836

腹沟胫跳甲 *Hemipyxis abdominalis* **Döberl, 2007**
分布：云南。

二斑沟胫跳甲 *Hemipyxis bipustulata* **Jacoby, 1894**
分布：云南；尼泊尔，印度。

布氏沟胫跳甲 *Hemipyxis bouvieri* **Chen, 1933**
分布：云南，四川；越南。

黑顶沟胫跳甲 *Hemipyxis chinensis* (Weise, 1921)
分布：云南（昆明），四川。

异沟胫跳甲 *Hemipyxis difficilis* **Döberl, 2007**
分布：云南。

光胸沟胫跳甲 *Hemipyxis glabricollis* **Wang, 1992**
分布：云南（怒江、大理、丽江），四川。

洁沟胫跳甲 *Hemipyxis jeanneli* (Chen, 1933)
分布：云南（保山），广西；越南。

缅甸沟胫跳甲 *Hemipyxis kachinensis* **Döberl, 2011**
分布：云南（迪庆），四川；缅甸。

木元沟胫跳甲 *Hemipyxis kimotoi* **Döberl, 2007**
分布：云南；泰国。

黄斑沟胫跳甲 *Hemipyxis lusca* (Fabricius, 1801)
分布：云南（文山、迪庆、丽江、怒江），四川，贵州，浙江，广西，广东，海南；缅甸，马来西亚，越南，印度尼西亚。

缘沟胫跳甲 *Hemipyxis margitae* **Doberl, 2007**
分布：云南，四川，陕西。

莫沟胫跳甲 *Hemipyxis moseri* (Weise)
分布：云南（昆明、昭通、文山、保山、红河、怒江、德宏），贵州，四川，湖北，江西，湖南，广西，福建，广东；越南，缅甸。

饰沟胫跳甲 *Hemipyxis ornata* **Medvedev, 1993**
分布：云南。

小沟胫跳甲 *Hemipyxis parva* **Wang, 1992**
分布：云南，四川。

暗边沟胫跳甲 *Hemipyxis piceolimbatus* **Medvedev, 2013**
分布：云南。

黑足沟胫跳甲 *Hemipyxis plagioderoides* (Motschulsky, 1860)
分布：云南（保山、丽江、迪庆、怒江、德宏），四川，贵州，黑龙江，辽宁，河北，山东，北京，陕西，山西，甘肃，湖北，江苏，江西，浙江，湖南，广西，福建，台湾，广东；俄罗斯，朝鲜，日本，越南，缅甸。

红冠沟胫跳甲 *Hemipyxis pyrobapta* **Maulik, 1926**
分布：云南，西藏。

黄沟胫跳甲 *Hemipyxis troglodytes* (Olivier, 1808)

分布：云南（文山、怒江、保山、西双版纳），甘肃；越南，缅甸，印度，孟加拉国。

多变沟胫跳甲 *Hemipyxis variabilis* (Jacoby, 1885)

分布：云南，四川，贵州，甘肃，湖北，江西，湖南，广西，福建；缅甸，印度尼西亚。

王氏沟胫跳甲 *Hemipyxis wangi* Döberl, 2007

分布：云南，四川，西藏，福建。

云南沟胫跳甲 *Hemipyxis yunnanica* Chen, 1933

分布：云南，西藏，四川，黑龙江，山西。

哈跳甲属 *Hermaeophaga* Foudras, 1860

大理哈跳甲 *Hermaeophaga dali* Konstantinov, 2009

分布：云南（大理）。

黑蓝哈跳甲 *Hermaeophaga hanoiensis* (Chen, 1934)

分布：云南（怒江），四川，甘肃，广西；越南，印度。

丝跳甲属 *Hespera* Weise, 1889

古铜丝跳甲 *Hespera aenea* Chen & Wang, 1984

分布：云南（迪庆、丽江、怒江）。

膨胸丝跳甲 *Hespera aeneocuprea* Chen & Wang, 1986

分布：云南（怒江）。

铜黑丝跳甲 *Hespera aeneonigra* Chen & Wang, 1986

分布：云南（丽江、迪庆、怒江）。

金铜丝跳甲 *Hespera auricuprea* Chen & Wang, 1986

分布：云南（迪庆、丽江）。

双毛黑丝跳甲 *Hespera bipilosa* Chen & Wang, 1984

分布：云南（迪庆、丽江），四川。

短鞘丝跳甲 *Hespera brachyelytra* Chen & Wang, 1984

分布：云南（迪庆）。

卡瓦丝跳甲 *Hespera cavaleriei* Chen, 1932

分布：云南（文山、昭通、怒江），贵州，四川，湖北，湖南，福建；越南，日本。

察雅丝跳甲 *Hespera chagyabana* Chen & Wang, 1981

分布：云南（迪庆、大理、怒江、丽江），西藏。

蓝鞘丝跳甲 *Hespera coeruleipennis* Chen & Wang, 1984

分布：云南（怒江）。

粗角丝跳甲 *Hespera crassicornis* Chen, 1932

分布：云南，四川。

绿背丝跳甲 *Hespera cyanea* Maulik, 1926

分布：云南（迪庆、大理、怒江、丽江），四川，西藏；越南，缅甸，印度，不丹，尼泊尔。

丽丝跳甲 *Hespera elegans* Medvedev, 1993

分布：云南。

双毛黄丝跳甲 *Hespera flavodorsata* Chen & Wang, 1984

分布：云南（迪庆，怒江，丽江），四川，西藏。

淡足丝跳甲 *Hespera fulvipes* Chen & Wang, 1984

分布：云南（迪庆）。

光头丝跳甲 *Hespera glabriceps* Chen & Wang, 1984

分布：云南（怒江、迪庆）。

瘦角丝跳甲 *Hespera gracilicornis* Chen & Wang, 1984

分布：云南（迪庆、怒江），西藏。

吉隆丝跳甲 *Hespera gyirongana* Chen & Wang, 1986

分布：云南。

长角黑丝跳甲 *Hespera krishna* Maulik, 1926

分布：云南（丽江、迪庆），西藏，四川，甘肃，浙江，湖北，湖南；缅甸，印度。

丽江丝跳甲 *Hespera lijiangana* Chen & Wang, 1984

分布：云南（丽江）。

波毛丝跳甲 *Hespera lomasa* Maulik, 1892

分布：云南（迪庆、怒江），贵州，四川，北京，山东，山西，陕西，湖北，江西，广西，广东，福建，海南，台湾；日本，越南，缅甸，不丹，印度，斯里兰卡。

长角丝跳甲 *Hespera longicornis* Chen, 1932

分布：云南。

墨脱丝跳甲 *Hespera medogana* Chen & Wang, 1986

分布：云南，西藏。

黑鞘丝跳甲 *Hespera melanoptera* Chen & Wang, 1986

分布：云南，西藏。

黑体丝跳甲 *Hespera melanosoma* Chen & Wang, 1984

分布：云南（怒江），西藏。

光胸丝跳甲 *Hespera nitidicollis* Chen & Wang, 1984
分布：云南（怒江、保山）。

光背丝跳甲 *Hespera nitididorsata* Chen & Wang, 1986
分布：云南（迪庆）。

毛头丝跳甲 *Hespera pubiceps* Chen & Wang, 1986
分布：云南（大理）。

麻顶丝跳甲 *Hespera puncticeps* Chen & Wang, 1984
分布：云南（大理）。

裸顶丝跳甲 *Hespera sericea* Weise, 1889
分布：云南（迪庆、丽江、怒江、文山），西藏，四川，贵州，甘肃，青海，北京，湖南，广西，湖北，福建；越南，印度，不丹，尼泊尔，斯里兰卡。

稀毛丝跳甲 *Hespera sparsa* Wang, 1992
分布：云南（怒江）。

幽黑丝跳甲 *Hespera tenebrosa* Gressitt & Kimoto, 1963
分布：云南。

西藏丝跳甲 *Hespera tibetana* Chen & Yu, 1976
分布：云南（迪庆），西藏。

Hesperopenna Medvedev & Dang, 1981
Hesperopenna arnoldi Bezděk, 2013
分布：云南（西双版纳）；泰国，老挝。

沟顶叶甲属 *Heteraspis* Chevrolat, 1836
斑鞘沟顶叶甲 *Heteraspis dillwyni* Stephens, 1831
分布：云南，广西，广东，海南；阿富汗，尼泊尔。

异毛肖叶甲属 *Heterotrichus* Chapuis, 1874
蓝黑异毛肖叶甲 *Heterotrichus balyi* Chapuis, 1874
分布：云南（西双版纳）；越南，老挝，缅甸，泰国。

多毛异毛肖叶甲 *Heterotrichus hirsutus* Tan & Wang, 2005
分布：云南。

鞘铁甲属 *Hispa* Linnaeus, 1767
青鞘铁甲 *Hispa andrewesi* (Weise, 1897)
分布：云南（大理、红河、普洱、西双版纳），四川，安徽，广西，海南；越南，缅甸，印度，斯里兰卡，印度尼西亚。

长刺鞘铁甲 *Hispa ramosa* Gyllenhal, 1817
分布：云南（西双版纳），四川，安徽，广西，广东，海南；尼泊尔，印度。

尖爪铁甲属 *Hispellinus* Weise, 1897
长刺尖爪铁甲 *Hispellinus callicanthus* Bates, 1866
分布：云南，贵州，安徽，湖北，湖南，江苏，江西，广西，福建，广东，海南，台湾。

长刺尖爪铁甲大陆亚种 *Hispellinus callicanthus moestus* (Baly, 1888)
分布：云南（红河、西双版纳），安徽，江苏，湖北，江西，湖南，广西，福建，广东；越南，缅甸，柬埔寨，印度尼西亚，马来西亚，文莱，菲律宾，印度，斯里兰卡。

Homalispa Baly, 1858
纤负泥虫 *Homalispa egena* Weise, 1921
分布：云南（丽江），四川，浙江，江西，广西，福建，台湾，广东。

贺萤叶甲属 *Hoplasoma* Jacoby, 1884
黑足贺萤叶甲 *Hoplasoma majorina* Laboissière, 1929
分布：云南，西藏，四川，贵州，甘肃，浙江，广西，福建，广东；越南，老挝，印度。

六班贺萤叶甲 *Hoplasoma sexmaculatum* (Hope, 1831)
分布：云南（昆明、文山、楚雄、保山、怒江），四川；尼泊尔，印度，巴基斯坦，缅甸。

棕贺萤叶甲 *Hoplasoma unicolor* (Illiger, 1800)
分布：云南（红河、普洱、临沧、德宏、西双版纳），广西，广东，福建，海南；朝鲜，印度，缅甸，泰国，尼泊尔，不丹，菲律宾，马来西亚，孟加拉国，印度尼西亚。

平翅萤叶甲属 *Hoplosaenidea* Laboissière, 1933
凹角平翅萤叶甲 *Hoplosaenidea aerosa* Laboissière, 1933
分布：云南，贵州，福建，江西，山东。

凹缘平翅萤叶甲 *Hoplosaenidea pulchella* Laboissière, 1933
分布：云南。

黑腹平翅萤叶甲 *Hoplosaenidea touzalini* Laboissière, 1933
分布：云南。

黄腹平翅萤叶甲 *Hoplosaenidea victori* Bezděk, 2010

分布：云南。

圆肩叶甲属 *Humba* Chen, 1934

蓝圆肩叶甲 *Humba cyanicollis* (Hope, 1831)

分布：云南（昭通、怒江、临沧、保山、文山、德宏、西双版纳），西藏，贵州，四川，湖北，湖南，广西，广东；越南，缅甸，印度，斯里兰卡，泰国，老挝。

毛角萤叶甲属 *Hyphaenia* Baly, 1865

Hyphaenia aenea Laboissière, 1936

分布：云南。

蓝毛角萤叶甲 *Hyphaenia cyanescens* Laboissière, 1936

分布：云南（昆明、楚雄），福建；越南。

孔氏毛角萤叶甲 *Hyphaenia konstantinovi* Lopatin, 2004

分布：云南。

梅氏毛角萤叶甲 *Hyphaenia medvedevi* Lopatin, 2006

分布：云南。

沃氏毛角萤叶甲 *Hyphaenia volkovitshi* Lopatin, 2009

分布：云南（丽江）。

瘤爪跳甲属 *Hyphasis* Harold, 1877

黄瘤爪跳甲 *Hyphasis indica* Baly, 1879

分布：云南（红河、西双版纳）；越南，印度，缅甸。

褐领肿爪跳甲 *Hyphasis piceicollis* (Chen, 1933)

分布：云南；越南。

近接眼叶甲属 *Isnus* Weise, 1898

云南近接眼叶甲 *Isnus yunnanus* Schöller, 2021

分布：云南。

日萤叶甲属 *Japonitata* Strand, 1935

双枝日萤叶甲 *Japonitata biramosa* Chen & Jiang, 1986

分布：云南。

心形日萤叶甲 *Japonitata cordiformis* Chen & Jiang, 1986

分布：云南。

新月日萤叶甲 *Japonitata lunata* Chen & Jiang, 1986

分布：云南，四川。

酱色日萤叶甲 *Japonitata picea* Chen & Jiang, 1986

分布：云南。

黑条日萤叶甲 *Japonitata striata* Yang & Li, 1997

分布：云南，福建。

Kanarella Jacoby, 1896

Kanarella unicolor Jacoby, 1896

分布：云南，广西，广东，海南；越南，老挝，印度，尼泊尔，不丹。

Kingsolverius Borowiec, 1987

Kingsolverius malaccanus (Pic, 1913)

分布：云南（西双版纳），海南；不丹，印度，马来西亚，越南。

侧爪脊甲属 *Klitispa* Uhmann, 1940

皱胸侧爪脊甲 *Klitispa rugicollis* (Gestro, 1890)

分布：云南（红河、普洱、西双版纳）；缅甸。

细足豆象属 *Kytorhinus* Fischer von Waldheim, 1809

勒氏细足豆象 *Kytorhinus lefevrei* Pic, 1924

分布：云南，四川，西藏。

膨角跳甲属 *Laboissierea* Pic, 1927

雕膨角跳甲 *Laboissierea sculpturata* Pic, 1927

分布：云南，广西，广东，海南；越南。

Laboissierella Chen, 1933

Laboissierella elongata (Medvedev, 1993)

分布：云南。

腊龟甲属 *Laccoptera* Boheman, 1855

缅甸腊龟甲 *Laccoptera burmensis* Spaeth, 1938

分布：云南。

福氏腊龟甲 *Laccoptera fruhstorferi* Spaeth, 1905

分布：云南。

条肩腊龟甲 *Laccoptera plagiorapta* Maulik, 1919

分布：云南（文山、红河、保山、西双版纳），贵州；印度，缅甸。

高顶腊龟甲 *Laccoptera prominens* Chen & Zia, 1964

分布：云南（西双版纳），贵州。

甘薯腊龟甲 *Laccoptera quadrimaculata* (Thunberg, 1789)

分布：云南，贵州，四川，湖北，浙江，江苏，广西，福建，海南，台湾。

甘薯腊龟甲尼泊尔亚种 *Laccoptera quadrimaculata nepalensis* (Boheman, 1855)

分布：云南（文山、红河、普洱、大理、保山、德宏、西双版纳）；尼泊尔，越南，老挝，泰国，柬埔寨，缅甸，新加坡，马来西亚，印度。

甘薯腊龟甲指名亚种 *Laccoptera quadrimaculata quadrimaculata* (Thunberg, 1789)

分布：云南（保山、怒江、文山），四川，贵州，江苏，浙江，湖北，广西，福建，台湾，广东，海南；越南。

椭圆腊龟甲 *Laccoptera yunnanica* Spaeth, 1914

分布：云南（昆明）。

突顶跳甲属 *Lanka* Maulik, 1926

Lanka laevigata (Chen & Wang, 1980)

分布：云南。

栗褐突顶跳甲 *Lanka puncticolla* Wang & Ge, 2012

分布：云南。

Lankaphthona Medvedev, 2001

Lankaphthona nigronotata (Jacoby, 1896)

分布：云南（西双版纳）；印度，缅甸。

Lankaphthona yunnantarsella Ruan, Konstantinov & Prathapan, 2021

分布：云南（西双版纳）。

老跳甲属 *Laotzeus* Chen, 1933

双色老跳甲 *Laotzeus bicolor* Wang, 1992

分布：云南（迪庆），湖南。

毛唇潜甲属 *Lasiochila* Weise, 1916

柱形毛唇潜甲 *Lasiochila cylindrica* (Hope, 1831)

分布：云南（红河、普洱、保山、西双版纳），广西；缅甸，尼泊尔，印度。

半鞘毛唇潜甲 *Lasiochila dimidiatipennis* Chen & Yu, 1962

分布：云南（德宏、临沧）。

云南毛唇潜甲 *Lasiochila estigmenoides* Chen & Yu, 1962

分布：云南（红河、文山）。

涡胸毛唇潜甲 *Lasiochila excavata* (Baly, 1858)

分布：云南（昆明、红河、普洱、保山、德宏、西双版纳），广西；越南，缅甸，老挝，柬埔寨，泰国，印度。

大毛唇潜甲 *Lasiochila gestroi* (Baly, 1888)

分布：云南（昆明、红河、西双版纳）；越南，老挝，泰国，柬埔寨，缅甸。

长鞘毛唇潜甲 *Lasiochila longipennis* (Gestro, 1906)

分布：云南（红河）。

合爪负泥虫属 *Lema* Fabricius, 1798

四带合爪负泥虫 *Lema adamsii* Baly, 1865

分布：云南，四川，江西，浙江，福建，广东；日本。

窝鞘合爪负泥虫 *Lema bifoveipennis* Pic, 1934

分布：云南（迪庆），四川。

蓝合爪负泥虫 *Lema concinipennis* Baly, 1865

分布：云南，四川，贵州，甘肃，陕西，北京，河北，河南，江苏，浙江，湖北，江西，广西，福建，台湾；俄罗斯，朝鲜，日本。

短角合爪负泥虫 *Lema crioceroides* Jacoby, 1893

分布：云南，广东。

平顶合爪负泥虫 *Lema cyanea* Fabricius, 1798

分布：云南，西藏，广西，福建，广东，台湾，香港；尼泊尔，印度。

橙背合爪负泥虫 *Lema diversipes* Pic, 1921

分布：云南，台湾。

费合爪负泥虫指名亚种 *Lema feae feae* Jacoby, 1892

分布：云南，四川，广西；越南，泰国，缅甸。

蓝翅合爪负泥虫 *Lema honorata* Baly, 1873

分布：云南，北京，河北，山东，浙江，江西，广西，福建，台湾；日本，尼泊尔。

薯蓣合爪负泥虫 *Lema infranigra* Pic, 1924

分布：云南，四川，贵州，浙江，湖北，江西，广西，福建，广东。

简氏合爪负泥虫 *Lema jansoni* Baly, 1861

分布：云南；印度，尼泊尔。

褐足合爪负泥虫 *Lema lacertosa* Lacordaire, 1845

分布：云南，贵州，四川，福建，广东，台湾；越南，老挝，印度，马来西亚，新加坡。

黑额合爪负泥虫 *Lema nigrofrontalis* Clark, 1866

分布：云南，海南；尼泊尔，印度。

胸合爪负泥虫 *Lema pectoralis* Baly, 1865

分布：云南，广西，广东，海南，香港，台湾；尼泊尔。

泼合爪负泥虫 *Lema perplexa* Baly, 1890

分布：云南，广东，香港。

变色合爪负泥虫 *Lema praeusta* (Fabricius, 1792)

分布：云南，西藏，四川，广西，福建，广东，海南，香港；印度，尼泊尔，巴基斯坦。

红带负泥虫 *Lema rufolineata* Pic, 1924

分布：云南（怒江）。

褐合爪负泥虫 *Lema rufotestaea* Clark, 1866

分布：云南，四川，湖北，江西，浙江，广西，福建，广东，海南，香港，台湾；尼泊尔，印度。

绿翅合爪负泥虫 *Lema viridipennis* Pic, 1924

分布：云南。

勒萤叶甲属 *Leptarthra* Baly, 1861

皮氏勒萤叶甲 *Leptarthra pici* Laboissière, 1934

分布：云南；越南。

卷叶甲属 *Leptispa* Baly, 1858

异色卷叶甲 *Leptispa allardi* Baly, 1890

分布：云南（普洱、西双版纳）；越南。

黑卷叶甲 *Leptispa atricolor* Pic, 1928

分布：云南。

麻胸卷叶甲 *Leptispa collaris* Chen & Yu, 1962

分布：云南。

曲缘卷叶甲 *Leptispa impressa* Uhmann, 1939

分布：云南。

大卷叶甲 *Leptispa magna* Chen & Yu, 1962

分布：云南。

平行卷叶甲 *Leptispa parallela* (Gestro, 1899)

分布：云南。

平行卷叶甲云南亚种 *Leptispa parallela yunnana* Chen & Yu, 1964

分布：云南。

广西卷叶甲 *Leptispa pici* Uhmann, 1958

分布：云南，广西。

小卷叶甲 *Leptispa pygmaea* Baly, 1858

分布：云南；尼泊尔，巴基斯坦。

凹折跳甲属 *Lesneana* Chen, 1933

红褐凹折跳甲 *Lesneana rufopicea* Chen, 1933

分布：云南；越南。

棒角跳甲属 *Letzuella* Chen, 1933

云南棒角跳甲 *Letzuella viridis* Chen, 1933

分布：云南。

分爪负泥虫属 *Lilioceris* Reitter, 1912

丽分爪负泥虫 *Lilioceris adonis* Baly, 1859

分布：云南，四川，广西；印度。

印支分爪负泥虫 *Lilioceris consentanea* (Lacordaire, 1845)

分布：云南（西双版纳），福建，海南；越南，老挝。

红腹分爪负泥虫 *Lilioceris cyanicollis* Pic, 1916

分布：云南，广西，福建，广东；尼泊尔。

丹硕分爪负泥虫 *Lilioceris discrepens* (Baly, 1879)

分布：云南（玉溪、怒江、保山、德宏、红河、西双版纳），广西；老挝，泰国，越南。

纤分爪负泥虫 *Lilioceris egena* Weise, 1922

分布：云南，四川，贵州，甘肃，安徽，浙江，广西，福建，海南，香港；印度，尼泊尔。

滇分爪负泥虫 *Lilioceris fouana* Pic, 1932

分布：云南。

驼分爪负泥虫 *Lilioceris gibba* Baly, 1961

分布：云南，江西，江苏，浙江，福建，广东，台湾；朝鲜。

光滑分爪负泥虫 *Lilioceris glabra* Jakob, 1961

分布：云南。

昆明分爪负泥虫 *Lilioceris gressitti* Medvedev, 1958

分布：云南（昆明）。

异分爪负泥虫 *Lilioceris impressa* Fabricius, 1787

分布：云南，四川，贵州，浙江，湖北，广西，福建，台湾，广东，海南；印度，尼泊尔，越南，老挝，泰国。

虹彩分爪负泥虫 *Lilioceris iridescens* (Pic, 1916)

分布：云南，贵州；泰国。

尖峰分爪负泥虫 *Lilioceris jianfenglingensis* Long, 1988

分布：云南（西双版纳），海南。

老挝分爪负泥虫 *Lilioceris laosensis* (Pic, 1916)

分布：云南，西藏，浙江，广西，福建；日本，印度，尼泊尔。

Lilioceris latissima (Pic, 1932)

分布：云南（普洱、西双版纳），广西；越南。

连州分爪负泥虫 *Lilioceris lianzhouensis* Long, 2000

分布：云南（西双版纳），湖南，广西，广东，海南。

隆顶分爪负泥虫 *Lilioceris merdingera* **(Linnaeus, 1758)**

分布：国内大部分地区；亚洲其他地区，欧洲，美洲。

黑胸分爪负泥虫 *Lilioceris nigropectoralis* **(Pic, 1928)**

分布：云南，四川，江西，广西，福建，台湾；尼泊尔，越南。

四斑分爪负泥虫 *Lilioceris quadripustulata* **(Fabricius, 1787)**

分布：云南；印度。

郎氏分爪负泥虫 *Lilioceris rondoni* **Kimoto & Gressitt, 1979**

分布：云南（西双版纳），四川；老挝。

光胸分爪负泥虫 *Lilioceris rufimembris* **(Pic, 1921)**

分布：云南，广西。

钢蓝分爪负泥虫 *Lilioceris rufometallica* **(Pic, 1923)**

分布：云南（普洱、西双版纳），四川，广西，海南；朝鲜，越南，泰国，老挝。

半鞘分爪负泥虫 *Lilioceris semipunctata* **(Fabricius, 1801)**

分布：云南（大理、保山、德宏、西双版纳），西藏，贵州，广西，福建，海南；尼泊尔，印度，印度尼西亚。

中华分爪负泥虫 *Lilioceris sinica* **(Heyden, 1887)**

分布：全国大部分地区；朝鲜。

单色分爪负泥虫 *Lilioceris unicolor* **(Hope, 1831)**

分布：云南（德宏）；尼泊尔，缅甸，泰国。

越南分爪负泥虫 *Lilioceris vietnamica* **Medvedev, 1985**

分布：云南。

云南分爪负泥虫 *Lilioceris yunnana* **(Weise, 1913)**

分布：云南，四川，湖北；印度。

里叶甲属 *Linaeidea* Motschulsky, 1860

阿达里叶甲 *Linaeidea adamsi* **(Baly, 1884)**

分布：云南（昆明、昭通、曲靖），贵州，四川，辽宁，浙江，广东；朝鲜，越南，尼泊尔。

金绿里叶甲 *Linaeidea aeneipennis* **(Baly, 1859)**

分布：云南（昭通、德宏），贵州，四川，湖北，安徽，浙江，江西，湖南，广西，福建，广东。

桤木里叶甲 *Linaeidea placida* **(Chen, 1934)**

分布：云南（昆明、丽江、迪庆、大理、昭通），

四川，西藏。

方胸跳甲属 *Lipromima* Heikertinger, 1924

方胸跳甲 *Lipromima confusa* **Medvedev, 1993**

分布：云南。

小方胸跳甲 *Lipromima minuta* **(Jacoby, 1885)**

分布：云南（怒江），四川，甘肃，江西，浙江，湖北，福建；日本。

束跳甲属 *Lipromorpha* Chujo & Kimoto, 1960

蓝翅束跳甲 *Lipromorpha cyanea* **Chen & Wang, 1980**

分布：云南。

原束跳甲 *Lipromorpha difficilis* **(Chen, 1934)**

分布：云南，湖北，江苏，江西，福建，广东，台湾；日本，越南。

凹器束跳甲 *Lipromorpha emarginata* **Chen & Wang, 1980**

分布：云南（丽江），四川。

边胸束跳甲 *Lipromorpha marginata* **Wang, 1992**

分布：云南（怒江）。

黑翅束跳甲 *Lipromorpha melanoptera* **Chen & Wang, 1980**

分布：云南（大理、德宏）。

黑腹束跳甲 *Lipromorpha piceiventris* **Chen & Wang, 1980**

分布：云南（怒江、西双版纳）。

隶萤叶甲属 *Liroetis* Weise, 1889

超高隶萤叶甲 *Liroetis alticola* **Jiang, 1988**

分布：云南（迪庆）。

***Liroetis aurantiacus* Bezděk, 2021**

分布：云南（西双版纳）；泰国，老挝，越南，柬埔寨。

鞍隶萤叶甲 *Liroetis ephippiata* **(Laboissière, 1930)**

分布：云南（大理、丽江、怒江、迪庆）。

黄腹隶萤叶甲 *Liroetis flavipennis* **Bryant, 1954**

分布：云南（怒江）；越南，缅甸。

黄肩隶萤叶甲 *Liroetis humeralis* **Jiang, 1988**

分布：云南（怒江）。

来色木隶萤叶甲 *Liroetis leycesteriae* **Jiang, 1988**

分布：云南（怒江）。

忍冬隶萤叶甲 *Liroetis lonicernis* **Jiang, 1988**

分布：云南（迪庆）。

八斑隶萤叶甲 *Liroetis octopunctata* (Weise, 1889)
分布：云南（昭通），西藏，四川，青海，甘肃。

Liroetis postmaculata Lopatin, 2004
分布：云南。

雷隶萤叶甲 *Liroetis reitteri* Pic, 1934
分布：云南（丽江），四川。

Liroetis sulcipennis Zhang & Yang, 2008
分布：云南（玉溪），四川。

黑胫隶萤叶甲 *Liroetis tibialis* Jiang, 1988
分布：云南（怒江）。

黑顶隶萤叶甲 *Liroetis verticalis* Jiang, 1988
分布：云南，福建。

玉龙隶萤叶甲 *Liroetis yulongnis* Jiang, 1988
分布：云南（丽江）。

中甸隶萤叶甲 *Liroetis zhongdianica* Jiang, 1988
分布：云南（迪庆），湖南，浙江，福建。

长跗跳甲属 *Longitarsus* Berthold, 1827

缅甸长跗跳甲 *Longitarsus birmanicus* Jacoby, 1892
分布：云南（迪庆、怒江、丽江），西藏；缅甸，越南，印度，尼泊尔。

蓝长跗跳甲 *Longitarsus cyanipennis* Bryant, 1924
分布：云南（丽江、迪庆、怒江、大理、保山），西藏，四川，青海，甘肃，湖南，台湾；印度。

黑缝长跗跳甲 *Longitarsus dorsopictus* Chen, 1939
分布：云南（怒江、迪庆、丽江），四川，河北，江西，湖南，广西。

褐红长跗跳甲 *Longitarsus fuscorufus* Döberl, 2011
分布：云南（高黎贡山）。

喜马长跗跳甲 *Longitarsus gressitti* Scherer, 1969
分布：云南（昆明），四川，西藏；尼泊尔，印度。

郭长跗跳甲 *Longitarsus godmani* (Baly, 1876)
分布：云南，四川，甘肃，湖北，湖南，江苏，上海，福建；俄罗斯，尼泊尔。

光背长跗跳甲 *Longitarsus laevicollis* Wang, 1992
分布：云南（迪庆），四川。

直胸长跗跳甲 *Longitarsus lohita* Maulik, 1926
分布：云南（怒江、丽江），贵州，湖南；印度。

瘤尾长跗跳甲 *Longitarsus nodulus* Wang, 1992
分布：云南（怒江）。

褐长跗跳甲指名亚种 *Longitarsus ochroleucus ochroleucus* (Marsham, 1802)
分布：云南；尼泊尔，西亚，欧洲。

血红长跗跳甲 *Longitarsus pinfanus* Chen, 1934
分布：云南（丽江、迪庆），贵州，四川；越南。

毛翅长跗跳甲 *Longitarsus pubipennis* Chen & Wang, 1980
分布：云南。

麻头长跗跳甲 *Longitarsus rangoonensis* Jacoby, 1892
分布：云南（迪庆），四川，甘肃，内蒙古，宁夏，河北，山西，湖南，广西；越南，缅甸。

红背长跗跳甲 *Longitarsus rufotestaceus* Chen, 1933
分布：云南，西藏，广西，湖南；缅甸。

皱斑长跗跳甲 *Longitarsus rugipunctata* Wang, 1993
分布：云南。

王氏长跗跳甲 *Longitarsus wangi* Döberl, 2001
分布：云南。

金绿长跗跳甲 *Longitarsus warchalowskii* Scherer, 1969
分布：云南（迪庆、丽江、怒江），四川，西藏；印度。

寡毛跳甲属 *Luperomorpha* Weise, 1887

横带寡毛跳甲 *Luperomorpha albofasciata* Duvivier, 1892
分布：云南（怒江），广东，海南，台湾；越南，印度，孟加拉国。

缅甸寡毛跳甲 *Luperomorpha birmanica* (Jacoby, 1892)
分布：云南，四川，贵州，湖北，江苏，广西，广东，海南，台湾；越南，缅甸，印度，斯里兰卡。

膨跗寡毛跳甲 *Luperomorpha dilatata* Wang, 1992
分布：云南（丽江、迪庆）。

泸水寡毛跳甲 *Luperomorpha lushuinensis* Wang, 1992
分布：云南（怒江）。

斑翅寡毛跳甲 *Luperomorpha maculata* Wang, 1992
分布：云南，四川。

膨梗寡毛跳甲 *Luperomorpha pedicelis* Wang & Ge, 2010
分布：云南。

古铜寡毛跳甲 *Luperomorpha similimetallica* Wang & Ge, 2010
分布：云南。

黄胸寡毛跳甲 *Luperomorpha xanthodera* (Fairmaire, 1888)

分布：云南，四川，贵州，吉林，甘肃，陕西，山西，山东，江苏，浙江，湖北，江西，湖南，广西，广东，福建，台湾；韩国，日本，欧洲。

云南寡毛跳甲 *Luperomorpha yunnanensis* Chen & Kung, 1954

分布：云南。

Lycaria Stål, 1857

东亚叶甲 *Lycaria westermanni* Stål, 1857

分布：云南（德宏）。

角腹跳甲属 *Lypnea* Baly, 1876

毛翅角腹跳甲 *Lypnea pubipennis* Wang & Yang, 2007

分布：云南。

筒胸肖叶甲属 *Lypesthes* Baly, 1863

粉筒胸叶甲 *Lypesthes ater* Motschulsky, 1860

分布：云南（昆明、红河、大理），贵州，四川，浙江，湖北，江西，广西，福建，广东；朝鲜，日本。

黑筒胸肖叶甲 *Lypesthes basalis* (Pic, 1936)

分布：云南。

细角筒胸肖叶甲 *Lypesthes gracilicornis* Baly, 1861

分布：云南。

棕毛筒胸肖叶甲 *Lypesthes subregularis* Pic, 1923

分布：云南，贵州。

异额萤叶甲属 *Macrima* Baly, 1878

橙色异额萤叶甲 *Macrima aurantiaca* (Laboissière, 1936)

分布：云南（迪庆、丽江），西藏；印度，尼泊尔。

角异额萤叶甲 *Macrima cornuta* Laboissière, 1936

分布：云南，四川，西藏，甘肃；不丹。

片异额萤叶甲 *Macrima rubicata* (Fairmaire, 1889)

分布：云南（大理、迪庆），四川，西藏，甘肃。

草黄异额萤叶甲 *Macrima straminea* Ogloblin, 1936

分布：云南，四川，西藏。

云南异额萤叶甲 *Macrima yunnanensis* (Laboissière, 1936)

分布：云南（昆明、红河、怒江、保山、丽江、迪庆），贵州，西藏，贵州。

长跗水叶甲属 *Macroplea* Samouelle, 1819

长跗水叶甲 *Macroplea japana* (Jacoby, 1885)

分布：云南，贵州，四川，重庆，江西，湖北，江苏，上海，湖南，广西，广东。

缺齿筒胸肖叶甲属 *Malegia* Lefèvre, 1884

棕缺齿筒胸肖叶甲 *Malegia brunnea* Tan, 1992

分布：云南（怒江）。

曼萤叶甲属 *Mandarella* Duvivier, 1892

黄腹曼萤叶甲 *Mandarella flaviventris* Chen, 1942

分布：云南（怒江、大理），四川，江苏，福建。

长颈负泥虫属 *Manipuria* Jacoby, 1908

多氏长颈负泥虫 *Manipuria dohertyi* Jacoby, 1908

分布：云南（怒江）；印度。

虞氏长颈负泥虫 *Manipuria yuae* Xu, Bi & Liang, 2021

分布：云南（德宏），西藏。

玛碧跳甲属 *Manobia* Jacoby, 1885

黑玛碧跳甲 *Manobia nigra* Scherer, 1969

分布：云南；尼泊尔，印度。

玛肖叶甲属 *Massiea* Lefèvre, 1893

红胸玛肖叶甲 *Massiea cinnamomi* Chen & Wang, 1976

分布：云南。

脊鞘玛肖叶甲 *Massiea costata* Chen & Wang, 1976

分布：云南。

光玛肖叶甲 *Massiea glabrata* Tan, 1982

分布：云南。

细玛肖叶甲 *Massiea gracilis* Chen, 1940

分布：云南。

长头负泥虫属 *Mecoprosopus* Chûjô, 1951

小长头负泥虫 *Mecoprosopus minor* Pic, 1916

分布：云南，贵州，广西，福建，广东，浙江，台湾。

麦萤叶甲属 *Medythia* Jacoby, 1887

黑条麦萤叶甲 *Medythia nigrobilineata* (Motschulsky, 1861)

分布：云南，西藏，四川，贵州，黑龙江，吉林，陕西，山东，山西，甘肃，河北，湖北，江苏，浙江，安徽，福建；俄罗斯（远东地区），日本，尼泊尔，巴基斯坦，韩国，欧洲。

巨豆象属 *Megabruchidius* Borowiec, 1984

Megabruchidius tonkinea (Pic, 1904)

分布：云南；欧洲。

津巨豆象 *Megabruchidius tsinensis* Pic, 1923

分布：云南，贵州，四川。

眉山跳甲属 *Meishania* Chen & Wang, 1980

苍山眉山跳甲 *Meishania cangshanensis* Konstantinov, Ruan & Prathapan, 2018

分布：云南（大理）。

黄鞘眉山跳甲 *Meishania flavipennis* Konstantinov, Ruan & Prathapan, 2018

分布：云南（大理）。

黄问背眉山跳甲 *Meishania fulvotigera* Konstantinov, Ruan & Prathapan, 2018

分布：云南，四川。

齿爪叶甲属 *Melixanthus* Suffrian, 1854

凹股齿爪叶甲 *Melixanthus bimaculicollis* Baly, 1865

分布：云南，四川，贵州，江西，湖北，湖南，广西，广东，福建。

柱纹齿爪叶甲 *Melixanthus columnarius* T'an & Pu, 1991

分布：云南（迪庆、怒江），四川。

拉齿爪叶甲 *Melixanthus laboissierei* Pic, 1937

分布：云南（临沧）。

长柄齿爪叶甲 *Melixanthus longicsapus* Tan & Pu, 1991

分布：云南（普洱、怒江、保山），贵州，湖南。

无斑齿爪叶甲 *Melixanthus luridus* Motschulsky, 1866

分布：云南（西双版纳），广西，海南；尼泊尔。

勐腊齿爪叶甲 *Melixanthus menglaensis* Duan, Wang & Zhou, 2021

分布：云南（西双版纳）；越南。

黄唇齿爪叶甲 *Melixanthus pallidilabris* Pic, 1937

分布：云南。

似凹股齿爪叶甲 *Melixanthus similibimaculicollis* Duan, Wang & Zhou, 2021

分布：云南（普洱）。

大萤叶甲属 *Meristata* Strand, 1935

褐大萤叶甲 *Meristata dohrni* (Baly, 1861)

分布：云南（保山、怒江、德宏），西藏；印度，缅甸，不丹，尼泊尔。

黑胸大萤叶甲 *Meristata fraternalis* (Baly, 1879)

分布：云南（红河、临沧、保山、德宏）；印度，缅甸。

黑胸大萤叶甲指名亚种 *Meristata fraternalis fraternalis* (Baly, 1879)

分布：云南（保山、红河）；缅甸，印度。

黑胸大萤叶甲云南亚种 *Meristata fraternalis yunnanensis* (Laboissière, 1992)

分布：云南（迪庆、怒江）；缅甸，印度。

六斑大萤叶甲 *Meristata sexmaculata* (Kollar & Redtenbacher, 1848)

分布：云南，西藏；印度，不丹，尼泊尔。

黄腹大萤叶甲 *Meristata spilota* (Hope, 1831)

分布：云南，西藏；印度，不丹，尼泊尔，巴基斯坦。

拟大萤叶甲属 *Meristoides* Laboissière, 1929

黄腹拟大萤叶甲 *Meristoides grandipennis* (Fairmaire, 1889)

分布：云南（红河、怒江），四川，甘肃，湖北，台湾。

基拟大萤叶甲 *Meristoides keani* Laboissière, 1929

分布：云南；泰国。

三带拟大萤叶甲 *Meristoides oberthuri* (Jacoby, 1883)

分布：云南（楚雄、大理、丽江），四川，西藏。

小丝跳甲属 *Micrespera* Chen Sicien & Wang, 1987

棕黄小丝跳甲 *Micrespera castanea* Chen & Wang, 1987

分布：云南（丽江）。

小脊甲属 *Micrispa* Gestro, 1897

云南小脊甲 *Micrispa yunnanica* (Chen & Sun, 1962)

分布：云南（西双版纳）。

喜山跳甲属 *Microcrepis* Chen, 1933

光背喜山跳甲 *Microcrepis laevigata* Wang & Ge, 2012

分布：云南（怒江）。

角萤叶甲属 *Miltina* Chapuis, 1875

膨角萤叶甲 ***Miltina dilatata* Chapuis, 1875**

分布：云南（文山、临沧、德宏、西双版纳），四川，贵州，西藏，江西，广东，海南；越南，老挝，泰国，缅甸，印度，尼泊尔，不丹，马来西亚，印度尼西亚。

米萤叶甲属 *Mimastra* Baly, 1865

弓形米萤叶甲 ***Mimastra arcuata* Baly, 1865**

分布：云南（怒江），西藏；印度，缅甸，尼泊尔。

粗刻米萤叶甲 ***Mimastra chennelli* Baly, 1879**

分布：云南，陕西，浙江，江西，湖南，福建，广东；老挝，泰国，缅甸，印度，尼泊尔，不丹，马来西亚，巴基斯坦。

桑黄米萤叶甲 ***Mimastra cyanura* (Hope, 1831)**

分布：云南，贵州，四川，陕西，甘肃，浙江，湖北，江苏，江西，湖南，广西，福建，广东；印度，缅甸，尼泊尔，不丹。

大卫米萤叶甲 ***Mimastra davidis* (Fairmaire, 1878)**

分布：中国广布；尼泊尔，印度。

长角米萤叶甲 ***Mimastra gracilicurnis* Jacoby, 1889**

分布：云南（红河、普洱、怒江、保山、德宏、临沧、西双版纳），广西；缅甸，越南，老挝，泰国，尼泊尔。

长软米萤叶甲 ***Mimastra gracilis* Baly, 1878**

分布：云南（楚雄），西藏，新疆；印度，越南，老挝，缅甸，尼泊尔，不丹。

双条米萤叶甲 ***Mimastra guerryi* Laboissière, 1929**

分布：云南（昆明、玉溪、普洱、楚雄、临沧、保山、大理、丽江、怒江），四川，陕西；印度。

雅氏米萤叶甲 ***Mimastra jacobyi* Bezděk, 2010**

分布：云南；泰国，缅甸。

克氏米萤叶甲 ***Mimastra kremitovskyi* Bezděk, 2009**

分布：云南（丽江）。

宽米萤叶甲 ***Mimastra latimana* Allard, 1889**

分布：云南（西双版纳）；老挝，越南。

黄缘米萤叶甲 ***Mimastra limbata* Baly, 1879**

分布：云南（昆明、迪庆、怒江、大理、丽江），贵州，四川，陕西，甘肃，浙江，湖北，湖南，广西，福建；印度，尼泊尔。

四川米萤叶甲 ***Mimastra modesta* Fairmaire, 1889**

分布：云南，四川。

微突米萤叶甲 ***Mimastra procerula* Zhang, Yang, Cui & Li, 2006**

分布：云南（怒江）。

***Mimastra quadripartita* Baly, 1879**

分布：云南；印度。

黑腹米萤叶甲 ***Mimastra soreli* Baly, 1878**

分布：云南，贵州，四川，甘肃，江苏，浙江，湖南，广西，福建，广东，海南，香港；巴基斯坦，越南，泰国，老挝，菲律宾。

瘦叶甲属 *Miochira* Lacordaire, 1848

斑斓瘦叶甲 ***Miochira variegata* Lefèvre, 1890**

分布：云南。

钩铁甲属 *Monohispa* Weise, 1897

瘤钩铁甲 ***Monohispa tuberculata* Gressitt, 1950**

分布：云南（西双版纳），广东。

长跗萤叶甲属 *Monolepta* Chevrolat, 1836

***Monolepta alticola* Lei, Xu, Yang & Nie, 2021**

分布：云南（迪庆）。

凹翅长跗萤叶甲 ***Monolepta bicavipennis* Chen, 1942**

分布：云南（迪庆、德宏），贵州，甘肃，陕西，山西，河南，安徽，湖北，江西，浙江，湖南，广西。

双凹长跗萤叶甲 ***Monolepta cavipennis* Baly, 1878**

分布：云南，广西，广东，海南，香港；越南，老挝，柬埔寨，泰国，印度。

杨长跗萤叶甲 ***Monolepta discalis* Gressitt & Kimoto, 1963**

分布：云南（迪庆、丽江），贵州，甘肃，浙江。

长阳长跗萤叶甲 ***Monolepta leechi* Jacoby, 1890**

分布：云南，贵州，湖北，福建，广东，台湾；越南，老挝，印度，尼泊尔。

刘氏长跗萤叶甲 ***Monolepta liui* Gressitt & Kimoto, 1963**

分布：云南，贵州。

勐宋长跗萤叶甲 ***Monolepta mengsongensis* Lei, Xu, Yang & Nie, 2021**

分布：云南（西双版纳）。

竹长跗萤叶甲 ***Monolepta pallidula* (Baly, 1874)**

分布：云南，西藏，贵州，四川，甘肃，河南，安徽，浙江，湖北，江西，湖南，广西，福建，台湾，广东，海南；韩国，日本，越南，老挝，泰国。

小黄长跗萤叶甲 *Monolepta palliparva* **Gressitt & Kimoto, 1963**

分布：云南，贵州，江西，海南。

四斑长跗萤叶甲 *Monolepta quadriguttata* **(Motschulsky, 1860)**

分布：云南，黑龙江，甘肃，广西；俄罗斯，韩国，日本。

红褐长跗萤叶甲 *Monolepta rufofulva* **Chûjô, 1938**

分布：云南，四川，台湾。

黑缘长跗萤叶甲 *Monolepta sauteri* **Chûjô, 1935**

分布：云南（昆明、楚雄），贵州，广西，福建，广东，海南，台湾。

端黑长跗萤叶甲 *Monolepta selmani* **Gressitt & Kimoto, 1963**

分布：云南，贵州，甘肃，湖北，湖南，浙江。

黑纹长跗萤叶甲 *Monolepta sexlineata* **Chûjô, 1938**

分布：云南，吉林，甘肃，河北，陕西，山西，广西，福建，广东，海南，台湾；越南，老挝，柬埔寨，泰国，印度，尼泊尔，不丹，斯里兰卡。

黄斑长跗萤叶甲 *Monolepta signata* **(Olivier, 1808)**

分布：云南（昆明、保山、普洱、红河、文山、大理、临沧、丽江、迪庆、西双版纳），西藏，贵州，四川，黑龙江，吉林，辽宁，内蒙古，甘肃，河北，陕西，山西，河南，浙江，湖北，江西，湖南，广西，福建，广东，海南，香港，台湾；俄罗斯，韩国，日本，尼泊尔，不丹，印度，缅甸，泰国，越南，老挝，斯里兰卡，新加坡，马来西亚，印度尼西亚，巴布亚新几内亚，澳大利亚。

隆凸长跗萤叶甲 *Monolepta sublata* **Gressitt & Kimoto, 1963**

分布：云南，四川，湖北，浙江，福建，海南，台湾；泰国。

黄胸长跗萤叶甲 *Monolepta xanthodera* **Chen, 1942**

分布：云南（保山、迪庆），西藏，贵州，四川，甘肃，陕西，湖北，湖南，福建，台湾。

黑端长跗萤叶甲 *Monolepta yama* **Gressitt & Kimoto, 1965**

分布：云南（昆明），贵州，四川，甘肃，陕西，河南，湖北，浙江，江西，海南。

云南长跗萤叶甲 *Monolepta yunnanica* **Gressitt & Kimoto, 1963**

分布：云南（保山、红河、文山、大理、丽江、迪庆、怒江、德宏），四川，湖南，福建。

四带长跗萤叶甲 *Monolepta zonalis* **Gressitt & Kimoto, 1963**

分布：云南（文山、普洱）；越南，老挝。

榕萤叶甲属 *Morphosphaera* Baly, 1861

淡鞘榕萤叶甲 *Morphosphaera albipennis* **Allard, 1889**

分布：云南；越南，老挝，泰国，柬埔寨。

红角榕萤叶甲 *Morphosphaera cavaleriei* **Laboissière, 1930**

分布：云南（保山），贵州，甘肃，湖北，湖南，广西，福建。

湖北榕萤叶甲 *Morphosphaera gingkoae* **Gressitt & Kimoto, 1963**

分布：云南，湖北。

日本榕萤叶甲 *Morphosphaera japonica* **(Hornstedt, 1788)**

分布：云南（昆明、楚雄、红河、文山、德宏），贵州，四川，黑龙江，浙江，江西，湖南，广西，福建，台湾；日本，俄罗斯，越南，印度，尼泊尔。

紫榕萤叶甲 *Morphosphaera purpurea* **Laboissière, 1930**

分布：云南。

绿榕萤叶甲 *Morphosphaera viridipennis* **Laboissière, 1930**

分布：云南（昆明、红河、迪庆、怒江、文山），四川，贵州，浙江；越南，泰国。

摹萤叶甲属 *Munina* Chen, 1976

博士摹萤叶甲 *Munina blanchardi* **(Allard, 1891)**

分布：云南（普洱、西双版纳）；老挝。

摹萤叶甲 *Munina donacioides* **Chen, 1976**

分布：云南。

黄胸摹萤叶甲 *Munina flavida* **Yang & Yao, 1997**

分布：云南。

连瘤跳甲属 *Neocrepidodera* Heikertinger, 1911

云南连瘤跳甲 *Neocrepidodera oculata* **(Gressitt & Kimoto, 1963)**

分布：云南。

尼龟甲属 *Nilgiraspis* Spaeth, 1932

暗角尼龟甲 *Nilgiraspis andrewesi* **Spaeth, 1914**

分布：云南；印度。

四线跳甲属 *Nisotra* Baly, 1864

丽色四线跳甲 *Nisotra chrysomeloides* **Jacoby, 1885**
分布：云南（怒江），四川，西藏；越南，缅甸，印度，印度尼西亚。

多氏四线跳甲 *Nisotra dohertyi* **Maulik, 1926**
分布：云南；尼泊尔。

蕨四线跳甲 *Nisotra gemella* **(Erichson, 1834)**
分布：云南（临沧、保山、怒江），四川，西藏，江西，广西，福建，台湾，广东，海南，香港，台湾；越南，泰国，缅甸，印度，马来西亚，印度尼西亚，菲律宾。

黑足四线跳甲 *Nisotra nigripes* **Jacoby, 1894**
分布：云南；尼泊尔。

球叶甲属 *Nodina* Motschulsky, 1858

高山球叶甲 *Nodina alpicola* **Weise, 1889**
分布：云南（怒江），四川。

刘氏球肖叶甲 *Nodina liui* **Gressitt & Kimoto, 1961**
分布：云南。

毛额球肖叶甲 *Nodina pilifrons* **Chen, 1940**
分布：云南（大理），江西，广西，福建，广东，海南。

单脊球肖叶甲 *Nodina punctostriolata* **Fairmaire, 1888**
分布：云南，浙江，江西，湖南，广西，福建，广东，海南；越南，泰国，老挝。

大理球肖叶甲 *Nodina taliana* **Chen, 1940**
分布：云南（大理）。

皮纹球叶甲 *Nodina tibialis* **Chen, 1940**
分布：云南（迪庆、怒江），贵州，四川，湖北，江西，福建，广东，海南。

九节跳甲属 *Nonarthra* Baly, 1862

黑胸九节跳甲 *Nonarthra nigricolle* **Weise, 1889**
分布：云南（保山），四川，甘肃，陕西，台湾。

黑鞘九节跳甲 *Nonarthra nigripenne* **Wang, 1992**
分布：云南（迪庆、怒江）。

端斑九节跳甲 *Nonarthra postfasciata* **(Fairmaire, 1889)**
分布：云南（昆明、大理、迪庆），四川，甘肃，浙江，广西，福建。

异色九节跳甲 *Nonarthra variabilis* **Baly, 1862**
分布：云南，四川，西藏；日本，越南，缅甸，印度。

瘤龟甲属 *Notosacantha* Chevrolat, 1836

高脊瘤龟甲 *Notosacantha castanea* **Spaeth, 1913**
分布：云南，海南，台湾；越南。

花背瘤龟甲 *Notosacantha centinodia* **Spaeth, 1913**
分布：云南（曲靖）。

圆瘤龟甲 *Notosacantha circumdata* **Wagener, 1881**
分布：云南（西双版纳）；印度，印度尼西亚，马来半岛。

金平瘤龟甲 *Notosacantha ginpinensis* **Chen & Zia, 1961**
分布：云南（红河）。

乌背瘤龟甲 *Notosacantha nigrodorsata* **Chen & Zia, 1961**
分布：云南（红河）。

长方瘤龟甲 *Notosacantha oblongopunctata* **Gressitt, 1938**
分布：云南（普洱），海南。

缺窗瘤龟甲 *Notosacantha sauteri* **(Spaeth, 1914)**
分布：云南（昆明、普洱、楚雄、大理），福建，广东，台湾；越南。

窄额瘤龟甲 *Notosacantha shishona* **Chen & Zia, 1964**
分布：云南（红河、西双版纳）。

肩弧瘤龟甲 *Notosacantha tenuicula* **(Spaeth, 1931)**
分布：云南（临沧、德宏、西双版纳）；印度，斯里兰卡。

隆胸跳甲属 *Novofoudrasia* Jakobson, 1901

规隆胸跳甲 *Novofoudrasia regularis* **Chen, 1934**
分布：云南，四川，广东，湖北；不丹，印度，越南。

Ochralea Clark, 1865

Ochralea nigripes **(Olivier, 1808)**
分布：云南，广西，海南；越南，老挝，柬埔寨，泰国，缅甸，印度，斯里兰卡，菲律宾，马来西亚，新加坡，印度尼西亚。

齿猿叶甲属 *Odontoedon* Ge & Daccordi, 2013

黄齿猿叶甲 *Odontoedon fulvescens* **(Weise, 1922)**
分布：云南（红河、保山），贵州，浙江，江西，湖南，广西，广东，台湾；老挝，越南。

娄氏齿猿叶甲 *Odontoedon lopatini* **Ge & Daccordi, 2013**
分布：云南（迪庆、丽江）。

淡红齿猿叶甲 *Odontoedon rufulus* Ge & Daccordi, 2013

分布：云南（怒江）。

瓢萤叶甲属 *Oides* Weber, 1801

安瓢萤叶甲 *Oides andrewesi* Jacoby, 1900

分布：云南（红河、文山、西双版纳），广西，广东，海南，台湾；缅甸，越南，老挝，柬埔寨，泰国，印度。

Oides angusta Yang, Shen, Ding & Yang, 2024

分布：云南（德宏、西双版纳），四川，贵州，河南，陕西，安徽，湖北，湖南，福建。

蓝翅瓢萤叶甲 *Oides bowringif* (Baly, 1863)

分布：云南（昭通、红河、德宏、西双版纳），贵州，四川，陕西，甘肃，浙江，湖北，江西，湖南，广西，福建，广东，香港；朝鲜，日本，越南。

准瓢萤叶甲 *Oides coccinelloides* Gahan, 1891

分布：云南（德宏），西藏；印度，缅甸。

Oides cystoprocessa Yang, Shen, Ding & Yang, 2024

分布：云南（西双版纳），重庆。

十星瓢萤叶甲 *Oides decempunctata* (Billberg, 1808)

分布：云南（德宏），四川，贵州，重庆，吉林，内蒙古，甘肃，河北，陕西，山西，北京，天津，山东，河南，江苏，安徽，湖北，浙江，江西，湖南，广西，福建，广东，海南，台湾；朝鲜，越南，老挝，柬埔寨。

八角瓢萤叶甲 *Oides duporti* Laboissière, 1919

分布：云南（文山），贵州，安徽，浙江，湖北，广西，福建，广东，海南；越南，老挝，缅甸。

暗瓢萤叶甲 *Oides leucomelaena* Weise, 1922

分布：云南（红河、文山），四川，贵州，浙江，湖北，安徽，广西，福建，广东，海南；越南，老挝。

黑胸瓢萤叶甲 *Oides livida* (Fabricius, 1801)

分布：云南（红河、普洱、临沧、德宏、西双版纳），四川，西藏，贵州，湖南，广西，福建，广东；越南，老挝，泰国，缅甸，印度，尼泊尔，不丹，新加坡，马来西亚，印度尼西亚，孟加拉国。

宽缘瓢萤叶甲 *Oides maculata* Olivier, 1807

分布：云南，贵州，西藏，四川，甘肃，陕西，山东，河南，安徽，江苏，江西，湖北，浙江，湖南，广西，福建，广东，台湾；尼泊尔，巴基斯坦，印度，越南，老挝，泰国，柬埔寨，马来西亚，印度尼西亚。

多斑瓢萤叶甲 *Oides multimaculata* Pic, 1928

分布：云南（西双版纳）；越南，老挝。

Oides palleata (Fabricius, 1781)

分布：云南（西双版纳），四川，贵州，广西，海南；越南，老挝，柬埔寨，泰国，缅甸，孟加拉国，印度，尼泊尔，印度尼西亚。

Oides semipunctata Duvivier, 1884

分布：云南（德宏）；印度，尼泊尔，孟加拉国，缅甸，老挝，越南。

黑跗瓢萤叶甲 *Oides tarsata* (Baly, 1865)

分布：云南（德宏），西藏，贵州，四川，甘肃，河北，陕西，河南，江苏，安徽，浙江，湖北，江西，湖南，广西，福建，广东，海南；越南。

Oides tibiella Wilcox, 1971

分布：云南（西双版纳），四川；越南，老挝，泰国。

云南瓢萤叶甲 *Oides ustulaticia* Laboissière, 1927

分布：云南（昆明、迪庆、普洱），贵州。

滇瓢萤叶甲 *Oides yunnanensis* Yang, Shen, Ding & Yang, 2024

分布：云南（保山）。

似亮肖叶甲属 *Olorus* Chapuis, 1874

锄齿似亮肖叶甲 *Olorus dentipes* Tan, 1984

分布：云南（德宏、临沧、怒江）。

峨眉球跳甲属 *Omeisphaera* Chen & Zia, 1974

峨眉球跳甲 *Omeisphaera anticata* Chen & Zia, 1974

分布：云南，四川，湖南。

瘤铁甲属 *Oncocephala* Agassiz, 1846

黑角瘤铁甲 *Oncocephala atratangula* Gressitt, 1938

分布：云南（红河、西双版纳），广西，广东。

大瘤铁甲 *Oncocephala grandis* Chen & Yu, 1962

分布：云南（西双版纳）。

半圆瘤铁甲 *Oncocephala hemicyclica* Chen & Yu, 1962

分布：云南（红河、普洱、西双版纳）。

四叶瘤铁甲 *Oncocephala quadrilobata* Guérin-Méneville, 1844

分布：云南（西双版纳），广西；越南，缅甸，印度，斯里兰卡。

尖角瘤铁甲 *Oncocephala weisei* Gestro, 1899

分布：云南。

尖角瘤铁甲云南亚种 *Oncocephala weisei yunnanica* **Chen & Yu, 1962**
分布：云南（红河）。

卵形叶甲属 *Oomorphoides* Monrós, 1956

黄角卵形叶甲 *Oomorphoides flavicornis* Tan, 1964
分布：云南。

额窝卵形叶甲 *Oomorphoides foveatus* Tan, 1992
分布：云南。

峨眉卵形叶甲 *Oomorphoides omeiensis* Tan, 1964
分布：云南。

毛叶楤卵形叶甲 *Oomorphoides tonkinensis* (Chujo, 1935)
分布：云南，湖北，广西，福建，广东，海南；越南。

楤木卵形叶甲 *Oomorphoides yaosanicus* Chen, 1940
分布：云南，浙江，江西，福建，广东，广西，海南；越南。

直缘跳甲属 *Ophrida* Chapuis, 1875

斜斑直缘跳甲 *Ophrida oblongoguttata* Chapuis, 1875
分布：云南；柬埔寨。

漆树直缘跳甲 *Ophrida scaphoides* (Baly, 1865)
分布：云南（保山、大理、丽江、西双版纳），贵州，四川，陕西，甘肃，湖北，江苏，浙江，江西，福建，台湾，广东；越南。

黑角直缘跳甲 *Ophrida spectabilis* (Baly, 1862)
分布：云南（昭通、文山），贵州，四川，河南，江苏，安徽，浙江，福建，广东。

高山叶甲属 *Oreomela* Jacobson, 1895

Oreomela fulvicornis Lopatin, 2008
分布：云南（丽江）。

Oreomela inflata Lopatin, 2006
分布：云南（红河）。

云南高山叶甲 *Oreomela yunnana* Lopatin, 2004
分布：云南。

山丝跳甲属 *Orhespera* Chen & Wang, 1984

丽江山丝跳甲 *Orhespera fulvohirsuta* **Chen & Wang, 1987**
分布：云南（丽江）。

光胸山丝跳甲 *Orhespera glabricollis* Chen & Wang, 1984
分布：云南（迪庆）。

凹胸山丝跳甲 *Orhespera impressicollis* **Chen & Wang, 1987**
分布：云南（迪庆）。

禾谷负泥虫属 *Oulema* Des Gozis, 1886

黑缝禾谷负泥虫 *Oulema atrosuturalis* (Pic, 1923)
分布：云南，四川，山东，江苏，江西，广西，福建，台湾，广东。

水稻禾谷负泥虫 *Oulema oryzae* Kuwayama, 1931
分布：云南，贵州，四川，黑龙江，吉林，辽宁，陕西，浙江，湖北，湖南，广西，福建，广东；俄罗斯，日本。

长禾谷负泥虫 *Oulema subelongata* (Pic, 1924)
分布：云南，四川。

云南禾谷负泥虫 *Oulema yunnana* Pic, 1923
分布：云南。

鳞斑肖叶甲属 *Pachnephorus* Chevrolat, 1837

玉米鳞斑肖叶甲 *Pachnephorus porosus* Baly, 1878
分布：云南，四川，河北，北京，江苏，浙江，湖北，江西，广西，福建，台湾；越南，老挝，柬埔寨，缅甸，泰国，印度。

豆肖叶甲属 *Pagria* Lefèvre, 1884

斑鞘豆肖叶甲 *Pagria signata* Motschulsky, 1858
分布：云南（怒江、迪庆），西藏，四川，黑龙江，辽宁，河北，河南，陕西，江苏，浙江，湖北，江西，广西，台湾，广东，海南；朝鲜，日本，俄罗斯，越南，老挝，泰国，缅甸，印度，菲律宾，印度尼西亚。

凹翅萤叶甲属 *Paleosepharia* Laboissière, 1936

基瘤凹翅萤叶甲 *Paleosepharia basituberculata* **Chen & Jiang, 1984**
分布：云南（迪庆）。

栗头凹翅萤叶甲 *Paleosepharia castanoceps* **Chen & Jiang, 1984**
分布：云南。

黑尾凹翅萤叶甲 *Paleosepharia caudata* **Chen & Jiang, 1984**
分布：云南。

二带凹翅萤叶甲 *Paleosepharia excavata* (Chujo, 1938)
分布：云南（红河、文山），贵州，四川，陕西，甘肃，江苏，湖北，浙江，江西，湖南，广西，福建，台湾，广东。

褐凹翅萤叶甲 *Paleosepharia fulvicornis* **Chen, 1942**
分布：云南（曲靖、昆明、楚雄、普洱、迪庆、怒江、西双版纳），贵州，四川，浙江，湖北，湖南，广西，福建，广东，海南；越南。

锤印凹翅萤叶甲 *Paleosepharia fusiformis* **Chen & Jiang, 1984**
分布：云南。

贡山凹翅萤叶甲 *Paleosepharia gongshana* **Chen & Jiang, 1986**
分布：云南。

红肩凹翅萤叶甲 *Paleosepharia humeralis* **Chen & Jiang, 1984**
分布：云南。

姜氏凹翅萤叶甲 *Paleosepharia jiangae* **Beenen, 2008**
分布：云南，西藏。

J-形凹翅萤叶甲 *Paleosepharia j-signata* **Chen & Jiang, 1984**
分布：云南。

胸舌凹翅萤叶甲 *Paleosepharia lingulata* **Chen & Jiang, 1984**
分布：云南（迪庆）。

枫香凹翅萤叶甲 *Paleosepharia liquidambara* **Gressitt & Kimoto, 1963**
分布：云南（大理），四川，贵州，甘肃，江苏，安徽，浙江，湖北，江西，湖南，广西，福建，广东。

圆洼凹翅萤叶甲 *Paleosepharia orbiculata* **Chen & Jiang, 1984**
分布：云南（怒江）。

黑顶凹翅萤叶甲 *Paleosepharia verticalis* **Chen & Jiang, 1984**
分布：云南（德宏、临沧、西双版纳）。

薄翅萤叶甲属 *Pallasiola* **Jacobson, 1925**
阔胫萤叶甲 *Pallasiola absinthii* **(Pallas, 1733)**
分布：云南，西藏，四川，黑龙江，吉林，新疆，甘肃，河北，内蒙古，陕西，山西，湖北；印度，蒙古国，中亚。

似丽叶甲属 *Paracrothinium* **Chen, 1940**
紫胸似丽叶甲 *Paracrothinium cupricolle* **Chen, 1940**
分布：云南（保山），广西；越南。

后脊守瓜属 *Paragetocera* **Laboissière, 1929**
云南后脊守瓜 *Paragetocera fasciata* **Gressitt & Kimoto, 1963**
分布：云南（临沧）。

黄腹后脊守瓜 *Paragetocera flavipes* **Chen, 1942**
分布：云南，四川，甘肃，陕西，山西，浙江，湖北，湖南。

曲后脊守瓜 *Paragetocera involuta* **Laboissière, 1929**
分布：云南，西藏，贵州，四川，甘肃，陕西，河南，湖北，浙江，台湾。

后缘后脊守瓜 *Paragetocera nigrimarginalis* **Jiang, 1992**
分布：云南（迪庆）。

黑腹后脊守瓜黑腹亚种 *Paragetocera parvula metasternalis* **Chen, 1942**
分布：云南（昭通），四川。

黑腹后脊守瓜指名亚种 *Paragetocera parvula parvula* **Laboissière, 1929**
分布：云南，四川，甘肃，陕西，河南，浙江，湖北，湖南。

云南后脊守瓜 *Paragetocera yunnanica* **Jiang, 1992**
分布：云南（迪庆、丽江）。

短胸萤叶甲属 *Paraplotes* **Laboissière, 1933**
半黄短胸萤叶甲 *Paraplotes semifulva* **Jiang, 1989**
分布：云南。

似角胸肖叶甲属 *Parascela* **Baly, 1878**
栗色似角胸肖叶甲 *Parascela castanea* **Tan, 1983**
分布：云南（保山、大理、德宏）。

粗刻似角胸肖叶甲 *Parascela cribrata* **Schaufuss, 1871**
分布：云南，四川，江西，浙江，福建，广东，香港，台湾；日本。

Parascela filimonovi **Romantsov & Moseyko, 2019**
分布：云南；越南。

栗色似角胸肖叶甲 *Parascela hirsuta* **Jacoby, 1908**
分布：云南。

多皱角胸肖叶甲 *Parascela rugipennis* **(Tan, 1988)**
分布：云南（怒江）。

瘤鞘似角胸肖叶甲 *Parascela tuberosa* **Tan & Wang, 1983**
分布：云南（怒江）。

宽额跳甲属 *Parathrylea* Duvivier, 1892

七斑宽额跳甲 *Parathrylea septempunctata* (Jacoby, 1892)

分布：云南（西双版纳）；越南，新加坡，泰国。

宽角肖叶甲属 *Parheminodes* Chen, 1940

紫胸宽角肖叶甲 *Parheminodes collaris* Chen, 1940

分布：云南，海南。

拟守瓜属 *Paridea* Baly, 1886

海南拟守瓜 *Paridea breva* Gressitt & Kimoto, 1963

分布：云南，海南。

环拟守瓜 *Paridea circumdata* Laboissière, 1930

分布：云南；越南。

角拟守瓜异质亚种 *Paridea cornuta basalis* Laboissière, 1930

分布：云南，广西；越南。

角拟守瓜指名亚种 *Paridea cornuta cornuta* Jacoby, 1892

分布：云南，广西；越南，缅甸。

多氏拟守瓜 *Paridea dohertyi* Maulik, 1936

分布：云南；缅甸，印度尼西亚。

黄翅拟守瓜 *Paridea flavipennis* (Laboissière, 1930)

分布：云南，贵州，湖南，福建。

凹翅拟守瓜 *Paridea foveipennis* Jacoby, 1892

分布：云南，西藏，陕西，海南；越南，老挝。

褐拟守瓜 *Paridea fusca* Yang, 1991

分布：云南。

雕翅拟守瓜 *Paridea glyphea* Yang, 1993

分布：云南。

巨叶拟守瓜 *Paridea grandifolia* Yang, 1991

分布：云南。

侧拟守瓜 *Paridea lateralis* Medvedev & Samoderzhenkov, 1989

分布：云南，广西；尼泊尔，越南。

黄斑拟守瓜 *Paridea luteofasciata* Laboissière, 1930

分布：云南；越南。

山拟守瓜 *Paridea monticola* Gressitt & Kimoto, 1963

分布：云南，贵州，四川，西藏，甘肃，湖北。

黑斑拟守瓜 *Paridea nigricaudata* Yang, 1991

分布：云南。

黑翅拟守瓜 *Paridea nigripennis* Jacoby, 1892

分布：云南；越南。

赭胸拟守瓜 *Paridea nigrocephala* (Laboissière, 1930)

分布：云南，福建，广东。

八斑拟守瓜 *Paridea octomaculata* (Baly, 1886)

分布：云南，西藏，四川；印度，尼泊尔，不丹。

眼斑拟守瓜 *Paridea oculata* Laboissière, 1930

分布：云南，西藏，贵州；印度。

结蒂拟守瓜 *Paridea perplexa* (Baly, 1879)

分布：云南（红河、普洱、临沧、保山、德宏、西双版纳），江西，广西，福建；尼泊尔，印度，越南，泰国，缅甸。

四斑拟守瓜 *Paridea quadriplagiata* (Baly, 1874)

分布：云南，四川，贵州，安徽，浙江，江西，湖南，广西，福建，广东；日本，印度。

弯拟守瓜 *Paridea recava* Yang, 1991

分布：云南。

圣拟守瓜 *Paridea sancta* Yang, 1991

分布：云南。

中华拟守瓜 *Paridea sinensis* Laboissière, 1930

分布：云南（昆明、大理），贵州，四川，甘肃，陕西，湖北，江西，湖南，福建。

绿拟守瓜 *Paridea subviridis* Laboissière, 1930

分布：云南，广西，海南；越南。

端拟守瓜 *Paridea terminata* Yang, 1991

分布：云南。

沟拟守瓜 *Paridea tetraspilota* (Hope, 1831)

分布：云南，西藏，台湾；越南，老挝，柬埔寨，泰国，缅甸，印度，尼泊尔。

横带拟守瓜 *Paridea transversofasciata* (Laboissière, 1930)

分布：云南，贵州，四川，甘肃，湖北，江苏，湖南，福建。

单带拟守瓜 *Paridea unifasciata* Jacoby, 1892

分布：云南；缅甸。

云南拟守瓜 *Paridea yunnana* Yang, 1991

分布：云南。

斑叶甲属 *Paropsides* Motschoulsky, 1860

合欢斑叶甲 *Paropsides nigrofasciata* Jacoby, 1888

分布：云南，四川，贵州，浙江，江西，湖北，湖南，广西，安徽；朝鲜。

黑点似瓢叶甲 *Paropsides nigropunctata* Jacoby, 1888

分布：云南（怒江、丽江）；缅甸，印度。

山楂似瓢叶甲 *Paropsides soriculata* (Swartz, 1808)
分布：云南（迪庆），贵州，四川，辽宁，吉林，内蒙古，山西，河北，河南，安徽，江苏，湖北，浙江，江西，湖南，广西，福建，广东；朝鲜，日本，越南，缅甸，印度，俄罗斯。

Penghou Ruan, Konstantinov, Prathapan, Ge & Yang, 2015
Penghou yulongshan Ruan, Konstantinov, Prathapan, Ge & Yang, 2015
分布：云南（丽江）。

曲胫跳甲属 *Pentamesa* Harold, 1876
银莲曲胫跳甲 **Pentamesa anemoneae Chen & Zia, 1966**
分布：云南（迪庆），四川，西藏，青海。
黑斑曲胫跳甲 **Pentamesa nigrofasciata Chen, 1933**
分布：云南（临沧、怒江）；越南。
三带曲胫跳甲 **Pentamesa trifasciata Chen, 1935**
分布：云南（昭通），四川，甘肃，湖北。
乡城曲胫跳甲 **Pentamesa xiangchengana Wang, 1992**
分布：云南，四川。

壮萤叶甲属 *Periclitena* Weise, 1902
中华壮萤叶甲 **Periclitena sinensis (Fairmaire, 1888)**
分布：云南，贵州，四川，甘肃，江苏，江西，浙江，广西，广东；越南。
越南壮萤叶甲 **Periclitena tonkinensis Laboissière, 1929**
分布：云南，贵州，四川，江苏，浙江，江西，广西，广东；越南。
丽壮萤叶甲 **Periclitena vigorsi (Hope, 1831)**
分布：云南（红河、临沧、普洱、德宏、西双版纳），西藏，广东，海南；越南，印度，老挝，泰国，缅甸，尼泊尔，马来西亚，孟加拉国。

猿叶甲属 *Phaedon* Megerle von Mühlfeld, 1823
高山猿叶甲 **Phaedon alpinus Ge & Wang, 2002**
分布：云南，四川。
缺翅猿叶甲 **Phaedon apterus Chen & Wang, 1984**
分布：云南（迪庆），四川。
小猿叶甲 **Phaedon brassicae Baly, 1874**
分布：云南，四川，贵州，浙江，江苏，湖北，安徽，湖南，广西，台湾；日本，越南。

肿爪跳甲属 *Philopona* Weise, 1903
缅甸肿爪跳甲 **Philopona birmanica (Jacoby, 1889)**
分布：云南；越南。
菜豆树肿爪跳甲 **Philopona mouhoti (Baly, 1878）**
分布：云南（临沧、西双版纳），海南；缅甸，泰国，马来西亚。
岛洪肿爪跳甲 **Philopona shima Maulik, 1926**
分布：云南；越南。
牡荆肿爪跳甲 **Philopona vibex (Erichson, 1834)**
分布：云南，四川，陕西，内蒙古，北京，上海，湖北，江西，广西，广东，福建，台湾；俄罗斯，韩国，日本，印度尼西亚。

弗叶甲属 *Phratora* Chevrolat, 1836
毕氏弗叶甲 **Phratora belousovi Lopatin, 2009**
分布：云南（迪庆）。
两色弗叶甲 **Phratora bicolor Gressitt & Kimoto, 1963**
分布：云南（大理、迪庆），四川，西藏，青海。
双刺弗叶甲 **Phratora bispinula Wang, 1992**
分布：云南（迪庆、怒江、丽江），四川。
双钩弗叶甲 **Phratora biuncinata Ge, Wang & Yang, 2002**
分布：云南。
皱弗叶甲 **Phratora caperata Ge, Wang & Yang, 2002**
分布：云南。
陈氏弗叶甲 **Phratora cheni Ge, Wang & Yang, 2002**
分布：云南。
铜色弗叶甲 **Phratora cuprea Wang, 1992**
分布：云南（怒江、大理）。
达氏弗叶甲 **Phratora daccordii Ge & Wang, 2004**
分布：云南，四川。
德钦弗叶甲 **Phratora deqinensis Ge & Wang, 2004**
分布：云南（德宏）。
瘦弗叶甲 **Phratora gracilis Chen, 1965**
分布：云南（大理、迪庆、怒江），四川，西藏。
杨弗叶甲 **Phratora laticollis (Suffrian, 1851)**
分布：云南（迪庆），四川，黑龙江，吉林，辽宁，内蒙古；日本，俄罗斯（远东地区），欧洲。
岛弗叶甲 **Phratora moha Daccordi, 1977**
分布：云南（大理），四川；不丹。

多点弗叶甲 *Phratora multipunctata* (Jacoby, 1890)

分布：云南，四川，贵州，湖北。

紫弗叶甲华西亚种 *Phratora parva occidentalis* **Chen, 1965**

分布：云南，四川。

京弗叶甲华西亚种 *Phratora phaedonoides occidentalis* **Chen, 1965**

分布：云南（大理、迪庆、丽江），四川。

台湾弗叶甲 *Phratora similis* (Chûjô, 1958)

分布：云南。

粗角跳甲属 *Phygasia* Chevrolat, 1836

脊鞘粗角跳甲 *Phygasia carinipennis* **Chen & Wang, 1980**

分布：云南，广西。

点苍粗角跳甲 *Phygasia diancangana* **Wang, 1992**

分布：云南（大理）。

黑斑粗角跳甲 *Phygasia dorsata* **Baly, 1878**

分布：云南（昆明、德宏、西双版纳），四川，贵州，广西；越南，斯里兰卡，印度，印度尼西亚。

四川粗角跳甲 *Phygasia eschatia* **Gressitt & Kimoto, 1963**

分布：云南，西藏，四川，湖南。

棕翅粗角跳甲 *Phygasia fulvipennis* (Baly, 1874)

分布：云南（昭通），四川，吉林，黑龙江，辽宁，湖北，北京，山东，江苏，浙江，江西；日本，俄罗斯，韩国。

红粗角跳甲 *Phygasia hookeri* **Baly, 1876**

分布：云南（昆明），西藏，贵州；印度。

中黄粗角跳甲 *Phygasia media* **Chen & Wang, 1980**

分布：云南（西双版纳）。

斑翅粗角跳甲 *Phygasia ornata* **Baly, 1876**

分布：云南（红河、西双版纳），四川，贵州，河南，安徽，湖北，湖南，浙江，江西，福建，广东，海南，香港，台湾；印度，缅甸。

黄鞘粗角跳甲 *Phygasia pallidipennis* **Chen & Wang, 1980**

分布：云南（大理、怒江、普洱、西双版纳）。

云南粗角跳甲 *Phygasia yunnana* **Wang & Yang, 2008**

分布：云南（西双版纳）。

窄缘萤叶甲属 *Phyllobrotica* Chevrolat, 1836

基刺窄缘萤叶甲 *Phyllobrotica spinicoxa* **Laboissière, 1929**

分布：云南。

菜跳甲属 *Phyllotreta* Chevrolat, 1836

光翅菜跳甲 *Phyllotreta aptera* **Wang, 1990**

分布：云南（迪庆）。

西藏菜跳甲 *Phyllotreta chotanica* **Duvivier, 1892**

分布：云南，西藏，广西，海南，台湾；泰国，尼泊尔，巴基斯坦，印度。

董菜跳甲 *Phyllotreta downesi* **Baly, 1877**

分布：云南，台湾；越南，印度，印度尼西亚。

条背菜跳甲 *Phyllotreta insularis* **Heikertinger, 1942**

分布：云南，台湾；越南。

丽江菜跳甲 *Phyllotreta lijiangana* **Wang, 1992**

分布：云南（丽江）。

红胸菜跳甲 *Phyllotreta rufothoracica* **Chen, 1933**

分布：云南（普洱、保山）；越南。

黄曲条菜跳甲 *Phyllotreta striolata* (Fabricius, 1803)

分布：云南，西藏，贵州，四川，黑龙江，辽宁，甘肃，北京，山西，湖北，江苏，安徽，浙江，广西，福建，广东，海南，香港，台湾；俄罗斯（远东地区），日本，韩国，越南，柬埔寨，泰国，蒙古国，尼泊尔，印度，中亚，欧洲，北美洲。

云南菜跳甲 *Phyllotreta yunnanica* **Chen, 1933**

分布：云南（怒江），四川，甘肃。

粗足肖叶甲属 *Physosmaragdina* Medvedev, 1971

黑粗足肖叶甲 *Physosmaragdina atriceps* **Pic, 1927**

分布：云南。

黑额粗足肖叶甲 *Physosmaragdina nigrifrons* **Hope, 1843**

分布：云南，贵州，四川，辽宁，陕西，山西，河北，河南，山东，湖北，江苏，江西，湖南，广西，福建，广东，台湾，浙江；日本，朝鲜，韩国。

扁潜甲属 *Pistosia* Weise, 1905

淡扁潜甲 *Pistosia abscisa* (Uhmann, 1939)

分布：云南（保山）。

枣椰扁潜甲 *Pistosia dactyliferae* (Maulik, 1919)

分布：云南（红河），台湾。

圆叶甲属 *Plagiodera* Chevrolat, 1836

双色柳圆叶甲 *Plagiodera bicolor* **Weise, 1889**

分布：云南（丽江），甘肃，四川。

双色柳圆叶甲指名亚种 *Plagiodera bicolor bicolor* **Weise, 1889**

分布：云南（丽江），甘肃，四川。

双色柳圆叶甲横断亚种 *Plagiodera bicolor hengduanicus* **Chen & Wang, 1984**

分布：云南（怒江）。

铜色圆叶甲 *Plagiodera cupreata* **Chen, 1934**

分布：云南，四川，贵州。

柳圆叶甲 *Plagiodera versicolora* **(Laicharting, 1781)**

分布：云南，四川，贵州，黑龙江，吉林，辽宁，内蒙古，北京，陕西，甘肃，宁夏，河南，山东，天津，江西，湖北，安徽，浙江，江苏，湖南，福建，台湾；俄罗斯（远东地区），日本，越南，泰国，印度，巴基斯坦，欧洲，非洲。

红胸柳圆叶甲 *Plagiodera versicolora rufithorax* **Chen, 1934**

分布：云南，贵州，四川，黑龙江，吉林，辽宁，新疆，陕西，甘肃，内蒙古，宁夏，北京，天津，河北，河南，山东，湖北，安徽，江苏，江西，浙江，湖南，福建，香港，台湾；日本，蒙古国，朝鲜半岛，俄罗斯（远东地区），欧洲。

云南圆叶甲 *Plagiodera yunnanica* **Chen, 1934**

分布：云南，四川；越南，老挝。

Plagiosterna Motschulsky, 1860

Plagiosterna adamsi **Baly, 1884**

分布：云南，贵州，四川，辽宁，浙江，广东；日本，朝鲜，尼泊尔。

扁角叶甲属 *Platycorynus* Chevrolat, 1837

隆脊扁角肖叶甲 *Platycorynus aemulus* **Lefèvre, 1889**

分布：云南，广西，广东，海南。

角胫扁角叶甲 *Platycorynus angularis* **Tan, 1982**

分布：云南（昆明、西双版纳）。

银毛扁角肖叶甲 *Platycorynus argentipilus* **Tan, 1982**

分布：云南。

缝纹扁角肖叶甲 *Platycorynus bellus* **Chen, 1940**

分布：云南。

额窝扁角叶甲 *Platycorynus bicavifrons* **(Chen, 1940)**

分布：云南（临沧），四川，广西，广东。

钢蓝扁角叶甲 *Platycorynus chalybaeus* **(Marshall, 1865)**

分布：云南（临沧），广东，海南；越南，老挝，柬埔寨，缅甸，泰国。

红背扁角叶甲 *Platycorynus davidi* **(Lefèvre, 1887)**

分布：云南（大理、丽江、迪庆）。

毁灭扁角肖叶甲 *Platycorynus deletus* **Lefèvre, 1890**

分布：云南（红河、临沧、西双版纳），江西，广西，广东，海南。

艳扁角肖叶甲 *Platycorynus gibbosus* **Chen, 1934**

分布：云南，贵州。

斜窝扁角肖叶甲 *Platycorynus mouhoti* **Baly, 1864**

分布：云南，四川，广东，海南；越南，柬埔寨，老挝，泰国，缅甸，印度。

蓝黑扁角叶甲云南亚种 *Platycorynus niger yunnanensis* **Tan, 1982**

分布：云南（昆明、昭通、德宏）。

异扁角叶甲 *Platycorynus peregrinus* **Herbst, 1783**

分布：云南（临沧、德宏），贵州，四川，湖北，广西；越南，老挝，柬埔寨，缅甸，泰国，马来西亚，尼泊尔，印度，斯里兰卡。

紫扁角肖叶甲 *Platycorynus purpureimicans* **Tan, 1982**

分布：云南。

铜红扁角肖叶甲 *Platycorynus purpureipennis* **(Pic, 1928)**

分布：云南（昭通、红河、大理），贵州，四川。

红鞘扁角肖叶甲 *Platycorynus roseus* **Tan, 1982**

分布：云南。

麻点扁角肖叶甲 *Platycorynus rugipennis* **Jacoby, 1895**

分布：云南（西双版纳）；泰国。

铜红扁角肖叶甲 *Platycorynus speciosus* **Lefèvre, 1891**

分布：云南，贵州，四川；尼泊尔，印度。

凹股扁角肖叶甲 *Platycorynus sulcus* **Tan, 1982**

分布：云南（西双版纳）。

波纹扁角叶甲 *Platycorynus undatus* **(Olivier, 1791)**

分布：云南（玉溪），福建，台湾，广东；越南，老挝，柬埔寨，缅甸，泰国，印度，马来西亚。

掌铁甲属 *Platypria* Guérin-Méneville, 1840

寡刺掌铁甲 *Platypria acanthion* **Gestro, 1890**

分布：云南（西双版纳）；缅甸。

狭叶掌铁甲 *Platypria alecs* **Gressitt, 1938**

分布：云南（红河、普洱、西双版纳），四川，广西，广东，海南；越南。

并蒂掌铁甲 *Platypria aliena* Chen & Sun, 1962

分布：云南（昆明、红河、西双版纳）。

长刺掌铁甲 *Platypria chiroptera* Gestro, 1899

分布：云南（西双版纳）；不丹，印度。

长毛掌铁甲 *Platypria echidna* Guérin-Méneville, 1840

分布：云南（红河）；日本，尼泊尔，巴基斯坦，缅甸，印度。

阔叶掌铁甲 *Platypria hystrix* Fabricius, 1798

分布：云南，广东，海南；不丹，尼泊尔，印度，越南，缅甸，泰国，斯里兰卡，印度尼西亚。

短刺掌铁甲 *Platypria paracanthion* Chen & Sun, 1962

分布：云南（保山、西双版纳）。

小掌铁甲 *Platypria parva* Chen & Sun, 1964

分布：云南（德宏）。

云南掌铁甲 *Platypria yunnana* Gressitt, 1939

分布：云南（昆明）。

Podagricella Chen, 1933

Podagricella cyanipennis Chen, 1933

分布：云南。

潜跳甲属 *Podagricomela* Heikertinger, 1924

淡尾橘潜跳甲 *Podagricomela apicipennis* (Jacoby, 1905)

分布：云南（红河、普洱、西双版纳），广东，海南；越南，泰国，马来西亚。

陈氏潜跳甲 *Podagricomela cheni* Medvedev, 2002

分布：云南（西双版纳）。

小橘潜跳甲 *Podagricomela parva* Chen & Zia, 1966

分布：云南（西双版纳）。

纹翅潜跳甲 *Podagricomela striatipennis* (Jacoby, 1884)

分布：云南，海南；尼泊尔。

凹缘跳甲属 *Podontia* Dalman, 1824

十斑凹缘跳甲 *Podontia affinis* (Grondal, 1808)

分布：云南（大理、德宏、红河、西双版纳），贵州；越南，缅甸，印度，印度尼西亚。

褐带凹缘跳甲 *Podontia dalmani* Baly, 1865

分布：云南（红河、西双版纳），贵州，广西，海南；缅甸，越南，老挝，泰国，印度尼西亚。

老挝凹缘跳甲 *Podontia laosensis* Scherer, 1969

分布：云南；老挝。

黄色凹缘跳甲 *Podontia lutea* Olivier (Olivier, 1790)

分布：云南（玉溪、昭通、文山、大理、临沧），贵州，四川，甘肃，山西，陕西，湖北，江西，浙江，广西，福建，台湾，广东，海南，香港；越南，缅甸，印度，巴基斯坦，韩国。

十四斑凹缘跳甲 *Podontia quatuordecimpunctata* (Linnaeus, 1767)

分布：云南（临沧、西双版纳）；巴基斯坦，印度，尼泊尔，缅甸，老挝，柬埔寨，马来西亚。

红褐凹缘跳甲 *Podontia rufocastanea* Baly, 1865

分布：云南；印度。

波叶甲属 *Potaninia* Maximowicz, 1881

红铜波叶甲 *Potaninia assamensis* (Baly, 1879)

分布：云南（昭通、普洱、德宏），四川，西藏，贵州，湖北，湖南；印度，越南。

Potaninia cyrtonoides Jacoby, 1885

分布：云南，贵州，四川，湖北；日本。

Primulavorus Konstantinov & Ruan, 2017

Primulavorus maculata Konstantinov & Ruan, 2017

分布：云南（丽江）。

楔铁甲属 *Prionispa* Chapuis, 1875

沟胸楔铁甲 *Prionispa champaka* Maulik, 1919

分布：云南（西双版纳）；印度。

陈氏楔铁甲 *Prionispa cheni* Staines, 2007

分布：云南。

齿楔铁甲 *Prionispa dentata* Pic, 1938

分布：云南（西双版纳）；泰国。

暗鞘楔铁甲 *Prionispa opacipennis* Chen & Yu, 1962

分布：云南（普洱、西双版纳）。

麻萤叶甲属 *Pseudadimonia* Duvivier, 1891

拟花股麻萤叶甲 *Pseudadimonia parafemoralis* Jiang, 1991

分布：云南。

皱麻萤叶甲 *Pseudadimonia rugosa* Laboissière, 1927

分布：云南。

黑麻萤叶甲 *Pseudadimonia variolosa* (Hope, 1831)

分布：云南（保山、红河、玉溪、普洱、西双版纳），西藏；印度，缅甸，老挝，泰国，越南，尼泊尔，不丹，孟加拉国。

伪厚缘肖叶甲属 *Pseudaoria* Jacoby, 1908

簇毛伪厚缘肖叶甲 *Pseudaoria floccosa* Tan, 1992

分布：云南（丽江、迪庆）。

云南伪厚缘肖叶甲 *Pseudaoria yunnana* Tan, 1992

分布：云南（迪庆）。

丝萤叶甲属 *Pseudespera* Chen, Wang & Jiang, 1985

灰黄丝萤叶甲 *Pseudespera sericea* Chen, Wang & Jiang, 1985

分布：云南（丽江），四川。

拟花股丝萤叶甲 *Pseudespera subfemoralis* Jiang, 1992

分布：云南（怒江）。

伪守瓜属 *Pseudocophora* Jacoby, 1889

脊伪守瓜 *Pseudocophora carinata* Yang, 1991

分布：云南。

匙伪守瓜 *Pseudocophora cochleata* Yang, 1991

分布：云南。

股伪守瓜 *Pseudocophora femoralis* Laboissière, 1940

分布：云南。

黑腹伪守瓜 *Pseudocophora flaveola* Baly, 1888

分布：云南，海南；越南，老挝，泰国，缅甸，印度，太平洋岛屿。

黑胸伪守瓜 *Pseudocophora pectoralis* Baly, 1888

分布：云南（红河、大理、西双版纳），四川，西藏，广西，广东，海南；印度，越南，缅甸，尼泊尔。

班伪守瓜云南亚种 *Pseudocophora uniplagiata yunnana* Chen, 1976

分布：云南（红河、普洱、西双版纳），西藏；越南。

双行跳甲属 *Pseudodera* Baly, 1861

双行跳甲 *Pseudodera apicalis* Chen, 1939

分布：云南；越南。

无饰双行跳甲 *Pseudodera inornata* Chen, 1933

分布：云南（昆明、红河）。

***Pseudodera xanthospila* Baly, 1861**

分布：云南，贵州，湖北，江苏，浙江，湖南，福建，广东，台湾；日本。

***Pseudoides* Jacoby, 1892**

***Pseudoides flavovittis* (Motschulsky, 1858)**

分布：云南（西双版纳）；不丹，尼泊尔，越南，泰国，缅甸，柬埔寨，马来西亚，印度。

齿缘叶甲属 *Pseudometaxis* Jacoby, 1900

小齿缘肖叶甲 *Pseudometaxis minutus* Pic, 1923

分布：云南。

锯齿缘肖叶甲 *Pseudometaxis serriticollis* Jacoby, 1900

分布：云南（怒江），四川；缅甸，泰国，马来西亚，印度尼西亚。

华齿缘肖叶甲 *Pseudometaxis submaculatus* Pic, 1924

分布：云南，贵州，四川，广西，广东，海南。

宽缘萤叶甲属 *Pseudosepharia* Laboissière, 1936

斑翅宽缘萤叶甲 *Pseudosepharia pallinotata* Jiang, 1992

分布：云南（大理）。

红翅宽缘萤叶甲 *Pseudosepharia rufula* Jiang, 1992

分布：云南（怒江）。

蚤跳甲属 *Psylliodes* Berthold, 1827

凹腹蚤跳甲 *Psylliodes abdominalis* Wang, 1992

分布：云南（丽江）。

狭胸蚤跳甲 *Psylliodes angusticollis* Baly, 1874

分布：云南（迪庆、丽江、怒江），四川，福建，台湾，广东；日本，朝鲜，越南。

麻蚤跳甲 *Psylliodes attenuata* (Koch, 1803)

分布：云南（迪庆、丽江），贵州，新疆，河北，山西，内蒙古，甘肃，宁夏，青海，江西；朝鲜，日本，俄罗斯（远东地区），欧洲。

茄蚤跳甲 *Psylliodes balyi* Jacoby, 1884

分布：云南（保山），西藏，贵州，江苏，福建，台湾；日本，越南，柬埔寨，老挝，缅甸，尼泊尔，印度，马来西亚，菲律宾，印度尼西亚，澳大利亚。

红足蚤跳甲 *Psylliodes brettinghami* Baly, 1862

分布：云南，四川，广西，台湾；日本，韩国，越南，缅甸，印度尼西亚，菲律宾，马来西亚，印度，尼泊尔，巴基斯坦，澳大利亚。

黄绿蚤跳甲 *Psylliodes chlorophana* Erichson, 1842

分布：云南，贵州，台湾；印度，日本。

长体蚤跳甲 *Psylliodes elongata* Wang, 1992

分布：云南（怒江）。

华西蚤跳甲 *Psylliodes huaxiensis* Wang, 1992
分布：云南（迪庆、丽江），四川。

长角蚤跳甲 *Psylliodes longicornis* Wang, 1992
分布：云南（迪庆）。

油菜蚤跳甲 *Psylliodes punctifrons* Baly, 1874
分布：云南（迪庆、丽江、怒江、大理），西藏，贵州，四川，山西，甘肃，河南，江苏，安徽，浙江，湖北，江西，湖南，广西，福建；日本，越南。

西藏蚤跳甲 *Psylliodes tibetana* Chen, 1976
分布：云南（迪庆），西藏。

毛萤叶甲属 *Pyrrhalta* Joannis, 1865

红褐毛萤叶甲 *Pyrrhalta brunneipes* Gressitt & Kimoto, 1963
分布：云南（大理），四川，贵州，甘肃，福建，广东。

广州毛萤叶甲 *Pyrrhalta kwangtungensis* Gressitt & Kimoto, 1963
分布：云南（西双版纳），广东，香港。

Pyrrhalta lucka Bezděk & Lee, 2019
分布：云南（西双版纳）；老挝，泰国。

十斑毛萤叶甲 *Pyrrhalta maculata* Gressitt & Kimoto, 1963
分布：云南（西双版纳），甘肃，福建，台湾；越南，泰国，印度，尼泊尔。

绿翅毛萤叶甲 *Pyrrhalta subaenea* (Ogloblin, 1936)
分布：云南（文山），四川，西藏。

沟翅毛萤叶甲 *Pyrrhalta sulcatipennis* (Chen, 1942)
分布：云南，贵州，四川，湖北，湖南。

单脊毛萤叶甲 *Pyrrhalta unicostata* (Pic, 1937)
分布：云南，四川，海南；越南，老挝，泰国，柬埔寨。

Pyrrhalta wilcoxi Gressitt & Kimoto, 1965
分布：云南，贵州，台湾。

准铁甲属 *Rhadinosa* Weise, 1905

细角准铁甲 *Rhadinosa fleutiauxi* (Baly, 1889)
分布：云南（红河、普洱、西双版纳），湖北，江西，湖南，广西，福建，广东；越南，柬埔寨，泰国，马来西亚。

疏毛准铁甲 *Rhadinosa lebongensis* Maulik, 1919
分布：云南（昆明），福建，江西；尼泊尔，印度。

蓝黑准铁甲 *Rhadinosa nigrocyanea* (Motschulsky, 1861)
分布：云南（大理、迪庆），四川，黑龙江，内蒙古，新疆，河北，山西，江苏，安徽，浙江，湖北，江西，福建，广东；俄罗斯，朝鲜，日本。

云南准铁甲 *Rhadinosa yunnanica* Chen & Sun, 1962
分布：云南（玉溪、红河、保山、普洱、怒江、西双版纳）。

棒角铁甲属 *Rhoptrispa* Chen & Tan, 1964

瘤鞘棒角铁甲 *Rhoptrispa clavicornis* Chen & Tan, 1964
分布：云南（西双版纳）。

茎甲属 *Sagra* Fabricius, 1792

股茎甲指名亚种 *Sagra femorata femorata* (Drury, 1773)
分布：云南，四川，浙江，江西，广西，福建，广东；越南，老挝。

紫红耀茎甲 *Sagra fulgida minuta* Pic, 1930
分布：云南（丽江、怒江），四川。

细角跳甲属 *Sangariola* Jakobson, 1922

条背细角跳甲 *Sangariola yuae* Lee, 2014
分布：云南，贵州，福建，广东，湖南，台湾，浙江。

粗腿萤叶甲属 *Sastracella* Jacoby, 1900

老挝粗腿萤叶甲 *Sastracella laosensis* Kimoto, 1989
分布：云南（西双版纳）；老挝。

沙萤叶甲属 *Sastroides* Jacoby, 1884

铅色沙萤叶甲 *Sastroides lividus* (Laboissière, 1935)
分布：云南，海南；越南，老挝，柬埔寨，泰国，缅甸。

蓝沙萤叶甲 *Sastroides submetallica* Gressitt & Kimoto, 1963
分布：云南（普洱），福建，广东。

沟顶肖叶甲属 *Scelodonta* Westwood, 1837

斑鞘沟顶肖叶甲 *Scelodonta dillwyni* (Stephens, 1831)
分布：云南，广西，海南，广东；老挝，越南，泰国，柬埔寨，缅甸，新加坡，尼泊尔，印度尼西亚，马来西亚，菲律宾，欧洲。

葡萄沟顶肖叶甲 *Scelodonta lewisii* **Baly, 1874**
分布：云南，贵州，河北，陕西，山东，江苏，浙江，湖北，江西，湖南，福建，台湾，广东，海南；日本，越南。

额凹萤叶甲属 *Sermyloides* Jacoby, 1884
Sermyloides biunciata **Yang, 1991**
分布：云南。

库额额凹萤叶甲 *Sermyloides coomani* **Laboissière, 1936**
分布：云南，四川，广西；越南，老挝，泰国。

Sermyloides cuspidatus **Yang, 1991**
分布：云南。

横带额凹萤叶甲 *Sermyloides semiornata* **Chen, 1942**
分布：云南，四川，陕西，广西，福建。

Sermyloides sulcatus **Yang, 1991**
分布：云南。

突额凹萤叶甲 *Sermyloides umbonata* **Yang, 1991**
分布：云南。

变色额凹萤叶甲 *Sermyloides varicolor* **Chen, 1942**
分布：云南，西藏，四川，青海，广西，福建。

云南额凹萤叶甲 *Sermyloides yunnanensis* **Yang, 1991**
分布：云南。

显萤叶甲属 *Shaira* Maulik, 1936
全黑显萤叶甲 *Shaira atra* **Chen, Jiang & Wang, 1987**
分布：云南（迪庆）。

四斑显萤叶甲 *Shaira quadriguttata* **Chen, Jiang & Wang, 1987**
分布：云南（迪庆）。

雪萤叶甲属 *Shairella* Chûjô, 1962
Shairella borowieci **Lee & Huang, 2023**
分布：云南（红河）。

胸缘叶甲属 *Siemssenius* Weise, 1922
Siemssenius sulcipennis **Zhang & Yang, 2008**
分布：云南（玉溪），四川。

三带胸缘叶甲 *Siemssenius trifasciatus* **Jiang, 1992**
分布：云南。

地萤叶甲属 *Sikkimia* Duvivier, 1891
红地萤叶甲 *Sikkimia rufa* **Chen, 1964**
分布：云南。

断脊甲属 *Sinagonia* Chen & Tan, 1962
膨角断脊甲 *Sinagonia angulata* **Chen & Tan, 1962**
分布：云南（西双版纳）。

洼胸断脊甲 *Sinagonia foveicollis* **Chen & Tan, 1962**
分布：云南（红河、普洱、保山、德宏、西双版纳），广西，广东，福建。

黑斑断脊甲 *Sinagonia maculigera* **Gestro, 1888**
分布：云南（西双版纳），广东，福建，海南；缅甸。

单梳龟甲属 *Sindia* Uhmann, 1938
十六斑单梳龟甲 *Sindia sedecimmaculata* **(Boheman, 1856)**
分布：云南（红河、普洱、保山、西双版纳），贵州；印度。

双梳龟甲属 *Sindiola* Spaeth, 1903
缅甸双梳龟甲 *Sindiola burmensis* **(Spaeth, 1938)**
分布：云南（西双版纳）；缅甸。

淡腹双梳龟甲 *Sindiola hospita* **(Boheman, 1855)**
分布：云南（曲靖、红河、西双版纳），四川，广西，广东，海南；越南，老挝，柬埔寨，缅甸，马来西亚。

二十六斑双梳龟甲 *Sindiola vigintisexnotata* **(Boheman, 1855)**
分布：云南（保山、红河、普洱、德宏、西双版纳），广西；越南，缅甸，印度，印度尼西亚。

并爪铁甲属 *Sinispa* Uhmann, 1938
云南并爪铁甲 *Sinispa yunnana* **Uhmann, 1938**
分布：云南。

光叶甲属 *Smaragdina* Chevrolat, 1836
黑光肖叶甲 *Smaragdina aethiops* **Lopatin, 2004**
分布：云南。

心斑光肖叶甲 *Smaragdina centromaculata* **Medvedev, 1995**
分布：云南。

扁背光肖叶甲 *Smaragdina compressipennis* **Pic, 1927**
分布：云南，四川。

凹缘光肖叶甲 *Smaragdina emarginata* Medvedev, 1995

分布：云南。

云南光肖叶甲 *Smaragdina guillebeaui* Pic, 1927

分布：云南，广西。

沟背光叶甲 *Smaragdina impressicollis* Tang, 1992

分布：云南（丽江）。

黑额光叶甲 *Smaragdina laevicollis* (Jacoby, 1842)

分布：云南，贵州，四川，辽宁，河北，北京，山西，陕西，山东，河南，江苏，安徽，浙江，湖北，江西，湖南，广西，福建，台湾，广东；朝鲜，日本。

拉氏光肖叶甲 *Smaragdina laosensis* Kimoto & Gressitt, 1981

分布：云南。

微光肖叶甲 *Smaragdina levi* Lopatin, 2004

分布：云南。

Smaragdina magnipunctata Duan, Wang & Zhou, 2022

分布：云南。

黑额光叶甲 *Smaragdina nigrifrons* (Hope, 1842)

分布：云南（文山），贵州，四川，辽宁，河北，北京，山西，陕西，山东，河南，江苏，安徽，浙江，湖北，江西，湖南，广西，福建，台湾，广东；朝鲜，日本。

黑腹光肖叶甲 *Smaragdina nigrosternum* Erber & Medvedev, 1999

分布：云南，四川。

紫黑光肖叶甲 *Smaragdina nigroviolacea* Lopatin, 2004

分布：云南。

长光肖叶甲 *Smaragdina oblongum* Lopatin, 2009

分布：云南（丽江）。

大眼光肖叶甲 *Smaragdina oculata* Medvedev, 1988

分布：云南。

黑跗光叶甲 *Smaragdina peplopteroides* (Weise, 1889)

分布：云南（昆明、玉溪、丽江、迪庆），四川，甘肃。

四斑光肖叶甲 *Smaragdina quadrimaculata* Lopatin, 2009

分布：云南（丽江）。

黑缝光肖叶甲 *Smaragdina scalaris* Pic, 1927

分布：云南。

黑足光肖叶甲 *Smaragdina subacuminata* Pic, 1927

分布：云南。

谭氏光肖叶甲 *Smaragdina tani* Lopatin, 2004

分布：云南。

虎纹光肖叶甲 *Smaragdina virgata* Lopatin, 2004

分布：云南。

沃氏光肖叶甲 *Smaragdina volkovitshi* Lopatin, 2004

分布：云南。

滇光肖叶甲 *Smaragdina yunnana* Medvedev, 1995

分布：云南。

张氏光肖叶甲 *Smaragdina zhangi* Wang & Zhou, 2013

分布：云南（怒江），四川。

广颈豆象属 *Spermophagus* Schönherr, 1833

红腹广颈豆象 *Spermophagus abdominalis* Fabricius, 1781

分布：云南（红河、普洱、保山、西双版纳），台湾；蒙古国，俄罗斯。

Spermophagus atrispinus Borowiec, 1995

分布：云南；尼泊尔，印度，泰国。

Spermophagus caucasicus Baudi di Selve, 1886

分布：云南，四川，陕西；俄罗斯，伊朗，朝鲜，巴基斯坦，中亚，西亚。

Spermophagus drak Borowiec, 1991

分布：云南；越南。

Spermophagus longepygus Anton, 1993

分布：云南，福建；尼泊尔，印度，中亚。

Spermophagus negligens Pic, 1917

分布：云南，湖南。

黑广颈豆象 *Spermophagus niger* Motschulsky, 1866

分布：云南，广东，海南，台湾；尼泊尔，不丹，印度。

Spermophagus punjabensis Borowiec, 1991

分布：云南；印度。

中华广颈豆象 *Spermophagus sinensis* Pic, 1918

分布：云南；不丹，尼泊尔，印度。

Spermophagus stemmleri Decelle, 1977

分布：云南；阿富汗，不丹，印度，尼泊尔，巴基斯坦。

点广颈豆象 *Spermophagus variolosopunctatus* **Gyllenhal, 1833**
分布：云南，台湾，海南；尼泊尔，印度。

球跳甲属 *Sphaeroderma* Stephens, 1831
黄尾球跳甲 *Sphaeroderma apicale* **Baly, 1874**
分布：云南（怒江），四川，贵州，宁夏，甘肃，湖北，江西，湖南，福建，台湾，广东；日本，越南，韩国。

黑胸球跳甲 *Sphaeroderma atrithorax* **Chen, 1934**
分布：云南；越南。

箬竹黄尾球跳甲 *Sphaeroderma bambusicola* **Wang, Ge & Li, 2010**
分布：云南。

双脊黄尾球跳甲 *Sphaeroderma bicarinata* **Wang, Ge & Cui, 2010**
分布：云南。

云南球跳甲 *Sphaeroderma chongi* **Chen, 1935**
分布：云南。

红球跳甲 *Sphaeroderma confine* **Chen, 1939**
分布：云南（德宏），广西；越南。

斑翅球跳甲 *Sphaeroderma maculatum* **Wang, 1992**
分布：云南（迪庆）。

黑头球跳甲 *Sphaeroderma nigrocephalum* **Wang, 1992**
分布：云南（丽江）。

纵列球跳甲 *Sphaeroderma seriatum* **Baly, 1874**
分布：云南（保山），贵州，湖北，浙江，湖南，福建；日本，越南。

丽球跳甲 *Sphaeroderma splendens* **Gressitt & Kimoto, 1963**
分布：云南。

斯萤叶甲属 *Sphenoraia* Clark, 1865
博氏斯萤叶甲 *Sphenoraia berberii* **Jiang, 1992**
分布：云南（丽江、迪庆）。

Sphenoraia decemmaculata **Feng, Yang , Li & Liu, 2022**
分布：云南（玉溪），四川。

粗点斯萤叶甲 *Sphenoraia duvivieri* **Laboissière, 1926**
分布：云南（红河、文山、西双版纳），贵州，湖南，广西，广东；越南，老挝，泰国，印度，缅甸。

十四斑斯萤叶甲 *Sphenoraia nebulosa* **(Gyllenhal, 1808)**
分布：云南（文山、西双版纳），广西，广东，海南；越南，缅甸，老挝，柬埔寨，印度，泰国。

黑斑斯萤叶甲 *Sphenoraia nigromaculata* **Jiang, 1992**
分布：云南，四川。

印度斯萤叶甲 *Sphenoraia rutilans* **(Hope, 1831)**
分布：云南（西双版纳）；印度，缅甸，尼泊尔，不丹，巴基斯坦，孟加拉国。

瘦跳甲属 *Stenoluperus* Ogloblin, 1936
黄瘦跳甲 *Stenoluperus flaviventris* **Chen, 1942**
分布：云南，西藏，四川，贵州，江苏，浙江，湖北，湖南，福建，台湾。

暗瘦跳甲 *Stenoluperus niger* **Wang, 1992**
分布：云南（大理、怒江）。

日本瘦跳甲 *Stenoluperus nipponensis* **(Laboissière, 1913)**
分布：云南（迪庆、大理、怒江），四川，西藏，甘肃，浙江，湖南，福建，台湾；朝鲜，日本，俄罗斯。

刻头瘦跳甲 *Stenoluperus puncticeps* **Wang, 1992**
分布：云南（迪庆、丽江、大理、怒江），四川，西藏。

棕足瘦跳甲 *Stenoluperus tibialis* **Chen, 1942**
分布：云南（大理、怒江），四川，西藏，贵州，台湾。

梭形叶甲属 *Suinzona* Chen, 1931
丝光梭形叶甲 *Suinzona ogloblini* **Daccordi & Ge, 2011**
分布：云南（大理）。

云南梭形叶甲 *Suinzona yunnana* **(Lopatin, 2004)**
分布：云南。

沟股豆象属 *Sulcobruchus* Chûjô, 1937
Sulcobruchus griseosuturalis **(Pic, 1932)**
分布：云南；印度，老挝，泰国。

圆胸叶甲属 *Taipinus* Lopatin, 2007
壮圆胸叶甲 *Taipinus elatus* **Daccordi & Ge, 2011**
分布：云南（红河），贵州，湖北，广西。

Taphinellina Maulik, 1936

Taphinellina aeneofusca Weise, 1889

分布：云南，四川，西藏，甘肃。

Taphinellina chinensis Gressitt & Kimoto, 1963

分布：云南。

奇萤叶甲属 *Taumacera* Thunberg, 1814

云南平萤叶甲 Taumacera aureipennis Laboissière, 1933

分布：云南。

云南奇萤叶甲 Taumacera gracilicornis Gressitt & Kimoto, 1963

分布：云南。

印度奇萤叶甲 Taumacera indica (Jacoby, 1889)

分布：云南；越南，老挝，泰国，缅甸。

蓝翅奇萤叶甲 Taumacera occipitalis (Laboissière, 1933)

分布：云南；越南。

变头奇萤叶甲 Taumacera variceps (Laboissière, 1933)

分布：云南；越南。

Taumaceroides Lopatin, 2009

Taumaceroides sinicus Lopatin, 2009

分布：云南（大理）。

显脊萤叶甲属 *Theopea* Baly, 1864

双色显脊萤叶甲 Theopea bicolor Kimoto, 1989

分布：云南（西双版纳）；越南，泰国，老挝。

Theopea bicoloroides Lee & Bezděk, 2020

分布：云南（西双版纳）；老挝。

老挝显脊萤叶甲 Theopea laosensis Lee & Bezděk, 2018

分布：云南（保山、西双版纳），广东，广西；老挝，越南。

尾龟甲属 *Thlaspida* Weise, 1899

双枝尾龟甲 Thlaspida biramosa (Boheman, 1855)

分布：云南（玉溪、红河、文山、楚雄），贵州，四川，湖北，安徽，江苏，浙江，湖南，广西，福建，台湾，广东，海南；越南。

双枝尾龟甲指名亚种 Thlaspida biramosa biramosa (Boheman, 1855)

分布：云南（玉溪、红河、文山、楚雄），贵州，四川，湖北，安徽，江苏，浙江，湖南，广西，福建，台湾，广东，海南；日本，越南，老挝，马来西亚。

淡班尾龟甲 Thlaspida cribrosa (Boheman, 1855)

分布：云南（红河、普洱、德宏、西双版纳），四川，台湾；老挝，缅甸，泰国，印度。

阔龟甲属 *Thlaspidosoma* Spaeth, 1901

长角阔龟甲 Thlaspidosoma brevis Chen & Zia, 1964

分布：云南（西双版纳）。

长瘤跳甲属 *Trachytetra* Sharp, 1886

醉鱼草长瘤跳甲 Trachytetra buddlejae Wang, 1990

分布：云南（怒江、大理）。

金绿长瘤跳甲 Trachytetra cyanea (Chen, 1939)

分布：云南（丽江、怒江、大理、保山），贵州，四川，广西。

金黄长瘤跳甲 Trachytetra fulva Wang, 1990

分布：云南（怒江、大理）。

暗棕长瘤跳甲 Trachytetra obscura (Jacoby, 1885)

分布：云南（迪庆、大理、怒江），四川，浙江，江西，福建；日本，越南。

饰长瘤跳甲 Trachytetra ornata Medvedev, 2007

分布：云南。

黑缝长瘤跳甲 Trachytetra suturalis (Chen, 1934)

分布：云南（红河、昆明、迪庆），四川，甘肃；越南。

厚毛萤叶甲属 *Trichobalya* Weise, 1890

厚毛萤叶甲 Trichobalya bowringii (Baly, 1890)

分布：云南（昭通），广东，海南，香港；印度，越南，老挝，泰国。

黑头厚毛萤叶甲 Trichobalya melanocephala (Jacoby, 1889)

分布：云南；越南，老挝，缅甸，泰国。

毛叶甲属 *Trichochrysea* Baly, 1861

基齿毛叶甲 Trichochrysea clypeata (Jacoby, 1889)

分布：云南；越南，缅甸。

丽毛叶甲 Trichochrysea hebe (Baly, 1864)

分布：云南（红河、西双版纳）；老挝。

绒毛叶甲 Trichochrysea hirta (Fabricius, 1801)

分布：云南（红河、文山），四川，浙江，江西，湖南，福建，海南，广东；越南，老挝，柬埔寨，缅甸，泰国，印度，马来西亚，印度尼西亚。

大毛叶甲 Trichochrysea imperialis (Baly, 1861)

分布：云南（红河、文山），贵州，四川，甘肃，江苏，浙江，湖北，江西，湖南，广西，福建，广东；越南。

银纹毛叶甲 Trichochrysea japana (Motschulsky, 1857)

分布：云南（红河），贵州，四川，北京，江苏，浙江，湖北，江西，湖南，广西，福建，海南，广东；日本，越南，朝鲜。

亮毛叶甲 Trichochrysea mandarina (Lefèvre, 1893)

分布：云南（红河、西双版纳）；越南，老挝，泰国。

闪烁毛叶甲 Trichochrysea marmorata Tan, 1984

分布：云南（昆明、红河）。

齿缘毛叶甲 Trichochrysea mouhoti Baly, 1860

分布：云南（普洱、西双版纳）；越南，老挝，柬埔寨，泰国。

合欢毛叶甲 Trichochrysea nitidissima (Jacoby, 1888)

分布：云南（昆明、玉溪、红河、保山），四川，浙江，江西，湖南，广西，福建，广东。

紫纹毛叶甲 Trichochrysea purpureonotata Pic, 1927

分布：云南。

青铜毛叶甲 Trichochrysea sericea Pic, 1926

分布：云南。

白绒毛肖叶甲 Trichochrysea viridis (Jacoby, 1892)

分布：云南（德宏、红河、西双版纳），广西，福建，海南；越南，缅甸。

毛条肖叶甲属 Trichocolaspis Medvedev, 2005

多毛条肖叶甲 Trichocolaspis pubescens Medvedev, 2005

分布：云南。

毛米萤叶甲属 Trichomimastra Weise, 1922

梯胸毛米萤叶甲 Trichomimastra pellucida (Ogloblin, 1936)

分布：云南，四川，西藏。

Trichosepharia Laboissière, 1936

Trichosepharia pubescens Laboissière, 1936

分布：云南；越南。

齿股肖叶甲属 Trichotheca Baly, 1860

黑端齿股肖叶甲 Trichotheca apicalis Pic, 1928

分布：云南。

红额齿股肖叶甲 Trichotheca rufofrontalis Tan, 1992

分布：云南（丽江）。

一色齿股肖叶甲 Trichotheca unicolor Chen & Wang, 1976

分布：云南（德宏、保山）。

华西齿股肖叶甲 Trichotheca ventralis Chen, 1935

分布：云南，四川。

大眼肖叶甲属 Tricliona Lefèvre, 1885

黑绿大眼肖叶甲 Tricliona consobrina Chen, 1935

分布：云南（红河）；越南。

黄肖叶甲属 Xanthonia Baly, 1863

杉针黄肖叶甲 Xanthonia collaris Chen, 1940

分布：云南（迪庆、丽江），西藏，四川，山西，青海。

额窝黄肖叶甲 Xanthonia foveata Tan, 1992

分布：云南（迪庆），西藏。

光亮黄肖叶甲 Xanthonia glabrata Tan, 1992

分布：云南（怒江）。

褐斑黄肖叶甲 Xanthonia signata Chen, 1935

分布：云南（丽江），贵州，四川，湖北。

似光亮黄肖叶甲 Xanthonia similis Tan, 1992

分布：云南（大理、怒江）。

新脊萤叶甲属 Xingeina Chen, Jiang & Wang, 1987

直斑新脊萤叶甲 Xingeina vittata Chen, Jiang & Wang, 1987

分布：云南（迪庆）。

沟顶跳甲属 Xuthea Baly, 1865

双行沟顶跳甲 Xuthea geminalis Wang, 1992

分布：云南（迪庆）。

东方沟顶跳甲 Xuthea orientalis Baly, 1865

分布：云南（保山、文山、普洱、德宏、西双版纳），四川，西藏，甘肃，台湾；朝鲜，越南，缅甸，印度。

云南沟顶跳甲 Xuthea yunnanensis Heikertinger, 1948

分布：云南（怒江、大理、西双版纳）；印度。

云萤叶甲属 *Yunaspes* Chen, 1976

黑跗云萤叶甲 *Yunaspes nigritarsis* Chen, 1976
分布：云南（文山、西双版纳）。

云叶甲属 *Yunnaedon* Daccordi & Medvedev, 2000

盘古云叶甲 *Yunnaedon pankui* Daccordi & Medvedev, 1999
分布：云南。

滇萤叶甲属 *Yunnaniata* Lopatin, 2009

康氏滇萤叶甲 *Yunnaniata konstantinovi* Lopatin, 2009
分布：云南（丽江）。

云丝跳甲属 *Yunohespera* Chen & Wang, 1984

光胸云丝跳甲 *Yunohespera sulcicollis* Chen & Wang, 1984
分布：云南（迪庆、怒江）。

云毛跳甲属 *Yunotrichia* Chen & Wang, 1980

黑条云毛跳甲 *Yunotrichia mediovittata* Chen & Wang, 1980
分布：云南。

藏萤叶甲属 *Zangia* Li & Zhu, 2011

黄斑藏萤叶甲 *Zangia signata* Jiang, 1990
分布：云南（迪庆、大理、怒江）。

距甲科 Megalopodidae

沟距甲属 *Poecilomorpha* Hope, 1840

***Poecilomorpha assamensis* (Jacoby, 1908)**
分布：云南，海南。

***Poecilomorpha assamensis yunnana* Chen & Pu, 1962**
分布：云南。

条盘距甲 *Poecilomorpha discolineata* (Pic, 1938)
分布：云南（西双版纳）；泰国，老挝。

矩斑距甲 *Poecilomorpha downesi* (Baly, 1859)
分布：云南，四川，贵州，湖北，广西，广东；尼泊尔，印度，老挝。

老挝距甲 *Poecilomorpha laosensis* (Pic, 1922)
分布：云南（西双版纳）；越南，老挝。

斑距甲 *Poecilomorpha maculata* (Pic, 1926)
分布：云南，广西，海南；越南。

三斑距甲 *Poecilomorpha mouhoti* (Baly, 1864)
分布：云南（西双版纳）；老挝，柬埔寨，泰国，缅甸。

丽距甲 *Poecilomorpha pretiosa* (Reineck, 1923)
分布：云南（丽江），湖北，浙江，江西，湖南，广西，福建，广东，海南，台湾。

瘤距甲属 *Temnaspis* Lacordaire, 1845

双齿距甲 *Temnaspis bidentata* Pic, 1922
分布：云南，四川，黑龙江，广西；印度，中南半岛。

***Temnaspis flavicornis* Jacoby, 1892**
分布：云南（西双版纳），四川，广西；印度，缅甸。

黑翅距甲 *Temnaspis insignis* Baly, 1859
分布：云南，海南；柬埔寨，马来西亚，泰国，越南，老挝，印度。

***Temnaspis japonica* Baly, 1873**
分布：云南（丽江）；日本。

***Temnaspis nigroplagiata* Jacoby, 1892**
分布：云南（丽江）；缅甸。

蒲氏突距甲 *Temnaspis puae* Li & Liang, 2013
分布：云南（德宏）；缅甸。

***Temnaspis regalis* Achard, 1920**
分布：云南，贵州，四川，西藏，浙江。

红胫距甲 *Temnaspis sanguinicollis* Chen & Pu, 1962
分布：云南。

七星距甲 *Temnaspis septemmaculata* (Hope, 1831)
分布：云南，四川，贵州，西藏，浙江，台湾；印度，缅甸，尼泊尔，越南。

棕色距甲 *Temnaspis testacea* Gressitt & Kimoto, 1961
分布：云南。

强距甲 *Temnaspis vitalisi* (Pic, 1922)
分布：云南（迪庆），西藏；越南，老挝，日本。

小距甲属 *Zeugophora* Kunze, 1818

蓝小距甲 *Zeugophora cyanea* Chen, 1974
分布：云南（迪庆），四川，青海，陕西。

扁小距甲 *Zeugophora impressa* Chen & Pu, 1962
分布：云南。

印度小距甲 *Zeugophora indica* Jacoby, 1903
分布：云南；印度。
长角小距甲 *Zeugophora longicornis* Westwood, 1864
分布：云南（昆明、红河、西双版纳）；印度，尼泊尔。
黑小距甲 *Zeugophora nigroapica* Li & Liang, 2018
分布：云南（大理）。
黄翅小距甲 *Zeugophora ornata* (Achard, 1914)
分布：云南，江西，江苏。
四斑小距甲 *Zeugophora tetraspilota* Medvedev, 1997

分布：云南。
三色小距甲 *Zeugophora tricolor* Chen & Pu, 1962
分布：云南。
Zeugophora trifasciata Li & Liang, 2020
分布：云南（普洱）。
Zeugophora yuae Li & Liang, 2020
分布：云南（西双版纳）。
云南小距甲 *Zeugophora yunnanica* Chen & Pu, 1962
分布：云南（迪庆），西藏；尼泊尔。

红萤科 Lycidae

丽红萤属 *Calochromus* Guérin-Méneville, 1833
黄褐带丽红萤 *Calochromus testaceocinctus* Pic, 1938
分布：云南。

Chinotaphes Bocák & Bocáková, 1999
Chinotaphes weibaoshanensis Bocák & Bocáková, 1999
分布：云南。

棒红萤属 *Cladophorus* Guerin-Meneville, 1831
不全棒红萤 *Cladophorus incompletus* Pic, 1939
分布：云南。

姬红萤属 *Dihammatus* Waterhouse, 1879
中国姬红萤 *Dihammatus chinensis* Bocáková, 2003
分布：云南。
云南姬红萤 *Dihammatus yunnanensis* Bocáková, 2000
分布：云南。

细红萤属 *Dilophotes* Waterhouse, 1879
裂细红萤 *Dilophotes diversipennis* Pic, 1922
分布：云南。

丝角红萤属 *Erotides* Waterhouse, 1879
Erotides matsudai (Bocák, 1996)
分布：云南。

Gynopterus Mulsant & Rey, 1868
Gynopterus diversipennis (Pic, 1907)
分布：云南。

Helcophorus Fairmaire, 1891
Helcophorus murzini Kazantsev, 2004
分布：云南。
Helcophorus tricolor Kazantsev, 2000
分布：云南。

Libnetisia Pic, 1921
Libnetisia yunnanensis Bocáková, 2004
分布：云南（保山）。

吻红萤属 *Lycostomus* Motschulsky, 1861
红带吻红萤指名亚种 *Lycostomus rubrocinctus rubrocinctus* Fairmaire, 1886
分布：云南，西藏；印度。

窄胸红萤属 *Lyponia* Waterhouse, 1878
苍山窄胸红萤 *Lyponia cangshanica* Li, Bocak & Pang, 2015
分布：云南（大理、迪庆）。
Lyponia minuta Bocák, 1999
分布：云南。
Lyponia pertica Bocák, 1999
分布：云南，四川。
Lyponia ruficeps Liu, Fang & Yang, 2024
分布：云南（保山）。
Lyponia taliensis Bocák, 1999
分布：云南。

硕红萤属 *Macrolycus* Waterhouse, 1878
Macrolycus aurantiacus Kazantsev, 2001
分布：云南（保山）。

多脊硕红萤 *Macrolycus multicostatus* **Kazantsev, 2002**
分布：云南（丽江、大理），四川。

Macrolycus oreophilus **Kazantsev, 2002**
分布：云南（丽江），四川。

云南硕红萤 *Macrolycus yunnanus* **Kazantsev, 2001**
分布：云南（大理）。

Mesolycus Gorham, 1883
Mesolycus berezowskii **(Kazantsev, 2000)**
分布：云南，四川，湖北，陕西。

Mesolycus tibetanus **Kazantsev, 2000**
分布：云南，四川。

Microtrichalus Pic, 1921
Microtrichalus fuliginosus **(Bourgeois, 1883)**
分布：云南。

Ochinoeus Kubecek, Bray & Bocak, 2015
Ochinoeus habashanensis **Kubecek, Bray & Bocak, 2015**
分布：云南（迪庆）。

三叶红萤属 *Platerodrilus* Pic, 1921
Platerodrilus igneus **Li, Pang & Boak, 2017**
分布：云南（西双版纳）；老挝。

短沟红萤属 *Plateros* Bourgeois, 1879
弯线短沟红萤 *Plateros curtelineatus* **Pic, 1926**

分布：云南。

Plateros dubius **Bocáková, 1997**
分布：云南。

Plateros harmandi **Bourgeois, 1902**
分布：云南；印度，尼泊尔。

Plateros infuscatus **Bocáková, 1997**
分布：云南。

鸡足山短沟红萤 *Plateros jizushanensis* **Bocáková, 1997**
分布：云南。

库班短沟红萤 *Plateros kubani* **Bocáková, 1997**
分布：云南。

平短沟红萤指名亚种 *Plateros planatus planatus* **Waterhouse, 1879**
分布：云南，四川；尼泊尔。

Plateros rubens **Bocáková, 1997**
分布：云南。

云南短沟红萤 *Plateros yunnanensis* **Bocáková, 1997**
分布：云南。

宠红萤属 *Ponyalis* Fairmaire, 1900
宽角宠红萤 *Ponyalis laticornis* **Fairmaire, 1899**
分布：云南，贵州；缅甸，越南。

方胸红萤 *Ponyalis quadricollis* **(Kiesenwetter, 1874)**
分布：云南（德宏）。

萤科 Lampyridae

棘手萤属 *Abscondita* Ballantyne, Lambkin & Fu, 2013
大斑棘手萤 *Abscondita anceyi* **(Olivier, 1891)**
分布：云南，四川，湖北，浙江，广东，海南。

边褐端黑萤 *Abscondita terminalis* **(Olivier, 1883)**
分布：云南，河南，湖北，福建，广东，香港，台湾。

水萤属 *Aquatica* Fu & Ballantyne, 2010
黄缘水萤 *Aquatica ficta* **(Olivier, 1909)**
分布：云南，四川，重庆，湖北，福建，广东，香港，台湾；俄罗斯。

歪片熠萤属 *Asymmetricata* Ballantyne, 2009
黄宽歪片熠萤 *Asymmetricata circumdata* **(Motsch, 1854)**
分布：云南（文山），贵州，重庆，江西，湖南，广东，海南；俄罗斯。

二裂歪片熠萤 *Asymmetricata ovalis* **(Hope, 1831)**
分布：云南，台湾；尼泊尔。

脉翅萤属 *Curtos* Motschulsky, 1845
双带脉翅萤 *Curtos bilineatus* **Pic, 1927**
分布：云南（临沧）。

黄脉翅萤 *Curtos costipennis* **(Gorham, 1880)**
分布：云南，贵州，北京，江苏，福建，台湾。

双栉角萤属 *Cyphonocerus* Kiesenwetter, 1879

三角双栉角萤 *Cyphonocerus triangulus* **Jeng, Yang & Satô, 2006**

分布：云南，台湾。

短角窗萤属 *Diaphanes* Motschulsky, 1853

橙色短角窗萤 *Diaphanes citrinus* **Olivier, 1911**

分布：云南，浙江，福建，海南，台湾。

斑点短角窗萤 *Diaphanes guttatus* **Gorham, 1880**

分布：云南（玉溪）；印度，孟加拉国。

荧光短角窗萤 *Diaphanes lampyroides* **(Olivier, 1891)**

分布：云南（西双版纳），台湾；缅甸。

拟态短角窗萤 *Diaphanes mendax* **Olivier, 1891**

分布：云南（楚雄）；缅甸。

浅狄萤 *Diaphanes nubilus* **Jeng & Lai, 2001**

分布：云南（保山）。

梳状短角窗萤 *Diaphanes pectinealis* **Li & Liang, 2007**

分布：云南（玉溪、保山）；越南。

棕斑短角窗萤 *Diaphanes plagiator* **Olivier, 1891**

分布：云南；缅甸。

黑翅短角窗萤 *Diaphanes serotinus* **Olivier, 1907**

分布：云南；缅甸。

片须萤属 *Lamellipalpodes* Maulik, 1921

云南片须萤 *Lamellipalpodes yunnanensis* **Bocáková, 2015**

分布：云南（西双版纳）；老挝。

扁萤属 *Lamprigera* Motschulsky, 1853

高山扁萤 *Lamprigera alticola* **Dong & Li, 2021**

分布：云南。

艾古扁萤 *Lamprigera angustior* **Fainnaire, 1886**

分布：云南。

禄劝扁萤 *Lamprigera luquanensis* **Dong & Li, 2021**

分布：云南。

巨胸扁萤 *Lamprigera magnapronotum* **Dong & Li, 2021**

分布：云南。

小盾扁萤 *Lamprigera minor* **(Olivier, 1885)**

分布：云南，台湾；缅甸。

窗形扁萤 *Lamprigera morator* **(Olivier, 1891)**

分布：云南；缅甸。

尼泊尔扁萤 *Lamprigera nepalensis* **(Hope, 1831)**

分布：云南；尼泊尔，缅甸。

克什米尔扁萤 *Lamprigera nitidicollis* **(Fairmaire, 1891)**

分布：云南；克什米尔地区。

云南扁萤 *Lamprigera yunnana* **(Fainnaire, 1897)**

分布：云南（楚雄、红河），湖北。

萤属 *Lampyris* Geoffroy, 1762

平翅萤 *Lampyris platyptera* **Fainnaire, 1887**

分布：云南。

熠萤属 *Luciola* Laporte, 1833

拟纹熠萤 *Luciola curtithorax* **Pic, 1928**

分布：云南，海南，台湾；越南。

黑岩熠萤 *Luciola kuroiwae* **Matsumura, 1918**

分布：云南；日本。

斑胸熠萤 *Luciola stigmaticollis* **Fairmaire, 1887**

分布：云南。

黑脉萤属 *Pristolycus* Gorham, 1883

安南黑脉萤 *Pristolycus annamitus* **Pic, 1916**

分布：云南。

明亮黑脉萤 *Pristolycus levi* **Kasantsev, 1995**

分布：云南；越南。

黑尾黑脉萤 *Pristolycus nigronotatus* **Pic, 1916**

分布：云南。

三色黑脉萤 *Pristolycus tricolor* **Pic, 1928**

分布：云南；越南。

突尾熠萤属 *Pygoluciola* Wittmer, 1939

窎宇突尾熠萤 *Pygoluciola qingyu* **Fu & Ballantyne, 2008**

分布：云南，贵州，重庆，湖北，江西，湖南，广东，海南，香港。

窗萤属 *Pyrocoelia* Gorham, 1880

卵翅窗萤 *Pyrocoelia amplissima* **Olivier, 1886**

分布：云南（昭通），四川，重庆，湖北，广西，福建。

台湾窗萤 *Pyrocoelia analis* **(Fabricius, 1801)**

分布：云南，贵州，黑龙江，江西，浙江，广西，福建，广东，海南，香港，台湾；越南，老挝，柬埔寨，泰国，缅甸，马来西亚。

双色窗萤 *Pyrocoelia bicolor* **(Fabricius, 1801)**

分布：云南；印度尼西亚。

黄腹窗萤 *Pyrocoelia flaviventris* **(Fairmaire, 1878)**
分布：云南，江西，广西。

默氏窗萤 *Pyrocoelia motschulskyi* **Motschulsky, 1853**
分布：云南（昆明），贵州，北京。

橙边窗萤 *Pyrocoelia praetexta* **Olivier, 1911**
分布：云南（保山），台湾。

云南窗萤 *Pyrocoelia pygidialis* **Pic, 1926**
分布：云南（昆明、玉溪、大理、怒江）。

西藏窗萤 *Pyrocoelia thibetiana* **Olivier, 1886**
分布：云南（迪庆），西藏。

栉角萤属 *Vesta* **Laporte, 1833**

赤腹栉角萤 *Vesta impressicollis* **Fairmaire, 1891**
分布：云南，四川，重庆，北京，河北，陕西，湖北，安徽，浙江，湖南，广西，福建，台湾。

卵翅栉角萤 *Vesta rufiventris* **(Motschulsky, 1854)**
分布：云南，四川，浙江，湖南，福建。

黄翅栉角萤 *Vesta saturnalis* **Gorham, 1880**
分布：云南，广西，广东。

花萤科 Cantharidae

阿森花萤属 *Athemus* **Lewis, 1895**

Athemus rolciki indosinicus **Švihla, 2005**
分布：云南（西双版纳）；老挝，泰国。

云南阿森花萤 *Athemus subincisus* **Wittmer, 1995**
分布：云南（丽江）。

花萤属 *Cantharis* **Linnaeus, 1758**

Cantharis piceogeniculata **Pic, 1926**
分布：云南。

红盾花萤 *Cantharis rufoscuta* **Pic, 1922**
分布：云南。

赛花萤属 *Cyrebion* **Fairmaire, 1891**

红缘赛花萤 *Cyrebion subrufolineatus* **(Wittmer, 1995)**
分布：云南。

拟齿花萤属 *Falsopodabrus* **Pic, 1927**

大异拟齿花萤 *Falsopodabrus particularis* **(Pic, 1931)**
分布：云南；尼泊尔。

三足拟齿花萤 *Falsopodabrus tridentatus* **Yang, 2016**
分布：云南（保山、怒江）。

异角花萤属 *Fissocantharis* **Pic, 1921**

二窝异角花萤 *Fissocantharis bifoveatus* **Yang & Yang, 2014**
分布：云南（怒江）。

广东异角花萤 *Fissocantharis kontumensis* **Wittmer, 1989**
分布：云南（普洱、红河、保山、西双版纳）；越南，缅甸。

淡黄异角花萤 *Fissocantharis semimetallica* **Yang & Yang，2011**
分布：云南（保山）；缅甸。

余氏异角花萤 *Fissocantharis yui* **Yang & Yang, 2011**
分布：云南（怒江）。

Frostia **Fender, 1951**

Frostia abdominalis **Wittmer, 1995**
分布：云南。

Frostia basicrassa **(Wittmer, 1997)**
分布：云南。

Frostia cornuta **Wittmer, 1997**
分布：云南。

Frostia expansicornis **Wittmer, 1997**
分布：云南。

Frostia semiinflata **Wittmer, 1993**
分布：云南。

长角花萤属 *Habronychus* **Wittmer, 1981**

双色长角花萤 *Habronychus bicoloratus* **Yang, Brancucci & Yang, 2009**
分布：云南（怒江）。

赵氏长角花萤 *Habronychus chaoi* **Wittmer, 1997**
分布：云南（怒江、保山），西藏。

粗长角花萤 *Habronychus crassatus* **Yang, Ge & Yang, 2022**
分布：云南（保山）。

敬长角花萤 *Habronychus honestus* Yang, Ge & Yang, 2022

分布：云南（西双版纳）。

宽头长角花萤 *Habronychus laticeps* Yang, Ge & Yang, 2022

分布：云南（怒江）。

头带长角花萤 *Habronychus lineaticeps* (Pic, 1914)

分布：云南；越南。

平胸长角花萤 *Habronychus parallelicollis* (Pic, 1921)

分布：云南（大理、红河、西双版纳）。

腾冲长角花萤 *Habronychus tengchongensis* Yang, Ge & Yang, 2022

分布：云南（保山）。

异花萤属 *Lycocerus* Gorham, 1889

Lycocerus acutiapicis Yang & Xi, 2021

分布：云南（大理）。

铜色拟足花萤 *Lycocerus aenescens* (Fairmaire, 1889)

分布：云南（大理），四川，贵州，广西。

Lycocerus angulatus Wittmer, 1995

分布：云南。

斑胸异花萤 *Lycocerus asperipennis* (Fairmaire, 1891)

分布：云南，四川，甘肃，陕西，山西，河南，湖北。

黑斑异花萤 *Lycocerus atronotatus* Pic, 1932

分布：云南，四川。

Lycocerus brevelineatus Pic, 1916

分布：云南。

暗异花萤 *Lycocerus caliginostus* Gorham, 1889

分布：云南（西双版纳）；泰国，缅甸。

Lycocerus carolusi Wittmer, 1995

分布：云南。

Lycocerus daliensis Yang & Yang, 2021

分布：云南。

东川异花萤 *Lycocerus dongchuanus* Wittmer, 1995

分布：云南。

Lycocerus elongatissimus Wittmer, 1997

分布：云南。

Lycocerus guerryi (Pic, 1906)

分布：云南（大理）。

Lycocerus guerryi atroapicipennis (Pic, 1914)

分布：云南（西双版纳）；越南。

何氏异花萤 *Lycocerus hedini* Pic, 1933

分布：云南，四川，甘肃。

黑头异花萤 *Lycocerus inopaciceps* (Pic, 1926)

分布：云南，西藏，四川，陕西。

金氏异花萤 *Lycocerus jendeki* Švihla, 2005

分布：云南（普洱、西双版纳）；老挝。

缘赖花萤 *Lycocerus limbatus* Pic, 1915

分布：云南，四川。

长毛异花萤 *Lycocerus longihirtus* Yang & Yang, 2014

分布：云南（丽江）。

Lycocerus longipilis longipilis Wittmer, 1995

分布：云南。

Lycocerus mainriensis Yang & Xi, 2021

分布：云南（横断山区）。

马氏异花萤 *Lycocerus malaisei* (Wittmer, 1995)

分布：云南（保山）；缅甸。

Lycocerus marginalis Švihla, 2011

分布：云南（迪庆）。

亮翅异花萤 *Lycocerus metallicipennis* Fairmaire, 1887

分布：云南。

Lycocerus michiakii Okushima & Brancucci, 2008

分布：云南（西双版纳）；老挝，越南。

Lycocerus nakladali Švihla, 2011

分布：云南（保山）。

Lycocerus nigrithorax Wittmer, 1995

分布：云南。

双黑线异花萤 *Lycocerus nigrobilineatus* Pic, 1916

分布：云南（大理、迪庆）。

Lycocerus nigroverticalis (Fairmaire, 1881)

分布：云南。

橄榄异花萤 *Lycocerus olivaceus* (Wittmer, 1995)

分布：云南（怒江）；印度。

Lycocerus pallidipes Wittmer, 1997

分布：云南。

Lycocerus pallidulus (Wittmer, 1995)

分布：云南（丽江）。

Lycocerus paviei (Bourgeois, 1890)

分布：云南。

Lycocerus pictipennis (Wittmer, 1995)

分布：云南（昆明）；缅甸。

Lycocerus posticelimbatus Pic, 1926
分布：云南。

Lycocerus putzimimus Yang, Wang & Liu, 2023
分布：云南（红河）。

药角异花萤 *Lycocerus ruficornis* (Wittmer, 1995)
分布：云南（西双版纳）；缅甸，泰国。

Lycocerus rubropilosus Wittmer, 1995
分布：云南。

Lycocerus rufipennis Yang & Liu, 2021
分布：云南（大理）。

Lycocerus rufocapitatus Kazantsev, 1999
分布：云南。

森异花萤 *Lycocerus sannenensis* Pic, 1926
分布：云南。

Lycocerus simulator extremus Wittmer, 1997
分布：云南。

Lycocerus simulator simulator Wittmer, 1997
分布：云南。

Lycocerus strictipennis Yang & Yang, 2011
分布：云南（西双版纳）。

缝异花萤 *Lycocerus suturalis* Pic, 1908
分布：云南。

Lycocerus tcheonanus Pic, 1922
分布：云南。

Lycocerus viridinitidus Pic, 1906
分布：云南。

滇赖花萤 *Lycocerus yunnanus* Fairmaire, 1886
分布：云南。

Macrohahronychus Wittmer, 1981

Macrohahronychus chaoi Wittmer, 1997
分布：云南。

Macrohahronychus parallelicollis Pic, 1921
分布：云南。

尖须花萤属 *Malthinus* Latreille, 1806

Malthinus bicoloriceps Wittmer, 1997
分布：云南。

Malthinus filiformis Wittmer, 1997
分布：云南。

Malthinus multimaculatus Wittmer, 1995

Malthinus uniformis Wittmer, 1997
分布：云南。

云南尖须花萤 *Malthinus yunnanus* Wittmer, 1995
分布：云南。

小花萤属 *Malthodes* Kicsenwetter, 1852

Malthodes impressithorax Wittmer, 1997
分布：云南。

姬花萤属 *Maltypus* Motschulsky, 1860

中国姬花萤 *Maltypus chinensis* Wittmer, 1995
分布：云南。

微双齿花萤属 *Micropodabrus* Pic, 1920

曹氏微双齿花萤 *Micropodabrus chaoi* Wittmer, 1988
分布：云南。

中国微双齿花萤 *Micropodabrus chinensis* Wittmer, 1993
分布：云南。

高黎贡微双齿花萤 *Micropodabrus gaoligongensis* Wittmer, 1997
分布：云南。

Micropodabrus grahami (Wittmer, 1997)
分布：云南，四川。

厚微双齿花萤 *Micropodabrus incrassatus* Wittmer, 1988
分布：云南。

长头微双齿花萤 *Micropodabrus longiceps* Pic, 1908
分布：云南。

Micropodabrus minutulus Wittmer, 1995
分布：云南。

斑胸微双齿花萤 *Micropodabrus notatithorax* Pic, 1922
分布：云南。

伪长微双齿花萤 *Micropodabrus pseudolongiceps* Wittmer, 1988
分布：云南。

伪斑胸微双齿花萤 *Micropodabrus pseudonotatithorax* Wittmer, 1988
分布：云南。

云南微双齿花萤 *Micropodabrus yunnanus* Wittmer, 1988
分布：云南。

类拟足花萤属 *Mimopodabrus* Wittmer, 1997

变色类拟足花萤 ***Mimopodabrus variablis* Yang & Yang, 2009**

分布：云南（大理）。

云南类拟足花萤 ***Mimopodabrus yunnanus* (Wittmer, 1993)**

分布：云南（丽江）。

角胸花萤属 *Podosilis* Wittmer, 1978

端脊角胸花萤 ***Podosilis apicecarinata* Wittmer, 1997**

分布：云南。

黑鞘角胸花萤 ***Podosilis cinderella* Kazantsev, 2019**

分布：云南（大理）。

环纹角胸花萤 ***Podosilis circumcincta* Wittmer, 1997**

分布：云南。

分角胸花萤 ***Podosilis distenda* Wittmer, 1997**

分布：云南。

董氏角胸花萤 ***Podosilis donckieri* Pic, 1906**

分布：云南。

长角角胸花萤 ***Podosilis elongaticornis* Wittmer, 1997**

分布：云南。

鸡足山角胸花萤 ***Podosilis jizushanensis* Wittmer, 1997**

分布：云南。

昆明角胸花萤 ***Podosilis kunmingensis* Kazantsev, 2019**

分布：云南（昆明）。

长角胸花萤 ***Podosilis langana* Pic, 1923**

分布：云南。

老街角胸花萤 ***Podosilis laokaiensis* Pic, 1914**

分布：云南。

滑角胸花萤 ***Podosilis nitidissima* Pic, 1922**

分布：云南。

暗角胸花萤 ***Podosilis obscurissima* Pic, 1906**

分布：云南。

中国角胸花萤 ***Podosilis sinensis* Pic, 1906**

分布：云南。

云南角胸花萤 ***Podosilis yunnana* Wittmer, 1997**

分布：云南。

中甸角胸花萤 ***Podosilis zhongdiana* Kazantsev, 2019**

分布：云南（迪庆）。

圆胸花萤属 *Prothemus* Champion, 1926

***Prothemus blankae* Švihla, 2011**

分布：云南（保山）。

格氏圆胸花萤 ***Prothemus grouvellei* Pic, 1906**

分布：云南。

库班圆胸花萤 ***Prothemus kubani* Švihla, 2011**

分布：云南（保山）。

宽角圆胸花萤 ***Prothemus laticornis* Yang & Yang, 2011**

分布：云南（大理）。

暗翅圆胸花萤 ***Prothemus opacipennis* Pic, 1906**

分布：云南。

似胸圆胸花萤 ***Prothemus similithorax* Pic, 1922**

分布：云南。

类暗圆胸花萤 ***Prothemus subobscurus* Pic, 1906**

分布：云南。

乌圆胸花萤 ***Prothemus vuilleti* Pic, 1914**

分布：云南。

云南圆胸花萤 ***Prothemus yunnanus* Wittmer, 1987**

分布：云南。

伪拟足花萤属 *Pseudopodabrus* Pic, 1906

黑头伪拟足花萤 ***Pseudopodabrus atriceps* (Pic, 1922)**

分布：云南（昆明），贵州，广西。

***Pseudopodabrus brancuccii* Wittmer, 1983**

分布：云南（西双版纳）；泰国。

***Pseudopodabrus foveatus* Yang & Yang, 2010**

分布：云南（楚雄）。

***Pseudopodabrus kabakovi* Wittmer, 1983**

分布：云南（红河）；越南。

库班伪拟足花萤 ***Pseudopodabrus kubani* Wittmer, 1995**

分布：云南（楚雄）。

***Pseudopodabrus latoimpressus* Wittmer, 1995**

分布：云南（文山）。

***Pseudopodabrus malickyi* Wittmer, 1995**

分布：云南（西双版纳）；泰国。

***Pseudopodabrus sulcatus* Wittmer, 1983**

分布：云南（红河）；越南。

丝角花萤属 *Rhagonycha* Eschscholtz, 1830

云南丝角花萤 ***Rhagonycha yunnana* Wittmer, 1997**

分布：云南。

狭胸花萤属 *Stenothemus* Bourgeois, 1907

锐颈狭胸花萤 *Stenothemus acuticollis* **Yang & Yang, 2021**
分布：云南（保山）。

中华狭胸花萤 *Stenothemus chinensis* **(Wittmer, 1982)**
分布：云南（怒江），四川，陕西，浙江，江西，湖北，福建。

乌色狭胸花萤 *Stenothemus diffusus* **Wittmer, 1974**
分布：云南（临沧、普洱），贵州，四川，西藏，甘肃，陕西，湖北，广西。

盾达氏狭胸花萤 *Stenothemus dundai* **Švihla, 2004**
分布：云南（迪庆），西藏，四川，甘肃，青海，陕西。

福贡狭胸花萤 *Stenothemus fugongensis* **Yang & Yang, 2014**
分布：云南（怒江）。

格拉氏狭胸花萤 *Stenothemus grahami* **Wittmer, 1974**
分布：云南（昆明、昭通），西藏，四川，贵州，陕西。

哈杰氏狭胸花萤 *Stenothemus hajeki* **Švihla, 2011**
分布：云南（大理）。

金达氏狭胸花萤 *Stenothemus jindrai* **Švihla, 2004**
分布：云南（丽江、迪庆），四川。

库班氏狭胸花萤 *Stenothemus kubani* **Švihla, 2011**
分布：云南（迪庆、高黎贡山）。

带翅狭胸花萤 *Stenothemus limbatipennis* **(Pic, 1926)**
分布：云南。

Stenothemus parameratus **Yang et Ge, 2021**
分布：云南（怒江、德宏）。

圆狭胸花萤 *Stenothemus prothemoides* **Švihla, 2011**
分布：云南（西双版纳）。

施耐氏狭胸花萤 *Stenothemus schneideri* **Švihla, 2004**
分布：云南（迪庆）。

深褐狭胸花萤 *Stenothemus sepiaceus* **Švihla, 2005**
分布：云南（临沧）。

雁门狭胸花萤 *Stenothemus yanmenensis* **Švihla, 2011**
分布：云南；缅甸。

云南狭胸花萤 *Stenothemus yunnanus* **Švihla, 2004**
分布：云南，四川。

台花萤属 *Taiwanocantharis* Wittmer, 1984

Taiwanocantharis dedicata **Švihla, 2005**
分布：云南（丽江、保山）；老挝。

Taiwanocantharis malaisei **(Wittmer, 1989)**
分布：云南（保山）；越南。

Taiwanocantharis metallipennis **(Wittmer, 1997)**
分布：云南。

西藏台花萤 *Taiwanocantharis thibetanomima* **(Wittmer, 1997)**
分布：云南。

Taiwanocantharis wittmeri **Yang & Yang, 2014**
分布：云南（丽江）。

丽花萤属 *Themus* Motschulsky, 1857

百氏丽花萤 *Themus bieti* **(Gorham, 1889)**
分布：云南（迪庆），西藏，四川。

二斑胸丽花萤 *Themus bimaculaticollis* **Yang & Su, 2015**
分布：云南（大理、迪庆、怒江），四川。

Themus birmanicus **Wittmer, 1982**
分布：云南（德宏）；缅甸。

卡瓦氏丽花萤 *Themus cavaleriei* **(Pic, 1926)**
分布：云南（迪庆、昭通），贵州，湖北。

赵氏丽花萤 *Themus chaoi* **Wittmer, 1983**
分布：云南（怒江）；越南，泰国。

青丽花萤 *Themus coelestis* **(Gorham, 1889)**
分布：云南（大理），贵州，重庆，天津，河北，陕西，河南，安徽，浙江，湖北，江西，湖南，广东，广西。

库曼氏丽花萤 *Themus coomani* **(Pic, 1923)**
分布：云南，广西；越南。

粗腿丽花萤 *Themus crassipes* **Pic, 1929**
分布：云南，广西；越南。

大叻丽花萤 *Themus dalatensis* **Kopetz & Yang, 2014**
分布：云南（红河）；越南。

异型丽花萤 *Themus dimorphus* **Yang & Yang, 2015**
分布：云南（昭通）。

裂板丽花萤 *Themus fissus* Yang et Kopetz, 2016
分布：云南（临沧、普洱、大理、怒江、保山）。
狭丽花萤 *Themus gracilis* Wittmer, 1973
分布：云南，四川。
粒翅丽花萤 *Themus granulipennis* Pic, 1931
分布：云南。
浩伯氏丽花萤喜马拉雅亚种 *Themus hobsoni himalaius* Wittmer,1973
分布：云南，西藏；印度。
异翅丽花萤 *Themus imparipennis* Yang, 2016
分布：云南（怒江）。
糙翅丽花萤 *Themus impressipennis* (Fairmaire, 1886)
分布：云南，四川，贵州，重庆，北京，天津，河南，陕西，安徽，浙江，湖北，江西，湖南，广西。
Themus kambaiticomimus Wittmer, 1997
分布：云南。
多点丽花萤 *Themus kambaiticus* Wittmer, 1983
分布：云南（丽江、保山、红河），西藏；缅甸。
拉波氏丽花萤 *Themus laboissierei* (Pic, 1929)
分布：云南（红河、保山、西双版纳），西藏，广西；越南，老挝，印度。
薄片丽花萤 *Themus lamellatus* Wittmer, 1973
分布：云南，西藏；印度，缅甸。
宽额丽花萤 *Themus latifrons* Kopetz, 2010
分布：云南（丽江）。
缘翅丽花萤 *Themus limbatus* Wittmer, 1983
分布：云南。
Themus longideverticulum Yang, Liu & Yang, 2018
分布：云南（丽江、怒江）。
拟异丽花萤 *Themus lycoceriformis* Pic, 1916
分布：云南。
大丽花萤 *Themus magnificus* (Pic, 1906)
分布：云南（保山），西藏；印度，越南，老挝，泰国。
马萨氏丽花萤 *Themus masatakai* Okushima, 2003
分布：云南（普洱、西双版纳），广西；老挝，越南。
梅尼氏丽花萤德钦亚种 *Themus menieri dequinensis* Wittmer, 1997
分布：云南（迪庆）。
小斑丽花萤 *Themus micronotatus* (Pic, 1920)

分布：云南，四川。
小丽花萤 *Themus minor* Wittmer, 1997
分布：云南（丽江）。
慕兹氏丽花萤 *Themus murzini* Kopetz, 2010
分布：云南（保山）。
黑光丽花萤 *Themus nigropolitus* Wittmer, 1995
分布：云南（怒江）。
棕黄丽花萤 *Themus pallidobrunneus* Wittmer, 1973
分布：云南，四川。
特异丽花萤 *Themus particularis* Pic, 1929
分布：云南；越南。
华丽花萤 *Themus regalis* (Gorham, 1889)
分布：云南，四川，贵州，重庆，天津，山西，陕西，甘肃，江苏，湖北，江西，广西，海南；越南。
红盾丽花萤 *Themus rufoscutus* (Pic, 1922)
分布：云南（昭通、大理）。
Themus scutulatus Wittmer, 1983
分布：云南；越南。
华丽花萤 *Themus senensis* (Pic, 1922)
分布：云南（昆明、保山、丽江、红河），四川。
拟中华丽花萤 *Themus senensomimus* Yang & Kopetz, 2014
分布：云南（红河），四川；泰国。
拟深蓝丽花萤 *Themus subcaeruleiformis* Wittmer, 1983
分布：云南，四川，西藏。
深蓝丽花萤 *Themus subcaeruleus* (Pic, 1911)
分布：云南（红河）；越南。
施卫氏丽花萤 *Themus svihlai* Kopetz, 2010
分布：云南。
大理丽花萤 *Themus talianus* (Pic, 1917)
分布：云南（德宏），西藏；越南，泰国。
钩刺丽花萤 *Themus uncinatus* Wittmer, 1983
分布：云南（怒江、保山），四川；越南。
浅绿丽花萤 *Themus viridissimus* Pic, 1906
分布：云南（丽江、大理）。
巍山丽花萤 *Themus weishanensis* Kopetz, 2016
分布：云南（丽江）。
云南丽花萤 *Themus yunnanus* Wittmer, 1983
分布：云南（西双版纳）；泰国。

细花萤科 Prionoceridae

伊细花萤属 *Idgia* Laporte, 1838
独伊细花萤 *Idgia deusta* Fairmaire, 1878
分布：云南，贵州，四川，江西，江苏，浙江，上海，福建，广东，台湾；越南。
血红伊细花萤 *Idgia haemorrhoidalis* Pic, 1906
分布：云南。
主伊细花萤 *Idgia major* Pic, 1908
分布：云南。
黄褐伊细花萤 *Idgia testaceipes* Pic, 1908
分布：云南。

洛细花萤属 *Lobonyx* Jacquelin du Val, 1859
盖氏洛细花萤 *Lobonyx guerryi* (Pic, 1920)
分布：云南（怒江），四川，西藏，陕西，甘肃；缅甸，印度。

细花萤属 *Prionocerus* Perty, 1831
双色细花萤 *Prionocerus bicolor* Redtenbacher, 1868
分布：云南，西藏，广西，广东，海南，台湾；越南，老挝，泰国，缅甸，印度，尼泊尔，不丹，菲律宾，马来西亚，新加坡，印度尼西亚，东帝汶，孟加拉国。
暗翅细花萤 *Prionocerus coeruleipennis* Perty, 1831
分布：云南，江西，广西，福建，海南；越南，老挝，孟加拉国，印度尼西亚，缅甸，印度，菲律宾，马来西亚，东帝汶，巴布亚新几内亚，非洲。

热萤科 Acanthocnemidae

Acanthocnemus Perris, 1866
Acanthocnemus nigricans (Hope, 1845)

分布：云南（西双版纳）。

雌光萤科 Rhagophthalmidae

雌光萤属 *Rhagophthalmus* Motschulsky, 1854
福贡雌光萤 *Rhagophthalmus fugongensis* Li & Liang, 2008
分布：云南（怒江）。
巨型雌光萤 *Rhagophthalmus giganteus* Fairmaire, 1888
分布：云南。
硕大雌光萤 *Rhagophthalmus ingens* Fairmaire,

1896
分布：云南，浙江，安徽。
禄丰雌光萤 *Rhagophthalmus lufengensis* Li & Liang, 2008
分布：云南（楚雄）。
中沟雌光萤 *Rhagophthalmus semisulcatus* Wittmer, 1997
分布：云南。

拟花萤科 Malachiidae

恩囊花萤属 *Anthocomus* Erichson, 1840
Anthocomus kovali Tshernyshev, 2021
分布：云南（迪庆）。

Anthocomus lineatipennis Wittmer, 1995
分布：云南（丽江）。
Anthocomus similicornis Wittmer, 1999

分布：云南（迪庆）。

***Anthocomus testaceoterminalis* Wittmer, 1995**
分布：云南（大理）。

卡囊花萤属 *Carphuroides* Champion, 1923
中国卡囊花萤 *Carphuroides chinensis* Wittmer, 1999
分布：云南。

康拟花萤属 *Condylops* Redtenbacher, 1850
***Condylops basiexcavatus* Wittmer, 1996**
分布：云南。

***Condylops bocaki* Wittmer, 1994**
分布：云南。

***Condylops diversipedoides* Wittmer, 1996**
分布：云南。

***Condylops dongchuanensis* Wittmer, 1995**
分布：云南。

***Condylops fossulifer* Wittmer, 1996**
分布：云南。

***Condylops guerryi* Pic, 1903**
分布：云南。

***Condylops habashanensis* Wittmer, 1996**
分布：云南。

***Condylops impressus* Wittmer, 1995**
分布：云南。

***Condylops inimpressus* Wittmer, 1995**
分布：云南。

***Condylops jizushanensis* Wittmer, 1995**
分布：云南。

***Condylops leveexcavatus* Wittmer, 1996**
分布：云南。

***Condylops lijiangensis* Wittmer, 1995**
分布：云南。

***Condylops oculilobatus* Wittmer, 1996**
分布：云南。

***Condylops pauloimpressus* Wittmer, 1995**
分布：云南。

***Condylops sellatus* Wittmer, 1995**
分布：云南。

***Condylops semilimbatus* Pic, 1906**
分布：云南。

***Condylops sinensis* Pic, 1903**
分布：云南。

***Condylops subcyaneus* Pic, 1948**
分布：云南。

Dasytidius Schilsky, 1896
***Dasytidius turnai* Majer, 1996**
分布：云南。

Dromanthomorphus Pic, 1921
***Dromanthomorphus excavatus* Wittmer, 1995**
分布：云南。

Epiebaeus Wittmer, 1995
***Epiebaeus yunnanus* Wittmer, 1995**
分布：云南。

Holzschuhus Wittmer, 1996
***Holzschuhus jizushanensis* Wittmer, 1999**
分布：云南。

***Holzschuhus nigriceps* Wittmer, 1999**
分布：云南。

***Holzschuhus pauloimpressus* Pic, 1948**
分布：云南。

***Holzschuhus pseudochunkingensis* Wittmer, 1999**
分布：云南。

亥囊花萤属 *Hypomixis* Wittmer, 1995
***Hypomixis azureipennis* Wittmer, 1995**
分布：云南。

***Hypomixis bituberculata* Wittmer, 1995**
分布：云南。

***Hypomixis bivittata* Wittmer, 1995**
分布：云南。

***Hypomixis erectus* Wittmer, 1999**
分布：云南。

***Hypomixis intusdirigeta* Wittmer, 1995**
分布：云南。

***Hypomixis serpentinus* Wittmer, 1999**
分布：云南。

因囊花萤属 *Intybia* Pascoe, 1866
***Intybia birmanica* Champion, 1921**
分布：云南。

***Intybia bivittata* (Wittmer, 1955)**
分布：云南。

Intybia producta **Wittmer, 1995**
分布：云南。

莱囊花萤属 *Laius* Guerin-Meneville, 1838
红胸莱囊花萤 *Laius rubithorax* **Pic, 1907**
分布：云南。

Laius theresae **Pic, 1944**
分布：云南。

玛花萤属 *Malachiomimus* Champion, 1921
一色玛花萤 *Malachiomimus subunicolor* **Pic, 1948**
分布：云南。

囊花萤属 *Malachius* Fabricius, 1775
滇囊花萤 *Malachius yunnanus* **Pic, 1926**
分布：云南。

小拟花萤属 *Microlipus* LeConte, 1852
Microlipus oculatus **Wittmer, 1999**
分布：云南。

Mimothrix Majer, 1989
Mimothrix agnoscenda **Pic, 1907**
分布：云南。

Mimothrix atrotibialis **Pic, 1917**
分布：云南。

Mimothrix baishuiensis **Majer, 1995**
分布：云南。

Mimothrix donjuan **Majer, 1996**
分布：云南。

Mimothrix jendeki **Majer, 1995**
分布：云南。

Mimothrix kubani **Majer, 1995**
分布：云南。

Mimothrix menieri **Majer, 1995**
分布：云南。

Mimothrix montivaga **Majer, 1995**
分布：云南。

Mimothrix rhododendri **Majer, 1996**
分布：云南。

Mimothrix sparsehirsuta **Pic, 1907**
分布：云南。

Picolistrus Majer, 1990
Picolistrus inhirsutus **Pic, 1922**
分布：云南。

Picolistrus gemmatus **Plonski, 2016**
分布：云南（丽江）。

Platyebaeus Wittmer, 1995
Platyebaeus bellulus **Wittmer, 1995**
分布：云南。

Platyebaeus kubani **Wittmer, 1999**
分布：云南。

Sinolistrus Majer, 1990
Sinolistrus sinensis **Pic, 1907**
分布：云南

Tropiebaeus Wittmer, 1957
Tropiebaeus rubroapicalis **Pic, 1907f**
分布：云南。

Yunnanebaeus Wittmer, 1996
Yunnanebaeus costipennis **Wittmer, 1996**
分布：云南。

郭公虫科 Cleridae

圆郭公虫属 *Allochotes* Westwood, 1875
滇圆郭公虫 *Allochotes yunnensis* **Schenkling, 1908**
分布：云南。

Bousquetoclerus Menier, 1997
Bousquetoclerus arachnoides **Menier, 1997**
分布：云南。

丽郭公虫属 *Callimerus* Gorham, 1876
双色丽郭公虫 *Callimerus bicoloritarsis* **Pic, 1925**
分布：云南。

黑尾丽郭公虫 *Callimerus cacuminis* **Yang & Yang, 2013**
分布：云南（西双版纳）；老挝。

华丽郭公虫 *Callimerus chinensis* **Schenkling, 1915**
分布：云南，四川，贵州，重庆，山东，江西，湖南，广西，海南；越南。

殷丽郭公虫 *Callimerus inbasalis* **Pic, 1926**
分布：云南，贵州，青海，甘肃，广西，海南；泰国，越南，老挝，缅甸，柬埔寨，马来西亚。

无标丽郭公虫 *Callimerus insignitus* **Lesne, 1928**
分布：云南。

宽纹丽郭公虫 *Callimerus latesignatus* **Gorham, 1892**
分布：云南（德宏、保山、普洱、西双版纳），广西；越南，泰国，老挝，不丹，印度，缅甸。

宽额丽郭公虫 *Callimerus latifrons* **Gorham, 1876**
分布：云南（西双版纳）；越南，泰国，菲律宾，马来西亚，印度尼西亚。

黄胸丽郭公虫 *Callimerus pectoralis* **Schenkling, 1899**
分布：云南（西双版纳）；马来西亚，印度尼西亚。

栉郭公虫属 *Cladiscus* Chevrolat, 1843
尖栉郭公虫 *Cladiscus attenuatus* **Gorham, 1893**
分布：云南。

Cladiscus obeliscus **Lewis, 1892**
分布：云南。

滇栉郭公虫 *Cladiscus yunnanus* **Corporaal & van der Wiel, 1949**
分布：云南。

郭公虫属 *Clerus* Geoffroy, 1762
普通郭公虫 *Clerus dealbatus* **(Kraatz, 1879)**
分布：云南，贵州，四川，西藏，辽宁，黑龙江，吉林，内蒙古，河北，北京，山东，山西，陕西，上海，浙江，江苏，福建，广东；韩国，朝鲜，俄罗斯，印度。

坦郭公虫 *Clerus thanasimoides* **Chrvrolat,1874**
分布：云南，香港；阿富汗。

艾郭公虫属 *Ekisius* Winkler, 1987
亮艾郭公虫 *Ekisius vitreus* **Winkler, 1987**
分布：云南。

Elasmocylidrus Corporaal, 1939
Elasmocylidrus tricolor **(Corporaal, 1926)**
分布：云南；印度，泰国，缅甸，老挝。

脊腹郭公虫属 *Gastrocentrum* Gorham, 1876
高黎贡脊腹郭公虫 *Gastrocentrum gaoligongense* **Yang, Yang & Shi, 2020**
分布：云南（怒江）。

大型脊腹郭公虫 *Gastrocentrum magnum* **Yang, Yang & Shi, 2020**
分布：云南（红河），西藏，海南；印度，泰国，越南。

Hemitrachys Gorham, 1876
Hemitrachys tubericollis **Yang & Yang, 2013**
分布：云南（普洱、西双版纳）。

尸郭公虫属 *Necrobia* Olivier, 1795
赤颈尸郭公虫 *Necrobia ruficollis* **(Fabricius, 1775)**
分布：云南，四川，贵州，黑龙江，辽宁，陕西，山西，山东，河南，江西，浙江，安徽，湖北，湖南，广西，福建，广东。

赤足尸郭公虫 *Necrobia rufipes* **DeGeer, 1775**
分布：云南，贵州，四川，新疆，内蒙古，山西，山东，甘肃，湖北，安徽，上海，浙江，湖南，广西，福建，广东，海南；日本，蒙古国，俄罗斯，中亚，中东，欧洲。

尼郭公虫属 *Neoclerus* Lewis, 1892
饰尼郭公虫 *Neoclerus ornatulus* **Lewis, 1892**
分布：云南（德宏）。

隐跗郭公虫属 *Opetiopapus* Spinola, 1844
铅奥隐跗郭公虫 *Opetiopapus obesus* **Westwood, 1849**
分布：云南，河南，上海，广东；日本。

奥郭公虫属 *Opilo* Latreille, 1802
华奥郭公虫 *Opilo sinensis* **Pic, 1926**
分布：云南，四川。

Pieleus Pic, 1940
皮郭公虫 *Pieleus irregularis* **Pic, 1940**
分布：云南，浙江。

细郭公虫属 *Tarsostenus* Spinola, 1844
玉带细郭公虫 *Tarsostenus univittatus* **Rossi, 1792**
分布：云南，贵州，四川，河北，湖北，上海，广西，广东，海南，台湾；日本，俄罗斯（远东地区），欧洲。

简郭公虫属 *Tenerus* Laporte, 1836
黄胸简郭公虫 *Tenerus flavicollis* Gorham, 1877
分布：云南；缅甸，老挝，印度。

山郭公虫属 *Thanasimus* Latreille, 1806
蚁山郭公虫 *Thanasimus formicarius* (Linnawus, 1758)
分布：云南，贵州，甘肃；欧洲。

Tillicera Spinola, 1841
***Tillicera auratofasciata* (Pic, 1927)**
分布：云南（西双版纳），西藏，广西，海南；泰国，老挝，越南。
***Tillicera bibalteata* Gorham, 1892**
分布：云南（普洱、西双版纳），四川，海南；不丹，缅甸，泰国，老挝，越南，柬埔寨。

***Tillicera hirsuta* (Pic, 1926)**
分布：云南（西双版纳）；越南，印度尼西亚，马来西亚。
***Tillicera sensibilis* Yang & Yang, 2011**
分布：云南（德宏、临沧）；缅甸，泰国，老挝。
***Tillicera spinosa* Murakami, Gerstmeier & Sakai, 2022**
分布：云南（西双版纳）；泰国，老挝，缅甸。

番郭公虫属 *Xenorthrius* Gorham, 1892
裂点番郭公虫 *Xenorthrius abruptepunctatus* (Schenkling, 1932)
分布：云南。
盘斑番郭公虫 *Xenorthrius disjunctus* (Pic, 1926)
分布：云南。

蝶角郭公虫科 Thanerocleridae

Isoclerus Lewis, 1892
***Isoclerus elongatus* Schenkling, 1906**
分布：云南。

Thaneroclerus Lefebvre, 1838
***Thaneroclerus buquet* Lefebvre, 1835**

分布：云南，四川，辽宁，北京，河南，内蒙古，浙江，湖南，广西，福建，广东，台湾；日本，俄罗斯（远东地区），朝鲜，印度，印度尼西亚，非洲，欧洲。

筒蠹科 Lymexylidae

Hymaloxylon Kurosawa, 1985
***Hymaloxylon aspoecki* Paulus, 2004**

分布：云南。

沼甲科 Scirtidae

弯沼甲属 *Cyphon* Paykull, 1799
保山弯沼甲 *Cyphon baoshanensis* Yoshitomi, 2009
分布：云南（保山）。
***Cyphon drianti* Pic, 1918**
分布：云南。

Elodes Latreille, 1797
***Elodes pechlaneri* Klausnitzer, 2003**
分布：云南。

水沼甲属 *Hydrocyphon* Redtenbacher, 1858
双角水沼甲 *Hydrocyphon bicornis* Yoshitomi & Klausnitzer, 2003
分布：云南。
舍氏水沼甲 *Hydrocyphon schoenmanni* Yoshitomi & Klausnitzer, 2003
分布：云南。
上野水沼甲 *Hydrocyphon uenoi* Yoshitomi & Klausnitzer, 2003

分布：云南。

Mescirtes Motschulsky, 1863
***Mescirtes squamatilis* Klausnitzer, 2013**
分布：云南。

沼甲属 *Scirtes* Illiger, 1807
日本沼甲 *Scirtes japonicus* Kiesenwetter, 1874
分布：云南。
***Scirtes unicolor* Pic, 1914**
分布：云南。

扁圆甲科 Sphaeritidae

扁圆甲属 *Sphaerites* Duftschmid, 1805
孔扁圆甲 *Sphaerites perforatus* Gusakov, 2017

分布：云南（迪庆）。

长角象科 Anthribidae

Acanthothorax Gaede, 1832
***Acanthothorax allectus indochinensis* (Jordan, 1916)**
分布：云南。
***Acanthothorax callosus* (Jordan, 1904)**
分布：云南。

细棒长角象属 *Acorynus* Schoenherr, 1833
台湾细棒长角象指名亚种 *Acorynus anchis anchis* Jordan, 1912
分布：云南，四川，台湾。

扁角长角象属 *Androceras* Jordan, 1928
***Androceras laticorne* Jordan, 1928**
分布：云南。

长角象属 *Anthribus* Geoffroy, 1762
白蜡蚧长角象 *Anthribus lajievorus* Chao, 1976
分布：云南（曲靖），四川，浙江，湖南。
白异长角象 *Anthribus niveovariegatus* Roelofs, 1879
分布：云南，贵州，四川，西藏，北京，湖南，江苏。

凹唇长角象属 *Apolecta* Pascoe, 1859
***Apolecta nodicornis* Frieser, 1996**
分布：云南。

细角长角象属 *Araecerus* Schoenherr, 1823
咖啡豆象 *Araecerus fasciculatus* DeGeer, 1775
分布：云南，贵州，四川，甘肃，陕西，山西，河南，内蒙古，青海，河北，安徽，湖北，浙江，湖南，广西，福建，广东，香港，台湾；日本，大洋洲，欧洲，美洲。

灰长角象属 *Asemorhinus* Sharp, 1891
暗灰长角象 *Asemorhinus nebulosus* Sharp, 1891
分布：云南，四川，湖北，广东，海南，台湾；日本。
***Asemorhinus nigromaculatus* Zhang & Zhant, 2012**
分布：云南（保山），贵州，四川，安徽，浙江，福建。
***Asemorhinus striatus* Zhang & Zhant, 2012**
分布：云南（西双版纳）。

宽额长角象属 *Atinellia* Jordan, 1925
尖宽额长角象 *Atinellia acuticollis* Wolfrum, 1948
分布：云南，四川，河南，湖北，福建。

弓翅长角象属 *Autotropis* Jordan, 1924
***Autotropis montana sibirica* Frieser, 1981**
分布：云南，台湾，福建。

Baseocolpus Jordan, 1949
***Baseocolpus foveatus* Frieser, 1999**
分布：云南。

Dendropemon Schoenherr, 1839
***Dendropemon perfolicornis* (Fabricius, 1801)**
分布：云南，海南。

Disphaerona Jordan, 1902
***Disphaerona chinensis* Frieser, 1995**
分布：云南（大理、迪庆），四川。

Doticus Pascoe, 1882
Doticus alternatus Jordan, 1895
分布：云南。

平行长角象属 *Eucorynus* Schoenherr, 1823
粗角平行长角象 Eucorynus crassicornis Fabricius, 1801
分布：云南，陕西，广西，福建，海南，台湾；俄罗斯，朝鲜半岛，日本，泰国，印度，尼泊尔，菲律宾，马来西亚，新加坡，巴基斯坦，非洲。

埃长角象属 *Exechesops* Schoenherr, 1847
Exechesops becvari Frieser, 1995
分布：云南，四川，陕西。

离眼长角象属 *Merarius* Fairmaire, 1889
Merarius alexandrae Trýzna & Baňař, 2021
分布：云南（大理）。

Merarius davidis Fairmaire, 1889
分布：云南（保山、怒江），西藏。

瘤角长角象属 *Ozotomerus* Perroud, 1853
Ozotomerus deletus Frieser, 1995
分布：云南。

Ozotomerus patruelis Frieser, 1995
分布：云南。

Phaeochrotes Pascoe, 1860
Phaeochrotes porcellus Pascoe, 1860
分布：云南。

皮长角象属 *Phloeobius* Schoenherr, 1823
黑皮长角象 Phloeobius gigas nigroungulatus (Gyllenhal, 1833)
分布：云南，贵州，广西，台湾，香港。

Phloeobius laetus Jordan, 1923
分布：云南。

Phloeophilus Schoenherr, 1833
Phloeophilus mirabilis (Frieser, 1996)
分布：云南，江西。

小斑长角象属 *Phloeopemon* Schoenherr, 1839
Phloeopemon continentalis Jordan, 1923
分布：云南，海南。

宽喙长角象属 *Platystomos* Schneider, 1791
Platystomos albisignatus Senoh, 1996
分布：云南。

三齿长角象属 *Rawasia* Roelofs, 1880
Rawasia annulipes Jordan, 1895
分布：云南；尼泊尔。

额眼长角象属 *Rhaphitropis* Reitter, 1916
共额眼长角象 Rhaphitropis communis Shibata, 1978
分布：云南，四川，台湾；日本。

斜纹长角象属 *Sintor* Schoenherr, 1839
Sintor biplaga Jordan, 1903
分布：云南。

括约长角象属 *Sphinctotropis* Kolbe, 1895
Sphinctotropis notabilis Jordan, 1928
分布：云南。

糙括约长角象 Sphinctotropis scabrosa Frieser, 1983
分布：云南。

三纹长角象属 *Tropideres* Schoenherr, 1823
Tropideres laevicollis Frieser, 1996
分布：云南。

Tropideres lateralis Motschulsky, 1875
分布：云南；尼泊尔，印度。

Tropideres luteago fuscatus Frieser, 1996
分布：云南。

横沟长角象属 *Xenocerus* Schoenherr, 1833
Xenocerus khasianus dives Jordan, 1923
分布：云南，广西。

粗角长角象属 *Xylinada* Berthold, 1827
Xylinada aspericollis Jordan, 1895
分布：云南。

Xylinada conrinua Wolfrum, 1948
分布：云南，四川，福建。

Xylinada plagiata (Jordan, 1895)
分布：云南，海南；尼泊尔。

Xylinada rugiceps (Jordan, 1895)
分布：云南；印度。

梨象科 Apionidae

Conapium Motschulsky, 1866
Conapium nedvedevi Korotyaev, 1990
分布：云南。

Flavopodapion Korotyaev, 1987
Flavopodapion gilvipes Gemminger, 1871
分布：云南，福建，台湾；尼泊尔，印度。

Harpapion Voss, 1966
Harpapion borisi Wang & Alonso-Zarazaga, 2013
分布：云南（西双版纳）。

Harpapion ceylonicum Gerstaecker, 1854
分布：云南。

Harpapion coelebs (Korotyaev, 1987)
分布：云南（普洱）。

Harpapion vietnamense (Korotyaev, 1987)
分布：云南（西双版纳）；越南。

Piezotrachelus Schoenherr, 1839
Piezotrachelus curvirostris Korotyaev, 1987
分布：云南。

Piezotrachelus japonicus Roelofs, 1874
分布：云南，湖北，江苏，江西，浙江，福建，台湾；日本，朝鲜，欧洲。

Piezotrachelus ovalipennis Korotyaev, 1987
分布：云南。

Piezotrachelus sauteri Wagner, 1909
分布：云南，广东，江苏，台湾。

Piezotrachelus sinensis Korotyaev, 1987
分布：云南。

Pseudaspidapion Wanat, 1990
Pseudaspidapion coelebs (Korotyaev, 1987)
分布：云南。

Pseudaspidapion kryzhanovskii (Korotyaev, 1987)
分布：云南。

Pseudaspidapion yunnanicum (Korotyaev, 1985)
分布：云南。

Pseudaspidapion zagulajevi (Korotyaev, 1987)
分布：云南。

Pseudopiezotrachelus Wagner, 1907
Pseudopiezotrachelus brevirostris Korotyaev, 1990
分布：云南。

Pseudopiezotrachelus montshadskii Korotyaev, 1990
分布：云南。

Pseudopiezotrachelus simplicirostris Korotyaev, 1987
分布：云南。

Pseudopiezotrachelus subtilirostris Korotyaev, 1985
分布：云南，福建，广东，江西。

Pseudopiezotrachelus triangulicollis Motschulsky, 1858
分布：云南。

Scapapion Korotyaev, 1992
Scapapion brunnicorne Korotyaev, 1992
分布：云南。

Scapapion horticola Korotyaev, 1992
分布：云南。

Scapapion ruficorne Korotyaev, 1992
分布：云南。

Scapapion uniforme Korotyaev, 1992
分布：云南。

Trichoconapion Korotyaev, 1985
Trichoconapion hirticorne Korotyaev, 1985
分布：云南。

橘象科 Nanophyidae

橘象属 *Nanophyes* Schoenherr, 1838
董橘梨象 *Nanophyes donckieri* Pic, 1907
分布：云南。

普橘梨象 *Nanophyes proles* Heller, 1915
分布：云南，福建，广东。

三锥象科 Brentidae

齿喙锥象属 *Anepsiotes* Kleine, 1917

齿喙锥象 *Anepsiotes schenklingi* Kleine, 1917
分布：云南（西双版纳），广西；越南，斯里兰卡。

宽喙象属 *Baryrhynchus* Lacordaire, 1865

尖齿乡锥象 *Baryrhynchus angulatus* Zhang, 1993
分布：云南（西双版纳），四川，贵州，福建；越南。

合节宽喙象 *Baryrhynchus concretus* Zhang, 1993
分布：云南（昆明）。

大宽喙象 *Baryrhynchus cratus* Zhang, 1993
分布：云南（玉溪、怒江、丽江、保山、德宏、红河），四川，西藏。

离斑宽喙象 *Baryrhynchus dehiscens* (Gyllenhal, 1833)
分布：云南，西藏；越南，印度，缅甸，斯里兰卡，马来西亚，印度尼西亚。

粗颚宽喙象 *Baryrhynchus miles* (Boheman, 1845)
分布：云南（德宏、西双版纳），四川，西藏，上海，台湾，海南；越南，老挝，泰国，印度，缅甸，尼泊尔，斯里兰卡，马来西亚，印度尼西亚，孟加拉国。

小宽喙象 *Baryrhynchus minisulus* Zhang, 1993
分布：云南（西双版纳）。

齿胫宽喙象 *Baryrhynchus odontus* Zhang, 1 993
分布：云南（西双版纳），四川，贵州，江西，湖南，广西，福建，广东，海南。

扁平宽喙象 *Baryrhynchus planus* Zhang, 1993
分布：云南。

短毛宽喙象 *Baryrhynchus setulosus* Zhang, 1993
分布：云南（德宏、西双版纳）。

光斑宽喙象 *Baryrhynchus speciosissimus* Kleine, 1916
分布：云南，四川，福建。

丽颊锥象属 *Callipareius* Senna, 1892

Callipareius feae Senna, 1892
分布：云南；印度。

硬锥象属 *Calodromus* Guérin-Méneville, 1832

Calodromus mellyi Guérin-Méneville & Gory, 1832
分布：云南。

Cylas Latreille, 1802

Cylas formicarius (Fabricius, 1798)
分布：云南，贵州，四川，黑龙江，山东，河南，江苏，江西，浙江，湖南，广西，福建，广东，海南，香港，台湾。

驼峰锥象属 *Cyphagogus* Parry, 1849

Cyphagogus confertulus Kleine, 1925
分布：云南；不丹。

Cyphagogus planifrons Kirsch, 1875
分布：云南。

Eterodiurus Senna, 1911

Eterodiurus singularis Senna, 1911
分布：云南。

半弯锥象属 *Hemiorychodes* Kleine, 1921

毛喙半弯锥象 *Hemiorychodes modestus* Kleine, 1921
分布：云南；柬埔寨，印度尼西亚。

异喙锥象属 *Heterorrhynchus* Calabresi, 1921

伊氏异喙锥象 *Heterorrhynchus eyloni* Bartolozzi, 2016
分布：云南，广西，福建；越南。

Hoplopisthius Senna, 1892

Hoplopisthius trichemerus Senna, 1892
分布：云南。

同锥象属 *Hormocerus* Schoenherr, 1823

网纹同锥象 *Hormocerus reticulatus* Lund, 1800
分布：云南，黑龙江，台湾。

Ischnomerus Labrai & Imhoff, 1838

Ischnomerus longicornis (Pascoe, 1887)
分布：云南。

Microsebus Kolbe, 1892

Microsebus trifasciatus Kleine, 1916
分布：云南，台湾。

Microtrachelizus Senna, 1893

Microtrachelizus acuticollis (Fairmaire, 1889)
分布：云南。

Microtrachelizus apertus **Kleine, 1925**
分布：云南。

Microtrachelizus bhamoensis **(Senna, 1892)**
分布：云南（德宏、西双版纳）；印度，文莱，印度尼西亚，马来西亚，尼泊尔，菲律宾，泰国，越南。

Microtrachelizus cylindricornis **Power, 1880**
分布：云南。

弯胫锥象属 *Orychodes* Pascoe, 1862
梁冠弯胫锥象 *Orychodes planicollis* **(Walker, 1859)**
分布：云南（德宏、西双版纳），西藏，广西，台湾；日本，越南，老挝，泰国，印度，缅甸，斯里兰卡，马来西亚。

Parapisthius Kleine, 1935
Parapisthius incisus **(Kleine, 1935)**
分布：云南。

直胫锥象属 *Parorychodes* Kleine, 1921
Parorychodes cereus **Kleine, 1925**
分布：云南；印度。

直胫锥象 *Parorychodes degener* **(Senna, 1892)**
分布：云南（西双版纳）；越南，老挝，印度，缅甸，孟加拉国。

钳颚锥象属 *Prophthalmus* Lacordaire, 1866
布氏钳颚锥象 *Prophthalmus bourgeoisi* **Power, 1878**
分布：云南（文山、西双版纳），西藏，海南；越南，印度，斯里兰卡。

巨钳颚锥象 *Prophthalmus potens* **Lacordaire, 1866**
分布：云南（怒江），西藏；越南，柬埔寨，印度，缅甸，尼泊尔，马来西亚。

维氏钳颚锥象 *Prophthalmus wichmanni* **Kleine, 1916**
分布：云南，台湾；日本，越南，老挝，印度。

瘦蚁锥象属 *Leptamorphocephalus* Kleine, 1918
瘦蚁锥象 *Leptamorphocephalus laborator* **Kleine, 1918**
分布：云南（西双版纳），湖北，台湾，广东；越南，马来西亚，新加坡，印度尼西亚。

椰象鼻虫科 Dryophthoridae

根颈象属 *Cosmopolites* Chevrolat, 1885
香蕉根颈象 *Cosmopolites sordidus* **Germar, 1824**
分布：云南（普洱、西双版纳），贵州，黑龙江，广西，福建，广东，香港，台湾。

锥象属 *Cyrtotrachelus* Scheenherr, 1838
竹直锥大象 *Cyrtotrachelus longimanus* **(Fabricius, 1775)**
分布：云南（红河、文山、保山、西双版纳），贵州，四川，陕西，浙江，广西，福建，广东，海南，香港，台湾；日本，印度，斯里兰卡，菲律宾，越南，老挝，泰国，缅甸，柬埔寨，新加坡，马来西亚。

红梳锥象 *Cyrtotrachelus rufopectinipes* **Chevrolat, 1882**
分布：云南，河北，江西；印度。

扁长颈象属 *Odoiporus* Chevrolat, 1885
香蕉扁长颈象 *Odoiporus longicollis* **Olivier, 1807**
分布：云南（保山、红河、玉溪、临沧、德宏、西

双版纳），贵州，四川，西藏，广西，福建，广东，香港，台湾；尼泊尔，日本，印度。

鸟喙象属 *Otidognathus* Lacordaire, 1865
珍鸟喙象 *Otidognathus notatus* **Voss, 1932**
分布：云南。

甘蔗象属 *Rhabdoscelus* Marshall, 1943
斑甘蔗象 *Rhabdoscelus maculatus* **(Gyllenhal, 1838)**
分布：云南。

棕榈象属 *Rhynchophorus* Herbst, 1795
红棕象甲 *Rhynchophorus ferrugineus* **(Olivier, 1790)**
分布：云南（昆明、临沧、西双版纳），四川，贵州，西藏，江西，江苏，浙江，广西，海南，广东，福建，台湾；南亚，东南亚，中亚，欧洲。

松瘤象属 *Sipalinus* Marshall, 1943
松瘤象 *Sipalinus gigas* **(Fabricius, 1775)**
分布：云南（玉溪、普洱、大理、临沧、保山、西

双版纳），东北，江苏，江西，湖南，广东；缅甸，老挝，斯里兰卡。

松瘤象指名亚种 *Sipalinus gigas gigas* (Fabricius, 1775)

分布：云南，贵州，四川，河北，河南，江苏，江西，广西，福建，广东，香港，台湾；日本，尼泊尔，蒙古国，朝鲜，不丹，印度。

云南松瘤象 *Sipalinus yunnanensis* Vaurie, 1971

分布：云南。

米象属 *Sitophilus* Schoenherr, 1838

罗望子米象 *Sitophilus linearis* Herbst, 1795

分布：云南，海南；日本，朝鲜，印度，蒙古国，中东，中亚，欧洲。

米象 *Sitophilus oryzae* (Linnaelus, 1763)

分布：云南，贵州，四川，西藏，黑龙江，河北，河南，内蒙古，山西，江苏，广西，福建，广东，香港，台湾；蒙古国，日本，俄罗斯（远东地区），尼泊尔，澳大利亚，欧洲。

玉米象 *Sitophilus zeamais* Motschulsky, 1855

分布：世界广布。

细平象属 *Trochorhopalus* Kirsch, 1877

细平象 *Trochorhopalus humeralis* Chevrolat, 1885

分布：云南。

齿颚卷叶象科 Rhynchitidae

阿霜象属 *Aderorhinus* Sharp, 1889

柄阿霜象 *Aderorhinus pedicellaris* Voss, 1930

分布：云南，四川，浙江，湖南，福建。

变阿霜象 *Aderorhinus variabilis* Voss, 1941

分布：云南，湖南，广东，福建；尼泊尔，印度，缅甸，越南，泰国。

奥卷象属 *Auletobius* Desbrochers des Loges, 1869

白水奥象 *Auletobius baishuiensis* Legalov, 2010

分布：云南（丽江）。

佛海澳象 *Auletobius fochaensis* Legalov, 2003

分布：云南（西双版纳）。

哈巴山澳象 *Auletobius habashanensis* Legalov, 2007

分布：云南（迪庆）。

鸡足山澳象 *Auletobius jizushannsis* Legelov, 2010

分布：云南（大理）。

滇红澳象 *Auletobius ruber* Legalov, 2007

分布：云南（丽江）。

亚粒澳象 *Auletobius subgranulatus* Voss, 1933

分布：云南；印度，泰国，越南，斯里兰卡。

拟奥形象属 *Auletomorphinus* Legalov, 2007

云南拟奥形象 *Auletomorphinus yunnanensis* Legalov, 2003

分布：云南（楚雄）。

奥形象属 *Auletomorphus* Voss, 1923

哈巴山奥形象 *Auletomorphus habashanensis* Legalov, 2011

分布：云南（迪庆）。

山地奥形象 *Auletomorphus montanus* Legalov, 2003

分布：云南（德宏、保山、普洱），四川，广东，福建；尼泊尔。

东京奥形象 *Auletomorphus tonkinensis* (Voss, 1924)

分布：云南，四川，山东，湖北，江西，广东，福建；越南。

双色虎象属 *Bicolorhynchus* Legalov, 2003

长棒双色虎象 *Bicolorhynchus longiclavoides* Legalov, 2007

分布：云南（文山）。

拟金象属 *Byctisculus* Legalov, 2003

似灰拟金象 *Byctisculus griseoides* Legalov, 2007

分布：云南（普洱）。

灰拟金象 *Byctisculus griseus* (Voss, 1930)

分布：云南；印度，越南。

卡虎象属 *Capylarodepus* Voss, 1922

梅氏卡虎象 *Capylarodepus medvedevi* (Legalov, 2003)

分布：云南；越南。

克文象属 *Cneminvolvulus* Voss, 1960

黑克文象 *Cneminvolvulus aterrimus* (Voss, 1938)

分布：云南，福建。

异克文象 *Cneminvolvulus decipiens* **Voss, 1938**
分布：云南。

麦氏克文象 *Cneminvolvulus meyeri* **(Voss, 1937)**
分布：云南。

佛海克文象 *Cneminvolvulus phohaensis* **Legalov, 2007**
分布：云南（西双版纳）。

巍宝山克文象 *Cneminvolvulus weibaoshanensis* **Legalov, 2007**
分布：云南（大理）。

云南克文象 *Cneminvolvulus yunnanicus* **(Voss, 1938)**
分布：云南。

切叶象属 *Deporaus* Samouelle, 1819

棕棒切叶象 *Deporaus brunneoclavus* **Legalov, 2007**
分布：云南。

苍山切叶象 *Deporaus cangshanensis* **Legalov, 2007**
分布：云南（大理）。

大理切叶象 *Deporaus daliensis* **Legalov, 2007**
分布：云南（大理）。

黄棒切叶象 *Deporaus flaviclavus* **Legalov, 2007**
分布：云南（丽江），四川。

高黎贡山切叶象 *Deporaus gaoligongiensis* **Legalov, 2007**
分布：云南（怒江、保山）。

滚来山切叶象 *Deporaus gunlaishanensis* **Legalov, 2007**
分布：云南。

新街切叶象 *Deporaus hingensis* **Legalov, 2007**
分布：云南（楚雄）。

首切叶象 *Deporaus major* **Voss, 1932**
分布：云南。

杧果切叶象 *Deporaus marginatus* **Fst, 1894**
分布：云南（西双版纳），贵州，广西，广东，海南。

Deporaus minor **Voss, 1937**
分布：云南，浙江。

拟平切叶象 *Deporaus pseudopacatus* **Legalov, 2007**
分布：云南（大理）。

绒切叶象 *Deporaus puberulus* **Faust, 1895**
分布：云南，贵州，湖北，广西，广东，福建；日本，朝鲜，欧洲。

红切叶象 *Deporaus ruber* **Legalov & Liu, 2005**
分布：云南（迪庆）。

单色切叶象 *Deporaus unicolor* **(Roelofs, 1875)**
分布：云南，福建，黑龙江，吉林，河北；俄罗斯，朝鲜半岛，日本，越南。

巍山切叶象 *Deporaus weishanensis* **Legalov, 2007**
分布：云南（大理）。

西山切叶象 *Deporaus xishamensis* **(Legalov, 2007)**
分布：云南（昆明）。

云南切叶象 *Deporaus yunnanicus* **(Legalov, 2007)**
分布：云南（迪庆、大理）。

叉颚象属 *Dicranognathus* Kollar & Redtenbacher, 1844

暗带叉颚象 *Dicranognathus obscurofasciatus* **Voss, 1936**
分布：云南。

艾象属 *Epirhynchites* Voss, 1969

梨艾象 *Epirhynchites foveipennis* **(Fairmaire, 1888)**
分布：云南，四川，贵州，黑龙江，吉林，辽宁，内蒙古，河北，山西，陕西，山东，浙江，福建；朝鲜半岛。

拟霜象属 *Eugnamptobius* Voss, 1922

鹿拟霜象 *Eugnamptobius cervinus* **Voss, 1930**
分布：云南，四川。

云拟霜象 *Eugnamptobius congestus* **(Voss, 1941)**
分布：云南，贵州，四川，广东，福建，海南；印度，越南。

德氏拟霜象 *Eugnamptobius desbrochersi* **(Legalov, 2007)**
分布：云南（大理）。

龙陵拟霜象 *Eugnamptobius lunlinensis* **(Legalov, 2003)**
分布：云南（保山）。

三台山拟霜象 *Eugnamptobius santaysanensis* **Legalov, 2007**
分布：云南（德宏）。

景东拟霜象 *Eugnamptobius tsindunensis* **Legalov, 2007**
分布：云南（普洱）。

巍山拟霜象 *Eugnamptobius weishanensis* **Legalov, 2007**
分布：云南（大理）。

霜象属 *Eugnamptus* Schoenherr, 1839

二色霜象 *Eugnamptus dibaphus* Voss, 1942
分布：云南，福建；越南。

库氏霜象 *Eugnamptus kubani* (Legalov, 2007)
分布：云南（丽江）。

多坑霜象 *Eugnamptus lacunosus* Voss, 1949
分布：云南，四川，湖北，浙江，福建，广东。

芒市霜象 *Eugnamptus manshinsis* Legalov, 2003
分布：云南（德宏）。

蒙氏霜象 *Eugnamptus monchadskii* Legalov, 2007
分布：云南（昆明）。

糙霜象 *Eugnamptus rudis* Legalov, 2007
分布：云南（大理）。

四川霜象 *Eugnamptus sitshuanensis* Legalov, 2003
分布：云南，四川，湖北。

文象属 *Involvulus* Schrank, 1798

顿氏文象 *Involvulus dundai* (Legalov, 2007)
分布：云南（丽江，迪庆）。

蕾文象 *Involvulus gemma* (Semenov & Ter-Minasian, 1937)
分布：云南，四川，陕西，北京。

柯氏文象 *Involvulus kozlovi* (Legalov, 2007)
分布：云南。

夏河文象 *Involvulus xiahensis* (Legalov, 2007)
分布：云南，甘肃。

燕门文象 *Involvulus yanmensis* Legalov, 2009
分布：云南（迪庆）。

中甸文象 *Involvulus zhondiensis* (Legalov, 2007)
分布：云南（迪庆）。

日象属 *Japonorhynchites* Legalov, 2003

拟双色日象 *Japonorhynchites bicoloroides* Legalov, 2007
分布：云南（丽江）。

切枝象属 *Mecorhis* Billberg, 1820

八莫切枝象 *Mecorhis bhamoensis* (Faust, 1894)
分布：云南；缅甸，老挝，柬埔寨，泰国，越南，马来西亚。

淡黑切枝象金平亚种 *Mecorhis coerulescens tsinpinensis* (Legalov, 2007)
分布：云南（红河）。

埃氏切枝象 *Mecorhis eduardi* (Legalov, 2002)
分布：云南，新疆，江西。

族切枝象 *Mecorhis gentilis* (Voss, 1930)
分布：云南，江西，浙江；印度。

信切枝象 *Mecorhis indubia* (Voss, 1930)
分布：云南，浙江。

白盾切枝象 *Mecorhis leucoscutellata* (Voss, 1932)
分布：云南。

东北切枝象 *Mecorhis mandschurica* (Voss, 1939)
分布：云南，黑龙江，吉林，辽宁，福建；俄罗斯。

奇切枝象 *Mecorhis mirifica* (Legalov, 2007)
分布：云南（迪庆）。

散切枝象 *Mecorhis obsita* (Voss, 1930)
分布：云南，福建。

相似切枝象 *Mecorhis simulans* (Voss, 1924)
分布：云南。

小勐养切枝象 *Mecorhis sjaomonjanica* (Legalov, 2004)
分布：云南（西双版纳）。

Metallorhynchites Legalov, 2007
Metallorhynchites suborichalceus Voss, 1932
分布：云南。

小虎象属 *Metarhynchites* Voss, 1923
亚铜小虎象 *Metarhynchites suborichalceus* (Voss, 1932)
分布：云南。

新琦象属 *Neobyctiscidius* Legalov, 2007
巍宝山新琦象 *Neobyctiscidius weibaoshanensis* Legalov, 2008
分布：云南（大理）。

新钳颚象属 *Neocoenorrhinus* Voss, 1952
湄公新钳颚象 *Neocoenorrhinus mekongensis* Legalov, 2007
分布：云南。

新霜象属 *Neoeugnamptus* Legalov, 2003
苍山新霜象 *Neoeugnamptus cangshanensis* Legalov, 2007
分布：云南（大理）。

蓝新霜象 *Neoeugnamptus cyaneus* Legalov, 2007
分布：云南（丽江）。

大勐仑新霜象 *Neoeugnamptus damonlunsis* (Legalov, 2003)

分布：云南（西双版纳）。

哈巴山新霜象 *Neoeugnamptus habashanensis* **Legalov, 2007**

分布：云南（迪庆）。

斜新霜象 *Neoeugnamptus instabilis* (Voss, 1941)

分布：云南。

玉龙新霜象 *Neoeugnamptus julonxueshanicus* (Legalov, 2007)

分布：云南（丽江）。

康氏新霜象 *Neoeugnamptus konstantinovi* **Legalov, 2007**

分布：云南（大理）。

丽江新霜象 *Neoeugnamptus lijiangensis* **Legalov, 2007**

分布：云南（丽江）。

潘氏新霜象 *Neoeugnamptus panfilovi* **Legalov, 2003**

分布：云南（红河、普洱），海南。

伏氏新霜象 *Neoeugnamptus volkovitshi* **Legalov, 2003**

分布：云南（丽江）。

巍宝山新霜象 *Neoeugnamptus weibaoshanensis* **Legalov, 2007**

分布：云南（大理）。

云南新霜象 *Neoeugnamptus yunnanensis* **Voss, 1941**

分布：云南。

东方虎象属 *Orrhynchites* **Legalov, 2007**

广布东方虎象 *Orrhynchites consimilis* (Voss, 1938)

分布：云南；尼泊尔，印度。

原齿颈象属 *Proelautobius* **Legalov, 2007**

云南原齿颈象 *Proelautobius yunnanicus* **Legalov, 2003**

分布：云南（普洱、西双版纳）。

伪枚齿颈象属 *Pseudomesauletes* **Legalov, 2001**

屏边伪间奥象 *Pseudomesauletes binbyanicus* **Legalov, 2007**

分布：云南（红河、文山）。

中国伪间奥象 *Pseudomesauletes chinensis* (Voss, 1933)

分布：云南（大理），福建。

广布伪间奥象 *Pseudomesauletes consimilis* (Voss, 1930)

分布：云南；尼泊尔，印度。

顿氏伪间奥象 *Pseudomesauletes dundai* **Legalov, 2007**

分布：云南（大理），四川。

带伪间奥象 *Pseudomesauletes fasciatus* **Legalov, 2007**

分布：云南（普洱）。

鸡足山伪间奥象 *Pseudomesauletes jizushanensis* **Legalov, 2010**

分布：云南（大理）。

卡氏伪间奥象 *Pseudomesauletes klapperichi* (Voss, 1941)

分布：云南，福建。

克氏伪间奥象 *Pseudomesauletes kryzhanovskyi* **Legalov, 2009**

分布：云南（昆明、大理），福建。

汤氏伪间奥象 *Pseudomesauletes thompsoni* **Legalov, 2009**

分布：云南（大理）。

维氏伪间奥象 *Pseudomesauletes vereshaginae* **Legalov, 2007**

分布：云南。

云南伪间奥象 *Pseudomesauletes yunnanicus* **Legalov, 2007**

分布：云南（怒江，保山）。

坑虎象属 *Pustulorhinus* **Legalov, 2003**

云南坑虎象 *Pustulorhinus yunnanicus* **Legalov, 2003**

分布：云南（丽江）。

红虎象属 *Rubrrhynchites* **Legalov, 2007**

弯喙红虎象 *Rubrrhynchites curvirostris* **Legalov, 2007**

分布：云南（怒江）。

斯氏金象属 *Svetlanaebyctiscus* **Legalov, 2001**

顿氏斯金象 *Svetlanaebyctiscus dundai* **Legalov, 2008**

分布：云南（大理）。

切须象属 *Temnocerus* **Thunberg, 1815**

顿氏切须象 *Temnocerus dundai* **Legalov, 2006**

分布：云南（大理）。

云南切须象 *Temnocerus yunnanicus* **Legalov, 2003**

分布：云南（大理、楚雄）。

Thompsonirhinus **Legalov, 2003**

Thompsonirhinus eduardi **Legalov, 2002**

分布：云南，新疆，江西。

Thompsonirhinus gentilis **(Voss, 1930)**

分布：云南；印度。

Thompsonirhinus indubius **(Voss, 1930)**

分布：云南，浙江。

云南奥象属 *Yunnanuletes* **Legalov, 2007**

黑水云南奥象 *Yunnanuletes heishuensis* **Legalov, 2007**

分布：云南（丽江），四川。

穆氏云南奥象 *Yunnanuletes murzini* **Legalov, 2007**

分布：云南。

卷象科 Attelabidae

圆斑卷象属 *Agomadaranus* Voss, 1958

双肩圆斑卷象 *Agomadaranus bihumeratus* **(Jekel, 1860)**

分布：云南，四川；缅甸，印度，巴基斯坦，尼泊尔。

双刺圆斑卷象 *Agomadaranus bistrispinosus* **(Faust, 1894)**

分布：云南，贵州，四川，西藏；印度，老挝，缅甸，泰国。

锥圆斑卷象 *Agomadaranus coniceps* **(Voss, 1926)**

分布：云南，四川，西藏，福建，北京。

克氏圆斑卷象 *Agomadaranus kryzhanovskyi* **(Legalov, 2003)**

分布：云南（普洱、西双版纳）。

黑点圆斑卷象 *Agomadaranus melanostictus* **(Fairmaire, 1878)**

分布：云南，四川，陕西，河北，河南，北京，山东，山西，湖北，湖南，福建。

多肋圆斑卷象 *Agomadaranus multicostatus* **(Pic, 1928)**

分布：云南；越南。

副双肩圆斑卷象 *Agomadaranus parbihumeratus* **(Legalov, 2003)**

分布：云南，四川。

豹圆斑卷象 *Agomadaranus pardalis* **(Snellen van Vollenhoven, 1865)**

分布：云南，贵州，四川，江西，江苏，湖南，广东，福建，海南；俄罗斯，日本。

点圆斑卷象云南亚种 *Agomadaranus sticticus yunnanicus* **Legalov, 2004**

分布：云南（红河），四川，福建。

亚卷象属 *Allapoderus* Voss, 1927

齿亚卷象 *Allapoderus dentipes* **(Faust, 1883)**

分布：云南，黑龙江，海南；印度，缅甸，越南。

思茅亚卷象 *Allapoderus symaoensis* **Legalov, 2003**

分布：云南（普洱）。

异爪卷象属 *Anisonychus* Voss, 1927

奇异爪卷象 *Anisonychus mirabilis* **Legalov, 2003**

分布：云南（昆明），四川，福建；越南。

细颈卷象属 *Apoderus* Olivier, 1807

榛细颈卷象 *Apoderus coryli* **(Linnaeus, 1758)**

分布：云南，四川，黑龙江，吉林，辽宁，新疆，内蒙古，陕西，甘肃，山西，河北，北京，江西，江苏，福建，台湾；蒙古国，俄罗斯（远东地区），朝鲜半岛，日本，欧洲。

膝卷象 *Apoderus geniculatus* **Jekel, 1860**

分布：云南（昆明、普洱、保山、文山、红河、丽江），四川，贵州，河南，江苏，湖南，江西，福建。

黑尾卷象 *Apoderus nigroapicatus* **(Jekel, 1860)**

分布：云南（文山、西双版纳），四川，山东，江苏，江西，湖南，广西，广东，福建，台湾。

红胸细颈卷象 *Apoderus rugicollis* **Schilsky, 1906**

分布：云南（昆明、昭通、楚雄、大理、保山、临沧、怒江），贵州，四川，河北，陕西，北京，湖北，广西，福建；印度。

黄纹卷象 *Apoderus sexguttatus* **Voss, 1927**

分布：云南（保山、文山、红河、德宏、普洱、临沧、西双版纳），广西，广东，福建。

沟纹卷象 *Apoderus sulcicollis* **Jekel, 1860**

分布：云南（文山、西双版纳），江苏；东南亚。

伏氏细颈卷象 *Apoderus volkovitshi* **Legalov, 2003**
分布：云南（丽江）。

盾金象属 *Aspidobyctiscus* **Schilsky, 1903**

青铜盾金象 *Aspidobyctiscus cyanocupreus* **Legalov & Liu, 2005**
分布：云南（西双版纳）。

河野盾金象 *Aspidobyctiscus konoi* **Legalov & Liu, 2005**
分布：云南（大理）。

葡萄卷叶象 *Aspidobyctiscus lacunipennis* **(Jekel, 1860)**
分布：云南，四川，黑龙江，吉林，辽宁，河北，陕西，湖北，安徽，江苏，湖南，广西，福建，台湾，广东；俄罗斯，韩国，日本，印度，尼泊尔，缅甸。

黑青盾金象 *Aspidobyctiscus nigrocyaneus* **Legalov & Liu, 2005**
分布：云南（西双版纳）。

帕氏盾金象 *Aspidobyctiscus paviei* **(Aurivillius, 1891)**
分布：云南，四川，黑龙江，吉林，辽宁，河北，陕西，安徽，湖北，江西，江苏，广西，福建，广东，台湾；朝鲜半岛，越南。

石鼓盾金象 *Aspidobyctiscus shiguensis* **Legalov, 2007**
分布：云南（丽江）。

云南盾金象 *Aspidobyctiscus yunnanicus* **Voss, 1930**
分布：云南。

贝氏金象属 *Baikovius* **Legalov, 2005**

独特贝金象 *Baikovius unicus* **Legalov & Liu, 2005**
分布：云南（西双版纳）。

Byctiscidius **Voss, 1923**

Byctiscidius griseus **Voss, 1931**
分布：云南（昆明）；越南，印度。

金象属 *Byctiscus* **Thomson, 1859**

拟双带金象 *Byctiscus bilineatoides* **Legalov, 2007**
分布：云南（丽江），四川，山西。

Byctiscus impressus **(Fairmaire, 1899)**
分布：云南，四川，贵州，湖北，浙江，安徽，广西，福建，台湾。

异金象 *Byctiscus mutator* **Faust,1890**
分布：云南，甘肃。

芽虎象属 *Caenorhinus* **Thomson, 1859**

黑红芽虎象 *Caenorhinus atrorufus* **Voss, 1942**
分布：云南，福建。

双色近虎象 *Caenorhinus bicoloripes* **Legalov, 2007**
分布：云南（大理、丽江、迪庆、西双版纳）。

双带芽虎象 *Caenorhinus bifasciatus* **Legalov, 2007**
分布：云南（大理、丽江）。

双斑芽虎象 *Caenorhinus biounctatus* **Legalov, 2007**
分布：云南。

短宽芽虎象 *Caenorhinus brevis* **Legalov, 2007**
分布：云南（丽江、大理）。

埃氏近虎象 *Caenorhinus eduardi* **Legalov, 2007**
分布：云南。

黄腹芽虎象 *Caenorhinus flaviventris* **(Voss, 1924)**
分布：云南，四川；印度，缅甸，越南。

拟黄腹芽虎象 *Caenorhinus flaviventroides* **Legalov, 2007**
分布：云南（丽江，大理）。

Caenorhinus mannerheimii **Hummel, 1823**
分布：云南，四川，黑龙江，山西，河北，福建；日本，朝鲜，俄罗斯（远东地区），欧洲。

芒市芽虎象 *Caenorhinus mansiensis* **Legalov, 2007**
分布：云南（德宏）。

缘芽虎象 *Caenorhinus marginatus* **(Pascoe, 1883)**
分布：云南，广西，广东；斯里兰卡，印度，巴基斯坦。

杜果芽虎象 *Caenorhinus marginellus* **(Faust, 1898)**
分布：云南（西双版纳），广东。

硕头芽虎象 *Caenorhinus megacephalus* **(Germar, 1823)**
分布：云南，四川，黑龙江，山西，河北，福建；俄罗斯（远东地区），蒙古国，朝鲜半岛，日本，印度，欧洲。

黑端芽虎象 *Caenorhinus nigroapicalis* **Legalov, 2007**
分布：云南（大理），浙江。

佛海芽虎象 *Caenorhinus phohaensis* **Legalov, 2007**
分布：云南（西双版纳）。

云甸芽虎象 *Caenorhinus yundianensis* **Legalov, 2007**
分布：云南（楚雄）。

股齿卷象属 *Catalabus* Voss, 1925

四斑股齿卷象 *Catalabus quadriplagiatus* (Voss, 1953)
分布：云南，黑龙江，福建，海南；越南。

角卷象属 *Centrocorynus* Jekel, 1860

盾角卷象 *Centrocorynus scutellaris* (Gyllenhal, 1833)
分布：云南，浙江，陕西，台湾；印度，巴基斯坦，缅甸，尼泊尔，印度尼西亚。

丽卷象属 *Compsapoderus* Voss, 1927

红腹丽卷象 *Compsapoderus erythrogaster* (Snellen van Vollenhoven, 1865)
分布：云南，湖北；朝鲜半岛，日本。

拟红翅丽卷象 *Compsapoderus geminus* (Sharp, 1889)
分布：云南，四川，贵州，湖北，湖南；俄罗斯，朝鲜半岛，日本。

巧丽卷象 *Compsapoderus micros* (Legalov, 2007)
分布：云南（昆明、大理）。

黑带丽卷象 *Compsapoderus nigrofasciatus* (Pajni, Haq & Gandhi, 1987)
分布：云南，四川；印度。

拟细颈卷象属 *Cycnotrachelodes* Voss, 1955

樟拟细颈卷象 *Cycnotrachelodes camphoricola* (Voss, 1924)
分布：云南，河南，山西，安徽，江苏，广西，福建，广东，海南；越南。

天蓝拟细颈卷象 *Cycnotrachelodes coeruleatus* (Faust, 1894)
分布：云南，福建；不丹，老挝，缅甸，越南，泰国。

青拟细颈卷象 *Cycnotrachelodes cyanopterus* (Motschulsky, 1861)
分布：云南，黑龙江，吉林，辽宁，北京，山西，河北，浙江，江苏，福建；俄罗斯，朝鲜半岛，日本。

四川拟细颈卷象 *Cycnotrachelodes sitchuanensis* Legalov, 2003
分布：云南，四川，陕西，浙江。

修颈卷象属 *Cycnotrachelus* Jekel, 1860

黄腹细颈象 *Cycnotrachelus coloratus* Voss, 1929
分布：云南（西双版纳），黑龙江，福建；朝鲜，俄罗斯。

黄斑修颈卷象 *Cycnotrachelus flavoguttatus* Voss, 1929
分布：云南（保山、普洱、西双版纳），福建；印度，越南。

黄背修颈卷象 *Cycnotrachelus flavonotatus* Voss, 1935
分布：云南；缅甸。

黄突修颈卷象 *Cycnotrachelus flavotuberosus* (Jekel, 1860)
分布：云南（保山、德宏、临沧、西双版纳），台湾；缅甸，印度，越南，泰国。

蓝腹细颈象 *Cycnotrachelus subcoeruleus* Voss, 1929
分布：云南（昆明、普洱、保山、西双版纳）；越南。

剪枝象属 *Cyllorhynchites* Voss, 1930

安氏剪枝象 *Cyllorhynchites andrewesi* (Voss, 1930)
分布：云南，四川；缅甸。

车里剪枝象 *Cyllorhynchites cheliensis* Legalov, 2007
分布：云南（普洱）。

栗实剪枝象 *Cyllorhynchites cumulatus* (Voss, 1930)
分布：云南（昆明、玉溪、文山），贵州，四川，黑龙江，陕西，河南，安徽，江苏，湖北，湖南，浙江，福建。

平剪枝象 *Cyllorhynchites homalinus* (Voss, 1930)
分布：云南。

亚积剪枝象 *Cyllorhynchites subcumulatus* (Voss, 1930)
分布：云南。

橡实剪枝象 *Cyllorhynchites ursulus* (Roelofs, 1874)
分布：云南（昆明、玉溪、昭通、文山、保山、丽江、西双版纳），四川，辽宁，河北，江苏，福建，广东；日本，俄罗斯。

橡实剪枝象显喙亚种 *Cyllorhynchites ursulus rostralis* (Voss, 1930)
分布：云南（昆明、玉溪、昭通、文山、丽江、保山、西双版纳），四川，吉林，辽宁，新疆，北京，河北，陕西，河南，江西，安徽，江苏，浙江，湖南，广西，福建。

曲卷象属 *Cyrtolabus* Voss, 1925

缘曲卷象 *Cyrtolabus amitinus* (Voss, 1932)
分布：云南。

静曲卷象 *Cyrtolabus mutus* (Faust, 1890)

分布：云南，四川，黑龙江，甘肃，陕西，山西，河北，湖北，江西，江苏，浙江；俄罗斯，韩国。

戟卷象属 *Enoplolabus* Voss, 1925

格氏戟卷象 *Enoplolabus gestroi* (Faust, 1894)

分布：云南；老挝，缅甸，泰国，越南。

狭额卷象属 *Euops* Schoenherr, 1839

亚洲狭额卷象指名亚种 *Euops asiaticus asiaticus* (Legalov & Liu, 2005)

分布：云南（怒江），西藏，湖北。

中国切卷象 *Euops chinensis* Voss, 1922

分布：云南（保山），湖南，台湾，福建。

佛海狭额卷象 *Euops fochaiensis* (Legalov, 2003)

分布：云南（西双版纳）。

福贡狭额卷象 *Euops fugongensis* Wang & Liang, 2008

分布：云南（怒江）。

景谷狭额卷象 *Euops jingguensis* Liang & Sakurai, 2005

分布：云南（普洱、西双版纳）。

九寨狭额卷象 *Euops jiuzhaiensis* Liang, 2005

分布：云南，四川。

泸水狭额卷象 *Euops lushuensis* (Legalov & Liu, 2005)

分布：云南（怒江）。

勐混狭额卷象 *Euops menghunsis* (Legalov & Liu, 2005)

分布：云南（西双版纳）。

莫狭额卷象 *Euops moanus* Legalov, 2003

分布：云南（丽江），四川。

多彩狭额卷象 *Euops multicoloratus* (Legalov & Liu, 2005)

分布：云南（西双版纳）。

拟光狭额卷象 *Euops pseudopolitus* (Legalov, 2003)

分布：云南（昆明、大理、迪庆），四川，湖北。

细孔狭额卷象 *Euops punctatus* (Legalov & Liu, 2005)

分布：云南（西双版纳）。

火狭额卷象 *Euops pyralis* (Legalov & Liu, 2005)

分布：云南（迪庆）。

金平狭额卷象 *Euops tzinpinensis* (Legalov & Liu, 2005)

分布：云南（红河）。

多疣狭额卷象 *Euops verrucosus* (Legalov & Zhang, 2007)

分布：云南（丽江），四川。

绿狭额卷象 *Euops viridis* (Legalov, 2003)

分布：云南（迪庆），四川。

盈江狭额卷象 *Euops yingjiangensis* Liang, 2005

分布：云南（德宏、保山、大理、西双版纳）。

滇狭额卷象 *Euops yunnanensis* (Liang, 2005)

分布：云南（红河、怒江、迪庆、大理），贵州。

云南狭额卷象 *Euops yunnanicus* (Legalov, 2003)

分布：云南（普洱），湖北。

茸卷象属 *Euscelophilus* Voss, 1925

缅甸茸卷象 *Euscelophilus burmanus* Marshall, 1948

分布：云南，四川，福建；缅甸。

驼茸卷象 *Euscelophilus camelus* Voss, 1937

分布：云南，四川。

中国茸卷象 *Euscelophilus chinensis* (Schilsky, 1906)

分布：云南，四川，贵州，北京，湖北，广西，海南。

臀胸茸卷象 *Euscelophilus dimidatus* Voss, 1956

分布：云南，四川。

高黎贡茸卷象 *Euscelophilus gaoligongensis* Xie & Liang, 2008

分布：云南（怒江）。

瘤胸茸卷象 *Euscelophilus gibbicollis* (Schilsky, 1906)

分布：云南（昭通，大理），贵州，四川，河北，北京，湖北；朝鲜半岛。

金平茸卷象 *Euscelophilus jingpingensis* Liang, 1994

分布：云南（红河）。

昆明茸卷象 *Euscelophilus kunmingensis* Liang, 1994

分布：云南（昆明）。

皱胸茸卷象 *Euscelophilus rugulosus* Zhang, 1995

分布：云南（大理，怒江）。

威氏茸卷象 *Euscelophilus vitalisi* (Heller, 1922)

分布：云南；越南，柬埔寨。

尖虎象属 *Exrhynchites* Voss, 1930

大尖虎象 *Exrhynchites major* (Voss, 1932)

分布：云南。

小尖虎象 *Exrhynchites minor* (Voss, 1937)
分布：云南，浙江。

短毛尖虎象 *Exrhynchites puberulus* (Faust, 1894)
分布：云南，贵州，湖北，广西，广东，福建；缅甸，泰国，越南。

哈卷象属 *Hamiltonius* Alonso-Zarazaga & Lyal, 1999

斑背哈卷象 *Hamiltonius notatus* (Fabricius, 1792)
分布：云南，四川，河南，广西，广东，湖南，福建，香港；巴基斯坦，柬埔寨，印度，缅甸，越南。

六斑哈卷象 *Hamiltonius sexguttatus* (Voss, 1927)
分布：云南，广西，广东，福建；越南。

须喙卷象属 *Henicolabus* Voss, 1925

大须喙卷象 *Henicolabus gigantinus* Legalov & Liu, 2005
分布：云南（西双版纳）；不丹，柬埔寨，老挝。

波氏须喙卷象 *Henicolabus potanini* (Legalov, 2007)
分布：云南，四川。

刺须喙卷象 *Henicolabus spinipes* (Schilsky, 1906)
分布：云南，贵州，四川，北京，江苏，江西，浙江，湖南，广西，福建，广东，台湾。

云南须喙卷象 *Henicolabus yunnanicus* Legalov, 2003
分布：云南（红河）。

异卷象属 *Heterapoderus* Voss, 1927

乌柏异卷象 *Heterapoderus bicallosicollis* (Voss, 1932)
分布：云南，四川，贵州，江西，河南，河北，福建。

平异卷象云南亚种 *Heterapoderus blandus blandoloides* (Legalov, 2007)
分布：云南（普洱、西双版纳）。

凹异卷象 *Heterapoderus crenatus* (Jekel, 1860)
分布：云南，广西；老挝，泰国，越南。

膝异卷象 *Heterapoderus geniculatus* (Jekel, 1860)
分布：云南，贵州，四川，河南，河北，江西，江苏，浙江，上海，湖南，广西，广东，福建；越南，朝鲜。

蒙氏异卷象指名亚种 *Heterapoderus monchadskii monchadskii* Legalov, 2007
分布：云南（昆明、普洱、红河、西双版纳）。

等独异卷象 *Heterapoderus parunicus* (Legalov, 2003)
分布：云南（普洱）。

清异卷象 *Heterapoderus pauperulus* (Voss, 1927)
分布：云南，四川，贵州，江苏，浙江，湖南，广西，广东，福建；越南。

沟胸异卷象 *Heterapoderus sulcicollis* (Jekel, 1860)
分布：云南，贵州，四川，黑龙江，陕西，江苏，上海，湖南，广西，广东，福建。

特氏异卷象 *Heterapoderus theresae* (Pic, 1929)
分布：云南。

突卷象属 *Hoplapoderus* Jekel, 1860

黑暗突卷象 *Hoplapoderus caliginosus* (Faust, 1894)
分布：云南，四川，台湾；日本，不丹，缅甸，泰国，越南。

拟刺突卷象 *Hoplapoderus echinatoides* Legalov, 2003
分布：云南（昆明、普洱、红河、临沧、德宏、保山、西双版纳），北京，湖北，浙江，湖南，海南；柬埔寨，老挝，缅甸，泰国，越南，俄罗斯。

刺突卷象 *Hoplapoderus echinatus* (Gyllenhal, 1833)
分布：云南，河南，广东；俄罗斯，印度，巴基斯坦，老挝，缅甸，尼泊尔，越南，马来西亚，斯里兰卡。

镶突卷象 *Hoplapoderus gemmosus* (Jekel, 1860)
分布：云南，江苏，上海，湖南，广西，广东，香港，海南，台湾；日本，俄罗斯，朝鲜，印度，柬埔寨，老挝，缅甸，越南，印度尼西亚。

突肩卷象属 *Humerilabus* Legalov, 2003

中国突肩卷象 *Humerilabus chinensis* Legalov, 2003
分布：云南（红河）。

浮氏突肩卷象 *Humerilabus fausti* (Voss, 1925)
分布：云南，海南；尼泊尔，缅甸。

长突肩卷象 *Humerilabus longulus* Legalov & Liu, 2005
分布：云南（红河、西双版纳）。

锥卷象属 *Lamprolabus* Jekel, 1860

双矛锥卷象 *Lamprolabus bihastatus* (Frivaldszky, 1892)
分布：云南（红河、普洱、怒江、西双版纳），黑龙江，河南，湖北，江西，湖南，广东，福建，海南。

佛海锥卷象 *Lamprolabus fochaensis* Legalov, 2003

分布：云南（西双版纳）。

伪双刺锥卷象 *Lamprolabus pseudobispinosus* Legalov & Liu, 2005

分布：云南（西双版纳）。

长钉锥卷象 *Lamprolabus spiculatus* (Boheman, 1845)

分布：云南，福建，海南；柬埔寨，印度，老挝，缅甸，越南，泰国。

长卷象属 Leptapoderus Jekel, 1860

广布长卷象 *Leptapoderus affinis* (Schilsky, 1906)

分布：云南，四川，北京，河南，陕西，湖北；俄罗斯，朝鲜半岛，日本。

珊瑚长卷象 *Leptapoderus corallinus* Legalov, 2007

分布：云南（普洱）。

橄榄坝长卷象 *Leptapoderus ganlanbebsis* Legalov, 2007

分布：云南（西双版纳），四川。

拟带长卷象 *Leptapoderus inbalteatus* Legalov, 2007

分布：云南（丽江），四川。

黑端长卷象 *Leptapoderus nigroapicatus* (Jekel, 1860)

分布：云南，贵州，四川，陕西，山东，湖北，江苏，江西，浙江，湖南，广西，广东，福建，台湾；印度。

伪十字长卷象 *Leptapoderus pseudocrucifer* Legalov, 2007

分布：云南（红河）。

小勐养长卷象 *Leptapoderus siaomonianensis* Legalov, 2007

分布：云南（西双版纳）。

亚带长卷象 *Leptapoderus subfasciatus* (Voss, 1929)

分布：云南。

亚斑长卷象 *Leptapoderus submaculatus* (Voss, 1927)

分布：云南；越南。

沃氏长卷象 *Leptapoderus vossi* (Biondi, 2001)

分布：云南，四川，西藏，湖北，浙江。

云岭长卷象 *Leptapoderus yunlingensis* Legalov, 2007

分布：云南（迪庆）。

污斑卷象属 Maculphrysus Legalov, 2003

夏氏污斑卷象 *Maculphrysus charlottae* (Voss, 1932)

分布：云南。

云南污斑卷象 *Maculphrysus yunnanicus* Legalov, 2003

分布：云南（红河、普洱、丽江、西双版纳），广西，广东，福建。

小细颈卷象属 Micrapoderus Legalov, 2003

永平小细颈卷象 *Micrapoderus yunpinensis* Legalov, 2003

分布：云南（大理）。

莫卷象属 Mordkovitshirhinus Legalov, 2003

云南莫卷象 *Mordkovitshirhinus yunnanicus* Legalov, 2003

分布：云南（西双版纳）。

长颈卷象属 Paracycnotrachelus Voss, 1924

中国长颈卷象 *Paracycnotrachelus chinensis* (Jekel, 1860)

分布：云南，四川，吉林，辽宁，黑龙江，青海，陕西，山东，山西，河南，河北，北京，湖北，江西，安徽，江苏，浙江，上海，福建，广东，香港，海南，台湾；俄罗斯，朝鲜半岛，日本。

天鹅长颈卷象 *Paracycnotrachelus cygneus* (Fabricius, 1801)

分布：云南，甘肃，江苏，广西，广东；巴基斯坦，印度，老挝，柬埔寨，缅甸，泰国，马来西亚，印度尼西亚。

栎长颈象 *Paracycnotrachelus longiceps* (Jekel, 1860)

分布：云南（德宏、临沧、普洱、西双版纳），四川，黑龙江，吉林，辽宁，河北，山东，山西，河南，湖北，青海，安徽，江苏，江西，广东，福建，台湾，香港；俄罗斯，韩国，日本。

山地长颈卷象 *Paracycnotrachelus montanus* (Jekel, 1860)

分布：云南，湖北，江苏，福建，海南，香港；越南。

卵圆象属 Paramecolabus Jekel, 1860

四斑卵圆象 *Paramecolabus quadriplagiatus* Voss, 1925

分布：云南（普洱、临沧、西双版纳），福建。

瘤角卷象属 Paratrachelophorus Voss, 1924

大理瘤角卷象 *Paratrachelophorus daliensis* Legalov, 2003

分布：云南（大理、保山）。

大点栉角象 *Paratrachelophorus erosus* **Marshall, 1948**

分布：云南。

陷纹瘤角卷象 *Paratrachelophorus foveostriatus* (**Voss, 1930**)

分布：云南，浙江，海南。

大瘤角卷象 *Paratrachelophorus gigas* **Legalov, 2003**

分布：云南（红河、大理、保山）；越南。

玛氏瘤角卷象 *Paratrachelophorus marsi* **Legalov, 2003**

分布：云南（普洱、红河、西双版纳）；越南。

棕瘤角卷象 *Paratrachelophorus nodicornis* **Voss, 1924**

分布：云南，福建，台湾。

斑卷象属 *Paroplapoderus* **Voss, 1926**

黑头斑卷象 *Paroplapoderus nigriceps* **Legalov, 2003**

分布：云南（普洱）。

圆斑象 *Paroplapoderus semiannulatus* **Voss, 1926**

分布：云南（昆明、昭通、保山、文山、普洱、临沧、怒江、德宏、西双版纳），贵州，河北，河南，江苏，浙江，湖南，广东。

石鼓斑卷象 *Paroplapoderus shiguensis* **Legalov, 2007**

分布：云南（丽江、红河、普洱）。

展斑卷象指名亚种 *Paroplapoderus tentator tentator* (**Faust, 1894**)

分布：云南，西藏，广东，福建；缅甸，越南，马来西亚。

金平斑卷象 *Paroplapoderus tzinpinensis* **Legalov, 2003**

分布：云南（红河）。

瘤卷象属 *Phymatapoderus* **Voss, 1926**

长足瘤卷象 *Phymatapoderus elongatipes* **Voss, 1926**

分布：云南，贵州，四川，湖北，浙江，广西；缅甸。

黄足瘤卷象 *Phymatapoderus flavimanus* (**Motschulsky, 1860**)

分布：云南，四川，黑龙江，辽宁，江西，浙江，福建；俄罗斯，朝鲜半岛，日本。

宽翅瘤卷象 *Phymatapoderus latipennis* (**Jekel, 1860**)

分布：云南（昆明、普洱、保山、德宏、西双版

纳），贵州，四川，黑龙江，辽宁，甘肃，江苏，江西，湖北，浙江，湖南，广西，广东，福建，台湾；俄罗斯，蒙古国，朝鲜半岛，日本，缅甸，越南。

副长足瘤卷象 *Phymatapoderus parelongatipes* **Legalov, 2003**

分布：云南（昆明、红河），四川。

菲卷象属 *Physapoderus* **Jekel, 1860**

角菲卷象 *Physapoderus antennalis* (**Legalov, 2007**)

分布：云南（迪庆）。

阿萨姆菲卷象 *Physapoderus assamensis* (**Boheman, 1845**)

分布：云南，四川；印度，缅甸，泰国，柬埔寨，越南。

短棒菲卷象 *Physapoderus breviclavus* (**Legalov, 2003**)

分布：云南（红河、普洱、德宏、临沧、西双版纳），陕西。

十字菲卷象 *Physapoderus crucifer* (**Heller, 1922**)

分布：云南，贵州，青海，浙江，广西，广东，福建，海南；越南。

暗菲卷象指名亚种 *Physapoderus fusculus fusculus* (**Voss, 1929**)

分布：云南，福建；越南。

暗菲卷象云南亚种 *Physapoderus fusculus yunnanicus* (**Legalov, 2003**)

分布：云南（丽江、普洱、红河）。

细角菲卷象 *Physapoderus gracilicornis* (**Voss, 1929**)

分布：云南，湖北，浙江，江苏，广西，广东，福建，海南；缅甸，越南。

黄氏菲卷象 *Physapoderus huangi* (**Legalov, 2007**)

分布：云南（红河）。

红角菲卷象 *Physapoderus ruficlavis* (**Voss, 1929**)

分布：云南，湖北，湖南，福建；越南。

伪亚卷象属 *Pseudallapoderus* **Legalov, 2003**

穗伪亚卷象 *Pseudallapoderus ateroides* (**Legalov, 2002**)

分布：云南。

伪黄檀伪亚卷象 *Pseudallapoderus pseudosissus* **Legalov, 2003**

分布：云南（大理、保山、普洱、红河、西双版纳）。

黄檀伪亚卷象 *Pseudallapoderus sissu* **(Marshall, 1913)**
分布：云南；印度，尼泊尔，巴基斯坦，阿富汗。

Pseudodepasophilus Voss, 1942
***Pseudodepasophilus friedmani* Legalov, 2021**
分布：云南（大理）。

伪菲卷象属 *Pseudophrysus* Legalov, 2003
小伪菲卷象 *Pseudophrysus parvulus* **(Voss, 1928)**
分布：云南，四川，湖北。

虎象属 *Rhynchites* Schneider, 1791
桃虎象 *Rhynchites faldermanni* **Schoenberr, 1839**
分布：云南，南方其他各省。

梨虎象 *Rhynchites heros* **Roelofs, 1874**
分布：云南（丽江），贵州，四川，黑龙江，吉林，辽宁，新疆，北京，河北，内蒙古，宁夏，陕西，山东，山西，湖北，江西，江苏，浙江，湖南，广西，福建，广东；俄罗斯，蒙古国，朝鲜半岛，日本。

锐卷象属 *Tomapoderus* Voss, 1926
暗翅锐卷象 *Tomapoderus coeruleipennis* **(Schilsky, 1903)**
分布：云南，湖北，湖南，福建，香港，台湾。

独眼锐卷象 *Tomapoderus cyclops* **(Faust, 1894)**
分布：云南，湖南，浙江；不丹，缅甸。

东方锐卷象 *Tomapoderus orientalis* **(Legalov, 2007)**
分布：云南（昆明、普洱），四川；越南。

红锐卷象 *Tomapoderus testaceimembris* **Pic, 1928**
分布：云南，贵州，四川，湖南，湖北，广东，福建；越南。

颈卷象属 *Trachelolabus* Jekel, 1860
多花颈卷象 *Trachelolabus floridus* **(Zhang, 1993)**
分布：云南（大理），西藏。

长刺颈卷象 *Trachelolabus longispinus* **(Zhang, 1993)**
分布：云南，西藏。

象甲科 Curculionidae

Aater Grebennikov, 2018
***Aater cangshanensis* Grebennikov, 2018**
分布：云南（大理）。

刺小蠹属 *Acanthotomicus* Blandford, 1894
***Acanthotomicus diaboliculus* Cognato & Smith, 2020**
分布：云南（丽江）；泰国。

华南刺小蠹 *Acanthotomicus perexiguus* **Blandford, 1896**
分布：云南（西双版纳）；斯里兰卡。

环刺小蠹 *Acanthotomicus spinosus* **Blandford, 1894**
分布：云南（丽江），台湾；日本。

二节象属 *Aclees* Schoenherr, 1835
***Aclees aenigmaticus* Meregalli & Boriani, 2020**
分布：云南（怒江），四川，广西；越南。

筛孔二节象 *Aclees cribratus* **Gyllenhal, 1835**
分布：云南（大理、保山、西双版纳），四川，西藏，贵州，陕西，浙江，湖北，江西，湖南，广西，福建；欧洲。

***Aclees foveatus* Voss, 1932**
分布：云南（中部）。

杜果象属 *Acryptorrhynchus* Heller
果肉杜果象 *Acryptorrhynchus frigidus* **Heller, 1937**
分布：云南（德宏、西双版纳）；东南亚。

粗胸小蠹属 *Ambrosiodmus* Hopkins, 1915
瘤粒粗胸小蠹 *Ambrosiodmus lewisi* **Blandford, 1894**
分布：云南，贵州，四川，西藏，湖南，广西，广东，台湾；日本，非洲，北美洲。

Ambrosiodmus minor **(Stebbing, 1909)**
分布：云南（昆明、文山、普洱、西双版纳），四川，重庆，浙江，台湾；日本，印度，缅甸，尼泊尔，泰国，越南，马来西亚。

瘤细粗胸小蠹 *Ambrosiodmus rubricollis* **(Eichhoft, 1875)**
分布：云南，西藏，贵州，四川，北京，河北，陕西，山西，浙江，安徽，福建，海南，台湾；日本，朝鲜半岛，尼泊尔，欧洲，大洋洲，北美洲。

Ambrosiophilus Hulcr & Cognato, 2009
Ambrosiophilus consimilis **(Eggers, 1923)**
分布：云南（西双版纳）；印度，马来西亚。

Ambrosiophilus cristatulus (Schedl, 1953)

分布：云南（红河），海南；泰国，马来西亚。

Ambrosiophilus hunanensis Browne, 1983

分布：云南，贵州，湖南，台湾；日本，非洲，欧洲。

Ambrosiophilus osumiensis (Murayama, 1934)

分布：云南（西双版纳），四川，贵州，重庆，安徽，江西，湖南，广西，福建，台湾；日本，缅甸，越南。

Ambrosiophilus sulcatus (Eggers, 1930)

分布：云南（红河、普洱、西双版纳），江西，福建，台湾；印度，缅甸，尼泊尔，越南。

Ancipitis Hulcr & Cognato, 2013

Ancipitis punctatissimus (Eichhoff, 1880)

分布：云南（西双版纳）；印度尼西亚，马来西亚，泰国。

毛胸材小蠹属 *Anisandrus* Ferrari, 1867

寡毛胸材小蠹 *Anisandrus achaete* Smith, Beaver & Cognato, 2024

分布：云南（西双版纳）。

端毛胸材小蠹 *Anisandrus apicalis* (Biandford, 1894)

分布：云南，贵州，四川，西藏，山西，安徽，广西，海南，台湾。

显齿毛胸材小蠹 *Anisandrus congruens* Smith, Beaver & Cognato, 2020

分布：云南（普洱）。

脊毛胸材小蠹 *Anisandrus cristatus* (Hagedorn, 1908)

分布：云南（高黎贡山）；印度，老挝，缅甸，尼泊尔，泰国，越南。

脊梢毛胸材小蠹 *Anisandrus cryphaloides* Smith, Beaver & Cognato, 2020

分布：云南（红河）；越南。

埃氏毛胸材小蠹 *Anisandrus eggersi* (Beeson, 1930)

分布：云南（红河）；越南，印度，缅甸，泰国，尼泊尔。

绒毛胸材小蠹 *Anisandrus lineatus* (Eggers, 1930)

分布：云南（红河），四川；印度，尼泊尔，越南。

长齿毛胸材小蠹 *Anisandrus longidens* (Eggers, 1930)

分布：云南（红河）；印度，越南。

冠刺毛胸材小蠹 *Anisandrus percristatus* (Eggers, 1939)

分布：云南，四川；缅甸。

宽毛胸材小蠹 *Anisandrus ursulus* (Eggers, 1923)

分布：云南（文山），江西，广西，广东，福建；印度，越南，印度尼西亚，老挝，马来西亚，巴布亚新几内亚，菲律宾，泰国。

Anthinobaris Morimoto & Yoshihara, 1996

Anthinobaris virgatoides (Voss, 1932)

分布：云南。

Anthinobaris yunnanica (Voss, 1932)

分布：云南。

脊间小蠹属 *Arixyleborus* Hopkins, 1915

马来脊间小蠹 *Arixyleborus malayensis* (Schedl, 1954)

分布：云南（西双版纳），四川，西藏，福建；日本，印度尼西亚，马来西亚，斯里兰卡，泰国，越南。

巨脊间小蠹 *Arixyleborus titanus* Smith, Beaver & Cognato, 2024

分布：云南（西双版纳）。

条脊间小蠹 *Arixyleborus yakushimanus* (Murayama, 1958)

分布：云南（西双版纳），四川，西藏，江西，福建，台湾；日本，印度，老挝，泰国，越南。

长翅象属 *Arrhines* Gemminger, 1872

扁平长翅象 *Arrhines hirtus* Faust, 1892

分布：云南（普洱、临沧、怒江、西双版纳），四川；越南，缅甸。

隆翅长翅象 *Arrhines tutus* Faust, 1894

分布：云南，广西，广东；缅甸。

阿斯象属 *Asporus* Marshall, 1944

云南松镰象 *Asporus leucofasciatus* (Voss, 1932)

分布：云南（昆明、玉溪、曲靖、普洱、红河、文山、楚雄、丽江、临沧、保山、德宏、西双版纳）。

棱喙象属 *Asproparthenis* Gozis, 1886

甜菜棱喙象 *Asproparthenis punctiventris* (Germar, 1824)

分布：云南（德宏）。

洞腹象属 *Atactogaster* Faust, 1904

大豆洞腹象 *Atactogaster inducens* (Walker, 1859)

分布：云南（曲靖、文山、红河、大理、怒江、临沧、西双版纳），江苏，浙江，江西，湖南，广西，福建，广东；日本，越南，泰国，柬埔寨，印度尼西亚，斯里兰卡。

东方洞腹象 *Atactogaster orientalis* (Chevrolat, 1873)

分布：云南（西双版纳），广西，广东；越南，印度，非洲。

Atelius Waterhouse, 1878

***Atelius brevicornis* Li, 2018**

分布：云南（红河）。

***Atelius kadoorieorum* Li, 2018**

分布：云南（西双版纳）。

阿特象属 *Athesapeuta* Faust, 1894

***Athesapeuta inornata* (Voss, 1937)**

分布：云南。

巴果象属 *Bagous* Germar, 1817

***Bagous bipunctatus* (Kôno, 1934)**

分布：云南，贵州，江西。

***Bagous interruptus* Faust, 1891**

分布：云南，江西，福建，广东。

船象属 *Baris* Germar, 1817

***Baris striolala* Aurivillius, 1892**

分布：云南。

v-纹船象 *Baris v-signum* Voss, 1937

分布：云南，台湾。

云南船象 *Baris yunnanuca* Voss, 1932

分布：云南

壮小蠹属 *Beaverium* Hulcr & Cognato, 2009

大壮小蠹 *Beaverium magnus* (Niisima, 1910)

分布：云南（西双版纳），重庆，江西，香港，台湾；日本，印度，泰国，越南。

深鬃象属 *Belonnotus* Schultze, 1899

细长深鬃象 *Belonnotus tenuirostris* (Marshall, 1917)

分布：云南；印度。

Blosyromimus Davidian, 2022

***Blosyromimus parvulus* Davidian, 2022**

分布：云南（丽江）。

***Blosyromimus pumilio* Davidian, 2022**

分布：云南（迪庆）。

***Blosyromimus pygmaeus* Davidian, 2022**

分布：云南（迪庆）。

圆腹象属 *Blosyrus* Schoenherr, 1823

宽肩圆腹象 *Blosyrus asellus* (Olivier, 1807)

分布：云南（红河、德宏、西双版纳），广西，福建，广东；印度，缅甸，柬埔寨，马来西亚，新加坡，泰国，印度尼西亚，菲律宾。

卵形圆腹象 *Blosyrus herthus* (Herbst, 1797)

分布：云南（西双版纳），江苏，广西，广东；印度，缅甸，马来西亚，泰国，新加坡，柬埔寨，越南，印度尼西亚，菲律宾。

白斑圆腹象 *Blosyrus oniscus* (Olivier, 1807)

分布：云南（临沧）；印度，孟加拉国，缅甸。

Carchesiopygus Schedl, 1939

***Carchesiopygus assamensis* (Beeson, 1937)**

分布：云南（西双版纳）；印度，老挝，泰国。

***Carchesiopygus impariporus* (Beeson, 1937)**

分布：云南（西双版纳），西藏，海南；印度，老挝，越南。

光怪象属 *Catagmatus* Roelofs, 1875

光怪象 *Catagmatus japonicus* Roelofs, 1873

分布：云南，四川，福建；日本。

短柄象属 *Catapionus* Schoenherr, 1842

三条短柄象 *Catapionus mopsus* Grebennikov, 2016

分布：云南（迪庆）。

绿象属 *Chlorophanus* Sahlberg, 1823

隆脊绿象 *Chlorophanus lineolus* Motschulsky, 1854

分布：云南（昭通、保山、文山、西双版纳），四川，贵州，辽宁，北京，河北，陕西，山东，河南，甘肃，江苏，安徽，湖北，江西，湖南，广西，广东，福建，台湾。

红足绿象指名亚种 *Chlorophanus roseipes roseipes* Heller, 1930

分布：云南（昆明、丽江），四川，西藏，陕西，甘肃。

球象属 *Cionus* Clairville, 1798

猫尾木球象 *Cionus tonkinensis* Wingelmuller, 1915

分布：云南（红河、临沧、西双版纳），广东；越南。

云南球象 *Cionus yunnanensis* Košťál & Caldara, 2019

分布：云南（丽江）。

缘胸小蠹属 *Cnestus* Sampson, 1911

黑缘胸小蠹 *Cnestus ater* (Eggers, 1923)
分布：云南（文山），福建；印度尼西亚，马来西亚。

褐缘胸小蠹 *Cnestus aterrimus* (Eggers, 1927)
分布：云南，四川，西藏，重庆，湖北，湖南，海南，香港，台湾；日本，韩国，老挝，缅甸，泰国，越南，巴布亚新几内亚。

二色缘胸小蠹 *Cnestus bicornioides* (Schedl, 1952)
分布：云南（西双版纳），西藏；印度，泰国，马来西亚，菲律宾。

红带缘胸小蠹 *Cnestus gravidus* (Blandford, 1898)
分布：云南。

染淡缘胸小蠹 *Cnestus maculatus* (Browne, 1983)
分布：云南，四川，西藏，陕西，湖北，海南。

削尾缘胸小蠹 *Cnestus mutilatus* (Blandford, 1894)
分布：云南，贵州，四川，陕西，安徽，浙江，福建，海南，台湾；日本，韩国，美国。

亮翅缘胸小蠹 *Cnestus nitidipennis* (Schedl, 1951)
分布：云南（西双版纳），四川，福建，海南，台湾；印度，印度尼西亚，泰国，越南。

齿胸缘胸小蠹 *Cnestus protensus* (Eggers, 1930)
分布：云南（西双版纳）；印度，印度尼西亚，老挝，越南。

黑缝缘胸小蠹 *Cnestus suturalis* (Eggers, 1930)
分布：云南（丽江），贵州；印度，越南，印度尼西亚。

陆龟缘胸小蠹 *Cnestus testudo* (Eggers, 1939)
分布：云南，台湾；越南，泰国，老挝。

椰小蠹属 *Coccotrypes* Eichhoff, 1878

狭小宗小蠹 *Coccotrypes apicalis* Beeson, 1939
分布：云南（丽江），西藏，福建；印度。

柏木椰小蠹 *Coccotrypes cyperi* (Beeson, 1929)
分布：云南，西藏，福建；日本，菲律宾，非洲。

长椰小蠹 *Coccotrypes longior* Eggers, 1927
分布：云南，西藏，福建，台湾；苏丹。

缺刻小蠹属 *Coptoborus* Hopkins, 1915

凹缘缺刻小蠹 *Coptoborus emarginatus* Hopkins, 1915
分布：云南，四川，西藏，陕西，福建，海南。

微材小蠹属 *Coptodryas* Hopkins, 1915

脊微材小蠹 ***Coptodryas carinata* Smith, Beaver & Cognato, 2024**
分布：云南（西双版纳）。

秀微材小蠹 *Coptodryas concinna* (Beeson, 1930)
分布：云南（文山），香港；印度，印度尼西亚，缅甸。

尖鞘微材小蠹 *Coptodryas mus* (Eggers, 1930)
分布：云南（红河），贵州；印度，越南。

Coptus Wollaston, 1873

Coptus brevirostris Omar & Zhang, 2017
分布：云南（西双版纳）。

Coptus vitreous Omar & Zhang, 2017
分布：云南（西双版纳）。

Cotasterosoma Konishi, 1962

Cotasterosoma coronus Grebennikov & Morimoto, 2016
分布：云南（大理）。

异胫长小蠹属 *Crossotarsus* Chapuis, 1865

Crossotarsus brevis (Browne, 1975)
分布：云南（西双版纳）；泰国。

针叶异胫长小蠹 *Crossotarsus coniferae* Stebbing, 1906
分布：云南（丽江、西双版纳），四川，西藏；印度。

Crossotarsus emorsus Beeson, 1937
分布：云南（西双版纳）；泰国，老挝，缅甸。

外齿异胫长小蠹 *Crossotarsus externedentatus* (Fairmaire, 1849)
分布：云南（红河、西双版纳），海南。

雕花异胫长小蠹 *Crossotarsus squamulatus* Chapuis, 1865
分布：云南（红河、西双版纳），海南；印度，缅甸，马来西亚，越南，印度尼西亚，菲律宾。

华氏异胫长小蠹 *Crossotarsus wallacei* Thomson, 1857
分布：云南（西双版纳），台湾；斯里兰卡，印度，越南，印度尼西亚，马来西亚。

梢小蠹属 *Cryphalus* Erichson, 1836

菠萝密梢小蠹 *Cryphalus artocarpus* (Schedl, 1939)
分布：云南（西双版纳），海南；泰国，马来西亚。

刺足梢小蠹 *Cryphalus dilutus* Eichhoff, 1878

分布：云南（西双版纳），广东；缅甸，印度，巴基斯坦，阿富汗，欧洲，南美洲。

印度梢小蠹 *Cryphalus dorsalis* (Motschulsky, 1866)

分布：云南（西双版纳），海南；泰国，越南。

华南梢小蠹 *Cryphalus itinerans* Johnson, 2020

分布：云南，福建，广东，海南，香港；泰国，美国。

兔唇梢小蠹 *Cryphalus lepocrinus* Tsai & Li, 1963

分布：云南（丽江），四川，陕西。

华山松梢小蠹 *Cryphalus lipingensis* Tsai & Li, 1959

分布：云南（昆明、昭通、丽江），贵州，四川，陕西，山西，海南；泰国。

杧果梢小蠹 *Cryphalus mangiferae* Stebbing, 1914

分布：云南（西双版纳），湖南，福建，广东。

马尔康梢小蠹 *Cryphalus markangensis* Tsai & Li, 1963

分布：云南（丽江），四川，辽宁，湖北。

马尾松梢小蠹 *Cryphalus massonianus* Tsai & Li, 1963

分布：云南（文山），四川，河南，湖北，江苏。

米亚罗梢小蠹 *Cryphalus miyalopiceus* Tsai & Li, 1963

分布：云南（丽江），四川，西藏。

多毛梢小蠹 *Cryphalus pilosus* Tsai & Li, 1963

分布：云南（丽江），四川。

Cryphalus pruni Eggers, 1929

分布：云南；欧洲，北美洲。

浅刻梢小蠹 *Cryphalus redikorzevi* Berger, 1916

分布：云南（玉溪），四川，陕西，湖北；俄罗斯，美国，朝鲜半岛。

冷杉梢小蠹 *Cryphalus sinoabietis* Tsai & Li, 1963

分布：云南，四川，甘肃。

Cryphalus strohmeyeri Stebbing, 1914

分布：云南，四川，西藏；印度，非洲，欧洲。

Cryphalus substriatus Schedl, 1942

分布：云南。

油松梢小蠹 *Cryphalus tabulaeformis* Tsai & Li, 1963

分布：云南（丽江），贵州，四川，辽宁，河北，陕西，山西，浙江。

隐材小蠹属 *Cryptoxyleborus* Schedl, 1937

Cryptoxyleborus naevus Schedl, 1937

分布：云南（西双版纳）；马来西亚。

微小蠹属 *Crypturgus* Erichson, 1836

寡毛微小蠹 *Crypturgus pusillus* Gyllenhal, 1813

分布：云南（西双版纳），西藏，四川，黑龙江，吉林，海南；日本，朝鲜，俄罗斯（西伯利亚），中亚，欧洲。

额毛小蠹属 *Cyrtogenius* Strohmeyer, 1910

额毛小蠹 *Cyrtogenius luteus* Blandford, 1894

分布：云南（丽江、普洱、西双版纳），贵州，四川，陕西，山西，河南，安徽，江苏，江西，湖北，浙江，湖南，广西，福建，广东，海南，台湾；日本，韩国，美国。

象甲属 *Curculio* Linnaeus, 1758

虾夷象甲 *Curculio aino* Kôno, 1930

分布：云南（丽江、西双版纳），四川，福建；日本，俄罗斯。

贝氏象甲 *Curculio beverlyae* Pelsue & Zhang, 2000

分布：云南（昆明）。

二齿象甲 *Curculio bidens* (Heller, 1927)

分布：云南（昆明、丽江），四川。

卡氏象甲 *Curculio carlae* Pelsue & Zhang, 2002

分布：云南（西双版纳）。

查氏象甲 *Curculio challeti* Pelsue & Zhang, 2002

分布：云南（丽江），陕西。

山茶象 *Curculio chinensis* Chevrolat, 1878

分布：云南（曲靖、文山），四川，贵州，上海，江苏，安徽，浙江，江西，湖北，湖南，广西，福建，广东。

缩喙象甲 *Curculio coartorostrus* Pelsue & Zhang, 2002

分布：云南（西双版纳）。

康氏象甲 *Curculio congerae* Pelsue & Zhang, 2002

分布：云南（西双版纳）。

克氏象甲 *Curculio cristinae* Pelsue & Zhang, 2000

分布：云南（西双版纳）。

栗实象 *Curculio davidi* (Fairmaire, 1878)

分布：云南（保山），四川，甘肃，陕西，河南，江苏，安徽，江西，福建，广东。

品德象 *Curculio deceptor panthaicus* (Heller, 1919)

分布：云南（西双版纳）。

榛象 *Curculio dieckmanni* Faust, 1887

分布：云南，四川，吉林，河北；日本，俄罗斯。

黄象甲 *Curculio flavescens* (Roelofs, 1874)

分布：云南（西双版纳）；越南。

黄盾象甲 *Curculio flavoscutellatus* Roelofs, 1874

分布：云南（丽江）；日本。

枹栎象 *Curculio haroldi* Faust, 1890

分布：云南（红河）。

侯氏象甲 *Curculio hobbsi* Pelsue & Zhang, 2003

分布：云南（昆明、迪庆），四川。

帝象甲 *Curculio imperalis* (Heller, 1927)

分布：云南（西双版纳）；越南。

珍氏象甲 *Curculio janetteae* Pelsue & Zhang, 2002

分布：云南（西双版纳）。

大齿象甲 *Curculio megadens* Pelsue & Zhang, 2003

分布：云南（迪庆）。

毛拉象甲 *Curculio mullai* Pelsue & Zhang, 2003

分布：云南（西双版纳）。

黑象甲 *Curculio nigra* Pelsue & Zhang, 2003

分布：云南（西双版纳）。

彭特象甲 *Curculio penteri* Pelsue & Zhang, 2003

分布：云南（西双版纳）。

派氏象甲 *Curculio pylzovi* (Smirnov, 1912)

分布：云南（西双版纳、迪庆）。

锡金象 *Curculio sikkimensis* (Heller, 1927)

分布：云南，吉林，辽宁，内蒙古，北京，河北，山西，河南，陕西，甘肃；俄罗斯，朝鲜半岛，日本，印度，斯里兰卡。

宋氏象甲 *Curculio songi* Pelsue & Zhang, 2003

分布：云南（丽江），浙江。

一斑粗象甲 *Curculio unimaculata* Pelsue & Zhang, 2005

分布：云南（西双版纳）；越南。

维氏象甲 *Curculio vivianae* Pelsue & Zhang, 2000

分布：云南（西双版纳）。

王氏象甲 *Curculio wangi* Pelsue & Zhang, 2003

分布：云南（西双版纳）。

张氏象甲 *Curculio zangi* Pelsue & Zhang, 2003

分布：云南（西双版纳）。

环小蠹属 *Cyclorhipidion* Hagedorn, 1912

窝环小蠹 *Cyclorhipidion armiger* (Schedl, 1953)

分布：云南（西双版纳），四川，江西，福建；泰国，缅甸，越南。

Cyclorhipidion armipennis (Schedl, 1953)

分布：云南，福建。

Cyclorhipidion beaveri Lin & Smith, 2022

分布：云南（红河），台湾。

黄褐环小蠹 *Cyclorhipidion bodoanum* (Reitter, 1913)

分布：云南（西双版纳），贵州，黑龙江，江西，福建，台湾；朝鲜，俄罗斯（远东地区），泰国，越南，欧洲，北美洲。

壮环小蠹 *Cyclorhipidion circumcisum* (Sampson, 1921)

分布：云南（红河）；印度尼西亚，马来西亚，菲律宾，泰国。

福建环小蠹 *Cyclorhipidion distinguendum* (Eggers, 1930)

分布：云南（西双版纳），北京，江西，福建，香港，台湾；日本，韩国，印度，尼泊尔，泰国，越南。

缺齿环小蠹 *Cyclorhipidion inarmatum* (Eggers, 1923)

分布：云南（丽江）；缅甸，印度，印度尼西亚，老挝，不丹，尼泊尔，泰国，越南。

日本环小蠹 *Cyclorhipidion japonicum* (Nobuchi, 1981)

分布：云南（西双版纳）；韩国，日本，俄罗斯（远东地区），泰国。

齿鞘环小蠹 *Cyclorhipidion miyazakiense* (Murayama, 1936)

分布：云南（红河），四川，广西，福建；日本，泰国，越南。

断环小蠹 *Cyclorhipidion muticum* Smith, Beaver & Cognato, 2020

分布：云南（红河）；印度。

Cyclorhipidion nemesis Smith & Cognato, 2022

分布：云南（德宏）；泰国，越南。

短环小蠹 *Cyclorhipidion obesulum* Smith, Beaver & Cognato, 2024

分布：云南（西双版纳）。

宽环小蠹 *Cyclorhipidion perpilosellum* (Schedl, 1935)

分布：云南（西双版纳），海南；老挝，泰国，越南，印度，印度尼西亚，马来西亚，菲律宾，巴布亚新几内亚。

石环小蠹 *Cyclorhipidion petrosum* Smith, Beaver & Cognato, 2020

分布：云南（西双版纳），福建；老挝，泰国，越南。

毛鞘环小蠹 *Cyclorhipidion pilipenne* (Eggers, 1940)
分布：云南（西双版纳）；泰国，越南，印度尼西亚。

Cyclorhipidion repositum (Schedl, 1942)
分布：云南（西双版纳）；老挝，马来西亚，泰国，越南。

纤环小蠹 *Cyclorhipidion tenuigraphum* (Schedl, 1992)
分布：云南（丽江），福建；印度，越南。

橘胸环小蠹 *Cyclorhipidion xeniolum* Smith, Beaver & Cognato, 2024
分布：云南（西双版纳）；泰国。

栎象属 *Cyrtepistomus* Marshall, 1913

亚洲栎象 *Cyrtepistomus castaneus* (Roelofs, 1873)
分布：云南（昆明、文山、普洱、大理、西双版纳），四川，江西，广西，广东。

Dactylotinomorphus Davidian, 2021

Dactylotinomorphus arzanovi Davidian, 2021
分布：云南（迪庆）。

Dactylotinomorphus subnudus Davidian, 2021
分布：云南，四川。

Dactylotinus Korotyaev, 1996

Dactylotinus arborator Davidian, 2021
分布：云南（丽江）。

Dactylotinus korotyaevi Davidian, 2021
分布：云南（丽江）。

Dactylotinus pelletieri Davidian, 2021
分布：云南（丽江）。

Dactylotinus zhangi Davidian, 2021
分布：云南（丽江）。

凹鞘小蠹属 *Debus* Hulcr & Cognato, 2010

微凹凹鞘小蠹 *Debus adusticollis* (Motschulsky, 1863)
分布：云南；老挝，泰国，斯里兰卡，菲律宾，印度尼西亚，马来西亚。

深凹凹鞘小蠹 *Debus amphicranoides* (Hagedorn, 1908)
分布：云南（西双版纳）；印度尼西亚，老挝，马来西亚，尼泊尔，菲律宾，泰国，越南。

弧凹凹鞘小蠹 *Debus emarginatus* (Eichhoff, 1878)
分布：云南，四川，西藏，贵州，陕西，山西，湖北，湖南，广西，福建，台湾；印度，老挝，泰国，越南。

橘胸凹鞘小蠹 *Debus pumilus* (Eggers, 1923)
分布：云南（西双版纳），西藏；印度，缅甸，老挝，泰国，越南，斯里兰卡，菲律宾，斐济，印度尼西亚，巴布亚新几内亚。

四刺凹鞘小蠹 *Debus quadrispinus* (Motschulsky, 1863)
分布：云南，江西；泰国，越南，印度，老挝，尼泊尔，印度尼西亚，马来西亚，巴布亚新几内亚，菲律宾，所罗门群岛。

大小蠹属 *Dendroctonus* Erichson, 1836

华山松大小蠹 *Dendroctonus armandi* Tsai & Li, 1959
分布：云南，四川，贵州，黑龙江，陕西，山西，河南，甘肃，湖北，湖南。

瘤象属 *Dermatoxenus* Marshall, 1916

淡灰瘤象 *Dermatoxenus caesicollis* (Gyllenhal, 1833)
分布：云南（红河、昭通、怒江、德宏、西双版纳），四川，陕西，江苏，浙江，安徽，江西，福建，台湾；韩国，日本。

黄褐瘤象 *Dermatoxenus sexnodosus* Voss, 1932
分布：云南（怒江），四川。

毛束象属 *Desmidophorus* Dejean, 1835

中带毛束象 *Desmidophorus morbosus* Pascoe, 1888
分布：云南（临沧、红河），江苏；孟加拉国，泰国，越南。

毛束象 *Desmidophorus hebes* (Fabricius, 1781)
分布：云南（保山、红河、西双版纳），四川，江苏，浙江，上海，湖北，江西，湖南，广西，广东；南亚，东南亚。

Diamerus Erichson, 1836

Diamerus ater Hagedorn, 1909
分布：云南。

Diamerus curvifer (Walker, 1859)
分布：云南，海南；印度，非洲。

Diamerus fici Blandford, 1898
分布：云南，西藏；非洲。

Diamerus striatus Eggers, 1927
分布：云南。

阔头长小蠹属 *Diapus* Chapuis,1865

东方阔头长小蠹 *Diapus orientalis* Knížek, Beaver & Liu, 2015

分布：云南（丽江）。

四刺离足长小蠹 *Diapus quadrispinatus* Chapuis, 1865

分布：云南（丽江），台湾，西藏；菲律宾，斯里兰卡，印度，缅甸，越南，印度尼西亚，马来西亚，巴布亚新几内亚，澳大利亚。

五刺阔头长小蠹 *Diapus quinquespinatus* Chapuis, 1865

分布：云南，西藏，台湾；日本，印度，不丹。

截尾长小蠹属 *Dinoplatypus* Wood, 1993

Dinoplatypus cavus (Strohmeyer, 1913)

分布：云南（德宏、红河、西双版纳），海南。

Dinoplatypus flectus (Niijima & Murayama, 1931)

分布：云南（德宏），海南。

Dinoplatypus luniger (Motschulsky, 1863)

分布：云南，台湾；日本。

双小蠹属 *Diuncus* Hulcr & Cognato, 2009

突双小蠹 *Diuncus corpulentus* (Eggers, 1930)

分布：云南（西双版纳），西藏，海南，台湾；越南，泰国，老挝，尼泊尔，印度。

哈氏双小蠹 *Diuncus haberkorni* (Eggers, 1920)

分布：云南（西双版纳），江西，广西，福建，广东，海南，香港，台湾；日本，印度，印度尼西亚，马来西亚，尼泊尔，巴布亚新几内亚，韩国，斯里兰卡，泰国，越南，非洲。

毛小蠹属 *Dryocoetes* Eichhoff, 1864

肾点毛小蠹 *Dryocoetes autographus* Eichhoff, 1864

分布：云南（昆明）。

云杉毛小蠹 *Dryocoetes hectographus* Reitter, 1913

分布：云南（迪庆、丽江、保山），西藏，四川，黑龙江，吉林，辽宁，山西，陕西，甘肃，青海，台湾；俄罗斯，朝鲜，日本，中亚，欧洲。

似毛小蠹属 *Dryocoetiops* Schedl, 1957

Dryocoetiops apatoides (Eichhoff, 1875)

分布：云南（西双版纳）。

咖啡横顶小蠹 *Dryocoetiops coffeae* Schedl, 1964

分布：云南，四川，西藏，福建，海南。

咖啡似毛小蠹 *Dryocoetiops moestus* (Blandford, 1894)

分布：云南（保山、西双版纳）；文莱，柬埔寨，印度，泰国，尼泊尔，斯里兰卡。

Dryocoetiops nitidus (Schedl, 1942)

分布：云南（保山、西双版纳）；文莱，马来西亚。

横沟象属 *Dyscerus* Faust, 1892

大粒横沟象 *Dyscerus cribipennis* Matsumura & Kôno, 1928

分布：云南（西双版纳），四川，山东，广西，台湾，福建；日本。

长棒横沟象 *Dyscerus longiclavis* Marshall, 1924

分布：云南（保山、昭通、西双版纳），陕西，广东，广西；缅甸。

胫桨小蠹属 *Eccoptopterus* Motschulsky, 1863

赭鞘胫桨小蠹 *Eccoptopterus limbus* Sampson, 1911

分布：云南；泰国，印度尼西亚，马来西亚。

六齿胫桨小蠹 *Eccoptopterus spinosus* (Olivier, 1800)

分布：云南（西双版纳），台湾；泰国，越南，老挝，缅甸，印度。

宽肩象属 *Ectatorhinus* Lacordaire, 1865

宽肩象 *Ectatorhinus adamsii* Pascoe, 1872

分布：云南（临沧），西藏，四川，贵州，陕西，山东，河南，江苏，安徽，浙江，湖北，江西，湖南，广西，福建，台湾；韩国，日本。

癞象属 *Episomus* Schoenherr, 1823

中国癞象 *Episomus chinensis* Faust, 1897

分布：云南（昆明、文山、保山、德宏），四川，贵州，陕西，安徽，浙江，湖北，江西，湖南，广西，福建，香港，广东。

灌县癞象 *Episomus kwanhsiensis* Heller, 1923

分布：云南（红河、临沧、保山），四川，江苏，浙江，广西，福建。

云南癞象 *Episomus yunnanensis* Voss, 1937

分布：云南（德宏）。

高隆象属 *Ergania* Pascoe, 1882

大豆高隆象 *Ergania doriae yunnanus* Heller, 1927

分布：云南（昆明、曲靖、红河、大理、怒江、西双版纳），四川，陕西，广西。

埃萨象属 *Esamus* Chevrolat, 1880

环象埃萨象 *Esamus circumdatus* (Westermann, 1821)

分布：云南（临沧、西双版纳），湖北，台湾；印度，阿富汗，尼泊尔，缅甸。

长毛埃萨象 *Esamus hercules* (Desbrochers des Loges, 1891)

分布：云南（德宏、西双版纳）；印度尼西亚，印度，缅甸。

平长小蠹属 *Euplatypus* Wood, 1993

平行平长小蠹 *Euplatypus parallelus* (Fabricius, 1801)

分布：云南（西双版纳），海南。

方胸小蠹属 *Euwallacea* Hopkins, 1915

安达曼方胸小蠹 *Euwallacea andamanensis* (Blandford, 1896)

分布：云南（西双版纳），江西，香港；日本，泰国，越南，印度，老挝，缅甸，孟加拉国，印度尼西亚，马来西亚，巴布亚新几内亚。

双色方胸小蠹 *Euwallacea bicolor* (Blandford, 1894)

分布：云南，台湾；日本，苏丹，菲律宾。

可可方胸小蠹 *Euwallacea destruens* (Blandford, 1896)

分布：云南，台湾；印度，泰国，越南。

茶材方胸小蠹 *Euwallacea fornicatus* Eichhoff, 1868

分布：云南（昆明、西双版纳），西藏，贵州，四川，重庆，广西，广东，海南，香港，台湾；日本，泰国，越南，马来西亚，菲律宾。

狭方胸小蠹 *Euwallacea gravelyi* (Wichmann, 1914)

分布：云南（临沧），台湾；印度，老挝，马来西亚，泰国，越南。

坡面方胸小蠹 *Euwallacea interjectus* (Blandford, 1894)

分布：云南，西藏，贵州，四川，重庆，甘肃，湖北，安徽，湖南，福建，广东，海南，台湾；日本，尼泊尔，印度，老挝，缅甸，泰国，越南，菲律宾。

微小方胸小蠹 *Euwallacea minutus* (Blandford, 1894)

分布：云南，重庆，江西，台湾；日本，韩国，泰国，越南，文莱，印度尼西亚，老挝，马来西亚，菲律宾，所罗门群岛。

暗方胸小蠹 *Euwallacea sibsagaricus* (Eggers, 1930)

分布：云南（西双版纳）；印度，越南，印度尼西亚，马来西亚，菲律宾。

四粒方胸小蠹 *Euwallacea similis* (Ferrari, 1867)

分布：云南，重庆，广东，海南，香港，台湾；孟加拉国，柬埔寨，印度，老挝，缅甸，尼泊尔，泰国，越南。

龟方胸小蠹 *Euwallacea testudinatus* Smith, Beaver & Cognato, 2024

分布：云南（西双版纳）。

阔面方胸小蠹 *Euwallacea validus* (Eichhoff, 1875)

分布：云南，湖南，安徽，福建，台湾；日本，美国。

盖方胸小蠹 *Euwallacea velatus* (Sampson, 1913)

分布：云南（西双版纳）；印度，老挝，缅甸，尼泊尔，泰国，越南。

榕小蠹属 *Ficicis* Lea, 1910

脊榕小蠹 *Ficicis porcatus* (Chapuis, 1869)

分布：云南，黑龙江，台湾；日本，印度，非洲。

扁喙象属 *Gasterocercus* Laporte & Brullé, 1828

三点扁喙象 *Gasterocercus enokivorus* Kôno, 1932

分布：云南（普洱、西双版纳），山东，江苏，福建，广东；日本。

三角扁喙象 *Gasterocercus onizo* Kôno, 1932

分布：云南（临沧、西双版纳），台湾，福建。

光洼象属 *Gasteroclisus* Desbrochers des Loges, 1904

弯喙光洼象 *Gasteroclisus arcurostris* Petri, 1912

分布：云南（西双版纳）；印度。

耳状光洼象 *Gasteroclisus auriculatus* (Sahlberg, 1823)

分布：云南（普洱、楚雄、怒江、丽江、西双版纳），四川，广西，福建，广东；日本，印度，印度尼西亚，越南。

二结光洼象 *Gasteroclisus binodulus* (Boheman, 1835)

分布：云南（昭通、怒江、西双版纳），四川，辽宁，甘肃，陕西，江苏，浙江，广西，福建，广东；日本，印度，马来西亚，印度尼西亚，巴基斯坦。

线沟象属 *Geotragus* Schoenherr, 1845

Geotragus brevidens Ren, Alonso-Zarazaga & Zhang, 2013

分布：云南（怒江）。

Geotragus declivis Ren, Alonso-Zarazaga, Zhang & 2013

分布：云南（大理）。

Geotragus rugosus Ren, Alonso-Zarazaga, Zhang & 2013

分布：云南（大理）。

Geotragus tuberculatus Chen, 1990

分布：云南（怒江）。

巨才小蠹属 *Hadrodemius* Wood, 1980

多毛巨才小蠹 *Hadrodemius comans* (Sampson, 1919)

分布：云南（西双版纳），四川，西藏，江西，浙江，湖南，广西，广东，福建，海南，香港，台湾；印度，老挝，缅甸，泰国，越南，马来西亚，印度尼西亚。

球巨才小蠹 *Hadrodemius globus* (Blandford, 1896)

分布：云南（红河），台湾；印度，老挝，缅甸，泰国，越南。

拟多毛巨才小蠹 *Hadrodemius pseudocomans* (Eggers, 1930)

分布：云南，西藏，重庆，江西，广西，广东，福建，海南；印度，老挝，缅甸，泰国。

六节象甲属 *Hexarthrum* Wollaston, 1869

云南六节象甲 *Hexarthrum yunnanensis* Zhang & Osella, 1995

分布：云南。

根小蠹属 *Hylastes* Erichson, 1836

云杉根小蠹 *Hylastes cunicularius* Erichson, 1836

分布：云南（迪庆），四川，西藏，辽宁，新疆，陕西，湖北；日本，俄罗斯，朝鲜，欧洲，非洲。

德昌根小蠹 *Hylastes techangensis* Tsai & Huang, 1964

分布：云南（丽江），四川，西藏。

木质小蠹属 *Hyledius* Sampson, 1921

Hyledius cribratus (Blandford, 1896)

分布：云南，四川，海南。

海小蠹属 *Hylesinus* Fabricius, 1801

南方海小蠹 *Hylesinus despectus* Walker, 1859

分布：云南（文山、西双版纳），广东，海南；斯里兰卡。

Hylesinus tupolevi Stark, 1936

分布：云南；基里巴斯。

树皮象属 *Hylobius* Germar, 1817

欧洲松树皮象 *Hylobius abietis* (Linnaeus, 1758)

分布：云南，四川，贵州，黑龙江，吉林，辽宁，河北，陕西，甘肃，青海，江苏，安徽，湖北，湖南，福建；俄罗斯，日本，中亚，欧洲。

白鬃树皮象 *Hylobius albosetosus* Fairmaire, 1889

分布：云南，西藏。

拟长树皮象 *Hylobius elongatoides* Voss, 1955

分布：云南（丽江、迪庆），四川，陕西，浙江，福建。

松树皮象 *Hylobius haroldi* Faust, 1878

分布：云南（昆明、玉溪、曲靖、昭通、楚雄、大理、丽江、迪庆、怒江、保山、德宏），四川，黑龙江，吉林，辽宁，河北，山西，陕西；俄罗斯，朝鲜，日本。

新高树皮象 *Hylobius niitakensis* Kôno, 1933

分布：云南（玉溪、丽江、临沧），浙江，福建。

帕树皮象 *Hylobius parcemaculatus* Voss, 1939

分布：云南。

胀树皮象 *Hylobius subinflatus* Voss, 1934

分布：云南，四川，贵州。

干小蠹属 *Hylurgops* LeConte, 1876

皱纹干小蠹 *Hylurgops eusulcatus* Tsai & Hwang, 1964

分布：云南（丽江），四川，陕西，山东。

云南干小蠹 *Hylurgops junnanicus* Sokanovskiy, 1959

分布：云南。

丽江干小蠹 *Hylurgops likiangensis* Tsai & Huang, 1964

分布：云南（丽江、迪庆），四川。

长毛干小蠹 *Hylurgops longipilis* Reitter, 1895

分布：云南，四川，黑龙江，辽宁，山西，甘肃，陕西，广西；俄罗斯，朝鲜，日本。

大干小蠹 *Hylurgops major* Eggers, 1944

分布：云南（昆明、丽江、保山），西藏，河北，福建。

沟干小蠹 *Hylurgops sulcatus* Eggers, 1933

分布：云南，四川。

短喜象属 *Hyperomias* Marshall, 1916

直毛短喜象 *Hyperomias erectosetosus* Chen, 1992
分布：云南（迪庆）。

下小蠹属 *Hypocryphalus* Hopkins, 1915

***Hypocryphalus scabricollis* (Eichhoff, 1878)**
分布：云南，海南；菲律宾。

蓝绿象属 *Hypomeces* Schoenherr, 1823

普蓝绿象 *Hypomeces pulviger* (Herbst, 1795)
分布：云南（红河、文山、楚雄、普洱、丽江、怒江、临沧、德宏、西双版纳），四川，河南，江苏，安徽，浙江，湖北，江西，湖南，广西，福建，广东；印度，缅甸，泰国，老挝，柬埔寨，越南，新加坡，马来西亚，印度尼西亚，菲律宾。

咪小蠹属 *Hypothenemus* Westwood, 1834

亮额咪小蠹 *Hypothenemus areccae* Homnung, 1842
分布：云南（西双版纳），台湾；菲律宾，印度尼西亚，新加坡，非洲，美洲。

缅甸咪小蠹 *Hypothenemus birmanus* Eichhoff, 1878
分布：云南（西双版纳），贵州，四川，浙江，湖南，广西，香港，台湾；日本，菲律宾，缅甸，印度尼西亚，美国。

平额咪小蠹 *Hypothenemus crudiae* (Panzer, 1791)
分布：云南（昭通、临沧、西双版纳），贵州，四川，福建，台湾；非洲，美洲。

核桃咪小蠹 *Hypothenemus erectus* LeConte, 1876
分布：云南（昆明、丽江、昭通），贵州，四川，河北，山西，陕西，山东，河南，江苏，安徽；南亚，北美洲。

小咪小蠹 *Hypothenemus eruditus* Westwood, 1834
分布：云南（临沧、昭通、红河、西双版纳），贵州，四川，河北，山东，湖北，广西，福建，广东，台湾；蒙古国，日本，菲律宾，欧洲，非洲，大洋洲，美洲。

裸咪小蠹 *Hypothenemus glabripennis* Wood & Bright, 1992
分布：云南，广西，广东。

堤额咪小蠹 *Hypothenemus ingens* (Schedl, 1942)
分布：云南（昆明、临沧、丽江），贵州，广西，广东；印度尼西亚。

洼额咪小蠹 *Hypothenemus javanus* (Eggers, 1908)
分布：云南（西双版纳），贵州，四川，湖北，湖南，广西，海南，台湾。

巨小蠹属 *Immanus* Hulcr & Cognato, 2013

宋氏巨泪蠹 *Immanus songi* Lin, Li & Meng, 2023
分布：云南（西双版纳）。

印木小蠹属 *Indocryphalus* Eggers, 1939

多毛印木小蠹 *Indocryphalus intermedius* Sampson, 1913
分布：云南（怒江），西藏；印度，缅甸，不丹，尼泊尔。

齿小蠹属 *Ips* DeGeer, 1775

六齿小蠹 *Ips acuminatus* (Gyllenhal, 1827)
分布：云南（普洱、怒江、西双版纳），四川，福建，黑龙江，吉林，辽宁，新疆，河北，河南，内蒙古，甘肃，青海，陕西，山西，山东，湖南，福建，海南，台湾；俄罗斯（远东地区），日本，朝鲜，欧洲。

中华齿小蠹 *Ips chinensis* Kurentsov & Kononov, 1966
分布：云南。

中重齿小蠹 *Ips mannsfeldi* (Wachtl, 1879)
分布：云南（丽江），四川，西藏，甘肃，青海；欧洲。

光臀八齿小蠹 *Ips nitidus* Eggers, 1933
分布：云南（迪庆、楚雄、丽江），贵州，四川，西藏，新疆，甘肃，内蒙古，青海，海南。

十二齿小蠹 *Ips sexdentatus* (Böerner, 1776)
分布：云南（丽江、普洱、西双版纳），四川，吉林，辽宁，甘肃，河北，河南，内蒙古，山西，陕西，湖北，海南；俄罗斯（远东地区），印度，日本，朝鲜，欧洲。

香格里拉齿小蠹 *Ips shangrila* Cognato & Sun, 2007
分布：云南，四川，西藏，甘肃，青海，陕西。

Kabakiellus Davidian, 2022

***Kabakiellus alpicolus* Davidian, 2022**
分布：云南（迪庆）。

***Kabakiellus fugongicus* Davidian, 2022**
分布：云南（怒江）。

***Kabakiellus lisu* (Davidian, 2020)**
分布：云南（怒江）。

菊花象属 *Larinus* Germar, 1823

灰毛菊花象 *Larinus griseopilosus* Roelofs, 1873
分布：云南（迪庆、丽江、大理、怒江），四川，黑龙江，吉林，宁夏；朝鲜半岛，日本，俄罗斯。

翠象属 *Lepropus* Schöenherr, 1823

黄条翠象 *Lepropus flavovittatus* (Pascoe, 1881)
分布：云南（普洱、临沧、德宏、红河、西双版纳），湖南，福建，广东；印度，老挝，越南。

金边翠象 *Lepropus lateralis* (Fabricius, 1792)
分布：云南（昆明、普洱、临沧、德宏、西双版纳），江西，广西，广东；印度，马来半岛，柬埔寨。

喜马象属 *Leptomias* Faust, 1886

弯胫喜马象 *Leptomias arcuatus* Chen, 1987
分布：云南（大理）。

双尾喜马象 *Leptomias bicaudatus* Chen, 1987
分布：云南（怒江）。

双突喜马象 *Leptomias bispiculatus* Chen, 1987
分布：云南（迪庆）。

棒黑喜马象 *Leptomias clavellatus* Chen, 1992
分布：云南（迪庆）。

细条喜马象 *Leptomias elongatoides* Chen, 1987
分布：云南（迪庆）。

球胸喜马象 *Leptomias globosus* Chen, 1987
分布：云南。

乌黑喜马象 *Leptomias nigronitidus* Chen, 1992
分布：云南（迪庆）。

拟长胸喜马象 *Leptomias sublongicollis* Chen, 1987
分布：云南（迪庆）。

中沟喜马象 *Leptomias sulcus* Chen, 1992
分布：云南（迪庆）。

瘦长喜马象 *Leptomias tenuis* Chen, 1992
分布：云南（迪庆）。

藏布喜马象 *Leptomias tsanghoensis* Aslam, 1961
分布:云南（保山），西藏。

瘤坡喜马象 *Leptomias tuberosus* Chen, 1984
分布：云南（昆明）。

绿纹喜马象 *Leptomias viridolinearis* Chen, 1984
分布：云南（怒江、德宏）。

玉湖喜马象 *Leptomias yuhuensis* Chen, 1992
分布：云南（丽江、迪庆）。

玉龙山喜马象 *Leptomias yulongshanensis* Chen, 1992
分布：云南（丽江）。

半坡小蠹属 *Leptoxyleborus* Wood, 1980

马氏半坡小蠹 *Leptoxyleborus machili* (Niisima, 1910)
分布：云南（西双版纳）；日本，印度尼西亚，马来西亚，泰国。

中凹半坡小蠹 *Leptoxyleborus sordicauda* (Motschulsky, 1863)
分布：云南（西双版纳），江西，广西，台湾；日本，印度，印度尼西亚，老挝，马来西亚，缅甸，巴布亚新几内亚，菲律宾，泰国，越南。

斜纹象属 *Lepyrus* Germar, 1817

波纹斜纹象 *Lepyrus japonicus* Roelofs, 1873
分布：云南（昭通），四川，贵州，黑龙江，吉林，辽宁，内蒙古，陕西，北京，天津，河北，山西，山东，河南，甘肃，江苏，安徽，浙江，湖北，江西，湖南，福建；俄罗斯，朝鲜半岛，日本。

云斑斜纹象 *Lepyrus nebulosus* Motschulsky, 1860
分布：云南，西藏，四川，北京。

筒喙象属 *Lixus* Fabricius, 1801

雀斑筒喙象 *Lixus ascanii* (Linnaeus, 1767)
分布：云南，四川，贵州。

三带筒喙象 *Lixus distortus* Csiki, 1934
分布：云南（昆明、普洱、楚雄、保山、丽江、怒江、迪庆、德宏、西双版纳），四川，广东。

白条筒喙象 *Lixus lautus* Voss, 1958
分布：云南（大理、文山、普洱、德宏、西双版纳），江西，广西，福建，广东。

斜纹筒喙象 *Lixus obliquivittis* Voss, 1937
分布：云南（昭通、保山、德宏），四川，辽宁，陕西，上海，浙江，广西，江苏，福建。

圆筒象属 *Macrocorynus* Schoenherr, 1823

褐斑圆筒象 *Macrocorynus plumbeus* Formanek, 1916
分布：云南（德宏、西双版纳），四川。

基窝象属 *Macrorhyncolus* Wollaston, 1873

***Macrorhyncolus spinosus* Omar & Zhang, 2017**
分布：云南（大理）。

Maes Fairmaire, 1888

Maes delavayi Davidian, 2023
分布：云南（大理）。

Maes transversicollis Fairmaire, 1888
分布：云南（迪庆、丽江），四川。

尖胸象属 *Mecysmoderes* Schonherr, 1837

凹缘尖胸象 **Mecysmoderes crucifer Voss, 1958**
分布：云南，福建。

黄翅尖胸象 **Mecysmoderes fulvus (Roelofs, 1875)**
分布：云南，四川，浙江，湖南，福建；日本。

翅尖胸象 **Mecysmoderes tschugseni (Voss, 1958)**
分布：云南，浙江，湖南，福建；斯里兰卡。

小材小蠹属 *Microperus* Wood, 1980

山小材小蠹 **Microperus alpha (Beeson, 1929)**
分布：云南（西双版纳），贵州，福建，台湾；印度，泰国，越南，老挝，马来西亚，斯里兰卡。

橘胸小材小蠹 **Microperus chrysophylli (Eggers, 1930)**
分布：云南（西双版纳），广西；泰国，印度，孟加拉国。

长毛小材小蠹 **Microperus corporaali (Eggers, 1923)**
分布：云南（西双版纳），广西；印度尼西亚，马来西亚，巴布亚新几内亚，所罗门群岛，泰国，越南。

黄褐小材小蠹 **Microperus fulvulus (Schedl, 1942b)**
分布：云南（西双版纳），四川，重庆；印度尼西亚，泰国。

角山小材小蠹 **Microperus kadoyamaensis (Murayama, 1934)**
分布：云南，江西，浙江，湖南，广西，福建，广东，香港，台湾；日本，韩国，老挝，越南。

雾岛小材小蠹 **Microperus kirishimanus (Murayama, 1955)**
分布：云南（西双版纳），福建，台湾；日本。

宽道小材小蠹 **Microperus latesalebrinus Smith, Beaver & Cognato, 2020**
分布：云南（文山、红河），贵州，江西，福建，海南，香港。

淡胸小材小蠹 **Microperus nugax (Schedl, 1939)**
分布：云南（西双版纳）；印度尼西亚，马来西亚，泰国，越南。

暗小材小蠹 **Microperus perparvus (Sampson, 1922)**
分布：云南（西双版纳），贵州，四川，西藏，湖南，江西，福建，香港，台湾；日本，缅甸，越南，印度，孟加拉国，印度尼西亚，马来西亚，巴布亚新几内亚，所罗门群岛。

红褐小材小蠹 **Microperus recidens (Sampson, 1923)**
分布：云南（西双版纳），江西；孟加拉国，印度，缅甸，菲律宾，泰国，越南，印度尼西亚，文莱，马来西亚，巴布亚新几内亚。

Morimotodes Grebennikov, 2014

Morimotodes ilyai Davidian, 2019
分布：云南（大理）。

Morimotodes ismene Grebennikov, 2014
分布：云南（高黎贡山），四川。

Morimotodes medvedevi Davidian, 2019
分布：云南（临沧）。

Morimotodes striatus Davidian, 2019
分布：云南（普洱）。

丽纹象属 *Myllocerinus* Reitter, 1900

茶丽纹象 **Myllocerinus aurolineatus Voss, 1937**
分布：云南（德宏），四川，贵州，陕西，山东，山西，河北，浙江，江苏，安徽，江西，湖北，湖南，广西，福建，广东。

淡褐丽纹象 **Myllocerinus vossi (Iona, 1937)**
分布：云南（红河、楚雄、德宏），四川，江苏，江西，广东。

鞍象属 *Neomyllocerus* Voss, 1934

鞍象 **Neomyllocerus hedini (Marshall, 1934)**
分布：云南（文山、西双版纳），四川，贵州，陕西，湖北，江西，湖南，广西，广东；越南。

圆榕象属 *Omophorus* Schoenherr, 1835

中华圆榕象 **Omophorus rongshu Wang, Alonso-Zarazaga, Ren & Zhang, 2011**
分布：云南（玉溪、德宏）。

瘤小蠹属 *Orthotomicus* Ferrari, 1867

松瘤小蠹 **Orthotomicus erosus Wollaston, 1857**
分布：云南（玉溪、丽江、普洱、西双版纳），贵州，四川，重庆，辽宁，陕西，山西，青海，河南，安徽，湖北，江苏，江西，浙江，湖南，广西，福建，广东；俄罗斯（远东地区），朝鲜，印度，欧洲。

小瘤小蠹 *Orthotomicus starki* Spessivtsev, 1926
分布：云南（丽江），四川，黑龙江，吉林，新疆，陕西，山西，青海；俄罗斯（远东地区），欧洲。

近瘤小蠹 *Orthotomicus suturalis* (Gyllenhal, 1827)
分布：云南（丽江），四川，吉林，辽宁，青海，陕西，山西；日本，朝鲜，俄罗斯（远东地区），印度，欧洲。

戴象属 *Pagiophloeus* Faust, 1892
长棒戴象 *Pagiophloeus longiclavis* Dalla Torre & Schenkling, 1932
分布：云南，陕西，河南，湖南，广西，广东；印度。

近蓼龟象属 *Pelenomus* Thomson, 1859
云南近蓼龟象 *Pelenomus curvatus* Yang & Huang, 2013
分布：云南（保山）。

具瘤近蓼龟象 *Pelenomus quadrituberculatus* (Fabricius, 1787)
分布：欧亚大陆广布。

五节象属 *Pentarthrum* Wollaston, 1854
中华五节象 *Pentarthrum chinensis* Omar & Zhang, 2010
分布：云南（西双版纳），广西。

双沟象属 *Peribleptus* Schönherr, 1843
短沟双沟象 *Peribleptus bisulcatus* Faust, 1894
分布：云南（文山、西双版纳）；缅甸。

洼纹双沟象 *Peribleptus foveostriatus* Voss, 1939
分布：云南（大理、怒江、西双版纳），四川，浙江，广西，福建。

双沟象 *Peribleptus scalptus* Boheman, 1834
分布：云南（红河、普洱、迪庆、西双版纳），西藏；缅甸，印度。

肤小蠹属 *Phloeosinus* Chapuis, 1869
冷杉肤小蠹 *Phloeosinus abietis* Tsai & Yin, 1964
分布：云南（丽江），河北。

柏肤小蠹 *Phloeosinus aubei* (Perris, 1855)
分布：云南（丽江），贵州，四川，青海，陕西，山东，山西，北京，甘肃，河北，河南，湖南，安徽，江苏，台湾；日本，朝鲜，印度，中东，欧洲，非洲。

鳞肤小蠹 *Phloeosinus camphoratus* Tsai & Yin, 1964
分布：云南（西双版纳）。

马来肤小蠹 *Phloeosinus malayensis* Schedl, 1936
分布：云南（丽江），四川；印度尼西亚。

罗汉肤小蠹 *Phloeosinus perlatus* Chapuis, 1875
分布：云南（昭通），贵州，四川，山西，河南，湖南，福建，台湾；日本，朝鲜。

桧肤小蠹 *Phloeosinus shensi* Tsai & Yin, 1964
分布：云南，陕西，山西。

杉肤小蠹 *Phloeosinus sinensis* Schedl, 1953
分布：云南（楚雄、昭通），贵州，四川，河南，陕西，湖北，江苏，江西，浙江，安徽，广西，广东，福建。

斜脊象属 *Phrixopogon* Marshall, 1941
大齿斜脊象 *Phrixopogon armaticollis* Marshall, 1948
分布：云南（西双版纳），广东；越南，柬埔寨。

细角斜脊象 *Phrixopogon filicornis* (Faust, 1894)
分布：云南（德宏、西双版纳）；缅甸。

缘斜脊象 *Phrixopogon limbalis* (Fairmaire, 1888)
分布：云南（西双版纳）；越南，缅甸。

叶洛象属 *Phyllolytus* Fairmaire, 1889
帕叶洛象 *Phyllolytus psittacinus* (Redtenbacher, 1868)
分布：云南（玉溪、文山），四川，贵州，辽宁，河北，山东，河南，江苏，浙江，湖北，江西，湖南，福建，广东。

尖象属 *Phytoscaphus* Schönherr, 1826
尖齿尖象 *Phytoscaphus ciliatus* Roelofs, 1873
分布：云南（大理、怒江、德宏、昭通、文山、临沧、保山、西双版纳），四川，浙江，江西，广西，福建，广东。

尖象 *Phytoscaphus triangularis* Faust, 1895
分布：云南（文山、德宏、西双版纳），四川，江西，广西，福建，广东；孟加拉国，缅甸，马来西亚，柬埔寨，越南，印度尼西亚。

球胸象属 *Piazomias* Schoenherr, 1840
淡绿球胸象 *Piazomias brevis* Hustache, 1923
分布：云南，四川，北京，河北，内蒙古。

皮横沟象甲属 *Pimelocerus* Lacordaire, 1863

核桃横沟象 *Pimelocerus juglans* (Chao, 1980)

分布：云南（保山、昭通），四川，陕西，河南，湖北，福建。

木蠹象属 *Pissodes* Germar, 1817

华山松木蠹象 *Pissodes punctatus* Langor & Zhang, 1999

分布：云南（昆明、保山、红河、丽江），贵州，四川。

云南木蠹象 *Pissodes yunnanensis* Langor & Zhang, 1999

分布：云南（昆明、昭通、丽江），贵州，四川。

星坑小蠹属 *Pityogenes* Bedel, 1888

暗额星坑小蠹 *Pityogenes japonicus* Nobuchi, 1974

分布：云南（昭通），西藏，贵州，四川，山西，山东；日本。

滑星坑小蠹 *Pityogenes scitus* Blandford, 1893

分布：云南，西藏。

月穴星坑小蠹 *Pityogenes seirindensis* Murayama, 1929

分布：云南，四川，黑龙江，陕西。

细小蠹属 *Pityophthorus* Eichhoff, 1864

裸细小蠹 *Pityophthorus knoteki* Reitter, 1898

分布：云南（丽江）；欧洲。

扁小蠹属 *Planiculus* Hulcr & Cognato, 2010

双色扁小蠹 *Planiculus bicolor* (Blandford, 1894)

分布：云南，江西，海南；日本，老挝，斯里兰卡，泰国，越南，缅甸，尼泊尔，印度，孟加拉国，印度尼西亚，马来西亚，菲律宾，太平洋与印度洋岛屿。

横脊象属 *Platymycterus* Marshall, 1918

圆沟横脊象 *Platymycterus fece* (Faust, 1894)

分布：云南（西双版纳）；缅甸，印度。

海南横脊象 *Platymycterus sieversi* (Reitter, 1898)

分布：云南，四川，陕西，山东，河北，江苏，浙江，安徽，江西，湖北，广西，福建，广东，海南。

长小蠹属 *Platypus* Herbst, 1793

***Platypus afzeliae* Browne, 1972**

分布：云南（德宏、西双版纳）。

镰长小蠹 *Platypus caliculus* Chapuis, 1865

分布：云南（临沧、红河、西双版纳），广西，台湾，广东，海南；印度，缅甸，泰国，菲律宾，马来西亚，印度尼西亚，巴布亚新几内亚，澳大利亚。

***Platypus insulindicus* Schedl, 1952**

分布：云南（西双版纳）。

***Platypus lunifer* Schedl, 1937**

分布：云南（德宏、西双版纳）。

***Platypus secretus* Sampson, 1921**

分布：云南（德宏、红河、西双版纳），海南。

***Platypus signatus* Chapuis, 1865**

分布：云南（西双版纳）。

锥长小蠹 *Platypus solidus* Walker, 1859

分布：云南（西双版纳），福建，广东，台湾；日本，朝鲜，斯里兰卡，印度，巴基斯坦，尼泊尔，缅甸，越南，菲律宾，马来西亚，印度尼西亚，巴布亚新几内亚，澳大利亚。

二脊象属 *Pleurocleonus* Motschulsky, 1860

二脊象 *Pleurocleonus sollicitus* (Gyllenhal, 1834)

分布：云南，西藏，新疆，陕西；蒙古国，俄罗斯，中亚。

粉象甲属 *Pollendera* Motschulsky, 1858

褐带粉象甲 *Pollendera fuscofasciata* (Chen, 1984)

分布：云南（西双版纳）。

眼小蠹属 *Polygraphus* Erichson, 1836

滇四眼小蠹 *Polygraphus junnanicus* Sokanovskiy, 1959

分布：云南（丽江、迪庆、楚雄、怒江、西双版纳），西藏，四川，海南。

云杉四眼小蠹 *Polygraphus poligraphus* (Linnaeus, 1758)

分布：云南，西藏，四川，甘肃，内蒙古，青海，陕西，山西；日本，朝鲜，蒙古国，俄罗斯（远东地区），印度，欧洲，非洲。

麻栎四眼小蠹 *Polygraphus querci* Wood, 1988

分布：云南。

露滴四眼小蠹指名亚种 *Polygraphus rudis rudis* Eggers, 1933

分布：云南（丽江、迪庆），西藏，贵州，四川，辽宁，甘肃，青海。

多鳞四眼小蠹 *Polygraphus squameus* **Yin & Huang, 1981**
分布：云南（迪庆、丽江），四川，西藏，青海，宁夏，甘肃。

思茅四眼小蠹 *Polygraphus szemaoensis* **Tsai & Yin, 1965**
分布：云南（昆明、普洱、丽江、怒江、楚雄），贵州，四川。

瘤额四眼小蠹 *Polygraphus verrucifrons* **Tsai & Yin, 1965**
分布：云南（丽江），西藏，贵州，四川。

云南四眼小蠹 *Polygraphus yunnanensis* **Bright, 2002**
分布：云南。

中甸四眼小蠹 *Polygraphus zhungdianensis* **Tsai & Yin, 1965**
分布：云南（迪庆），四川，西藏。

假朽木象属 *Pseudocossonus* Wollaston, 1873
云南假朽木象 *Pseudocossonus yunnanensis* **Omar, Zhang & Davis, 2006**
分布：云南（西双版纳）。

伪喙小蠹属 *Pseudohyorrhynchus* Murayama, 1950
Pseudohyorrhynchus blandfordi **Sampson, 1913**
分布：云南，西藏；非洲。

类桩截小蠹属 *Pseudowebbia* Browne, 1961
多突类桩截小蠹 *Pseudowebbia trepanicauda* **(Eggers, 1923)**
分布：云南（西双版纳）；印度尼西亚，马来西亚，泰国，越南。

拟鳞小蠹属 *Pseudoxylechinus* Wood & Huang, 1986
云杉拟鳞小蠹 *Pseudoxylechinus piceae* **Chen & Yin, 2001**
分布：云南。

皱拟鳞小蠹 *Pseudoxylechinus rugalus* **Wood & Huang, 1986**
分布：云南。

中华拟鳞小蠹 *Pseudoxylechinus sinensis* **Wood & Huang, 1986**
分布：云南。

细腿象属 *Rhadinomerus* Faust, 1892
黄色细腿象 *Rhadinomerus contemptus* **Faust, 1894**
分布：云南（西双版纳）；缅甸。

毛棒象属 *Rhadinopus* Faust, 1894
毛棒象 *Rhadinopus centriniformis* **Faust, 1897**
分布：云南（西双版纳），广东；缅甸。

红黄毛棒象 *Rhadinopus confinis* **Voss, 1958**
分布：云南（临沧、保山），贵州，湖南，广西，福建。

圆锥毛棒象 *Rhadinopus subornatus* **Voss, 1958**
分布：云南（文山），福建。

齿腿象属 *Rhinoncomimus* Wagner, 1940
连续齿腿象 *Rhinoncomimus continuus* **Huang, Yoshitake & Zhang, 2013**
分布：云南，四川，贵州，广西。

光腿象属 *Rhinoncus* Schoenherr, 1825
白腰光腿象 *Rhinoncus albicinctus* **Gyllenhal, 1837**
分布：中国；欧洲，中亚，俄罗斯（西伯利亚）。

格林斯光腿象 *Rhinoncus gressitti* **Korotyaev, 1997**
分布：云南，浙江，福建，广东。

西伯利亚光腿象 *Rhinoncus sibiricus* **Faust, 1893**
分布：云南，贵州，黑龙江，吉林，辽宁，北京，河北，陕西，甘肃，浙江，江西，湖北，湖南，广西，福建，广东，海南，台湾；日本，韩国，蒙古国，俄罗斯（西伯利亚），越南。

拟脐小蠹属 *Scolytogenes* Eichhoff, 1878
达拟脐小蠹 *Scolytogenes darwini* **Eichhoff, 1878**
分布：云南；菲律宾。

Scolytogenes glabratus **Yin, 2001**
分布：云南，湖北。

Scolytogenes magnocularis **Yin, 2001**
分布：云南。

云南拟脐小蠹 *Scolytogenes yunnanensis* **Yin, 2001**
分布：云南。

锉小蠹属 *Scolytoplatypus* Schaufuss, 1891
布氏锉小蠹 *Scolytoplatypus blandfordi* **Gebhardt, 2006**
分布：云南（文山），台湾。

婆罗门锉小蠹 *Scolytoplatypus brahma* **Blandford, 1898**
分布：云南（红河、西双版纳）；孟加拉国，印度，印度尼西亚，马来西亚，泰国。

秃头锉小蠹 *Scolytoplatypus calvus* Beaver & Liu, 2007

分布：云南（楚雄），四川，台湾，福建。

***Scolytoplatypus costatus* Gebhardt & Beaver, 2021**

分布：云南（普洱）。

卷毛锉小蠹 *Scolytoplatypus curviciliosus* Gebhardt, 2006

分布：云南（西双版纳）；泰国，菲律宾。

黑臀锉小蠹 *Scolytoplatypus darjeelingi* Stebbing, 1914

分布：云南（丽江），四川，西藏，湖南；印度，尼泊尔，菲律宾。

***Scolytoplatypus darwini* Eichhoff, 2021**

分布：云南（丽江）；印度，斯里兰卡，越南，缅甸，印度尼西亚，菲律宾，巴布亚新几内亚。

***Scolytoplatypus geminus* Gebhardt & Beaver, 2021**

分布：云南（丽江）。

***Scolytoplatypus glabratus* Yin, 2001**

分布：云南（怒江）。

***Scolytoplatypus magnocularis* Yin, 2001**

分布：云南（西双版纳）。

迷你锉小蠹 *Scolytoplatypus minimus* Hagedorn, 1904

分布：云南（保山），四川；印度，尼泊尔。

***Scolytoplatypus peniculatus* Gebhardt & Beaver, 2021**

分布：云南（普洱）。

柔毛锉小蠹 *Scolytoplatypus pubescens* Hagedorn, 1904

分布：云南（保山、红河、文山），四川，台湾；印度，缅甸，尼泊尔，泰国，越南。

毛刺锉小蠹 *Scolytoplatypus raja* Blandford, 1893

分布：云南（怒江、丽江、文山、德宏、西双版纳），西藏，四川，重庆，贵州，陕西，山西，湖南，台湾；日本，印度，越南，泰国，马来西亚，尼泊尔，巴基斯坦，菲律宾，欧洲。

红尾锉小蠹 *Scolytoplatypus ruficauda* Eggers, 1939

分布：云南（普洱）；缅甸，尼泊尔。

萨姆辛锉小蠹 *Scolytoplatypus samsinghensis* Maiti & Saha, 2009

分布：云南（西双版纳）；印度。

中华锉小蠹 *Scolytoplatypus sinensis* Tsai & Huang, 1965

分布：云南，四川，重庆，江西，浙江，福建。

云南锉小蠹 *Scolytoplatypus yunnanensis* Yin, 2001

分布：云南（西双版纳）。

小蠹属 *Scolytus* Geoffroy, 1762

藏西小蠹 *Scolytus nitidus* Schedl, 1936

分布：云南，四川，西藏，甘肃。

樱小蠹 *Scolytus pomi* Yin & Huang, 1980

分布：云南（丽江），西藏。

瘤唇小蠹 *Scolytus querci* Yin & Huang, 1980

分布：云南（丽江），四川。

云杉小蠹 *Scolytus sinopiceus* Tsai, 1962

分布：云南（丽江），四川，西藏，青海，内蒙古，宁夏，海南，河北，甘肃。

鳞腹小蠹 *Scolytus squamosus* Yin & Huang, 1980

分布：云南（西双版纳）。

***Scolytus unicornis* Cao, Petrov & Wang, 2023**

分布：云南（西双版纳）。

***Shigizo* Morimoto, 1981**

***Shigizo morimotoi* Pelsue, 2004**

分布：云南（西双版纳）。

角胫象属 *Shirahoshizo* Morimoto, 1962

长角角胫象 *Shirahoshizo flavonotatus* (Voss, 1937)

分布：云南（红河、普洱、丽江、临沧、保山、西双版纳），四川，贵州，陕西，江苏，上海，浙江，湖北，江西，湖南，广西，福建，台湾，广东；朝鲜，日本。

马尾松角胫象 *Shirahoshizo patruelis* (voss, 1937)

分布：云南（昆明）。

鳞毛角胫象 *Shirahoshizo squamesus* Chen, 1991

分布：云南（怒江）。

球小蠹属 *Sphaerotrypes* Blandford, 1894

麻栎球小蠹 *Sphaerotrypes imitans* Eggers, 1926

分布：云南（西双版纳），四川，河北；日本。

大球小蠹 *Sphaerotrypes magnus* Tsai & Yin, 1966

分布：云南（丽江），四川。

密毛球小蠹 *Sphaerotrypes pila* Blandford, 1894

分布：云南，西藏，四川，辽宁，湖北，台湾。

杜梨球小蠹 *Sphaerotrypes pyri* **Tsai & Yin, 1966**
分布：云南（西双版纳），四川，黑龙江，山西。

Sphaerotrypes querci **Stebbing, 1908**
分布：云南，四川，山西，安徽，湖北；印度。

铁杉球小蠹 *Sphaerotrypes tsugae* **Tsai & Yin, 1966**
分布：云南（丽江），四川，陕西，山东。

云南球小蠹 *Sphaerotrypes yunnanensis* **Tsai & Yin, 1966**
分布：云南（西双版纳）。

凹盾象属 *Stenoscelis* **Wollaston, 1861**

圆窝凹盾象 *Stenoscelis foveatus* **Zhang, 1995**
分布：云南。

洼喙凹盾象甲 *Stenoscelis recavus* **Zhang, 1995**
分布：云南。

杧果象甲属 *Sternochetus* **Pierce, 1917**

杧果果肉象 *Sternochetus frigidus* **(Fabricius, 1878)**
分布：云南（丽江、德宏、西双版纳）；东南亚。

杧果果核象 *Sternochetus mangiferae* **(Fabricius, 1775)**
分布：云南；亚洲其他地区，

杧果果实象 *Sternochetus olivier* **(Faust, 1892)**
分布：云南（普洱、德宏、西双版纳）；越南，柬埔寨。

蛀果杧果象 *Sternochetus poricollis* **Faust, 1775**
分布：云南。

长足象属 *Sternuchopsis* **Heller, 1918**

三角纹长足象 *Sternuchopsis delta* **Pascoe, 1870**
分布：云南（西双版纳），广东；印度尼西亚，斯里兰卡。

乌桕长足象 *Sternuchopsis erro* **Pascoe, 1871**
分布：云南（文山、保山、临沧），四川，安徽，浙江，江西，广西，福建；日本。

核桃长足象 *Sternuchopsis juglans* **(Chao, 1980)**
分布：云南（曲靖、文山），四川，贵州，河南，陕西，甘肃，湖北，广西。

日本长足象 *Sternuchopsis nipponicus* **(Kono, 1930)**
分布：云南（德宏）。

花椒长足象 *Sternuchopsis sauteri* **Heller, 1922**
分布：云南（红河、怒江、西双版纳），四川，江西，福建，台湾；越南，柬埔寨。

铜光长足象 *Sternuchopsis scenicus* **Faust, 1894**
分布：云南（德宏、西双版纳），四川，浙江，福建；日本，缅甸。

短胸长足象 *Sternuchopsis trifidus* **(Pascoe, 1870)**
分布：云南（文山、红河、德宏），四川，贵州，山东，陕西，河南，江苏，安徽，浙江，江西，广西，福建，广东；日本，朝鲜半岛。

尖肩长足象 *Sternuchopsis vitalisi* **(Marshall, 1922)**
分布：云南（文山），广西；越南，印度。

甘薯长足象 *Sternuchopsis waltoni* **Boheman, 1844**
分布：云南，四川，陕西，浙江，江西，湖北，湖南，广西，福建，台湾，广东，香港；日本，越南，缅甸，斯里兰卡，西亚。

锤角小蠹属 *Stictodex* **Hulcr & Cognato, 2010**

锤角小蠹 *Stictodex dimidiatus* **(Eggers, 1927)**
分布：云南（文山、西双版纳）；印度尼西亚，老挝，马来西亚，缅甸，巴布亚新几内亚，斯里兰卡，泰国，越南。

窄小蠹属 *Streptocranus* **Schedl, 1939**

锥尾窄小蠹 *Streptocranus fragilis* **Browne, 1949**
分布：云南（西双版纳），福建；泰国，文莱，马来西亚。

突尾窄小蠹 *Streptocranus mirabilis* **(Schedl, 1939)**
分布：云南（西双版纳）；印度尼西亚，马来西亚，泰国。

弯尾窄小蠹 *Streptocranus petilus* **Smith, Beaver & Cognato, 2024**
分布：云南（西双版纳）。

铁象属 *Styanax* **Pascoe, 1871**

梨铁象 *Styanax apicatus* **Heller, 1920**
分布：云南（红河、文山、普洱、楚雄、临沧、保山），贵州，湖南，广西；柬埔寨。

毛喙小蠹属 *Sueus* **Murayama, 1951**

小毛喙小蠹 *Sueus niisimai* **(Eggers, 1926)**
分布：云南（西双版纳）。

云南灰象属 *Sympiezomias* **Faust, 1887**

呈贡灰象 *Sympiezomias chenggongensis* **Chao, 1977**
分布：云南（昆明、保山）。

铜光灰象 *Sympiezomias clarus* **Chao, 1977**
分布：云南（西双版纳）。

银灰灰象 *Sympiezomias elongatus* **Chao, 1977**
分布：云南（西双版纳）。

宝石灰象 *Sympiezomias gemmius* **Zhang, 1992**

分布：云南。

北京灰象 *Sympiezomias herzi* **Faust, 1887**

分布：云南，贵州，吉林，北京，山西；日本，朝鲜。

勐龙灰象 *Sympiezomias menglongensis* **Chao, 1977**

分布：云南（西双版纳）。

勐遮灰象 *Sympiezomias menzhehensis* **Chao, 1977**

分布：云南（德宏、西双版纳）。

砖灰灰象 *Sympiezomias unicolor* **Chao, 1977**

分布：云南（西双版纳）。

大灰象 *Sympiezomias velatus* **(Chevrolat, 1845)**

分布：云南（德宏），四川，贵州，重庆，黑龙江，吉林，辽宁，内蒙古，甘肃，陕西，青海，天津，北京，河北，河南，山西，山东，江苏，浙江，安徽，江西，湖北，湖南，广西，福建，广东，海南，台湾。

腹凸象属 *Tarchius* **Pascoe, 1885**

云南腹凸象 *Tarchius yunnanensis* **Omar & Zhang, 2006**

分布：云南（西双版纳）。

壮材小蠹属 *Terminalinus* **Hopkins, 1915**

端齿壮材小蠹 *Terminalinus apicalis* **(Blandford, 1894)**

分布：云南，四川，陕西，安徽，广西，台湾。

切梢小蠹属 *Tomicus* **Latreille, 1802**

Tomicus armandii **Li & Zhang, 2010**

分布：云南（楚雄）。

短毛切梢小蠹 *Tomicus brevipilosus* **Eggers, 1929**

分布：云南（昆明、曲靖、大理、昭通），福建；日本，美国。

横坑切梢小蠹 *Tomicus minor* **Hartig, 1834**

分布：云南（昆明、玉溪、楚雄、曲靖、红河、大理、昭通），贵州，四川，黑龙江，辽宁，内蒙古，山西，陕西，河南，河北，安徽，江苏，江西，浙江，湖北，湖南，广西，福建，广东，海南；朝鲜，日本，印度，欧洲。

多毛切梢小蠹 *Tomicus pilifer* **(Spessivtsev, 1919)**

分布：云南，四川，西藏，黑龙江，吉林，内蒙古，北京，河北，山西，陕西，青海，湖北；俄罗斯，朝鲜。

纵坑切梢小蠹 *Tomicus piniperda* **(Linnaeus, 1758)**

分布：云南（昆明、丽江），贵州，四川，安徽，黑龙江，辽宁，内蒙古，山西，青海，陕西，河北，河南，江苏，江西，浙江，湖北，湖南，福建，广东，海南，台湾；朝鲜，日本，俄罗斯（远东地区），印度，欧洲，非洲，北美洲。

云南切梢小蠹 *Tomicus yunnanensis* **Kirkendall & Faccoli, 2008**

分布：云南（昆明、玉溪、曲靖、红河、楚雄、大理）。

徨长小蠹属 *Treptoplatypus* **Schedl, 1972**

斜纹徨长小蠹 *Treptoplatypus solidus* **Walker, 1859**

分布：云南（德宏、西双版纳），台湾；日本，尼泊尔，印度，非洲，美国，欧洲。

魔小蠹属 *Tricosa* **Cognato, Smith & Beaver, 2020**

东南亚魔小蠹 *Tricosa indochinensis* **Cognato, Smith & Beaver, 2020**

分布：云南（西双版纳）；印度，泰国。

木小蠹属 *Trypodendron* **Stephens, 1830**

黄色木小蠹 *Trypodendron signatum* **(Fabricius, 1787)**

分布：云南（大理），四川，黑龙江，新疆，甘肃，海南；日本，俄罗斯（远东地区），欧洲。

Urocorthylus **Petrov, Mandelshtam & Beaver, 2007**

Urocorthylus hirtellus **Petrov, Mandelshtam & Beaver, 2007**

分布：云南（普洱、西双版纳）；越南，泰国。

渡边象属 *Watanabesaruzo* **Yoshitake & Yamauchi, 2002**

云南渡边象 *Watanabesaruzo yunnanensis* **Huang, Zhang & Pelsue, 2006**

分布：云南（迪庆）。

桩截小蠹属 *Webbia* **Hopkins, 1915**

刺尾桩截小蠹 *Webbia pabo* **Sampson, 1922**

分布：云南，西藏；印度，泰国，菲律宾，印度尼西亚，马来西亚。

大肚象属 *Xanthochelus* **Chevrolat, 1873**

大肚象 *Xanthochelus faunus* **(Olivier, 1807)**

分布：云南（玉溪、红河、文山、大理、临沧、保山、迪庆、丽江、怒江、西双版纳），四川，浙江，广西，福建，广东；日本，越南，印度，印度尼西亚。

长喙象属 *Xenysmoderes* Colonnelli, 1992

棕翅长喙象 ***Xenysmoderes longirostris* (Hustache, 1920)**

分布：云南，福建，广东，海南；越南。

斑翅长喙象 ***Xenysmoderes stylicornis* (Marshall, 1934)**

分布：云南，广西；印度，缅甸。

绒盾小蠹属 *Xyleborinus* Reitter, 1913

尖尾绒盾小蠹 ***Xyleborinus andrewesi* Blandford, 1896**

分布：云南，福建，香港，台湾；日本，泰国，越南，斯里兰卡，孟加拉国，印度，尼泊尔，菲律宾，巴布亚新几内亚。

纹绒盾小蠹 ***Xyleborinus artestriatus* (Eichhoff, 1878)**

分布：云南（西双版纳），重庆，上海，广西，广东，福建，海南，香港，台湾；孟加拉国，柬埔寨，印度，老挝，缅甸，泰国，越南，斯里兰卡，北美洲。

楔绒盾小蠹 ***Xyleborinus cuneatus* Smith, Beaver & Cognato, 2020**

分布：云南（红河）；泰国。

小绒盾小蠹 ***Xyleborinus exiguus* (Walker, 1859)**

分布：云南（西双版纳），江西，台湾；印度，柬埔寨，老挝，缅甸，尼泊尔，泰国，越南，印度尼西亚，太平洋岛屿，澳大利亚，非洲，南美洲。

殷氏绒盾小蠹 ***Xyleborinus huifenyinae* Smith, Beaver & Cognato, 2020**

分布：云南，江西，福建，广东。

孙氏绒盾小蠹 ***Xyleborinus jianghuasuni* Smith, Beaver & Cognato, 2024**

分布：云南（西双版纳）。

小粒绒盾小蠹 ***Xyleborinus saxesenii* (Ratzeburg, 1837)**

分布：云南，西藏，四川，贵州，重庆，黑龙江，吉林，山西，河北，陕西，宁夏，江苏，安徽，浙江，上海，江西，湖南，广西，福建，香港，台湾；蒙古国，俄罗斯（远东地区），朝鲜，韩国，日本，印度，中东，中亚，欧洲，非洲，大洋洲，北美洲。

列刺绒盾小蠹 ***Xyleborinus speciosus* (Schedl, 1975)**

分布：云南（西双版纳）；印度，泰国。

刺鞘绒盾小蠹 ***Xyleborinus spinipennis* (Eggers, 1930)**

分布：云南（红河）；印度，老挝，尼泊尔，越南。

粒绒盾小蠹 ***Xyleborinus subgranulatus* (Eggers, 1930)**

分布：云南（保山、西双版纳），台湾；印度，老挝，泰国，越南。

松绒盾小蠹 ***Xyleborinus thaiphami* Smith, Beaver & Cognato, 2020**

分布：云南（红河），四川，贵州，重庆；缅甸，越南。

常绒盾小蠹 ***Xyleborinus tritus* Smith, Beaver & Cognato, 2020**

分布：云南（红河）；老挝，越南。

材小蠹属 *Xyleborus* Eichhoff, 1864

棋盘材小蠹 ***Xyleborus adumbratus* Blandford, 1894**

分布：云南，四川，湖南，福建。

橡胶材小蠹 ***Xyleborus affinis* Eichhoff, 1868**

分布：云南（西双版纳），海南，台湾；印度，尼泊尔，泰国，越南，老挝，缅甸。

尖尾材小蠹 ***Xyleborus andrewsi* Blandford, 1896**

分布：云南（西双版纳）；印度。

端齿材小蠹 ***Xyleborus apicalis* Blandford, 1894**

分布：云南（怒江），西藏，四川，河南，陕西，安徽，广西；日本。

窝背材小蠹 ***Xyleborus armiger* Schedl, 1953**

分布：云南（西双版纳），四川，福建。

短翅材小蠹 ***Xyleborus brevis* Eichhoff, 1877**

分布：云南（昆明、红河、西双版纳），西藏，福建，台湾；日本，朝鲜，泰国，尼泊尔。

两色材小蠹 ***Xyleborus discolor* Blandford, 1898**

分布：云南（西双版纳），四川，台湾，福建，广东；斯里兰卡，印度，缅甸，印度尼西亚。

凹缘材小蠹 ***Xyleborus emarginatus* Eichhoff, 1878**

分布：云南（普洱、西双版纳），西藏，贵州，四川，陕西，山西，湖北，湖南，福建，台湾；日本。

松材小蠹 ***Xyleborus festivus* Eichhoff, 1876**

分布：云南（普洱），贵州，广西，广东，福建，台湾；日本，缅甸，泰国，越南。

茶材小蠹 ***Xyleborus fornicatus* Eichhoff, 1868**

分布：云南（红河、西双版纳），西藏，四川，广西，台湾，广东；印度，斯里兰卡，马来西亚，菲律宾。

光滑材小蠹 *Xyleborus germanus* **Blandford, 1894**

分布：云南（丽江、西双版纳），西藏，四川，河南，陕西，安徽，湖南，福建；日本，朝鲜，欧洲，北美洲。

光材小蠹 *Xyleborus glabratus* **Eichhoff, 1877**

分布：云南（红河、文山），四川，江西，湖南，广西，福建，广东，香港，台湾；日本，缅甸，韩国，泰国，越南，美国。

坡面材小蠹 *Xyleborus interjectus* **Blandford, 1894**

分布：云南（丽江、文山、西双版纳），西藏，四川，湖南，广东；印度，斯里兰卡，缅甸，马来西亚，印度尼西亚，日本。

瘤粒材小蠹 *Xyleborus lewisi* **Blandford, 1894**

分布：云南（昆明、文山、丽江、普洱、西双版纳），四川，广东；日本，大洋洲。

细点材小蠹 *Xyleborus pelliculosus* **Eichhoff, 1878**

分布：云南（丽江），四川；日本。

波峰材小蠹 *Xyleborus percristatus* **Eggers, 1939**

分布：云南（怒江），四川；缅甸。

对粒材小蠹 *Xyleborus perforans* **Wollaston, 1857**

分布：云南（昆明、普洱、西双版纳），陕西，山西，广西，香港，台湾；印度，尼泊尔，孟加拉国，柬埔寨，老挝，缅甸，泰国，越南。

桤木材小蠹 *Xyleborus pfeilii* **Ratzeburg, 1837**

分布：云南（文山），四川，江西，湖南，福建；日本，韩国，俄罗斯（远东地区），印度，老挝，西亚，非洲，欧洲，北美洲。

长亮材小蠹 *Xyleborus praevius* **Blandford, 1894**

分布：云南，江苏，湖南，广东，福建。

点茸材小蠹 *Xyleborus punctatopilosum* **Schedl, 1936**

分布：云南，海南。

瘤胸材小蠹 *Xyleborus rubricollis* **Eichhoff, 1875**

分布：云南（楚雄、西双版纳），西藏，四川，山东，北京，陕西，江苏，安徽，浙江，湖南；日本。

小粒材小蠹 *Xyleborus saxeseni* **(Ratzeburg, 1837)**

分布：云南（西双版纳），西藏，四川，黑龙江，吉林，陕西，安徽，湖南，福建；日本，朝鲜，越南，印度，俄罗斯，北美洲。

暗翅材小蠹 *Xyleborus semiopacus* **Eichhoff, 1878**

分布：云南（德宏、西双版纳），西藏，四川，湖南，福建；非洲，大洋洲。

四粒材小蠹 *Xyleborus similis* **Ferrari, 1867**

分布：云南（西双版纳），台湾，广东，海南；日本，斯里兰卡，印度，缅甸，马来西亚，印度尼西亚，菲律宾，巴布亚新几内亚，澳大利亚，非洲。

窄材小蠹 *Xyleborus sunisae* **Smith, Beaver & Cognato, 2020**

分布：云南（西双版纳）；泰国。

阔面材小蠹 *Xyleborus validus* **Eichhoff, 1875**

分布：云南（丽江），安徽，湖南，福建，台湾；日本，朝鲜，斯里兰卡，印度，缅甸，印度尼西亚。

条脊材小蠹 *Xyleborus yakushimanus* **Murayama, 1955**

分布：云南。

云南材小蠹 *Xyleborus yunnanensis* **Smith, Beaver & Cognato, 2020**

分布：云南（西双版纳）。

鳞小蠹属 *Xylechinus* **Chapuis, 1869**

稠李鳞小蠹 *Xylechinus padi* **Beeson, 1941**

分布：云南（丽江）；南亚。

Xylechinus padus **Wood, 1988**

分布：云南。

足距小蠹属 *Xylosandrus* **Reitter, 1913**

比氏足距小蠹 *Xylosandrus beesoni* **Saha, Maiti & Chakraborti, 1992**

分布：云南（昆明、西双版纳）；印度，泰国，越南。

小滑足距小蠹 *Xylosandrus compactus* **(Eichhoff, 1876)**

分布：云南，贵州，四川，湖北，江苏，江西，湖南，广西，福建，广东，海南，台湾，浙江；日本，韩国，印度，老挝，泰国，越南，美国，欧洲。

暗翅足距小蠹 *Xylosandrus crassiusculus* **Motschulsky, 1866**

分布：云南（西双版纳），贵州，四川，西藏，重庆，陕西，山东，河北，安徽，浙江，湖北，湖南，福建，广东，香港，海南，台湾；朝鲜半岛，日本，印度，尼泊尔，不丹，越南，老挝，泰国，柬埔寨，欧洲，非洲，大洋洲，北美洲。

齿鞘足距小蠹 *Xylosandrus dentipennis* **Park & Smith, 2020**

分布：云南，贵州，江西，上海，福建；日本，韩国。

毛端足距小蠹 *Xylosandrus derupteterminatus* (Schedl, 1951)

分布：云南（西双版纳）；印度尼西亚，泰国，老挝。

两色足距小蠹 *Xylosandrus discolor* (Blandford, 1898)

分布：云南，四川，贵州，重庆，江西，福建，广东，海南，香港，台湾；日本，印度，老挝，缅甸，泰国，越南，印度尼西亚，马来西亚，巴布亚新几内亚，菲律宾，斯里兰卡。

壮足距小蠹 *Xylosandrus eupatorii* (Eggers, 1940)

分布：云南，海南，香港；印度尼西亚，老挝，泰国，越南。

光滑足距小蠹 *Xylosandrus germanus* Blandford, 1894

分布：云南（西双版纳），西藏，贵州，四川，陕西，山西，河南，安徽，湖北，江西，浙江，湖南，广西，福建，广东，海南，台湾；俄罗斯（远东地区），朝鲜半岛，日本，欧洲，北美洲。

截尾足距小蠹 *Xylosandrus mancus* (Blandford, 1898)

分布：云南（红河），西藏，重庆，甘肃，广西，海南，香港，台湾；印度，老挝，泰国，越南，印度尼西亚，马来西亚，菲律宾，斯里兰卡，非洲。

小粒足距小蠹 *Xylosandrus morigerus* (Blandford, 1894)

分布：云南（西双版纳），台湾；印度，老挝，缅甸，泰国，越南，欧洲，南美洲。

削尾足距小蠹 *Xylosandrus mutilatus* (Blandford, 1894)

分布：云南（西双版纳），四川，西藏，浙江，安徽，江西，广西，海南，台湾。

翅鞘足距小蠹 *Xylosandrus spinifer* Smith, Beaver & Cognato, 2020

分布：云南（文山），香港；泰国，越南。

凸端足距小蠹 *Xylosandrus subsimiliformis* (Eggers, 1939)

分布：云南（文山），贵州；缅甸，越南。

略同足距小蠹 *Xylosandrus subsimilis* (Eggers, 1930)

分布：云南（昆明），海南；印度，老挝，缅甸，泰国。

Zembrus Germann & Grebennikov, 2020

Zembrus perseus Germann & Grebennikov, 2020

分布：云南（大理）。

皮蠹科 Dermestidae

圆皮蠹属 *Anthrenus* Geoffroy, 1762

Anthrenus becvari Háva, 2004

分布：云南（大理）。

Anthrenus longisetosus Kadej & Háva, 2015

分布：云南（迪庆），江西，浙江，广西。

多斑圆皮蠹 *Anthrenus maculifer* Reitter, 1881

分布：云南（德宏），广东，台湾；印度，越南，缅甸。

小圆皮蠹 *Anthrenus verbasci* (Linnaeus, 1767)

分布：世界广布。

毛皮蠹属 *Attagenus* Latreille, 1802

三带毛皮蠹 *Attagenus arrowi* Kalik, 1954

分布：云南。

斜带褐毛皮蠹 *Attagenus augustatus* Ballion, 1871

分布：云南，西藏，四川，辽宁，新疆，内蒙古，宁夏，甘肃，青海，山西，陕西；蒙古国，俄罗斯。

Attagenus aundulatus Motschulsky, 1858

分布：云南，广西，广东。

缅甸褐皮蠹 *Attagenus birmanicus* Arrow, 1915

分布：云南（普洱、保山）；缅甸，印度。

驼形毛皮蠹 *Attagenus cyphonoides* Reitter, 1881

分布：云南，西藏，新疆，河北，河南，湖南，天津，内蒙古；印度，巴基斯坦，阿富汗，俄罗斯（远东地区），中东，欧洲，美洲。

横带毛皮蠹 *Attagenus fasciatus* Thunberg, 1795

分布：云南，河南，福建；阿富汗，俄罗斯，日本，印度，蒙古国，尼泊尔，中东，中亚。

叶胸毛皮蠹 *Attagenus lobatus* Rosenhauer, 1856

分布：云南，四川，贵州，内蒙古，甘肃，陕西，江西，浙江，福建，湖南，广东，广西；俄罗斯（远东地区），印度，印度尼西亚，日本，欧洲，美洲。

二星毛皮蠹 *Attagenus pellio* (Linnaeus, 1758)

分布：云南，西藏，青海；欧洲，非洲，北美洲。

四纹褐皮蠹 *Attagenus quadrinotatus* **Pic, 1938g**

分布：云南。

红毛皮蠹 *Attagenus ruficolor* **Pic, 1918**

分布：云南。

中华褐皮蠹 *Attagenus sinensis* **Pic, 1927**

分布：云南。

波纹毛皮蠹 *Attagenus undulatus* **(Motschulsky, 1858)**

分布：世界广布。

黑皮蠹 *Attagenus unicolor* **(Brahm, 1791)**

分布：全国广布。

月纹褐皮蠹 *Attagenus vagepictus* **Fainnaire, 1889**

分布：云南，四川，西藏。

皮蠹属 *Dermestes* Linnaeus, 1758

钩纹皮蠹 *Dermestes ater* **Degeer, 1774**

分布：世界广布。

家庭钩纹皮蠹 *Dermestes ater domesticus* **Germar, 1824**

分布：云南。

拟白腹皮蠹 *Dermestes frischii* **Kugelann, 1792**

分布：云南，四川，黑龙江，吉林，辽宁，新疆，内蒙古，山西，陕西，青海，甘肃，宁夏，河北，山东，浙江，湖南，福建；俄罗斯（远东地区），伊朗，阿富汗，中亚，欧洲，非洲，南美洲。

火腿皮蠹 *Dermestes lardarius* **Linnaeus, 1758**

分布：云南，四川，西藏，黑龙江，辽宁，吉林，山西，陕西，内蒙古，青海，甘肃，宁夏，河南，河北，山东，江苏，浙江，上海，广西，福建。

白腹皮蠹 *Dermestes maculatus* **Degeer, 1774**

分布：世界广布。

赤毛皮蠹指名亚种 *Dermestes tessellatocollis tessellatocollis* **Motschulsky, 1860**

分布：云南，西藏，贵州，四川，黑龙江，辽宁，吉林，河南，山东，山西，河北，甘肃，宁夏，青海，陕西，内蒙古，浙江，上海，江苏，江西，湖南，广西，福建；俄罗斯，日本，印度。

球棒皮蠹属 *Orphinus* Motschulsky, 1858

Orphinus beali **Herrmann, Háva & Zhang, 2011**

分布：云南，四川，陕西。

球棒皮蠹 *Orphinus fulvipes* **(Guerin-Meneville, 1838)**

分布：云南（大理、保山），四川，贵州，广西，广东；太平洋岛屿，西印度群岛，澳大利亚，欧洲，美洲。

日本球棒皮蠹 *Orphinus japonicus* **Arrow, 1915**

分布：云南，北京，浙江；日本，朝鲜。

Orphinus ludmilae **Háva, 2021**

分布：云南（红河）。

Orphinus ornatus **Háva, 2016**

分布：云南（西双版纳）。

云南裸皮蠹 *Orphinus yunnanus* **Háva, 2004**

分布：云南（大理）。

螵蛸皮蠹属 *Thaumaglossa* Redtebacher, 1867

远东螵蛸皮蠹 *Thaumaglossa ouiuora* **(Matsumura & Yokoyama, 1928)**

分布：云南，四川，黑龙江，辽宁，新疆，河北，山东，山西，陕西，河南，湖南，江苏，浙江，广西，福建，台湾；日本。

三带螵蛸皮蠹 *Thaumaglossa rufocapillata* **Redtenbacher, 1867**

分布：云南（丽江、保山）；朝鲜，日本，马来西亚，印度尼西亚。

圆胸皮蠹属 *Thorictodes* Reitter, 1875

云南圆胸皮蠹 *Thorictodes brevipennis* **Zhang & Liu, 1986**

分布：云南（大理、德宏）。

翼圆胸皮蠹 *Thorictodes dartevellei* **John, 1961**

分布：云南；印度，菲律宾，非洲，欧洲。

小圆胸皮蠹 *Thorictodes heydeni* **Reitter, 1875**

分布：云南，四川，贵州，陕西，甘肃，湖北，上海，江西，湖南，广西，福建，广东；日本，俄罗斯（远东地区），印度，印度尼西亚，欧洲，北美洲。

怪皮蠹属 *Thylodrias* Motschulsky（1839）

百怪皮蠹 *Thylodrias contractus* **Motschulsky, 1839**

分布：云南，辽宁，内蒙古，河南，湖南，湖北，江西，广东，华北，西北；日本，中亚，中东，欧洲，北美洲。

Trichodryas Lawrence & Ślipiński, 2005

Trichodryas slipinskii **Lin & Yang, 2012**

分布：云南（西双版纳）。

斑皮蠹属 *Trogoderma* Dejean, 1821

牛角瓜斑皮蠹 ***Trogoderma gigantea* Xiong, Háva & Pan, 2018**

分布：云南（昆明）。

条斑皮蠹 ***Trogoderma teukton* Beal, 1956**

分布：云南，黑龙江，吉林，新疆，内蒙古，河北，

山东，北京，天津；俄罗斯，中亚，美国。

花斑皮蠹 ***Trogoderma variabile* Ballion, 1878**

分布：除西藏、台湾外全国各地均有分布。

云南斑皮蠹 ***Trogoderma yunnaeunsis* Liu & Zhang, 1986**

分布：云南（迪庆、德宏）。

窃蠹科 Anobiidae

Lasioderma Stephens, 1835

烟草甲 ***Lasioderma serricorne* Fabricius, 1792**

分布：世界性分布。

纹窃蠹属 *Ptilineurus* Reitter, 1902

大理纹窃蠹 ***Ptilineurus marmoratus* (Reitter, 1877)**

分布：云南（大理），贵州，四川，黑龙江，吉林，辽宁，内蒙古，陕西，山西，河北，山东，河南，安徽，湖北，江苏，江西，上海，湖南，广西，广

东，台湾；日本，北美洲。

类翼窃蠹属 *Ptilinus* Geoffroy, 1762

栉角窃蠹 ***Ptilinus pectinicornis* (Linnaeus, 1758)**

分布：云南。

药材蛛甲属 *Stegobium* Motschulsky, 1860

药材甲 ***Stegobium paniceum* (Linnaeus, 1758)**

分布：世界性分布。

小丸甲科 Nosodendridae

小丸甲属 *Nosodendron* Latreille, 1804

***Nosodendron hispidum* Champion, 1923**

分布：云南（德宏），海南；缅甸，印度，马来西亚，不丹，尼泊尔，巴基斯坦，菲律宾，斯里兰卡，越南，泰国，老挝。

***Nosodendron loebli* Háva, 2003**

分布：云南，湖北。

***Nosodendron weigeli* Háva, 2018**

分布：云南（西双版纳）。

云南小丸甲 ***Nosodendron yunnanense* Yoshitomi, 2023**

分布：云南（德宏、怒江）。

长蠹科 Bostrichidae

小卷长蠹属 *Bostrychopsis* Lesne, 1899

大竹蠹 ***Bostrychopsis parallela* (Lesne, 1895)**

分布：云南（西双版纳），四川，湖北，浙江，广东，台湾；印度，斯里兰卡，印度尼西亚，老挝，菲律宾，泰国，非洲，澳大利亚，欧洲，美国。

丝棒长蠹属 *Calonistes* Lesne, 1936

飘带丝棒长蠹 ***Calonistes vittatus* Zhang, Meng & Beaver, 2022**

分布：云南（红河）。

痕棒长蠹属 *Calophagus* Lesne, 1902

哥伦布痕棒长蠹 ***Calophagus colombiana* Zhang, Meng & Beaver, 2022**

分布：云南（红河）。

红毛无瘤长蠹属 *Coccographis* Lesne, 1901

红毛无瘤长蠹 ***Coccographis nigrorubra* Lesne, 1901**

分布：云南，广东，福建；越南，老挝。

竹长蠹属 *Dinoderus* Stephens, 1830

双窝竹长蠹 ***Dinoderus bifoveolatus* (Wollaston, 1858)**

分布：云南；日本，中东，欧洲，美国。

小竹长蠹 *Dinoderus brevis* **Horn, 1878**

分布：云南；欧洲，非洲，美洲。

糙面竹长蠹 *Dinoderus creberrimus* **Lesne, 1941**

分布：云南（红河、西双版纳）；印度。

深窝竹长蠹 *Dinoderus favosus* **Lesne, 1911**

分布：云南（红河、西双版纳）；印度，泰国，缅甸，越南。

红河竹长蠹 *Dinoderus hongheensis* **Zhang, Meng & Beaver, 2022**

分布：云南（红河）。

日本竹长蠹 *Dinoderus japonicus* **Lesne, 1895**

分布：云南（西双版纳），四川，贵州，河南，江苏，江西，浙江，湖南，广西，福建，广东，香港，台湾；日本，印度，澳大利亚，欧洲，美洲。

竹长蠹 *Dinoderus minutus* **(Fabricius, 1775)**

分布：云南（昆明、红河、普洱、楚雄、保山、德宏、西双版纳），四川，贵州，河南，北京，陕西，山西，山东，天津，湖北，江苏，江西，浙江，安徽，湖南，广西，福建，广东，海南，台湾；日本，新西兰，欧洲。

南溪竹长蠹 *Dinoderus nanxiheensis* **Zhang, Meng & Beaver, 2022**

分布：云南（红河），广东。

小点竹长蠹 *Dinoderus ocellaris* **Stephens, 1830**

分布：云南，浙江，福建，台湾；印度，斯里兰卡，越南，老挝，泰国，缅甸，印度尼西亚，菲律宾，澳大利亚，新西兰，欧洲，美国。

褐翅竹长蠹 *Dinoderus ochraceipennis* **Lesne, 1906**

分布：云南；缅甸，越南。

黑竹长蠹 *Dinoderus piceolus* **Lesne, 1933**

分布：云南，香港。

镜坡竹长蠹 *Dinoderus speculifer* **Lesne, 1895**

分布：云南，吉林；朝鲜，日本。

长长蠹属 *Dolichobostrychus* **Lesne, 1899**

Dolichobostrychus ambigenus **Lesne, 1920**

分布：云南。

Dolichobostrychus heterobostrychus **Lesne, 1899**

分布：云南，天津。

云南长长蠹 *Dolichobostrychus yunnanus* **Lesne, 1913**

分布：云南，四川。

细棒长蠹属 *Gracilenta* **Zhang, Meng & Beaver, 2022**

盈江细棒长蠹 *Gracilenta yingjiangensis* **Zhang, Meng & Beaver, 2022**

分布：云南（德宏）。

异翅长蠹属 *Heterobostrychus* **Lesne, 1899**

双钩异翅长蠹 *Heterobostrychus aequalis* **(Waterhouse, 1884)**

分布：云南（红河、普洱、西双版纳），上海，广西，广东，海南，台湾；不丹，印度，印度尼西亚，日本，老挝，马来西亚，缅甸，尼泊尔，巴布亚新几内亚，巴基斯坦，欧洲，北美洲，中东，大洋洲。

约异翅长蠹 *Heterobostrychus ambigenus* **Lesne, 1920**

分布：云南，浙江。

二突异翅长蠹 *Heterobostrychus hamatipennis* **(Lesne, 1895)**

分布：云南（红河、普洱、保山、西双版纳），辽宁，河南，山东，湖北，江西，上海，浙江，广西，广东，福建，台湾；日本，朝鲜，印度，印度尼西亚，老挝，尼泊尔，菲律宾，斯里兰卡，泰国，越南，欧洲，美国。

直角异翅长蠹 *Heterobostrychus pileatus* **Lesne, 1899**

分布：云南（西双版纳）；柬埔寨，印度，老挝，缅甸，尼泊尔，菲律宾，泰国，越南。

额瘤异翅长蠹 *Heterobostrychus unicornis* **Waterhouse, 1879**

分布：云南；印度，缅甸，越南，非洲。

地衣长蠹属 *Lichenophanes* **Lesne, 1899**

斑翅地衣长蠹 *Lichenophanes carinipennis* **(Lewis, 1896)**

分布：云南（临沧），陕西，福建，海南，台湾；印度，日本，缅甸，斯里兰卡，柬埔寨。

齿粉蠹属 *Lyctoxylon* **Reitter, 1879**

齿粉蠹 *Lyctoxylon dentatum* **(Pascoe, 1866)**

分布：云南，贵州，河北，浙江，江西，广西，台湾；日本，越南，泰国，印度，菲律宾，澳大利亚，非洲，欧洲，美国。

粉蠹属 *Lyctus* Fabricius, 1792

非洲粉蠹 *Lyctus africanus* Lesne, 1907
分布：云南，四川，浙江，广西，广东；非洲，欧洲，美洲。

竹褐粉蠹 *Lyctus brunneus* (Stephens, 1830)
分布：云南，四川，贵州，河北，北京，河南，陕西，江苏，江西，浙江，安徽，湖北，湖南，广西，福建，广东，台湾；朝鲜，日本，中亚，欧洲。

中华粉蠹 *Lyctus sinensis* Lesne, 1911
分布：云南，四川，贵州，辽宁，内蒙古，北京，河北，陕西，宁夏，青海，江苏，湖北，江西，安徽，湖南，广西，广东，福建，台湾；朝鲜，日本，澳大利亚，欧洲。

弥长蠹属 *Melalgus* Dejean, 1833

锥弥长蠹 *Melalgus batillus* (Lesne, 1902)
分布：云南；越南，印度。

菲弥长蠹 *Melalgus feanus* (Lesne, 1899)
分布：云南，浙江；越南，印度，缅甸，泰国。

Micrapate Casey, 1898

多毛小长蠹 *Micrapate simplicipennis* (Lesne, 1895)
分布：云南（西双版纳），广西；印度，印度尼西亚，老挝，缅甸，尼泊尔，泰国，越南。

鳞毛粉蠹属 *Minthea* Pascoe, 1863

鳞毛粉蠹 *Minthea rugicollis* (Walker, 1858)
分布：云南，贵州，四川，河南，江苏，安徽，浙江，江西，湖南，广西，福建，广东，台湾；日本，印度，斯里兰卡，印度尼西亚，马来西亚，菲律宾，缅甸，美国（夏威夷），非洲，欧洲。

八角长蠹属 *Octodesmus* Lesne, 1901

双齿八角长蠹 *Octodesmus episternalis* Lesne, 1901
分布：云南；印度，缅甸，泰国，美国。

细小八角长蠹 *Octodesmus parvulus* (Lesne, 1897)
分布：云南（西双版纳）；印度，泰国，欧洲。

皱面长蠹属 *Octomeristes* Liu & Beaver, 2016

八角皱面长蠹 *Octomeristes pusillus* Liu & Beaver, 2016
分布：云南；泰国。

东方小长蠹属 *Orientoderus* Borowski & Wegrzynowicz, 2011

四刺东方小长蠹 *Orientoderus orientalis* (Borowski & Wegrzynowicz, 2011)
分布：云南；老挝，泰国。

尖胸长蠹属 *Parabostrychus* Lesne, 1899

尖胸长蠹 *Parabostrychus acuticollis* Lesne, 1913
分布：云南，北京，河北，河南，山东，上海，江苏，安徽，浙江，湖北，湖南，广东，台湾；印度，尼泊尔，泰国。

长尖胸长蠹 *Parabostrychus elongatus* (Lesne, 1895)
分布：云南（红河），湖北；越南，印度。

对木长蠹属 *Paraxylion* Lesne, 1941

铲坡对木长蠹 *Paraxylion bifer* (Lesne, 1932)
分布：云南，香港；印度，印度尼西亚，老挝，缅甸，越南，马来西亚。

音狡长蠹属 *Phonapate* Lesne, 1895

燧缘音狡长蠹 *Phonapate fimbriata* Lesne, 1909
分布：云南，河南，广西，香港；印度，印度尼西亚，泰国，越南。

擦音狡长蠹 *Phonapate stridula* Lesne 1909
分布：云南；印度，缅甸，越南。

Prostephanus Lesne, 1898

***Prostephanus orientalis* (Borowski & Węgrzynowicz, 2011)**
分布：云南（红河）；泰国。

谷蠹属 *Rhyzopertha* Stephens, 1830

谷蠹 *Rhyzopertha dominica* (Fabricius, 1792)
分布：云南，四川，黑龙江，河南，陕西，宁夏，甘肃，山西，河北，山东，安徽，湖北，江苏，江西，浙江，湖南，广西，福建，广东；世界其他地区广布。

双棘长蠹属 *Sinoxylon* Duftsehmid, 1825

双棘长蠹 *Sinoxylon anale* Lesne, 1897
分布：云南（昆明、普洱、保山、西双版纳），四川，江西，湖南，广西，广东，福建，海南，台湾；印度，缅甸，尼泊尔，巴基斯坦，中东，欧洲，大洋洲。

粗双棘长蠹 *Sinoxylon crassum* **Lesne, 1897**
分布：云南，台湾；越南，老挝，泰国，柬埔寨，缅甸，印度，斯里兰卡，马来西亚，菲律宾，中东，欧洲。

钝齿双棘长蠹 *Sinoxylon cucumella* **Lesne, 1906**
分布：云南（西双版纳）；不丹，印度，老挝，缅甸，尼泊尔，泰国，越南。

毛胸双棘长蠹 *Sinoxylon dichroum* **Lesne, 1906**
分布：云南；越南，缅甸，尼泊尔，印度。

拟双棘长蠹 *Sinoxylon flabrarius* **Lesne, 1906**
分布：云南（西双版纳），香港；不丹，印度，老挝，缅甸，尼泊尔，泰国，越南，欧洲。

类拟双棘长蠹 *Sinoxylon fuscovestitum* **Lesne, 1919**
分布：云南（西双版纳），四川；不丹，印度，老挝，缅甸，尼泊尔，泰国，越南。

日本双棘长蠹 *Sinoxylon japonicum* **Lesne, 1895**
分布：云南（曲靖），四川，宁夏，山西，山东，北京，江苏，河北，甘肃，广西，福建，广东，台湾；日本，朝鲜，美国。

杧果双棘长蠹 *Sinoxylon mangiferae* **Chûjô, 1936**
分布：云南（临沧），江西，广东，海南，福建，台湾；泰国，老挝，印度，尼泊尔。

柔毛双棘长蠹 *Sinoxylon pubens* **Lesne, 1906**
分布：云南（西双版纳）；印度。

六齿双棘长蠹 *Sinoxylon sexdentatum* **(Olivier, 1790)**
分布：云南，四川；中东，欧洲，非洲，北美洲。

椽子双棘长蠹 *Sinoxylon tignarium* **Lesne, 1902**
分布：云南，四川；印度，泰国，越南。

边木长蠹属 *Xylocis* Lesne, 1901

扭边木长蠹 *Xylocis tortilicornis* **Lesne, 1901**
分布：云南，福建，香港，台湾；印度，老挝，斯里兰卡，泰国。

咬木长蠹属 *Xylodectes* Lesne, 1901

褐斑咬木长蠹 *Xylodectes ornatus* **Lesne, 1897**
分布：云南，广西，广东，海南，台湾；印度，印度尼西亚，老挝，缅甸，菲律宾，泰国，越南。

撕木长蠹属 *Xylodrypta* Lesne, 1901

郭川撕木长蠹 *Xylodrypta guochuanii* **Zhang, Meng & Beaver, 2022**
分布：云南。

郑和撕木长蠹 *Xylodrypta zhenghei* **Zhang, Meng & Beaver, 2022**
分布：云南（红河）。

噬木长蠹属 *Xylopsocus* Lesne, 1901

尖刺噬木长蠹 *Xylopsocus acutespinosus* **Lesne, 1906**
分布：云南，陕西；老挝，泰国，缅甸，印度，尼泊尔。

Xylopsocus bicuspis **Lesne, 1901**
分布：云南。

截面噬木长蠹 *Xylopsocus capucinus* **(Fabricius, 1781)**
分布：云南，四川，江西，广西，广东，海南，福建，台湾；南亚，东南亚，澳大利亚，非洲，北美洲。

间噬木长蠹 *Xylopsocus intermedius* **Damoiseau, 1993**
分布：云南，甘肃；越南。

菲律宾噬木长蠹 *Xylopsocus philippinensis* **Vrydagh, 1955**
分布：云南；菲律宾。

齿舌噬木长蠹 *Xylopsocus radula* **Lesne, 1901**
分布：云南（西双版纳）；印度，缅甸，泰国，马来西亚，印度尼西亚。

长棒长蠹属 *Xylothrips* Lesne, 1901

黄足长棒长蠹 *Xylothrips flavipes* **(Illiger, 1801)**
分布：云南（红河、西双版纳），陕西，广东，海南，台湾；南亚，东南亚，欧洲，北美洲。

蛛甲科 Ptinidae

棒蛛甲属 *Clada* Pascoe, 1887
岛棒蛛甲 *Clada insulcata* **Pic, 1933**
分布：云南（大理），安徽，甘肃；印度，不丹。

Clada maxima **Pic, 1903**
分布：云南（昆明）。

Clada monikae **Zahradník, 2013**
分布：云南。

云南棒蛛甲 *Clada yunnanensis* **Zahradník, 2013**
分布：云南。

Clada zdeneki **Zahradník, 2013**
分布：云南。

Cyphoniptus Belles, 1992
Cyphoniptus sulcithorax **Pic, 1899**
分布：云南，四川，西藏，贵州，河南，陕西，浙江，广西。

朵蛛甲属 *Dorcatoma* Herbst, 1792
Dorcatoma becvari **Zahradník, 2012**
分布：云南（丽江）。

Epauloecus Mulsant & Rey, 1868
粗足蛛甲 *Epauloecus unicolor* **(Piller & Mitterpacher, 1783)**
分布：云南（丽江、保山），贵州，四川，浙江；欧洲。

拟腹蛛甲属 *Falsogastrallus* Pic, 1914
长拟腹蛛甲 *Falsogastrallus elongatus* **Pic, 1931**
分布：云南。

Gibbium Scopoli, 1777
拟裸蛛甲 *Gibbium aequinoctiale* **Boieldieu, 1854**
分布：云南，河南，广东，香港；日本，韩国，印度，不丹，尼泊尔，巴基斯坦，中东，非洲，欧洲。

裸蛛甲 *Gibbium psylloides* **(Czenpinski, 1778)**
分布：云南（丽江、保山），全国其他大部分地区；世界其他地区广布。

赫蛛甲属 *Hedobia* Dejean, 1821
黑赫蛛甲 *Hedobia atricolor* **Pic, 1926**
分布：云南。

新树蛛甲属 *Neoxyletinus* Español, 1983
窄新树蛛甲 *Neoxyletinus angustatus* **(Pic, 1907)**
分布：云南。
云南新树蛛甲 *Neoxyletinus yunnanensis* **Zahradník, 2023**
分布：云南（怒江）。

Pseudomezium Pic, 1897
沟胸蛛甲 *Pseudomezium sulcithorax* **Pic, 1897**
分布：云南，四川，贵州，陕西，浙江。

蛛甲属 *Ptinus* Linnaeus, 1767
日本蛛甲 *Ptinus maculosus* **Abeille de Perrin, 1895**
分布：全国广布；日本，俄罗斯，印度，斯里兰卡。

Stagetus Wollaston, 1861
Stagetus yunnanus **Pic, 1911**
分布：云南。

短跗虫科 Jacobsoniidae

萨短跗甲属 *Sarothrias* Grouvelle, 1918
中华萨短跗甲 *Sarothrias sinicus* **Bi & Chen, 2015**

分布：云南（怒江），西藏。

参 考 文 献

白兴龙, 刘敬泽, 任国栋. 2023. 越南越琵甲在中国首次发现(鞘翅目: 拟步甲科: 琵甲族). 四川动物, 42(6): 696-700.
曹倍荣, 闫振天, 陈斌. 2021. 中国萤科和雌光萤科昆虫名录. 重庆师范大学学报(自然科学版), 38(5): 21-36.
曹志丹. 1992. 关于昆虫中文名称命名规则的建议和皮蠹科昆虫的中文名称. 陕西粮油科技, 17(1): 1-12.
常凌小. 2014. 中国伪瓢虫科部分亚科分类研究(鞘翅目: 扁甲总科). 武汉: 湖北大学硕士学位论文.
陈斌. 1989. 星天牛属的数值分类研究初探(鞘翅目: 天牛科). 动物分类学报, 14(1): 96-103.
陈博. 2022. 中国花纹吉丁属分类及线粒体基因组学研究(鞘翅目: 吉丁科). 南充: 西华师范大学硕士学位论文.
陈力. 1993. 天牛科中国新记录. 西南农业大学学报, 15(4): 337-338.
陈民骧, 王书永, 姜胜巧. 1985. 华西萤叶甲之一新属. 动物学报, 31(4): 372-376.
陈启宗. 1984. 我国常见贮粮昆虫的分布调查. 郑州粮食学院学报, (4): 7-12.
陈世骧. 1959. 中国经济昆虫志, 第1册, 鞘翅目, 天牛科. 北京: 科学出版社.
陈世骧. 1963. 西藏昆虫考察报告鞘翅目叶甲科. 昆虫学报, 12(4): 447-457.
陈世骧. 1986. 中国动物志, 昆虫纲, 鞘翅目, 铁甲科. 北京: 科学出版社.
陈世骧, 姜胜巧. 1984. 中国萤叶甲新种记述(鞘翅目: 叶甲科). 昆虫分类学报, 6(2-3): 83-88.
陈世骧, 姜胜巧. 1986a. 川滇萤叶甲亚科之两新种(鞘翅目: 叶甲科). 动物分类学报, 11(2): 198-200.
陈世骧, 姜胜巧. 1986b. 日萤叶甲属的中国种类(鞘翅目: 叶甲科). 动物分类学报, 11(1): 72-79.
陈世骧, 蒲富基. 1980. 云南和福建的隐头叶甲新种(鞘翅目: 肖叶甲科). 昆虫分类学报, 2(2): 109-112.
陈世骧, 谭娟杰. 1985. 云南趾铁甲属一新种(鞘翅目: 铁甲科). 动物学报, 31(3): 269-271.
陈世骧, 王书永. 1984a. 云南横断山区的跳甲——丝跳甲属和云丝跳甲属(鞘翅目: 叶甲科). 昆虫学报, 27(3): 308-322.
陈世骧, 王书永. 1984b. 云南横断山区的叶甲亚科新种(鞘翅目: 叶甲科). 昆虫学报, 9(2): 170-175.
陈世骧, 王书永. 1986. 丝跳甲属的中国种类(鞘翅目: 叶甲科). 动物分类学报, 11(3): 283-297.
陈世骧, 王书永. 1987. 云南跳甲的两个高山属(鞘翅目: 叶甲科). 昆虫学报, 30(2): 196-200.
陈世骧, 王书永, 姜胜巧. 1985. 华西萤叶甲之一新属(鞘翅目: 叶甲科). 动物学报, 31(4): 372-376.
陈世骧, 王书永, 姜胜巧. 1986. 中国西部的高萤叶甲属记述(鞘翅目: 叶甲科). 动物分类学报, 11(4): 398-400.
陈世骧, 虞佩玉, 王书永, 等. 1986. 中国西部叶甲志. 昆虫学报, 19(2): 205-224.
陈世镶, 谢蕴贞. 1984. 云南龟甲虫一新属新种(鞘翅目: 铁甲科). 昆虫分类学报, 6(2-3): 79-82.
陈潇潇, 黄敏. 2023. 中国云南新草露尾甲属一新种和二新记录种记述(鞘翅目: 露尾甲科). 昆虫分类学报, 45(4): 251-257.
陈炎栋. 2021. 中国隐食甲科系统学研究(鞘翅目: 扁甲总科). 北京: 中国科学院大学博士学位论文.
初冬, 章卫. 1997. 我国的长蠹科昆虫记述. 植物检疫, 11(2): 105-109.
戴从超. 2014. 中国蕈甲族分类学研究. 上海: 上海师范大学硕士学位论文.
丁强, 李露露, 路园园, 等. 2022. 世界鞘翅目2020年新分类单元. 生物多样性, 30(3): 1-9.
董赛红, 任国栋. 2017. 中国云南烁甲属分类研究及中国三新纪录种(鞘翅目: 拟步甲科: 烁甲族). 四川动物, 36(6): 697-701.
董雪. 2020. 高黎贡山区水生甲虫生物多样性及艾儒斑孔龙虱遗传多样性研究. 北京: 中国科学院大学硕士学位论文.
范襄, 杨集昆. 1993. 中国鞘翅目花蚤科Glipa属研究. 北京自然历史博物馆研究报告, 53: 45-68.
冯波. 2007. 中国锯天牛亚科分类与区系研究. 重庆: 西南大学硕士学位论文.
冯波, 陈力. 2006. 扁角天牛属研究及一新种记述(鞘翅目: 天牛科: 锯天牛亚科). 动物分类学报, 31(3): 610-612.
冯波, 陈力. 2007. 毛角天牛属研究及一新种记述(鞘翅目: 天牛科: 锯天牛亚科). 动物分类学报, 32(3): 716-720.
付利娟. 2006. 中国绿天牛族昆虫分类与区系研究. 重庆: 西南大学硕士学位论文.
付利娟, 陈力. 2006. 中国天牛科一新记录种. 昆虫分类学报, 28(1): 151-152.
高超. 2007. 中国菌甲族Diaperini部分类群分类研究(鞘翅目: 拟步甲科). 保定: 河北大学硕士学位论文.
高琦, 詹志鸿, 潘昭. 2023. 喜马赤翅甲属分类及一中国新记录种(鞘翅目: 赤翅甲科). 四川动物, 42(2): 213-218.
高晓燕. 2012. 秦巴山区青步甲(鞘翅目: 步甲科). 西安: 陕西师范大学硕士学位论文.
葛斯琴, 王书永, 杨星科. 2002. 中国猿叶甲属种类记(鞘翅目: 叶甲科). 动物分类学报, 27(2): 316-325.
葛斯琴, 杨星科, 王书永, 等. 2003. 核桃扁叶甲三亚种的分类地位订正(鞘翅目: 叶甲科: 叶甲亚科). 昆虫学报, 48(4): 512-518.
龚信文, 孟国玲, 肖春. 1997. 中国烟草仓库昆虫名录. 湖北农学院学报, 17(2): 146-150.
郭迪金, 陈力. 2002a. 中国脊虎天牛属一新种及一新亚种(鞘翅目: 天牛科: 天牛亚科). 昆虫分类学报, 24(4): 254-256.
郭迪金, 陈力. 2002b. 中国天牛科五新记录种. 昆虫分类学报, 24(3): 232-233.
郭迪金, 陈力. 2002c. 中国天牛科二新记录种. 西南农业大学学报, 24(1): 24-25.
郭迪金, 陈力. 2003. 中国天牛科三新记录种. 四川农业大学学报, 21(2): 187-188.
郭迪金, 陈力. 2005. 中国刺虎天牛属二新种(鞘翅目: 天牛科: 天牛亚科). 动物分类学报, 30(2): 407-411.
何思瑶. 2015. 中国重突天牛族Astathini分类和比较形态学研究. 重庆: 西南大学硕士学位论文.

滑会然. 2006. 中国大轴甲属系统学研究(鞘翅目: 拟步甲科). 保定: 河北大学硕士学位论文.

黄甫则, 李国锋, 周建, 等. 2012. 云南省虎甲科昆虫区系与物种多样性研究. 林业调查规划, 37(3): 43-47.

黄贵强, 田立超, 陈力. 2013. 中国天牛亚科虎天牛族二新纪录种(鞘翅目: 天牛科: 天牛亚科). 动物分类学报, 38(4): 908-911.

黄建华, 周善义. 2005. 广西星天牛属记述. 广西师范大学学报(自然科学版), 23(3): 78-81.

黄孙滨. 2016. 中国洞穴行步甲族分子系统发育初步研究(鞘翅目: 步甲科). 广州: 华南农业大学硕士学位论文.

黄同陵. 1991. 中国步甲科地理区系浅析. 西南农业大学学报, 13 (5): 465-472.

黄同陵. 1992. 中国婪步甲属四新种记述(鞘翅目: 步甲科). 昆虫分类学报, 14(1): 59-62.

黄同陵. 1993. 中国婪步甲属三新种记述(鞘翅目: 步甲科). 动物分类学报, 18 (4): 451-455.

黄同陵, 张健. 1995. 中国婪步甲属三新种记述(鞘翅目: 步甲科). 昆虫分类学报, 17 (2): 113-117.

黄同陵, 雷慧德, 闻光凡, 等. 1996. 中国婪步甲属一新亚属二新种(鞘翅目: 步甲科). 昆虫分类学报, 18(2): 120-124.

黄文静, 任国栋. 2009. 中国宽菌甲属昆虫研究及一新种记述(鞘翅目: 拟步甲科). 动物分类学报, 34(3): 428-434.

黄燕辉, 聂雅萍, 陶玫, 等. 2004. 昆明地区分瓣臀凹盾蚧天敌种类研究初报. 云南农业大学学报, 19(3): 257-259.

黄正中. 2018. 中国拟叩甲亚科系统学研究(鞘翅目: 大蕈甲科). 北京: 中国科学院大学博士学位论文.

惠孜嫣, 黄敏. 2019. 谷露尾甲属分类并记二中国新记录种(鞘翅目: 露尾甲科: 谷露尾甲亚科). 昆虫分类学报, 41(4): 286-298.

姬俏俏. 2019. 中国食菌甲虫物种多样性及其与菌物的关系. 保定: 河北大学硕士学位论文.

季英. 2004. 新疆吉丁虫科昆虫区系及生态地理分布的初步研究. 乌鲁木齐: 新疆大学硕士学位论文.

贾凤龙. 1997a. 三峡库区水生甲虫(昆虫纲: 鞘翅目). 中山大学学报(自然科学版), 36(增刊, 2): 40-43.

贾凤龙. 1997b. 中国毛腿牙甲属的分类研究(鞘翅目: 牙甲科). 昆虫分类学报, 19(2): 104-110.

贾凤龙. 2006. 中国牙甲属 Hydrophilus Geoffroy 分类订正(鞘翅目: 牙甲科). 昆虫分类学报, 28(3): 187-197.

贾凤龙, 吴武. 1999. 中国条脊牙甲科昆虫及一新种记述. 昆虫学报, 42(3): 307-310.

贾凤龙, 蒋淑娇, 杨圳铭. 2020. 中国刻纹牙甲属 Thysanarthria 一新种及越南新记录 T. bifida (鞘翅目: 牙甲科). 昆虫分类学报, 42(3): 227-230.

贾凤龙, 王佳, 王继芬, 等. 2010. 中国真龙虱属 Cybister Curtis 分类研究(鞘翅目: 龙虱科: 龙虱亚科). 昆虫分类学报, 32(4): 255-263.

简美玲. 2008. 中国南方瓢步甲族和五角步甲族分类研究(鞘翅目: 步甲科). 广州: 华南农业大学硕士学位论文.

江世宏, 王书永. 1999. 中国经济叩甲图志. 北京: 农业出版社.

姜胜巧. 1991a. 中国麻萤叶甲属新种记述(鞘翅目: 叶甲科). 昆虫学报, 34(1): 83-88.

姜胜巧. 1991b. 中国日萤叶甲属四新种(鞘翅目: 叶甲科: 萤叶甲亚科). 昆虫学报, 32(2): 221-225.

蒋书楠. 1989. 中国天牛幼虫. 重庆: 重庆出版社.

蒋书楠, 陈力. 2001. 中国动物志, 昆虫纲, 第二十一卷, 鞘翅目, 花天牛亚科. 北京: 科学出版社.

蒋书楠, 李丽莎. 1984 云南天牛三新种. 昆虫分类学报, 6(2-3): 97-101.

蒋书楠, 李丽莎. 1985. 云南天牛名录(三)及部分中国新记录. 西部林业科学, (1): 48-50.

蒋书楠, 李丽莎. 1986. 云南天牛名录(四)及部分中国新记录. 西部林业科学, (1): 6.

蒋书楠, 吴蔚文. 1986. 中国瘦天牛科记述. 西南农业大学学报, (3): 2-5.

蒋书楠, 吴蔚文. 1987. 中国瘦天牛科八新种. 昆虫分类学报, 4(1): 17-24.

经希立. 1987. 黄菌瓢虫属记述(鞘翅目: 瓢虫科). 昆虫学报, 30(2): 201-202.

雷慧德, 黄同陵. 1997. 中国婪步甲属一新种(鞘翅目: 步甲科). 昆虫分类学报, 19(2): 111-113.

雷启龙. 2020. 中国长跗萤叶甲属 Monolepta 的系统学研究. 北京: 中国科学院大学硕士学位论文.

李伽霖. 2015. 皮蠹科 DNA 条码分类技术研究. 苏州: 苏州大学硕士学位论文.

李国锋, 林平, 秦石友. 2012. 中国虎甲科昆虫区系研究. 西华师范大学学报(自然科学版), 33(2): 125-130.

李虎, 何疆海, 刘星月, 等. 2018. 黄连山常见昆虫生态图鉴. 郑州: 河南科学技术出版社.

李静. 2006. 中国大蕈甲科部分分类群分类研究(鞘翅目: 扁甲总科). 保定: 河北大学博士学位论文.

李静, 任国栋. 2006. 中国新纪录属——角大蕈甲属及 1 新种记述(鞘翅目: 大蕈甲科). 河北大学学报(自然科学版), 26(1): 51-53.

李静, 任国栋. 2007. 中国玉蕈甲属一新种一新纪录种(鞘翅目: 大蕈甲科). 动物分类学报, 32 (3): 547-549.

李静, 刘倩, 任国栋. 2013. 大蕈甲科中国一新纪录属种(鞘翅目: 扁甲总科). 动物分类学报, 38 (3): 644-646.

李静, 任国栋, 赵鑫. 2013. 中国沟蕈甲属 2 新纪录种. 河北大学学报(自然科学版), 33(5): 520-523.

李静, 任国栋, 赵鑫. 2015. 中国恩蕈甲属的分类研究. 河北农业大学学报, 38(5): 80-83.

李开琴. 2012. 中国鞘翅目距甲科系统分类研究. 北京: 中国科学院研究生院硕士学位论文.

李开琴. 2017. 玉龙雪山访花甲虫物种多样性及其与环境之间关系的研究. 昆明: 云南农业大学博士学位论文.

李力. 2002. 陕西负泥虫分类的初步研究(鞘翅目: 负泥虫科). 陕西师范大学学报(自然科学版), 31(4): 71-77.

李丽莎. 1984a. 云南天牛名录(二). 西部林业科学, (2): 44-48.

李丽莎. 1984b. 云南天牛名录(一). 西部林业科学, (1): 52-55, 65.

李丽莎. 1988. 云南天牛昆虫名录(五)——沟胫天牛亚科 Lamiinae. 西部林业科学, (3): 42-54.

李文静, 潘昭, 任国栋. 2021. 长棘坚甲属在中国大陆首次发现(鞘翅目: 幽甲科: 棘坚甲族). 河北大学学报(自然科学版), 41(4): 390-392.

李竹. 2014. 中国筒天牛属分类研究(鞘翅目: 天牛科: 沟胫天牛亚科). 重庆: 西南大学博士学位论文.

梁宏斌, Imura Y. 2003. 爪步甲属一新种记述(鞘翅目: 步甲科). 动物分类学报, 28(4): 688-691.

梁宏斌, 虞佩玉. 2004. 中国彩步甲属研究(鞘翅目: 步甲科). 动物分类学报, 29 (1): 139-141.

梁林波, 苏连波, 李俊南, 等. 2021. 云南核桃主产区天牛种类及种群动态. 植物保护, 47(6): 265-270.

廖晨延, 潘昭. 2021. 中国帕扁甲属分类记述(鞘翅目: 扁甲总科: 帕扁甲科). 四川动物, 40(6): 688-695.

廖娟. 2021. 贵州喀斯特洞穴鞘翅目昆虫分类学研究. 贵阳: 贵州大学硕士学位论文.

林美英, 杨星科. 2007. 中国天牛科一新记录属及一新记录种. 昆虫分类学报, 29(2): 116-118.

林美英, 杨星科. 2011. 云南天牛一新种淑氏并脊天牛描述(鞘翅目: 天牛科: 沟胫天牛亚科: 楔天牛族). 动物分类学报, 36 (1): 40-44.

林美英, 杨星科. 2012. Acanthocnemidae 和 Plastoceridae 两甲虫科中国新纪录. 动物分类学报, 37(2): 447-449.

刘靖, 晋伊美, 李静. 2021. 十二斑圆蕈甲雄性新发现(鞘翅目: 大蕈甲科). 河北农业大学学报, 41 (1): 68-71.

刘莉, 陈凯. 2017. 高黎贡山百花岭地区天牛科昆虫种类调查及其优势种种群动态. 保山学院学报, (2): 8-9, 21.

刘杉杉, 任国栋. 2008. 中国齿甲属两新种记述(鞘翅目, 拟步甲科, 齿甲族). 动物分类学报, 33 (3): 498-501.

刘杉杉, 任国栋. 2013. 中国云南齿甲属分类研究(鞘翅目, 拟步甲科, 齿甲族). 动物分类学报, 38 (3): 559-565.

刘少峰, 张生芳, 刘静远. 2009. 斑皮蠹属害虫的检疫重要性. 植物检疫, 23 (6): 48-51.

刘晔. 2010. 中国青步甲属分类研究(鞘翅目: 步甲科). 贵阳: 贵州大学硕士学位论文.

刘漪舟, 史宏亮, 梁红斌. 2019. 中国沟胸步甲属分类研究及一新种描述(鞘翅目: 步甲科: 壶步甲族). 昆虫学报, 62(5): 634-644.

刘莹, 熊赛, 任杰群, 等. 2012. 中国白条天牛属比较形态学研究(鞘翅目: 天牛科: 沟胫天牛亚科: 白条天牛族). 动物分类学报, 37(4): 701-711.

刘莹. 2013. 中国白条天牛族分类及比较形态学研究. 重庆: 西南大学硕士学位论文.

刘永平, 张生芳. 1986. 中国仓储品皮蠹害虫. 北京: 农业出版社.

刘永平, 张生芳. 1989. 我国三种蛛甲记述及仓储物蛛甲检索表. 粮食储藏, 18(1): 39-43.

刘玉双. 2005. 中国纹吉丁属 Coraebus 分类研究(鞘翅目: 吉丁科). 保定: 河北大学硕士学位论文.

龙建国. 2002. 中国分爪负泥虫属分种检索(鞘翅目: 负泥虫科). 长沙电力学院学报(自然科学版), 17(4): 79-82.

鲁娅飞. 2020. 中国天牛族分子系统发育研究. 重庆: 西南大学硕士学位论文.

陆军, 林美英. 2011. 断眼天牛属名录及分布. 植物检疫, 25(4): 60-62.

路金博. 2023. 云南省西南八县趋光性甲虫多样性研究. 银川: 宁夏大学硕士学位论文.

罗小燕, 黄晓磊. 2021. 世界筒蠹科物种名录及地理分布格局. 武夷科学, 37(2): 93-107.

吕向阳, 陈尽, 张智英, 等. 2015. 剪枝象有效学名的厘清及常见种的鉴别. 环境昆虫学报, 37(4): 735-741.

马云龙. 2017. 中国缘丽步甲亚族 Pericalina 分类学研究(鞘翅目, 步甲科, 壶步甲族). 北京: 北京林业大学硕士学位论文.

孟召娜. 2015. 河北省大蕈甲科的调查及分类研究. 保定: 河北农业大学硕士学位论文.

孟召娜, 李静, 路文雅. 2016. 河北省大蕈甲科分类研究. 河北农业大学学报, 39(1): 107-110.

聂川雄. 2020. 中国栉甲属分类(鞘翅目: 拟步甲科: 朽木甲亚科). 保定: 河北大学硕士学位论文.

潘永圣, 李云春, 石爱民. 2013. 腹伪叶甲 Lagria ventralis Reitter, 1880(鞘翅目: 拟步甲科: 伪叶甲族)的再描述. 四川动物, 32(2): 260-262.

潘昭, 任国栋. 2023. 鞘翅目: 赤翅甲科//任国栋. 浙江动物志(第六卷). 北京: 科学出版社.

潘昭, 魏佳烁, 任国栋. 2021. 中国蜂大花蚤属分类记述(鞘翅目:大花蚤科). 河北大学学报(自然科学版), 41(3): 85-289.

裴汝康, 李发昌. 1994. 云南咖啡天牛类害虫优势种群发生规律和综合治理的研究. 云南热作科技, 17(2): 23-26.

彭陈丽. 2019. 中国幽天牛亚科分类与系统发育研究. 重庆: 西南大学硕士学位论文.

彭云飞, 王菊平, 张苗, 等. 2020. 山西省龙虱科昆虫名录. 山西农业科学, 48(7): 1125-1128.

彭忠亮. 1987a. 云南吉丁虫科种类名录. 西部林业科学, (4): 39-46.

彭忠亮. 1987b. 中国吉丁虫科名录(续). 西南农业大学学报, 9(4): 349-363.

彭忠亮. 1987c. 中国吉丁虫科名录. 西南农业大学学报, 9(2): 125-133.

彭忠亮. 1988. 云南吉丁虫科已知属及常见种鉴定检索表. 云南林业科技, (1): 68-76.

彭忠亮. 1991. 中国纹吉丁属四个新种及四个新记录种. 林业科学, 27(1): 35-40.

彭忠亮. 1995. 丽彩吉丁属的研究(鞘翅目: 吉丁虫科). 中国昆虫科学, 2(2): 95-103.

彭忠亮. 2021. 中国吉丁虫图鉴. 福州: 海峡书局.

蒲富基. 1981. 中国长毛天牛属的记述. 动物分类学报, 6(4): 433-436.

蒲富基. 1985. 横断山豹天牛属一新种(鞘翅目: 天牛科). 昆虫分类学报, 7(4): 271-272.

蒲富基. 1990. 一种为害橄榄树的天牛新种及两种天牛新纪录. 昆虫学报, 33(2): 234-236.

蒲富基. 1991. 中国广翅天牛属记述. 动物分类学报, 16(2): 207-210.

蒲富基. 1993. 赤瘤筒天牛一新亚种记述及亚种的讨论(鞘翅目: 天牛科). 动物分类学报, 18(3): 357-362.

蒲富基. 1999. 沟胫天牛亚科五新种及中国新纪录种(鞘翅目: 天牛科). 昆虫学报, 42(1): 78-85.

蒲蛰龙. 1956. 中国牙甲总科长须甲属昆虫志. 昆虫学报, 6(3): 299-310.

戚慕杰. 2009. 东北地区龟甲亚科分类学研究(鞘翅目: 铁甲科). 哈尔滨: 东北林业大学硕士学位论文.

齐雅晴. 2018. 中国狭胸花萤属团系统分类研究(鞘翅目: 花萤科). 保定: 河北大学硕士学位论文.

钱庭玉. 1985. 愈斑瓜天牛记述(鞘翅目: 天牛科). 武夷科学, 5: 47-50.

邱益三. 1996. 国产青步甲属 *Chlaenius* 的分类(鞘翅目: 步甲科). 南京农专学报, (2): 1-21.

任成龙. 2017. 中国锯天牛亚科分类与系统发育研究. 重庆: 西南大学硕士学位论文.

任国栋, 巴义彬. 2010. 中国土壤拟步甲志(第二卷 鳖甲类). 北京: 高等教育出版社.

任国栋, 高超. 2007. 中国彩菌甲属分类研究(鞘翅目: 拟步甲科). 动物分类学报, 32(1): 200-207.

任国栋, 刘杉杉. 2004. 高黎贡山齿甲属六新种(鞘翅目: 拟步甲科). 动物分类学报, 29(2): 296-304.

任国栋, 王继良. 2007. 中国原伪瓢虫属二新种记述(鞘翅目: 伪瓢虫科). 动物分类学报, 32(3): 700-704.

任国栋, 吴琦琦. 2007. 中国毒甲属分类研究(鞘翅目, 拟步甲科: 毒甲族). 动物分类学报, 32(3): 689-699.

任国栋, 杨秀娟. 2006. 中国土壤拟步甲志(第一卷 土甲类). 北京: 高等教育出版社.

任国栋, 于有志. 1999. 中国荒漠半荒漠的拟步甲科昆虫. 保定: 河北大学出版社.

任国栋, 苑彩霞. 2015. 中国铜轴甲属分类研究及一新种记述(鞘翅目: 拟步甲科). 昆虫分类学报, 37(2): 129-133.

任国栋, 巴义彬, 刘浩宇, 等. 2016. 中国动物志 昆虫纲 第六十三卷 鞘翅目 拟步甲科(一). 北京: 科学出版社.

任杰群. 2014. 中国花天牛族比较形态学研究. 重庆: 西南大学硕士学位论文.

任杰群, 陈力. 2013. 脊虎天牛属八种雌性生殖器比较研究(鞘翅目: 天牛科: 天牛亚科: 虎天牛族). 动物分类学报, 38(3): 488-495.

任立, 张润志. 2010. 进境植物检疫性有害生物名录中二种象虫学名的订正. 昆虫知识, 47(1): 193-196.

任玲玲. 2014. 中国薪甲科分类研究(鞘翅目: 扁甲总科). 杨凌: 西北农林科技大学硕士学位论文.

任玲玲, 黄敏, 杨星科. 2014. 中国光鞘薪甲属一新纪录种再描记(鞘翅目: 薪甲科). 昆虫分类学报, 36(4): 275-282.

时书青. 2012. 中国幽天牛亚科、瘦天牛科系统分类研究. 重庆: 西南大学博士学位论文.

史宏亮. 2013. 中国通缘步甲族系统分类研究(鞘翅目: 步甲科). 北京: 中国科学院大学博士学位论文.

司徒英贤. 1985. 西双版纳地区经济作物常见的天牛种类及其为害习性调查(续). 热带农业科技, (2): 36-38.

司徒英贤, 郑毓达. 1982. 西双版纳地区经济作物常见的天牛种类及其为害习性调查. 热带农业科技, (4): 44-51.

宋婷婷. 2014. 中国球蕈甲族的分类研究（鞘翅目: 球蕈甲科: 球蕈甲亚科）. 北京: 中国科学院大学硕士学位论文.

宋雅琴. 2008. 中国沟胫天牛亚科楔天牛族分类与区系研究. 重庆: 西南大学硕士学位论文.

宋雅琴, 陈力. 2008. 中国楔天牛族昆虫区系的初步分析(鞘翅目: 天牛科: 沟胫天牛亚科). 西南农业学报, 21(2): 498-502.

宋钊. 2008. 中国丽步甲属和壶步甲属的分类研究(鞘翅目: 步甲科). 广州: 华南农业大学硕士学位论文.

苏靓. 2016. 中国瘤叶甲亚科与隐肢叶甲亚科的分类研究(鞘翅目: 叶甲总科: 肖叶甲科). 保定: 河北大学硕士学位论文.

苏俊燕. 2016. 中国丽花萤属比较形态与系统发育研究(鞘翅目: 花萤科). 保定: 河北大学硕士学位论文.

孙桂华, 杨春旺, 王文凯, 等. 2003. 天津自然博物馆天牛科昆虫名录. 天津农学院学报, 10(1): 20-25.

谭春艳, 熊昊洋, 陈斌. 2020. 重庆大巴山区天牛总科昆虫的分类和地理区系分析. 重庆师范大学学报(自然科学版), 37(3): 72-85.

谭娟杰. 1982a. 云南肖叶甲新种记述(鞘翅目: 肖叶甲科). 动物分类学报, 7(1): 83-87.

谭娟杰. 1982b. 中国扁角叶甲属的新种和新亚种(鞘翅目: 肖叶甲科). 动物分类学报, 7(3): 285-289.

谭娟杰. 1982c. 中国扁角叶甲属记述(鞘翅目: 肖叶甲科). 动物分类学报, 7(4): 391-395.

谭娟杰. 1983. 中国甘薯叶甲属的新种和新纪录(鞘翅目: 肖叶甲科). 动物分类学报, 8(2): 173-176.

谭娟杰. 1984a. 云南肖叶甲科一新纪录属二新种(鞘翅目). 昆虫分类学报, 6(2-3): 93-96.

谭娟杰. 1994b. 中国肖叶甲亚科属的分布类型(鞘翅目: 肖叶甲科). 武夷科学, 11: 93-99.

谭娟杰, 王书永. 1984. 云南横断山肖叶甲新种记述(I)(鞘翅目: 肖叶甲科). 动物分类学报, 9(1): 55-56.

谭娟杰, 王书永, 周红章. 2005. 中国动物志, 昆虫纲, 第四十卷, 鞘翅目, 肖叶甲科, 肖叶甲亚科. 北京: 科学出版社.

谭娟杰, 虞佩玉, 李鸿兴, 等. 1980. 中国经济昆虫志, 第十八册, 鞘翅目, 叶甲总科(一). 北京: 科学出版社.

特尼格尔, 李志强, 杨星科, 等. 2024. 中国长蠹科分类概况及最新名录. 环境昆虫学报, 46(1): 26-31.

田力超. 2010. 中国天牛亚科昆虫基于后翅和生殖器的分类研究. 重庆: 西南大学硕士学位论文.

田立超, 陈力. 2012. 异色跗虎天牛的种内变异探讨及再描述(鞘翅目, 天牛科, 天牛亚科). 动物分类学报, 37(1): 151-155.

田立超, 陈力, 李竹. 2012. 虎天牛族中国六新纪录种(鞘翅目: 天牛科: 天牛亚科). 动物分类学报, 37(2): 440-443.

田立超, 陈力, 李竹. 2013. 天牛亚科中国四新纪录种(鞘翅目: 天牛科: 天牛亚科). 动物分类学报, 38(1): 200-202.

田明义, Deuva T. 2003. 圆丘直角步甲种名修订及印度尼西亚直角步甲属二新种记述(鞘翅目: 步甲总科: 直角步甲族). 动物分类学报, 28(2): 272-274.

田明义, 陈守坚. 1997. 中国裂附步甲属记述(革肖翅目: 步甲科). 昆虫学报, 40(4): 406-409.

田明义, 潘涌智. 2004. 中国长颚步甲属 *Stomis* Clairville 及云南产一新种记述(鞘翅目: 步甲科: 通缘步甲亚科). 华南农业大学学报(自然科学版), 25(1): 85-87.

田明义, 彭正强. 1997. 海南省方头甲属种类记述(鞘翅目: 方头甲科). 华南农业大学学报, 18(1): 34-38.

田明义, 虞国跃. 1994. 方头甲属中国已知种类描述及一新种记述(鞘翅目: 方头甲科). 昆虫天敌, 16(3): 119-122.

万欣瑶. 2022. 中国尾吉丁属（*Sphenoptera*）分类及潜在适生区研究(鞘翅目: 吉丁科). 南充: 西华师范大学硕士学位论文.

王殿轩, 谭永清, 白春启, 等. 2018. 我国部分省区储粮场所中主要害虫发生分布调查及其防治重点. 河南工业大学学报(自然科学版), 39(2): 93-97.

王继良. 2007. 中国伪瓢虫科部分类群分类研究(鞘翅目: 扁甲总科). 武汉: 湖北大学硕士学位论文.

王继良, 任国栋. 2005. 中国伪瓢虫科种类名录//任国栋, 等. 昆虫分类与多样性. 北京: 中国农业科学技术出版社.

王容玉. 1991. 中国沟胫天牛亚科一新种和一新亚种记述(鞘翅目: 天牛科). 山东农业大学学报, 22(3): 244-248.

王书永, 李文柱. 2007. 球须跳甲属的中国种类(鞘翅目: 叶甲科: 跳甲亚科). 动物分类学报, 32(2): 462-464.

王书永, 崔俊芝, 李文柱, 等. 2010a. 寡毛跳甲属中国种类(叶甲科: 跳甲亚科)记述. 动物分类学报, 35(1): 190-201.

王书永, 崔俊芝, 李文柱, 等. 2010b. 中国、越南黍黄尾球跳甲种组三新种记述(鞘翅目: 叶甲科). 动物分类学报, 35 (4): 905-910.

王书永, 崔俊芝, 杨星科. 2002. 青藏高原跳甲亚科昆虫区系研究. 动物分类学报, 27(4): 774-783.

王书永, 葛德燕, 李文柱, 等. 2008. 中国凸顶跳甲属一新种记述及一雄虫的首次描记(鞘翅目: 叶甲科: 跳甲亚科). 动物分类学报, 33(1): 46-48.

王书永, 葛斯琴, 李文柱, 等. 2012. 跳甲亚科昆虫中国一新纪录属及一新种(鞘翅目: 叶甲科: 跳甲亚科). 动物分类学报, 37 (2): 337-340.

王书永, 李文柱, 崔俊芝, 等. 2009. 凹唇跳甲的中国种类(叶甲科: 跳甲亚科). 动物分类学报, 34(4): 898-904.

王双一, 周璇, 罗一平, 等. 2022. 2021年世界鞘翅目现生类群分类年鉴. 生物多样性, 30(8): 1-10.

王文久, 陈玉惠, 付惠, 等. 2001. 云南省竹材蛀虫及其危害研究. 西南林学院学报, 21(1): 34-40.

王文凯. 1994. 中国花天牛亚科昆虫名录. 湖北农学院学报, 14(2): 31-38.

王文凯. 1997. 天牛科沟胫天牛亚科中国新记录. 西南农业大学学报, 19(5): 438-441.

王文凯. 1998. 中国天牛科新记录. 西南农业大学学报, 20(6): 597-600.

王文凯, 蒋书楠. 1998. 云南天牛科三新种记述(鞘翅目: 天牛科). 动物学研究, 19(6): 458-462.

王文凯, 蒋书楠. 1999. 中国纳天牛属二新种记述(鞘翅目: 天牛科). 昆虫分类学报, 21(3): 213-216.

王文凯, 蒋书楠. 2000a. 沟胫天牛族三新种记述(鞘翅目: 天牛科: 沟胫天牛亚科). 动物分类学报, 25(1): 76-80.

王文凯, 蒋书楠. 2000b. 中国泥色天牛属 Uraecha Thomson 分类研究(鞘翅目: 天牛科: 沟胫天牛亚科). 昆虫分类学报, 22 (1): 45-47.

王文凯, 蒋书楠. 2000c. 中国污天牛属二新种记述(鞘翅目: 天牛科). 动物分类学报, 25 (2): 183-185.

王文凯, 蒋书楠. 2002a. 中国天牛科二新记录属二新种(鞘翅目: 天牛科: 沟胫天牛亚科). 昆虫学报, 45 (增刊): 50-51.

王文凯, 蒋书楠. 2002b. 中国楔天牛族二新种(鞘翅目: 天牛科: 沟胫天牛亚科). 动物学研究, 23(2): 145-148.

王文凯, 郑乐怡. 2001. 中国天牛科四新记录种记述. 湖北农学院学报, 21(2): 117-119.

王文凯, 郑乐怡. 2002a. 金蓝天牛属(鞘翅目: 天牛科)一新种记述. 昆虫分类学报, 9(1): 79-82.

王文凯, 郑乐怡. 2002b. 南开大学馆藏天牛总科昆虫名录. 天津农学院学报, 9(2): 1-8.

王文凯, 蒋书楠, 郑乐怡. 2002a. 中国脊筒天牛属分类研究(鞘翅目: 天牛科). 动物分类学报, 27(1): 123-128.

王文凯, 蒋书楠, 郑乐怡. 2002b. 中国星斑天牛属一新记录种(鞘翅目: 天牛科). 昆虫分类学报, 24(3): 177-179.

王小艺, 曹亮明, 杨忠岐. 2018. 我国五种重要吉丁虫学名订正及再描述(鞘翅目:吉丁甲科). 昆虫学报, 61(10): 1202-1211.

王晓龙. 2020. 中国金叶甲属 Chrysolina Motschulsky(鞘翅目: 叶甲科: 叶甲亚科)的系统分类研究. 武汉: 华中农业大学硕士学位论文.

王新辉. 2016. 中国南方洞穴步甲部分族的分类研究. 广州: 华南农业大学硕士学位论文.

王新谱, 王章训. 2014. 中国蚁形甲科(鞘翅目)昆虫名录及区系组成. 宁夏大学学报(自然科学版), 35(3): 249-254.

王亚南. 2015. 艳步甲亚族的分子系统发育与山丽步甲属的系统分类研究. 北京: 中国科学院大学硕士学位论文.

王之劲. 2008. 中国沟胫天牛亚科沟胫天牛族分类与区系研究. 重庆: 西南大学硕士学位论文.

王直诚, 华立中. 2009. 中国天牛名录厘定与汇总. 北华大学学报(自然科学版), 10(2): 159-192.

魏中华. 2017. 中国潜吉丁属分类学研究(鞘翅目: 吉丁总科: 窄吉丁亚科). 南充: 西华师范大学硕士学位论文.

吴贵怡. 2011. 中国锯天牛科比较形态学研究. 重庆: 西南大学硕士学位论文.

吴琦琦, 任国栋. 2008. 中国隐毒甲属分类研究及四新种记述(鞘翅目: 拟步甲科: 毒甲族). 昆虫学报, 51 (10): 1065-1076.

吴蔚文, 陈斌. 2003. 光肩星天牛种组研究现状. 昆虫知识, 40(1): 19-24.

吴宗仁, 黄建林, 朱振平, 等. 2023. 江西吉丁甲科种类调查及3种新发吉丁虫重要害虫记述. 武夷科学, 39(2): 129-141.

西南林学院, 云南省林业调查规划设计院, 云南省林业厅. 1995. 高黎贡山国家自然保护区. 北京: 中国林业出版社.

谢广林, 王文凯. 2010. 中国坡天牛属一新记录种(鞘翅目: 天牛科). 长江大学学报(自然科学版), 7(2): 4, 12.

谢为平, 虞佩玉. 1993. 中国山丽步甲属的分类研究(步行虫科). 北京大学学报(自然科学版), 29(2): 174-183.

徐红霞. 2013. 中国纹吉丁族系统分类学研究(鞘翅目: 吉丁总科: 窄吉丁亚科). 北京: 中国科学院大学博士学位论文.

徐吉山, 任国栋. 2012. 中国光轴甲属一新纪录亚属及一新种记述(鞘翅目: 拟步甲科: 轴甲族). 动物分类学报, 37 (4): 773-776.

徐娟. 2017. 中国双刺甲属分类研究(鞘翅目: 拟步甲科: 刺甲族). 成都: 西华大学硕士学位论文.

徐源. 2021. 中国分爪负泥虫属分类研究(鞘翅目: 叶甲科: 负泥虫亚科). 芜湖: 安徽师范大学硕士学位论文.

闫巍峰. 2021. 中国隘步甲族系统分类研究. 北京: 北京林业大学硕士学位论文.

杨德峰. 2008. 中国蝼步甲族分类学研究. 广州: 华南农业大学硕士学位论文.

杨德峰, 田明义. 2008. 中国步甲科两新记录属. 昆虫分类学报, 30 (4): 255-258.

杨娉婷. 2018. 洞盲步甲属分子系统发育研究. 广州: 华南农业大学硕士学位论文.

杨晓庆. 2012. 中国舌甲族分类研究(鞘翅目: 拟步甲科: 菌甲亚科). 保定: 河北大学硕士学位论文.

杨星科. 1992. 异额萤叶甲属的中国种类及一新种记述. 动物学研究, 13(3): 257-261.

杨星科. 1993a. 方胸柱萤叶甲属研究及与邻近属间进化关系(鞘翅目: 叶甲科). 动物分类学报, 18(3): 362-369.

杨星科. 1993b. 拟守瓜属三新种记述(鞘翅目: 叶甲科: 萤叶甲科). 动物分类学报, 18(2): 196-203.

杨星科. 1994a. 柱萤叶甲属研究(I)鞘翅具黑色刻点的种类记述. 动物分类学报, 19(2): 202-205.

杨星科. 1994b. 柱萤叶甲属研究(II)五新种记述(鞘翅目: 叶甲科: 萤叶甲亚科). 动物分类学报, 19(3): 343-350.

杨星科. 1997. 长江三峡库区昆虫(上、下). 重庆: 重庆出版社.

杨星科, 葛斯琴, 王书永, 等. 2014. 中国动物志, 昆虫纲, 第六十一卷, 鞘翅目, 叶甲科, 叶甲亚科. 北京: 科学出版社.

杨星科, 李文柱, 姚建. 1997. 云南西双版纳地区的萤叶甲(鞘翅目: 叶甲科). 动物分类学报, 22(4): 384-391.

杨星科, 王书永. 高明媛. 2004. 中国高山萤叶甲区系研究. 动物分类学报, 24(4): 402-416.

杨宇明, 田昆, 和世钧. 2008. 中国文山国家级自然保护区科学考察研究. 北京: 科学出版社.

虞佩玉. 1985. 铁甲科四新种. 昆虫分类学报, 7 (1): 1-5.

虞佩玉, 王书永, 杨星科. 1996. 中国经济昆虫志, 第五十四册, 鞘翅目, 叶甲总科(二). 北京: 科学出版社.

虞盛平. 2019. 中国青步甲族系统分类研究(鞘翅目: 步甲科). 北京: 中国科学院大学硕士学位论文.

苑彩霞, 任国栋. 2017. 中国树甲族昆虫区系初步分析(鞘翅目: 拟步甲科). 四川动物, 36(3): 346-350.

云南省林业厅, 中国科学院动物研究所. 1987. 云南森林昆虫. 昆明: 云南科技出版社.

张高峰, 郑哲民, 白义. 2006. 中国扁叶甲属地理分布格局研究(叶甲科: 叶甲亚科). 四川动物, 25(1): 5-7.

张华. 2020. 中国角吉丁属分类研究(鞘翅目: 吉丁科: 潜吉丁族). 南充: 西华师范大学硕士学位论文.

张健. 2011. 吉林省天牛科昆虫分类学研究. 四平: 吉林师范大学博士学位论文.

张俊香, 陈力. 2006. 中国球虎天牛属 Calloides 一新种(鞘翅目: 天牛科: 天牛亚科). 昆虫分类学报, 28(1): 47-48.

张丽杰. 2004. 中国根萤叶甲族系统分类学研究(鞘翅目: 叶甲科). 北京: 中国科学院动物研究所博士学位论文.

张丽杰, 杨星科. 2002. 中国大萤叶甲属的研究(鞘翅目: 叶甲科: 萤叶甲亚科). 昆虫分类学报, 23(4): 245-253.

张柳梅. 2021.中国斑吉丁属分类学研究(鞘翅目: 吉丁科: 斑吉丁族). 南充: 西华师范大学硕士学位论文.

张培毅. 2011. 高黎贡山昆虫生态图鉴. 哈尔滨: 东北林业大学出版社.

张庆. 2013. 中国真轴甲属 Eucyrtus 及其近缘属分类(鞘翅目: 拟步甲: 窄甲亚科). 保定: 河北大学硕士学位论文.

张庆, 任国栋. 2012. 中国真轴甲属分类(鞘翅目: 拟步甲科). 动物分类学报, 37(4): 899-904.

张芮娟, 贾凤龙. 2017. 沟背甲科(鞘翅目: 牙甲总科)昆虫研究历史及中国研究进展. 环境昆虫学报, 39(2): 302-306.

张瑞杰, 王殿轩, 白春启, 等. 2018. 中国12省80地市储粮中扁谷盗属昆虫分布调查. 河南工业大学学报(自然科学版), 39(5): 112-116.

张生芳, 刘永平. 1985. 对六种皮蠹科仓虫的探讨. 郑州粮食学院学报, (3): 66-72.

张生芳, 刘永平. 1988a. 我国皮蠹科豆象科二新记录种. 昆虫分类学报, 10(3-4): 298, 320.

张生芳, 刘永平. 1988b. 云南圆胸皮蠹属一新种记述. 昆虫分类学报, 10(1-2): 27-28.

张生芳, 刘永平, 武增强. 1998. 中国储藏物甲虫. 北京: 中国农业科技出版社.

张巍巍, 李元胜. 2011. 中国昆虫生态大图鉴. 重庆: 重庆大学出版社.

张伟. 2017. 铁甲科昆虫的时空分布及其 DNA 条形码研究. 赣州: 赣南师范大学硕士学位论文.

张向向. 2014. 中国刺虎天牛属分类研究. 重庆: 西南大学硕士学位论文.

张向向, 陈力. 2013. 中国刺虎天牛属比较形态学研究(鞘翅目: 天牛科: 天牛亚科: 虎天牛族). 动物分类学报, 38 (4): 714-734.

张新民, 赵宁, 赵云梦, 等. 2020. 云南核桃园天牛科 Cerambycidae 昆虫种类记述. 西南林业大学学报, 40 (4): 137-143.

张勇, 杨星科. 2004. 跳甲亚科系统分类学研究进展. 昆虫知识, 41(4): 308-317.

张振兴, 任国栋, 巴义彬. 2012. 中国双距拟天牛属分类(鞘翅目: 拟天牛科). 河北大学学报(自然科学版), 32 (4): 406-409.

赵丹阳. 2004. 中国长劲步甲族和大唇步甲族的分类学研究. 广州: 华南农业大学硕士学位论文.

赵丹阳. 2008. 大唇步甲族分类学、系统发育及动物地理学(鞘翅目: 步甲科). 广州: 华南农业大学博士学位论文.

赵丹阳, 田明义. 2003. 中国新记录属——伊塔步甲属及种类记述(鞘翅目: 步甲科). 华南农业大学学报(自然科学版), 24(3): 57-58.

赵丹阳, 田明义. 2004. 连唇步甲属记述及一新种描述(鞘翅目: 步甲科: 壶步甲族). 动物分类学报, 29(2): 310-313.

赵丹阳, 田明义. 2008. 掘步甲属昆虫分类研究(鞘翅目: 步甲科: 壶步甲族). 昆虫分类学报, 30(3): 173-177.

赵丽芳, 陈鹏, 李巧. 2008. 云南6种热带珍贵阔叶树主要害虫调查. 西南林学院学报, 28(3): 30-35.

赵龙章. 1985. 我国储藏物中三种扁谷盗的鉴别. 昆虫知识, (6):37-39.

赵小林. 2012. 中国莱甲属和小莱甲属分类(鞘翅目: 拟步甲科: 伪叶甲亚科). 保定: 河北大学硕士学位论文.

赵欣欣, 王殿轩, 白春启, 等. 2019. 锈赤扁谷盗等3种菌食性储粮害虫的发生分布调查. 粮油食品科技, 27 (3): 83-89.

赵焰臣. 2019. 中国宽蕈甲族 Tritomini 部分种类的分类研究(鞘翅目: 大蕈甲科). 保定: 河北农业大学硕士学位论文.

赵宇晨, 王新谱. 2020. 蚁形甲科中国一新记录属及三新记录种记述(鞘翅目: 蚁形甲科). 昆虫分类学报, 42 (1): 42-49.

中国科学院青藏高原综合科学考察队. 1992. 横断山区昆虫第一册. 北京: 科学出版社.

周璇, 罗一平, 金子, 等. 2023. 2022 年全球鞘翅目现生类群新分类单元. 生物多样性, 31(10): 47-55.

周玉香, 曹阳, 黄建国. 1998. 中国薪甲科仓虫 6 种新记录. 郑州粮食学院学报, 19(3): 83-87.

朱冰月. 2019. 中国东方牙甲属的形态分类及系统发育关系研究. 北京: 中国科学院大学硕士学位论文.

朱平舟. 2022. 中国强步甲族分类学研究(步甲科: 宽步甲亚科). 北京: 中国科学院大学硕士学位论文.

Breuning S. 1983. 世界筒天牛属订正(鞘翅目: 天牛科). 南昌: 林业部南方森林植物检疫所.

Kavanaugh D H, 龙春林. 1999. 高黎贡山鞘翅目步甲科盗属三新种. 云南植物研究, suppl. XI: 99-120.

Vives E, 黄建华. 2010. 中国花天牛亚科一新纪录种——拉维花天牛. 动物分类学报, 35(1): 218-219.

Abdullah A H, Al-Jassany R F. 2022. Revision of the genus *Chlaenius* Bonell, 1810, (Coleoptera, Carabidae), with a new record species from Iraq. Bulletin of the Iraq Natural History Museum, 17(1): 33-48.

Alarie Y, Mai Z Q, Michat M C, et al. 2023. Larval morphology and new records of the iconic diving beetle *Acilius sinensis* Peschet, 1915 (Coleoptera: Dytiscidae: Dytiscinae)—a species well established in Western Yunnan, China. Zootaxa, 5301(2): 277-291.

Alonso-Zarazaga M A, Lyal C H C. 2002. Addenda and corrigenda to 'A World Catalogue of Families and Genera of Curculionoidea (Insecta: Coleoptera) '. Zootaxa, 63: 1-37.

Ando K, Ren G D. 2006. Contribution to the knowledge of Chinese Tenebrionidae I (Coleoptera). Entomological Review of Japan, 61: 81-94.

Angelini F, Cooter J. 1999. The Agathidiini of China with descriptions of twelve new species of *Agathidium* Panzer (Coleoptera: Leiodidae). Oriental Insects, 33(1):187-232.

Angelini F, Švec Z. 1995. New species and records of Leiodinae from China (Coleoptera: Leiodidae). Linzer Biologische Beiträge, 27(2): 507-523.

Anton K W. 1999. Revision of the genus *Sulcobruchus* Chujo 1937, and description of *Parasulcobruchus* nov. gen. (Coleoptera, Bruchidae, Bruchinae). Linzer Biologische Beiträge, 31(2): 629-650.

Arimoto K, Arimoto H. 2020. The genus *Nipponodrasterius* Kishii (Coleoptera, Elateridae, Agrypninae), a junior synonym of the genus *Gamepenthes* Fleutiaux (Coleoptera, Elateridae, Elaterinae), with review of the Japanese *Gamepenthes* species. ZooKeys, 1004: 109-127.

Assing V. 1998a. A new species of *Autalia* Leach in Samouelle from China (Insecta, Coleoptera, Staphylinidae, Aleocharinae). Reichenbachia, 32(31): 209-212.

Assing V. 1998b. A revision of *Othius* Stephens, 1829. V. The species of the Himalayan region (Coleoptera, Staphylinidae, Xantholininae). Beitrage zur Entomologie, 48(2): 293-342.

Assing V. 1999a. A revision of *Othius* Stephens, 1829. VII. The species of the Eastern Palacarctic region east of the Himalayas. Beitrage zur Entomologie, 49(1): 3-96.

Assing V. 1999b. On Some *Autalia* Leach in Samouelle from Japan and Taiwan (Coleoptera, Staphylinidae, Aleocharinae). Journal of Systematic Entomology, 5(2): 163-165.

Assing V. 2000. A new species of *Atrecus* Jacquelin du Val from China (Coleoptera, Staphylinidae, Staphylininae). Linzer Biologische Beiträge, 32(1): 75-78.

Assing V. 2001. Two new species and a new name of *Cordalia* Jacobs, 1925 from Turkey and China (Insecta, Coleoptera, Staphylinidae, Aleocharinae). Reichenbachia, 34(12): 113-118.

Assing V. 2002a. A new species of *Amarochara* Thomson from the Himalayas (Coleoptera, Staphylinidae, Aleocharinae, Oxypodini). Linzer Biologische Beiträge, 34(1): 297-298.

Assing V. 2002b. New species of *Sunius* Curtis from China and Iran (Coleoptera, Staphylinidae, Paederinae). Linzer Biologische Beiträge, 34(1): 289-296.

Assing V. 2002c. On some micropterous species of Athetini from Nepal and China (Coleoptera, Staphylinidae, Aleocharinae). Linzer Biologische Beiträge, 34(2): 953-969.

Assing V. 2004a. A new microphthalmous Atheta species from Yunnan, China (Coleoptera, Staphylinidae, Aleocharinae). Linzer Biologische Beiträge, 36(2): 589-592.

Assing V. 2004b. A new species of *Sunius* Curtis from China (Coleoptera, Staphylinidae, Paederinae). Linzer Biologische Beiträge, 36 (2): 663-665.

Assing V. 2004c. New species and records of *Masuria* Cameron from Nepal and China (Coleoptera, Staphylinidae, Aleocharinae). Linzer Biologische Beiträge, 36(2): 579-588.

Assing V. 2005a. A revision of Othiini. XV. Three new *Othius* species from China and additional records (Insecta, Coleoptera, Staphylinidae). Entomological Problems, 35(2): 137-146.

Assing V. 2005b. New species and records of Staphylinidae from China (Coleoptera). Entomologische Blatter fuir Biologie und Systematik der Kafer, 101(1): 21-42.

Assing V. 2005c. Review of Palaearctic *Autalia* VI. A new species and a first record from China (Coleoptera, Staphylinidae, Aleocharinae). Entomological Problems, 35(2): 147-150.

Assing V. 2018a. On some species of *Apatetica* Westwood (Coleoptera: Staphylinidae: Apateticinae). Contributions to Entomology: Beiträge Entomogie, 68(2) 347-359.

Assing V. 2018b. Six new species of *Trichoglossina* from China (Coleoptera: Staphylinidae: Aleocharinae: Oxypodini). Linzer Biologische Beiträge, 50(1): 89-109.

Assing V. 2021. New species, synonymies, combinations, and records of macropterous *Athetini* from China (Coleoptera: Staphylinidae: Aleocharinae). Contributions to Entomology, 71(1): 87-101.

Assing V. 2022. On the taxonomy and zoogeography of *Paederus*. VI. Two new species from Nepal and new records from the Palaearctic and Oriental regions (Coleoptera: Staphylinidae: Paederinae). Contributions to Entomology, 72(1): 75-79.

Audisio P, Sabatelli S, Jelínek J. 2014. Revision of the pollen beetle genus *Meligethes* (Coleoptera: Nitidulidae). Fragmenta Entomologica, 46(1-2): 19-112.

Azadbakhsh S. 2017. A new species of the genus *Aristochroa* Tschitscherine, 1898 (Coleoptera, Carabidae, Pterostichini) from Yunnan, China. Zootaxa, 4286(1): 121-124.

Baba K.1943. Linear dermatitis in southern China. Gun'idan Zasshi, 360: 601-605.

Baehr M. 2013. The species of the genus *Perigona* Castelnau from New Guinea, Sulawesi, Halmahera and Australia, and of the parvicollis-pygmaea-lmeage. (Coleóptera, Carabidae, Perigonini). Entomologische Blätter und Coleóptera, 9: 1-132.

Bai X L, Li X M, Ren G D. 2020. Description of a new subgenus and four new species of *Gnaptorina* Reitter, 1887 (Coleoptera: Tenebrionidae: Blaptini) from China. Zootaxa, 4809(1):165-176.

Bai X L, Liu J Z, Ren G D. 2023. Revision of the genus *Colasia* Koch, 1965 (= Belousovia Medvedev, 2007, syn. nov.) (Coleoptera, Tenebrionidae, Blaptini). ZooKeys, 1161: 143-167.

Baiocchi D, Magnani G. 2018. A revision of the *Anthaxia* (*Anthaxia*) midas Kiesenwetter, 1857 species-group (Coleoptera: Buprestidae: Anthaxiini). Zootaxa, 4370(3): 201-254.

Balke M, Bergsten J, Wang L J, et al. 2017. A new genus and two new species of Southeast Asian Bidessini as well as new synonyms for Oceanian species (Coleoptera, Dytiscidae). ZooKeys, 647: 137-151.

Barr W F. 2008. Two new species of *Agrilus* Curtis 1825 from Arizona and Texas, with a new synonymy in *Agrilus* (Coleoptera: Buprestidae: Agrilinae). Zootaxa, 1681: 31-36.

Beaver R A, Sanguansub S. 2015. A review of the genus *Carchesiopygus* Schedl (Coleoptera: Curculionidae: Platypodinae), with keys to species. Zootaxa, 3931(1): 401-412.

Beaver R A, Smith S M, Sanguansub S. 2019. A review of the genus *Dryocoetiops* Schedl, with new species, new synonymy and a key to species (Coleoptera: Curculionidae: Scolytinae). Zootaxa, 4712(2): 236-250.

Bell R T, Bell J R. 2011. Four new species of Rhysodini (Coleoptera: Carabidae) with revised keys to *Grouvellina* Bell & Bell and the mishmicus group of *Rhyzodiastes* Fairmaire. Stuttgarter Beiträge zur Naturkunde A, Neue Serie 4: 129-135.

Belokobylskij S, Chen X X. 2004. Revision of the Asian species of the genus *Hypodoryctes* Kokujev, 1900 (Hymenoptera: Braconidae: Doryctinae). Annales Zoologici, 54(4): 697-720.

Belousov I A, Kabak I I. 2014a. A new genus of trechine beetles, *Puertrechus* gen. n., with two new species and a new species of *Dactylotrechus* Belousov et Kabak, 2003 from Southern China (Coleoptera: Carabidae: Trechinae). Zootaxa, 3856(3): 375-398.

Belousov I A, Kabak I I. 2014b. A taxonomic review of the genus *Junnanotrechus* Uéno & Yin, 1993 (Coleoptera: Carabidae: Trechinae), with description of six new species. Zootaxa, 3811(4): 401-437.

Belousov I A, Kabak I I, Liang H B. 2019. New species of the tribe Trechini from China (Coleoptera: Carabidae). Zootaxa, 4656(1): 143-152.

Belousov I A, Kabak I I, Schmidt J. 2019. Two new species of the genus *Uenoites* Belousov et Kabak, 2016 from mountains of Myanmar (Coleoptera: Carabidae: Trechini). Zootaxa, 4544(1): 103-112.

Bemhauer M. 1917. Ein neuer Phucobius aus China. Wiener Entomologische Zeitung, 36(3-5): 125.

Bemhauer M. 1933a. Neues aus der Staphylinidenfauna China's. Entomologisches Nachrichtenblatt, 7(2): 39-54.

Bemhauer M. 1933b. Neuheiten der chinesischen Staphylinidenfauna. Wiener Entomologische Zeitung, 50(1-2): 25-48.

Bemhauer M.1938. Zur Staphylinidenfauna von China u. Japan. (9. Beitrag). Entomologisches Nachrichtenblatt, 12(1): 17-39.

Benick L.1922. Zwei neue chinesische Stenus-Arten, mit einer synonymischen Bemerkung über St. insularis J. Sahlbg. (Col.: Staph.). Entomologische Mitteilungen, 11(4): 176-178.

Bernhauer M. 1929a. Zur Staphylinidenfauna des chinesischen Reiches. Entomologisches Nach richtenblatt, 3(4): 109-112.

Bernhauer M.1929b. Ncue Kurzfligler aus China. Entomologisches Nachrichtenblatt, 3(1): 2-4.

Bernhauer M. 1931a. Neue Staphyliniden aus China von der Stötzner'schen Expedition. Ento mologisches Nachrichtenblatt, 5(1): 1-3.

Bernhauer M. 1931b. Zur Staphylinidenfauna des chinesischen Reiches. Wiener Entomologische Zeitung, 48(3): 125-132.

Bernhauer M. 1934. Siebenter Beitrag zur Staphylinidenfauna Chinas. Entomologisches Nachrichtenblatt, 8(1): 1- 20.

Bernhauer M. 1935. Neue Kurzfligler aus China. Entomologisches Nachrichtenblatt, 9(1): 4-14.

Bernhauer M. 1938. Neue Staphyliniden aus China aus den Ausbeuten von E.Licent S. J. vom Hoang-ho Pai-ho Museum in Tientsin und B. Becquart S.J. vom Philosophischen Institut der Jesuiten in Sienhsien-Hopeh. (11. Beitrag zur chinesischen Fauna). Notesd'Entomologie Chinoise, 5(6): 49-57.

Bernhauer M. 1939a. Zur Staphylinidenfauna von China und Japan. (10. Beitrag). Entomologisches Nachrichtenblatt, 12(2): 97-109.

Bernhauer M. 1939b. Neuheiten der chinesischen Staplylinidenfauna (Col.). (12. Beitrag). Mitte ilungen der Münchner Entomologischen Gescllschaft, 29(4): 585-602.

Bernhauer M. 1939c. Zur Staphylinidenfauna von China u. Japan. (11. Beitrag). Entomologisches Nachrichtenblatt, 12(3-4): 145-158.

Bernhauer M. 1941. Ncue Staphyliniden aus China. Entomologische Blätter, 37: 226-228.

Bezděk J. 2003a. Studies on Asiatic *Apophylia* (Insecta: Coleoptera: Chrysomelidae). Part 2: Revision of the aeruginosa and lebongana species groups. Stuttgarter Beiträge zur Naturkunde, Ser. A, 649: 1-11.

Bezděk J. 2003b, Studies on Asiatic *Apophylia*. Part 1: new synonyms, lectotype designations, redescriptions, descriptions of new species and notes (Coleoptera: Chrysomelidae: Galerucinae). Genus, 14(1): 69-102.

Bezděk J. 2005. New and interesting *Apophylia* species from South-East Asia (Coleoptera: Chrysomelidae: Galerucinae). The Raffles Bulletin of Zoology, 53(1):35-45.

Bezděk J. 2009. Revisional study on the genus *Mimastra* (Coleoptera: Chrysomelidae: Galerucinae): Species with unmodified protarsomeres in male. Part 1. Acta Entomologica Musei Nationalis Pragae, 49 (2): 819-840.

Bezděk J. 2011. Revisional study on the genus *Mimastra* (Coleoptera: Chrysomelidae: Galerucinae). Part 3: *Mimastra oblonga* and *M. tarsalis* species groups. Zootaxa, 2766: 30-56.

Bezděk J. 2012. Taxonomic and faunistic notes on Oriental and Palaearctic Galerucinae and Cryptocephalinae (Coleoptera: Chrysomelidae). Genus, 23(3): 375-418.

Bezděk J. 2013. Revision of the genus *Hesperopenna* (Coleoptera: Chrysomelidae: Galerucinae). I. Generic redescription, definition of species groups and taxonomy of *H. medvedevi* species group. Acta Entomologica Musei Nationalis Pragae, 52(2): 715-746.

Bezděk J. 2020. Revision of *Agelopsis* (Coleoptera: Chrysomelidae: Galerucinae). Zootaxa, 4731(2): 223-248.

Bezděk J. 2021. Redefi nition of *Liroetis*, with descriptions of two new species and an annotated list of species (Coleoptera: Chrysomelidae: Galerucinae). Acta Entomologica, 61(2): 529-614.

Bezděk J, 2023. New synonyms in Western Palaearctic Ciidae (Coleoptera). Zootaxa, 5374(1): 119-128.

Bezděk J, Beenen R. 2009. Additions to the description of *Yunnaniata konstantinovi* Lopatin, 2009, and its classification in the section Capulites (Coleoptera: Chrysomelidae: Galerucinae: Hylaspini). Zootaxa, 2303: 45-52.

Bezděk J, Lee C F. 2019. Revision of Pyrrhalta (Coleoptera: Chrysomelidae: Galerucinae) species with maculate elytra. Zootaxa, 4664 (1): 518-534.

Bezděk J, Nie R E. 2019. Taxonomical changes and new records of Chrysomelidae (Coleoptera) from Eastern Palaearctic and Oriental Regions. Journal of Asia-Pacific Entomology, 22: 655-665.

Bi W X, Chen C C. 2022. First record of the genera *Bulborhodopis* and *Mimapatelarthron* from China, with description of one new species (Coleoptera: Cerambycidae). Acta Entomologica, 62(1): 111-116.

Bi W X, Lin M Y. 2015. Discovery of second new species of the *Spiniphilus* Lin & Bi, and female of *Heterophilus scabricollis* Pu with its biological notes (Coleoptera: Vesperidae: Philinae: Philini). Zootaxa, 3949(4): 575-583.

Bi W X, Weigel A. 2024. Description of a new species of *Annamanum* Pic, 1925 from Southern Yunnan, China (Coleoptera, Cerambycidae, Lamiinae, Lamii). Folia Heyrovskyana, Series A, 32(1): 1-6.

Bi W X, Wiesner J. 2021. A new genus and species of tiger beetle, *Pseudocollyris* shooki (Coleoptera: Cicindelidae), from Yunnan, China. Insecta Mundi, 849: 1-4.

Bi W X, Chen C C, Lin M Y. 2020. Notes on the tribe Petrognathini Blanchard, 1845 from China, with description of a new species from Yunnan (Coleoptera, Cerambycidae, Lamiinae). Zootaxa, 4732: 453-460.

Bi W X, Chen C C, Lin M Y. 2022. Taxonomic studies on the genera *Meges* Pascoe, 1866 and *Pseudomeges* Breuning, 1944 from China (Coleoptera, Cerambycidae, Lamiinae, Lamiini). Zootaxa, 5120(2): 242-250.

Bi W X, Chen C C, Lin M Y. 2024. One new genus and one new subgenus of the tribe Lamiini (Coleoptera: Cerambycidae: Lamiinae) from Asia. Zootaxa, 5528(1): 733-743.

Bi W X, He J W, Chen C C, et al. 2019. Sinopyrophorinae, a new subfamily of Elateridae (Coleoptera, Elateroidea) with the first record of a luminous click beetle in Asia and evidence for multiple origins of bioluminescence in Elateridae. ZooKeys, 864: 79-97.

Bi W X, Mu C, Lin M Y. 2024. Taxonomic studies on the genera *Echinovelleda* Breuning, 1936 and *Propedicellus* Huang, Huang & Liu, 2020 (Coleoptera, Cerambycidae, Lamiinae, Lamiini). Zootaxa 5399(1): 65-78.

Bi W X, Zhao M S, Lin M Y. 2024. Notes on *Aulaconotus* Thomson, 1864 from China, with description of one new species (Coleoptera: Cerambycidae: Lamiinae: Agapanthiini). Zootaxa, 5528(1): 717-724.

Bian D J, Jäch M A. 2018. Revision of the Chinese species of the genus *Grouvellinus* Champion, 1923 (Coleoptera: Elmidae). The *G. acutus* species group. Zootaxa, 4387(1): 174-182.

Bian D J, Wang Z X. 2021. A new species of the genus *Urumaelmis* Satô, and the first record of the genus from China (Coleoptera: Elmidae). Zootaxa, 5023(1): 142-146.

Bian D J, Zhang Y. 2022. Three new species of the genus *Zaitzevia* Champion, 1923 from China (Coleoptera: Elmidae: Macronychini). Zootaxa, 5190 (2): 257-266.

Bian D J, Zhang Y. 2023. Descriptions of eight new species of *Grouvellinus* from China (Coleoptera, Elmidae). Zootaxa, 5254(2): 257-277.

Bian D J, Dong X, Peng Y F. 2018. Two new species of the genus *Dryopomorphus* Hinton, 1936 from China (Coleoptera, Elmidae). ZooKeys, 765: 51-58.

Bieńkowski A O. 2019. *Chrysolina* of the World- 2019 (Coleoptera: Chrysomelidae). Taxonomic Review. Livny: Mukhametov G.V. Publ.

Bieńkowski A O. 2023a. Three amazing new species of the genus *Chrysolina* (Coleoptera: Chrysomelidae: Chrysomelinae) from China. Acta Zoologica Academiae Scientiarum Hungaricae, 69(3): 199-211.

Bieńkowski A O. 2023b. A new unusual subgenus of the genus *Chrysolina* (Coleoptera: Chrysomelidae: Chrysomelinae) from the highland forests of China, Yunnan Province. Forests, 14(1): 66

Bieńkowski A O. 2024. A new subgenus *Chrysolina* (Latipoda subgen.nov.) (Coleoptera: Chrysomelidae: Chrysomelinae) from Sichuan and Yunnan Provinces, China. Animal Taxonomy and Ecology, 70(3): 218-267.

Bílý S. 2005. Two new species in the *Anthaxia* (*Anthaxia*) *manca* (Linnaeus, 1767) species-group from China (Coleoptera: Buprestidae). Zootaxa, 965: 1-7.

Bílý S. 2017. A new species-group of the genus *Anthaxia* (Hapl*anthaxia*) from South-Eastern Asia, with descriptions of two new species (Coleoptera: Buprestidae: Anthaxiini). Acta Entomologica Musei Nationalis Pragae, 57(1): 145-152.

Bílý S, Kubáň V. 2012. A revison of the genus *Anthaxia* from the Philippines (Coleoptera: Buprestidae: Buprestinae: Anthaxiini). Acta Entomologica Musei Nationalis Pragae, 52(2): 433-442.

Bílý S, Sakalian V P. 2014. A revision of the *Anthaxia* (Haplanthaxia) mashuna species-group (Coleoptera: Buprestidae: Buprestinae). Acta Entomologica Musei Nationalis Pragae, 54(2): 605-621.

Bocáková M. 2004. Phylogenetic analysis of the tribe Libnetini with establishment of a new genus (Coleoptera, Lycidae). Deutsche Entomologische Zeitschrift, 51(1): 53-64.

Bocáková M, Bocak L, Gimmel M L, et al. 2015. A review of the genus *Lamellipalpodes* Maulik (Coleoptera: Lampyridae). Zootaxa, 3925(3): 409-421.

Bordoni A. 2000. Contribution to the knowledge of the Xantholinini from China. I (Coleoptera, Staphylinidae). Mitteilungen aus dem Museum fuir Naturkunde in Berlin. Zoologische Reihe, 76(1): 121-133.

Bordoni A. 2020. New data on the Xantholinini from China. 29. A very peculiar new genus from Yunnan (Coleoptera: Staphylinidae). Integrative Systematics, 3(1): 57-60.

Borowiec L. 1990. New records and new synonyms of Asiatic Cassidinae (Coleoptera, Chrysomelidae). Polish Journal of Entomology, 59(4): 677-711.

Borowiec L. 1991. Revision of the Genus *Spermophagus* Schoenherr (Coleoptera, Bruchidae, Amblycerinae). Wroclaw: Biologica Silesiae.

Borowiec L. 1995. *Spermophagus atrispinus* n. Sp. from India and Thailand (Coleoptera: Bruchidae: Amblycerinae). Genus, 6(2): 99-102.

Bouchard P, Bousquet Y, Aalbu R L, et al. 2021. Review of genus-group names in the family Tenebrionidae (Insecta，Coleoptera). ZooKeys, 1050: 1-633.

Bouchard P, Lawrence J F, Davies A E, et al. 2005. Synoptic classification of the world Tenebrionidae (Insecta: Coleoptera) with a review of the family-group names. Annales Zoologici, 4(55): 499-530.

Brunke A J. 2023. Review of *Quedius* (Coleoptera, Staphylinidae) described from the 1934 expedition by R. Malaise to Myanmar. European Journal of Taxonomy, 864: 117-145.

Brunke A J, Salnitska M, Hansen A K, et al. 2020. Are subcortical rove beetles truly Holarctic? An integrative taxonomic revision of north temperate *Quedionuchus* (Coleoptera: Staphylinidae: Staphylininae). Organisms Diversity & Evolution, 20: 77-116.

Bulirsch P. 2009. Contribution to the Asian and Afrotropical species of the genus *Dyschiriodes* (Coleoptera: Carabidae: Scaritinae). Acta Entomologica Musei Nationalis Pragae, 49(2): 559-576.

Cai Y J, Tang L. 2022. Three new species and one new record of *Hesperoschema* (Coleoptera: Staphylinidae: Staphylininae) from China. Insects, 13(1): 60.

Cameron M. 1944. New species of Staphylinidae (Col.) from China and Japan. The Entomolo gist's Monthly Magazine, 80: 158-159.

Cao Y F, Yu G Y, Petrov A V, et al. 2023. A new species of *Scolytus* Geoffroy (Coleoptera, Curculionidae, Scolytinae) from Yunnan, China. Zootaxa, 5284 (1): 185-191.

Champion G C. 1919. The genus *Dianous* Samouelle, as represented in India and China (Coleoptera). The Entomologist's Monthly Magazine, 55: 41-55.

Chang L X, Ren G D. 2013a. A new species of *Amphisternus* Germar, 1843 (Coleoptera: Endomychidae) from China. Annales Zoologici, 63(3): 413-416.

Chang L X, Ren G D. 2013b. Four new species of *Indalmus* Gerstaecker, 1858 (Coleoptera, Endomychidae) from China. Annales Zoologici, 63(2) : 357-363

Chang L X, Ren G D. 2017. Two new oriental species of *Eumorphus* Weber (Coleoptera, Endomychidae). ZooKeys, 677: 1-9.

Chang L X, Bi W X, Ren G D. 2019. A review of the genus *Brachytrycherus* Arrow (Coleoptera, Endomychidae) of the mainland of China with descriptions of three new species. ZooKeys, 880: 85-112.

Chang L X, Bi W X, Ren G D. 2020. A review of the genus *Sinocymbachus* Strohecker & Chûjô with description of four new species (Coleoptera, Endomychidae). ZooKeys, 936: 77-109.

Chang Y, Li L Z, Yin Z W, et al. 2019a. A review of the Tachinus longicornis-group of the subgenus *Tachinoderus* Motschulsky (Coleoptera: Staphylinidae: Tachyporinae) from China. Zootaxa, 4545(4): 478-494.

Chang Y, Li L Z, Yin Z W, et al. 2019b. Eleven new species and new records of the *Tachinus nepalensis* Ullrich group of the subgenus *Tachinoderus* Motschulsky from China, Vietnam and Laos (Coleoptera: Staphylinidae: Tachyporinae). Zootaxa, 4686(1): 1-52.

Chang Y, Li L Z, Yin Z W. 2019c. A contribution to the knowledge of the genus *Lacvietina* Herman (Coleoptera: Staphylinidae:

Tachyporinae) from China. Zootaxa, 4664(4): 574-580.

Chang Y, Yin Z W, Li L Z, et al. 2019a. A review of the genus *Olophrinus* from China (Coleoptera: Staphylinidae: Tachyporinae). Acta Entomologica, 59(1): 307-324.

Chang Y, Yin Z W, Li L Z. 2019b. Validation of *Olophrinus parastriatus* (Coleoptera: Staphylinidae: Tachyporinae). Acta Entomologica, 59(2): 490.

Chapin E A. 1927a. On some Asiatic Cleridae (COL.). Biological Society of Washington, 40: 19-22.

Chapin E A.1927b. A new genus and species of Staphylinidae from Sichuan, China. Proccedings of the Biological Society of Washington, 40: 75-77.

Chen J H, Yin W Q, Shi H L. 2024. On the *Pterostichus* subgenus Wraseiellus from China: descriptions of five new species and supplementary notes on taxonomy (Coleoptera: Carabidae). Zootaxa, 5447(4): 451-472.

Chen J, Li L Z, Zhao M J. 2005. A new species of the genus *Lathrobium* (Coleoptera, Staphylinidae) from Guizhou Province, Southwest China. Acta Zootaxonomica Sinica, 30(3): 598-600.

Chen X S, Huo L Z, Wang X M, et al. 2015a. The subgenus Pullus of Scymnus from China (Coleoptera, Coccinellidae). Part II: The Impexus Group. Annales Zoologici, 65(3) : 295-408.

Chen X S, Huo L Z, Wang X M. 2015b. The subgenus Pullus of Scymnus from China (Coleoptera, Coccinellidae). Part I. The hingstoni and subvillosus groups. Annales Zoologici, 65(2): 187-237.

Chen X S, Ren S X, Wang X M. 2015. Contribution to the knowledge of the subgenus Scymnus (Parapullus) Yang, 1978 (Coleoptera, Coccinellidae), with description of eight new species. Deutsche Entomologische Zeitschrift, 62(2): 211-224.

Chen X S, Wang X M, Ren S X. 2013. A review of the subgenus Scymnus of Scymnus from China (Coleoptera: Coccinellidae). Annales Zoologici, 63(3): 417-499.

Chen X X, Huang M. 2019. One new species and three newly recorded species of *Neopallodes* Reitter from China (Coleoptera, Nitidulidae, Nitidulinae). ZooKeys, 880: 75-84.

Chen X X, Huang M. 2020. Two new species in the mycophagous genus *Pocadius* Erichson, 1843 from China (Coleoptera: Nitidulidae: Nitidulinae). Zootaxa, 4802(2): 294-300.

Chen X X, Huang M. 2021. New species in the sap beetle genus *Soronia* Erichson (Coleoptera: Nitidulidae: Nitidulinae) from China. Zootaxa, 4908 (3): 417-425.

Chen X X, Huang M. 2023. One new species and two newly recorded species in the genus *Neopallodes*(Coleoptera: Nitidulidae)from Yunnan, China. Entomotaxonomia, 45(4): 251-257.

Chen X X, Hui Z Y, Huang M. 2020. One new species and one newly recorded species in the subgenus *Myothorax* Murray, 1864 from China (Coleoptera: Nitidulidae: Carpophilinae: *Carpophilus*). Zootaxa, 4822(3): 434-438.

Cheng Z F, Yin Z W. 2019. Two new species of *Clidicus* Laporte, 1832 (Coleoptera: Staphylinidae: Scydmaeninae) from Yunnan, China. Zootaxa, 4623(2): 321-330.

Cheng Z F, Shavrin A V, Peng Z. 2020. New species and records of *Geodromicus* Redtenbacher, 1857 from China (Coleoptera: Staphylinidae: Omaliinae: Anthophagini). Zootaxa, 4789(1): 132-170.

Cline A R. 2008. Revision of the sap beetle genus *Pocadius* Erichson, 1843 (Coleoptera: Nitidulidae: Nitidulinae). Zootaxa, 1799: 1-120.

Cognato A I, Smith S M. 2020. *Acanthotomicus diaboliculus* and *A. enzoi* (Coleoptera: Curculionidae: Scolytinae: Ipini), new species from Southeast Asia. The Coleopterists Bulletin, 74(3): 538-541.

Cognato A I, Smith S M, Beaver R A. 2020. Two new genera of Oriental xyleborine ambrosia beetles (Coleoptera, Curculionidae: Scolytinae). Zootaxa, 4722 (6): 540-554.

Cosandey V. 2023. Two new species of *Lederina* Nikitsky & Belov, 1982 (Coleoptera: Melandryidae: Melandryinae) from Yunnan, China. Revue Suisse de Zoologie, 130(2): 307-312.

Dai C C, Zhao M J. 2013a. A new species of *Scelidopetalon* Delkeskamp (Coleoptera, Erotylidae) from China with a key to world species of the genus. ZooKeys, 317: 81-87.

Dai C C, Zhao M J. 2013b. Genus *Microsternus* Lewis (1887) from China, with description of a new genus *Neosternus* from Asia (Coleoptera, Erotylidae, Dacnini). ZooKeys, 340: 79-106.

Dai C C, Zhao M J. 2013c. Two new species of *Dacne* Latreille (Coleoptera, Erotylidae) from China, with a key to Chinese species and subspecies of *Dacne*. ZooKeys, 261: 51-59.

Damaša A F, Ruan Y Y, Fikáček M. 2022. The genus *Cangshanaltica* (Coleoptera: Chrysomelidae: Alticinae): overview, new species, and notes on species complexes. Zootaxa, 5219(1): 49-64.

Davidian G E. 2019. New weevils of the genus *Morimotodes* Grebennikov, 2014 (Coleoptera, Curculionidae: Molytinae) from the the mainland of China. Entomological Review, 99(7): 949-972.

Davidian G E. 2022. New genus and species of the weevils of the tribe Blosyrini closely related to Stiltoblosyrus Davidian, 2020 (Coleoptera: Curculionidae: Entiminae). Caucasian Entomological Bulletin, 18(2): 291-297.

Davidian G E. 2023. The weevils of the genus *Maes* Fairmaire, 1888 (Coleoptera, Curculionidae: Entiminae) from China. Journal of Insect Biodiversity, 41(2): 36-54.

Deuve T, Tian M Y. 2020. Deux nouveaux *Aspidaphaenops* Uéno, 2006, de l'est du Yunnan, aux confins du Guizhou (Coleoptera,

Caraboidea, Trechidae). Bulletin de la Société entomologique de France, 125(1): 7-12.

Deuve T, Liu Y Z, Liang H B. 2024. Nouveaux Carabus Linné, 1758, et Cychrus Fabricius, 1794, de Chine occidentale des collections de l'Institut de Zoologie de Pékin (Coleoptera, Carabidae). Bulletin de la Société Entomologique de France, 129(2): 179-194.

Deuve T, Pan Y Z, Zhang J W. 2002. Sur la présence de Carabus (Apotomopterus) delavayi Fairmaire, 1886, dans les monts Ailao Shan du Yunnan, Chine (Col., Carabidae). Bulletin de la Société entomologique de France, 107(5): 470.

Ding C P, Shen J, Yang M X. 2024. Two new species in the genus Furusawaia Chûjô (Coleoptera: Chrysomelidae) from China. Entomotaxonomia, 46(1): 27-32.

Dmitry T. 1998. Anthicidae (Coleoptera) from the Sergei Kurbatov collection with description of six new species of the Oriental region. Bulletin and Annales de la Societe Royale Belge d'Entomologie, 134(1): 81-100.

Döberl M. 2011. New Alticinae from China and Southeastern Asia (Coleoptera: Chrysomelidae). Genus, 22(2): 271-283.

Dolin V G, Cate P C. 2002. Zur Kenntnis der Hypnoidus-Arten aus China (Elateridae: Athouinae: Hypnoidini). Zeitschrift der Arbeitsgemeinschaft Österreichischer Entomologen, 54: 61-76.

Dolin V G, Cate P C. 2003. Nachtrag zur Kenntnis der Hypnoidus-Arten der Fauna Indiens und Chinas (Coleoptera: Elateridae). Zeitschrift der Arbeitsgemeinschaft Österreichischer Entomologen, 55: 39-43.

Dong X, Bian D J. 2020. A new species of the genus Graphelmis Delève, 1968 from China (Coleoptera: Elmidae). Zootaxa, 4728(4): 483-488.

Dong Z W, Yiu V, Liu G C, et al. 2021. Three new species of Lamprigera Motschulsky (Coleoptera, Lampyridae) from China, with notes on known species. Zootaxa, 4950(3): 441-468.

Duan W Y, Zhou H Z. 2022. Revision of the genus Adiscus Gistel, 1857 (Coleoptera: Chrysomelidae, Cryptocephalinae) from the mainland of China. Zootaxa, 5096(1): 1-80.

Duan W Y, Wang F Y, Zhou H Z. 2021a. Taxonomy of the Cryptocephalus heraldicus group (Coleoptera: Chrysomelidae, Cryptocephalinae) from China. Diversity, 13: 451.

Duan W Y, Wang F Y, Zhou H Z. 2021b. Two new species of the genus Melixanthus Suffrian (Coleoptera, Chrysomelidae, Cryptocephalinae) from China. ZooKeys, 1060: 111-123.

Eppelsheim E. 1889. Insecta, A CL.G.N.Potanin in China et in Mongolia novissime lecta.V. Neue Staphylinen. Horae Societatis Entomologicae Rossicae, 23: 169-184.

Esser J. 2017a. On Micrambe Thomson, 1863 of China (Coleoptera: Cryptophagidae). Linzer biologische Beiträge, 49(1): 387-394.

Esser J. 2017b. Two new species of Cryptophagus Herbst, 1792 (Coleoptera: Cryptophagidae) from China. Linzer Biologische Beiträge, 49(2): 1129-1132.

Esser J. 2019a. Anmerkungen zur Gattung Dapsa Latreille, 1829 (Coleoptera, Endomychidae). Linzer Biologische Beiträge, 51(2): 907-914.

Esser J. 2019b. Sinopanamomus yunnanensis nov.gen. & nov.sp., a new genus and species of Leiestinae (Coleoptera, Endomychidae) from China. Linzer Biologische Beiträge, 51(2): 929-932.

Fang C, Yang Y X, Yang X K, et al. 2024. A phylogenetic morphometric investigation of interspecific relationships of Lyponia s. str. (Coleoptera, Lycidae) based on male genitalia shapes. Insects, 15(1):1-11.

Fedorenko D N. 2018. Notes on Pterostichus subgenus Steropanus Fairmaire, 1889 (Coleoptera: Carabidae: Pterostichini), with descriptions of new species. Russian Entomological Journal, 27(2): 107-121.

Fei X D, Zhou H Z. 2021. Revision of Eccoptolonthus Bernhauer (Coleoptera: Staphylininae: Philonthina) with descriptions of four new species from China. Zootaxa, 4949(3): 473-498.

Feng C, Yang X K, Li Z Q, et al. 2022. Revision of Sphenoraia Clark, 1865 (Coleoptera, Chrysomelidae, Galerucinae) from China, with descriptions of two new species. ZooKeys, 1132: 51-83.

Feng C, Yang X K, Liu Y, et al. 2023. Revision of Aplosonyx Chevrolat, 1836 (Coleoptera, Chrysomelidae, Galerucinae) from China, with descriptions of three new species. ZooKeys, 1154: 159-222.

Ferrer J. 2010. Taxonomic notes on the genus Gonocephalum Solier, 1834, with description of new taxa (Coleoptera: Tenebrionidae). Annales Zoologici, 60: 231-238.

Fikáček M, Liu H C. 2019. A review of Thysanarthria with description of seven new species and comments on its relationship to Chaetarthria (Hydrophilidae: Chaetarthriini). Acta Entomologica, 59(1): 229-252.

Foley I A, Ivie M A. 2008. A revision of the genus Phellopsis LeConte (Coleoptera: Zopheridae). Zootaxa, 1689: 1-28.

Gao M X, Cheng S S, Ni J P, et al. 2017. Negative spatial and coexistence patterns and species associations are uncommon for carrion beetles (Coleoptera: Silphidae) at a small scale. European Journal of Soil Biology, 83: 52-57.

Gao Z H, Ren G D. 2009. Taxonomy of the genus Morphostenophanes Pic from China, with two new species (Coleoptera, Tenebrionidae). Acta Zoologica Academiae Scientiarum Hungaricae, 55(4): 307-319.

Ge D Y, Wang S Y, Li W Z, et al. 2008. Study of Phygasia (Coleoptera: Chrysomelidae) from China, with descriptions of eight new species. Biologia, 63(4):553-565.

Ge S J, Liu H Y, Yang X K, et al. 2022. Six new species of the subgenus Habronychus (Habronychus) (Coleoptera: Cantharidae) from the Oriental region, with key to species. European Journal of Entomology, 119: 201-214.

Ge S J, Yang X K, Liu H Y, et al. 2021a. Definitions of two species groups of *Stenothemus* Bourgeois (Coleoptera, Cantharidae), with descriptions of three new species from China. Zootaxa, 5047(2): 139-152.

Ge S J, Yang X K, Liu H Y, et al. 2021b. Studies on the *Stenothemus harmandi* speciesgroup (Coleoptera, Cantharidae), with descriptions of two new species from China. Biodiversity Data Journal, 9: e68659.

Ge S Q, Daccordi M, Beutel R G, et al. 2011. Revision of the chrysomeline genera *Potaninia*, *Suinzona* and *Taipinus* (Coleoptera) from Eastern Asia, with a biogeographic scenario for the Hengduan Mountain region in South-Western China. Systematic Entomology, 36: 644-671.

Ge S Q, Daccordi M, Beutel R G, et al. 2012. Revision of the Eastern Asian genera *Ambrostoma* Motschulsky and *Parambrostoma* Chen (Coleoptera: Chrysomelidae: Chrysomelinae). Systematic Entomology, 37: 332-345.

Ge S Q, Daccordi M, Li W Z, et al. 2011. Seven new species of the genus *Chrysolina* Motschulsky from China (Coleoptera: Chrysomelidae: Chrysomelinae). Zootaxa, 2736: 31-43.

Ge S Q, Daccordi M, Ren J, et al. 2013. Odontoedon, a new genus from China with descriptions of nine new species (Coleoptera: Chrysomelidae: Chrysomelinae). Stuttgarter Beiträge zur Naturkunde A, 6: 199-222.

Ge S Q, Daccordi M, Yang X K. 2009. Two new species of *Chrysolina* Motschulsky from China, with redescription of *C. kozlovi* Lopatin and notes on the genus *Doeberlia* Warchałowski (Coleoptera: Chrysomelidae: Chrysomelinae). Acta Entomologica Musei Nationalis Pragae, 49(2): 805-818.

Ge S Q, Wang S Y, Yang X K, et al. 2002. A revision of the genus *Agrosteella* Medvedev (Chrysomelidae: Chrysomelinae). Pan-Pacific Entomologist, 78 (2): 80-87.

Ge S Q, Yang X K, Wang S Y, et al. 2004. Revision of the genus *Agrosteomela* Gistl (Coleoptera: Chrysomelidae: Chrysomelinae). The Coleopterists Bulletin, 58(2): 273-284.

Gebert J. 2014. Eine neue Sandlaufkäferart der Gattung *Rhytidophaena* H. W. BATES, 1891 aus Nepal sowie faunistische Daten zu orientalischen Cicindelinae (Coleoptera, Carabidae). Entomologische Nachrichten und Berichte, 58(1-2): 75-77.

Gebhardt H, Beaver R A, Allgaier C. 2021. Three new species of *Scolytoplatypus* Schaufuss from China, and notes on the movement and functions of the prosternal processes (Coleoptera: Curculionidae: Scolytinae). Zootaxa, 5082(5): 485-493.

Gerbennikov V V. 2018. Phylogenetically problematic *Aater cangshanensis* gen. et sp. nov. from Southwest China suggests multiple origins of prosternal canal in Molytinae weevils (Coleoptera: Curculionidae). Fragmenta Entomologica, 50(2): 103-110.

Germann C, Grebennikov V V. 2020. A new weevil genus from the highlands of China casts doubts on monophyly of Cotasteromimina (Coleoptera: Curculionidae, Molytinae). Fragmenta Entomologica, 52(2): 197-211.

Gildenkov M Y. 2018. Five new species of the genus *Carpelimus* Leach, 1819, from the Oriental region (Coleoptera: Staphylinidae: Oxytelinae). Russian Entomological Journal, 27(2): 135-142.

Gildenkov M Y. 2022. New synonyms of *Coprophilus* (*Zonyptilus*) *alticola* Fauvel, 1904 (Coleoptera, Staphylinidae, Oxytelinae). Entomological Review, 102(8): 1152-1159.

Grebennikov V V. 2016a. Flightless *Catapionus* (Coleoptera: Curculionidae: Entiminae) in Southwest China survive the Holocene trapped on mountaintops: new species, unknown phylogeny and clogging taxonomy. Zootaxa, 4205(3): 243-254.

Grebennikov V V. 2016b. Flightless *Disphaerona* rediscovered in China: mtDNA phylogeography of the Yunnan clade and the sobering state of fungus weevil phylogenetics. (Coleoptera: Anthribidae). Fragmenta Entomologica, 48(2): 89-99.

Grebennikov V V. 2018: Dryophthorinae weevils (Coleoptera: Curculionidae) of the forest floor in Southeast Asia: Three-marker analysis reveals monophyly of Asian Stromboscerini and new identity of rediscovered *Tasactes*. European Journal of Entomology, 115: 437-444.

Grebennikov V V. 2022. The first molecular phylogeny of Blosyrini weevils (Coleoptera: Curculionidae: Entiminae) rejects monophyly of the tribe and documents a new Asian clade with the highest diversity in the Hengduan Mountains. Zootaxa, 5094(4): 553-572.

Grebennikov V V, Morimoto K. 2016. Flightless litter-dwelling *Cotasterosoma* (Coleoptera: Curculionidae: Cossoninae) found outside of Japan, with mtDNA phylogeography of a new species from Southwest China. Zootaxa, 4179(1): 133-138.

Gu W B, Sang W G, Liang H B, et al. 2008. Effects of Crofton weed Ageratina adenophora on assemblages of Carabidae (Coleoptera) in the Yunnan Province, South China. Griculture, Ecosystems and Environment, 124: 173-178.

Guéorguiev B. 2014. *Eustra petrovi* sp. n. - first record of a troglobitic Ozaenini from China (Coleoptera: Carabidae: Paussinae). Journal of Insect Biodiversity, 2(10): 1-9.

Guéorguiev B. 2015a. *Amerizus* (*Tiruka*) *gaoligongensis* sp. n. (Coleoptera: Carabidae): an endogean adapted representative of the genus. Ecologica Montenegrina, 2(2): 64-73.

Guéorguiev B. 2015b. Description of a second species of subgenus *Gutta* Wrase & Schmidt, 2006 from China (Coleoptera: Carabidae). Ecologica Montenegrina, 2(4): 289-294.

Hájek J. 2015. A new species of *Schinostethus* (Coleoptera: Psephenidae) from India, with new records of the genus from Southeast Asia. Acta Entomologica Musei Nationalis Pragae, 55(2): 685-690.

Hájek J, Zhang T. 2019. A new *Platambus* from Sichuan, with new records of species of the *P. sawadai* group from China (Coleoptera: Dytiscidae: Agabinae). Zootaxa, 4612(4): 533-543.

Hájek J, Ivie M A, Lawrence J F. 2020. Binhon atrum Pic – a junior synonym of *Plastocerus thoracicus*, with nomenclatural notes on

Plastocerus (Coleoptera: Elateridae: Plastocerinae). Acta Entomologica, 60(2): 391-396.

Hájek J, Yoshitomi H, Fikáček M. 2011. Two new species of *Satonius* Endrödy-Younga from China and notes on the wing polymorphism of *S. kurosawai* Satô (Coleoptera: Myxophaga: Torridincolidae). Zootaxa, 3016: 51-62.

Háva J. 2004. New and interesting Dermestidae (Coleoptera) from China. Entomologische Zeitschrift, Stuttgart, 114(5): 225-232.

Háva J. 2007. Distributional notes on Nosodendridae (Coleoptera) VI. Descriptions of a new species from Laos and new distributional data on certain other species. Acta Musei Moraviae, Scientiae biologicae (Brno), 92: 177-180.

Háva J. 2014a. Descriptions of two new *Orphinus* Motschulsky, 1858 species from China (Coleoptera: Dermestidae: Megatominae). Folia Heyrovskyana, Series A, 23(2): 1-4.

Háva J. 2014b. Updated world catalogue of the Nosodendridae (Coleoptera: Derodontoidea). Heteropterus Revista de Entomología, 14 (1): 13-24.

Háva J. 2018. Distributional notes on some Nosodendridae (Coleoptera) - XVII. Description of a new species from China. Euroasian Entomological, 17 (2): 120-121.

Háva J. 2021. Study of the genus *Orphinus* Motschulsky, 1858.Part 2 - species from the Palaearctic Region (Coleoptera: Dermestidae: Megatominae). Studies and Reports, Taxonomical Series, 17(1): 13-24.

Háva J, Herrmann A. 2017. New faunistic records and remarks on Dermestidae (Coleoptera) - Part 16.. FoliaHEyrovskyana, series A, 25: 4-14.

Hayashi Y. 1975. Notes on Staphylinidae from Taiwan (Col.), I. The Entomological Review of Japan, 28(1-2): 63-68.

Hayashi Y. 1978. Notes on Staphylinidae from Taiwan, II (Coleoptera). The Entomological Review of Japan, 31(1-2): 29-31.

Hayashi Y. 1984. Notes on Staphylinidae from Taiwan (Col.), III. The Entomological Review of Japan, 39(1): 91-93.

Hayashi Y. 1985. Notes on Staphylinidae (Col.) from Taiwan, IV. The Entomological Review of Japan, 40(2): 81-84.

Hayashi Y. 1990. Notes on Staphylinidae from Taiwan, V. The Entomological Review of Japan, 45(2): 135-143.

Hayashi Y. 1991. Notes on Staphylinidae from Taiwan, VI. The Entomological Review of Japan, 46(1): 45-51.

Hayashi Y. 1992a. Notes on Staphylinidae from Taiwan. VII. The Entomological Review of Japan, 47(1): 11-16.

Hayashi Y. 1992b. Notes on Staphylinidae from Taiwan. VIII. The Entomological Review of Japan, 47(2): 107-113.

Hayashi Y. 1993. Notes on Staphylinidae from Taiwan, IX (Coleoptera). The Entomological Review of Japan, 48(2): 123-126.

Hayashi Y. 1996. New records of Staphylinidae from Taiwan, 1. The Entomological Review of Japan, 51(2): 110.

Hayashi Y. 1997. New records of Staphylinidae from Taiwan, 2. The Entomological Review of Japan, 52(1): 38.

Hayashi Y. 2002. A new species of *Nodynus* (Coleoptera, Staphylinidae) from China. Elytra, 30(2): 303-306.

Hayashi Y. 2003a. A new *Anisolinus* species (Coleoptera, Staphylinidae) from China. Special Bulletin of the Japanese Society of Coleopterology, 6: 161-164.

Hayashi Y. 2003b. New records of Staphylinidae from Taiwan, 3. The Entomological Review of Japan, 58 (2): 120.

He J W, Yao Y H, Dong Z W, et al. 2022. Complete mitochondrial genome of *Pectocera* sp. (Elateridae: Dendrometrinae: Oxynopterini) and its phylogenetic implications. Archives of Insect Biochemistry and Physiology 111(1): e21957.

He L, Zhou H Z. 2018. Taxonomy of the genus *Miobdelus* Sharp, 1889 (Coleoptera: Staphylinidae: Staphylinini) and five new species from China. Zootaxa, 4377(3): 301-353.

He L, Zhou H Z. 2020. *Cyanocypus* gen. nov., a new rove beetle genus of the "*Staphylinus*-complex" (Coleoptera: Staphylinidae) with one new species from China. Zootaxa 4759(2): 261-268.

He L, Schillhammer H, Cai Y P, et al. 2021. A new species of the genus *Eucibdelus* Kraatz, 1859 (Coleoptera: Staphylinidae: Staphylininae) from Yunnan, China. Zootaxa, 4969(3): 594-600.

Hegde V D, Vasanthakumar D. 2018. Updated check-list of darkling beetles (Coleoptera: Tenebrionidae) of West Bengal, India. Records of the Zoological Survey of India, 118(3): 281-286.

Hegde V D, Vasanthakumar D. 2021. The tribe Cnodalonini (Coleoptera: Tenebrionidae: Stenochiinae) from Maharashtra with two new records. Journal of Threatened Taxa, 13(7): 18947-18948.

Hegde V D, Lal B, Kushwaha R K. 2013. Darkling beetles (Tenebrionidae: Coleoptera) of Dudhwa National Park,Uttar Pradesh, India. Journal on New Biological Reports, 2(2): 130-141.

Hiroyuki Y. 2018. A new record of *Cryptocephalomorpha* maior (Coleoptera: Carabidae: Pseudomorphinae) from China. Japanese Journal of Systematic Entomology, 24(1): 89-90.

Hlaváč P. 1998. A new species of the genus *Hyugatychus* (Coleoptera, Staphylinidae, Pselaphinae) from China. Folia Heyrovskyana, 6: 77-80.

Hlaváč P, Nomura S, Zhou H Z. 2000. Two new species of the genus *Labominus* from China (Coleoptera, Staphylinidae, Pselaphinae). Species Diversity, 5(2): 149-153.

Hlaváč P, Nomura S. 2003. A taxonomic revision of the Tyrini of the Oriental region.III. *Megatyrus* (Coleoptera, Staphylinidae, Pselaphinae), a new genus of the *Tyrina* from China and Vietnam. Elytra, 31(1): 165-174.

Hlaváč P, Sugaya H, Zhou H Z. 2002. A new species of the genus *Batristilbus* (Coleoptera, Staphylinidae, Pselaphinae) from China. Entomogical Problems, 32(2): 129-131.

Holyński R B. 2019. Review of Indo-Pacific Dicercina GISTL (Coleoptera: Buprestidae): *Psiloptera* DEJ. Procrustomachia, 4(5): 48-94.

Holzschuh C, Lin M Y. 2017. A revision of the saperdine *Dystomorphus* Pic (Coleoptera, Cerambycidae, Lamiinae). Special Bulletin of the Coleopterological Society of Japan, (1): 267-286.

Horák J. 2009. Revision of some Oriental Mordellini with description of four new species. Part 3. (Coleoptera: Mordellidae). Studies and Reports of District Museum Prague-East Taxonomical Series, 5(1-2): 65-90.

Hovorka O. 2019a. Five new species of *Galerita* from Asia and new distributional records (Coleoptera: Carabidae: Galeritini). Folia Heyrovskyana, Series 27(1): 26-41.

Hovorka O. 2019b. A new *Yamatosa* species from China (Coleoptera: Carabidae: Rhysodini) and new distributional records of *Omoglymmius sakuraii* (Nakane, 1973). Studies and Reports Taxonomical Series, 14(2): 269-273.

Hromádka L. 2003. Zwei neue Arten der *Gattung* Quedius aus Nepal und China (Insecta, Coleoptera, Staphylinidae, Staphylininae). Entomologische Abhandlungen (Dresden), 60: 133-137.

Hsiao Y. 2021. A taxonomic study of *Cucujus* Fabricius, 1775 from Asia (Coleoptera: Cucujidae), with descriptions of new species and notes on morphological classification. Insect Systematics & Evolution, 52(3), 247-297.

Hu F S. 2020. New distributional records of Staphylinina in Taiwan, including a new species of *Miobdelus* Sharp (Coleoptera: Staphylinidae: Staphylininae: Staphylinini). Zootaxa, 4768(3): 334-360.

Hu F S, Drumont A, Telnov D. 2022. A new *Autocrates* J. Thomson, 1860 (Coleoptera: Trictenotomidae) from Dayaoshan, S China: The importance of biodiversity refugia. Annales Zoologici (Warszawa), 72(3): 371-388.

Hu J Y, Li L Z, Zhao M J. 2005. A new species of the genus *Nazeris* from Guizhou, China (Coleoptera, Staphylinida, Paederinae). Acta Zootaxonomica Sinica, 30(1): 95-97.

Huang G Q, Li S. 2019. Review of the *Falsotrachystola* Breuning, 1950 (Coleoptera: Cerambycidae: Lamiinae: Morimopsini). Zootaxa 4555(1): 45-55.

Huang G Q, Huang J B, Liu Y F. 2019. Review of the *Hechinoschema* Thomson, 1857 (Coleoptera: Cerambycidae: Lamiinae: Monochamini), with description of a new and two new species. Zootaxa, 4768(4): 517-537.

Huang G Q, Li S, Zhang G M. 2021. A remarkable new species of *Teledapus* Pascoe, 1871 from China (Coleoptera: Cerambycidae: Lepturinae: Teledapini). Zootaxa, 4926(3): 441-445.

Huang G Q, Li Z, Chen L. 2015. A revision of the *Euseboides* Gahan, 1893 (Coleoptera: Cerambycidae: Lamiinae), with description of two new species. Zootaxa, 3964(2): 151-182.

Huang G Q, Weigel A, Chang E M, et al. 2024. A revision of some species of *Souvanna* Breuning, 1963, *Mispila* Pascoe, 1864, and *Athylia* Pascoe, 1864 (Coleoptera, Cerambycidae, Lamiinae). ZooKeys, 1190: 107-119.

Huang G Q, Yan K, Li S. 2020. Description of *Pseudoechthistatus rugosus* n. sp. from Yunnan, China (Coleoptera: Cerambycidae: Lamiinae: Lamiini). Zootaxa, 4747(3): 593-600.

Huang G Q, Yan K, Zhang G M. 2020. Description of *Paraclytus xiongi* sp. nov. from Yunnan, China (Coleoptera: Cerambycidae: Cerambycinae: Anaglyptini). Zootaxa, 4838(3): 406-414.

Huang H, Pan Z H. 2015. A new species of *Buprestis* subgenus Akiyamaia from South-Eastern Xizang, China (Coleoptera: Buprestidae: Buprestini). Zootaxa, 4007(3): 389-398.

Huang J H, Yoshitake H, Zhang R Z, et al. 2013. Taxonomic review of the genus *Rhinoncomimus* (Coleoptera: Curculionidae: Ceutorhynchinae) with description of a new species from Yunnan, China. Zootaxa, 3750(2): 143-166.

Huang J H, Zhang R Z, Pelsue F W. 2006. A new species of the genus *Watanabesaruzo* (Coleoptera: Curculionidae: Ceutorhynchinae) from China. Zootaxa, 1124(1124): 41-46.

Huang M C, Li L Z, Yin Z W. 2018a. Eleven new species and a new country record of *Pselaphodes* (Coleoptera: Staphylinidae: Pselaphinae) from China, with a revised checklist of world species. Acta Entomologica, 58(2): 457-478.

Huang M C, Li L Z, Yin Z W. 2018b. Four new species of *Pselaphodes* Westwood (Coleoptera: Staphylinidae: Pselaphinae) from Thailand, Laos, and China. Zootaxa, 4472(1): 100-110.

Huang S B, Tian M Y. 2015. New species and new record of subterranean trechine beetles (Coleoptera: Carabidae: Trechinae) from Southwestern China. The Coleopterists Bulletin, 69(4): 727-733.

Huber C, Geiser M. 2012. *Nebria (Patrobonebria) megalops* sp. n., a new species to Yunnan (China) (Coleoptera, Carabidae). Mitteilungen der Schweizerischen Entomologischen Gesellschaft, 85: 159-165.

Hui Y, Lieutier F. 1997. Shoot aggregation by *Tomicus piniperda* L (Col: Scolytidae) in Yunnan, Southwestern China. Annales Desences Forestieres, 54(7): 635-641.

Huo L Z, Chen X S, Li W J, et al. 2015. A New genus of the tribe Aspidimerini (Coleoptera: Coccinellidae) from the Oriental Region. Annales Zoologici, 65(2): 171-185.

Huo L Z, Li W J, Chen X S, et al. 2015. New species, new synonymies and a new record of the genus *Cryptogonus* Mulsant, 1850 (Coleoptera, Coccinellidae) from China. Deutsche Entomologische Zeitschrift, 62(2): 203-210.

Huo L Z, Wang X M, Chen X S, 2013. The genus *Aspidimerus* Mulsant, 1850 (Coleoptera, Coccinellidae) from China, with descriptions of two new species. ZooKeys, 348: 47-75.

Inoda T, Inoda Y, Rullan J K. 2015. Larvae of the water scavenger beetle, *Hydrophilus acuminatus* (Coleoptera: Hydrophilidae) are specialist predators of snails. European Journal of Entomology, 112(1): 145-150.

Ito T. 1985. On the species of *Nazeris* from Taiwan (Coleoptera, Staphylinidae). The Entomological Review of Japan, 40(1): 53-57.

Ito T. 1989. Notes on the species of *Othius* from Taiwan (Coleoptera, Staphylinidae). The Entomological Review of Japan, 44(1): 25-30.

Ito T. 1995. Notes on the species of *Nazeris* (Coleoptera, Staphylinidae) from Taiwan. Elytra, 23(1): 89-93.

Ito T. 1996a. A new species of the genus *Nazeris* from China (Coleoptera, Staphylinidae). The Entomological Review of Japan, 51(1): 63-65.

Ito T. 1996b. Six new mountainous species of the genus *Nazeris* (Coleoptera, Staphylinidae) from Taiwan. Japanese Journal of Systematic Entomology, 2(2): 123-131.

Ito T. 1996c. Three new species of the genus *Nazeris* (Coleoptera, Staphylinidae) from Taiwan. Elytra, 24(1): 41-47.

Ito T. 1996d. Two new additional species of the group *Nazeris alishanus* (Coleoptera, Staphylinidae) from Taiwan. Japanese Journal of Entomology, 64(1): 67-74.

Ito T, Yoshitomi H. 2017. Four new species of the genus *Prostomis* (Coleoptera: Prostomidae) from the Oriental Region. Japanese Journal of Systematic Entomology, 23: 113-118.

Iwan D, Ferrer J, Raś M. 2010. Catalogue of the world *Gonocephalum* Solier, 1834 (Coleoptera, Tenebrionidae, Opatrini). Part 1. List of the species and subspecies. Annales Zoologici, 60: 245-304.

Iwan D, Löbl I. 2020. Catalogue of Palaearctic Coleoptera. Vol. 5: Tenebrionoidea. Revised and Updated Second Edition. Brill Publishers: 1-945.

Jäch M A. 2003. Hydraenidae: II. Synopsis of *Ochthebius* Leach from the mainland of China, with descriptions of 23 new species//Jäch M A, Ji L. Water Beetles of China, Volume III. Wien: Zoologisch-Botanische Gesellschaft in Österreich and Wiener Coleopterologenverein.

Jäch M A, Diaz J A. 2005. Revision of the Chinese species of *Hydraena* Kugelann I. Descriptions of 15 new species of *Hydraena* s.str. from Southeast China. Koleopterologische Rundschau, 75: 53-104.

Jaeger B, Kataev B M, Wrase D. 2016. New synonyms, and first and interesting records of certain species of the subtribe Stenolophina from the Palaearctic, Oriental and Afrotropical regions (Coleoptera, Carabidae, Harpalini, Stenolophina). Linzer Biologische Beiträge, 48 (2): 1255-1294.

Jaloszyński P. 2007. The Cephenniini of China. II. *Cephennodes* Reitter of southern provinces, with taxonomic notes on the *Cephennodes-Chelonoidum* complex (Coleoptera: Scydmaenidae). Genus, 18(1): 7-101.

Jaloszyński P. 2008. Description of male of *Syndicus sinensis* Jaloszyński (Coleoptera: Scydmaenidae). Genus, 19(1): 45-48.

Jaloszyński P. 2009a. First record of *Microscydmus* Saulcy & Croissandeau, 1893 from China, with descriptions of two new species (Coleoptera: Scydmaenidae). Zootaxa, 2078: 63-68.

Jaloszyński P. 2009b. Two new species of *Stenichnus* Thomson from China (Coleoptera, Scydmaenidae). Genus, 20(1): 27-34.

Jaloszyński P. 2010a. *Eutheia nujianglisuana* n. sp. from China, and an updated checklist of Palearctic *Eutheia* Stephens (Coleoptera: Staphylinidae: Scydmaeninae). Genus, 21(1): 21-29.

Jaloszyński P. 2010b. *Neuraphes hengduanus* n. sp. from Yunnan, China (Coleoptera: Staphylinidae: Scydmaeninae). Genus, 21(4), 495-499.

Jaloszyński P. 2012. *Stenichnus grebennikovi* n. sp. from Yunnan, China (Coleoptera: Staphylinidae: Scydmaeninae). Genus, 23(4): 565-569.

Jaloszyński P. 2013. *Neuraphes pseudojumlanus* n. sp. from Yunnan, China (Coleoptera: Staphylinidae: Scydmaeninae). Genus, 24 (2): 149-154.

Jaloszyński P. 2015. *Schuelkelia* gen. n., a new eastern Palaearctic ant-like stone beetle, with synopsis of Eurasian genera of *Cyrtoscydmini* (Coleoptera: Staphylinidae: Scydmaeninae). Zootaxa, 4007(3): 343-369.

Jaloszyński P. 2018. The first Philippine species of *Loeblites* Franz (Coleoptera: Staphylinidae: Scydmaeninae). Zootaxa, 4471(1): 185-188.

Jaloszyński P. 2019a. The Cephenniini of China. IX. *Cephennomicrus* Reitter of Yunnan (Coleoptera: Staphylinidae: Scydmaeninae). Zootaxa, 4629(2): 280-286.

Jaloszyński P. 2019b. The first species of *Scydmoraphes* (Coleoptera, Staphylinidae, Scydmaeninae) in China. Zootaxa, 4559(1): 182-184.

Jaloszyński P. 2021. *Sinonichnus* gen. n. for *Scydmoraphes yunnanensis* Jaloszyński, and description of *Sinonichnus leiodicornutus* sp. n. (Coleoptera, Staphylinidae, Scydmaeninae). Zootaxa, 4938(4): 487-496.

Jaloszyński P. 2023a. A new species of *Syndicus* s. str. from Sumatra (Coleoptera, Staphylinidae, Scydmaeninae). Zootaxa, 5315(6): 593-599.

Jaloszyński P. 2023b. Two new species of *Syndicus* in Southern India (Coleoptera, Staphylinidae, Scydmaeninae). Zootaxa, 5230(4): 489-495.

Jaloszyński P, Maruyama M, Klimaszewski J. 2023. *Wow assingi* gen. and spec. n., with description of a new tribe of Aleocharinae (Coleoptera, Staphylinidae). Zootaxa, 5357(4): 573-586.

Jaskula R. 2005. *Cylindera dromicoides* - a new tiger beetle species for the fauna of China (Coleoptera: Cicindelidae). Journal of the Entomological Research Society, 7(1) :63-65.

Jelínek J, Hájek J. 2018. Two new species of *Glischrochilus* with taxonomic comments, new records from Asia, and a world checklist of the genus (Coleoptera: Nitidulidae). Acta Entomologica, 58(2): 567-576.

Jendek E. 2013. Revision of the *Agrilus spectabilis* species-group (Coleoptera: Buprestidae: Agrilinae). Studies and Reports - Taxonomical Series, 9(1): 101-126.

Jendek E, Grebennikov V V. 2009. Revision of the *Agrilus cyanescens* species-group (Coleoptera: Buprestidae) with description of three new species from the east Palaearctic region. Zootaxa, 2139: 43-60.

Jia F L. 2014. A revisional study of the Chinese species of *Amphiops* Erichson (Coleoptera, Hydrophilidae, Chaetarthriini). Journal of Natural History, 48: 1085-1101.

Jia F L. 2010. *Megagraphydrus puzhelongi*, sp. n., a new water scavenger beetle from China (Coleoptera: Hydrophilidae: Hydrophilinae). Zootaxa, 2498: 65-68.

Jia F L, Tang Y D. 2018a. A faunistic study of genus *Chasmogenus* Sharp, 1882 of China (Coleoptera, Hydrophilidae). ZooKeys, 738: 59-66.

Jia F L, Tang Y D. 2018b. A revision of the Chinese *Helochares* (s. str.) Mulsant, 1844 (Coleoptera, Hydrophilidae). European Journal of Taxonomy, 438: 1-27.

Jia F L, Wang Y. 2010. A revision of the species of *Enochrus* (Coleoptera: Hydrophilidae) from China. Oriental Insects, 44: 361-385.

Jia F L, Zhang R J. 2017. A review of the genus *Cryptopleurum* from China(Coleoptera: Hydrophilidae). Acta Entomologica Musei Nationalis Pragae, 57(2): 577-592.

Jia F L, Lin R C, Chan E, et al. 2017. Two new species of *Coelostoma* Brullé, 1835 from China and additional faunistic records of the genus from the Oriental Region (Coleoptera: Hydrophilidae: Sphaeridiinae: *Coelostoma*tini). Zootaxa, 4232(1): 113-122.

Jia F L, Lin R C, Li B J, et al. 2015. A review of the omicrine genera *Omicrogiton*, *Mircogioton* and *Peratogonus* of China (Coleoptera, Hydrophilidae, Sphaeridiinae). ZooKeys, 511: 99-116.

Jia F L, Song K Q, Gentili E. 2013. A new species of *Laccobius* Erichson, 1837 from China (Coleoptera: Hydrophilidae). Zootaxa 3734(1): 91-95.

Jia F L, Tang Y D, Minoshima Y N. 2016. Description of three new species of *Crenitis* Bedel from China, with additional faunistic records for the genus (Coleoptera: Hydrophilidae: Chaetarthriinae). Zootaxa, 4208(6): 561-576.

Jia F L, Yang Z M, Jiang L, et al. 2020. *Chaetarthria chenjuni* Jia & Yang, sp. nov. (Coleoptera: Hydrophilidae), a new species from China and additional faunistic records. Zoological Systematics, 45(2): 146-149.

Jia N, Su X, Liu J, et al. 2019. Taxonomy of *Cyrtomorphus* Lacordaire (Coleoptera, Erotylidae, Tritomini) from China. ZooKeys, 886: 155-161.

Jian M, Tian M. 2009. A review of the genus *Tetragonoderus* Dejean (Coleoptera: Carabidae: Cyclosomini) in China. Journal of the Entomological Research Society, 11: 31-38.

Jiang R X, Wang S. 2020. Two new species of the genus *Zaitzevia* Champion, 1923 from China (Coleoptera: Elmidae: Macronychini). Zootaxa, 4852(2): 231-238.

Jiang R X, Bai X L, Ren G D, et al. 2020. A taxonomic revision of the genus *Hexarhopalus* (Coleoptera, Tenebrionidae: Cnodalonini) from China. Zootaxa, 4821(2): 277-304.

Jiang R X, Li Z C, Ji Q Y, et al. 2021. Three new species of the genus *Hexarhopalus* Fairmaire, 1891 (Coleoptera, Tenebrionidae: Cnodalonini) from China. Zootaxa, 5004(4): 587-597.

Jiang R X, Lopes-Andrade C, Liu H Y, et al. 2022. An extraordinary new species of the genus *Syncosmetus* Sharp, 1891 (Coleoptera: Ciidae) from Yunnan, China. Zootaxa, 5214(2): 294-300.

Jiang Z Y, Zhao S, Jia F L, et al. 2023. Two new species of *Platynectes* Régimbart, 1879 from China with notes on other Chinese members of the genus, including a key to species (Coleoptera: Dytiscidae: Agabinae). Zootaxa, 5227(4): 401-425.

Jiang Z Y, Zhao S, Mai Z Q, et al. 2023. Review of the genus *Cybister* in China, with description of a new species from Guangdong (Coleoptera: Dytiscidae). Acta Entomologica, 63(1): 75-102.

Jiang Z Y, Zhao S, Yang Z Y, et al. 2022. A review of *Copelatus* Erichson, 1832 of the mainland of China, with description of ten new species from the japonicus complex (Coleoptera: Dytiscidae: Copelatinae). Zootaxa, 5124(3): 251-295.

Jin Z Y, Qin Z, Ślipiński A. 2018. New records of the family Dascillidae (Coleoptera) from China. Zootaxa, 4471(2): 396-400.

Jin Z Y, Slipinski A, Pang H. 2013. Genera of *Dascillinae* (Coleoptera: Dascillidae) with a review of the Asian species of *Dascillus* Latreille, *Petalon* Schonherr and *Sinocaulus* Fairmaire. Annales Zoologici, 63(4):551-652.

Johnson A J, Li Y, Mandelshtam M Y, et al. 2020. East Asian *Cryphalus* Erichson (Curculionidae, Scolytinae): new species, new synonymy and redescriptions of species. ZooKeys, 995: 15-66.

Johnson A J, Sittichaya W, Lai S H, et al. 2023. The tribal placement of *Urocorthylus* Petrov, Mandelshtam & Beaver, with a description of the male of *U. hirtellus* Petrov et al., and notes on its biology (Coleoptera: Curculionidae: Scolytinae). Zootaxa, 5306(1): 116-126.

Jun L I, Zhou Z, Mao C, et al. 2022. Complete mitogenome and phylogenetic significance of *Metoecus javanus* (Pic, 1913) (Coleoptera: Ripiphoridae) from Southwest China, with notes on morphological traits of adult and immature stages. Zootaxa, 5205(3): 231-248.

Kadej M, Háva J. 2011. A new species of *Anthrenus* Geoffroy, 1762 (Coleoptera: Dermestidae) from China, with a revised checklist of the Chinese species. The Coleopterists Bulletin, 65(3): 309-314.

Kalashian M. 2007. New species of the buprestid genus *Endelus* Deyrolle (Coleoptera, Buprestidae) from China, India, and Laos. Entomological Review, 87(8):1026-1034.

Kalashian M. 2021. A new species of *Endelus* Deyrolle, 1864 (Coleoptera: Buprestidae) from India with notes on the nomenclature of the genus. Caucasian Entomological Bulletin, 17(1): 223-226.

Kamiński M J, Lumen R, Kanda K, et al. 2021. Reevaluation of Blapimorpha and Opatrinae: addressing a major phylogeny-classification gap in darkling beetles (Coleoptera: Tenebrionidae: Blaptinae). Systematic Entomology, 46(1):140-156.

Kamite Y. 2009. A revision of the genus *Heterlimnius* Hinton (Coleoptera: Elmidae). Japanese Journal of Entomology, 15(1): 199-226.

Kataev B M. 2002. On some new and little-known species of the Anisodactylina and Harpalina (the Selenophori group) from East Asia and Oriental region (Coleoptera: Carabidae: Harpalini). Russian Entomological Journal, 11(3): 241-252.

Kataev B M. 2014. Systematic and nomenclatorial notes on some taxa of Zabrini and Harpalini from the Palaearctic, Oriental and Australian regions (Coleoptera: Carabidae). Proceedings of the Zoological Institute RAS, 318(3): 252-267.

Kataev B M. 2015. New data on distribution of ground-beetles of the tribe Harpalini in the Palaearctic, Oriental Region and in Australia (Coleoptera, Carabidae: Harpalini). Entomological Review, 95(4): 536-543.

Kataev B M. 2022. Notes on carabid beetles of the genera *Coleolissus* and *Siopelus* (Coleoptera: Carabidae: Harpalini), with description of four new species with unusual aedeagi from India and China. Zootaxa, 5168(3): 285-305.

Kataev B M, Liang H B. 2015. Taxonomic review of Chinese species of ground beetles of the subgenus *Pseudoophonus* (genus *Harpalus*) (Coleoptera: Carabidae). Zootaxa, 3920(1): 1-39.

Kataev B M, Wrase D W. 2023. Three new brachypterous species of the genus *Coleolissus* (Coleoptera: Carabidae) from China and India. Zootaxa, 5227(2): 279-289.

Kataev B M, Liang H B, Kavanaugh D H. 2012. Contribution to knowledge of the genus *Chydaeus* in Xizang Autonomous Region and Yunnan Province, China (Coleoptera, Carabidae, Harpalini). ZooKeys, 171: 39-92.

Kataev B M, Liang H B, Wrase D V. 2022. New data on carabid beetles of *Trichotichnus* s. str. (Coleoptera: Carabidae) of Yunnan (China) and adjacent areas, with description of six new species and two new subspecies. Zootaxa, 5159(3): 301-353.

Kataev B M, Wrase D W, Schmidt J. 2014. New species of the genus *Chydaeus* from China, Nepal, Myanmar, and Thailand, with remarks on species previously described (Coleoptera: Carabidae: Harpalini). Zootaxa, 3765(1): 1-28.

Kavanaugh D H, Liang H B. 2006. Three additional new species of *Aristochroa* Tschitschérine (Coleoptera: Carabidae: Pterostichini) from the Gaoligongshan of Western Yunnan Province, China. Proceedings of the California Academy of Sciences, 57(24): 711-732.

Kavanaugh D H, Yang M. 2010. Key to species of the subgenus *Chlaenioctenus* (Coleoptera: Carabidae: Chlaeniini: *Chlaenius*), With description of two new species. Zootaxa, 2397(2397): 15-28.

Kavanaugh D H, Hieke F, Liang H B, et al. 2014. Inventory of the carabid beetle fauna of the Gaoligong Mountains, Western Yunnan Province, China: species of the tribe Zabrini (Coleoptera, Carabidae). ZooKeys, 407: 55-119.

Kazantsev S V. 2010. New taxa of Omalisidae, Drilidae and Omeghidae, with a note on systematic position of Thilmaninae (Coleoptera). Russian Entomological Journal, 19(1): 51-60.

Kazantsev S V. 2019. New species of *Podosilis* Wittmer, 1978 (Coleoptera: Cantharidae) from China and Indochina. Russian Entomological Journal, 28(2): 158-164.

Kejval Z. 2017. Studies of the genus *Anthelephila* Hope (Coleoptera: Anthicidae) 14. Twenty-four new species from Asia and new records of *A. fossicollis* Kejval. Zootaxa, 4306(1): 1-52.

Kirkendall L R, Faccoli M, Ye H. 2008. Description of the Yunnan shoot borer, *Tomicus yunnanensis* Kirkendall & Faccoli sp. n. (Curculionidae, Scolytinae), an unusually aggressive pine shoot beetle from Southern China, with a key to the species of *Tomicus*. Zootaxa, 1819: 25-39.

Kishimoto T. 2000. A new *Trigonurus* (Coleoptera, Staphylinidae, Trigonurinae) discovered in Sichuan, China. Elytra, 28(2): 305-309.

Kishimoto T, Shimada T. 2003. *Brathinus satoi* sp. nov. (Coleoptera, Staphylinidae), a new species of peculiar omaliine beetle from Sichuan, China. Special Bulletin of the Japanese Society of Coleopterology, 6: 145-149.

Knížek M, Beaver R A, Liu L Y. 2015. A new species of *Diapus* Chapuis from South-West China and North Thailand (Coleoptera: Curculionidae: Platypodinae). Zootaxa, 4058(2): 296-300.

Kodada J, Jäch M A. 1995. Dryopidae: 2. Taxonomic review of the Chinese species of the genus *Helichus* Erichson (Coleoptera). Water Beetles of China, 1: 329-339.

Komarek A, Hebauer F. 2018. Taxonomic revision of *Agraphydrus* Régimbart, 1903 I. China (Coleoptera: Hydrophilidae: Acidocerinae). Zootaxa, 4452(1): 1-101.

Konstantinov A S. 1998. Revision of the *Aphthona crypta* group of species and a key to the species groups in *Aphthona* Chevrolat (Coleoptera: Chrysomelidae: Alticinae). The Coleopterists Bulletin, 52(2): 134- 146.

Konstantinov A S, Duckett C N. 2005. New species of *Clavicornaltica* Scherer (Coleoptera: Chrysomelidae) from continental Asia.

Zootaxa, 1037: 49-64.

Konstantinov A S, Chamorro M L, Prathapan K D, et al. 2013. Moss-inhabiting flea beetles (Coleoptera: Chrysomelidae: Galerucinae: Alticini) with description of a new genus from Cangshan, China. Journal of Natural History, 47(37-38): 2459-2477.

Konvička O. 2015. Contribution to knowledge of the distribution of the false darkling beetles (Coleoptera Melandryidae) of the Palaearctic Region. Klapalekiana, 51: 229-234.

Koshkin E S, Drumont A. 2023. A new species of the *Aegosoma* Audinet-Serville, 1832 (Coleoptera: Cerambycidae, Prioninae) from South China and Northeast Myanmar. Zootaxa, 5239(4): 593-600.

Košťál M, Caldara R. 2019. Revision of Palaearctic species of the genus *Cionus* Clairville (Coleoptera: Curculionidae: Cionini). Zootaxa, 4631(1): 1-144.

Kubecek V, Bray T C, Bocak L. 2015. Molecular phylogeny of Metanoeina net-winged beetles identifies *Ochinoeus*, a new genus from China and Laos (Coleoptera: Lycidae). Zootaxa, 3955(1): 113-122.

Kundrata R, Németh T. 2019. Description of *Penia mantillerii* sp. nov. (Coleoptera: Elateridae: Dimini), with a key to *Penia* species from Vietnam and nearby areas. Zootaxa, 4612(2): 275-281.

Kundrata R, Bocakova M, Bocak L. 2013. The phylogenetic position of Artematopodidae (Coleoptera: Elateroidea), with description of the first two *Eurypogon* species from China. Contributions to Zoology, 82(4): 199-208.

Kundrata R, Kubaczkova M, Prosvirov A S, et al. 2019. World catalogue of the genus-group names in Elateridae (Insecta, Coleoptera). Part I: Agrypninae, Campyloxeninae, Hemiopinae, Lissominae, Oestodinae, Parablacinae, Physodactylinae, Pityobiinae, Subprotelaterinae, Tetralobinae. ZooKeys, 839: 83-154.

Lai S C, Wang J G, Fu Y G, et al. 2020. Infestation of Platypodine beetles (Coleoptera: Curculionidae) on rubber trees in China. The Coleopterists Bulletin, 74(3): 626-631.

Lai S C, Wang J G, Zhang L, et al. 2021. A new species, a new combination, and a new record of *Crossotarsus* Chapuis, 1865 (Coleoptera: Curculionidae: Platypodinae) from China. ZooKeys, 1028: 69-83.

Lazarev M A. 2024. Taxonomic notes on longhorned beetles with the descriptions of several new taxa (Coleoptera, Cerambycidae). Humanity Space, International Almanac, 13(1): 21-38.

Lee C F. 2007. Revision of family Helotidae (Coleoptera: Cucujoidea): I. Gemmata group of genus *Helota*. Annals of the Entomological Society of America, 100(5): 623-639.

Lee C F. 2008. Revision of the family Helotidae (Coleoptera: Cucujoidea) II: The Vigorsii group of the genus *Helota*. Annals of the Entomological Society of America, 101: 722-742.

Lee C F. 2009a. Revision of the family Helotidae (Coleoptera: Cucujoidea) III: The *Thibetana* group and a checklist of *Helota* MacLeay species. Annals of the Entomological Society of America, 102: 48-59.

Lee C F. 2009b. Revision of the family Helotidae (Coleoptera: Cucujoidea): IV. The genus *Metahelotella*. Annals of the Entomological Society of America, 102: 785-796.

Lee C F. 2010. Revision of the family Helotidae (Coleoptera: Cucujoidea): V. Species group classification of the genus *Neohelota* Ohta and revisions of *N. laevigata* and *N. helleri* species groups. Annals of the Entomological Society of America, 103 (4): 500-510.

Lee C F. 2017. Revision of the genus *Doryscus* Jacoby (Coleoptera: Chrysomelidae: Galerucinae). Zootaxa, 4269(1): 1-43.

Lee C F, Beenen R. 2015. Revision of the genus *Aulacophora* from Taiwan (Coleoptera: Chrysomelidae: Galerucinae). Zootaxa, 3949 (2): 151-190 .

Lee C F, Bezděk J. 2018. Revision of the genus *Theopea* Baly (Coleoptera: Chrysomelidae: Galerucinae) of East Asia: species lacking modified clypeus in males and the *T. sauteri* species group. Zootaxa, 4508(3): 334-376.

Lee C F, Bezděk J. 2020. Revision of the *Theopea* genus group (Coleoptera, Chrysomelidae, Galerucinae), part III: Descriptions of two new genera and nine new species. ZooKeys, 912: 65-124.

Lee C F, Bezdek J. 2021. Revision of the genus *Furusawaia* Chûjô, 1962 (Coleoptera, Chrysomelidae, Galerucinae). Zookeys, 1057: 117-148.

Lee C F, Huang C L. 2023. Two new species of the genus *Shairella* (Coleoptera: Chrysomelidae: Galerucinae) from China, with an updated key to species of the world. Annales Zoologici, 73(3): 411-419.

Lee C F, Votruba P. 2011. Revision of family Helotidae (Coleoptera: Cucujoidea): VI. Candezei group of the genus *Neohelota*. Annals of the Entomological Society of America, 104(4): 658-665

Lee C F, Votruba P. 2013a. A revision of the family Helotidae (Coleoptera: Cucujoidea): VIII. The guerinii species-group of the genus *Neohelota*. Entomologica Basiliensia, 34: 269-308.

Lee C F, Votruba P. 2013b. Revision of the family Helotidae (Coleoptera: Cucujoidea): VII. The attenuata species group of the genus *Neohelota*. Annals of the Entomological Society of America, 106(2): 152-163.

Lee C F, Votruba P. 2014. Revision of the family Helotidae (Coleoptera: Cucujoidea): IX. The culta species group and a checklist of *Neohelota* species. Annals of the Entomological Society of America, 107(2): 315-338.

Lee C F, Yang P S. 1996. Taxonomic revision of the oriental species of *Dicranopselaphus* Guérin-Méneville (Coleoptera: Psephenidae: Eubriinae). Insect Systematics & Evolution, 27: 169-196.

Lee C F, Yang P S. 1999. Two new species of *Homoeogenus* Waterhouse (Coleoptera: Psephenidae), with additional distribution records on some Chinese species. Zoological Studies, 38(1): 7-9.

Lee Ch F, Bezděk J. 2014. Taxonomic studies on the genus *Apophylia* from Taiwan (Coleoptera: Chrysomelidae: Galerucinae). Journal of Taiwan Agricultural Research, 63(1): 1-16.

Legalov A A. 2007. Leaf-Rolling Weevils (Coleoptera: Rhynchitidae, Attelabidae) of the World Fauna. Novosibirsk: AgroSiberia.

Legalov A A. 2009a. A new species of the genus *Involvulus* Schrank from China (Coleoptera: Rhynchitidae). Studies and Reports Taxonomical Series, 5(1-2): 221-224.

Legalov A A. 2009b. Contribution to the knowledge of the world Rhynchitidae (Coleoptera). Baltic Journal of Coleopterology, 9(1): 55-58.

Legalov A A. 2010. Contribution to the knowledge of the leaf-rolling weevils (Coleoptera, Rhynchitidae, Attelabidae). Amurian Zoological Journal, 2(2): 13-38.

Legalov A A. 2010. Three new species of the genus *Auletobius* (Coleoptera: Rhynchitidae) from China and Vietnam. Studies and Reports, Taxonomical Series, 6(1-2): 165-170

Legalov A A. 2021. A new species of the genus *Pseudodepasophilus* Voss, 1942 (Coleoptera, Rhynchitidae) from China. Ecologica Montenegrina, 42: 121-124.

Legalov A A, Liu N. 2005. New leaf-rolling weevils (Coleoptera: Rhynchitidae, Attelabidae) from China. Baltic Journal of Coleopterology, 5: 99-132.

Lei Q L, Xu S Y, Yang X K, et al. 2021. Five new species of the leaf-beetle genus *Monolepta* Chevrolat (Coleoptera, Chrysomelidae, Galerucinae) from China. ZooKeys, 1056: 35-57.

Levey B. 2020. A review of the species of *Anaspis* (s. str.) similar to *A. nigripes* Brisout and *A. apfelbecki* Schilsky, with the description of three new species(Coleoptera: Scraptiidae). Zootaxa, 4778(3): 509-520.

Li C, Tang L. 2023. New species and records of *Algonina* Schillhammer & Brunke, 2018, mainly from China. Zootaxa, 5256(5): 457-482.

Li F M, Ślipiński A, Jin Z Y. 2017. Description of a new species of *Dascillus* Latreille from Yunnan, China (Coleoptera: Dascillidae). Zootaxa, 4341(3): 433-436.

Li G F, Shook G. 2008. *Neocollyris* purpureomaculata borea - A new tiger beetle species for the fauna of China (Coleoptera: Cicindelidae). Journal of the Entomological Research Society, 10(3): 33-34.

Li G F, Li H W, Liu Y J, et al. 2013. A new species of the subgenus *Stigmatochirus* of *Plastus* Bernhauer (Coleoptera, Staphylinidae, Osoriinae) from Yunnan, China. Zootaxa, 3636(1): 190-195.

Li G F, Li H W, Wang C M, et al. 2015. A new species of the genus *Oxyporus* Fabricius in Yunnan, China (Coleoptera, Staphylinidae, Oxyporinae). Zootaxa, 3926(4): 595-599.

Li G F, Li H W, Wang C M, et al. 2018. Two new species of the genus *Oxyporus* Fabricius in Yunnan Province, China (Coleoptera, Staphylinidae, Oxyporinae). Zootaxa, 4369(1): 93-100.

Li G F, Mei X H, Wang C M, et al. 2022. A new species in the genus *Indoquedius* Blackwelder (Coleoptera: Staphylinidae) from Yunnan, China. Entomotaxonomia, 44(3): 187-193.

Li G F, Wang C M, Li H F, et al. 2015. A new species of the genus *Oxyporus* Fabricius in Yunnan, China (Coleoptera, Staphylinidae, Oxyporinae). Zootaxa, 3986(5): 591-596.

Li G F, Wang C M, Li H F, et al. 2017. A new species of the genus *Oxyporus* Fabricius (Coleoptera: Staphylinidae: Oxyporinae) in Yunnan Province, China. Zootaxa, 4268(4): 588-592.

Li G F, Wang C M, Li H F, et al. 2019. A new species of the genus *Oxyporus* Fabricius in Yunnan Province, China (Coleoptera, Staphylinidae, Oxyporinae). Zootaxa, 4551(2): 231-236.

Li G F, Wang C M, Li Z W, et al. 2013. A new species of the genus *Thoracochirus* Bernhauer (Coleoptera, Staphylinidae, Osoriinae) from Yunnan, China. Zootaxa, 3750(1): 89-94.

Li G F, Zhou Y, Zheng F K. 2011. A new species of the genus *Oxyporus* Fabricius from Yunnan, China (Coleoptera, Staphylinidae, Oxyporinae). Zootaxa, 3067(1): 65-68.

Li H Y, Li Y H, Shi H L, et al. 2022. The genus *Pareuryaptus* (Carabidae, Pterostichini) from China, with three new country records. Biodiversity Data Journal, 1(2): 1-14.

Li J K. 1992. The Coleoptera Fauna of Northeast China. Jilin: Jilin Education Publishing House.

Li J K. 1993. The rove beetles of Northeast China//Li J k, Chen P. Studies on Fauna and Ecogeography of Soil Animal [sic]. Changchun: Northeast Normal University Press.

Li J, Ren G D. 2012. A key to known species of *Episcapha* (subgenus Ephicaspa Chûjô) (Coleoptera, Erotylidae, Megalodacnini), with the description of two new species. ZooKeys, 203: 47-53.

Li J, Ren G D. 2006a. Description of a new species of *Micrencaustes* (subgenus Mimencaustes Heller) (Coleoptera: Erotylidae: Encaustini) from China. Zootaxa, 1176: 53-58.

Li J, Ren G D. 2006b. One new species of *Episcapha* (subgenus Ephicaspa Chujo) (Coleoptera, Erotylidae, Megalodacnini) from China. Acta Zoologica Academiae Scientiarum Hungaricae, 52(3): 313-317.

Li J, Ren G D, Dong J Z. 2006. One new species of the genus *Neotriplax* (Coleoptera: Erotylidae) from China. Zootaxa, 1333: 63-67.

Li K Q, Liang H B. 2018. A check list of the Chinese Zeugophorinae (Coleoptera: Megalopodidae), with new synonym, new record and two new species of subgenus *Pedrillia* from China. Zootaxa, 4455(1): 127-149.

Li K Q, Liang H B. 2020. Four new species and two new records of genus *Zeugophora* (Coleoptera, Megalopodidae, Zeugophorinae) from China. ZooKeys, 975: 51-78.

Li K Q, Liang Z L, Liang H B. 2013. Two new species of the genus *Temnaspis* Lacordaire, 1845, (Coleoptera: Chrysomeloidea: Megalopodidae) from China and Myanmar, with notes on the biology of the genus. Zootaxa, 3737(4): 379-398.

Li L M, Qi Y Q, Yang Y X, et al. 2016. A new species of *Falsopodabrus* Pic characterized with geometric morphometrics (Coleoptera, Cantharidae). Zookeys, 614(1): 97-112.

Li L Z. 1999. A new species of the genus *Nitidotachinus* from China (Coleoptera: Staphylinidae: Tachyporinae). Zoological Studies in China, 1999: 197-199.

Li L Z, Zhao M J, 2001. *Micropeplus shanghaiensis*. A new species (Coleoptera, Staphylinidae) from east China. Japanese Journal of Systematic Entomology, 7(1): 91-94.

Li L Z, Zhao M J. 2002. Description of a new species of genus *Tachinus* (Coleoptera, Staphylini dae) from East China. Japanese Journal of Systematic Entomology, 8(1): 13-15.

Li L Z, Zhao M J. 2003. A new *Tachinus* (Coleoptera, Staphylinidae, Tachyporinac) from Hubei Province, central China. Japanese Journal of Systematic Entomology, 9(2): 177-179.

Li L Z, Zhao M J. 2005.Two new species of the genus *Tachinus* (Coleoptera, Staphylinidae) from Xizang, China. Japanese Journal of Systematic Entomology, 11(1): 67-71.

Li L Z, Zhao M J, Ohbayashi N. 2002. A new species of the genus *Tachinus* (Coleoptera, Staph ylinidae) from Mt. Emei, Southwest China. Special Bulletin of the Japanese Society of Coleopterology, 5: 205-208.

Li L Z, Zhao M J, Sakai M. 2000. Two new species of the genus *Tachinus* (Coleoptera, Staphy linidae) from Zhejiang Province, East China. The Japanese Journal of Systematic Entomology, 6(1): 299-302.

Li L Z, Zhao M J, Sakai M. 2001. A new species of the genus *Tachinus* (Coleoptera, Staphylinidae) from Mt. West Tianmu, East China. Japanese Journal of Systematic Entomology, 7(2): 237-239.

Li L Z, Zhao M J, Zhang Y. 2004. A new species of the genus *Tachinus* (Coleoptera, Staphylinidae, Tachyporinae) from Mt. Fanjing, Southwest China. Japanese Journal of Systematic Entomology, 10(1): 69-72.

Li N, Xu J S. 2024. The first record of the genus *Dichodontocis* Kawanabe, 1994 (Coleoptera, Ciidae) from China, with the description of a new species and its larva. ZooKeys, 1218: 167-176.

Li N, Mo D R, Mao B Y. et al. 2024. Two new species of the genus *Ennearthron* Mellié, 1847 (Coleoptera: Ciidae) from Yunnan Province, China. Zootaxa, 5506(2): 281-289.

Li Q Q, Yin Z W. 2021. Four new species of Scydmaeninae and Pselaphinae (Coleoptera: Staphylinidae) from Yunnan, China. Zootaxa, 4920(1): 114-122.

Li R, Liu Z J, Huang S B. 2024. Contribution to the aphaenopsian trechine beetle from Nanling region, South China (Coleoptera: Carabidae: Trechini). Zootaxa, 5528(1): 77-88.

Li W J, Chen X S, Ren S X. 2013. Review of the subgenus *Allostethorus* of *Stethorus* (Coleoptera: Coccinellidae) from China. Annales Zoologici, 63(2): 319-341.

Li W J, Chen X S, Wang X M, et al. 2015a. A review of the genus *Parastethorus* Pang & Mao, 1975 Coleoptera: Coccinellidae) in China. Pan-Pacific Entomologist, 91(2):108-127.

Li W J, Chen X S, Wang X M, et al. 2015b. Contribution to the genus *Xanthocorus* Miyatake (Coleoptera, Coccinellidae, Chilocorini). ZooKeys, 511: 89-98.

Li W J, Huo L Z, Chen X S, et al. 2017. A new species of the genus *Phaenochilus* Weise from China (Coleoptera, Coccinellidae, Chilocorini). ZooKeys, 644: 33-41.

Li W J, Huo L Z, Wang D, et al. 2018. Contribution to the genus *Chilocorus* Leach, 1815 (Coleoptera: Coccinellidae: Chilocorini), with descriptions of two new species from China. European Journal of Taxonomy, 469: 1-34.

Li W J, Huo L Z, Wang X M, et al. 2015. The genera *Exochomus* Redtenbacher, 1843 and *Parexochomus* Barovsky, 1922 (Coleoptera: Coccinellidae: Chilocorini) from China, with descriptions of two new species. Pan-Pacific Entomologist, 91(4):291-304.

Li X. 2002. Preliminary study for predatory behavior of adult of *Paederus fuscipes* Curtis. Journal of Sichuan Teachers College, 23 (1): 11-14.

Li X, Zhang Z, Wang H B, et al. 2010. *Tomicus armandii* Li & Zhang (Curculionidae, Scolytinae), a new pine shoot borer from China. Zootaxa, 2572: 57-64.

Li X J, Li L Z, Zhao M J. 2005. A new species of the genus *Lesteva* (Coleoptera, Staphylinidae, Omaliinae) from China. Entomotaxonomia, 27(2): 111-113.

Li X Y, Liang X C. 2007. A new species of the genus *Diaphanes* Motschulsky (Coleoptera: Lampyridae) from Gaoligong Mountains of Yunnan, Southwest China. Zootaxa, 1533: 53-61.

Li X Y, Liang X C. 2008. A gigantic bioluminescent starworm (Coleoptera: Rhagophthalmidae) from Northwest Yunnan, China. Entomological News, 119: 109-112.

Li X Y, Cai Y P, Chen H F. 2021. The third species of the genus *Pachypaederus* Fagel, 1958 (Coleoptera, Staphylinidae, Paederinae) from the Oriental region. ZooKeys, 1037: 15-22.

Li X Y, Chen H F, Lu L. 2020. Two new species of the genus *Scaphidium* Olivier (Coleoptera: Staphylinidae: Scaphidiinae) from Southwest China. Zootaxa, 4868 (3): 435-440.

Li X Y, Ohba N, Liang X C. 2008. Two new species of *Rhagophthalmus* Motschulsky (Coleoptera: Rhagophthalmidae) from Yunnan, South-Western China, with notes on known species. Entomological Science, 11: 259-267.

Li X Y, Yang S, Xie M, et al. 2006. Phylogeny of fireflies (Coleoptera: Lampyridae) inferred from mitochondrial 16S ribosomal DNA, with references to morphological and ethological traits. Progress in Natural Science, 16(8): 817-826.

Li Y. 2014. *Kingsolverius malaccanus* (Pic, 1913) (Coleoptera: Chrysomelidae: Bruchinae), new to China and a key to the Chinese genera of *Bruchini*. The Coleopterists Bulletin, 68(1): 97-102.

Li Y, Bocak L, Pang H. 2012. New species of *Macrolycus* Waterhouse, 1878 from China and Laos, with a checklist of the genus (Coleoptera: Lycidae). Zootaxa, 3232: 44-61.

Li Y, Bocak L, Pang H. 2015. Description of new species of Lyponiini from China (Coleoptera: Lycidae). Annales Zoologici, 65(1): 9-19.

Li Y, Guo J J, Jems P, et al. 2014. *Kingsolverius malaccanus* (Pic, 1913) (Coleoptera: Chrysomelidae: Bruchinae), new to China and a key to the Chinese genera of *Bruchini*. The Coleopterists Bulletin, 68(1): 97-102.

Li Y, Pang H, Bocak L. 2017. The Taxonomy of neotenic net-winged beetles from China based on morphology and molecular data (Coleoptera: Lycidae). Annales Zoologici, 67(4): 679-687.

Li Y, Pang H Bocak L. 2018. A review of the neotenic genus *Atelius* Waterhouse, 1878 from China (Coleoptera: Lycidae). Annales Zoologici, 68(2): 351-356.

Li Y H, Li H Y, Shi H L. 2024. Revision of the macropterous subgenus *Curtonotus* from East China, with the description of a new species (Carabidae, Zabrini, *Amara*). Zookeys, 1190: 39-73.

Li Y Z, Zhu Z R, Ju R T, et al. 2009. The red palm weevil, *Rhynchophorus ferrugineus* (Coleoptera: Curculionidae), newly reported from Zhejiang, China and update of geographical distribution. Florida Entomologist, 92(2) : 386-387.

Li Z C, Chen J H. 2022. Supplemental notes on *Broscosoma valainisi* Barševskis, 2010 (Coleoptera: Carabidae: Broscini). Faunitaxys, 10(53): 1-5.

Li Z, Tian L C, Chen L. 2013. A new species of *Demonax* Thomson (Coleoptera: Cerambycidae: Cerambycinae) from Southwest China, with a key to thirteen species from China. Zootaxa, 3682(3): 454-458.

LI Z, Tian L C, Peng C L, et al. 2018. Two newly recorded genera and eight species of Cerambycidae from China (Coleoptera). Entomotaxonomia, 40(2): 125-130.

Li G F. 2020. A new species of the genus *Oxyporus* Fabricius (Coleoptera, Staphylinidae, Oxyporinae) in Yunnan Province, China. Zootaxa, 4786(1): 145-150.

Li G F, Mei X H, Wang C M, et al. 2022. A new species in the genus *Indoquedius* Blackwelder (Coleoptera, Staphylinidae, Staphylininae) from Yunnan, China. Entomotaxonomia, 44(3): 187-193.

Liang H B, Kavanaugh D H. 2005. A review of genus *Onycholabis* Bates (Coleoptera: Carabidae: Platynini), with description of a new species from Western Yunnan, China. The Coleopterists Bulletin, 59(4): 507-520.

Liang H B, Yu P Y. 2002. Key to the species of the genus *Aristochroa* Tschitschérine (Coleoptera: Carabidae), with description of a new species. The Coleopterists Bulletin, 56(1): 144-151.

Liang X C. 1994. Seven new species of the *Euscelophilus* (Coleoptera, Attelabidae) from Yunnan, South-West China. Japanese Journal of Entomology, 62(3): 483-496.

Liang Z L, Angus R B, Jia F L. 2021. Three new species of *Patrus* Aubé with additional records of Gyrinidae from China (Coleoptera, Gyrinidae). European Journal of Taxonomy, 767: 1-39.

Lin M Y, Bi W X. 2011. A new and species of the subfamily Philinae (Coleoptera: Vesperidae). Zootaxa, 2777: 54-60.

Lin M Y, Li K Q. 2022. A new species, *Cylindroeme yunnanensis* sp. nov. from China (Coleoptera, Cerambycidae, Cerambycinae). Zootaxa, 5159(2): 294-300.

Lin M Y, Lin W S. 2011. *Glenea changchini* sp. nov. from Yunnan of China (Coleoptera: Cerambycidae: Lamiinae: Saperdini). Zootaxa, 2987: 13-17.

Lin M Y, Tavakilian G, Montreuil O, et al. 2009. A study on the Indiana & galathea species-group of the *Glenea*, with descriptions of four new species (Coleoptera: Cerambycidae: Lamiinae: Saperdini). Annales de la Société Entomologique de France, 45(2): 157-176.

Lin M Y, Tavakilian G, Montreuil O, et al. 2009. Eight species of the genus *Glenea* Newman, 1842 from the Oriental Region, with description of three new species (Coleoptera: Cerambycidae: Lamiinae: Saperdini). Zootaxa, 2155: 1-22.

Lin M Y, Wen D. 2024. A new species of the genus *Anoplophora* Hope (Coleoptera: Cerambycidae: Lamiinae: Lamiini) from Nanling Priority Area for Biodiversity Conservation. Zootaxa, 5528(1): 710-716.

Lin M Y, Yang X K. 2012. Description of *Trichodryas slipinskii* sp. n. from China (Coleoptera, Dermestidae, Trinodinae). ZooKeys, 255: 67-71.

Lin M Y, Yang X K. 2019. Catalogue of Chinese Coleoptera (Volume 9.), Chrysomeloidea: Vesperidae, Disteniidae, Cerambycidae. Beijing: Science Press.

Lin M Y, Bi W X, Yang X K. 2017. A revision of the *Eutetrapha* Bates (Coleoptera: Cerambycidae: Lamiinae: Saperdini). Zootaxa, 4238(2): 151-202.

Lin M Y, Chou W I, Kurihara T, et al. 2012. Revision of the *Thermistis* Pascoe 1867, with descriptions of three new species (Coleoptera: Cerambycidae: Lamiinae: Saperdini). Annales de la Société entomologique de France (N.S.), 48(1-2) : 29-50.

Lin M Y, Drumont, A, Yang X K. 2007. The genus *Autocrates* Thomson in China: occurrence and geographical distribution of species (Coleoptera: Trictenotomidae). Bulletin de l'Institut royal des Sciences naturelles de Belgique, 77: 147-156. Lin Q. 1976. The Jurassic fossil insects from western Liaoning. Acta Palaeontologica Sinica, 15(1): 97-116.

Lin W, Li Y, Johnson A J, et al. 2019. New area records and new hosts of *Ambrosiodmus minor* (Stebbing) (Coleoptera: Curculionidae: Scolytinae) in the mainland of China. The Coleopterists Bulletin, 73(3): 684-686.

Lin W, Li Y, Meng L Z. 2023. First record of the genus *Immanus* Hulcr & Cognato (Coleoptera: Curculionidae: Scolytinae: Xyleborini) from China, with description of a new species. Zootaxa, 5352(3): 433-438.

Lin X B, Chen X, Peng Z. 2022. A new species and additional records of *Lobrathium* Mulsant & Rey (Coleoptera: Staphylinidae: Paederinae) from Southern China. Zootaxa, 5133(2): 241-246.

Lin Y Y, Jin T, Jin Q A, et al. 2012. Differential susceptibilities of *Brontispa longissima* (Coleoptera: Hispidae) to insecticides in Southeast Asia. Journal of Economic Entomology, 105(3): 988-993.

Liu M K, Huang M, Cline A R, et al. 2017. Two new *Lamiogethes* Audisio & Cline from China (Coleoptera: Nitidulidae, Meligethinae). Fragmenta Entomologica, 49(2): 145-150.

Liu M K, Wang X Y, Yang X K, et al. 2024. A new Chinese *Cyclogethes* pollen beetle, with an updated key to species of the genus and notes on its phylogenetic positioning (Coleoptera: Nitidulidae: Meligethinae). Zootaxa, 5406(2): 359-372.

Liu M K, Yang X K, Huang M. 2016. One new species and one newly recorded species of *Cyllodes* Erichson from China (Coleoptera: Nitidulidae: Nitidulinae). Zootaxa, 4079(3): 345-356.

Liu M K, Yang X K, Huang M, et al. 2020. Five new species of *Lamiogethes* Audisio & Cline from China (Coleoptera: Nitidulidae: Meligethinae). Zootaxa, 4728(1): 63-76.

Liu X X, Zhang R Z, Langor D. 2007. Two new species of *Pissodes* (Coleoptera: Curculionidae) from China, with notes on Palearctic species. The Canadian Entomologist, 139:179-188.

Liu Y, Kavanaugh D H, Shi H L, et al. 2011. A key to species of subgenus *Lithochlaenius* (Coleoptera, Carabidae, Chlaeniini, *Chlaenius*), with descriptions of three new species. ZooKeys, 128: 15-52.

Liu Y, Liang H B, Kavanaugh D H, et al. 2010. Key to species of the subgenus *Chlaenioctenus* (Coleoptera: Carabidae: Chlaeniini: *Chlaenius*), with description of two new species. Zootaxa, 2397: 15-28.

Liu Z, Jiang S H. 2019a. The genus *Scutellathous* Kishii, 1955 (Coleoptera, Elateridae, Dendrometrinae) in China, with description of three new species. ZooKeys, 857: 85-104.

Liu Z, Jiang S H. 2019b. The genus *Sternocampsus* Fleutiaux, 1927 (Coleoptera, Elateridae, Oxynopterinae), with description of a new species from South China. ZooKeys, 852: 111-124.

Liu Z, Prosvirov A S, Jiang S H. 2021. A taxonomic review of the genus *Gamepenthes* Fleutiaux, 1928 (Coleoptera: Elateridae: Elaterinae), with description of two new species. Transactions of the American Entomological Society, 147, 101-132.

Liu Z P, Cuccodoro G. 2020. *Megarthrus* of China. Part 1. Description of a new species resembling *M. antennalis* Cameron, 1941 (Coleoptera: Staphylinidae: Proteininae). Zootaxa, 4750(2): 269-276.

Liu Z P, Cuccodoro G. 2021a. *Megarthrus* of China. Part 4. The *M. hemipterus* complex (Coleoptera, Staphylinidae, Proteininae), with description of a new species from Yunnan Province. ZooKeys, 1056: 17-34.

Liu Z P, Cuccodoro G. 2021b. *Megarthrus* of China. Part 5. The *M. calcaratus* complex, with description of three new species (Coleoptera: Staphylinidae: Proteininae). Zootaxa, 5020(2): 288-306.

Löbl I. 1965. Beitrag zur Kenntnis des Scaphosoma-Arten Chinas (Coleoptera, Scaphidiidae). Reichenbachia, 6: 25-31.

Löbl I. 1997. *Cerapeplus sinensis* n. sp. (Coleoptera, Staphylinidae, Micropeplinae) from China. Serangga, 2(2): 137-142.

Löbl I. 2000. A review of the Scaphidiinae (Coleoptera, Staphylinidae) of the People's Republic of China. Revue Suisse de Zoologie, 107(3): 601-656.

Löbl I. 2003. A supplement of the knowledge of the *Scaphidiines* of China (Coleoptera, Staphylinidae). Mitteilungen Muenchener Entomologischen Gesellschaft, 93: 61-76.

Löbl I. 2018a. On the Chinese species of *Scaphobaeocera* Csiki, 1909, and new records of *Scaphoxium* Löbl, 1979 and *Toxidium* LeConte, 1860 (Coleoptera: Staphylinidae: Scaphidiinae). Russian Entomological Journal, 27(2): 123-134.

Löbl I. 2018b. Supplement to the knowledge of the genera *Baeocera* Erichson, 1845 and *Scaphobaeocera* Csiki, 1909 (Coleoptera, Staphylinidae, Scaphidiinae) of the People's Republic of China. Linzer biologische Beiträge, 50(2): 1295-1303.

Löbl I. 2019. New species and records of *Scaphisoma* Leach (Coleoptera: Staphylinidae: Scaphidiinae) from the People's Republic of China. Annales Zoologici, 69(2): 241-292.

Löbl I. 2022. On new collections of Scaphidiinae (Coleoptera: Staphylinidae) from China,with description of two new species. Zootaxa, 5092(4): 487-492.

Löbl I, Smetana A. 2004. Catalogue of Palaearctic Coleoptera, Volume 2, Hydrophiloidea - Histeroidea - Staphylinoidea. Denmark: Apollo Books.

Löbl I, Smetana A. 2006. Catalogue of Palaearctic Coleoptera, Volume 3, Scarabaeoidea - Scirtoidea - Dascilloidea - Buprestoidea - Byrrhoidea. Denmark: Apollo Books.

Löbl I, Smetana A. 2007. Catalogue of Palaearctic Coleoptera, Volume 4, Elateroidea - Derodontoidea - Bostrichoidea - Lymexyloidea - Cleroidea-Cucujoidea. Denmark: Apollo Books.

Löbl I, Smetana A. 2008. Catalogue of Palaearctic Coleoptera, Volume 5, Tenebrionoidea. Denmark: Apollo Books.

Löbl I, Smetana A. 2010. Catalogue of Palaearctic Coleoptera, Volume 6. Chrysomeloidea. Denmark: Apollo Books.

Löbl I, Smetana A. 2011. Catalogue of Palaearctic Coleoptera, Volume 7. Curculionoidea I. Denmark: Apollo Books.

Löbl I, Smetana A. 2013a. Catalogue of Palaearctic Coleoptera, Volume 8. Curculionoidea II. Denmark: Apollo Books.

Löbl I, Smetana A. 2003b. Catalogue of Palaearctic Coleoptera, Volume 1, Archostemata - Myxophaga-Adephaga. Denmark: Apollo Books.

Löbl I, Leschen R A B, Kodada J. 2020. Review of Asian species and cladistic analysis of *Bironium* Csiki (Coleoptera: Staphylinidae: Scaphidiinae) with comments on biogeography. Annales Zoologici, 70(4): 711-736.

Lopatin I K. 2006. New species of leaf beetles (Coleoptera, Chrysomelidae) from China: VI. Entomologicheskoe Obozrenie, 85(3): 593-601.

Lopatin I K. 2007a. New species of the leaf beetles (Coleoptera, Chrysomelidae) from China: VII. Entomological Review, 87(2): 215-221.

Lopatin I K. 2007b. New species of the leaf beetles (Coleoptera, Chrysomelidae) from China: VII. Entomologicheskoe Obozrenie, 86 (1): 176-184.

Lopatin I K. 2008. New leaf-beetle species (Coleoptera, Chrysomelidae) from China: IX. Entomologicheskoe Obozrenie, 87(4): 831-841.

Lopatin I K. 2009. New leaf-beetle species (Coleoptera, Chrysomelidae) from China: VIII. Entomologicheskoe Obozrenie, 88(2): 430-437.

Lopatin I K. 2011. New species of leaf-beetles (Coleoptera, Chrysomelidae) from China: X. Entomologicheskoe Obozrenie, 81(2): 375-387.

Lopatin I K. 2014. New species of leaf-beetles (Coleoptera, Chrysomelidae) from China: XI. Entomologicheskoe Obozrenie, 92(4): 765-776.

Lopatin I K, Konstantinov A S. 2009. New genera and species of leaf beetles (Coleoptera: Chrysomelidae) from China and Korea. Zootaxa, 2083: 1-18.

Lopes-Andrade C, Grebennikov V V. 2015. First record and five new species of Xylographellini (Coleoptera: Ciidae) from China, with online DNA barcode library of the family. Zootaxa, 4006(3): 463-480.

Lou Q Z, Yu P Y, Liang H B. 2011. Two new species of *Macroplea* Samouelle (Coleoptera: Chrysomelidae: Donaciinae) from China, with a key to all known species. Zootaxa, 3003: 1-21.

Lu W H, Fan X. 2000. Two new Chinese *Glipidiomorpha* Franciscolo (Coleoptera: Mordellidae) and a key to mainland species. Coleopterists Bulletin, (54): 1-10.

Lv W X, Zhao C Y, Zhou H Z. 2018a. Taxonomic study on the Chinese Steninae (Coleoptera, Staphylinidae), with descriptions of three new species of the genus Stenus Latreille. Zootaxa, 4429(2): 247-268.

Lv W X, Zhao C Y, Zhou H Z. 2018b. Taxonomy of *Stenus tenuimargo* group (Coleoptera, Staphylinidae, Steninae) with descriptions of two new species from China. Zootaxa, 4394(4): 490-516.

Lyubarsky G. 2014. Cryptophagidae (Coleoptera: Clavicornia) from China and adjacent regions. Russian Entomological Journal, 23(1): 19-40.

Ma R Y, Jia X Y, Liu W Z, et al. 2013. Sequential loss of genetic variation in flea beetle *Agasicles hygrophila* (Coleoptera: Chrysomelidae) following introduction into China. Insect Science, 20: 655-661.

Mai Z Q, Hu J, Jia F L. 2022. Additional fauna of *Coelostoma* Brullé, 1835 from China, with re-establishment of *Coelostoma sulcatum* Pu, 1963 as a valid species (Coleoptera, Hydrophilidae, Sphaeridiinae). ZooKeys, 1091: 15-58.

Mai Z Q, Hu J, Minoshima Y N, et al. 2022. Review of *Dactylosternum* Wollaston, 1854 from China and Japan (Coleoptera, Hydrophilidae, Sphaeridiinae). Zootaxa, 5091(2): 269-300.

Mai Z Q, Jiang Z Y, Hu J, et al. 2022. A new species of *Clypeodytes* Rgimbart, 1894 from China (Coleoptera, Dytiscidae: Bidessini). Zootaxa, 5124(1): 50-60.

Makranczy G. 2021. Review of the *Anotylus exasperatus* species group 1. -The species without external sexual dimorphism (Insecta: Coleoptera: Staphylinidae: Oxytelinae). Annalen desNaturhistorischen Museums in Wien, B, 123: 13-198.

Malloch G, Fenton B, Goodrich M A. 2001. Phylogeny of raspberry beetles and other Byturidae (Coleoptera). Insect Molecular Biology, 10(3): 281-291.

Mandal S, Das A. 2021. *Tyrophagus putrescentiae* (Schrank) (Astigmata: Acaridae) as natural enemy for wood boring pest, *Psiloptera fastuosa* F. (Coleoptera: Buprestidae) in tropical tasar. Entomon, 46(1): 33-40.

Marris J M, Ślipiński, A. 2014. A revision of the *Pediacus* Shuckard 1839 (Coleoptera: Cucujidae) of Asia and Australasia. Zootaxa, 3754(1): 32-58.

Martin O, Petr B. 2019. Definition of *Anthaxia* (*A.*) *hackeri* species-group with description of a new species from China (Coleoptera:

Buprestidae). Zootaxa, 4619(3): 589-594.

Maruyama M, Hlaváč P. 2004. Two new species of *Lomechusoides* (Coleoptera, Staphylinidae, Alcocharinae: Lomechusini) from Sichuan, China. Elytra, 32(1): 105-113.

Maruyama M, Kishimoto T. 2002a. Myrmecophilous species of *Drusilla* (Coleoptera, staphylinidae, Aleocharinae) associated with *Lastius* (*Dendrolasius*) spp. (Hymenoptera, Formicidae, Fomicinae) from China. Elytra, 30(1): 111-1I8.

Maruyama M, Kishimoto T. 2002b. Myrmecophilous species of *Drusilla* (Coleoptera, Staphylinidae, Aleocharinae) associated with *Lasius* (*Dendrolasius*) spp. (Hymenoptera, Formicidae, Fomicinae) from China. Part I. Special Bulletin of the Japanese Society of Coleopterology, 5: 227-232.

Masumoto K. 2009. Additions to *Plesiophthalmus* and its allied genera (Coleoptera, Tenebrionidae, Amarygmini) from East Asia, Part 4. Elytra, 37(1): 105-141.

Matalin A V. 2019. Taxonomic revision of *Cylindera* Westwood, 1831 subgenus *Parmecus* Motschulsky, 1864 stat. rest., stat. nov. (Coleoptera: Carabidae: Cicindelinae) with the description of one new species from Yunnan Province, China. Zootaxa, 4706(1): 48-70.

Matalin A V. 2021. A new species of the genus *Neocollyris* W. Horn, 1901, subgenus *Isocollyris* Naviaux, 1994, from southern Vietnam (Coleoptera: Cicindelidae). Russian Entomological Journal, 30(4): 390-392.

Matalin A V 2022. *Neocollyris* (*Isocollyris*) *ornata* sp. n., a new species of the tiger beetles (Coleoptera: Cicindelidae) from Vietnam. Far Eastern Entomologist, 460:1-10.

Mazur S. 2010. Faunistic and taxonomic notes upon some histerids (Coleoptera, Histeridae). Baltic Journal of Coleopterology, 10(2): 141-146.

Medvedev G S. 2008. New species of the tenebrionid-beetle genera *Tagonoides* Fairm., *Gnaptorina* Rtt. and *Agnaptoria* Rtt. (Coleoptera, Tenebrionidae) from China. Entomological Review, 88(9): 1142-1160.

Medvedev L N. 2003. Revision of the genus *Colaspoides* Laporte, 1833 (Chrysomelidae: Eumolpinae) from continental Asia. Russian Entomological Journal, 12(3): 257-297.

Medvedev L N. 2008. New and poorly known Clytrinae and Cryptocephalinae (Coleoptera, Chrysomelidae) from the Institut Royal des Sciences Naturelles de Belgique. Entomologie, 78: 279-283.

Medvedev L N. 2018. New and poorly known Oriental Chrysomelidae (Insecta: Coleoptera) from the collection of Erfurt Museum. Russian Entomological Journal, 27(3): 281-284.

Medvedev L N. 2019. To the knowledge of Oriental leaf beetles (Coleoptera: Chrysomelidae). Russian Entomological Journal, 28(3): 282-285.

Meng L Z, Martin K, Weigel A, et al. 2012. Impact of rubber plantation on carabid beetle communities and species distribution in a changing tropical landscape (Southern Yunnan, China). Journal of Insect Conservation, 16(3): 423-432.

Meng Z N, Ren G D, Li J. 2014. Two new species of *Micrencaustes* Crotch, subgenus *Mimencaustes* Heller from China (Coleoptera, Erotylidae, Encaustini). ZooKeys, 391: 55-64.

Meng Z Y, Chen X Q, Sun Y N, et al. 2020. Catalogue of Eucnemidae (Coleoptera: Elateroidea) in China. Zoological Systematics, 45(4): 290-311.

Meregalli M. 2003. The genus *Falsanchonus* Zherichin, 1987, with description of six new species (Insecta: Coleoptera: Curculionidae: Molytinae)//Hartmann M, Baumbach H. Biodiversität und Naturausstattung im Himalaya. Vol. I. Verein der Freunde und Förderer des Naturkundesmuseum NMEG e. V., Dortmund: 323-335.

Meregalli M, Boriani M, Taddei A, et al. 2020. A new species of *Aclees* from Taiwan with notes on other species of the genus (Coleoptera: Curculionidae: Molytinae). Zootaxa, 4868(1): 1-26.

Merkl O. 2004. On taxonomy, nomenclature, and distribution of some Palaearctic Lagriini, with description of a new species from Taiwan (Coleoptera: Tenebrionidae). Acta Zoologica Academiae Scientiarum Hungaricae, 50: 283-305.

Minkina L, Bezdek A, Král D. 2023. new species of *Odochilus* Harold, 1877 (Coleoptera: Scarabaeidae: Aphodiinae) from Sulawesi with a world checklist of the genus. Oriental Insects, 57(1): 1-10.

Minoshima Y N, Komarek A, Ôhara M. 2015. A revision of *Megagraphydrus* Hansen (Coleoptera, Hydrophilidae): synonymization with *Agraphydrus* Régimbart and description of seven new species. Zootaxa, 3930(1): 1-63.

Miroshnikov A I. 2021. A review of the tribe Teledapini Pascoe, 1871, with descriptions of new species from China and notes on the tribe Xylosteini Reitter, 1913 (Coleoptera: Cerambycidae: Lepturinae). Caucasian Entomological Bulletin, 17(1): 233-262.

Mo D R, Xu J S. 2022. Two new species of the tribe Xylographellini (Coleoptera: Ciidae) from Yunnan Province, China. Zootaxa, 5219(3): 295-300.

Moore I, Leger E F. 1971. *Bryothinusa chani*, a new species of marine beetle from Hong Kong (Coleoptera: Staphylinidae). The Coleopterists Bulletin, 25(3): 107-108.

Moseykoa A G, Romantsov P V. 2022. On some species of the leaf-beetle genera *Colaspoides* Laporte, 1833 and *Colaspedusa* L. Medvedev, 1998 (Coleoptera, Chrysomelidae: Eumolpinae). Entomological Review, 102(1): 110-121.

Munetoshi M. 2014. Four new species of *Ceratoderus* Westwood, 1842 (Coleoptera, Carabidae, Paussinae) from Indochina. Kyushu University Institutional Repository, 54: 33-40.

Murakami H, Gerstmeier R. 2020. A new species of the genus *Elasmocylidrus* Corporaal, 1939 (Cleridae: Tillinae) from Japan, with new records of *Elasmocylidrus tricolor*. Japanese Journal of Systematic Entomology, 26(2): 281-285.

Murakami H, Gerstmeier R, Sakai. 2022. Description of two new species of the genus *Tillicera* Spinola (Coleoptera, Cleridae, Clerinae), with new synonyms, new distributional records, and an updated key. ZooKeys, 1095: 123-142.

Naomi S I. 1982. Description of a new subgenus *Paramichrotus* of the genus *Amichrotus* Sharp from Taiwan (Coleoptera, Staphylinidae). Transactions of the Shikoku Entomological Society, 16(1-2): 37-39.

Naomi S I, Hirono Y. 1996. A new genus and species of a termitophilous Staphylinidae (Coleoptera) associated with *Hodotermopsis japonica* (Isoptera, Termopsidae) from Taiwan. Sociobiology, 28(1): 83-89.

Naomi S I, Maruyama M. 1998. Three new species of the genus *Sepedophilus* Gistel (Coleoptera, Staphylinidae, Tachyporinae) from Taiwan. Natural History Research, 5(1): 43-51.

Nikitsky N B. 2016. A new species of the genus *Tetratoma* Fabricius (Coleoptera, Tetratomidae) from China. Zootaxa, 4154(3): 346-350.

Nomura S. 1999. Taxonomic notes on Chinese species of the tyrine genus *Tyrinasius* (Coleoptera, Staphylinidae, Pselaphinae). Elytra, 27(2): 485-498.

Nomura S. 2002. Description of a new pselaphine genus *Nabepselaphus* (Coleoptera, Staphylinidae, Pselaphinae) from Yunnan, Southwest China. Special Bulletin of the Japanese Society of Coleopterology, 5: 281-287.

Nomura S. 2003. Two new species of *Batrisiella* (Coleoptera, Staphylinidae, Pselaphinae) from the alpine area of Sichuan,China. Special Bulletin of the Japanese Society of Coleopterology, 6: 165-172.

Nomura S. 2004. Five new species of *Nabepselaphus* (Insecta, Coleoptera, Staphylinidae, Pselaphinae) from Yunnan, Southwestern China. Species Diversity, 9(2): 135-149.

Novák V. 2009. New species of *Isomira* from Nepal and China (Insecta: Coleoptera: Tenebrionidae: Alleculinae). Vernate, 28(S): 363-376.

Novák V. 2011. Revision of the genus *Paracistela* Borchmann, 1941 Coleoptera: Tenebrionidae: Alleculinae). Studies and Reports, Taxonomical Series, 7(1-2): 347-382.

Novák V. 2014a. New *Borboresthes* species (Coleoptera: Tenebrionidae: Alleculinae) from Palaearctic and Oriental Regions. Folia Heyrovskyana, series A, 22(2-4): 74-98.

Novák V. 2014b. New species of *Isomira* Mulsant, 1856 (Coleoptera:Tenebrionidae: Alleculinae) from Nepal and China - Part II. Stuttgarter Beiträge zur Naturkunde A, 7: 153-161.

Novák V. 2017. New species and nomenclatory acts in Alleculini (Coleoptera: Tenebrionidae: Alleculinae) from the Palaearctic Region. Studies and Reports, Taxonomical Series, 13(2): 429-446.

Novák V. 2020a. New genera of *Alleculinae* (Coleoptera: Tenebrionidae) from Palaearctic and Oriental Regions XII - *Borborella* gen. nov.. Studies and Reports, Taxonomical Series, 16(1): 195-209.

Novák V. 2020b. New genera of *Alleculinae* (Coleoptera: Tenebrionidae: Alleculinae: Alleculini) based on morphological differences in the genus *Hymenalia* Mulsant, with descriptions of two new species. Studies and Reports Taxonomical Series, 16(2): 477-515.

Novák V. 2021. New genera of *Alleculinae* (Coleoptera: Tenebrionidae: Alleculinae: Alleculini) from the Palaearctic and the Oriental Regions XIII - *Cistelochara* gen. nov. Studies and Reports Taxonomical Series, 17(2): 381-394.

Ohbayashi N, Bi W X, Lin M Y. 2024. Revision of the genus *Japanostrangalia* (Coleoptera: Cerambycidae: Lepturinae). Japanese Journal of Systematic Entomology, 30(1): 60-73.

Okada R, Jaitrong W, Wewalka G. 2023. A review of *Microdytes* J. Balfour-Browne, 1946 from Thailand, Laos, and Cambodia with descriptions of five new species and new records (Coleoptera, Dytiscidae). ZooKeys, 1159: 87-119.

Omar Y M, Han K, Zhang R Z. 2006. Description of a new species, *Tarchius yunnanensis* (Coleoptera: Curculionidae: Cossoninae), from China. Zootaxa, 1270: 35-43.

Omar Y M, Zhang R Z, Davis S R. 2006. Descriptions of two new species of *Pseudocossonus* Wollaston (Coleoptera: Curculionidae: Cossoninae) from the mainland of China with a key to the world species. Zootaxa, 1375: 59-68.

Omar Y M, Zhang R Z, Davis S R. 2017a. A new species of the genus *Macrorhyncolus* Wollaston, 1873 (Coleoptera: Curculionidae: Cossoninae) from China. Zootaxa, 4365(5): 547-558.

Omar Y M, Zhang R Z, Davis S R. 2017b. *Coptus* Wollaston (Coleoptera: Curculionidae: Cossoninae): A genus new to China with descriptions of two new species. Zootaxa, 4312(2): 381-393.

Omar Y M, Zhang R Z, Davis S R. 2020. Description of a new species of *Pentarthrum* Wollaston (Coleoptera: Curculionidae: Cossoninae) from China with an annotated checklist to species of the World. Zootaxa, 2629: 47-60.

Otto R L. 2017. Descriptions of six new species of false click beetles (Coleoptera: Eucnemidae: Macraulacinae), with new identification keys for one tribe and two genera. Insecta Mundi, 558: 1-19.

Otto R L, Muona J, Córdoba-Alfaro J. 2023. A new genus and sixteen new species of false click beetles (Coleoptera: Eucnemidae) described from the Heredia Province of Costa Rica with several additional records from the Osa Peninsula and Panama. Insecta Mundi, 991: 1-36.

Özdikmen H. 2010. Carabus (Archaeocarabus) Semenov, 1898 vs. Archaeocarabus M'Coy, 1849: The need for a substitute name (Coleoptera: Carabidae). Munis Entomology and Zoology Journal, 5(2):361-368.

Pace R. 1992. Genere *Leptusa* Kraatz della sottoregione Indocinese (Taiwan e Vietnam). Monografia del genere *Leptusa* Kraatz: Supplemento I (Coleoptera, Staphylinidae). Elytron, 5: 111-119.

Pace R. 1995a. Aleocharinae orofile eatere di Taiwan (Coleoptera, Staphylinidae). Blettino della Societa Entomologica Italiana, 127 (1): 22-26.

Pace R. 1995b. Nuove specie di *Leptusa* Kr. di Taiwan. Monografia del genere *Leptusa* Kratz: supplemento (Coleoptera, Staphylinidae). Blletio della Societa Entomologica Ialia, 126(3): 243-248.

Pace R.1995c. Descrizione di tre nuove species orofile et attere del genere *Atheta* Thomson di Taiwan (Coleoptera, Staphylinidae). Nouvelle Revue d'Entomologie, 12(1): 57-62.

Pace R.1996. Nuove specie di *Leptusa* Kraatz di Taiwan. Monografia del genere *Leptusa* Kraatz. Supplemento 6 (Coleoptera, Staphylinidae). Bolltino della Societa Entomologica Italiana, 128(1): 29-36.

Pace R. 1999. Aleocharinae di Hong Kong (Coleoptera, Staphylinidae). Revue Suisse de Zoologie, 106(3): 663-689.

Packova G, Hájek J, Geiser M, et al. 2024. Taxonomic review of Palearctic *Eurypogon* Motschulsky (Coleoptera: Artematopodidae), with a redescription of the only European species and descriptions of three new species from China. Zootaxa, 5437(4): 451-479.

Pan Z, Bologna M. 2021. Morphological revision of the Palaearctic species of the nominate subgenus *Meloe* Linnaeus, 1758 (Coleoptera, Meloidae), with description of ten new species. Zootaxa, 5007(1):1-74.

Pan Z, Ren G D. 2020. New synonyms, combinations and status in the Chinese species of the family Meloidae Gyllenhal, 1810 (Coleoptera: Tenebrionoidea) with additional faunistic records. Zootaxa, 4820(2): 260-286.

Pan Z, Ren G D. 2017. Taxonomoy of the genus *Schizotus* from China, with description of a newly recorded species. Entomotaxonomia, 39(4): 309-313.

Pan Z, Ren G D, Bologna M A. 2018. *Longizonitis*, a new nemognathine genus from the Himalayas (Coleoptera, Meloidae). ZooKeys, 765: 43-50.

Parekar H, Patwardhan A. 2021. Taxonomic notes, a new species, and a key to Indian species of the click beetle genus *Cryptalaus* Ôhira, 1967 (Coleoptera: Elateridae: Agrypninae). Journal of Threatened Taxa, 13(13): 19985-19999.

Pelsue F W. 2004. Revision of the genus *Shigizo* of the world with descriptions of six new taxa and a new combination (Curculionidae: Curculioninae). The Coleopterists Bulletin, 58(4): 513-521.

Pelsue F W, Zhang R Z. 2000. A review of the genus CURCULIO L. from China with descriptions of new taxa. Part I (Coleoptera: Curculionidae: Curculioninae: Curculionini. The Coleopterists Bulletin, 54(2): 125-142.

Pelsue F W, Zhang R Z. 2003. A review of the genus Curculio from China with descriptions of fourteen new species. Part IV. The *Curculio sikkimensis* (Heller) Group (Coleoptera: Curculionidae: Curculioninae: Curculionini). The Coleopterists Bulletin, 57(3): 311-333.

Pelsue J F W, Zhang R Z. 2002. A review of the genus Curculio from China with descriptions of new taxa. Part III. The Curculio subfenestratus voss group (Curculionidae: Curculioninae: Curculionini). The Coleopterists Bulletin, 56(1): 1-39.

Pelsue J F W, Zhang R Z. 2011. Description of mature larvae of *Pissodes yunnanensis* Langor and Zhang and *Pissodes punctatus* Langor and Zhang (Coleoptera: Curculionidae) from China. The Coleopterists Bulletin, 65(2): 157-166.

Peng F, Xue X F, Peng Z Q, et al. 2022. A taxonomic review of the genus *Axinoscymnus* Kamiya, with descriptions of three new species (Coleoptera, Coccinellidae). Zootaxa, 5154(4): 431-453.

Peng Y F, Ji L Z, Bian D J, et al. 2018. Description of *Neptosternus haibini* sp. nov. from China (Coleoptera: Dytiscidae: Laccophilinae). Zootaxa, 4500(4): 581-586.

Peng Z L. 2022a. Studies on the genus *Habroloma* Thomson from China (4) — A faunal survey of Fujian Province and descriptions of five new species (Coleoptera: Buprestidae: Tracheini). Annales Zoologici, 72(2) : 299-312.

Peng Z L. 2022b. Studies on the genus *Habroloma* Thomson from China (5) —A faunal survey of Jiangxi Province and descriptions of three new species (Coleoptera: Buprestidae: Tracheini). Annales Zoologici, 72(4): 793-804.

Peng Z L. 2024a. Studies on the genus *Habroloma* Thomson from China (9) — Descriptions of nine new species (Coleoptera. Buprestidae. Tracheini). A faunal survey of Hunan Province and descriptions of eight new species (Coleoptera. Buprestidae. Tracheini). Annales Zoologici, 74(1): 207-224.

Peng Z L. 2024b. Studies on the genus *Habroloma* Thomson from China (10) — Descriptions of twenty new species (Coleoptera. Buprestidae. Tracheini). A faunal survey of Hunan Province and descriptions of eight new species (Coleoptera. Buprestidae. Tracheini). Annales Zoologici (Warszawa), 74(4): 769-808.

Peng Z L. 2024c. Studies on the genus Trachys Fabricius from China (5)—Descriptions of two new species (Coleoptera: Buprestidae: Agrilinae: Tracheini). The Coleopterists Bulletin, 78(1): 76-80.

Peng Z L. 2024d. Two new species of the genus Kubaniellus Kalashian, 1997 from China (Coleoptera: Buprestidae: Agrilinae: Aphanisticini). The Pan-Pacific Entomologist, 100(1): 64-69.

Peng Z L. 2024e. Head morphology of the genus *Coraebus* Gory et Laporte, 1839 and descriptions of two new species from China (Coleoptera: Buprestidae: Agrilinae: Coraebini). The Pan-Pacific Entomologist, 100(3): 269-279.

Perreau M. 1996. Nouveaux Cholevinae d'Asie (Coleoptera Leiodidae). Revue Suisse De Zoologie, 103(4): 939-949.

Platia G, Pulvirenti E. 2023. New species and new records of click beetles of the genera *Girardelater* Schimmel, 1999, *Procraerus* Reitter, 1905 and *Xanthopenthes* Fleutiaux, 1928 from the Oriental Region (Coleoptera, Elateridae, Elaterini and Megapenthini).

Faunitaxys, 11(31): 1-18.

Plonski I S. 2016a. A new species of *Picolistrus* Majer (Coleoptera: Dasytidae) from China. Zeitschrift der Arbeitsgemeinschaft Österreichischer Entomologen, 68: 13-16.

Plonski I S. 2016b. Studies on the genus *Intybia* Pascoe, 1866 (Coleoptera: Malachiidae) V. Contribution to internal classification and taxonomy, with faunistic and nomenclatorial notes. Zeitschrift der Arbeitsgemeinschaft Österreichischer Entomologen, 68: 17-38.

Prosvirov A S. 2016. New and little-known species of the genus *Lacon* Laporte, 1838 (Coleoptera: Elateridae) of China. Zootaxa, 4132 (3): 373-382.

Prosvirov A S. 2018. A new species of the genus *Calambus* C.G. Thomson, 1859 (Coleoptera: Elateridae: Dendrometrinae) from China, with notes on the other species of the genus of the East Palaearctic region. Zootaxa, 4388(4): 487-498.

Pubu Z M, Yin Z W. 2022. First record of *Ipelates schmidti* Schawaller (Coleoptera: Agyrtidae: Agyrtinae) from China. Zootaxa, 5194 (3): 444-446.

Puthz V. 1970. On a collection of Steninae from China (Coleoptera, Staphylinidae). The Proceedings of the Royal Entomological Society of London, (B) 39(3-4): 29-32.

Puthz V. 1981a. On some species of the genus *Stenus* Latreille from Taiwan, including descriptions of new species, a key to the East Asiatic representatives of the comma-group, and a checklist of species known from Taiwan (Coleoptera, Staphylinidae). 172nd contribution to the knowledge of Steninae. Fragmenta Coleopterologica, 29-32: 115-124.

Puthz V. 1981b. Steninen aus Jünnan (China) und Vietnam (Coleoptera, Staphylinidae). 182. Beitrag zur Kenntnis der Steninen. Reichenbachia, 19(1): 1-21.

Puthz V. 1983. Alte und neue Steninen aus Hinterindien und China (Coleoptera, Staphylinidae). 194. Beitrag zur Kenntnis der Steninen. Reichenbachia, 21(1): 1-13.

Puthz V. 1984. *Weitere* Steninen von Taiwan (Coleoptera, Staphylinidae). 201. Beitrag zur Kenntnis der Steninen. Reichenbachia, 22 (14): 101-112.

Puthz V. 2000. The genus *Dianous* Leach in China (Coleoptera, Staphylinidae). 261. Contribution to the knowledge of Steninae. Revue Suisse de Zoologie, 107 (3): 419-559.

Puthz V. 2001. *Dianous limitaneus* sp. n. aus Yunnan (Coleoptera, Staphylinidae). 263. Beitrag zur Kenntnis der Steninen. Zeitschrift der Arbeitsgemeinschaft Österreichischer Entomologen, 53(1-2): 7-10.

Puthz V. 2002. Two new *Stenus* species (Coleoptera, Staphylinidae) from Yunnan. (271st contribution to the knowledge of Steninae). Special Bulletin of the Japanese Society of Coleopterology, 5: 241-245.

Puthz V. 2003. Neu und alte Arten der Gattung *Stenus* Latreille aus China (Insecta, Coleoptera, Staphylinidae, Steninae). Entomologische Abhandlungen, 60: 139-159.

Pütz A. 2007. On taxonomy and distribution of Chinese Byrrhidae (Coleoptera). Stuttgarter Beiträge zur Naturkunde Serie A (Biologie), 701: 1-121.

Qi Z H, Ai H M, He X Y. 2023. A study of *Anthaxia* subgen. *Thailandia* Bílý, 1990 from China (Coleoptera, Buprestidae, Buprestinae). ZooKeys, 1154: 149-157.

Qi Z H, Su R X, Liao Z Y, et al. 2024. Revision of the rare *Buprestis* subgenus *Akiyamaia* Kurosawa, 1988 (Coleoptera: Buprestidae: Buprestinae), with description of two new species. Zootaxa, 5410(3): 301-316.

Qiu L. 2018. A new species of *Selatosomus* Stephens and the occurrence of *Pristilophus melancholicus* (Fabricius) in China (Coleoptera: Elateridae: Dendrometrinae). Zootaxa, 4418(6): 588-593.

Qiu L, Prosvirov A S. 2017. A new species of *Hypoganus* Kiesenwetter, 1858 (Coleoptera: Elateridae: Dendrometrinae) from China, with notes on the Palaearctic species of the genus. Zootaxa, 4324(2): 348-362.

Qiu L, Prosvirov A S. 2023. Two new flightless species of *Lacon* Laporte, 1838 from Yunnan, China, with discovery of the female of *L. habashanensis* Platia et al., 2023 (Coleoptera: Elateridae: Agrypninae). Acta Zoologica Academiae Scientiarum Hungaricae, 69(4): 323-336.

Qiu L, Dong Z W, Kundrata R, et al. 2020. New records of the giant click-beetle *Sinelater perroti* (Fleutiaux) (Coleoptera: Elateridae: Tetralobinae). The Coleopterists Bulletin, 74(2): 370-374.

Qiu L, Ruan Y Y, Huang Z Z, et al. 2023. Distribution and variability of *Plastocerus thoracicus* Fleutiaux, 1918 from China (Coleoptera: Elateridae: Plastocerini). The Coleopterists Bulletin, 77(4) : 650-654.

Rciaky R. 1994. *Straneostichus* gen.n., a new genus and four new species from China (Coleoptera: Carabidae: Pterostichinae). Annalen des Naturhistorischen Museums in Wien, 96(B): 189-198.

Ren G D, Xu J S. 2011. The genus *Hexarhopalus* Fairmaire, 1891 in China, with description of three new species (Coleoptera, Tenebrionidae: Cnodalonini) . Acta Zoologica Academiae Scientiarum Hungaricae, 57(1): 23-34.

Ren L, Alonso-Zarazaga M A, Zhang R Z. 2013. Revision of the Chinese *Geotragus* Schoenherr with description of three new species (Coleoptera: Curculionidae: Entiminae). Zootaxa, 3619(2): 161-182.

Rhainds M, Lan C C, King S, et al. 2001. Pheromone communication and mating behaviour of coffee white stem borer, *Xylotrechus quadripes* Chevrolat (Coleoptera: Cerambycidae). Applied Entomology and Zoology, 36(3): 299-309.

Rodríguez-Mirón G M. 2018. Checklist of the family Megalopodidae Latreille (Coleoptera: Chrysomeloidea): a synthesis of its diversity and distribution. Zootaxa, 4434(2): 265-302.

Romantsov P V, Moseyko A G. 2019. New and little known species of Eumolpinae (Coleoptera: Chrysomelidae) from Northern Vietnam. Zootaxa, 4609(2): 321-334.

Rougemont G M. 2000a. Beetles in seaweed in Hong Kong. Porcupine, 21: 6-7.

Rougemont G M. 2000b. New species of *Lesteva* Latreille, 1796 from China (Insecta, Coleoptera, Staphylinidae). Annalen des Naturhistorischen Museums in Wien (B), 102: 147-169.

Rougemont G M. 2001. The staphylinid beetles of Hong Kong. Annotated check list. historical review, bionomics and faunistics. (44th contribution to the knowledge of Staphylinidae). Memoirs of the Hong Kong Natural History Society, 24: 1-146.

Ruan Y Y, Douglas H B, Qiu L, et al. 2020. Revision of Chinese *Phorocardius* species (Coleoptera, Elateridae, Cardiophorinae). ZooKeys, 993: 47-120.

Ruan Y Y, Konstantinov A S, Damaška A F, et al. 2023. Description of three new species of *Benedictus* (Coleoptera, Chrysomelidae, Galerucinae, Alticini) from China, with comments on their biology and modified ethanol traps for collecting flea beetles. ZooKeys, 1177: 147-165.

Ruan Y Y, Konstantinov A S, Ge S Q, et al. 2014a. Revision of *Chaetocnema* semicoerulea species-group (Coleoptera, Chrysomelidae, Galerucinae, Alticini) in China, with descriptions of three new species. ZooKeys, 463: 57-74.

Ruan Y Y, Konstantinov A S, Ge S Q, et al. 2014b. Revision of the *Chaetocnema* picipes species-group(Coleoptera, Chrysomelidae, Galerucinae, Alticini) in China, with descriptions of three new species. ZooKeys, 387: 11-32.

Ruan Y Y, Konstantinov A S, Prathapan K D, et al. 2015. *Penghou*, a new genus of flea beetles from China (Coleoptera: Chrysomelidae: Galerucinae: Alticini). Zootaxa, 3973(2): 300-308.

Ruan Y Y, Konstantinov A S, Prathapan K D, et al. 2017a. Contributions to the knowledge of Chinese flea beetle fauna (II): *Baoshanaltica* new genus and *Sinosphaera* new genus (Coleoptera, Chrysomelidae, Galerucinae, Alticini). ZooKeys, 720: 103-120.

Ruan Y Y, Konstantinov A S, Prathapan K D, et al. 2017b. New contributions to the knowledge of Chinese flea beetle fauna (I): Gansuapteris new genus and *Primulavorus* new genus (Coleoptera: Chrysomelidae: Galerucinae). Zootaxa, 4282(1): 111-122.

Ruan Y Y, Konstantinov A S, Prathapan K D, et al. 2018. New contributions to the knowledge of Chinese flea beetle fauna (III): revision of *Meishania* Chen & Wang with description of five new species (Coleoptera: Chrysomelidae: Galerucinae). Zootaxa, 4403(1): 186-200.

Ruan Y Y, Konstantinov A S, Prathapan K D, et al. 2019. A review of the genus *Lankaphthona* Medvedev, 2001, with comments on the modified phallobase and the unique abdominal appendage of *L. binotata* (Baly) (Coleoptera, Chrysomelidae, Galerucinae, Alticini). Zookeys, 857: 29-58.

Růžička J. 1999. A new apterous and microphthalmic species of *Anemadus* (Coleoptera: Leiodidae: Cholevinae) from China. Revue Suisse De Zoologie, 106(3): 621-626.

Růžička J, Perreau M. 2011. A revision of the Chinese *Catops* Paykull 1798 of the *Catops* fuscus species group (Coleoptera: Leiodidae: Cholevinae). International Journal of Entomology, 47: 3-4, 280-292.

Růžička J, Perreau M. 2017. Subterranean species of *Anemadus* Reitter: systematics, phylogeny and evolution of the Chinese "*Anemadus* smetanai" species group (Coleoptera: Leiodidae: Cholevinae: Anemadini). Arthropod Systematics and Phylogeny, 75(1): 45-82.

Růžička J, Pütz A. 2009. New species and new records of Agyrtidae (Coleoptera) from China, India, Myanmar, Thailand and Vietnam. Acta Entomologica Musei Nationalis Pragae, 49: 631-650.

Růžička J, Schneider J. 2011. Revision of Palaearctic and Oriental *Necrophila* Kirby & Spence, part 1: subgenus *Deutosilpha* Portevin (Coleoptera: Silphidae). Zootaxa, 2987: 1-12.

Růžička J, Háva J, Schneider J. 2004. Revision of Palaearctic and Oriental *Oiceoptoma* (Coleoptera: Silphidae). Acta Societatis Zoologicae Bohemicae, 68: 30-51.

Růžička J, Qubaiová J, Nishikawa M, et al. 2011. Revision of Palearctic and Oriental *Necrophila* Kirby et Spence, part 3: subgenus *Calosilpha* Portevin (Coleoptera: Silphidae: Silphinae). Zootaxa, 4013(4): 451-502.

Ruzzier E. 2014. New species of *Ainu* Lewis, 1894 (Coleoptera: Tenebrionidae) from Southeast Asia. The Coleopterists Bulletin, 68(4): 659-662.

Ryndevich S K, Jia F L, Fikáček M. 2017. A review of the Asian species of the *Cercyon unipunctatus* group (Coleoptera: Hydrophilidae: Sphaeridiinae). Acta Entomologica Musei Nationalis Pragae, 57(2): 535-576.

Ryvkin A B. 2003. A new *Stenus* (Hemistenus) species from Northwestern China (Insecta, Coleoptera, Staphylinidae, Steninae). Entomologische Abhandlungen, 61(1): 93-94.

Sabatinelli G. 2020a. Taxonomic notes on the genus *Cyphochilus* Waterhouse, 1867 (Coleoptera, Scarabaeoidea, Melolonthinae) with description of 10 new species. Revue suisse de zoologie; annales de la Société zoologique suisse et du Muséum d'histoire naturelle de Genève, 127: 157-181.

Sabatinelli G. 2020b. Taxonomic notes on the genus *Cyphochilus* Waterhouse, 1867 (Coleoptera, Scarabaeoidea, Melolonthinae) (PART 2) with description of nine new species and a new subspecies. Munis Entomology and Zoology Journal, 15: 301-318.

Sawada H, Wiesner J. 2002. Further new records of tiger beetle species from China (II) (Coleoptera: Cicindelidae). 78. Contribution towards the knowledge of Cicindelidae. Entomological Review of Japan, 57(2): 145-146.

Schawaller W. 2003. New species and records of *Prostomis* Latreille, including the first fossil records from Baltic amber and a checklist of the species (Coleoptera: Prostomidae). Stuttgarter Beiträge zur Naturkunde Serie A (Biologie), 650: 1-11.

Schawaller W. 2008. The genus *Laena* Latreille (Coleoptera: Tenebrionidae) in China (part 2), with descriptions of 30 new species and a new identification key. Stuttgarter Beiträge zur Naturkunde A, Neue Serie 1: 387-411.

Schawaller W. 2012a. New species and records of the genus *Spiloscapha* Bates (Coleoptera: Tenebrionidae) from the Oriental and Papuan Regions (part 2). Zootaxa, 3336: 62-68.

Schawaller W. 2012b. The oriental species of *Platydema* Laporte & Brullé, part 2, with descriptions of 11 new species (Coleoptera: Tenebrionidae: Diaperinae). Stuttgarter Beiträge zur Naturkunde A, Neue Serie, 5: 243-255.

Schawaller W. 2012c. Two new species and new records of the genus *Spinolyprops* Pic, 1917 from the Oriental Region (Coleoptera, Tenebrionidae, Lupropini). ZooKeys, 243: 83-94.

Schawaller W. 2017. Revision of the genus *Lyphia* Mulsant & Rey (Tenebrionidae: Triboliini) in the Oriental Region. Annales Zoologici, 67(3): 577-584.

Schawaller W. 2019. A new species and new records of *Foochounus* Pic (Coleoptera, Tenebrionidae: Cnodalonini) from China. Entomological Review, 99(7): 1042-1045.

Schillhammer H. 2000. A new species of *Hybridolinus* Schillhammer, 1998 from China (Insecta, Coleoptera, Staphylinidae). Annalen des Naturhistorischen Museums in Wien, 102 (B): 143-145.

Schillhammer H. 2003. *Hybridolinus smetanai* sp. n. from China (Insecta, Coleoptera, Staphylinidae). Annalen des Naturhistorischen Museums in Wien, 104 (B): 387-389.

Schillhammer H. 2005. A new species of *Borolinus* Bemhauer, 1903 from China (Insecta, Coleoptera, Staphylinidae). Annalen des Naturhistorischen Museums in Wien, 106 (B): 217-220.

Schimmel R. 2009. New and little known species of the genera *Chinathous* Kishii et Jiang, 1996 and *Gnathodicrus* Fleutiaux, 1934 (Coleoptera: Elateridae) from Asia. Annales Zoologici, 59: 15-26.

Schimmel R, Platia G. 2007. *Borowiecianus* and *Tarnawskianus*, two new and closely related genera of the tribe Ctenicerini from China and North India (Insecta: Coleoptera: Elateridae). Genus, 18(3): 371-397.

Schimmel R, Tarnawski D. 2006. The species of the genus *Gnathodicrus* Fleutiaux, 1934 of China (Insecta: Coleoptera: Elateridae). Genus, 17(4): 511-536.

Schimmel R, Tarnawski D, 2008. The species of the genus *Tropihypnus* Reitter, 1905 (Insecta: Coleoptera: Elateridae). Genus,19(4): 639-667.

Schimmel R, Tarnawski D. 2009. New species of the tribe Megapenthini Gurjeva, 1973 (Coleoptera, Elateridae) from Asia. Annales Zoologici, 59(4): 629-639.

Schimmel R, Tarnawski D. 2010. Monograph of the subtribe Elaterina (Insecta: Coleoptera: Elateridae: Elaterinae). Genus, 21(3): 325-487.

Schimmel R, Tarnawski D. 2011a. New and little known species of the tribe Quasimusini Schimmel et Tarnawski, 2009 (Coleoptera: Elateridae) from Palaearctic and Oriental Regions. Annales Zoologici, 61(3): 453-462.

Schimmel R, Tarnawski D. 2011b. Six new species of the genus *Mulsanteus* Gozis, 1875 from China, India and Malaysia (Insecta: Coleoptera: Elateridae). Genus, 22(4): 565-577.

Schimmel R, Tarnawski D, 2012. Negastriinae studies: species of the genus *Arhaphes* Candèze, 1860 (Insecta: Coleoptera: Elateridae). Zoological Studies, 51(4): 536-547.

Schimmel R, Tarnawski D. 2017. New species of the genera *Calambus* Thomson, and *Hypoganus* Kiesenwetter (Coleoptera: Elateridae) from China. Journal of Asia-Pacific Entomology, 20(1): 293-297.

Schöller M. 2000. A New Species of *Acolastus* Gerstacker From Xizang (Coleóptera: Chrysomelidae: Cryptocephalinae). Frankfurt am Main: Seiten: 25-30

Schuh R. 1998. *Franzorphius franzi* gen. et sp. n. from China (Coleoptera: Zopheridae: Colydiinae). Koleopterologische Rundschau, 68: 227-232.

Schülke M. 1999a. A new species of *Carphacis* DesGozis from Yunnan (Coleoptera, Staphylinidae, Tachyporinae). Entomologica Basiliensia, 21: 55-58.

Schülke M. 1999b. A new species of *Derops* Sharp from China (Coleoptera, Staphylinidae, Tachyporinae). Linzer Biologische Beiträge, 31(1): 345-350.

Schülke M. 2000a. Eine neue Art der Gattung *Carphacis* Des Gozis aus Sichuan (Coleoptera, Staphylinidae, Tachyporinae). Linzer Biologische Beiträge, 32(2): 891-895.

Schülke M. 2000b. Eine weitere neue Art der Gattung *Derops* Sharp aus China (Coleoptera, Staphylinidae, Tachyporinae). Linzer Biologische Beiträge, 32(2): 913-916.

Schülke M. 2000c. Neue Formen und Nachweise der Gattung *Nitidotachinus* Campbell 1993 aus China, Japan und dem Fernen Osten Russlands (Coleoptera, Staphylinidae, Tachyporinae). Linzer Biologische Beiträge, 32(2): 905-912.

Schülke M. 2000d. Zwei neue Arten der Gattung *Bolitobius* Leach in Samouelle 1819 aus China und Nepal (Coleoptera, Staphylinidae, Tachyporinae). Linzer Biologische Beiträge, 32(2): 897-904.

Schülke M. 2002. A new microphthalmous *Lathrobium* (Coleoptera, Staphylinidae, Paederinae) from Sichuan. Species Bulletin of the Japanese Society of Coleopterology, 5: 251-254.

Schülke M. 2003a. Beitrag zur Kenntis der Tachinus-Arten Taiwans und Ryukyu-Inseln (Coleopter a, Staphylinidae, Tachyporinae). Linzer Biologische Beiträge, 35(2): 763-784.

Schülke M. 2003b. Uebersicht ueber die *Derops*-Arten Chinas und der angrenzenden Gebiete (Coleoptera, Staphylinidae, Tachyporinae). Linzer Biologische Beiträge, 35(1): 461-486.

Schülke M. 2005. Tachyorinen-Funde aus nrdos-China (Coleoptera, Sapbylinidae, Tachyporinae). Linzer Biologische Beiträge, 37(1): 163-174.

Sciaky R. 2024. Review of the Chinese *Stomis*, with description of nine new taxa and a new key (Carabidae: Pterostichini). Zootaxa, 5523(1): 1-34.

Silhamer H. 1998. *Hybridolius* gen. n. (Insecta, Coleoptera, Staphylinidae), a problematic new genus from China , with descriptions of seven new species. Annalen desNaturhistorisch en Museums in Wien, 100(B): 145-156.

Senda Y. 2023. Discovery of the male of *Oxyporus ningerius* G.-F. Li et al., 2018 (Coleoptera: Staphylinidae: Oxyporinae). Japanese Journal of Systematic Entomology, 29(1): 93-95.

Serrano A. 2008. A new species of the genus *Perigona* Castelnau, 1835 and new records of tiger and ground beetles for S. Tomé e Príncipe Islands (Coleoptera: Caraboidea, Cicindelidae, Carabidae). Lambillionea, 108: 323-328.

Sharp D S. 1892. Descriptions of two new Pselaphidae found by Mr. J. J. Walker in Australia and China. The Entomologist's Monthly Magazine, 28: 240-242.

Shavrin A V. 2018a. Four new species of the genus *Mannerheimia* Mäklin, 1880 (Coleoptera: Staphylinidae: Omaliinae) from south-western China. Zootaxa, 4407(4): 521-532.

Shavrin A V. 2018b. Two new species and records of *Olophrum laxum* species group (Coleoptera: Staphylinidae: Omaliinae: Anthophagini) from China and Nepal. Zootaxa, 4399(2): 295-300.

Shavrin A V. 2019a. Three new species and a new combination in the genus *Omaliopsis* Jeannel, 1940 (Coleoptera: Staphylinidae: Omaliinae: Omaliini) of China and Nepal. Zootaxa, 4603(2): 354-364.

Shavrin A V. 2019b. The crassipalpis species group of the genus *Geodromicus* Redtenbacher, 1857 (Coleoptera: Staphylinidae: Omaliinae: Anthophagini). Zootaxa, 4686(4): 571-580.

Shavrin A V. 2020. A revision of Eastern Palaearctic *Anthobium* Leach, 1819 (Coleoptera: Staphylinidae: Omaliinae: Anthophagini). IV. The atrocephalum and convexior groups, and additional species of the morchella, nigrum and reflexum groups. Zootaxa, 4821 (3): 401-434.

Shavrin A V. 2022a. A revision of Palaearctic *Anthobium* Leach, 1819 (Coleoptera: Staphylinidae: Omaliinae: Anthophagini). V. Algidum, morosum and tectum groups, a new species of the fusculum group, and faunistic records. Zootaxa, 5104 (3): 301-346.

Shavrin A V. 2022b. *Lesteva* (s.str.) *amica* sp. n., a new species from Yunnan, China (Coleoptera: Staphylinidae: Omaliinae: Anthophagini). Zootaxa, 5195(3): 293-295.

Shavrin A V. 2022c. New species and records of *Amphichroum* Kraatz, 1857 from China and the Himalayan Region (Coleoptera: Staphylinidae: Omaliinae: Anthophagini). Zootaxa, 5190(4): 575-583.

Shavrin A V. 2022d. New species and records of *Hygrodromicus* Tronquet, 1981 from China (Coleoptera: Staphylinidae: Omaliinae: Anthophagini). Journal of Insect Biodiversity, 31(1): 1-15.

Shavrin A V. 2022e. New species and records of *Omaliini* McLeay, 1825 from Eastern Palaearctic and Oriental regions (Coleoptera: Staphylinidae: Omaliinae). Zootaxa, 5169(5): 457-471.

Shavrin A V. 2022f. Two new species and additional records of *Amphichroum* Kraatz, 1857 from Nepal, China and India (Coleoptera: Staphylinidae: Omaliinae: Anthophagini). Zootaxa, 5104(1): 143-148.

Shavrin A V. 2023a. A revision of Eastern Palaearctic *Anthobium* Leach, 1819 (Coleoptera: Staphylinidae: Omaliinae: Anthophagini). VII. Six new species and faunistic records from Middle Asia, Himalayan Region and China. Zootaxa, 5231(4): 393-413.

Shavrin A V. 2023b. Four new species of the genus *Omaliopsis* Jeannel, 1940 (Coleoptera: Staphylinidae: Omaliinae: Omaliini) of China. Zootaxa, 5380(5): 446-460.

Shavrin A V, Smetana A. 2018a. A revision of Eastern Palaearctic *Anthobium* Leach, 1819 (Coleoptera: Staphylinidae: Omaliinae: Anthophagini). II. fusculum group, and two additional species of the nigrum group. Zootaxa, 4508(4): 451-506.

Shavrin A V, Smetana A. 2018b. New species of the genus *Amphichroum* Kraatz, 1857 (Coleoptera: Staphylinidae: Omaliinae: Anthophagini) from China. Zootaxa, 4508(3): 377-402.

Shavrin A V, Smetana A. 2019. A revision of Eastern Palaearctic *Anthobium* Leach, 1819 (Coleoptera: Staphylinidae: Omaliinae: Anthophagini). III. Consanguineum, crassum and reflexum groups, and an additional species of the fusculum group. Zootaxa, 4688(4): 451-482.

Shavrin A V, Smetana A. 2020a. A replacement name for *Antobium crenulatum* Shavrin & Smetana, 2019 (Coleoptera: Staphylinidae: Omaliinae). Zootaxa, 4743(4): 599.

Shavrin A V, Smetana A. 2020b. *Anthobiomorphus*, a new genus of *Anthophagini* Thomson, 1859 (Coleoptera: Staphylinidae: Omaliinae), with description of two new species from China, India and Nepal. Zootaxa, 4755(3): 576-586.

Shi H L, Casale A. 2018. Revision of the oriental species of *Calleida* Latreille (sensu lato). Part 2: The C. discoidalis species group

(Coleoptera, Carabidae, Lebiini). Zookeys, 806(23): 87-120.

Shi H L, Liang H B. 2015. The genus *Pterostichus* in China II: the subgenus Circinatus Sciaky, a species revision and phylogeny (Carabidae, Pterostichini). ZooKeys, 536: 1-92.

Shi H L, Liang H B. 2018. Revision of genus *Pericalus* from China, with descriptions of four new species (Carabidae, Lebiini, Pericalina). ZooKeys, 758: 19-54.

Shi H L, Sciaky R, Liang H B, et al. 2013. A new subgenus *Wraseiellus* of the genus *Pterostichus* Bonelli (Coleoptera, Carabidae, Pterostichini) and new species descriptions. Zootaxa, 3664(2): 101-135.

Shi H L, Zhou H Z, Liang H B. 2013. Taxonomic synopsis of the subtribe Physoderina (Coleoptera, Carabidae, Lebiini), with species revisions of eight genera. ZooKeys, 284: 1-129.

Shibata Y. 1973a. Preliminary check list of the family Staphylinidae of Taiwan. (Insecta, Coleopter a). Annual Bulletin of the Nichidai Sanko, 16: 21-88.

Shibata Y. 1973b. The Subfamily Xantholininae from Taiwan, with descriptions of three new species (Coleoptera, Staphylinidae). Transactions of the Shikoku Entomological Society, 11(4): 121-132.

Shibata Y. 1973c. On the genus *Hesperus* Fauvel and one allied new genus from Taiwan, with descriptions of two new species (Coleoptera, Staphylininae). The Entomological Review of Japan, 25(1- 2): 21-27.

Shibata Y. 1974. Two new species of *Stilicoderus* Sharp from Taiwan (Coleoptera, Staphylinidae). Bulletin of the Japan Entomological Academy, 8(1): 8-13.

Shibata Y. 1979a. New or little known Staphylinidae (Coleoptera) from Taiwan. The Entomological Review of Japan, 33(1-2): 19-29.

Shibata Y. 1979b. Notes on the genus *Tachinus* Gravenhorst from Taiwan, with descriptions of two new species (Coleoptera, Staphylinidace). Transactions of the Shikoku Entomological Society, 14(3-4): 141-149.

Shibata Y. 1982. A new species of the genus *Thoracostrongylus* Bermhauer from Taiwan (Coleoptera, Staphylinidac). Transactions of the Shikoku Entomological Society, 16(1-2): 71-76.

Shibata Y. 1986a. A list of genera and species new to Taiwan and new data on distribution of the Staphylinidae discovered fom Taiwan since 1973 (Insecta, Coleoptera). Annual Bulletin of the Nichidai Sanko, 24: 109-128.

Shibata Y. 1986b. Two new musicolous species of the genus *Quedius* (Coleoptera, Staphylinidae) fom Taiwan. In Ueno S-I: Entomological Papers Presented to Yoshihiko Kurosawa on the Occasion of His Retirement. Tokyo: Coleopterist's Association of Japan.

Shibata Y. 1990. A new species of the genus *Hesperus* (Coleoptera, Staphylinidae) from Taiwan. Elytra, 18(2): 209-214.

Shibata Y. 1991. Two new records of *Philonthus* (Coleoptera, Staphylinidae) from Taiwan. Elytra, 19(2): 256.

Shibata Y. 1992a. A new species of the genus *Neosclerus* (Coleoptera, Staphylinidae) from Taiwan. Elytra, 20(2): 183-187.

Shibata Y. 1992b. A new species of the genus *Olophrinus* Fauvel (Coleoptera, Staphylinidae) fisrt recorded from Taiwan. Elytra, 20 (1): 41-46.

Shibata Y. 1993a. A new species of the genus *Coprophilus* (Coleoptera, Staphylinidae) from Taiwan. Elytra, 21(2): 313-317.

Shibata Y. 1993b. New records of staphylinid beetles (Coleoptera) from Taiwan. Elytra, 21(2): 317- 318.

Shibata Y. 1994. Two new species of the genus *Naddia* from Taiwan (Coleoptera, Staphylinidae). Transactions of the Shikoku Entomological Society, 20(3-4): 315-320.

Shibata Y. 2001a. A new species of the genus *Hesperus* (Coleoptera, Staphylinidae) from Yunnan Province, Southwest China. Special Bulletin of the Japanese Society of Coleopterology, 5: 255-260.

Shibata Y. 2001b. A new species of the genus *Trichophya* (Coleoptera, Staphylinidae) from Taiwan. Elytra, 29(2): 352-357.

Shokhin LV. 2022. First record of the genus *Microphaeochroops* Pic, 1930 (Coleoptera: Hybosoridae) from China. Far Eastern Entomologist, 455: 14-16.

Shook G, Wiesner J. 2006. A list of the tiger beetles of China (Coleoptera: Cicindelidae). 92. Contribution towards the knowledge of Cicindelidae, Fauna of China, 5: 5-26.

Shook G, Wu X Q. 2006. Range extensions and new species for the tiger beetle fauna of China (Coleoptera: Cicindelidae). Journal of the Entomological Research Society, 8(2): 51-59.

Shuai Q, Nozaki T, Tang L. 2021. Notes on the genus *Diochus* Erichson, with descriptions of two new species from China (Coleoptera, Staphylinidae). Zootaxa, 4908(2): 276-282.

Shuai Q, Tang L, Luo Y T. 2020. A review of the *Stenus aureolus* group of China (Coleoptera: Staphylinidae). Acta Entomologica, 60 (2): 615-627.

Sikes D S, Madge R B, Trumbo S T. 2006. Revision of *Nicrophorus* in part: new species and inferred phylogeny of the nepalensis-group based on evidence from morphology and mitochondrial DNA (Coleoptera:Silphidae:Nicrophorinae). Invertebrate Systematics, 20: 305-365.

Skelley P, Xu G, Tang W, et al. 2017. Review of *Cycadophila* Xu, Tang & Skelley (Coleoptera: Erotylidae: Pharaxonothinae) inhabiting *Cycas* (Cycadaceae) in Asia, with descriptions of a new subgenus and thirteen new species. Zootaxa, 4267(1): 1-63.

Slipinski A, Pang H. 2013. Genera of *Dascillinae* (Coleoptera: Dascillidae) with a review of the Asian species of *Dascillus* Latreille, *Petalon* Schonherr and *Sinocaulus* Fairmaire. Anna Leszoologi EC I (Warszawa), 63(4): 551-652.

Smetana A. 1965. Eine neue termitophile Zyras-Art aus Süd-China (Coleoptera, Staphylinidae). (67. Beit rag zur Kenntnis der

Staphyliniden). Annotationes Zoologicae et Botanicae, 10: 1-3.

Smetana A. 1995a. Contributions to the knowledge of the Quediina (Coleoptera, Staphylinidae, Staphylinini) of China. Part l. Some species of the genus *Quedius* Stephens,1829, Subgenus Microsaurus Dejean,1833. Elytra, 23(2): 235-244.

Smetana A. 1995b. Contributions to the knowledge of the Quedina (Coleoptera, Staphylinidae, Staphylinini) of China.Genus Quedius Stephens, 1829. Part 2. Subgenus *Microsarus* Dejean.1833. Section 2. Bulletin of the National Science Museum (A), 21(4): 231-250.

Smetana A. 1995c. *Lordithon daviesi* (Coleoptera, Staphylinidae, Tachyporinae), a remarkable new species from Taiwan. Elytra, 23 (2): 229-233.

Smetana A. 1995d. Two new species of *Pseudorientis* Watanabe (Coleoptera, Staphylinidae, Staphylinini, Quediina) from China. Special Bulletin of the Japanese Society of Coleopterology, 4: 341-346.

Smetana A. 1995e. Four new species of *Strouhalium* from Sichuan and Himalaya (Coleoptera, Staphylinidae, Quediina). Klapalekiana, 31: 131-139.

Smetana A. 1995f. A new species of the genus *Derops* Sharp, 1889 from Taiwan (Coleoptera, Staphylinidae, Tachyporinae, Deropini). Fabreries, 20(3): 99-104.

Smetana A. 1996a. Two new species of *Deinopteroloma* Jansson.1946 from China (Coleoptera, Staphylinidae, Omaliinae). Kolopterologische Rundschau, 66: 77-81.

Smetana A. 1996b. Two new species of *Trigonodemus* from China (Coleoptera, Staphylinidae, Omalinae). Klapalckiana, 32: 241-245.

Smetana A. 1996c. Contributions to the knowledge of the Quediina (Coleoptera, Staphylinidae, Staphylinini) of China. Part 7. Genus *Quedius* Stephens,1829. Subgenus *Raphirus* Stephens, 1829. Section 2. Elytra, 24(2): 225-237.

Smetana A. 1996d. Contributions to the knowledge of the Quediina (Coleoptera, Staphylinidae, Staphylinini) of China. Part 3. Genus *Quedius* Stephens 1829. Subgenus *Microsaurus* Dejean, 1833. Section 3. Bulletin of the National Science Museum (A), 22(1): 1-20.

Smetana A. 1996e. Contributions to the knowledge of the Quediina (Coleoptera, Staphylinidae, Staphylinini) of China.Part 4. Genus *Quedius* Stephens,1829. Subgenus *Raphirus* Stephens,1829. Section 1. Elytra, 24(1): 49-59.

Smetana A. 1996f. Contributions to the knowledge of the Quediina (Coleoptera, Staphylinidae, Staphylinini) of China. Part 5. Genus *Quedius* Stephens,1829. Subgenus *Microsaurus* Dejean,1833, Section: 4. Bulletin of the National Science Museum (A), 22(3): 113-132.

Smetana A. 1997a. Contributions to the knowledge of the Quediina (Coleoptera, Staphylinidae, Staphylinini) of China. Part 8. Quediini collected by S. Ueno and Y. Watanabe in Yunnan. Elytra, 25(1): 129-134.

Smetana A. 1997b. Contributions to the knowledge of the Quediina (Coleoptera, Staphylinidae, Staphylinini) of China. Part 9. Genus *Quedius* Stephens, 1829. Subgenus *Microsaurus* Dejean. 18 33. Section 7. Elytra, 25(2): 451-473.

Smetana A. 1997c. Two new species of the genus *Prosopaspis* Smetana，1987 from China (Coleoptera, Staphylinidae, Omaliinae). Annales Zoologici, 47(1-2): 23-25.

Smetana A. 1998a. A new species of the genus *Coprophilus* Latreille,1829 from the high mountain elevations in Taiwan, with comments on *Zonyptilus* Motschulsky, 1845 (Coleoptera, Staphylinidae, Oxytelinae). Zoological Studies, 37(2): 154-158.

Smetana A. 1998b. Contributions to the knowledge of the Quediina (Coleoptera, Staphylinidae, Staphylinini) of China. Part 10. Genus *Quedius* Stephens,1829. Subgenus *Raphirus* Stephens, 1829. Section 3. Elytra, 26(1): 99-113.

Smetana A. 1998c. Contributions to the knowledge of the Quediina of China (Coleoptera, Staphylinidae, Staphylinini). Part 12. Genera *Strouhalium* and *Pseudorinetis*. Section 2. Klapalekiana, 34: 95-98.

Smetana A. 1998d. Contributions to the knowledge of the Quediina (Coleoptera, Staphylinidae, Staphylinini) of China. Part 11. Genus *Quedius* Stephens, 1829. Subgenus *Distichalius* Casey, 191 5. Section 1. Elytra, 26(2): 315-332.

Smetana A. 1999a. Contributions to the knowledge of the Quediina (Coleoptera, Staphylinidae, Staphylinini) of China. Part 14. *Quelaestrygon puetzi* gen. nov., sp. nov. from Sichuan. Elytra, 27(1): 241-248.

Smetana A. 1999b. Contributions to the knowledge of the Quediina (Coleoptera, Staphylinidae, Staphylinini) of China. Part 15. Genus *Strouhalium* Scheerpeltz, 1962. Section 3. Genus *Quedius* Stephens.1829. Subgenus Microsaurus Dejean,1833. Section 9. Elytra, 27(2): 519-534.

Smetana A. 1999c. Contributions to the knowledge of the Quediina (Coleoptera, Staphylinidae, Staphylinini) of China. Part 16. Genus *Quedius* Stephens, 1829. Subgenus *Microsaurus* Dejean, 1833. Section 10. Elytra, 27(2): 535-551.

Smetana A. 1999d. Contributions to the knowledge of the Quediina (Coleoptera, Staphylinidae, Staphylinini) of China. Part 13. Genus *Ouedius* Stephens,1829. Subgenus *Microsaurus* Dejoan. 18 33. Section 8. Elytra, 27(1): 213-240.Smetana A. 2000a. Contributions to the knowledge of the Quediina (Coleoptera, Staphylinidae, Staphylinini) of China. Part 18. Genus *Bolitogyrus* Chevrolat,1848. Section 2. Elytra, 28(2): 327- 330.

Smetana A. 2000b. Third contribution to the knowledge of the Chinese species of the genus *Trigonodemus* LeConte,1863 (Coleoptera, Staphylinidae, Omalinae). Elytra, 28(2): 295-303.

Smetana A. 2001a. A new species of *Deinopteroloma* Jansson,1946 from China with comments on *D. chiangi* Smetana, 1990 from Taiwan (Coleoptera, Staphylinidae, Omaliinae). Koleopterologisc he Rundschau, 71: 53-57.

Smetana A. 2001b. Contributions to the knowledge of the genera of the"*Staphylinus*-complex" (Coleoptera, Staphylinidae) of China. Part 1. The review of the genus *Miobdelus*. Folia Heyrovskyana, 9(3-4): 161-201.

Smetana A. 2001c. Contributions to the knowledge of the Quediina (Coleoptera, Staphylinidae, Staphylinini) of China. Part 19. Genus *Quedius* Stephens, 1829. Subgenus *Microsaurus* Dejean, 1833. Section 11. Elytra, 29(1): 181-191.

Smetana A. 2001d. Contributions to the knowledge of the Quediina (Coleoptera, Staphylinidae, Staphylinini) of China. Part 20. Genus *Quedius* Stephens, 1829. Subgenus *Microsaurus* Dejean, 1833. Section 12. Elytra, 29(1): 193-216.

Smetana A. 2001e. Revision of the subtribe Quediina and the tribe Tanygnathinini. Part III. Taiwan (Coleoptera, Staphylinidae). Supplement II. Special Publication of the Japan Coleopterological Society, 1: 55-63.

Smetana A. 2002a. Contributions to the knowledge of the genera of the"*Staphylinus*-complex" (Colcoptera, Staphylinidae) of China Part 2. The genus *Dinothenarus*, section1. Folia Heyrovskyana, 10(4): 205-224.

Smetana A. 2002b. Contributions to the knowledge of the Quediina (Coleoptera, Staphylinidae, Staphylinini) of China. Part 22. Genus *Quedius* Stephens,1829. Subgenus *Microsaurus* Dejean, 1833. Section 12. Elytra, 30(1): 137-151.

Smetana A. 2002c. Contributions to the knowledge of the Quedina (Coleoptera, Staphylinidae, Staphylinini) of China. Part 23. Genus *Strouhalium* Scheerpeltz,1962. Section 4. Genus *Pseudorientis* Watanabe. 1970. Section 2. Elytra, 30(1): 153-158.

Smetana A. 2002d. Contributions to the knowledge of the Quediina (Coleoptera, Staphylinidae, Staphylinini) of China.Part 21. Genus *Quedius* Stephens,1829. Subgenus *Raphirnus* Stephens, 1829. Section 4. Elytra, 30(1): 119-135.

Smetana A. 2003a. Contributions to the knowledge of the genera of the"*Staphylinus*-complex"(Coleoptera: Staphylinidae) of China. Part 3. The genus *Apostenolinus*. Folia Heyrovskyana, 11(1): 39-45.

Smetana A. 2003b. Contributions to the knowledge of the genera of the"*Staphylinus*-complex" (Coleoptera, Staphylinidae) of China. Part 4. Key to Chinese genera, treatment of the genera *Collocypus* gen.n. *Ocvchinus* gen.n. *Sphaerobulbus* gen. n., *Aulacocypus* and *Apecholinus*, and comments on the genus *Protocypus*. Folia Heyrovskyana, 11(2): 57-135.

Smetana A. 2003c. Fourth contribution to the knowledge of the Chinese species of the genus *Trigonodemus* LeConte.1863 (Coleoptera, Staphylinidae, Omaliinae). Elytra, 31(2): 391-394.

Smetana A. 2004. Contributions to the knowledge of the Quediina (Coleoptera, Staphylinidae, Staphylinini) of China. Part 24. Genus *Quedius* Stephens,1829. Subgenus *Microsaurus* Dejean, 1833. Section 14. Elytra, 32(1): 85-103.

Smetana A. 2005a. Contributions to the knowledge of the "*Staphylinus*-complex" (Coleoptera, Staphylinidae, Staphylinini) of China. Part 6. On species collected recently in the Meishan Area. Sichuan. Elytra, 33(1): 303-311.

Smetana A. 2005b. Contributions to the knowledge of the Quedina (Coleoptera, Staphylinidae, Staphylinini) of China. Part 26. Genus *Acyloporus* Nordmann,1837. Section l. Elytra, 33(2): 567-570.

Smetana A. 2005c. Contributions to the knowledge of the Quedina (Coleoptera, Staphylinidae, Staphylinini) of China. Part 25. Genus *Anchocerus* Fauvel, 1905. Elytra, 33(2): 561-565.

Smetana A. 2005d. Contributions to the knowledge of the "*Staphylinus*-complex" (Coleoptera, Staphylinidae, Staphylinini) of China. Part 10. A new species of the genus *Platydracus* Thomson.1858. Zootaxa, 1048: 21-25.

Smetana A. 2005e. Contributions to the knowledge of the"*Staphylinus*-complex" (Coleoptera, Staphylinidae, Staphylinini) of China. Part 5. The genus *Protocypus* J. Müller, 1923. Elytra, 33(1): 269-301.

Smetana A. 2005f. Contributions to the knowledge of the"*Staphylinus*-complex" (Coleoptera, Staphylinidae, Staphylinini) of China. Part 7. The genus *Sphaerobulbus* Smetana 2003. Section 2. Zootaxa, 1006: 53-64.

Smetana A. 2018. Review of the genera *Agelosus* Sharp, 1889, *Apostenolinus* Bernhauer, 1934 and *Apecholinus* Bernhauer, 1933 (Coleoptera: Staphylinidae: Staphylinini: Staphylinina). Zootaxa, 4471(2): 201-244.

Smetana A, Zheng F K. 2000. Contributions to the knowledge of the Quediina (Coleoptera, Staphylinidae, Staphylinini) of China. Part 17. Genus *Bolitogyrus* Chevrolat, 1842. Section 1. Elytra, 28(1): 55-64.

Smetana A. Zheng F K. 2001. A new name in the genus *Bolitogvrus* Chevrolat (Coleoptera, Staphylinidae, Staphylinini, Quediina). The Coleopterists Bulletin, 54(4): 465.

Smith S M, Beaver R A, Cognato A I. 2020. A monograph of the Xyleborini (Coleoptera, Curculionidae, Scolytinae) of the Indochinese Peninsula (except Malaysia) and China. ZooKeys, 983: 1-442.

Smith S M, Beaver R A, Pham T H, et al. 2022. New species and new records of Xyleborini from the Oriental region, Japan and Papua New Guinea (Coleoptera: Curculionidae: Scolytinae). Zootaxa, 5209(1): 1-33.

Song X B, Tang L, Peng Z. 2018. Flanged bombardier beetles from Shanghai, China, with description of a new species in the genus *Eustra* Schmidt-Goebel (Coleoptera, Carabidae, Paussinae). ZooKeys, 740: 45-57.

Su J Y, Li L M, Yang Y X, et al. 2015. A new species of *Themus* (*Themus*) Motschulsky from Yunnan, China and a redescription of *T*. (*T.*) *testaceicollis* Wittmer, 1983 (Coleoptera, Cantharidae). ZooKeys, 525: 107-116.

Su J Y, Yang Y X, Dong Y J. 2016. A remarkable new species of *Themus* (Haplothemus) Wittmer, 1973 (Coleoptera: Cantharidae) and the previously unknown female of *T*. (*Themus*) *minimus* Kopetz, 2010. The Pan-Pacific Entomologist, 92(1): 9-13.

Su J Y, Yang Y X, Yang X K. 2015. Description of three new species related to *Themus* (Haplothemus) *coriaceipennis* (Fairmaire, 1889) (Coleoptera: Cantharidae). Zootaxa, 4034(2): 375-389.

Su L, Zhou H Z. 2017. Taxonomy of the genus *Chlamisus* Rafinesque (Coleoptera: Chrysomelidae) from China with description of three new species. Zootaxa, 4233(1): 1-138.

Sugaya H, Nomura S. 2003. Additional records of *Awas shunichii* (Coleoptera, Staphylinidae, Pselaphinae), with a note on its habitat in Taiwan. Elytra, 31(1): 183-186.

Švec Z. 1999. A new apterous and microphthalmic species of *Anemadus*(Coleoptera: Leiodidae: Cholevinae) from China. Revue Suisse De Zoologie, 106(3): 621-626.

Švec Z. 2014a. *Leiodes simillima* sp. nov. (Coleoptera: Leiodidae: Leiodinae)from China. Folia Heyrovskyana, seriesA, 22(2-4): 142-144.

Švec Z. 2014b. New *Agathidium* Panzer, 1797 species (Coleoptera: Leiodidae: Leiodinae) from China without or with reduced eyes. Taxonomical Series, 10(1): 187-203.

Švec Z. 2016. Three new Chinese species of *Pseudcolenis* Reitter, 1884 (Coleoptera: Leiodidae: Leiodinae). Taxonomical Series, 12 (1): 287-295.

Švec Z. 2017. Contribution to the knowledge of Chinese species of the genus *Agathidium* Panzer, 1797 (Coleoptera: Leiodidae: Leiodinae) - part III. Taxonomical Series, 13(2): 485-497.

Švec Z. 2022a. Eight new species of Pseudoliodini (Coleoptera: Leiodidae: Leiodinae) from the East and the Southeast Asia with new morphological, distributional and bionomical data. Studies and Reports Taxonomical Series, 18(2): 437-468.

Švec Z. 2022b. Leiodidae (Coleoptera) of the Hainan Island with new faunistic records from China and with notes on the unique body modifi cations in the genus *Agathidium*. Acta Entomologica, 62(1): 155-164.

Švec Z, Angelini F. 2019. A contribution to knowledge of the aedeagal morphology and Chinese species of the genus *Agathidium* Panzer, 1797 (Coleoptera: Leiodidae: Leiodinae). Part IV - subgenus Cyphoceble Thomson, 1859. Taxonomical Series, 15(2): 475-494.

Švec Z, Zhang T. 2020. New Chinese species of six Leiodinae genera (Coleoptera: Leiodidae) with keys to the identification the Leiodinae tribes, relevant genera and species. Taxonomical Series, 16(2): 543-567.

Švihla V. 2005. New taxa of the subfamily Cantharinae (Coleoptera: Cantharidae) from South-Eastern Asia with notes on other species II. Acta Entomologica Musei Nationalis Pragae, 45: 71-110.

Švihla V. 2011. New taxa of the subfamily Cantharinae (Coleoptera: Cantharidae) from South-Eastern Asia, with notes on other species III. Zootaxa, 2895: 1-34.

Szawaryn K, Bocak L, Ślipiński A, et al. 2015. Phylogeny and evolution of phytophagous ladybird beetles (Coleoptera: Coccinellidae: Epilachnini), with recognition of new genera: Phylogeny and evolution of Epilachnini. Systematic Entomology, 40: 547-569.

Tang L. 2019. On the genus *Philomyceta* of China (Coleoptera: Staphylinidae: Staphylininae). Acta Entomologica, 59 (1): 133-137.

Tang L, Cheng Z F. 2020. *Sphaeromacrops* Schillhammer new to China with description of a new species (Coleoptera, Staphylinidae). Zootaxa, 4779(2): 297-300.

Tang L, Huang M C. 2018. Notes on the *Dianous bimaculatus* complex with description of a new species from China (Coleoptera, Staphylinidae). Zootaxa, 4527(4): 560-568.

Tang L, Wang W. 2018. Notes on the *Dianous luteoguttatus* complex with description of a new species (Coleoptera: Staphylinidae). Acta Entomologica, 58(1): 237-242.

Tang L, Li L Z, Cao G H. 2011. On Chinese species of *Dianous* group I (Coleoptera, Staphylinidae, Steninae). ZooKeys, 111: 67-85.

Tang L, Schillhammer H, Zhao X. 2021. Notes on the genus *Rhyncocheilus* in China (Coleoptera, Staphylinidae, Staphylininae) with descriptions of three new species. Zootaxa, 4948(1): 99-112.

Tang L, Tu Y Y, Li L Z. 2016a. Notes on *Scaphidium* grande-complex with description of a new species from China (Coleoptera: Staphylinidae: Scaphidiinae). Zootaxa, 4132(2): 279-282.

Tang L, Tu Y Y, Li L Z. 2016b. Notes on the genus *Episcaphium* Lewis (Coleoptera, Staphylinidae, Scaphidiinae) with description of a new species from China. ZooKeys, 595: 49-55.

Telnov D. 2020. New East Asian species of Ischaliidae (Insecta: Coleoptera), with a key to Palaearctic Eupleurida Le Conte, 1862. Annales Zoologici, 70(2): 181-203.

Telnov D. 2022a. An overview and new species of *Arthromacra* W. Kirby, 1837 (Coleoptera: Tenebrionidae: Lagriinae) from continental China, the Korean and Indochinese Peninsula. Annales Zoologici, 72: 153-165.

Telnov D. 2022b. Revision of the Tomoderinae (Coleoptera: Anthicidae). Part III. New species and records of *Macrotomoderus* Pic, 1901 from China and a key to the Palaearctic species. European Journal of Taxonomy, 797: 1-100.

Telnov D. 2024. Revision of the Tomoderinae (Coleoptera, Anthicidae). Part V. Three new *Macrotomoderus* Pic, 1901 from continental China and an updated key to the Palaearctic species. ZooKeys, 1218: 231-250.

Telnov D, Piterãns U, Kalninš M, et al. 2020. Records and distribution corrections on Palaearctic Tenebrionoidea (Coleoptera). Annales Zoologici, 70(2): 229-244.

Telnov, D. 2018a. Nomenclatural notes on Anthicidae and Pyrochroidae (Coleoptera). Latvijas Entomologs, 18: 219-278.

Telnov, D. 2018b. Revision of the Tomoderinae (Coleoptera: Anthicidae). Part II. *Macrotomoderus* Pic, 1901 species from China. Annales Zoologici (Warszawa), 68(3): 463-492.

Telnov, D. 2022. Review and new species of *Donaciolagria* Pic, 1914 (Coleoptera: Tenebrionidae: Lagriinae), with a key, and an annotated checklist. Tijdschrift voor Entomologie, 165: 1-31.

Thierry D, David W W. 2015. Description d'un nouveau *Broscosoma* du Yunnan, Chine (Coleoptera, Caraboidea, Broscidae). Bulletin de la Société Entomologique de France, 120(1): 29-30.

Tian M Y. 2006. Checklist of the genus *Cybocephalus* Erichson (Coleoptera: Cybocephalidae) of China, with description of a new species from Yunnan Province. Zootaxa, 1202: 61-68.

Tian M Y, Huang S B. 2015. *Yunotrechus diannanensis* n. gen., n. sp., the first troglobitic trechine (Coleoptera: Carabidae) from a tropical area of China. International Journal of Entomology, 50(3-4): 295-300.

Tian M Y, He L, Zhou J J. 2023. New genera and new species of cavernicolous beetles from southwestern China (Coleoptera: Carabidae: Trechini, Platynini). Annales de la Société Entomologique de France (N.S.), 59(1): 65-81.

Tian M Y, Huang S B, Jia X Y. 2023. A contribution to cavernicolous beetle diversity of South China Karst: eight new genera and fourteen new species (Coleoptera: Carabidae: Trechini). Zootaxa, 5243(1): 1-66.

Tian M Y, Huang S B, Wang X H, et al. 2016. Contributions to the knowledge of subterranean trechine beetles in Southern China's karsts: five new genera (Insecta, Coleoptera, Carabidae, Trechinae). ZooKeys, 564: 121-156.

Toledo. 2008. Taxonomic notes on Asian species of *Canthydrus* Sharp I. Revision of *Canthydrus angularis* Sharp, description of a new species and 12 lectotype designations (Coleoptera: Noteridae). Koleopterologische Rundschau, 78: 55-68.

Tomaszewska W. 2002. Two new species of *Endomychus* Panzer (Coleoptera: Endomychidae), from China and Burma. Annales Zoologici, 52(1): 151-153.

Tomaszewska W, Szawaryn K. 2013. Revision of the Asian species of *Afidentula* Kapur, 1958 (Coleoptera: Coccinellidae: Epilachnini). Zootaxa, 3608 (1): 26-50.

Tomaszewska W, Huo L Z, Sawaryn K, et al. 2017. *Epiverta* Dieke (Coleoptera: Coccinellidae: Epilachnini): A complex of species, not a monotypic genus. Journal of Insect Science, 17(2): 1-12.

Tong J B, Chen X S, Zhang X M, et al. 2022. A review of the genus *Sasajiscymnus* Vandenberg, 2004 from China (Coleoptera, Coccinellidae). Zootaxa, 5207(1): 1-104.

Tong J B, Tshernyshev S E, Liu H Y, et al. 2022. First record of the genus *Troglocollops* (Coleoptera, Malachiidae) from China, with description of a new species. Zootaxa, 5195(5): 492-498.

Tong J B, Zhang X M, Chen X S, 2019. Three new species of *Shirozuella* Sasaji (Coleoptera, Coccinellidae) from China. Zootaxa, 4615(1): 185-191.

Tshernyshev S E. 2015. A review of species of the genus *Apalochrus* Erichson (Coleoptera, Malachiidae). Zootaxa, 3941 (3): 358-374.

Tshernyshev S E. 2021. A review of the genus *Anthocomus* Erichson, 1840 (Coleoptera, Cleroidea: Malachiidae) of Inner Asia. Zootaxa, 4969(3): 511-525.

Viktora P, Liu B. 2018. Two new species of *Rhondia* Gahan, 1906 from China (Coleoptera: Cerambycidae: Lepturinae: Rhagiini). Taxonomical Series, 14(1): 221-228.

Viktora P, Weigel A. 2021. *Paraclytus mengi* sp. Nov. from China (Coleoptera: cerambycidae: Anaglyptini). Folia Heyrovskyana, series A, 29(1): 164-171.

Vives E. 2024. Lepturinae nuevos o interesantes del Sudeste Asiático (Coleoptera, Cerambycidae). Notes on Lepturinae (22). Faunitaxys, 12(50): 1-9.

Vives E, Lin M Y. 2013. One new and seven newly recorded Callichromatini species from China (Coleoptera, Cerambycidae, Cerambycinae). ZooKeys, 275: 67-75.

Vivien C. 2023. Two new species of *Lederina* Nikitsky & Belov, 1982 (Coleoptera: Melandryidae: Melandryinae) from Yunnan, China. Revue Suisse de Zoologie, 130(2): 307-312.

Volkovitsh M G. 2014. *Acmaeodera* (*Acmaeodera*) *bellamyola* Volkovitsh (Coleoptera: Buprestidae), a New species of jewel beetle from China. Coleopterists Bulletin, 68(1): 37-40.

Wang C B. 2021. First record of the genus *Enanea* Lewis from the Chinese Mainland, with description of a new species (Coleoptera: Tenebrionidae: Diaperinae). Zootaxa, 5032(1): 80-86

Wang C B. 2024. A new species of *Notorhabdium* N. Ohbayashi & Shimomura, 1986 from Yunnan, China, with annotated catalogue for the genus (Coleoptera: Cerambycidae: Lepturinae). Journal of Insect Biodiversity, 48(1): 1-9.

Wang C B, He L. 2021. *Trachystolodes neltharion* sp. n. from Yunnan, China (Coleoptera, Cerambycidae, Lamiinae). Zootaxa, 5032 (2): 295-300.

Wang C B, He L. 2024. *Neolucanus yemaoi* sp. nov., a new stag beetle from Daweishan National Nature Reserve of Yunnan, China (Coleoptera: Lucanidae). The Indochina Entomologist, 1(19): 153-164.

Wang C B, Zhou H Z. 2015. Taxonomy of the genus *Ptomaphaginus* Portevin (Coleoptera: Leiodidae: Cholevinae: Ptomaphagini) from China, with description of eleven new species. Zootaxa, 3941(3): 301-338.

Wang C B, He L, Huang J B. 2023. Two new species of *Anoplophora* Hope, 1839 from China (Coleoptera, Cerambycidae, Lamiinae). Zootaxa, 5277(1): 165-181.

Wang C B, Perreau M, Růžička J, et al. 2017. Revision of the genus *Ptomaphagus* Hellwig from Eastern Asia (Coleoptera, Leiodidae, Cholevinae). ZooKeys, 715: 69-92.

Wang F N, Zhou H Z. 2013. Four new species of the genus *Smaragdina* Chevrolat, 1836 from China (Coleoptera: Chrysomelidae:

Cryptocephalinae: Clytrini). Zootaxa, 3737(3): 251-260.

Wang F Y, Ren G D. 2007. Four new species and a new record of *Anaedus* from China (Coleoptera: Tenebrionidae). Zootaxa, 1642: 33-41.

Wang F Y, Zhou H Z. 2011. A synopsis on the Chinese species of Clytra Laicharting, with description of two new species (Coleoptera: Chrysomelidae: Cryptocephalinae: Clytrini). Zootaxa, 3067: 1-25.

Wang F Y, Zhou H Z. 2012. Taxonomy of the genus *Aetheomorpha* Lacordaire (Coleoptera: Chrysomelidae: Cryptocephalinae: Clytrini) from China, with description of five new species. Journal of Natural History, 46(23-24): 1407-1440.

Wang F Y, Zhou H Z. 2013. Four new species of the genus *Smaragdina* Chevrolat, 1836 from China (Coleoptera: Chrysomelidae: Cryptocephalinae: Clytrini). Zootaxa, 3737(3): 251-260.

Wang F Y, Zhou H Z. 2020. Taxonomy of the leaf beetle genus *Exomis* Weise (Coleoptera: Chrysomelidae: Clytrini) with description of six new species from China. Zootaxa, 4748(2): 351-364.

Wang J, Liang X C. 2008. A new species of the genus *Euops* Schoenherr (Coleoptera: Attelabidae) from Yunnan, China. Entomotaxonomia, 30(3): 178-180.

Wang J, Li S B, Jin Z Y. 2019. Two new species of the genus *Dascillus* Latreille from Yunnan Province, China (Coleoptera: Dascillidae). Oriental Insects, 54(1): 1-8.

Wang L F, Zhou H Z. 2020. Taxonomy of *Anotylus nitidifrons* group (Coleoptera: Staphylinidae: Oxytelinae) and five new species from China. Zootaxa, 4861(1): 23-42.

Wang P, Xie G L, Wang W K. 2019. A new species of *Pseudoechthistatus* Pic, 1917 (Coleoptera, Cerambycidae, Lamiinae) from Yunnan, China. Zootaxa, 4619(1): 184-188.

Wang X M, Ren S X. 2010a. The genus *Chilocorellus* Miyatake (Coleoptera: Coccinellidae) from China. Annales Zoologici, 60(2): 203-208.

Wang X M, Ren S X. 2010b. Two new species of *Chujochilus* Sasaji, 2005 (Coleoptera: Coccinellidae) from China. Annales Zoologici, 60(3): 319-324.

Wang X M, Ren S X. 2012. A review of Chinese *Scymnomorphus* Weise (Coleoptera: Coccinellidae) with description of five new species. Journal of Natural History, 46(31-32): 1905-1920.

Wang X M, Escalona H E, Ren S X, et al. 2017. Taxonomic review of the ladybird genus *Sticholotis* from China (Coleoptera: Coccinellidae). Zootaxa, 4326(1): 1-72.

Wang X M, Ge F, Ren S X. 2012. The genus *Paraplotina* Miyatake 1969 (Coleoptera: Coccinellidae) from China. Pan-Pacific Entomologist, 88 (4): 416-422.

Wang X M, Ren S X, Chen X S. 2010. The genus *Nesolotis* (Coleoptera: Coccinellidae) from China, with descriptions of eight new species. Annales Zoologici, 60(1): 1-13.

Wang X M, Ren S X, Chen X S. 2011a. A review of the genus *Serangium* Blackburn (Coleoptera, Coccinellidae) from China. ZooKeys, 134: 33-63.

Wang X M, Ren S X, Chen X S. 2011b. The genus *Plotina* Lewis (Coleoptera: Coccinellidae), with descriptions of four new species from China. Zootaxa, 2801: 57-68.

Wang X M, Ślipiński A, Ren S X. 2013. The genus *Microserangium* Miyatake (Coleoptera, Coccinellidae) from China. ZooKeys, 359: 13-33.

Wang X M, Tomaszewska W, Ren S X. 2015. A contribution to Asian *Afidentula* Kapur (Coleoptera, Coccinellidae, Epilachnini). ZooKeys, 516: 35-48.

Wang Y C. 1971. Dermatitis experimentally induced by *Paederus fuscipes* Curtis, 1826. Chinese Journal of Microbiology, 4: 265-266.

Wang Y C, Fan P C, Liu J C. 1969. Seasonal bullous dermatitis caused by a rove beetle (*Paederus fuscipes* Curtis, 1826) in Taiwan. Chinese Journal of Microbiology, 2: 131-138.

Wang Y N, Liu H Y, Yang X K, et al. 2023. Review of the *Lycocerus pallidulus* group (Coleoptera, Cantharidae), with descriptions of six new species from China. ZooKeys, 1176: 243-285.

Wang Y Q, Wang P, Xie G L, et al. 2024. *Drumontiana zhilini* sp. nov., a new species from Guangxi, China (Coleoptera, Cerambycidae, Prioninae). Zootaxa, 5528(1): 725-732.

Wang Y Q, Xie G L, Wang W K. 2024. New data on the genus *Eustrangalis* Bates from China (Coleoptera: Cerambycidae, Lepturinae). Zootaxa, 5453(4): 558-566.

Wang Z L, Alonso-Zarazaga M A, Ren L, et al. 2011. New subgenus and new species of Oriental *Omophorus* (Coleoptera, Curculionidae, Molytinae, Metatygini). ZooKeys, 85: 41-59.

Warchalowski A. 2012. Key to Eastern and Southeastern Asiatic species of the genus *Argopus* Fischer von Waldheim, 1824 (Coleoptera: Chrysomelidae: Alticinae). Genus, 23(1): 99-115.

Watanabe Y. 1991a. A new species of the genus *Camioleum* (Coleoptera, Staphylinidae) from Taiwan. Japanese Journal of Entomology, 59(1): 63-66.

Watanabe Y. 1991b. Two new apterous staphylinids (Coleoptera, Staphylinidac) from Taiwan. Elytra, 19(2): 221-228.

Watanabe Y. 1995a. A new micropeplid species (Coleoptera) from Yunan Province, Southwest China. Elytra, 23(2): 245-249.

Watanabe Y. 1995b. A new species of the genus *Liophilydrodes* (Coleoptera, Staphylinidae) from Sichuan Sheng, Southwest China. Special Bulletin of the Japanese Society of Coleopterology, 4: 329-333.

Watanabe Y. 1999a. Four new anthophilous species of the Omalinae (Coleoptera, Staphylinidae) from Mt. Miao'er Shan in Guangxi Province, China. Elytra, 27(1): 259-270.

Watanabe Y. 1999b. Two new species of the group of *Lathrobium* pollens-branchypterum (Coleoptera, Staphylinidae) from Zhejiang Province, East China. Elytra, 27(2): 573-580.

Watanabe Y. 1999c. Two new subterranean staphylinids (Coleoptera) from East China. Elytra, 27(1): 249-257.

Watanabe Y. 2000. Two new micropepline beetles (Coleoptera, Staphylinidae) from Sichuan Province, Southwest China. Elytra, 28 (1): 45-53.

Watanabe Y. 2001.Three new species of the genus *Erichsonius* (Coleoptera, Staphylinidae) from Southern China. Elytra, 29(1): 217-225.

Watanabe Y. 2005. A new species of the genus *Lesteva* (Coleoptera, Staphylinidae) from Taiwan. Elytra, 33(1): 30-33.

Watanabe Y, Luo Z Y. 1991. The micropeplids (Coleoptera) from the Tian-mu Mountains in Zhejiang Province, East China. Elytra, 19 (1): 93-100.

Watanabe Y, Luo Z Y. 1992. New species of the genus *Lathrobium* (Coleoptera, Staphylinidae) from the Wu-yan-ling Nature Protective Area in Zhejiang Province, East China. Elytra, 20(1): 47- 56.

Watanabe Y, Xiao N N. 1993. A new species of the genus *Nazeris* (Coleoptera, Staphylinidae) from Yunnan Province, Southwest China. Elytra, 21(1): I29-133.

Watanabe Y, Xiao N N. 1994a. A new apterus *Ochthephilum* (Coleoptera, Staphylinidae) from Yunnan Province, Southwest China. Elytra, 22(1): 109-113.

Watanabe Y, Xiao N N. 1994b. New apterous *Lathrobium* (Coleoptera, Staphylinidae) from the Diancang Shan Mountains in Yunnan Province, Southwestern China. Elytra, 22(2): 255-262.

Watanabe Y, Xiao N N. 1996a. A new species of the group of *Micropeplus sculptus* (Coleoptera, Staphylinidae) from Mt. Jizu Shan in Yunan Province, Southwest China. Edaphologia, 57: 1-6.

Watanabe Y, Xiao N N. 1996b. A new species of the *Lathrobium pollens* group (Coleoptera, Staphylinidae) from Mt. Yulongxue Shan in Yunnan Provice, Southwest China. Elytra, 24(1): 61-66.

Watanabe Y, Xiao N N. 1997a. Four new *Nazeris* (Coleoptera, Staphylinidae) from Yunnan Provice, Southwest China. Edaphologia, 58: 1-12.

Watanabe Y, Xiao N N. 1997b. New species of apterous *Lathrobium* (Coleoptera, Staphylinidae) from Yunnan Provice, Southwest China. Elytra, 25(2): 493-508.

Watanabe Y, Xiao N N. 2000a. Four new species of the genus *Nazeris* (Coleoptera, Staphylinidae) from the Gaoligong Shan Mountains in Yunnan, Southwest China. Elytra, 28(2): 311-321.

Watanabe Y, Xiao N N. 2000b. Seven new apterous *Lathrobium* (Coleoptera, Staphylinidae) from Yunnan，Southwest China //Aoki J I, Yin W Y, Imadate G. Taxonomical Studies on the Soil Fauna of Yunnan Province in Southwest China. Tokyo: Tokai University Press.

Wei Z H, Ren G D. 2019. Taxonomy of the genus *Luprops* from China, withdescription of the larva of *Luprops horni* (Coleoptera:Tenebrionidae). Entomotaxonomia, 41(4): 299-312.

Wei Z H, Shi A M. 2021. Two new species of the genus *Endelus* Deyrolle, 1864 from China (Coleoptera: Buprestidae). Journal of Asia-Pacific Entomology, 42(2): 661-665.

Wei Z H, Xu H X, Shi A M. 2022. A new species of the genus *Coraebus* from China (Coleoptera: Buprestidae: Agrilinae). Zootaxa, 5099(1): 146-150.

Weng M Q, Wang Y, Huang J, et al. 2022. The complete mitochondrial genome of *Chalcophora japonica chinensis* Schaufuss, 1879 (Coleoptera: Buprestidae). Mitochondrial DNA Part B, 7(8): 1571-1573.

Westcott R L. 2007. The exotic *Agrilus subrobustus* (Coleoptera: Buprestidae) is found in Northern Georgia. The Coleopterists Bulletin, 61(1): 111-112.

Wickham J D, Harrison R D, Lu W, et al. 2021. Rapid assessment of cerambycid beetle biodiversity in a tropical rainforest in Yunnan Province, China, using a multicomponent pheromone lure. Insects, 12: 277.

Wiesner J. 2012. Two new tiger beetle species from Asia (Coleoptera: Cicindelidae), 110. Contribution towards the knowledge of Cicindelidae. Mitteilungen des Internationalen Entomologischen Vereins, 37(1/2): 51-56.

Winkler J R. 1987. *Ekisius vitreus* gen. N., wp. N., the first representative of apterous Cleridae in Oriental Region (Coleoptera). Deutsche Entomologische Zeitschrift Neue Folge, 34(1-3): 169-177.

Wood S L, Huang F S. 1986. New genus of *Scolytidae* (Coleoptera) from Asia. The Great Basinnaturalist, 46: 465-467.

Wu C F. 1937. Catalogus insectorum Sinensium (Catalogue of Chinese insects). Annals of the Entomological Society of America, 30 (1): 195-196.

Wu J, Zhou H Z. 2005. Taxonomy of the genus *Thoracochirus* (Coleoptera, Staphylinidae, Osoriin ae) from China. Acta Zootaxonomica Sinica, 30(3): 590-597.

Wu X Q, Gary S. 2007. Range extensions, new records, an artifical key and a list of tiger beetles of Yunnan Province, China

(Coleoptera: Cicindelidae). Journal of the Entomological Research Society, 9(2): 31-40.

Xi H C, Wang Y N, Yang X K, et al. 2021. New species and taxonomic notes on *Lycocerus hickeri* species-group (Coleoptera, Cantharidae). Zootaxa, 4980(3): 541-557.

Xi H C, Wang Y N, Yang X K, et al. 2022. A new species group defined in *Lycocerus* Gorham (Coleoptera, Cantharidae), with description of a new species from Xizang, China. The European Zoological Journal, 89(1): 467-480.

Xia M H, Tang L, Schillhammer H. 2022a. A taxonomic study on the genus *Naddia* from China (Coleoptera, Staphylinidae, Staphylininae) with descriptions of two new species. Insects, 13(6): 503.

Xia M H, Tang L, Schillhammer H. 2022b. Review of Chinese species of the genus *Thoracostrongylus* Bernhauer, 1915 (Coleoptera, Staphylinidae, Staphylininae). ZooKeys, 1131: 99-134.

Xie G L. 2024: Review of the genus *Pterolamia* Breuning, 1942 (Coleoptera, Cerambycidae) with description of a new species from China. The Indochina Entomologist, 1(4): 21-26.

Xie G L, Barclay M V L, Wang W K. 2023. Review of the *Xenicotela* Bates, 1884 (Cerambycidae, Lamiinae, Lamiini). ZooKeys, 1183: 185-204.

Xie M, Liang X C. 2008. Three new species of the genus *Euscelophilus* Voss (Coleoptera: Attelabidae) from China. Zootaxa, 1808: 33-43.

Xiong Z P, Háva J, Pan Y Z. 2017. A new species of the genus *Trogoderma* Dejean, 1821 from China (Coleoptera: Dermestidae: Megatomini). Studies and Reports, Taxonomical Series, 13(1): 241-247.

Xu G, Tang W, Skelley P, et al. 2015. *Cycadophila*, a new genus (Coleoptera: Erotylidae: Pharaxonothinae) inhabiting *Cycas debaoensis* (Cycadaceae) in Asia. Zootaxa, 3986(3): 251-278.

Xu H X, Ge S Q, Kubáň V, et al. 2013. Two new species of the genus *Coraebus* from China (Coleoptera: Buprestidae: Agrilinae: Coraebini). Acta Entomologica Musei Nationalis Pragae, 53(2): 687-696.

Xu H X, Pang J X, Li J, et al. 2022. A newly-recorded species of the genus *Rhodotritoma* Arrow, 1925 (Coleoptera, Erotylidae) from China. Biodiversity Data Journal, 10: e96740.

Xu S Y, Yang X K. 2024. Four new species of *Gallerucida* Motschulsky, 1861 from China (Coleoptera: Chrysomelidae: Galerucinae). Zootaxa, 5528(1): 772-781.

Xu S Y, Nie R E, Yang X K. 2022. Notes on spotted-elytron species of *Gallerucida* Motschulsky with the description of six new species from China (Coleoptera, Chrysomelidae, Galerucinae). ZooKeys, 1116: 33-55.

Xu Y, Bi W X, Liang H B. 2021. New record of the genus *Manipuria* Jacoby (Chrysomelidae, Criocerinae) from China, with description of a new species. ZooKeys, 1009: 29-43.

Xu Y, Liang H B. 2024. Three new species and five new records within the genus *Lilioceris* (Coleoptera, Chrysomelidae, Criocerinae) from China. ZooKeys, 1189: 55-81.

Xu Y, Qiao G X, Liang H B. 2024. A review of the semipunctata species group within the genus *Lilioceris* Reitter, 1913 (Coleoptera, Chrysomelidae). ZooKeys, 1195: 337-381.

Xuan W, Lin M Y. 2016. A revision of the *Pseudoechthistatus* Pic (Coleoptera, Cerambycidae, Lamiinae, Lamiini). ZooKeys, 604: 49-85.

Yamasako J, Vives E, Liu B. 2021. New species and subspecies of *Laoechinophorus* from China and Thailand (Coleoptera, Cerambycidae, Lamiinae, Morimopsini). Zootaxa, 4941(1): 91-100.

Yan X H, Zheng F K. 2023a. First description of the male of *Oxyporus bifasciarius* Zheng, Li, and Liu (Coleoptera: Staphylinidae: Oxyporinae). The Coleopterists Bulletin, 77(1): 24-27.

Yan X H, Zheng F K. 2023b. Taxonomy of the genus *Habrocerus* Erichson (Coleoptera: Staphylinidae: Habrocerinae) from China. Entomotaxonomia, 45(2): 106-110.

Yang C. 1995. Coleoptera: Micropeplidae//Wu H. Insects of Baishanzu Mountain Eastern China. Beijing: China Forestry Publishing House.

Yang G Y, Yang X K. 2013. Revision of the genus *Hemitrachys* Gorham, with discovery of a second species (Coleoptera: Cleridae: Clerinae). Zootaxa, 3710(1): 72-80.

Yang G Y, Montreuil O, Yang X K. 2011. New species, new records and new morphological characters of the genus *Tillicera* Spinola from China (Coleoptera, Cleridae, Clerinae). ZooKeys, 122: 19-38.

Yang G Y, Montreuil O, Yang X K. 2013. Taxonomic revision of the genus *Callimerus* Gorham s. l. (Coleoptera, Cleridae). Part I. latifrons species-group. ZooKeys, 294: 9-35.

Yang G Y, Yang X K, Shi H L. 2020. Taxonomy and phylogeny of the genus *Gastrocentrum* Gorham (Coleoptera, Cleridae, Tillinae), with the description of five new species. ZooKeys, 979: 99-132.

Yang L J, Huang J H, Zhang R Z, et al. 2013. A review of the genus *Pelenomus* Thomson (Coleoptera: Curculionidae: Ceutorhynchinae) from China. Zootaxa, 3652(4): 401-423.

Yang M X, Shen J, Ding C P, et al. 2024. A review of Chinese species of the genus *Oides* Weber, 1801 (Coleoptera: Chrysomelidae: Galerucinae). Insects, 15: 114.

Yang S L, Liu J. 2024. A new species of *Amamiclytus* (Coleoptera: Cerambycidae) from Guizhou, China, with an updated key to the eastern Asian species of the genus. Oriental Insects, Taylor & Francis, 58(2): 1-8.

Yang X K, Ge S Q, Li W Z. 2001. Revision of the genus *Agetocera* hope (Cole-Optera: Chrysomelidae: Galerucinae). Oriental Insects, 35(1): 105-154.

Yang X K, Ge S Q, Nie R, et al. 2015. Chinese Leaf Beegles. Beijing: Science Press.

Yang Y X, Yang X K. 2009. Revision of the genus *Mimopodabrus* Wittmer (Coleoptera, Cantharidae). Journal of Natural History, 43 (31-32): 1879-1890.

Yang Y X, Yang X K. 2011a. A taxonomic study on semifumata species-group of *Fissocantharis* Pic, with description of six new species from China and Myanmar (Coleoptera, Cantharidae). ZooKeys, 152: 43-61.

Yang Y X, Yang X K. 2011b. *Lycocerus strictipennis* sp. nov. from Yunnan, China, the second species in the Michiakii species-group of *Lycocerus* Gorham (Coleoptera: Cantharidae). Annales Zoologici, 61(4): 637-640.

Yang Y X, Yang X K. 2014a. Notes on *Lycocerus kiontochananus* (Pic, 1921) and description of two new species of *Lycocerus* Gorham from China (Coleoptera, Cantharidae). Zootaxa, 3774(6): 523-534.

Yang Y X, Yang X K. 2014b. Taxonomic note on the genus *Taiwanocantharis* Wittmer: synonym, new species and additional faunistic records from China (Coleoptera, Cantharidae). ZooKeys, 367: 19-32.

Yang Y X, Brancucci M, Yang X K. 2010. Review of the subgenus *Habronychus* (Macrohabronychus), with descriptions of two new species (Coleoptera, Cantharidae). Entomological News, 120(5): 546-553.

Yang Y X, Ge S J, Yang X K, et al. 2021a. Review of the species of *Stenothemus* from Southeast China (Coleoptera, Cantharidae). European Journal of Taxonomy, 744: 119-144.

Yang Y X, Ge S J, Yang X K, et al. 2021b. Taxonomic revision of the species of *Stenothemus* from Southwest China (Coleoptera, Cantharidae), with the descriptions of five new species. European Journal of Taxonomy, 757: 1-36.

Yang Y X, Geiser M, Yang X K. 2012. A little-known beetle family in China, Prionoceridae Lacordaire, 1857 (Coleoptera: Cleroidea). Entomotaxonomia, 34(2): 378-390.

Yang Y X, Kazantsev S V, Yang X K. 2011. Two remarkable new species of *Prothemus* Champion from China and Thailand, with comments on their systematic status (Coleoptera, Cantharidae). ZooKeys, 119(119): 53-61.

Yang Y X, Kopetz A, Yang X K. 2012. A review of the Chinese species of *Pseudopodabrus* (Coleoptera: Cantharidae). Acta Entomologica Musei Nationalis Pragae, 52(1): 217-228.

Yang Y X, Kopetz A, Yang X K. 2013. Taxonomic and nomenclatural notes on the genera Themus Motschulsky and *Lycocerus* Gorham (Coleoptera, Cantharidae). ZooKeys, 340: 1-19.

Yang Y X, Liu H Y, Yang X K. 2018. A contribution to the knowledge of Themus (Haplothemus) Wittmer from China (Coleoptera: Cantharidae). Zootaxa, 4407(2): 241-253.

Yang Y X, Su J Y, Yang X K. 2014a. Description of six new species of *Lycocerus* Gorham (Coleoptera, Cantharidae), with taxonomic note and new distribution data of some other species. ZooKeys, 456: 85-107.

Yang Y X, Su J Y, Yang X K. 2014b. Review of the *Stenothemus harmandi* species-group (Coleoptera, Cantharidae), with description of six new species from China. Zootaxa, 3847(2): 203-220.

Yang Y X, Su J Y, Yang X K. 2014c. Taxonomic note and description of new species of *Fissocantharis* Pic from China (Coleoptera, Cantharidae). ZooKeys, 443: 45-59.

Yang Y X, Xi H C, Yang X K, et al. 2019. Taxonomic review of the Themus (Telephorops) nepalensis species-group (Coleoptera, Cantharidae). ZooKeys, 884: 81-106.

Yang Y X, Zong L, Yang X K, et al. 2019. A taxonomic study on Themus (Telephorops) davidis species-group (Coleoptera, Cantharidae), with description of a new species from China. Zootaxa, 4612(3): 401-411.

Yang Z M, Jia F L, Tang Y D, et al. 2021. Two new species of *Helochares*, with additional faunistic records from China (Coleoptera, Hydrophilidae, Acidocerinae). ZooKeys, 1078: 57-83.

Yi C H, He Q J. 2013. Two new species of *Epilachna* Dejean, 1837 (Coleoptera: Coccinellidae) from Yunnan, China. Entomological News, 123(3): 169-173.

Yi C H, He Q J, Xiao N N. 2013. Two new species of *Epilachna* Dejean (Coleoptera: Coccinellidae) from China. Oriental Insects, 47 (2-3): 111-115.

Yin H F. 2001. The Chinese *Scolytogenes* Eichhoff with descriptions of seven new species (Coleoptera: Scolytidae). Oriental Insects, 35(1): 321-334.

Yin W Q, Chen J H, Shi H L. 2024. Revision of the subgenus *Orientostichus* Sciaky & Allegro in Southeast China, with descriptions of seven new species of the *Pterostichus prattii* Bates species group (Coleoptera: Carabidae: Pterostichini). Zootaxa, 5528(1): 38-76.

Yin Z W. 2018. *Loeblibatrus* Yin, a New genus of myrmecophilous Pselaphinae (Coleoptera: Staphylinidae) from Southern China. The Coleopterists Bulletin, 72(2): 233-240.

Yin Z W. 2019. First record of the genus *Chandleriella* Hlaváč (Coleoptera: Staphylinidae: Pselaphinae) from China, with description of a second species. Zootaxa, 4571(3): 432-438.

Yin Z W. 2020. Two new species of *Ancystrocerus* Raffray from the Oriental region (Coleoptera, Staphylinidae, Pselaphinae). ZooKeys, 958: 29-34.

Yin Z W. 2021. Two new species and additional records of *Pseudopsis* Newman from China (Coleoptera: Staphylinidae:

Pseudopsinae). Journal of Natural History, 55(15-16): 933-951.

Yin Z W, Bi W X. 2018. New and little known Jacobsoniidae (Coleoptera) from China. Acta Entomologica, 58(1): 11-16.

Yin Z W, Li L Z. 2015. Revision of the Oriental genus *Horniella* Raffray (Coleoptera, Staphylinidae, Pselaphinae) – Supplementum 1. ZooKeys, 506: 109-118.

Yin Z W, Li L Z. 2018a. A new record of *Habrocerus indicus* Assing and Wunderle (Coleoptera: Staphylinidae: Habrocerinae) in Sichuan, China. The Coleopterists Bulletin, 72(4): 760-761.

Yin Z W, Li L Z. 2018b. A new species and an additional record of *Pseudotachinus* Cameron from China (Coleoptera: Staphylinidae: Tachyporinae). Zootaxa, 4425(3): 567-574.

Yin Z W, Shen Q. 2020. Fifteen new species of *Sathytes* Westwood from China (Coleoptera, Staphylinidae, Pselaphinae), with an updated checklist of world species. European Journal of Taxonomy, 722: 37-74.

Yoshitomi H. 2009. Scirtidae of the Oriental Region, Part 11. Notes on the *Cyphon coarctatus* species group (Coleoptera), with descriptions of new species. Japanese Journal of Systematic Entomology, 15(1): 101-128.

Yoshitomi H. 2015. Four new species of the genus *Caccothryptus* (Coleoptera, Limnichidae). European Journal of Taxonomy, 147: 1-17.

Yoshitomi H. 2018a. Description of the male of *Eurypogon jaechi* Kundrata, Bocakova, and Bocak (Coleoptera: Artematopodidae). The Coleopterists Bulletin, 72(2): 246-248.

Yoshitomi H. 2018b. A new species of the genus *Caccothryptus* (Coleoptera: Limnichidae) from China. Japanese Journal of Systematic Entomology, 24(1): 138-140.

Yoshitomi H. 2023. Oriental species of the family Nosodendridae (Coleoptera: Nosodendroidea). Japanese Journal of Systematic Entomology, 29(2): 215-257.

Yoshitomi H, Klausnitzer B. 2016. A new species of the genus *Mescirtes* Motschulsky, 1863, (Coleoptera: Scirtidae: Scirtinae) from Vietnam, with a species list of the world. Raffles Bulletin of Zoology, 64: 123-126.

Young, D. K. 2017. A new species of *Frontodendroidopsis* (Coleoptera: Pyrochroidae: Pyrochroinae) from China, with a key to males of the three species. Zootaxa, 4319(3): 590-594.

Young, D. K. 2019. A new *Pseudopyrochroa* Pic, 1906 from Yunnan, China with a key to adult *Pseudopyrochroa* males from the province and correction on type repository for *Frontodendroidopsis pennyi* Young (Coleoptera: Pyrochroidae: Pyrochroinae). Zootaxa, 4695(2): 182-188.

Yu G Y, Montgomery M E, Yao D F. 2000. Lady beetles (Coleoptera: Coccinellidae) from Chinese hemlocks infested with the hemlock woolly adelgid, *Adelges tsugae* Annand (Homoptera: Adelgidae). The Coleopterists Bulletin, 54(2) : 154-199.

Yu G. 2000. *Amida* Lewis, with description of a new species (Coleoptera: Coccinellidae) from China. Zoological Studies, 39(1): 23-27.

Yu P Y, Liang H B. 2002. A check-list of the Chinese Megalopodinae (Coleoptera: Chrysomelidae). Oriental Insects, 36(1):117-128.

Yuan C X, Ren G D. 2014. Note on brachypterous Stenochiini from China (Coleoptera, Tenebrionidae) with description of a new species. ZooKeys, 415: 329-336.

Yuan C X, Wang W Q, Ren G D. 2019. Taxonomy of *Strongylium dorsocupreum* species-group from China, with Description of a new species (Coleoptera, Tenebrionidae: Stenochiinae). Entomological Review, 99(7):1061-1067.

Zahradník P. 2012. Ptinidae of China I. -Subfamily Dorcatominae (Coleoptera: Bostrichoidea: Ptinidae). Studies and ReportsTaxonomical Series, 8(1-2): 325-334.

Zahradník P. 2013. Ptinidae of China II. - Subfamilies Ernobiinae, Eucradinae and Ptilininae (Coleoptera: Bostrichoidea: Ptinidae). Studies and Reports Taxonomical Series, 9(1): 207-234.

Zahradník P. 2023. *Neoxyletinus yunnanensis* sp. nov. (Coleoptera: Ptinidae) from China. Folia Heyrovskyana, series A, 31(2): 144-147.

Zamotajlov A S. 2000. New species of the genus *Aristochroa* Tschitschérine, 1898 (Coleoptera, Carabidae) from West China. Russian Entomological Journal, 9(2): 103-112.

Zerche L. 1998. Sieben neue *Pseudopsis*-Arten aus China mit einer Bestimmungstabelle der paläarktischen Arten (Coleoptera, Staphylinidae, Pseudopsinae). Beiträge zur Entomologie, 48(2): 353- 365.

Zhan Z H, Jing, K X, Young D K. 2023. A new species of *Pseudopyrochroa* Pic, 1906 from Southwest China (Coleoptera: Pyrochroidae: Pyrochroinae) based on the last instar larva and adults, with natural history observations. Zootaxa, 5323(4): 577-586.

Zhang J F. 1988. The late Jurassic fossil Staphylinidae (Coleoptera) of China. Acta Entomologica Sinica, 31(1): 79-84.

Zhang J L, Wheeler G S, Purcell M, et al. 2010. Biology, distribution, and field host plants of *Macroplea japana* in China: an unsuitable candidate for biological control of *Hydrilla verticillata*. Florida Entomologist, 93(1): 116-119.

Zhang J, Wang X, Xu G. 1992. A new genus and two new species of fossil staphylinids (Coleopter a) from Laiyang, Shandong Province, China. Entomotaxonomia, 14(4): 277-281.

Zhang L J, Beenen R, Yang X K. 2009. *Clitenella yunnana* (Yang and Li, 1997), new combination (Coleoptera: Chrysomelidae: Galerucinae). Proceedings of the Entomological Society of Washington, 111(1): 274-275.

Zhang L J, Li W Z, Yang X K. 2008. A new species of *Siemssenius* Weise (Coleoptera: Chrysomelidae: Galerucinae) from China, and a key to the known species. Proceedings of the Entomological Society of Washington, 110(1): 126-129.

Zhang L J, Yang X K, Cui J Z, et al. 2006. A key to the genus *Mimastra* Baly (Coleoptera: Chrysomelidae: Galerucinae) from China, with the description of a new species. Entomological News, 117(2): 203-210.

Zhang L L, Yin S, Zhang L P. 2022. A new genus and two new species of nematodes (Nematoda: Thelastomatoidea) from *Ceracupes fronticornis* (Westwood) (Insecta: Passalidae) in China. Zoological Systematics, 47(2): 109-116.

Zhang N, Zhang L. 2022. Three new genera, two new species and one new combination of family Hystrignathidae (Nematoda: Thelastomatoidea) from *Ceracupes fronticornis* (Westwood) (Insecta: Passalidae) in China. Systematic Parasitology, 99(6): 689-698.

Zhang R J, Jia F L. 2017. A new species of *Laccobius* Erichson and additional faunistic records of the genus from China, with a key to subgenus *Glyptolaccobius* Gentili (Coleoptera: Hydrophilidae). Zootaxa, 4344(2): 395-400.

Zhang S K, Shu J P, Wang Y D, et al. 2019. The complete mitochondrial genomes of two sibling species of camellia weevils (Coleoptera: Curculionidae) and patterns of Curculionini speciation. Scientific Reports, 9(1): 3412.

Zhang W X, Hu F S, Yin Z W. 2021. Six new species of *Horniella* Raffray from the Oriental Region (Coleoptera, Staphylinidae, Pselaphinae). ZooKeys, 1042: 1-22.

Zhang W X, Yin Z W. 2022. Two new species of myrmecophilous Pselaphinae from China (Coleoptera, Staphylinidae). Revue Suisse de Zoologie, 129(1): 129-136.

Zhang W X, Yin Z W. 2023. *Feabatrus* gen. nov., a conspicuous new genus of *Batrisitae* from Myanmar and China (Coleoptera: Staphylinidae: Pselaphinae). Acta Entomologica, 63(1): 165-175.

Zhang X C. 1993. Three new species of the genus *Himatolabus* Jekel (Coleoptera: Attelabidae). Sinozoologia, 10: 197-200.

Zhang X C. 1995. Studies on the genus *Euscelophilus* Voss of China (Coleoptera: Attelabidae). Acta Zootaxonomica Sinica, 20: 479-483.

Zhang X N, Liang X Y, Chen X S, et al. 2020. Three new species of the genus *Chilocorellus* Miyatake (Coleoptera, Coccinellidae, Sticholotidini) from the Philippines. ZooKeys, 937: 115-127.

Zhang Y F, Meng L Z, Beaver R A. 2022. A review of the non-lyctine powder-post beetles of Yunnan (China) with a new genus and new species (Coleoptera: Bostrichidae). Zootaxa, 5091(4): 501-545.

Zhang Y J, Zhou H Z. 2007a. Description of three new species of *Parepierus* Bickhardt from South China (Coleoptera, Histeridae, Tribalinae). Deutsche Entomologische Zeitschrift, 54(2): 253-260.

Zhang Y J, Zhou H Z. 2007b. On the genus *Trypeticus* Marseul (Coleoptera: Histeridae: Trypeticinae) in China. Annales de la Société entomologique de France, 43(2): 241-247.

Zhang Y J, Zhou H Z. 2007c. Taxonomy of the tribe Paromalini Reitter (Coleoptera: Histeridae, Dendrophilinae) from China. Zootaxa, 1544: 1-40.

Zhang Y Q, Li L Z, Yin Z W. 2019. Fifteen new species and a new country record of *Labomimus* Sharp from China, with a checklist of world species (Coleoptera: Staphylinidae: Pselaphinae). Zootaxa, 4554(2): 497-531.

Zhang Y, Li L Z, Zhao M J. 2003a. A new species of the genus *Tachinus* (Coleoptera, Staphylini dae, Tachyporinae) from China. Entomotaxonomia, 25(4): 261-264.

Zhang Y, Li L Z, Zhao M J. 2003b. A new species of the genus *Tachinus* from China (Coleoptera, Staphylinidae, Tachyporinae). Acta Zootaxonomica Sinica, 28(1): 110-112.

Zhao C Y, Zhou H Z. 2004a. A new species of the genus *Micropeplus* (Coleoptera, Staphylinidae, Micropeplinae) in China. Entomologia Sinica, 11(3): 235-238.

Zhao C Y, Zhou H Z. 2004b. Five new species of the genus *Hemistenus* (Coleoptera, Staphylinidae, Steninae) from China. Pan-Pacific Entomologist, 80(1-4): 93-108.

Zhao M J, Li L Z. 2002. *Tachinus humeronotatus*, a new species from Sichuan, Southwest China (Coleoptera, Staphylinidae). Japancse Journal of Systematic Entomology, 8(2): 269-271.

Zhao M J, Li L Z. 2004. A new species of the genus *Tachinus* from Yunnan, Southwest China (Coleoptera, Staphylinidae). Japanese Journal of Systematic Entomology, 10(2): 231-233.

Zhao M J, Li L Z, Zhang Y. 2004. Description of a new species of the genus *Tachinus* (Coleoptera, Staphylinidae) from Sichuan, Southwest China. Entomological Review of Japan, 58(2): 183-186.

Zhao T Y, Zhang C J, Lu L. 2021. Comparative description of the mitochondrial genome of *Scaphidium formosanum* Pic, 1915 (Coleoptera: Staphylinidae: Scaphidiinae). Zootaxa, 4941(4): 487-510.

Zhao X L, Ren G D. 2012. Three new species of the genus Laena Dejean from China (Coleoptera, Tenebrionidae, Lagriinae). Zootaxa, 3346: 43-50.

Zhao X, Tang L. 2020. Three new species of the genus *Sphaerobulbus* from China (Coleoptera: Staphylinidae). Acta Entomologica, 60 (1): 333-341.

Zhao Y C, Ren G D, Cheng Z Q, et al. 2018. Taxonomy of *Aulacochilus* (Coleoptera: Erotylidae: Erotylinae) From China, with a key based on adult characters. Journal of Insect Science,18(2): 27: 1-5.

Zhao Y C, Wang X P, Lee S, et al. 2023. *Furcanthicus* gen. nov., a new genus of Oriental Anthicini (Coleoptera, Anthicidae), with description of three new species. Insects, 14: 102, 1-20.

Zhao Y C, Wang Z X, Wang X P. 2019. Two new species of *Yunnanomonticola* Telnov (Coleoptera, Anthicidae) from China. ZooKeys, 842: 153-161.

Zheng F K. 1984a. A new record of the genus *Omalium* Gravenhorst from China (Coleoptera, Staphylinidae, Omaliinae). Journal of Nanchong Teachers College, (2): 57-58.

Zheng F K.1984b. A new species of the subgenus *Coprophilus* from China (Coleoptera, Staphylinidae, Oxytelinae). Acta Entomologica Sinica, 27(4): 462-463.Zheng F K. 1985a. Two new records of the genus *Palaminus* Erichson from China (Coleoptera, Staphylinidae, Paederinae). Journal of Nanchong Teachers College, (2): 5-6.

Zheng F K.1985b. A new record of the genus *Thamiaraea* Thomson from China (Coleotpera, Staphylinidae, Aleocharinae). Journal of Nanchong Teachers College, (1): 15-16.

Zheng F K. 1987. A new species and a new record of genus *Trichophya* Mannerheim from China (Coleoptera, Staphylinidac, Trichophyinae). Acta Entomologica Sinica, 30(1): 97-99.

Zheng F K. 1988a. A new record of the genus *Philonthus* Curtis from China (Coleoptera, Staphylinidae, Staphylininae). Journal of Nanchong Teachers College, 9(2): 156.

Zheng F K. 1988b. A new species of the genus *Cyrtothorax* Kraatz from Sichuan Province (Coleoptera, Staphylinidae, Quediinac). Acta Entomologica Sinica, 31(3): 306-308.

Zheng F K. 1988c. Five new species of the genus *Lobrathium* Mulsant et Rey from China (Coleoptera, Staphylinidae, Paederinae). Acta Entomologica Sinica, 31(2): 186-193.

Zheng F K. 1990a. A new species of the genus *Erichsonius* Fauvel from China (Coleoptera, Staphylinidae, Staphylininae). Journal of Sichuan Teachers College, 11(1): 29-30.

Zheng F K. 1990b. A new subspecies of the genus *Dianous* Leach from China (Coleoptera, Staphylinidae, Steninae). Journal of Sichuan Teachers College, 11(1): 31-33.

Zheng F K. 1990c. New records of the genus *Dianous* Leach from Sichuan, China (Coleoptera, Staphylinidae, Steninae). Journal of Sichuan Teachers College, 11(4): 319-320.

Zheng F K. 1990d. Two new records of the genus *Stilicoderus* from China (Coleoptera, Staphylinidae, Paederinae). Journal of Sichuan Teachers College, 11(2): 137-138.

Zheng F K.1991a. A new record of the genus *Nudobius* Thomson from Heilongjiang, China (Coleoptera, Staphylinidae, Xantholininae). Journal of Sichuan Teachers College, 12(1): 9-10.

Zheng F K.1991b. A new species of the genus *Lepidophallus* Coiffait from Sichuan, China (Coleoptera, Staphylinidae, Xantholininae). Journal of Sichuan Teachers College, 12(2): 125-126.

Zheng F K. 1991c. Advances in the classification study of Staphylinidae in the world. Journal of Sichuan Teachers College, 12(4): 339-351.

Zheng F K. 1992a. A new species of the genus *Stenus* (Coleoptera, Staphylinidae, Steninae) from Sichuan, China. Journal of Sichuan Teachers College, 13(4): 294-295.

Zheng F K. 1992b. A new subspecies and a new record of the genus *Stenus* Latreille (Coleoptera, Staphylinidae, Steninae) from China. Journal of Sichuan Teachers College, 13(3): 167-170.

Zheng F K. 1992c. Four new species of the genus *Nazeris* Fauvel from China (Coleoptera, Staphylinidae, Paederinae). Acta Entomologica Sinica, 35(1): 87-91.

Zheng F K. 1992d. Three new species of genus *Oxyporus* Fabricius from China (Coleoptera, Staphylinidae, Oxyporinae). Acta Entomologica Sinica, 35(3): 326-330.

Zheng F K.1992e. Four new species of the genus *Nazeris* Fauvel from China (Coleoptera, Staphylinidae: Paederinae). Acta Entomologica Sinica, 35(1): 87-91.

Zheng F K. 1993a. A preliminary study on *Dianous* Leach from Sichuan and Yunnan Provinces, China (Coleoptera, Staphylinidae, Steninae). Acta Entomologica Sinica, 36(2): 198-206.

Zheng F K. 1993b. A preliminary study on the genus *Stenus* (Coleoptera, Staphylinidae, Steninae) from China. I. subgenus *Parastenus* Heydon. Oriental Insects, 27: 225-231.

Zheng F K. 1993c. A preliminary study on the genus *Stenus* (Coleoptera, Staphylinidae, Steninae) from Sichuan, China. Subgenus *Parastenus* Heydon (I). Jourmal of SichuanTeachers College, 14(4): 310-311.

Zheng F K. 1993d. Two new species of the genus *Erichsonius* Fauvel from China (Coleoptera, Staphylinidae, Staphylininae). Acta Entomologica Sinica, 36 (4): 490-492.

Zheng F K. 1994a. A new species and a new record of the genus *Neobisnius* Ganglbauer from China (Coleoptera, Staphylinidae, Staphylininae). Acta Entomologica Sinica, 37(2): 213-214.

Zheng F K. 1994b. A new species and a new record of the genus *Nudobius* Thomson from China (Coleoptera, Staphylinidae, Xantholininae). Acta Zootaxonomica Sinica, 19(4): 471-473.

Zheng F K. 1994c. A preliminary study of the genus *Stenus* (Coleoptera, Staphylinidae, Steninae) from Sichuan, China. Subgenus *Parastenus* Heydon (II). Journal of SichuanTeachers College, 15(1): 79-80.

Zheng F K. 1994d. A preliminary study of the genus *Stenus* (Coleoptera, Staphylinidae, Steninae) from Sichuan, China. Subgenus *Parastenus* Heydon (III). Jourmnal of Sichuan Teachers College, 15(3): 226-230.

Zheng F K. 1994e. Notes on genus *Dianous* Leach from Dai Ba Mountains, Sichuan (Coleoptera, Staphylinidae, Steninae). Acta Entomologica Sinica, 37(4): 479-482.

Zheng F K. 1994f. Three new species of the genus *Lepidophallus* Coiffait from China (Coleoptera, Staphylinidae, Xantholininae). Acta Entomologica Sinica, 37(3): 349-352.

Zheng F K. 1995a. A new species and a new record of the genus *Indoscitalinus* Heller from Yunnan, China (Coleoptera, Staphylinidae, Xantholininae). Acta Entomologica Sinica, 38(1): 95-96.

Zheng F K. 1995b. A new species of the genus *Bledius* Leach from Gansu, China (Coleoptera, Staphylinidae, Oxyelinae). Journal of Sichuan Teachers College, 16(4): 283-285.

Zheng F K. 1995c. A new species of the genus *Gyrohypnus* Samoulle from Sichuan, China (Coleoptera, Staphylinidae, Xantholininae). Acta Entomologica Sinica, 38(2): 220-221.

Zheng F K. 1995d. A preliminary study of *Creophilus maxillosus* (Linnaeus). 1. Citation, type, distribution and redescription of Chinese specimens. Journal of Sichuan Teachers College, 16(2): 108-115.

Zheng F K. 1995e. A preliminary study of *Creophilus maxillosus* (Linnaeus). 2. The infraspecificca tegories. Journal of Sichuan Teachers College, 16(3): 189-194.

Zheng F K. 1995f. New species and new record of the genus *Othius* Stephens from China (Coleoptera, Staphylinidae, Xantholininae). Acta Entomologica Sinica, 38(3): 340-346.

Zheng F K. 1996a. A new record of the genus *Bledius* Leach from Neimongol, China (Coleoptera, Staphylinidae, Oxytelinae). Journal of Sichuan Teachers College, 17(1): 8-10.

Zheng F K. 1996b. A study Staphylinidae from Inner Mongolia Autonomous Region, China. Journal of Sichuan Teachers College, 17 (4): 10-18.

Zheng F K. 1997. Two new species of the genus *Oxyporus* Fabricius from Sichuan and Yunnan Provinces, China (Coleoptera, Staphylinidae, Oxyporinae). Acta Entomologica Sinica, 40(2): 195- 197.

Zheng F K. 1998a. A preliminary study on the genus *Bledius* Leach (Coleoptera, Staphylinidae, Oxytelinae) from China. 1. gigantulus Group. Acta Entomologica Sinica, 41(2): 171-173.

Zheng F K. 1998b. A taxonomic study on Staphylinidae in China. Oxytelinae: Platystethus. Journal of Sichuan Teachers College, 19 (3): 249-256.

Zheng F K. 1999. A new species of genus *Othius* Stephens from Guangxi Province, China (Coleoptera, Staphylinidae, Xantholininae). Journal of Sichuan Teachers College, 20(4): 319- 321.

Zheng F K. 2000. A new species of the genus *Philonthus* Stephens (Coleoptera, Staphylinidae, Staphylininae) from Xizang, China. Journal of Sichuan Teachers College, 21(2): 126-127.

Zheng F K. 2001. A new subspecies of the genus *Quedius* Stephens,1829 from China (Coleoptera, Staphylinidae, Staphylininae). Journal of Sichuan Teachers College, 22(4): 326-328.

Zheng F K. 2002a. A morphological description of the male of *Othius goui* Zheng, 1995 (Coleoptera, Staphylinidae, Xantholininae). Acta Entomologica Sinica, 45(Suppl.): 48-49.

Zheng F K. 2002b. A new species of *Quedius* (*Raphirus*) *himalayicus* group (Coleoptera, Staphylinidae) from Chongqing, China. Journal of Sichuan Teachers College, 23(3): 245-248.

Zheng F K. 2002c. A new species of the group *Quedius* (*Raphirus*) *multipunctatus* (Coleoptera, Staphylinidae) from Sichuan Province, China. Journal of Sichuan Teachers College, 23(2): 106-109.

Zheng F K. 2002d. The female of *Derops dingshanus* Y. Watanabe, 1999 (Coleoptera, Staphylinidae, Tachyporinae). Special Bulletin of the Japanese Society of Coleopterology, (5): 193-195.

Zheng F K. 2003a. New species and records of *Quedius* (*Raphirus*) *multipunctatus* and hinmalayicus groups (Coleoptera, Staphylinidae) from China. Oriental Insects, 37: 289-300.

Zheng F K. 2003b. Study of the genus *Anotylus* C. G. Thomson (Coleoptera, Staphylindae, Oxytelinae). - Brief history of research, names, diagnosis, species known, and distribution. Journal of China West Normal University, 24(3): 258-268.

Zheng F K. 2004a. A new name in the genus *Platystethus* Mannerheim (Coleoptera, Staphylinidae, Oxytelinae). The Coleopterists Bulletin, 58(3): 310.

Zheng F K. 2004b. A new species of the *Bledius kosempoensis* group (Coleoptera, Staphylinidae, Oxytelinae) from China. The Coleopterists Bulletin, 58(3): 452-455.

Zheng F K. 2004c. Coleoptera: Staphylinidae//Yang X K. Insects of the Great Yarlung Zangbo Canyon of Xizang, China. Beijing: China Science and Technology Press.

Zheng F K, Pu S H. 1999. A new species of *Aploderus* Stephens from Sichuan, China (Coleoptera, Staphylinidae, Oxytelinae). Journal of Sichuan Teachers College, 20(3): 222-224.

Zheng F K, Pu S H. 2000. A new species of the genus *Omalium* Grevenhorst from Xizang, China (Coleoptera, Staphylinidae, Omaliinae). Journal of Sichuan Teachers College, 21(3): 235-237.

Zheng F K, Pu S H. 2004. Study of the genus *Anotylus* C. G. Thomson (Coleoptera, Staphylinidae, Oxytelinae).2. Name, type locality, geographical distribution, and literature cited that species known in China. Journal of China West Normal University, 25(4): 370-374.

Zheng F K, Pu S H. 2005. A new record of the genus *Pseudopsis* Newman from Sichuan (Coleoptera, Staphylinidae, Pseudopsinae). Journal of China West Normal University, 26(3): 244-246.

Zheng F K, Wang X. 2000. A taxonomic study on Staphylinidae from China (Oxytelinae, Aploder us). Journal of Sichuan Teachers College, 21(1): 36-38.

Zheng F K, Zheng X J. 1992. A preliminary study on the genus *Stenus* (Coleoptera, Staphylinidae, Steninae) from China. I. subgenus *Parastenus* Heydon. Proceeding XIX International Congress of Entomology.

Zheng F K, Li L H, Li X. 2002. A new record of the genus *Derops* Sharp from the Zhejiang Province, China (Coleoptera, Staphylinidae, Tachyporinac). Journal of Sichuan Teachers College, 23(1): 38-40.

Zhou C L, Zhao Q H, Tang L. 2024. A taxonomic study of the *Platydracus brachycerus* group with descriptions of three new species from China (Coleoptera: Staphylinidae, Staphylininae). Zootaxa, 5399(5): 505-516.

Zhou D Y. 2020. A revision of the genus *Morphostenophanes* Pic, 1925 (Coleoptera, Tenebrionidae, Stenochiinae, Cnodalonini). Zootaxa, 4769(1): 1-81.

Zhou D Y, Li L Z. 2015. Discovery of the genus *Loeblites* Franz (Coleoptera: Staphylinidae: Scydmaeninae) in China, with description of a new species. Zootaxa, 3986 (3): 393-396.

Zhou D Y, Li L Z. 2016a. Contribution to the knowledge of the genus *Neuraphes* Thomson (Coleoptera: Staphylinidae: Scydmaeninae) in China. Zootaxa, 4097(3): 409-415.

Zhou D Y, Li L Z. 2016b. New data on *Horaeomorphus* Schaufuss (Coleoptera: Staphylinidae: Scydmaeninae) from the Oriental Region, with description of a bizarre new species from Yunnan, Southeast China. Zootaxa, 4161(2): 271-281.

Zhou D Y, Yin Z W. 2017. New data on the genus *Syndicus* Motschulsky (Coleoptera: Staphylinidae: Scydmaeninae) from Yunnan, Southern China. Zootaxa, 4247(5): 569-576.

Zhou D Y, Yin Z W. 2018. A new species and a new record of *Horaeomorphus* Schaufuss (Staphylinidae: Scydmaeninae: Glandulariini) from China. Zootaxa, 4462(1): 141-144.

Zhou D Y, Zhang S J, Li L Z. 2016. Contributions to the knowledge of the genus *Horaeomorphus* Schaufuss (Coleoptera, Staphylinidae, Scydmaeninae) in the mainland of China. ZooKeys, 572: 51-70.

Zhou H Z. 1997. Coleoptera: Staphylinidae//Yang X K. Insects of the Three Gorge Reservoir area of Yangtze River. Part 1. Chongqing: Chongqing Publishing House.

Zhou H Z. 2003. *Oxyporus nigriceps* Cameron (Coleoptera, Staphylinidae), valid name for *Oxyporus proximus* Cameron, a new synonym. The Coleopterists Bulletin, 57(3): 310.

Zhou H Z, Luo T H. 2001. On the genus *Onthophilus* leach (Coleoptera: Histeridae) from China. The Coleopterists Bulletin, 55(4): 507-514.

Zhou Y Y, Ding Z F. 2024. Revision of the genus *Aethalodes* with a new subspecies from Anhui, China (Cerambycidae: Lamiinae). American Journal of Entomology, 8(3): 109-116.

Zhu B Y, Ji L Z, Bian D J. 2018. A new species and a new record of *Pelthydrus* Orchymont, 1919 from Yunnan, China (Coleoptera: Hydrophilidae: Hydrophilinae). Zootaxa, 4438(1): 189-194.

Zhu B Y, Ji L Z, Bian D J. 2019. A new species of *Pelthydrus* (s. str.) Orchymont, 1919 from Yunnan, China (Coleoptera: Hydrophilidae: Hydrophilinae: Laccobiini). Zootaxa, 4614(3): 593-599.

Zhu J, Wang C B, Feng B Y. 2021. Taxonomical study on the newly-recorded genus *Falsonnannocerus* Pic from China (Coleoptera, Tenebrionidae, Stenochiinae). Biodiversity Data, 9: 1-15.

Zhu P Z, Kavanaugh D H, Liang H B. 2021. Notes on the genus *Xestopus* from China, with description of a new species (Carabidae, Sphodrini, Dolichina). Zookeys, 1009: 139-151.

Zhu P Z, Shi H L, Liang H B. 2018. Four new species of *Lesticus* (Carabidae, Pterostichinae) from China and supplementary comments on the genus. ZooKeys, 782: 129-162.

Zhu P Z, Shi H L, Liu SD, et al. 2024. A new genus and a new species of Sphodrini (Coleoptera: Carabidae) from Changbai Mountain, China, with notes on the tribe. Zootaxa, 5519(1): 90-102.

中文名索引

拉丁名索引

Altica oleracea 267
Altica oleracea oleracea 267
Altica viridicyanea 268
Altica yunnana 268
Altica zangana 268
Amamiclytus 213
Amamiclytus wenshuani 213
Amara 36
Amara aurichalcea 36
Amara baimashanica 37
Amara baimaxueshanica 37
Amara batesi 37
Amara birmana 37
Amara chalciope 37
Amara coarctiloba 37
Amara congrua 37
Amara davidi 37
Amara daxueshanensis 37
Amara dequensis 37
Amara dissimilis 37
Amara elegantula 37
Amara heterolata 37
Amara interfluviatilis 37
Amara involans 37
Amara kangdingensis 37
Amara kingdoni 37
Amara kutscherai 37
Amara latithorax 37
Amara lucidissima 37
Amara macronota 37
Amara mandarina 37
Amara metallicolor 37
Amara micans 37
Amara ovata 37
Amara pallidula 37
Amara pingshiangi 37
Amara robusta 37
Amara rotundangula 37
Amara shaanxiensis 37
Amara sikkimensis 37
Amara silvestrii 37
Amara simplicidens 38
Amara sinuaticollis 38
Amara xueshanica 38
Amara yulongensis 38
Amara yupeiyuae 38
Amara zhongdianica 38
Amarochara 126
Amarochara daweiana 126
Amarochara effeminata 126
Amarochara schuelkei 126
Amarochara wrasei 126
Amarygmus 182
Amarygmus adonis 182
Amarygmus ardoini 182
Amarygmus creber 182
Amarygmus curvus 182
Amarygmus filicornis 182
Amarygmus nodicornis 182
Amarygmus pilipes 182
Amarygmus punctatus 182
Amarygmus sinensis 182
Amarygmus speciosus 182
Amarygmus tonkineus 182

Amarysius 213
Amarysius sanguinipennis 213
Amaurodera 126
Amaurodera kraepelini 126
Amaurodera schuelkei 126
Amaurodera yunnanensis 126
Amblyopus 21
Amblyopus rusticoides 21
Amblyopus vittatus 21
Ambrosiodmus 353
Ambrosiodmus lewisi 353
Ambrosiodmus minor 353
Ambrosiodmus rubricollis 353
Ambrosiophilus 353
Ambrosiophilus consimilis 353
Ambrosiophilus cristatulus 354
Ambrosiophilus hunanensis 354
Ambrosiophilus osumiensis 354
Ambrosiophilus sulcatus 354
Ambrostoma 268
Ambrostoma fulgurans 268
Ambrostoma rugosopunctatum 268
Amerizus 38
Amerizus davidales 38
Amerizus gaoligongensis 38
Ametor 109
Ametor rudesculptus 109
Ametor rugosus 109
Amida 2
Amida decemmaculata 2
Amida jinghongiensis 2
Amida nigropectoralis 2
Amida quingquefasiata 2
Amida vietnamica 2
Amischa 126
Amischa nana 126
Amorphosoma 88
Amorphosoma aculeatum 88
Ampedus 98
Ampedus becvari 98
Ampedus commutabilis 98
Ampedus gaoligongshanus 98
Ampedus jendeki 98
Ampedus lijiangensis 98
Ampedus luguanus 98
Ampedus rasilis 98
Ampedus sausai 98
Ampedus tibetanus 98
Ampedus yulongshanus 98
Ampedus yunnanus 98
Amphichroum 126
Amphichroum angustilobatum 126
Amphichroum assingi 126
Amphichroum cuccodoroi 126
Amphichroum discolor 126
Amphichroum grandidentatum 126
Amphichroum maculosum 127
Amphichroum schuelkei 127
Amphimela 268
Amphimela mouhoti 268
Amphimenes 38
Amphimenes bidoupennis 38
Amphimenes maculatus 38
Amphiops 109

Amphiops mater 109
Amphiops mirabilis 109
Amphiops yunnanensis 109
Amphisternus 31
Amphisternus coralifer 31
Amphisternus pubescens 31
Amphisternus rufituberus 31
Amphistethus 31
Amphistethus stroheckeri 31
Anacaena 109
Anacaena brachypenis 109
Anacaena bushiki 109
Anacaena gaoligongshana 109
Anacaena gerula 109
Anacaena jiafenglongi 109
Anacaena lancifera 109
Anacaena maculata 109
Anacaena modesta 109
Anacaena pseudoyunnanensis 109
Anacaena pui 109
Anacaena schoenmanni 109
Anacaena yunnanensis 110
Anadastus 21
Anadastus analis 21
Anadastus apicalis 21
Anadastus apicata 21
Anadastus attenuatus 21
Anadastus bocae 21
Anadastus cambodiae 21
Anadastus filiformis 21
Anadastus flavimanus 21
Anadastus formosanus 21
Anadastus latus 21
Anadastus longior 21
Anadastus menewiesii 21
Anadastus mouhoti 21
Anadastus popovi 21
Anadastus praeustus 21
Anadastus quadricollis 22
Anadastus scutellatus 22
Anadastus tonkinensis 22
Anadastus triangularis 22
Anadastus troncatus 22
Anadastus ustulata 22
Anadastus ventralis 22
Anadastus viator 22
Anadastus vicinus 22
Anadastus wiedemanni 22
Anadastus yunnanensis 22
Anadimonia 268
Anadimonia latifascia 268
Anaedus 183
Anaedus tibiodentatus 183
Anaedus unidentatus 183
Anaglyptus 213
Anaglyptus ambiguus 213
Anaglyptus annulicornis 213
Anaglyptus elegantulus 213
Anaglyptus miroshnikovi 213
Anaglyptus petrae 213
Anaglyptus tichyi 213
Anameromorpha 213
Anameromorpha metallica 213
Anaspis 210

Olenecamptus siamensis 246
Olenecamptus subobliteratus 246
Olenecamptus superbus 246
Olenecamptus taiwanus 246
Olophrinus 155
Olophrinus lantschangensis 155
Olophrinus malaisei 155
Olophrinus nepalensis 155
Olophrinus parastriatus 155
Olophrinus qian 155
Olophrinus setiventris 155
Olophrinus striatus 155
Olophrum 155
Olophrum hromadkai 155
Olophrum laxum 155
Olorus 307
Olorus dentipes 307
Omaliopsis 155
Omaliopsis bimaculata 155
Omaliopsis fraterna 155
Omaliopsis smetanai 156
Omeisphaera 307
Omeisphaera anticata 307
Omoglymmius 65
Omoglymmius sakuraii 65
Omonadus 209
Omonadus confucii addendus 209
Omonadus confucii confucii 210
Omonadus formicarius formicarius 210
Omonadus longemaculatus 210
Omophorus 365
Omophorus rongshu 365
Omophron 65
Omophron aequale jacobsoni 65
Omophron limbatum 65
Omophron pseudotestudo 65
Omophron yunnanense 65
Omosita 30
Omosita colon 30
Oncocephala 307
Oncocephala atratangula 307
Oncocephala grandis 307
Oncocephala hemicyclica 307
Oncocephala quadrilobata 307
Oncocephala weisei 307
Oncocephala weisei yunnanica 308
Ontholestes 156
Ontholestes tenuicornis 156
Onthophilus 116
Onthophilus flavicornis 116
Onthophilus lijiangensis 116
Onthophilus ostreatus 116
Onthophilus tuberculatus 116
Onycholabis 65
Onycholabis melitopus 65
Onycholabis pedulangulus 65
Onycholabis sinensis 65
Onycholabis stenothorax 65
Oomorphoides 308
Oomorphoides flavicornis 308
Oomorphoides foveatus 308
Oomorphoides omeiensis 308
Oomorphoides tonkinensis 308
Oomorphoides yaosanicus 308

Opetiopapus 335
Opetiopapus obesus 335
Ophionea 65
Ophionea indica 65
Ophionea ishiii 65
Ophoniscus 65
Ophoniscus cribrifrons 65
Ophoniscus iridulus 65
Ophrida 308
Ophrida oblongoguttata 308
Ophrida scaphoides 308
Ophrida spectabilis 308
Opilo 335
Opilo sinensis 335
Oplatocera 246
Oplatocera oberthuri 246
Oracula 195
Oracula bicolor 195
Oracula tenebrosa 195
Orchesia 202
Orchesia vorontsovi 202
Orectochilus 82
Orectochilus argenteolimbatus 82
Orectochilus birmanicus 83
Orectochilus jaechi 83
Orectochilus melli 83
Orectochilus murinus 83
Orectochilus villosus villosus 83
Oreomela 308
Oreomela fulvicornis 308
Oreomela inflata 308
Oreomela yunnana 308
Orhespera 308
Orhespera fulvohirsuta 308
Orhespera glabricollis 308
Orhespera impressicollis 308
Orientoderus 378
Orientoderus orientalis 378
Orionella 65
Orionella discoidalis 65
Oroekklina 156
Oroekklina excaecata 156
Oroekklina smetanai 156
Orphinus 375
Orphinus beali 375
Orphinus fulvipes 375
Orphinus japonicus 375
Orphinus ludmilae 375
Orphinus ornatus 375
Orphinus yunnanus 375
Orphnebius 156
Orphnebius alesi 156
Orphnebius cultellatus 156
Orphnebius discrepans 156
Orphnebius dishamatus 156
Orphnebius draco 156
Orphnebius gibber 156
Orphnebius hauseri 156
Orphnebius incisus 156
Orphnebius incrassatus 156
Orphnebius multimpressus 156
Orphnebius planicollis 156
Orphnebius scissus 156
Orphnebius tricuspis 156

Orphnebius tridentatus 156
Orphnebius truncus 156
Orrhynchites 345
Orrhynchites consimilis 345
Orsunius 156
Orsunius confluens 156
Orsunius granulosissimus 156
Orsunius yunnanus 156
Ortalia 12
Ortalia bruneiana 12
Ortalia horni 12
Ortalia jinghonginsis 12
Ortalia menglunensis 12
Ortalia nigropectoralis 12
Ortalia pectoralis 12
Orthogonius 65
Orthogonius davidi 65
Orthogonius deletus 65
Orthogonius duboisi 65
Orthogonius variabilis 65
Orthogonius xanthomerus 65
Orthogonius yunnanensis 65
Orthotomicus 365
Orthotomicus erosus 365
Orthotomicus starki 366
Orthotomicus suturalis 366
Orthotrichus 65
Orthotrichus indicus 65
Orychodes 341
Orychodes planicollis 341
Oryzaephilus 26
Oryzaephilus mercator 26
Oryzaephilus surinamensis 26
Osorius 156
Osorius aspericeps 156
Osorius depressicapitatus 156
Osorius micromidas 156
Osorius minutoserratus 156
Osorius punctulatus 156
Osorius rectomarginatus 156
Osorius silvestrii 156
Ostedes 246
Ostedes dentata 246
Othius 156
Othius atavus 156
Othius fibulifer fibulifer 156
Othius furcillatus 156
Othius glaber 156
Othius longispinosus 156
Othius lubricus 156
Othius opacipennis 156
Othius peregrinus 157
Othius sericipennis 157
Othius spoliatus 157
Othius tuberipennis 157
Otidognathus 341
Otidognathus notatus 341
Oulema 308
Oulema atrosuturalis 308
Oulema oryzae 308
Oulema subelongata 308
Oulema yunnana 308
Outachyusa 157
Outachyusa chinensis 157